高 等 学 校 教 材

有机化学

○ 王全瑞　主编

第二版
Second
Edition

化学工业出版社

·北京·

《有机化学》是按照有机化合物官能团进行分类、芳香族和脂肪族合并的体系所编写的教科书。主要内容包括各类有机化合物的结构、主要用途以及物理和化学性质，有机化学反应的特点和规律，重要的反应机理，测定有机化合物结构的紫外与可见光谱、红外光谱、质子核磁共振和质谱的基本原理，与生命和医学相关的生物有机化学的结构、性质以及重要的生物功能。全书共分十九章。

　　《有机化学》编写中在注重基本概念、理论和方法的同时，内容选择上注重科学性、实用性和新颖性，深度上较现行的同类教材略有提高，以利于学生对有机化学的深入理解和掌握，为后续相关课程奠定必要的有机化学理论基础。各章均安排一定数量的思考题和习题，并结合一些重要的学科前沿、社会热点、有机化学的应用等，在有关章节提供了一些知识介绍。书末附有推荐的有机化学网络资源、参考文献以及红外和质子核磁共振特征数据，可供学生学习时参考。

　　《有机化学》可作为高等院校医学、药学、生物等本科专业的有机化学教科书，也可供其他专业选择使用。

图书在版编目（CIP）数据

有机化学/王全瑞主编. —2 版. —北京：化学工业出版社，2018.7（2023.4 重印）
高等学校教材
ISBN 978-7-122-31440-6

Ⅰ.①有… Ⅱ.①王… Ⅲ.①有机化学-高等学校-教材 Ⅳ.①O62

中国版本图书馆 CIP 数据核字（2018）第 013957 号

责任编辑：杜进祥　　　　　　　　　文字编辑：向　东
责任校对：王素芹　　　　　　　　　装帧设计：韩　飞

出版发行：化学工业出版社（北京市东城区青年湖南街 13 号　邮政编码 100011）
印　　装：涿州市般润文化传播有限公司
787mm×1092mm　1/16　印张 30¾　字数 811 千字　2023 年 4 月北京第 2 版第 4 次印刷

购书咨询：010-64518888　　　　　　售后服务：010-64518899
网　　址：http://www.cip.com.cn
凡购买本书，如有缺损质量问题，本社销售中心负责调换。

定　　价：68.00 元

本书自 2012 年第一版出版迄今已逾六年，经历了多轮教学实践的检验，基本达到了编写本教材的目的，受到同行与历届同学的好评并荣获中国石油和化学工业优秀教材奖。但从学科发展来看，有机化学无论是理论还是方法，在近年来都取得了不少新的进展。同时，教学改革对课程教学也提出了新的要求，例如我校基础医学、法医学、5 年制临床医学专业的培养方案中有机化学课程的学时有所减少，原来的教学计划和课程内容在实际教学中也有调整。另外，在教学实践中我们也发现了教材中存在的疏漏。在此背景下，编者和化学工业出版社深感对教材有必要进行修改、补充、完善并再版。在广泛征求使用本教材教师的意见的基础上，我们启动了本教材第二版的编写。

本次再版的基本原则是，充分考虑医学、药学、生物科学各专业学生对有机化学需求的特殊性，精炼教材内容，尽可能体现基础性、科学性、先进性以及创新意识，并保持第一版编写特色、风格，即采用有机物有机结构、性质、典型反应和应用为主线的理论体系，注重知识之间的内在联系和相互的逻辑关系，使深度和广度恰当结合，并改正第一版中出现的纰漏。本次修订我们主要在下列几个方面开展。

1.对有机化学与医学、生命科学领域相关的重要进展进行了更新和完善。部分章末的知识扩展重新撰写，促使学生了解国内外有机化学家对科学发展的贡献，拓展有机化学知识的视野，扩大知识面，激发学生的学习兴趣。

2.纠正谬误。在实际使用中，我们发现第一版教材在文字、编排、叙述方面有一些纰漏，本次修订都得以纠正。另外，对教材中所列举的有机化合物的物理常数等数据进行核对校正。

3.加强基本概念的阐述，叙述深入浅出，通俗易懂。根据具体的教材内容，将第 6 章更名为"分子的手性和对映异构"、第 14 章更名为"含氮有机化合物"、第 16 章更名为"油脂和类脂"。

4.在保持编写风格和总篇幅不变的前提下，删减部分章节内容，同时适当增加了一些内容。例如："测定有机化合物结构的谱学方法"安排为第 10 章，并增加了非常扼要的质谱介绍，包括基本原理、质谱图的表示方法、主要的裂解方式、在有机化学中的主要应用，以体现教材的系统性和完整性。第 19 章中增加重要的辅酶知识，并更名为"核酸及辅酶"。

5.大部分化学结构式、反应式重新绘制，提升了教材中图表的美观和可读性。

6.根据我们的教学经验和体会，本次修订中剔除了少量不恰当的习题和章中插入的问题，并根据需要进行了少量的更换，使习题与相关知识结合得更为紧密，有利于学生通过习题练习，掌握相关知识。但总的原则是只减不增。

为适应双语教学需要，对常用的有机化学名词和重要概念如同第一版仍加注英文，涉及的英文人名均直接使用英文姓名。

本教材的修订由复旦大学化学系和复旦大学药学院相关教师共同完成。参加人有匡云艳（负责第 2、3、16 章）、王辉（负责第 6、7、14、17 章）、张丹维（负责第 8、9 章）、李志铭（负责第 11~13 章）、王全瑞（负责其余各章和全书附录、习题）。王洋、屠波、张道、何秋琴等老师参与了修订稿的审校工作，孙兴文、贾瑜和张倩等任课老师对教材的修订提出了许多积极的建议。全书由王全瑞策划、统一修改并定稿。

　　本书在修改过程中得到复旦大学和化学工业出版社的关心与帮助，在此表示感谢！

　　虽然我们尽了最大努力，力图编写一本具有一定特色，适合医学、生物等非化学专业教学使用的教材，但我们也深知绝非易事。限于编者的水平，仍难免存在疏漏和不妥之处，敬请各位学界同仁和读者不吝赐教、批评指正，以便有机会再版时得以更正。

编者
2018 年 1 月

有机化学与生物、医学有着密切的联系。有机化学课程主要学习各类有机化合物的命名、结构、应用、性质及制备方法，有机化合物的立体概念，主要的有机反应机理，以及波谱知识和有机物的结构解析，还包括油脂、糖、核酸、蛋白质的结构与性质。自 1988 年以来，复旦大学化学系先后为原上海第二医科大学、原上海中医药大学、原上海医科大学和第二军医大学等上海地区四所医科大学医学专业开设了有机化学课程。在教学过程中，着重从有机物结构和反应机理出发引出性质和反应，并注重考虑如何从有机物分子的结构、性质为基础拓展到生物大分子结构和性质的关系。

2003 年以来，复旦大学对本科教学进行了大幅度的改革。目前本科教学培养方案的课程结构由通识教育课程、文理基础课程和专业教育课程三个板块构成，有机化学是医学类所有专业（临床医学、基础医学、法医学、预防医学等）的基础课，生物技术及生物科学专业的一门专业必修课。我们对我校医学、生物等专业的人才培养要求进行了研究，结合学校给予学生严格的学科基础训练，侧重知识的交叉融合、强调专业前沿和复旦科学研究特色的传播等理念，研究了有机化学课程的地位与作用，制定了新的培养计划，从教学方法、手段、内容上对有机化学课程进行全面改革。本课程主要讲授常见有机物的结构、性质以及反应机理、结构鉴定等基础知识，要求学生掌握常见的有机反应、有机化合物的合成、分离和表征的方法，具备分析和解决实际中遇到问题的思维能力。经过多年的建设，有机化学作为一门量大面广的专业基础课，在 2005 年被评为复旦大学精品课程。

本书按照有机化合物官能团进行分类采用芳香族和脂肪族合并编写的体系，介绍了各类有机化合物的结构、物理和化学性质、主要用途、重要的反应机理以及测定有机化合物的质子核磁共振、红外光谱、紫外与可见光谱的基本原理，还包括与生命和医学相关的天然产物的结构、性质以及重要的生物功能。全书共分十九章。

本书在编写中注重基本概念、理论和方法的同时，内容选择上注重实用性和新颖性，在有关章节对重要的反应机理进行阐述，深度和广度上较现行的同类教材略有提高，以利于学生对有机化学的深入理解和掌握，为后续相关课程奠定必要的理论基础。各章均有一定数量的思考题和习题，并根据各章内容，结合一些重要的学科前沿、社会热点、有机化学的应用等，提供了一些知识介绍。书末附有推荐的有机化学网站资源，红外和质子核磁共振特征数据，可供学生学习时参考。

本书可作为高等院校医学、药学、生命科学各专业的有机化学教科书，也可供其他专业选择使用。

本书由王全瑞主编，王全瑞、王辉、匡云艳、孙兴文、李志铭、张丹维、张鲁雁、周春儿、贾瑜（以姓氏笔画为序）等参加编写工作。在本书编写过程中得到了复旦大学教务处教学团队经费的支持。有机化学课程教学团队其他老师对本教材的初稿进行了认真的讨论，复旦大学化学系本科教学指导小组提出了许多宝贵的建议。另外，化学工业出版社对于本教材的出版给予了大量帮助和支持。在此一并表示衷心感谢！

由于编者水平所限，书中可能存在很多不足，敬请读者批评指正！

王全瑞

（qrwang@fudan. edu. cn）

2011 年 4 月

目 录

第1章 绪 论

1.1 有机化合物和有机化学

1.1.1 有机化合物

有机化合物就是含碳的化合物。除碳以外，有机化合物常含有的元素还有氢、氧、氮、磷、硫、卤素等。有机化学就是研究有机化合物的来源、制备、性质、结构、应用以及有关理论的科学。在我们所生存的这个星球上，但凡有生命的东西，无论属于动物还是植物，都是由含碳的化合物作为基本"材料"构筑而成的。

碳元素本身及其简单的化合物，例如 CO、CO_2、CS_2、碳酸盐、金属羰基化合物，以及 HCN、氰酸、硫氰酸、异氰酸、异硫氰酸及相应的盐等，虽然含有碳元素，仍被看作典型的无机化合物。

许多有机化合物还含有钙、铁、镁、钴等金属。另外，一些化合物虽然不含有碳或氢，如四氟乙烯、硼烷等，甚至既不含碳也不含氢（如氮化硼 B_3N_3），但具有典型有机化合物的性质，也归属有机化合物。原则上，除了稀有气体以外，元素周期表中几乎所有的元素，都能参与有机化合物的形成。

由于碳在周期表中的特殊位置，其外层有四个价电子（$2s^2 2p^2$），既难失去四个电子形成 C^{4+}，也难以得到四个电子形成 C^{4-}，而容易形成较为稳定的共价键，且分子骨架可以连成直链、支链以及各种大小的环，同分异构现象十分普遍。所以有机化合物所含元素的种类虽然不多，形成的数量却十分惊人。据美国《化学文摘》（CA）统计，在全部已知的数千万种化合物中，至少 90% 为有机化合物。

1.1.2 有机化学发展概述

有机化学作为一门科学，产生于 19 世纪初。1777 年，瑞典化学家 T. O. Bergman（1735—1784）将从动植物体内得到的物质称为有机物，以区别于主要来自矿物质的无机物。1808 年，瑞典化学家 J. Berzelius（1779—1848）首先使用了"有机化学"这一名称。虽然仅跨越了不过两百多年的里程，然而人类对于有机物的认识、应用已有数千年的历史。3000 多年前，世界文明古国中国、埃及、印度，就知道使用香料参与当时的人类社会活动。公元前 2500 年，埃及人已经利用石蕊、茜素蓝作为天然染料。据记载，我国早在夏禹时已开始酿酒、制醋。我国古代曾制取到一些较纯的有机物质，例如没食子酸（982—992）、乌头碱（1522 年以前）、甘露醇（1037—1101）等。16 世纪后期，西欧制得了乙醚、氯乙烷等。到了 18 世纪中期，以瑞典化学家 C. W. Scheele（1742—1786）为代表的化学家，先后从动、植物中分离分析了草酸、苹果酸、酒石酸、柠檬酸、乳酸、尿酸、吗啡等许多重要的有机物。

大量有机物的发现，促使人们对物质进行分类，以便于研究。从有生命的动植物体内获得的物质具有许多共性，且与当时从无生命的矿物中得到的物质有明显的区别。因此，根据自然来源和性质的不同，而将其区分为无机物和有机物。以有机物为研究的对象，形成了有机化学这一化学学科的分支。由于时代的局限性，Berzelius 曾错误地提出，有机物只能借助一种特殊的"生命力"（vital force）作用才能生成，有机物只能从动植物有机体中得到，而人工是无法合成的，无形中在无机物和有机物之间划了一条不可逾越的鸿沟，这一错误思想严重束缚了有机化学的发展。

1824 年，年仅 25 岁的德国化学家 F. Wöhler（1800—1882）将氯化铵和氰酸银的溶液混合，试图制备氰酸铵。但滤除 AgCl 沉淀后，蒸发生成的氰酸铵溶液，得到了一种白色晶体。经过四年的反复验证，确认这种白色晶体是尿素。

$$NH_4Cl + AgCNO \longrightarrow [NH_4]^{\oplus}[OCN]^{\ominus} \xrightarrow{\triangle} \underset{尿素}{H_2N-\overset{\overset{\displaystyle O}{\|}}{C}-NH_2}$$

（AgCl↓）（氰酸铵）

1828 年，Wöhler 发表了《论尿素的人工合成》的论文。尿素是 H. Rouelle 在 1773 年从人尿中分离得到的一种重要的代谢物，属于典型的有机物。氰酸铵能够转变为尿素，说明有机物能够由无机物在实验室中合成，从而极大程度上颠覆了长期统治人们思想的"生命力"学说。此后数十年间，许多有机化学家和生物化学家又以大量的事实，将有机物与无机物之间的天堑填平，彻底将"生命力"学说摈弃。随着"生命力"学说的彻底否定，有机化学进入了一个迅速发展的时期，并逐步建立了经典的有机结构理论。

1857 年，德国化学家 F. A. Kekülé（1829—1896）提出有机化合物分子中碳原子是四价的概念，翌年又提出了碳原子间可以相连成链状的学说。1865 年，进一步确立了苯的环状结构学说。

1874 年，荷兰化学家 J. H. Van't Hoff 和法国化学家 J. A. Le Bel 分别发表了碳原子的正四面体结构理论，将旋光异构体问题与有机分子中碳的空间结构相联系，从而奠定了立体化学的基础。

化学家在 19 世纪后期，合成了一系列重要的有机化合物。比较有代表性的有：1856 年在英国任教的德国人 W. H. Perkin（1838—1907）在试图合成具有抗疟疾特效药物喹啉时，意外地得到了一种污浊的黑色沉淀物质，后来证实其可用作染料，这就是第一种人工合成染料苯胺紫。Perkin 后来开办了世界上第一家合成染料工厂，促进了有机化学理论研究和工业应用的联系。1868 年 Perkin 用水杨酸合成香豆素获得成功，这是第一个人工合成的天然香料。德国化学家 Julius Wilbrand（1839—1906）在 1863 年报道了甲苯硝化合成 2,4,6-三硝基甲苯（TNT）。TNT 作为烈性炸药，1891 年开始用于军事，并在两次世界大战中发挥威力。实践证明，根本不存在什么神秘不可知的"生命力"，有机化合物是可以人工合成的。但是，由于有机物与当时已知的无机物在性质、研究方法上都有较大差别，因而有机化合物作为这类物质的名称，仍被沿用，只不过其内涵发生了根本变化。

1917 年，美国化学家 G. N. Lewis（1875—1946）将物理学中的电子理论用来解释化学键的本质，从而揭示了原子和基团的电子效应对有机分子反应活性的影响。1926 年后，E. Hückel（1896—1980）用量子化学的方法处理不饱和化合物的成键问题以及芳香性问题，取得了巨大成功。随着基团空间效应的揭示以及构象分析的发展，有机结构理论日趋完善。

在此期间，有机化合物新的分离、分析手段不断出现。经过几十年的发展，色谱、紫外光谱、核磁共振、红外、质谱、同位素技术、X 射线衍射，以至近年的毛细管电泳技术等已成为有机化学家的常规手段，分析测试时间大大缩短，所需样品量可以少至毫克乃至微克，

检出的灵敏度可达 10^{-6}、10^{-9} 级。

合成有机化学在 20 世纪同样也取得了惊人的成就。奎宁碱、胆固醇、马钱子碱、利血平、紫杉醇等许多结构复杂的有机化合物被一一合成。20 世纪 60 年代末 R. B. Woodward（1917—1979）和 A. Eschenmoser 等合作完成的维生素 B_{12} 的全合成以及 1989 年美国 Y. Kishi 等的海葵毒素的合成，可看作是有机合成领域里程碑式的成就。尤其是后者，有 71 个手性中心和 7 个双键，可能的异构体数目多达 2^{71} 个，因此，有人将其全合成誉为合成化学中一项攀登珠穆朗玛峰式的成就。

1965 年 9 月，我国科学工作者经过六年九个月的艰苦工作，在世界上第一次用人工的方法合成了一种具有生物活力的蛋白质——结晶胰岛素。1981 年 11 月，中科院上海生物化学研究所等单位，经过 13 年的努力，完成了酵母丙氨酸转移核糖核酸的人工全合成。这些重要成就标志着我国在人工合成生物大分子的研究方面居于世界先进行列。

特别值得一提的是，以屠呦呦为代表的我国科学家于 1969～1972 年间，发现并从复合花序植物黄花蒿（*Artemisia annua* L.，即中药青蒿）中提取得到了青蒿素（artemisinin），这是一种用于治疗疟疾的药物，挽救了全球特别是发展中国家数以百万人的生命。2015 年 10 月，屠呦呦由于青蒿素的研究而荣获诺贝尔生理学或医学奖。屠呦呦成为首位获科学类诺贝尔奖的中国人。

20 世纪 90 年代以后，计算机技术广泛应用于化学研究的各个方面。以分子力学、半经验的量子化学计算以及从头计算方法对有机分子进行的分子模拟（molecular modeling）已逐渐成为有机化学工作者的得力助手。

经过 200 多年的发展，有机化学已经成为一门比较成熟但仍在迅速发展，充满机会与挑战、富有活力的学科。从 1901 年到现在所颁发的诺贝尔化学奖来看（其中有 8 届因为战争未颁发），就有 70 多届的内容与有机化学有关。人们的现代生活中也处处可以感受到有机化学的成就。

1.1.3 有机化合物的主要特征

已知的数千万种有机化合物，其性质千差万别，各不相同。我们可以根据有机分子中原子一般以共价键相结合，分子晶格间以分子间力为主，比离子间力和原子间力弱很多，对其一般特征与无机物进行比较。

① 大多数有机物具有可燃性，燃烧后可生成二氧化碳和水，同时释放出能量。可利用这一性质来初步区别有机物和无机物。

② 有机化合物一般具有较低的沸点、熔点，易挥发，有特殊气味，固体有机物熔点多在 30～300℃之间，很少有超过 400℃的。

③ 除低分子量的醇、胺、羧酸、醛、酮、腈以及单糖外，一般有机物均难溶于水，易溶于有机溶剂。究其原因，水是一种极性较强、介电常数很大的液体，故极性较强的无机物易溶于水中，而有机物一般为非极性或极性较弱的化合物，所以多数难溶于水中。

④ 有机化学反应主要为分子反应，速度较慢，常需要数小时乃至几天甚至几周才能完成，不像无机物的离子反应那样在瞬间就可以完成。

⑤ 有机物分子比较复杂，常包含多个可以起反应的部位，反应历程也复杂，容易受外界条件如温度、压力、催化剂以及其他物理因素（光、超声、微波）的影响。有机反应常伴有副反应发生，产生复杂的混合物使期望得到反应产物（或称主产物）的量大大降低。通常一个有机反应若能达到 70%～80%的产率，就能令人满意，而大多数无机反应可以定量地进行。由于产物复杂，所以有机物的分离提纯技术在有机化学研究中占有重要的地位。

当然，这些只是对有机物的一个粗略的、总体的描述，存在相当多的例外。例如，四氯化碳不仅不能燃烧，还可用作灭火剂；2,4,6-三硝基甲苯（TNT）可以进行爆炸式的反应。随着新的实验技术的发展和应用，例如微波、超声波、光化学、催化等技术在有机化学中的应用，有机反应的转化率以及选择性得以极大地提高。

1.1.4　有机化学的研究内容

有机化学是一门实验和理论并重的基础学科。有机化学已延伸到国民经济的各个领域，成为和衣食住行密切相关的一门科学。它与我们生活的方方面面息息相关，研究内容极其广泛。包括发现新的现象，合成和寻找新的具有特定功能的有机物，发展新的合成方法、合成技巧，开发新的有机化学反应等。还包括探索新的规律，例如结构与性质的关系以及反应机理、为国民经济和科学技术的发展而开发新的先进材料，以及推动生命科学与有机化学的结合，探索生命的奥秘等。

在有机化学的发展过程中，根据研究的具体内容及方法侧重点的不同，逐步形成了有机合成化学、天然产物化学、物理有机化学、生物有机化学、金属与元素有机化学以及有机物分离分析等分支学科。

应该看到，以上这些学科分类只是相对的，实际研究工作可能包括有机化学的许多方面。化学作为一个整体，有机化学和无机化学、分析化学、物理化学、生物化学、高分子化学等都是相互联系，相互渗透，相互促进的。有机化学与生命科学、材料科学、环境科学等相互交叉和渗透，并在其中发挥越来越重要的作用。有机化学家不再注重创造新分子，而更关注分子的功能；有机合成的选择性、原子经济性和绿色技术成为研究的热点、前沿。精细化工产品许多方面，如药物、农药、香料、染料、助剂、功能材料都离不开有机化学的发展。

有机化学是医学、生命科学各专业的一门重要基础课程，也是后续多门专业课程的知识基础。医学研究的主要目的是防病、治病，提高人类的生活质量，研究的对象是组成成分复杂的人体。组成人体的物质除水（占人体体重的 $60\%\sim75\%$）和一些无机盐（占体重的百分数为 $2\%\sim6\%$）以外，绝大部分是有机物，主要为蛋白质、脂质和糖类化合物，作为有机物组成元素的碳在人体元素成分表中含量约为 18%。以一个 70 kg 重的成年男子为例，除了水分，含糖类化合物约 3 kg，脂肪 7 kg，蛋白质 12 kg，而无机矿物盐约 3 kg。

构成人体组织的蛋白质，与体内代谢有密切关系的酶、激素和维生素，人体储藏的养分——糖原、脂肪等，这些有机化合物在体内进行着一系列复杂的变化（也包括化学变化），以维持体内新陈代谢作用的平衡。为了防治疾病，除了研究病因以外，还要了解药物在体内的变化，它们的结构与药效、毒性的关系，这些都与有机化学密切相关。有机化学作为医学课程的一门基础课，它为生物化学、药理学、免疫学、遗传学、卫生学、分子生物学、临床诊断等提供必要的基础知识。生物机体的各种生化代谢过程，以及各种生物转化过程，实际上就是机体内一系列复杂的有机化学反应过程。从分子水平上认识生命过程，必须借助于有机化学的理论，用有机化学的语言进行描述。只有掌握了有机化合物结构与性质的关系，才能认识蛋白质、核酸、糖类化合物以及酶等重要生命物质的结构和功能，深刻认识生命现象的化学本质，在分子水平上深入认识和研究探索生命的奥秘。

有机化学与人类的生产和生活有着十分密切的关系，有机化学的发展有赖于人们日益增长的物质生活需求。它涉及数目众多的天然物质和合成物质，这些物质直接影响我们的衣、食、住、行。利用有机化学可以制造出无数种在生活和生产方面不可缺少的产品。我们穿的衣服，使用的汽油、柴油、橡胶、塑料、涂料、染料、香料以及杀虫剂、昆虫信息素等许多产品都是有机化合物。这种密切的关系会明显地反映在有机化学这门内容丰富的课程中。学好有机化学这门大学化学的基础课程，一定能大有作为。

1.2 有机结构理论初步

1.2.1 化学键的主要类型

在20世纪初期诞生了原子结构学说，人们对化学键的认识更加深入。按照这一学说，原子是由带一定正电荷的原子核及带同等数量负电荷的电子组成的。电子围绕原子核在各个不同能量的电子层中运动，化学键的形式一般只与能量最高的外层电子（称为价电子）有关。氦、氖、氩等稀有气体（过去称惰性元素）外层有8个电子（氦为2），这种电子构型是稳定的，因而不容易发生反应。其他元素的原子，都有通过得到、失去或分享电子达到这种电子构型的倾向，这就是八隅体规则（octet rule）。常见的化学键有：

（1）离子键（ionic bond）　当相互成键的两个原子的电负性相差较大时，通过电子的得失而满足八隅体规则。例如，当锂与氟化合时，锂将一个电子转移给氟，形成 $Li^+ F^-$，Li^+ 外层有两个电子，与 He 的电子构型相同，而 F^- 则具有与 Ne 相同的电子构型。

$$Li \quad 1s^2 2s^1 \xrightarrow{-e} Li^+ \quad 1s^2$$

$$F \quad 1s^2 2s^2 2p^5 \xrightarrow{+e} F^- \quad 1s^2 2s^2 2p^6$$

钠与氯化合时的情形相似，只不过 Na^+ 与 Cl^- 的外层均为八电子，电子构型分别与 Ne（$1s^2 2s^2 2p^6$）和 Ar（$1s^2 2s^2 2p^6 3s^2 3p^6$）相同。

离子型化合物由于分子中非常强的静电引力，常具有非常高的熔点（一般大于 1000℃），易溶于水等极性溶剂，离子易溶剂化，其溶液能够导电。

醋酸钠分子中醋酸根与钠之间也是离子键：$CH_3COO^- \ Na^+$。

为简化起见，一般将电荷省略而将其书写为：LiF、NaCl、CH_3COONa 等。

（2）共价键（covalent bond）　当电负性相同或相似的原子相互成键时，分别给出一个电子，通过配对而形成属于两个原子间共享的电子对，从而各自都满足八隅体规则。这样形成的键即共价键。例如 HF，H 的一个 1s 电子和 F 的一个 2p 电子形成一个共价单键 H—F。氦等稀有气体没有未成对电子，因此氦原子相互接近时，不能形成共价键。

有机化合物中原子间成键的主要方式是共价键。共价键的电子对可通过两点"："表示（Lewis 式），也可用短横"—"表示（Kekulé 式）。例如：

$$H_2 \quad H\cdot + \cdot H \longrightarrow H{:}H \qquad H—H$$

$$F_2 \quad \ddot{\ddot{F}}\cdot + \cdot \ddot{\ddot{F}} \longrightarrow \ddot{\ddot{F}}{:}\ddot{\ddot{F}} \qquad F—F$$

$$CH_4 \quad \cdot\dot{\underset{\cdot}{C}}\cdot + 4H\cdot \longrightarrow H{:}\overset{H}{\underset{H}{C}}{:}H \qquad H—\overset{H}{\underset{H}{C}}—H$$

如果原子各有两个或三个未成对电子，那么它们可以形成双键或叁键。如 N_2 中 N 原子的三个 2p 轨道中各有一个未成对电子，可以形成共价叁键。乙烯和乙炔的电子结构分别如下所示：

$$C_2H_4 \qquad \overset{H}{\underset{H}{C}}{::}\overset{H}{\underset{H}{C}} \qquad \overset{H}{\underset{H}{C}}{=}\overset{H}{\underset{H}{C}}$$

$$C_2H_2 \qquad H{:}C{:}{:}C{:}H \qquad H—C{\equiv}C—H$$

（3）配价键（coordination bond）　配价键是一种特殊的共价键，也称为配位键。其特点是成键的电子对是由一个原子提供的，因而常表示为"→"。例如硝酸分子中：

$$HNO_3$$

又如：氨分子与质子的结合是由氮原子提供一对电子。

注意，在生成铵离子后，四个 N—H 键是完全相同的，彼此并无差别。

1.2.2 化学键的近似处理

为了深入认识化学键特别是共价键的本质，需要对近代量子力学的价键理论有所了解。

（1）原子轨道（atomic orbital，AO） 原子轨道即描述原子核外电子的运动状态的数学函数式，用波函数 Φ 表示。Φ 是 Schrödinger 方程的系列解，是电子运动状态的空间坐标的函数。处于不同的能级的电子有不同的轨道。能级最低的轨道为 1s 轨道，它是电子与原子核之间的距离的函数，具有球形的对称性。Φ^2 具有明确的物理意义，代表着电子空间某一点周围出现的概率。Φ^2 值越大，则电子在空间该点周围出现的概率越大。

有时还可以用界面的方法来表示原子轨道。例如，将 1s 轨道电子在空间出现的概率定为 90%，将此区域用界面划出来，则为一以原子核为中心的球面，见图 1-1（a）。2s 轨道与 1s 一样，也是球面对称的，只不过有一个节面（nodal surface），见图 1-1（b）。

2p 轨道为哑铃形，原子核处于哑铃两个球的中间。共有三个能量相同的 2p 轨道，即 $2p_x$、$2p_y$、$2p_z$，它们分别沿三维坐标轴呈轴向分布，相互垂直，见图 1-2。

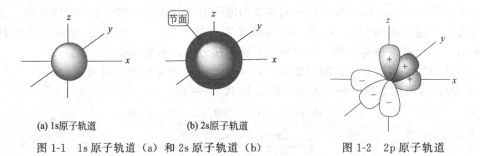

(a) 1s原子轨道　　　　(b) 2s原子轨道
图 1-1　1s 原子轨道（a）和 2s 原子轨道（b）　　　　图 1-2　2p 原子轨道

值得注意的是，上述的正负号不代表电荷，而是波函数的相位。

（2）价键法（valence bond model） 根据价键法，当两个原子相互靠近生成共价键时，它们的原子轨道（价电子轨道）互相重叠，自旋相反的两个电子在原子轨道重叠的区域为两个原子所共享。共价键的键能与重叠程度有关，重叠越多，形成的共价键越稳定。例如，氢分子是由位相相同的两个 1s 轨道互相重叠形成的。

H—H 键的电子云围绕共价键轴对称分布。这种类型的共价键称为 σ 键。HF 的 H—F 键是由 H 的 1s 和 F 的 2p 轨道重叠形成的：

H　　　　H　　　　　　H_2 0.74 Å(1Å =10^{-10}m)

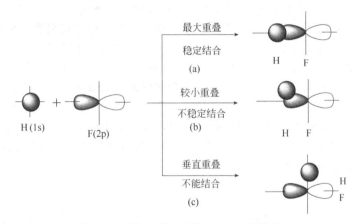

$$H \qquad\qquad F \qquad\qquad H—F \quad 0.92Å$$

价键法理论包括以下基本要点。①只有组成分子的原子具有未成对电子且自旋反平行时，才可偶合配对。每一对电子成为一个共价键。如果某原子 A 和某原子 B 均各有一个未成对电子，它们即可形成共价单键。例如上述 H—H 键和 H—F 键的形成。如果原子各有两个或叁个未成对电子，那么它们就可以形成双键或叁键。例如在 N_2 中，N 原子的三个 2p 轨道中各有一个未成对电子，可以形成共价叁键:N≡N:。He 没有未成对电子，因此 He 原子接近时，不能形成共价键。②共价键具有饱和性。如果某原子的未成对电子已经配对，它就不再与其他原子的未成对电子配对。例如形成 H—F 后不可能再形成 F—H—F 或者 H—F—H 等。③共价键具有方向性。要尽可能在电子云密度最大的地方重叠，以形成较强的键。例如 H—F 形成时（图 1-3），H 的 1s 和 F 的 2p 轨道按方式（a）重叠，即俗称的头碰头方式，才能形成稳定的共价键:

图 1-3 共价键的方向性：H—F 的形成

价键法是量子化学中处理化学键问题的近似方法，取得了很大成功，但在处理甲烷等分子时，不能解释碳只有两个未成对电子（2p²）但为四价的事实。在上述价键法模型的基础上，L. Pauling（1901—1994 年）创立了杂化轨道理论。

（3）杂化轨道理论（theory of orbital hybridization）

① sp³ 杂化——甲烷的结构。原子轨道在成键过程中，有一种增强成键能力，使体系更加稳定的趋势。受这一趋势的驱动，出现了杂化轨道。但并非所有轨道都能杂化，只有能量上相同或者相近的原子轨道才能参与杂化。碳原子的外层电子填充情况为 $2s^2 2p_x^1 2p_y^1$，能量上相近，能够杂化，形成新的轨道。在形成甲烷时，首先将一个 2s 电子激发到 $2p_z$ 轨道，这时外层的电子构型为 $2s^1 2p_x^1 2p_y^1 2p_z^1$。这四个轨道经过线性组合，得到 4 个能量相同、方向性更强，每个轨道上有一个电子的杂化轨道。

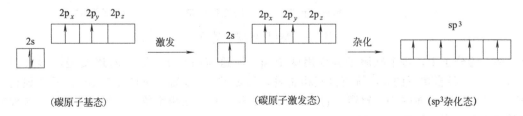

（碳原子基态） （碳原子激发态） （sp³杂化态）

这种由碳原子的 1 个 2s 轨道和 3 个 2p 轨道杂化形成的轨道称为 sp³ 杂化轨道，见图

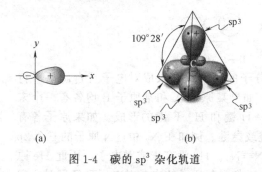

(a)　　　　(b)

图1-4　碳的 sp³ 杂化轨道

1-4（a）。与未杂化的 s 轨道或 p 轨道相比，sp³ 杂化轨道在成键时能够更有效地重叠，生成的共价键更加稳定。sp³ 杂化轨道的对称轴之间的夹角为 109°28′，分别指向四面体的四个顶点。见图1-4（b）。

由于杂化轨道具有更强的方向性，在形成共价键时必须按最大程度的轨道重叠方式，从而决定了共价键的方向性。一个原子能形成共价键的数目取决于未配对的电子数目，即前述的共价键的饱和性。在形成甲烷分子时，四个氢原子分别沿着四个 sp³ 杂化轨道的对称轴方向接近碳原子，氢的 1s 轨道与碳的 sp³ 杂化轨道最大限度重叠，生成四个等同的 C—H 键，且彼此的夹角为 109°28′。

我们所熟悉的氨分子和水分子中，N 和 O 原子也采取 sp³ 杂化。在氨分子中，3 个 H 原子的 s 轨道与 3 个 sp³ 杂化轨道形成 3 个 N—H σ 键，剩下的一个 sp³ 轨道填充两个电子，形成共价键，这一对电子称之为未共享电子对。由于未共享电子对只受一个原子核的吸收束缚，所占据的 sp³ 轨道较其他三个 sp³ 轨道稍大。受未共享电子对的压缩作用，三个 N—H 键的键角变小，为 106°46′。而在水分子中，氧的两个 sp³ 杂化轨道分别与两个氢的 1s 轨道重叠，形成两个 O—H 共价键，另外两个 sp³ 杂化轨道分别填充一对电子。受这两对未共享电子对的挤压，两个 O—H 键的键角继续变小，为 104°27′。

② sp² 杂化——乙烯的结构。在乙烯分子中，碳原子采取的是 sp² 杂化。首先，碳的外层电子构型经激发变为 $2s^1 2p_x^1 2p_y^1 2p_z^1$，然后一个 s 轨道与两个 p 轨道杂化，形成三个能量相同，方向性更强的 sp² 杂化轨道。

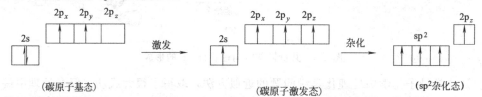

（碳原子基态）　　　　　　　　　（碳原子激发态）　　　　　　　　　（sp²杂化态）

三个 sp² 杂化轨道彼此夹角为 120°，三个杂化轨道的对称轴位于同一平面上，垂直于该平面的还有剩余的 $2p_z$ 轨道，见图1-5（a）和图1-5（b）。

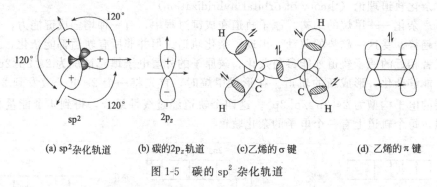

(a) sp²杂化轨道　　(b) 碳的2p_z轨道　　(c)乙烯的σ键　　(d) 乙烯的π键

图1-5　碳的 sp² 杂化轨道

在乙烯分子中，每个碳原子分别用两个 sp² 轨道与两个 H 的 1s 轨道交盖，形成四个 C—H σ 键，各自剩下的 sp² 轨道再互相重叠，形成 C—C σ 键，见图1-5（c）。每个碳还有垂直于分子所在平面的 $2p_z$ 轨道，它们以"肩并肩"方式互相重叠，见图1-5（d）。这种方式形成的键较弱，称为"π 键"。

在三氟化硼分子中硼原子也采用 sp² 杂化，只不过剩下的 2p_z 轨道为空轨道，有接受电子的倾向，因此 BF₃ 是一个 Lewis 酸（详见 1.5 节），三个 B—F 键位于同一平面，彼此之间夹角为 120°。

③ sp 杂化——乙炔的结构。乙炔分子为线形分子。碳原子用一个 s 轨道和 p 轨道进行杂化，形成两个能量相同的 sp 杂化轨道。

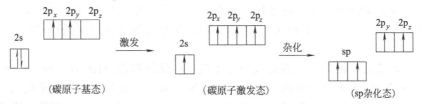

两个 sp 杂化轨道位于同一直线上，见图 1-6（a），而剩下的两个 p 轨道垂直于 sp 轨道且互相也是垂直的，见图 1-6（b）。

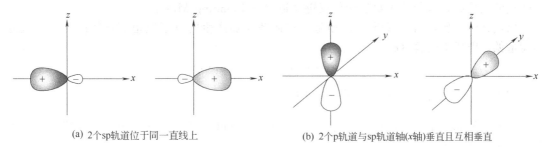

(a) 2个sp轨道位于同一直线上　　　　(b) 2个p轨道与sp轨道轴(x轴)垂直且互相垂直

图 1-6　碳的 sp 杂化轨道

碳的两个 sp 杂化轨道与两个 H 的 s 轨道形成两个 s-sp C—H σ键，两对 p 轨道再重叠形成两个互相垂直的 π键。见图 1-7。

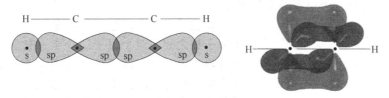

图 1-7　乙炔的成键情况

氯化铍分子中铍原子也采取 sp 杂化，铍原子的两个 sp 轨道分别与氯原子的 2p 轨道重叠，生成两个等同的 Cl—Be 键。BeCl₂ 分子也是一个线形分子。

（4）分子轨道理论初步　价键法是在总结了大量化合物的性质、反应，并结合了量子力学对原子及分子的研究成果而发展起来的。其优点是比较形象，容易接受，在认识化合物的结构与性能的关系上起了指导作用。然而价键法只能用来表示两个原子相互作用而形成的共价键，存在明显的局限性。例如，按照价键法，氧分子在形成后所有电子配对，应呈反磁性，而实际上却具有顺磁性。又如对于 CH₂ =CH—CH =CH₂ 等有单、双键交替出现的有机共轭分子，由多原子形成的共价键（大 π键）也无法解释。此外，经典价键理论的计算也比较困难。这种情况下，分子轨道法受到重视而得到发展，对上述问题可以进行比较满意的解释。

分子轨道理论是从分子的整体出发去研究分子中每一个电子的运动状态，认为原子互相结合形成分子后，电子不再属于某个原子轨道，而是在整个分子轨道中运动。通过 Schrödinger 方程的解，可以求出描述分子中的电子运动状态的波函数 ϕ，ϕ 称为分子轨道，

每一个分子轨道 ϕ 有一个确定的能量 E，E 近似地表示在这一轨道上的电子的电离能。

分子轨道理论还认为，组成分子轨道的原子轨道，应符合能量相近、对称性相同，而且最大程度重叠等原则。电子在填充分子轨道时也遵守能量最低原理、Pauli 原理和 Hund 规则。能量接近是指组成分子轨道的原子轨道的能量应尽量接近才更有效。电子云最大重叠意味着原子轨道在重叠时应具有一定的方向，才能使重叠最大有效，从而组成较强的键。对称性相同则是形成化学键最为关键的条件。只有位相相同的原子轨道重叠时才能使核间的电子云密度增大。位相不同的原子轨道对称性不同，重叠时使核间的电子云密度变小，不能成键。

描述分子轨道的波函数 ϕ 可近似地用原子轨道的线性组合（linear combination of atomic orbitals, LCAO）来表示。例如：两个原子轨道可以线性组合成两个分子轨道，其中一个比原来的原子轨道的能量低，叫成键轨道（bonding MO，由符号相同的两个原子轨道的波函数相加而成），另一个是由符号不同的两个原子轨道的波函数相减而成，其能量比两个原子轨道的能量高，这种分子轨道叫作反键轨道（antibonding MO）。

以氢分子为例，两个氢原子 1s 轨道的波函数相加产生的分子轨道能量较孤立原子轨道的能量低，即成键轨道（σ）。

$$\Psi_{\text{bonding}} = c_a \phi_a(1s) + c_b \phi_b(1s)$$

式中，c_a、c_b 为归一化条件所需的系数，$c_a = c_b = \dfrac{1}{\sqrt{2}}$。

若两个氢原子 1s 轨道的波函数相减产生的分子轨道能量较孤立原子轨道的能量有所上升，成为反键轨道（σ^*）。

$$\Psi_{\text{antibonding}}^* = c_a \phi_a(1s) - c_b \phi_b(1s)$$

同样，按照归一化，$c_a = \dfrac{1}{\sqrt{2}}$，$c_b = \dfrac{1}{\sqrt{2}}$。

氢分子的分子轨道及电子填充见图 1-8。

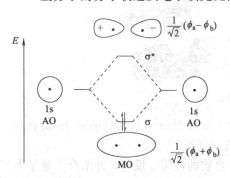

图 1-8　氢分子的分子轨道及电子填充

在成键轨道中，电子云密度最大的地方出现在两个原子核之间，两个原子结合在一起形成分子；而在反键轨道中，两个原子核之间的电子云密度降低，使两个原子相互排斥，不能生成稳定的分子。每一个分子轨道最多只能容纳两个电子，且自旋方向相反。电子填充分子轨道时，首先占据能量最低的分子轨道。例如乙烯在基态时，两个 π 电子位于成键轨道中，只有当吸收能量（量子化的）后才可以使电子激发跃迁到反键轨道中。

虽然分子轨道理论对共价键的描述更为确切，但由于价键理论对定域的描述比较浅显直观，易于被人理解接受，因此在有机化学中价键理论仍占有重要的地位。在用分子轨道理论处理有机化合物的结构时，一般采用 σ 键和 π 键分开的方式，即 σ 键部分用价键法描述，π 键部分用分子轨道理论处理。例如对乙烯分子的处理，σ 键部分的形成见图 1-5（c），而 π 键用分子轨道理论进行讨论，即两个碳原子上未参与杂化的 $2p_z$ 轨道经过线性组合得到两个分子轨道，一个是成键轨道（π），一个是反键轨道（π^*），见图 1-9。在成键分子轨道中填充两个电子，而反键轨道则为空轨道。

对于分子轨道理论，这里不做深入介绍，同学们只要了解这一理论的基本内涵就行了。

（5）有机化合物结构式书写方式　如前所述，常采用两种方式书写有机化合物的结构，

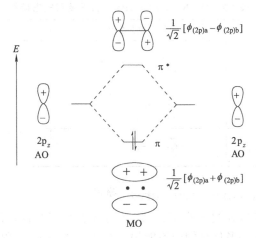

图 1-9 乙烯分子中的 π 键

即 Lewis 结构式（电子式）和 Kekülé 结构式。用短横 "—" 表示共价键的一对电子，双键和叁键分别记作 "═" 和 "≡"，如表 1-1 所示。

表 1-1 Lewis 结构式和 Kekülé 结构式

Lewis 结构式	Kekülé 结构式	Lewis 结构式	Kekülé 结构式
H∵C∷C∵H（带H）	C=C（带H）	C∷O（带H）	C=O（带H）
H:C∷∷C:H	H—C≡C—H	H:O: C:C:O:H	H—C—C—O—H

以 Kekülé 结构式表示共价键结构时，氧、氮、卤素等杂原子上的未成键的电子对（孤对电子）常可省略。

思考题

1-1 试写出硝基甲烷（CH_3NO_2）、甲醇（CH_3OH）以及异乙腈（CH_3NC）的 Kekülé 结构式以及 Lewis 电子结构式。

在书写结构式时，每个原子周围电子数应符合八隅体规则。共价键的一对电子为两个原子共享。按此原则，若某原子上所分得的电子数超过原来的电子数，则该原子带负电荷，若少于原来的电子数，则该原子带正电荷。这样得到的电荷称为该原子的形式电荷（formal charge）。例如：

$$H:\overset{H}{\underset{H}{C}}{}^{+} \quad 或 \quad H—\overset{H}{\underset{H}{C}}{}^{+}\qquad H:\overset{H}{\underset{H}{C}}{}^{-} \quad 或 \quad H—\overset{H}{\underset{H}{C}}{}^{-}$$

一个分子或离子中所有原子的形式电荷的代数和应等于该分子或离子的电荷数。根据这一原则我们可对有机化学中所含的 O、N、C 原子的结合方式及形式电荷数进行总结，如表 1-2 所列。

表 1-2　O、N、C 原子的结合方式及形式电荷数

形式电荷数 +1	形式电荷数 0	形式电荷数 −1
—C⁺— —C⁺ ≡C⁺	—C— —C ≡C—	—C⁻ —C⁻ ≡C⁻
—N⁺— —N⁺— ≡N⁺—	—N— —N— ≡N:	—N⁻ —N⁻
—O⁺— —O⁺	—O— —O	—O⁻

1.2.3　共振论（resonance structure）简介

大部分有机化合物可以通过一个 Kekülé 结构式表示其结构，例如甲烷、乙烷、乙烯、乙炔、甲醇等。然而还有许多化合物却不能用一个单一的 Kekülé 结构式表示。例如硝基甲烷（CH_3—NO_2），它的一个 Kekülé 结构式如下：

$$CH_3—N^+(=O)(O^-)$$

在这个结构中有一个 N—O 单键和一个 N＝O 双键。但实验证明，在硝基甲烷分子中并不存在两种氮-氧键，它们的长度都是 1.22 Å。又如乙酸根，两个碳-氧键实际上也是完全等同的，并无单双键之分，负电荷也不是固定在某一个氧原子上。

$$H_3C—C(=O)(O^-) \qquad H_3C—C(—O^-)(=O)$$

显然，上述 Kekülé 结构式不能体现硝基甲烷以及乙酸根的真实结构。为解决某些分子、离子或自由基的结构不能用单一 Lewis 结构式或者 Kekülé 结构式正确描述的问题，L. Pauling 于 1931 年又创立了共振理论。按照该分子结构理论，对于不能用单一经典的结构式表示的分子或离子，可以通过两个或多个经典的结构式组合来描述，称为共振式或共振贡献结构（resonance structure，又称极限式或正则结构）。

一个分子或离子的共振结构是指两个或两个以上具有相同的原子键连顺序，不同的电子排列位置的共振的杂化体。分子或离子的真实结构介于这几个经典的结构式之间，称为它们的共振杂化体。

例如乙酸根的结构可用下列两个共振式的共振杂化体表示：

$$\left[H_3C—C(=O)(O^-) \longleftrightarrow H_3C—C(O^-)(=O) \right] \equiv H_3C—C(O^{1/2})(O^{1/2})$$

共振式　　　　　　共振杂化体

双箭头 "⟷" 是共振符号，它表示乙酸根是一个具有两个经典结构特征的单一离子。也就是说乙酸根是这两个共振式的共振杂化体，其中任何一个经典结构都不能反映乙酸根的真实结构。为简化起见，分子或离子的真实结构可用共振杂化体表示。共振杂化体具有上述结构总和的特征，其能量比其中任何一个经典结构式都低。但没有任何一个共振结构可以单独地表示该分子，各个共振结构也都不能单独存在。

乙酸根的两个共振式是相同的，它们对共振杂化体的"贡献"也是一样的。共振杂化体中，每个氧原子都带 1/2 的负电荷，两个碳-氧键既不是单键，也不是双键，而是介于单键

与双键之间的两个完全相同的键。

书写分子或离子的共振结构时应注意如下几点：第一，各经典结构式中所有的原子的相对位置保持不变，彼此间只有电子的排布不同。第二，共振式之间用双箭头"⟷"连接。另外可使用双钩弯箭头表示电子对的移动。例如在上述乙酸根的两个共振式中，一对电子从一个氧原子移向另一个氧原子，同时导致负电荷移动。第三，各经典结构式中，已配对以及未配对的电子数目保持不变。例如：

$$\left[\; H_2C \!=\! \overset{H}{\underset{}{C}}\!-\!\overset{\cdot}{C}H_2 \;\longleftrightarrow\; H_2\overset{\cdot}{C}\!-\!\overset{H}{\underset{}{C}}\!=\!CH_2 \;\right]$$

而下面的共振方式是错误的：

$$\left[\; H_2C \!=\! \overset{H}{\underset{}{C}}\!-\!\overset{\cdot}{C}H_2 \;\;\not\longleftrightarrow\;\; H_2\overset{\cdot}{C}\!-\!\overset{H}{\underset{}{\overset{\cdot}{C}}}\!-\!\overset{\cdot}{C}H_2 \;\right]$$

一个分子或离子的若干经典共振结构式若具有不同的能量，则对共振杂化体的贡献不同。能量较低的共振式对共振杂化体的贡献较大，它在杂化体中所占概率较大，称为主共振结构（major contributor），而能量较高者则贡献较小，称为次共振结构（minor contributor）。真实的结构接近于主共振结构式，因此常使用主共振结构式作为该分子或离子的构造式。例如：

$$\left[\; H\!-\!\overset{H}{\underset{H}{C}}\!-\!\overset{\cdot\cdot}{\underset{\cdot\cdot}{O}}\!-\!\overset{+}{C}\!\overset{H}{\underset{H}{<}} \;\longleftrightarrow\; H\!-\!\overset{H}{\underset{H}{C}}\!-\!\overset{+}{\underset{\cdot\cdot}{O}}\!=\!C\!\overset{H}{\underset{H}{<}} \;\right] \qquad \left[\; H\!\overset{H}{\underset{H}{N}}\!-\!\overset{+}{C}\!\overset{H}{\underset{H}{<}} \;\longleftrightarrow\; H\!\overset{+}{\underset{H}{N}}\!=\!C\!\overset{H}{\underset{H}{<}} \;\right]$$

次共振结构　　　　　　　　主共振结构　　　　　　　　次共振结构　　　　主共振结构

可根据以下原则判断在所有共振结构式中何者为主共振结构。①共价键数目多、拥有最多八电子结构的共振式。所有原子都能达到八隅体结构且没有正负电荷分离的经典共振式常具有较低的能量，因而是贡献较大的共振杂化体。②电荷优先处于与其电负性一致的原子上。不遵守该原则的电荷分离极限结构通常是不稳定的，因而贡献很小。③含有电荷分离的极限结构比没有电荷分离的贡献小。

当同时有几种电荷分离的共振式结构符合八隅体时，最稳定的形式是电荷分离和分子中组成原子的相对电负性最匹配者。例如，在重氮甲烷中，由于氮的电负性大于碳原子，式Ⅰ是主共振结构。

$$\overset{H}{\underset{H}{>}}\overset{-}{C}\!=\!\overset{+}{N}\!=\!\overset{-}{N}\!: \quad\longleftrightarrow\quad \overset{H}{\underset{H}{>}}\overset{\cdot\cdot}{C}\!-\!\overset{+}{N}\!\equiv\!N\!: $$

Ⅰ　　　　　　　　　　　Ⅱ
主要　　　　重氮甲烷　　　次要

1-2 写出下列分子或离子的共振结构式，指出何者是主共振结构式。

(a) HCOOH　　　(b) $H_2C\!=\!CH\!-\!NO_2$　　　(c) $H_3C\!-\!\overset{O}{\overset{\|}{C}}\!-\!\overset{\cdot}{\underset{H}{C}}\!-\!\overset{O}{\overset{\|}{C}}\!-\!CH_3$

1.3 共价键的基本属性

最能表示某物质基本属性和状况的物理量，称之为该物质的参数。除了方向性和饱和性外，键长、键角、键能以及键的极性和极化，都是共价键的重要属性，是反映共价键性质的重要物理量。

1.3.1 键长

在成键的两原子间，存在着一定的吸引力和排斥力，使它们的核间距离保持在一定的范围之内，其平均值称为键长（bond length）。键长通常由 X 衍射（对于固体分子）、电子衍射（气体分子）及其他波谱实验测得，也可进行量子化学理论计算。但复杂分子中键长的计算很困难，主要由实验测定。键长的单位常采用 nm、pm 或 Å（1Å＝0.1nm）。同一种键的键长，例如羰基（C＝O）的键长，随分子不同而异，通常的数据是一种统计平均值。键长的大小与原子的大小、原子核电荷有关。

由于各个原子的 van der Waals 半径不相同，所以共价键的键长与形成共价键的原子以及杂化状态和化学键的性质（单键、双键、叁键、键级、共轭）等因素有关。构成的共价键的原子在分子中不是孤立的，而是相互影响的。同一类型的共价键的键长在不同的化合物中可能稍有差别。例如下列化合物中的 C—C 单键键长：

$$CH_3—CH_3 \quad CH_3—CH=CH_2 \quad CH_3—C≡CH$$
$$1.54 \text{ Å} \qquad 1.51 \text{ Å} \qquad 1.46 \text{ Å}$$

共价键的键长在饱和化合物中变化很小。例如不同类型的化合物中，H—C 键键长都接近 1.09 Å：

$$H—CH_3 \quad H—C_2H_5 \quad H—CH_2Cl \quad H—CH_2OH$$
$$1.091 \text{ Å} \quad 1.107 \text{ Å} \quad 1.110 \text{ Å} \quad 1.096 \text{ Å}$$

有机化合物中常见的键长及键型见表 1-3。

表 1-3 键型与键长（平均值）

键型		键长/Å	典型化合物
C—H	sp^3-s	1.09	甲烷
	sp^2-s	1.08	乙烯,苯
	sp-s	1.08	乙炔,HCN
C—C	sp^3-sp^3	1.54	乙烷
	sp^3-sp^2	1.51	乙醛
	sp^3-sp	1.47	丙炔
	sp^2-sp^2	1.48	丁二烯
	sp^2-sp	1.43	丙烯腈($CH_2=CH—C≡N$)
	sp-sp	1.38	丁二炔
C—N	sp^3-N	1.47	甲胺
	sp^2-N	1.38	甲酰胺
C＝N	sp^2-N	1.28	肟,亚胺
C≡N	sp-N	1.14	HCN

键型		键长/Å	典型化合物
C═C	sp²-sp²	1.33	乙烯
C≡C	sp-sp	1.18	乙炔
C—O	sp³-O	1.43	乙醇
	sp²-O	1.34	甲酸
C═O	sp²-O	1.21	甲醛,甲酸
	sp-O	1.16	CO_2
C—F	sp³-F	1.40	CH_3F
C—Cl	sp³-Cl	1.79	CH_3Cl

1.3.2 键角

键角（bond angle）是指多原子分子中原子核的连线的夹角，它也是描述共价键的重要参数。键角的测定方法与键长是一样的。键角不像键长和键能，在不同的分子中有可能有较大的差别。例如，根据化学键的形成方式我们可以预测，sp^3 杂化的碳形成的化学键键角为 $109°28'$。但这只是在成键的四个原子或基团完全相同时的情形，例如甲烷、四氯化碳、新戊烷等，而在其他分子内会发生偏离。例如，在 2-溴丙烷（CH_3—$CHBr$—CH_3）中 C—C—Br 的键角为 $114.2°$。sp^2 杂化和 sp 杂化的碳键角理想值分别为 $120°$ 及 $180°$，在实际情况中也会有一定的偏离。

键角的大小影响分子的许多性质，例如分子的极性，从而影响其溶解性、熔点、沸点等。键长与键角决定分子的立体形状。常见的 C、O、N、S 成键的键角见表 1-4。

表 1-4 含 C、O、N、S 原子的常见键角 θ

原子	键角	化合物	原子	键角	化合物
H—O—H	$104°27'$	H_2O	C—N—H	$112°$	甲胺
C—O—H	$107°\sim109°$	甲醇	H—S—H	$92.1°$	H_2S
C—O—C	$111°43'$	二甲醚	C—S—H	$99.4°$	甲硫醇
C—O—C	$124°\pm5°$	二苯醚	C—C—C	$111.7°$	丙烷
H—N—H	$106°$	甲胺	Cl—C—Cl	$111.8°$	二氯甲烷

1.3.3 键能

键能（bond energy）是表征化学键强度的物理量。使某一化学键裂解成两个自由基的能量称为该键的离解能，记作 D（dissociation energy）。例如 $H_2O \longrightarrow HO\cdot + \cdot H$，$D$ 为 494kJ/mol，$H—O\cdot \longrightarrow H\cdot + \overset{\cdot\cdot}{\underset{\cdot\cdot}{O}}:$，$D$ 为 418kJ/mol。键能一般指在 101.3kPa 和 298K 下将 1 mol 气态分子拆开成气态原子时每个键所需能量的平均值，用 E 表示。在水分子中，两个 O—H 键的离解能的平均值为 456kJ/mol，即为水分子中 O—H 键的键能。显然对双原子分子，键能就是离解能，即 $D = E$。

对于甲烷分子，$CH_4 \longrightarrow \overset{\cdot\cdot}{\underset{\cdot}{C}} + 4H\cdot$，共需 1644kJ/mol（0K）。因此甲烷中的 $E =$ (1644/4)kJ/mol＝411kJ/mol（0K）。键能与键离解能都是很重要的数据，根据它们的大小可以预测键的稳定性，对于相同类型的化学键，键能越大则越稳定。常见化学键键能见表 1-5。

表 1-5　某些重要类型化学键的键能（25℃）

键	键能/(kJ/mol)	键	键能/(kJ/mol)
C—H	413	C—Br	275
N—H	391	C—I	220
O—H	463	C—S	255
S—H	340	C≡C	835
C—C	346	C=C	610
C—N	305	O—O	143
C—O	326	C≡N	854
C—F	485	C=N	598
C—Cl	330	C=O	728

1.3.4　键的极性

　　如果由两个相同的原子形成化学键，则电子云就会在两个原子间对称分布。这时正电荷与负电荷的中心完全重合。这种化学键称作非极性共价键。H_2 的 H—H、Cl_2 的 Cl—Cl 以及乙烷分子中的 C—C 键都是非极性共价键。如果成键的原子不同，则由于电负性不同，正负电荷不再重合。在电负性大的原子周围，电子云密度更大些。这种键称为极性共价键。在有机化学中，常用 δ^+ 与 δ^- 分别代表电子云较小及较大的一端。

　　例如，羰基 $\overset{\delta^+}{C}=\overset{\delta^-}{O}$ 以及键 $\overset{\delta^+}{H}—\overset{\delta^-}{F}$、$\overset{\delta^-}{O}—\overset{\delta^+}{H}$ 等。常见元素的电负性见表 1-6。

表 1-6　有机分子中常见元素的电负性（χ）相对值（Pauling 标度）

元素	电负性	元素	电负性
F	3.98	P	2.19
O	3.44	H	2.18
Cl	3.16	B	2.04
N	3.04	Si	1.90
Br	2.96	Mg	1.31
S	2.58	Li	0.98
I	2.66	Na	0.93
C	2.55	K	0.82

　　键极性的大小可用键的偶极矩（dipole moment）度量，记作 μ，单位为 Debye（D，$1D = 3.33564 \times 10^{-30} C \cdot m$）。偶极矩 μ 等于电荷中心所带电量 q 与正负电荷中心间的距离 d 的乘积。

$$\mu = qd$$

　　μ 是一个向量，常用符号 ↦ 表示，方向是从正指向负。很显然，双原子分子的偶极矩就是键偶极矩。而多原子分子的偶极矩是所有共价键偶极矩的矢量和。例如，尽管 C—Cl 是极性键，$\mu = 2.3D$，但由于四氯化碳的对称分布，整个分子的偶极矩为零。

　　$\mu = 0$ 的分子为非极性分子，而 $\mu \neq 0$ 的分子则为极性分子。常见的共价键的偶极矩见

表1-7，这些数值是根据大量分子偶极矩计算得到的平均值。

表1-7 某些共价键的偶极矩

键	偶极矩/D	键	偶极矩/D
H—C	0.3	C═O	2.4
H—N	1.3	C═N	1.4
H—O	1.5	C≡N	3.6
H—S	0.7	H—F	1.4
C—N	0.4	H—Cl	1.1
C—O	0.7	H—Br	0.8
C—Cl	2.3	H—I	0.4

分子的极性对分子的化学反应性以及熔点、沸点、溶解度等物理性质都有重要的影响。

思考题

1-3 判断下列分子哪些是极性分子，哪些是非极性分子。

(a) $CHCl_3$　(b) H_2C═CH_2　(c) CO_2　(d) NH_3　(e) 　(f)

1.3.5 共价键的极化

形成共价键的电子都有一定的流动性。在外加电场的作用下，共价键中正负电荷的中心会发生改变，从而使键的极性发生改变。即通过电场诱导产生一瞬时偶极。这种在外加电场的作用下共价键极性改变的现象称为键的极化（bond polarizability）。键极化的程度反映外加电场对共价键影响的程度，常用键的可极化率（polarizability）表示。有机化合物中 π 键比 σ 键受原子核的束缚小，更容易受外加电场的影响而改变其极性。分子的可极化率是一种非常重要的现象。离子型分子在其周围能够产生较大的电场，进而诱导相邻的分子改变共价键的极性，影响反应的活性。

注意共价键的极化与偶极矩是两个不同的概念。偶极矩是共价键（分子）固有的性质，与成键的两个原子的电负性有关，而键的极化只是在外加电场的作用下才表现出来。外加电场消失，键的极化也随之消失。在同一族中，原子半径越大，价电子受原子核的束缚越小，越容易受外加电场的影响。例如，碳-卤键可极化率的大小次序为：C—I＞C—Br＞C—Cl＞C—F；而其键的极性大小（偶极矩）次序则正好相反：C—I＜C—Br＜C—Cl＜C—F。

1.4 共价键的断裂及有机反应分类

有机化合物中主要的化学键是共价键。从本质上讲，有机化学反应就是反应物之间化学键的重新组合，包括旧键的断裂及新键的形成。我们可以根据键的断裂及形成的方式，将有机化学反应大致分为三类。

1.4.1 键的异裂——离子型反应

共价键在断裂时，形成键的一对电子留在原成键的一个原子上。这种断裂方式称为异裂（heterolytic fission），这种反应即为离子型反应（ionic reactions）。根据反应试剂的不同，离子型反应包括亲电反应与亲核反应。在反应中接收一对电子从而形成新的化学键的试剂称为亲电试剂（electrophile）。例如，溴对乙烯的加成，溴就是亲电试剂。这是一个亲电加成反应。习惯上将在反应中与试剂作用的反应物称为底物（substrate）。这里，乙烯被溴进攻，是反应的底物。底物与试剂是相对的。一般把能够转化为反应产物的有机化合物称为底物，而无机反应物及"较小"的反应物则被看作是试剂。

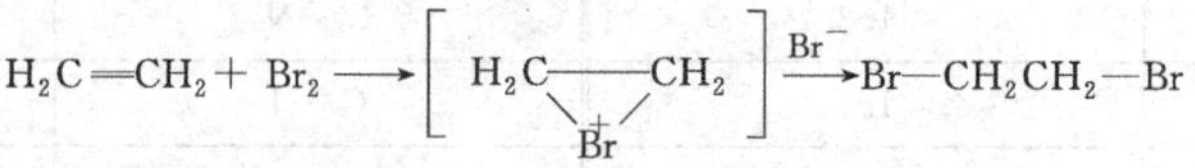

$$H_2C\!=\!CH_2 + Br_2 \longrightarrow \left[\begin{matrix} H_2C\!-\!\!-\!CH_2 \\ \overset{+}{\underset{Br}{}} \end{matrix} \right]^{Br^-} \!\!\!\longrightarrow Br\!-\!CH_2CH_2\!-\!Br$$

底物　亲电试剂　　　　中间体　　　　　　产物

若在反应中试剂提供一对电子而形成新的化学键，则称为亲核试剂（nucleophile）。例如，在氯苄的水解中，水就是亲核试剂。这是一个亲核取代反应。

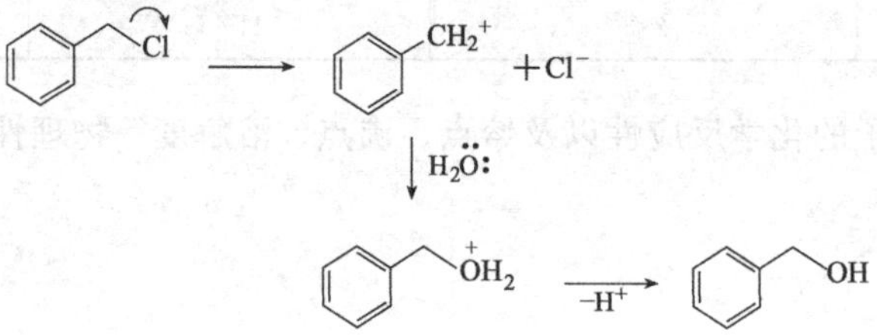

可以看出，反应物中有亲电性能的，就有亲核性能组分的存在。大部分有机化学反应以及试剂已经有约定俗成的叫法。

1.4.2　键的均裂——自由基反应

化学键在断裂时，成键的一对电子分别在成键的原子（团）上各分配一个，从而形成两个各带有一个未成对电子（unpaired electron）的自由基，即为键的均裂（homolytic fission）。反应中涉及自由基的产生，称为自由基反应。例如，在光照条件下甲苯生成氯苄的反应（以单钩弯箭头⌒表示转移一个电子）。

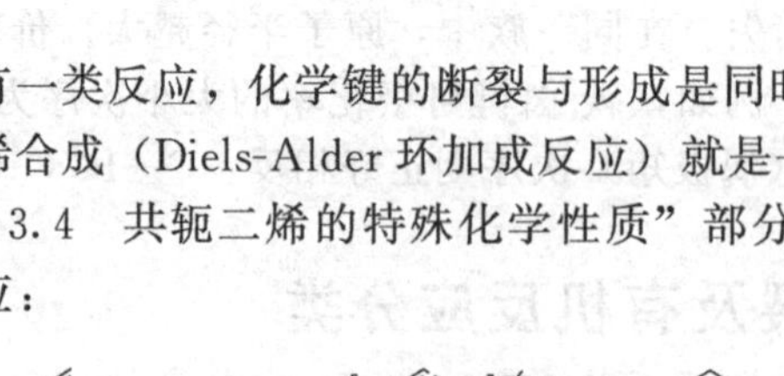

1.4.3　协同反应

在有机化学反应中还有一类反应，化学键的断裂与形成是同时发生的，反应中没有上述离子或自由基的产生。双烯合成（Diels-Alder 环加成反应）就是一种重要的协同反应（concerted reaction），将在"4.3.4　共轭二烯的特殊化学性质"部分专门讨论。例如丁二烯与乙烯反应形成环己烯的反应：

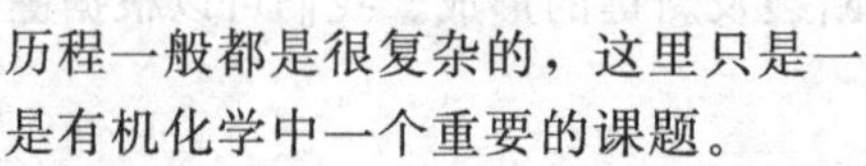

当然，具体的有机反应历程一般都是很复杂的，这里只是一个大致的概括。深入了解有机反应进行的过程（历程）是有机化学中一个重要的课题。

有机化学反应方程式一般不要求配平，产生的无机小分子也通常忽略，以 A＋B ⟶ C＋D 的形式表示。加热、光照、溶剂、压力、反应时间等条件以及认为是"试剂"的反应物等可置于箭头的上方或下方。例如：

$$CH_3(CH_2)_2—C≡C—(CH_2)_2CH_3 \xrightarrow[\text{(2)NH}_4\text{Cl}]{\text{(1)Li,C}_2\text{H}_5\text{NH}_2,-78\,℃}}$$

$$CH_3(CH_2)_2 \underset{H}{\overset{}{\diagup}} C=C \underset{(CH_2)_2CH_3}{\overset{H}{\diagup}}$$
(52%)

在书写有机化学反应方程式时，常用"$\rightleftharpoons$"表示可逆反应、"$\equiv$"表示等同于、"$\longrightarrow$"以及"$\longrightarrow \longrightarrow$"表示多步骤反应过程。"$\rightharpoonup$"用来表示反应物与产物之间构型的反转。前面我们还引入了表示共振的符号"$\longleftrightarrow$"。请根据情况正确使用它们。

许多有机反应常冠以人名，称为人名反应（named reactions），以纪念该反应的发明者或者对该反应进行了深入系统研究的科学家。例如前述 Diels-Alder 环加成反应就是用发现该反应的两位德国化学家的名字命名的。

1.5 有机化学中的酸碱概念

有机反应中有许多酸碱反应。在有机反应中应用最多的，也是最重要的是 Brønsted-Lowry 提出的酸碱质子理论和 Lewis 酸碱电子理论。熟悉有机酸碱概念有助于正确理解有机反应。

1.5.1 Brønsted-Lowry 酸碱理论

丹麦的 J. N. Brønsted（1879—1947）和英国的 T. M. Lowry（1874—1936）分别提出了酸碱质子理论，称为 Brønsted-Lowry 酸碱理论。该理论认为，凡能给出质子（H^+）的物质都是酸，能接受质子的物质都是碱。也就是说酸是质子的给予体，碱是质子的接受体。

Brønsted-Lowry 酸碱质子理论揭示了酸与碱两者相互转化和相互依存的关系。酸释放出质子后剩余的部分，即产生的酸根，称为该酸的共轭碱（conjugate base）。碱接受质子后变为酸，称为该碱的共轭酸（conjugate acid）。酸越强，其共轭碱越弱；同样，碱越强，其共轭酸越弱。在酸碱反应中平衡总是有利于由较强的酸和较强的碱生成较弱的酸和较弱的碱。

$$\underset{酸}{HCl} + \underset{碱}{H_2O} \rightleftharpoons \underset{共轭碱}{Cl^-} + \underset{共轭酸}{H_3O^+}$$
（较 H_2O 弱的碱）（较 HCl 弱的酸）

$$\underset{酸}{H_2SO_4} + \underset{碱}{(C_2H_5)_2O} \rightleftharpoons \underset{共轭碱}{HSO_4^-} + \underset{共轭酸}{(C_2H_5)_2\overset{+}{O}H}$$
[较$(C_2H_5)_2O$ 弱的碱]（较 H_2SO_4 弱的酸）

酸碱的概念是相对的。某一分子或离子在某一反应中表现为酸，在另一反应中也可能为碱。化合物的酸性强度通常用酸在水中的离解常数 K_a 或其负对数 pK_a 表示。K_a 值越大或 pK_a 越小，酸性越强，这也意味着在同一浓度下，离解的能力较强。一般 $K_a>1$ 或 $pK_a<0$ 为强酸；$K_a<10^{-4}$ 或 $pK_a>4$ 为弱酸。

同样，化合物的碱性强度可用碱在水中的离解常数 K_b 或其负对数 pK_b 表示。K_b 越大或 pK_b 越小，碱性越强。另外，也可用碱的共轭酸的酸离解常数 K_a 或其负对数 pK_a 表示。但需要注意的是，pK_a 值越大，碱性越强。

由于 K_a 与 K_b 的乘积是一常数，较强的酸即代表较弱的共轭碱；较弱的酸，则代表较强的共轭碱。用 K_w 表示 $[H_3O^+][OH^-]$，称为水的离子积。在一定温度下，水中的 $[H_3O^+]$ 与 $[OH^-]$ 的乘积为一常数。24℃时 K_w 值为 $1.0×10^{-14}$。因此，在水溶液中，酸的 pK_a 与其共轭碱的 pK_b 之和为 14。例如，盐酸的 $pK_a=-7$，为强酸，其共轭碱 Cl^- 的 $pK_b=21$，为弱碱。乙酸的 $pK_a=4.76$，为弱酸，其共轭碱乙酸根 $CH_3CO_2^-$ 的 $pK_b=$

9.24，为强碱。

1-4 试按由强到弱的顺序，排列下列化合物或离子的酸性强度。

CH_3COOH H_2O NH_3 CH_4 HF H_3O^+

1-5 试按由强到弱的顺序，排列下列化合物或离子的碱性强度。

CH_3COO^- CH_3^- NH_2^- F^- OH^- H_2O

1.5.2 Lewis 酸碱理论

Brønsted 质子酸碱理论有一定的局限性，只适用于包含质子转移的反应。G. N. Lewis 从化学键理论出发，提出了一个适用面更广的酸碱理论，称为 Lewis 酸碱理论。按照 Lewis 的酸碱定义，酸是能接受一对电子形成共价键的物质，碱是能够提供一对电子而形成共价键的物质。换句话说，酸是电子对的接受体，而碱则是电子对的给予体。

凡是缺电子的分子、原子和正离子等都属于 Lewis 酸。例如，BF_3 分子中的硼原子，其外层只有六个电子，可以再接纳一对电子以达到稳定的八隅体电子结构，因此 BF_3 是一个 Lewis 酸。Lewis 酸通常是一些具有空轨道的物质。因此，在有机反应中，除质子外，还包括一些金属正离子、碳正离子、缺电子的化合物，即能表现为亲电试剂的物质，都是 Lewis 酸。H^+、Ag^+、BF_3、$AlCl_3$、$SnCl_4$、$ZnCl_2$、$FeCl_3$ 等都是常见的 Lewis 酸。

Lewis 碱通常是具有孤对电子的化合物和含有 π 电子的不饱和化合物。前者如醇、胺、醚、硫醇、硫醚等，后者如烯烃、芳烃等。RO^-、RS^-、OH^-、R_2N^-、卤素负离子等，也能提供电子对，属于 Lewis 碱。因此，Lewis 碱通常是能表现为亲核试剂的物质。

Lewis 酸与 Lewis 碱可以反应，生成的产物称为配合物或加合物。例如 Lewis 酸三氟化硼能与氨或硫醚这样的 Lewis 碱结合。

软硬酸碱理论虽然得到了广泛重视，对其定量标度有许多研究，但迄今缺乏统一的标准。一般按照软硬酸碱理论进行大致的分类。普通化学中对此已有介绍，这里不再赘述。

1-6 下列哪些化合物能与 $AlCl_3$ 结合？

甲烷 Br_2 乙醚 Cl^-

1.6 分子间力

原子通过化学键（共价键、离子键、金属键）相互结合而形成分子。化学键类型是决定分子化学性质的重要因素。而所有的分子在适当的条件下都能以固态和液态形式存在，表明所有分子与分子之间还存在一种作用力，即分子间力（intermolecular forces）。某些较大分子的基团之间，以及小分子与大分子内的基团之间，也存在着各种各样的作用力。相对于化学键，这种作用力要弱得多，一般在 2～20kJ/mol，比化学键能（100～600kJ/mol）小 1～2 个数量级，通称为范德华引力（van der Waals force）。大多数分子间力是短程作用力，只有当分子或基团距离很近时才显现出来。范德华力没有方向性和饱和性，不受微粒之间的方向与个数的限制。范德华力包括三种不同来源的作用力，即色散力、诱导力和偶极-偶极作用力。属于分子间作用力的还有氢键。

物质的熔点、沸点、溶解度、气化热、熔化热、表面张力等许多物理化学性质，主要取决于这种分子间弱的相互作用。

1.6.1 偶极-偶极作用力（静电力）

极性共价键 A—B 中正负电荷中心是不重合的。例如，在氯甲烷中，氯有较大的电负性，带有部分负电荷，碳原子则带有部分正电荷。由于静电相互作用，这类极性分子的负电荷一端吸引另一带正电荷的一端，出现以下交替的有序排列：

$$\underset{\boxed{A-B}}{\delta^-\ \delta^+}\ \underset{\boxed{A-B}}{\delta^-\ \delta^+}\ \underset{\boxed{A-B}}{\delta^-\ \delta^+}\ \underset{\boxed{A-B}}{\delta^-\ \delta^+}$$

这种由于极性分子的偶极矩间的静电相互作用而产生的作用力，称为偶极-偶极作用力，或静电力（electrostatic force）。

1.6.2 诱导力

在极性分子固有（永久）偶极矩的电场或其他电场中，非极性分子的电荷分布将受到影响，使非极性分子的电子云与原子核发生相对位移，本来非极性分子中的正、负电荷重心是重合的，变形后就不再重合，使非极性分子产生偶极。这种由于电荷重心的相对位移而产生的偶极，叫作诱导偶极，以区别于极性分子中原有的固有偶极。诱导偶极和固有偶极相互吸引。这种分子间的诱导偶极与固有偶极之间的电性吸引力，称为诱导力。在极性分子与非极性分子之间以及极性分子与极性分子之间都存在诱导力。

1.6.3 色散力

非极性分子虽然没有永久偶极矩，但仍有相互作用能，而且并不比极性分子间的相互作用能小多少。这是由于非极性分子具有瞬间做周期性变化的偶极矩，伴随着这种周期性变化的偶极矩产生相应的周期变化的电场，它诱导邻近分子使其极化，而极化了的分子又会反过来再诱使这种瞬间做周期性变化的偶极矩变化的幅度增大。这种静电作用力称为色散作用。分子的瞬时偶极矩的矢量方向和大小在不断变动之中。可以想见，分子内电子越多、分子刚性越差、分子越大，分子中的电子云越松散，因而越容易变形，色散力就越大。色散力没有方向。

卤素分子物理性质很容易用分子间色散力作定性的说明。F_2、Cl_2、Br_2、I_2 都是非极性分子。分子量增大，原子半径增大，电子增多，因此色散力增加，分子变形性增加，分子间力增加。常温下 F_2 和 Cl_2 是气体，Br_2 是液体，而 I_2 则是固体。

1.6.4 氢键

HF、H_2O、NH_3 等氢化物的分子量与相应同族氢化物比较明显地小，但它们的熔点、沸点则反常地高，其原因在于这些分子间存在氢键（hydrogen bond）。实验表明，氢原子可以同时与两个具有较大电负性且原子半径较小和带有未共享电子对的原子相结合。氢键常用虚线表示，如 A—H⋯B，其中 A、B 是 O、N 或 F 原子。A 与 B 的电负性越大，氢键越强。氢键产生的本质原因，是 A 的电负性较大，A—H 键中电子云明显偏向 A 原子，使得

H 显示出部分正电荷，而 B 原子也有很高的电子密度，与 H 以静电引力相结合。氢键既可以是分子间的，也可以是分子内的，但比起共价键来说要弱得多，一般不超过 40kJ/mol。例如：

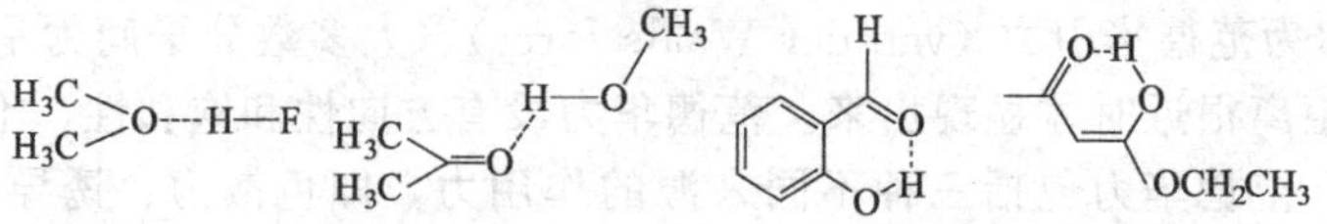

在某些情况下，H—A 中的氢可以同时与两个 B 形成氢键。这种类型的氢键称为三中心氢键，其至 B 可以同时与两个 H—A 形成氢键。例如：

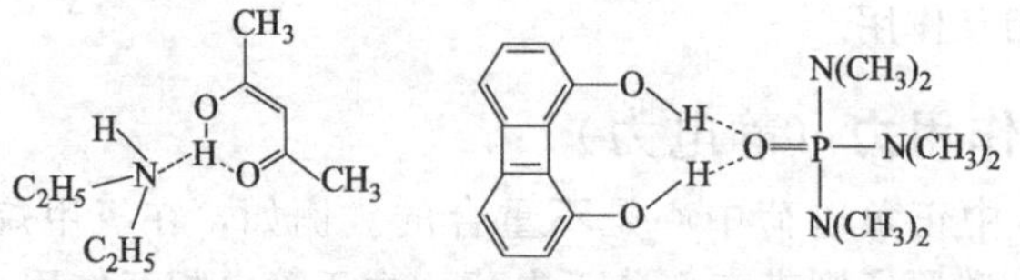

C—H 键只有当具有足够大的酸性时才可能有弱的氢键作用。例如 RC≡C—H、H—C≡N、HCCl₃ 等，在液态形成三聚体，也是由于氢键造成的。

分子间的这些作用力是普遍存在的。分子间氢键的作用，在蛋白质、酶、核酸等生物大分子的构象、生理功能显示等方面具有极其重要的意义。在分子组装尤其是生物大分子组装等现代分子工程学的研究中，也日益受到人们的重视。在对分子间相互作用的研究中，逐步发展起来了"超分子化学"这门新的学科，成为当代化学领域的前沿课题之一。

1.7 有机化学的一般研究方法

无论是天然存在的或者是人们用合成方法所获得的有机化合物，一般需经过以下步骤进行研究。有机化学研究手段的发展经历了从常量到超微量、从手工到自动化及计算机化的过程。

1.7.1 分离及提纯

从天然资源获得的有机物或是人工合成的有机物，都还会有杂质，必须经过精制得到纯净物，才能确定其结构，以便对其进行化学性质、物理性质以及生物学功能等的深入研究。分离提纯的方法有很多，可针对不同的对象采取合适的方法。例如，对固体有机物，常采用重结晶、升华、色谱分离等方法。对液体有机化合物常采用蒸馏、分馏、减压蒸馏、水蒸气蒸馏、色谱分离等方法。近年来，各种色谱分离技术以及离子交换法在有机化合物的分离提纯中得到了大量应用。熟悉和掌握现代提取分离纯化和分析技术十分重要。

1.7.2 纯度的检验

严格地讲，绝对纯的物质是没有的。这里讲的"纯净"只是一个相对的概念。那么，如何判断经过分离提纯后的有机物的纯度呢？一个纯净的有机物具有一定的物理常数。测定熔点、沸点、折射率、密度等物理常数是鉴定有机物纯度的重要方法。如果没有分解、液晶等现象的发生，纯净有机物表现出尖锐的熔点及沸点。色谱法也是判断有机物纯度的重要方法。

1.7.3 元素定性定量分析

获得纯净的有机物之后，就要确定其组成。过去，有机物中 C、H 的含量是根据 A. Lavoisier（1743—1794）及 J. Liebig（1803—1873）提出的方法来测定的，即将有机物在 CuO 作用下在氧气中充分燃烧，然后测定生成的 CO_2 和 H_2O。这一方法的原理如下：

$$2CuO + C \longrightarrow 2Cu + CO_2$$

$$CO_2 + Ba(OH)_2 \longrightarrow BaCO_3 + H_2O$$
$$CuO + H_2 \longrightarrow Cu + H_2O$$

这种方法需要样品较多（0.25～0.50g），耗时长。后来，F. Pregl（1869—1930）在此基础上发展了微量分析技术，样品用量大量降低（约4mg），从而获得了1923年诺贝尔化学奖。

有机物中S、N、卤素等则通过钠熔法分别将其转变为S^{2-}、CN^-、X^-，然后进行常规分析。有机物中其他可能存在的元素如P、As及金属，则可将样品用发烟硝酸或KNO_3/Na_2CO_3（1：2）彻底氧化破坏，转变为无机物，然后用水稀释，进行常规分析。

现在，有机化合物的元素分析一般通过元素自动分析仪进行，特别是C、H、N元素的含量，俗称CHN分析。

1.7.4　经验式及分子式的确定

经验式指化合物中各元素含量的最小整数比，一般由元素定量分析结果推算出。例如：

元素	含量/%	原子量	最小整数比
C	40.82	12	40.82/12＝3.40
H	8.63	1	8.63/1＝8.63
N	23.70	14	23.70/14＝1.69
总含量	73.15		
剩余(O)	26.85	16	26.85/16＝1.68

即各元素原子的比例为：C：H：N：O＝3.40：8.63：1.69：1.68。分别除以最小的值1.68，则获得经验式为C：H：N：O＝2：5：1：1，分子式为C_2H_5NO、$C_4H_{10}N_2O_2$、$C_6H_{15}N_3O_3$ 等，通式为$C_{2n}H_{5n}N_nO_n$（n＝1、2、3、4等正整数）等均具有此经验式。为了确定具体的分子式，就要测定分子量。过去常用熔点降低法（cryoscopy）、沸点升高法（ebullioscopy）、渗透压法等确定分子量，现在采用高分辨质谱，只需几毫克样品即可测出有机物的分子量。有了分子量，很容易就确定出分子式。

1.7.5　结构式的确定

有机化合物的同分异构现象非常普遍，确定有机物的结构是一项非常重要的工作。20世纪50年代以前，常采用化学方法，如降解、化学合成、制备衍生物等，再经过推理确定其结构。化学方法是经典方法，步骤非常冗长。吗啡从构造测定至完成全合成，经历了149年。近代有机物结构测定主要采用核磁共振、红外、质谱、紫外光谱等谱学方法。这些分析测试仪器成为现代有机化学实验室必不可少的常规装备，化学方法仅作为补充。测定有机化合物结构的谱学方法见第10章。

有机合成、分离分析、提纯、结构测定构成有机化学研究的主要内容。

1.8　有机化合物的分类

有机化合物的数目非常庞大。为方便研究和学习，必须将其进行严格、科学的分类。分类的方法有许多种，目前较为普遍的是按碳架进行的分类和按官能团进行的分类。

1.8.1　根据碳架分类

有机物中碳原子组成的分子骨架称为碳架。根据碳架的不同，有机物一般可分为以下几种。

（1）无环化合物（aliphatic compounds） 碳原子组成链状结构，可以是直链，也可以含若干支链。由于最初是由脂肪中获得的，故也称之为脂肪族化合物。例如：

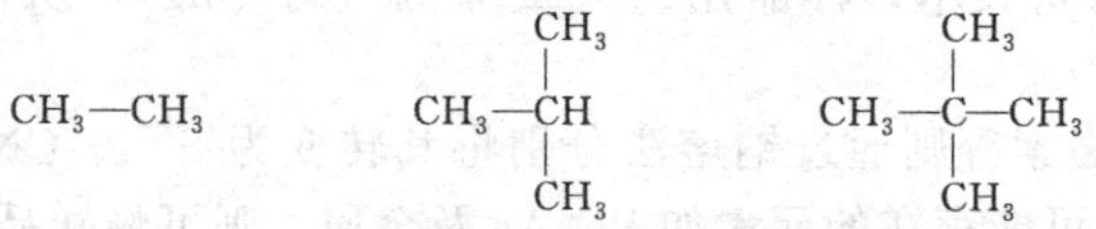

乙烷　　　　　2-甲基丙烷　　　　　2,2-二甲基丙烷

（2）碳环化合物（carbocyclic compounds） 这类分子的骨架完全由碳原子构成。根据环的特征，又可分为脂环族化合物和芳香族化合物。前者性质上与脂肪族化合物类似，后者具有一些较特殊的性质，多数含有苯环。

① 脂环族化合物（alicyclic compounds）

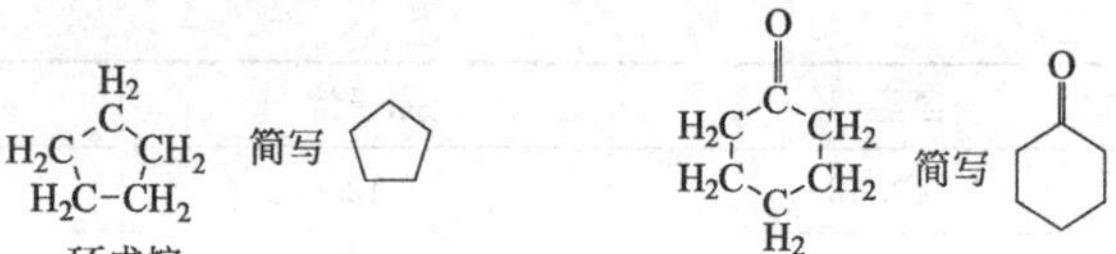

环戊烷　　　　　　　　　　环己酮

② 芳香族化合物（aromatic compounds）

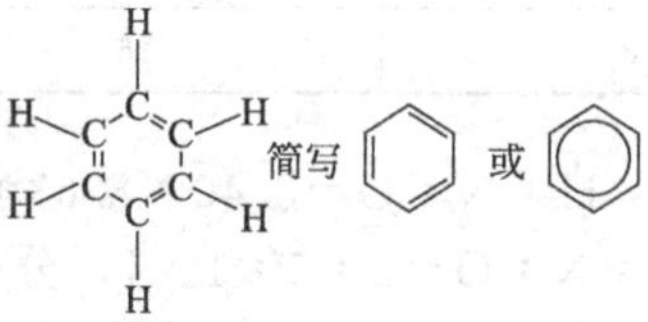

苯

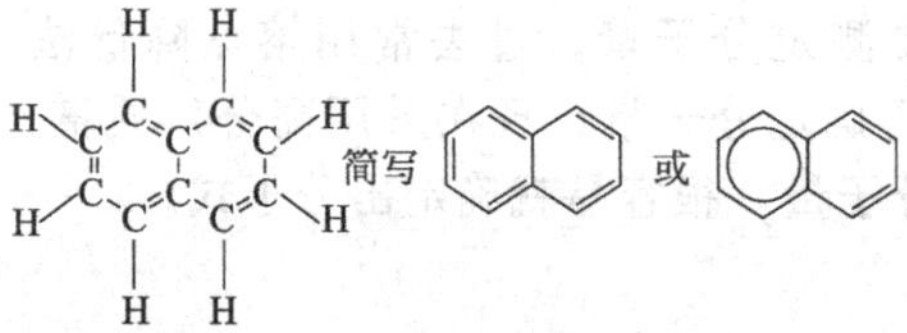

萘

③ 杂环化合物（heterocyclic compounds） 这是一类数目极其庞大的化合物。杂环分子中构成环的原子，除 C 以外，还有其他原子，例如 O、N、S 等。这些非碳原子称为杂原子。例如：

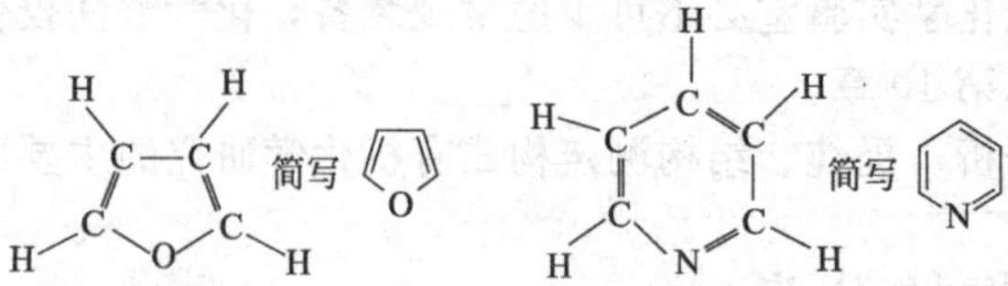

呋喃　　　　　　　　　　吡啶

1.8.2　按官能团分类

甲醇、乙醇等一元醇都含有一个羟基（OH），它们具有一些共同的性质。决定一类化合物典型性质的原子团称为官能团（functional group）。官能团之间的相互转变是有机反应的一个主要研究对象。常见的官能团及典型的有机物实例见表 1-8。

表 1-8 有机物中一些常见的官能团

化合物类别	官能团及名称	实例
烷烃	无	CH_4 甲烷
烯烃	—C=C— 双键	CH_2=CH_2 乙烯
炔烃	—C≡C— 叁键	CH≡CH 乙炔
芳烃	芳环	苯
卤代烃	—X (X=F, Cl, Br, I) 卤素	$CHCl_3$ 三氯甲烷;CF_2=CF_2 四氟乙烯
醇、酚	—OH 羟基	CH_3OH 甲醇;Ph—OH 苯酚
醚	—O— 醚键	$CH_3CH_2OCH_2CH_3$ 乙醚
醛、酮	$\overset{O}{\underset{\|}{—C—}}$ 羰基	CH_3COCH_3 丙酮
羧酸	$\overset{O}{\underset{\|}{—C—OH}}$ 羧基	CH_3COOH 乙酸
胺	—NH_2 氨基	CH_3NH_2 甲胺
	$\overset{H}{\underset{\|}{—N—}}$ 亚氨基	$(CH_3)_2NH$ 二甲胺
	—N< 叔胺	$(CH_3)_3N$ 三甲胺
硝基化合物	—NO_2 硝基	CH_3NO_2 硝基甲烷
磺酸	—SO_3H 磺酸基	Ph—SO_3H 苯磺酸
偶氮化合物	—N=N— 偶氮基	Ph—N=N—Ph 偶氮苯
重氮化合物	—N≡N 重氮基	CH_2N_2 重氮甲烷
腈	—C≡N 氰基	CH_3CN 乙腈
异腈	—NC 异氰基	CH_3NC 异乙腈
硫醇、硫酚	—SH 巯基	CH_3SH 甲硫醇;Ph—SH 苯硫酚

在有机化学教材中，常先按碳架分类，然后再根据官能团进行分类。有的则直接按官能团进行分类。本教材的编写将采用后一种方法。萜及甾族化合物、碳水化合物、氨基酸、肽、蛋白质、核酸、酶等天然产物则分别在专门的章节讨论。

 知识介绍

受阻 Lewis 酸碱对

Lewis 酸碱理论是化学领域中最基本的理论之一。根据该理论，具有空轨道，可以接收电子对的原子、分子和离子为 Lewis 酸；而具有给出电子对能力的原子、分子和离子则被定义为 Lewis 碱。Lewis 酸、碱和质子酸碱类似，会自发地发生化学反应，以配位键的方式形成稳定的 Lewis 酸碱加合物，如 $Et_2O \cdot BF_3$。早在 1942 年，H. C. Brown 等在研究硼烷与 Lewis 碱的反应时发现，2,6-二甲基吡啶与三氟化硼能正常反应，形成 Lewis 酸碱加合物，而与位阻较大的三甲基硼则不发生反应。但这种现象长期未引起化学家的重视，更没有发现其在有机化学中的应用价值。

$$2,6\text{-二甲基吡啶}$$

直到 2006 年，加拿大 Toronto 大学的 D. W. Stephan 教授首次发现，把 Lewsi 酸 **1** 与二芳基膦 Lewis 碱 **2** 混合，并没有发生预期的酸碱中和反应，而是生成两性离子化合物 **3**。化合物 **3** 与二甲基氯硅烷继续反应，又得到两性离子化合物 **4**。当加热到 100℃ 以上时，化合物 **4** 释放出氢气，生成化合物 **5**。然而在室温下，如果将 **5** 置于氢气氛中则又快速地生成 **4**。化合物 **4** 中既有 Lewis 酸也有 Lewis 碱的结构单元，从而实现了 H_2 的可逆活化。这是非金属可以有效地对 H_2 进行可逆活化的首次报道 〔见 *Welch G C, San Juan R R, Masuda J D；Stephan D W. Reversible, Metal-Free Hydrogen Activation. Science*，**2006**，314 (5802)：1124-1126.〕。

随后该研究小组发现，Lewis 酸 **1** 与大位阻的 Lewis 碱三-(2,4,6-三甲基苯基) 膦在室温下也能使 H_2 发生异裂，生成离子型化合物 **7**。

$$\underset{\mathbf{1}}{B(C_6F_5)_3} \quad + \quad \underset{\mathbf{6}}{(Mes)_3P} \xrightarrow{\ H_2(1\ atm),25℃\ } \underset{\mathbf{7}}{[(C_6F_5)_3\overset{\ominus}{B}H][\overset{\oplus}{H}P(Mes)_3]}$$

后来，他们把同一分子内或混合体系中同时具有 Lewis 酸和 Lewis 碱两个位点，但由于空间位阻较大而使得这两个位点不能按照一般的结合方式结合，不形成 Lewis 酸加合物，从而具有独特的反应活性，称"受阻 Lewis 酸碱对"（frustrated Lewis pair, FLP）。例如，以下是两个典型的"受阻路易斯酸碱对"分子。

Stephan 教授以及其他科学家的研究，使得人们对空间受阻的 Lewis 酸碱对的研究受到广泛关注。FLP 不仅在小分子的催化加氢反应中表现出较高的活性和新颖的反应特征，而且还可以活化烯烃、亚胺、烯胺、腈、二氧化碳等分子。利用手性硼试剂化学家们还实现了亚胺的不对称催化氢化。可以预见，这种基于受阻 Lewis 酸碱对的新的催化和反应模式，将在有机合成、环境保护和绿色化学等领域有更重要的应用。

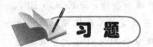

习题

1-1 有机化学反应与无机化学反应一般有哪些差异？

1-2 写出下列化合物的 Lewis 电子结构式，并指出其中碳原子的杂化方式（sp^3、sp^2、sp）。

(1) CH_3OH　　(2) CH_3CHO　　(3) CH_3NH_2　　(4) CH_3CN

1-3 已知一种称作"喹啉黄"的化合物含有 C、H、N、O 四种元素，其质量分数分别为 79.11%、4.06%、5.13%和 11.71%。质谱测得该化合物的分子量为 273.29。写出该化合物的分子式。

1-4 将下列各组化合物中标有字母的碳-碳键按照键长增加的顺序排列。

A：(1) $CH_3\overset{a}{-}CH_2-CH_3$　　(2) $CH_3-CH\overset{b}{=}CH_2$　　(3) $CH_3-\overset{c}{C}\equiv CH$

B：(1) $CH_3\overset{a}{-}CH_2-CH_3$　　(2) $CH_3\overset{b}{-}CH=CH_2$　　(3) $CH_3\overset{c}{-}C\equiv CH$

C：(1) $CH_3\overset{a}{-}Br$　　(2) $CH_3\overset{b}{-}Cl$　　(3) $CH_3\overset{c}{-}I$

1-5 多数含氧的有机化合物都能溶于冷的浓硫酸，但所得的溶液用水稀释后又能恢复为原来的化合物。以乙醚为例解释这一现象。

1-6 写出下列酸的共轭碱。

(1) $CH_3CH_2\overset{+}{O}H_2$　　(2) CH_3CH_2OH　　(3) CH_3CH_2SH　　(4) $HCOOH$

(5) H_3PO_4　　(6) HI　　(7) $(CH_3)_2NH$　　(8) H_2O

(9) H_3O^+　　(10) NH_4^+

1-7 写出下列碱的共轭酸。

(1) $CH_3CH_2OCH_2CH_3$　　(2) F^-　　(3) $C_2H_5O^-$　　(4) H_2O　　(5) $(CH_3)_2NH$

1-8 指出下列化合物或离子哪些是 Lewis 酸，哪些是 Lewis 碱。

(1) CH_3CH_2OH　　(2) $CH_3CH_2OCH_2CH_3$　　(3) NH_3　　(4) BF_3　　(5) $ZnCl_2$

(6) $AlCl_3$　　(7) $H-C\equiv C^-$　　(8) $C_2H_5O^-$　　(9) CH_3SCH_3　　(10) $H_2C=CH_2$

1-9 比较下列各系列化合物的偶极矩大小。

A：$CHCl_3$　　CH_2Cl_2　　CH_3Cl　　CCl_4

B：

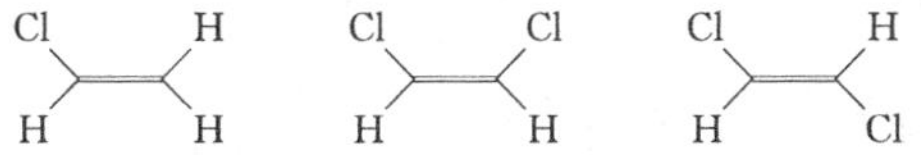

1-10 利用共振杂化的概念解释 NO_2、SO_2、NO_3^- 中的单键和双键键长相等，且介于单、双键之间。

第2章　烷　烃

烃（hydrocarbon）是指只含有碳、氢两种元素的化合物，又称为碳氢化合物。烃是其他有机化合物的母体，其他各类有机化合物可视为烃的衍生物。

根据烃分子中的碳架，可把烃分为链烃（chain hydrocarbons）和环烃（cyclic hydrocarbons）两大类。链烃又叫脂肪烃（aliphatic hydrocarbons），可以分为饱和烃（saturated hydrocarbons）和不饱和烃（unsaturated hydrocarbons）。烷烃是饱和烃，烯烃和炔烃是不饱和烃。环烃可分为脂环烃（alicyclic hydrocarbons）和芳香烃（aromatic hydrocarbons）。芳香烃可进一步分为苯型芳香烃和非苯型芳香烃。

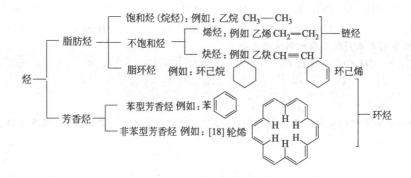

2.1　烷烃的结构

烷烃分子中，碳原子均通过 sp^3 杂化形成四个等同的原子轨道与其他碳或氢原子成单键（σ 键），C—H σ 键和 C—C σ 键的平均键长分别为 1.10 Å 和 1.54 Å，键角接近 109.5°。

甲烷（CH_4）是烷烃中最简单的分子，分子中的碳原子以四个 sp^3 杂化轨道分别与四个氢原子的 1s 轨道重叠，形成四个等同的 C—H σ 键，整个分子呈正四面体的空间结构，碳原子位于中心，四个氢原子在正四面体的四个顶点。如图 2-1 所示。

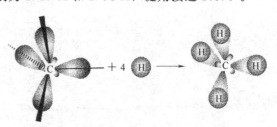

图 2-1　甲烷分子的形成过程

为了更好地观察分子的立体形状，常用球-棍模型（也叫 Kekülé 模型）或比例模型（space filling model，又叫 Stuart-Briegleb 模型）。球-棍模型是用不同颜色的小球代表不同的原子，以短棒表示原子之间的键，可以直观地表示原子在空间的相对位置。比例模型则是按照原子半径和键长的比例制成的，相对球-棍模型而言，更能真实地表示分子的立体形状，但是所表示的价键的分布却不如球-棍模型明显。对结构复杂的分子，写出立体模型相当困难，因此一般情况下仍采用平面结构式，如图 2-2 所示。

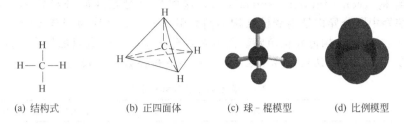

(a) 结构式	(b) 正四面体	(c) 球－棍模型	(d) 比例模型

图 2-2 甲烷的结构示意图

乙烷（C_2H_6）分子中的碳原子也是 sp^3 杂化的。两个碳原子各以一个 sp^3 轨道重叠形成 C—C 键，各自又以三个 sp^3 轨道分别与氢原子 1s 轨道重叠形成 C—H 键，如图 2-3 所示。

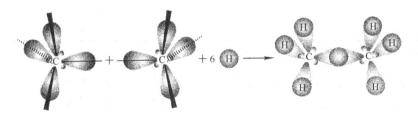

图 2-3 乙烷分子的形成过程

从上述原子轨道重叠示意图中可以看出，σ 键中成键原子的电子云是沿着键轴方向重叠的，近似于圆柱形对称分布，两个成键原子可绕键轴自由旋转。

烷烃的分子组成可用通式 C_nH_{2n+2} 表示，n 表示碳原子数目。

具有同一个分子通式，结构上只相差一个 CH_2 或其整数倍的一系列化合物称为同系列（homologous series）。同系列中的各化合物互称为同系物（homolog）。其中 CH_2 称为同系列差。同系列是有机化学中存在的普遍现象，同系物一般结构相似，并且具有相似的化学性质，但反应速率往往有较大的差异，物理性质也随着碳链的增长而表现出有规律的变化，同系列中的第一个化合物常具有特殊的性质。因此，我们既要认识同系物的共性，又要了解它的个性，掌握了同系列这一辩证规律性，就会给学习和研究有机化学带来不少方便。

2.2 烷烃的同分异构现象

2.2.1 碳链异构

分子中原子间相互连接的次序和方式称为构造。从上面烷烃的结构分析，甲烷、乙烷和丙烷分子中的各原子都只有一种连接顺序，从含四个碳原子的丁烷开始，不仅有直链的形式连接，还有支链的形式连接。

C_4H_{10} $CH_3CH_2CH_2CH_3$ CH_3CHCH_3
                                              |
                                             CH_3

正丁烷   异丁烷

C_5H_{12} $CH_3CH_2CH_2CH_2CH_3$ $CH_3CHCH_2CH_3$ $H_3C-\underset{CH_3}{\overset{CH_3}{C}}-CH_3$
                                         |
                                        CH_3

正戊烷   异戊烷   新戊烷

这种具有相同分子式，由于分子中原子间连接的次序和方式不同而形成不同化合物的现象称为构造异构（constitutional isomerism），这些化合物互为同分异构体，简称异构体（isomer）。烷烃中同分异构是由碳链结构不同而引起的，故又称为碳链异构（carbon chain isomer）。碳链异构属于构造异构范畴。随着烷烃分子中碳原子数目的增多，同分异构体的数目迅速增加，用数学方法可推算出烷烃可能有的异构体数目（表 2-1）。

表 2-1　烷烃同分异构体的数目

碳原子数	分子式	异构体数目	碳原子数	分子式	异构体数目
1	CH_4		8	C_8H_{18}	18
2	C_2H_6		9	C_9H_{20}	35
3	C_3H_8		10	$C_{10}H_{22}$	75
4	C_4H_{10}	2	12	$C_{12}H_{26}$	355
5	C_5H_{12}	3	15	$C_{15}H_{32}$	4347
6	C_6H_{14}	5	20	$C_{20}H_{42}$	366319
7	C_7H_{16}	9	40	$C_{40}H_{82}$	62491178805831

注：烷烃同分异构体的数目不包括立体异构体（参考第 6 章）。

含 10 个碳原子以内的烷烃，实际上得到的异构体数目与理论推测完全符合。更高级的烷烃，有些从理论上推测出的异构体可能无法得到。例如，在同一个碳原子上连有 4 个体积很大基团的化合物，由于空间位阻，就可能难以制备出来。

2.2.2　饱和碳原子的四种类型

从上述几个结构式中可以看出，根据烷烃分子中各碳原子相互连接状态的不同，饱和碳原子可以分为伯、仲、叔、季碳原子四种类型。

只与一个其他碳原子直接相连的碳原子，叫作伯碳原子，也叫一级碳原子（primary carbon atom），以 1°表示。

只与 2 个其他碳原子直接相连的碳原子叫作仲碳原子，也叫二级碳原子（secondary carbon atom），以 2°表示。

与 3 个其他碳原子直接相连的碳原子叫作叔碳原子，也叫三级碳原子（tertiary carbon atom），以 3°表示。

与 4 个其他碳原子直接相连的碳原子叫作季碳原子，也叫四级碳原子（quaternary carbon atom），以 4°表示。

例如：

$$\underset{CH_3}{\overset{1°}{\underset{1°}{CH_3}}}\overset{2°}{CH_2}\overset{3°}{\underset{\underset{1°}{CH_3}}{CH}}\overset{2°}{CH_2}\overset{4°}{\underset{\underset{1°}{CH_3}}{\overset{\overset{1°}{CH_3}}{C}}}\overset{1°}{CH_3}$$

除季碳原子外，伯、仲、叔碳原子上的氢原子，分别称为伯氢原子（一级氢原子）、仲氢原子（二级氢原子）、叔氢原子（三级氢原子）。

 思考题

2-1　写出符合下列条件的 C_6H_{14} 的烷烃结构式，并指出碳原子的类型。

（1）含有 8 个 $2°H$ 和 6 个 $1°H$ 的结构式。

（2）含有 1 个 $3°H$、4 个 $2°H$ 和 9 个 $1°H$ 的结构式。

（3）含有 2 个 $2°H$ 和 12 个 $1°H$ 的结构式。

2.3　烷烃的命名

有机化合物的数目庞大、种类繁多，并且有些化合物的结构比较复杂，为便于交流，避免误解，能准确地反映出化合物的结构和名称的一致性，有机化合物就必须有完善的命名法。烷烃的命名原则是各类有机化合物命名的基础。常用普通命名法（common nomenclature）和系统命名法（systematic nomenclature）。

2.3.1　普通命名法

1～10 个碳原子的直链烷烃，用天干甲、乙、丙、丁、戊、己、庚、辛、壬、癸表示；从十一个碳原子开始用中文数字表示；称为正某烷，"正"（n-）字一般略去。

烷烃的英文名称由表示碳原子数的词头加上 -ane 的词尾组成。如 methane（甲烷）、ethane（乙烷）、propane（丙烷）、butane（丁烷）等。表 2-2 中列出了一些烷烃的中、英文名称。

表 2-2　烷烃的中、英文名称

结构式	中文名	英文名	结构式	中文名	英文名
CH_4	甲烷	methane	$CH_3(CH_2)_7CH_3$	（正）壬烷	n-nonane
CH_3CH_3	乙烷	ethane	$CH_3(CH_2)_8CH_3$	（正）癸烷	n-decane
$CH_3CH_2CH_3$	丙烷	propane	$CH_3(CH_2)_9CH_3$	（正）十一烷	n-undecane
$CH_3(CH_2)_2CH_3$	（正）丁烷	n-butane	$CH_3(CH_2)_{10}CH_3$	（正）十二烷	n-dodecane
$CH_3(CH_2)_3CH_3$	（正）戊烷	n-pentane	$CH_3(CH_2)_{11}CH_3$	（正）十三烷	n-tridecane
$CH_3(CH_2)_4CH_3$	（正）己烷	n-hexane	$CH_3(CH_2)_{12}CH_3$	（正）十四烷	n-tetradecane
$CH_3(CH_2)_5CH_3$	（正）庚烷	n-heptane	$CH_3(CH_2)_{13}CH_3$	（正）十五烷	n-pentadecane
$CH_3(CH_2)_6CH_3$	（正）辛烷	n-octane	$CH_3(CH_2)_{18}CH_3$	（正）二十烷	n-icosane

很多 $C_1 \sim C_{10}$ 的其他类别的有机化合物的命名，就是在相应的词头后，再加上各类化合物的不同词尾。所以掌握了 $C_1 \sim C_{10}$ 的烷烃英文命名，同时也就学会了 $C_1 \sim C_{10}$ 的烯、炔、醇、醛、酮、羧酸等各类化合物的基本英文命名法。

当碳原子数相同时，含支链的烷烃是正烷烃的异构体。为了区别异构体，常用词头"正、异、新"来区分，但是一般只用于含 6 个（或少于 6 个）碳原子的烷烃异构体的区分，复杂化合物的同分异构体数目多，难以区分。

烷烃分子结构是一条直链，则在碳原子的总数前加"正"字，或用 n-（normal）表示。如 $CH_3(CH_2)_2CH_3$ 称为"正丁烷"或"n-butane"，以及 $CH_3(CH_2)_3CH_3$ 称为"正戊烷"或"n-pentane"。

仅含有 端基，无其他支链的烷烃，则在碳原子的总数前加"异"字，或用 iso-（或 i-）表示。

$$H_3C-CH-CH_3 \qquad H_3C-CH-CH_2CH_3$$
$$\qquad\quad | \qquad\qquad\qquad\qquad |$$
$$\qquad\quad CH_3 \qquad\qquad\qquad\quad CH_3$$

异丁烷　　　　　　　异戊烷

iso-丁烷　　　　　　*iso*-戊烷

isobutane　　　　　　isopentane

仅含有 $\underset{\begin{array}{c}|\\CH_3\end{array}}{\overset{\begin{array}{c}CH_3\\|\end{array}}{H_3C-C-}}$ 端基，无其他支链的烷烃，则在碳原子的总数前加"新"字，或用 *neo*-表示。

$$\overset{\begin{array}{c}CH_3\\|\end{array}}{H_3C-\underset{\begin{array}{c}|\\CH_3\end{array}}{C}-CH_3} \qquad \overset{\begin{array}{c}CH_3\\|\end{array}}{H_3C-\underset{\begin{array}{c}|\\CH_3\end{array}}{C}-CH_2CH_3}$$

新戊烷　　　　　　　新己烷

neo-戊烷　　　　　　*neo*-己烷

neopentane　　　　　neohexane

普通命名法简单方便，但只适用于一些含碳原子数较少的烷烃异构体。相对于结构比较复杂的烷烃，就必须采用系统命名法。为了掌握系统命名法，需要对烷基有初步的认识。

2.3.2　常见的烷基

烃分子去掉一个氢原子所剩下的原子团称为烃基。烷烃分子去掉一个氢原子而剩下的原子团称为烷基（alkyl），通式为 C_nH_{2n+1}，通常用 R 来表示。表 2-3 列出了一些常见的烷基。

此外，二价的烷基称为亚基，三价的烷基称为次基。例如：

$H_2C=$ 　　　　　　　　　$CH_3CH=$

亚甲基　　　　　　　　　　亚乙基

methylene　　　　　　　　ethylidene

$HC\equiv$ 　　　　　　　　　$CH_3C\equiv$

次甲基　　　　　　　　　　次乙基

methylidyne　　　　　　　ethylidyne

表 2-3　部分常见的烷基

烷基 R—	中文名	英文名	缩写
CH_3-	甲基	methyl	Me
CH_3CH_2-	乙基	ethyl	Et
$CH_3CH_2CH_2-$	（正）丙基	*n*-propyl	*n*-Pr
H_3C-CH- 　　 $|$ 　 CH_3	异丙基	isopropyl	*i*-Pr
$CH_3(CH_2)_2CH_2-$	（正）丁基	*n*-butyl	*n*-Bu
$CH_3CHCH_2CH_3$	仲丁基	*sec*-butyl	*s*-Bu
CH_3CHCH_2- 　 $|$ 　CH_3	异丁基	*iso*-butyl	*i*-Bu
$\overset{CH_3}{\underset{CH_3}{H_3C-C-}}$	叔丁基	*tert*-butyl	*t*-Bu

2.3.3 系统命名法

1892 年，日内瓦国际化学会议首次拟定了有机化合物系统命名原则，称为日内瓦命名法。此后经国际纯粹与应用化学联合会（International Union of Pure and Applied Chemistry，IUPAC）作了多次修订，所以也称为 IUPAC 命名法。我国根据这个命名原则，结合汉字特点，制定出我国的有机化合物系统命名法，即有机化学命名原则。系统命名法是目前国内外普遍采用的命名法，命名原则适用于各类有机化合物。

烷烃的系统命名规则如下：

（1）直链烷烃　直链烷烃的系统命名法和普通命名法基本相同，只是省略"正"字。例如：

$$CH_3CH_2CH_2CH_2CH_3 \qquad CH_3CH_2CH_2CH_2CH_2CH_3$$

普通命名	正戊烷	正己烷
系统命名	戊烷	己烷

（2）含支链的烷烃　带有支链的烷烃可看作是直链烷烃的烷基取代衍生物。系统命名时，主要是确定主链及取代基的位次、个数和名称。取代基（支链或侧链）在此即指表 2-3 中一些常见的烷基。

烷烃系统命名法的关键步骤是：

① 选主链：选择连续的最长、含有取代基最多的碳链为主链，以此作为"母体烷烃"。例如：

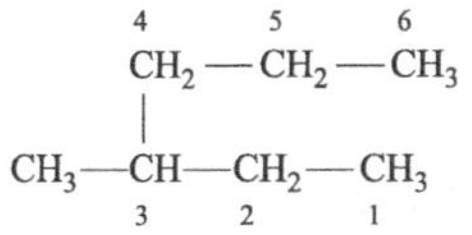

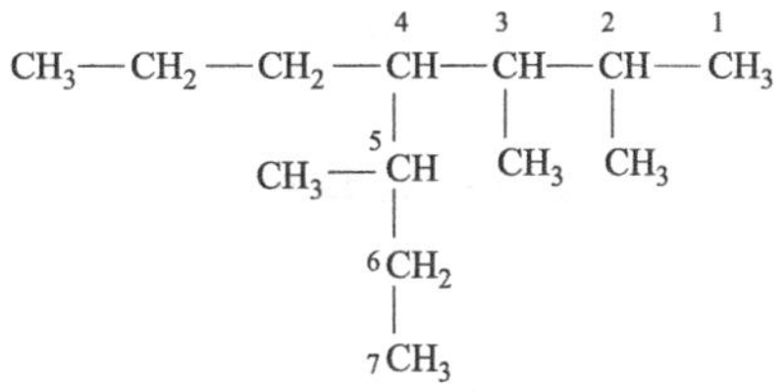

② 编号：主链上若有多取代基，则从靠近取代基的一端开始，给主链上的碳原子依次用 1、2、3、4、5……标出其位次。两个不同的取代基位于相同位次时，按"次序规则"，较小的取代基具有较小的编号。当两个相同取代基位于相同位次时，应使第三个取代基的位次最小，依此类推，以取代基的系列编号最小为原则（最低系列原则），最后确定主链碳原子的编号顺序。例如：

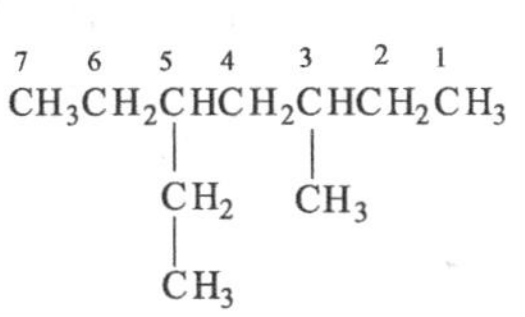

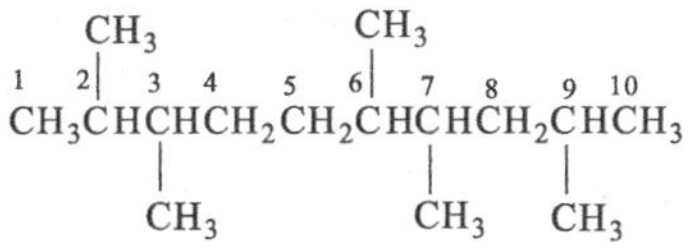

次序规则（sequence rule）是在立体化学中，为了确定原子或基团在空间排列的先后顺序而制定的规则。中文命名利用次序规则规定基团列出顺序，主要内容如下：

a. 单原子取代基的先后次序大小按原子序数的大小排列，原子序数较大的原子较优先（也就是较大基团）。原子序数相同（同位素），原子量较大的次序优先。有机化合物中常见原子的大小排序如下：

$$I > Br > Cl > S > P > F > O > N > C > D > H$$

b. 对于多原子取代基，先按照游离价所在原子（即与母体直接相连的原子）的原子序数大小顺序排列；当游离价所在的原子相同时，则比较与它相连的其他原子。比较时，按原子序数排列，先比较最大的，仍相同，再依次比较居中、最小的。如 $-CH_2CH_2CH_2CH_3$ 与 $-CH(CH_3)_2$，游离价所在原子均为碳原子，再按顺序比较与游离价原子相连的其他原子，在—$CH_2CH_2CH_2CH_3$ 中为—$C(C,H,H)$，而在—$CH(CH_3)_2$ 中为—$C(C,C,H)$，所以—$CH(CH_3)_2$ 为较大基团。如果某些基团仍相同，则沿取代链依次相比。

c.含有双键或叁键的基团，则可看成连接两个或三个相同的原子。例如：

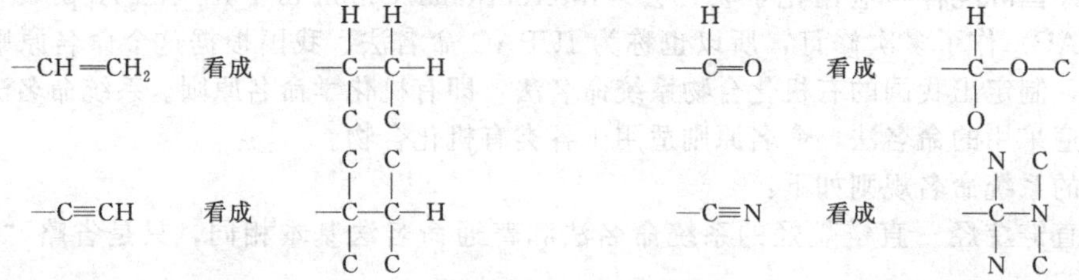

常见基团的优先次序如下：

$$—C≡N > —C≡CH > —C(CH_3)_3 > —CH=CH_2 > —CH(CH_3)_2 > —CH_2CH_3 > —CH_3$$
$$—COOH > —COR > —CHO > —CH_2OH > —C≡N$$

③ 命名：主链为母体化合物，若连有相同的取代基，则合并取代基，并在取代基名称前，用二、三、四……数字表明取代基的个数。各取代基的位次都应标出，表示各位次的数字间用“,”隔开。取代基的位次与名称之间用短线“-”连接起来，写在母体化合物的名称前面。例如：

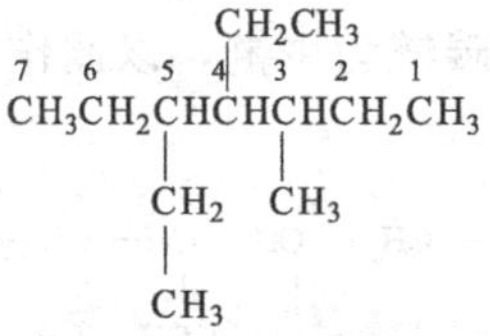

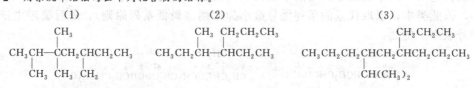

3-甲基-4,5-二乙基庚烷 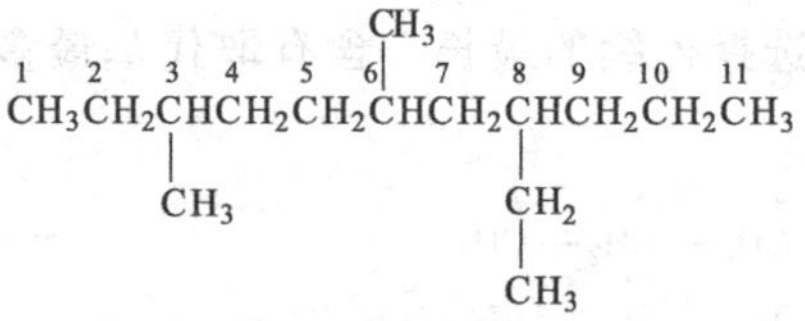　　　　　3,6-二甲基-8-乙基十一烷

思考题

2-2 用系统命名法写出下列化合物的名称。

(1)

$$CH_3CH—CCH_2CHCH_2CH_3$$

(2)

(3)

2-3 写出 2,2,5-三甲基-4-乙基己烷的结构式。

2.4　烷烃的物理性质

有机化合物的物理性质，一般是指物态、沸点、熔点、密度、溶解度、折射率及比旋光等。纯物质的物理性质在一定的条件下都有固定的数值，所以也常把这些数值称为物理常数。通过测定物理常数，可以鉴定有机化合物及其纯度。有机化合物的物理性质与分子结构有密切的关系。同系列化合物的物理性质常随碳原子数的增加而呈现出规律性的变化。部分烷烃的物理常数见表 2-4。

2.4.1　物态

物质的状态可以从化合物的沸点和熔点判断出来。在室温和常压下，直链烷烃中 $C_1 \sim C_4$ 是气体，$C_5 \sim C_{16}$ 是液体，C_{17} 以上是固体。

表 2-4 部分烷烃的物理常数

烷烃	结构式	沸点(1atm)/℃	熔点/℃	密度(d_4^{20})/(g/cm³)
甲烷	CH_4	−164.0	−182.5	0.55（−164℃）
乙烷	CH_3CH_3	−88.6	−183	0.51（−88.6℃）
丙烷	$CH_3CH_2CH_3$	−42.1	−189.7	0.5005
丁烷	$CH_3(CH_2)_2CH_3$	−0.5	−138.4	0.5788
戊烷	$CH_3(CH_2)_3CH_3$	36.1	−130.5	0.6262
己烷	$CH_3(CH_2)_4CH_3$	68.9	−95.0	0.6548
庚烷	$CH_3(CH_2)_5CH_3$	98.4	−90.6	0.6837
辛烷	$CH_3(CH_2)_6CH_3$	125.7	−56.8	0.7028
壬烷	$CH_3(CH_2)_7CH_3$	150.8	−53	0.7179
癸烷	$CH_3(CH_2)_8CH_3$	174.0	−29.7	0.7298
十一烷	$CH_3(CH_2)_9CH_3$	195.9	−25.6	0.7404
十二烷	$CH_3(CH_2)_{10}CH_3$	216.3	−9.6	0.7493
十三烷	$CH_3(CH_2)_{11}CH_3$	235.4	−5.5	0.7568
十四烷	$CH_3(CH_2)_{12}CH_3$	253.7	5.9	0.7636
十五烷	$CH_3(CH_2)_{13}CH_3$	270.6	10.0	0.7688
十六烷	$CH_3(CH_2)_{14}CH_3$	287.0	18.2	0.7749
十七烷	$CH_3(CH_2)_{15}CH_3$	301.8	23.0	0.7767
十八烷	$CH_3(CH_2)_{16}CH_3$	316.1	28.2	0.7767
十九烷	$CH_3(CH_2)_{17}CH_3$	329.7	32.1	0.7776
二十烷	$CH_3(CH_2)_{18}CH_3$	343	36.8	0.7777
异丁烷	$(CH_3)_2CHCH_3$	−11.7	−159.4	2.51×10^{-3} g/m³（15℃，100kPa）
2,2-二甲基丁烷	$(CH_3)_3CCH_2CH_3$	49.7	−98	0.64458（25℃）
2,3-二甲基丁烷	$(CH_3)_2CHCH(CH_3)_2$	58	−128.8	0.65714（25℃）

2.4.2 沸点

直链烷烃的沸点（boiling point，bp）随着碳原子的增多而呈现出有规律的升高。对于直链烷烃，大约每增加 1 个 CH_2，沸点升高 20～30℃。在同分异构体中，取代基越多，沸点就降低越多。这是因为液体的沸点高低取决于分子间 van der Waals 引力的大小。烷烃的碳原子数越多，分子间作用力越大，使之沸腾就必须提供更多的能量，所以沸点就越高。但在含取代基的支链烷烃分子中，随着取代基的增加，减少了分子间有效接触的程度，使分子间的作用力变弱而降低沸点。如在 3 种戊烷异构体中，正戊烷的沸点是 36.1℃；而有 1 个取代基的异戊烷是 28℃；有 2 个取代基的新戊烷是 9.5℃。

2.4.3 熔点

直链烷烃的熔点（melting point）基本上也是随着碳原子数的增多而升高，但其变化并不像沸点那样有规律。这是由于晶体分子间的作用力不仅取决于分子的大小，而且也取决于它们在晶格中的排列情况。一般来说，分子越对称，分子在晶格中的排列越紧密，致使链间的作用力增大而熔点升高。如在戊烷异构体中，正戊烷的熔点是 $-130.5℃$；对称性最差的异戊烷，熔点最低，为 $-160℃$；而分子对称性最好的新戊烷，则熔点最高，为 $-16.5℃$。

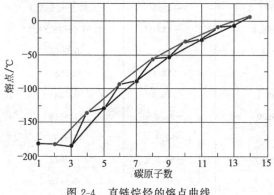

图 2-4　直链烷烃的熔点曲线

随着碳原子数的增多，含偶数碳原子的直链烷烃的熔点升高幅度通常比含奇数碳原子的直链烷烃的熔点升高幅度大，并形成一条锯齿形的熔点曲线。将含偶数和奇数碳原子的烷烃分别画出熔点曲线，则可得偶数烷烃在上、奇数烷烃在下的两条近似平行曲线（图 2-4）。通过 X 射线衍射研究证明：含偶数碳原子的烷烃分子具有较好的对称性，导致其熔点高于相邻的两个含奇数碳原子烷烃的熔点。

2.4.4　密度

直链烷烃的密度随着碳原子数的增多而增大，最大接近 $0.8g/cm^3$ 左右，所有的烷烃都比水轻。

2.4.5　溶解度

因为 C—C 键没有极性，C—H 键只有很小的极性，所以烷烃分子是非极性或极性极弱的化合物。在有机化合物中存在"极性相似者互溶"的经验规律。因此，烷烃易溶于非极性或极性较小的苯、氯仿、四氯化碳、乙醚等有机溶剂，而难溶于水和其他强极性溶剂。液态烷烃作为溶剂时，可溶解弱极性化合物，但不溶解强极性化合物。

2.5　烷烃的构象异构

烷烃分子都是由 C—C σ 键和 C—H σ 键组成的，由于 σ 键电子云沿键轴近似于圆柱形对称分布，因此，两个成键原子可绕单键的键轴"自由"旋转，并且键不会被破坏。

由于 C—C 单键的旋转，分子中原子或基团在空间产生不同位置的排列方式，这些不同的排列方式就称为分子的构象（conformation）。因单键的旋转而产生的异构体称为构象异构体（conformational isomer，或 conformer）。构象异构体的分子构造相同，但空间排列不同，构象异构属立体异构的范畴。

2.5.1　乙烷的构象

乙烷是含有 C—C 单键最简单的烷烃化合物，当乙烷的两个碳原子以 C—C σ 键为轴进行旋转，则一个碳原子上的三个氢原子相对于另一个碳原子上的三个氢在空间上可以产生无数个不同位置排列方式，即乙烷有无数个构象异构体，但是室温下并不能被分离。为了说明原因，在乙烷分子中，只讨论分子能量最低的稳定构象和能量最高的不稳定构象，即它的两种极限构象：重叠式构象（eclipsed conformer）和交叉式构象（staggered conformer）。

在纸面上表示构象可以用锯架式（sawhorse structure）和纽曼投影式（Newman projections），见图 2-5。

锯架式是从分子的侧面观察分子，能直接反映碳原子和氢原子在空间的排列情况。Newman 投影式是沿着 C—C σ 键观察分子，两个碳原子在投影式中处于重叠位置，后面的碳原子用圆表示，前面碳原子用点表示（三条短线的交点），连在点上及连在圆上的线代表每个碳原子所连接的三根共价键，在投影式中互呈120°角。在交叉式中，H—C—C—H二面角（dihedral angle）为60°，而重叠式中，H—C—C—H二面角为0°，两个碳原子上的氢实际上是彼此重叠，为了方便观察，画的时候重叠的氢稍微偏离一点角度。可以看出，若绕C—C σ键相对旋转60°，重叠式构象和交叉式构象是可以相互转化的。

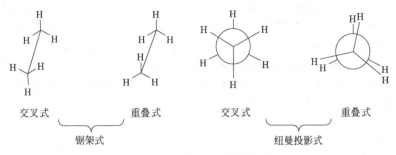

图 2-5　乙烷分子的两种构象

一般认为，在交叉式构象中，两个碳原子上的氢原子间的距离最远，相互之间的排斥力最小，因而分子的内能最低，这种构象是最稳定的构象。在重叠式构象中，两个碳上的氢两两相对，距离最近，相互排斥力最大，因而内能最高，也就是最不稳定的构象。这只是乙烷的两种极限构象，其他构象的内能都介于这二者之间。

从乙烷分子各种构象的能量曲线图（图2-6）可见，交叉式构象的能量比重叠式构象低12.6kJ/mol，被称为转动能垒（torsional energy）。这是因为在重叠式中两个碳原子上的氢原子之间的距离（2.29 Å）小于两个氢原子范德华半径之和（2.40 Å），相互之间排斥，产生一种张力，这种张力是由于乙烷的重叠式构象要趋向于最稳定的交叉式构象而产生的键的扭转，故称之为扭转张力（torsional strain）。因此，分子从一个交叉式转变成另一个交叉式，必须越过转动能垒。但在室温下，分子间的碰撞就可产生83.8kJ/mol的能量，足以使C—C键"自由"旋转，各构象间迅速转化，成为无数个构象异构体的动态平衡混合物，无法分离出其中某一构象异构体。但室温下大多数乙烷分子都是以最稳定的交叉式构象状态存在，所以交叉式构象又称为优势构象。

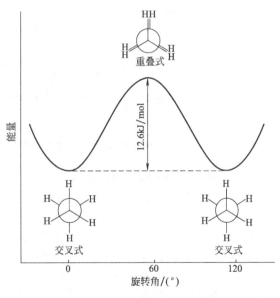

图 2-6　乙烷分子构象的能量曲线

2.5.2 正丁烷的构象

可将正丁烷看作是乙烷的二甲基取代衍生物，其构象较乙烷复杂。下面来讨论丁烷在围绕C2—C3单键旋转时所产生的四种典型的构象异构体，即对位交叉式（anti）、邻位交叉式（gauche）、部分重叠式（eclipsed）和全重叠式（totally eclipsed）。

在对位交叉式中，两个体积较大的甲基处于对位，相距最远，没有扭转张力，分子的能量最低，为最稳定构象。邻位交叉式中的两个甲基处于邻位，靠得比对位交叉式近，两个甲基之间的 van der Waals 斥力（或空间斥力）使这种构象的能量高于对位交叉式，因而较不稳定。全重叠式中的两个甲基及氢原子相距最近，相互间排斥力最大，故分子的能量最高，是最不稳定的构象。部分重叠式中有甲基和氢原子以及氢原子和氢原子的重叠，能量也较高，但比全重叠式低。所以四种构象的稳定性次序是：对位交叉式＞邻位交叉式＞部分重叠式＞全重叠式。

从正丁烷 C2—C3 键旋转时的能量曲线图（图 2-7）可见，固定后面的 C3 原子，把 C2 围绕单键旋转，每次转 60°，直到 360°后复原可得到四种典型构象。对位交叉式和全重叠式之间的能量差别最大，约为 21kJ/mol。在室温下分子间碰撞的能量足可引起各构象间的迅速转化，因此正丁烷实际上也是构象异构体的动态平衡混合物，但主要以对位交叉式和邻位交叉式的构象存在，前者约占 63%，后者约占 37%，其他两种构象所占的比例很小。对位交叉式是正丁烷分子最稳定的优势构象。

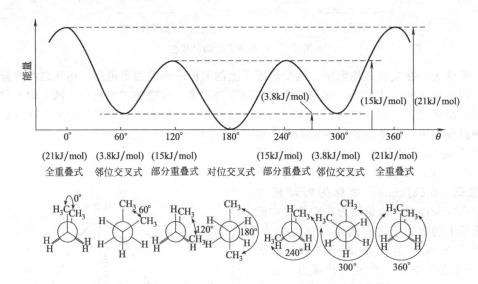

图 2-7　正丁烷围绕 C2—C3 键旋转时各种构象的能量曲线

2.5.3　其他直链烷烃的构象

在学习了乙烷和丁烷的构象后，可以用类似的方法对其他链状烷烃的构象进行分析。由于碳原子可绕单键"自由"旋转，随着直链烷烃碳原子数的增加，分子中 σ 键电子对相互排斥产生扭转张力。在室温下，分子具有的能量足以使分子处于高速转动中，即分子处于无数构象异构体的动态平衡中，但是大部分时间分子处于能量最低的对位交叉式构象。因此，直链烷烃的碳链在空间的排列，实际上是碳原子处于一上一下位置形成的锯齿形（图 2-8），而不是一条真正的直链。因此，烷烃结构有时可以简写成如图 2-8 所示的锯齿形，例如庚烷 $CH_3CH_2CH_2CH_2CH_2CH_2CH_3$。

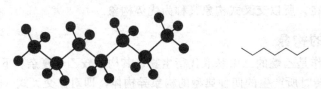

(a) 庚烷分子最低能量结构的球棍模型　　　　(b) 庚烷的结构式

图 2-8　庚烷最低能量结构的球棍模型和锯齿状结构式

2-4 分别用锯架式和 Newman 投影式表示 2-甲基丁烷围绕 C2—C3 单键旋转的优势构象和最不稳定构象。

2.6 烷烃的化学性质

物质的结构是决定性质的内在因素。从前面的讨论中已知，烷烃分子中只存在 C—C σ 键和 C—H σ 键。σ 键很重要的特点之一就是成键的两个原子的轨道重叠程度大，共价键较牢固，键能大（C—H 390～435kJ/mol，C—C 345.6kJ/mol），不易断裂；另外，烷烃中 C、H 电负性相差很小，σ 键不易极化，使它们很难与极性试剂发生异裂的离子型反应。因此，烷烃在通常条件下一般与强酸、强碱、强氧化剂等不发生反应，而表现出稳定性。但是，烷烃的稳定性也是相对的。只要提供足够的能量，例如在高温、加压、催化剂等条件下 σ 键也可断裂而发生某些反应。烷烃可发生的主要反应有氧化反应、热裂反应和卤代反应。

2.6.1 氧化和燃烧反应

在一定的催化剂（如氧化钯、氧化锰等）存在下，烷烃可以被氧气部分氧化，导致 σ 键的断裂，生成脂肪羧酸和脂肪醇等混合物。这些产物都是有机工业的原料。

$$R^1CH_2CH_2R^2 + O_2 \xrightarrow{催化剂} R^1CH_2OH + R^2CH_2OH$$

$$R^1CH_2CH_2R^2 + O_2 \xrightarrow{催化剂} R^1COOH + R^2COOH$$

在这里，引入有机化学中氧化还原反应的一个简单概念：有机化合物中加入氧或去掉氢原子的反应叫氧化反应，加入氢或去掉氧原子叫还原反应。

烷烃在空气或氧气存在的条件下点燃，如果氧气充足，则可被完全氧化而生成二氧化碳和水，同时放出大量的热量，这个氧化反应亦称为烷烃的燃烧反应。

$$C_nH_{2n+2} + \left(\frac{3n+1}{2}\right)O_2 \xrightarrow{燃烧} nCO_2 + (n+1)H_2O + 热能$$

这也是内燃机中汽油、柴油（主要成分为不同碳链的烷烃混合物）的燃烧可以提供能量的基本依据。

在标准状态下（298K，0.1MPa），1mol 烷烃完全燃烧时所放出的热量称为燃烧热（heat of combustion），用 $\Delta H_c^\ominus$ 表示，单位为 kJ/mol。燃烧热可以精确测量，是重要的热化学数据。表 2-5 为一些烷烃的燃烧热，负号只是表示燃烧反应是放热反应，其绝对数值才是燃烧热的实际大小。

表 2-5 部分烷烃的燃烧热

化合物	$\Delta H_c^\ominus$/(kJ/mol)	化合物	$\Delta H_c^\ominus$/(kJ/mol)
甲烷	−890.3	异丁烷	−2869.8
乙烷	−1559.8	2-甲基丁烷	−3531.1
丙烷	−2219.9	2-甲基戊烷	−4160.0
丁烷	−2878.2	2-甲基己烷	−4814.8
戊烷	−3536.2	2-甲基庚烷	−5469.2
己烷	−4195.6	2,2-二甲基己烷	−5462.1
庚烷	−4820.3	2,2,3,3-四甲基丁烷	−5455.4

燃烧热的大小反映分子内能的高低。燃烧热越大，分子内能越高，则结构稳定性低；反之燃烧热越小，分子内能越低，则稳定性高。

从表中可以看出：

① 直链烷烃每增加 1 个 CH_2，燃烧热平均增加 659kJ/mol；

② 同分异构体中，直链烷烃比支链烷烃的燃烧热大，支链越多，燃烧热越小，分子结构越稳定。

烷烃燃烧时要消耗大量的氧。若氧气供应不足，燃烧不完全会产生 CO 等有毒物质，随同未燃烧的汽油一起排出，这就是汽车尾气的排放污染空气的主要原因。低级气体状烷烃（甲烷、乙烷、丙烷等）与空气或氧气混合至一定比例时，一旦遇到明火或火花便马上燃烧，放出大量热量，生成的 CO_2 和水蒸气急剧膨胀而造成爆炸，这就是煤矿中瓦斯爆炸事故的原因。

2.6.2　热裂反应

热裂反应（pyrolysis）是指化合物在无氧和高温条件下发生键断裂的分解反应。烷烃热裂时，分子中的 C—C 键和 C—H 键都发生断裂生成小分子的烷烃、烯烃等产物。例如丙烷的热裂：

$$CH_3CH_2CH_3 \xrightarrow{\triangle} CH_3CH{=\!=}CH_2 + CH_2{=\!=}CH_2 + CH_4 + H_2$$

烷烃的热裂反应在石油化工中具有重要的用途。石油是一种复杂的烃类混合物（见 2.7 节），经过蒸馏后，只能得到 $15\%\sim20\%$ 的 $C_5\sim C_{10}$ 馏分，这是汽油的主要组成成分。为了提高汽油的产量和质量，工业上通常采用热裂化和催化裂化两种途径，将石油中高沸点的重油等馏分热裂来得到低馏分的汽油。当然，轻馏分的烃类也往往被裂解来制备重要的化工原料如乙烯、丙烯、乙炔等。

2.6.3　卤代反应及历程

烷烃和卤素在室温和黑暗中不会发生反应，但是在光照（日光或紫外线，用 $h\nu$ 表示）或者高温的条件下，烷烃的氢原子容易被卤素原子取代，生成卤代烃类化合物，同时放出卤化氢，采用下面通式来表示：

$$R{-}H + X_2 \xrightarrow{h\nu \text{ 或} \triangle} R{-}X + HX \quad (X{=}F,Cl,Br,I)$$

有机化合物分子中的氢原子（或其他原子）或基团被另一原子或基团取代的化学反应称为取代反应（substitution）。烷烃分子中的氢原子被卤素原子取代的反应称为卤代反应（halogenation）。

下面以甲烷的氯代为例，来具体讨论烷烃卤代反应的特点和历程。

当甲烷和氯气这两种气体在紫外线照射下或加热到 $250\sim400℃$ 时，混合物可发生剧烈反应。

$$CH_4 + Cl_2 \xrightarrow{h\nu \text{ 或} \triangle} CH_3Cl \xrightarrow[h\nu \text{ 或} \triangle]{Cl_2} CH_2Cl_2 \xrightarrow[h\nu \text{ 或} \triangle]{Cl_2} CHCl_3 \xrightarrow[h\nu \text{ 或} \triangle]{Cl_2} CCl_4$$

	甲烷	氯甲烷	二氯甲烷	三氯甲烷	四氯化碳
bp	$-164.0℃$	$-23.8℃$	$40.1℃$	$61.2℃$	$76.8℃$

甲烷中一个 H 首先被氯取代得到氯甲烷，反应一般难以停留在单取代的阶段。随着反应的进行，氯甲烷中的另外三个 H 原子依次被氯取代，反应最终是生成了四种不同氯代甲烷的衍生物。利用产物沸点差异可以通过精馏的方式来分离和提纯。但是，如何控制反应尽

可能生成单一产物，提高反应的选择性？一般可以通过控制反应物的物料比来控制产物的生成取向。例如：当物质的量甲烷/氯气＝10/1 时，产物以 CH_3Cl 为主；当甲烷/氯气＝1/4 时，产物则以 CCl_4 为主。

上述甲烷的氯代反应必须在光照或加热的条件下，若在黑暗或室温的条件下不会发生反应，那么光或热起什么作用？另外，反应物甲烷和氯气是如何转变成一系列氯代甲烷衍生物的？在化学转变过程中具体经过了哪些中间步骤？每步有哪些键断裂，又有哪些键形成？对于这些问题的解释，就必须知道反应历程，有时也叫反应机理或反应机制（mechanism）。简而言之，反应历程就是对某个化学反应逐步变化过程细节的描述。

反应历程是怎么来的呢？它是化学家根据实验事实所做出的理论假说。实验事实越多，根据它所做出的理论假说就越可靠。常常会由于新实验事实的出现，对原有的反应历程要做某些适当的修改，有时甚至要摒弃这个旧历程而提出新的，以使它和实际情况更加符合。我们学习和研究反应机理，主要是通过对反应机理的了解，可以认清反应变化的本质和规律，有利于总结和记忆大量的反应，并运用反应规律去预测某些反应的可能结果。

目前，大量的实验事实已证明烷烃的卤代反应是一类自由基链反应（free-radical chain reaction），它包括链引发（initiation）、链增长（propagation）、链终止（termination）三个阶段。下面详细叙述甲烷氯代的反应步骤：

① $Cl_2 \xrightarrow{h\nu \text{ 或 } \triangle} 2Cl\cdot$ $\qquad \Delta_r H_m^\ominus = +242.7\,\text{kJ/mol}$ 链引发

② $CH_4 + Cl\cdot \longrightarrow CH_3\cdot + HCl$ $\qquad +4.0\,\text{kJ/mol}$ $\left.\begin{array}{c}\\\\\end{array}\right\}$ 链增长

③ $CH_3\cdot + Cl_2 \longrightarrow CH_3Cl + Cl\cdot$ $\qquad \Delta_r H_m^\ominus = -108.0\,\text{kJ/mol}$

④ $CH_3\cdot + Cl\cdot \longrightarrow CH_3Cl$ $\left.\begin{array}{c}\\\\\\\end{array}\right\}$ 链终止

⑤ $Cl\cdot + Cl\cdot \longrightarrow Cl_2$

⑥ $CH_3\cdot + CH_3\cdot \longrightarrow CH_3CH_3$

第①步是一个吸热反应，所以必须在光照或加热条件下，Cl_2 才会吸收能量均裂生成两个氯自由基，这是反应的开始阶段，称为链引发。

氯自由基带有一个未成对的单电子，它有获得一个电子而成为八隅体结构的强烈倾向，因而很活泼。当它与甲烷碰撞时，夺取甲烷分子中的一个氢原子形成 HCl，同时生成甲基自由基，即反应②。甲基自由基也非常活泼，它的碳原子为了趋向于稳定结构，当它与 Cl_2 碰撞时，夺取一个氯原子生成氯甲烷，同时产生氯自由基，即反应③。反应③是一个放热反应，所提供的能量足以保证第②步反应的进行，因此，新生成的氯自由基又可以重复②、③两步反应。整个反应就像一条锁链，一经引发，就一环扣一环使链传递下去，因此称之为自由基链反应。反应②和③循环进行，不断产生氯甲烷和氯自由基，所以反应②和③称为链增长阶段。

随着反应的进行，反应体系中甲烷和氯的浓度不断降低，这时自由基之间相互碰撞的概率增大，反应体系里的自由基一旦碰撞结合，就发生上述的④、⑤、⑥步反应，自由基就被消耗掉，反应链不能继续发展，反应将逐渐停止。反应④、⑤和⑥步称为链终止。

反应中除了生成氯甲烷外，还可以得到二氯甲烷、三氯甲烷和四氯化碳产物。这些产物的生成是分别经过了下面的链增长反应：

$$CH_3Cl + Cl \longrightarrow \cdot CH_2Cl + HCl$$
$$\cdot CH_2Cl + Cl_2 \longrightarrow CH_2Cl_2 + Cl\cdot$$

$$CH_2Cl_2 + Cl \cdot \longrightarrow \cdot CHCl_2 + HCl$$
$$\cdot CHCl_2 + Cl_2 \longrightarrow CHCl_3 + Cl \cdot$$

$$CHCl_3 + Cl \cdot \longrightarrow \cdot CCl_3 + HCl$$
$$\cdot CCl_3 + Cl_2 \longrightarrow CCl_4 + Cl \cdot$$

上述就是自由基反应的一般机理，即经历链引发、链增长和链终止三个阶段。

2.6.4 卤素对甲烷的相对反应活性

甲烷除了与氯气能发生反应外，与其他卤素也能反应，并且与不同卤素反应速度快慢顺序是：$F_2 > Cl_2 > Br_2 > I_2$。为什么是这样的实验现象？为了弄清这个问题首先要简述过渡态理论。

（1）过渡态理论　过渡态理论认为每一个有机化学反应是从反应物到产物逐渐过渡的一个连续过程，经过始态、过渡态和终态三个阶段。即一个反应由反应物到产物的转变过程中，需要经过一个过渡状态（transition state，TS），用"$\neq$"表示。

$$A + B\!-\!C \rightleftharpoons [A \cdots B \cdots C]^{\neq} \rightleftharpoons A\!-\!B + C$$
反应物(始态)　　　　过渡态　　　　产物(终态)

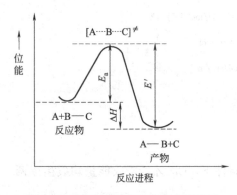

图 2-9　反应进程中的势能变化示意图
E'—逆反应的活化能

过渡态理论强调分子相互作用的状态，将活化能和过渡态结合在一起。把反应进程作横坐标，以位能作纵坐标，反应进程中体系能量的变化如图 2-9 所示。

从图中可以知道反应过程中整个体系的能量变化、反应中旧键断裂与新键形成过程、反应的决速步骤等信息。

活化能：过渡态与反应物分子基态之间的位能差，称为反应的活化能（activation energy），用 E_a 表示。

过渡态：化学反应中，势能最高点对应的结构称为过渡态。过渡态是一个从反应物到产物的中间状态，是一种短暂的原子排列状态，目前一般还未能测得其存在，更不能分离出来，从能量曲线上看，过渡态在峰顶上。它与反应中生成的活性中间体（如自由基、正碳离子等）不同，后者是非常活泼的物质，存在时间短，但可通过实验方法观察到，往往处于能量曲线的峰谷处。

反应热：是产物与反应物的焓差。一般情况下，近似等于产物与反应物的内能差，用 ΔH 表示。负值表示反应是放热反应，容易发生；正值则表示是吸热反应，反应不易发生或进行缓慢。

过渡态理论认为活化能是发生一个化学反应所必须提供的最低限度的能量。它的大小决定反应速率的大小，E_a 值越大，需要提供的能量越多，反应速率就越慢，反之，速率就快。因此，形成过渡态的反应步骤是决速步骤。对于多步反应，活化能最大的反应是决定整个反应速率的步骤。

（2）甲烷卤代反应过程中的能量变化

① 反应热。根据卤代反应的自由基历程，从链引发和链增长的三步来看甲烷卤代反应体系的前后能量变化（见表 2-6）。

表 2-6 甲烷卤代反应的反应热

反 应	$\Delta H/(kJ/mol)$			
	F	Cl	Br	I
① $X_2 \xrightarrow{h\nu \ \text{或} \ \triangle} 2X\cdot$	+159	+242	+192	+151
② $CH_4 + X\cdot \longrightarrow CH_3\cdot + HX$	−130	+4	+67	+138
③ $CH_3\cdot + X_2 \longrightarrow CH_3X + X\cdot$	−293	−108	−101	−83
④ $CH_4 + X_2 \longrightarrow CH_3X + HX$	−423	−104	−34	+55

从表中数据可以看出：甲烷与氟、氯、溴的反应热均为负值，所以都是放热反应。氟代反应放热最多（−423kJ/mol），容易破坏大多数化学键，反应激烈，难以控制。氯代放出的热量次之，反应活性也次之；溴代放出的热量最少，反应进行比较慢；而碘代为吸热反应（+55kJ/mol），反应难以发生，没有实际意义。

因此，卤素对甲烷的反应相对活性次序为：$F_2 > Cl_2 > Br_2 > I_2$。氯代和溴代的反应活性适中，反应容易控制，所以烷烃的卤代反应一般是指氯代和溴代反应。

② 活化能和过渡态。以甲烷氯代反应历程中链增长阶段的能量变化为例（见图2-10）：在历程第②步反应中，首先 Cl· 与 CH_4 反应，二者逐渐靠近并达到一定距离后，一个 H 与 Cl 间的新 H—Cl σ键逐渐形成，而 C—H 旧 σ键被拉长，将逐渐断裂，此时，体系的能量上升到最高点，对应的结构为过渡态，它与反应物之间的能量差16.8kJ/mol 就是活化能。随着 H—Cl 键的形成，体系的能量逐渐释放，最后形成甲基自由基和氯化氢。

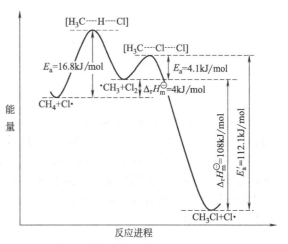

图 2-10 甲烷自由基氯代反应链增长阶段的能量变化

$$CH_4 + Cl\cdot \longrightarrow [H_3C \cdots H \cdots Cl]^{\neq} \longrightarrow CH_3\cdot + HCl$$

能量变化图中显示链增长第③步是一个放热反应，同样是经过了一个过渡态，这步的活化能为 4.1kJ/mol。

$$CH_3\cdot + Cl_2 \longrightarrow [H_3C \cdots Cl \cdots Cl]^{\neq} \longrightarrow CH_3Cl^- + Cl\cdot$$

在多步骤的反应里，活化能最大的一步是反应速率最慢的一步，也就是整个反应的决速步骤（rate-determining step）。显然，在 Cl· 与 CH_4 反应生成 CH_3Cl 的反应中，生成甲基自由基的反应是决定整个甲烷氯代反应速率的步骤。反应速率的大小就决定反应活性的大小。表 2-6 中第②步反应是决定甲烷卤代反应的决速步骤，对不同卤素而言，这步反应需要的能量越低，反应速率越快，反应活性也越高。因此，实验数据再次确证卤素的相对活性次序为$F_2 > Cl_2 > Br_2 > I_2$。其他烷烃的卤代反应机理和能量变化规律与甲烷的卤代反应基本相同。

综上所述，烷烃卤代反应有如下特点：

a. 除碘代反应外，均为放热反应。

b. 反应是经自由基中间体进行的链反应，经历了链引发、链增长和链终止三个阶段。凡是有利自由基稳定的因素均有利于反应的发生。

c. 生成烷基自由基的反应是决定反应速率的步骤。

2.6.5 烷烃卤代反应的选择性

（1）烷烃 $1°H$、$2°H$ 和 $3°H$ 的相对反应活性　当将丙烷、异丁烷分别进行氯代和溴代反应时，实验结果发现均有两种氯代（溴代）烷烃同分异构体的生成。

氯化 $\begin{cases} \end{cases}$

$$CH_3CH_2CH_3 + Cl_2 \xrightarrow[25℃]{h\nu} CH_3CH_2CH_2Cl + CH_3\underset{\underset{Cl}{|}}{C}HCH_3$$
$$(45\%) \qquad (55\%)$$

$$CH_3\underset{\underset{CH_3}{|}}{C}HCH_3 + Cl_2 \xrightarrow[25℃]{h\nu} CH_3\underset{\underset{Cl}{|}}{\overset{\overset{CH_3}{|}}{C}}CH_3 + CH_3\underset{\overset{CH_3}{|}}{C}HCH_2Cl$$
$$(36\%) \qquad (64\%)$$

首先观察丙烷的氯代反应，丙烷分子中有 6 个 $1°H$、2 个 $2°H$，理论上，$1°H$ 与 $2°H$ 被氯原子取代的概率之比应为 $3:1$。但在室温条件下，这两种氯代产物得率之比为 $45:55$，这说明丙烷中这两种氢的反应活性不同，二者的相对反应活性为：

$$1°H : 2°H = \frac{45}{6} : \frac{55}{2} = 1 : 3.7$$

在异丁烷的氯代反应中，按碰撞概率，$1°H$ 与 $3°H$ 被氯原子取代的概率之比应为 $9:1$，但实际上从反应产物的收率计算，$1°H$ 与 $3°H$ 的相对反应活性为：

$$1°H : 3°H = \frac{64}{9} : \frac{36}{1} = 1 : 5.1$$

这些实验结果表明，烷烃氯代反应中，三种不同类型烷烃氢的相对反应活性比为：$3°H : 2°H : 1°H = 5.1 : 3.7 : 1$，即活性为：$3°H > 2°H > 1°H$。

接下来看看丙烷和异丁烷的溴代反应，从反应异构体产物的收率来看，三种不同类型烷烃氢的反应活性也存在明显差异。通过上述同样的计算，结果表明，烷烃溴代反应中，三种不同类型烷烃氢的相对反应活性比为：$3°H > 2°H > 1°H = 1600 : 82 : 1$，即活性次序也是 $3°H > 2°H > 1°H$。

溴化 $\begin{cases} \end{cases}$

$$CH_3CH_2CH_3 + Br_2 \xrightarrow[146℃]{h\nu} CH_3CH_2CH_2Br + CH_3\underset{\underset{Br}{|}}{C}HCH_3$$
$$(3\%) \qquad (97\%)$$

$$CH_3\underset{\overset{CH_3}{|}}{C}HCH_3 + Br_2 \xrightarrow[146℃]{h\nu} CH_3\underset{\underset{Br}{|}}{\overset{\overset{CH_3}{|}}{C}}CH_3 + CH_3\underset{\overset{CH_3}{|}}{C}HCH_2Br$$
$$(>99\%) \qquad (<1\%)$$

为什么会得到这样的反应活性次序？这需要从烷烃卤代反应历程中找出答案。

从上述对烷烃卤代反应历程的讨论中已知，形成烷烃自由基的反应是决定整个卤代反应速度的决速步骤。反应活性的大小就是反应速率快慢的比较，而反应速率的快慢又是由活化能 E_a 的高低决定的。E_a 是过渡态与反应物的位能差值，在卤代反应的决速步骤中，过渡态的结构在一定程度上类似自由基，所以自由基的位能高低就代表过渡态的位能高低，一定意义上而言，也决定了 E_a 的大小。所以，通过比较自由基的位能高低（即自由基稳定性的高低）就可以知道反应的活性大小。

（2）烷烃自由基的相对稳定性　烷基自由基是烷烃中 C—H 键均裂后生成的一类碳上只带有七个电子的活泼中间体。中心碳原子采用 sp^2 杂化方式，三个 σ 键在同一个平面，碳原子的一个带有未成对单电子的 p 轨道垂直于该平面上。如甲基自由基的结构：

$$\cdot CH_3 \qquad H-\underset{\underset{H}{|}}{\overset{\cdot}{C}}H$$

烷基自由基的稳定性可以由烷烃的C—H键均裂时的离解能（$DH^{\ominus}$）大小来判断。离解能越小，体系吸收的能量越少，C—H键易断裂，生成的自由基位能越低而越稳定，也就是说烷烃中氢原子越易被夺去，活泼性越强。

$$DH^{\ominus}/(kJ/mol)$$

$$CH_3\overset{|}{\underset{CH_3}{CH}}CH_3 \longrightarrow CH_3\overset{|}{\underset{CH_3}{\overset{\cdot}{C}}}CH_3 + H\cdot \qquad 385.0$$

3° 自由基

$$CH_3CH_2CH_3 \longrightarrow CH_3\overset{\cdot}{C}HCH_3 + H\cdot \qquad 397.5$$

2° 自由基

$$CH_3CH_2CH_3 \longrightarrow CH_3CH_2CH_2\cdot + H\cdot \qquad 410.0$$

1° 自由基

$$CH_4 \longrightarrow CH_3\cdot + H\cdot \qquad 435.0$$

甲基自由基

上述离解能数据表明，烷基自由基的稳定性次序是：$3°R_3C\cdot > 2°R_2CH\cdot > 1°RCH_2\cdot >\cdot CH_3$，自由基越稳定，越易形成，与之相应的H越活泼，所以三种类型烷烃氢的相对反应活性次序是：$3°H > 2°H > 1°H$。

（3）卤素的选择性　实验结果表明，卤代反应所用的卤素不同或反应条件不同，各种异构体产物的相对数量有着显著的差异。在室温下，烷烃氯代反应中，$3°H$、$2°H$ 与 $1°H$ 的活性比为 5.1：3.7：1，产物中各种异构体间的比例相差不大；而溴代反应中，$3°H$、$2°H$ 与 $1°H$ 的活性比为 1600：82：1，产物以一种异构体为主产物，结果显示，溴化比氯化反应的选择性要高。为什么会出现这样的结果？

前面已讨论知道，氯的反应活性高于溴，活性高的试剂进行反应的活化能低，过渡态来得早，比较接近反应物的结构状态。所以，烷烃氯代反应中具有较早到达的过渡态 $[R\cdots H\cdots Cl]^{\neq}$，其结构较接近反应物，能稳定自由基的因素在过渡态中的影响较小，所以 $3°$、$2°$、$1°$ 氢的活性差别不太大。而溴代具有较迟到达的过渡态 $[R\cdots H\cdots Br]^{\neq}$，其结构较接近产物自由基。能稳定自由基的因素在过渡态中影响最大，所以 $3°$、$2°$、$1°$ 氢的活性差别非常大，反应的选择性就强。

从丙烷与溴、氯原子反应能量图（图2-11）也可以看到，氯与 $1°H$ 和 $2°H$ 反应的活化能只相差 4.2kJ/mol，而溴与 $1°H$ 和 $2°H$ 反应的活化能相差 10.5kJ/mol。溴代反应时，两种氢原子的反应活性差别比氯代时大得多，因而溴代反应的选择性高于氯代反应。

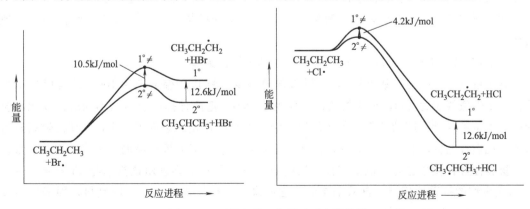

图 2-11　丙烷与溴、氯原子反应能量图

所以，在烷烃卤代反应中，期望反应产物收率高并且比较单一，通常首选溴代反应。

 **思考题**

2-5 写出3-乙基戊烷进行一氯代反应预计得到的全部产物的结构式。推测各产物的百分比例并比较反应中所有烷基自由基的稳定性大小。

2.7 烷烃的天然来源和代表性烷烃

2.7.1 烷烃的来源

烷烃的天然来源主要是煤、天然气和石油。

煤在高温、高压和催化剂的存在下，与氢气作用可得到烃类的复杂混合物，又叫人造石油。煤的高温干馏（焦化）产物煤焦油是芳香烃类化合物的主要来源之一。

天然气是蕴藏在地层内的可燃气体。它是多种气体的混合物，主要是甲烷（含量约98%），还有少量的乙烷、丙烷、丁烷和戊烷。甲烷是动植物在没有空气的条件下腐烂分解的最终产物，即一些有生命的有机物非常复杂的分子断裂的最终产物。

石油是烷烃最主要的来源。它的组成主要是烷烃、环烷烃和芳烃等烃类物质（见表2-7）。石油主要用作燃料，是主要的能源，又是有机化工的基本原料。

表 2-7　石油各馏分的组成

馏分名称	主要成分	沸程/℃	馏分名称	主要成分	沸程/℃
石油气	$C_1 \sim C_4$ 的烷烃	<30	重油	$C_{16} \sim C_{30}$ 的烷烃与环烷烃	300～450
汽油	$C_5 \sim C_{12}$ 的烷烃	40～200	蜡	$C_{25} \sim C_{30}$ 的烷烃	>300
煤油	$C_{11} \sim C_{16}$ 的烷烃	200～270	沥青	$C_{30} \sim C_{40}$ 的高级烃	固体
柴油	$C_{15} \sim C_{18}$ 的烷烃	270～340			

当汽油与空气的混合物在内燃机气缸中正常燃烧时，火焰传播速度为10～20m/s。燃烧太快或不正常时，容易发生爆炸或爆震。爆震燃烧时火焰传播速度可达1500～2000m/s，会使气缸温度剧升，汽油燃烧不完全，机器强烈震动，从而使输出功率下降，在发动机里产生"敲击"（knocking），俗称敲缸，导致汽车发动机损坏。引起爆震的倾向用辛烷值表示。

正庚烷 $CH_3(CH_2)_5CH_3$ 爆震非常厉害，其辛烷值为零。

异辛烷（2,2,4-三甲基戊烷），其爆震现象最少，将其辛烷值定为100。通常以异辛烷的标准辛烷值规定为100，正庚烷的辛烷值规定为零，把两种标准燃料以不同的体积比混合起来，可得到各种不同的抗震性等级的混合液。发动机在相同条件下工作，与待测燃料进行对比。抗震性与样品相等的混合液中所含异辛烷百分数，即为该样品的辛烷值。汽油辛烷值大，抗震性好，质量也好。例如某标号汽油的辛烷值为85，则表示该汽油与85份异辛烷和15份正庚烷的抗震性相当。自从辛烷值建立起来，出现了优于异辛烷的燃料，即辛烷值超过100。常见油品的辛烷值示例如下：

品名	辛烷值	品名	辛烷值
正辛烷	−17	苯	115
正庚烷	0	甲醇	107
正戊烷	62.5	乙醇	108
1-戊烯	91	甲基叔丁基醚	116
1-丁烯	97	甲苯	103.5
环戊烷	85	异辛烷	100

可以看出，六个碳以上的直链烷烃辛烷值都很低，而带有支链的烷烃、不饱和脂肪烃尤其是芳香烃较为理想。

但是市场上的汽油，如 85 号、90 号、95 号油，并非就是指汽油的辛烷值，而是指汽油燃烧时所产生的燃烧热，相当于燃烧按比例合成的异辛烷与正庚烷所产生的热量。

辛烷值越高，防止发生爆震的能力越强，对发动机的损害越小。因此，人们常常加入一些添加剂来增加汽油的辛烷值，过去常往汽油中加入四乙基铅 $[(C_2H_5)_4Pb]$ 来提高辛烷值，但是铅毒性大，现改用硝基甲烷（CH_3NO_2）、硝基异丙烷（$i\text{-}PrNO_2$）、甲基叔丁基醚 $[CH_3OC(CH_3)_3]$ 等作为添加剂来提高辛烷值，同时还可以作为发动机的防爆剂。虽然甲醇具有较高的辛烷值，但由于其有毒，在车用无铅汽油中用添加甲醇的方法来提高汽油的辛烷值是不允许的。

2.7.2 代表性烷烃及烷烃混合物介绍

（1）甲烷　分子式 CH_4，是最简单的有机化合物。在自然界分布很广，是天然气、沼气、坑气及煤气的主要成分之一，故又名"沼气"。甲烷是无色、无臭味气体，沸点 −164℃，比空气轻，极难溶于水。当与空气成适当比例混合后，遇火花会发生爆炸。它可用作燃料及制造氢、一氧化碳、炭黑、乙炔、氢氰酸及甲醛等物质的化工原料。近年来广受关注的可燃冰实际上是天然气水合物，它们是由天然气和水在高压低温的条件下形成的类冰状的结晶化合物。可燃冰主要成分是甲烷，分布于深海沉积物或陆域的永久冻土中，作为能源具有高效清洁、燃烧值高、能量密度高的特点，但可燃冰的开采并不容易。

（2）石油醚　实验室里常用的非极性溶剂，无色透明液体，有煤油气味。石油醚并不是醚类化合物，其主要成分是戊烷和己烷，含量不固定，不同的组成导致不同的沸程，常用 30～60℃ 与 60～90℃ 两种规格，都是指它的沸点或者沸程在这个范围内。石油醚的蒸气与空气可形成爆炸性混合物，遇明火、高热能引起燃烧爆炸。

（3）液体石蜡　C_{18}～C_{24} 的液体烷烃的混合物，无色无味的透明油状液体，不溶于水、乙醇，在体内不被吸收，常用作肠道润滑的缓泻剂或滴鼻剂的溶剂或基质。

（4）凡士林　C_{18}～C_{22} 的烷烃混合物，一般呈半固体状，具有良好的稳定性，对酸、碱稳定，在空气中不易变质，常用作软膏的基质和皮肤保护油膏等。

（5）石蜡　C_{25}～C_{34} 的固体烷烃的混合物，通常是白色、无色无味的蜡状固体，不溶于水，化学性质稳定，常用于蜡疗、中成药的密封材料和药丸的包衣等。

 知识介绍

生物体系、医学中的自由基

1. 概念

自由基是含有一个未成对电子的原子团，也称为"游离基"，非常活泼而不稳定，因此自由基具有强烈

夺取其他物质的一个电子而使自己形成稳定物质的能力，在化学中，这种现象称为"氧化"。

在活性生物体内，许多生命活动是离不开自由基活动的，生物有机体在新陈代谢过程不断产生自由基。常见的生物自由基有两类：一类是氧自由基（OFR），包括超氧阴离子自由基（$\cdot O_2^-$）、羟基自由基（$\cdot OH$）、单线态氧（$^1O_2$）和过氧化氢（H_2O_2）；另一类是脂类自由基，包括脂氧基（$RO\cdot$）、脂质过氧基（$ROO\cdot$）等。

2. 作用和危害

在生理状况下，机体一方面不断产生自由基，另一方面又不断清除自由基。处于产生与清除平衡状态的生物自由基，在生命活动中起着非常重要的作用：

① 负责能量的传递，保证机体的运动；

② 参与机体的生理代谢、前列腺素和ATP等生物活性物质的合成；

③ 参与免疫和信号传导、诱导增殖、分化和凋亡等。

氧自由基非常活泼、极不稳定、半衰期极短、易产生连锁反应，能夺取电子而使其他敏感分子被氧化，过多时就会干扰体内细胞的正常代谢。

（1）损害生物膜　过多的氧自由基使核酸、蛋白质、膜多聚不饱和脂肪酸等生物大分子发生超氧化反应而出现交联或断裂，导致细胞膜结构和功能的破坏，从而导致心脑血管疾病的发生。

（2）导致衰老　脂质过氧化的终产物丙二醛与大分子交联形成脂褐素，难溶于水，在细胞内大量沉积，妨碍细胞代谢，加速细胞机能衰退，使人体皮肤失去弹性，出现老年斑、记忆力下降、视力减退等衰老现象。

（3）基因突变与癌变　自由基与脂质过氧化很容易和DNA在碱基位置上形成共价结合，对碱基进行修饰，使核糖氧化、碱基丢失、DNA链断裂与蛋白质交联等，引起基因突变，改变遗传信息的传递，诱发癌变。

3. 自由基的清除

正常机体内的细胞通过各种途径每天能产生多达 10^{11} 个活性氧自由基，而实际上自由基在体内存在的时间仅有 10^{-3} s，且数量极少。这是因为体内存在着各种酶促（即抗氧化酶）和非酶促（抗氧剂）系统，清除自由基，维持生理平衡，使机体免受损害。

（1）内源性自由基清除剂　生物体内天然存在的酶类抗氧化剂主要是：

① 超氧化物歧化酶（SOD）。可将超氧阴离子 $\cdot O_2^-$ 催化歧化生成 H_2O_2 和 O_2：

$$2\cdot O_2^- + 2H^+ \xrightarrow{\quad SOD \quad} O_2 + H_2O_2$$

② 过氧化氢酶（CAT）。歧化 H_2O_2 分解为 H_2O 和 O_2，避免 H_2O_2 与 $\cdot O_2^-$ 在络合铁催化下生成 $\cdot OH$：

$$2H_2O_2 \xrightarrow{\quad CAT \quad} O_2 + 2H_2O$$

③ 谷胱甘肽过氧化物酶（GSH-Px）。一种含硒的酶，催化谷胱甘肽氧化成氧化型的谷胱甘肽 GSSG 时，消耗 H_2O_2 和 ROOH。

$$H_2O_2 + GSH \xrightarrow{\quad GSH\text{-}Px \quad} GSSG + 2H_2O$$

$$ROOH + GSH \xrightarrow{\quad GSH\text{-}Px \quad} ROH + GSSG + H_2O$$

内源性非酶抗氧化剂主要是指维生素E、维生素C和β-胡萝卜素，这些物质可以提供电子来清除体内自由基，自身被氧化成其他物质。

维生素C　　　　　　　　　　　　维生素E

β-胡萝卜素

（2）外源性自由基清除剂　外源性自由基清除剂主要是指食物或天然药物中的一些具有抗氧化作用的分子，其在自由基进入人体之前就与之结合，从而阻断外界自由基的改基，使人体免受伤害。比如：芦丁、黄豆中的黄酮类化合物，茶叶中的茶多酚，丹参中的丹参酮，黄芩中的黄芩苷，五味子中的五味子素，以及党参、灵芝、香菇、平菇等菇类的多糖。

所以，合理调配膳食，经常地补充富含抗氧化成分的食物或营养药物，以及在食物中添加抗氧化成分，既符合营养又有助于消除或减轻氧自由基对机体的危害，可及时预防体内产生过量的 OFR。

习题

2-1　用系统命名法命名下列各化合物或者写出化合物的结构式。

（1） $CH_3CH_2-CH-CHCH_2CH_3$（上：CH_3，$CH_2CH_2CH_3$）

（2） $CH_3CH_2CHCH_2CH(CH_3)_2$（下：$CH(CH_3)_2$）

（3） $(CH_3CH_2)_4C$

（4） $(CH_3)_2CHCH_2CH_2CH(C_2H_5)_2$

（5）

（6）

（7）异戊烷

（8）2,6-二甲基-3,6-二乙基辛烷

（9）2-甲基-3-异丙基己烷

（10）2-甲基-3-乙基戊烷

2-2　写出符合下列条件的含 C_6 的烷烃的结构式。

（1）具有 2 个 3°C。

（2）具有 1 个 4°C 及 1 个 2°C。

（3）具有一个异丙基。

2-3　写出 9 种分子式为 C_7H_{16} 的烷烃异构体的结构式，并用系统命名法命名。

2-4　写出化合物 2,2,4-三甲基己烷的结构式并且指出碳原子的类型。

2-5　元素分析得知含碳 84.1%、含氢 15.9%、分子量为 114 的烷烃分子中，所有的氢原子都是等性的。写出该烷烃的分子式和结构式，并用系统命名法命名。

2-6　推测下列两个化合物中，何者熔点较高，何者具有较高的沸点。

（1）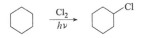

（2）

2-7　将下列自由基按稳定性从大到小的次序排列。

（1） $(C_2H_5)_3C\cdot$

（2） $(C_2H_5)_2CHCH_2CH_2\cdot$

（3） $(C_2H_5)_2CH\overset{\cdot}{C}HCH_3$

（4） $\cdot CH_3$

2-8　按稳定性从大到小的次序，画出 1,2-二氯乙烷的四种典型构象式（用锯架式和 Newman 投影式表示）。

2-9　写出下面反应的历程。

$$\text{环己烷} \xrightarrow[h\nu]{Cl_2} \text{氯代环己烷}$$

2-10　将化合物甲基环己烷进行溴代，得到的主要一取代产物为（1-溴-1-甲基环己烷，含 CH_3 和 Br），解释为什么有此现象。

第3章 环烷烃

3.1 环烷烃的分类及命名

环烷烃（cycloalkanes）是指链状烷烃的首尾两个碳原子以 σ 键相连接后形成的环状烷烃类化合物。这类化合物的性质与链状脂肪烷烃类化合物有许多相似之处，所以又叫脂环烃（alicyclic hydrocarbon）。

3.1.1 分类

根据环烷烃分子中所含的碳环数目，分为单环、双环和多环烷烃。单环烷烃是分子中只有一个碳环，它的结构通式为 C_nH_{2n}，与第 4 章要学习的单烯烃化合物相同，相互为同分异构体。本章主要讨论单环烷烃化合物的结构与性质。在单环烷烃体系中，根据成环的碳原子数目，又分为小环（三元环、四元环）、普通环（五元环、六元环）、中环（七～十一元环）和大环（十二元环及以上）。

3.1.2 命名

（1）单环烃的命名　当环上带有简单的取代基时，以环作为母体，环上的基团为取代基，取代基的位次、编号顺序遵循开链烷烃中的最低系列编号原则和"次序规则"，命名与链状烷烃相似，只需在同碳数的链烷烃的名称前加"环"字（英文用 cyclo）。

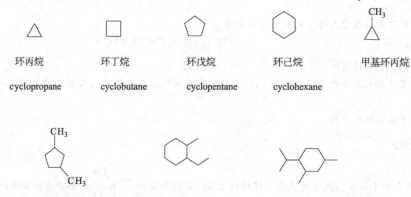

环丙烷	环丁烷	环戊烷	环己烷	甲基环丙烷
cyclopropane	cyclobutane	cyclopentane	cyclohexane	

1,3-二甲基环戊烷　　1-甲基-2-乙基环己烷　　2,4-二甲基-1-异丙基环己烷

当环上带有复杂的取代基时，一般把环作为取代基，按链状烷烃来命名。

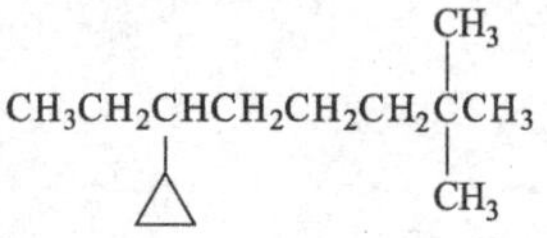

$CH_3CH_2CHCH_2CH_2CH_2CH_3$　　2,2-二甲基-6-环丙基辛烷

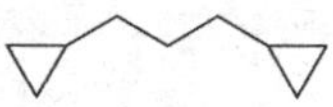

1,3-二环丙基丙烷

50

环烷烃碳环的 C—C σ 键受环的限制而不能自由旋转，所以当环上两个碳原子分别连有一个取代基时，会导致顺、反两种异构体的出现。由于有机分子中存在阻碍单键自由旋转的因素（如双键或脂环），在一定条件下，引起原子或原子团在空间排列方式不同的异构现象称为顺反异构。两个取代基位于环平面的同侧，称为顺式异构体（*cis*-isomer），位于环平面的异侧，则称为反式异构体（*trans*-isomer）。命名时，要标明立体构型，在编号的前面加上"顺"或"反"字。

顺-1,3-二甲基环戊烷

cis-1,2-dimethylcyclopentane

反-1-甲基-4-乙基环己烷

trans-1-ethyl-4-methylcyclohexane

（2）多环烃化合物的命名　分子中含有两个及两个以上的碳环，并且环之间有共用碳原子的烃类化合物称为多环烃。多环烃中环的数目，可以依据 C—C 键断裂数来判断，当断裂两根 C—C 键就变为链状烷烃的环烃就是二环烃，断裂三根 C—C 键就变为链状烷烃的环烃就是三环烃，依次类推。多环烃化合物在自然界中广泛存在，并且大部分具有重要的生理活性。下面主要介绍螺环烃和桥环烃两类多环烃的命名。

① 桥环烃命名。分子中碳环共用两个或两个以上碳原子的环烃称为桥环烃（bridged hydrocarbons），共用碳原子即桥头碳，连接在两个桥头碳之间的碳链称为桥路。自然界存在的樟脑、冰片、蒎烯以及金刚烷等均属桥环烃。命名时首先确定母体烃的环数，然后从一个桥头碳开始编号，沿着最长的桥路经第二个桥头碳到短的桥路，一直回到第一个桥头碳的位置，其中取代基的编号也必须遵循最低序列编号原则，最后命名书写格式为"取代基 X 环 [*a.b.c*] 某烷"，X 表示环数，*a*、*b*、*c* 表示除桥头碳外，组成桥路的碳原子数，依照从多到少的顺序排列。

二环[3.1.0]己烷　　二环[2.1.1]己烷　　2-甲基二环[2.2.1]庚烷　　二环[4.4.0]癸烷

bicyclo[3.1.0]hexane　bicyclo[2.1.1]hexane　2-methylbicyclo[2.2.1]heptane　bicyclo[4.4.0]decane

② 螺环烃命名。分子中两个碳环共用一个碳原子的环烃称为螺环烃（spirocyclic hydrocarbons），共用的碳即螺原子。命名时将螺环定为母体烃，编号从螺原子的邻位碳开始，从小环经螺原子到大环，在同一时针方向保证取代基遵循最低序列编号原则，最后命名书写格式为"取代基螺 [*m.n*] 某烷"，*m* 表示除螺原子外组成较小环的碳原子数；*n* 表示除螺原子外组成较大环的碳原子数。

螺[5.5]十一烷　　　　螺[2.4]庚烷　　　　1-甲基螺[3.4]辛烷

spiro[5.5]undecane　spiro[2.4]heptane　1-methylspiro[3.4]octane

3.2　单环脂环烃的性质

3.2.1　物理性质

在单环烷烃分子中，小环为气态，普通环为液态，中环及大环为固态。环烷烃的熔点、沸点和密度都较同数碳原子的链状烷烃的高，这是由于链状烷烃分子中单键可以自由旋转，分子间的作用力和对称性要弱于同碳数的环烃。环烷烃是非极性分子，易溶于非极性或弱极性的有机溶剂，难溶于极性溶剂。表 3-1 是部分直链烷烃和同碳数环烷烃的物理常数比较（参考表 2-4）。

表 3-1　直链烷烃和相应环烷烃的物理常数

化合物名称	沸点/℃	熔点/℃	密度(d_4^{20})/(g/cm³)
丙烷	−42.1	−189.7	0.5005
环丙烷	−32.7	−127.6	0.720
丁烷	−0.5	−138.4	0.5788
环丁烷	12.5	−90	0.720
戊烷	36.1	−130.5	0.6262
环戊烷	49.3	−93.9	0.7457
己烷	68.9	−95.0	0.6548
环己烷	80.7	6.6	0.7785
庚烷	98.4	−90.6	0.6837
环庚烷	118.5	−12.0	0.8098

3.2.2　化学性质

环烷烃的化学性质同链状烷烃的性质非常相似，对一般的化学试剂表现出稳定性，主要能发生自由基型的卤代反应。但是小环烷烃（三元环和四元环）具有一些特殊的性质，分子不稳定，容易发生开环加成反应。

（1）卤代反应　同开链烷烃类似，在光照或加热的条件下易发生自由基取代。

$$\triangleright + Cl_2 \xrightarrow{h\nu} \triangleright\!\!-Cl + HCl$$

$$\pentagon + Br_2 \xrightarrow{300℃} \pentagon\!\!-Br + HBr$$

（2）加成反应　这里的加成反应主要是指环丙烷和环丁烷的特殊性质，对于五元环以上的环烃，结构相对稳定，在相同的条件下难以发生开环加成反应。

① 催化氢化。在金属催化剂（如 Ni、Pd、Pt 等）催化下，环丙烷和环丁烷在一定温度下可以同氢气加成，开环生成饱和链状烷烃化合物。

$$\triangleright + H_2 \xrightarrow[80℃]{Ni} CH_3CH_2CH_3$$

$$\square + H_2 \xrightarrow[200℃]{Ni} CH_3CH_2CH_2CH_3$$

$$\pentagon + H_2 \xrightarrow[300℃]{Pt} CH_3CH_2CH_2CH_2CH_3$$

② 加卤素反应。环丙烷在室温下很容易和 Br_2 反应，而与 Cl_2 室温下不易反应，一般要在 Lewis 酸的催化下才发生加成。环丁烷在室温下很难与 Br_2 反应，在加热条件下则可进行开环反应。

$$\triangleright \begin{cases} \xrightarrow[\text{r.t}]{Br_2/CCl_4} \underset{\underset{Br}{|}}{CH_2}\underset{}{CH_2}\underset{\underset{Br}{|}}{CH_2} \\ \\ \xrightarrow[FeCl_3]{Cl_2} \underset{\underset{Cl}{|}}{CH_2}\underset{}{CH_2}\underset{\underset{Cl}{|}}{CH_2} \end{cases}$$

$$\square + Br_2 \xrightarrow[\triangle]{CCl_4} BrCH_2CH_2CH_2CH_2Br$$

由于三元环与溴的 CCl_4 溶液反应，所以不能用溴褪色法区别小环烷烃和烯烃。

③ 加氢卤酸反应。环丙烷在室温下很容易和氢卤酸（HCl、HBr、HI）反应，而环丁烷在室温时与氢卤酸一般不反应。

$$\triangleright + HBr \xrightarrow{\text{室温}} \diagdown\diagup\diagup Br$$

$$\triangleright + HBr \xrightarrow{\text{室温}} \underset{\underset{Br}{|}}{\diagup\diagdown}$$

$$\diagup\!\!\!\triangle + HBr \xrightarrow{\text{室温}} \underset{\underset{Br}{|}}{\diagdown\!\!\!\diagup}$$

④ 与 H_2SO_4 加成。环丙烷的取代衍生物在室温下用浓硫酸处理，再和水共热，可以发生如下反应：

实验事实证明，环丙烷与卤素 X_2、氢卤酸 HX 以及浓硫酸 H_2SO_4 的加成反应是一类离子型加成反应，其类似的反应历程将在第四章学习。当环丙烷的衍生物与 HX 或 H_2SO_4 加成时，加成符合 Markovnikov 规则（简称马氏规则），酸中的 H^+（亲电试剂）加在连氢较多的碳原子上，而 X^- 或 HSO_4^-（亲核试剂）加在连氢较少的碳原子上。

思考题

3-1 如何用简便的化学方法区别 1,2-二甲基环丙烷和环戊烷两个同分异构体。

3.3 环烷烃的结构与稳定性

3.3.1 Baeyer 张力学说

从上述化学性质的实验事实可以看出，环烷烃的化学反应活性与结构有关系，单环烷烃的化学稳定性大小次序为：普通环＞环丁烷＞环丙烷。如何来解释这种现象？1885 年，德国化学家拜尔（Adolf von Baeyer）提出了张力学说。他假定单环烷烃是一个平面正多边形，多边形中碳-碳单键的键角同 sp^3 杂化的自然键角比较，键角差值越大，环越不稳定，化学性质越活泼，同时环的角张力越大。

杂化轨道理论表明，碳原子采用 sp^3 杂化成键时，与其他四个原子相连成正四面体构型，此时轨道之间的重叠达到最大程度，键结合牢固，自然键角是 $109°28'$。依据拜尔的张力学说，环丙烷是平面正三角形，碳-碳键的夹角是 $60°$，与自然键角 $109°28'$ 比较，相差 $49°28'$，因此在环丙烷中每个 C—C 键向内压缩了 $24°44'$（见图 3-1）。

由于环烷烃的键角与 sp^3 杂化的键角存在偏差，分子中会出现张力，这种张力称为角张

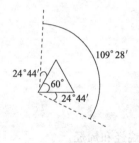

图 3-1　环丙烷键角与正四面体键角的差值

力（angle strain）。为了消除角张力，分子易开环生成稳定的开链化合物，恢复到正常的正四面体的键角。键角偏差越大，角张力越大，分子越不稳定，反应活性越高。按此推算，正四边形的环丁烷键角为 90°，与自然键角的偏差为 19°28′，是较环丙烷更稳定的环烃，正五边形的环戊烷键角为 108°，与自然键角的偏差最小（1°28′），应是拜尔学说中最稳定的脂环。环己烷的键角是 120°，与自然键角的偏差为 −10°32′，意味着与自然键角相比较，须向外扩展 10°32′ 才能适应正六边形的几何形状，其稳定性低于环戊烷。以此类推，大于环己烷的中环、大环化合物随成环碳原子数的增加而稳定性降低。

这些结论与实验现象并不完全符合。Baeyer 学说对小环的稳定性和反应活性解释合理，但是对普通环、中环及大环的稳定性判断与实验事实相矛盾。

3.3.2　燃烧热与稳定性

20 世纪 30 年代，随着热力学的发展，人们可以精确测量化合物的燃烧热（heats of combustion），通过燃烧热的大小来反映化合物内能的高低和稳定性大小。一些环烷烃中单个亚甲基的燃烧热数据如表 3-2 所示。

表 3-2　部分环烷烃中亚甲基（CH_2）的燃烧热

名称	分子式	$\Delta H_c^{\ominus}$/(kJ/mol)	名称	分子式	$\Delta H_c^{\ominus}$/(kJ/mol)
环丙烷	C_3H_6	697.1	环癸烷	$C_{10}H_{20}$	663.6
环丁烷	C_4H_8	686.2	环十一烷	$C_{11}H_{22}$	662.7
环戊烷	C_5H_{10}	664.0	环十二烷	$C_{12}H_{24}$	659.4
环己烷	C_6H_{12}	658.6	环十三烷	$C_{13}H_{26}$	660.2
环庚烷	C_7H_{14}	662.3	环十四烷	$C_{14}H_{28}$	658.6
环辛烷	C_8H_{16}	663.6	环十五烷	$C_{15}H_{30}$	659.0
环壬烷	C_9H_{18}	664.4	链状烷烃	C_nH_{2n+2}	658.6

在上一章烷烃内容里讨论过，燃烧热的大小，反映分子内能的高低。燃烧热越大，分子内能越高，则结构稳定性小；反之燃烧热越小，分子内能越低，则稳定性大。从表 3-2 中的数据可以看出，从环丙烷到环戊烷，环越小每个 CH_2 的燃烧热越大，说明分子内能越高而越不稳定，对比开链烷烃的亚甲基的燃烧热数据，环丙烷和环丁烷中单个 CH_2 的燃烧热分别高出 38.5kJ/mol 和 27.6kJ/mol，这些比开链烷烃 CH_2 单元高出的能量称为环张力。这说明小环化合物中存在环张力，分子不稳定，所以化学反应活性高，而普通环、中环及大环的亚甲基的燃烧热数据与开链烷烃的接近，说明碳数 ≥C_5 的环烃结构稳定性相当，分子中几乎没有张力，难以发生加成反应。表 3-2 中数据表明，环丙烷的内能最高，最不稳定。环己烷的 CH_2 燃烧热值最小，与开链烷烃数值一致，稳定性最大，这就解释了合成或天然环状化合物中广泛存在着六元环的原因。

3.3.3　环丙烷的结构

为什么环丙烷分子中存在较大的张力，化学性质最活泼，而五元以上的环烃几乎没有张力，结构趋于稳定？

环丙烷分子经电子衍射等现代物理方法测定，结果表明，碳原子以 sp³ 轨道成键，C—C 键的夹角不是正四面体键角 109.5°，但也不是正三角形的 60°，实际上 ∠CCC 是 105.5°，

C—C σ 键不是杂化轨道沿着键轴的方向重叠，而是弯曲重叠成键，形状类似香蕉，故将环碳间的弯曲键形象比喻为香蕉键（banana bond），如图3-2所示。由于形成了部分重叠的弯曲键，环丙烷整个分子像拉紧的弓一样，有张力存在，因此 C—C σ 键容易断裂而发生开环加成反应。

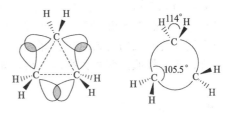

图 3-2　环丙烷中 C—C 键的
原子轨道重叠示意图

3.4 脂环烃的构象

3.4.1 影响脂环烃稳定性的因素

化合物的化学性质与其结构稳定性密切相关，从上面对环丙烷的结构研究分析表明，分子结构稳定性的主要影响因素是环的张力大小。环的张力（ring strain）源于下列三种情况：

（1）角张力　sp^3 杂化碳原子成键的正常键角是 109.5°，任何与正常键角的偏差都会产生张力，称为角张力。小环分子内的张力主要就是角张力。

（2）扭转张力　在链状烷烃的构象研究中提到，由于 C—C σ 键的自由旋转，相邻连接的两个饱和碳原子，都倾向于它们的键达到内能最低的交叉式构象。环烷烃中，C—C σ 键受环的限制不能自由旋转，相邻两个碳原子之间的共价键排列与稳定的交叉式构象的任何偏差都会引起非键基团的相互排斥作用，即产生扭转张力而降低环烃分子的稳定性。

（3）空间张力（范德华张力）　互不连接的原子或基团，相距约为它们的范德华半径之和时，就相互吸引；小于范德华半径之和，它们就彼此排斥，从而产生范德华斥力，即空间张力，以降低分子结构的稳定性。一些原子（团）的范德华半径，见表3-3。

表 3-3　原子（团）的范德华半径（r）

原子（团）	r/pm	原子（团）	r/pm	原子（团）	r/pm	原子（团）	r/pm
H	120	N	155	O	140	F	133
CH_2	200	P	180	S	184	Cl	181
CH_3	200	As	185	Se	198	Br	196
						I	220

另外，互不连接的原子或基团，它们的大小、极性等也会影响环的稳定性。例如，脂环烃中的氢原子若被其他原子或基团取代，使键的极性有了明显的改变，偶极-偶极间相互吸引、排斥以及氢键均会影响环的稳定。

环的稳定性是三种张力作用和偶极-偶极作用综合平衡的净结果。为了减少角张力，组成脂环的碳原子不能僵硬地固定在同一个平面上，用改变环的几何形状（构象）来顺应键角的要求。为了最大限度地降低扭转张力和范德华张力，通过键合原子的扭转及非键合原子间的排斥或吸引，使环尽可能处于一种低能态的优势构象中。

3.4.2 环丁烷和环戊烷的构象

环丁烷的结构与环丙烷类似，原子轨道间也是弯曲重叠成键，C—C 键也是弯曲的，∠CCC 是 111.5°，弯曲程度相对环丙烷要小一些，环的张力也要小一些，所以，环丁烷比环丙烷要稳定些。电子衍射研究表明，环丁烷不是平面形，而是处于一种相对稳定的"蝴蝶型"结构，两"翼"上下摆动。如图3-3所示。

环戊烷也不是平面结构，而是存在信封式和扭曲式两种不同的构象，其中优势构象是信封式（envelope form），四个碳原子处在同一个平面上，另一个碳原子伸出平面外，与平面距离约为 0.5Å，时而在上，时而在下，呈动态平衡。平面环戊烷几乎无角张力（键角为 108°，接近正常键角 109.5°），但相连的每对碳原子均呈重叠式，具有很高的扭转张力。当由平面式转变成信封式时，相邻碳间的重叠式构象调整到交叉式构象，以稍微增大角张力为代价，明显降低扭转张力得以补偿，如图 3-4 所示。

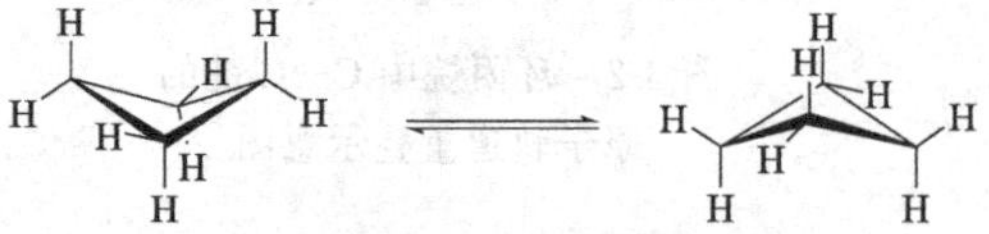

图 3-3　环丁烷的构象

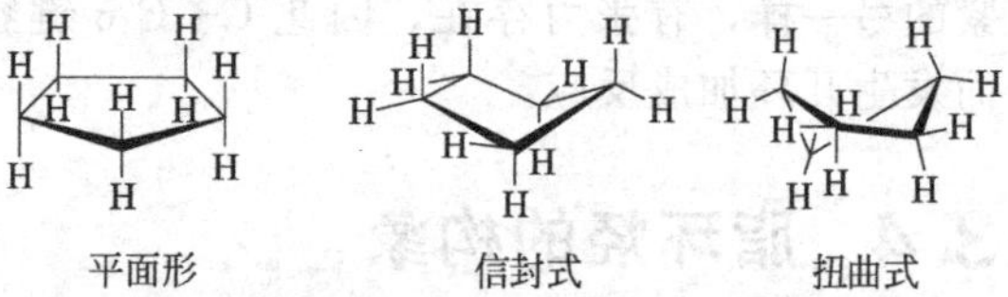

平面形　　　信封式　　　扭曲式

图 3-4　环戊烷的构象

3.4.3　环己烷的构象

环己烷是一种重要的六元环烷烃，广泛存在于天然化合物的分子骨架中。掌握环己烷及其取代衍生物的稳定构象对理解它们的化学性能有重要的作用。

（1）椅式构象和船式构象　如前所述，若环己烷分子采取平面结构，则有很大的角张力和扭转张力，分子结构不稳定。实际上，环己烷并不是平面形，而是通过 C—C 键的扭转，分子绕成两种折叠的骨架碳环——椅式构象（chair conformation）和船式构象（boat conformation），如图 3-5 所示。

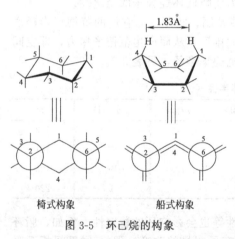

椅式构象　　　船式构象

图 3-5　环己烷的构象

椅式构象和船式构象中，所有∠CCC 键角与正常键角一致，均为 109.5°，所以完全消除了角张力的影响。从 Newman 投影式看，环己烷的椅式构象中任何相邻的两个碳原子间形成相似于丁烷的邻位交叉式构象，扭转张力很低；而船式构象中同处"船底"的四个碳原子，每相邻一对碳原子（C_2 与 C_3 或 C_5 与 C_6）为重叠式构象，扭转张力较大。在椅式构象中，C_1、C_3、C_5 构成竖直向上的 3 条 C—H 键，C_2、C_4、C_6 构成垂直向下的 3 条 C—H 键，最近距离约为 2.30Å，与氢原子的 van der Waals 半径之和 2.40Å 相近，无 van der Waals 斥力，即没有空间张力；而船式构象中，C1—H1 和 C4—H4 的氢相距只有 1.83Å，表现出较大的空间张力。综上所言，椅式环己烷是一个既无角张力，又几乎无扭转张力和空间张力的环，是一种广泛存在于自然界的稳定性极高的优势构象。

环己烷实际上并不只有椅式和船式两种构象，从它的位能图（图 3-6）上可以看到，最稳定的椅式与最不稳定的半椅式之间能量差只有 46kJ/mol，所以，在室温下通过 C—C σ 键的扭转，环己烷处在各种构象可逆变化的动态平衡状态。但是椅式的位能很低，室温下 99.9% 的环己烷是以最稳定的椅式构象存在。

（2）直立键和平伏键　环己烷椅式构象中的六个碳原子的空间分布是在两个平面上，C1、C3、C5 共平面，C2、C4、C6 组成另一个平面，两个平面相互平行。环己烷椅式构象中的十二根 C—H 键分为两类：垂直环平面并与对称轴平行的六根 C—H 键称为直立键（axial bond），又称 a 键，其中三根方向朝上，另外三根方向朝下，相邻两根则是一上一下。其余 6 根 C—H 键与对称轴大致垂直（与分子环平面大致平行），伸出环外，称为平伏键（equatorial bond），又称 e 键，如图 3-7 所示。

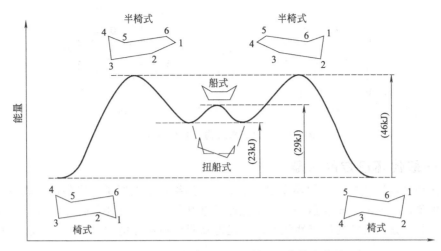

图 3-6　环己烷构象之间相互转化的位能变化图

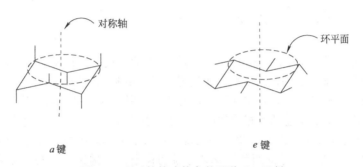

图 3-7　环己烷椅式构象的两种 C—H 键

　　环上的每个碳原子同时连有 a 键和 e 键，两根键的空间取向对分子平面是"一上一下"的关系，构成的键夹角接近 $109.5°$。在分子平面之上的空间取向称为 β 取向，在分子平面之下的空间取向称为 α 取向。相邻的两根 a 键或 e 键在空间取向是反式的关系，而彼此相间的两根 a 键或 e 键在空间取向是顺式的关系。

　　在环己烷的船式构象中（图3-5），C2、C3、C5、C6 四个碳原子所处平面比喻为"船底"，而 C1 和 C4 则形象地称为船头、船尾碳原子，其上取向朝"船底"平面上方的两根 C—H 键称为旗杆键，两个旗杆氢之间相排斥引起的空间张力是降低分子稳定性的主要原因。

　　（3）1,3-竖键的相斥作用与翻环作用　从图 3-7 环己烷椅式构象中可以看到，在相间隔的三根 a 键上所连的氢原子，方向同侧并彼此平行，实验测试数据表明，氢原子彼此之间相距 2.30Å，与两个氢原子的 van der Waals 半径之和（2.40Å）接近，基本不表现出空间斥力。但是，这是一个临界距离。因为氢原子半径最小，任何一个原子或基团取代氢原子以后，相距 2.30Å 左右的范围内将会显著地表现出 van der Waals 斥力，这称为 1,3-竖键的相斥作用。

　　为了避免这种相斥作用，可以通过椅式构象的翻环作用予以调节，即从一个椅式构象（a）经 σ 键的转动变成另一个椅式构象（b），原来的 a 键翻环后成为 e 键，但其空间取向不变，如图 3-8 所示。

　　发生翻环作用需要跨越 46kJ/mol 的能垒，稍高于船式与椅式间转化的能垒，但都能在室温下自动而迅速地进行，形成一个动态平衡体系。

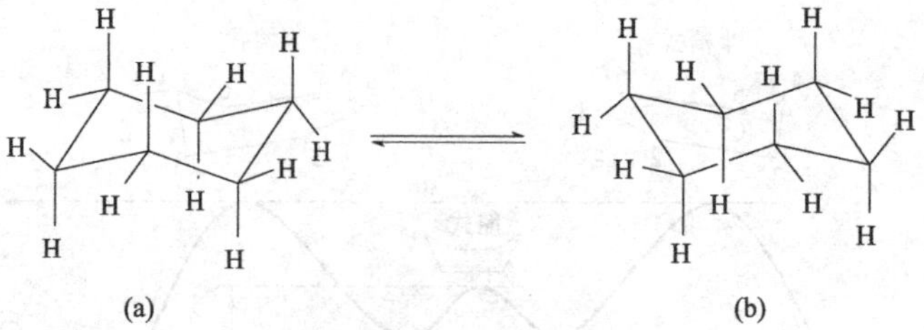

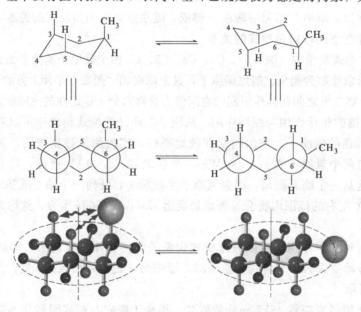

图 3-8　环己烷椅式构象的翻环作用

3.4.4　一取代环己烷的构象

从上述环己烷椅式构象的翻环作用可以看到，如果六个碳原子上连的都是氢原子，那么两种椅式构象是等同的分子。但是，一个氢原子被其他原子或基团取代后，取代基可处于 a 键上或 e 键上，分子构象的稳定性就不同，就得到两种构象异构体。以甲基环己烷为例：

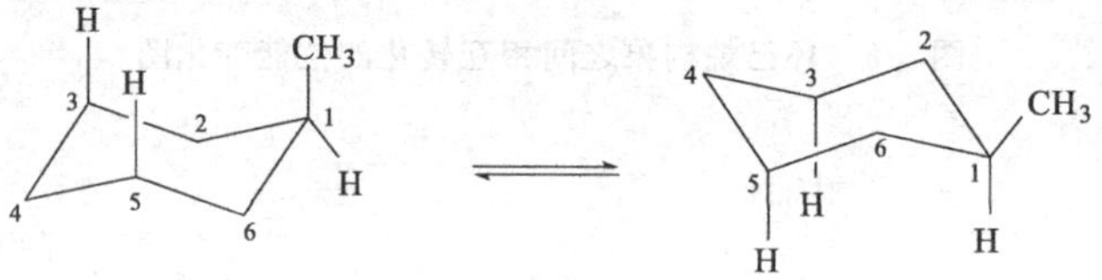

a-取代和 e-取代甲基环己烷两种构象异构体，彼此通过翻环作用互变，建立起动态平衡。平衡态中的 a-取代甲基环己烷，因为两个相间氢原子和甲基相处拥挤，存在1,3-竖键的相斥作用，即有空间张力而不稳定；而 e-取代甲基环己烷，因甲基在水平方向平伏于环外，与两个相间氢相距较远，避开了1,3-竖键的相斥作用，分子中张力小，是一种比 a-取代甲基环己烷稳定的优势构象。根据测定，e 键取代的甲基环己烷在构象平衡体系中相对含量达到95％左右。

也可以从另一种角度来讨论两种甲基环己烷的稳定性。透过甲基环己烷中 C6—C1 键和 C4—C3 键观察其 Newman 投影式，不难看出，a-取代甲基环己烷中 CH_3 及 C5 的位置与丁烷构象的邻位交叉式位置一样，e-取代甲基环己烷中 CH_3 与 C5 的位置类似丁烷的对位交叉式构象。因此，基本没有扭转张力的 e-取代甲基环己烷是较为稳定的构象，如图3-9所示。

图 3-9　甲基环己烷的 Newman 投影式和球棍模型

随着取代基的体积增大，单取代环己烷的两种构象异构体的环张力大小相差越大，两种构象的能量差越大，取代基处于 e 键的构象异构体的稳定性更高，所占的比例更高。在叔丁基环己烷的构象中，几乎 100% 是 e 键取代的异构体。

3.4.5　二取代环己烷的构象

环己烷被两个基团取代时，会形成 4 种位置异构体，即 1,1-、1,2-、1,3-以及 1,4-二取代环己烷衍生物。其中 1,1-二取代环己烷只有 1 种构象异构体，余下的 3 种不仅有构象异构，还有顺、反构型异构。下面以 1,3-二甲基环己烷为代表进行讨论。

对于环烷烃顺反异构体的书写，一般情况下可以用环的平面简化结构来表示。键朝上表示取代基在环平面上，键朝下表示取代基在环平面下；也可以用实的楔形键 ◢ 表示取代基在环平面前面，用虚的楔形键 ◌ 表示取代基在环平面后面。

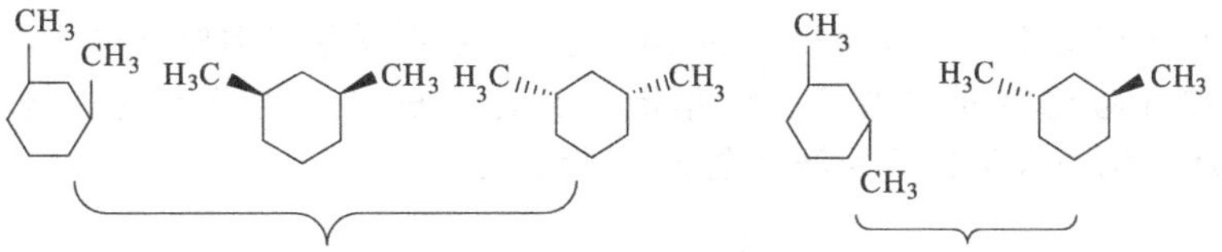

顺–1,3–二甲基环己烷　　　　　反–1,3–二甲基环己烷

在顺-1,3-二甲基环己烷中，两个甲基同时占有 a、a 键（或 e、e 键）取代位置才符合顺式的空间构型，经环的翻转作用，形成构象异构体的动态平衡体系。在 1,3-二甲基中，由于 1,3-竖键的相斥作用，aa 构象比 ee 构象的分子内能要高得多。所以动态平衡中大部分是内能低且更稳定的 ee 构象的二甲基环己烷。

aa 构象　　　　　　ee 构象

在反-1,3-二甲基环己烷中，两个甲基只能是 e、a 取代（或 a、e 取代）位置才符合反式的空间构型，由于两个取代基是相同的，所以经环的翻转作用，两种构象异构体其实是等同的。

ea 构象　　　　　　ae 构象

但是，如果二取代环己烷中的基团不相同，则顺、反异构体的优势构象要具体分析。下面以 1-甲基-3-叔丁基环己烷的稳定构象为例分析。由于叔丁基的空间位阻比较大，同时为了避免 1,3-竖键的相斥作用，顺-1-甲基-3-叔丁基环己烷几乎全部以 ee 键取代的优势构象存在。

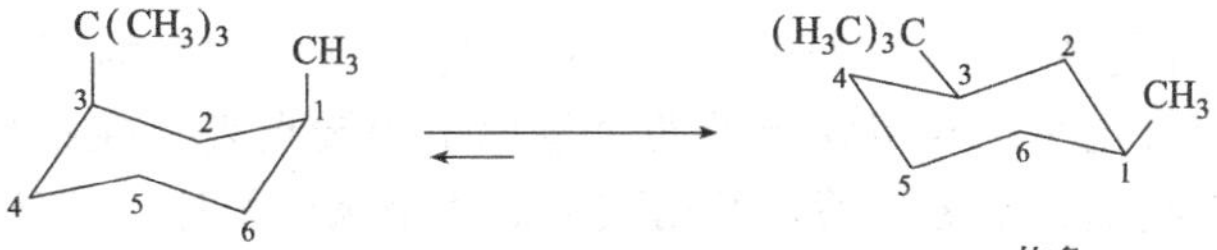

aa 构象　　　　　　ee 构象

在反-1,3-二甲基环己烷分子中，同样存在两种构象，但是当体积大的叔丁基位于 a 键时，分子中的空间斥力比较大，内能大而不稳定。当甲基处于 e 键时，相对而言，分子中的空间斥力较小而稳定。所以反-1,3-二甲基环己烷分子的优势构象是叔丁基处于 e 键的 ea 构象。

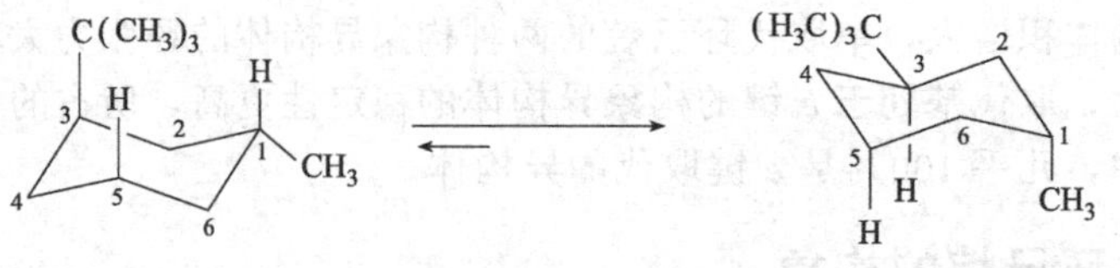

ae 构象   *ea* 构象

思考题

3-2 分别对 1,2-二甲基环己烷及 1,4-二甲基环己烷进行构象分析，并指出各自的优势构象。

3.4.6 多取代环己烷的构象

从上述分析可以看出，二取代以上的环己烷衍生物不仅存在构象异构体，还存在构型异构体。因此，要在考虑空间构型符合的情况下具体分析多取代环己烷的构象。以下面的1,2,4-三甲基环己烷的构象分析为例（图 3-10 所示）：

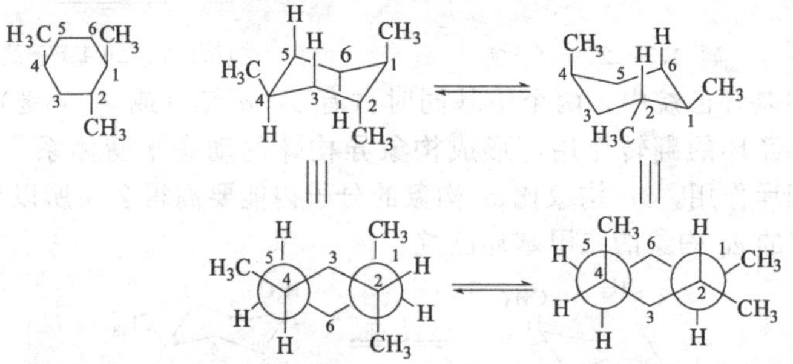

图 3-10   1,2,4-三甲基环己烷的构象

在符合取代基空间构型位置取向的情况下，1,2,4-三甲基环己烷有（Ⅰ）和（Ⅱ）两种构象。从构象式中可以看出，式（Ⅰ）比式（Ⅱ）中存在更大的空间斥力和扭转张力，所以式（Ⅱ）是 1,2,4-三甲基环己烷的优势构象。

综上所述，对于二取代和多取代环己烷，一般可采取下列原则来判断其优势构象：

① 椅式构象是最稳定的构象；
② 取代基处于 *e* 键较多者为优势构象；
③ 有不同取代基时，在符合空间构型的情况下，较大的取代基处于 *e* 键者为优势构象。

3.4.7 十氢化萘的构象

十氢化萘（decalin）相当于两个环己烷通过共用两个碳原子而构成的桥环化合物，又名二环［4.4.0］癸烷。

十氢化萘有两种异构体，如下图所示。共用碳上（C1、C6）的两个氢原子位于萘环平面的同侧的称为顺-十氢化萘，共用碳上的两个氢原子用圆点表示在萘环平面的同侧；另一种十氢化萘的异构体称为反-十氢化萘，共用碳上的两个氢原子位于萘环平面的异侧。

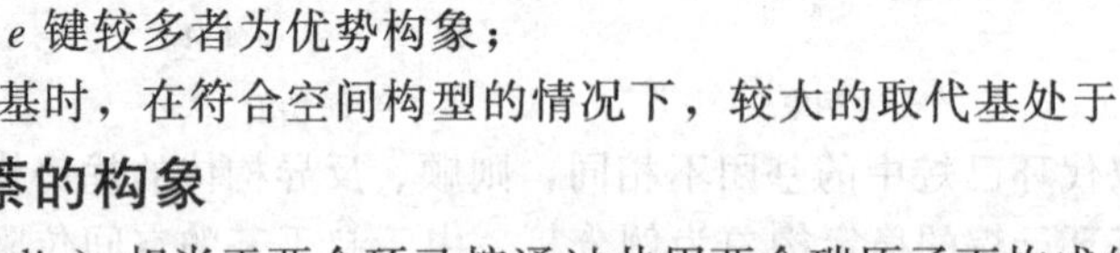

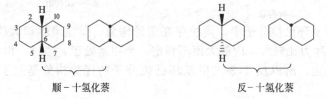

顺-十氢化萘   反-十氢化萘

现已证明，顺、反-十氢化萘都是由两个椅式构象环己烷稠合而成，所以两种十氢化萘构象的稳定性都很高，广泛地存在于天然脂环化合物中。

在十氢化萘中，可以将一个环看作是另一环上的两个取代基来进行构象分析（如图 3-11 所示）。顺式结构中，一个环的 C1—C10 键和 C6—C7 键分别处于另一个椅式环己烷的 a 键和 e 键上。所以顺-十氢化萘是采用 ae 稠合方式。同理，可以看到反-十氢化萘是采用 ee 稠合方式，所以反-十氢化萘的构象更稳定。

另外，沿 C6—C1 键观察，在反式构象中，C2 与 C7、C5 与 C10 以及 H1 与 H6 呈对位交叉构象排列，扭转张力几乎为零；在顺式构象中，C2 与 C7、C5 与 C10 以及 H1

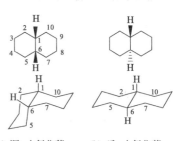

(a) 顺-十氢化萘　(b) 反-十氢化萘

图 3-11　十氢化萘的构象

与 H6 排列成邻位交叉式，邻位交叉式构象的扭转张力略大于对位交叉式构象的扭转张力。综合而言，十氢化萘的两种异构体中反式分子比顺式分子更稳定。

含有张力的多环烃（strained policyclic hydrocarbons）

虽然三元环和四元环都具有很大的张力，但人们不断合成出具有更大张力的多环烃类化合物。这里我们再举几个已经合成的奇形怪状的含有张力的多环烃，包括笼状类的分子监狱等极为复杂的多环分子，见表 3-4。它们独特的结构和特性越来越引起人们的兴趣。这些化合物的合成，对有机化合物的结构理论提出了新的挑战。

表 3-4　含有张力的多环烃

名称	结构	典型反应或性质
双环丁烷 (bicyclobutane)		bp 8℃，性质极其活泼，易发生开环反应
棱烷 (prismane)		棱烷是苯的一种同分异构体，但稳定性比苯低得多。在甲苯中 90℃ 条件下半衰期为 11 h。外观呈易爆炸性的无色液体，mp 103～131℃。1973 年首次由 T. J. Katz 等合成。英文系统名为 tetracyclo[2.2.0.0^{2,6}.0^{3,5}]hexane，由于 A. Ladenburg 1869 年曾提出是苯的结构，所以也叫 Ladenburg 苯

续表

名称	结构	典型反应或性质
立方烷 (cubane)		外观为有光泽的晶体，mp 131℃，对热不稳定，200℃可分解。英文系统名为 pentacyclo[4,2,0,0^{2,5},0^{3,8},0^{4,7}]octane. 1964 年由 P. E. Eaton 首先合成。因其 90° 键角张力过大，曾被认为不可能合成。但实际上，由于缺乏分解路径，立方烷动力学上非常稳定。当立方烷的八个顶点全被硝化后得到的八硝基立方烷，是最猛烈的炸药之一。立方烷和其衍生物具有很多重要性质
金刚烷 (adamantane)		无色晶状固体，mp 268℃，有樟脑气味。英文系统名为 tricyclo[3.3.1.1^{3,7}]decane. 1933 年首次从石油中分离得到，1941 年首次被合成。化学性质稳定，亲油性强，天然存在于石油中。它的桥头碳原子（即 1,3,5,7）上的氢易发生取代反应。例如与过量溴作用生成 1-溴金刚烷。金刚烷的衍生物可用作药物，例如 1-氨基金刚烷盐酸盐能防治流行性感冒。
扭曲烷(twistane)		扭曲烷是金刚烷的一种同分异构体，极易挥发，mp 163～164.8℃。英文系统名为 tricyclo[4.4.0.0^{3,8}]decane. 分子中有四个环己烷环，均呈扭曲的浴盆构象
正十二面体烷 (dodecahedrane)		化学式为 C$_{20}$H$_{20}$。mp>450℃。是一个人工合成正十二面体形状的碳氢化合物。正十二面体烷中，每个顶点碳与三个邻近的碳原子相连，碳-碳键角为正五边形的内角 108°，与 sp^3 杂化碳原子的 109.5° 相近，因此张力不大。由正十二面体烷可以制得一系列具有潜在应用价值的衍生物。例如，1-正十二面体烷胺是抗病毒及治疗帕金森综合征的药物
正四面体烷 (tetrahedron)		结构类似一个正四面体，其四个顶点为 4 个碳，并两两以碳-碳单键连接，剩余的键每个碳连接一个氢。正四面体烷分子存在较大的张力以及香蕉键，其四叔丁基取代物于 1978 年首次制得

此外，还有许多奇形怪状的多环烷烃，例如桨叶烷（paddlane）、宝塔烷（pegodane）、螺桨烷（propellane、窗玻璃烷（windowpane）、双金刚烷或会议烷（diamantine, congressane），甚至还有杂种烷（bastardane）等。另外，诸如两环的碳原子不相连接，而是两个碳环像绳索互相套起来的"套环烷烃"（catenane）也有不少被合成出来。

同学们不妨课外查阅资料去认识一下它们。

 **习 题**

3-1 命名下列化合物或者写出结构式

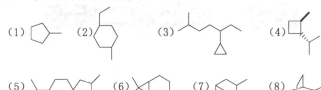

（9）1-甲基-1-乙基环戊烷　　（10）顺-1-甲基-3-乙基环己烷

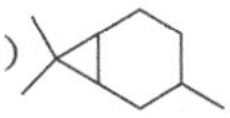

（11）2-异丙基双环[2.2.1]庚烷　　（12）7-乙基螺[3.5]壬烷

3-2 某烃的分子式为 C_7H_{14}，只有 1 个一级碳原子，写出可能的结构式并命名。

3-3 完成下列反应式。

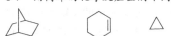

（1）图 ＋ HCl ⟶

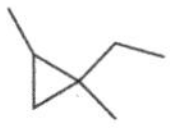

（2）图 ＋ HBr ⟶

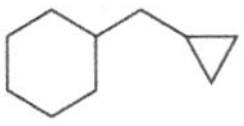

（3）图 ＋ Br₂ $\xrightarrow{CCl_4}$

（4）图 ＋ HI ⟶

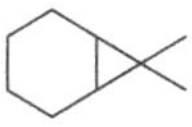

3-4 写出顺式和反式 1-甲基-4-丙基环己烷的椅式构象式，并指出最优势构象。

3-5 写出下列化合物的最优势构象。

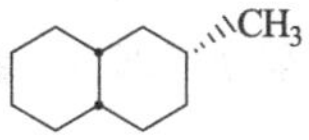

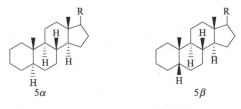

（4）反-1-乙基-4-叔丁基环己烷

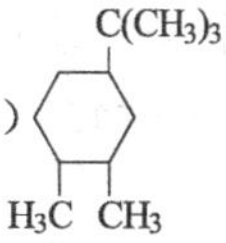

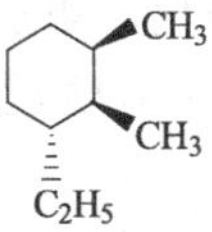

3-6 化合物 A 的分子式为 C_6H_{12}，室温下能使溴水褪色，但不能使高锰酸钾溶液褪色，与 HBr 反应得化合物 B（$C_6H_{13}Br$），A 氢化得 2,3-二甲基丁烷。写出 A、B 的结构式及各步反应式。

3-7 用简单的化学反应区别下列化合物。

3-8 甾族化合物是广泛存在于动植物体内的一类具有重要生物活性的物质，其分子基本结构骨架是由环戊烷并全氢菲的四环碳骨架，此类化合物有"5α 型"和"5β 型"两大类，尝试写出它们的优势构象。

第4章 烯烃、炔烃和二烯烃

烯烃（alkenes）和炔烃（alkynes）都属于不饱和烃（unsaturated hydrocarbons）。含有 C=C 双键的叫作烯烃，含有 C≡C 叁键的叫作炔烃。含有一个双键的开链烯烃比相应的烷烃少两个氢原子，具有通式 C_nH_{2n}。含有一个叁键的开链炔烃比相应的烷烃少四个氢原子，具有通式 C_nH_{2n-2}。含有两个碳-碳双键的烃叫作二烯烃（dienes）。开链二烯烃是相应炔烃的构造异构体。

4.1 烯烃

4.1.1 烯烃的结构

最简单的烯烃是乙烯 $CH_2=CH_2$，其成键方式如图 4-1 所示。根据杂化轨道理论，乙烯中碳原子为 sp^2 杂化，即由一个 s 轨道与两个 p 轨道进行杂化，组成三个 sp^2 杂化轨道，三个 sp^2 杂化轨道的轴在一个平面上，夹角都是 120°，余下一个 p 轨道不参加杂化，其轴垂直于三个 sp^2 杂化轨道轴所在的平面。

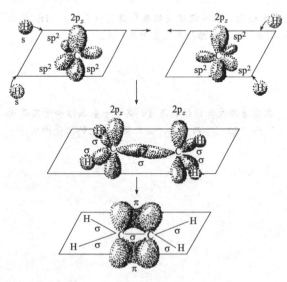

图 4-1 乙烯分子的成键示意图

乙烯分子中，两个碳原子各以一个 sp^2 杂化轨道"头碰头"互相结合形成 C—C σ 键，每个碳原子上另外两个 sp^2 杂化轨道分别与氢原子的 s 轨道形成 C—H σ 键，C—C 之间的第二个键是由两个碳原子中未参加杂化的 p 轨道"肩并肩"侧面重叠形成的，两个 p 轨道只有互相平行时才能达到最大程度的重叠。两个互相平行的 p 轨道侧面重叠所形成的键叫 π 键。π 键的存在使得碳-碳双键不能够自由旋转，因为旋转会破坏两个 p 轨道的平行，使之不能够重叠。因此，乙烯分子中所有的原子都在同一平面上，π 键的电子云分布在平面的上下两侧。

乙烯分子中，键角接近于 120°，碳-碳间的距离即碳-碳双键的键长为 1.33Å，比碳-碳单键（1.54Å）短，这是 π 键的存在增加了原子之间的引力所致；碳-碳双键的键能为 610.28kJ/mol，小于碳-碳单键的键能的两倍（346.94kJ/mol×2＝693.88kJ/mol），说明 π 键的键能比 σ 键要小。请比较乙烷和乙烯的结构参数：

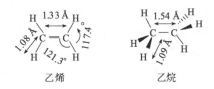

乙烯　　　　　　　　　乙烷

4-1　请比较 σ 键和 π 键的特征。

4.1.2　烯烃的同分异构现象和命名

（1）烯烃的命名　烯烃的命名原则和烷烃基本相同，也有普通命名法和系统命名法。简单的烯烃常用普通命名法命名，如：

CH₃CH=CH₂

丙烯　　　　　　　　　异丁烯 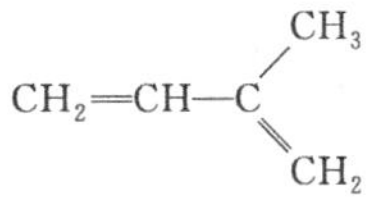　　　　　　　　　异戊二烯

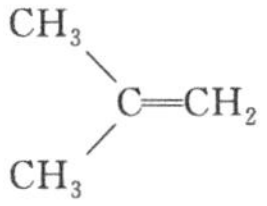

烯烃的系统命名法和烷烃相似，其命名原则如下：

① 选择含有双键在内的最长碳链作为主链，根据其碳原子个数命名，1～10 个碳原子的用表示天干的词头加"烯"来命名，多于 10 个碳的用中文数字加"碳烯"命名。

② 主链编号首先考虑双键具有最低位次，其次考虑取代基具有最低位次。双键的位次以双键碳原子的编号中较低的一个表示，把它写在母体名称之前，并用半字线"-"隔开。当不产生歧义时，可不注明位次。

③ 二烯烃的命名与烯烃类似，只是选择同时含有两个双键的最长碳链为主链，编号时使两个双键的位置最小，取代基写在母体之前，排列按顺序规则并分别注明两个双键的位置，在"烯"之前加"二"字。其他三烯以及多烯烃的与之类似。例如：

CH₂=CHCH₂CH₃　　　CH₃CH=CHCH₃　　　H₂C=CCH₃(CH₃)　　　CH₂=CH(CH₂)₈CH₃

1-丁烯　　　　2-丁烯　　　　2-甲基丙烯　　　　1-十一碳烯

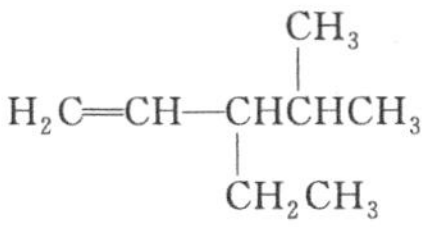

H₂C=CH-CHCHCH₃　　　H₂C=CH-CH=CH₂　　　H₂C=C-CH=CH₂

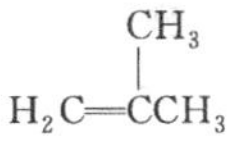

4-甲基-3-乙基-1-戊烯　　　　1,3-丁二烯　　　　2-甲基-1,4-戊二烯

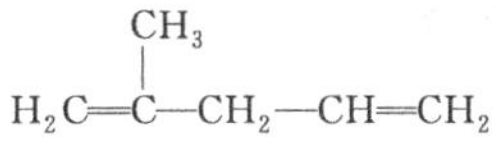

（2）烯烃的异构　烯烃的异构现象比烷烃复杂，构造异构中有碳链异构和双键位置异构。另外，烯烃还存在顺反异构现象。

① 构造异构　烯烃的构造异构比相应的烷烃复杂。除了存在碳链异构外，还有双键的位置异构。例如五个碳原子的烯烃有五个构造异构体：

CH₃CH₂CH₂CH=CH₂　　　　　　CH₃CH₂CH=CHCH₃

（ⅰ）　　　　　　　　　　　　　　（ⅱ）

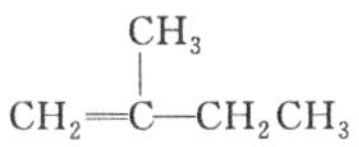

CH₂=C-CH₂CH₃　　　CH₃C=CHCH₃　　　H₃CCHCH=CH₂

（ⅲ） 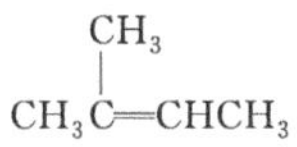　　　　　　　（ⅳ） 　　　　　　　（ⅴ）

（ⅰ）、（ⅱ）与（ⅲ）、（ⅳ）、（ⅴ）之间是碳链异构。（ⅰ）与（ⅱ）之间或（ⅲ）、（ⅳ）、（ⅴ）之间碳链相同，而双键位置不同，这种异构现象称为官能团位置异构。

② 顺反异构　烯烃除了构造异构外，还有顺反异构（*cis/trans* isomerism）。顺反异构

是立体异构中构型异构的一种。由于烯烃中的碳-碳双键不能像碳-碳单键一样自由地旋转，当双键碳原子上分别连接不同的原子或基团时，这些原子或基团就有不同的空间排列方式。例如，2-丁烯就有如下两个立体异构体：

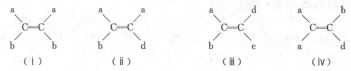

两个相同的原子或基团（氢原子或甲基）在双键同侧的称为顺式，在双键异侧的称为反式。命名时在烯烃名称前加顺-(cis-) 或反-(trans-)。

在烯烃中，只有当两个双键碳原子上都连有不同的原子或基团时才有顺反异构，例如（ⅰ）、（ⅱ）、（ⅲ）有顺反异构，而（ⅳ）则没有顺反异构现象。

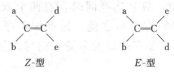

③ Z/E 标记法——次序规则 在命名烯烃的异构体时，如果双键碳上连接的四个原子（或基团）都不相同［如（ⅲ）］，则无法简单地用顺反来命名。这种情况下需采用 Z/E 构型命名法来命名。这种命名方法是首先按照"次序规则"分别确定每一个双键碳原子所连接的两个原子或基团的优先次序。如果两个双键碳上次序较优的原子或基团位于双键的同侧，用 Z-(德文 zusammen，意思为"一起"）表示其构型；如果两个双键碳上次序较优的原子或基团位于双键的异侧，则用 E-(德文 entgegen，意思为"相对"）表示其构型。例如假定 a＞b，d＞e，则 Z-型、E-型分别为：

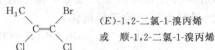

有机化合物中的取代基按先后次序进行排列的规则称为次序规则（Cahn-Ingold-Prelog sequence），其主要内容请参见 2.3.3 节。

Z/E 构型命名法适用于所有具有顺反异构体的烯烃的命名。例如：

$$CH_3CH_2 \diagdown \qquad \diagup CH_3$$
$$C=C$$
$$H \diagup \qquad \diagdown Cl$$

按照次序规则，$CH_3CH_2 > H$，$Cl > CH_3$，所以其系统命名应为 (E)-2-氯-2-戊烯。

目前 Z/E 构型命名法与顺反构型命名法同时使用，但这两种命名法之间并没有必然的对应关系。例如：

$$H_3C \diagdown \qquad \diagup Br$$
$$C=C$$
$$Cl \diagup \qquad \diagdown Cl$$

(E)-1,2-二氯-1-溴丙烯
或 顺-1,2-二氯-1-溴丙烯

思考题

4-2 写出下列化合物的结构，如命名有误，请更正。

(1) 3,4-二甲基-4-戊烯

(2) 4,7-二甲基-4-辛烯

(3) 反-3,4-二甲基-3-己烯

(4) 4-乙基-1-戊烯

4.1.3　物理性质

烯烃的物理性质和烷烃很相似，室温下 2～4 个碳原子的烯烃是气体，5～18 个碳原子的烯烃是液体，19 个碳原子以上的烯烃是固体。烯烃密度小于 1；不对称烯烃有微弱的极性。烯烃不溶于水而易溶于非极性或弱极性有机溶剂如石油醚、苯、氯仿、乙醚等。

与烷烃一样，烯烃的熔点和沸点随碳原子的增加而升高。同分异构体中，直链烯烃的沸点比支链烯烃的沸点高；对于顺反异构体，由于顺式异构体的极性大于反式，所以顺式异构体的沸点一般比反式异构体略高；而对于熔点来说则相反，这是因为反式异构体对称性较高，其分子在晶格中可以排列较紧密，故而反式异构体的熔点较顺式异构体略高一些。请比较下列三个烯烃分子的偶极矩与熔点、沸点的关系：

$$\mu = 0.35\ D$$
$$bp\ -47.4℃$$
$$mp\ -185.2°$$

$$\mu = 0.33\ D$$
$$bp\ 3.7℃$$
$$mp\ -138.9°$$

$$\mu = 0\ D$$
$$bp\ 0.9℃$$
$$mp\ -105.5°$$

表 4-1 是一些烯烃的物理性质。

表 4-1　一些烯烃的物理性质

化合物	分子式	熔点/℃	沸点/℃	密度 d_4^{20}/(g/cm³)
乙烯	$CH_2 = CH_2$	−169.2	−103.7	0.5762（−108.7℃）
丙烯	$CH_2 = CHCH_3$	−185.2	−47.4	0.6486（−78℃）
1-丁烯	$CH_2 = CHCH_2CH_3$	−185.3	−6.5	0.62
异丁烯	$CH_2 = C(CH_3)_2$	−140.3	−6.9	0.5942
1-戊烯	$CH_2 = CHCH_2CH_2CH_3$	−165.2	30.1	0.6405
1-己烯	$CH_2 = CHCH_2CH_2CH_2CH_3$	−139.9	63.3	0.678
1-庚烯	$CH_2 = CHCH_2CH_2CH_2CH_2CH_3$	−119.2	93.6	0.6970
1-十八碳烯	$CH_2 = CH(CH_2)_{15}CH_3$	17.5	314	0.789（25℃）

具有顺反异构体的药物在生物体中的作用强度常常有明显的差别。例如，人工合成的非甾体雌激素药物己烯雌酚（diethyl stilbestrol），能产生与天然雌二醇相同的所有药理与治疗作用，临床上用于治疗卵巢功能不全或垂体功能异常引起的各种疾病。其反式异构体生理活性较大，而顺式的则很低。

生理活性较大　　　　　生理活性较小

4.1.4　化学性质

碳-碳双键是烯烃的官能团。碳-碳双键中，一个是 σ 键，另一个是 π 键。π 键是由两个互相平行的 p 轨道侧面重叠形成的，其电子云分布在碳-碳键轴的上下两侧，相对来说，暴露于分子的外部，受原子核的约束较小，因此容易将电子给予 H^+、路易斯酸等缺电子的试剂。碳-碳双键的主要反应是加成反应，即 π 键打开，与其他的原子或原子团形成两个 σ 键，生成饱和化合物。

（1）催化氢化　在催化剂催化下，烯烃可与氢加成，生成饱和烃。

$$R—CH=CH—R' + H_2 \xrightarrow{\text{催化剂}} R—CH_2—CH_2—R'$$

烯烃与氢的加成，需要打开一个 C—C π 键和一个 H—H σ 键，生成两个 C—H σ 键，反应是放热反应。但由于该反应活化能很高，无催化剂时反应很难进行，只有在催化剂存在下反应才能够顺利进行，因此加氢反应常称为催化氢化反应。反应常用的催化剂有铂、钯、镍等金属以及一些较复杂的配合物。

一般认为该反应是在催化剂的表面进行的，催化剂将氢和烯烃吸附在表面从而促进反应的进行，催化剂的作用是降低反应的活化能。

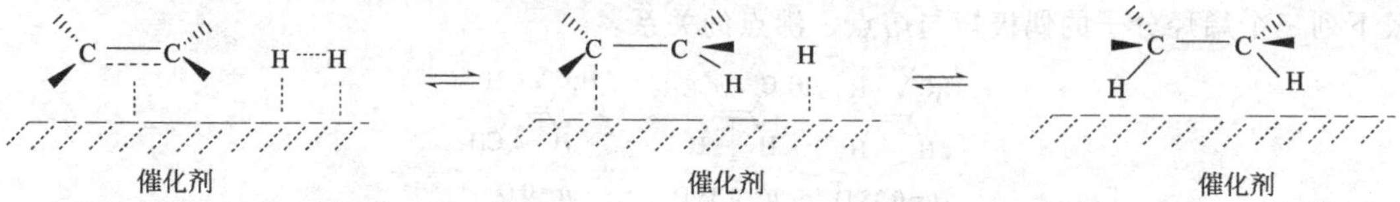

根据上述机理，烯烃催化加氢的立体化学主要是按顺式进行的。例如：

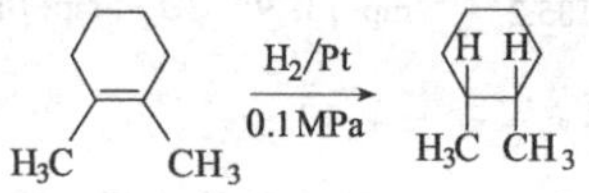

（2）亲电加成

① 与卤素的加成　烯烃很容易与氯、溴进行反应。例如乙烯通入溴的四氯化碳溶液，可使溴的红棕色褪去，这是由于乙烯与溴反应生成了无色的 1,2-二溴乙烷。

$$CH_2=CH_2 + Br_2 \longrightarrow \underset{\underset{Br}{|}}{CH_2}—\underset{\underset{Br}{|}}{CH_2}$$

烯烃也可以使溴水褪色，实验室中常用此反应来鉴别烷烃与烯烃。

烯烃与溴的加成反应不是简单的溴分子分成两个原子，同时加到两个碳上，而是分步进行的，反应历程如下：

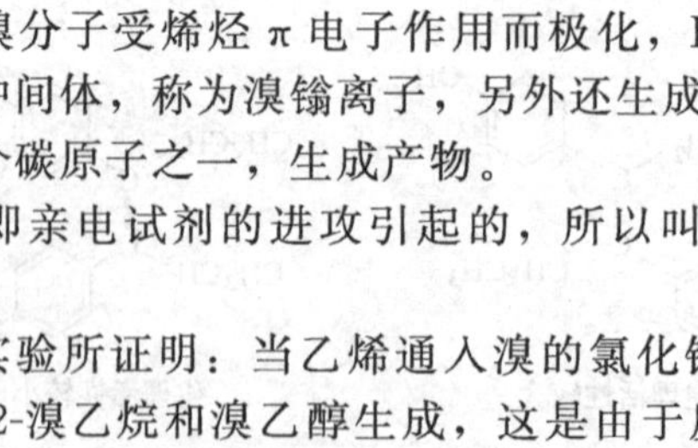

当烯烃与溴接近时，溴分子受烯烃 π 电子作用而极化，Br—Br 键发生异裂，Br^+ 与烯烃生成带正电荷的三元环中间体，称为溴鎓离子，另外还生成一个溴负离子，然后溴负离子从背后进攻溴鎓离子中两个碳原子之一，生成产物。

上述反应是由 Br^+，即亲电试剂的进攻引起的，所以叫亲电加成（electrophilic addition）。

反应历程可由下面的实验所证明：当乙烯通入溴的氯化钠水溶液中时，除了生成 1,2-二溴乙烷以外，还有 1-氯-2-溴乙烷和溴乙醇生成，这是由于反应生成溴鎓离子以后，溶液中的 Br^-、Cl^- 以及 H_2O 都可以与溴鎓离子进行反应。

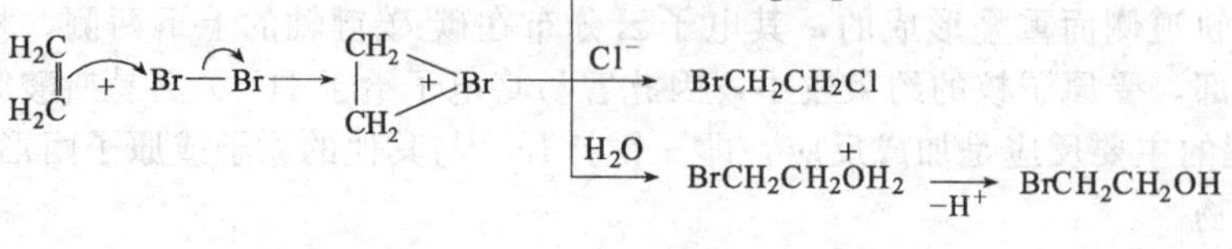

② 与卤化氢的加成　烯烃容易与卤化氢加成生成卤代烷，该反应也是亲电加成反应，首先是 H^+ 加到碳-碳双键中的一个碳原子上，另一个碳原子带正电荷，形成碳正离子，然后碳正离子与 X^- 结合形成产物卤代烷：

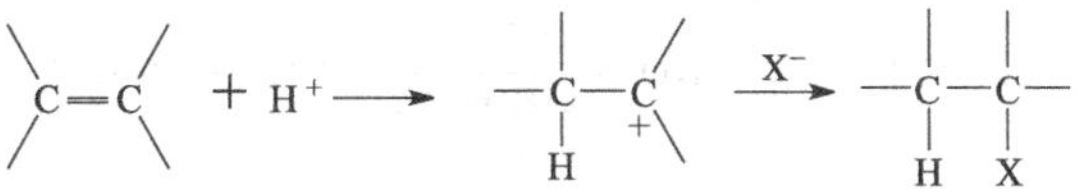

当对称的烯烃如乙烯与卤化氢加成时，无论氢加到哪个碳原子上，得到的都是同样的产物。但是当不对称烯烃如丙烯与卤化氢加成时，氢加到不同的碳原子上就有可能得到不同的产物：

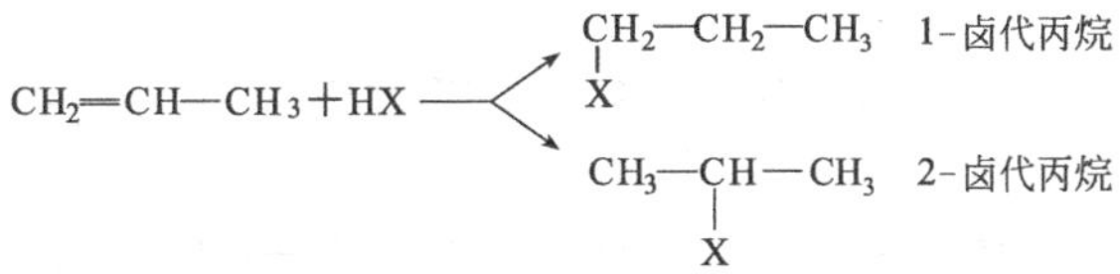

实验证明反应得到的主要产物是 2-卤代丙烷。也就是当不对称烯烃与卤化氢加成时，氢原子主要加在含氢较多的双键碳原子上。这个经验规律叫作 Markovnikov 规则（Markovnikov's rule），简称马氏规则。Markovnikov 规则可以从两个方面加以解释：

第一种解释是可以从诱导效应考虑。以丙烯为例，与不饱和碳相连的甲基与氢相比是斥电子基团，它的斥电子效应使双键的 π 电子云发生偏移，结果使 C2 带微量正电荷，C1 带微量负电荷。在与卤化氢加成时，首先是 H^+ 加到 C1 或 C2 上，由于 C1 带微量负电荷，所以 H^+ 更容易加到 C1 上，结果最后产物以 2-卤代丙烷为主。

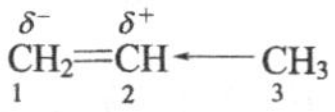

另一种解释可以从中间体碳正离子的稳定性考虑，当 H^+ 加到 C1 或 C2 上时，可以生成两种碳正离子（ⅰ）和（ⅱ）。在（ⅰ）中，正电荷受到两个甲基的斥电子作用而得到分散，而在（ⅱ）中，只有一个斥电子的乙基。一个体系的电荷越分散，这个体系就越稳定，因此（ⅰ）的稳定性比（ⅱ）高，因此生成（ⅰ）比较有利，结果就是氢加到含氢较多的碳原子上为主。

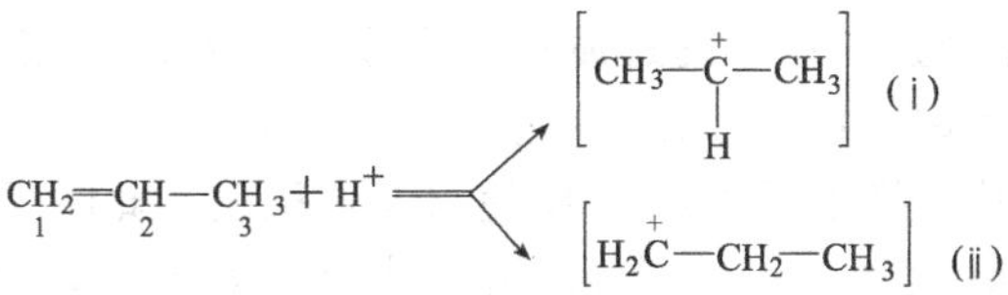

③ 与次卤酸的加成　在水溶液中烯烃与溴或氯加成时，会得到副产物溴醇或氯醇，在适当条件下，溴醇或氯醇可以作为主要产物生成。

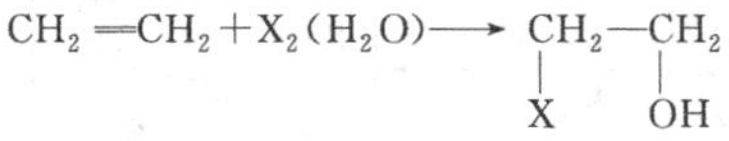

反应过程是烯烃先与卤素生成卤鎓离子，卤鎓离子与水生成质子化的卤醇，然后脱去质子生成卤醇。该反应并不是先制得次卤酸再与烯烃加成。但由反应产物看，可以认为是烯烃与次卤酸的加成。将次卤酸 HOX 看成 HO^- 和 X^+，反应同样遵守 Markovnikov 规则。

$$CH_2{=}CH{-}CH_3 + X_2(H_2O) \longrightarrow CH_2{-}CH{-}CH_3$$
$$\underset{X}{|} \quad \underset{OH}{|}$$

④ 与水的加成　在酸催化下，烯烃可以与水加成生成醇，这个反应也叫烯烃的水合反应，是由烯烃制备低级醇的方法之一。

$$CH_2{=}CH{-}CH_3 + H_2O \xrightarrow[\text{(2)}H_2O\ 50℃]{\text{(1)}80\% H_2SO_4} CH_3{-}CH{-}CH_3$$
$$\underset{OH}{|}$$

反应的历程是亲电加成，首先烯烃与 H_3O^+ 作用生成碳正离子，碳正离子与水作用得到质子化的醇，然后脱去质子而得到醇。烯烃与水的加成遵守 Markovnikov 规则。

$$CH_2{=}CH{-}CH_3 + H_3O^+ \rightleftharpoons CH_3{-}\overset{+}{C}H{-}CH_3 + H_2O$$

$$CH_3{-}\overset{+}{C}H{-}CH_3 + H_2O \rightleftharpoons CH_3{-}CH{-}CH_3$$
$$\underset{+OH_2}{|}$$

$$CH_3{-}CH{-}CH_3 + H_2O \rightleftharpoons CH_3{-}CH{-}CH_3 + H_3O^+$$
$$\underset{+OH_2}{|} \qquad\qquad\qquad \underset{OH}{|}$$

⑤ 与硫酸的加成　烯烃可以与硫酸加成生成烷基硫酸氢酯，不对称烯烃与硫酸的加成遵守 Markovnikov 规则。烷基硫酸氢酯可溶于硫酸，因此可用硫酸洗涤的方法除去烷烃中混有的少量烯烃。烷基硫酸氢酯与水一起加热，则会水解为相应的醇，这是工业上制备醇的一个方法。

$$CH_3{-}CH{=}CH_2 + H_2SO_4 \longrightarrow CH_3{-}CH{-}CH_3 \xrightarrow{H_2O} CH_3{-}CH{-}CH_3$$
$$\underset{OSO_3H}{|} \qquad\qquad \underset{OH}{|}$$

（3）硼氢化-氧化反应　烯烃的硼氢化-氧化反应是由烯烃制备醇类化合物的另一类常用方法。常用 BH_3-THF 复合物作为硼氢化试剂。反应分两步进行，第一步是烯烃与甲硼烷反应生成三烷基硼，第二步是三烷基硼在碱性溶液中被过氧化氢氧化生成醇，从反应的最终产物醇来看，该反应是反 Markovnikov 规则的。

$$R{-}CH{=}CH_2 \xrightarrow{BH_3} (RCH_2CH_2)_3B \xrightarrow{H_2O_2,\ NaOH} R{-}CH{-}CH_2$$
$$\underset{H}{|}\ \underset{OH}{|}$$

硼氢化反应的机理是经过四中心的过渡态，甲硼烷中亲电的硼原子与烯烃中 π 电子云密度较大（含氢较多，取代基较少）的 C1 接近，形成（ii），（ii）中硼原子得到部分负电荷，C2 上具有部分正电荷，推电子的烷基 R 使（ii）稳定，此时得到部分电子的硼原子释放氢的倾向增加，形成四中心过渡态（iii），然后进一步反应生成（iv）。这样的过渡态决定了最终产物是反 Markovnikov 加成。

硼氢化反应生成的三烷基硼通常不分离出来，而直接用 H_2O_2 的 NaOH 水溶液氧化水解生成醇。反应机理如下：

$$HO\text{—}OH + OH^- \Longrightarrow HOO^- + H_2O$$

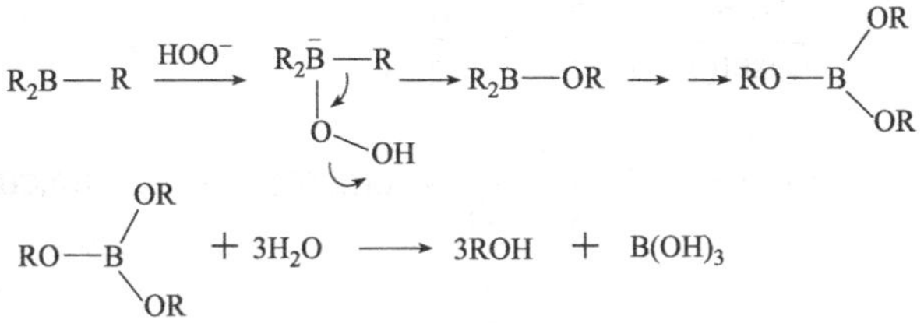

根据上述机理，反应得到顺式加成产物。例如：

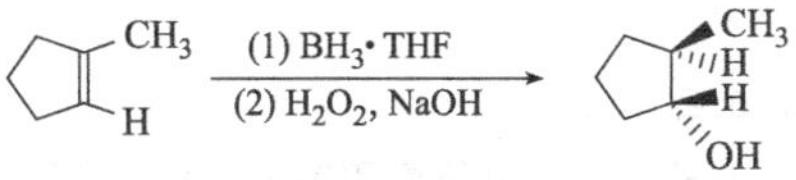

思考题

4-3 如何由丙烯制备正丙醇和异丙醇？

（4）氧化反应 烯烃的碳-碳双键易被氧化剂氧化。常用的氧化剂有高锰酸钾、过氧化物、臭氧等。

① 高锰酸钾氧化 冷的高锰酸钾稀溶液可将烯烃氧化为邻二醇。

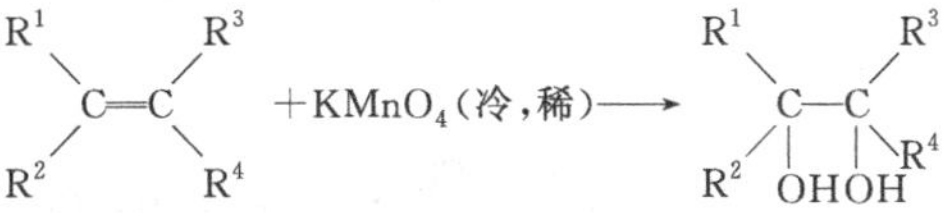

反应先形成环酯中间体，然后再水解得到邻二醇，得到的产物是顺式氧化产物，即两个羟基是从同侧连接到两个双键碳原子上的。

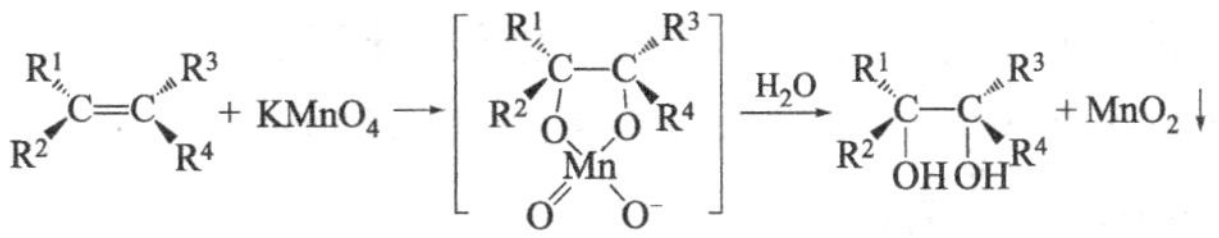

热、浓的高锰酸钾溶液可使氧化反应进一步进行，生成酮或羧酸。

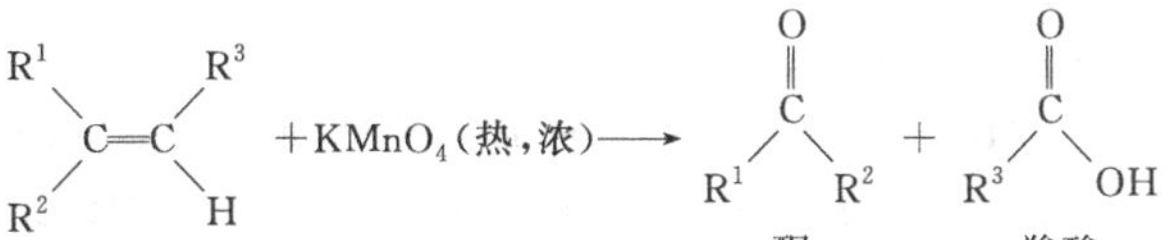

不同结构烯烃的氧化产物不同，根据氧化产物的结构可以推断出原来烯烃的结构。反应后高锰酸钾的紫红色消失，因此可根据此现象鉴别双键的存在。

② 臭氧氧化 烯烃可以与臭氧作用形成不稳定而且易爆炸的臭氧化物，在锌粉、二甲硫醚等还原剂的存在下，臭氧化物与水作用可分解为醛或酮。还原剂的作用是防止水解过程中生成过氧化氢而将易被氧化的醛氧化为羧酸。

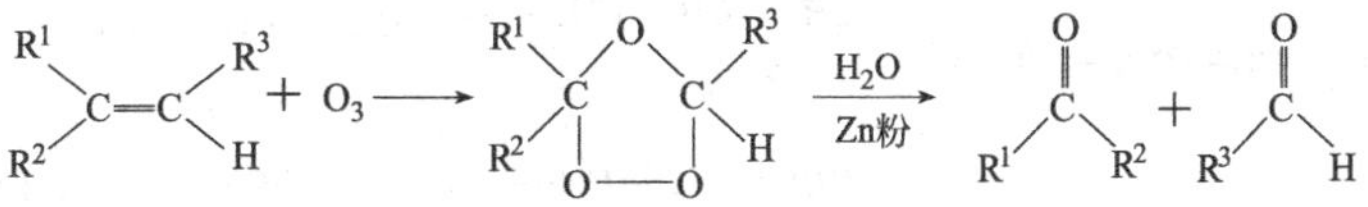

臭氧化物　　　　酮　　醛

例如：

$$\xrightarrow[\text{(2)}(CH_3)_2S]{\text{(1)}O_3}$$

（图：环戊烯经臭氧化生成开链二醛）

$$\xrightarrow[\text{(2)}(CH_3)_2S]{\text{(1)}O_3} CH_3CH_2CHO + CH_3(CH_2)_4CHO$$

(65%)

思考题

4-4 写出环己烯分别与下列试剂反应的产物。

（1）冷、稀的高锰酸钾溶液；（2）热、浓的高锰酸钾溶液；（3）臭氧化然后还原水解

③ 环氧乙烷的生成　乙烯在银催化剂的催化下，可被氧气氧化成环氧乙烷。

$$CH_2{=}CH_2 + O_2 \xrightarrow[250℃]{Ag} CH_2{-}CH_2$$
$$\text{\ \ \ }\underset{O}{\diagdown\diagup}$$

环氧乙烷

环氧乙烷是有机合成中非常有用的化合物。烯烃用诸如间氯过氧化苯甲酸（mCPBA）、三氟过氧乙酸等有机过酸以及过碳酸钠（$Na_2CO_3 \cdot 1.5H_2O_2$）等氧化，同样可以制备环氧化物。本书将在 9.3 节中详细讨论。

（5）α-氢的卤代　烯烃与卤素在室温可发生双键的亲电加成，但在高温（500～600℃）则在双键的 α 位发生取代反应。

$$CH_3{-}CH{=}CH_2 \begin{cases} \xrightarrow[\text{室温}]{Cl_2/CCl_4} CH_3{-}\underset{Cl}{CH}{-}\underset{Cl}{CH_2} \\ \\ \xrightarrow[500\sim600℃]{Cl_2,\text{气相}} \underset{Cl}{CH_2}{-}CH{=}CH_2 \end{cases}$$

碳-碳双键与卤素的加成是亲电加成反应，反应是按离子历程进行的，在常温下不需光照即可进行。而烯烃 α-氢的卤代反应是按自由基历程进行的：

链引发：$Cl_2 \xrightarrow{\text{高温}} 2Cl\cdot$

链传递：$CH_2{=}CH{-}CH_3 + Cl\cdot \longrightarrow CH_2{=}CH{-}CH_2\cdot + HCl$

$\qquad\qquad CH_2{=}CH{-}CH_2\cdot + Cl_2 \longrightarrow CH_2{=}CH{-}CH_2Cl + Cl\cdot$

链终止：$2Cl\cdot \longrightarrow Cl_2$

$\qquad\qquad CH_2{=}CH{-}CH_2\cdot \longrightarrow CH_2{=}CH{-}CH_2CH_2{-}CH{=}CH_2$

$\qquad\qquad CH_2{=}CH{-}CH_2\cdot + Cl\cdot \longrightarrow CH_2{=}CH{-}CH_2Cl$

为什么在此条件下不发生自由基加成反应生成 1,2-二氯丙烷呢？这是因为如果进行自由基加成，生成的自由基中间体不太稳定，反应是可逆的。如果反应时 Cl_2 的浓度很低，则自由基中间体与 Cl_2 碰撞的机会很少，很难进一步反应生成加成产物。而进行自由基取代反应时的自由基中间体烯丙基自由基因共轭效应非常稳定，反应是不可逆的，可以与 Cl_2 进行后续的反应。

$$CH_2{=}CH{-}CH_3 + Cl\cdot \begin{cases} \Longleftarrow \underset{\text{不稳定}}{\underset{Cl}{CH_2}{-}\dot{C}H{-}CH_3} \xrightarrow{Cl_2} \underset{Cl}{CH_2}{-}\underset{Cl}{CH}{-}CH_3 \\ \\ \longrightarrow \underset{\text{稳定}}{HCl + CH_2{=}CH{-}CH_2\cdot} \xrightarrow{Cl_2} CH_2{=}CH{-}CH_2Cl \end{cases}$$

因此，烯烃 α-氢的卤代反应需控制在高温并且在卤素较低浓度的条件下进行。

（6）烯烃与 HBr 的自由基加成——过氧化物效应　1933 年，M. S. Kharasch 等发现，当不对称烯烃与溴化氢加成时，如果有过氧化物 ROOR 存在，其主要产物是反 Markovnikov 规则的。这种现象称为过氧化物效应（peroxide effect）。

$$CH_3—CH=CH_2+HBr \xrightarrow{\text{过氧化物}} CH_3—CH_2—CH_2Br$$

在过氧化物存在时，烯烃与溴化氢的加成反应不是离子型的亲电加成反应，而是自由基加成反应。过氧化物容易均裂形成自由基，由此而引发连锁的自由基反应。

链引发：
$$R—O—O—R \longrightarrow 2R—O·$$
$$R—O· + HBr \longrightarrow R—OH + Br·$$

链传递：
$$CH_3—CH=CH_2 + Br· \longrightarrow CH_3—\overset{·}{C}H—CH_2Br$$
$$CH_3—\overset{·}{C}H—CH_2Br + HBr \longrightarrow CH_3—CH_2—CH_2Br + Br·$$

链终止：
$$2Br· \longrightarrow Br_2$$
$$CH_3—\overset{·}{C}H—CH_2Br + Br· \longrightarrow CH_3—CHBr—CH_2Br$$

$$2CH_3—\overset{·}{C}H—CH_2Br \longrightarrow \text{（见图）}$$

在过氧化物存在时，实际进攻的试剂是 Br·，而在烯烃的亲电加成反应中，实际进攻的试剂是 H^+。

在卤化氢与烯烃的加成反应中，只有 HBr 有过氧化物效应。H—F 和 H—Cl 键较牢固，不能与 RO·碰撞生成氟自由基或氯自由基；H—I 键虽然较弱，可以生成碘自由基，但其反应活性较低，难以与碳-碳双键进行连锁的自由基反应。

（7）烯烃复分解反应　在催化剂的作用下，两个烯烃交换双键两端的基团，可以生成两种新的烯烃。如下所示，这类反应称为烯烃复分解反应。

2005 年诺贝尔化学奖授予三位有机化学家——法国 Yves Chauvin 和美国 Richard R. Schrock、Robert H. Grubbs 教授，以表彰他们在烯烃复分解反应研究方面做出的贡献。烯烃复分解反应已被广泛认可为最重要的催化反应之一，它代表着有机合成方法学中一种形成碳-碳骨架的新颖、有效的方法。常利用此类反应构建中到大的环以及通过分子间交叉烯烃复分解反应构建新的 C=C 双键。这一反应的重要性体现于它在包括基础研究、药物及其他具有生物活性的分子合成、聚合物材料及工业合成等各个领域的广泛应用。常用的催化剂包括 Ru、Mo、W 等的配合物。下面列举两个较为简单的实例：

(80%) (E/Z = 3:1)

（8）聚合反应 在催化剂作用下，烯烃能够相互加成生成高分子化合物，这种反应叫聚合反应。例如，乙烯、丙烯在催化剂作用下，可聚合生成聚乙烯、聚丙烯。

$$n\,CH_2{=\!=}CH_2 \xrightarrow[\text{温度，压力}]{\text{催化剂}} \left.\!\!+\!CH_2{-\!-}CH_2\right]_n$$
$$\text{聚乙烯}$$

$$n\,CH_2{=\!=}CH{-\!-}CH_3 \xrightarrow[\text{温度，压力}]{\text{催化剂}} \left.\!\!+\!CH{-\!-}CH_2\right]_n$$
$$\underset{CH_3}{|}$$
$$\text{聚丙烯}$$

聚乙烯（polyethylene，PE）是结构最简单的高分子，也是应用最广泛的高分子材料。随着石油化工的发展，聚乙烯生产得到迅速发展，产量约占塑料总产量的 1/4。聚乙烯用途十分广泛，主要用来制造薄膜、容器、管道、单丝、电线电缆、日用品等，并可作为电视、雷达等的高频绝缘材料。

聚丙烯（polypropylene，PP）无毒、无味，密度小，强度、刚度、硬度，耐热性均优于低压聚乙烯，可在 100℃ 左右使用。具有良好的电性能和高频绝缘性，不受湿度影响，但低温时变脆、不耐磨、易老化，适于制作一般机械零件、耐腐蚀零件和绝缘零件。常见的酸、碱有机溶剂对它几乎不起作用，可用于餐具。

聚苯乙烯 $+CH_2CH(C_6H_5)\!\!+_n$（polystyrene，PS）是一种无色透明的热塑性塑料，具有高于 100℃ 的玻璃转化温度。因此经常用聚苯乙烯来制作各种需要承受开水的温度的一次性容器以及一次性泡沫饭盒等。

4.2 炔烃

4.2.1 炔烃的结构

炔烃是含有碳-碳叁键的不饱和烃，比相应的烯烃少两个氢原子。含有一个碳-碳叁键的开链单炔烃具有通式 C_nH_{2n-2}。最简单的炔烃是乙炔，结构式为 $H{-\!-}C{\equiv}C{-\!-}H$。乙炔分子中，碳原子杂化形式为 sp 杂化，即一个 s 轨道与一个 p 轨道杂化，形成两个 sp 杂化轨道，两个 sp 杂化轨道的轴在一条直线上，且方向相反。两个碳原子各以一个 sp 杂化轨道结合成碳-碳 σ 键，另外的 sp 杂化轨道与氢原子结合成碳-氢 σ 键，所以乙炔分子中的碳原子和氢原子都在一条直线上，即键角为 180°。每个碳原子上的另外两个 p 轨道，它们的轴相互垂直，并且与 sp 杂化轨道的轴也相互垂直，两个碳原子的两对 p 轨道分别平行重叠形成两个相互垂直的 π 键，所以碳-碳叁键是由一个 σ 键和两个 π 键组成的，两个 π 键的电子云并不是相互独立的，而是由于相互作用形成一个围绕碳-碳 σ 键的圆筒形。图 4-2 和图 4-3 分别为乙炔分子的成键示意图以及乙炔分子的球棍模型和比例模型。实验证实乙炔为线形分子，碳-碳叁键的键长比碳-碳双键短，为 1.20Å，键能为 836kJ/mol，比碳-碳单键和碳-碳双键的键能都大。乙炔分子中的 C—H 键的键长为 1.06Å，也比乙烷以及乙烯中的 C—H 键的键长短。

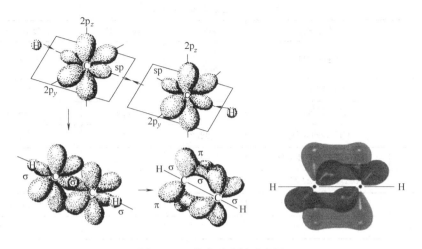

图 4-2 乙炔分子成键示意图

(a) 球棍模型

(b) 比例模型

图 4-3 乙炔的分子模型

4.2.2 炔烃的异构和命名

炔烃由于叁键的存在，与同数碳原子的烯烃相比异构体数目变少。例如，丁炔只有位置异构而没有碳链异构。

$$HC\equiv C-CH_2CH_3 \qquad\qquad H_3C-C\equiv C-CH_3$$
$$\text{1-丁炔} \qquad\qquad\qquad \text{2-丁炔}$$

同时，由于叁键碳原子是 sp 杂化，其立体构型呈直线形，也没有可能形成顺、反异构体。

炔烃的命名原则与相应的烯烃相同。当化合物同时含有双键和叁键时，若双键和叁键处于不同的编号位置，编号按最低系列原则，如：

$$H_3C-HC=HC-C\equiv CH$$
$$\text{3-戊烯-1-炔 （不叫 2-戊烯-4-炔）}$$

若双键和叁键处于相同的编号位置，则给双键较小的编号，如：

$$HC\equiv C-CH_2-CH=CH_2$$
$$\text{1-戊烯-4-炔 （不叫 4-戊烯-1-炔）}$$

不论上述何种情况，命名时都写成"几烯几炔"。烯在前炔在后。

4.2.3 物理性质

炔烃的物理性质与烷烃和烯烃相似。炔烃的沸点、相对密度等都比相应的烯烃略高些。四个碳以下的炔烃在常温常压下是气体。炔烃比水轻，有微弱的极性，不溶于水，而易溶于石油醚、丙酮、醚类等有机溶剂。表 4-2 列出了一些炔烃的物理性质。

表 4-2　一些炔烃的物理性质

化合物	分子式	熔点/℃	沸点/℃	密度 d_4^{20}/(g/cm^3)
乙炔	$CH\equiv CH$	−81.51 (18.7kPa)	−83.4	0.6208（−82℃）
丙炔	$CH\equiv CCH_3$	−102.7	−23.2	0.7062（−50℃）
1-丁炔	$CH\equiv CCH_2CH_3$	−125.7	8.1	0.668（0℃）
2-丁炔	$CH_3C\equiv CCH_3$	−32.2	27	0.6910
1-戊炔	$CH\equiv CCH_2CH_2CH_3$	−95	40.2	0.6901
2-戊炔	$CH_3C\equiv CCH_2CH_3$	−109.3	56	0.7107
1-己炔	$CH\equiv C(CH_2)_3CH_3$	−132	71.4	0.715（25℃）
3-甲基-1-丁炔	$CH\equiv CCH(CH_3)_2$	−89.7	29.5	0.6660

4.2.4 化学性质

（1）酸性及金属炔化物的生成　叁键碳原子是 sp 杂化，s 成分所占的比例大于 sp^2 或 sp^3 杂化中 s 成分所占的比例，在形成共价键时，s 成分比例大的杂化轨道使电子更靠近碳原子，意味着碳原子的电负性更大。由于 sp 杂化碳原子的电负性比 sp^2 或 sp^3 杂化碳原子的电负性强，因此与 sp 杂化碳原子相连的氢原子显弱酸性（比水弱）。请比较不同杂化的 C—H 酸性。

	H_2O	$CH\equiv CH$	$CH_2=CH_2$	CH_3-CH_3
pK_a	15.7	25	44	50

连在叁键上的氢称为炔氢。炔氢具有一定的弱酸性，可与碱金属 Na、K 以及氨基钠等强碱作用，形成金属炔化物。末端炔烃（即碳-碳叁键在碳链一端的炔烃）也能与银氨溶液或铜氨溶液反应，炔氢被 Ag^+、Cu^+ 等金属离子取代，生成不溶性的炔化银或炔化亚铜。例如：

$$R-C\equiv CH + Ag(NH_3)_2^+ \longrightarrow R-C\equiv CAg\downarrow$$

$$R-C\equiv CH + Cu(NH_3)_2^+ \longrightarrow R-C\equiv CCu\downarrow$$

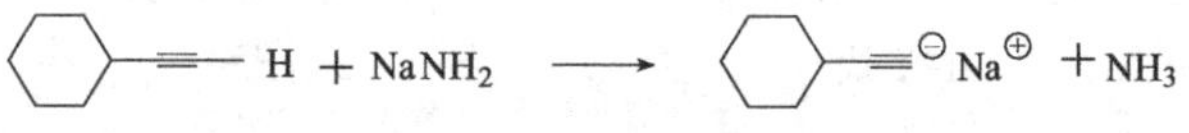

炔化银是灰白色的沉淀，炔化亚铜是红棕色沉淀。由于只有与碳-碳叁键中的碳相连的氢原子有这种反应，而其他碳原子上的氢没有这种反应，因此可通过这两个反应来鉴别末端炔烃。

干燥的金属炔化物受热或剧烈撞击时易发生爆炸。所以进行这类鉴别反应后，应加硝酸使金属炔化物分解，避免事故发生。

（2）叁键上的加成反应　炔烃与烯烃一样，可以进行催化加氢及亲电加成反应。

① 催化加氢　在铂、钯等催化剂的存在下，炔烃可以进行加氢反应。通常情况下反应不能停留在烯烃，而是直接生成烷烃。

$$HC\equiv CH \xrightarrow{H_2/Pt} H_2C=CH_2 \xrightarrow{H_2/Pt} H_3C-CH_3$$

而在某些特殊催化剂（例如 Lindlar 催化剂，它是将钯沉积在硫酸钡上并用喹啉处理以降低其活性）作用下，炔烃的催化氢化可以停留在烯烃。产物烯烃具有顺式构型。

$$R^1—C\!\equiv\!C—R^2 \xrightarrow{H_2,Pd/BaSO_4} \underset{R^1 \quad R^2}{\overset{H \quad H}{C\!=\!C}}$$

$$H_3C—C\!\equiv\!C—CH_2CH_2CH_3 \xrightarrow{H_2,Pd/BaSO_4} \underset{H_3C \quad CH_2CH_2CH_3}{\overset{H \quad H}{C\!=\!C}}$$

使用溶解在液氨中的金属钠也可将炔烃还原为烯烃，但加成的方式是反式的，因此可用于制备反式烯烃。

$$H_3C—C\!\equiv\!C—(CH_2)_4CH_3 \xrightarrow{Na/NH_3} \underset{H_3C \quad H}{\overset{H \quad (CH_2)_4CH_3}{C\!=\!C}}$$
$$(80\%)$$

② 亲电加成　炔烃和烯烃一样可以进行亲电加成反应，但对亲电试剂的反应活性比烯烃低。炔烃的亲电加成反应机理与烯烃相似，反应第一步是亲电试剂与碳-碳叁键加成生成烯基碳正离子，随后碳正离子与亲核试剂结合成产物。

$$R^1—C\!\equiv\!C—R^2 + E^+Y^- \longrightarrow Y^- + \underset{R^1}{\overset{R^2}{C\!=\!C}}\overset{+}{\underset{E}{}} \longrightarrow \underset{R^1 \quad E}{\overset{Y \quad R^2}{C\!=\!C}}$$

生成的烯烃可以继续与亲电试剂进行亲电加成反应。由于在上述反应机理中生成的中间体是乙烯型碳正离子，不如烷基碳正离子稳定，所以炔烃的亲电加成反应比烯烃慢。

与烯烃类似，不对称炔烃在进行亲电加成时，也遵守 Markovnikov 规则。当有过氧化物存在时，炔烃也可以与 HBr 进行反 Markovnikov 规则的自由基加成反应。

炔烃和烯烃一样可以与卤化氢加成，根据反应条件，可以加一分子或两分子的卤化氢。当有催化剂（Hg 盐或 Cu 盐）存在时，叁键比双键活泼。

$$R—C\!\equiv\!CH \xrightarrow{HCl} \underset{Cl}{\overset{R}{C\!=\!CH_2}} \xrightarrow{HCl} R—\underset{Cl}{\overset{Cl}{C}}—CH_3$$

$$H_2C\!=\!CH—C\!\equiv\!CH \xrightarrow[CuCl]{HCl} H_2C\!=\!CH—\underset{Cl}{\overset{}{C}}\!=\!CH_2$$

乙炔与水的加成需要在汞盐催化下进行，生成的加成物乙烯醇不稳定，立即重排成乙醛。其他炔烃与水的加成产物为酮，其中末端炔烃与水的加成产物为甲基酮。

$$HC\!\equiv\!CH + H_2O \xrightarrow[H_2SO_4]{HgSO_4} CH_2\!=\!CH—OH \xrightarrow{重排} CH_3CHO$$

$$R—C\!\equiv\!CH + H_2O \xrightarrow[H_2SO_4]{HgSO_4} \underset{HO}{\overset{R}{C\!=\!CH_2}} \xrightarrow{重排} \underset{R}{\overset{O}{\underset{}{C}}}—CH_3$$

炔烃与氯或溴发生亲电加成反应，生成邻二卤代烃和邻四卤代烃，但反应活性较烯烃差。反应较易控制在只加一分子卤素这一步。炔烃与一分子 Cl_2 或 Br_2 的加成，绝大多数是反式加成。使用 $FeCl_3$、$SnCl_2$ 等可催化该反应。

$$CH_3—C\!\equiv\!C—CH_3 + Br_2 \ (1mol) \longrightarrow \underset{CH_3 \quad Br}{\overset{Br \quad CH_3}{C\!=\!C}}$$

$$CH_3—C\!\equiv\!C—CH_3 + Br_2 \ (过量) \longrightarrow CH_3CBr_2CBr_2CH_3$$

4-5 用简单化学方法鉴别 1-己炔和 2-己炔。

（3）氧化反应 炔烃的氧化反应需要在比较剧烈的条件下进行，产物为叁键断裂产物，生成羧酸，端炔碳则氧化为二氧化碳。常用的氧化剂有 O_3、$KMnO_4$、$K_2Cr_2O_7$ 等。和烯烃氧化一样，可以根据生成产物的结构推断原来炔烃的结构。

$$CH_3CH_2CH_2C\!\equiv\!CCH_2CH_3 \xrightarrow{O_3} \xrightarrow{H_2O} CH_3CH_2CH_2COOH + CH_3CH_2COOH$$

$$CH_3CH_2CH_2C\!\equiv\!CH \xrightarrow[OH^-]{KMnO_4} \xrightarrow{H^+} CH_3CH_2CH_2COOH + CO_2\uparrow$$

（4）聚合反应 乙炔在催化剂的作用下可以发生聚合反应。但与烯烃不同的是，它一般不容易聚合成高聚物，依反应条件的不同，可生成二聚、三聚和四聚物等。这种聚合反应可以看作是乙炔的自身加成反应。

$$2\,HC\!\equiv\!CH \xrightarrow[NH_4Cl]{CuCl} CH_2\!=\!CH\!-\!C\!\equiv\!CH \xrightarrow[CuCl,\ NH_4Cl]{HC\equiv CH} CH_2\!=\!CH\!-\!C\!\equiv\!C\!-\!CH\!=\!CH_2$$

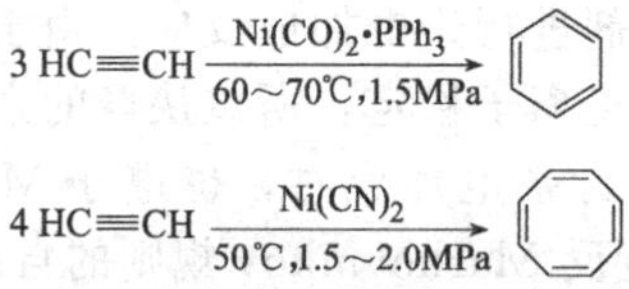

$$3\,HC\!\equiv\!CH \xrightarrow[60\sim70℃,1.5MPa]{Ni(CO)_2\cdot PPh_3} \text{（苯）}$$

$$4\,HC\!\equiv\!CH \xrightarrow[50℃,1.5\sim2.0MPa]{Ni(CN)_2} \text{（环辛四烯）}$$

聚乙炔 $\left[CH\!=\!CH\right]_n$ 是最早报道的具有高电导率的、结构最简单的共轭高聚物，有顺式和反式两种立体异构体。线形高分子量的聚乙炔是既不溶也不熔且对氧敏感的结晶性高分子半导体，深色且具有金属的光泽，密度为 $0.83\sim0.89g/cm^3$。顺式和反式聚乙炔的电导率分别为 1.7×10^{-7} S/m 和 4.4×10^{-7} S/m。用碘、溴等卤素或 BF_3、AsF_3 等 Lewis 酸掺杂后，其电导率可提高到金属水平，因此称为合成金属及高分子导体。聚乙炔类导电聚合物由日本化学家 Hideki Shirakawa 率先于 1977 年前后研制成功。后来还发现，顺式聚乙炔掺杂后的电导率增加更为明显，碘可以先使聚合物完全异构化为反式，更加有利于有效地掺杂，掺杂聚乙炔的取向性更好。用 AsF_5 掺杂的顺式聚乙炔的电导率甚至可提高千倍以上。自从聚乙炔的导电现象被发现以来，在世界范围内掀起了研究和开发导电聚合物的热潮。导电性高分子材料即塑料电子学的兴起，为薄型轻质电池、手机显示屏、高分子 IC 芯片等的发展开辟了广阔的前景。Hideki Shirakawa 于 2000 年荣获诺贝尔化学奖。

4.3 二烯烃

4.3.1 二烯烃的分类和命名

脂肪烃分子中含有两个碳-碳双键的烯烃叫作二烯烃。根据两个碳-碳双键在分子中的相对位置，二烯烃可分为三类：

（1）累积二烯烃（cumulated diene） 两个双键连接在同一个碳原子上的二烯烃叫累积二烯烃，如丙二烯，其中间的碳原子为 sp 杂化，两端碳原子为 sp^2 杂化，两个 sp^2 杂化的平面是互相垂直的，两个 π 键也是互相垂直的。这类化合物稳定性较差，通常制备比较困难。

丙二烯

$$sp \quad sp^2$$

$$\underset{\text{丙二烯}}{118.4°C} = C = CH_2$$

1.08Å 1.31Å

（2）隔离二烯烃（isolated diene） 两个碳-碳双键被两个或两个以上碳-碳单键隔开的二烯烃叫隔离二烯烃，也叫孤立二烯烃。它们的性质与一般的烯烃相似。例如：

$$CH_2 = CHCH_2CH = CH_2 \qquad CH_2 = CHCH_2CH = \underset{\underset{CH_3}{|}}{CH}CHCH_3$$

1,4-戊二烯 6-甲基-1,4-庚二烯

（3）共轭二烯烃（conjugated diene） 两个碳-碳双键被一个碳-碳单键隔开的二烯烃叫共轭二烯烃。例如：

$$CH_2 = CH - CH = CH_2 \qquad CH_2 = \underset{\underset{CH_3}{|}}{C} - CH = CH_2$$

1,3-丁二烯 2-甲基-1,3-丁二烯（异戊二烯）

共轭二烯烃除了具有单烯烃的性质外，还具有一些特殊的性质。

4.3.2 共轭二烯烃的结构

1,3-丁二烯是最简单的共轭二烯。在1,3-丁二烯分子中，所有的碳原子均采取 sp^2 杂化，它们彼此各以一个 sp^2 杂化轨道结合形成碳-碳 σ 键，其余 sp^2 杂化轨道与氢原子成键。由于 sp^2 杂化轨道是平面分布的，所以分子中所有的碳原子和氢原子就有可能都处在同一个平面上，每个碳原子上未参与杂化的 p 轨道则相互平行，如图 4-4 所示。这样，不仅 C1 与 C2 间以及 C3 与 C4 间的 p 轨道重叠而形成 π 键，而且 C2 与 C3 间的 p 轨道由于相邻又互相平行，也可以部分重叠，从而可以认为 C2—C3 也具有部分双键的性质。也就是 1,3-丁二烯中四个 p 电子的运动范围不再局限于 C1—C2 或 C3—C4 间，而是扩展到四个碳原子的范围，形成一个离域的大 π 键，也叫共轭 π 键。

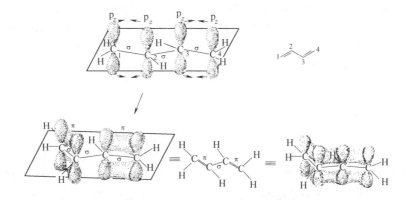

图 4-4 1,3-丁二烯的成键示意图

4.3.3 共轭体系和共轭效应

在不饱和化合物中，如果与碳-碳双键相邻的原子上有 p 轨道，则此 p 轨道可以与两个双键碳形成一个包括两个以上原子的 π 键，这种体系叫共轭体系。共轭体系有不同的形式，例如：

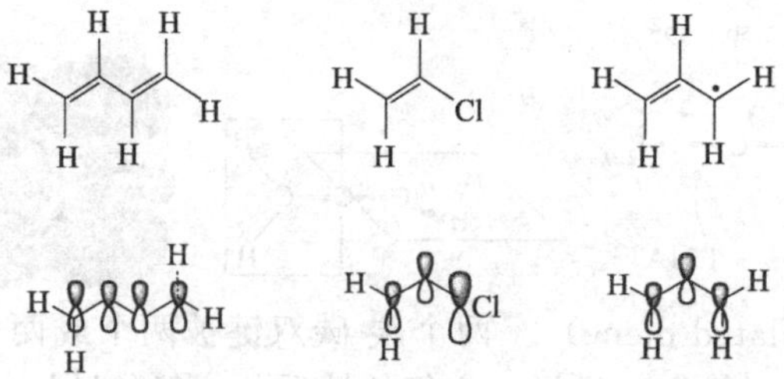

1,3-丁二烯　　　　氯乙烯　　　　烯丙基自由基
π-π共轭　　　　p-π共轭　　　　p-π共轭

1,3-丁二烯是由两个相邻的 π 键形成的共轭体系，叫作 π-π 共轭体系；氯乙烯分子中氯原子中有 p 轨道，可以与碳-碳 π 键共轭，叫作 p-π 共轭体系；烯丙基自由基中也存在 p-π 共轭。

共轭体系在物理及化学性质上有许多特殊的表现。共轭体系中电子的离域作用使得电子可以在更大的空间运动，这样可以使体系的能量降低，使分子更稳定。共轭体系越大，能量越低，分子越稳定。另外，共轭体系中电子的离域使电子云密度发生平均化，体现在键长上也发生了平均化，共轭体系中单键与双键的键长有平均化的趋势，即单双键键长的差别缩小。

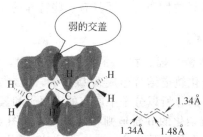

具有单、双键交替的共轭体系中，电子的运动不再局限于两个原子之间，而是发生离域，其运动范围扩大到整个共轭体系中。当共轭体系受到外界电场的影响（例如亲电试剂或亲核试剂进攻时），这种影响（电子效应）可以通过 π 电子的运动而沿着整个共轭体系传递。这种通过共轭体系而传递的电子效应称为共轭效应。

1,3-丁二烯分子中 C2—C3 单键的旋转可以产生不同的构象异构体，但其中只有两种构象中所有原子都在一个平面上，即下图所示的 s-顺式和 s-反式，只有在这两种构象时，1,3-丁二烯能够保持能量最低的共轭体系。这两种构象能量相差约 9.63kJ/mol。这种能量的差别不大，在室温下可以互相转化。

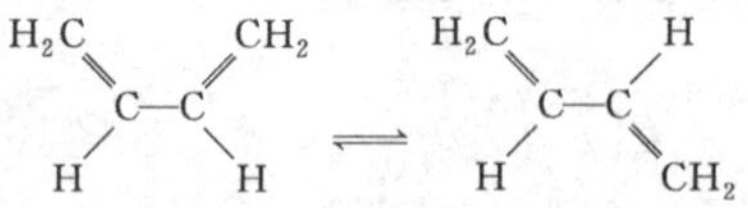

s-顺式　　　　　　s-反式

其中，s-顺式表示两个碳-碳双键在 C2—C3 单键的同侧，s-反式表示两个碳碳双键在 C2—C3 单键的两侧，"s" 表示单键（single bond），由于顺反异构原来是指双键上所连基团的相对位置，而 1,3-丁二烯中是指相对于单键的，所以前面加 "s" 以示区别。

4.3.4　共轭二烯的特殊化学性质

（1）亲电加成（1,2-加成和1,4-共轭加成）　共轭二烯烃具有烯烃的一般性质，如能与氢气、卤化氢、卤素等加成，能被氧化、能起聚合反应等。除此之外，共轭二烯烃还能发生一些特殊的反应，例如 1,3-丁二烯与一分子试剂起加成反应时，按照一般烯烃的情况，应该只得到 1,2-加成产物，但实际上除了 1,2-加成产物外，同时还有 1,4-加成产物生成。并且往往1,4-加成产物是主要产物。例如与溴加成时，主要产物为C1与C4上各加一个溴，而在C2与C3之间新形成一个双键，这种加成称为1,4-加成作用，这是共轭烯烃的特殊反应性能。

$$CH_2=CH-CH=CH_2 + Br_2 \longrightarrow CH_2-CH-CH=CH_2 + CH_2-CH=CH-CH_2$$

	Br Br		Br	Br
	1,2-加成产物		1,4-加成产物	

反应的第一步是Br^+加到C1或C4上形成碳正离子，该碳正离子是烯丙基型的碳正离子，烯丙基型的碳正离子可用两个共振式或共振杂化体表示，它是一个p-π共轭体系，稳定性很高，其正电荷分布在C2和C4上。第二步是Br^-进攻C2或C4分别得到1,2-加成产物或1,4-加成产物。

$$\overset{1}{CH_2}=\overset{2}{CH}-\overset{3}{CH}=\overset{4}{CH_2} + Br^+ \longrightarrow$$

1,2-加成产物和1,4-加成产物的比例，取决于反应物的结构、产物的稳定性，也取决于反应的条件。一般在较低温度下以1,2-加成产物为主，在较高温度下以1,4-加成产物为主。例如，1,3-丁二烯与HBr的加成反应：

$$CH_2=CH-CH=CH_2 \xrightarrow{HBr}$$

A   B

-80℃   80%   20%
40℃   20%   80%

低温下反应得到的产物以1,2-加成为主，反映出其活化能较低，主要经由A形成动力学控制（kinetic control）的产物。而在较高的温度下，形成的产物可以相互转化，形成平衡混合物。由于1,4-加成产物是二取代的烯烃，相对于单取代的1,2-加成产物更加稳定。在平衡混合物中，经由B形成的1,4-加成产物较多，称为热力学控制（thermodynamic control）或平衡控制。

4-6 写出下列反应的主要产物。

(1) ⟋⟍⟋ + HBr(1mol) $\xrightarrow{\text{无过氧化物}}$

(2) ⟋⟍⟋ + HCl(1mol) $\longrightarrow$

（2）双烯合成——狄尔斯-阿尔德反应 共轭二烯与含有碳-碳双键或碳-碳叁键的化合物反应可生成六元环状化合物，这类反应称为狄尔斯-阿尔德反应（Diels-Alder 环加成反应），又称双烯合成。例如：

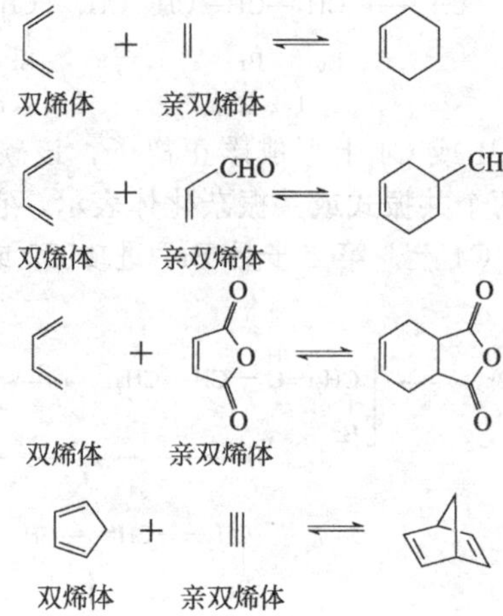

Diels-Alder 反应有两个反应物，共轭二烯称为双烯体（dienes），另一个含碳-碳双键或碳-碳叁键的化合物称为亲双烯体（dienophiles）。亲双烯体上连—CHO、—COOH、—CN等吸电子基团时，对反应特别有利。此类反应是一步完成的，反应时，反应物分子彼此靠近，互相作用，形成一个六元环过渡态，然后转化成产物，旧键的断裂和新键的生成是相互协调地在同一步骤中完成的，反应中没有碳正离子、碳负离子、自由基等活泼中间体产生。这样的反应称为协同反应（concerted reaction）。

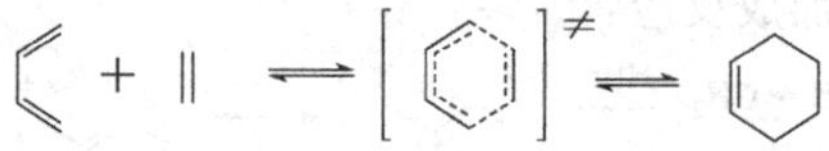

Diels-Alder 反应的协同反应机理要求双烯体必须以 s-顺式构象与亲双烯体进行反应，s-反式的双烯体不能进行反应。例如下面的双烯体有 s-顺式构象，可以进行 Diels-Alder反应：

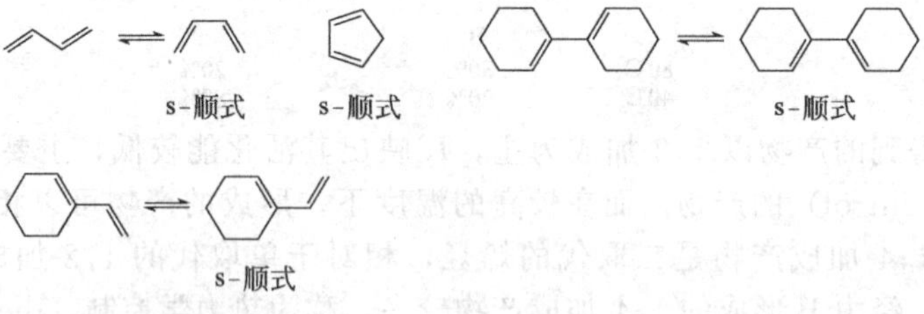

而以下的双烯体不可能有 s-顺式构象，因此不能进行 Diels-Alder 反应：

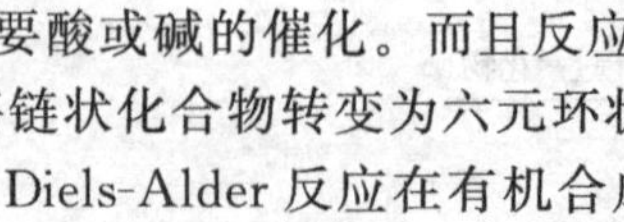

许多 Diels-Alder 反应非常容易进行，常常将两种反应物混合在一起便立即反应。反应既不需要自由基引发剂，也不需要酸或碱的催化。而且反应常常可以定量完成。通过这类反应可以一步形成两个碳-碳键而将链状化合物转变为六元环状化合物，并且分子中还有双键，可以进一步引入其他基团，因此 Diels-Alder 反应在有机合成上具有很重要的地位。1950 年德国化学家 O. Diels 和 K. Alder 由于发现了这类反应而获得诺贝尔化学奖。

橡胶知识

橡胶（rubber）是制造飞机、军舰、汽车、拖拉机、医疗器械等所必需的一种原材料。根据来源不同，一般分为天然橡胶和合成橡胶。天然橡胶（natural rubber）由三叶橡胶树等采集胶乳制成，其优点是弹性好，耐酸碱，主要缺点是不耐油。合成橡胶一般在性能上不如天然橡胶全面，但它具有高弹性、绝缘性、气密性、耐油、耐高温以及低温等性能，因而广泛应用于工农业、国防、交通及日常生活中。无论是天然还是合成橡胶，都是高分子材料，由于弹性高，一般均需经过硫化和加工之后才具有实用价值。

合成橡胶在 20 世纪初开始生产，从 40 年代起得到了迅速的发展。天然橡胶是天然高分子化合物，其结构可看作是异戊二烯的聚合物，其平均分子量在 6 万至 35 万。

$$H_2C=C-CH_2 \quad 异戊二烯$$
$$\overset{H}{\underset{CH_3}{|}}$$

在天然橡胶中，异戊二烯以头尾相连的方式形成线形分子，其中所有双键的构型都是顺式的。

天然橡胶

合成橡胶（synthetic rubber）与合成树脂（或塑料）、合成纤维一起，并称三大合成材料，其种类很多。2016 年全球合成橡胶产量为 1218 万吨，天然橡胶产量为 1160 万吨。1909 年，德国化学家 Fritz Hofmann 成功合成出橡胶，获得世界第一项合成橡胶专利，为人类利用合成橡胶奠定了基础。合成橡胶与天然橡胶相似，聚合链中大多含有可供交联的不饱和键，加工过程中需要硫化处理。合成橡胶的命名是取相应单体的英文名称或关键词的第一个大写字母，冠以后缀"橡胶"英文名第一个字母 R。例如丁苯橡胶是由苯乙烯（styrene）与丁二烯（butadiene）共聚而成的合成橡胶，故称 SBR。下面介绍若干重要的橡胶。

丁苯橡胶（SBR）是由 1,3-丁二烯和苯乙烯共聚制得的：

$$n\text{CH}_2=\text{CH}-\text{CH}=\text{CH}_2 + n\text{H}_2\text{C}=\text{CH} \xrightarrow{\text{共聚}} \text{—}[\text{CH}_2-\text{CH}=\text{CH}-\text{CH}_2-\text{CH}_2-\text{CH}]_n\text{—}$$

丁苯橡胶

丁苯橡胶是产量最大的通用合成橡胶，有乳聚丁苯橡胶、溶聚丁苯橡胶和热塑性橡胶（SBS）等。它的综合性能良好，在耐腐、耐老化等方面都优于天然橡胶。主要用于制造轮胎、电线电缆、医疗器具、运输皮带、胶鞋及防腐衬里等。

顺丁橡胶的耐寒性、耐磨性和弹性特别优异，而且还有较好的耐老化性能。顺丁橡胶的缺点是抗撕裂性能较差，抗湿滑性能不好。顺丁橡胶绝大部分用于生产轮胎，少部分用于制造耐寒制品、缓冲材料以及胶带、胶鞋等。1,3-丁二烯在 Ziegler-Natta 催化剂作用下，通过定向聚合可生成顺丁橡胶。

$$n\text{CH}_2=\text{CH}-\text{CH}=\text{CH}_2 \longrightarrow$$

顺丁橡胶

异戊橡胶（polyisoprene）是聚异戊二烯橡胶的简称，采用溶液聚合法生产。

$$n\ \text{H}_2\text{C}=\text{C}-\text{C}=\text{CH}_2 \longrightarrow$$

异戊橡胶

异戊橡胶最接近天然橡胶，具有良好的弹性和耐磨性，优良的耐热性和较好的化学稳定性。异戊橡胶生胶（加工前）强度显著低于天然橡胶，但质量均一性、加工性能等优于天然橡胶。异戊橡胶可以代替天然橡胶制造载重轮胎和越野轮胎，还可以用于生产各种橡胶制品。异戊橡胶又称为"合成天然橡胶"。

氯丁橡胶（CR，neoprene）是以氯丁二烯为主要原料，通过均聚或少量其他单体共聚而成的。

$$n\ H_2C=C-CH=CH_2 \longrightarrow [CH_2-CH=C-CH_2]_n$$

氯丁橡胶

氯丁橡胶具有较高的抗张强度，化学稳定性较高，具有优异的耐水性、耐燃性、抗延燃性，耐热、耐光、耐老化性能、耐油性能均优于天然橡胶、丁苯橡胶、顺丁橡胶。其缺点是耐寒性和储存稳定性较差。氯丁橡胶的用途广泛，如用于抗风化产品、粘胶鞋底，电线、电缆的包皮材料，垫圈、耐化学腐蚀的设备衬里、涂料和火箭燃料等。

习题

4-1 用系统命名法命名下列化合物。

(1)
$$CH_3CH_2CH_2\quad CH_2CH_3 \\ C=C \\ CH_3\qquad H$$

(2) $CH_3CH_2CH_2CCH_2CH_3 \\ \quad\quad\quad CHCH_3$

(3) $CH_3CH_2CHCHCH_2CH_3 \\ \quad\quad CH_3 \\ \quad\quad CH_2C\equiv CH$

(4) $CH_3-CH-CH-C\equiv C-CH_3 \\ \quad\quad\quad CH_2CH_3$

(5)
$$CH_3CH_2\quad\quad H \\ C=C \\ CH_3CH_2\quad\quad C=C \\ \quad\quad\quad CH_2CH_2CH_3$$

(6) $CH_3CH_2CH=CHCH_2C\equiv CCH_3 \\ \quad\quad\quad\quad\quad CH_3$

4-2 写出下列化合物的结构式。

(1) 3-甲基-3-己烯
(2) 3-乙基-1-戊烯
(3) 3,5-二甲基-3-庚烯
(4) 3-叔丁基-2,4-己二烯
(5) 3-甲基-3-戊烯-1-炔
(6) (E)-4-甲基-3-乙基-2-戊烯

4-3 完成下列反应，写出产物或反应所需试剂。

(1) $CH_3CH_2CH=CH_2 + HBr \longrightarrow$

(2) $CH_3CH_2CH=CH_2 + H_2SO_4 \longrightarrow\ ? \xrightarrow{H_2O}$

(3) $CH_3CH_2CH=CH_2 \xrightarrow[\text{(2) } H_2O_2,\ NaOH]{\text{(1) } BH_3\cdot THF}$

(4) $CH_3CH_2C\equiv CH \xrightarrow{AgNO_3\text{（氨溶液）}}$

(5) $CH_3CH_2C\equiv CH + H_2O \xrightarrow[HgSO_4]{H_2SO_4}$

(6) $(CH_3)_2C=CHCH_2CH_3 \xrightarrow[\text{(2) } Zn,\ H_2O]{\text{(1) } O_3}$

(7) $(CH_3)_2C=CHCH_2CH_3 \xrightarrow{KMnO_4\text{（冷，稀）}}$

(8) $(CH_3)_2C=CHCH_2CH_3 \xrightarrow{KMnO_4\text{（热，浓）}}$

(9) 五元环 + CN烯 ⟶

（10） $CH_3CH_2C{\equiv}CCH(CH_3)_2 \xrightarrow{?}$

$$\begin{array}{c} CH_3CH_2 \quad CH(CH_3)_2 \\ C{=}C \\ H \quad\quad H \end{array}$$

4-4 用简单化学方法鉴别下列各组化合物。

（1）己烷、1-己烯、1-己炔 （2）1-己炔、2-己炔、2-甲基戊烷

4-5 写出分子式为 C_5H_8 的所有开链烃的异构体并命名。

4-6 比较下列碳正离子的稳定性。

$$\begin{array}{ccc}
\overset{\displaystyle CH_3}{\underset{\displaystyle CH_3}{CH_3{-}C{-}CH_2\overset{+}{C}H_2}} &
\overset{\displaystyle CH_3}{\underset{\displaystyle CH_3}{CH_3{-}C{-}\overset{+}{C}HCH_3}} &
\overset{\displaystyle CH_3 \quad CH_3}{CH_3{-}\overset{+}{C}{-}CH{-}CH_3}
\end{array}$$

      （a）   （b）   （c）

4-7 下列烯烃哪些有顺、反异构？如有，画出顺、反异构体的构型并命名。

（1） $CH_2{=}CBrCH_3$ （2） $CHCl{=}CHCl$ （3） $CH_3CH{=}C(CH_3)_2$

（4） $\underset{\underset{\displaystyle CH_3}{\vert}}{CH_3CH{=}CCH_2CH_3}$ （5） $CH_3CH{=}CHCH{=}CH_2$ （6） $\underset{\underset{\displaystyle C_2H_5}{\vert}}{CH_3CH_2C{=}CHCH_2CH_3}$

4-8 化合物 A 的分子式为 C_6H_{12}，在 Pd/C 催化下与氢气反应得到 B（C_6H_{14}），A 与热、浓的高锰酸钾溶液反应得到醋酸和化合物 C（C_4H_8O）。推测化合物 A、B、C 的结构，并用反应式简要说明推测过程。

4-9 化合物 A 和 B 分子式均为 C_5H_8，催化氢化都得到相同的产物 C_5H_{12}。A 能与硝酸银的氨溶液反应生成灰白色的沉淀，而 B 不能发生这种反应，B 经臭氧化后再还原水解得到丙二醛，推断 A 和 B 的结构，并用反应式简要说明推测过程。

4-10 化合物 A、B、C 分子式均为 C_6H_{10}，且都能使溴的四氯化碳溶液褪色。化合物 A 可与铜氨溶液反应生成红棕色沉淀，但 B、C 不能。当用热的 $KMnO_4$ 溶液氧化时，A 得到戊酸（$CH_3CH_2CH_2CH_2COOH$）和 CO_2，B 得到丙酸（CH_3CH_2COOH），C 得到丁二酸（$HOOCCH_2CH_2COOH$）和 CO_2。写出 A、B、C 的结构式以及各步反应式。

第5章 芳香烃

具有芳香性的碳氢化合物称为芳香烃（aromatic hydrocarbon），简称为"芳烃"。芳烃是芳香族化合物的母体，最简单的芳烃是苯。早期发现的苯衍生物是从香脂、精油等天然产物中分离出来的，一般有香气，于是人们将苯（C_6H_6）及含有苯环结构的化合物统称为芳香化合物（aromatic compounds）。目前已知的芳香族化合物中，大多数是没有香味的，因此芳香一词已经失去原有的意义，只是由于习惯而沿用至今。

从结构上看，芳香化合物一般都具有平面或接近平面的环状结构，键长趋于平均化，并有较低的 H/C 比值；从性质上看，芳香化合物的芳环一般都难以发生氧化、加成反应，而易于发生亲电取代反应。上述这些特点反映出苯环具有特殊的稳定性，称之为芳香性（aromaticity）。

5.1 苯的结构

苯是最典型的芳香族化合物。早在 1825 年，Michael Faraday 就从鱼油等类似物质的热裂解产品中分离出了较高纯度的苯，并且测定了苯的一些物理性质，阐述了苯分子的碳氢比为 1∶1。1834 年，Eilhard Mitscherlich 确定了苯的化学式为 C_6H_6。近代物理方法测定表明，苯分子中的六个碳原子和六个氢原子都在同一平面上，碳-碳键长（1.39Å）相等，六个碳原子组成一个正六边形，所有键角均为 120°；六个碳-氢键长（1.09Å）也相等。

5.1.1 苯的凯库勒（Kekülé）结构式

1865 年，德国有机化学家凯库勒（Kekülé）提出，苯是碳原子首尾相连的含有三个双键的环状结构，他认为苯是由六个碳原子组成的六元环，每个碳原子上都连接一个氢原子，碳原子间以单双键交替相连，也就是说苯分子中具有一个连续不断的共轭体系，或一个没有头尾的共轭体系，称为苯环的 Kekülé 结构式。如图 5-1 所示。

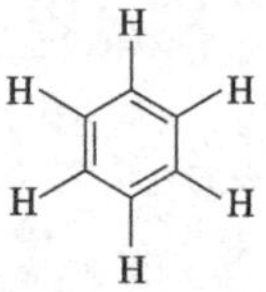

图 5-1 苯的 Kekülé 结构式

苯环的 Kekülé 结构式是有机化学理论研究中的一项重大成就，它促进了 19 世纪后半期芳香族化合物化学的快速发展。Kekülé 结构式成功地解释了苯只有一种一元取代物，催化加氢可以变成环己烷等事实。

然而凯库勒结构也存在着缺陷，主要表现在以下几个方面：

① 在一般条件下不能发生类似于烯烃和炔烃的加成反应。例如，环己烯可以使溴的四氯化碳溶液褪色，而苯却没有这样的性质。

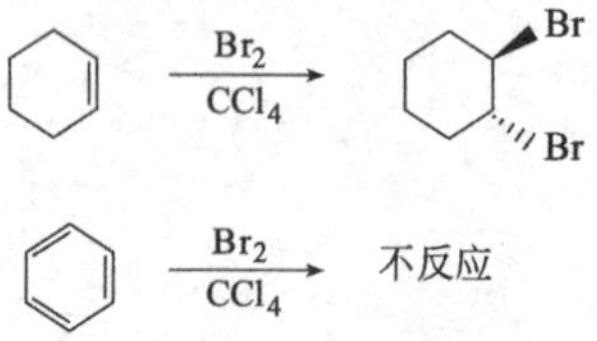

② 假定邻位两个氢被取代，按 Kekülé 结构式应该有下列两种邻位二元取代物，但实际上只有一种。

③ 由物理方法测定的苯分子中碳-碳键长为 139pm，比正常的碳-碳单键（154pm）短，比正常的碳-碳双键（134pm）长，键长介于碳-碳单键与碳-碳双键之间，完全平均化，而凯库勒结构式不能说明这一点。

根据苯环中双键引起的诸多争论，凯库勒提出了摆动双键学说：假定苯环中的双键位置是不固定的，而是以很快的速度往返移动。于是苯的邻位二元取代产物不是一个，而是 A 和 B 两者互变的平衡体系。由于 A 和 B 转变得很快，在单位时间内，就分辨不出单双键的区别，以此来解释苯的邻位二元取代物只有一种。

5.1.2　苯的分子轨道和结构的近代概念

分子轨道理论认为，苯分子中六个碳原子都形成 sp^2 杂化轨道，六个轨道之间的夹角各为 120°，六个碳原子以 sp^2 杂化轨道形成六个碳-碳 σ 键，又各以一个 sp^2 杂化轨道和六个氢原子的 s 轨道形成六个碳氢 σ 键，这样就形成了一个正六边形，所有的碳原子和氢原子在同一平面上。每一个碳原子都还保留一个和这个平面垂直的 p 轨道，它们彼此平行，这样每一个碳原子的 p 轨道可以和相邻的碳原子的 p 轨道平行重叠而形成大 π 键。由于一个 p 轨道可以和左右相邻的两个碳原子的 p 轨道同时重叠，因此形成的分子轨道是一个包含六个碳原子在内的封闭的或连续不断的共轭体系，如图 5-2 所示。π 轨道中的 π 电子能够高度离域，使 π 电子云完全平均化，从而能量降低，苯分子得以稳定。

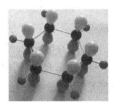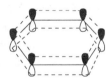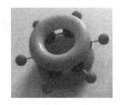

图 5-2　苯分子中的 p 轨道重叠示意图

1931 年，休克尔提出了著名的 Hückel 分子轨道法（Hückel molecular orbital method，HMO）。HMO 法是一种简单有效、经验性的近似方法，虽然定量结果的准确度不高，但在预测同系物的性质、分子的稳定性和化学反应性能，解释电子光谱等一系列问题上，显示出高度的概括能力，至今仍在广泛应用。

用 HMO 法处理共轭分子结构时有以下基本的假定，即将 σ 键和 π 键分开处理，共轭分子具有相对不变的 σ 键骨架，π 电子在原子和 σ 电子所形成的分子骨架中运动，而 π 电子的状态决定分子的性质。π 分子轨道是在利用变分法得到分子轨道能量所满足的久期方程后，求得 n 个 π 分子轨道能量及对应的分子轨道，由此讨论共轭分子的物理和化学性质的变化规律。这种方法在解释共轭分子的结构和性能方面取得了很大的成功。

根据 HMO 分子轨道理论，苯分子的六个 p 轨道通过线性组合，组成六个 π 分子轨道。其中三个比 p 轨道的能量低，是成键轨道，以 Ψ_1、Ψ_2 和 Ψ_3 表示，而另三个则比 p 轨道的能量高，是反键轨道，以 Ψ_4、Ψ_5 和 Ψ_6 表所示，如图 5-3 所示，图中虚线表示节面。三个成键轨道中，Ψ_1 没有节面，能量是最低的，而 Ψ_2 和 Ψ_3 都有一个节面，能量相等，但比 Ψ_1 高，这两个能量相等的轨道称为简并轨道。反键轨道 Ψ_4^* 和 Ψ_5^* 各有两个节面，它们的能量也彼此相等，但比成键轨道要高，Ψ_6^* 有三个节面，是能量最高的反键轨道。苯分子的六个 π 电子填充在 Ψ_1、Ψ_2 和 Ψ_3 三个成键轨道上。这六个离域的 π 电子总能量，如果和它们分别处在孤立的即定域的 π 轨道的能量之和相比，要低得多。因此苯的结构很稳定。由于六个碳原子完全等同，所以大 π 键电子云在六个碳原子之间均匀分布，即电子云分布完全平均化，因此碳-碳键长完全相等，不存在单双键之分。由于苯环共轭大 π 键的高度离域，分子能量大大降低，因此苯环具有高度的稳定性。

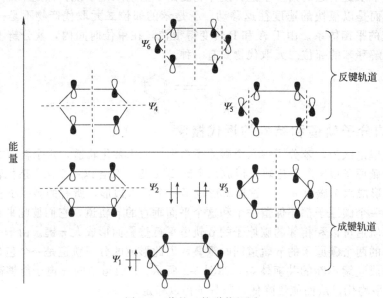

图 5-3　苯的 π 轨道能级图

在基态时，6 个 π 电子占据三个成键轨道，所以苯的 π 电子云是三个成键轨道叠加而成的，叠加的最终结果是 π 电子云在苯环上下对称均匀分布。闭合的电子云是苯分子在磁场中产生环电流的根源，使苯的能量大大降低。由于加成反应会导致苯的封闭共轭体系的破坏，所以难以发生。取代反应不会破坏这种稳定结构，又由于环形离域 π 电子的流动性较大，能够向亲电试剂提供电子，因此苯易发生亲电取代反应。

后来，一些化学家对苯的结构进行了更深入的研究。根据价键法和分子轨道理论的计算结果对"苯的 π 电子离域"和"苯中 π 电子的离域使苯稳定"等观点提出了疑问。新的看法认为：苯的对称六边形结构只取决于 σ 电子，从本质上看，苯的 π 体系不倾向于一个离域的"芳香六隅体"，而是倾向于具有三个定域的 π 键结构。Copper 等在 1986 年发表的《苯分子的电子结构》一文中提出了自旋耦合价键理论。该理论认为，两种定域的凯库勒结构是一对"电子互变异构体"，电子互变异构体代表化合物分子的微观结构，不可析离。从微观角度看，化合物可以是多结构的，即一种化合物可能有几种微观结构。我们通常说的分子结构是分子的宏观结构。一种化合物分子只能有一种宏观结构，因此，宏观结构是多种微观结构混合的平衡结构。苯实际上是两种凯库勒结构混合的平衡结构。按电子自旋价键理论，苯可以用下面的式子来表示：

符号 ⇌ 表示一个化合物分子的两个电子分布不同的微观结构之间的互变。

常见的苯的表达式如下所示：

Ⅰ、Ⅱ是 Kekulé 结构式。目前它是书籍和文献中应用最多的苯表达方式。Ⅲ用内部带有一个圆圈的正六边形来表示苯，圆圈强调了π电子的离域作用和电子云的均匀分布，它很好地说明了碳-碳键长的均等性和苯环的完全对称性。但这种方式它对于一些反应的价键变化表示不清楚，而且不适用于不对称的稠环芳烃结构表达。现在人们还是常用凯库勒结构式来表示苯的分子结构。但我们应该知道，苯分子的结构是这两种结构的平均，是一个六个π电子共轭的离域体系。

5.1.3　苯的特殊稳定性——芳香性

环状闭合共轭体系，π电子高度离域，具有离域能，体系能量低，较稳定，在化学性质上表现为易进行亲电取代反应，不易进行加成反应和氧化反应，这种物理化学性质称为芳香性。苯、萘、蒽、菲等含苯环的化合物都具有芳香性。

苯分子的稳定性可用热化学常数——氢化热来证明。例如，环己烯的氢化热为 $119.5kJ/mol$。

$$\text{环己烯} + H_2 \longrightarrow \text{环己烷} + 119.5kJ/mol$$

若把苯的结构看成是 Kekulé 式所表示的环己三烯，它的氢化热应是环己烯的三倍，即为 $358.5kJ/mol$，而实际测得苯的氢化热仅为 $208kJ/mol$，比 $358.5kJ/mol$ 低 $150.5kJ/mol$。这充分说明苯分子不是环己三烯的结构，即分子中不存在三个典型的碳-碳双键。人们把苯和环己三烯氢化热的差值 $150.5kJ/mol$ 称为苯的离域能（resonance energy）或共轭能。正是由于苯具有离域能，所以苯比环己三烯稳定得多。而事实上，环己三烯的结构是根本不可能稳定存在的。

显然，Kekulé 结构式不能解释苯的稳定性。德国化学家 E. Hückel 从分子轨道理论的角度，对环状化合物的芳香性提出了如下的规则：对完全共轭的、单环的、平面多烯来说，具有 $(4n+2)$ 个π电子（这里 n 是大于或等于零的整数）的分子，可能具有特殊的芳香稳定性。这就是 Hückel 规则，也叫作休克尔 $4n+2$ 规则。其中 n 相当于简并的成键轨道和非键轨道的组数。苯有六个π电子，符合 $4n+2$ 规则，六个碳原子在同一平面内，故苯有芳香性。而环丁二烯、环辛四烯的π电子数不符合 $4n+2$ 规则，故无芳香性（详见 5.7 节讨论）。

5-1　举出若干历史上苯的代表性表达方式。现代有机化学如何表达苯的结构？

5.2　苯的同分异构现象和命名

5.2.1　苯的同分异构体

苯的同分异构体可分为结构异构和价键异构。结构异构体有环状结构和链状结构，如：

所谓价键异构是指由于价键转移产生的异构。如棱晶烷、杜瓦苯和盆苯都是苯的价键异构体。

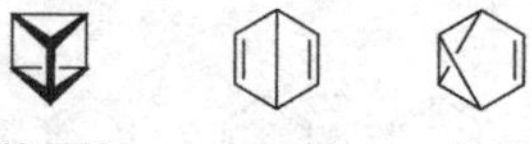

棱晶烷　杜瓦苯　盆苯

苯的一元衍生物只有一种，二元衍生物有三种；如所有的取代基完全相同，三元及四元衍生物各有三种异构体，五元及六元衍生物各有一种。

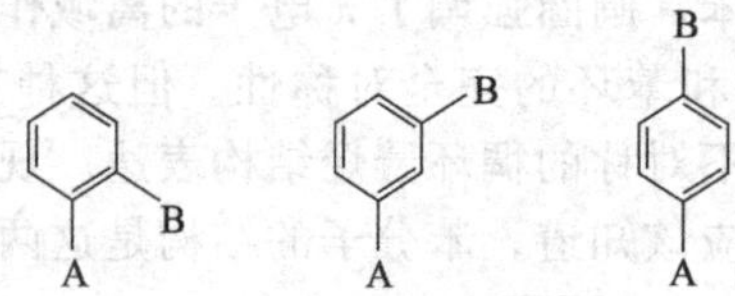

二元取代物

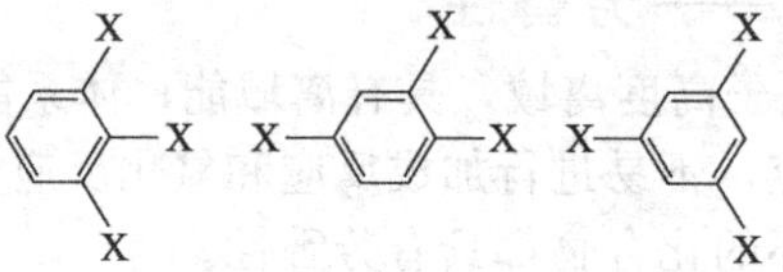

三元取代物

5.2.2 命名

最简单的单环芳烃是苯，其他的这类单环芳烃可以看作是苯的一元或多元烃基取代物。苯的一元烃基取代物只有一种，命名方法有两种：一种是将苯作为母体，烃基作为取代基，称为某苯；另一种是将苯作为取代基，称为苯基（phenyl，可简写成 Ph-），苯环以外的部分作为母体，称为苯（基）某化合物。

以苯为母体：

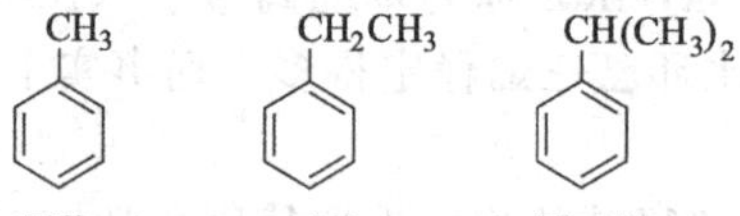

甲苯　乙苯　异丙苯

以苯基作为取代基：

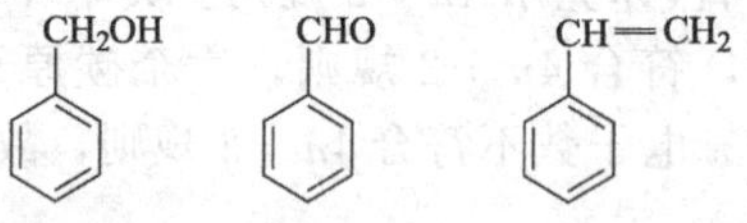

苯甲醇　苯甲醛　苯乙烯

苯的二元烃基取代物有三种异构体，它们是由取代基在苯环上的相对位置不同而引起的，命名时用邻或者 o-（ortho）表示两个取代基处于邻位，用间或者 m-（meta）表示两个取代基团处于中间相隔一个碳原子的两个碳上，用对或 p-（para）表示两个取代基团处于对角位置，邻、间、对也可用 1,2-、1,3-、1,4-表示。例如两个甲基取代的苯：

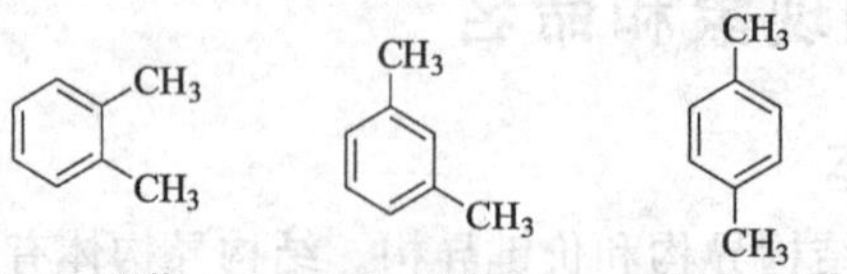

1,2-二甲苯　1,3-二甲苯　1,4-二甲苯
邻二甲苯　间二甲苯　对二甲苯
o-二甲苯　m-二甲苯　p-二甲苯

若苯环上有三个相同的取代基，常用"连"（vicinal，vic）为词头，表示三个基团处于 1，2，3 位。用"偏"（unsymmetrical，unsym）为词头，表示三个基团处在 1，2，4 位。用"均"（symmetrical，sym）为词头，表示三个基团处在 1，3，5 位。例如：

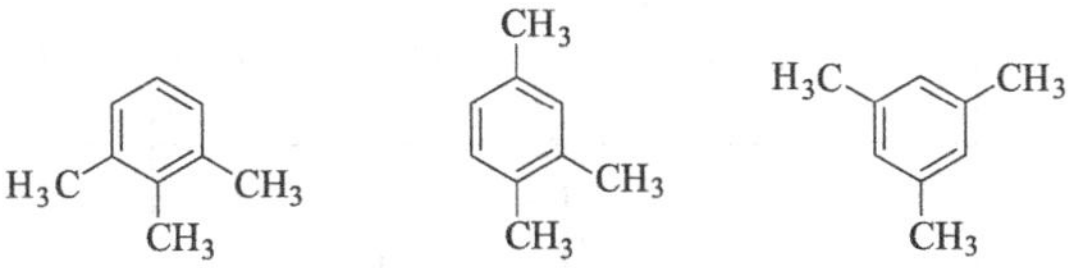

| 1,2,3-三甲苯 | 1,2,4-三甲苯 | 1,3,5-三甲苯 |
| 连三甲苯 | 偏三甲苯 | 均三甲苯 |

当苯环上有两个或多个取代基时，苯环上的编号应符合最低系列原则。而当应用最低系列原则无法确定哪一种编号优先时，与单环烷烃的情况一样，中文命名时应让顺序规则中较小的基团位次尽可能小。英文命名时，则应按英文字母顺序，让字母排在前面的基团次序尽可能小。例如：

中文名称：4-甲基-2-乙基-1-丙基苯
英文名称：2-ethyl-4-methyl-1-propylbenzene

1-甲基-3,5-二乙基苯
1,3-diethyl-5-methylbenzene

除苯外，下面六个芳香烃的俗名也可作为母体化合物的名称。

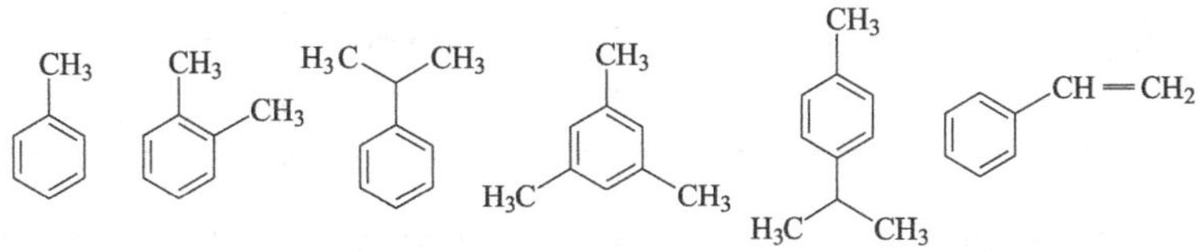

甲苯　　　o-二甲苯　　枯烯(异丙苯)　　莱　　　对伞花烃　　苯乙烯

而其他的芳烃化合物可以看作是它们的衍生物。例如：

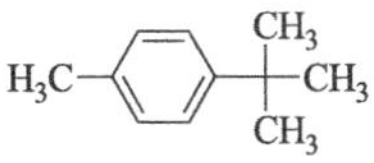

对叔丁基甲苯

5.3　单环芳烃的物理性质

芳烃多为无色液体，不溶于水，易溶于有机溶剂，如乙醚、四氯化碳、石油醚等。一般单环芳烃都比水轻（卤代苯、硝基苯除外），沸点随分子量升高而升高。在苯的同系物中，每增加一个 CH_2 单位，沸点平均升高 30℃左右。熔点除与分子量大小有关外，还与结构有关，通常对位异构体由于分子对称，晶格能较大，熔点较高，溶解度也较小。另外，液态芳烃也是一种良好的溶剂，表 5-1 中列出了一些常见芳烃的物理性质。

表 5-1　一些常见芳香烃的名称及物理性质

俗名	结构式	普通命名法	IUPAC 命名	熔点/℃	沸点/℃	密度(d_4^{20})/(g/cm^3)
苯		benzene	benzene	5.53	80.1	0.8765

俗名	结构式	普通命名法	IUPAC 命名	熔点/℃	沸点/℃	密度(d_4^{20})/(g/cm³)
甲苯	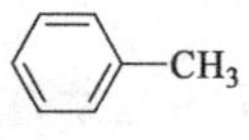	toluene	methylbenzene	−95	111	0.866
邻二甲苯	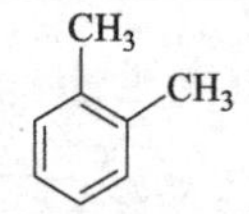	o-xylene	o-dimethylbenzene	−25	144	0.881
间二甲苯	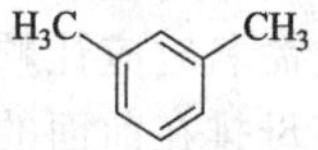	m-xylene	m-dimethylbenzene	−48	139	0.86
对二甲苯	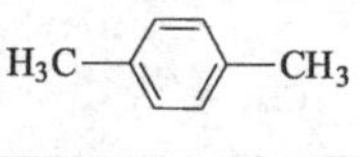	p-xylene	p-dimethylbenzene	13	138	0.86
六甲基苯	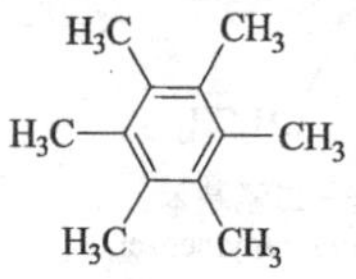	mellithene	hexamethylbenzene	166.5	265	1.0630
乙苯	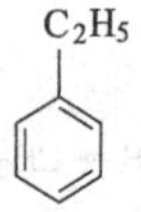	ethylbenzene	ethylbenzene	−95	136	0.8669
正丙苯	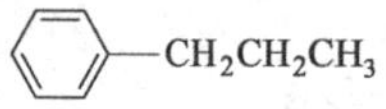	propybenzene	propybenzene	−99.5	159.2	0.8621
异丙苯	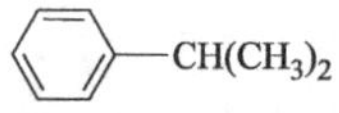	cumene	isopropybenzene	−96	152	0.862
联苯	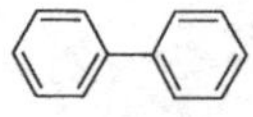	biphenyl	biphenyl	69.2	255	1.041
二苯甲烷	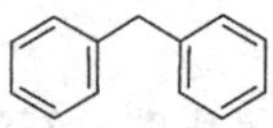	diphenylmethane	diphenylmethane	26	263	1.3421
三苯甲烷	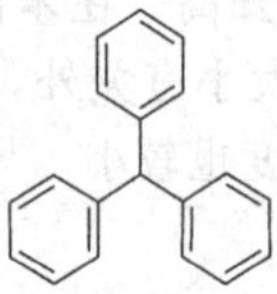	triphenylmethane	triphenylmethane	93	359	1.014
苯乙烯	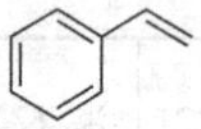	styrene	phenylethene	−30	145	0.909
苯乙炔	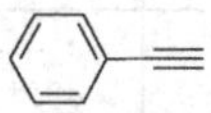	phenylacetylene	phenylacetylene	−45	142	0.9295

俗名	结构式	普通命名法	IUPAC命名	熔点/℃	沸点/℃	密度(d_4^{20})/(g/cm³)
萘	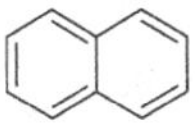	naphthalene	naphthalene	78.2	218	1.0253（20℃）
四氢合萘	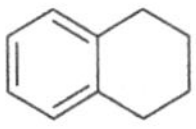	tetraline	1,2,3,4-tetrahydron-aphthalene	-35.8	208	0.970
蒽	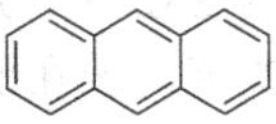	anthracene	anthracene	215.8	339.9	1.28
菲	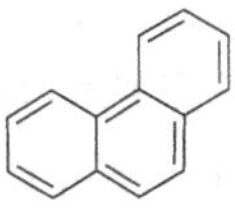	phenanthrene	phenanthrene	101	332	1.179

　　大约有二十多种芳烃可用作香料，微量用于日用香精。例如，对伞花烃具有特征的柑橘、胡萝卜味道。联苯具有香叶、香橙的香气。苯乙烯具有树脂、花香的香气。

　　需要特别提醒的是单环芳烃，特别是苯的蒸气有毒，可以通过呼吸道对人体产生损害，能损坏造血器官和神经系统。大量使用时须注意防护。

5.4　苯及单环芳烃的化学性质

5.4.1　亲电取代反应

　　芳环上的取代反应从机理上讲可分为亲电、亲核以及自由基取代三种类型。所谓亲电取代反应（aromatic electrophilic substitution）是指亲电试剂取代芳环上的氢。典型的芳香亲电取代有苯环的卤化、硝化、磺化、烷基化和酰基化，在化学工业上有着重要的用途。

　　根据苯环的结构，在苯环平面的上下，有π电子云，是富电子基团，类似烯烃，所以可与亲电试剂发生反应。但与烯键有区别，在苯环中，由于形成了闭合环状共轭大π键，苯环稳定性提高，反应中总是保持苯环的结构不变，因此通常发生取代反应而不是加成反应。

　　（1）卤化反应（halogenation）　有机化合物分子中的氢被卤素取代的反应称为卤化反应。苯在Lewis酸如三氯化铁、三氯化铝等的催化作用下，能与氯或溴发生苯环上的卤化反应生成氯苯或溴苯。

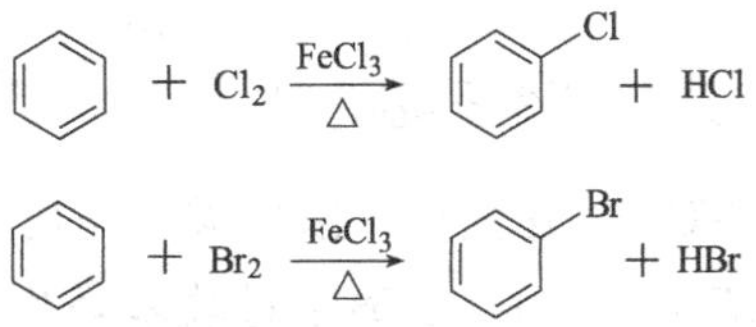

　　由于无水氯化铁和溴化铁都很容易吸水，而铁粉与氯气或溴反应可生成三氯化铁或三溴化铁，因此也可以用铁粉代替三氯化铁、三溴化铁催化剂。反应时，首先是卤素与苯形成π络合物，现代光谱和X射线衍射法都已经证明了π络合物的存在。在形成π络合物时，氯分子的键没有异裂，而后在缺电子的Lewis酸作用下，氯分子键极化，进而发生键的异裂，生成活性中间体碳正离子，然后再失去氢生成氯苯。上述卤化反应的机理如下：

$$\text{苯} + Cl\overset{\frown}{-}Cl-FeCl_3 \underset{\longleftarrow}{\overset{FeCl_3}{\longrightarrow}} \left[\text{中间体} \right]\left[FeCl_4^- \right] \overset{快}{\longrightarrow} \text{氯苯} + HCl + FeCl_3$$

苯的溴化也可直接进行，但反应速率很慢。苯在乙酸中溴化的反应机理如下：

$$\text{苯} + Br-Br \Longleftrightarrow \text{络合物} \overset{+}{Br}-\overset{-}{Br} \overset{Br_2}{\Longleftrightarrow} \overset{+}{Br}\cdots\overset{-}{Br}\cdots Br_2$$

$$\Longleftrightarrow \left[\text{中间体} \, Br \right] Br_3^- \longrightarrow \text{溴苯} + H^+ + Br_3^-$$

首先是溴分子与苯形成 π 络合物，此时溴分子的键没有断裂，然后在另一分子溴的作用下，发生键的异裂，生成活性中间体碳正离子，最后失去质子生成溴苯。若在反应液中加入碘，可增加反应速率，因为 I_2Br^- 比 Br_3^- 更容易形成。

上面两种反应机理大体上是一致的，差别仅在于直接卤化时，是由一分子卤素使另一分子卤素极化，进而异裂。使用 Lewis 酸催化时，卤素分子的极化、异裂是在 Lewis 酸的作用下发生的。是否使用催化剂取决于苯环的活性和反应条件。活性强的苯环可直接反应，活性弱的苯环则需用 Lewis 酸催化剂。能直接产生卤正离子的化合物不需催化剂就能反应。

卤代通常用 Cl_2、Br_2，氟代太剧烈，反应难以控制。碘很不活泼，只有在 HNO_3、二价铜盐等氧化剂的作用下才能与苯发生碘化反应，氧化剂可以将反应生成的 HI 氧化成碘而有利于反应进行。将过量的苯、碘和硝酸一起加热回流，碘苯的产率可达 87%，但易被氧化和硝化的活泼芳香化合物不易用此法碘化。

$$\text{苯} + I_2 \overset{HNO_3}{\longrightarrow} \text{碘苯} + HI$$

$$4HI + 2HNO_3 \longrightarrow 2I_2 + N_2O_3 + 3H_2O$$

氯化碘（ICl）也常用作碘代试剂。

$$\text{苯} + I-Cl \longrightarrow \text{碘苯} + HCl$$

若卤代反应的条件过于强烈可得二取代产物，例如：

$$\text{甲苯} + Cl_2 \overset{FeCl_3}{\underset{\triangle}{\longrightarrow}} \text{邻氯甲苯} + \text{对氯甲苯}$$

（2）**硝化反应**（nitration）　苯在浓硝酸和浓硫酸的混合酸作用下，能发生硝化反应，反应的结果是苯环上的氢被硝基取代。

$$\text{苯} + HNO_3 \overset{H_2SO_4}{\underset{55\sim60℃}{\longrightarrow}} \text{硝基苯} + H_2O$$

该硝化反应的亲电试剂是 NO_2^+。在强酸（浓硫酸）作用下，硝酸（作为碱）先被质子化，然后失去水产生 NO_2^+ 正离子。NO_2^+ 正离子进攻苯环生成中间体碳正离子。NO_2^+ 正离子是强亲电试剂，它与苯接近，然后与苯环上的一个碳原子相连，该碳原子由原来的 sp^2 杂化转变为 sp^3 杂化，并与亲电试剂以 σ 键相结合，形成一个带正电荷的环状活性中间体。中间体碳正离子的正电荷分散在五个碳原子上。显然，这比正电荷定域在一个碳原子上更为稳定，但与苯相比，因该碳正离子中出现了一个 sp^3 杂化的碳原子，破坏了苯环原有的封闭的环状共轭体系，使其失去芳香性，能量升高。因此，该碳正离子势能很高，由苯转变成它须跨越一个较高的能垒。形成中间体碳正离子这一步是决定反应速率的一步。

从碳正离子的 sp^3 杂化的碳原子上失去一个质子，恢复苯环的封闭共轭体系结构并生成硝基苯。

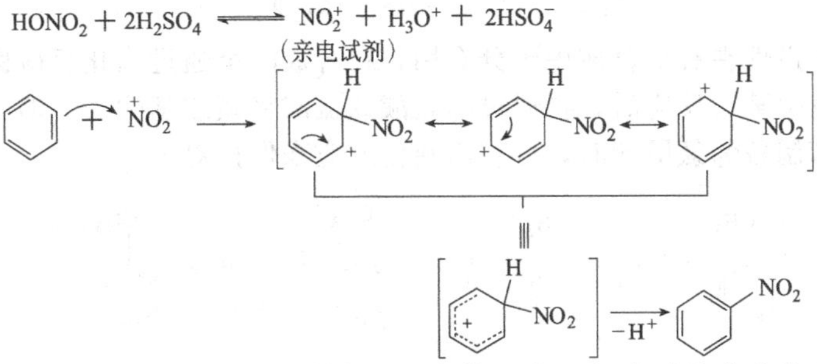

$$HONO_2 + 2H_2SO_4 \rightleftharpoons NO_2^+ + H_3O^+ + 2HSO_4^-$$
（亲电试剂）

芳香族化合物的硝化反应是一个十分有用的取代反应。很多硝基化合物是高能量密度的物质（含能材料），用作炸药。广泛使用的强烈炸药 TNT 就是 2,4,6-三硝基甲苯，爆速可达 6760～6820m/s，它是甲苯经分阶段硝化制备的，即三个硝基是在多次硝化反应中逐步引入的。

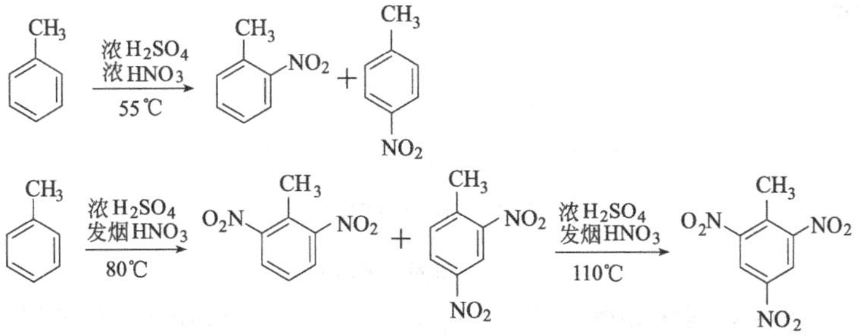

（3）磺化反应（sulfonation）　有机化合物分子中的氢被磺酸基取代的反应称为磺化反应，苯及其衍生物几乎都可以进行磺化反应，生成苯磺酸或取代苯磺酸。

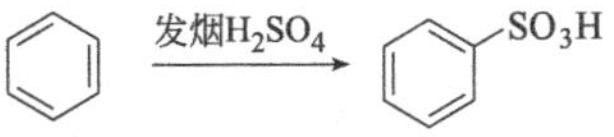

磺化反应的机理与硝化反应类似，首先是亲电试剂进攻苯环，生成活性中间体碳正离子，然后失去一个质子，生成苯磺酸或取代苯磺酸。磺化反应在不同的条件下进行时，进攻苯环的亲电试剂是不同的。实验证明，苯在硝基苯、硝基甲烷、四氯化碳、二氧化硫等非质子溶剂中与三氧化硫反应，进攻试剂是三氧化硫；在含水硫酸中进行磺化，反应试剂为 $H_3SO_4^+$，在发烟硫酸中反应，反应试剂为 $H_3S_2O_7^+$（质子化的焦硫酸）。因此，在不同条件下磺化，其反应机理是有些微小差别的。

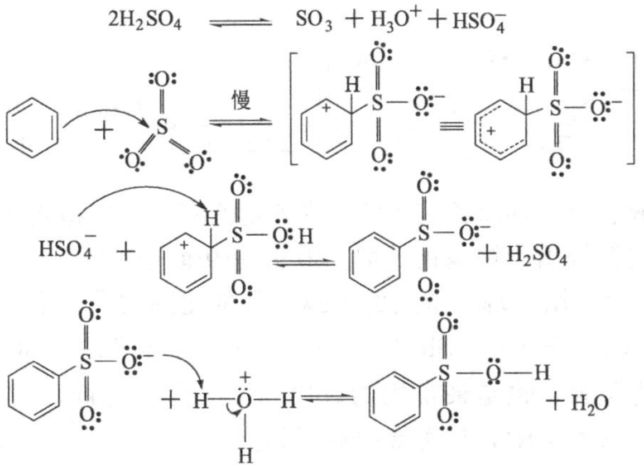

$$2H_2SO_4 \rightleftharpoons SO_3 + H_3O^+ + HSO_4^-$$

与卤化、硝化等反应所不同的是，磺化反应是可逆的。苯与浓硫酸在 80℃ 反应，生成苯磺酸，在较高温度下，苯磺酸又可以水解脱除磺酸基。

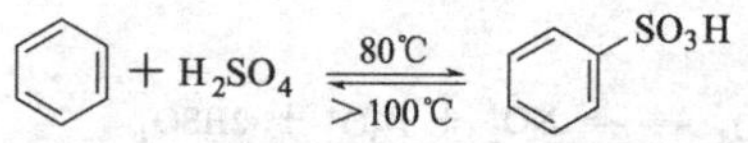

$$\text{\normalsize 苯} + H_2SO_4 \xrightarrow[>100℃]{80℃} \text{\normalsize 苯}-SO_3H$$

磺化反应的可逆性在有机合成中十分有用，在合成时可通过磺化反应保护芳核上的某一位置，待进一步发生某一反应后，再通过稀硫酸或盐酸将磺酸基除去，即可得到所需的化合物。例如，用甲苯制备邻氯甲苯时，可利用磺化反应来保护对位。

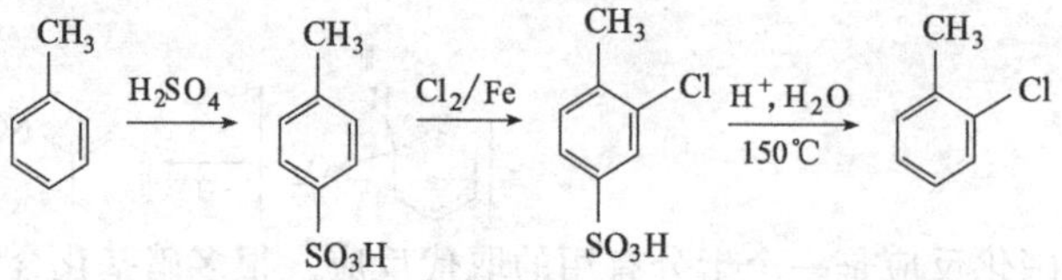

苯磺酸是强酸，在水中有较大的溶解度。因此一些药物分子中可引入磺酸基，或者将一些碱性药物与苯磺酸成盐，以增加化合物的酸性和溶解度。例如，抗高血压药苯磺酸氨氯地平（络活喜，norvasc）。

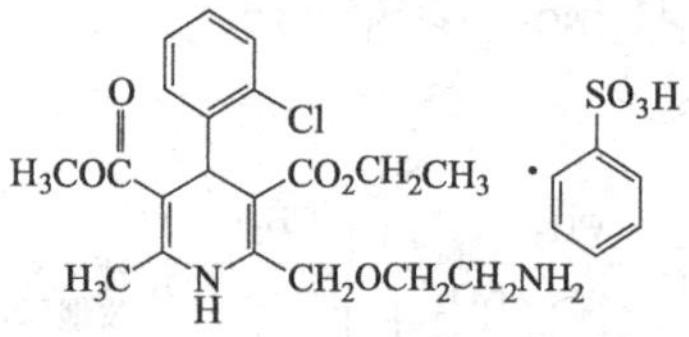

苯磺酸氨氯地平

（4）Friedel-Crafts 烷基化和酰基化（alkylation and acylation） 有机化合物分子中的氢被烷基取代的反应称为烷基化反应，被酰基取代的反应称为酰基化反应。苯环上的烷基化和酰基化反应统称为 Friedel-Crafts（傅瑞德尔-克拉夫兹）反应，简称 F-C 反应，是有机合成中一种形成碳-碳键的重要方法。

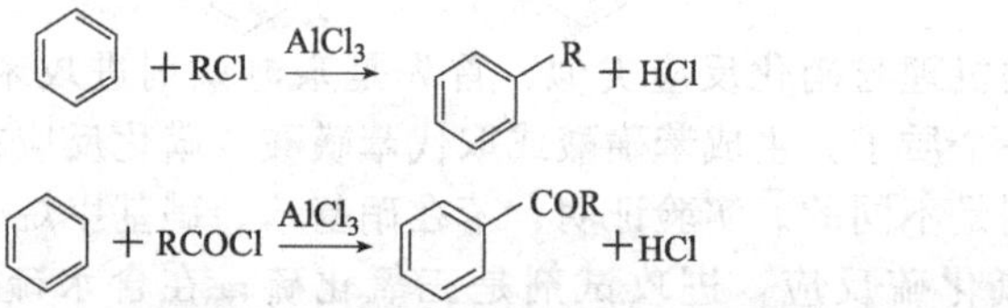

$$\text{\normalsize 苯} + RCl \xrightarrow{AlCl_3} \text{\normalsize 苯}-R + HCl$$

$$\text{\normalsize 苯} + RCOCl \xrightarrow{AlCl_3} \text{\normalsize 苯}-COR + HCl$$

F-C 烷基化反应（Friedel-Crafts alkylation）的反应机理与磺化、硝化类似，首先在催化剂的作用下产生烷基碳正离子，它作为亲电试剂与苯环反应，形成碳正离子，然后失去一个质子生成烷基苯。

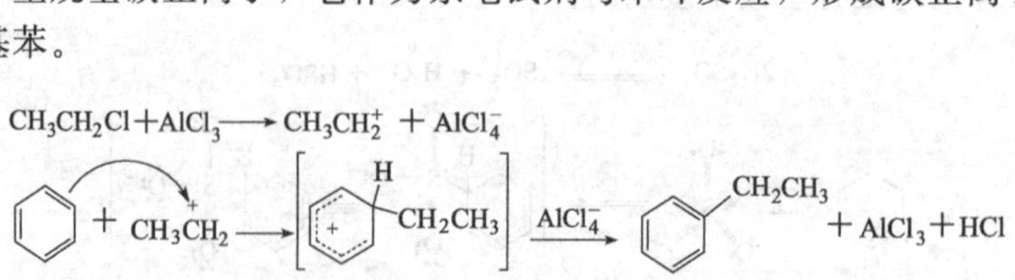

$$CH_3CH_2Cl + AlCl_3 \longrightarrow CH_3CH_2^+ + AlCl_4^-$$

卤代烷、烯烃、醇、醛、环氧乙烷（可生成芳基乙醇）等在适当催化剂的作用下都能产生烷基碳正离子，它们都常用作烷基化试剂。最初用的催化剂是三氯化铝。后经证明，许多 Lewis 酸同样可以起催化作用，现在常用的 Lewis 酸催化剂的催化活性顺序大致如下：

$$AlCl_3 > FeCl_3 > SbCl_3 > SnCl_4 > BF_3 > TiCl_4 > ZnCl_2$$

其中三氯化铝效力最强，也是最常用的。用 $AlCl_3$ 为催化剂，当 R 相同时，卤代烷的活泼次序为 RF＞RCl＞RBr＞RI，与通常的顺序相反。

芳烃还可以和多元卤代烷进行烷基化反应，得到多核的取代烷烃。四氯化碳与苯反应只有三个氯被芳基取代，第四个氯未能被芳基取代是由于空间位阻的关系。

$$2C_6H_6 + CH_2Cl_2 \xrightarrow{AlCl_3} C_6H_5CH_2C_6H_5$$

$$3C_6H_6 + CCl_4 \xrightarrow{AlCl_3} (C_6H_5)_3CCl$$

当卤代烷或烯烃为烷基化试剂时，只需要催化量的 Lewis 酸即可，若用醇、环氧乙烷为烷基化试剂，则至少需要用等物质的量的 Lewis 酸催化剂。质子酸也能使烯烃和醇产生烷基碳正离子，因此也能作催化剂。常用的质子酸有 HF、H_2SO_4、H_3PO_4 等。用质子酸作催化剂，催化量即可。

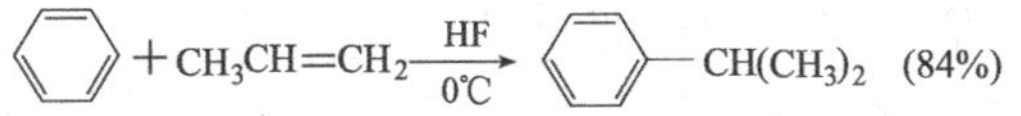

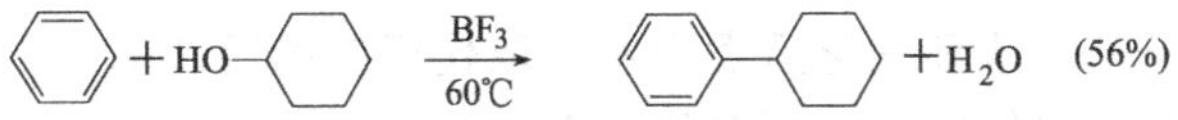

需要指出的是，苯的烷基化常伴随着两个副反应。一是由于亲电试剂是碳正离子，所以反应将伴随着碳正离子的重排。

异丙苯 (65%～69%)　正丙苯 (30%～35%)

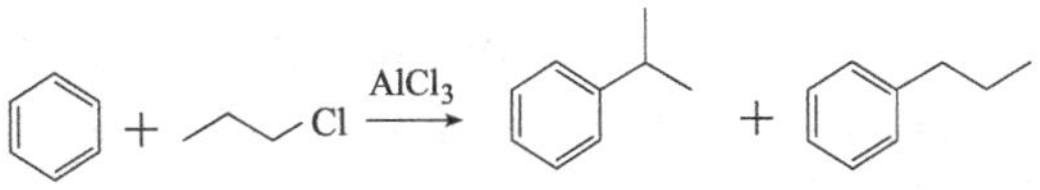

二是由于烷基是一个活化基团，所以 F-C 烷基化往往不能停留在一元取代的阶段上，反应产物常常是一元、二元、多元取代苯的混合物。

异丙基苯 (25%)　对二异丙基苯 (15%)

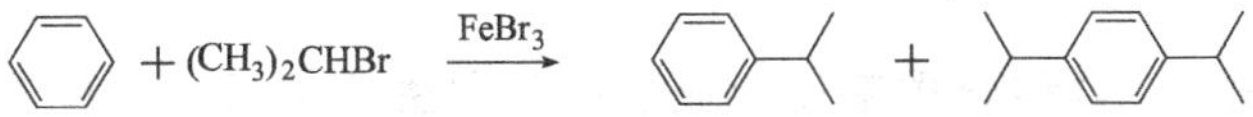

由于这些局限性，该反应一般不适用于有机合成。通过严格控制反应条件、原料加入方式及配比等，可以改善这种情况。

当苯环上有吸电子基团，如 NO_2、CO_2H、RCO、CF_3、SO_3H 等时，不易发生烷基化反应。

硝基是一个很强的间位定位基（5.5 节将详细讨论取代基效应），所以硝基苯常作为 F-C 反应的溶剂，它对反应有以下的优点：①沸点高，可使反应在较高的温度下进行；②对一般有机物的溶解度很大；③不受三氯化铝的作用发生其他反应。

F-C 酰基化反应（Friedel-Crafts acylation）的反应机理和烷基化类似，其特征是在催化剂的作用下，先生成酰基正离子，然后和芳环发生亲电取代。

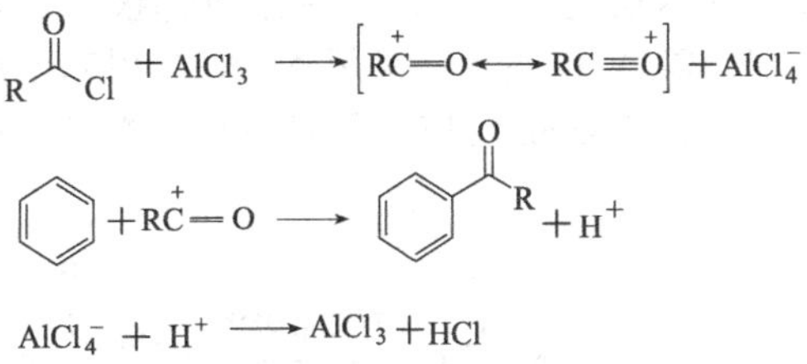

常用的酰基化试剂是酰卤（主要是酰氯和酰溴）和酸酐。酰卤的反应活性顺序为：

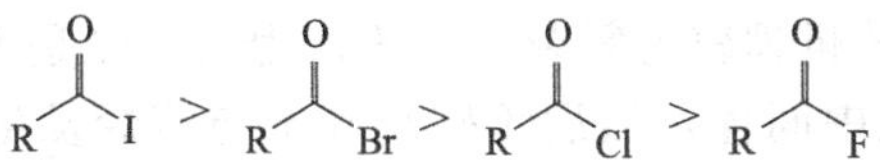

常用的催化剂是 AlCl₃。由于 AlCl₃ 能与羰基络合，因此酰化反应的催化剂用量比烷基化反应多，含一个羰基的酰卤为酰化试剂时，催化剂用量要多于一当量，反应时，酰卤先与催化剂生成络合物，少许过量的催化剂再发生催化作用使反应进行。如用含两个羰基的酸酐为酰化试剂，因同样的原因，催化剂用量要多于二当量。F-C 酰基化反应是不可逆的，不会发生取代基的转移反应。鉴于以上的特点，工业生产及实验室常用它来制备芳香酮。

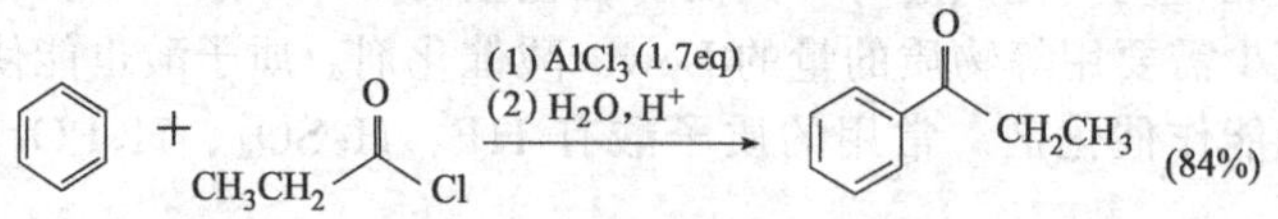

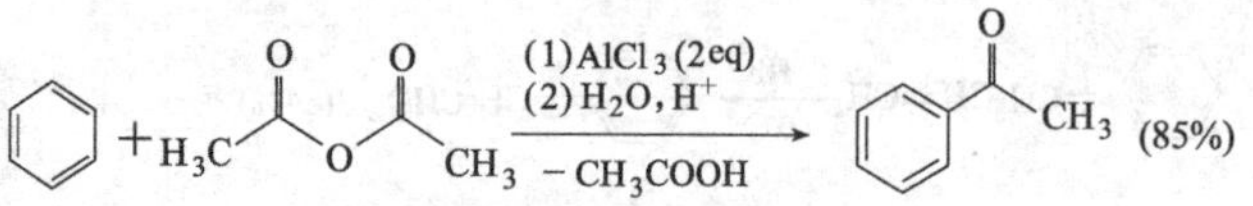

酰基是一个吸电子基，苯环酰化后发生亲电取代反应的活性降低。因此，控制合适的反应条件，反应可停止在一取代阶段，不会生成多元取代物的混合物。芳烃的酰基化反应产率一般较好。

F-C 酰基化反应不但是合成芳香酮的重要方法之一，同时也是芳烃烷基化的一个重要方法。因为生成的酮可以用 Clemmensen（克莱门森）还原法（Zn-Hg，HCl）或者 Wolff-Kischner-黄鸣龙还原法（H₂NNH₂，OH⁻，△）将羰基还原成亚甲基（参见 11.3.5 节）而得到烷基化的芳烃。例如由苯制备新戊基苯。

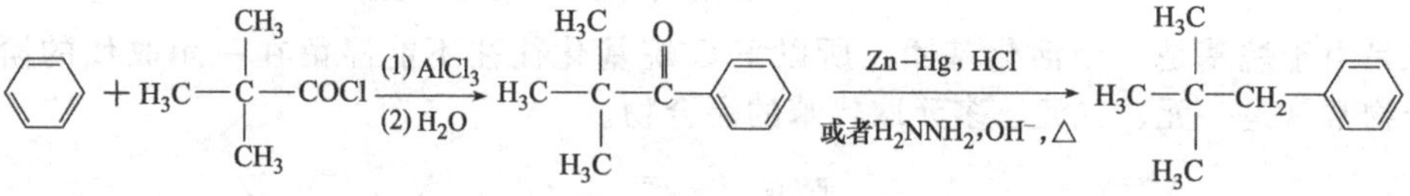

以环酐为酰化试剂，再结合羰基还原成亚甲基方法的应用，可在芳香环上再添加一个环，得到双环化合物。

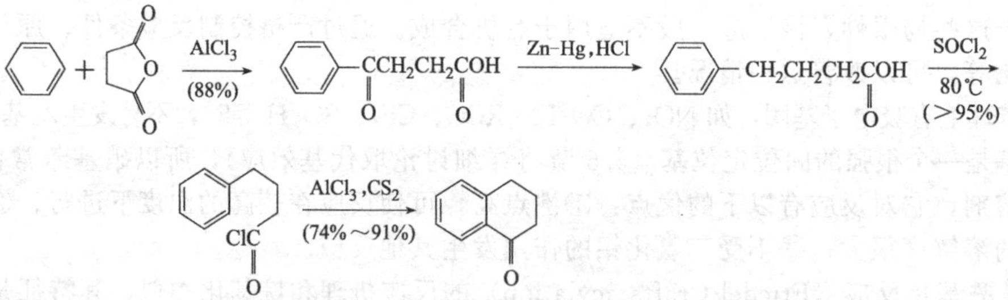

上述转变 Clemmensen 还原中羧酸官能团不受影响。羧酸转化为酰氯请参见 12.3.2 节。

（5）Vilsmeier-Haack 甲酰基反应　甲酸酐和甲酰氯都极不稳定，苯环的甲酰化需要采用其他方法。在三氯氧磷（POCl₃）存在下，采用 N,N-二甲基甲酰胺（DMF）酰胺类试剂合成芳香醛的反应叫作 Vilsmeier-Haack 反应，是目前在芳香环上引入甲酰基最为常用的方法之一。

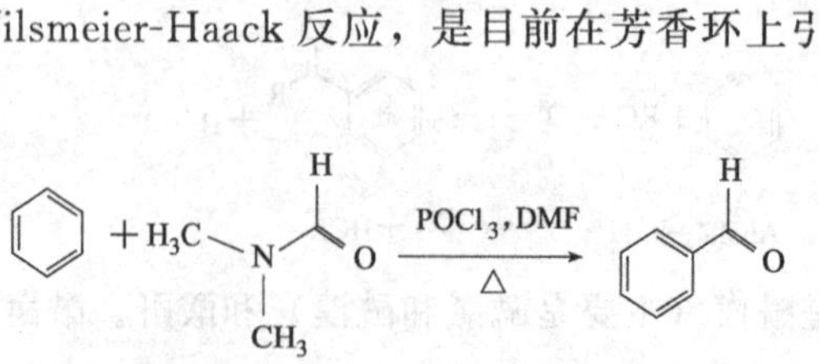

Vilsmeier-Haack 反应的机理较为复杂。一般认为，首先是 DMF 与 POCl₃ 加成，然后解离为具有碳正离子的活性中间体，然后该碳正离子与芳烃发生亲电取代反应，生成 α-氯

胺后很快水解成醛。

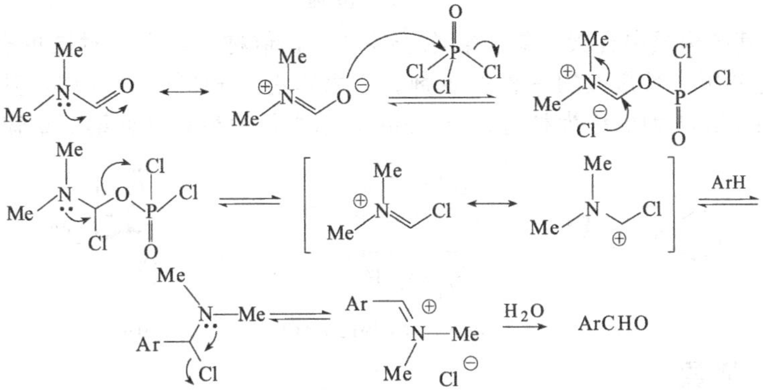

（6）Blanc 氯甲基化　在氯化锌等 Lewis 酸催化剂存在下，芳烃与甲醛或者多聚甲醛作用，可在芳环上引入氯甲基。该反应被称为 Blanc 氯甲基化反应。例如，甲醛在氯化氢及氯化锌存在下与苯发生 Blanc 氯甲基化反应，可以高效合成氯化苄。

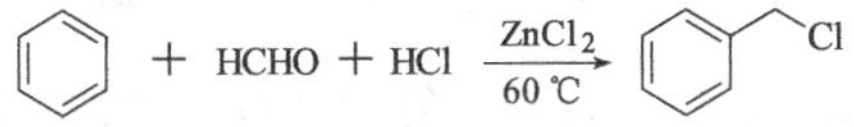

该反应的机理是首先氯化锌与醛作用生成碳正离子中间体，进而作为亲电试剂对苯环亲电进攻，并在酸性条件解离得到氯甲基化合物。

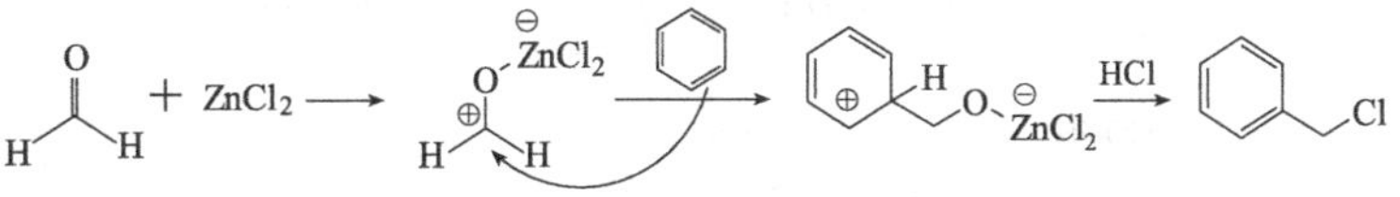

苯甲醚与等量的甲醛、氯化氢反应可以得到邻、对位氯甲基化的混合产物；然而当用二当量的甲醛和氯化氢则生成 2,4-二氯甲基化产物。

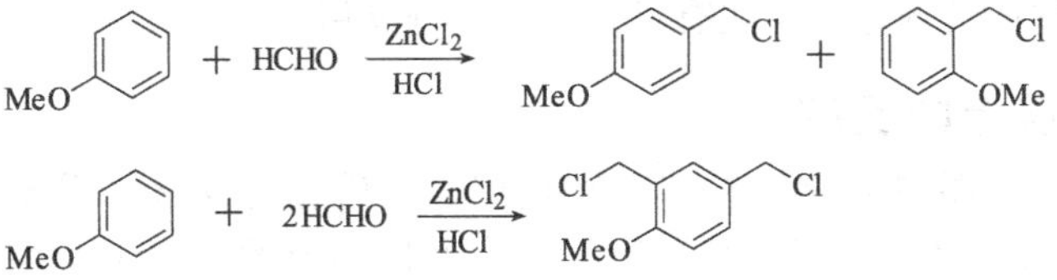

5.4.2　氧化反应

烯、炔在室温下可迅速地被高锰酸钾氧化，但苯即使在高温下与高锰酸钾、铬酸等强氧化剂同煮，也不会被氧化。只有在 V_2O_5 等的催化作用下，苯才能在高温被氧化成顺丁烯二酸酐，简称顺酐，是一种重要的有机合成原料。

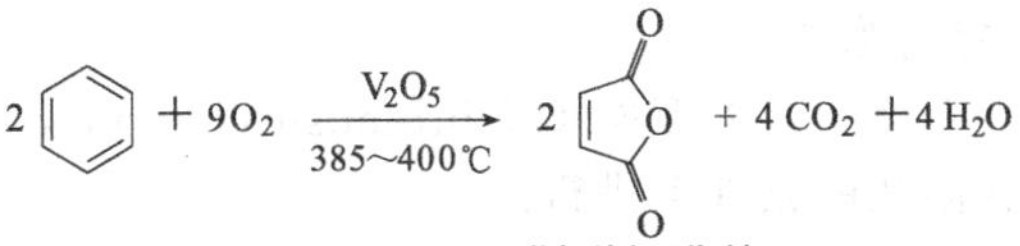

顺丁烯二酸酐
（顺酐，马来酸酐）

5.4.3　加成反应

苯具有特殊的稳定性，一般不易参加加成反应。但在特殊情况下，芳烃也能发生加氢反应，而且总是三个双键同时发生反应，形成一个环己烷体系。

苯在紫外线照射以及加热加压条件下与三分子氯气加成，形成 1,2,3,4,5,6-六氯环己

$$\text{（苯基）}-C_2H_5 + 3H_2 \xrightarrow[1.8\times10^7Pa]{Ni,175℃} \text{（环己基）}-C_2H_5$$

烷（BHC），因其结构式中含碳、氢、氯原子各 6 个，俗称六六六，对昆虫有触杀、熏杀和胃毒作用，曾是我国产量最大的一种杀虫剂。六六六有 8 种同分异构体，其中 γ-异构体即 $1\alpha,2\alpha,3\beta,4\alpha,5\alpha,6\beta$-构型的称为林丹（lindane），杀虫效力最高（见第 7 章知识介绍）。

$$\text{（苯）} + Cl_2 \xrightarrow{\text{紫外光}} \text{（氯代环己烷结构）}$$

1,2,3,4,5,6-六氯环己烷 (BHC)　　　林丹 (lindane)

5.4.4　Birch 还原

碱金属（钠、钾或锂）在液氨与醇（乙醇、异丙醇或二级丁醇）的混合溶液中，与芳香化合物反应，苯环 1,4-加成被还原成 1,4-环己二烯。这种反应叫作 Birch（伯奇）还原。

$$\text{（苯）} \xrightarrow[C_2H_5OH]{Na或Li, NH_3(l)} \text{（1,4-环己二烯）} \quad (90\%)$$

苯的同系物也可发生 Birch 还原，且有良好的区域选择性。苯环上连有吸电子基的碳的位置被还原，而连有供电子基的碳的位置不被还原。

$$\text{（苯甲醚 }OCH_3\text{）} \xrightarrow[(CH_3)_3COH]{Li, NH_3(l)} \text{（产物 }OCH_3\text{）} \quad \text{给电子基和双键相连}$$

$$\text{（苯甲酸 }COOH\text{）} \xrightarrow[C_2H_5OH]{Na, NH_3(l)} \text{（产物 }COOH\text{）} \quad \text{吸电子基连在饱和碳原子上}$$

Birch 还原反应与苯环的催化氢化不同，它可使芳环部分还原生成环己二烯类化合物，因此 Birch 还原有它的独到之处，在有机合成上十分有用。

5.4.5　苯环侧链上的反应

（1）自由基卤代　烷基苯侧链与苯环直接相连的碳称为 α-碳。受苯环的影响，α-H 活性增大，易发生 α-H 卤代。在光能或能产生自由基的物质的作用下，甲苯的卤化不发生在芳环上而是发生在侧链上，甲苯的三个氢可以被逐个取代，反应机理与丙烯中的 α-氢卤化一样，是自由基型的取代反应。

$$\text{（苯）}-CH_3 \xrightarrow[-HCl]{Cl_2,h\nu} \text{（苯）}-CH_2Cl \xrightarrow[-HCl]{Cl_2,h\nu} \text{（苯）}-CHCl_2 \xrightarrow[-HCl]{Cl_2,h\nu} \text{（苯）}-CCl_3$$

如果是较长的侧链，卤化反应也可发生在别的位置上，但是 α 位的选择性最高，这是苯甲基（苄基）自由基最稳定的缘故。

溴代反应可以使用 N-溴代丁二酰亚胺（N-bromosuccinimide，简称 NBS，又称 N-溴代琥珀酰亚胺），反应可以在温和的条件下进行。

$$\text{（苯）}-CH_2CH_3 + \text{（丁二酰亚胺）}N-Br \xrightarrow[\triangle]{CCl_4} \text{（苯）}-\overset{Br}{\underset{}{C}HCH_3} + \text{（丁二酰亚胺）}N-H$$

在合成中，苯甲基的溴代反应比氯代反应应用更广泛。

（2）氧化反应　苯环有特殊的稳定性，烷基苯在高锰酸钾、硝酸、铬酸等强氧化剂作用下，烷基氧化成羧基，生成苯甲酸。

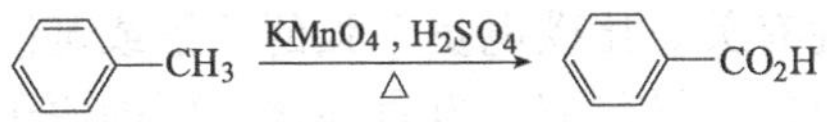

$$\text{苯}-CH_3 \xrightarrow[\triangle]{KMnO_4 \, , \, H_2SO_4} \text{苯}-CO_2H$$

在一般情况下，无论侧链有多长，只要和苯环相连的 α-碳上有氢，氧化的最终结果都是侧链变成只有一个碳的羧基。如果苯环上有两个不等长的侧链，通常是长的侧链先被氧化。

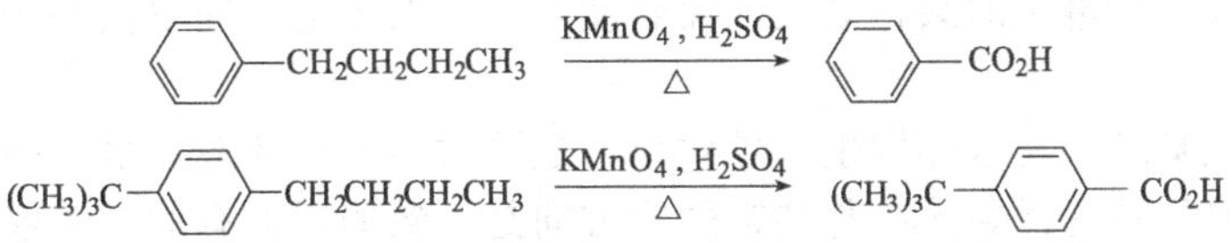

$$\text{苯}-CH_2CH_2CH_2CH_3 \xrightarrow[\triangle]{KMnO_4 \, , \, H_2SO_4} \text{苯}-CO_2H$$

$$(CH_3)_3C-\text{苯}-CH_2CH_2CH_2CH_3 \xrightarrow[\triangle]{KMnO_4 \, , \, H_2SO_4} (CH_3)_3C-\text{苯}-CO_2H$$

无 α-H 的烷基苯，如叔丁基苯，一般不发生氧化。若用更强烈的氧化剂，苯环则可被氧化为羧酸。

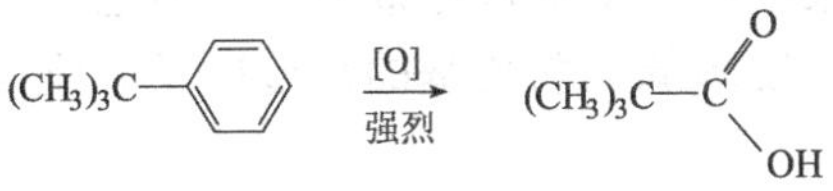

$$(CH_3)_3C-\text{苯} \xrightarrow[\text{强烈}]{[O]} (CH_3)_3C-C\overset{O}{\underset{OH}{\big\langle}}$$

5.5　苯环亲电取代反应的定位规则

芳环的一元取代产物进行二元取代反应时，已有的基团对新导入取代基的位置产生制约作用，这种制约作用即为取代基的定位效应（directing effect）。取代基的定位效应是与取代基的诱导效应、共轭效应等电子效应相关的。例如，硝基苯和甲苯的硝化反应，从统计的角度出发，认为 5 个位置的反应速度相同，二取代产物比例应是邻：间：对 = 2：2：1。

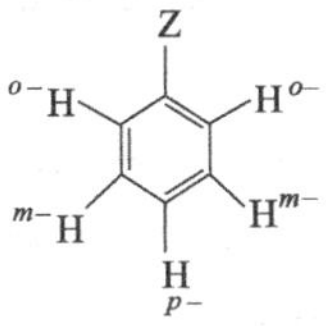

实际情况并非如此。例如：

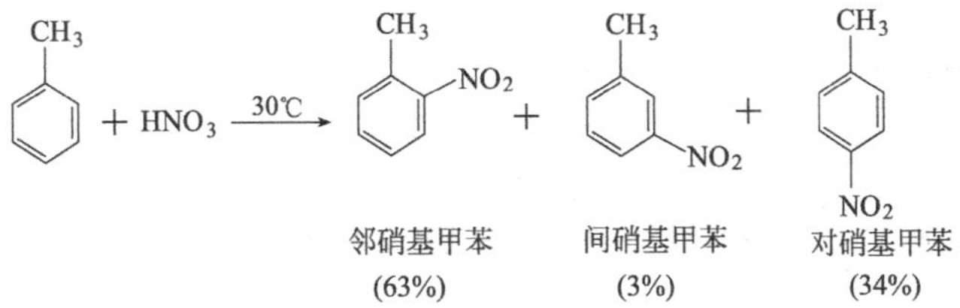

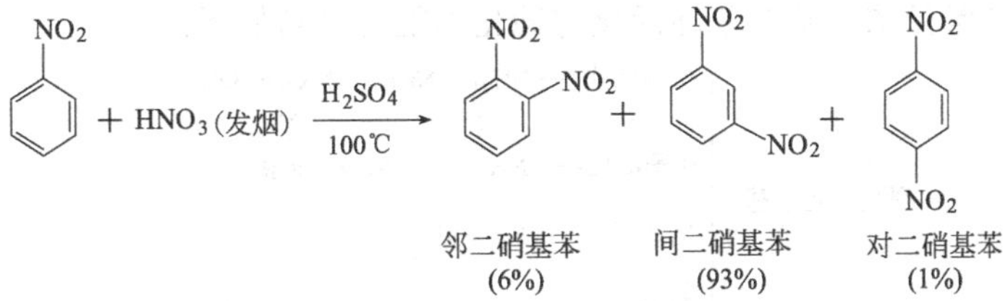

邻硝基甲苯　间硝基甲苯　对硝基甲苯
（63%）　　（3%）　　（34%）

邻二硝基苯　间二硝基苯　对二硝基苯
（6%）　　（93%）　　（1%）

从上面的反应可以看出，甲苯主要生成邻、对位产物，硝基苯主要生成间位产物。

不但硝化有这样的规律，而且卤化、磺化也有类似的规律，可见，第二个取代基进入的位置与亲电试剂无关，与苯环上原有的取代基的性质有关，受苯环上原有取代基的控制。

5.5.1 取代基的分类

诱导效应与原子的电负性有关。比碳电负性强的原子或基团能使苯环上的电子通过 σ 键向取代基移动，即具有吸电子的诱导效应。电负性比碳弱的原子或基团使取代基上的电子通过 σ 键向苯环移动，即具有给电子的诱导效应。

共轭效应是取代基的 p（或 π）轨道上的电子云与苯环碳原子的 p 轨道上的电子云互相重叠，从而使 p（或 π）电子发生较大范围的离域引起的，离域的结果如果使取代基的 p 电子向苯环迁移则发生给电子的共轭效应，而若使苯环上的 π 电子向取代基迁移则发生吸电子的共轭效应。

绝大多数取代基既可与苯环发生诱导效应，也可发生共轭效应，最终的表现是两者综合的结果。大部分取代基的诱导效应与共轭效应方向是一致的，但有的原子或基团的诱导效应与共轭效应方向不一致。例如，卤素的电负性比较大，它具有吸电子诱导效应；另外，卤苯的卤原子的 p 轨道与苯碳环上的 p 轨道平行重叠，卤原子的孤电子对离域到苯环上，发生给电子的共轭效应，但总的结果是吸电子的诱导效应大于给电子的共轭效应，因此卤素是吸电子基，它使苯环上的电子云密度降低。取代基的综合电子效应可以从取代苯的偶极矩大小和方向上表现出来。

在归纳了大量的实验事实后，可以把苯环上的取代基大致分为两类。

（1）第一类定位基　它们使第二个取代基主要进入它的邻、对位，即邻对位定位基。常见的有：

$$-NH_2, -NHR, -NR_2, -NHCR(=O), -OH, -OR, -OCR(=O), -R, -Ar, -X(F,Cl,Br,I)$$

这类定位基有如下特点，即除烃基外，自由价所连原子上要么有孤电子对，要么有负电荷。

（2）第二类定位基　它们使第二个取代基进入它的间位，即间位定位基。常见的有：

$$-NO_2, -\overset{+}{N}R_3, -C\equiv N, -CF_3, -CCl_3, -SO_3H, -CHO, -CR(=O), -COOH, -COR$$

此类定位基的特点是其自由价所连原子上要么有正电荷，要么有双键或者叁键。

以苯的亲电取代反应为准，若一取代苯的亲电取代反应速度比苯快，为活化取代基；若一取代苯的亲电取代反应速度比苯慢，为钝化取代基。

例：甲苯的硝化速度为苯的 25 倍，甲基使苯环活化。

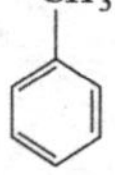

例：硝基苯的硝化速度为苯的 6×10^{-8} 倍，硝基使苯环钝化。

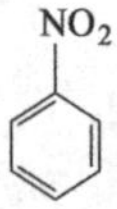

根据实验，将常见取代基对苯环活化与钝化的能力排列如下：

邻对位定位基
- 强烈活化：$-NH_2, -NHR, -NR_2, -OH$
- 中等活化：$-NHCR(=O), -OR, -OCR(=O)$
- 弱活化：$-R, -Ar$
- 弱钝化：$-X(F,Cl,Br,I)$

间位定位基　强钝化：$-\overset{+}{N}R_3, -NO_2, -CF_3, -C\equiv N, -SO_3H, -CHO, -CR(=O), -COOH, -COR$

5.5.2 定位规则的理论解释

一取代苯的亲电取代反应的机理与苯类似。

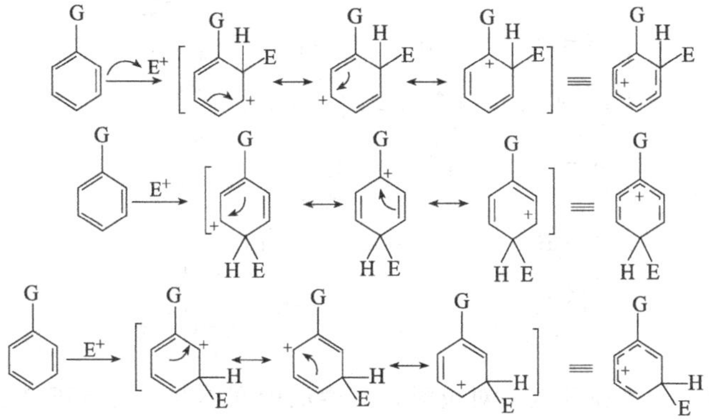

比较三者的稳定性，确定取代基 G 是邻对位定位基还是间位定位基。

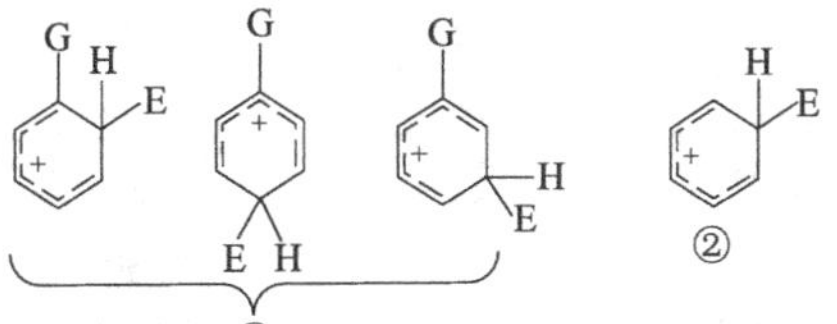

比较②与①的稳定性，确定取代基 G 是活化基团还是钝化基团。若①中任何一个都比 ②稳定，则取代基 G 使苯环活化，若②比①中任何一个都稳定，则取代基 G 使苯环钝化。

现以 G 为—CH_3、—OH、—NO_2 和—Cl 为例分别加以说明。

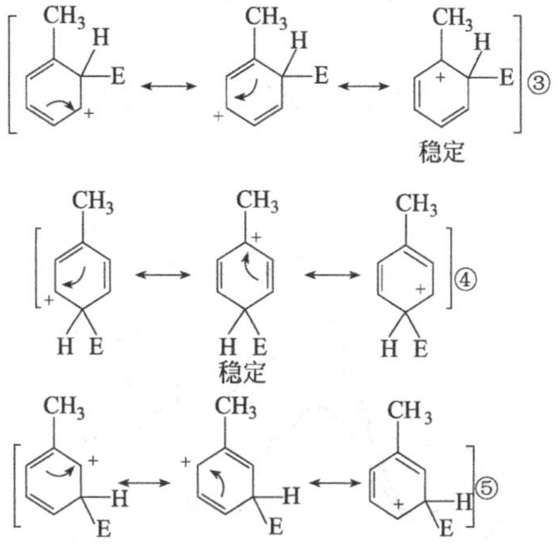

上述不同取代位置所产生的中间体中，③、④比⑤稳定，取代产物应以邻位和对位异构体为主，即甲基是邻对位定位基。又因为③、④、⑤都比②稳定，因此甲基使苯环活化，即表现为活化基。类似地，羟基可通过 p-π 共轭供电子，邻位和对位取代产生的中间体⑥和⑦比⑧更加稳定，也是邻对位定位基。⑥～⑧都比②稳定，羟基也使苯环活化。

对于硝基，当取代发生在邻或者对位时，产生的中间体⑨、⑩有正离子中心直接与硝基相连，非常不稳定。而间位取代产生的中间体则没有这种不利的作用。⑪比⑨、⑩相对稳定，取代产物应以间位异构体为主，硝基是间位定位基。又由于⑨、⑩、⑪比②都不稳定，因此硝基使苯环钝化。

硝基苯发生亲电取代反应决速步的能量变化与苯的亲电取代反应的比较如图 5-4 所示。

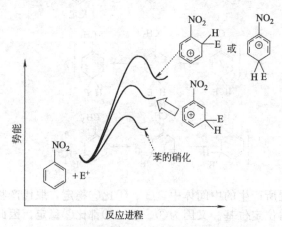

图 5-4　硝基苯亲电取代反应的势能曲线示意图

卤素是特殊的定位基。卤素的电负性比碳大许多，使苯环的电子密度降低，比苯更不容易发生亲电取代反应。但是当与亲电试剂作用后，由于卤素有三个孤电子对，很容易形成 p-π 共轭，在反应中显示出供电性。从下式可以看出，邻、对位取代产生的中间体 p-π 共轭使正电荷得到分散，即⑫、⑬比⑭稳定，取代产物应以邻位和对位异构体为主。②比⑫、⑬、⑭都稳定，因此氯使苯环钝化。

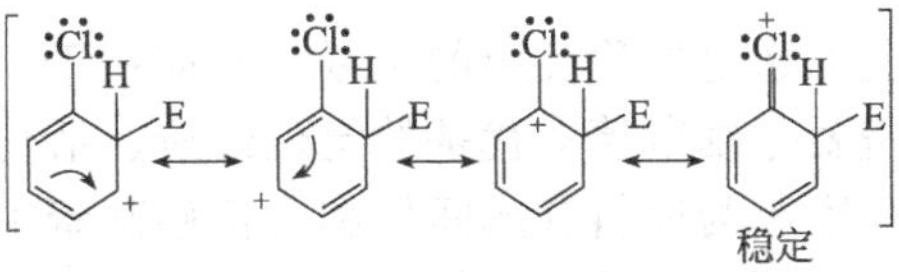

5.5.3 二取代苯的定位规律

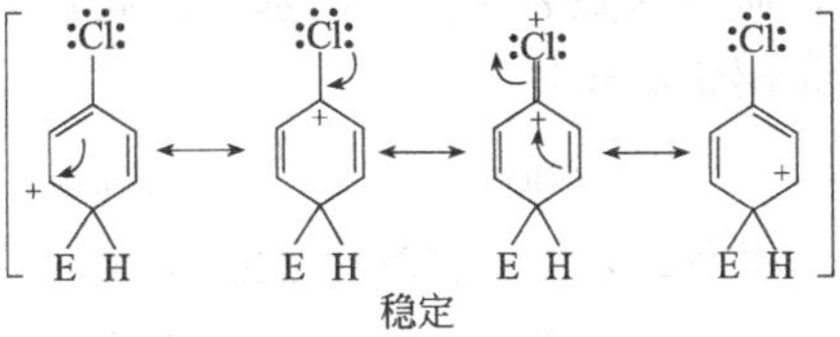

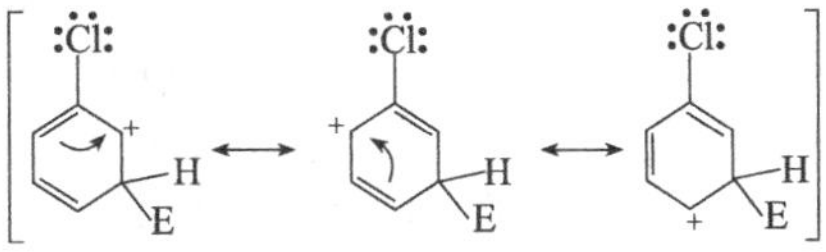

若苯环上有两个取代基，当再引入第三个取代基时，影响其进入的位置的因素比较多。一般说来，两个取代基对反应活性的影响有加和性，即新取代基优先进入使两个取代基可以处于相互加强定位作用的位置上。一般可根据以下规律预测新进入的基团的位置。

① 如果苯环上已有两个邻、对位定位基或者两个间位定位取代基，当这两个定位取代基的定位方向不一致时，第三个取代基进入的位置将由定位作用较强的取代基来决定。

② 如果苯环上已有的两个取代基一个是邻、对位定位取代基，而另一个是间位定位取代基，且二者的定位方向矛盾，第三个取代基进入的位置由邻、对位定位取代基来决定。

③ 在彼此处于苯环的 1 位和 3 位的两个取代基之间的位置，由于空间位阻的关系，第三个取代基在 2 位发生取代反应的比例较小。

下面列举若干多种取代基共存时的定位作用：

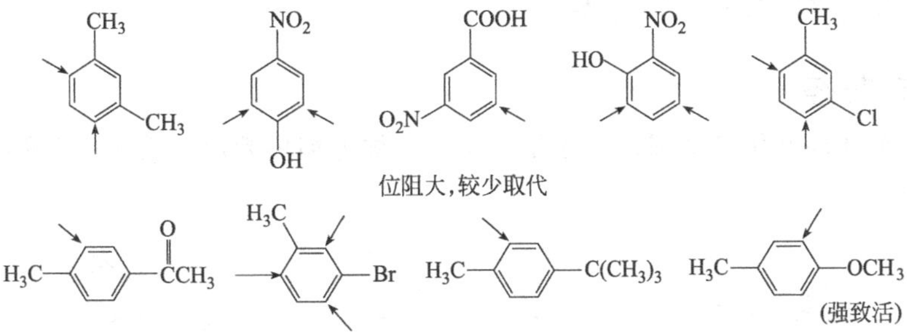

位阻大,较少取代

思考题

5-2 在铁粉催化下，三种二甲苯与氯反应的主要产物和可能的产物分别是什么？

5-3 预测下列化合物进行硝化反应的产物。

(1) 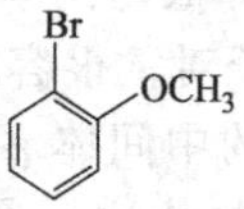 　(2) 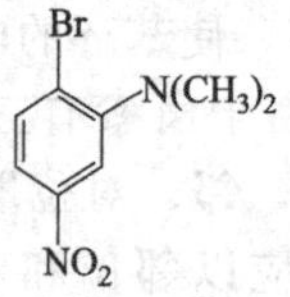 　(3) 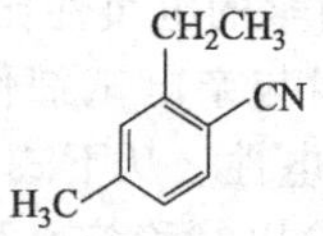 　(4)

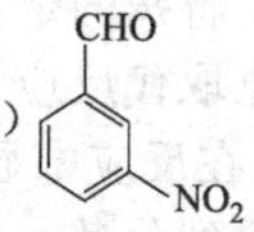

5.5.4　定位规则的应用

　　定位规则可以预测苯环上的亲电取代反应的位置，并应用于一系列苯衍生物的合成。在设计苯的衍生物的合成时，需要仔细审慎取代基的定位效应、活化或者钝化苯环的效应，采取正确的反应次序。例如，以甲苯为原料合成间位和对位硝基苯甲酸，需要采用不同的合成路线。因为羧基是间位定位基，而甲基是邻对位定位基。因此合成路线的设计上，前者需要先氧化后硝化，而后者则需要先硝化后氧化。

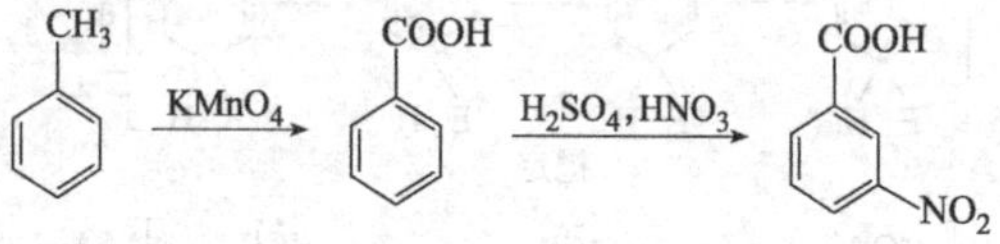

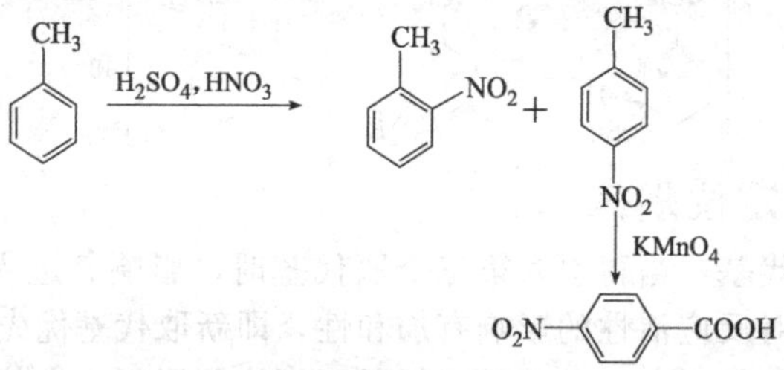

　　再如，由苯酚合成邻溴苯酚，可利用磺酸基的定位效应和钝化作用，封闭羟基的一个邻位和一个对位，以控制只在羟基的一个邻位溴代，再利用磺化反应的可逆性，脱除磺酸基。

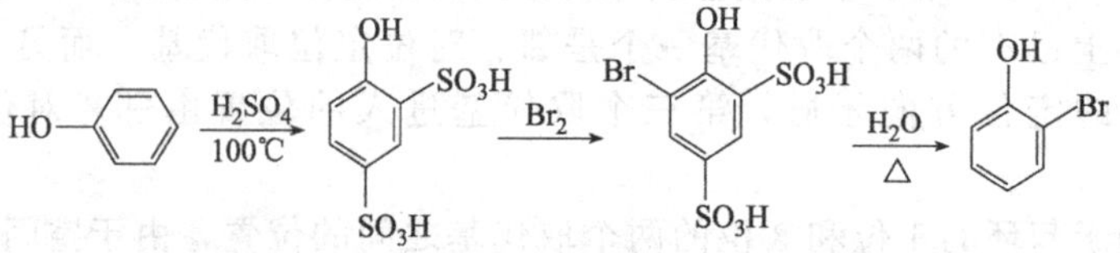

　　许多邻位取代产物的合成也可以采取类似的策略。

5.6　稠环芳烃和多环芳烃

5.6.1　稠环芳烃

　　两个或多个苯环共用两个邻位碳原子的化合物称为稠环芳烃。最简单最重要的稠环芳烃是萘、蒽、菲。

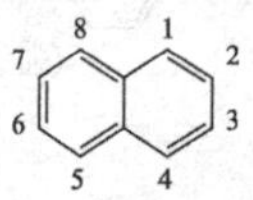

萘(naphthalene) 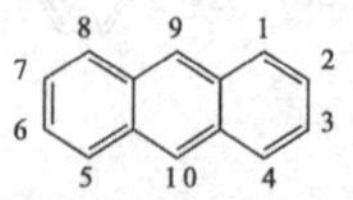　　　蒽(anthracene) 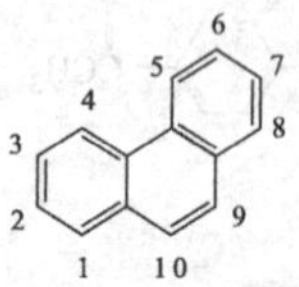　　　菲(phenanthrene)

　　萘、蒽、菲的编号都是固定的，如上所示。萘分子的 1、4、5、8 位是等同位置，称为 α 位，2、3、6、7 位也是等同位，称为 β 位。蒽分子的 1、4、5、8 位等同，也称为 α 位，2、3、6、7 位等同，也称为 β 位，9、10 位等同，称为 γ 位。菲有五对等同的位置，它们分别是：1与8，2与7，3与6，4与5以及9与10。

（1）稠环芳烃的结构　萘是工业上最重要的稠环芳香烃。纯品为具有香樟木气味的白色晶体，易挥发，可从炼焦的副产品煤焦油中大量获得，主要用于生产邻苯二甲酸酐、染料中间体、橡胶助剂和杀虫剂等。通常的卫生球就是用萘制成的。

萘是一个平面分子，10个碳原子成为两个并联的双环，分子骨架及键长如下：

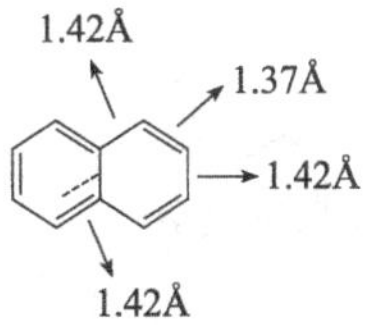

图中数据说明，萘的键长是长短交替出现的，即萘的π电子云和键长不像苯那样完全平均化，但它的键长与标准的单、双键仍有较大的区别。

共振论认为，如用经典结构式表示，萘可写成多种极限式的杂化体。主要的极限式有以下三种：

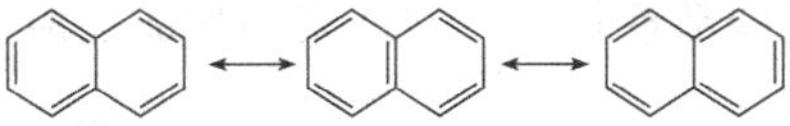

分子轨道理论认为：萘分子中的碳原子都以 sp^2 杂化轨道形成 σ 键，每个碳原子上还剩一个 p 轨道彼此平行重叠，因此不仅每个六元环都有一个芳香的六电子体系，而且整个 π 电子体系可以贯穿到 10 个碳原子的环系。萘分子的共振能约 255kJ/mol。

蒽为三个环的稠环芳烃，存在于煤焦油中。蒽的三个环的中心在一条直线上，是菲的同分异构体。蒽为无色的单斜片状晶体，有蓝紫色荧光，蒽也是一个平面分子，但分子中的键长是不等的。分子骨架如下：

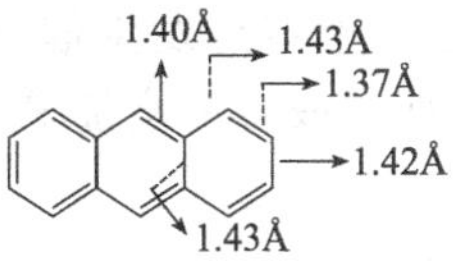

蒽主要有四个比较稳定的极限式。常用第一个经典式来表示蒽。

菲是无色有荧光的单斜形片状晶体，分子式 $C_{14}H_{10}$，是蒽的同分异构体。它是一个三环的稠环体系，但三个环以角形方式结合，分子骨架如下：

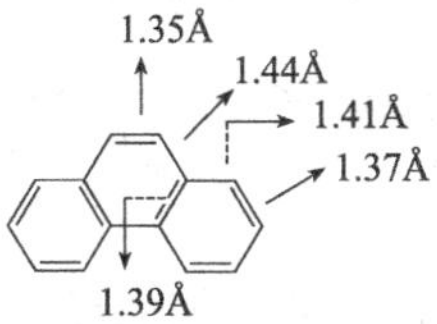

（2）稠环芳烃的反应

① 萘、蒽和菲的加成反应　萘比苯易发生加成反应。萘和一分子氯气加成得 1,4-二氯化萘，后者可继续与氯气发生加成反应，生成 1,2,3,4-四氯化萘，由于此时分子剩下一个完整的苯环，反应通常在这一步停止。在催化剂作用下，1,2,3,4-四氯化萘才能进一步和氯气发生反应。1,4-二氯化萘和 1,2,3,4-四氯化萘加热可以失去氯化氢，分别生成 1-氯代萘和 1,4-二氯代萘。

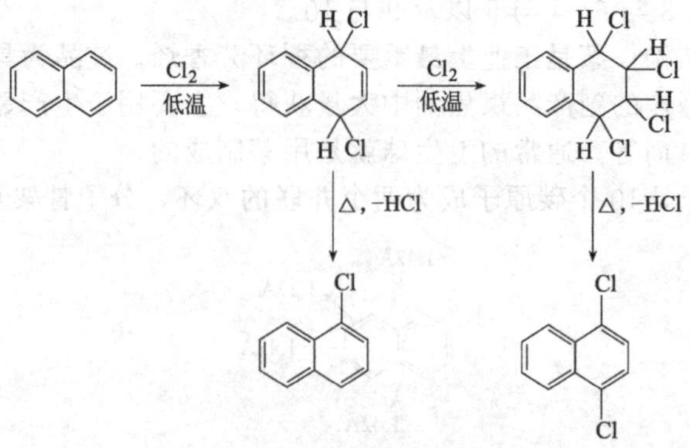

由于稠环化合物的环十分活泼，因此一般不发生侧链的卤化。如：

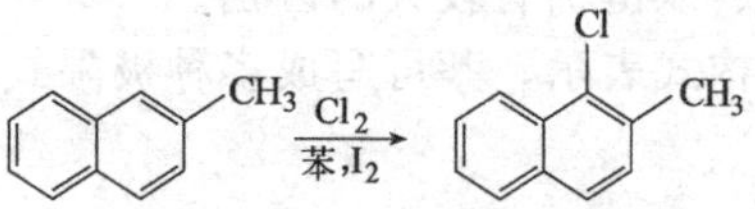

蒽和菲的 9、10 位化学反应活性较高，与卤素的加成反应有些在 9、10 位发生。

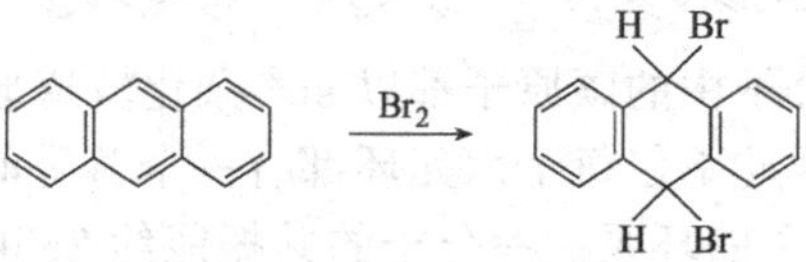

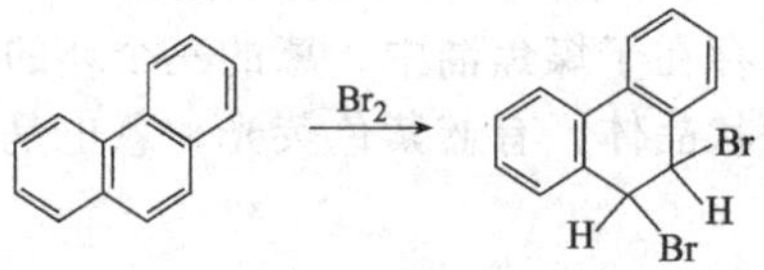

② 萘、蒽和菲的还原反应　萘比苯更容易发生催化加氢还原反应。使用不同的催化剂和不同的反应条件，可分别得到部分加氢或者完全加氢产物。

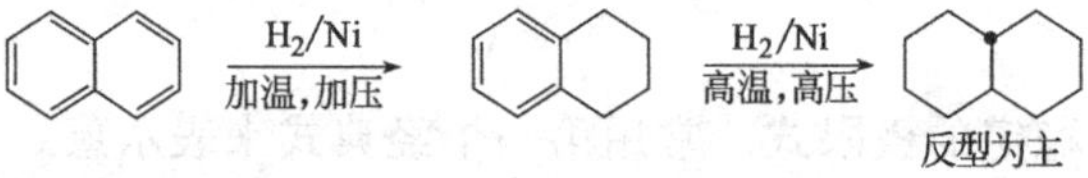

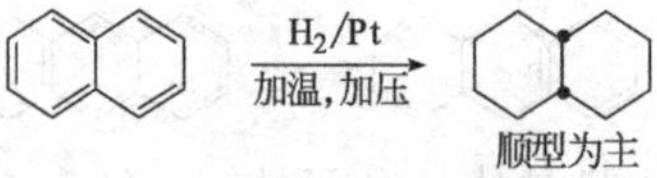

醇-钠体系也可以还原萘。温度稍低时，如采用乙醇为溶剂回流，可以获得 1,4-二氢萘。在更高温度条件下，则可以得到还原程度更高的 1,2,3,4-四氢萘。

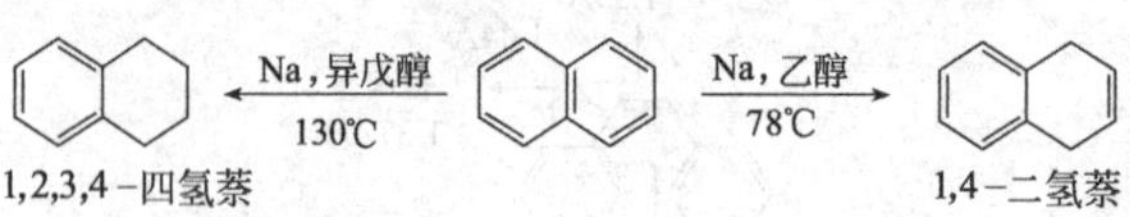

蒽和菲的 9、10 位化学活性较高，与氢气加成反应优先在 9、10 位发生。

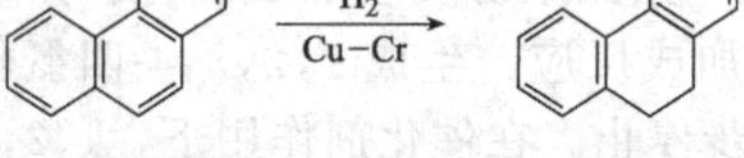

③ 萘、蒽和菲的氧化　萘比苯易氧化，在室温用三氧化铬的醋酸溶液处理得 1,4-萘醌。若在高温和五氧化二钒催化下被空气氧化，则得重要的有机化工原料邻苯二甲酸酐。

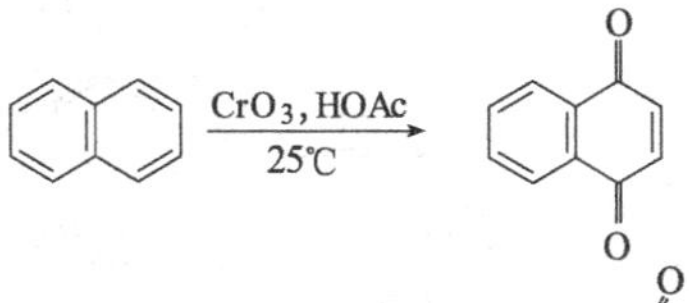

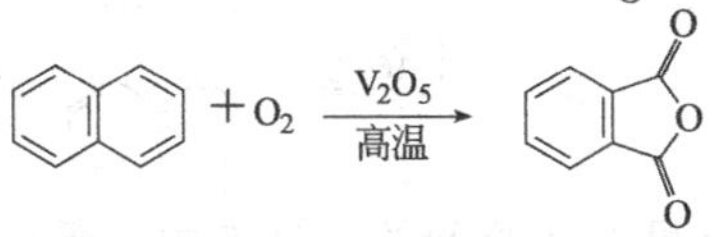

由于萘环比侧链更易氧化，所以不能应用侧链氧化法来制备萘甲酸。

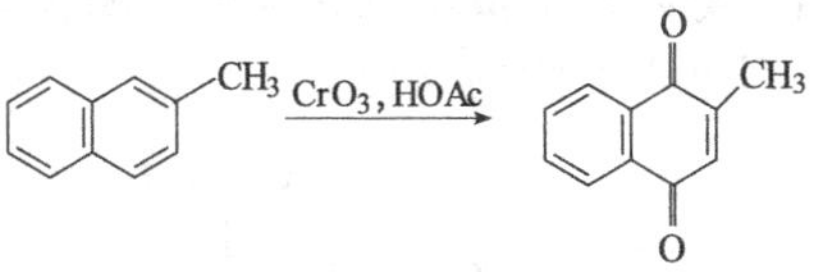

蒽和菲的氧化反应首先在 9、10 位发生。蒽用硝酸或三氧化铬的醋酸溶液或重铬酸钾的硫酸溶液氧化生成 9,10-蒽醌，9,10-蒽醌是合成蒽醌染料的重要中间体。菲用上述氧化剂氧化生成 9,10-菲醌。

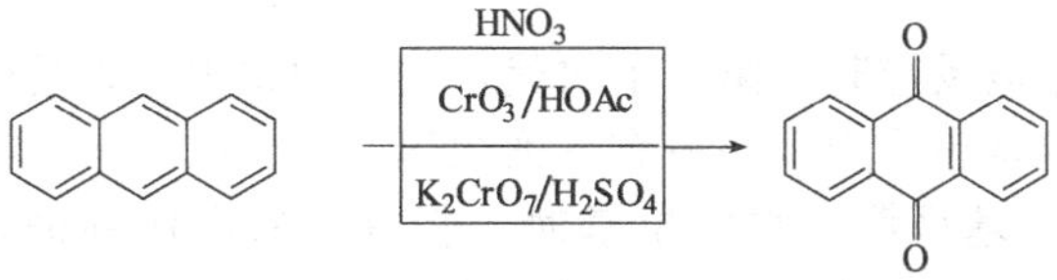

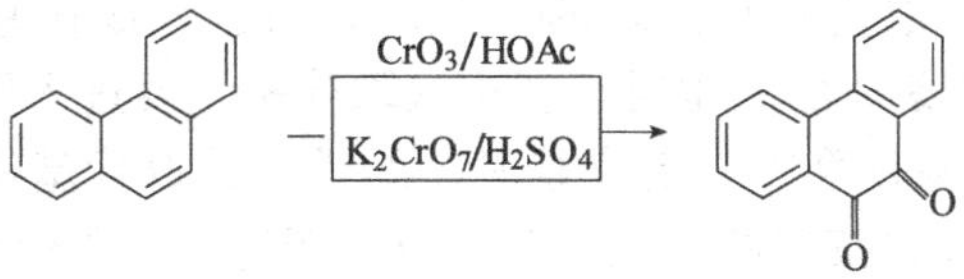

④ 萘、蒽和菲的亲电取代反应　在萘环上，π 电子的离域并不像苯环那样完全平均化，而是在 α-碳原子上的电子云密度较高，β-碳原子上次之，中间共用的两个碳原子上更小，因此亲电取代反应一般发生在 α 位。例如萘的硝化和卤化反应：

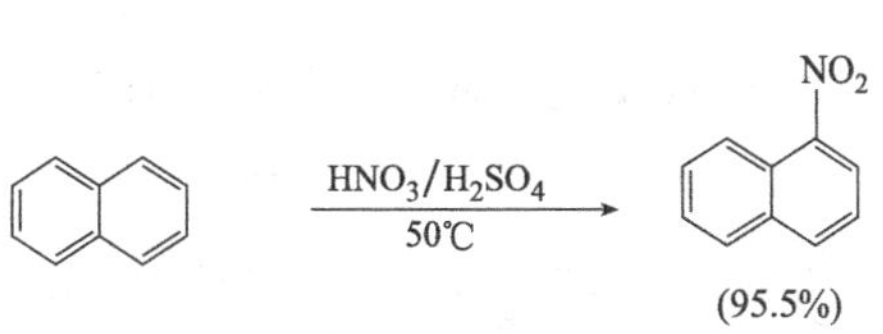

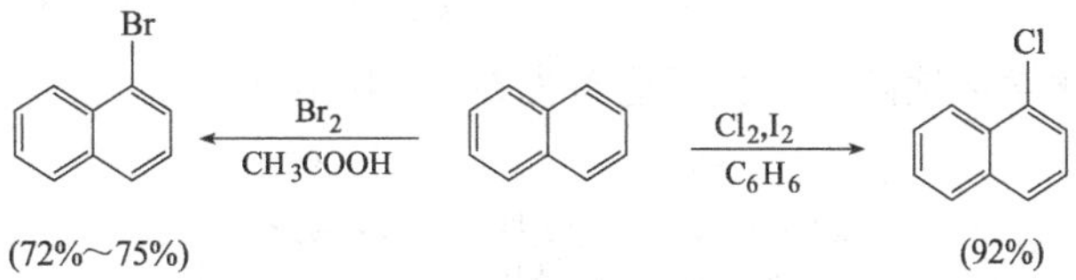

磺化反应是可逆反应。在低温下，取代反应发生在电子云密度高的 α 位上，但因磺酸基体积较大，它与相邻的 α 位上的氢原子之间的距离小于它们的 van der Walls 半径之和，所以 α-萘磺酸稳定性较差。在较高温度时生成稳定的 β-萘磺酸。即低温时，磺化反应是动力学控制，高温时是热力学控制。

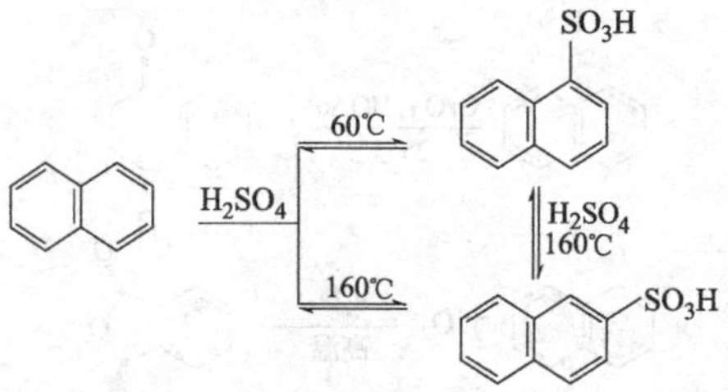

萘的酰基化反应产物与反应温度和溶剂的极性有关。低温和非极性溶剂（如 CS_2）中主要生成 α-取代物，而在较高温度及极性溶剂（如硝基苯）中主要生成 β-取代物。可能是因为在极性溶剂中，酰基碳正离子与溶剂形成溶剂化物的体积较大，进入 β 位是热力学的稳定位置；低温时在非极性溶剂中则进入活泼的 α 位。

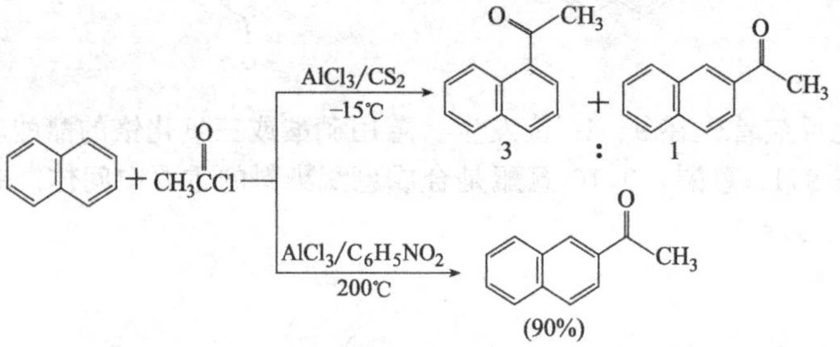

一取代萘进行亲电反应时，第二个取代基进入的位置可以是同环，也可以是异环，主要取决于原有取代基的定位作用。一般有下列规律：

① 环上原有取代基是第一类定位基时，新进入的取代基进入原有取代基所在的苯环，即发生同环取代。当原有取代基在萘环的 α 位时，新进入取代基主要进入同环的另一 α 位（4 位）。当原有取代基在萘环的 β 位时，新进入取代基主要进入同环的 α 位。

② 萘环上原有取代基是第二类定位基时，新进入的取代基进入另一个苯环，即发生异环取代，且无论原取代基在萘环的 α 位还是 β 位，新进入的取代基一般进入异环的 α 位。

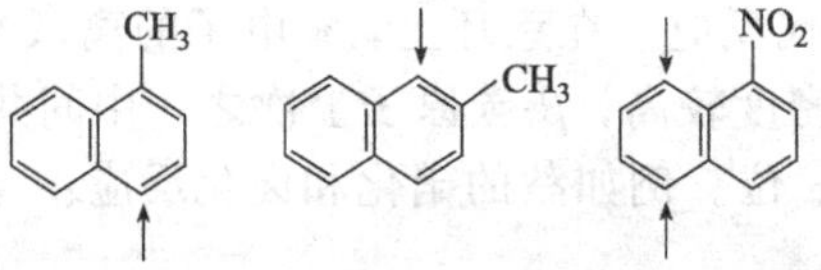

蒽比苯、萘更易发生亲电取代反应。取代产物中常伴有加成产物的生成。

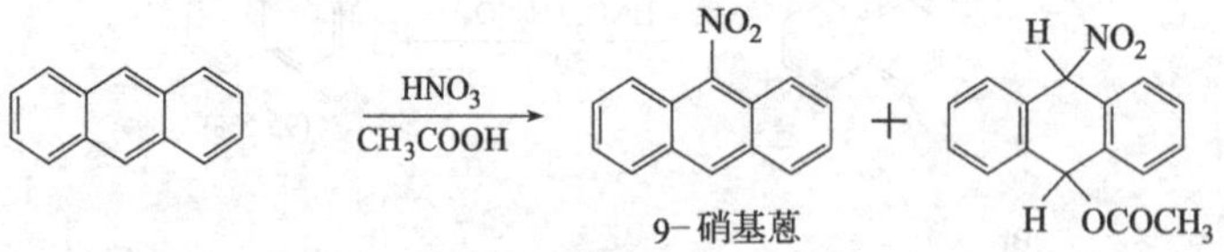

菲的 9,10 位的化学活性高，取代反应首先在 9、10 位发生。

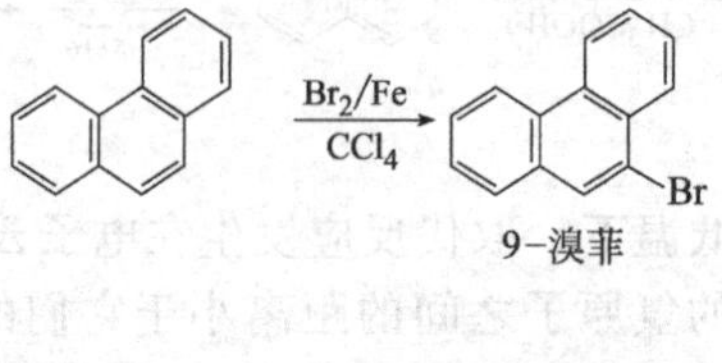

5.6.2 联苯及其衍生物

最简单的联苯是二联苯。在二联苯中，每个苯环都保持了苯的结构特征。连接两个苯环间的单键可以自由旋转，但当二联苯的四个邻位氢原子都被相当大的基团取代时，单键的旋转将会受到阻碍，并产生出一对光活性异构体。

当某些分子单键之间的自由旋转度受到阻碍时，可以产生光活性异构体，这种现象叫作阻转异构现象（atropisomerism）。最早发现的这类化合物是四个邻位都有相当大的取代基团的联苯衍生物。由于邻位的四个取代基体积足够大，阻碍了苯环之间的单键自由旋转，而且两个苯环不能共面，因此当每一个苯环上的两个邻位取代基不同，就产生出两种构型不同的对映体，彼此不能重合，称为手性分子而具有光学活性（见第 6 章）。如下所示，分子 A 和 B 由于单键扭转受阻，不能像乙烷那样通过单键的旋转而相互转变，从而可以独立存在，并且相当稳定。

5.7 非苯芳烃及 Hückel 规则

5.7.1 Hückel 规则

在有机化学发展早期曾将有机化合物分为脂肪族化合物和芳香族化合物两大类。当时，所谓芳香族化合物是指从树脂和香精油中获得的那些具有香味的物质。随着认识逐步深入，许多实验证明这些芳香族化合物大多含有苯环结构单元，而香味并不是这类化合物的本质。后来发现许多含有苯环的化合物，就其性质而言，应归属于芳香族化合物之列，但它们并无香味，有的甚至具有"臭味"。所以，"芳香族化合物"这个词虽然仍沿用，但已失去了最初的含义。这个时期，芳香性的概念开始与苯和苯的衍生物的性质联系在一起，认为芳香族化合物必定含有苯环，在性质上，它们易于发生取代反应，不易发生加成反应，对氧化剂、对热表现出一定程度的稳定性，这就是所谓的"经典的芳香性"。

然而不断研究发现，某些不含苯环的化合物也具有类似苯的性质，这说明芳香性并非苯及其衍生物所特有。随着电子理论的发展，芳香性被描述为体系的稳定因素，这种稳定因素来源于 π 电子的离域。因此，要认识芳香性概念的本质，只有借助于量子力学等。

1931 年，E. Hückel 用简单的分子轨道理论，令人满意地解释了芳香性的概念，提出了著名的 $4n+2$ 规则：一个平面单环共轭体系，当 π 电子数满足 $4n+2$ 时（$n=0,1,2$ 等正整数），具有特殊的稳定性。此即判别单环化合物是否有芳香性的规则。凡符合这个规则的体系，便叫作芳香体系。苯有六个 π 电子，符合 $4n+2$ 规则，六个碳原子在同一平面内，故苯有芳香性。而环丁二烯、环辛四烯的 π 电子数不符合 $4n+2$ 规则，故无芳香性。

共平面的 $(4n+2)$ 个 π 电子规则，成了判断一个环状共轭体系是否具有芳香性的标准，其中苯就是 $n=1$ 时的一个例子，称为苯系芳烃；而那些符合 Hückel 规则，具有芳香性，但又不含苯环的烃类化合物就叫作非苯芳烃。非苯芳烃包括一些环多烯和芳香性离子。

对 Hückel 规则需要注意以下两点。其一，Hückel $4n+2$ 规则在 $n=0,1$ 时，是正确的；而当 $n=2,3,\cdots,7$ 等时，其中有些具有芳香性有些因为环的角张力太大，也不能稳定存在。这就说明了 Hückel 规则的应用范围不能无限外推，即具有一定的局限性。其二，应用 Hückel 规则推断出来的芳香性，不能用经典的概念来理解，特别是大环体系，如果还想用它们的化学行为作为判断依据，则是不可能的。在这种情况下，判断一种化合物是否具有芳香性，最好根据分子的磁性变化来决定。

5.7.2 非苯芳烃

不含苯环的具有芳香性的烃类化合物称作非苯芳烃，非苯芳烃包括一些环多烯和芳香离子等。单环非苯芳烃的结构一般符合 Hückel 规则。即它们都是含有（$4n+2$）个 π 电子的单环平面共轭多烯。例如：

环丙烯正离子	环戊二烯负离子	环庚三烯正离子
π 电子数　　2	6	6

䓬（azulene）是一种青蓝色片状物质，熔点 99～100℃，与萘是同分异构体。䓬是一个七元环的环庚三烯和五元环的环戊二烯并合而成的，具有较大的偶极矩。它有 10 个 π 电子，符合 $4n+2$ 规则，具有芳香性，容易发生亲电取代反应（3 位），几乎不发生加成反应，9、10 位键长接近单键长度。

π 电子数为10
有芳香性

5.7.3 轮烯

轮烯（annulene）是一类单双键交替出现的环状烃类化合物。命名时将成环的碳原子数放在方括号内，括号后面写上轮烯即可。也可以不写括号，用一短线将数字和轮烯相连。例如 [18] 轮烯或 18-轮烯。轮烯也可以根据碳氢的数目来命名。18-轮烯含有 18 个碳，九个双键，所以也可以称为环十八碳九烯。环丁烯、苯、环辛四烯和环十八碳九烯分别称 [4] 轮烯、[6] 轮烯、[8] 轮烯和 [18] 轮烯。它们是否具有芳香性，可按 Hückel 规则判断，首先看环上的碳原子是否均处于一个平面内，其次看 π 电子数是否符合 $4n+2$。[18] 轮烯环上碳原子基本上在一个平面内，π 电子数符合 $4n+2$（$n=4$），因此具有芳香性。又如 [10] 轮烯，π 电子数符合 $4n+2$（$n=2$），但由于环内两个氢原子的空间位阻，环上碳原子不能在一个平面内，故无芳香性。

[14]轮烯	[18]轮烯	[10]轮烯

[18] 轮烯基本上是一个平面分子，碳-碳键长接近等长。化合物具有芳香性的一个重要特点是分子内存在环电流。存在环电流的化合物，其环外质子在低场核磁共振吸收，环内质子在高场核磁共振吸收，[18] 轮烯的核磁共振谱符合这一特征（核磁共振知识见第 10 章）。

[14] 轮烯的 π 电子数为 14，符合 $4n+2$，具有芳香性。

[10] 轮烯虽然 π 电子数为 10，符合 $4n+2$，但由于 1,6 两个碳原子上"内氢"的重叠，碳原子不能共处在一个平面上，因此该化合物很不稳定。

[16] 轮烯的 π 电子数不符合 $4n+2$ 规则，不具有芳香性。但在金属钾的作用下，可转变为二价负离子，体系的电子数符合 Hückel 规则，变成芳香体系。

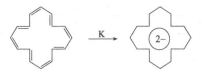

16π电子,无芳香性　　　　18π电子,有芳香性

5.7.4　芳香离子

　　某些烃无芳香性，但转变成离子后，则有可能显示芳香性。如环戊二烯无芳香性，但形成负离子后，不仅组成环的 5 个碳原子在同一个平面上，且有 6 个 π 电子（$n=1$），故有芳香性。与此相似，环辛四烯的二价负离子也具有芳香性。因为形成负离子后，原来的碳环由盆形转变成了平面正八边形，且有 10 个 π 电子（$n=2$），故有芳香性。

$$\text{环辛四烯} + 2K \xrightarrow{\text{THF}} (2-) \; 2K^+ \quad \begin{array}{l}\pi\text{电子数为10}\\ \text{符合}4n+2,\text{具有芳香性}\end{array}$$

　　环戊二烯负离子 π 电子数为 6，符合 $4n+2$ 规则，具有芳香性。它是环状负离子体系中最稳定的成员。环戊二烯负离子可以和过渡金属形成一类非常重要的化合物，最简单的就是二环戊二烯铁，简称二茂铁（ferrocene）。从该化合物的电子结构来看，两个环都有 6 个 π 电子，符合 $4n+2$ 规则，具有芳香性。两个环的 π 电子和中心铁原子结合，铁离子本身有 6 个电子，又共享两个环戊二烯负离子的 12 个 π 电子。由于铁和环戊二烯环都具有闭壳结构，因此二茂铁非常稳定，具有芳香性。

$$2 \; \underset{\ddot{~}\,Na^+}{\text{环戊二烯}} + FeCl_2 \longrightarrow \underset{\text{二茂铁}}{Fe} \quad \text{具有芳香性}$$

　　环庚三烯与溴加成得到二溴化物，后者受热脱除一个 HBr 分子，得到环庚三烯正离子盐。母体环庚三烯也叫草（tropilidene），环庚三烯正离子亦称草鎓正离子（tropylium ion），草离子环上有 6 个 π 电子，符合 $4n+2$ 规则，因而也具有芳香性。

$$\text{环庚三烯} \xrightarrow{Br_2} \underset{H \; Br}{\overset{H \; Br}{\text{二溴化物}}} \xrightarrow{-HBr} \overset{+}{\text{草离子}} \; Br^-$$

5.8　芳烃的工业来源

　　芳烃的工业来源主要从煤加工及石油加工过程中得到。

　　（1）炼焦副产物中回收芳烃　煤经干馏得到的黑色黏稠状液体称为煤焦油，其中约有一万种以上有机物，已被鉴定的只是极少一部分。将煤焦油进行分馏，各馏分所含的主要烃类如表 5-2 所示。采用萃取、分子筛吸附、磺化等方法进一步从各馏分中分离芳烃。焦炉气中含有一定量的氨和苯、甲苯等。将焦炉气经水吸收得氨水，再用重油吸收，溶解苯、甲苯等。再将重油分馏可得粗苯，其中含苯 50%～70%、甲苯 15%～22%、二甲苯 4%～8%。

　　（2）从石油裂解产物中分离芳烃　以石油为原料，裂解制备乙烯、丙烯时，所得副产物中含有芳烃。将副产物进行分馏可得裂解汽油和裂解重油。裂解汽油中主要含有苯、甲苯和二甲苯。裂解重油中含有萘、蒽等稠环芳烃。

表 5-2　煤焦油的各种馏分

馏分	沸点范围/℃	产率/%	主要成分
轻油	<170	0.5~1.0	苯、甲苯、二甲苯
酚油	170~210	2~4	苯酚、甲苯酚、二甲酚、吡啶碱
萘油	210~230	9~12	萘、酚、喹啉碱
洗油	230~300	6~9	萘、茚、芴
蒽油	300~360	20~24	蒽、菲
沥青	>360	50~55	沥青、游离碳等

（3）石油芳构化　直馏汽油（60~130℃）的主要成分是烷烃和环烷烃，其辛烷值很低。在一定的温度和压力下，通过催化剂铂、铼使链烷烃和环烷烃转变成芳香烃，称为重整芳构化。重整的结果可使芳烃含量由 2% 提高到 50%~60%。

以富勒烯为代表的全碳原子簇

比例模型　　　　　　　　　　球棍模型

C_{60} 是美国休斯敦赖斯大学的 R. E. Smalley 和英国的 H. W. Kroto 于 1985 年在氦气流中以激光汽化蒸发石墨实验中首次制得的。C_{60} 的组成及结构已经被质谱、X 射线分析等实验所证明。C_{60} 分子由 60 个碳原子构成，它形似足球，因此又名足球烯。它是单纯由碳原子结合形成的稳定分子，具有 60 个顶点和 32 个面，其中 12 个为正五边形，20 个为正六边形。其分子量约为 720。处于顶点的碳原子与相邻顶点的碳原子各用 sp^2 杂化轨道重叠形成 σ 键，每个碳原子的三个 σ 键分别为一个五边形的边和两个六边形的边。碳原子的三个 σ 键不是共平面的，键角约为 108°或 120°，因此整个分子为球状。每个碳原子用剩下的一个 p 轨道互相重叠形成一个含 60 个 π 电子的闭壳层电子结构，因此在近似球形的笼内和笼外都围绕着 π 电子云。分子轨道计算表明，足球烯具有较大的离域能。

C_{60} 是一种碳原子簇。它有确定的组成，60 个碳原子构成像足球一样的三十二面体，包括 20 个六边形，12 个五边形。建筑学家富勒（Buckminster Fuller）曾设计一种用六边形和五边形构成的球形薄壳建筑结构，因此科学家们一致建议，用 Buckminster Fuller 的姓名加上一个词尾-ene 来命名 C_{60} 及其一系列碳原子簇，称为 Buckminsterfullerene，简称 fullerene，中译名为富勒烯。

除 C_{60} 外，具有封闭笼状结构的还可能有 C_{28}、C_{32}、C_{50}、C_{70}、C_{84}、…、C_{240}、C_{540} 等，统称为富勒烯（fullerene）。在数学上，富勒烯的结构都是以五边形和六边形面组成的凸多面体。最小的富勒烯是 C_{20}，具有正十二面体的构造。无 22 个顶点的富勒烯，但之后都存在 C_{2n} 的富勒烯，$n=12,13,14,…$。在这些小的富勒烯中，都存在着五边形相邻结构。富勒烯是继金刚石、石墨和线型碳之后碳元素的第四种晶体形态。其中柱状或管状的分子又叫作碳纳米管或巴基管。

由于富勒烯独特的结构和理化性质，已在化学、物理、材料、医学科学等领域产生了深远的影响，显示了极诱人的应用前景。

5-1 请用系统命名法命名下列化合物。

(1) 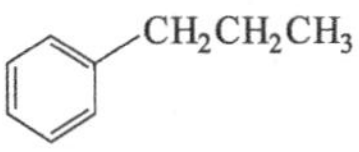 [苯基-CH₂CH₂CH₃]

(2) 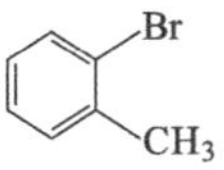 [邻溴甲苯]

(3) O_2N- [苯环,2,6位NO₂,4位CH₃]

(4) [苯基-CH(CH₃)-C≡CH]

(5) H_3C-CH(H_3C)- [苯环,3,4位CH₃]

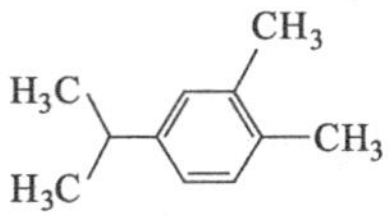

(6) 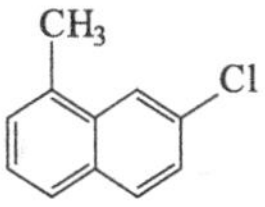 [萘,1位CH₃,7位Cl]

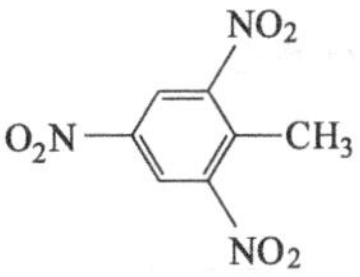

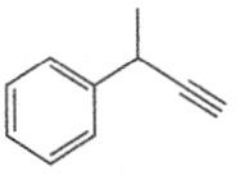

5-2 预测下列化合物进行亲电取代反应活性由高到低的顺序。

(1) 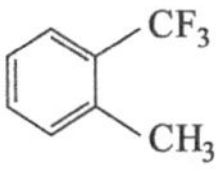 [邻位CF₃和CH₃苯]

(2) 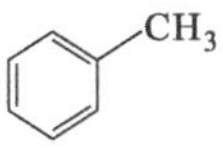 [甲苯]

(3) 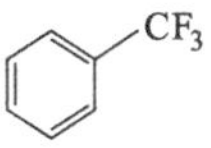 [三氟甲基苯 CF₃]

(4) 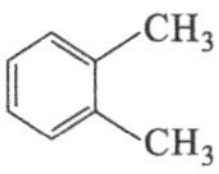 [邻二甲苯]

(5) 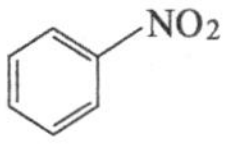 [硝基苯 NO₂]

5-3 写出下列反应的主要产物。

(1) 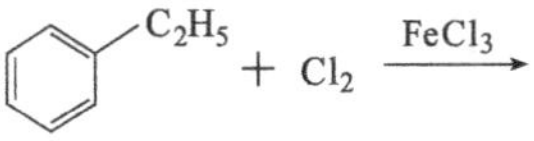 [苯基-C₂H₅] + Cl₂ $\xrightarrow{FeCl_3}$

(2) 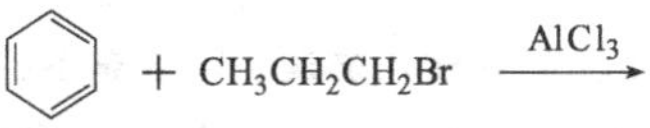 [苯] + CH₃CH₂CH₂Br $\xrightarrow{AlCl_3}$

(3) [联苯-CH₃] $\xrightarrow{浓H_2SO_4, 浓HNO_3}$

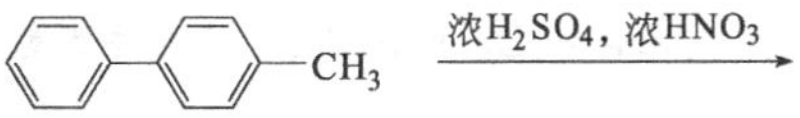

(4)  [甲苯] $\xrightarrow[H^+, \triangle]{KMnO_4}$? $\xrightarrow{浓H_2SO_4, 浓HNO_3}$?

(5) 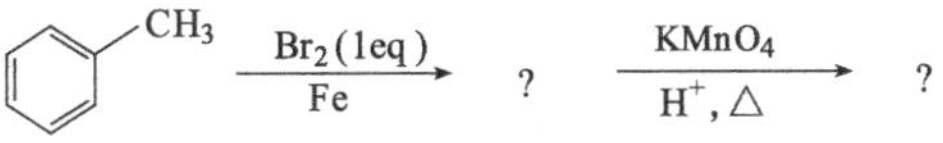 [甲苯] $\xrightarrow[Fe]{Br_2(1eq)}$? $\xrightarrow[H^+, \triangle]{KMnO_4}$?

(6) 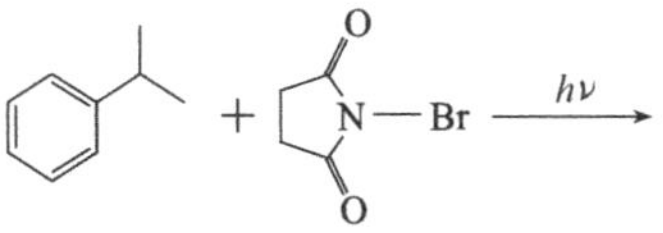 [异丙苯] + [N-溴代丁二酰亚胺 N—Br] $\xrightarrow{h\nu}$

(7) 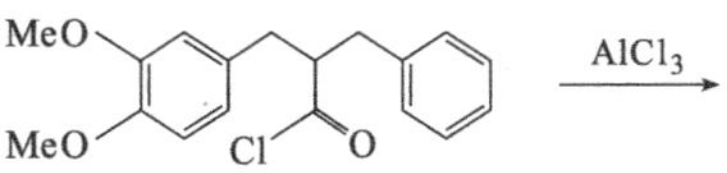 MeO-, MeO- [苯环-CH₂-CH(-苯基)-C(=O)Cl] $\xrightarrow{AlCl_3}$

(8)  Me- [苯] $\xrightarrow{H_2SO_4}$? $\xrightarrow[Fe]{Br_2}$? $\xrightarrow[\triangle]{H_2O, H^+}$?

(9) 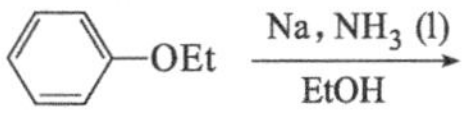 [苯基-OEt] $\xrightarrow[EtOH]{Na, NH_3 (l)}$

(10) 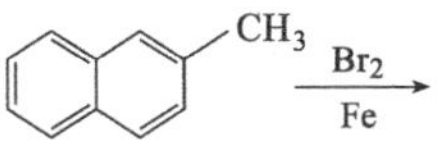 [萘-2-CH₃] $\xrightarrow[Fe]{Br_2}$

5-4 判断下列结构哪些有芳香性。

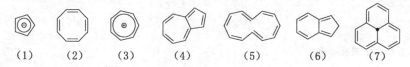

(1)　　(2)　　(3)　　(4)　　　(5)　　　(6)　　　(7)

5-5　请完成下列转化。

(1) 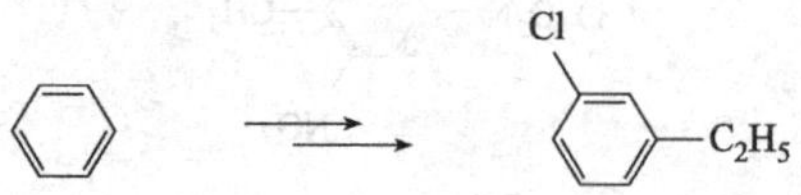 ⬡ ⟶ Cl—⬡—C₂H₅

(2) ⬡—CH₃ ⟶ O₂N—⬡(—COOH)(—Br)

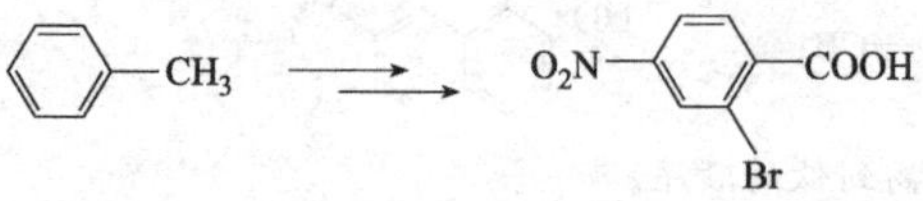

(3) ⬡—CH₃ ⟶ Br—⬡(—CH₂Br)(—NO₂)

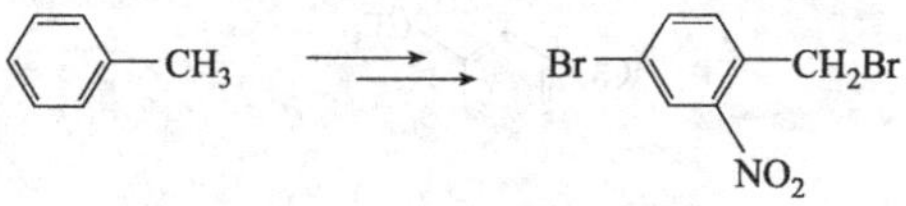

5-6　用反应机理说明下列转变是如何进行的。

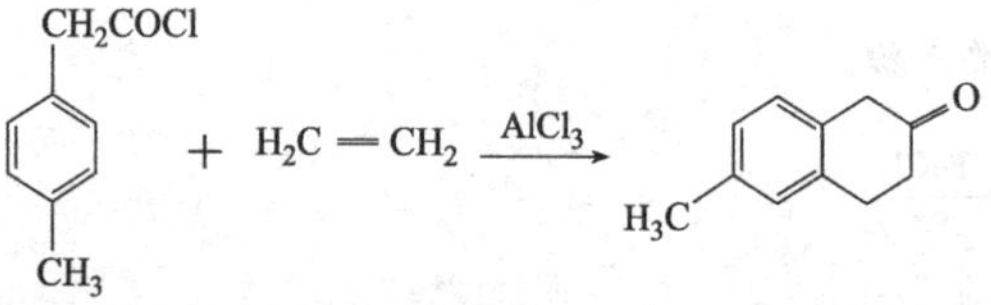

$$\text{(CH}_2\text{COCl)}\!-\!⬡\!-\!\text{CH}_3 \;+\; H_2C\!=\!CH_2 \xrightarrow{\text{AlCl}_3} \text{H}_3\text{C}-\!⬡⬡\!-\!O$$

5-7　分子式为 C_9H_8 的化合物 A，与 $Cu(NH_3)_2Cl$ 水溶液反应生成红色沉淀。在温和条件下，A 在 Pd/C 的条件下得分子式为 C_9H_{12} 的化合物 B，B 经高锰酸钾氧化后生成分子式为 $C_8H_6O_4$ 的酸性物质 C，C 加热失水得化合物 D。A 在一定条件下与 1,3-丁二烯反应生成化合物 E，E 在 Pd/C 的条件脱氢转化为 2-甲基联苯。试推测 A、B、C、D、E 的结构式。

第6章 分子的手性和对映异构

立体化学是从三维空间的角度来研究分子的结构和性能。分子的手性和对映异构是立体化学中重要的研究对象。本章主要介绍立体化学的基础知识，学习如何判断旋光异构体的存在，掌握旋光异构体的构型表示方法、性质异同及分离方法，并简单了解自由基取代反应中涉及的立体化学。掌握手性和对映异构知识，对于研究有机化学反应的机理、阐明有机化合物的结构与其生理功能的关系等有重要意义。本章的内容将为今后学习和研究糖、氨基酸、蛋白质、酶以及核酸等有机分子的结构和功能奠定必要的立体化学基础。

同分异构是有机化学中极为普遍的现象。具有相同的分子式，但结构不同的化合物称为同分异构体，简称异构体。异构体大体上可分为构造异构和立体异构。

构造异构（constitutional isomerism）是指分子中原子或原子团的连接方式或顺序不同而产生的异构现象，包括碳链异构、位置异构、官能团异构和互变异构等。例如，正戊烷和新戊烷为构造异构中的碳架异构，乙醇和甲醚为官能团异构，异丙醇和正丙醇为官能团位置异构，1-丙烯-2-醇和丙酮为互变异构。以上所述异构现象均属于构造异构。

$CH_3CH_2CH_2CH_2CH_3$ 　　　　 $H_3C-\overset{\overset{\displaystyle CH_3}{|}}{\underset{\underset{\displaystyle CH_3}{|}}{C}}-CH_3$ 　　　　 CH_3CH_2OH 　　　　 CH_3OCH_3

正戊烷 　　　　 新戊烷 　　　　 乙醇 　　　　 甲醚

$CH_3\overset{}{\underset{\underset{\displaystyle OH}{|}}{CH}}CH_3$ 　　　　 $CH_3CH_2CH_2OH$ 　　　　 $H_3C-\overset{\overset{\displaystyle OH}{|}}{C}=CH_2$ 　　　　 $H_3C\overset{\overset{\displaystyle O}{||}}{C}CH_3$

异丙醇 　　　　 正丙醇 　　　　 1-丙烯-2-醇 　　　　 丙酮

立体异构是指具有相同的分子式，原子的连接方式和次序也相同，但原子在空间排列方式不同所引起的异构现象。立体异构可分为构象异构和构型异构。构型异构又可进一步分为顺反异构和对映异构（也称为旋光异构）等。构型异构与构象异构的区别是：构型异构体的相互转化需要断裂化学键，室温下可以得到单一的构型异构体；而构象异构体的相互转化无须断裂化学键，仅仅通过旋转碳-碳单键即可完成，且室温下无法分离。在烷烃（第2章）和烯烃、炔烃和二烯（第4章）中已经介绍了构象异构和顺反异构的概念。构象异构是由于碳-碳单键的旋转而导致分子中原子或原子团在空间排列方式的不同所产生的异构现象，如乙烷分子的交叉式和重叠式构象。顺反异构是由于共价键（主要是双键）的旋转受到阻碍或者环的翻转受限所产生的异构现象，如顺-2-丁烯与反-2-丁烯以及顺-1,2-二甲基环丙烷与反-1,2-二甲基环丙烷。本章主要讨论对映异构现象。

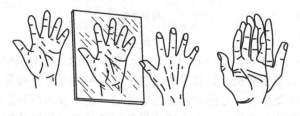

乙烷交叉式　　　　　　　　乙烷重叠式

反-2-丁烯　　　　顺-2-丁烯　　　反-1,2-二甲基环丙烷　　顺-1,2-二甲基环丙烷

6.1　手性的概念

对映异构是立体化学中的重要内容之一。从分子结构上来讲，产生对映异构现象的原因是手性（chirality）。什么是手性？人们的左右两只手看起来相同，但是五个手指的排列顺序是恰好相反的。此外，当你把左手的手套戴在右手上时就会感觉很不舒服，反之亦然。实际上左手和右手是互为"实物"与"镜像"的关系，它们彼此不同且不能完全重叠，如图 6-1 所示。这种实物与镜像不能完全重合的现象称为手（征）性。在日常生活中有许多物体，如发电机中的线圈、鞋子、手套、剪刀和螺丝钉以及围在颈项上的围巾等都具有手性。

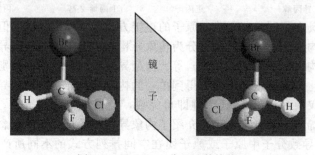

（a）左手与右手互为实物与镜像关系　　（b）左手与右手不能完全重叠

图 6-1　手性

在一定条件下，有机化合物分子同样具有手性。有机分子中的饱和碳原子为 sp^3 杂化，具有四面体构型。BrCHFCl 分子中的碳原子连接四个不同的原子。如果我们将该分子实物及其镜像分别制成模型，如图 6-2 所示，则可以发现该分子和其镜像不能完全重叠，因此该分子具有手性。在立体化学中，实物和镜像不能完全重合的分子称为手性分子（chiral molecule），而实物和镜像能完全重合的分子则称为非手性分子（achiral molecule）。

图 6-2　BrCHFCl 分子及其镜像

6.2 有机分子对映异构现象

6.2.1 对映异构和手性碳原子

首先我们来分析乳酸分子（又叫 2-羟基丙酸）的结构。乳酸分子的结构式通常写成形式Ⅰ。Ⅱ和Ⅲ分别为乳酸分子的两种透视式。透视式是表示分子立体结构式常用的方法之一。书写时需注意：直线表示化学键位于纸平面；虚楔线 $\diagup$ 表示化学键指向纸平面后方，而实楔线 $\diagup$ 则表示化学键指向纸平面前方。

如图 6-3 所示，乳酸分子Ⅱ与Ⅲ二者互为镜像关系，不能完全重合。它们是两种不同的化合物。由于Ⅱ与Ⅲ互为实物和镜像的关系，并且不能完全重合，因此二者的异构现象为构型异构中的对映异构（enantiomerism）。乳酸分子Ⅱ与Ⅲ互为对映异构体（enantiomers）。对映异构体简称为对映体。乳酸分子具有手性。具有手性的分子称为手性分子。

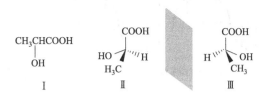

图 6-3 乳酸分子的透视图

为什么乳酸分子是手性分子，存在着对映异构体？如果一个饱和碳原子和四个不同的原子或原子团相连，则该碳原子为手性碳原子（chiral carbon），亦称为手性中心。在结构式中，通常用"*"标示为手性碳原子。在乳酸分子的结构中，其 α-碳原子分别与 H、OH、CH_3 和 COOH 等四种不同的原子或原子团相连，因此乳酸分子的 α-碳原子为手性碳原子。与手性碳原子相连的四个原子或原子团在空间上有两种排列方式（也称两种构型）。乳酸分子Ⅱ与Ⅲ的两个模型中，如使 CH_3 和 COOH 相重叠，则 H 与 OH 不能重叠；如使 COOH 和 OH 重叠，则 CH_3 与 H 不能叠合。换言之，Ⅱ与Ⅲ之间是实物和镜像的关系，是彼此不能重叠的一对立体异构体，互为对映体。Ⅱ与Ⅲ就是乳酸分子的一对对映体。含有一个手性碳原子的化合物只有一对对映体。

值得注意的是：任何分子都有镜像。许多分子，如丙酸，也是有实物和镜像的，如图 6-4 所示。只不过它的实物和镜像能够完全重合。

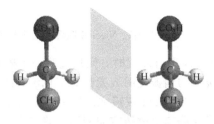

图 6-4 丙酸分子的实物与其镜像（球棍模型）

如果一个分子的实物和其镜像能够完全重合，则实物与镜像为同一物质。分子是非手性的，无对映体，为非手性分子。丙酸分子是非手性分子，无对映异构体。

含有一个手性碳原子的分子一定是手性化合物，有一对对映体。对一对对映体来讲，它们的结构差别非常小。在无外界手性影响时，二者有相同的熔点、沸点、折射率；在一般溶剂（如水、丙酮等非手性溶剂）中的溶解度也一样。即一对对映体具有相同的物理性质，化学性质也基本相同，很难用分馏、重结晶等一般的物理或者化学方法将其区分和分离。若要将一对对映体分离，必须采用其他特殊方法（6.6节）。

虽然一对对映体具有上述相同的物理和化学性质，但是它们毕竟在分子结构上存在着差异，在性质上必然有所不同。比如，一对对映体对平面偏振光的作用不同：一个可使平面偏振光向右旋转，另一个可使平面偏振光向左旋转。另外一个极为重要的差异是对映体在生理作用上也有显著的不同。

6.2.2 平面偏振光及旋光活性

光是一种电磁波。光波振动的方向与光前进的方向相垂直。普通光是各种波长的可见光的混合体，光波在垂直于它的传播方向的各个不同的平面上振动前进。如图 6-5 所示，圆圈表示光的横截面，光波的振动平面是 a、b、c 等无数个垂直于前进方向的平面。单色光是指具有单一波长的光线，如钠光灯所发射出的黄光（$\lambda = 589\text{nm}$）。

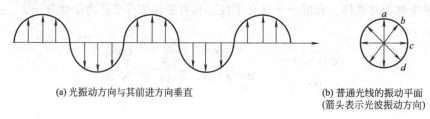

(a) 光振动方向与其前进方向垂直

(b) 普通光线的振动平面
（箭头表示光波振动方向）

图 6-5 光的传播

使普通光通过一个特制的 Nicol 棱镜（Nicol prism，结晶良好的方解石，化学成分是 $CaCO_3$）或人造偏振片时，由于这种棱镜只允许与棱镜镜轴平行的平面内振动的光通过，因此通过 Nicol 棱镜的光，其光波的振动平面只有一个，并且其振动平面与棱镜的镜轴平行，如图 6-6 所示。这种只在一个平面上振动的光叫作平面偏振光（plane polarized light），简称偏振光。偏振光的振动平面称为偏振面。

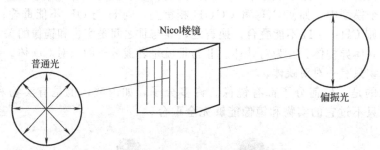

图 6-6 普通光通过 Nicol 棱镜后产生偏振光

将两个 Nicol 棱镜沿镜轴方向平行放置时，则通过第一个棱镜的偏振光仍然可以通过第二个棱镜。观测通过第二个棱镜的偏振光时，光的亮度也没有改变。

但是，如果在两个镜轴平行的 Nicol 棱镜之间放入一只盛有有机化合物溶液的玻璃管，然后用单色光源由第一个棱镜向第二个棱镜方向照射，并在第二个棱镜后面观测，则可以发现不同的现象。比如，当经过第一个棱镜所产生的偏振光通过盛有水、乙醇、丙酮、苯等物质的玻璃管时，可以发现光的亮度没有改变，即这些介质对偏振光没有作用，透过介质的偏振光仍然在原方向上振动。然而当偏振光通过盛有蔗糖、乳酸等物质溶液的玻璃管时，则在第二个棱镜后所观察到的光的亮度减弱。将第二个 Nicol 棱镜向左或向右偏转一定角度后，就可观察到最大亮度的偏振光。换言之，这些介质使偏振光的振动方向发生了旋转。这种使偏振光的振动方向发生旋转的性质叫作旋光性。具有旋光性的物质叫作旋光活性物质或光学活性物质（optically active substance）。实验室可以利用旋光仪（polarimeter）测定化合物的旋光性。

旋光仪的组成如图 6-7 所示，它由一个单色光源和两个 Nicol 棱镜组装而成。由于所测定的是有机化合物的溶液或液体的旋光度，所以置于两个 Nicol 棱镜之间的容器是一个两端透光的旋光管。图中棱镜 c 是起偏镜，它固定不动，将单色光源的普通光转变为平面偏振光。f 是检偏镜。由于检偏镜和刻度盘是固定在一起的，因此偏振光振动平面旋转的角度就等于刻度盘旋转的角度，其数值可以从刻度盘上读出。

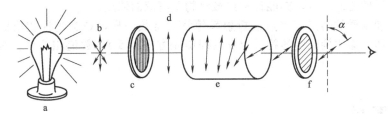

图 6-7　旋光仪构造示意图
a—光源；b—普通光；c—起偏镜；d—偏振光；e—旋光管；f—检偏镜

测定时，首先调节两个棱镜的镜轴并使其相互平行，从目镜中可观测到最大光亮度。然后将被测样品（液体或配成的溶液）放入到旋光管 e 中，进行测定。若被测物质无旋光性，则偏振光通过旋光管后不发生旋转，偏振光直接通过检偏镜 f，视场亮度无改变。如被测样品有旋光性，则偏振光经过旋光管 e 时会发生偏转，那么透过检偏镜 f 的光强度即被减弱或变暗，于是必须向右或向左旋转检偏镜 f 至某一角度，才能使透过的光强度达到最大亮度。此时，刻度盘标明的旋转度数即为该物质的旋光度，通常用 α 表示。α 为角度，刻度盘顺时针旋转为右旋（dextrorotatory，用"＋"表示），逆时针旋转为左旋（levorotatory，用"－"表示）。过去曾分别用"d"或"l"表示，IUPAC 于 1979 年建议取消"d"及"l"，用"＋"和"－"分别表示。（＋）和（－）仅表示旋光方向不同，并不表示旋光度数值的大小。

对某一特定化合物样品而言，用旋光仪所测定的旋光度 α 数值的大小与旋光管的长度、样品的浓度（在纯液体的情况下为密度）、溶剂的性质、温度和平面偏振光的波长有关。如果溶液的浓度增加一倍，或旋光管的长度增加一倍，则所测定旋光度 α 也将增加一倍。

为排除以上因素影响，通常用比旋光度（specific rotation）$[\alpha]_D^t$ 表示旋光物质的特性。比旋光度是单位浓度和单位长度下的旋光度，是旋光物质的一个特征物理常数。温度和波长常以注首和注脚的方式进行标注。比旋光度表示：1mL 含 1g 旋光性物质的溶液（溶剂亦影响旋光度），放在 1dm 长的旋光管中，用一定波长的入射光（D 表示钠单色光）所测得的旋光度。但在实际测量时，总是用较稀的溶液，通过计算得出比旋光度。

比旋光度 $[\alpha]$ 和旋光度 α 有以下关系：

$$[\alpha]_D^t = \frac{\alpha}{lc}$$

式中，$[\alpha]$ 表示比旋光度，（°）；t 表示测定时的温度，℃；D 表示旋光仪使用的光源，通常是钠黄光，波长 589nm；α 表示实验观察的旋光值，（°）；l 表示旋光管的长度，dm；c 表示溶液的浓度，g/mL。纯液体可用密度。

一般测定旋光度时，多用钠光灯作为单色光源，其波长的平均值是 589nm，通常以 D 表示。例如，葡萄糖水溶液在 20℃时，用钠光灯为光源，其比旋光度为＋52.5。表示为：$[\alpha]_D^{20} = +52.5$（H_2O）。

[α] 的量纲是 $\deg \cdot cm^2/g$，单位是 $10^{-1} \deg \cdot cm^2/g$（对 $l=1dm$）。为方便起见，[α] 没有单位。在实际测量中，由于溶解度的原因，有些文献中给出的 c 单位是 $g/100mL$，此时观察的旋光值（度数）应相应扩大 100 倍。

如果旋光性物质本身是液体，那么可直接将其放入旋光管中进行测定，而不需要配制溶液。在这种情况下计算比旋光度时，需要将 c 换成该液体的相对密度 d。

根据比旋光度和旋光度的关系式，通过测定旋光度，可以计算得出该物质的比旋光度；如果已知某物质的比旋光度，亦能计算出被测物质溶液的浓度。

比旋光度和物质的熔点、沸点或折射率等物理常数一样，是旋光性物质的物理常数之一。一对对映体，除比旋光度的符号相反（即旋光方向相反）、数值相等外，其他物理性质雷同。

思考题

6-1 解释下列各名词。
(1) 手性　　(2) 旋光性　　(3) 旋光度　　(4) 比旋光度　　(5) 对映异构体

6-2 将 4.2g 的某未知物溶解于 250mL 四氯化碳中，用 2.5dm 长的旋光管在钠光灯下测得这种溶液的旋光度 $\alpha = -2.5°$。试计算这种化合物的比旋光度。

6.2.3　分子的对称性和手性

为什么有的物质没有旋光性，而有的物质却具有旋光性呢？物质的性质往往与其结构紧密相关，因此，物质的旋光性必定是由于分子的特殊结构引起的。那么，具有怎样结构的分子才具有旋光性呢？

实验证明，如果某种分子不能与其镜像完全重叠，这种分子就具有旋光性。换言之，手性分子就有旋光性，能使偏振光发生偏转。如前所述，分子的这种实物与其镜像不能完全重叠的特殊性质叫作分子的手征性，简称手性，就像人的左右手互为实物和镜像的关系，但二者不能完全重叠。

判断一个分子是否为手性分子，最直观的方法是制作该分子的实物和镜像两个模型，观察它们是否能够完全重叠。但这种方法不太方便，复杂的大分子更是如此。常用的方法是研究分子的对称性，根据分子的对称性来判断其是否具有手性。

一个分子是否具有手性，关键是该分子能否与其镜像重叠，这取决于分子本身的对称性。有机化学中考察分子的对称性，一般是分析分子中是否有对称面和对称中心这两个对称性因素。如果分子中存在对称面或对称中心，则该分子没有手性，也不具有旋光性。如果分子中既无对称面，又无对称中心，则该分子具有手性，也就有旋光性。

那么什么是对称面和对称中心呢？下面我们来分别进行介绍。

(1) 对称面　　如果分子中有一个平面可以将分子分割成两部分，而这两部分正好互为实物和镜像关系，则这个平面就是分子的对称面（用 σ 表示）。该分子就具有平面对称的因素，是一个对称分子。具有对称面的分子，它的实物和镜像能够彼此重叠，无对映异构现象，是非手性分子。例如 E-1,2-二氟乙烯，各原子所在的平面即为分子的对称面。该平面能将分子分成互为实物和镜像关系的两"片"，是分子的对称面。

再如 2-氯丙烷也有一个对称面，H—C—Cl 三个原子所构成的平面能将分子分成互为实物和镜像关系的两部分，即分子中两个甲基关于该平面对称，因此 H—C—Cl 三个原子所在的平面就是分子的对称面。2-氯丙烷分子的实物和镜像能够重合，分子无手性。

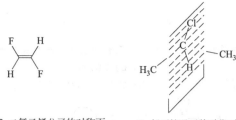

(E)-1,2-二氟乙烯分子的对称面　　　2-氯丙烷分子的对称面

(2) 对称中心　如果分子中有一点 p，通过该点画任何直线，离 p 点等距离处有相同的原子，则点 p 称为该分子的对称中心（用 i 表示）。有对称中心的分子无手性，无旋光异构现象。例如反-2,4-二甲基-反-1,3-二氟环丁烷分子有对称中心 p，该分子的实物和镜像能够重合，分子无手性。

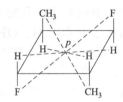

反-2,4-二甲基-反-1,3-二氟环丁烷分子的对称中心

(3) 简单的对称轴　若分子绕一个轴旋转 $360°/n$ $（n=2,3,4\cdots）$ 后能够与原分子完全重叠，则此轴是该分子的 n 重旋转对称轴（以 C_n 表示）。

例如：三氟化硼含有一个三重对称轴 C_3，环丁烷含有一个四重对称轴 C_4。

三氟化硼　　　　　　　　　　　环丁烷

值得注意的是，如果一个分子只含有 C_n 旋转轴而无其他对称性因素，它和它的镜像不能重叠，那么该分子就不是对称分子，属于手性分子，有对映异构体。如下图所示的酒石酸分子，尽管它有一个二重对称轴，但是分子具有手性，为手性分子。因此，分子是否含有简单对称轴并不能作为判断分子有无手性的标准，还要分析分子是否有其他对称性因素。

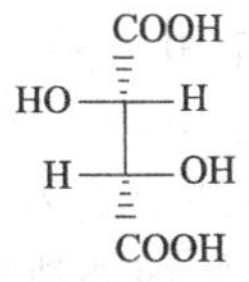

具有二重对称轴的酒石酸分子,但有手性

总的说来，一个分子如果有对称面或对称中心，则该分子为对称分子，它与自身的镜像可以重叠，无手性，无旋光性。反之，一个分子若无任何对称因素，则它与自身镜像不能重叠，有手性，有旋光性。

一般情况下，含有一个手性碳原子的分子往往是有手性的。需要指出的是，手性碳原子是引起分子具有手性的普遍因素，但不是唯一的因素。含有手性碳原子的分子不一定都有手性，而不含手性碳原子的分子在一定条件下也可能具有手性（见 6.7 节）。

6-3 下列化合物有无手性？用"＊"标出下列化合物中的手性碳原子。

(1) $C_6H_5CHDCH_3$ 　　　　　　　(2) $CH_3CHClCH_3$

(3) $CH_3CH(NH_2)CO_2H$ 　　　　　(4) $CH_3CH_2CH(OH)CH_3$

(5) [环戊烷结构式 OH CH₃] 　　(6) [环己烷结构式 OH Cl] 　　(7) [环己烷结构式 OH Cl]

6.3 含一个手性碳原子化合物的对映异构

6.3.1 对映体和外消旋体

　　含有一个手性碳原子的分子一定是手性分子。乳酸分子 $[CH_3CH(OH)COOH]$ 是含有一个手性碳原子的化合物，其 α-碳原子分别与 H、OH、CH_3 和 COOH 四个不同的原子或原子团相连，是手性碳原子。手性碳原子上的四个基团在空间有两种排列方式，即有两种构型。如前所述，乳酸分子有手性，具有旋光性，有一对对映体。这一对对映体都是手性分子，所以都有旋光性。它们使偏振光的振动平面旋转的角度相同，但是方向相反，分别为左旋的和右旋的乳酸，用 （－）-乳酸和 （＋）-乳酸分别表示。

$$
\begin{array}{ccc}
& COOH & \\
H\!-\!&C&\!-\!OH \\
& CH_3 &
\end{array}
\qquad
\begin{array}{ccc}
& COOH & \\
HO\!-\!&C&\!-\!H \\
& CH_3 &
\end{array}
$$

乳酸分子的一对对映体

　　由葡萄糖发酵得到的乳酸分子是左旋的，其比旋光度是 $[\alpha]_D^{20} = -3.8(H_2O)$；由肌肉运动所产生的乳酸分子是右旋的，其比旋光度是 $[\alpha]_D^{20} = +3.8(H_2O)$。用普通的化学方法合成也可以得到乳酸，但它是由旋光方向相反、旋光能力相同的等量的右旋乳酸和左旋乳酸组成的混合物，其旋光性因这些相反的作用而抵消，因而无旋光性，称为外消旋体（racemic mixture），以"±"或"dl"表示。

　　外消旋体由相等数目的对映体分子所组成。在气态、液态或溶液中，外消旋体通常为理想的或接近理想的混合物。因此在该状态下，除了对平面偏振光表现出不同的作用外，外消旋体和相应的对映体具有相同的性质。比如，三者具有相同的折射率、沸点、密度等物理性质。但是，在固体状态下，对映体分子之间的相互作用力明显不同于外消旋体分子之间的作用力。在右旋 （＋）-分子中，分子间的作用力是 （＋）-分子和 （＋）-分子的关系；在左旋（－）-分子中，分子间的作用力是 （－）-分子和 （－）-分子的关系，二者相同，从而一对对映体化合物表现出相同的熔点。但是，在外消旋体分子中，是 （＋）-分子和 （－）-分子之间的关系，明显不同于对映体。乳酸的对映体和外消旋体的一些物理性质见表 6-1。

表 6-1　乳酸的部分物理常数

名称	熔点/℃	$[\alpha]_D^{20}$	pK_a	溶解度(乙醇、乙醚、水中)
（＋）-乳酸	26	＋3.8	3.76	∞
（－）-乳酸	26	－3.8	3.76	∞
（±）-乳酸	18	0	3.76	∞

由上可知，含一个手性碳原子化合物的分子具有手性，因而具有旋光性。它有两个旋光异构体，一个为左旋体，另一个为右旋体。它们的等量混合物组成外消旋体。

6.3.2 手性分子的 Fischer 投影式表示法

描述手性分子中原子或原子团在空间的排列方式时可以用球棍立体形式和透视式表示，常采用透视式。比如，乳酸分子的一个立体异构体可以用以下形式在纸平面上表示出来：

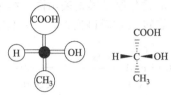

乳酸的球棍立体形式　　透视式

尽管这两种表示方式可以较为清晰地表达出分子中各原子的立体关系，但是书写不方便，尤其是书写结构复杂的化合物就更加困难。

1891 年，德国化学家 E. Fischer 提出了连接手性碳原子的四个基团的空间排列方法。后来人们将此方法称为 Fischer 投影式（Fischer projections）。

书写 Fischer 投影式应注意以下几点：

① 连接手性碳原子的两个横键朝向纸平面的前方，两个竖键朝向纸平面的后方。

② 横线和竖线的垂直交点表示碳原子，位于纸平面上。

③ 一个化合物可以有多种 Fischer 投影式，一般将主碳链放在竖直方向，把氧化态最高的基团放在 Fischer 投影式的上端，氧化态低的基团放在下端。常见氧化态顺序为—COOH＞—CHO＞—CH_2OH＞—CH_3。

按照此投影规则，乳酸的一对对映体的 Fischer 投影式如下图所示：

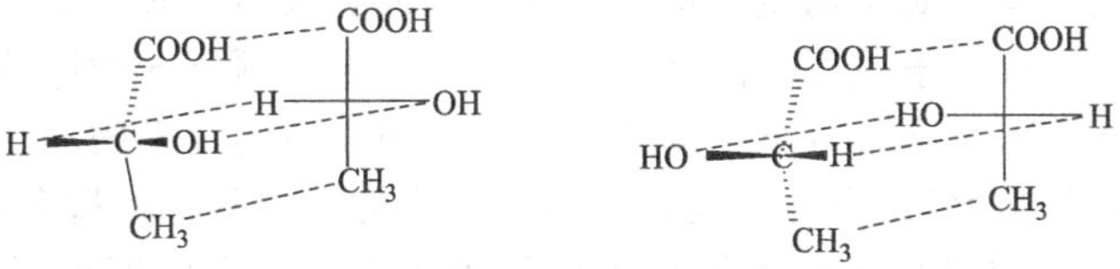

乳酸一对对映体的Fischer投影式

值得注意的是，透视式可以任意旋转而不会改变分子的构型，但是 Fischer 投影式只能在纸平面上平移，或在纸平面上旋转 180°或其整数倍，而不可以离开纸平面翻转，否则将会改变分子的构型。

若将 Fischer 投影式在纸平面上旋转 180°或其倍数，则得到的投影式和另一投影式相同，分子的构型保持不变。如下述两个投影式表示同一构型：

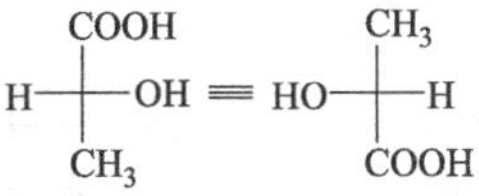

在纸平面旋转180°，分子构型不变

若将 Fischer 投影式在纸平面上旋转 90°或其奇数倍（顺时针或逆时针旋转均可），则分子的构型发生改变，得到它的对映体。这两个投影式表示两种不同的构型，二者是一对对映体的关系。

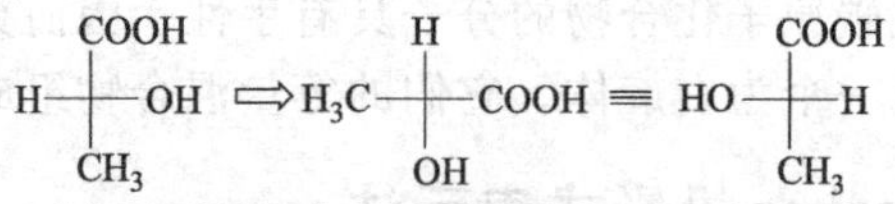

在纸平面旋转90°，分子构型改变，为一对对映体

将 Fischer 投影式中手性碳原子上的任意两个原子或原子团交换奇数次后，得到的投影式与原投影式表示两种不同构型，二者的关系是一对对映体。如下图中化合物Ⅰ和Ⅱ表示一对对映体；同样Ⅱ和Ⅲ也是一对对映体。将 Fischer 投影式的手性碳原子上的任意两个原子或基团交换偶数次后，得到的投影式与原投影式表示同一构型。如下述化合物Ⅰ和Ⅲ具有同一构型。而Ⅲ在纸平面上顺时针旋转 180° 后得到Ⅳ，二者具有相同的构型。

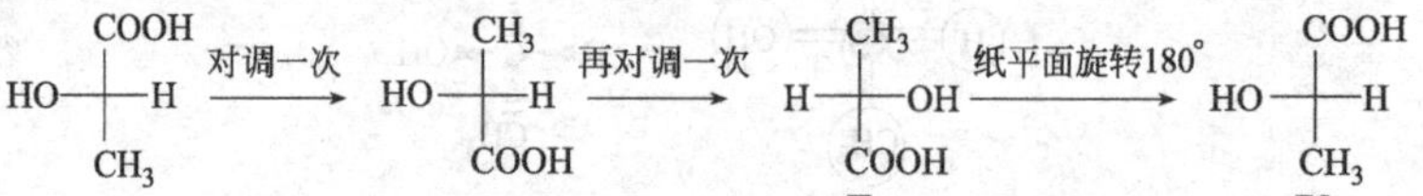

Fischer 投影式在表示一个手性碳原子的立体异构体时非常方便，但在用于表示含有两个或两个以上手性碳原子的化合物时，Fischer 投影式就不能很好地表示出分子的真实形象。我们可以结合以前章节中所学到的锯架式或 Newman 投影式来表示分子结构。如 2,3,4-三羟基丁醛的一个立体异构体可以表示如下：

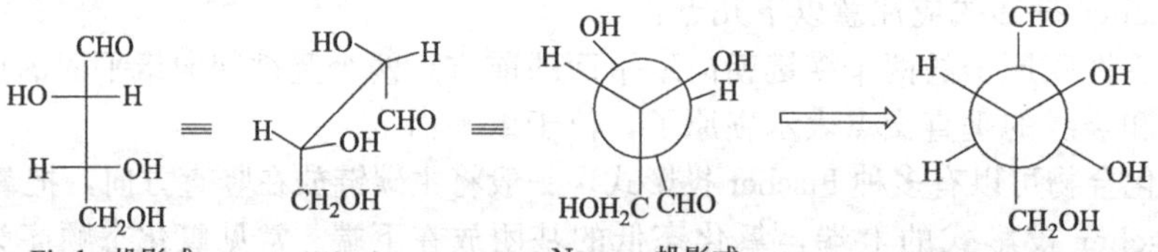

Fischer投影式　　锯架式　　Newman投影式　　Newman投影式

6.3.3　对映体的构型命名（Cahn-Ingold-Prelog 次序规则及 R/S 命名体系）

对映异构和顺反异构都属于构型异构。对映异构体的构型一般是指手性中心（或手性碳原子）所连接的四个不同原子或原子团在空间排列的顺序。顺反异构体的构型是指分子中双键的旋转或环的旋转受阻而导致分子中的原子或原子团在空间排列的顺序。之前我们已经学习了顺/反异构体构型的命名。在此，我们介绍对映异构体的两种构型命名方法。

（1）D/L 标记法　构型是指立体异构体中原子或原子团在空间的排列顺序。比如，试验结果表明，甘油醛（又叫 2,3-二羟基丙醛）有两种立体异构体。其中的一个立体异构体使偏振光向右旋转，另外一个使偏振光向左旋转。但是这一对对映体的结构式中，究竟哪一个代表右旋体，哪一个代表左旋体，从模型或 Fischer 投影式中是判断不出的。

在早期还没有方法测定时，为避免混淆和研究需要，人们选择用甘油醛作为参比物，规定在 Fischer 投影式中，手性碳原子上的羟基在碳链右侧的为右旋甘油醛，定为 D-构型（D 是拉丁文 dexcro 的第一个字母，右）；羟基在左侧的为左旋的甘油醛，定为 L-构型（L 是拉丁文 leavo 的第一个字母，左）。

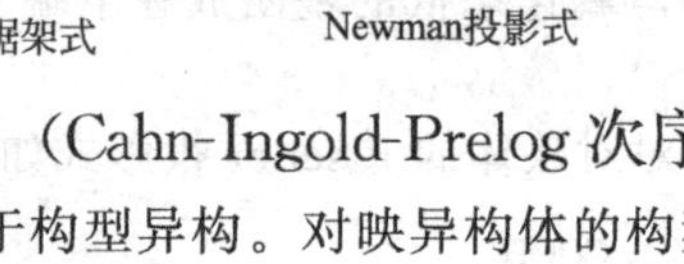

D-(+)-甘油醛　　　　L-(−)-甘油醛

基于甘油醛的构型，其他旋光性物质的构型就可以通过一定的化学转变与甘油醛联系起来。即以甘油醛为基础，通过化学方法将其转化成未知构型的化合物。如果与手性碳原子相连的化学键没有发生断裂，则新化合物保持甘油醛原有的构型。具体来讲，凡可由 L-甘油

醛转变而成的或是可转变成 L-甘油醛的化合物，其构型必定是 L-构型的；凡可由 D-甘油醛转变而成的或是可转变成 D-甘油醛的化合物，其构型必定是 D-构型的。需要注意的是，在此转变过程中不能涉及手性碳原子上化学键的断裂，否则就必须知道转变反应的历程。下面我们看一个具体例子：

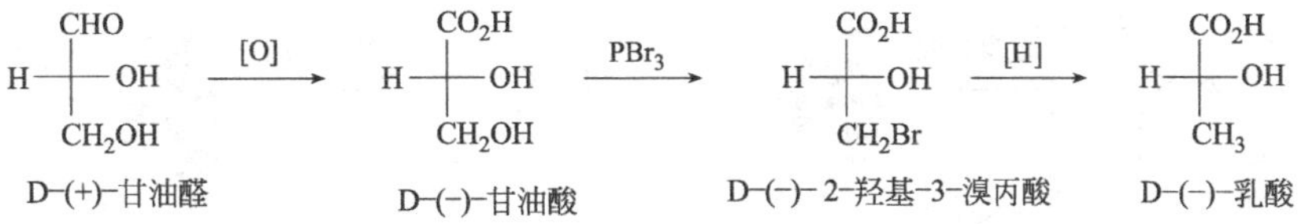

D-(+)-甘油醛在氧化剂的作用下，醛基（—CHO）被氧化成羧基（—CO_2H），生成甘油酸。由于在此过程中，与手性中心（C2）直接相连的化学键并未断裂，因此甘油酸的构型与 D-(+)-甘油醛相同，也是 D 构型。但是此甘油酸的旋光方向却是左旋。该实验结果说明化合物的构型与旋光方向不存在直接的关系。又例如，把乳酸转变成钠盐后，其旋光的方向和大小就发生了改变，尽管这一酸碱反应并没有改变立体中心的绝对构型。化合物的旋光方向是通过旋光仪测定而得到的。

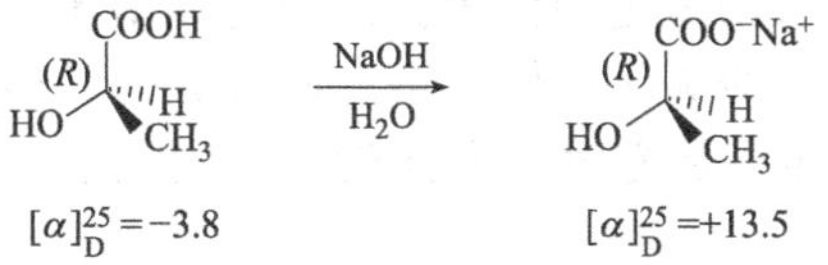

同样的道理，从 D-(+)-甘油醛到 D-(－)-乳酸的转变，在整个过程中，均未涉及与手性碳原子直接相连化学键的断裂。因此可以确定左旋的乳酸具有与右旋的 D-(+)-甘油醛相同的构型。即在左旋乳酸的 Fischer 投影式中，也是羟基在手性碳原子的右边，氢原子在左边。

由于 D、L 标记法是相对于人为规定的标准物——甘油醛而言的，所以这样标记的构型又叫作相对构型。那么，对甘油醛的一对对映体而言，它们"真实的构型"是如何的呢？这个问题在 1951 年之前都是悬而未决的。直到 1951 年，Bijvoet 用 X 射线测定了（+)-酒石酸的铷钠盐晶体的真实构型（也称绝对构型），确定了甘油醛的绝对构型。幸运的是，这恰与 Fischer 所规定的相对构型是一致的。这意味着人为假定的甘油醛的相对构型就是其绝对构型，同时也表明以甘油醛为参比物而确定的其他旋光性物质的相对构型也就是其绝对构型。因此，凡是经过与甘油醛相联系，而测得构型的化合物，其实就是测定了它们的绝对构型，无须改变这些化合物的构型符号（D 或 L）和旋光符号〔（+）或（－）〕。

值得注意的是，D、L 是指化合物以甘油醛为标准所得到的构型表示方法。d 和（+）同义，为右旋光性的符号；而 l 和（－）同义，为左旋光性的符号。

D/L 标记法的使用有一定的局限性，它只适用与甘油醛结构类似的化合物。目前除了在糖类化合物、氨基酸等化合物中仍沿用外，现基本采用 R、S 标记法。

（2） R/S 标记法　R/S 标记法根据手性碳原子所连接的四个原子或基团在空间的排列顺序来进行标记，它是直接以不对称碳原子自身的结构为依据的一种命名规则，因而摆脱了 Fischer 投影结构式中一些规定的干扰，从而广泛应用于各种类型手性化合物的构型命名。R/S 标记法中的 R 和 S 分别是拉丁文 rectus 和 sinister 的简写，分别表示"右"和"左"。R/S 标记法遵循英国 R. S. Cahn 和 C. K. Ingold 以及瑞士的 V. Prelog 三位化学家制订的规则，简称 CIP 规则。用这种方法标记的构型是真实的构型，叫作绝对构型。

R/S 标记法分为两步。第一步是将与手性碳原子相连的四个原子或原子团根据定序规则进行排序，较优基团在前，如 a＞b＞c＞d。在此，基团优先顺序的规则与 Z/E 标示几何异构的规定一致。第二步是将手性碳原子的四个原子或原子团中最小的基团 d（多数情况下为氢原子）置于远离观察者的视线方向，即其余三个基团朝向观察者，然后观察这三个基团的优先顺序。如果 a→b→c 是按顺时针方向排列，则手性碳原子的绝对构型为 R；如果 a→b→c 是按逆时针方向排列，则其构型为 S。

順时针方向，*R* 构型   逆时针方向，*S* 构型

R/S 标记法也可以直接应用于 Fischer 投影式。关键是要注意"横前竖后"，即与手性碳原子相连的两个横键是伸向纸前方的，两个竖键是伸向纸后方的。同样也是首先将连接到手性碳原子上的四个基团排序，较优基团在前，如 a＞b＞c＞d。观察时，将排在最后的原子或基团（d）放在离观察者眼睛最远的位置。最不优先基团 d 是在竖直键上（即 d 指向纸平面后方），依次观察 a、b、c 的顺序。如果是顺时针方向轮转，则投影式中该手性碳原子所代表的绝对构型为 R 型；如果是逆时针方向轮转，则该手性碳原子所代表的绝对构型为 S 型。

顺时针方向，*R* 构型   逆时针方向，*S* 构型

特别值得提出的是，如果在 Fischer 投影式中最小基团 d 是在横键上，即该原子或原子团是朝向纸平面前方的，并不是在远离观察者的位置上。这时依次观察 a→b→c 的顺序：如果是顺时针方向轮转，则投影式中的该手性碳原子所代表的绝对构型为 S 型；如果是逆时针方向轮转，该手性碳原子所代表的绝对构型为 R 型。这与最不优基团在竖直键上所得到的结论是相反的。

下面我们来看几个例子。

【例 6-1】 标记氯溴碘甲烷的两个构型。

转动，使 H 远离
观察者视线

氯溴碘甲烷分子中与手性碳原子直接相连四个原子的优先顺序应为 I＞Br＞Cl＞H。

由于氯溴碘甲烷中最小的原子 H 在横键上，朝向纸平面的前方。将氯溴碘甲烷的透视式在空间作适当的转动，使连接在手性碳上的最小原子（H）置于远离观察者视线的位置，而其他三个原子则处在朝向观察者的方向。依次观察 I、Br、Cl 的顺序是逆时针方向轮转，则氯溴碘甲烷中的手性碳原子所代表的绝对构型为 S 型。

【例 6-2】 标记 2-丁醇 Fischer 投影式的构型。

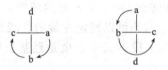

首先比较 2-丁醇中手性碳所连的四个原子或基团的优先顺序。与手性碳相连的四个基团由大到小的顺序是：$HO > C_2H_5 > CH_3 > H$。

将 2-丁醇的 Fischer 投影式在空间作适当转动，使连接在手性碳上的最小原子（H）置于远离观察者的视线位置，而其他三个基团（—OH、—C_2H_5、—CH_3）则处于朝向观察者的方向（此时只是将 Fischer 投影式转换成透视式了，原来的分子构型并没有发生改变）。

$OH \rightarrow —C_2H_5 \rightarrow CH_3$ 为顺时针方向，故为该分子中手性碳原子的绝对构型为 R 型。

此外，我们也可以直接由 Fischer 投影式判断上述 2-丁醇手性碳原子的绝对构型。由于最不优基团 H 原子位于 Fischer 投影式中的横键上，朝向纸平面的前方。这时观察—OH、—C_2H_5、—CH_3 的轮转顺序是逆时针方向，因此该手性碳原子所代表的绝对构型为 R 型。

值得注意的是，化合物的构型 R，S 或 D，L 和它的旋光方向（－或＋）无对应关系。原因在于旋光方向是化合物所固有的性质，是实验测得的结果；而化合物的构型是人为规定的，二者不能混为一谈。至今仍不清楚化合物的旋光方向和构型之间的关系。但是有一点是确定的，即一对对映体中的一个异构体是左旋的，另外一个必定是右旋的；手性碳原子的绝对构型为 R 型，则其对映体中的对应手性碳原子必定是 S 构型。

另外一点需要指出的是，D/L 和 R/S 是两种不同的构型标记方法，二者之间并没有必然的联系。R/S 标记法是根据分子的几何形状按照次序规则确定的，它只与分子中手性碳原子上所连接的原子和基团的优先顺序有关；而 D/L 标记法则是由分子与参照物甘油醛相联系而确定的。具有 D 构型或 L 构型的化合物若用 R/S 标记法来进行标记，D 构型既可能是 R 构型，也可能是 S 构型；同样，L 构型的化合物既可能是 R 构型，也可能是 S 构型。

此外，在研究糖类化合物和氨基酸的构型时，尽管 R/S 标记法有不易出错的优点，但它不能反映出立体异构体之间的构型联系。因此，在标记氨基酸和糖类化合物的构型时，仍普遍沿用 D/L 标记法。

思考题

6-4　按照顺序规则将下列各组基团排序。

(1) a. —CH＝CH_2　　b. —CH(CH_3)$_2$　　c. —C(CH_3)$_3$　　d. —CH_2CH_3

(2) a. —C≡CH　　b. —C(CH_3)$_2CH_2OH$　　c. —C(CH_3)$_3$　　d. —C_6H_5

(3) a. —CO_2CH_3　　b. —$COCH_3$　　c. —CH_2OCH_3　　d. —CH_2CH_3

(4) a. —C≡N　　b. —CH_2Br　　c. —CH_2CH_2Cl　　d. —Cl

6-5　写出分子式为 C_3H_6DCl 的化合物的所有构造异构体的结构式。这些化合物中哪些具有手性？用投影式表示它们的对映异构体并用 R 或 S 标记出构型。

6.4　含两个及多个手性碳原子化合物的对映异构

含有一个手性碳原子的化合物有一对对映体。分子中若含有两个或两个以上的手性碳原子，其立体异构体的数目就要多一些。

6.4.1　含有两个不同手性碳原子的化合物

以 2,3,4-三羟基丁醛为例，该分子中含有两个不同的手性碳原子。

$$\overset{*}{\underset{HO\ HO\ OH}{CH_2CHCHCHO}}$$

2,3,4-三羟基丁醛

该分子有四个立体异构体，组成两对对映异构体。下面是 2,3,4-三羟基丁醛的四种立体异构体。

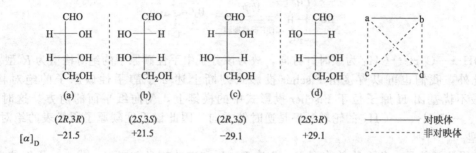

(a)	(b)	(c)	(d)
(2R,3R)	(2S,3S)	(2R,3S)	(2S,3R)
$[\alpha]_D$ −21.5	+21.5	−29.1	+29.1

—— 对映体
---- 非对映体

（a）和（b）互为实物和镜像关系，二者不能重合，为对映体。同样，（c）和（d）也互为对映体。那么（a）与（c），（b）与（d）之间是什么关系呢？（a）与（c）二者不重合，是立体异构体，但是它们不是互为镜像的关系。这种（a）与（c）彼此不成镜像的立体异构体为非对映体异构体（diasteroisomer），简称非对映体。同样，（a）与（d），（b）与（c），以及（b）和（d）之间彼此也不成镜像关系，也是非对映体。彼此不成镜像关系的立体异构体叫非对映体。

非对映体有不同的物理性质以及生化作用，与旋光性物质作用的速度往往也不同。比如，非对映体的旋光度不同；旋光方向可能相同，也可能不同。此外，非对映体的熔点、沸点、溶解度等也都不同。人们常利用这些性质上的差异，把对映异构体转变成非对映体，再用一般的物理方法进行分离。

6.4.2 含有两个相同手性碳原子的化合物

酒石酸分子中含有两个相同的手性碳原子。

$$HOOC-\overset{*}{\underset{HO}{C}}\overset{H}{-}\overset{*}{\underset{OH}{C}}\overset{H}{-}COOH \quad 酒石酸$$

若按照 2^n 规则，酒石酸应该有四个立体异构体。下面是它的四个立体异构体。

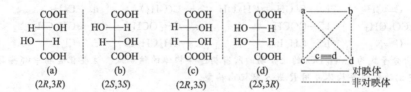

(a)	(b)	(c)	(d)
(2R,3R)	(2S,3S)	(2R,3S)	(2S,3R)

—— 对映体
---- 非对映体

其中（a）与（b）互为镜像关系，它们不能重合，是一对对映体。（c）和（d）也是互为镜像关系，但是它们能够完全重合，为同一种物质。仔细分析（c）、（d）的分子结构，我们不难发现，（c）、（d）分子中有一个对称面，对称面的上半部分是下半部分的镜像。因此，虽然分子中有手性碳原子，但是分子的上下两部分对偏振光的影响相互抵消，不能使偏振光发生偏转，分子整体无手性。这种分子中有手性碳原子，但无手性的化合物叫作内消旋化合物（*meso* compound）。内消旋化合物不具有旋光性。

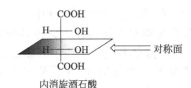

内消旋酒石酸

因此，酒石酸分子有两个手性碳原子，其立体异构体包括一对对映体和一个内消旋体。其异构体的数目比 2^n 少一个。

酒石酸有内消旋体的根本原因在于，它的两个手性碳原子所连接基团的构造完全相同。当这两个手性碳原子具有相反的构型（R，S）时，它们可以在分子内互相对映，所以分子整体不再具有手性。这是判断这类分子是否具有内消旋体的可靠依据。值得注意的是，这仅仅适用于含有两个相同手性碳的分子。

由此可见，尽管含有一个手性碳原子的分子必有手性，但是含有多个手性碳原子的分子却不一定都有手性。因此，"凡是含有手性碳原子的分子都是手性分子"的说法是不正确的。

由于内消旋体的存在，酒石酸有三种立体异构体。表 6-2 为酒石酸的三种立体异构体和外消旋体的部分物理性质。等量对映体的混合物为外消旋体，无旋光性。但是外消旋体和内消旋体在性质上并不一样。

表 6-2　酒石酸立体异构体的部分物理性质

项目	熔点/℃	溶解度/(g/mL)	密度(20℃)/(g/mL)	$[\alpha]_D^{20}$
（一）-酒石酸	170	139.0	1.7598	-12
（+）-酒石酸	170	139.0	1.7598	$+12$
内消旋酒石酸	148	125.0	1.666	0
（±）-酒石酸	206	20.6	1.697	0

思考题

6-6　$KMnO_4$ 与顺-2-丁烯反应，得到一个熔点为 34℃ 的邻二醇，而与反-2-丁烯反应，得到熔点为 19℃ 的邻二醇。两个邻二醇都是无旋光的。将熔点为 19℃ 的邻二醇拆分，可以得到两个旋光度绝对值相等、方向相反的一对对映体。试推测熔点为 19℃ 的及熔点为 34℃ 的邻二醇各是什么构型？

$$H_3C—CH=CH—CH_3+KMnO_4+H_2O \xrightarrow{[O]} H_3C—\underset{\underset{HO}{|}}{\overset{\overset{H}{|}}{C}}—\underset{\underset{OH}{|}}{\overset{\overset{H}{|}}{C}}—CH_3$$

6.4.3　含有多个不同手性碳原子的化合物

分子中有两个手性碳原子，则它最多有四个立体异构体；有三个手性中心，分别标记三个手性中心为 R 或者 S，则有八种不同的排列组合顺序，将这八个立体异构体排列可构成四组对映体：$RRR|SSS$、$RRS|SSR$、$RSS|SRR$ 以及 $SRS|RSR$。例如，2,3,4-三氯己烷的八个异构体：

（结构式图 I、I′、Ⅱ、Ⅱ′、Ⅲ、Ⅲ′、Ⅳ、Ⅳ′）

Ⅰ/Ⅰ′、Ⅱ/Ⅱ′、Ⅲ/Ⅲ′、Ⅳ/Ⅳ′形成四对对映异构体。而Ⅰ′与Ⅱ、Ⅱ′与Ⅲ等，都只有一个不对称原子的构型不同，其互为非对映异构体，这种异构现象称为差向异构，互为差向异构体（epimer）。如Ⅱ′与Ⅳ那样，构型不同的手性中心原子处在链端，则这两个异构体又称为端基差向异构体。在其他情况下，可分别用"C_n差向异构体"标明，n为不对称原子的位置编号，例如Ⅰ′与Ⅱ即为C_4差向异构体。

一般说来，若分子中有n个手性碳原子，其最多可产生2^n个立体异构体。有四个手性碳原子的化合物就有16个立体异构体，例如六碳醛糖分子（见第17章）。

6.5 环状化合物的立体异构

由于双键不能自由旋转，含有双键的化合物就会产生顺反异构体。与含有双键的化合物类似，碳环化合物中的碳原子，由于受到环的限制，环中的C—C单键也是不能自由旋转的，因而产生环状化合物的顺反异构（值得注意的是，随着环内所含碳原子的数目增加，环内C—C单键的可转动性也随之增加）。如果环状化合物有手性，那么它也会有对映异构体。环状化合物的立体异构比较复杂，往往是顺反异构和对映异构同时存在。在研究环的取代衍生物的立体异构现象时，将环看作是具有平面构型的体系。在书写异构体时，一般先写出环的顺反异构，再写环的旋光异构。

若环中有手性碳原子的存在，同样可以产生相应数目的旋光异构体，其情况和链状化合物雷同。下面我们分析一些例子。

环丙甲酸 中无手性碳原子，分子中存在一个对称面，因此该分子对平面偏振光无作用，无立体异构体。

1,2-二甲基环丙烷分子中两个甲基可以在三元环平面的同侧形成顺式异构体；这两个甲基亦可以在三元环平面的异侧构成反式异构体。对于顺-1,2-二甲基环丙烷分子而言，尽管该分子有两个手性碳原子，但是分子中有一个对称面，分子整体无手性，为一内消旋体。而在反-1,2-二甲基环丙烷分子中，分子无对称性因素，有手性。（b）和（c）互为镜像，为一对对映体。因此，1,2-二甲基环丙烷分子存在有一个顺式的*meso*-异构体和一对反式的对映体，情况和酒石酸相似。

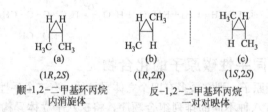

(a)	(b)	(c)
(1*R*,2*S*)	(1*R*,2*R*)	(1*S*,2*S*)
顺-1,2-二甲基环丙烷	反-1,2-二甲基环丙烷	
内消旋体	一对对映体	

对于手性环状化合物，简单的顺/反标记法已经不能清晰准确地表明分子的构型，我们必须用R/S标记法对分子进行命名。以反-1,2-二甲基环丙烷为例，只有对两个手性碳原子采用R/S标记法，才能区别（b）和（c）两个对映体。其中，（b）表示为（1*R*,2*R*）-1,2-二甲基环丙烷，（c）表示为（1*S*,2*S*）-1,2-二甲基环丙烷。值得注意的是，（a）和（b）以及（a）和（c）互为非对映异构体。由此可见，顺式和反式异构体之间互为非对映异构体。

顺-2-甲基环丙烷羧酸和反-2-甲基环丙烷羧酸分子中含有两个不同的手性碳原子，共有四个旋光异构体，组成两对对映体。其中一对对映体的取代基（—CH₃和—COOH）处于环平面的同侧，为顺-2-甲基环丙烷羧酸，分别命名为（1*R*,2*S*）-2-甲基环丙烷羧酸和（1*S*,2*R*）-2-甲基环丙烷羧酸。另外一对对映体的取代基（—CH₃和—COOH）处于环平面的异侧，构成反式，分别命名为 (1*S*,2*S*)-2-甲基环丙烷羧酸和 (1*R*,2*R*)-2-甲基环丙烷羧酸。同样，在该分子的四个立体异构体中，(a) 和 (c)，(a) 和 (d)，(b) 和 (c)，以及 (b) 和 (d) 之间为互为非对映立体异构体的关系。

<table>
<tr><td align="center">H₃C　COOH
H　H
(a)
(1R,2S)</td><td align="center">HOOC　CH₃
H　H
(b)
(1S,2R)</td><td align="center">H₃C　H
H　COOH
(c)
(1S,2S)</td><td align="center">H　CH₃
HOOC　H
(d)
(1R,2R)</td></tr>
</table>

顺-2-甲基环丙烷羧酸的一对对映体　　反-2-甲基环丙烷羧酸的一对对映体

环丁烷或环中碳原子数目更多的环烷烃的 1,2-取代衍生物的情况和环丙烷的立体异构情况基本一致。

但是，对于 1,3-二取代的环丁烷衍生物，却与以上所讨论的情况有所不同。下面我们来看几个 1,3-二取代环丁烷的衍生物。

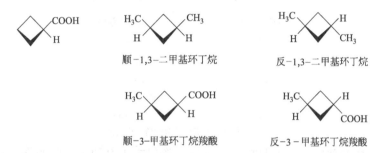

顺-1,3-二甲基环丁烷　　　　反-1,3-二甲基环丁烷

顺-3-甲基环丁烷羧酸　　　　反-3-甲基环丁烷羧酸

以上所有环丁烷的 1,3-二取代衍生物，分子都至少含有一个对称面，从而分子具有对称性因素，不具有旋光性，即为非手性分子。因而，对于顺-3-甲基环丁烷羧酸和反-3-甲基环丁烷羧酸这对分子而言，它们是几何异构体，属于构型异构中的顺反异构，而不是对映异构体。同样，顺-1,3-二甲基环丁烷和反-1,3-二甲基环丁烷也是一对顺反异构体，而不是对映异构体。另外一点值得注意的是，以上 1,3-二取代的环丁烷衍生物中，既无手性碳原子，也不是内消旋体。

因此，对于 1,3-二取代的环丁烷衍生物，无论是顺式构型，还是反式构型，它们都没有旋光活性异构体，分子实体和其镜像是相同的，不存在对映异构体。当然，当取代基自身具有手性时情况要复杂得多。这里不再深入展开。

环己烷及其取代衍生物的优势构象是椅式构象，因此，环己烷一般处于椅式构象，而取代环己烷的椅式构象将可能引起对映异构现象。

顺-1,2-二甲基环己烷的平面式

H₃C　CH₃

CH₃　　　　　　CH₃
H₃C　　　　　　　　CH₃
(a)　　　　　　　(b)

顺-1,2-二甲基环己烷的椅式构象式

CH₃
CH₃
(a′)

如顺-1,2-二甲基环己烷。从该分子的平面式来看，分子中有对称面，存在着对称性因素，因此无手性。但是，从构象式上分析，则发现该分子的椅式构象 (a) 和它的镜像 (b)

并不能重合，应该为一对对映体（a）与（b）。但是，我们知道，环己烷在室温条件下就可以迅速地进行椅式构象翻转，从一种椅式构象转换成另外一种椅式构象，即（a）与（a'）之间是可以通过椅式构象的翻转而相互转化的。在通常条件下，我们并不能将其中的一种椅式构象分离出来。而（a'）与（b）完全重合，因此，从顺-1,2-二甲基环己烷的椅式构象式分析，该分子为非手性分子，不具有光学活性。

反-1,2-二甲基环己烷则是另外一种情况。

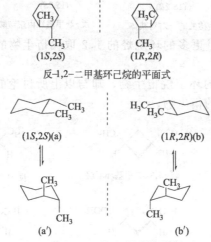

反-1,2-二甲基环己烷的平面式

反-1,2-二甲基环己烷的椅式构象式

从反-1,2-二甲基环己烷的平面式可以看出，该分子中有两个手性碳原子，并且分子无对称性因素，具有手性，有一对对映体。从构象上分析，（a）与（a'）通过椅式构象的翻转可以互相转化，彼此不能分离，其中（a）为优势构象。同样，（b）与（b'）之间可以相互转化，但不能分离，其中（b）为优势构象。但是，优势构象（a）与（b），非优势构象（a'）与（b'）之间均是彼此互为实物和镜像的关系，且彼此不能重合，即互为对映体。（a）与（b），以及（a'）与（b'）之间不能通过环的翻转而变成它们的镜像。

由此可见，环己烷一般处于椅式构象，该椅式构象与通过翻转所得到的椅式构象之间是可以相互转换的，但并不影响取代环己烷手性碳原子的构型。所以，人们在研究环己烷取代衍生物的手性时，通常将环己烷作为一平面结构进行分析，从而简化问题。

思考题

6-7 下列化合物是否具有旋光活性？

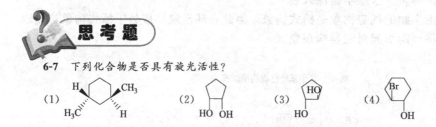

6.6 不含手性碳原子化合物的旋光异构

大多数具有旋光性的有机化合物含有一个或多个手性碳原子。然而，具有手性碳原子的化合物并不一定就有手性，如内消旋的酒石酸分子虽然含有两个手性碳原子，但是分子整体却没有手性。同样，某些具有手性的有机化合物，分子中不一定含有手性碳原子。比如下面我们将要学习的丙二烯型化合物和联苯型化合物。

由此可见，分子中是否含有手性碳原子并不是分子具有手性的充分必要条件。决定一个分子是否有手性，能使偏振光发生旋转，关键还是要分析分子的实体和其镜像能否完全重叠，或分子中是否有对称性因素。

6.6.1 具有丙二烯结构的分子

丙二烯分子本身并无手性。但此类化合物分子的结构具有一定的特点，丙二烯两端的两个碳原子为 sp^2 杂化，中心碳原子为 sp 杂化，两个端基碳原子分别与中间碳原子的两个 sp 杂化轨道形成一个 σ 键，同时，每个端基碳原子提供一个未参与杂化的 2p 轨道与中心碳原子的未参与杂化的两个 $2p_y$ 轨道分别与端基碳原子的 $2p_z$ 轨道形成两个互相垂直的 π 键，因此丙二烯分子的两个 CH_2 处于彼此相互垂直的两个平面。其结构如下图所示：

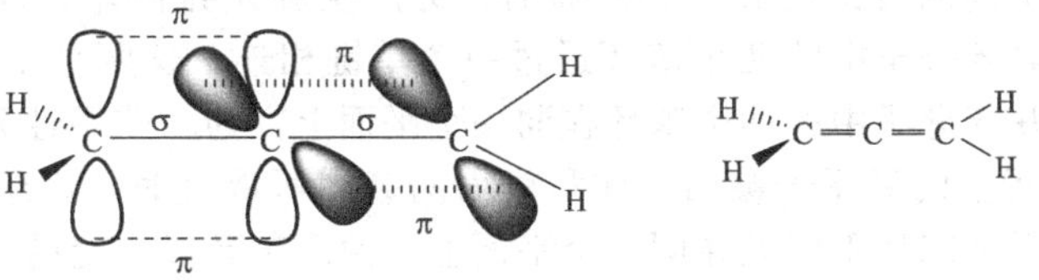

当取代丙二烯分子的同一碳原子上各连有两个不同的基团，如 A 与 B 为不同的原子或原子团时（即 A≠B），就产生了手性因素，分子中既无对称面，亦无对称中心，分子与其镜像不能重合，存在着对映异构体。下图中 Ⅰ 和 Ⅱ 为一对对映体。

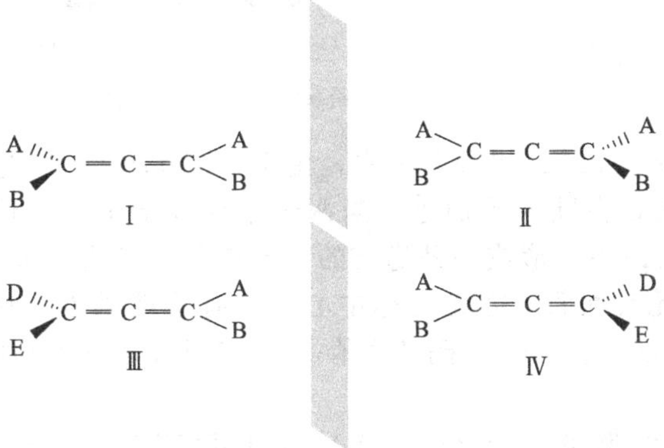

同样，当 A≠B，并且 D≠E 时，Ⅲ 和 Ⅵ 也互为镜像，但彼此不能重合，为一对对映体。丙二烯可以看作是一个拉长的四面体，其分子的对称性降低。取代的丙二烯分子只要同时满足 A≠B 且 D≠E 的条件，就具有手性，而不需要 A≠B≠D≠E 的条件。如果丙二烯衍生物的 C1 或 C3 上连有两个相同的基团，如 1,2-丁二烯，那么分子中就有一个对称面，从而分子无旋光性。

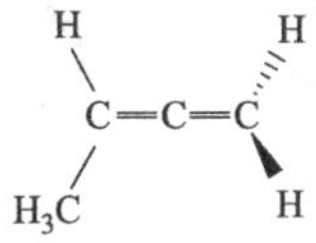

1,2-丁二烯

与取代丙二烯衍生物类似的化合物，如 4-甲基环己亚基乙酸，在 1909 年被成功地拆分为光学活性异构体。这是首次得到的不含不对称碳原子的旋光异构体。

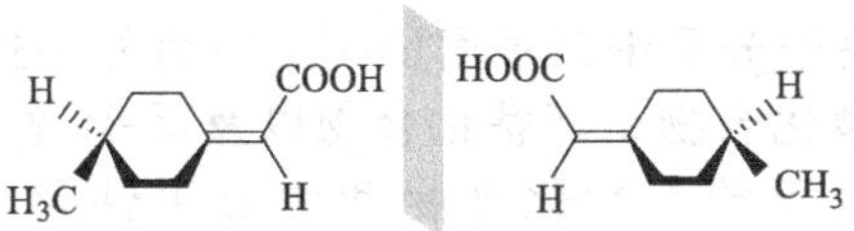

4-甲基环己亚基乙酸的一对对映体

　　与丙二烯型化合物结构相似的还有一些螺环化合物具有轴向手性，不同取代基位于两个相互垂直的平面上，若以其中一个为对称面，则另一个面不对称，这类分子也是手性化合物。例如：

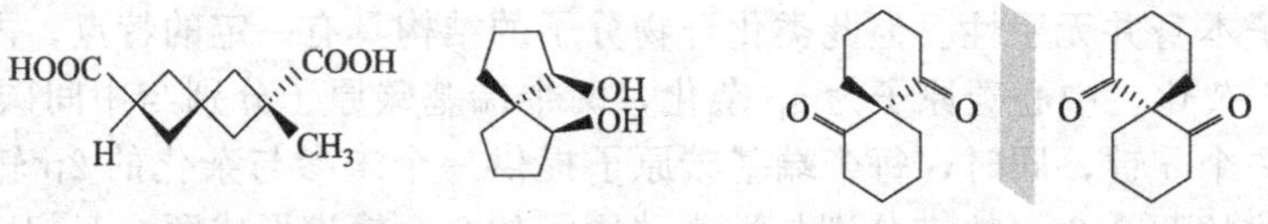

6.6.2　联苯型衍生物

　　当某些分子中单键的自由旋转受到阻碍时，会产生旋光异构体。这种现象称为位阻异构，如联苯分子。联苯分子中的两个苯环通过一个单键相连，这两个苯环可沿着碳-碳单键自由旋转。实际上联苯分子中的两个苯环在同一个平面上，为一非手性分子。然而当联苯分子的 2,2′ 和 6,6′ 位置上的氢原子被四个体积较大的基团所取代时，则苯环绕单键的旋转就会受到阻碍，致使两个苯环不能处在同一个平面上，两个苯环成一定的角度。我们来分析一下 6,6′-二硝基联苯-2,2′-二甲酸分子。

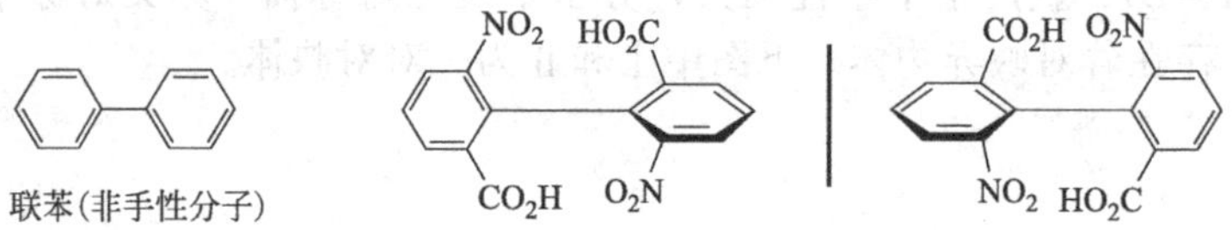

6,6′-二硝基联苯-2,2′-二甲酸（一对对映体）

　　在 6,6′-二硝基联苯-2,2′-二甲酸分子中，由于 —CO_2H、—NO_2 都是空间体积比较大的基团，两个苯环无法处在同一平面上。当两个苯环处于垂直的位置时，才能使得分子中基团之间的空间位阻最小，形成一种稳定的分子构象。如此一来，在 6,6′-二硝基联苯-2,2′-二甲酸分子中既无对称面，亦无对称中心，具有手性因素。该分子的实体和其镜像不能重合，构成一对对映体。6,6′-二硝基联苯-2,2′-二甲酸是首个利用拆分到的联苯型类的旋光对映体。

　　值得一提的是，2,2′-联萘二酚（BINOL）、1,1′-联萘-2,2′-二苯膦（BINAP）具有 C_2 对称性，具有手性，都能被拆分为单一对映体。它们及其衍生物都是用途广泛的手性配体，在不对称合成中具有重要的应用价值。

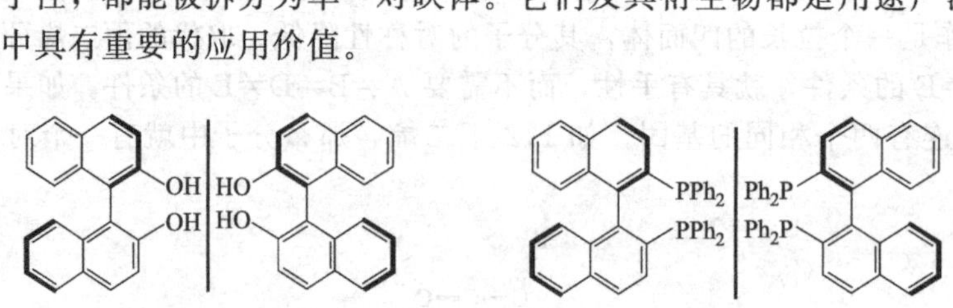

BINOL　　　　　　　　　　　　　BINAP

　　手性丙二烯型和联苯型化合物都属于轴手性（axial chirality）化合物，以区别于由手性碳原子所产生的中心手性化合物。

6.6.3　面手性化合物

　　此类化合物的手性取决于分子中某平面的一边与另外一边之间的差别，该面即为手性面。例如，旋光性提篮型化合物、环番化合物以及反-环辛烯等，称为平面手性（planar chirality）化合物。相对于轴手性化合物和中心手性化合物，面手性化合物较为少见。

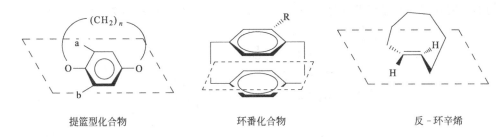

提篮型化合物   环番化合物   反－环辛烯

6.7 外消旋体的拆分

外消旋体是一对对映体的等量混合物。人工合成具有一个手性碳原子的化合物，除了不对称合成外，得到的化合物基本上是外消旋体。如要得到单一的对映体，必须将外消旋体进行拆分（resolution）。外消旋体的拆分是指将组成外消旋体的两个对映体分开，使之成为纯净的状态。由于对映体除旋光方向相反外，其他物理性质，如熔点、沸点和溶解度等均相同，因此用一般的物理、化学方法，如蒸馏、结晶、色谱分离等方法，很难将对映体分开。

1848 年，L. Pasteur 首次通过晶体机械拆分的方法完成了外消旋体的拆分。他发现溶解在水溶液中的外消旋体酒石酸钠铵盐，会随着水的缓慢蒸发，在低于 27℃的温度下，析出两种晶形的晶体。这两种晶体从形状上看是实物和镜像的关系。Pasteur 借助放大镜，用镊子将这两种晶体分开。这在科学史上是首次成功拆分外消旋体。但是，像酒石酸钠铵盐这样，左旋体和右旋体具有不同晶形的外消旋体很少。许多组成外消旋体的对映体具有相同的晶形。此法也不能拆分液态化合物。因此，目前很少通过机械拆分来分离消旋体。

我们在 6.4 节学习了非对映异构体。非对映异构体在物理性质上有较大的差别；此外，对映体和手性化合物作用的速度也不一样，即反应速度不同。人们根据这些原理来拆分外消旋体。下面我们介绍几种拆分方法。

6.7.1 化学拆分法

化学拆分法的原理是将外消旋体与某种旋光性物质（拆分剂）反应，生成非对映体。由于非对映体具有不同的物理性质（沸点、溶解度等不同），可以通过分步结晶、蒸馏的方法将非对映体分离。然后再设法除去拆分剂，从而得到单一的旋光异构体。目前这是最重要和常用的拆分法。例如，外消旋酸（±）-A 可与旋光性碱（－）-B 作用，生成一对非对映异构体的 （＋）-A-（－）-B 和 （－）-A-（－）-B 盐。将非对映异构体分开后，再各自加入无机酸除去碱 （－）-B，即得到光学纯的 （＋）－A 和 （－）-A。如下式：

$$（\pm）\text{-A} + (-)\text{-B} \quad \begin{cases} —（+）\text{-A–}(-)\text{-B盐} \xrightarrow{H^+} （+）\text{-A} \\ —（-）\text{-A–}(-)\text{-B盐} \xrightarrow{H^+} （-）\text{-A} \end{cases}$$

非对映异构体

如上所述，化学拆分法可大致分为三个步骤。即首先生成非对映体，然后分离非对映体，最后将非对映体复原为对映体。在拆分过程中，拆分剂既可以和外消旋体中的对映体很好地作用，有效地生成非对映体，又不影响对映体的手性中心。化学拆分法主要适用于外消旋酸或外消旋碱的拆分。如果要拆分的外消旋体是酸，如（±）-乳酸，可选择光学纯的碱，如（－）-奎宁、吗啡碱、D-（－）-麻黄碱、（－）-马钱子碱或（＋）-辛可宁等为拆分剂，生成两种盐。所形成的盐中，酸部分来源于外消旋体（±）-乳酸，是对映异构的；而碱部分是相同的。因而这两种盐是非对映体。利用这两种盐在某种溶剂中溶解度的不同，通过分步结晶的方法将二者进行分离。分离后，再分别用无机酸处理，得到光学纯的（＋）-乳酸和（－）-乳酸。

例如：用碱（—）-奎宁来拆分（±）-乳酸。其中（—）-奎宁的结构为：

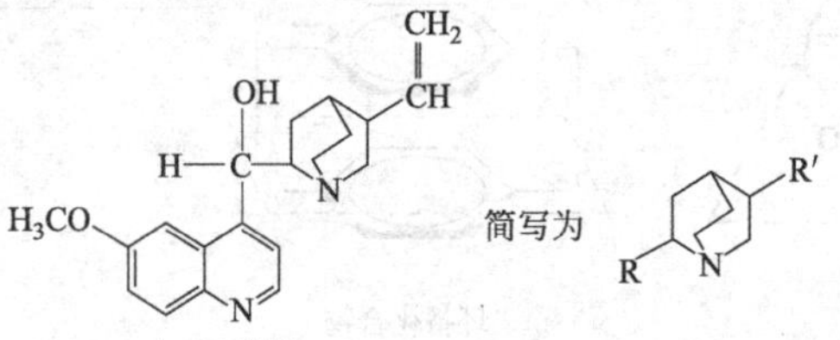

（—）-奎宁   简写为

通常使用光学纯的（—）-奎宁与（±）-乳酸作用，生成非对映体的铵盐：

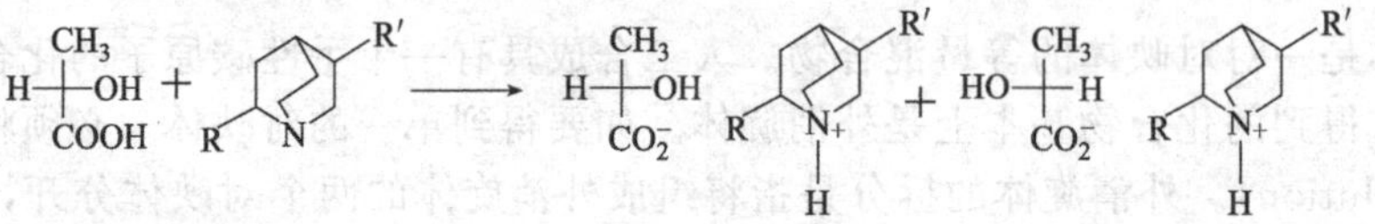

（±）-乳酸   （—）-奎宁   （—）-奎宁-(+)-乳酸盐   （—）-奎宁-(—)-乳酸盐

上述反应形成的两个产物：（—）-奎宁-（＋）-乳酸盐和（—）-奎宁-（—）-乳酸盐不是镜像关系，两个产物彼此是非对映体，而不是对映体。由于非对映体的溶解度不同，就可以用分步结晶的方法将其分开。纯的非对映体通过简单化学反应即可恢复到对映体的初始状态。

$$（—）-奎宁-（＋）-乳酸盐＋HCl \longrightarrow （＋）-乳酸 ＋（—）-奎宁·HCl$$
$$（—）-奎宁-（—）-乳酸盐＋HCl \longrightarrow （—）-乳酸＋（—）-奎宁·HCl$$

常用的生物碱是从天然植物中提取分离得到的，如（—）-奎宁、（—）-马钱子碱，（＋）-辛可宁和（—）-番木鳖。请参见第 15 章 15.5 节。

如果要拆分的外消旋体是一个碱，通常采用光学纯的酸，如酒石酸、（＋）-樟脑-10-磺酸以及 D-或 L-苹果酸等作为拆分剂。

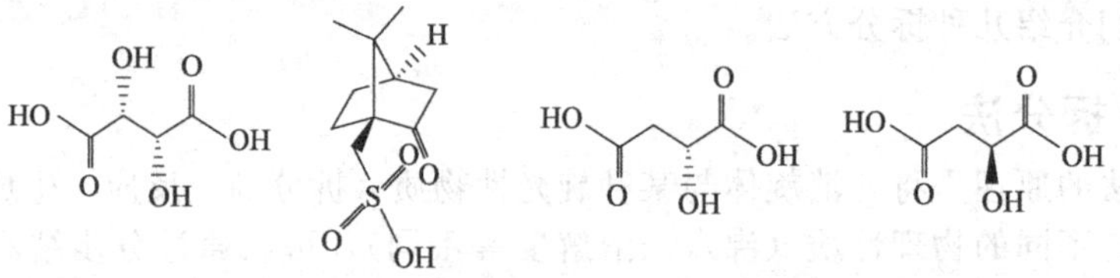

L-(+)-酒石酸   (+)-樟脑-10-磺酸   D-(+)-苹果酸   L-(—)-苹果酸

如果要拆分的外消旋体既不是酸又不是碱，可以设法在化合物上引入一个羧基，然后再进行拆分。

6.7.2 生物拆分法

1858 年，Pasteur 观察到，外消旋体酒石酸铵在酵母或青霉素的存在下，右旋酒石酸铵逐渐被消耗，而左旋酒石酸铵的量保持不变。这样经过一段时间后，左旋酒石酸铵盐可以从发酵的母液中分离得到。显然，（＋）酒石酸被微生物所代谢，而（—）-酒石酸则不能被其所消耗。这种外消旋体经过某种化学反应（包括生物化学反应），其中的一个对映异构体被消耗，而另外一个对映异构体保留未变的过程，称为"不对称分解作用"。近年来，一些抗生素和手性药物的工业生产就采用这种微生物拆分的方法，产物的旋光纯度很高。但是，这种方法的缺点是在分离过程中，往往要损失一半的原料，并且因加入供给微生物的营养物质而使得纯化产品较为困难。

在实际拆分过程中，不仅某些微生物或活细胞，生物体内所包含的活性酶都可以有以上所提到的"不对称分解作用"。酶是生命过程中化学反应的催化剂，是具有旋光活性的大分子。尽管酶一般存在于生物体内，但它既可以在生物体内，也可以在生物体外起到催化作用。酶对其催化的生物化学反应具有专一性，就像是一把钥匙只能用于开一把锁一样。

由于某种特定的酶只能对某一特定构型的立体异构体有作用，而对其他构型的异构体无作用。因此，酶可以用来拆分某些外消旋体。比如：拆分（±）-苯丙氨酸。拆分时，首先将（±）-苯丙氨酸乙酰化，得到（±）-N-乙酰基苯丙氨酸。

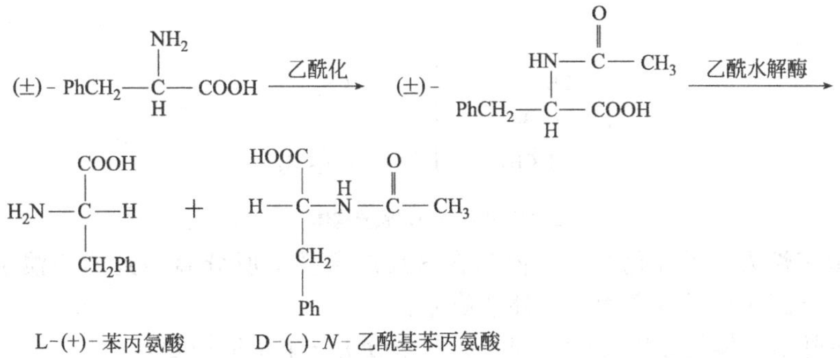

L-(+)-苯丙氨酸　　　　D-(−)-N-乙酰基苯丙氨酸

由于乙酰水解酶（由猪肾、肝脏提取）只能水解 L-(＋)-N-乙酰基苯丙氨酸，而对 D-(−)-N-乙酰基苯丙氨酸却不起作用。因此用乙酰水解酶水解（±）-N-乙酰基苯丙氨酸后，所得到的水解产物为 L-(＋)-苯丙氨酸和 D-(−)-N-乙酰基苯丙氨酸的混合物。很明显这两种化合物是两个完全不同的物质，性质差别很大，因而用一般的方法很容易将二者分离。

利用从猪肾、肝脏提取到的乙酰水解酶进行氨基酸的拆分很有效，但是这种方法的缺点是这种乙酰水解酶很不稳定，使用时需要新鲜制备的制剂才有作用，因而不是很方便。目前市场上有一些商品化的稳定的酶制剂，如木瓜蛋白酶，可以有效地用于（±）-N-酰基-氨基酸的拆分。

6.7.3　柱色谱拆分法

柱色谱法是色谱法的一种。其原理是利用不同物质对同一种吸附剂有不同的吸附作用，从而达到分离混合物的目的。用手性化合物，如淀粉、蔗糖粉、乳糖粉等物质作为柱色谱的吸附剂。由于一对对映体对手性吸附剂的亲和力不同，在适当的淋洗剂的洗脱下，对映体通过吸附柱的速度不同，就有可能将外消旋体成功地拆分成两个旋光性不同的对映体。

上述拆分方法各有其特点。还可以采用某些物理方法进行外消旋体的分离。例如，用特定波长的平面偏振光照射某些外消旋体，使得其中一个对映体被破坏从而得到另一对映异构体。播种法，也叫诱导结晶法，则是在外消旋体的过饱和溶液中，加入其中一个纯的对映体作为晶种，使这一对映体首先结晶析出，另一对映体则留在母液中。这一方法具有工艺简便、成本低廉的特点，适合在工业生产上应用。

近年出现了一些特殊的拆分法，包括膜电极电化学拆分法、光学活性膜拆分法、大环多聚醚拆分法，甚至还有利用旋光性溶剂进行萃取或重结晶的方法等。这里不再赘述。

6.8　手性化合物的产生

非手性分子通过化学反应可以转化成手性分子。由非手性化合物合成手性化合物时，如果无外界手性因素的影响，总是得到外消旋体的混合物。例如，由正丁烷和溴发生取代反应，可以得到多种溴代产物。其中的 2-溴丁烷包含一个手性碳原子，为手性化合物，有一对对映异构体。

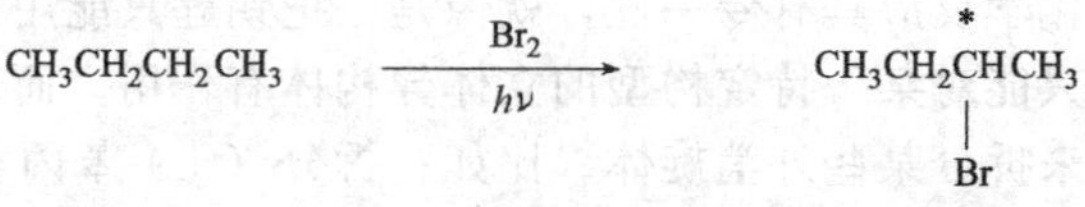

$$CH_3CH_2CH_2CH_3 \xrightarrow[h\nu]{Br_2} CH_3CH_2\overset{*}{C}HCH_3 \quad | \quad Br$$

正丁烷
（非手性化合物）

2-溴丁烷
（手性化合物）

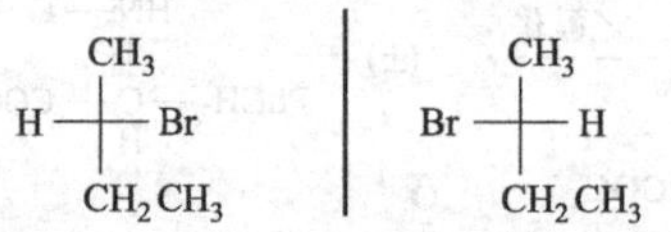

2-溴丁烷的一对对映异构体

　　虽然 2-溴丁烷为一手性化合物，但是在该反应条件下所分离得到的 2-溴丁烷产物却不具有旋光性。原因在于反应产物是一外消旋体。

　　那么产生外消旋体的原因是什么呢？我们来分析一下反应历程。

$$Br_2 \xrightarrow{h\nu} 2Br\cdot$$

$$CH_3CH_2CH_2CH_3 + Br\cdot \longrightarrow CH_3CH_2\dot{C}HCH_3 + HBr$$

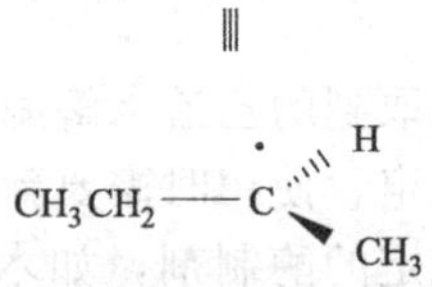

$$\parallel$$

仲丁基自由基（平面结构）

　　在光照条件下，溴分子产生两个溴自由基。当溴自由基与正丁烷发生反应，溴自由基夺取正丁烷仲碳原子上的一个氢，生成仲丁基自由基。仲丁基自由基中带有单电子的碳原子为 sp^2 杂化，它具有对称的平面结构，即该碳原子上所连有的三个基团 CH_3、H 及 CH_2CH_3 在同一个平面内。在下一步仲丁基自由基与溴分子的反应中，Br_2 从平面两侧进攻的概率相等，即 Br_2 以同样的概率由平面的两侧与该碳原子结合，从而产生等量的对映异构体。所以得到的化合物是外消旋体，无旋光性。

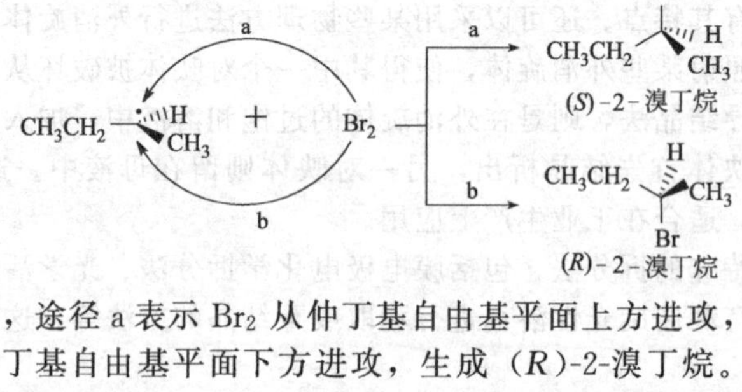

(S)-2-溴丁烷

(R)-2-溴丁烷

　　上图反应历程中，途径 a 表示 Br_2 从仲丁基自由基平面上方进攻，生成 (S)-2-溴丁烷；途径 b 表示 Br_2 从仲丁基自由基平面下方进攻，生成 (R)-2-溴丁烷。a 和 b 两种途径的进攻机会均等，故而得到的产物是 (S)-2-溴丁烷和 (R)-2-溴丁烷等量的混合物，也就是外消旋体。

　　在上述例子中，非手性的正丁烷与溴分子的自由基取代反应产生了一个手性碳原子，该亚甲基碳原子又称为前手性碳原子（prochiral carbon）或前手性中心。

　　一般来讲，当一个碳原子连接的四个基团中，由两个相同的基团 X 和 X，以及两个不同的基团 Y 和 Z 所组成，则该碳原子（CX_2YZ）没有手性。如果将其中的一个 X 以其他基团 M 所取代，则该碳原子便成为手性碳原子（CXMYZ）。这个此前无手性的碳原子就成为前手性中心。溴乙烷（CH_3CH_2Br）就是一个有前手性碳原子的分子。

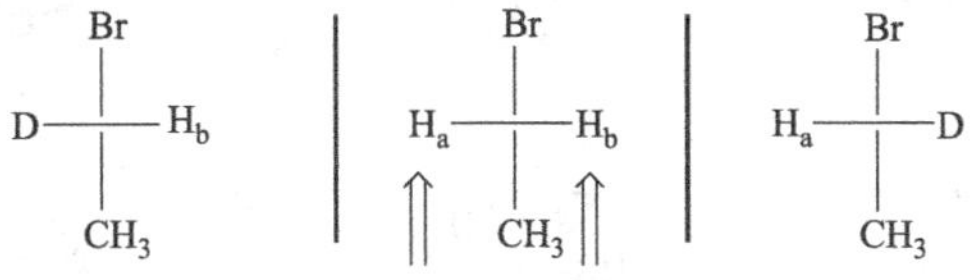

$$S\,构型 \qquad 前S \quad 前R \qquad R\,构型$$

如上图所示，如用氘（D）取代溴乙烷分子中亚甲基（—CH_2—）上的一个氢原子，则亚甲基碳原子上连接有四个不同的基团（H、D、Br、CH_3），从而该碳原子具有手性，成为手性碳原子。如果将这两个氢原子分别标记为 H_a 和 H_b，则氘取代不同的 H 后将得到 R 和 S 两种构型的碳原子。如果 H 被 D 取代后得到 R 构型的产物，则该原子称为前 R 氢（pro-R-hydrogen）；如果 H 被 D 取代后得到 S 构型的产物，则该原子称为前 S 氢（pro-S-hydrogen）。

如果将 2-溴丁烷再进行溴代，其中的产物之一 2,3-二溴丁烷具有两个相同的手性碳原子：

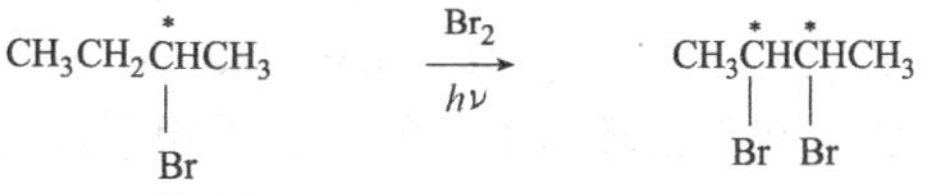

$$CH_3CH_2\overset{*}{C}HCH_3 \quad \xrightarrow[h\nu]{Br_2} \quad CH_3\overset{*}{C}H\overset{*}{C}HCH_3$$
$$\underset{Br}{\quad} \qquad\qquad\qquad \underset{Br\ \ Br}{\quad}$$

2-溴丁烷　　　　　　　　　2,3-二溴丁烷

该分子应该有三个异构体，即一对光学活性对映体和一个内消旋体。

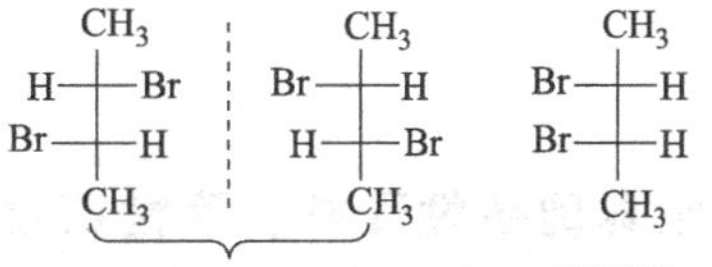

$$(2S,3S) \qquad (2R,3R) \qquad (2R,3S)$$
一对对映体　　　　　内消旋体

假如通过一定的方法将外消旋体 2-溴丁烷进行拆分，则可以得到两个光学纯的 R 和 S 的旋光异构体。取其中的一个，如（S）-2-溴丁烷再进行溴代，则 C3 的溴代可得到（S，S）-及（S，R）-两个互为非对映异构体的 2,3-二溴丁烷。其中，（$2S,3S$）-2,3-二溴丁烷有旋光活性，而另一个为内消旋的（$2R,3S$）-2,3-二溴丁烷。

产生这种实验结果的原因是什么呢？

在（S）-2-溴丁烷的溴代反应中，由于与 C2 直接相连的化学键并未断裂，因而其构型保持不变，仍为 S 型。但是在该反应中新产生的手性碳有两种可能的构型，因而反应产物中有两种非对映异构体，即（$2S,3S$）-2,3-二溴丁烷和（$2R,3S$）-2,3-二溴丁烷。

实验结果表明，反应产物中这两种非对映异构体产生的量是不同的，内消旋体（$2R$，$3S$）-2,3-二溴丁烷与光学活性的（$2S,3S$）-2,3-二溴丁烷的比例为 71∶29，即内消旋体占多数。为什么会有这样的现象呢？我们来分析一下反应机理：

在此反应中，涉及（S）-2-溴-3-丁基自由基的稳定构象及溴分子对（S）-2-溴-3-丁基自由基的溴代反应。（S）-2-溴-3-丁基自由基的稳定构象是自由基分子中大基团尽可能地远离，两个较大的甲基处于反式位置。溴分子从（S）-2-溴-3-丁基自由基平面的两侧进攻。由于自由基上的 C2 具有手性，当溴从 a 面进攻时，则受到体积较大的 Br 原子的阻碍，不利于溴代反应的进行，从而得到数量较少的（$2S,3S$）-2,3-二溴丁烷；当溴从 b 面进攻时，H 原子的体积较小，空间位阻小，有利于反应的进行，从而得到数量较多的（$2R,3S$）-2,3-二溴丁烷，即主要产物为内消旋体。

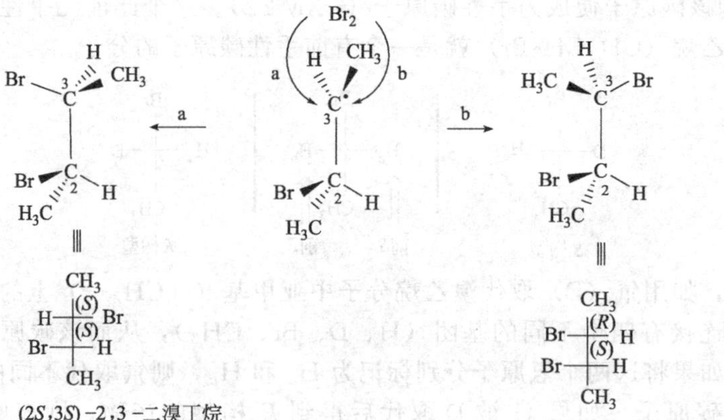

(2S,3S)-2,3-二溴丁烷   (2R,3S)-2,3-二溴丁烷

(S)-2-溴丁烷C3的溴代

从上述例子可以看出，在已有一个手性中心的分子中引入第二个手性中心时，得到的非对映体的量是不等同的。换言之，形成第二个手性中心时有立体选择性（stereoselectivity）。这种将非手性中心通过化学反应转化为手性中心时，所得到的立体异构体的量不相等，或是某种异构体的量占优势的合成称为不对称合成（asymmetric synthesis），也称为手性合成。不对称合成的方法很多，一般是在手性环境下进行，如采用手性底物、手性催化剂或手性试剂等。上述手性底物 S-2-溴丁烷的溴代为立体选择性反应，得到以内消旋体为主要产物的非对映异构体的混合物。

知识介绍

生物世界的手性现象、手性药物简介

可以毫不夸张地说，我们处于一个手性的世界。在后续章节，特别是第17～19章，我们将发现，构成生命体系的生物大分子如蛋白质、多糖、核酸和酶，以及大部分重要的结构单元（氨基酸、单糖等）都是仅以一种对映体的形态存在。自然界里有很多手性化合物，其对映异构体虽然看起来非常相似，但是并不完全相同。许多人工合成的药物分子也具有手性。由于生命体系具有极强的手性识别能力，当一个手性化合物进入生命体时，它的两个对映异构体通常会表现出不同的生物活性，这种手性识别关系如同锁和钥匙（lock and key）的关系。

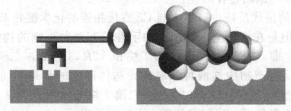

在人体内，药物通过与具有特定物理形状的受体（靶点）反应起作用。与手性药物相比，手性药物的对映异构体在人体内的药理活性、代谢过程及毒性可能存在显著的差异，如同钥匙和锁不匹配一样。这种手性药物与其对映体之间的药理活性差异可大致分为以下四大类：第一类是手性药物与对映体之间有相同或相近的药理活性；第二类是手性药物的一个对映体具有显著的活性，而其对映体的活性很低或不显示此活性；第三类是手性药物与其对映体的药理活性有差异；第四类则是手性药物与它的对映体具有不同的药理活性。

例如，L-多巴可用于治疗帕金森氏症，而其对映体D-多巴则具有严重的副作用。另一个突出的例子是药物反应停事件。1953年，联邦德国 Chemie 制药公司发明了一种名为"沙利度胺（thalidoamide）"的新

药，具有优异的镇静和催眠药效。Chemie 公司在 1957 年将该药以商品名"反应停"推向市场，并随即在欧洲及世界其他一些国家的妊娠妇女中流行，以缓解孕妇妊娠初期的激烈反应。但很快发现它具有强烈的致畸作用。虽然将反应停逐出了药物市场，但仍导致了大约 1.2 万个海豹畸形儿出生的惨剧。后来发现反应停中左旋构型有致畸作用，而另一构型没有致畸作用。不过，反应停的纯异构体在生理环境下，十分钟内在体内就变成外消旋体（这一过程称为消旋化，racemization）。因此，即使使用纯的右旋药物也无法避免这场用药悲剧。

在农业化学品、香料、食品添加剂、农药等方面，同样存在手性的要求。例如，美国 NeutraSweet 公司利用左旋天冬氨酸与左旋苯丙氨酸两种天然氨基酸为原料，合成出一种新型高甜度甜味剂阿斯巴甜（Aspartame），酷似蔗糖，甜度为蔗糖的 200 倍，而热量仅为蔗糖的 1/200，食品或饮料中只要添加少量的这种新型手性甜味剂，即可产生纯正的甜味且食后不会使人发胖。显然，研究手性化合物对于人类健康有着重要意义。在总结手性药物临床经验与教训的基础上，美国食品与药品管理局（FDA）于 1992 年颁发了手性药物指导原则。按照新的规定，所有在美国上市的消旋体类新药，研究者均需提供相应的报告，分别说明手性药物中所含的对映体的药理、毒理和临床效果。2006 年 1 月，我国国家食品药品监督管理总局（CFDA）也出台了相应的政策法规。

L-多巴 反应停:左旋体,致畸 阿斯巴甜

研究手性化合物首先要设法获得所有的对映异构体。方法主要包括从天然产物中提取以及结构改造、外消旋体拆分、生物酶法的合成以及不对称合成（或称为手性合成）。过去想选择性地合成手性化合物的一个异构体是非常困难的。不对称合成，或手性合成，则是在极少量的手性催化剂作用下获得大量的单一对映体。经过数十年科学家们的不断努力，不对称合成在理论和方法上已取得相当大的进步。

常用对映体过量（enantiomeric excess）百分数（ee）来评价不对称合成的效果。两种对映关系的异构体在相同条件下具有大小相等而方向相反的比旋光度。只有两者的百分含量之差才能显示出旋光活性，因此对映体过量百分值也叫光学纯度。

$$ee = \frac{[R]-[S]}{[R]+[S]} \times 100\% \quad \text{或者} \quad ee = \frac{[S]-[R]}{[R]+[S]} \times 100\%$$

（[R] 过量）　　　　　　　　　　　（[S] 过量）

例如，R 和 S 两对映体相对含量分别为 90% 和 10%，则该化合物的对映体过量 ee 为 80%。通过比旋光度的测定，可以得到对映体过量的百分数，即光学纯度。例如，某合成得到的 L-多巴的比旋测得值为 -10.8（c1.0，1mol/L HCl），又已知该化合物绝对纯的比旋值为 -12.0（c1.0，1mol/L HCl），那么该合成得到的 L-多巴的 ee 值即光学纯度等于 $\frac{10.8}{12.0} \times 100\%$，为 90%，意味着该产物中含有 95% 的 L-多巴和 5% 的对映异构体 D-多巴。一般来说，用旋光度法测量的对映体过量值还应由另一个独立的方法，例如用手性色谱方法加以比较确认。

美国 William S. Knowles 和 K. Barry Sharpless 以及日本 Ryoji Noyori 三位有机化学家开创了不对称催化合成方法，于 2001 年获得诺贝尔化学奖。手性药物的研究近 20 年来一直呈现迅猛发展的态势，世界上各大制药公司正在研发的药物中，单一对映体所占比例逐年上升。1986 年，在已上市的药物中，外消旋体药物占到 32%，而单一对映体药物只有不到 25%，而目前在全球 3500 余种原料药中，消旋体药物已下降至约 8%，而单一对映体药物的比例则上升至近 60%。全球手性药物的销售总额在 2016 年达到 2500 亿美元，到 2020 年预计将高达 3000 亿美元。目前，不对称合成仍是有机化学一个充满活力的热点研究领域，与之相关的手性药物工业也是正在崛起的高科技产业。

 **习　题**

6-1　区别下列各组概念并举例说明。

(1) 构型和构象　　　　(2) 构造异构和立体异构　　　　(3) 手性和手性碳

(4)（＋）和（－）　　(5) 对映异构体和非对映异构体　　(6) 外消旋体和内消旋体

(7) 左旋 S 和右旋 R

6-2　下列化合物中哪些有旋光异构体？标出手性碳原子，写出可能有的旋光异构体的 Fischer 投影式，用 R/S 标记法命名，并说明是内消旋体还是外消旋体。

(1) H₃C—CH₂—CH—CH₂OH
　　　　　　　　|
　　　　　　　Br

(2) CH₃CH₂CH₂CHCH₂CH₃
　　　　　　　　|
　　　　　　　I

(3) HOOC—CH—CH—COOH
　　　　　　|　　|
　　　　　Cl　Cl

(4) H₃C—CH—CH—CH₂CH₃
　　　　　　　|
　　　　　　Cl
　　　　　　|
　　　　　CH₃

6-3　写出下列化合物的构型式（立体表示或 Fischer 投影式）。

(1) CH₃CHOH
　　　　　|
　　　　Ph

(R)-(＋)-1-苯基乙醇

(2) H₃C—C＝CH—CHCH₃
　　　　　|　　　　|
　　　　Cl　　　Br

(4R,2E)-2-氯-4-溴-2-戊烯

(3) CH₃CH₂CHCH₂Ph
　　　　　　|
　　　　　CH₃

(R)-(－)-2-甲基-1-苯基丁烷

(4) H₂C—C—CH—CH₃
　　　|　|　|
　　 HO HO HO
　　　　|
　　　CH₃

(2R,3R)-(－)-2-甲基-1,2,3-丁三醇

6-4　指出下列各对化合物间的相互关系（属于哪种异构体？是相同分子，对映体或者非对映体？）若有手性碳原子，注明 R/S。

(1) 略
(2) 略
(3) 略
(4) 略
(5) 略
(6) 略

6-5　判断下列化合物分子有无手性。

(3) CH₃CH＝C＝CHCH₃

6-6　已知 (S)-2-溴丁烷的比旋光 $[\alpha]_D^{25}$ 为 ＋23。请问：

(1) 等量的 (R) 和 (S)-2-溴丁烷的混合物在 25℃时旋光度是多少？

(2) 一个 25% (R) 和 75% (S)-2-溴丁烷的溶液（0.10g/mL）在 25℃时（用 1dm 样品管）观察到的

旋光度 α 是多少？

6-7 画出下列化合物的最稳定的构象。

(1)

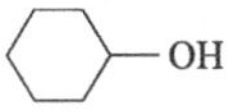

(2)

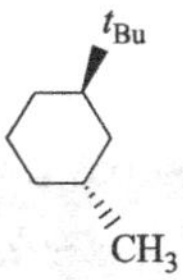

(3)

6-8 完成下列反应式，产物以构型式表示。

(1) 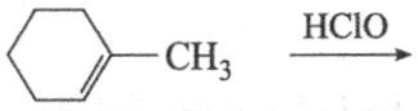 $\xrightarrow{HClO}$

(2) $H_3C-C\equiv C-CH_3 \xrightarrow{Cl_2} ? \xrightarrow{Br_2}$

(3)  $\xrightarrow{稀、冷KMnO_4液}$

6-9 顺-2-丁烯同溴水加成，得到一外消旋的混合物。试写出该反应历程。

6-10 某化合物 A 的分子式为 C_6H_{10}，催化加氢后可生成甲基环戊烷。A 经臭氧氧化还原、水解仅生成一种物质 B，B 有旋光性。试推导 A 与 B 的结构式。

6-11 家蝇的性诱剂是一个化学式为 $C_{23}H_{46}$ 的烃类化合物，加氢后生成 $C_{23}H_{48}$ 分子；用热的高锰酸钾氧化时，生成 $CH_3(CH_2)_{12}COOH$ 和 $CH_3(CH_2)_7COOH$。该烃和溴的加成产物是一对对映体的二溴代物。试问该性诱剂可能具有哪种结构？

6-12 旋光化合物 C_8H_{12}(A)，以铂催化加氢得到的是无旋光性的化合物 C_8H_{18}(B)。用 Lindlar 试剂催化加氢 A 得到一具有手性的化合物 C_8H_{14}(C)。但是用金属钠的液氨溶液还原得到另外的无手性的化合物 C_8H_{14}(D)。试推断化合物 A、B、C 以及 D 的结构。

第7章 卤代烃

烃类分子中的氢原子被卤素取代后生成的化合物称为卤代烃（halohydrocarbon），一般用 R—X 表示，X 表示卤素。在卤代烃分子中，卤原子 X 是官能团。虽然卤素包括氟、氯、溴、碘四种元素，但是一般所说的卤代烃是指氯代烃、溴代烃和碘代烃，不包括氟代烃。氟代烃的制备、性质及用途比较特殊，有别于其他卤代烃。碘化物的制备也较为昂贵，研究的相对较少。在本章中，我们重点讨论常见的氯代烃和溴代烃。

7.1 卤代烃的分类和命名

7.1.1 卤代烃的分类

卤代烃的种类与数目繁多。依据卤代烃分子结构的特点，大致有以下几种分类方法。

① 按照分子中卤原子种类的不同，卤代烃可分为氟代烃、溴代烃、氯代烃和碘代烃。

② 根据分子中母体烃基的类别，卤代烃可分为脂肪族卤代烃与芳香族卤代烃。其中脂肪族卤代烃包括饱和卤代烃（又称卤代烷烃）和不饱和卤代烃。例如：

$$CH_3CH_2X \qquad CH_2{=}CHX \qquad \text{(苯环)}{-}X$$

饱和卤代烃　　　不饱和卤代烃　　　卤代芳烃
（卤代烷烃）　　（卤代烯烃）

在不饱和卤代烃中，根据分子中卤原子与 π 键的相对位置的不同，将其分为乙烯型卤代烃、烯丙型卤代烃和孤立型卤代烃。例如：

$$R{-}CH{=}CH{-}CH_2X \qquad R{-}CH{=}CH{-}X \qquad CH_2{=}CH{-}CH_2CH_2Cl$$

烯丙型卤代烃　　　　　乙烯型卤代烃　　　　孤立型卤代烃
（卤原子连在 α-碳原子）　（卤原子与双键碳原子相连）　（4-氯-1-丁烯）

由于烯丙型卤代烃和乙烯基型卤代烃具有特殊的结构，因此其化学性质与一般的卤代烷烃有很大的差异（见 7.7 节），在学习过程中应注意区别。

③ 根据与卤原子相连的碳原子（α-碳原子）的类型，将相应的一级、二级或三级碳原子分别称为伯卤代烃、仲卤代烃和叔卤代烃，也可用 1°、2°、3°卤代烃表示。

$$R{-}CH_2{-}X \qquad R{-}\underset{}{\overset{R'}{CH}}{-}X \qquad R{-}\overset{R'}{\underset{R''}{C}}{-}X$$

伯卤代烃　　　　仲卤代烃　　　叔卤代烃

伯、仲、叔卤代烃也称为一级、二级、三级卤代烃。不同类型的卤代烃，其化学反应性质不同。学习本章内容的过程中，要注意伯、仲、叔卤代烃的差别。

146

④ 根据分子中所含卤素原子的数目，可将卤代烃分为一卤代烃、二卤代烃和三卤代烃等。其中分子中含有多于一个卤原子的化合物又称为多卤代烃。例如：

一卤代烃　CH_3Cl、$CH_2=CHBr$

二卤代烃　CH_2Br_2

三卤代烃　CHI_3、$HClC=CCl_2$

7.1.2　卤代烃的命名

对于简单的卤代烃，一般用普通命名法来命名。普通命名法是以相应的烃为母体，将卤原子作为取代基进行命名的，称为"某基卤"。例如：

$$H_2C=CHCH_2Br \qquad\qquad \bigcirc\!\!-CH_2Cl$$

烯丙基溴　　　　　　　　　　　　苄基氯（氯化苄）

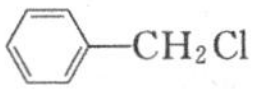

也可在母体烃的名称前加"卤代"，称为"卤代某烃"，"代"字常省略。例如：

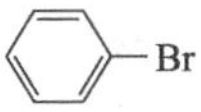

溴苯 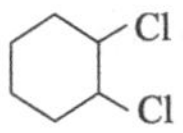　　　　1,2-二氯环己烷　　　　1-溴丁烷　　　氯甲烷

$CH_3CH_2CH_2CH_2Br$　　CH_3Cl

对于结构比较复杂的卤代烃，需要采用系统命名法来命名。命名时，选取含有卤原子的最长碳链作为主链（不饱和卤代烃应同时包含不饱和键），卤原子及其他支链作为取代基，按照主链中所含碳原子数目称为"某烷"。命名的基本原则、方法与烷烃和烯烃相同，即卤代烃的编号从距离取代基最近的一端开始；支链和取代基按"次序规则"排列（见第4章），较优基团后列出。由于卤素优先于烷基，所以命名时将烷基、卤原子的位置和名称依次写在烷烃名称之前。不饱和卤代烃的编号应从距不饱和键最近的一端开始。例如：

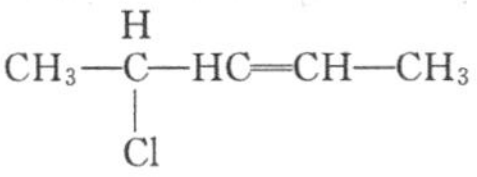

4-氯-2-戊烯 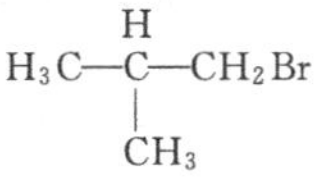　　　　　　　2-甲基-1-溴丙烷　　　　　　1-氯-2-丁烯

有些卤代烷有特殊的名称。例如三卤代甲烷 CHX_3 统称卤仿（haloforms）。其中有氯仿 $CHCl_3$、溴仿 $CHBr_3$ 和碘仿 CHI_3。

7.2　卤代烃的物理性质

两个碳以下的卤代烃，如溴甲烷、氯乙烷、氯乙烯等在室温下是气体，一般卤代烃大多为液体，15个碳以上的卤代烷为固体。

所有卤代烃均不溶于水，但能以任意比例与烃类混溶，能溶解于大多数有机溶剂，并能溶解多种弱极性或非极性有机物。二氯甲烷、三氯甲烷、四氯化碳等为常用的有机溶剂，用于提取动植物组织中的脂肪类物质等。氯代烃分子中氯原子数目增多，则可燃性降低，如四氯化碳（CCl_4）可用作灭火剂。卤代烃的蒸气有毒，且有累积性毒性，可能有致癌作用。一般应尽量避免吸入，使用时应注意防护。

大多数卤代烃的相对密度都大于1。卤代烷的相对密度随碳原子数的增加而降低。烃基相同时，氯代烃、溴代烃和碘代烃的沸点和密度依次增加。在同分异构体中，支链越多，则卤代烃的沸点越低。一些卤代烃的物理数据见表7-1。

表 7-1　常见卤代烃的沸点和密度

名称	英文名	结构式	沸点(1atm)/℃	密度(d_4^{20})/(g/cm³)
氟甲烷	fluoromethane	CH_3F	−78.4	—
氯甲烷	chloromethane	CH_3Cl	−23.8	1.003(−23.8℃,液态)
溴甲烷	bromomethane	CH_3Br	4.0	1.72(4.0℃,液态)
碘甲烷	iodomethane	CH_3I	42.4	2.279
氯乙烷	chloroethane	CH_3CH_2Cl	12.3	0.898
溴乙烷	bromoethane	CH_3CH_2Br	38.4	1.440
碘乙烷	iodoethane	CH_3CH_2I	72.3	1.938
1-氯丙烷	1-chloropropane	$CH_3CH_2CH_2Cl$	46.6	0.890
1-溴丙烷	1-bromopropane	$CH_3CH_2CH_2Br$	71.0	1.335
1-碘丙烷	1-iodopropane	$CH_3CH_2CH_2I$	102.5	1.747
3-氯-1-丙烯	3-chloro-1-propene	$CH_2{=}CHCH_2Cl$	45.7	0.938
3-溴-1-丙烯	3-bromo-1-propene	$CH_2{=}CHCH_2Br$	70	1.398
3-碘-1-丙烯	3-iodo-1-propene	$CH_2{=}CHCH_2I$	102	1.848
氯苯	chlorobenzene	C_6H_5Cl	132	1.106
溴苯	bromobenzene	C_6H_5Br	155.5	1.495
碘苯	iodobenzene	C_6H_5I	188.5	1.832
二氯甲烷	dichloromethane	CH_2Cl_2	40	1.336
三氯甲烷	chloroform	$CHCl_3$	61	1.489
四氯化碳	tetrachloromethane	CCl_4	77	1.595

一般情况下，纯净碘代烷无色，但久置后会有颜色。这是因为碘代烷见光后分解并产生游离碘，使得碘代烷液体有颜色。因此保存碘代烷应避光。

在铜丝上灼烧卤代烃时，生成绿色火焰。这是初步鉴定含卤素有机物的简便方法。

思考题

7-1　命名下列化合物，并指出哪些是伯卤代烃、仲卤代烃、叔卤代烃或乙烯型卤代烃。

(1) $(CH_3)_2CHCH_2CH_3$ （Br 在第2位碳上）

(2) $CH{\equiv}CC(CH_3)_2CH_2I$

(3) $H_2C{=}CHCHCH{=}CH_2$ （Cl 取代）

(4) （苯环）$-Cl$

(5) $CH_3CH{=}CHCH_2CHCH_2CH_3$ （Cl 取代）

(6) （环戊烯）$-Br$

7.3　卤代烃的化学性质

卤原子是卤代烃的官能团。在卤代烃分子中，C—X 键是极性共价键，键的极性随卤素电负性的增大而增大。例如：

卤代烷　　CH_3CH_2Cl　　　CH_3CH_2Br　　　CH_3CH_2I

偶极矩 μ　2.05 D　　　　2.03 D　　　　1.91 D

在外电场作用下共价键电子云的分布发生变动，分子中电子云变形的难易程度用可极化度来表示。可极化度大的共价键，电子云容易发生变形，可极化度小的不易变形。共价键的可极化度只有在分子进行化学反应时才能表现出来。卤代烃分子中，C—X 键有较大的可极化度。与 C—C 键和 C—H 键的键能（347.3kJ/mol 及 414.2kJ/mol）相比，C—X 键的键能较小，可极化度大。如 C—I 键的键能仅为 217.6kJ/mol。

卤代烃分子中卤素比较活泼，可以和多种试剂作用。卤代烃的化学反应往往涉及 C—X 键的断裂，卤原子被其他原子或原子团取代。卤代烃在合成上有着广泛的应用，为一类重要的化合物。

7.3.1　饱和卤代烃的亲核取代反应

卤代烃分子中 C—X 键是极性共价键。由于卤原子的电负性大于碳原子，C—X 键的共用电子对偏向卤原子，使卤原子直接相连的碳原子，即 α-碳原子带部分正电荷。因此，在取代反应中，α-碳原子容易受到亲核试剂（nucleophile，以 Nu 表示）的进攻；卤素带着一对电子，以负离子的形式离开，而碳与亲核试剂上的一对电子形成新的共价键。反应通式如下：

$$Nu^- + R\overset{\delta+}{C}H_2 \overset{\delta-}{-} X \longrightarrow RCH_2 - Nu + X^-$$
$$\text{亲核试剂}\qquad\text{底物}\qquad\qquad\text{产物}\quad\text{离去基团}$$

由于该反应是亲核试剂进攻带有正电荷或部分正电荷的碳原子而发生的，因此称为亲核取代反应（nucleophilic substitution reaction），用 S_N 表示（S：substitution，意为取代；N：nucleophilic，意为亲核的）。通式中，Nu^- 为亲核试剂，受亲核试剂进攻的卤代烷称为反应底物（substrate）；卤素被 Nu 取代，以负离子形式离开，称为离去基团（leaving group）。

亲核试剂主要分为两大类：一类是带有孤对电子的中性分子，如 H_2O、NH_3、ROH 等；另一类是带有负电荷的负离子，如 OH^-、CN^-、RO^- 等。在亲核取代反应中，亲核试剂提供一对电子与卤代烃中的 α-碳原子相结合而成键。试剂给电子的能力愈强，成键愈快，则亲核性愈强。一般情况下，试剂的碱性强，那么它的亲核能力也强；试剂中与碳原子成键的杂原子电负性大，则其碱性和亲核性都下降。但要注意，碱性表示的是试剂与质子结合的能力，与亲核能力的含义不同。碱性和亲核性也有不一致的情况。

（1）水解　卤代烃与氢氧化钠或氢氧化钾的水溶液共热，卤原子被羟基（—OH）取代生成醇的反应称为卤代烃的水解反应。该方法可用于醇的制备。强碱主要有两方面的作用：一方面是 OH^- 为比水更强的亲核试剂，有利于反应加速进行；另一方面是反应产生的 HX 可以被碱中和，从而加速反应并能提高醇的收率。

$$R-X + OH^- \xrightarrow{\triangle} ROH + X^-$$

（2）醇解　卤代烃与醇钠（$NaOR'$）作用，卤原子可被烷氧基（$R'O$—）取代，生成醚。该反应也称为 Williamson 反应，可用于制备两个烃基不同的醚（混合醚）。反应中所用的卤代烷一般为伯卤代烷。如果叔卤代烷和醇钠作用，则主要产物是烯烃（见消除反应）。

$$R-X + R'ONa \longrightarrow ROR' + X^-$$

（3）氨解　卤代烃与氨作用，卤原子可被氨基（H_2N—）取代生成胺。

$$R-X + NH_3 \longrightarrow RNH_2 + X^-$$

氨的亲核性比醇或水强。卤代烃与过量 NH_3 作用时，主要产物为 RNH_2。胺具有碱性，可与反应副产物 HX 形成铵盐（$RNH_3^+ X^-$）。由于 RNH_2 可与过量的 R—X 继续进行反应，因此卤代烃的氨解往往得到各种胺的混合物（见第 14 章）。

（4）与氰化钠反应　卤代烃与氰化钾或氰化钠的乙醇溶液共热，卤原子被氰基（—CN）取代，生成腈（RCN）。腈在酸性条件下水解，可得羧酸。

$$R\text{—}X + NaCN \xrightarrow[\triangle]{\text{醇}} R\text{—}CN + X^-$$
$$\text{腈}$$
$$\downarrow H_3O^+$$
$$R\text{—}COOH$$
$$\text{羧酸}$$

通过此反应，产物比原来的卤代烃增加了一个碳原子。该反应可用于增长碳链。氰基可再转变为其他官能团，如水解为羧基（—COOH）或酰氨基（—CONH$_2$），还原为甲氨基（—CH$_2$NH$_2$）等。

（5）与金属炔化合物反应　卤代烃与碱金属炔化合物作用，卤素被炔基取代，生成碳链增长的炔烃。利用此反应可以从低级炔烃来制备高级炔烃。

$$R\text{—}X + R'\text{—}C\equiv CNa \longrightarrow R\text{—}C\equiv C\text{—}R' + NaX$$

（6）与硝酸银反应　卤代烃和 AgNO$_3$ 酒精溶液作用，生成硝酸酯和卤化银沉淀。

$$R\text{—}X + AgNO_3 \longrightarrow R\text{—}ONO_2 + AgX\downarrow$$

由于不同结构的卤代烃与 AgNO$_3$ 酒精溶液反应的速度有明显差异，且 AgX 为沉淀，因此该反应可用来鉴别卤代烃。烯丙型（包括苄基）卤代烃和三级卤代烃在室温下就和 AgNO$_3$ 酒精溶液作用并快速生成 AgX 沉淀。一级、二级卤代烃要在加热条件下才能起反应，生成沉淀。而烯基卤代烃（包括卤代苯）在加热条件下也不起反应。因此，该反应可用于鉴别不同类型的卤代烃。

上述亲核取代反应中，碳卤键断裂的易难程度依次为 C—I＞C—Br＞C—Cl。氟代烷难发生取代反应。

7-2　用简单方法鉴别下列化合物。
（1）H$_2$C=CHCH$_2$Cl　　　　　（2）H$_2$C=CClCH$_2$CH$_3$　　　　　（3）CH$_3$CH$_2$Cl

7.3.2　饱和卤代烃的消除反应

消除反应是卤代烃的另一类重要反应。

饱和卤代烃，即卤代烷烃，在强碱（NaOH 或 KOH 的醇溶液）条件下加热，脱去一分子卤化氢，生成烯烃。化合物失去一个小分子生成不饱和键的反应称为消除反应（elimination），用 E 表示。这是制备烯烃的重要方法之一。

$$\underset{\overset{|}{H}\ \ \overset{|}{X}}{R\text{—}\overset{\beta}{C}H\text{—}\overset{\alpha}{C}H_2} \xrightarrow[\text{乙醇}]{NaOH} R\text{—}CH=CH_2 + HX$$

卤代烷分子中 β-碳原子上有氢原子时才可以发生此类消除反应。由于氢原子来源于 β-碳原子，因此这种反应通常称为 β-消除反应。

卤代烃有多种 β-H 原子时，其消除取向遵循 Saytzeff 规则：即卤原子总是优先与含氢较少的 β-碳上的氢原子发生消除，生成的主要产物是 C=C 双键碳原子上连有最多烃基的烯烃。

例如，2-溴丁烷脱卤化氢的主要产物是 2-丁烯，而 1-丁烯的量较少。叔卤代烷 2-甲基-2-溴丁烷脱卤化氢的主要产物是 2-甲基-2-丁烯，2-甲基-1-丁烯的量较少。

$$CH_3CH_2-\overset{\alpha}{\underset{\underset{Br}{|}}{C}}H-\overset{\beta}{CH_3} \xrightarrow[\triangle]{KOH,C_2H_5OH} CH_3CH=CHCH_3 + CH_3CH_2CH=CH_2$$

仲卤代烷　　　　　　　　　　2-丁烯(81%)　　1-丁烯(19%)

$$CH_3CH_2-\overset{\overset{\beta}{CH_3}}{\underset{\underset{Br}{|}}{C}}-\overset{\beta}{CH_3} \xrightarrow[\triangle]{KOH,C_2H_5OH} CH_3CH=\overset{CH_3}{\underset{}{C}}CH_3 + CH_3CH_2\overset{CH_3}{\underset{}{C}}=CH_2$$

叔卤代烷　　　　　　　　2-甲基-2-丁烯　　2-甲基-1-丁烯
　　　　　　　　　　　　　　(71%)　　　　(29%)

不饱和卤代烃发生消除反应时，倾向于生成稳定的共轭二烯。例如：

$$\text{苯}-CH_2CHCH_2CH_3 \xrightarrow[乙醇]{NaOH} \text{苯}-CH=CH-CH_2CH_3$$
（Br位于第二碳）

思考题

7-3　写出下列反应主要产物的结构式。
(1) 3-甲基-2-溴戊烷与氢氧化钠的醇溶液共热。

(2) （环己烷，Cl与CH₃相邻） $\xrightarrow[乙醇]{NaOH}$

7.3.3　与金属作用

卤代烃可以与多种活泼金属，如 Mg、Li、Al 等，直接反应生成相应的金属有机化合物（含有金属 M—C 键的化合物）。

卤代烃与金属镁在无水乙醚中反应所生成的金属镁有机化合物叫作烃基卤化镁。法国著名化学家 F. A. V. Grignard 首次发现这种制备有机镁化合物的方法，并将其成功应用于有机合成。因此烃基卤化镁（RMgX）常被称为 Grignard 试剂，简称格氏试剂。Grignard 也由此在 1912 年获得了 Noble 化学奖。

$$RX+Mg \xrightarrow{无水乙醚} RMgX$$
烃基卤化镁

一般认为，在醚的稀溶液中 Grignard 试剂以单体形式存在，并与两分子醚配位络合，而在浓溶液中（0.5～1mol/L），则主要以二聚体形式存在。

Grignard试剂与醚配位　　　Grignard试剂二聚体

Grignard 试剂的制备一般在严格除水的无水醚类溶剂中进行，一般使用无水乙醚、无水 THF 等。醚类溶剂除了作为溶剂外，还可以通过氧原子与 Grignard 试剂中的镁原子络合，从而使 Grignard 试剂以稳定的配合物的形式溶解。此外仪器需干燥，操作时也要采取隔绝空气中湿气的措施。施加超声辐射，通常可加快 Grignard 反应的发生，并且可在简单脱水的溶剂中进行反应。

保存 Grignard 试剂时也应使其与空气隔绝，这是因为 Grignard 试剂遇水反应分解为烷烃；遇氧气也发生分解反应。

$$RMgX + H_2O \longrightarrow RH + Mg(OH)X$$

$$RMgX + O_2 \longrightarrow ROOMgX \xrightarrow{RMgX} ROMgX$$

Grignard 试剂分子中 Mg—C 键有较强的极性，碳原子带有部分负电荷。它是一种常用的强亲核试剂，具有很高的反应活性。如利用 Grignard 试剂与二氧化碳（常常直接用干冰）反应可以制备多一个碳原子的羧酸，与醛或酮反应可以制备各种醇（见第 11 章）。

$$RMgX + CO_2 \xrightarrow{低温} RCOOMgX \xrightarrow{H_3O^+} RCOOH + Mg(OH)X$$

Grignard 试剂除与水反应外，也可以和比烷烃 RH 酸性强的化合物反应。因此，醇、NH_3 等可以分解 Grignard 试剂。

$$RMgX + R'OH \longrightarrow RH + Mg(OR')X$$

$$RMgX + NH_3 \longrightarrow RH + Mg(NH_2)X$$

利用此性质，可通过末端炔烃与较容易制备的烷基 Grignard 试剂作用，制得炔基 Grignard 试剂。例如：

$$n\text{-}C_5H_{11}\text{—}C\equiv CH \xrightarrow[-C_2H_6]{C_2H_5MgCl} n\text{-}C_5H_{11}\text{—}C\equiv C\text{—}MgCl$$

卤代烃与金属锂作用，生成相应的有机锂化合物。有机锂化合物也是有机合成中的重要试剂。常见的锂试剂有正丁基锂、叔丁基锂、苯基锂、甲基锂等。有机锂化合物的性质和 Grignard 试剂相似，但更活泼。该类试剂一般溶解在苯等烃类溶剂中保存。

$$RX + 2Li \longrightarrow RLi + LiX$$

7.3.4 卤代芳烃与苯炔的形成

卤代芳烃（指卤原子键连在芳环上的化合物）的卤原子不活泼，一般情况下不发生亲核取代反应。但是，在强碱 $NaNH_2$ 的作用下，卤代芳烃可以发生亲核取代反应，分子中卤素被氨基所取代。反应中有活泼中间体"苯炔"的生成。

苯炔是一类活泼的中间体，不能稳定存在。苯炔分子的碳-碳叁键中与苯环大 π 键垂直的 π 键由两个 sp^2 轨道的侧面相交而成，交盖程度较小，是一种较弱的键。因此，与一般的碳-碳叁键相比，苯炔分子中的叁键要弱得多，有较高的活性。

此外，如果卤代芳烃分子中卤原子的邻位或对位有强吸电子基团存在，卤代芳烃也可以发生亲核取代反应。例如：对硝基氯苯与甲醇钠在甲醇中作用，分子中的氯原子被甲氧基取代。

当苯环上吸电子基团的个数增加时，卤代芳烃发生亲核取代反应的活性亦随之增加。例如，2,4-二硝基氯苯在弱碱的水溶液中煮沸可以发生水解，而 2,4,6-三硝基氯苯在弱碱的水溶液中温热即发生水解。

7-4 写出下列反应的产物。

(1) Br—⟨benzene⟩—NO₂ $\xrightarrow[\text{CH}_3\text{OH}]{\text{NaOCH}_3}$

(2) H₃C—⟨benzene⟩—CH₂CH₃, Br $\xrightarrow[\text{NH}_3]{\text{NaNH}_2}$

(3)
$$
\begin{array}{c}
\text{CH}_3\\
|\\
\text{H}_3\text{C}-\text{CH}_2-\underset{\underset{\text{MgBr}}{|}}{\text{C}}-\text{CH}_3 + \text{D}_2\text{O} \longrightarrow
\end{array}
$$

7.4　饱和卤代烃亲核取代反应的两种历程

研究卤代烷水解反应的动力学和产物的立体化学发现，其水解可按两种历程进行：一种是单分子亲核取代反应（S_N1），另外一种是双分子亲核取代反应（S_N2）。

7.4.1　单分子亲核取代反应（S_N1）历程

实验证明，叔丁基溴在碱性溶液中的水解反应速率仅与叔丁基溴的浓度成正比，而与亲核试剂 OH^- 的浓度无关，在动力学上称为一级反应。

$$(CH_3)_3C—Br + OH^- \longrightarrow (CH_3)_3C—OH + Br^-$$
$$v = k\left[(CH_3)_3CBr\right]$$

上式中 k 为速率常数。该反应按如下机理进行：
第一步：

$$(CH_3)_3C—Br \xrightarrow{\text{慢}} \left[(CH_3)_3\overset{\delta+}{C} \cdots \overset{\delta-}{Br}\right]^{\neq} \longrightarrow (CH_3)_3C^+ + Br^-$$
$$\qquad\qquad\qquad\quad \text{过渡态 A} \qquad\qquad\quad \text{叔丁基正碳离子}$$

第二步：

$$(CH_3)_3C^+ + OH^- \xrightarrow{\text{快}} \left[(CH_3)_3\overset{\delta+}{C} \cdots \overset{\delta-}{OH}\right]^{\neq} \longrightarrow (CH_3)_3C—OH$$
$$\qquad\qquad\qquad\qquad\qquad \text{过渡态 B}$$

反应的第一步是叔丁基溴中叔碳的 C—Br 键解离，溴原子带着一对电子逐渐离开中心碳原子。其中，C—Br 键部分断裂时的状态为能量较高的过渡态 A。C—Br 键完全断裂时则生成叔碳正离子中间体，这一步较慢。第二步是叔丁基碳正离子与亲核试剂 OH^- 快速结合，经由过渡态 B 生成产物叔丁醇。或者反应体系中的水分子也可以作为亲核试剂与叔丁基碳正离子结合，然后失去 H$^+$ 得到醇。

$$CH_3-\overset{CH_3}{\underset{CH_3}{\overset{|}{\underset{|}{C}}}}{}^+ + H_2O \longrightarrow (CH_3)_3C-\overset{+}{\underset{H}{\overset{H}{O}}} \xrightarrow{-H^+} (CH_3)_3COH$$

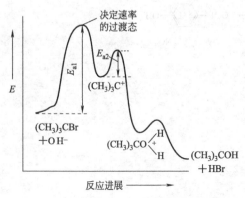

图 7-1　叔丁基溴水解反应（S$_N$1）的能量曲线

在化学动力学中，反应速率取决于反应中最慢的一步，而反应分子数则由决定反应速率的那一步来衡量。如图 7-1 所示，在 S$_N$1 反应历程中，叔碳正离子中间体处在能量曲线峰谷。第一步的活化能 E_{a1} 大于第二步的活化能 E_{a2}。因此生成叔碳正离子的这一步反应较慢，是决定整个反应速率的一步，即决速步（rate-determining step）。

从 S$_N$1 反应的立体化学来看，反应的第一步涉及碳正离子的生成。带正电的碳正离子为一平面三角形结构，碳正离子带有一个空的 p 轨道（该 p 轨道垂直于平面三角形结构）。当反应体系中的亲核试剂 OH$^-$ 与碳正离子作用时，它从碳正离子所在平面的两侧进攻并与之成键。由于从平面两侧成键的概率相等，因此当反应底物卤代烷为旋光异构体中的某一构型，且该中心碳原子为手性碳原子时，将得到一外消旋体，即一半的产物发生了构型的转化。在亲核取代反应中，这种现象称为外消旋化（racemization）。

$$OH^- + R-\overset{+}{\underset{R'}{\overset{H}{C}}} \xrightarrow[b]{a} \begin{cases} R-\overset{OH}{\underset{R'}{\overset{|}{C}}}\cdots H \\ R-\overset{H}{\underset{OH}{\overset{|}{C}}}\cdots R' \end{cases}$$

综上所述，S$_N$1 机制的特点为：单分子反应，反应速率仅与卤代烷的浓度有关，而与亲核试剂的浓度无关；反应分两步进行；反应中间体是碳正离子。如果碳正离子所连的三个基团不同，得到外消旋化产物。

7.4.2　双分子亲核取代反应（S$_N$2）历程

与叔丁基溴不同，溴甲烷在碱性溶液中的水解速度同溴甲烷的浓度 [CH$_3$Br] 和碱的浓度 [OH$^-$] 成正比，动力学上称为二级反应。

$$CH_3Br + OH^- \longrightarrow CH_3OH + Br^-$$
$$v = k[CH_3Br][OH^-]$$

上式中 k 为速率常数。溴甲烷的水解反应机制可表示如下：

$$OH^- + H\overset{H}{\underset{H}{\overset{|}{C}}}\overset{\delta^+}{\underset{}{}}\overset{\delta^-}{-Br} \xrightarrow{慢} \left[HO\cdots\overset{H}{\underset{H}{\overset{|}{C}}}\cdots Br\right]^{\neq} \xrightarrow{快} HO-\overset{H}{\underset{H}{\overset{|}{C}}}\blacktriangleleft H + Br^-$$

过渡态

反应过程中，首先是亲核试剂 OH$^-$ 从离去基团（Br$^-$）的背面进攻中心碳原子，与此同时，溴原子携带一对电子逐渐离开。中心碳原子上的三个氢原子受到 OH$^-$ 进攻的影响而偏向溴原子。当 C 原子与三个 H 原子同处于一个平面，并且 HO、Br 和中心碳原子处在垂直于这个平面的直线上时，则为过渡态。此时体系能量达到最大值，C—O 键部分形成，C—Br 键部分断裂。随着 OH⁻ 与中心碳原子的结合逐渐加强，溴原子远离中心碳原子，体系能量不断降低。最终的结果是 OH⁻ 和中心碳原子形成 C—O 键而生成甲醇，溴原子带着一对电子以负离子的形式离开。反应过程中的能量变化如图 7-2 所示。

在溴甲烷的水解反应中，反应物和产物是经由过渡态直接转化，无中间体的生成，为一步反应。由于过渡态由两种分子共同参与形成，因此这类反应称为双分子亲核取代，用 S_N2 表示。

在 S_N2 反应的立体化学中，亲核试剂 OH⁻ 从离去基团 Br⁻ 的背面进攻中心碳原子。在过渡态时，中心碳原子与 OH⁻ 和 Br 在同一条直线上，该直线垂直于由中心碳原子与其他三个氢原子所组成的平面。随着反应的进行，OH⁻ 与中心碳原子成键，而中心碳原子上的三个氢原子则完全翻转到原溴原子一侧。所生成的醇与原来的卤代烷相比，构型发生了翻转。在亲核取代反应中，这种构型的转化称为 Walden 翻转。整个过程与雨伞被风吹翻转的情况类似。

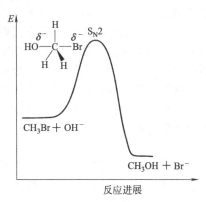

图 7-2 溴甲烷水解反应（S_N2）的能量曲线

综上所述，S_N2 反应机制具有如下特点：为双分子反应，反应速率与卤代烷及亲核试剂的浓度有关；反应一步完成，旧键的断裂和新键的形成同时完成，具有协同特征；反应过程中伴有"构型转化"。

7.4.3 影响亲核取代反应速率的因素

卤代烃的亲核取代反应有两种反应历程，S_N1 和 S_N2。那么，对于不同结构的卤代烃，它们发生亲核取代反应的相对活性如何？反应的机理是 S_N1 还是 S_N2？由于影响反应速率和历程的因素很多，如卤代烃中烃基结构的影响，离去基团（卤素负离子）的影响，亲核试剂的影响，以及溶剂效应的影响等，情况很复杂。下面我们就以上影响反应的几种因素简单加以分析。

（1）烷基结构的影响　在 S_N1 反应中，反应的决速步是发生 C—X 键断裂生成碳正离子这一步。碳正离子越容易生成，则 S_N1 的反应速率越快。

从电子效应上看，不同碳正离子的稳定性顺序是：

$$(CH_3)_3C^+ > (CH_3)_2CH^+ > CH_3CH_2^+ > CH_3^+$$

从空间效应分析，卤代烃中心碳原子由四面体构型的 sp^3 杂化变成平面构型的 sp^2 杂化，这样可以缓解中心碳原子上三个烃基的相互排斥作用，降低了拥挤程度。这样对碳正离子的生成起到了帮助的作用，即空助效应。显然由叔卤代烃解离成碳正离子的空助效应最强，它也就最易生成。

根据以上分析，不同卤代烃发生 S_N1 反应的相对速率为：

叔卤代烃＞仲卤代烃＞伯卤代烃＞卤代甲烷

在 S_N2 反应历程中，亲核试剂从卤素原子的背面进攻中心碳原子。当中心碳原子连有多个烃基且烃基的体积较大时，就会阻碍亲核试剂与中心碳原子的接近，从而降低反应速率。中心碳原子所连烃基越多，体积越大，这种阻碍作用就越明显，越不利于 S_N2 反应的进行。不同卤代烃的 S_N2 相对活性顺序为：

卤代甲烷＞伯卤代烃＞仲卤代烃＞叔卤代烃

接下来讨论不同卤代烃发生亲核取代反应时更倾向于哪一种反应历程。

简单来讲，卤代甲烷和伯卤代烃倾向于发生 S_N2 反应，而叔卤代烃倾向于按 S_N1 历程反应。仲卤代烃发生亲核取代反应时或按 S_N1，或按 S_N2，或同时有两种反应历程，这主要取决于发生反应的具体条件。

应该指出的是：在反应过程中，亲核取代的两种历程是同时存在、相互竞争的。

(2) 离去基团的性能　在 S_N1 和 S_N2 历程中，都涉及 C—X 键的异裂。总的说来，较好的离去基团对亲核取代反应是有利的，而较差的离去基团则使得亲核取代反应难以进行。

离去基团的强弱可以根据它们碱性的相对强弱来判断。离去基团的碱性弱，则它离开中心碳原子的倾向强，为好的离去基团，亲核取代反应的活性高。反之，离去基团的碱性强，则它离开中心碳原子的倾向弱，为差的离去基团，亲核取代反应的活性低。

在烷基相同而卤素不同的卤代烃中，I^- 是最好的离去基团，Br^- 次之，Cl^- 的离去能力最弱。X^- 作为离去基团的离去倾向顺序为：$I^->Br^->Cl^->F^-$。因此，卤代烷烃的亲核取代反应的相对活性为：

$$RI>RBr>RCl>RF$$

(3) 试剂的亲核性　在 S_N1 反应中，反应的速率取决于由卤代烃生成碳正离子的一步，与亲核试剂无关。因而亲核试剂的亲核性对 S_N1 反应的活性无明显影响。而在 S_N2 反应中，亲核试剂的亲核性越强，浓度越大，则反应的速率也就越快。空间位阻大的亲核试剂，难以从卤素原子的背面接近碳原子，从而使得 S_N2 反应速率降低。

一般情况下，试剂的亲核性和碱性是一致的，即试剂的碱性强，则其亲核性就强。反之亦然。例如：

碱性　$C_2H_5O^->HO^->C_6H_5O^->CH_3COO^-$

亲核性　$C_2H_5O^->HO^->C_6H_5O^->CH_3COO^-$

而上述试剂相应共轭酸的酸性强弱顺序为：

$$C_2H_5OH<H_2O<C_6H_5OH<CH_3COOH$$

同周期元素所组成的亲核试剂，其碱性和亲核性的强度随着原子半径的减小而降低。顺序如下：

碱性　$R_3C^->R_2N^->RO^->F^-$

亲核性　$R_3C^->R_2N^->RO^->F^-$

上述试剂相应的共轭酸性的强弱顺序为：

$$R_3CH<R_2NH<ROH<HF$$

相同原子的负离子和其对应的中性分子相比，负离子的亲核性要大于它的中性分子。例如：

$$RO^->ROH;\ ^-NH_2>NH_3;\ HO^->H_2O$$

试剂的碱性是指其提供电子对与质子或 Lewis 酸结合的能力。试剂的亲核性是指其提供电子对与带正电荷碳正离子结合的能力。两者在有些情况下趋势是相反的。例如，叔膦 PR_3 虽然比相应的叔胺 NR_3 的碱性弱，但亲核性却较强，即碱性 $PR_3<NR_3$，亲核性 $PR_3>NR_3$。像三苯甲基钾 Ph_3CK 和三苯甲基钠 Ph_3CNa 都是常用的非亲核性有机碱。二异丙氨基锂 $[(CH_3)_2CH]_2NLi$（简称 LDA），由于其两个异丙基体积很大，因此 LDA 的亲核性很弱，但碱性很强。

(4) 溶剂效应　如上所述，卤代烃的亲核取代反应有 S_N1 和 S_N2 两种反应历程。反应历程不同，溶剂对亲核取代反应影响的程度也不同。极性溶剂有助于 C—X 键发生异裂生成碳正离子，从而有利于 S_N1 反应历程，不利于 S_N2 反应。这是由于在 S_N1 反应历程中，从反应物到碳正离子中间体的变化过程中，正负电荷更为集中，体系极性增加。极性溶剂能够稳定反应的过渡态，从而降低活化能，使反应速率加快。

溶剂的极性不仅在一定程度上影响反应速率，有时甚至会改变反应历程。例如，苄基氯在以水为溶剂发生水解反应时，反应是按照 S_N1 历程进行的；当以极性较小的丙酮为溶剂时，则反应的历程按照 S_N2 进行。

7-5 推测下列亲核取代反应主要是按 S_N1 还是按 S_N2 历程进行的。

(1) $HO^- + CH_3I \longrightarrow CH_3OH + I^-$

(2) $(CH_3)_3CCl + CH_3OH \longrightarrow (CH_3)_3COCH_3 + HCl$

(3) $(CH_3)_2CHBr + H_2O \longrightarrow (CH_3)_2CHOH + HBr$

7.5 卤代烃消除反应的历程

卤代烃的消除反应也有两种历程：单分子消除（E1）和双分子消除（E2）。

7.5.1 单分子消除反应（E1）

研究卤代烷消除反应的动力学发现，叔卤代烷在碱性溶液中发生单分子消除反应。反应分两步进行：

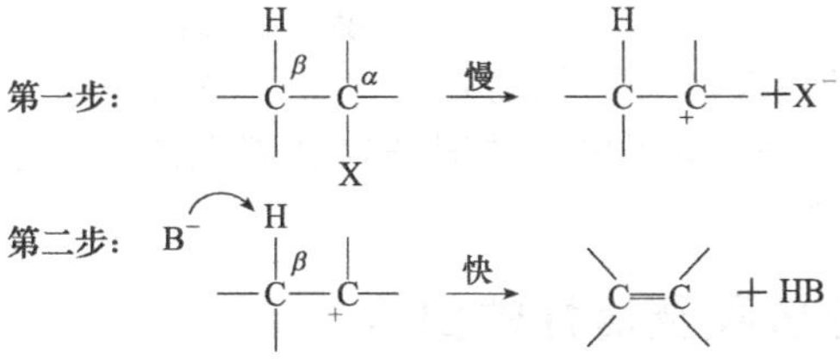

第一步：

第二步：

在第一步，离去基团先带着电子对离开 α 中心碳原子，α-碳原子由 sp^3 杂化态转变成 sp^2 杂化态，生成碳正离子。该步骤与 S_N1 历程的第一步相同，为一慢步骤。在第二步，碱 B^- 进攻 β-碳原子上的氢原子，β-碳原子失去氢原子后也由 sp^3 杂化态转变成 sp^2 杂化态。此时 α-碳原子与 β-碳原子上未参与杂化的 2p 轨道互相平行，相互重叠形成 π 键，生成烯烃。如前所述，反应速率取决于整个反应中最慢的一步。因此，第一步决定整个反应消除反应的速率。第一步中仅涉及卤代烷分子，与碱无关，因此该反应历程称为单分子消除历程，用 E1 表示（E 表示消除 elimination，"1"代表单分子）。

E1 反应和 S_N1 反应相比，二者的第一步相同，均是卤代烷的 C—X 键首先异裂生成碳正离子。因此两种历程具有类似的特征。E1 反应和 S_N1 反应往往同时发生，相互竞争。至于反应究竟是倾向于 S_N1，还是倾向于 E1，主要是看在第二步反应中，碳正离子发生消除反应或与亲核试剂结合的相对趋势而定（见 7.6 节）。

7.5.2 双分子消除反应（E2）

E2 和 S_N2 历程一样，都是一步反应。

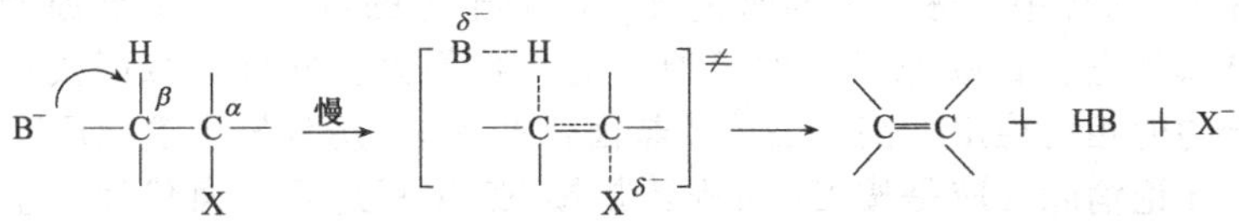

E2 历程中，碱性试剂进攻卤代烷的 β-H 原子，β-H 原子以质子的形式和碱相结合。与此同时，卤原子带着一对电子离开，α-碳原子和 β-碳原子之间形成 π 键，生成烯烃。值得注意的是，C—H 键和 C—X 键的断裂，以及 α-碳原子和 β-碳原子之间 π 键的形成是同时进行

的，反应一步完成。在此过程中，卤代烷和碱试剂都参与了过渡态的形成，所以该反应历程称为双分子消除，以 E2 表示。

当卤代烃有多种 β-H 时，E2 消除一般都遵循 Saytzeff 规则，主要产物是双键取代更多的烯烃。另外，E2 消除具有反式消除的立体化学特征，即被消除的 H 与卤素处于反式共平面的位置，尤其是卤代环己烷类化合物的消除，H/X 必须同时位于 a 键才能进行消除。例如，下面两个氯代环己烷异构体在消除速度和取向上的差别。

稳定构象，可以消除   (Saytzeff 消除产物)

1 : 3

稳定构象   较不稳定构象   唯一产物
不可以消除   可以消除

Ⅰ与Ⅱ消除的相对速率=250:1

E2 的过渡态和 S_N2 的过渡态有相似之处，都属于协同反应。不同的是在 S_N2 历程中，碱试剂进攻 α-碳原子；而在 E2 历程中，试剂进攻 β-碳上的氢原子。因此，E2 和 S_N2 反应往往是伴随发生，相互竞争。

7.5.3　影响消除反应历程及活性的因素

无论是按 E1 历程还是按 E2 历程，不同卤代烃发生消除反应的相对活性顺序是：叔卤代烃＞仲卤代烃＞伯卤代烃。为什么会有这样的活性顺序呢？

对于 E1 历程，主要是生成的叔碳正离子最稳定，其次为仲碳正离子，伯碳正离子最不稳定。此外，碳-碳双键（C＝C）上烃基越多，则消除产物烯烃越稳定，也就越容易生成。因此，卤代烃按 E1 历程发生反应，其活性顺序是叔卤代烷最易进行，仲卤代烷次之，伯卤代烷最难发生。

对于烯丙型卤代烃按 E1 历程发生消除反应，中间体碳正离子的空 2p 轨道可以和相邻的 π 键之间形成 p-π 共轭，使得碳正离子上的正电荷得以分散，因此碳正离子更加稳定，其消除活性就特别高（详见 7.7 节）。

对于 E2 历程来讲，为什么卤代烃的相对活性也是叔卤代烃＞仲卤代烃＞伯卤代烃，而 S_N2 反应的相对活性顺序是伯卤代烃＞仲卤代烃＞叔卤代烃呢？

在 S_N2 历程中，亲核试剂进攻直接与卤素相连的 α-碳原子，该中心碳原子周围的空间因素对亲核试剂的进攻有着明显的影响。空间位阻作用越大，则亲核试剂越不容易进攻中心碳原子。因此，空间位阻大的叔卤代烃的反应活性最低，而空间位阻最小的伯卤代烃的反应活性最高。但在 E2 历程中，碱试剂同时进攻 β-碳原子上的氢原子。α-碳原子所连烃基的空间位阻因素对碱试剂进攻 β-碳原子上的氢原子的影响不大。此外，叔卤代烃发生消除后所生成的烯烃化合物的相对稳定性高。因此，叔卤代烃按 E2 历程发生消除反应的活性较大。

综上所述，无论消除反应是按 E1 历程还是按 E2 历程进行，卤代烃发生消除反应活性顺序均为叔卤代烃＞仲卤代烃＞伯卤代烃。

当卤代烃中心碳原子所连烃基相同，而卤素的种类不同时，消除反应的活性顺序是：

$$RI＞RBr＞RCl$$

在 E1 和 E2 历程中，都涉及卤原子带着一对电子离开中心碳原子。I^- 为较好的离去基团，因而碘代烃的消除活性最高。

此外，碱试剂的强弱、浓度只对 E2 历程有影响。碱试剂的浓度越高，碱性越强，则 E2 反应的速率也就越快。对于 E1 历程，反应速率仅与卤代烃有关，而不受试剂碱性和浓度的直接影响。

和 S_N1 历程一样，在 E1 历程中 C—X 键的断裂受溶剂极性的影响比较明显。极性大的溶剂可以提高 E1 的反应速率，但是对 E2 反应不利。

综上所述，从烃基结构上看，叔卤代烃易按 E1 历程，伯卤代烃倾向于按 E2 历程，而仲卤代烃较倾向于 E2 历程。低浓度弱碱有利于 E1 历程，高浓度强碱有利于 E2 历程。极性高的溶剂有利于 E1 历程，极性低的溶剂有利于 E2 历程。

思考题

7-6 叔卤代烃在 E1 和 E2 反应中活性都高，原因是什么？

7.6 消除反应与取代反应的竞争

在碱性条件下，卤代烃的取代反应和消除反应往往是同时发生，相互竞争。两种反应产物的比例受卤代烃结构、试剂的碱性、溶剂的极性和反应温度等多种因素的影响。

7.6.1 卤代烃结构的影响

通常情况下，伯卤代烃的 S_N2 反应很快，E2 反应较慢，倾向于发生取代反应；只有在强碱条件下才发生消除反应。反应通常按照双分子历程（S_N2 或 E2）进行。随着卤代烃 α-碳原子上支链的增多，S_N2 反应速率减慢，E2 反应速率增加。无支链的伯卤代烃与强亲核试剂（如 OH^-、RO^- 等）作用，主要起 S_N2 反应。

$$CH_3CH_2CH_2Br + C_2H_5O^- \xrightarrow[25℃]{C_2H_5OH} \begin{cases} \xrightarrow{S_N2} CH_3CH_2CH_2OCH_2CH_3 \ (91\%) \\ \xrightarrow{E2} CH_3CH=CH_2 \ (9\%) \end{cases}$$

叔卤代烃倾向于单分子反应。它易于发生消除反应，即使在弱碱性条件下（如 Na_2CO_3 的水溶液）也以消除产物为主。在纯水或乙醇溶液中发生溶剂解，才以取代产物为主。

$$(CH_3)_3CBr \xrightarrow[H_2O]{Na_2CO_3} (CH_3)_2C=CH_2$$

主要产物

$$(CH_3)_3CBr + C_2H_5OH \longrightarrow (CH_3)_3COC_2H_5 + (CH_3)_2C=CH_2$$
$$(81\%) \qquad\qquad (19\%)$$

仲卤代烃和 β-碳原子上有支链的伯卤代烃，其反应情况介于伯卤代烃和叔卤代烃之间。一般情况下，由于空间位阻的增加，试剂比较难从背面进攻 α-碳原子，而易于进攻 β-碳原子。因此不利于 S_N2，而利于 E2 反应。例如：

$$H_3C-\overset{\beta}{C}HCH_2Br + C_2H_5O^- \xrightarrow{C_2H_5OH} \begin{cases} \xrightarrow{E2} H_3C-\underset{CH_3}{\overset{CH_3}{C}}=CH_2 \ (60\%) \\ \xrightarrow{S_N2} H_3C-\underset{CH_3}{CHCH_2OCH_2CH_3} \ (40\%) \end{cases}$$

与伯卤代烃一样，β-碳原子上连有支链的仲卤代烃的消除倾向增加。

7.6.2 试剂的影响

亲核试剂一般都带有未共用电子对，因而也表现出一定的碱性。如前所述，试剂的碱性和亲核性之间并没有完全的平行关系。有些试剂碱性虽弱，但是亲核性较强。反之亦然。

试剂的影响一般表现在双分子反应历程。试剂的碱性越强，浓度越大，越有利于 E2 反应。反之，试剂的碱性较弱，亲核性较强，则对 S_N2 反应有利。这是由于在消除反应中，除去 β-氢原子需要较强的碱试剂。例如，仲卤代烷在 NaOH/醇溶液中反应，由于该反应体系中有碱性强的烷氧负离子 RO^-，反应的主要产物为烯烃。而用 NaOH/H_2O 溶液水解仲卤代烷时，往往得到取代和消除两种产物。这是由于 OH^- 既为亲核试剂，亦为碱试剂，但是它的碱性没有烷氧负离子 RO^- 强。

此外，试剂的体积越大，越不易进攻中心碳原子，而较容易进攻空间位阻较小的 β-氢原子，因而有利于消除反应。

综上所述，伯卤代烷与强亲核试剂作用，则主要发生 S_N2 反应，叔卤代烷与强亲核试剂主要发生 E2 反应，仲卤代烷介于二者之间。强碱存在时，卤代烷以 E2 反应为主。

7.6.3 溶剂的影响

极性溶剂对 S_N1 和 E1 反应均有利。溶剂的极性对取代反应和消除反应的不同影响主要表现在双分子历程中。由于在 S_N2 和 E2 反应中的过渡态中间体电荷分布比底物的电荷分布更为分散，因此极性溶剂对 S_N2 和 E2 反应都不利。但是，在取代反应的过渡态中，因为负电荷分散程度比消除反应过渡态的小，因此相对而言，极性较高的溶剂更有利于取代（S_N2），极性较低的溶剂更有利于消除（E2）。换言之，对高极性溶剂而言，它对取代反应（S_N2）过渡态的稳定作用比对消除反应（E2）过渡态的稳定作用更大一些。

$$\underset{\text{E2过渡态(电荷更分散)}}{HO\cdots H\cdots\overset{\overset{\displaystyle R}{|}}{CH}\cdots CH_2\cdots\overset{\delta^-}{X}} \qquad \underset{S_N2\text{过渡态}}{\overset{\delta^-}{HO}\cdots\overset{\overset{\displaystyle R}{|}}{CH_2}\cdots\overset{\delta^-}{X}}$$

因此，由卤代烃制备醇时，一般在 NaOH 或 KOH 的水溶液中（水的极性较大）进行。由卤代烃制备烯烃则在 NaOH 或 KOH 的醇溶液中（醇的极性较小）进行。

$$\underset{\overset{|}{X}}{CH_3\overset{\ }{C}HCH_3} + NaOH \xrightarrow[H_2O]{C_2H_5OH} \begin{array}{l} CH_3CH=CH_2 \text{(主要产物)} \\ \\ CH_3\underset{\overset{|}{OH}}{CHCH_3} \quad \text{(主要产物)} \end{array}$$

7.6.4 反应温度的影响

由于消除反应需要的活化能比取代反应的高，一般情况下，提高反应的温度更有利于消除反应，能够增加消除产物的比例。

总之，卤代烃的亲核取代和消除反应是可以同时发生的，而且两种历程（单分子和双分子历程）彼此相互竞争。它们之间的竞争受到多种因素的影响。大量实验数据表明：强碱、高温、弱极性溶剂有利于消除反应。根据以上讨论，我们可以在一定程度上估计某种结构的卤代烃在特定条件下进行反应的主要产物；同样，亦可选择适当条件，从卤代烃出发来制备目标化合物。

7.7 卤素位置对反应活性的影响

不饱和卤代烃分子中卤素的活泼性取决于卤素与 π 键的相对位置。卤素相同而烃基中双键位置不同的卤代烯烃，可以根据它们对亲核取代反应活性的不同分为以下三类：

第一类（Ⅰ）为乙烯型卤代烃及卤代芳烃（卤素直接连在芳环上），卤素与 C=C 双键上的碳原子直接相连。第二类（Ⅱ）为卤素与碳-碳双键之间含有多于一个饱和碳原子的碳链，为孤立型不饱和卤代烃。第三类（Ⅲ）为烯丙型卤代烃及苄基卤化合物，分子中卤素和碳-碳双键之间有一个饱和的碳原子。以上三种类型的卤代烯烃中，发生亲核取代反应的活性顺序是：

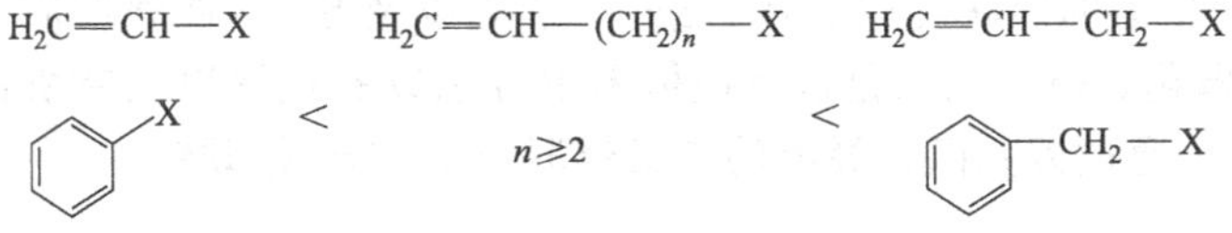

亲核取代反应活性顺序为什么是这样的呢？下面我们对这三种类型的不饱和卤代烃分别加以讨论。

7.7.1 卤代乙烯型和卤代芳烃化合物

乙烯型卤代烃及卤代芳烃中的卤素和 C=C 双键直接相连，卤原子的未共用电子对与双键或芳环形成 p-π 共轭体系，使得碳-卤键 C—X 的电子云密度增加，键长缩短，从而卤原子与碳原子的结合比卤代烷中更加牢固。因此该类卤代烃中的卤原子活性比卤代烷中的卤原子差。由于这类卤代烃的卤原子很不活泼，它们不仅与 NaOH、NaOR、NaCN 等试剂难以发生亲核取代反应，也难以发生消除反应。比如卤代乙烯型化合物与硝酸银的醇溶液共热，无卤化银沉淀产生。

$$CH_2=CH-\ddot{X}$$

氯乙烯分子中的 p-π 共轭

例如，在氯乙烯分子中，由于 p-π 共轭的存在，共轭体系中电子发生离域，使得 C—Cl 键的键长比氯乙烷中的短，具有部分双键的性质，氯原子与碳原子的结合更加牢固（氯乙烷中 C—Cl 键键能为 339.1kJ/mol，氯乙烯中 C—Cl 键键能为 368.4kJ/mol）。因此氯乙烯分子中氯原子不活泼。

卤代芳烃中卤原子发生亲核取代反应的活性与乙烯基卤代烃相似，也是很不活泼。虽然卤代芳烃难以进行一般的亲核取代反应和消除反应，但是在过渡金属 Pd、Cu 等金属配合物的催化作用下，芳基碘代物或溴代物可以与有机锡试剂、有机硼试剂等发生偶联反应。例如，芳基碘代物在 Cu 粉存在下，发生自偶联反应，生成相应的联苯化合物。

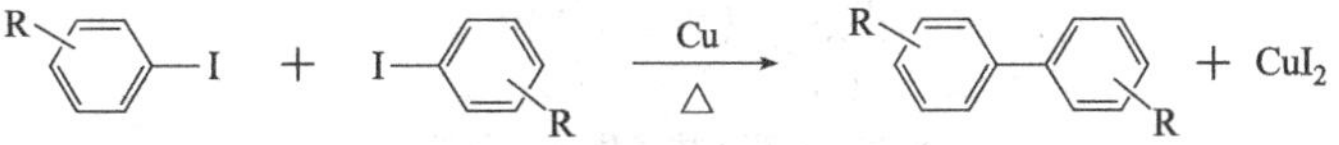

$$R\!-\!\!\bigcirc\!\!-I \; + \; I\!-\!\!\bigcirc\!\!-R \xrightarrow[\triangle]{Cu} R\!-\!\!\bigcirc\!\!-\bigcirc\!\!-R \; + \; CuI_2$$

该反应又称为 Ullmann 反应。它在制备联苯衍生物中有着较为广泛的应用。

此外，在 Pd(0) 的催化作用下，有机卤代物可以和末端烯烃发生偶联反应，生成取代烯烃。该反应即为 Heck 反应。除钯催化剂外，还需要添加 NaOAc、K_3PO_4、Na_2CO_3 或胺类化合物等碱。Heck 反应是形成 C—C 键的一个重要手段。一般缺电型烯烃的 Heck 反应都能得到高区域选择性的产物，立体构型以反式为主。

$$R—I \quad + \quad \diagdown\!\!\!\diagup^{R'} \xrightarrow[\text{碱}]{Pd(0)} \diagdown\!\!\!\diagup^{R'}_{R}$$

Suzuki 反应主要是指在碱存在时，由金属配合物催化的卤代芳烃和芳基硼酸的碳-碳偶联反应。该反应在有机合成中得到广泛的应用。

$$\langle\!\bigcirc\!\rangle—X \quad + \quad R'—BR''_2 \xrightarrow[\text{碱}]{Pd(0)\text{金属配合物}} \langle\!\bigcirc\!\rangle—R'$$

与 Suzuki 偶联相关的偶联反应还有 Negishi 偶联以及 Stille 偶联反应。该类反应同样也需要金属 Pd、Ni 催化。所不同的是该反应体系中分别以有机锌以及有机锡试剂代替有机硼试剂。此类反应也是通过芳基卤代烃等的交叉偶联反应构建碳-碳键。

$$R—X \quad + \quad R'—ZnX \xrightarrow[\text{Negishi 偶联}]{Pd\text{或}Ni\text{金属配合物}} R—R'$$

R,R'——芳基，烯基等
X = Cl,Br,I

$$\langle\!\bigcirc\!\rangle—X \quad + \quad R'—Sn(R'')_3 \xrightarrow[\text{Stille 偶联}]{Pd(0)\text{金属配合物}} \langle\!\bigcirc\!\rangle—R'$$

从以上几种偶联反应可看出，卤代芳烃等都是作为亲电试剂参与反应。但由于其反应活性较低，一般需要在金属配合物的催化下才能反应。

R. F. Heck、Er-ichi Negishi 和 Akira Suzuki 三位科学家因在"钯催化交叉偶联反应"领域的开创性工作荣获了 2010 年的诺贝尔化学奖，他们的成果在有机合成、制药、先进材料等领域有广泛的应用价值。

7.7.2 烯丙基型卤代烃和苄基卤代烃

烯丙基型卤代烃和苄基卤代烃的反应活性较高。我们可以从亲核取代反应中的中间体——烯丙基碳正离子的稳定性来理解它的反应活性。

烯丙基卤代烃发生亲核取代反应时，卤原子带着一对电子离开后生成稳定的烯丙基碳正离子。由于带正电荷碳原子上的空 p 轨道与相邻 C＝C 上的 π 键共轭，使得正电荷得以分散，因此烯丙基型碳正离子稳定性较高，有利于亲核取代反应的进行。烯丙基型卤代烃中的卤原子非常活泼，在室温下就能和硝酸银的醇溶液作用，生成卤化银沉淀。

$$RCH\!=\!CH\!-\!\overset{+}{C}H_2 \quad \longleftrightarrow \quad R\overset{+}{C}H\!-\!CH\!=\!CH_2$$

烯丙基碳正离子电子离域示意图

从电子云分布看，烯丙基碳正离子的两个碳原子上均带有部分正电荷。当亲核试剂与其相作用时，则有两种可能的反应位置，反应的结果是得到两种产物。例如：1-氯-2-丁烯水解后得到两种产物：

$$H_3C-CH=CH-CH_2Cl \longrightarrow H_3C-\overset{+}{CH\cdots CH\cdots CH_2}$$

$$H_3C-\overset{+}{CH\cdots CH\cdots CH_2} \xrightarrow{\begin{array}{c}a\\b\end{array}} \begin{array}{c} H_3C-\underset{OH}{CH}-CH=CH_2 \quad (a)\\ H_3C-CH=CH-\underset{OH}{CH_2} \quad (b) \end{array}$$

这种现象称为烯丙位重排。

同样，苄基卤代烃中的卤原子也非常活泼，在室温下与硝酸银的醇溶液反应生成卤化银沉淀。反应的中间体为苄基碳正离子，它也存在着 p-π 共轭效应，正电荷因分散至苯环而使得苄基碳正离子稳定。

苄基碳正离子电子离域示意图

7.7.3　孤立型不饱和卤代烃

当不饱和卤代烃中卤原子和 C==C 或苯环相隔两个以上饱和碳原子时，则称为孤立型不饱和卤代烃。在孤立型不饱和卤代烃中，由于卤原子和 C==C 相隔较远，彼此之间的相互影响很小。因此，此类不饱和卤代烃中卤原子的活泼性与卤代烷烃中卤原子的反应活泼性类似。

在上述三种类型不饱和卤代烃中，反应相对活性的比较是基于烃基不同而卤原子相同的基础之上得到的结论。如果烃基相同而卤原子不同，则反应的活性顺序为：碘代烃＞溴代烃＞氯代烃。在这三种不同的卤代烃中，碘原子的原子半径最大，碳-碘键弱，电子云重叠程度差，而且碳-碘键的可极化性也大，碘的电负性小，从而对外层电子云的控制亦弱。因此，在极性介质中，碳-碘键容易发生断裂，碘代烃反应的活性最大。与此相对照的是，碳-氯键发生断裂时则相对较为困难一些。

思考题

7-7　按消除反应活性顺序排列下面化合物。

(1) $CH_3CH_2CH_2Cl$

(2) ⎯Cl

(3) ⎯$CH_2\overset{\displaystyle CH_3}{\underset{\displaystyle Cl}{C}}CH_3$

(4) ⎯$CH_2\overset{\displaystyle H}{\underset{\displaystyle Cl}{C}}CH_3$

(5) ⎯Cl

(6) ⎯CH_2Cl

7.8　多卤代烃及氟代烃

7.8.1　多卤代烃

在多卤代烃中，若卤原子连接在不同的碳原子上，其性质类似于一卤代烃。当多个卤原子连接在同一个碳原子上时，卤代烃的反应活性大为降低，其 C—X 键相当稳定，不易发生取代反应。这是由于同一个碳原子上的卤原子相互影响，不易生成碳正离子。同时，由于多个卤原子空间位阻较大，不利于亲核试剂对 α-碳原子的进攻。因此，多卤代烃性质比较稳定。在 β-碳原子上连接有氢原子时，多卤代烃可以发生脱卤化氢的消除反应。

二氯甲烷为无色液体。它的主要用途是作为溶剂。其优点是不易燃烧，难溶于水。

三氯甲烷俗称氯仿（chloroform），是具有香甜气味的无色液体。氯仿能溶解脂肪和多种有机物，广泛用作溶剂。氯仿有麻醉性且不燃烧。1847 年，苏格兰的 Sir James Young Simpson 开始使用氯仿代替乙醚作为麻醉剂。氯仿中的 C—H 键受到三个氯原子的吸电子效应的影响，极性增强，较易断裂，在空气中能被氧化生成剧毒的光气。因此，三氯甲烷要保存在密封的棕色瓶中，通常加入 1% 乙醇以破坏可能生成的光气。

$$CHCl_3 \xrightarrow[h\nu]{O_2} \underset{\underset{\text{光气}}{}}{\overset{O}{\underset{Cl\quad Cl}{\parallel}}}$$

四氯甲烷，又名四氯化碳，为无色液体。主要用于合成原料及溶剂。它的密度很大，不溶于水。四氯化碳的蒸气比空气重，不易燃，不导电，因此在电源附近失火时用它作为灭火剂比较合适，对扑灭油类的燃烧更为适宜。但在灭火时能产生光气，因而必须注意通风。此外，四氯化碳与金属钠在温度较高时能猛烈反应以致爆炸，因而它不能用于金属钠的灭火。

7.8.2 氟代烃

与其他卤代烃相比，氟代烃（flurohydrocarbons）难以制备且性质独特。一氟代烃容易脱去一分子 HF 生成相应的烯烃，因而不稳定。例如：

$$CH_3CH—CH_3 \xrightarrow{\triangle} CH_3CH=CH_2 + HF$$
$$\underset{F}{|}$$

但是，当烃分子中的同一个碳原子上连接有多个氟原子时，氟代烃则比较稳定。例如，全氟代烃在受热至 $400 \sim 500℃$ 时也不起变化。此外，由于 C—F 键很牢固，难以断裂，因此多氟或全氟的烃类化合物很难起化学变化。被称为"塑料王"的聚四氟乙烯—$[CF_2CF_2]_n$—（商品名称 Teflon）具有耐酸、耐碱、耐高温、不溶于任何有机溶剂的特点，就是放在元素氟或"王水"（由三份浓盐酸和一份硝酸组成）中也不发生化学反应。因此，聚四氟乙烯可作人造血管等医用材料，或实验室中电磁搅拌子外壳等。

氟代烃的制备相当困难。由于元素氟性质非常活泼，遇到烃类化合物时反应剧烈，引起燃烧和爆炸，因此不能用元素氟直接和烃类化合物作用。制备氟代烃的一般方法是用无机氟化物将氯代烃、溴代烃或碘代烃取代成氟代烃。常用的无机氟代物为 HF、SbF_3、CoF_3 等。

$$CHCl_3 + HF \xrightarrow[5MPa]{SbCl_5} CHClF_2 + CHF_3$$

含有其他卤素的氟代烃，如三氟氯溴乙烷（$CF_3CHBrCl$）是目前广泛代替乙醚的吸入性麻醉剂，具有效力高、毒性小等优点。

氟氯烃是一类含氟和氯的烷烃，商品名为氟利昂（Freon）。通常氟利昂后面有三个数字 F-abc，第一个数字 a 表示碳数减去一，第二个数字 b 表示氢数加上一，第三个数字等于氟原子数，氯原子数目不表示出来。若只有两个数字则表示第一个数字为 0。

氟利昂具备加压易液化，汽化热大，不燃、不爆、无臭等优良性质，用于冰箱、空调机的制冷剂、清洁剂、喷雾剂的推进剂等。不同沸点的氟利昂可用于不同的制冷场所。如 CF_2Cl_2（二氟二氯甲烷，F-12）的沸点是 $-28℃$，是常用的冷冻剂。

由于氟利昂具有特别稳定的化学性质和优良的性能，其生产和使用量自 20 世纪 30 年代以来超过 1000 万吨，90 年代初全世界的年产量达 100 万吨以上。但是，正是由于氟利昂极其稳定和难以分解的化学性能，残留在大气中的氟利昂含量逐年上升。那么，氟利昂的最终去向是到哪里了呢？要回答这个问题，我们首先来认识一下臭氧。

臭氧（O_3）是一种有刺激性气味的气体。在距地球表面 $25\sim40km$ 的平流层中，臭氧的浓度最大，称为臭氧层。臭氧是由氧气在受到紫外线作用引发出原子氧后，再与氧气作用产生：

$$O_2 \xrightarrow{h\nu} \cdot O + \cdot O$$
$$\cdot O + O_2 \longrightarrow O_3$$

臭氧层阻挡了 99％来自太阳的紫外线，特别是短波紫外线的辐射，是人类能够得以生存的保护伞。研究表明：臭氧层中的臭氧每减少 1％，紫外线的透过率将增加 2％，而人类患皮肤癌的概率增加 4％。因此，臭氧层的存在是生态平衡中相当重要的一环，可以使人类免遭因强紫外线辐射而引起的皮肤癌、黑色瘤和白内障等疾病。

1985 年，英国南极考察队在南极的上空发现臭氧层出现了一个空洞。1999 年，南极上空臭氧层的浓度只有往年常量的 2/3。人们发现，氟利昂到达臭氧层后，吸收了 260nm 波长以下的阳光，分解出氯自由基，继之与臭氧作用生成 $ClO \cdot$ 自由基，从而引发链反应。反应历程如下表示：

$$CCl_2F_2 \xrightarrow{h\nu} \cdot CClF_2 + \cdot Cl$$
$$\cdot Cl + O_3 \longrightarrow \cdot ClO + O_2$$
$$\cdot ClO + O_3 \longrightarrow \cdot Cl + 2O_2$$

因此，通过自由基反应，一个氯自由基可以破坏多个 O_3 分子，从而造成对臭氧层的破坏作用。

大气臭氧层的破坏，使得紫外线过多地透过大气层辐射到地球上，这对人类的生存及动植物的生长带来了严重的灾难。臭氧层空洞的出现，引起了世界各国政府和科学家的高度重视。20 世纪 80 年代以来，国际上已签署了多个国际协定，用以限制使用和生产氟利昂，以保护臭氧层。1995 年，德国大气化学家 P. Crutzen、美国大气化学家 F. S. Rowland 和 M. Molina 三人因在氟里昂造成大气臭氧层空洞的杰出研究工作而获得诺贝尔化学奖。

📚 知识介绍

天然有机卤代物、杀虫剂

各种卤代物商品中，含氯卤代物的品种多、产量大。卤代烃的重要用途包括用于溶剂，制备润滑剂、除草剂、杀虫剂等。

最早发现的含卤素的天然有机物大都是从海洋生物中分离得到的。近几十年来，科学家发现一些昆虫、细菌，或是植物体中亦存在或能释放含卤素的有机化合物，这些卤代物有许多是有毒性的。例如，红藻能够释放一种有恶臭味的卤代烃，从而防止捕食者的侵害。这种卤代烃的结构如下：

甲状腺激素是促进机体生长、发育和成熟的重要激素。人体内的甲状腺激素（thyroid hormone）包括甲状腺素（thyroxine，T4）和三碘甲状腺素（triiodothyronine，T3）。

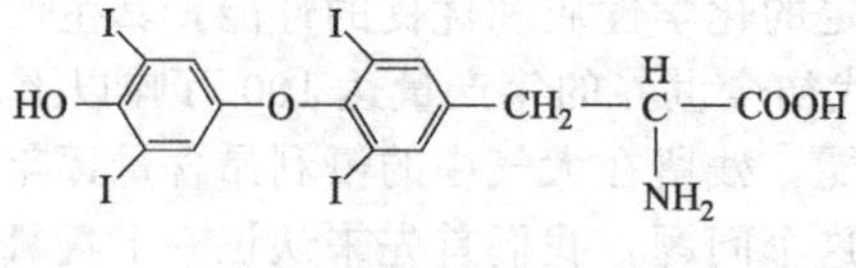

$$\text{甲状腺素结构式}$$

甲状腺素

有机氯农药属于神经毒，急性毒性小，但是它具有化学性质稳定，半衰期特别长，降解速度很慢，耐热、耐酸，不溶于水，易溶于有机溶剂等特点，在外界环境或有机体内不易被破坏、分解，容易造成残留。有机氯农药理化性质稳定，长期在水域、土壤和生物体内储存，并在生物链中蓄积导致严重的全球性环境污染，其长期累积可达 20～30 年之久。比如 20 世纪 40 年代发现的杀虫剂 DDT（二氯二苯三氯乙烷），其结构式为：

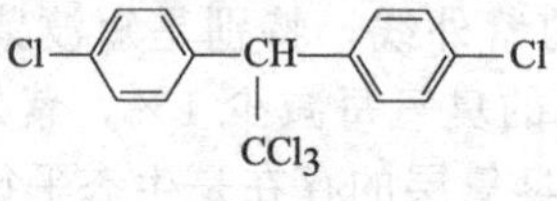

DDT

氯化茚，又名氯丹（chlordane），工业品为有杉木气味的琥珀色液体，是一种残留性杀虫剂，具有长的残留期，在杀虫浓度下对植物无药。自 1945 年问世以来，一直作为用于控制白蚁和其幼虫以植物的根为食的土壤害虫，如蝼蛄、地老虎、稻草害虫等。其制备方法是首先六氯环戊二烯在 55℃ 左右与环戊二烯进行 Diels-Alder 反应生成氯啶，然后在 80℃ 左右再与氯气加成，就得到氯丹（有顺和反两种异构体）。

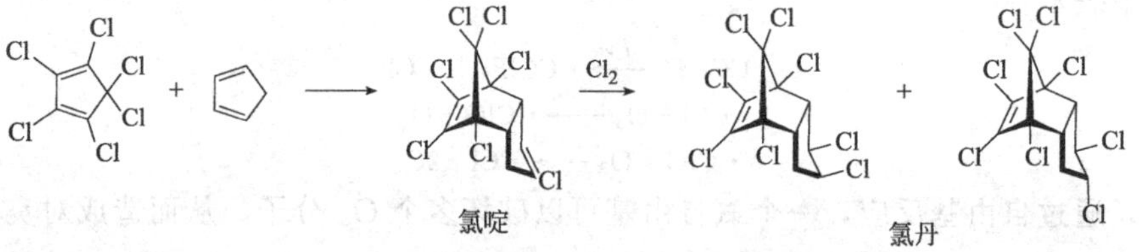

氯啶　　　　　　氯丹

再如六氯合苯，因分子中 C、H、Cl 原子数均为 6 个，故又名"六六六"。结构式如下：

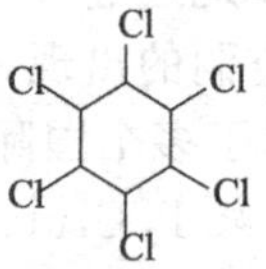

以上述几种为代表的有机氯类农药因其高效广谱的杀虫特点，曾广泛应用于农业生产，在农业生产上起到了一定的积极作用，是世界各国使用量最大的杀虫剂。由于其残效长，残留高，稳定性好，在长期使用的过程中引起了一系列生态平衡问题：比如 DDT 在杀害害虫的同时也杀害了许多益虫，而且该农药长时期残存于植物和土壤中，可随雨水排入河流中，导致对水源的污染，从而杀死鱼类。此外，DDT 虽然对一些以鱼类为生的鸟类和家禽本身的害处不大，但是它能够在这些家禽和鸟类体内积蓄，影响蛋壳的形成，从而对这些动物的繁殖影响很大。因此，尽管 DDT 当时对农作物虫害的防治起到了极好的效果，并极大地减少了由于蚊蝇而带来的传染病，它的发明者瑞士科学家 Paul Hermann Müller 亦因此而获得 1948 年的诺贝尔生理与医学奖。但是，世界各国已在 70 年代末 80 年代初禁止使用 DDT。六六六也已被禁止使用。

对二氯苯也曾用作杀虫剂、防蛀剂及农药，因其防蛀、防霉效果好，除用于衣物防虫外，还被广泛用于档案图书、各种展馆标本的防虫。许多除臭剂和空气清新剂也曾以对二氯苯为主要原料制成。但由于发现其对人类可能有致癌等副作用，因此安全型防虫剂中不允许含对二氯苯。

习题

7-1　写出下列化合物的结构式或用系统命名法命名。

（1）碘仿　　　　　（2）苄基氯　　　　　（3）烯丙基溴　　　　　（4）2,2-二甲基-1-碘丙烷

（5）溴代环己烷　　（6）$CH_3CH{=}CHCl$　　（7）$(CH_3)_3CCl$　　（8）$CH_2{=}CHCl$

7-2 用反应方程式分别表示正溴丁烷与下列试剂反应的主要产物。

(1) $NaOH/H_2O$　　(2) $KOH/$醇，$\triangle$　　(3) i) Mg，无水 Et_2O；ii) 通入乙炔气体

(4) NH_3　　　　(5) $NaCN$　　　　(6) $AgNO_3/$醇　　　(7) 丙炔钠

7-3 卤代烷与 $NaOH$ 在水-乙醇溶液中进行反应，从下列现象判断哪些反应属于 S_N1 历程，哪些反应属于 S_N2 历程。

(1) 产物的构型完全转变

(2) 有重排产物

(3) 增加 $NaOH$ 的浓度，反应速率明显加快

(4) 叔卤代烷反应速率明显大于仲卤代烷

(5) 反应不分阶段，一步完成

(6) 试剂的亲核性越强，反应速率越快

7-4 写出下列反应的主要产物。

(1) $C_6H_5CH_2Cl \xrightarrow{Mg} \xrightarrow{CO_2} \xrightarrow[H_2O]{H^+}$

(2) $CH_3CH_2CH_2CH_2Br \xrightarrow[H_2O]{NaOH}$

(3) $\xrightarrow{NaCN}$

(4) $CH_3CH_2CHCH_3 + H_3C-\underset{CH_3}{\overset{CH_3}{C}}-ONa \longrightarrow$ （Br 在第二个碳上）

(5) $+ H_2O \xrightarrow[S_N2]{OH^-}$

(6) $\xrightarrow[\triangle]{NaOH/醇}$

(7) $\xrightarrow[\triangle]{NaOH/醇}$

(8) $CH_3CH_2\underset{Br}{CH}CH_2CH=CHCH_3 \xrightarrow{NaOH/醇}$

(9) $\xrightarrow{KCN}$

(10) $\xrightarrow[130℃]{(1)Na_2CO_3,H_2O \atop (2)H_3O^+}$

7-5 比较下列各组化合物进行 S_N1 反应时的反应速率，并说明原因。

(1) $C_6H_5CH_2CH_2Br$　　　　$C_6H_5CH_2Br$　　　　$C_6H_5CH(CH_3)Br$

(2) $(CH_3)_2CHBr$　　　　$(CH_3)_3CI$　　　　$(CH_3)_3CBr$

(3) $CH_3CH_2CH_2Br$　　　　$(CH_3)_3CBr$　　　　$(CH_3)_2CHBr$

7-6 下列各组反应中，若按 S_N2 历程反应，哪一个反应较快？简明阐述理由。

(1) $CH_3CH_2CH_2Cl$　　　　$CH_3CH_2CH_2I$

(2) $CH_3CH_2CH(CH_3)Br$　　　　$(CH_3)_3CBr$

(3) $CH_3CH_2CH_2Cl$　　　　$CH_2=CHCl$

7-7 由指定原料及其他必需的无机以及有机试剂合成下列化合物。

(1)

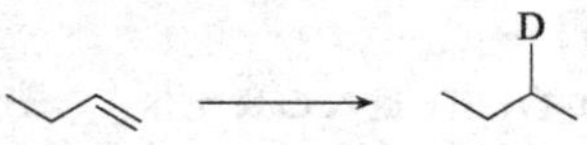

(2)

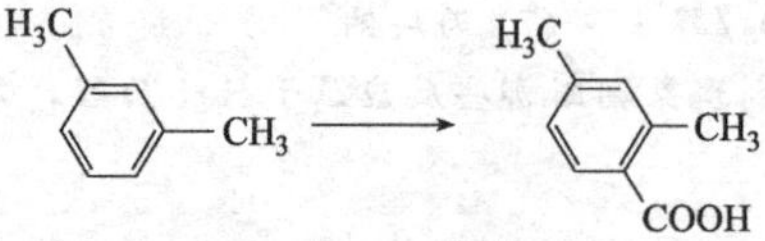

(3) C_2H_5Br，$HC\equiv CCH_2CH_3 \longrightarrow CH_3CH_2C\equiv CCH_2CH_3$

7-8　用简单方法鉴别下列各组化合物。

(1) 1-氯丙烷　　　　　　　2-氯丙烷　　　　　　1-氯丙烯

(2) $PhCH_2Br$　　　　　　$CH_3CH_2CH_2CH_2Br$　　　$CH_3CH(CH_3)Br$

(3) $CH_3CH=CHBr$　　　　$CH_2=CHCH_2Br$　　　$CH_3CH_2CH_2Br$

7-9　化合物 $A(C_4H_8)$ 与溴水进行加成反应，再经 KOH/醇溶液加热，生成化合物 $B(C_4H_6)$。B能使溴水褪色并能和 $Ag(NH_3)_2^+$ 溶液反应，得到白色沉淀。试写出 A 和 B 的结构式及相应的反应式。

7-10　某化合物 $A(C_3H_6)$ 在低温时与氯作用生成 $B(C_3H_6Cl_2)$，在高温时则生成 $C(C_3H_5Cl)$。使 C 与乙基碘化镁反应得 $D(C_5H_{10})$，后者在光照条件下和溴反应可得 $E(C_5H_9Br)$。使 E 与氢氧化钾的乙醇溶液共热，主要生成 $F(C_5H_8)$，后者又可与顺丁烯二酸酐反应得 G。写出 A 至 G 的结构式及各步的反应式。

7-11　制备乙基叔丁基醚时，下列两种方法中哪一个更为合理？为什么？

(1) $(CH_3)_3CBr+NaOCH_2CH_3 \longrightarrow (CH_3)_3C-O-CH_2CH_3$

(2) $(CH_3)_3CONa+BrCH_2CH_3 \longrightarrow (CH_3)_3C-O-CH_2CH_3$

7-12　图示化合物水解时，产生顺、反两种构型的醇。试解释原因。

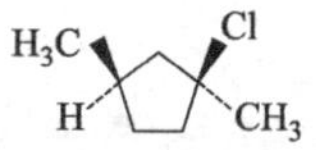

第8章 醇和酚

羟基（—OH）是有机化合物中常见的官能团。本章主要介绍含有羟基官能团的醇（alcohol）和酚（phenol）两类化合物。羟基与烷基（R—）相连的有机化合物 ROH 被称为醇；而羟基直接与芳基（Ar—）相连的化合物 ArOH 被称为酚。羟基官能团的性质丰富，可以转化为多种其他官能团，因此含羟基的化合物是有机合成中的重要原料和中间体。

本章将分别介绍它们的来源、结构和物理、化学性质。

$$R—OH \quad\quad Ar—OH$$
$$醇 \quad\quad\quad 酚$$

8.1 醇的结构、分类和命名

8.1.1 结构和分类

醇羟基的氧原子采取 sp^3 杂化形式。如图 8-1（a）所示，以甲醇为例，∠COH 键角为 108.5°，氧原子的两对孤对电子各占据一个 sp^3 杂化轨道。图 8-1（b）、（c）所示是甲醇的球棍模型和比例模型。

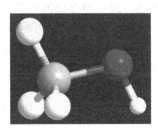

(a) 键角数据   (b) 球棍模型   (c) 比例模型

图 8-1 甲醇的模型

按照每个有机化合物中羟基的数目，醇类化合物可以被分为一元醇、二元醇、三元醇等。一元醇是指分子中只含有一个羟基的醇类化合物，二元醇是指分子中含有两个羟基的醇类化合物，以此类推。结构通式为 $C_nH_{2n+1}OH$ 的化合物是非环结构的饱和一元醇，例如甲醇（CH_3OH，俗称木醇，wood alcohol）、乙醇（C_2H_5OH，俗称酒精，grain alcohol）等。乙二醇（$HOCH_2CH_2OH$，又称甘醇，glycol）和一缩二乙二醇（$HOCH_2CH_2OCH_2CH_2OH$，又称二甘醇，diethylene glycol）都含有两个羟基，属于二元醇。含有多个羟基的化合物统称为多元醇。丙三醇［$HOCH_2CH(OH)CH_2OH$，又称甘油，glycerol］为三元醇，甘露糖醇（$HOCH_2[CH(OH)]_4CH_2OH$，mannitol，又称木密醇）为六元醇，它们都含有两个以上的羟基官能团，属于多元醇。

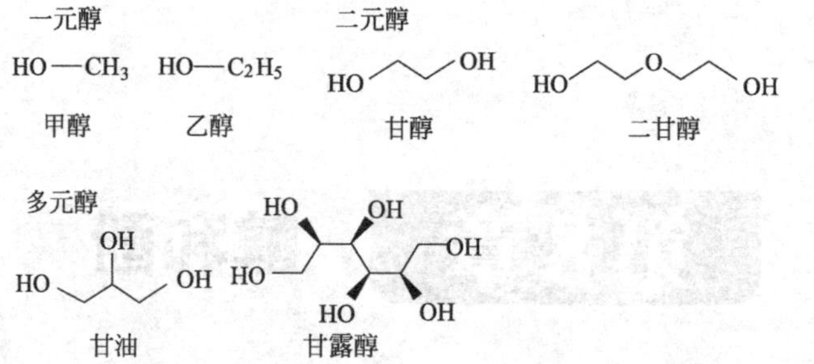

一元醇 二元醇

HO—CH₃ HO—C₂H₅

甲醇 乙醇 甘醇 二甘醇

多元醇

甘油 甘露醇

一元醇又可以分为伯醇（又称一级醇，primary alcohols）、仲醇（二级醇，secondary alcohols）和叔醇（三级醇，tertiary alcohols）。与羟基相连的烃基碳为伯碳（一级碳）的称为伯醇（1°醇），为仲碳（二级碳）的称为仲醇（2°醇），为叔碳（三级碳）的则称为叔醇（3°醇）。

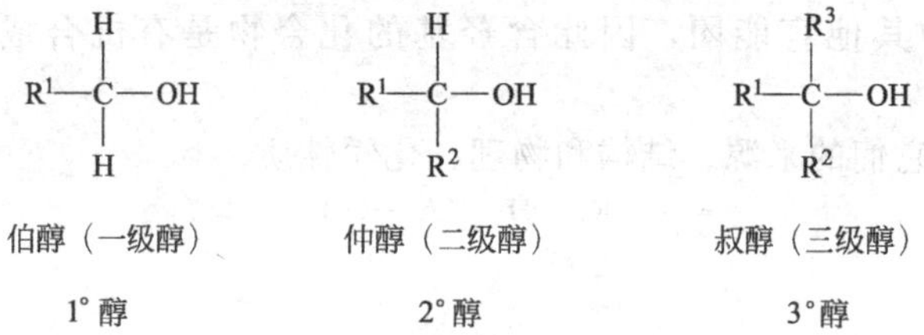

伯醇（一级醇） 仲醇（二级醇） 叔醇（三级醇）

1°醇 2°醇 3°醇

乙醇、正丙醇、异丁醇都是伯醇，异丙醇是一个仲醇，而叔丁醇则属于叔醇。

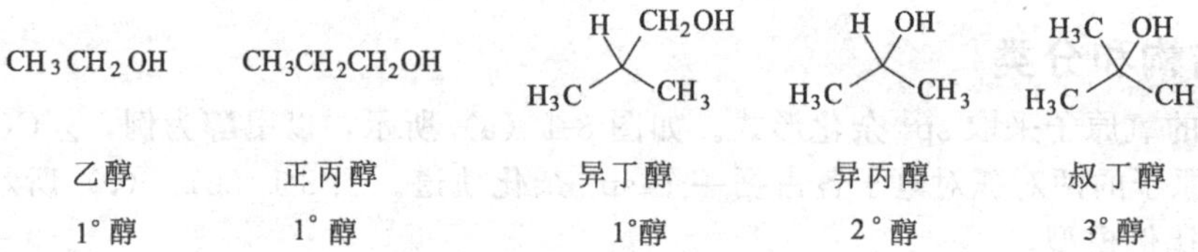

CH₃CH₂OH CH₃CH₂CH₂OH

乙醇 正丙醇 异丁醇 异丙醇 叔丁醇

1°醇 1°醇 1°醇 2°醇 3°醇

另外，根据与羟基相连的烃基的种类还可进一步分为饱和醇和不饱和醇。烃基含有碳碳双键或叁键的不饱和醇，如烯丙醇 CH_2 =$CHCH_2OH$、炔丙醇 $HC \equiv CCH_2OH$。

两个羟基连接在同一个碳原子上的二元醇称为偕二醇，如水合氯醛和水合茚三酮等。顾名思义，邻二醇是指两个羟基分别连接在相邻的两个碳原子上的二元醇，如频哪醇等。

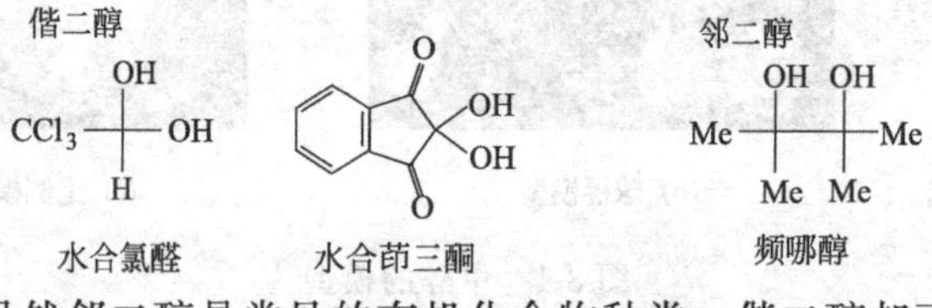

偕二醇 邻二醇

水合氯醛 水合茚三酮 频哪醇

与卤代烷不同，虽然邻二醇是常见的有机化合物种类，偕二醇却不常见。这是由于偕二醇很容易发生分子内脱水反应而生成醛或酮。偕二醇能够稳定存在的必要条件是，有强的吸电子基团与偕二醇的羟基碳原子相连。例如，水合氯醛和水合茚三酮分子中的三氯甲基和羰基基团都是强吸电子基团。

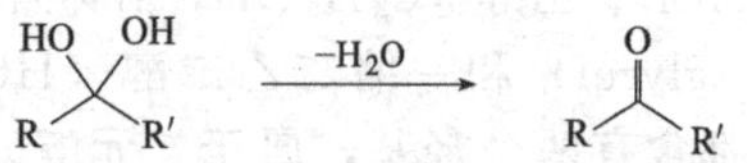

另一种类似的情况是烯醇（enols）。烯醇指羟基连接在 sp^2 杂化的碳原子上的醇类化合物。这类化合物在一般情况下也不能稳定存在，常常倾向于异构化，得到相应的醛或酮。

烯醇式　　酮式

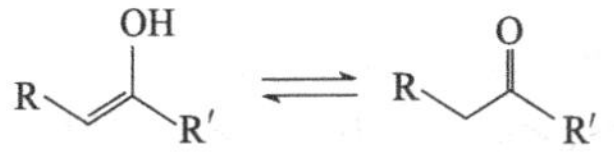

但也有例外。例如，由于芳香性的稳定作用，酚类化合物以烯醇式结构存在。自然界中的天然产物抗坏血酸（ascorbic acid，即维生素 C）中也存在烯醇式结构。

苯酚
烯醇式　　酮式　　抗坏血酸(维生素C)

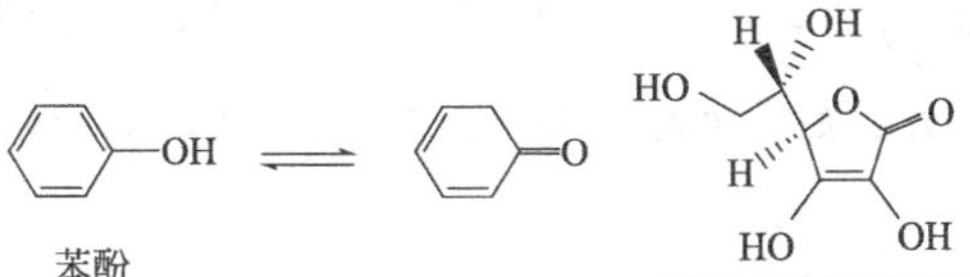

8.1.2 命名

羟基是天然产物中常见官能团之一，还有许多有机化合物有基于其来源、用途等派生出来的俗名，如木醇最早是在木材的干馏过程中发现的有机化合物，而酒精是在酿酒过程中被广泛认识的有机化合物，现在我们已经了解了粮食发酵（酿酒）产生酒精的过程。这类例子还有很多，例如：甘油、甘露醇、山梨醇、薄荷醇、胆固醇、叶醇、巴豆醇等等。虽然这些名称简单易记，但在名称和结构之间很难建立联系，给初学者带来一定的麻烦。

胆固醇　　巴豆醇　　(+)-香茅醇

叶醇　　山梨醇　　薄荷醇

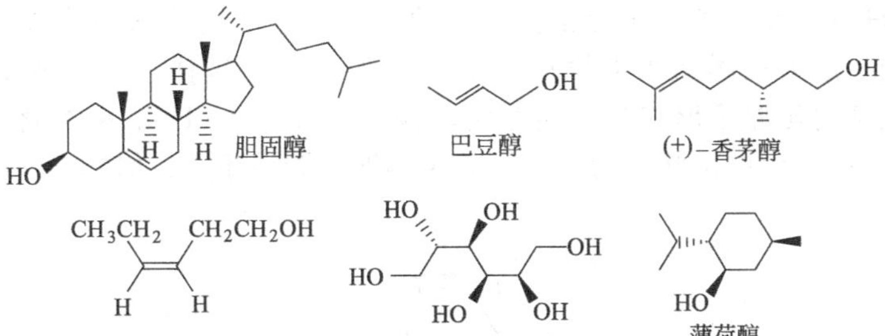

醇类化合物较直接的命名法是以“烃基醇”或以甲醇衍生物的方式来命名的普通命名法，其中的“基”可以省略，如仲丁（基）醇、叔丁（基）醇、烯丙（基）醇、环己（基）醇、苄（基）醇（苯甲醇）等。

仲丁醇　　叔丁醇　　烯丙醇　　环己醇　　苄醇　　三苯基甲醇

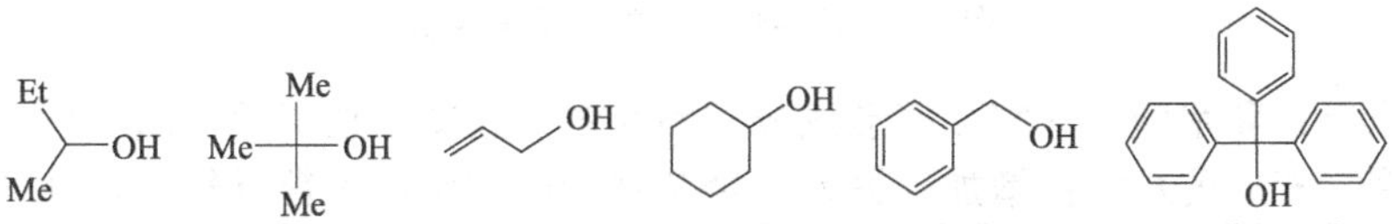

普通命名法的优点是较为直观。然而对于烃基较复杂的醇的命名就比较困难。因此系统命名法（IUPAC 命名法）成为更理想的选择。系统命名法的主要原则是：①选择连有羟基的最长碳链为主链；②从靠近羟基的一端开始编号；③对于不饱和一元醇，选择包含有羟基和不饱和键在内的最长的碳链为主链，从靠近羟基的一端开始编号，在不饱和键和羟基前用编号标明其位置；④手性中心的立体化学（*R*/*S* 命名法）以及碳碳双键的构型（*Z*/*E* 命名法）标注在名称的最前面，有多个手性中心或不饱和键时，用编号标明；⑤对于多元醇，尽可能选择包含多个羟基在内的最长的碳链，按羟基数而称为某二醇、某三醇，并在醇名前再标明羟基位置；⑥脂环醇的命名采用脂环烃基加“醇”字为母体的方法，其他与链状醇类似。举例如下：

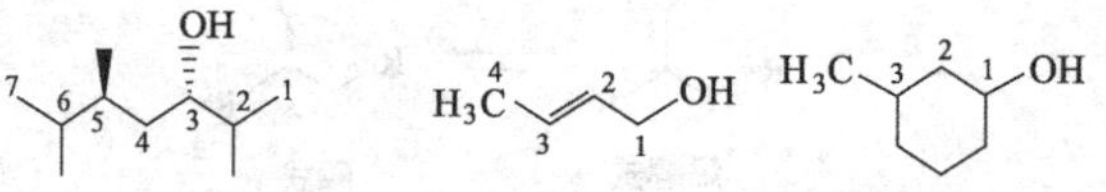

(3S,5S)-2,5,6-三甲基-3-庚醇　　(E)-2-丁烯醇　　3-甲基环己醇

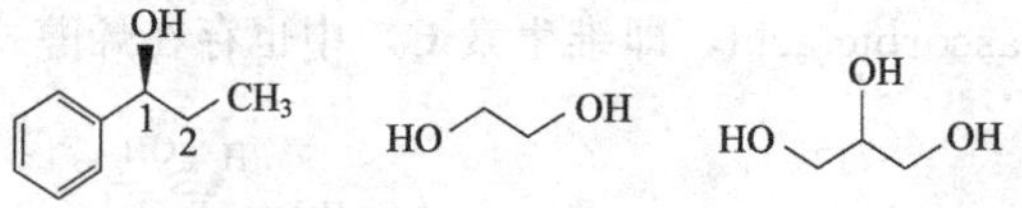

(S)-1-苯基-1-丙醇　　1,2-乙二醇　　1,2,3-丙三醇

思考题

8-1　用系统命名法（IUPAC命名法）分别给频哪醇、烯丙醇、薄荷醇、叶醇、香茅醇和山梨醇（结构式见前）命名。

8.2　醇的物理性质

由于羟基官能团中氧原子的电负性比氢原子大得多（氧原子电负性为 3.44，氢原子为 2.18），O—H 共价键中的电子更偏向于氧原子，因此羟基的氧原子表现出弱碱性，羟基中的氢原子则有成为裸露质子的倾向而表现出弱酸性。这样一个羟基的氧原子有倾向于吸引另一个羟基的氢原子形成分子间氢键的倾向（H---O—H）。醇类化合物通过这种氢键作用形成如图 8-2 所示的网状结构。分子间氢键的强弱顺序是：伯醇（1°）＞仲醇（2°）＞叔醇（3°）。

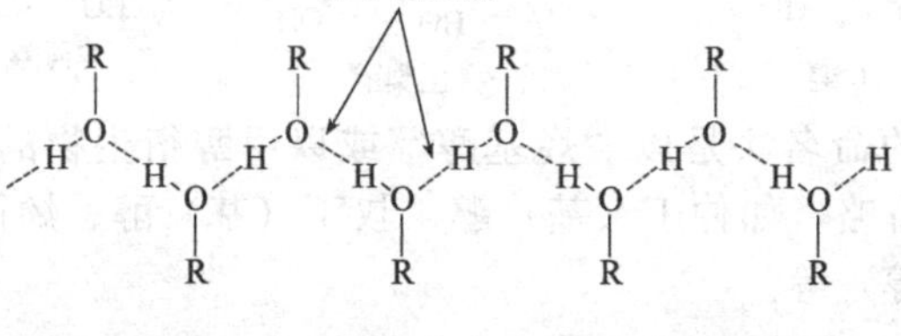

图 8-2　醇类化合物的分子间氢键

醇羟基也可以和水的羟基官能团形成分子间氢键，这就增加了醇的水溶性。多元醇因为羟基的数目多，相应的水溶性增加。另外，烃基官能团的碳原子数目越多，分子的亲油性越强，其水溶性就会减小。碳原子数在三个以下的低级一元醇及一些多元醇可以和水混溶。对于同分异构体，支链越多，一般水溶性增大。

分子间氢键的形成对醇的其他物理性质也发生一定的影响，如沸点。一般情况下，随着分子量的增加，直链烷基醇的沸点逐渐升高，和烷烃、卤代烷有相似的规律性。其中同分异构体的沸点高低顺序是：伯醇＞仲醇＞叔醇。但是和分子量相近的烷烃或醚相比，醇类化合物的沸点要高得多，如乙醇的沸点为 78℃，而其同分异构体甲醚（CH_3OCH_3）的沸点仅为 −24.8℃；与乙醇沸点接近的烷烃为正己烷，其沸点为 68.9℃。这是由于醇的分子之间存在分子间氢键作用力，分子的气化需要额外的能量。因此，醇的沸点要高于相近分子量的烷烃或醚。

几种代表性醇类化合物的物理常数列于表 8-1。

表 8-1 　几种代表性醇类化合物的中文命名和物理常数数据

结构式	中文名称	熔点/℃	沸点/℃	水溶解度(25℃)/(g/100g)
CH₃OH	甲醇	−98	64.7	混溶
C₂H₅OH	乙醇	−114	78	混溶
n-C₃H₇OH	(正)丙醇	−127	97	混溶
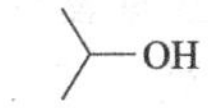 ⋎—OH	异丙醇	−89.5	82	混溶
n-C₄H₉OH	(正)丁醇	−89.8	117.7	7.3
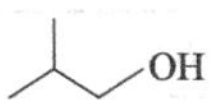 ⋏—OH	异丁醇	−108	107.9	8.7
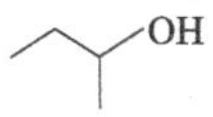 ⋏—OH	仲丁醇	−115	98	29
 ⋏OH	叔丁醇	25～26	83	好
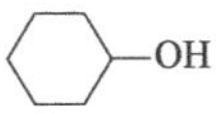 ◯—OH	环己醇	25.9	161.8	3.6(20℃)
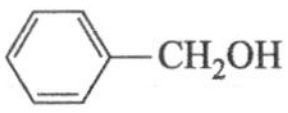 ◯—CH₂OH	苯甲醇	−15.2	205.3	3.5(20℃)
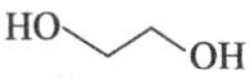 HO⌒OH	1,2-乙二醇	−12.9	197.3	混溶
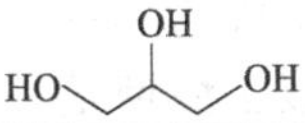 HO⌒OH(OH)	甘油	17.8	290	混溶

　　羟基作为氢键给体和受体的性质还会影响分子的最稳构象。一般来说，开链烷烃的最稳定构象式是对位交叉式。然而，如图 8-3 所示，1,2-乙二醇的最稳定构象是邻位交叉式，这是形成了分子内氢键的缘故。Cl、F 等卤素原子也容易和羟基的氢原子形成氢键作用，因此邻卤代醇的稳定构象式也有类似的现象，表现出邻位交叉式比对位交叉式更稳定。

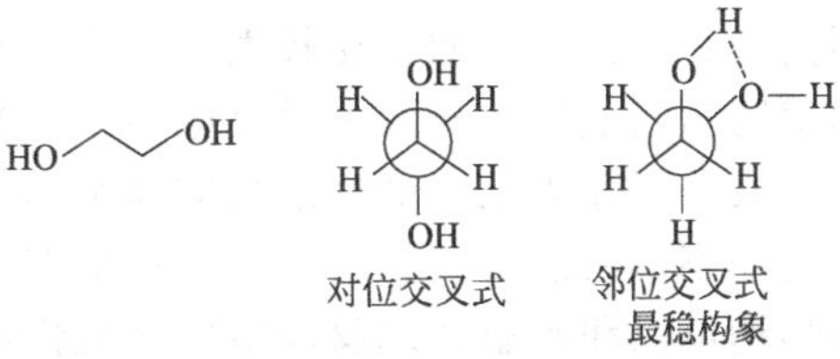

图 8-3 　1,2-乙二醇的稳定构象式

思考题

　　8-2 　与相应的卤代烷相比，醇的沸点要高得多，水中溶解度要大得多，为什么？请查阅相关数据来举例证明这一结论。

8.3 　醇的化学性质

　　醇的化学性质主要表现在羟基官能团的性质上，醇表现出弱酸性，同时醇羟基氧原子的孤对电子又使其表现出弱碱性，因此醇是两性的（amphoteric）。醇还会发生氧化反应、消除反应、亲核取代反应等，因此它是有机合成中重要的官能团转化中间体。

$$\overset{\delta\delta^+}{\underset{|}{C}}-\overset{\delta^+}{\underset{|}{C}}-\overset{\delta^-}{\overset{\cdot\cdot}{\underset{\cdot\cdot}{O}}}-\overset{\delta^+}{H}$$

8.3.1 弱酸性

因为羟基官能团中，氧原子的电负性比氢原子大得多，使得醇类化合物表现出弱酸性。不过其酸性比较弱，pK_a 数值和水（pK_a 15.7）接近，一般比水弱。部分 pK_a 数据列于表 8-2。

表 8-2　部分醇类化合物的 pK_a 数据

化合物	pK_a	化合物	pK_a
甲醇	15.5	炔丙醇	14.3
乙醇	15.9	1,2-乙二醇①	13.6
丙醇	16.2	1,2-丙二醇①	14.9
异丙醇	17.1	1,3-丙二醇①	15.1
2-丁醇	17.6	$ClCH_2CH_2OH$	14.3
叔丁醇	19.2	Cl_2CHCH_2OH	12.9
烯丙醇	15.5	CF_3CH_2OH	12.4

① 指 pK_{a1}。

由于醇羟基一般表现出比水更弱的酸性，它只能和强碱性物质，如氢化钠，或者活泼金属，如钠、钾等进行反应。例如：金属钠和无水乙醇反应，放出氢气，同时生成乙醇钠。叔丁醇活性较低，与钠反应非常缓慢，但可与钾顺利地反应，得到叔丁醇钾。叔丁醇钾是一个常用的大体积有机强碱。

$$C_2H_5OH+Na \longrightarrow C_2H_5ONa+\frac{1}{2}H_2\uparrow$$

$$(CH_3)_3COH+K \longrightarrow (CH_3)_3COK+\frac{1}{2}H_2\uparrow$$

在制备醇钠或醇钾时应特别注意使用干燥无水的试剂，注意实验操作安全。因为少量的水会消耗碱金属，使反应不完全；但如果水的量比较大，活泼金属遇水会发生剧烈反应，释放大量能量，使反应体系的温度急剧上升，从而引燃反应中生成的氢气，甚至引发爆炸。

另外，实验室常常使用活泼金属作为某些惰性溶剂的除水剂等，在处理这些活泼金属的残留物时可使用无水乙醇来消耗剩余的活泼金属，然后再用水进行洗涤，这样就不会再引发剧烈反应，因为反应生成的醇钠可以和水温和地反应生成氢氧化钠和相应的醇。

$$C_2H_5ONa+H_2O \longrightarrow NaOH+C_2H_5OH$$

在亲核取代反应中，由于醇类化合物的亲核性较小，将它直接作为亲核试剂时反应可能不完全，因此常常需要将醇制备成醇钠等以增强亲核性。1850 年，A. Williamson 发展了利用醇钠作亲核试剂与卤代烷反应生成醚的方法，这一方法称为 Williamson 制醚法（Williamson ether synthesis）。另外，醇的钠盐或钾盐又常常作为强碱使用。由于位阻效应，烷基部分的体积越大，其亲核性越小，相应的碱性越大。

碱性　　$MeO^- < EtO^- < i\text{-}PrO^- < t\text{-}BuO^-$

亲核性　$MeO^- > EtO^- > i\text{-}PrO^- > t\text{-}BuO^-$

我们在第 7 章已经学习过，卤代烷在强碱的作用下易于发生消除反应。因此，醇钠作用下卤代烷的反应中就存在取代反应和消除反应的竞争。在下面的反应中，叔丁醇钠分别作为碱和亲核试剂。

$$\text{(CH}_3\text{)}_3\text{C—Br} \xrightarrow[\text{(作为碱)}]{t\text{-BuONa}} \text{CH}_2\text{=C(CH}_3\text{)}_2$$

$$\text{I—CH}_3 \xrightarrow[\text{(作为亲核试剂)}]{t\text{-BuONa}} t\text{-BuO—CH}_3$$

思考题

8-3　下列物质何者可用于由乙醇制备乙醇钠？

(1) NaH　　(2) Na　　(3) NaOH　　(4) Na_2CO_3

8-4　上面的叔丁醇钠作为反应试剂与卤代烷反应的例子中，为什么叔丁醇钠与叔丁基溴反应时，叔丁醇钠只表现为碱；而叔丁醇钠与碘甲烷反应时，叔丁醇钠只表现为亲核试剂？

8.3.2　氧化和脱氢

有机反应中，脱氢或加氧的过程称为氧化。醇羟基可以通过脱氢或加氧氧化成相应的羰基化合物。在一定条件下，伯醇可以被氧化到醛，仲醇氧化到酮（将羟基转化为羰基）。在强氧化剂作用下，伯醇的氧化不能停留在中间体醛的阶段，而是直接被进一步氧化到羧酸（将羟基转化为羧基）。仲醇的氧化产物在适当条件下可继续氧化为羧酸酯。

$$R\underset{R'}{\overset{OH}{\underset{|}{\overset{|}{C}}}}H \xrightarrow[-H_2]{[O]} R\overset{O}{\overset{\|}{C}}R' \xrightarrow{[O]} R\overset{O}{\overset{\|}{C}}OR'$$

醛或酮　　　　　　羧酸或酯

由于叔醇的 α-碳原子与 3 个烷基相连，不存在 α-氢，不能发生类似的脱氢过程，因此在碱性或者中性条件下难以发生氧化反应。

羧酸是最高氧化态，使用强氧化剂可以氧化伯醇最终生成羧酸；而醛处于中间氧化态，要将醇氧化到醛必须使用一些比较温和的氧化剂。这些氧化剂大致可以分为金属氧化剂和有机氧化剂，下面逐一介绍常见的醇的氧化反应。

(1) 过渡金属氧化剂氧化　通用的过渡金属氧化剂是 Cr(Ⅵ) 试剂和 $KMnO_4$。碱性条件下，$KMnO_4$ 可氧化伯醇生成羧酸，氧化仲醇生成相应的酮，$KMnO_4$ 在反应中被还原成 MnO_2。相对来说，这一条件易发生过度氧化，对伯醇的氧化反应难以停留在醛的阶段。另外，$KMnO_4$ 也能氧化碳-碳双键和碳-碳叁键等不饱和键，因此缺乏化学选择性（chemoselectivity）。

$$H_3C \sim \overset{}{\underset{C_2H_5}{CH}}OH \xrightarrow[\text{(2)}H_3O^+]{\text{(1)}KMnO_4,HO^-} H_3C \sim \overset{O}{\underset{C_2H_5}{\overset{\|}{C}}}OH$$

(74%)

CrO_3/H_2SO_4（Jones 试剂）、H_2CrO_4、Na_2CrO_7/H_2SO_4 等试剂是更常用的氧化羟基的试剂。在不同的 pH 条件下，Cr(Ⅵ) 以下列不同形式存在：

$$H_2CrO_4 \underset{pH<1}{\rightleftharpoons} HCrO_4^- + Cr_2O_7^{2-} \underset{pH=2\sim6}{\rightleftharpoons} CrO_4^{2-} \underset{pH>6}{\rightleftharpoons} CrO_3 + H_2O$$

氧化过程中起氧化作用的实质化合物是上述平衡中的 H_2CrO_4。在这些试剂作用下，伯醇被氧化生成相应的羧酸，仲醇则氧化生成相应的酮，铬试剂则由Ⅵ价（黄色~橘黄色）被还原到Ⅲ价（在乙醇溶液中为深绿色）。氧化过程中，伯醇首先被氧化生成相应的醛，所生成的醛被 Cr(Ⅵ) 进一步氧化生成相应的羧酸。如果反应体系中有水存在，氧化到羧酸的过程就更容易进行。这是由于水和生成的醛加成形成水合醛，促进了进一步氧化的发生。

$$CH_3CH_2CH_2CH_2OH \xrightarrow{H_2CrO_4} CH_3CH_2CH_2COOH$$

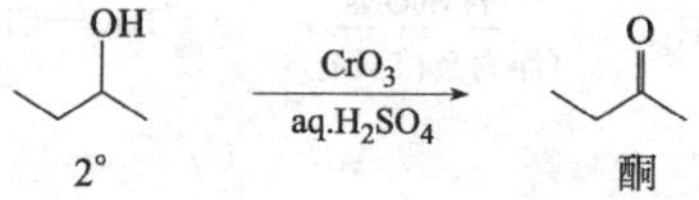

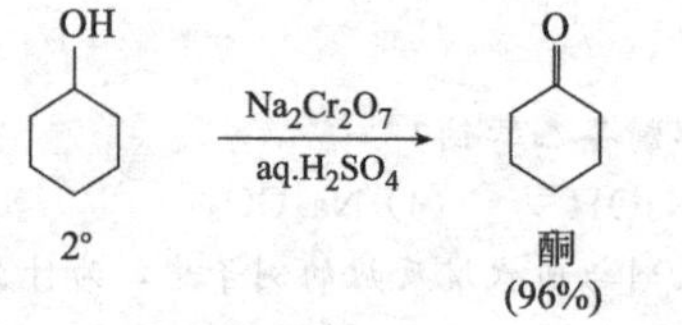

1° 羧酸

$$\text{OH} \xrightarrow[\text{aq.H}_2\text{SO}_4]{\text{CrO}_3} \text{O}$$

2° 酮

$$\text{OH} \xrightarrow[\text{aq.H}_2\text{SO}_4]{\text{Na}_2\text{Cr}_2\text{O}_7} \text{O}$$

2° 酮
（96%）

1953 年，Sarett 首次将 CrO_3 与吡啶（简写为 Py）形成的复合物 CrO_3/Py_2 作为氧化剂，一般使用 CH_2Cl_2 为溶剂，将醇氧化为醛或酮。该试剂称为 Sarett 试剂。

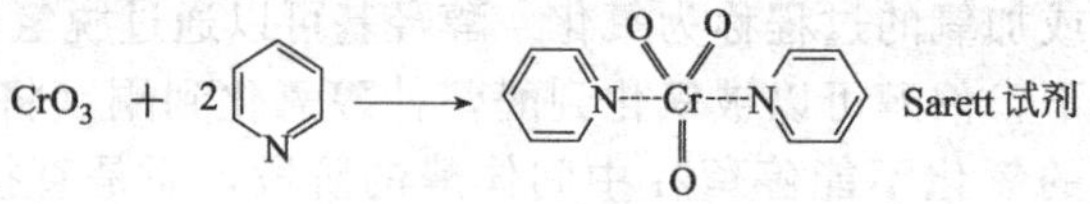

$$CrO_3 + 2 \text{ pyridine} \longrightarrow \text{(Py-Cr-Py complex)} \quad \text{Sarett 试剂}$$

Sarett 试剂氧化伯醇生成醛，氧化仲醇生成相应的酮。它是一种温和的氧化剂，具有化学选择性，分子中的其他不饱和键不受影响。

$$CH_3(CH_2)_5CH_2OH \xrightarrow[\text{CH}_2\text{Cl}_2]{\text{CrO}_3/\text{Py}_2} CH_3(CH_2)_5\overset{O}{\overset{\|}{C}}H \quad (70\%\sim84\%)$$

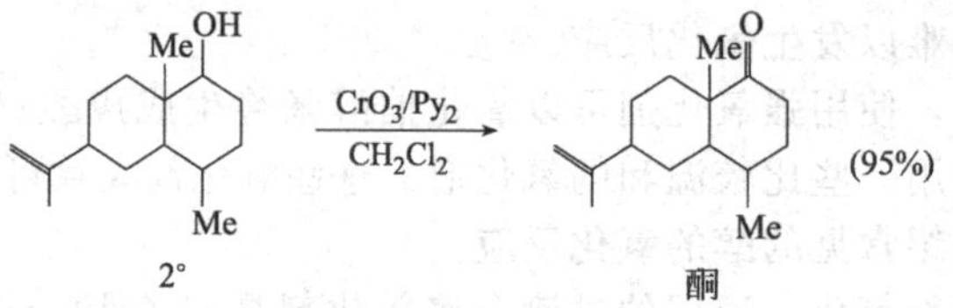

1° 醛

2° 酮
（95%）

氯铬酸吡啶鎓（pyridinium chlorochromate，PCC）是另一种目前常用的选择性氧化剂。PCC 可以通过将等当量的吡啶加入 CrO_3 的浓盐酸溶液中或者用吡啶盐酸盐处理 CrO_3 的方法来制备。PCC 可选择性地将伯、仲醇分别氧化为醛、酮。

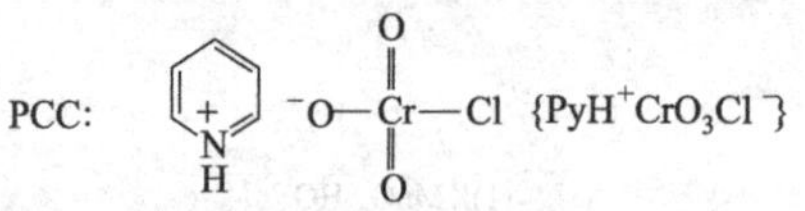

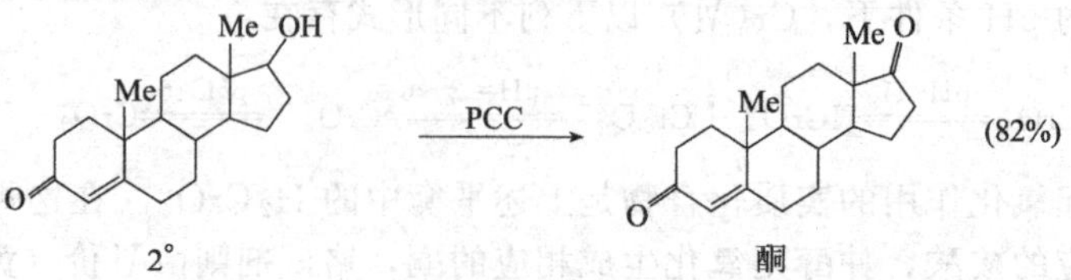

$$PCC: \quad \{PyH^+CrO_3Cl^-\}$$

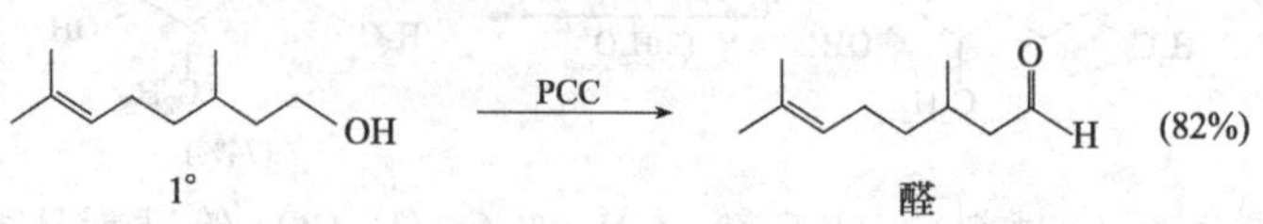

1° 醛
（82%）

2° 酮
（82%）

强氧化剂（如 $KMnO_4/HO^-$，$Na_2Cr_2O_7/H^+$ 等）会同时氧化 C＝C 双键官能团，而 Sarett 试剂、PCC 试剂都不氧化 C＝C 双键，有很好的化学选择性，因而使底物中的 C＝C

双键等不饱和键不受氧化剂的影响。

叔醇对于上述氧化剂都是惰性的，因此反应中会得到保留：

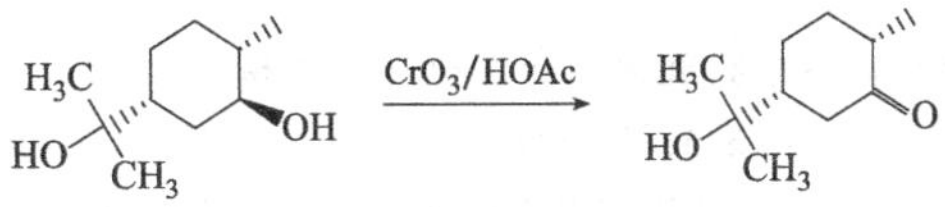

例如：

（2）Oppenauer 氧化　在三烷氧基铝试剂的作用下，一分子醇和另一分子酮反应，醇被氧化生成相应的酮，而酮则被还原生成相应的醇，这种氧化方法称为 Oppenauer 氧化。这种氧化方法也具有很好的化学选择性。使用较多的铝试剂是三叔丁醇铝、三异丙醇铝等。

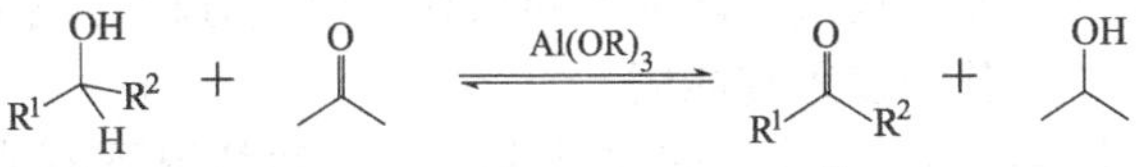

例如：

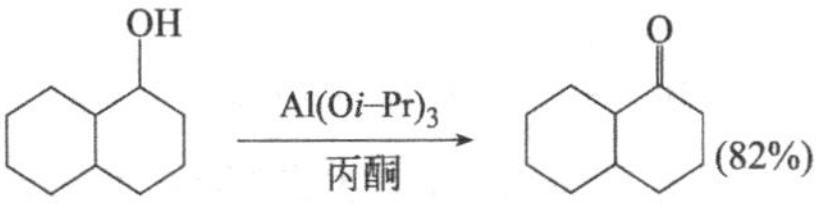

这一氧化过程是可逆的，氧化醇（1）生成相应的酮（2）的过程称为 Oppenauer 氧化，常用的另一分子酮是丙酮，作为反应中的氧化剂；其逆反应还原酮（2）合成相应的醇（1）的过程称为 Meerwein-Ponndorf-Verley 还原，其中异丙醇是还原剂（参见 11.3 节中醛酮的氧化还原反应）。进行 Oppenauer 氧化反应时，常常使用丙酮作溶剂，过量的丙酮使反应平衡向产物的方向移动。如图 8-4 所示，反应过程经过环状过渡态，醇的 α-氢发生转移，与丙酮的羰基发生加成，从而实现醇的氧化，丙酮则被还原生成异丙醇。

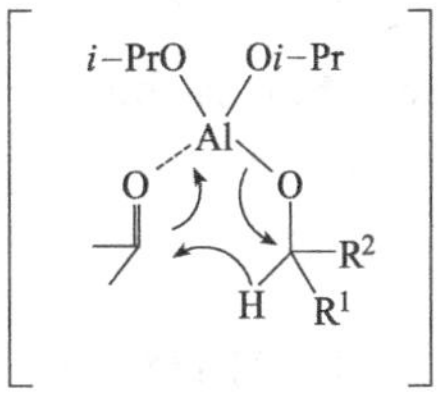

图 8-4　Oppenauer 氧化的环状过渡态

（3）有机氧化试剂氧化　除了以上介绍的选择性氧化试剂以外，目前实验室中经常使用一些有机氧化剂实现选择性氧化，其中常用的试剂包括基于二甲基砜（DMSO）和草酰氯（ClCOCOCl）试剂的 Swern 氧化；基于 Dess-Martin 试剂的氧化过程等。Dess-Martin 试剂是一种含有五价碘 I（V）的过碘酸酯试剂。这两种试剂都将伯醇氧化为醛，仲醇氧化为相应的酮。类似的有机氧化剂还有很多，这些有机氧化剂由于反应条件温和、选择性好、反应快速、产率高等优点而越来越广泛地被应用。

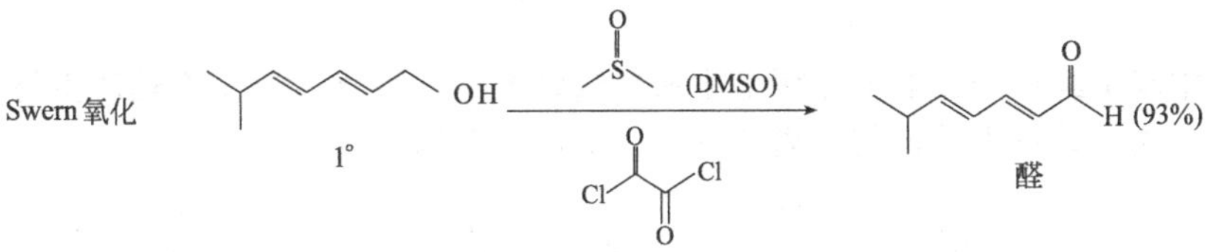

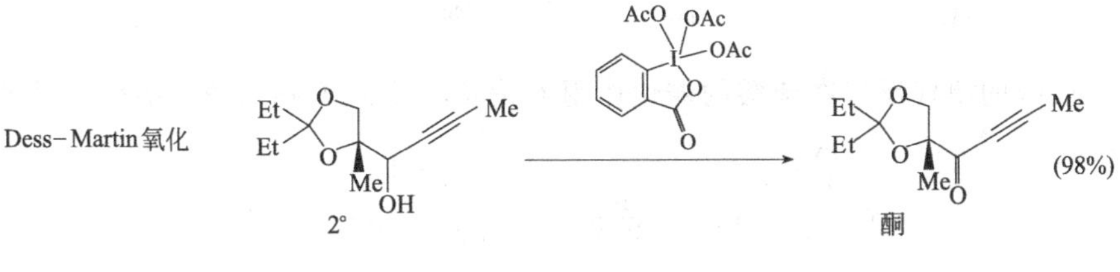

8-5 给出 4-羟甲基环己烯分别与下列氧化剂的氧化反应产物。

(1) $KMnO_4/HO^-$ (2) CrO_3/H_2SO_4 (3) $CrO_3/$吡啶

(4) $Al(OPr\text{-}i)_3/$丙酮   (5) $DMSO/ClCOCOCl$ (6) $PyH^+ CrO_3Cl^-$

8.3.3 取代反应

由于氧原子的电负性比碳原子大得多，羟基官能团中 C—O 键为极性共价键，电子偏向于氧原子，α-碳原子带有部分正电荷，从而使得 α-碳原子容易受到亲核试剂的进攻。羟基被亲核试剂所取代而发生亲核取代反应。醇的亲核取代反应是有机合成中一种重要的策略，可以将醇羟基转变为卤素、氰基等多种官能团。

然而 HO^- 是中等强度的碱，不是好的离去基团，一般情况下不能在亲核试剂的进攻下直接离去。要使取代反应顺利发生，关键是先将羟基转化成好的离去基团。前面我们已经介绍了羟基氧原子的弱碱性，利用这一点，醇在强酸作用下发生质子化反应生成氧鎓离子：

$$R-OH \xrightarrow{H^\oplus} R\overset{\oplus}{-}OH_2 \longrightarrow R^\oplus + H_2O$$

质子化形成氧鎓离子以后，羟基就从差的离去基团转变为好的离去基团——H_2O，这样取代反应变得容易发生。因此，醇的亲核取代反应一般在酸性条件下进行。除此以外，Lewis 酸，如 $ZnCl_2$ 等也可以用来活化羟基。

$$R-OH \xrightarrow{ZnCl_2} R\overset{\oplus}{-}\underset{Zn^+}{OH} \longrightarrow R^\oplus + Zn^+ - OH$$

(1) 与 HX 反应 醇与氢卤酸作用生成卤代烷。这一方法常适用于由醇制备溴代烷和碘代烷。

$$R-OH \xrightarrow{HX} R-X \qquad X=Cl, Br, I$$

就伯、仲、叔醇来说，在 HX 的反应条件下，叔醇的反应最快，伯醇和仲醇的反应相对慢一些。这是因为首先发生的是醇的质子化，叔醇的质子化物很容易经过 S_N1 机理转化为稳定的叔碳正离子；伯碳正离子和仲碳正离子的稳定性不如叔碳正离子，因此伯醇和仲醇不太容易采用 S_N1 机理。对于伯醇和仲醇，反应可能经过 S_N1 过程，也可能经过 S_N2 过程。当反应经过 S_N1 机理时，反应过程中产生碳正离子中间体，因此有发生碳正离子重排的可能性。

例如，叔丁醇在浓盐酸作用下进行氯代反应，以 90% 的产率得到叔丁基氯。

$$\underset{3°}{\overset{CH_3}{\underset{CH_3}{H_3C-\overset{|}{\underset{|}{C}}-OH}}} \xrightarrow{\text{浓 HCl}} \underset{3°}{\overset{CH_3}{\underset{CH_3}{H_3C-\overset{|}{\underset{|}{C}}-Cl}}} \qquad (90\%)$$

反应过程中叔丁醇首先在酸的作用下生成氧鎓离子，然后经过 S_N1 机理产生稳定的叔碳正离子中间体，这一碳正离子再与氯离子反应生成叔丁基氯。

$$\underset{Me}{\overset{Me}{Me-\overset{|}{\underset{|}{C}}-OH}} \xrightarrow{H^\oplus} \underset{Me}{\overset{Me}{Me-\overset{|}{\underset{|}{C}}-\overset{\oplus}{O}H_2}} \xrightarrow[S_N1]{-H_2O} \underset{3°}{\overset{Me}{Me-\overset{\oplus}{\underset{Me}{C}}}}\quad\overset{\ominus}{Cl} \xrightarrow{Cl} \underset{Me}{\overset{Me}{Me-\overset{|}{\underset{|}{C}}-Cl}}$$

伯醇异戊醇的溴代反应在硫酸的催化作用下完成，反应以 93% 的产率得到异戊基溴。

$$\underset{1°}{\overset{CH_3}{H_3C-\overset{|}{\underset{}{CH}}-CH_2-CH_2-OH}} \xrightarrow[H_2SO_4]{HBr} \underset{1°}{\overset{CH_3}{H_3C-\overset{|}{\underset{}{CH}}-CH_2-CH_2-Br}} \quad (93\%)$$

反应过程中，首先醇羟基在酸性条件下质子化，从而被活化。与叔丁醇的氯代不同的是，由于伯碳正离子的稳定性比叔碳正离子差得多，不容易生成，而伯醇的 α-碳原子位阻较小，溴负离子的亲核性较强，因此反应过程中发生了 S_N2 取代反应。

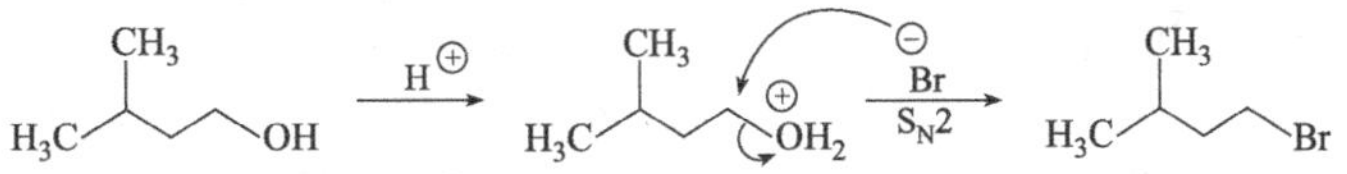

仲醇 2-甲基-3-戊醇在 $ZnCl_2$/浓 HCl 作用下以 89％的产率得到叔卤代烷 2-甲基-2-氯戊烷。从反应结果看，反应中发生了重排过程，应该是经过了碳正离子中间体。

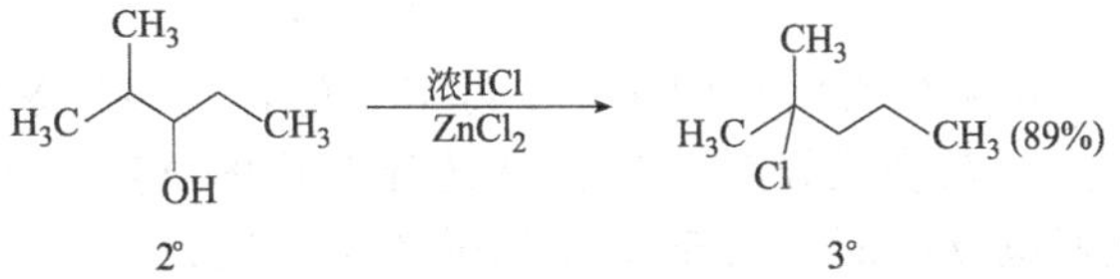

$ZnCl_2$ 在反应中的作用是作为 Lewis 酸催化剂和 HCl 共同活化羟基，由于 α-碳原子的位阻较大，氯负离子的亲核性也不强，难以直接发生亲核取代反应，于是在 $ZnCl_2$ 的作用下生成了仲碳正离子中间体，这一中间体迅速发生 [1,2]-H 迁移（负氢迁移）生成更稳定的叔碳正离子，叔碳正离子再与氯离子反应生成叔氯代物，即 2-甲基-2-氯戊烷。

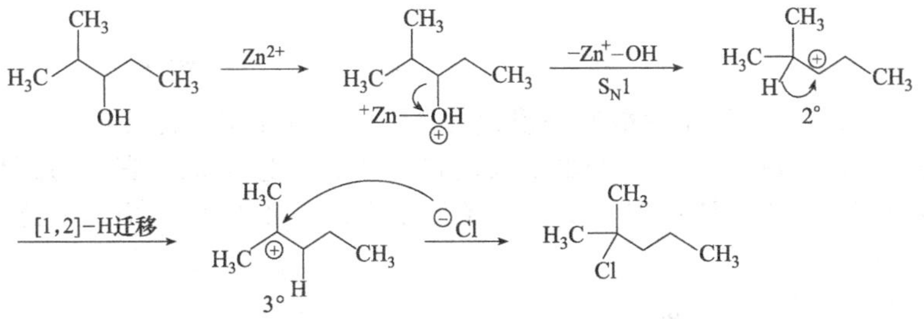

无水 $ZnCl_2$/浓 HCl 试剂也被称作 Lucas 试剂。该试剂和叔醇的反应速度很快，与伯醇和仲醇的反应速度则要慢得多。将 Lucas 试剂加入叔醇中会立刻出现浑浊，仲醇则需要 5min 左右，而伯醇与 Lucas 试剂几乎不反应。因此 Lucas 试剂可以作为伯、仲、叔醇的鉴别试剂。

（2）与 $SOCl_2$ 反应 HX 试剂主要适用于将叔醇转化为叔卤代烷，而对伯醇或仲醇来说，不仅反应比较慢，而且可能生成重排产物，因此不宜用来制备伯或仲氯代物。制备伯氯代物或仲氯代物，可使用氯化亚砜（$SOCl_2$）为氯化试剂。氯化亚砜是常用的氯代试剂，在常温常压下是无色液体，但当温度高于 $140℃$ 时会发生分解，因此反应温度应低于 $140℃$。

$$R—OH \xrightarrow[\text{吡啶}]{SOCl_2} R—Cl \quad R=1°或 2°烷基$$

这一反应的机制是，首先醇与 $SOCl_2$ 作用生成氯亚磺酸酯（这一过程和醇与酰氯的酯化反应过程类似，详见第 13 章），随后氯离子作为亲核试剂发生 S_N2 亲核取代，生成相应的卤代烷。离去基团氯亚磺酸根进一步分解成二氧化硫和氯负离子。反应中常使用吡啶等有机碱中和反应中生成的 HCl，使反应进行完全。

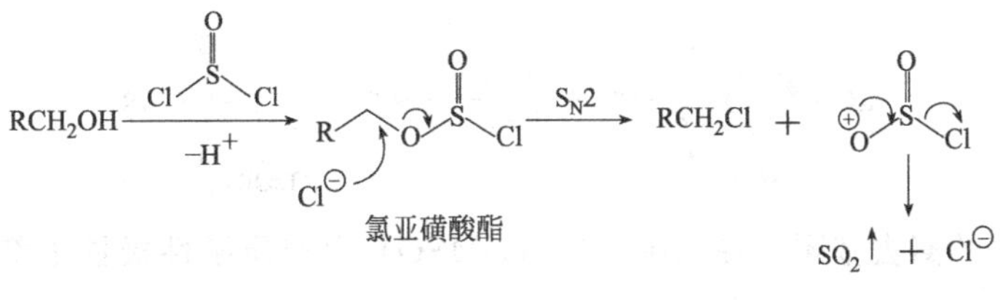

氯亚磺酸酯

若底物是叔醇，由于形成的氯亚磺酸酯的 α-碳原子位阻很大，难以发生 S_N2 取代，因此叔醇很难通过与 $SOCl_2$ 的反应形成相应的叔氯代物。

$$H_3C\text{—}CH_2OH \xrightarrow[\triangle]{SOCl_2} H_3C\text{—}CH_2Cl \quad (77\%)$$

1°　　　　　　　　　　　　　　1°

$$\xrightarrow[\text{吡啶}]{SOCl_2} \quad (86\%)$$

2°　　　　　　　　　　　　　　2°

当烷基的支链较多，位阻较大时，即使是伯醇或仲醇，也会给亲核取代步骤带来难度，从而影响反应结果。因此，在合成设计中应注意选择合适的试剂。例如，伯醇 2,2-二甲基丙醇（新戊醇）与氯化亚砜反应时，由于 α-碳原子的位阻较大，不利于 S_N2 反应，形成的氯亚磺酸酯在 α-碳原子和氧原子之间发生异裂，生成碳正离子中间体。该伯碳正离子中间体发生重排，使得新戊醇的氯代反应主要得到叔氯代产物。

$$H_3C\text{—}\underset{CH_3}{\overset{CH_3}{C}}\text{—}CH_2OH \xrightarrow{SOCl_2} H_3C\text{—}\underset{CH_3}{\overset{CH_3}{C}}\text{—}CH_2Cl + H_3C\text{—}\underset{CH_3}{\overset{Cl}{C}}\text{—}CH_2CH_3$$

1°　　　　　　　　　　　　　1°　　　　　　　　　　3°

（2%）　　　　　　（98%）

（3）与 PBr_3 反应　实验室由醇制备溴代物常用的试剂是 PBr_3。PBr_3 是一种无色液体，遇空气会立即水解产生白烟。PBr_3 与醇的反应过程和 $SOCl_2$ 类似，它先与醇反应形成溴亚磷酸酯，然后溴离子作为亲核试剂，发生 α-碳原子上的 S_N2 取代反应。因此，该方法也不适合于叔醇。

$$RCH_2\ddot{O}H + \underset{Br}{\overset{Br}{P}}Br \longrightarrow R\cdots\overset{\oplus}{\underset{H}{O}}\text{—}\underset{Br}{\overset{Br}{P}}Br \xrightarrow{S_N2} RCH_2Br + HO\text{—}\underset{Br}{\overset{Br}{P}}$$

$(HO)PBr_2$ 还可进一步与醇作用，最终转化为副产物亚磷酸 H_3PO_3。对于伯醇和仲醇，PBr_3 都能够以较好的产率将醇转变为相应的溴代物。

$$H_3C\text{—}\underset{OH}{CH}\text{—}CH_3 \xrightarrow[\text{醚}]{PBr_3} H_3C\text{—}\underset{Br}{CH}\text{—}CH_3 + H_3PO_3$$

（86%）

$$\xrightarrow[\text{醚}]{PBr_3} + H_3PO_3$$

（70%～75%）

（4）与对甲苯磺酰氯（TsCl）反应　醇与对甲苯磺酰氯反应可转化为对甲苯磺酸酯（TsOR），反应中常使用吡啶等有机碱来中和反应中生成的 HCl。

$$H_3C\text{—}\underset{O}{\overset{O}{S}}\text{—}Cl \xrightarrow[\text{吡啶}]{ROH} H_3C\text{—}\underset{O}{\overset{O}{S}}\text{—}OR$$

（TsCl）　　　　　　　　　　（TsOR）

TsO^- 是很好的离去基团。在二甲亚砜（DMSO）等非质子性极性溶剂中，S_N2 反应更容易进行。利用这一策略可以方便地将醇羟基转化为卤素、氰基等其他官能团。例如：

$$\text{H}_3\text{C} \overset{\text{OTs}}{\underset{}{\diagup}} \text{CH}_3 \xrightarrow[\text{DMSO}]{\text{NaBr}} \text{H}_3\text{C} \overset{\text{Br}}{\underset{}{\diagup}} \text{CH}_3 \qquad (85\%)$$

$$\text{H}_3\text{C} \diagdown \overset{\text{CH}_3}{\diagup} \text{OH} \xrightarrow[\text{(2)NaCN, DMSO}]{\text{(1)TsCl}} \text{H}_3\text{C} \diagdown \overset{\text{CH}_3}{\diagup} \text{CN} \qquad (80\%)$$

8-6 分别选择合适的试剂及条件，完成下列转化。

(1) $\diagup \diagdown \text{OH} \longrightarrow \diagup \diagdown \text{Br}$

(2) $\diagdown \text{OH} \longrightarrow \diagdown \text{Cl}$

(3) $\overset{}{\underset{\text{OH}}{\diagdown\diagup\diagdown}} \longrightarrow \overset{}{\underset{\text{Cl}}{\diagdown\diagup\diagdown}}$

8.3.4 脱水和消除反应

由于羟基的吸电子诱导作用，醇的 β-氢原子带部分正电荷，在碱的作用下会发生 β-消除反应（即脱水反应）生成烯烃。与卤代烃的 β-消除反应不同的是，羟基是差的离去基团，所以不能直接发生脱水反应，需要先使羟基活化。活化途径主要有用质子酸使醇质子化，常用的酸有硫酸、磷酸等。另外，也可以用 P_2O_5、Al_2O_3 等试剂作为脱水剂。这里主要介绍酸性条件下的脱水反应。

$$\overset{\delta^+}{\underset{\overset{\underset{}{|}}{\underset{\delta\delta^+}{H}}}{\text{C}}} \overset{}{\underset{\overset{\underset{}{|}}{\underset{\delta^-}{OH}}}{\text{C}}} \xrightarrow{-\text{H}_2\text{O}} \text{C}=\text{C}$$

(1) **醇在酸性条件下的分子内脱水反应** 在硫酸（或磷酸）作用下，醇易于发生分子内脱水反应，即酸促进的 β-消除反应。其中，叔醇的反应最容易进行，仲醇和伯醇的反应需要在较高的温度条件下进行。

$$\overset{\text{H}_3\text{C} \ \text{OH}}{\underset{3^\circ}{\bigcirc}} \xrightarrow[50^\circ\text{C}]{\text{aq.H}_2\text{SO}_4} \overset{\text{CH}_3}{\bigcirc} \quad \overset{}{\bigcirc} \qquad$$
$$(91\%) \qquad \text{亚甲基环己烷}$$

$$\overset{\text{OH}}{\bigcirc} \xrightarrow[160\sim170^\circ\text{C}]{85\%\text{H}_3\text{PO}_4} \overset{}{\bigcirc} \qquad$$
$$2^\circ \qquad\qquad (96\%)$$

1-甲基环己醇脱水生成 1-甲基环己烯，没有亚甲基环己烷生成，这说明醇脱水主要生成多取代的烯烃，即得到热力学稳定产物。这种消除取向符合 Saytzeff 消除取向。另外，在酸作用下的醇脱水反应中，还观察到了重排产物的生成。例如，3,3-二甲基-2-丁醇在酸性条件下脱水的主要产物是 2,3-二甲基-2-丁烯，次要产物是 2,3-二甲基-1-丁烯。与反应底物相比，产物的碳链骨架发生了改变，说明反应中经过了重排过程。主要产物也是符合 Saytzefff 消除取向的多取代烯烃。

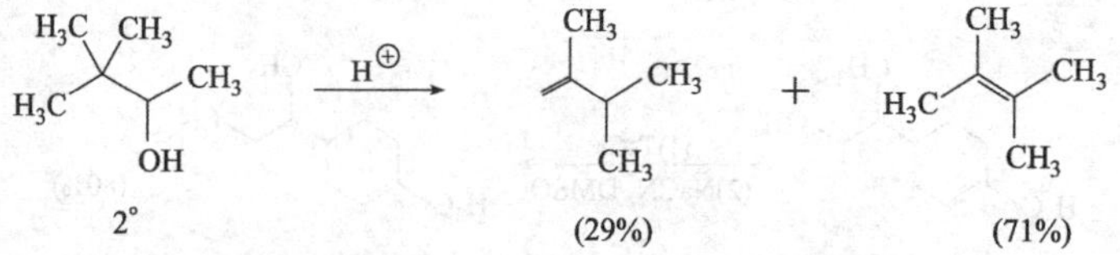

从以上实验结果可以推断出，醇在酸性条件下的脱水反应经过 E1 消除机理，反应中间体是碳正离子。由于碳正离子的稳定性是 3°＞2°＞1°，所以叔醇最容易发生脱水反应，仲醇其次，伯醇的脱水最不容易发生，需要比较苛刻的反应条件。

1-甲基环己醇的脱水反应机理如下式所示。羟基在酸的作用下质子化成为好的离去基团，然后脱去一分子水生成稳定的叔碳正离子，最后水作为碱攫取环上 β-位氢原子发生 β-消除得到多取代烯烃——1-甲基环己烯（E1 过程）。

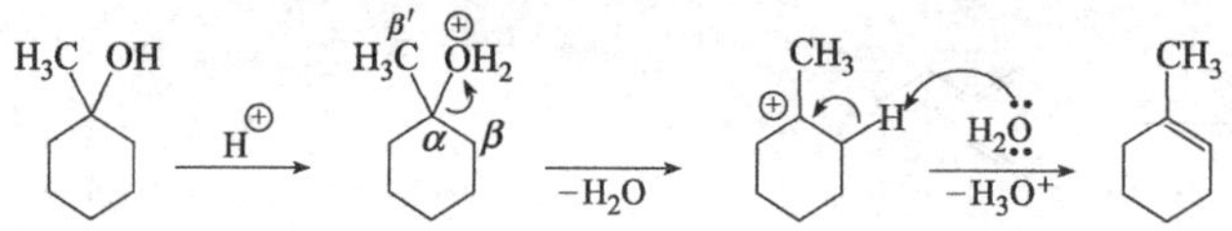

在 3,3-二甲基-2-丁醇的脱水反应中则发生了碳正离子的重排过程。在酸作用下，反应底物首先产生仲碳正离子，随后仲碳正离子迅速经过 ［1,2］-甲基迁移重排生成更稳定的叔碳正离子，这一反应活性中间体有两种 β-氢原子可供消除，因此经过 a 和 b 两条途径发生质子消除反应最终生成两种烯烃。其中消除较少取代的 β-位氢原子生成 29% 的二取代烯烃，为次要产物，而消除较多取代的 β-位氢原子得到 71% 的四取代烯烃，更稳定，成为主要产物。

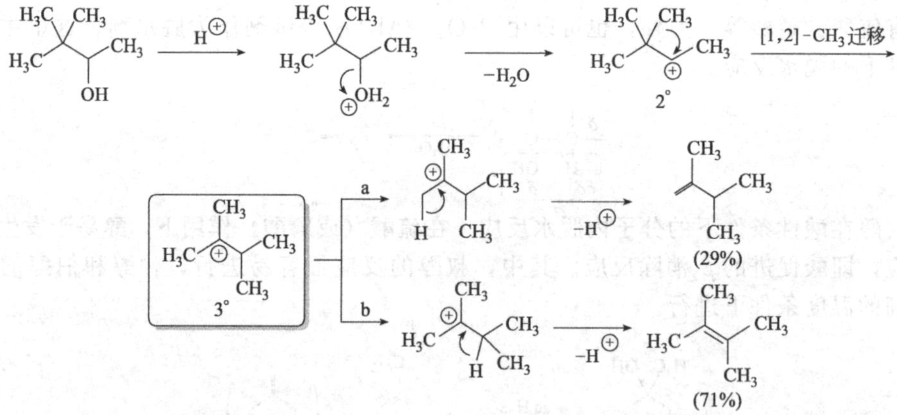

（2）脱水反应与亲核取代反应的竞争　在这一过程中，如果有其他亲核试剂存在，有可能发生亲核试剂与碳正离子反应生成取代产物的副反应（即发生 S_N1 过程）。亲核试剂也可能直接进攻 α-碳原子生成取代产物（即发生 S_N2 过程）。因此，HCl、HBr 等氢卤酸不适合用于醇的脱水反应中。在 HCl、HBr 的作用下主要得到取代产物卤代烷。另外，醇本身也是一种亲核试剂，因此在一定条件下，特别是伯醇会发生醚化反应。这一过程也可以看作是一种分子间的脱水过程。

$$R-OH + H-O-R \xrightarrow[\triangle]{H^{\oplus}} R-O-R$$

乙醚就可以通过乙醇在140℃下硫酸催化的分子间脱水反应制备。如果反应温度高于170℃，那么乙醇的脱水反应的主要产物就是乙烯，即发生了分子内的脱水反应。

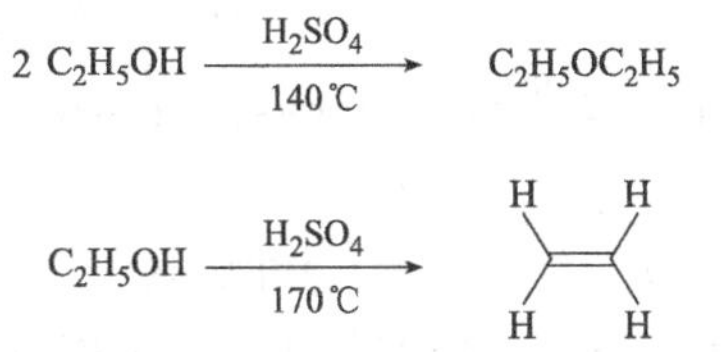

$$2 \; C_2H_5OH \xrightarrow[140℃]{H_2SO_4} C_2H_5OC_2H_5 \qquad 分子间脱水$$

$$C_2H_5OH \xrightarrow[170℃]{H_2SO_4} \quad \qquad 分子内脱水$$

其他一些对称醚以及环状醚也可以用这一方法制备。如 1,5-戊二醇在硫酸的作用下，经过两个羟基之间的脱水反应，生成四氢吡喃。

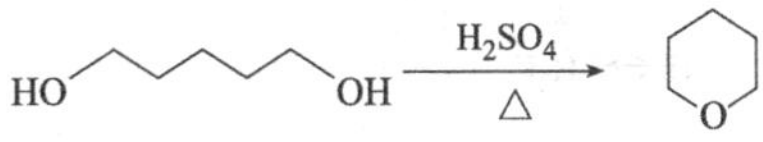

$$HO{-}\!\!-\!\!{-}OH \xrightarrow[\triangle]{H_2SO_4} \qquad 四氢吡喃$$

(76%)

乙醇发生分子间脱水的反应机理，首先还是发生了伯醇的质子化，离去基团被活化。其后由于伯碳正离子不稳定，不容易生成乙基碳正离子。而 α-碳原子的位阻较小，另一分子乙醇作亲核试剂直接进攻 α-碳原子，发生 S_N2 取代反应，脱去质子以后得到产物乙醚。

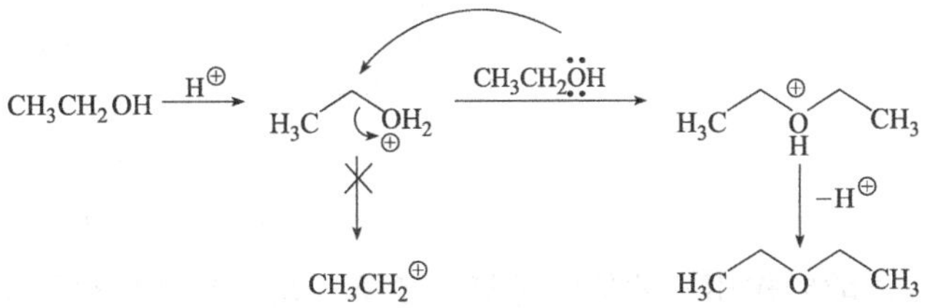

$$CH_3CH_2OH \xrightarrow{H^{\oplus}} H_3C\!\!-\!\!\overset{\oplus}{O}H_2 \xrightarrow{CH_3\overset{\cdot\cdot}{C}H_2\overset{\cdot\cdot}{O}H} H_3C\!\!-\!\!\overset{\oplus}{O}\!\!-\!\!CH_3$$

$$CH_3CH_2^{\oplus}$$

(伯碳正离子不稳定)

$$\downarrow {-}H^{\oplus}$$

$$H_3C\!\!-\!\!O\!\!-\!\!CH_3$$

乙醚

思考题

8-7 分析下列反应是如何发生的。

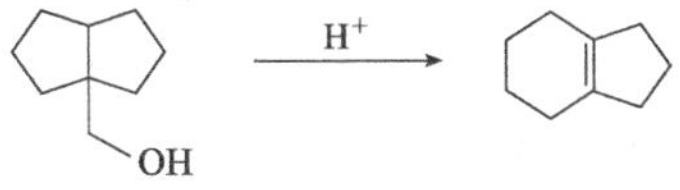

8.3.5 邻二醇的特殊反应

(1) Pinacol 重排 2,3-二甲基-2,3-丁二醇（Pinacol）在酸的作用下发生重排反应，生成 3,3-二甲基-2-丁酮。

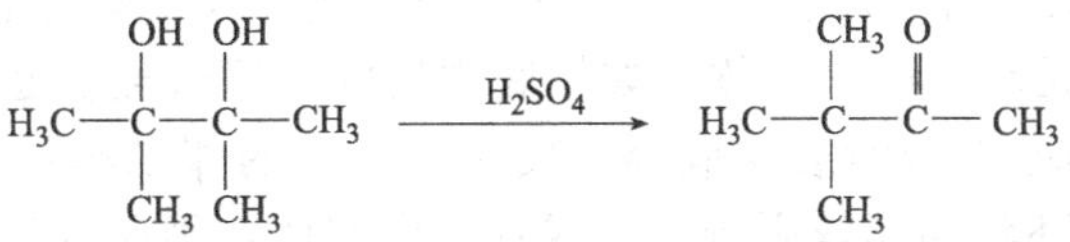

2,3-二甲基-2,3-丁二醇
(pinacol)

3,3-二甲基-2-丁酮
(pinacolone)
(65%~72%)

其他类型的邻二醇化合物在酸性条件下都能发生类似的重排反应，生成羰基化合物。邻二醇化合物在酸性条件下的重排反应称为 Pinacol 重排。Pinacol 重排反应一般经过碳正离子中间体，随后烷基或氢向邻位缺电子中心，即碳正离子中心碳原子迁移。能够生成稳定碳正离子的过程优先发生。如下例所示，不对称的邻二醇 2-甲基-1,2-丙二醇在硫酸的作用下发生 Pinacol 重排，生成 2-甲基丙醛（异丁醛），未观测到 2-丁酮的生成。

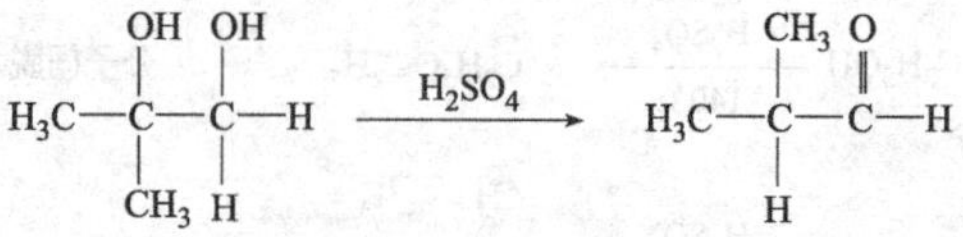

2-甲基-1,2-丙二醇   2-甲基丙醛

这一现象可通过碳正离子的稳定性解释。在硫酸作用下，2-甲基-1,2-丙二醇生成更稳定的叔碳正离子，经由这个叔碳正离子发生重排反应，最终得到重排产物异丁醛。

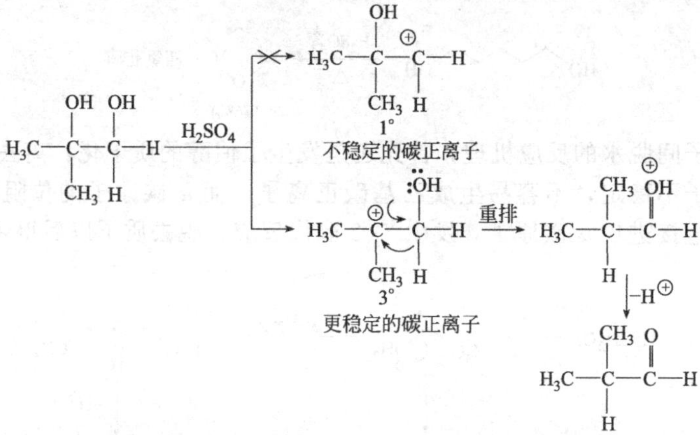

（2）高碘酸或四乙酸铅作用下的邻二醇氧化断键　在一些氧化剂的作用下，邻二醇化合物可以发生碳-碳键的断裂，生成两分子羰基化合物。此类氧化剂主要有高碘酸（$HIO_4 \cdot 2H_2O$，常用的试剂形式还有高碘酸钠 $NaIO_4$、高碘酸钾 KIO_4）和四乙酸铅 [$Pb(OAc)_4$，LTA]。

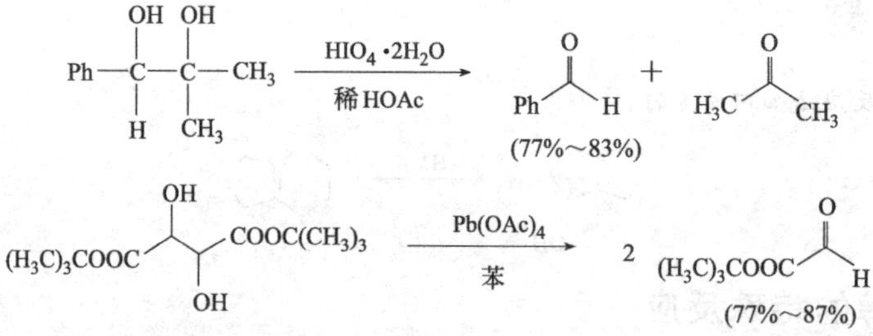

酒石酸二叔丁酯

对于开链的邻二醇，这一反应将分子量较大的化合物切断为分子量较小的化合物，因此一般来说在合成上意义不大。对于环状邻二醇，则反应生成开链双羰基化合物。如图 8-5（a）所示，高碘酸氧化经过五元环反应中间体，如果底物的两个邻位羟基处于顺式结构就有利于环状中间体的形成，因此碳-碳键断裂反应容易发生。开链的邻二醇可以通过构象转化得到所需的顺式构象，而反式环状邻二醇则难以形成环状中间体，因此难以在高碘酸的氧化作用下发生断键反应。

如图 8-5（b）所示，四乙酸铅氧化顺式邻二醇也经过环状反应中间体，氧化后四价铅 $Pb(\text{IV})$ 被还原成二价 $Pb(\text{II})$。对于不能通过构象转化得到顺式结构的邻二醇，如处于闭环结构的反式邻位二羟基官能团，四乙酸铅试剂可以通过如图 8-5（c）所示的开环反应中间体实现氧化断键，只不过反应速度比顺式邻二醇的断键速度要慢得多。

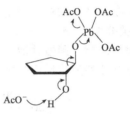

（a）高碘酸氧化的　　　　（b）四乙酸铅氧化顺式邻　　　（c）四乙酸铅氧化反式邻二醇
环状反应中间体　　　　　　二醇的环状反应中间体　　　　　的开环反应中间体

图 8-5 邻二醇断裂氧化的反应中间体

思考题

8-8 给出下面邻二醇的 Pinacol 重排产物。

8.3.6 与无机含氧酸的作用——无机酸酯的形成

醇与硝酸、硫酸、磷酸等含氧无机酸发生酯化反应生成无机酸酯。其中，硫酸和磷酸是多元酸，可以分别形成一元酯和多元酯。

硝酸酯　　　　硫酸氢酯　　　　硫酸二烷基酯

磷酸一烷基酯　　　磷酸二烷基酯　　　磷酸三烷基酯

硫酸的单酯化产物是硫酸氢酯。硫酸酯在有机合成化学中可以作为烷基化试剂，一个重要的代表是硫酸二甲酯。硫酸二甲酯是有机合成常用的甲基化试剂。需要注意的是硫酸二甲酯有剧毒。

$$2CH_3OH + HO-SO_2-OH \longrightarrow H_3C-O-SO_2-O-CH_3$$

硫酸二甲酯

$$C_2H_5OH \xrightarrow{Na} C_2H_5O^\ominus \xrightarrow{(CH_3O)_2SO_2} C_2H_5OCH_3$$

磷酸酯在生命活动中行使重要的生物功能，是一些重要的生物分子的组成部分。请参见第 19 章相关介绍。

三硝酸甘油酯（硝酸甘油），英文名称为 nitroglycerin，通常缩写为 NG。它是三当量硝酸和一当量甘油的酯化反应产物。硫酸在反应中使硝酸质子化，促进酯化反应的发生。

$$HO\overset{OH}{\diagup}OH \xrightarrow[H_2SO_4]{HNO_3} O_2NO\overset{ONO_2}{\diagup}ONO_2$$

硝酸甘油

注：硝酸甘油有一段有趣的历史。1847 年，意大利化学家 Sobrero 最早发现了该化合物。硝酸甘油的成熟生产工艺则是在十几年后的 19 世纪 60 年代由 Nobel 发展起来的。硝酸甘油在碰撞、骤热等外因作用下易引起爆炸的性质被 Nobel 用于炸药的生产。1880 年，硝酸甘油又被发现具有扩张血管的功效，但是其作用机理却不为人所知。为了避免硝酸甘油的爆炸性可能引起的危害，药学家将硝酸甘油与一些惰性化合物混合制成片剂、喷剂等形式使用。Nobel 在晚年深受心绞痛的困扰，也曾得益于硝酸甘油的治疗。现在，硝酸甘油仍是一种常用的心脏病急救药物，对心绞痛、心力衰竭等有一定疗效。

8.4　酚

8.4.1　酚的结构、命名及主要来源

羟基直接与芳环上的 sp^2 杂化碳原子相连接的化合物是酚类化合物，通式为 Ar—OH。如图 8-6 所示，酚羟基的氧原子一般采取 sp^2 杂化形式，氧原子的一对孤对电子占据 sp^2 杂化轨道，另一对孤对电子占据 p 轨道，与苯环的大 π 键形成 p-π 共轭。

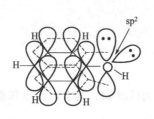

(a) 球棍模型　　(b) 比例模型

图 8-6　苯酚的结构及模型

羟基和萘环相连的化合物称为萘酚（naphthol）。由于萘环上有两种位置的氢原子，因此羟基分别取代 α-位或 β-位氢原子得到两种萘酚，分别被命名为 α-萘酚（亦称为 1-萘酚）和 β-萘酚（亦称为 2-萘酚）。萘酚环上的编号原则遵循萘环的编号方式。

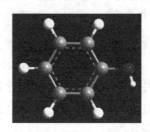
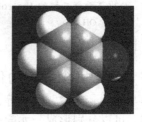

苯酚　　　　α-萘酚　　　　β-萘酚
　　　　　　1-萘酚　　　　2-萘酚

酚类化合物的系统命名是将酚作为母体，芳环上的其他官能团作为取代基。苯环上按照使羟基编号最小的原则进行编号。命名时，将其他官能团用编号标明位置写在母体名称之前。芳环上含有多个羟基的酚为多元酚，例如：间苯三酚等。对多羟基酚，按照使所有羟基的编号尽可能小的原则进行编号，用数字在母体名称前标明位置，相应的母体称为二酚、三酚……。

一些酚类化合物有俗名，如苯酚俗称石炭酸，甲基取代的苯酚通常称为甲酚（cresol），2,4,6-三硝基苯酚又叫作苦味酸（picric acid），邻苯二酚又叫儿茶酚。这些名称大部分是由化合物的性质、来源等得名。由于使用方便，这些名称和系统命名法一起被广泛使用。若干酚的命名示例如下。

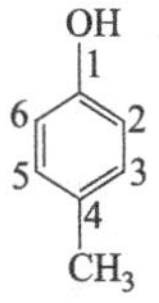

4-甲基苯酚
对甲酚

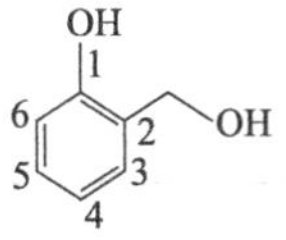

2-羟甲基苯酚

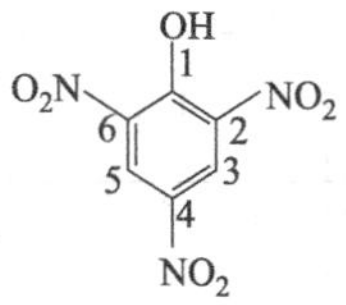

2,4,6-三硝基苯酚
苦味酸

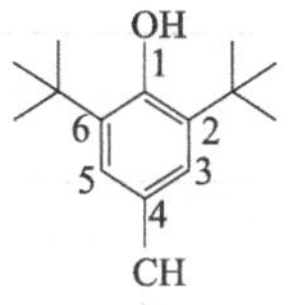

4-甲基-2,6-二叔丁基苯酚

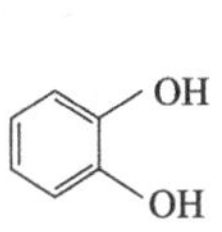

1,2-苯二酚
邻苯二酚
儿茶酚
(catechol)

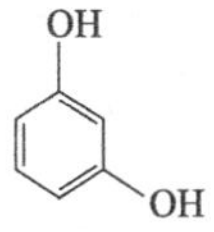

1,3-苯二酚
间苯二酚
雷琐酚
(resorcinol)

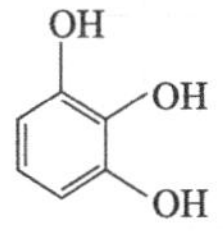

1,2,3-苯三酚
邻苯三酚
焦棓酚
(pyrogallic acid,pyrogallol)

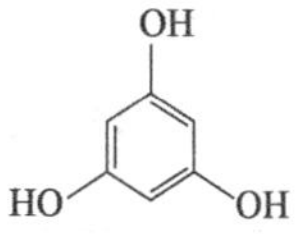

1,3,5-苯三酚
间苯三酚
根皮酚
(phloroglucinol)

当芳环上有羧基、磺酸基、酰基、氰基等基团时，羟基只能作为取代基，以苯甲酸、苯磺酸等作为母体命名。例如：

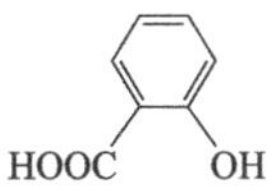

2-羟基苯甲酸
邻羟基苯甲酸，水杨酸

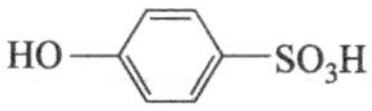

4-羟基苯磺酸

8.4.2 酚的物理性质

酚类化合物也存在分子间的氢键作用，这一点和醇类化合物相似。因此，一般有比较高的沸点，例如，苯酚的沸点为182℃，比甲苯（沸点111℃）要高得多。另外，由于芳基的亲油性，大部分酚类化合物（特别是单羟基化合物）的水溶性不大。一些酚类化合物的物理性质列于表8-3。

表8-3 几种代表性酚类化合物的中文命名和物理常数数据

结构式	名称	熔点/℃	沸点/℃	水溶解度/(g/100g H_2O)
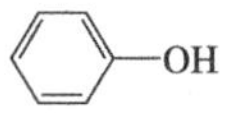	苯酚	40.5	181.7	8.3(20℃)
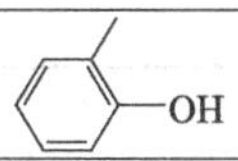	邻甲酚	29.8	191	2.2(20~25℃)
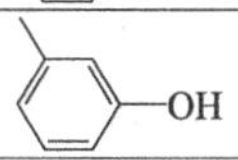	间甲酚	11.8	202	2.4(20~25℃)
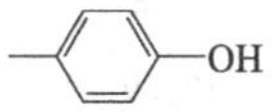	对甲酚	35.5	201.9	1.9(20~25℃)
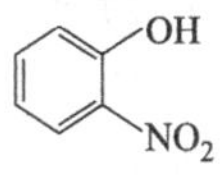	邻硝基苯酚	46	216	0.2(25℃)

续表

结构式	名称	熔点/℃	沸点/℃	水溶解度/(g/100g H₂O)
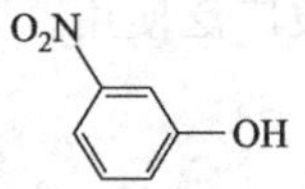 O₂N—⬡—OH	间硝基苯酚	97	194(70mmHg)	1.4(25℃)
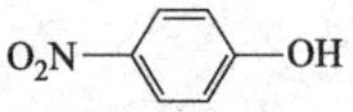 O₂N—⬡—OH	对硝基苯酚	114	279	1.6(25℃)
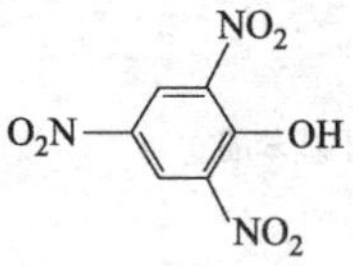 O₂N—⬡(NO₂)(NO₂)—OH	2,4,6-三硝基苯酚(苦味酸)	122.5	>300℃爆炸	1.3(25℃)
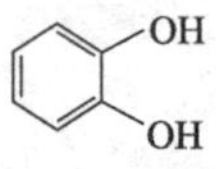 ⬡(OH)(OH)	邻苯二酚(儿茶酚)	105	245.5	43(25℃)
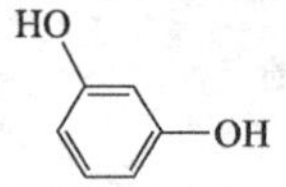 HO—⬡—OH	间苯二酚(雷琐酚)	110	277	110(20℃)
 HO—⬡—OH	对苯二酚(氢醌)	172	287	5.9(25℃)
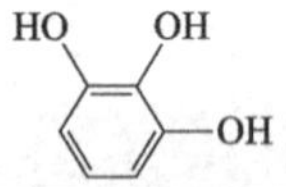 HO—⬡(OH)—OH	邻苯三酚(焦棓酚)	131～134	309	60(25℃)

8.4.3 酚的化学性质

我们主要从两方面来介绍酚类化合物的化学性质，一方面是酚羟基的性质，这与醇羟基的性质类似；另一方面是芳环上的性质，这方面和芳烃的性质相联系。因为羟基是强活化基团，所以酚的芳环上的芳香亲电取代反应、氧化反应都很容易进行。

（1）酚的酸性　和醇羟基类似，酚的羟基也表现出弱酸性。由于芳环具有分散电荷的作用，因此酚羟基的酸性明显强于醇羟基，一般 pK_a 值在 10 左右，而醇类化合物 pK_a 值多在 16 左右。表 8-4 中归纳了不同取代基取代的苯酚的 pK_a 值。从表中数据可见，取代基的性质对酚类化合物的酸性有较大影响，吸电子基团使酚的酸性增强并且影响较大。另外，取代基在邻、间、对位不同取代位置对酚的酸性的影响也不同，邻位取代基对酸性的影响较大。从这些数据还可以看出，取代基对酚类化合物酸性的影响不仅有电子效应的影响，还有场效应的影响。

表 8-4　苯酚及取代苯酚的 pK_a 值（水中）

取代基	邻位(o-)	间位(m-)	对位(p-)
H	9.95	9.95	9.95
CH₃	10.28	10.08	10.19
HO	9.48	9.44	9.96
OCH₃	9.93	9.65	10.20
NH₂	9.71	9.87	10.30
F	8.81	9.28	9.95
Cl	8.48	9.02	9.38

取代基	邻位(o-)	间位(m-)	对位(p-)
Br	8.42	9.11	9.34
NO_2	7.23	8.35	7.14
CN	7.17	8.61	7.95
CHO	6.79	8.00	7.66
2-Cl-4-NO_2	—	5.42	79
2-NO_2-4-Cl	—	6.46	79

芳环上的吸电子基团的数目对酚的酸性也有明显的影响，邻位或对位的吸电子基团越多，酸性增强越多，如苦味酸的 pK_a 值为 0.3，大大强于苯酚的酸性（pK_a 约为 10）。

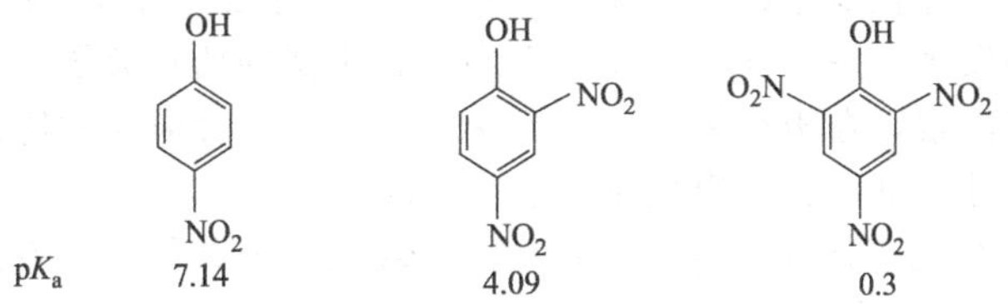

因为苯酚是弱酸，酚羟基氢以质子形式被强碱（如 NaOH 等）攫取，生成相应的酚负离子，但弱碱不能攫取酚羟基的氢。例如，H_2CO_3 的 pK_a 值为 6.35，酸性比苯酚强，它的共轭碱 HCO_3^- 碱性就比较弱，不能和苯酚反应。苯酚在室温条件下的水溶解度比较小，因此向苯酚钠的水溶液中通入二氧化碳会使苯酚游离出来。

酚负离子可以作为很好的亲核试剂与亲电试剂反应，如通过 Williamson 制醚法，利用酚负离子制备芳基醚。茴香醚（苯基甲基醚）就可以通过苯酚的氢氧化钠水溶液和硫酸二甲酯反应来制备。

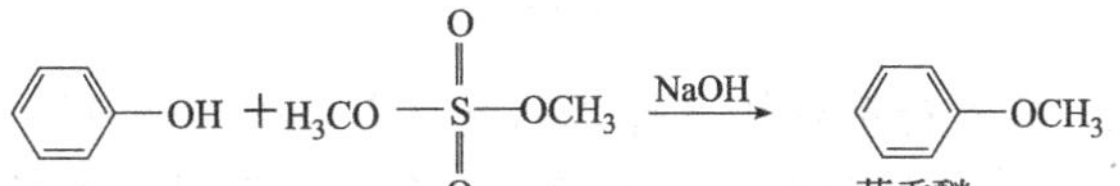

8-9 现有一个样品是对氯苯酚和 4-氯环己醇的混合物，请利用它们的性质差别设计分离方案。

（2）苯环上的取代反应　羟基是强的供电子基团，使芳环上的电荷密度增加，对芳香亲电取代反应起活化作用，所以酚类化合物的芳环容易发生芳香亲电取代反应，主要得到邻、对位取代产物。另外，电荷密度增加也使得芳环比较容易被氧化，所以在进行芳香亲电取代反应时要选择氧化性比较弱的试剂条件，以避免氧化副反应的发生。下面主要以苯酚为例介绍一些酚的性质。

① 卤代反应　羟基的强活化作用使得苯酚不需要 Lewis 酸的存在就能够很容易发生卤

代反应。苯酚水溶液在溴水作用下立刻出现浑浊现象，这是因为生成了不溶于水的多溴代产物——白色固体 2,4,6-三溴苯酚，苯酚的所有邻、对位都发生了溴代。这一反应相当灵敏，溴水可以作为苯酚的检测试剂。如果将反应溶剂换作非极性有机溶剂，苯酚的溴代反应主要得到单取代的产物对溴苯酚。

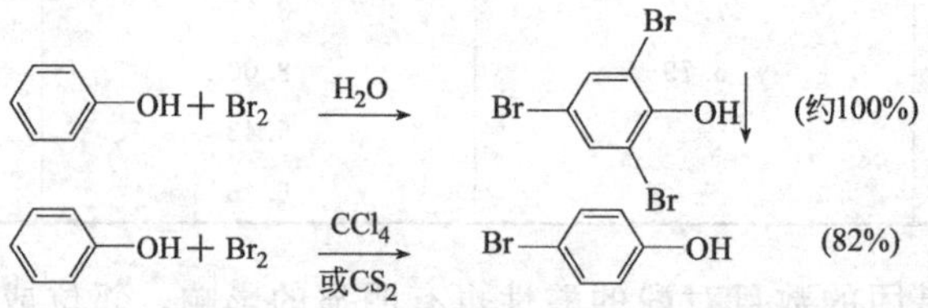

这种溴代反应产物的差别是由溶剂决定的。在质子性极性溶剂水溶液中，Br_2 和 H_2O 形成平衡体系，体系中存在少量的次溴酸（HOBr），它是比溴更好的亲电试剂。另外，在极性溶剂中，苯酚易发生离解，使得反应体系中存在少量的酚负离子，它是比苯酚更强的亲核试剂。综合两方面因素，在极性溶剂水溶液中苯酚的溴代反应非常容易发生，立即产生多取代产物；而在非极性溶剂中，可以控制仅发生单取代反应。

② 磺化反应　苯酚的磺化反应对温度很敏感，较低温度条件下（室温）主要得到邻位磺化产物，而高温条件下主要得到对位磺化产物。在磺化反应条件下，升高反应温度，邻羟基苯磺酸会转化为对羟基苯磺酸。这说明邻位和对位磺化产物之间存在一种平衡关系。生成邻羟基苯磺酸的反应速率比较快，是动力学控制产物，可在低温条件下迅速生成。但由于磺酸基体积大，邻羟基苯磺酸不是热力学平衡中的稳定产物，而对羟基苯磺酸热力学更加稳定，因此在高温条件下主要生成对羟基苯磺酸。通过控制反应的温度，我们可以选择性地合成邻位或对位磺化产物，邻羟基苯磺酸或对羟基苯磺酸都能进一步磺化，得到 4-羟基-1,3-苯二磺酸。

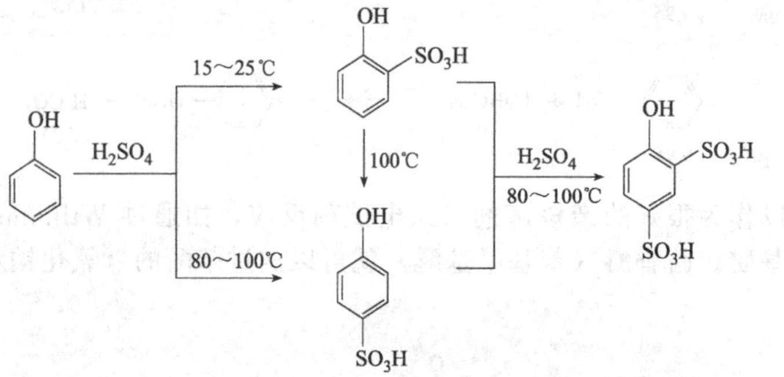

磺化反应是可逆的，在稀硫酸作用下加热回流可以脱除磺酸基团。

③ 硝化反应　由于羟基的活化作用，苯酚的硝化反应不需要混酸（HNO_3/H_2SO_4）的条件就能够进行。硝酸是氧化性的无机酸，而苯酚很容易被氧化，所以苯酚的硝化反应应该在比较低浓度的硝酸和比较低的温度条件下进行。这样可以最大限度地避免副反应，提高反应收率。例如，在 15℃，氯仿为溶剂的条件下对苯酚进行硝化，以 61% 的产率得到对硝基苯酚，以 26% 的产率得到邻硝基苯酚。对硝基苯酚是主要产物，这是因为两个取代基处于对位，位阻比较小。

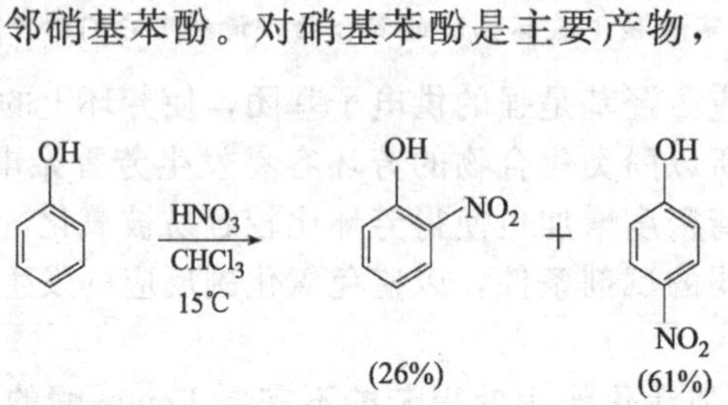

邻硝基苯酚的邻位羟基和硝基之间存在分子内氢键作用，使得邻硝基苯酚分子之间不能形成分子间氢键，而且羟基也不能和水形成分子间氢键；然而对硝基苯酚不能形成分子内氢键，只能在分子之间形成氢键作用。因此，相对于对硝基苯酚来说，邻硝基苯酚的沸点比较低，挥发性大，水中溶解度也小得多（见表 8-3）。根据这一性质特点，苯酚的硝化反应混合物可以通过水蒸气蒸馏的方法进行分离，邻硝基苯酚易于蒸出，并且不与水混溶，形成两相，很容易将邻硝基苯酚萃取分离得到。

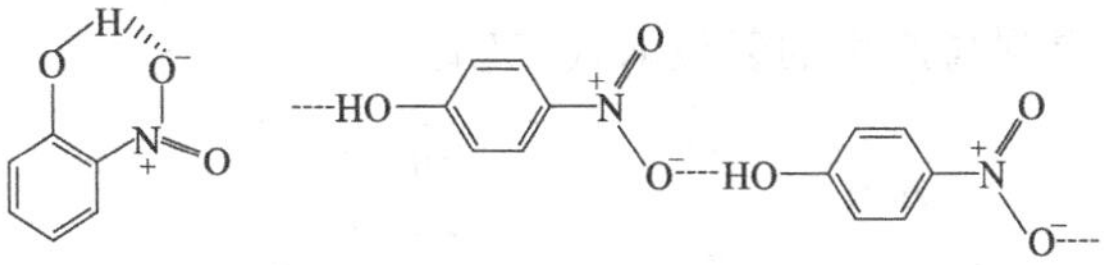

④ Fridel-Crafts 反应和 Fries 重排　Fridel-Crafts 反应是向芳环上引入烷基或酰基的有效方法。在 Lewis 酸（AlCl₃ 等）作用下，苯酚分别与卤代烷或者酰氯（酸酐）进行反应，能够在苯环上引入烷基或酰基。然而由于酚羟基具有弱碱性性质，在 Lewis 酸条件下，苯酚首先与 AlCl₃ 反应生成盐——苯氧基氯化铝，这会大量消耗 Lewis 酸。另外，酚氧基氯化铝的铝盐的缺电子性质使得苯环的取代基由活化基团转变为钝化基团，芳香亲电取代反应变得困难。

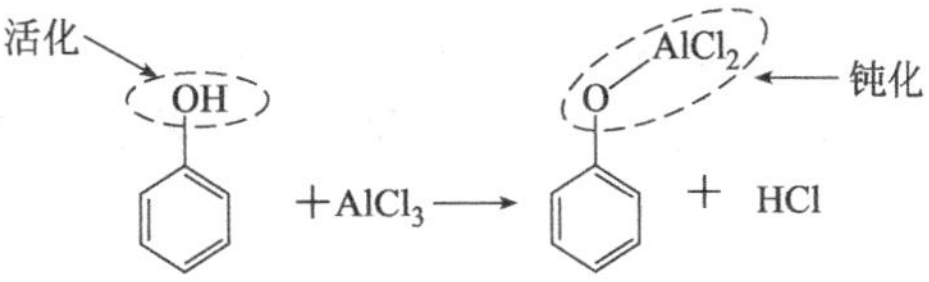

基于此，需要通过其他途径产生亲电试剂。例如，前面章节学习的卤代烷、烯烃、醇等，都可以在一定的条件下产生碳正离子作为亲电试剂，与酚发生芳香亲电取代反应得到烷基取代的酚。由于羟基的定位效应，产物以邻位或对位取代为主，当位阻比较大时，主要生成对位产物。

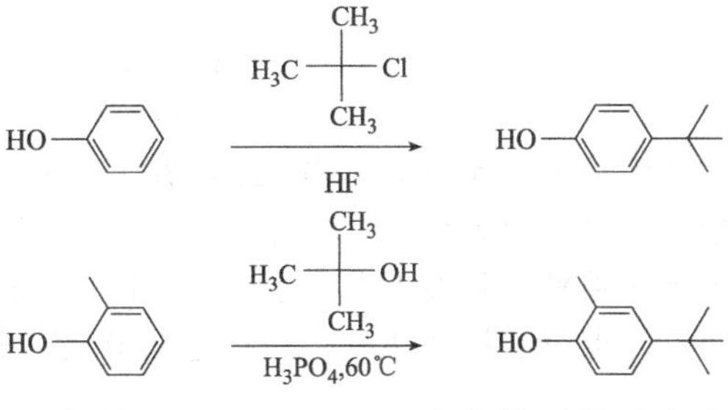

苯酚的酰基化反应在一般的 Fridel-Crafts 反应条件下较难发生，提高反应温度可以促进反应的进行，生成邻位和对位取代的产物。

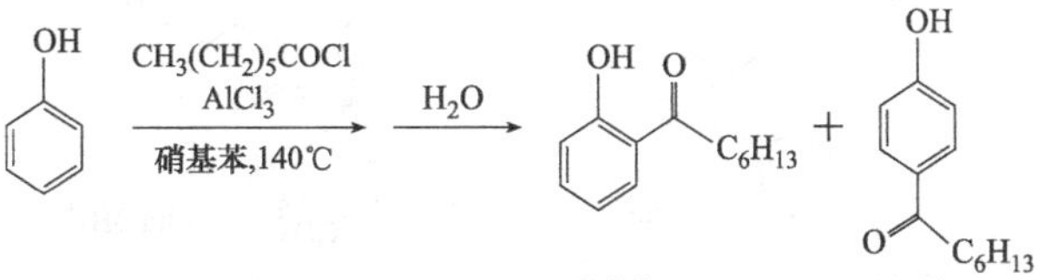

另一种有效的合成酰基取代苯酚（羟基取代的芳香酮）的方法是将苯酚先制备成芳基酯，再通过 Lewis 酸作用下的重排反应得到酰基化产物。这种芳基酯在 Lewis 酸作用下的重排反应被称为 Fries 重排。AlCl₃、ZnCl₂、TiCl₄、FeCl₃ 等 Lewis 酸都可以促进这种重排过程。Fries 重排在合成上的另一优势在于能够通过反应条件的选择控制反应的区域选择性，

使邻位或者对位取代产物成为主要产物。一般情况下，低温条件主要得到对位取代产物，高温条件主要得到邻位取代产物。下面是一个得到邻位和对位取代混合物的例子：

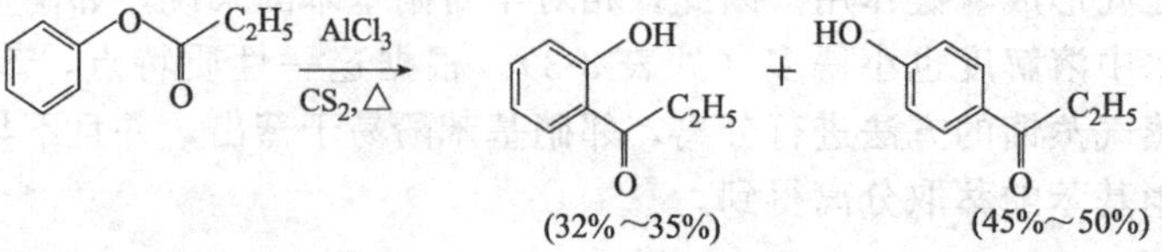

若对位被占，则可得到高产率的邻位取代产物。

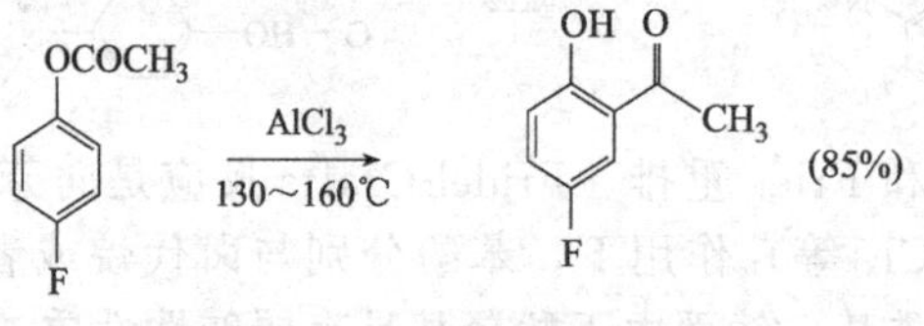

另外，当苯环上有钝化基团时，Fries 重排反应难以发生。这一事实表明 Fries 重排的可能反应中间体是在 Lewis 酸作用下芳基酯形成酰基正离子。酰基正离子作为亲电试剂再发生芳环上的亲电取代反应（Fridel-Crafts 酰基化）。因为芳环上有钝化基团时不发生 Fridel-Crafts 酰基化反应，因此也会阻碍 Fries 重排的发生。

实验室中酸碱滴定时常用的指示剂酚酞（phenolphthalein，H_2In），医药上用作轻泻剂，能刺激肠壁，引起肠的蠕动，促进排便。酚酞可由邻苯二甲酸酐（酞酐）与苯酚混合后和硫酸共热制得。

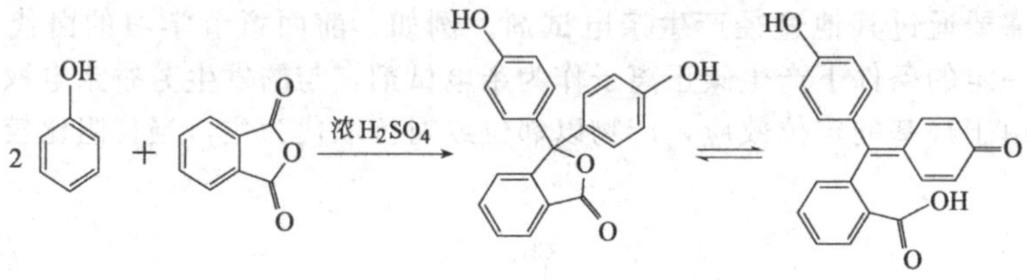

酚酞(H_2In)
无色

酚酞在酸性到中性条件的溶液中是无色的，当 pH 值在 8.2～12 的范围之间时，酚酞以下面的双阴离子（In^{2-}）形式存在，由无色变红。当溶液的 pH>12 呈强碱性时，酚酞的粉红色又会渐渐褪去，这是由于在强碱性条件下形成了 $In(OH)^{3-}$ 形式。因此，以酚酞为指示剂进行酸碱滴定时，临近滴定终点时需特别注意，一旦过头形成了 $In(OH)^{3-}$，溶液将始终呈现无色。

In^{2-}　　$In(OH)^{3-}$

pH8.2～12　　pH>12
粉红色　　无色

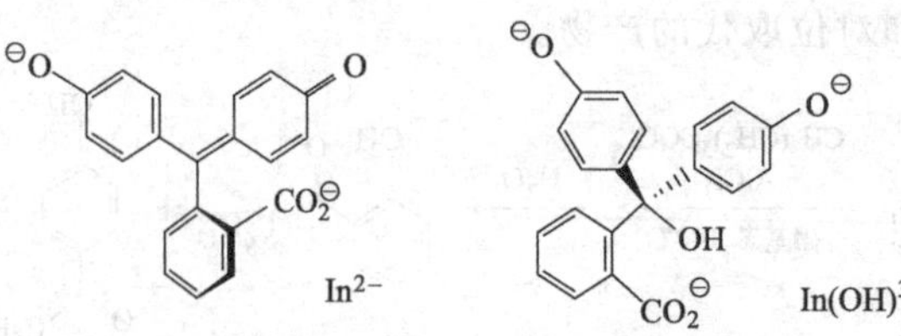

⑤ Reimer-Tiemann 反应　苯酚与氯仿在碱性介质中反应，可在苯环上引入甲酰基，生成水杨醛（邻羟基苯甲醛）。这种反应称为 Reimer-Tiemann 反应。水杨醛具有苦杏仁味，可用于香料和制药业。

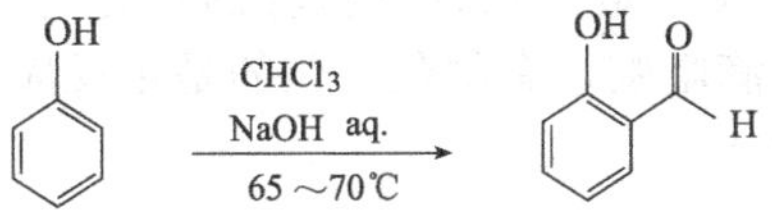

Reimer-Tiemann 反应经历一种活泼的六电子关键中间体二氯卡宾：CCl$_2$（有关卡宾中间体的具体内容见 14.6 节）。氯仿在碱的作用下发生同碳上的消除（α-消除）反应产生二氯卡宾，在反应中作为亲电试剂与苯环反应。

$$CHCl_3 \xrightarrow{\text{NaOH}} :CCl_2 + HCl$$
二氯卡宾

（3）氧化反应　由于羟基的共轭供电子作用，酚类化合物易于发生环上的氧化反应生成醌（醌的有关性质见 11.5 节）。苯酚在 Na$_2$Cr$_2$O$_7$ 等氧化剂的作用下氧化成对苯醌（1,4-醌），当对位有取代基时，氧化生成邻苯醌（1,2-苯醌）。

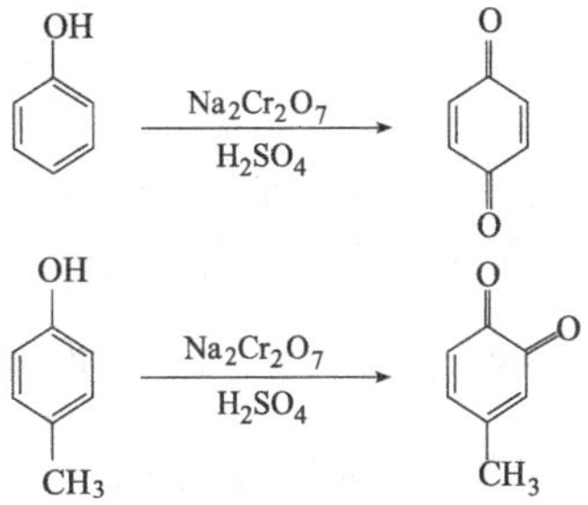

α-萘酚氧化相应地生成 1,4-萘醌。二元酚及多元酚的氧化比苯酚更容易进行，也生成醌。

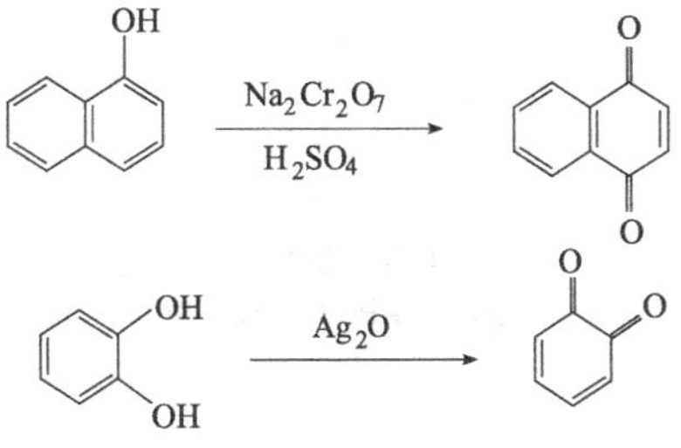

（4）与三氯化铁的显色反应　苯酚遇三氯化铁有明显的颜色反应，呈蓝色。这是因为苯酚和三价铁 Fe(Ⅲ) 相遇生成了一种蓝色的络合物。

$$6\ C_6H_5OH + FeCl_3 \longrightarrow [Fe(OC_6H_5)_6]^{3-} + 3HCl + 3H^+$$
蓝色

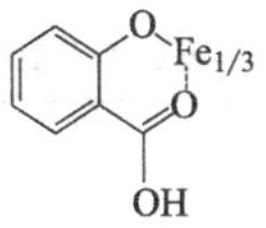

水杨酸与三价铁的络合物
蓝紫色

其他苯酚衍生物也有显色反应，如水杨酸遇三价铁显蓝紫色。实际上，这是烯醇式结构化合物的特征反应，FeCl$_3$ 作为 Lewis 酸与 Lewis 碱发生反应。酚类化合物遇 FeCl$_3$ 一般显示红棕至紫色，其他不含芳环的烯醇式结构化合物，如 β-双羰基化合物，由于存在酮式和烯醇式互变异构，它的烯醇式遇三价铁也生成有颜色的络合物。这种显色反应的颜色变化非常明显。将黄色的1%～5% $FeCl_3$ 溶液加入待检验的化合物的水溶液或二氯甲烷溶液中轻轻振摇，实验中还常常加入一滴吡啶，有颜色变化的是正反应，说明所检验的化合物含有烯醇式结构。

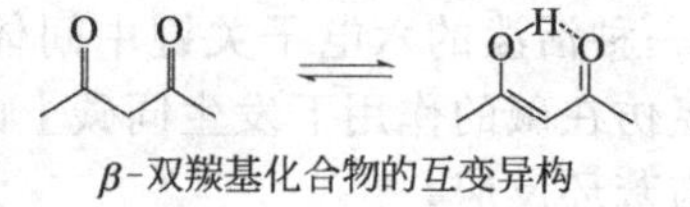

β-双羰基化合物的互变异构

8.5 硫醇和苯硫酚

醇和酚的羟基被巯基（—SH，mercapto group）取代形成的化合物是硫醇（thiol）和苯硫酚（thiophenol）。氧和硫是同族元素，因此硫醇和醇（苯硫酚和酚）在性质上有相似性。但是硫原子和氧原子的原子半径、电负性等的性质差异使得硫醇和苯硫酚与相应的醇和酚的物理、化学性质也有一定的差异。

8.5.1 命名

硫醇和苯硫酚的命名一般是按照相应的醇或酚进行命名，只是将化合物的母体由醇（或酚）改为硫醇（硫酚）。基团—SH 作为取代基时命名为巯基。

CH_3SH　　C_2H_5SH

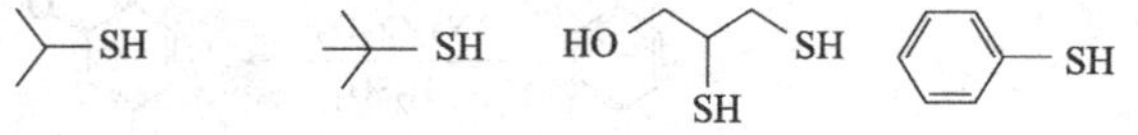

甲硫醇　乙硫醇　2-丙硫醇（异丙硫醇）　2-甲基-2-丙硫醇（叔丁硫醇）　2,3-二巯基-1-丙醇　苯硫酚

含巯基的化合物在自然界也广泛存在，其中一个代表是半胱氨酸。半胱氨酸的巯基侧链在蛋白质的折叠、酶催化反应等过程中都有重要的生理作用。

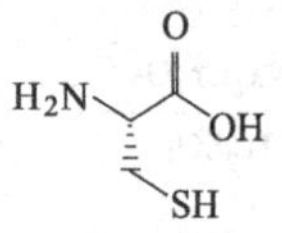

L-半胱氨酸

(*R*)-2-氨基-3-巯基丙酸

8.5.2 物理性质

硫元素位于元素周期表的第三周期，硫原子的电负性为2.58，比氧原子的电负性小。而且，硫原子的范德华半径（180pm）比氧原子（152pm）大许多，因此硫原子作为氢键受体的能力减弱，硫醇的分子间氢键作用以及巯基和水分子之间的氢键作用比较弱，一般硫醇的沸点较相同碳原子数目的醇的沸点低，水溶性也较差。表8-5比较了一些代表性硫醇和硫酚与相应的醇和酚的物理常数。

表8-5　几种代表性硫醇、硫酚与相应醇、酚的物理常数

结构式	中文名称	熔点/℃	沸点/℃	水溶解度/(g/100g H_2O)
CH_3SH	甲硫醇	−123	5.95	2.3(25℃)
CH_3OH	甲醇	−98	64.7	混溶(25℃)
C_2H_5SH	乙硫醇	−148	35	0.7(20℃)
C_2H_5OH	乙醇	−114	78	混溶(25℃)
n-C_3H_7SH	丙硫醇	−113	67～68	0.48(25℃)

结构式	中文名称	熔点/℃	沸点/℃	水溶解度/(g/100g H_2O)
$n\text{-}C_3H_7OH$	丙醇	−127	97	混溶(25℃)
$(CH_3)_3CSH$	叔丁硫醇	−0.5	62～65	微溶(25℃)
$(CH_3)_3COH$	叔丁醇	25～26	83	好(25℃)
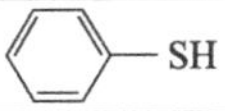 ⬡—SH	苯硫酚	−15	169	0.08(25℃)
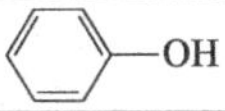 ⬡—OH	苯酚	40.5	181.7	8.3(20℃)

低级硫醇有毒、易挥发，而且有特殊臭味，如甲硫醇具有腐败卷心菜气味。烯丙硫醇具有强烈的大蒜气味。当乙硫醇在空气中的浓度达 10^{-11} g/L 时，气味就极易被人察觉。因此，低级硫醇也被用作臭味剂。利用这一性质，在家用燃气中常加入少量叔丁硫醇或乙硫醇，一旦发生燃气泄漏，可引起警示作用。随着硫醇碳原子数增加，臭味逐渐变弱。大于九个碳的硫醇已几乎没有臭味。

8.5.3 化学反应

(1) 硫醇的弱酸性 硫原子比氧原子的半径大，S—H 键的键长（182pm）比 O—H 键长（144pm）长，易被极化，所以巯基中的氢易解离而显酸性。硫化氢（$pK_a=7.04$）是弱酸，酸性比水（$pK_a=15.7$）强。与此相似，硫醇和硫酚都表现出弱酸性。硫醇的 pK_a 值在 10～12 之间。硫酚的巯基酸性更强，如苯硫酚的 pK_a 值约为 6.5，见表 8-6。另外，取代基对硫酚酸性的影响规律与酚类似，苯环上的邻对位吸电子取代基使硫酚的酸性增强。

表 8-6 部分硫醇化合物的 pK_a 数据（H_2O）

化合物	pK_a	化合物	pK_a
甲硫醇	10.4	烯丙硫醇	9.96
乙硫醇	10.6	苄硫醇	9.43
丙硫醇	10.65	苯硫酚	6.5
叔丁硫醇	11.05	对硝基苯硫酚	5.1

(2) 亲核性 在官能团转化中，硫醇常常作为亲核试剂使用，这也是硫代物的主要合成方法。与 Williamson 制醚法相类似，要增强其亲核性可以先将硫醇转化为相应的钠盐或钾盐。如果分子内存在好的离去基团也会发生分子内的亲核取代反应。在下面的例子中，通过巯基的分子内亲核取代反应合成了一个硫杂桥环化合物。

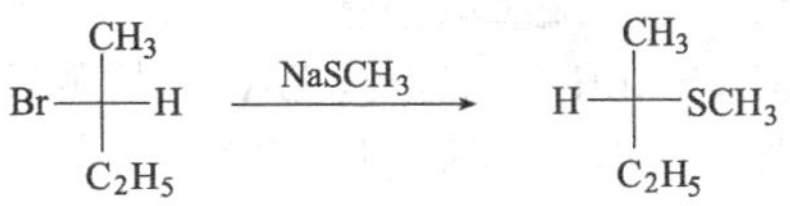

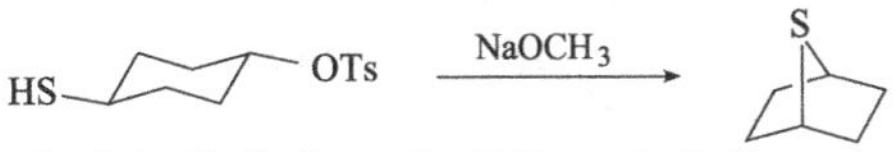

(3) 氧化反应 硫醇有多种氧化产物，分别是二硫代物、次磺酸、亚磺酸和磺酸。其中二硫代物和磺酸是较常见的产物。

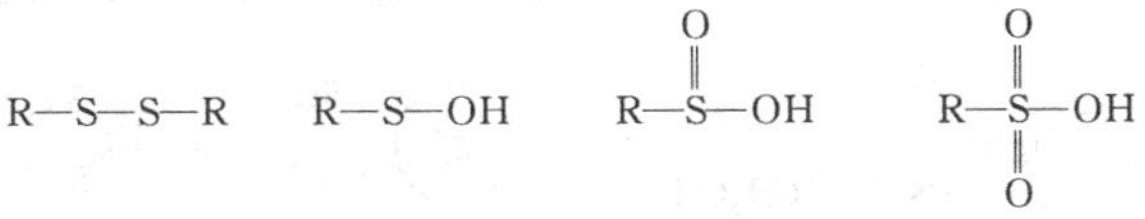

| 二硫代物 | 次磺酸 | 亚磺酸 | 磺酸 |

在碱性、卤素（I_2）的作用条件下，硫醇被氧化为二硫代物。这一氧化过程还易于在空

气中自发发生。如果硫醇被长期暴露在空气中就容易被自发氧化成二硫代物，这时空气中的氧气起到氧化剂的作用。天然氨基酸半胱氨酸的巯基侧链也能够氧化生成二硫键（—S—S—，disulfide bond）。用温和的还原剂（如 $NaHSO_3$、$Zn/HOAc$）可将二硫键还原为硫醇。硫醇和二硫化合物之间的氧化还原反应在温和条件下就可以发生，这对于体内的蛋白质化学反应有重要的意义。例如，在酶的作用下，半胱氨酸经氧化可生成胱氨酸。

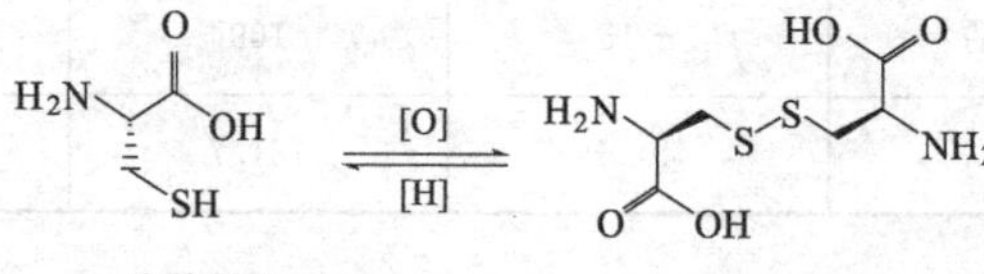

L-半胱氨酸   胱氨酸

在生物体内，二硫键对多肽以及蛋白质的三维空间结构的形成具有重要作用。在浓硝酸的氧化作用下，硫醇则被氧化成相应的磺酸。

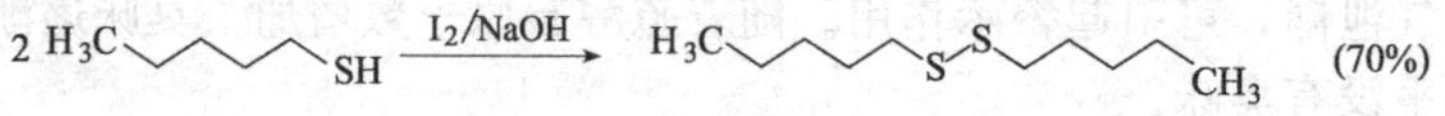

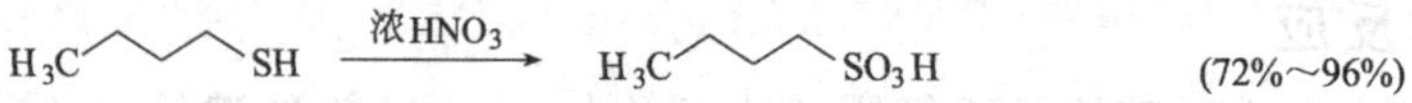

（4）硫醇与重金属氧化物或盐作用　硫醇可与重金属（Hg^{2+}、Pb^{2+}、Ag^+、Cu^{2+} 等）的氧化物或盐作用，生成不溶于水的硫醇盐。

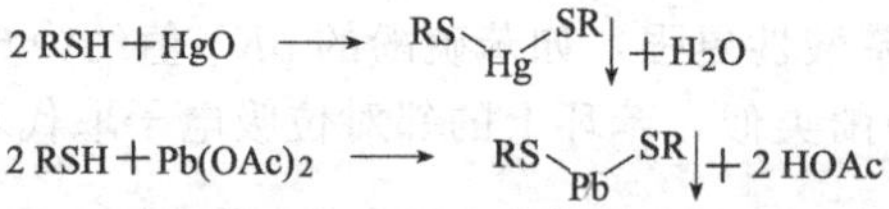

蛋白质和酶中一般都含有巯基。如果生物体内酶中的巯基与重金属盐以上述形式结合，酶就会失去活性，丧失正常的生理功能，从而引起人畜重金属中毒。

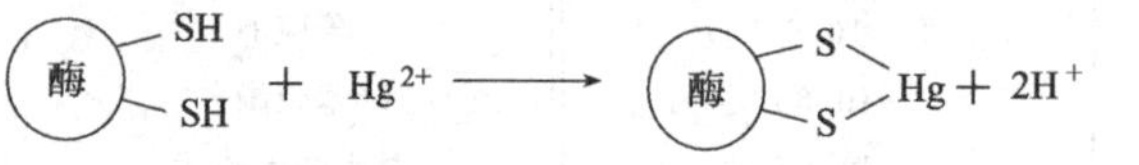

活性酶   中毒酶

下列几种水溶性较大的邻二硫醇类化合物可作为重金属中毒的解毒剂，利用的就是硫醇能够与重金属氧化物或盐作用生成稳定的盐的性质。

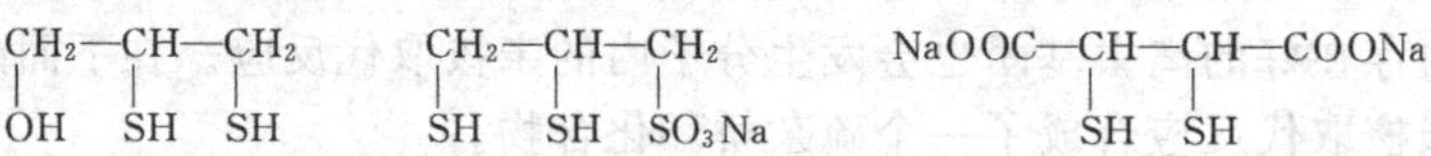

二巯基丙醇（BAL）　　二巯基丙磺酸钠　　　　二巯基丁二酸钠

其中，二巯基丙醇（Britisch-anti-Lewisite，BAL）是英国牛津大学的科学家在第二次世界大战中针对德国的化学武器 Lewisite 而研制出来的。

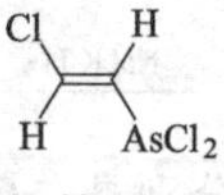

以解毒剂 BAL 为例，通过夺取已与体内蛋白质或酶结合的汞、砷等重金属，形成稳定的且水溶性的无毒配合物，经尿液排出体外，从而使酶的活性恢复，达到解毒的目的。

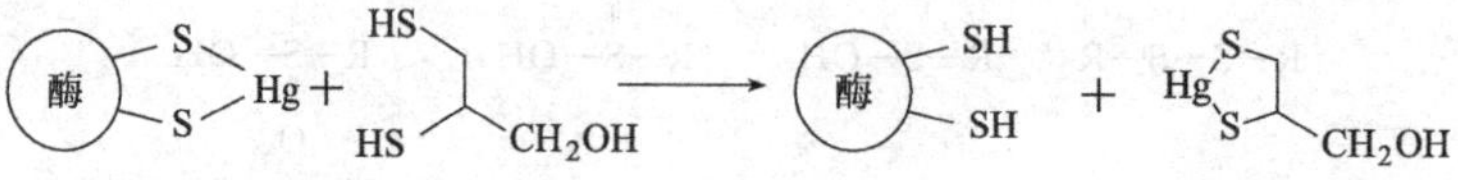

中毒酶　　　　　BAL　　　　　复活酶　　　　由尿排出

但是，如果酶中的巯基与重金属离子结合时间过久，失活的酶难以再恢复活性。因此，重金属中毒应尽早服用解毒剂进行治疗。

8.6　重要的醇、酚

除了作为有机反应的常用溶剂和有机化学合成中的重要中间体以外，醇类化合物在日常生活的方方面面也有重要应用。例如，乙醇和甲醇等可以作为汽车的清洁能源；50％（体积分数）的乙二醇和水的混合物被用作防冻剂；乙醇和碘的混合物（碘酒）是医院常用的消毒剂，等等。

酚类化合物易于被氧化，利用这一特点，一些酚类化合物可作为食品防腐剂，如 BHA、BHT 等是常用的食品添加剂。

2-叔丁基-4-甲氧基苯酚(BHA)　　　　4-甲基-2,6-二叔丁基苯酚(BHT)

各种苯二酚都具有还原剂的作用，生物体内多以衍生物存在。苦味酸是一种有爆炸性的黄色固体化合物，可用于炸药、火柴、皮革、染料等行业。苦味酸水溶液或含苦味酸的油膏可外用治疗皮肤烫伤。苯酚、甲苯酚（来苏尔，lysol）常用于器械消毒。

许多天然产物中含有酚的结构，如 L-酪氨酸、维生素 E 等。

L-酪氨酸　　　　　　　维生素E

维生素 E，也叫 α-生育酚 [（＋）-α-tocopherol]，是一种自由基清除剂，具有多种医疗保健作用，例如延缓衰老、治疗习惯性流产或先兆性流产、增强肝脏解毒能力，治疗痔疮、冻疮、胃及十二指肠溃疡。

某些酚类化合物具有特殊的香味，可用作香料。例如：

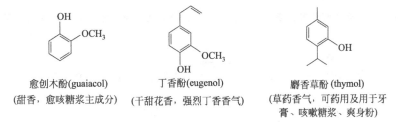

愈创木酚(guaiacol)　　　　丁香酚(eugenol)　　　　麝香草酚 (thymol)
（甜香，愈咳糖浆主成分）　（干甜花香，强烈丁香香气）　（草药香气，可药用及用于牙
　　　　　　　　　　　　　　　　　　　　　　　　膏、咳嗽糖浆、爽身粉）

（一）醇在生物体内的氧化过程

氧化还原过程是生命活动中关系到能量存储和释放的一种重要的代谢过程。这里简要介绍在生物体内醇的氧化过程。醇在生物体内的氧化过程是在醇脱氢酶（alcohol dehydrogenase）的作用下进行的。

$$CH_3CH_2OH \underset{\text{醇脱氢酶}}{\rightleftharpoons} CH_3CHO$$

酶（enzyme）是一类多肽化合物，生物体内的化学变化都是在酶的作用下完成的。酶通过选择性识别特定的底物，为反应提供一个空间，使底物和试剂能够相互靠近从而发生反应，因此反应的专一性很强。在这一过程中真正起到氧化剂作用的是辅酶。很多维生素在生物体内就起到辅酶的作用。醇的氧化过程中涉及的辅酶是烟酰胺腺嘌呤二核苷酸（nicotinamide adenine dinucleotide，NAD^+）。它的氢化形式缩写为 NADH。

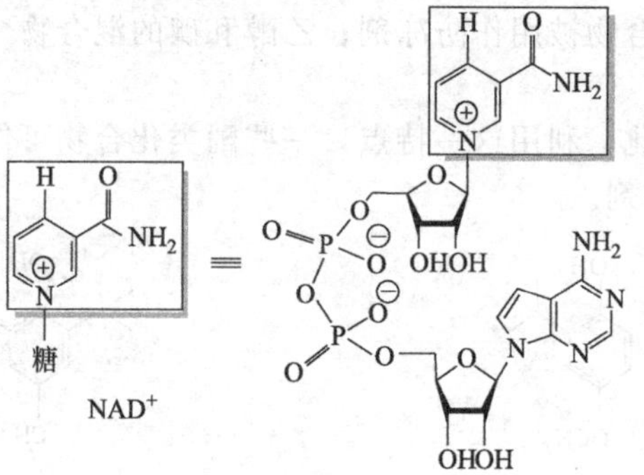

在乙醇的氧化过程中，首先醇脱氢酶专一地识别乙醇和辅酶 NAD^+，使它们靠近，然后在醇脱氢酶和辅酶 NAD^+ 的共同作用下发生氧化反应。从实验结果发现，传递给辅酶 NAD^+ 的是醇的 α-氢，醇被氧化成相应的醛，辅酶 NAD^+ 转化为其氢化形式 NADH。

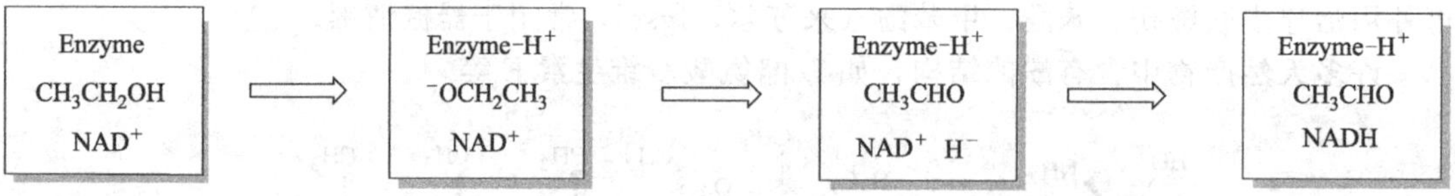

如下图所示，醇的 α-氢传递给辅酶 NAD^+ 的过程是立体专一的。醇脱氢酶同时可以催化逆反应的进行，即在醇脱氢酶的作用下，辅酶 NADH 可以还原乙醛生成乙醇。

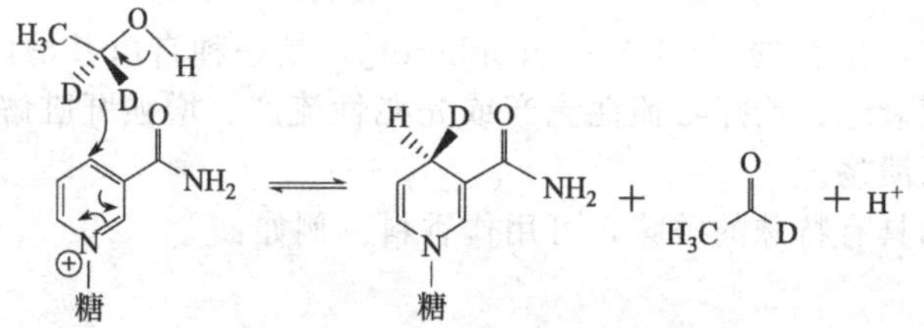

生物体内类似的氧化过程还有很多。例如，乳酸在乳酸脱氢酶和辅酶 NAD^+ 的共同作用下被氧化为丙酮酸。

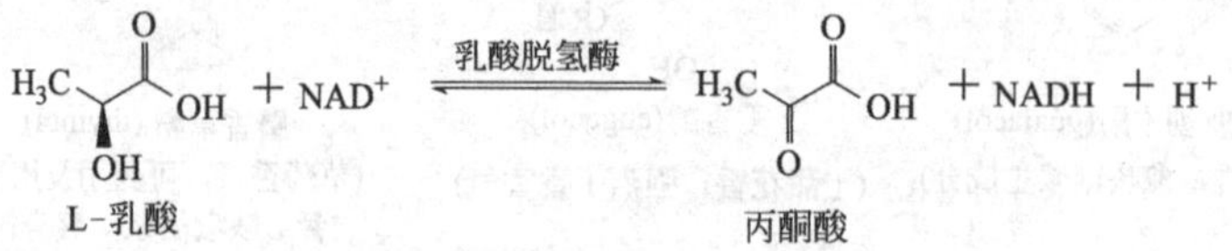

（二）苯酚与甲醛、丙酮的缩合反应

酚醛树脂（phenolic resins）是第一个真正意义上的合成高分子聚合物，它们由苯酚或其衍生物和甲醛或糠醛缩合而成。酚醛树脂有线状和网状两大类。由于其优异的绝缘、耐高温、强度大、易定型以及价格低廉等优点，酚醛树脂在许多行业有广泛的应用，例如，可以用作黏结剂、用于制造复合材料、离子交换树脂等。

这里简单介绍以苯酚和甲醛缩合形成酚醛树脂（phenol formaldehyde resin，PF resin）。苯酚羟基的邻位或对位与甲醛发生亲核加成反应，在邻位或对位引入羟甲基，然后再与另一分子苯酚反应，在两个苯酚分子之间形成一个亚甲基的桥。由于苯酚的三个邻、对位都可以和甲醛反应，最终形成网状结构的高分子化合物。

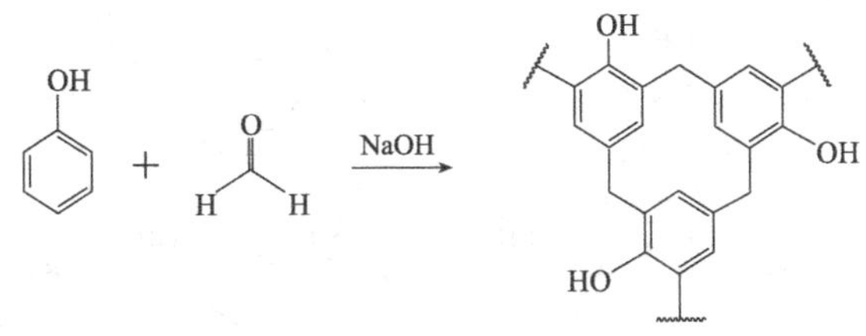

酚醛树脂

双酚 A（bisphenol A，BPA）是一种重要的高分子聚合物单体，它是两分子苯酚和一分子丙酮缩合的产物。一分子苯酚首先与丙酮发生亲核加成反应，由于位阻效应，加成发生在羟基的对位，得到的加成产物再与另一分子苯酚发生 Fridel-Crafts 烷基化反应生成双酚 A。

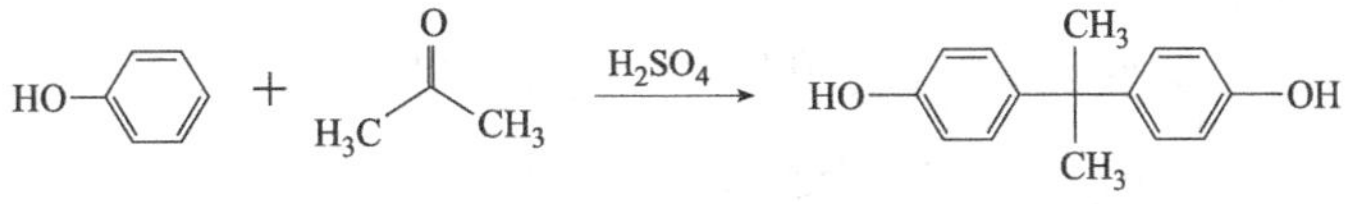

双酚A

双酚 A 和光气（O＝CCl_2）的聚合产物是聚碳酸酯，实际上这是酚羟基与光气发生酯化反应的产物。聚碳酸酯的用途很广，如可以用于制造 CD 光盘、太阳镜、餐具等等。

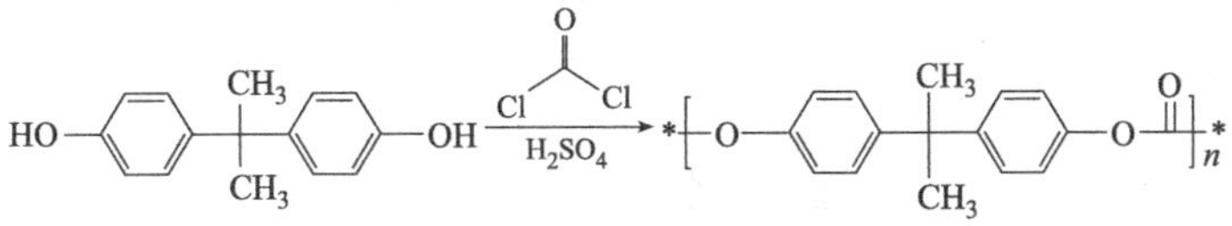

聚碳酸酯

（三）血液中醇含量的测定

酒后驾驶是对交通安全的一种重大威胁。世界卫生组织的事故调查显示，有 50%～60% 的交通事故与酒后驾驶有关。一方面我们应大力宣传酒后驾驶的危害，另一方面对酒后驾驶者应采取严厉的处罚措施。那么，如何判断一个驾驶者是饮酒驾驶？判定饮酒驾驶或醉酒驾驶的标准如何？一般来说，血液中酒精浓度的测定是交警用以判断酒后驾驶或醉酒驾驶的重要依据。不同国家对酒后驾驶的血液乙醇含量标准略有不同。我国对车辆驾驶人员饮酒驾驶的血液酒精含量的临界值为 20mg/100mL，如果超过 80mg/100mL 就属于醉酒驾驶了。

交警常采用更为方便的呼气酒精含量测定方法来测定驾驶者呼出的气体中的乙醇含量，以此判断驾驶者是否为酒后驾驶。这是因为血液流经肺部时，乙醇在肺部气体及血液中会产生平衡。驾驶者的呼气酒精含量检测结果可以按照标准换算成血液酒精含量值。呼气乙醇含量的测定涉及一个有机化学反应——乙醇的氧化。

$$CH_3CH_2OH + Cr_2O_7^{2-} \xrightarrow{H^\oplus} CH_3COOH + Cr^{3+}$$
$$\text{橙红色} \qquad\qquad\qquad\qquad \text{绿色}$$

重铬酸钠是橙红色的，它将乙醇氧化为乙酸的过程中自身被还原为绿色的三价铬 Cr(Ⅲ)，将涂有重铬酸钠/硫酸的硅胶填充在玻璃柱中，让驾驶者向柱子中吹气，如果橙红色的柱子转变为绿色说明驾驶者的呼吸中含有乙醇，这也就说明驾驶者饮过酒。根据绿色扩散的程度可以判断驾驶者饮酒的多少。因为驾驶者饮酒越多，呼吸中的乙醇含量就越高，而乙醇含量越高，氧化乙醇需要消耗的橙红色的重铬酸钠越多，从而产生更多的绿色的三价铬 Cr(Ⅲ)。进行定量检测时，首先采集一定量的呼气，在重铬酸钠/硫酸条件下进行氧化，然后用光谱法测定三价铬 Cr(Ⅲ) 的含量就能够计算出乙醇的量。现在有专业的仪器进行自动检测。

 **习 题**

8-1 用系统命名法命名下列化合物或写出结构式。

(1) [structure]   (2) [structure]   (3) [structure]   (4) [structure]

(5) [structure]   (6) [structure]   (7) [structure]   (8) [structure]

(9) (S)-3-甲基-2-丁醇   (10) (E)-3-己烯-2-醇   (11) 水杨酸   (12) 5-硝基-1-萘酚

8-2 按照酸性由大到小的顺序给下列几组化合物排序。

(1) [structure]   [structure]   [structure]   [structure]

(2) [structure]   [structure]   [structure]   [structure]

(3) [structure]   [structure]   [structure]   [structure]

8-3 完成下列反应式。

(1) [structure] $\xrightarrow{\text{Na}}$ $\xrightarrow{(CH_3O)_2SO_2}$

(2) [structure] $\xrightarrow{CrO_3/\text{吡啶}}$

(3) [structure] $\xrightarrow[\ominus OH]{KMnO_4}$

(4) [structure] $\xrightarrow[\text{丙酮}]{Al(Oi\text{-}Pr)_3}$

(5) HO—[structure]—OH $+$ $3HNO_3$ $\xrightarrow{H_2SO_4(\text{催化量})}$

(6) [structure] $\xrightarrow{SOCl_2}$

(7) [structure] $\xrightarrow{n\text{-}C_3H_7SNa}$

(8) [structure] $\xrightarrow{Pb(OAc)_4}$

8-4 给出苯酚及在不同条件下反应的主要产物。

(1) 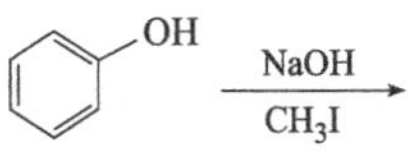 $\xrightarrow[CH_3I]{NaOH}$

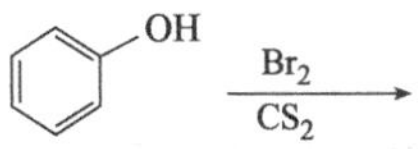

(2) 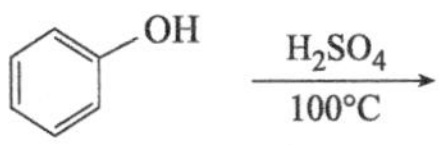 $\xrightarrow[100°C]{H_2SO_4}$

(3) $\xrightarrow{Br_2}{CS_2}$

(4) $\xrightarrow{HNO_3}$

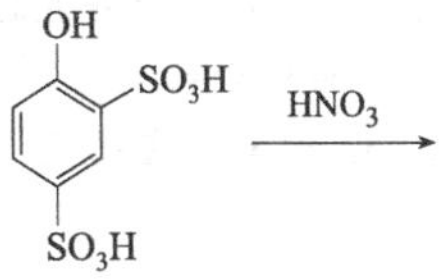

(5) 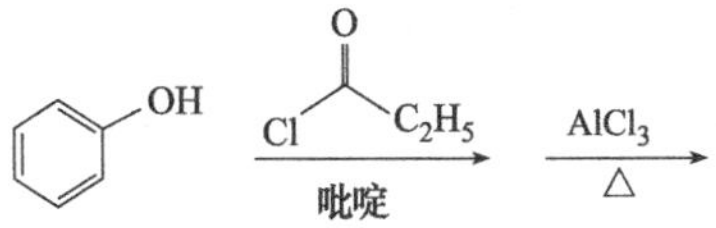 $\xrightarrow[\text{吡啶}]{}$ $\xrightarrow[\triangle]{AlCl_3}$

(6) 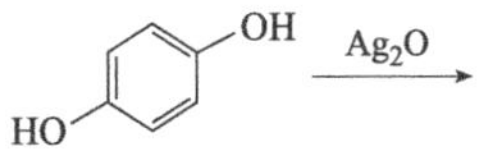 $\xrightarrow{Ag_2O}$

8-5 用化学方法分别鉴别下面两组化合物。

(1) 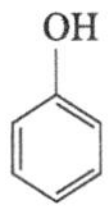 和 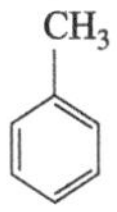   (2) 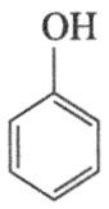 和

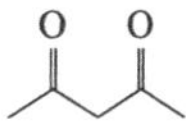

8-6 使用合适的试剂从所给原料合成目标化合物。

(1) 以 4-甲基-1-戊醇为原料合成 2-甲基-4-溴戊烷。

(2) 以异丁醇为原料合成甲基异丁基硫醚。

(3) 以苯酚为原料合成 2-乙酰基-4-溴苯酚。

8-7 下面的三个反应在室温温和条件下进行，它们的主要产物是什么？分别是经历什么反应机理得到的？

(1) 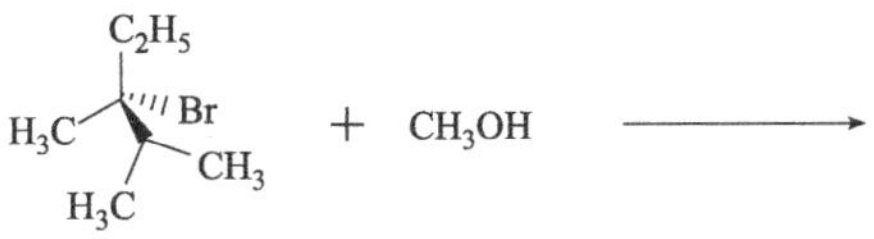 + CH_3OH $\longrightarrow$

(2) 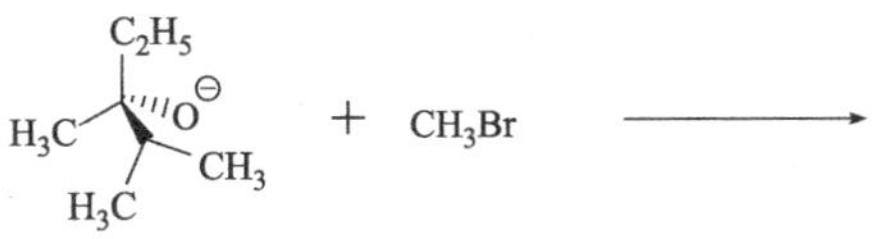 + CH_3Br $\longrightarrow$

(3) 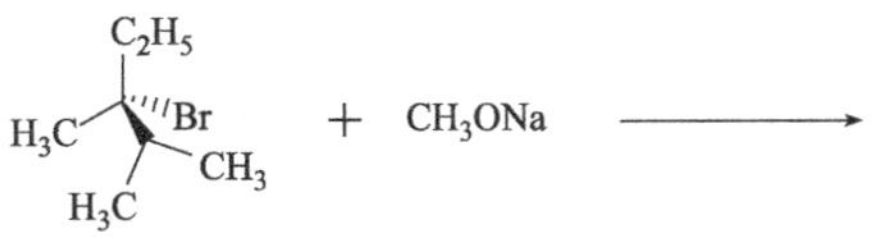 + CH_3ONa $\longrightarrow$

8-8 推测下列转变的反应机理。

(1) 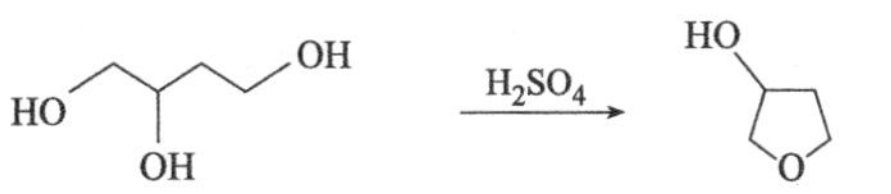 $\xrightarrow{H_2SO_4}$

(2)

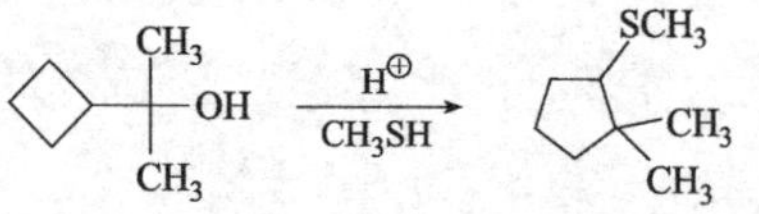

(3)

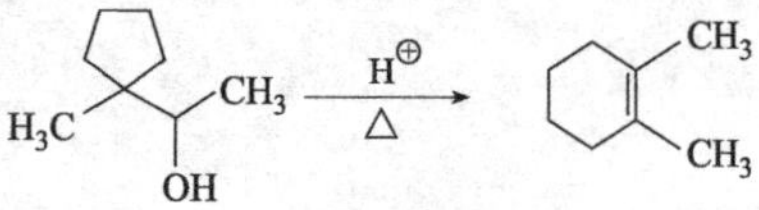

8-9 某化合物 A 的分子式为 $C_5H_{11}Br$，和 NaOH 水溶液共热后生成化合物 B（$C_5H_{12}O$），B 具有旋光活性。B 和金属钠作用有氢气产生，用浓硫酸共热处理生成化合物 C（C_5H_{10}）。C 经臭氧化和在还原剂存在下水解，得到丙酮和乙醛。请推测出化合物 A、B、C 的结构，并写出各步转化的反应式。

8-10 某手性化合物的分子式为 $C_7H_{12}O$，构型为 R，能够使溴水褪色，遇金属钠有气泡产生，用 $KMnO_4/HO^-$ 处理生成一个没有手性的三羧酸。请推导出该化合物的结构。

第9章 醚、硫醚和环氧化合物

本章主要介绍含有 C—O—C 官能团的化合物。两个烃基通过—O—官能团相连形成的化合物为醚类化合物（ether），其中—O—称为醚键。含—O—官能团的三元环化合物环氧乙烷（oxirane）及其衍生物统称为环氧化合物（epoxide），环氧化合物是一种特殊的环醚。含有 C—S—C 官能团的醚称为硫醚（sulfide 或 thioether）。一般来说，醚是惰性的，常在有机反应中作溶剂使用。而环氧化合物比较活泼，易于发生开环反应。

$$R^1 \!-\! O \!-\! R^2 \qquad \underset{R^1}{\overset{R^3}{\diagdown}}\!\!\!\underset{R^2}{\overset{O}{\bigtriangleup}}\!\!\!R^4$$

醚　　　　　　　　　环氧化合物
(ether)　　　　　　　　(epoxide)

9.1　醚

9.1.1　醚的分类、结构与命名

醚类化合物可以分为开链醚（或称为直链醚）和环醚两大类。根据与醚键相连的烃基的种类，醚又可以分为饱和醚、不饱和醚（包括烯基醚和炔基醚）以及芳基醚。环氧化合物是一种特殊的三元环环醚。

$$R^1\!-\!O\!-\!R^2 \qquad \underset{R^2 \quad R^3}{\overset{R^1 \quad O\!-\!R^4}{\diagup\!\!\diagdown}} \qquad R^1\!\!=\!\!\!\!\equiv\!\!\!-\!\!\overset{O}{-}\!R^2 \qquad R\!-\!O\!-\!Ar$$

饱和醚　　　　　　烯基醚　　　　　　炔基醚　　　　　芳基醚

两个烃基相同的醚称为单醚或对称醚（如二甲醚 Me—O—Me），而两个烃基不相同的醚称为混醚（如甲乙醚 Me—O—Et）。

醚类化合物的命名基本原则是分别命名与氧相连的两个烃基，然后加上化合物母体"醚"，即称为某（基）某（基）醚，其中的"基"可以省略。两个烃基遵循先小后大、先芳香烃基后脂肪烃基的次序列出。例如：

苯基乙基醚(苯乙醚)　　　　　　　　乙基丙基醚(乙丙醚)

对于对称醚，只需命名其中一个基团，称为"二某（基）醚"，其中的"二"也可以省略。如常用的有机溶剂乙醚就是氧原子上连接有两个乙基的化合物。对于结构较为复杂的醚类化合物，也可以按照烷烃的系统命名法进行命名，其中一个较简单的烃基和醚键一起作为取代基，命名为烃氧基，称为"某烷氧基某烷"。有不饱和烃基存在时，则选取不饱和程度最大的烃基作为母体。一些醚类化合物的俗名也经常被使用。例如苯甲醚

203

（anisole）可以看作苯的衍生物，被命名为甲氧基苯。苯甲醚俗称茴香醚，这源于苯甲醚的大茴香籽气味。

环醚的命名可分为两种基本情况。一种是参照杂环的命名方法（具体命名方法见第15章），如以杂环作为母体命名的四氢呋喃（tetrahydrofuran，THF）；另一种是将氧作为取代基，用数字标明环氧的位置，如1,2-环氧丙烷和1,3-环氧丙烷分别表示甲基取代的环氧乙烷和四元氧杂环（见下图）。作为一类特殊的环醚，环氧乙烷还常常用作母体，其他基团作为取代基，例如，1,2-环氧丙烷又可以命名为甲基环氧乙烷。

若干醚类化合物的命名示例如下。

1,2-二甲氧基乙烷　　(E)-1-乙氧基丙烯　　甲基叔丁基醚　　丙三醇-1-甲醚
　　　　　　　　　　　　　　　　　　（2-甲基-2-甲氧基丙烷）　　（3-甲氧基-1,2-丙二醇）

苯甲醚　　2-甲基-5-甲氧基己烷　　环氧乙烷　　1,2-环氧丙烷　　1,3-环氧丙烷　　四氢呋喃
（茴香醚）　　　　　　　　　　　　　　　　　　（甲基环氧乙烷）　　（氧杂环丁烷）

很多天然产物的结构含有醚键，图9-1所示是舞毒蛾性信息素（7R,8S）-雌舞毒蛾引诱剂和海洋天然产物双鞭甲藻毒素 B。

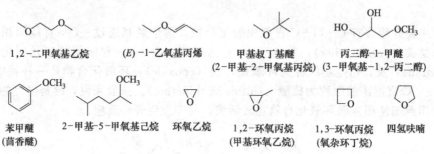

（7R,8S）-雌舞毒蛾引诱剂

双鞭甲藻毒素 B

图9-1　含醚键的天然产物举例

brevetoxin 是引起海洋红潮的有机体产生的一种有机物，它们通过与神经细胞的电压门控钠离子通道的结合引起正常神经传递过程的紊乱，因此是一类神经毒素。（7R,8S）-disparlure 是雌舞毒蛾的性引诱剂，舞毒蛾是一种森林害虫，用光学纯的化合物（7R,8S）-disparlure 可以诱捕雌舞毒蛾前来交配，从而达到消灭舞毒蛾的目的。这些结构复杂的天然产物已经通过不对称合成实现了它们的全合成。

生物体内存在一类离子载体（ionophore），它们的任务是通过与离子形成复合物或形成离子通道的模式使离子能够透过细胞膜而被转运，被转运的离子除了金属离子，如 K^+、Na^+、Li^+、Ca^{2+}、Mg^{2+} 等以外，也可以是 NH_4^+。离子载体通过调节细胞膜两侧的离子浓度而表现出抗菌活性。生物体内的离子载体可分为几大类，其中一大类是具有多醚结构的化合物，如莫能菌素（monensin A，又称"瘤胃素"）等。

monensin A

9.1.2 醚的物理性质

醚类化合物的氧原子一般采取 sp³ 杂化形式，因此键角∠COC 的角度不是 180°，而是接近 109°。图 9-2 所示为甲醚的分子模型。

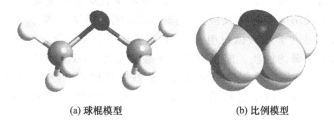

(a) 球棍模型   (b) 比例模型

图 9-2　甲醚模型

醚类化合物中只存在与碳原子相连的氢原子，虽然在醚类化合物的结构中有氢键受体氧原子，却没有氢键给体，所以醚类化合物的分子之间不能形成类似醇分子之间的氢键。这使得醚类化合物的沸点比分子量接近的醇要低得多，而与分子量接近的烷烃相似。不过醚类化合物的氧原子可以和水分子的氢原子形成分子间氢键作用，这使得醚类化合物在水中有一定的溶解度，其在水中的溶解度比烷烃要大得多。几种代表性醚类化合物的物理常数数据列于表 9-1。

表 9-1　几种代表性醚类化合物的中文命名和物理常数数据

结构式	中文名称	熔点/℃	沸点/℃	水溶解度(25℃)/(g/100g H₂O)
$\diagdown^O\diagdown$	甲醚	−141	−24.8	7.1
$\diagdown\diagdown^O\diagdown\diagdown$	乙醚	−116.3	34.6	6.05
正丙醚结构式	正丙醚	−122	90	0.3
甲基叔丁基醚结构式	甲基叔丁基醚	−109	55.2	4.2(20℃)
异丙醚结构式	异丙醚	−60	68.5	0.2(20℃)
四氢呋喃结构式	四氢呋喃	−108.4	66	混溶
1,4-二氧杂环己烷结构式	1,4-二氧杂环己烷	11.8	101.1	混溶
环氧乙烷结构式	环氧乙烷	−112.5	10.4	混溶
乙二醇二甲醚结构式	乙二醇二甲醚	−58	85	混溶
苯甲醚结构式—OCH₃	苯甲醚	−37	154	不溶
二苯醚结构式	二苯醚	25~26	259	不溶

9.1.3　醚的化学性质

醚类化合物化学性质不活泼，对碱、氧化还原试剂等一般表现出化学惰性，因此常常在有机反应中作为溶剂使用，如乙醚、四氢呋喃、1,4-二噁烷（1,4-二氧六环）、乙二醇二甲醚等都是常用的溶剂。然而，醚类化合物在强酸等条件下发生断键反应。

（1）氧原子上未共用电子对的反应——锌盐的形成　醚键的氧原子采取 sp³ 杂化形式，氧原子上有两对未共用电子对（孤对电子）分别占据两个 sp³ 杂化轨道，孤对电子易于给出，因此醚具有 Lewis 碱的性质。醚可以和质子酸或其他 Lewis 酸结合生成锌盐（又称氧鎓离子，oxonium ion）。例如，三氟化硼可以和四氢呋喃形成配合物。Grignard 试剂的制备常用乙醚或四氢呋喃作溶剂，也正是利用了醚和 Lewis 酸配位的作用来稳定有机金属试剂。

$$R{-}O{-}R' \xrightarrow{\;H^{\oplus}\;} R{-}\overset{\oplus}{\underset{H}{O}}{-}R'$$

三氟化硼四氢呋喃配合物

锌盐可溶解于冷的浓强酸中，加水稀释则会分解而析出原来的醚。利用此性质可分离提纯醚类化合物，也可用于鉴别醚类化合物。

（2）键的断裂　醚类化合物在强酸、加热的条件下，发生醚键断裂的反应，在中性或碱性条件下不发生醚键的断裂。这是因为在中性或碱性条件下，烷氧基负离子是差的离去基团，难以直接发生亲核取代反应；而在强酸作用下，首先醚和质子酸结合形成锌盐，离去基团转变为好的离去基团——醇，从而容易发生亲核取代反应。

$$R{\diagup}\boxed{O{-}R'} \xleftarrow{\text{-----}} \text{差的离去基团} \qquad R{-}\boxed{\overset{\oplus}{\underset{H}{O}}{-}R'} \xleftarrow{\text{-----}} \text{好的离去基团}$$

因为醚是很弱的碱，所以和弱酸的反应比较差，要发生醚键的断裂反应必须使用强酸，并且一般需要加热的条件。那么什么样的强酸能够使醚键断裂呢？考虑到酸的阴离子部分作为亲核试剂，亲核性强的阴离子易于和锌盐发生亲核取代反应。几种氢卤酸的相对活性次序为 HI＞HBr≥HCl，HF 对此类反应无效。常用的酸为 HBr 和 HI。

$$H_3C{-}O{-}CH_3 \xrightarrow{\;HI\;} CH_3I \;+\; CH_3OH \xrightarrow{\;HI\;} CH_3I$$

$$\text{（四氢呋喃）} \xrightarrow[150℃]{HI（过量）} ICH_2CH_2CH_2CH_2I \quad (65\%)$$

$$\xrightarrow[130\sim140℃]{48\%HBr（过量）} 2\,\text{（异丙基）}{-}Br$$

对称的醚在浓 HBr 或 HI 的作用下发生醚键的断裂，生成相应的一分子卤代烷和一分子醇，如果酸是过量的，所生成的醇在过量酸的作用下会进一步反应生成相应的卤代烷。而对于不对称的醚，发生醚键的断裂反应则存在两种可能性。我们通过下面所示的三种不同底物在 HI 酸的相同反应条件下的实验结果进行分析。对乙基正丙基醚在 HI 酸的作用下的反应产物进行分析［式（1）］，我们发现乙基正丙基醚可以按照（a）途径发生醚键断裂生成碘乙烷和正丙醇，也可以按照（b）途径发生醚键断裂生成 1-碘丙烷（正丙基碘）和乙醇。然而在相同条件下甲基正丙基醚的反应［式（2）］只发生（a）途径的醚键断裂，生成碘甲烷和正丙醇，未检测到甲醇和正丙基碘产物。相反，在相同条件下甲基叔丁基醚的反应［式（3）］只发生（b）途径的醚键断裂反应，生成甲醇和 2-甲基-2-碘丙烷（叔丁基碘），没有生成碘甲烷和叔丁醇。

$$\text{(式 1)}\qquad (a)\ C_2H_5I\ +\ n\text{-}C_3H_7OH \qquad (b)\ n\text{-}C_3H_7I\ +\ C_2H_5OH \qquad (1)$$

$$\text{(式 2)}\qquad (a)\ CH_3I\ +\ n\text{-}C_3H_7OH \qquad (b)\ n\text{-}C_3H_7I\ +\ CH_3OH \qquad (2)$$

$$\text{(式 3)}\qquad (a)\ CH_3I\ +\ t\text{-}Bu\text{-}OH \qquad (b)\ (CH_3)_3C\text{-}I\ +\ CH_3OH \qquad (3)$$

以上实验事实说明，醚键断裂的选择性可能来源于反应底物中和醚键相连的两个烷基的不同性质。乙基正丙基醚的两个烷基都是伯烷基，差别不大，反应不具有选择性。甲基正丙基醚中分别是甲基和伯烷基，而甲基叔丁基醚中和醚键相连的分别是甲基碳和叔碳，烷基的性质有显著差别，醚键的断裂取向有选择性。

对于这种实验结果，我们可以用下述反应机理来解释。醚在质子化生成锌盐以后有两种反应途径发生醚键的断裂，一种是直接异裂生成碳正离子中间体，即经过 S_N1 历程；另一种是亲核试剂直接进攻氧原子邻位的碳原子中心（α-碳原子），即发生 S_N2 历程。不论是 S_N1 历程还是 S_N2 历程，如果与醚键相连的两个烷基的性质有差别，就会带来断键的选择性。对 S_N1 历程来说，形成稳定碳正离子中间体的过程优先发生。对 S_N2 历程来说，位阻比较小的 α-碳原子易于受到亲核试剂的进攻。

$$S_N1:\quad R^1\!-\!\ddot{O}\!-\!R^2\ \xrightarrow{H-I}\ R^1\!-\!\overset{H}{\underset{\oplus}{O}}\!-\!R^2\ \longrightarrow\ R^1\!-\!OH\ +\ \overset{\oplus}{R^2}\ \ \underset{\ominus}{I}$$
$$\longrightarrow\ I\!-\!R^2$$

$$S_N2:\quad R^1\!-\!\ddot{O}\!-\!R^2\ \xrightarrow{H-I}\ R^1\!-\!\overset{H}{\underset{\oplus}{O}}\!-\!R^2\ \longrightarrow\ R^1\!-\!I\ +\ HO\!-\!R^2$$

那么，醚键的断裂反应到底是经过 S_N1 历程还是 S_N2 历程呢？实际上，这两种反应历程的竞争结果和反应底物有关。由于反应在酸性条件下发生，如果反应底物能够生成稳定的碳正离子，反应就倾向于按照 S_N1 历程进行，且反应变得容易进行。例如，环己基叔丁基醚的醚键断裂反应在 0℃、三氟醋酸作用下发生，以 90% 的产率得到环己醇。反应中生成的活性中间体叔丁基正离子进一步发生 β-消除反应得到异丁烯。叔烷基醚的这种易于断裂的性质被应用在羟基的保护上，当合成设计中羟基的存在，主要是活泼氢的存在，影响其他基团的反应时，就可以首先将醇制备成叔丁醚，将羟基保护起来再进行其他基团的转化，由于醚键的惰性，一般不会参与其他反应的发生。当官能团转化完成以后，再通过酸性条件下醚键的断裂反应可以方便地将羟基释放出来。

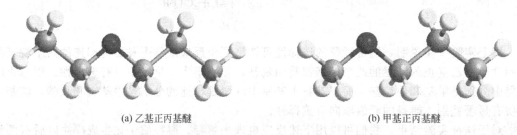

如果两种碳正离子的稳定性相差不大，并且 α-碳原子的位阻不大，反应就倾向于按照 S_N2 历程进行，这时亲核试剂会优先进攻位阻比较小的 α-碳原子。某些情况下，醚键的断裂反应可能同时存在 S_N1 机理和 S_N2 机理。

上述几个例子中式（3）的甲基叔丁基醚很容易生成稳定的叔丁基正离子 $(CH_3)_3C^+$，因此这一底物主要发生 S_N1 过程，生成甲醇和叔丁基碘。而式（1）和式（2）中的两种底物经过 S_N1 过程都不能生成稳定的碳正离子，所以它们都倾向于发生 S_N2 过程。如图 9-3（a）所示，乙基正丙基醚的两个 α-碳原子均为伯碳，位阻又相近，因此受到亲核试剂进攻的概率相似，最终得到 4 种产物。而如图 9-3（b）所示，甲基正丙基醚的两个 α-碳原子有明显的位阻差别，甲基的位阻要远远小于丙基的位阻，这使得亲核试剂倾向于优先进攻甲基碳，因此醚键的断裂有专一性。

（a）乙基正丙基醚　　　　　　　　　　　　（b）甲基正丙基醚

图 9-3　乙基正丙基醚和甲基正丙基醚的球棍模型

对于芳基醚，由于芳基正离子不稳定，且芳基的 sp^2 杂化碳原子不易受到亲核试剂进攻而发生亲核取代反应，因此醚键的断裂总是发生在烷基一侧，生成酚和相应的卤代烷。同理，我们不难理解二芳基醚难以发生醚键断裂反应。

另外，苄基醚在钯催化下氢化，可以发生苄氧键的断裂，脱除苄基。

9-1　给出下列反应的主要反应产物。

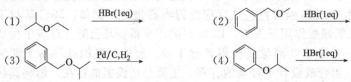

（3）醚的自氧化——过氧化物的形成　在储存醚类化合物时，如果暴露在空气中或者在光照等作用下，它们易于发生自氧化反应生成过氧化物。例如，乙醚在存储过程中可能生成乙醚氢过氧化物。

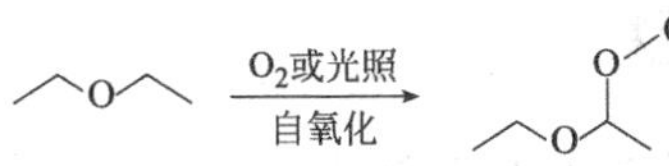

乙醚氢过氧化物会进一步聚合生成乙醚过氧化物聚合物。这些过氧化物在加热等条件下不稳定，会发生爆炸，因此必须特别注意。实验室常用的醚类溶剂如乙醚、四氢呋喃等需保存在棕色瓶中，以避免光照，并可加入微量对苯二酚或铁屑以阻止过氧化物生成。另外，尽量避免长期存放醚类化合物。关键的是在使用醚类化合物，特别是使用经过长期储存的醚类化合物之前必须检测是否存在过氧化物。一种简便的检测过氧化物的方法是使用淀粉-碘化钾试纸。过氧化物会氧化碘化钾生成碘单质，而碘遇淀粉变蓝，如果醚类化合物中存在过氧化物，利用过氧化物使淀粉-碘化钾试纸变蓝的性质，就可以方便地指示出过氧化物的存在。也可加入硫酸亚铁与硫氰化钾溶液，若呈血红色，则表示有过氧化物存在。

醚中含有的过氧化物可用下列方法除去，即加入还原剂（如 $FeSO_4$、Ph_3P、Na_2SO_3 等），使过氧化物被还原分解。

9.2 硫醚

醚类化合物中的氧原子被硫原子所取代的化合物是硫醚。硫醚键（—S—）在自然界中也广泛存在，常见的含有硫醚键的天然产物有天然氨基酸 L-蛋氨酸、D-生物素（维生素 H）等，如图 9-4 所示。

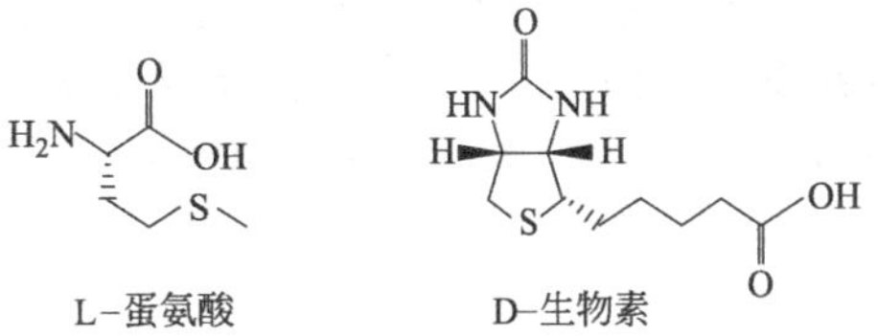

L-蛋氨酸　　D-生物素

图 9-4　含硫醚键的天然产物举例

由于氧原子和硫原子是同族化合物，因此硫醚和醚有类似的化学性质。与醚相比，硫醚比较活泼，易发生氧化反应，氧化产物有亚砜（sulfoxide）和砜（sulfone）。

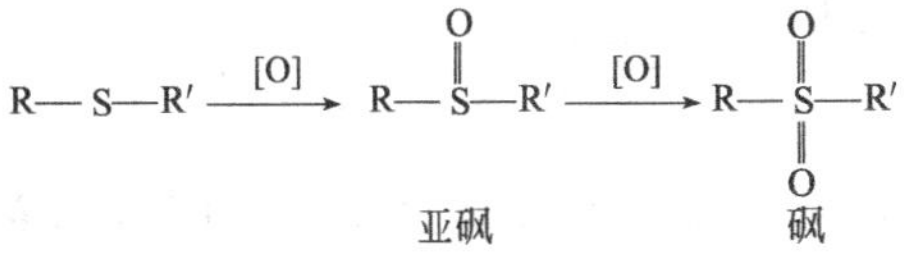

亚砜　　砜

常用的氧化硫醚的试剂有过氧化氢，例如：

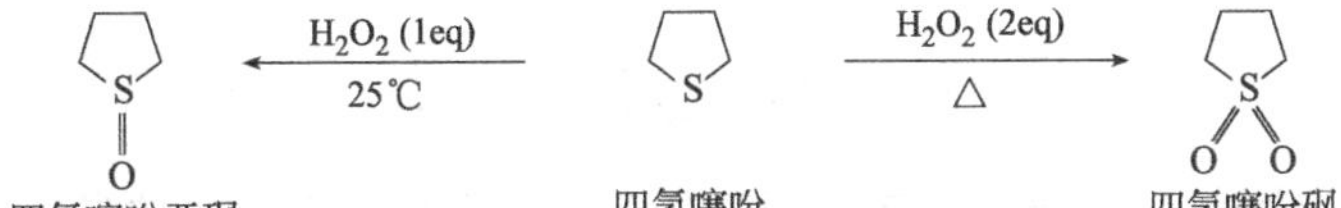

四氢噻吩亚砜 (88%)　　四氢噻吩　　四氢噻吩砜 (97%)

高锰酸钾、硝酸等氧化剂也可以将硫醚氧化到砜。砜类化合物具有较高的介电常数，溶剂化能力强。例如，四氢噻吩砜［也叫环丁砜，sulfolane，介电常数 ε44（30℃）］以及二甲亚砜［$H_3C-\overset{\overset{\displaystyle O}{\|}}{S}-CH_3$，DMSO，ε48.9（20℃）］都是常用的非质子性极性溶剂。二甲亚砜在医药方面有消炎止痛作用，对皮肤有良好的渗透力，因此可溶解某些药物，使其容易向人体渗透。还可利用二甲基亚砜作为载体的性能，作为农药的添加剂，有利于农药向植物内渗透，从而提高药效。二甲亚砜等砜类化合物本身毒性较低，但由于其优异的溶解性和渗透力，使用时应避免与皮肤直接接触。

9.3 环氧化合物和冠醚

五元环以上的环醚具有和开链醚相似的性质，例如，在强酸作用下醚键断裂，发生开环反应。本节主要介绍一类具有特殊性质的小环环醚——环氧化物（epoxides）以及含有多个氧原子的大环多醚——冠醚（crown ether）和穴醚（cryptand）。

由三个原子组成的环氧乙烷分子，键角都接近 $60°$，分子中存在较大的环张力，因此环氧乙烷易于发生开环反应。图 9-5 所示为环氧乙烷的分子模型。

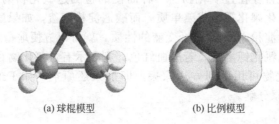

(a) 球棍模型　　　　　　　(b) 比例模型

图 9-5　环氧乙烷的模型

9.3.1 环氧化合物

环氧乙烷是一类最小的环醚，可以通过烯烃在过氧酸作用下的环氧化反应及 β-卤代醇在碱作用下的分子内亲核取代反应等方法生成。常用的过氧酸有间氯过氧苯甲酸（m-CPBA）和过氧乙酸（CH_3COOOH）等。

最简单的环氧化物——环氧乙烷的合成最早是由法国科学家 Wurtz 完成的。1859 年，Wurtz 利用碱作用下 2-氯乙醇的分子内亲核取代反应合成了环氧乙烷。现在，环氧乙烷的制备主要通过乙烯在氧化银催化下空气氧化的方法制备。

$$H_2C\!=\!CH_2 \xrightarrow[Ag_2O,300℃]{O_2}$$

与五元和六元环醚不同的是，由于三元环的环张力作用，环氧乙烷易于发生开环反应。这种开环可以在酸的催化作用下进行，也可以直接用亲核试剂开环。如下所示，7-氧代二环[4.1.0]庚烷在酸性条件下开环，生成反-1,2-环己二醇。环氧乙烷与氰化钠作用形成氰乙醇。

$$\xrightarrow{H_3O^{\oplus}} \quad (86\%)$$

$$\xrightarrow[EtOH-H_2O]{NaCN} NCCH_2CH_2OH$$

上述两种条件下的环氧乙烷开环反应都经过亲核取代机理。在弱的亲核试剂如水、醇等的作用下，环氧乙烷的开环反应需要在酸的催化条件下进行。这是因为亲核试剂的亲核性比较弱，不足以直接进行开环反应。在酸的催化作用下，酸首先与氧原子结合生成氧鎓离子，正电荷分布在环氧乙烷的三个原子上，使碳原子上的亲电性增强，有利于发生亲核试剂对碳原子的亲核进攻。由于三元环的开环过程中亲核试剂是从背面进攻，受进攻的碳原子发生构型翻转，因此最终生成反式邻二醇。

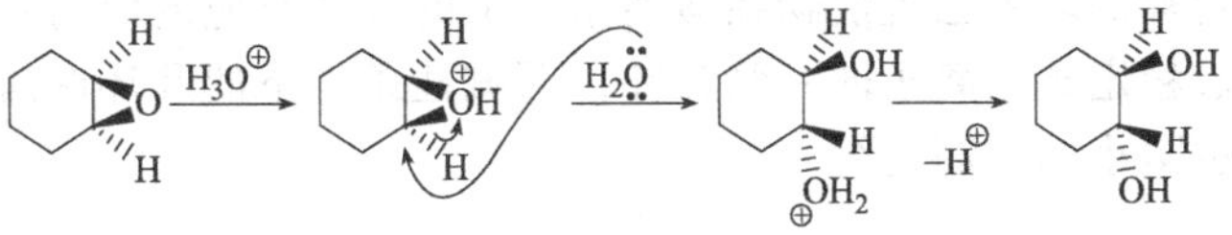

在强的亲核试剂，如烃氧基负离子、Grignard 试剂等有机金属试剂的作用下可以直接进行环氧乙烷的开环，水解后得到延长两个碳原子的伯醇。

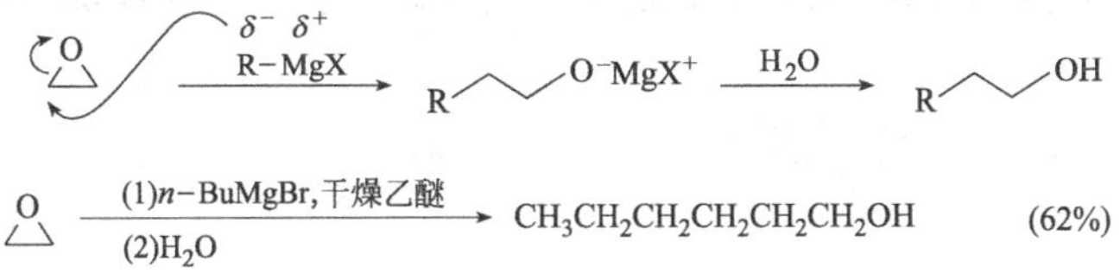

对于不对称的环氧乙烷，其开环反应有没有区域选择性呢？我们先看下面的反应实例：

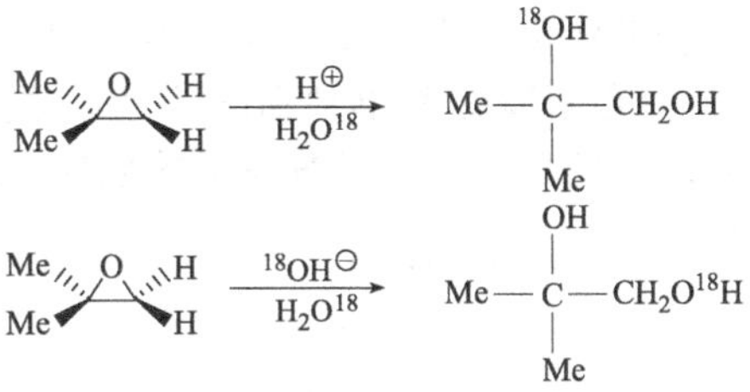

分别使用同位素 ^{18}O 标记的亲核试剂 $H_2^{18}O$ 或 $^{18}OH^-$，在酸性或碱性条件下对 1,1-二甲基环氧乙烷进行开环反应，对两个反应的产物分别进行分析，发现酸性条件下的开环反应产物，同位素标记的 ^{18}O 连接在取代基比较多的碳原子上；而在碱性条件下的开环反应产物，同位素标记的 ^{18}O 连接在取代基比较少的碳原子上。这一实验结果说明，不对称的环氧化物的开环，酸性或碱性条件下开环的区域选择性不同。下面我们分析反应的机理来说明这种不同的选择性。

在酸性条件下，首先发生环氧的质子化形成氧鎓离子中间体。氧鎓离子中间体和溴鎓离子中间体相类似，正电荷不是定域在氧原子上，而是分散在三元环的三个原子上。由于烷基的推电子诱导效应，烷基取代基越多，对正电荷的稳定作用就越大，这个碳原子上的正电荷密度就越大，就越容易受到亲核试剂的进攻。因此，酸催化条件下 1,1-二甲基环氧乙烷的开环主要得到 ^{18}O 连接在取代基较多的碳原子上的产物。

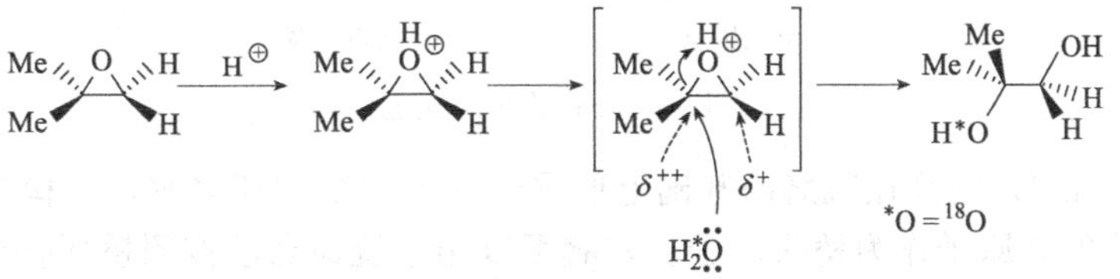

而在碱性条件下进行开环时，亲核试剂直接进攻环上碳原子，发生 S_N2 反应。这时，亲核试剂进攻位阻较小的碳原子，即取代比较少的碳原子。因此 $H^{18}O^-$ 作为亲核试剂的条件下，1,1-二甲基环氧乙烷的开环主要得到 ^{18}O 连接在取代基较少的碳原子上的邻二醇。

$$^*O={}^{18}O$$

综上所述，不对称的环氧乙烷底物在酸性条件下的开环反应的取向主要由碳正离子稳定性决定，在能够形成稳定碳正离子的一侧开环；而碱性条件下的开环取向取决于反应中心的位阻大小，反应在位阻小的一侧进行。

9-2 预测下面相同的环氧化物在酸性或碱性条件下的反应产物。反应产物相同吗？请解释相应的产物的产生机理。

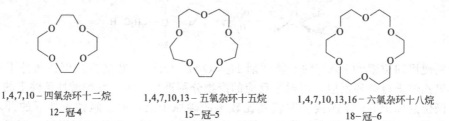

9.3.2　冠醚、穴醚与相转移催化

冠醚（crown ether）是一类大环多醚，可看作是由四个或四个以上的乙二醇分子头尾相连发生分子间脱水形成的闭合环状化合物。如果按照 IUPAC 命名法来命名，这种氧杂环烷烃的名称都很长（见下图）。一般冠醚被简单地命名为"某-冠-某"，"冠"的前后分别用数字表明环的大小（环上所有原子的总数）以及氧原子的数目，例如：

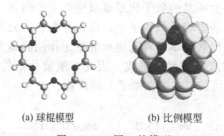

1,4,7,10－四氧杂环十二烷	1,4,7,10,13－五氧杂环十五烷	1,4,7,10,13,16－六氧杂环十八烷
12-冠-4	15-冠-5	18-冠-6

以 18-冠-6 为例，其分子模型如图 9-6 所示。冠醚形成一定大小的孔径，所有的氧原子朝向环的中心。

(a) 球棍模型　　　　(b) 比例模型

图 9-6　18-冠-6 的模型

穴醚（cryptand）则是在冠醚的基础上形成的一类三维桥环多醚，为构建三维结构，在分子中引进三价的氮原子作为桥头原子。穴醚可以用系统命名法按照桥环化合物来命名（如下页图所示）。但是应用这种命名法来命名的穴醚的名称也很长，使用不方便，因此习惯上对穴醚也常使用它们的俗名。例如，下面两种穴醚分别是 [2.2.1] 穴醚和 [2.2.2] 穴醚，方括号中的数字表示桥头氮原子之间所夹的每一条桥上的氧原子数目。

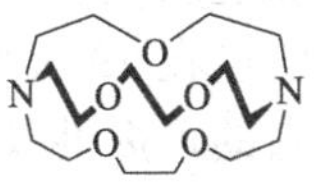

1,10-二氮杂-4,7,13,16,21-
五氧杂二环[8.8.5]二十三烷
[2.2.1]穴醚

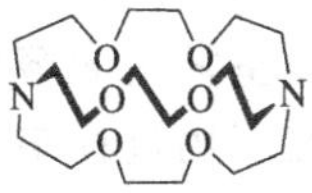

1,10-二氮杂-4,7,13,16,21,24-
六氧杂二环[8.8.8]二十六烷
[2.2.2]穴醚

冠醚和穴醚形成一定大小的孔径，由于氧原子及氮原子可以作为 Lewis 碱，所以它们可以模拟生物体内的离子载体，能够识别特定体积的阳离子。例如，18-冠-6 可以选择性识别钾离子。D. J. Cram、J. M. Lehn 和 C. J. Pedersen 三位科学家由于在冠醚和穴醚的发现、制备及其性质等方面的研究而获得了 1987 年的 Noble 化学奖。有关冠醚、穴醚等的研究也开创了新兴的超分子化学和分子识别研究领域。

冠醚的常用合成方法是使用 Williamson 制醚法：

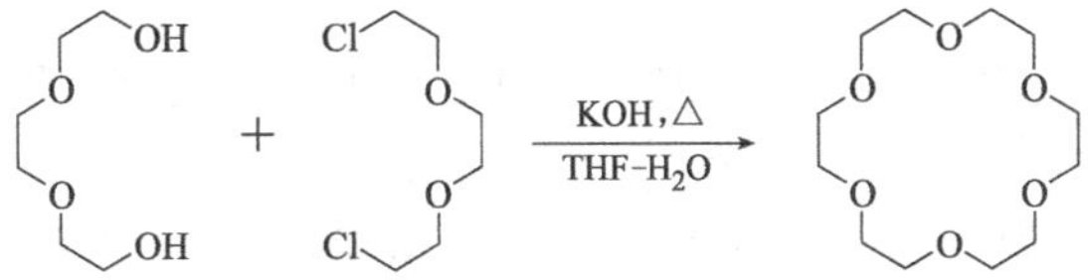

在有机合成化学领域，冠醚的一种重要用途是作为相转移催化剂（phase transfer catalyst，PTC）。在非均相反应体系中，反应物和反应试剂分别溶于不同溶剂相，相转移催化剂的作用是将一相中的反应试剂（或反应物）转移到另一相，从而与反应物（或反应试剂）接触，发生反应。除了冠醚以外，常用的相转移催化剂还有季铵盐，具体内容请参阅第 14 章。阳离子反应物常使用冠醚作为相转移催化剂，而阴离子反应物常使用季铵盐作为相转移催化剂。

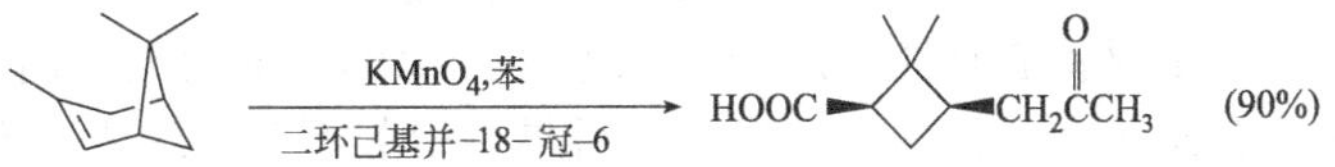

$$n-C_{17}H_{35}Br \xrightarrow[\text{18-冠-6}]{\text{KOAc}} n-C_{17}H_{35}OAc \qquad (96\%)$$

上面的例子中使用冠醚作为相转移催化剂络合阳离子——钾离子，使得相应的阴离子能够溶于有机相，从而与反应底物发生化学反应。二环己基-18-冠-6 的结构如下：

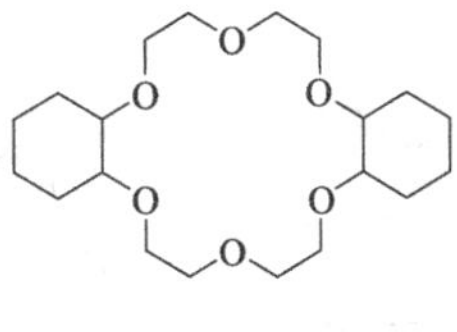

二环己基-18-冠-6

使用相转移催化剂可以加速反应的进行，提高反应产率等，由于避免了使用一些昂贵的非质子性极性溶剂而能够降低成本。另外，相转移催化剂还使得在水相进行有机反应成为可能，可以大大减少有机溶剂的使用，是一种有效的绿色化学方法。

9.4 醚的应用

醚类化合物除了常常作为有机反应的溶剂使用以外，还被应用在我们生活的方方面面。这里仅作简要的介绍，特别介绍醚类化合物在医学方面的一些应用。甲醚可以用作制冷剂，作为气溶胶的喷射剂等。在医学上用低温冷冻技术去除皮肤疣，就是在甲醚和戊烷的共同作用下完成的。乙醚除了是实验室常用的溶剂以外，还曾经在 19 世纪 40 年代在医学上被用作全身麻醉的麻醉剂。在随后的应用过程中，乙醚由于它的可燃性及副作用不再作为麻醉剂使用，而是被一些副作用比较小的醚类化合物，如甲基正丙基醚、二氟二氯乙基甲醚（methoxyflurane）等所替代。二氟二氯乙基甲醚的结构如下所示，在 20 世纪 60 年代作为吸入性全身麻醉剂使用，现在由于其对肾的毒副作用而被禁止使用。

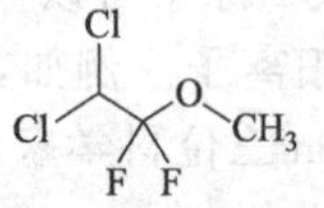

二氟二氯乙基甲醚(methoxyflurane)

其他一些含氟的醚也作为全身麻醉剂使用，如：安氟醚（Ethrane®）、异氟烷（Forane®）、七氟烷（Ultane®）、地氟烷等，其中异氟烷现在主要用作兽医药。

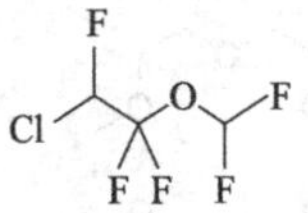

安氟醚 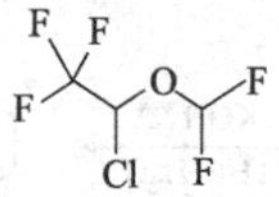　　　　　异氟烷 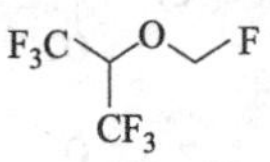　　　　　七氟烷 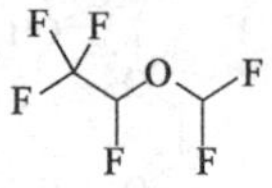　　　　　地氟烷

一些醚类化合物具有特殊的香气，可作为香料。例如，苯甲醚具有茴香香气，二苄醚具有令人愉快的杏仁以及蘑菇味道，β-萘乙醚则具有花香和柑橘、葡萄的味道。它们都可应用于许多日用化学品中，包括香皂、洗涤剂等，微量也作为食用香精。

这里再介绍两个芳醚类化合物。二噁英类化合物是含氯的芳香醚，产生于以氯酚为原料的化学生产中，其中生产除草剂橙剂、杀菌剂六氯酚以及木纸浆的氯漂等过程中都会产生二噁英类化合物。另外，含氯塑料袋焚烧以及汽车尾气排放等也被认为是二噁英的产生途径。二噁英类化合物的一个重要代表是四氯双苯环二噁英 TCDD（结构见下图）。这类化合物是环境内分泌干扰物，会累积在人体内，造成严重后果，引起不孕、致癌等不良健康影响。现在已经有众多的研究者致力于消除二噁英的研究。

三氯生也是一种含氯芳醚，结构如下图所示。三氯生是一类广谱抗菌药，对细菌、真菌、病毒等都有较好的抑制作用，被作为添加剂广泛用于日用化学品中，如牙膏、香皂、洗手液、洗衣液、空气清新剂等洗护用品，也被添加于伤口消毒喷雾、医疗器械消毒剂中。三氯生属于低毒物质，并且作为添加剂含量都比较低，因此被认为是安全的。另外，三氯生容易迅速分解代谢，因此通常不造成环境问题。

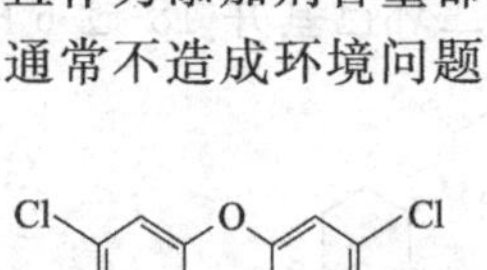

四氯双苯环二噁英(TCDD) 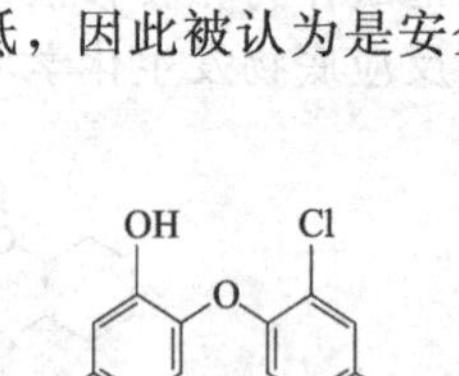　　　　　三氯生

知识介绍

大蒜与含硫物质

大蒜营养丰富，具有强大的杀菌能力，还有助维生素 B_1 的吸收，促进糖类的新陈代谢，提升免疫力。现代医学研究已经证实，大蒜集 100 多种药用和保健成分于一身。然而，由于生食大蒜后会留下难闻的口气，很多人对食用大蒜望而生畏。这些气味由何而来呢？我们知道，大蒜、洋葱等调味料本没有气味，当

它们被切碎或压榨时才有辛辣气味放出，正是这种有辛辣气味的物质展现出了抗菌的活性。这些物质的共同特点是都是含有硫的化合物。

以大蒜为例，大蒜含有蒜氨酸（alliin），占大蒜干重的 0.6%～2%。蒜氨酸本身无气味，它是半胱氨酸的侧链的巯基烯丙化以后被氧化的产物，是一种亚砜类化合物。大蒜在被切碎或压榨时会释放出一种酶——蒜氨酸酶，在这种酶的作用下，蒜氨酸被转化成一个次磺酸，其进一步发生两分子脱水反应生成蒜素（garlicin）。而蒜素就是非常好的抗菌剂。蒜素能进一步转化为其他含硫化合物，如硫醚、亚砜、二硫化合物等，均有刺激性气味。值得一提的是，吃过大蒜留下的口气恐怕不仅仅来自于食物残留。这些有刺激性气味的含硫化合物会通过血液运输到达人体的肺部而被呼出。而且蒜素很容易被皮肤吸收，这一性质和二甲亚砜非常相像。

习题

9-1 用 IUPAC 命名法命名下列化合物或根据所给名称化合物的结构。

(1) ［structure: 2-甲氧基戊烷］ (2) ［structure: 苯基异丙基醚］ (3) ［structure: 二异丁基醚］ (4) ［structure: S—CH₂CH₂Cl］

(5) ［structure: 氧杂环丁烷衍生物］ (6) 四氢呋喃 (7) 甲基异丙基硫醚 (8) 15-冠-5

(9) 1-甲基-2-甲氧基环己烷 (10) 顺-1,2-二甲基环氧乙烷

9-2 给出下面反应的主要产物。

(1) ［structure: 1,2,3-三甲氧基苯］ $\xrightarrow{\text{HI(过量)}}$

(2) ［structure: 环氧丙烷］ $\xrightarrow{\text{PhSNa}}$

(3) ［structure: 1,2-二甲基环氧环己烷］ $\xrightarrow[\text{H}_2\text{O}]{\text{H}_2\text{SO}_4\text{(催化量)}}$

(4) ［structure: 环氧环己烷］ $\xrightarrow{\text{HBr}}$? $\xrightarrow{\text{PBr}_3}$

(5) ［structure: 2-甲基环氧乙烷］ $\xrightarrow{\text{C}_2\text{H}_5\text{MgBr}}$ $\xrightarrow[\text{H}_2\text{O}]{\text{H}^\oplus}$

(6) Cl—CH₂CH₂—O—CH₂CH₂—Cl $\xrightarrow{\text{NaOH}}$?(C₄H₈O₂)

(7) 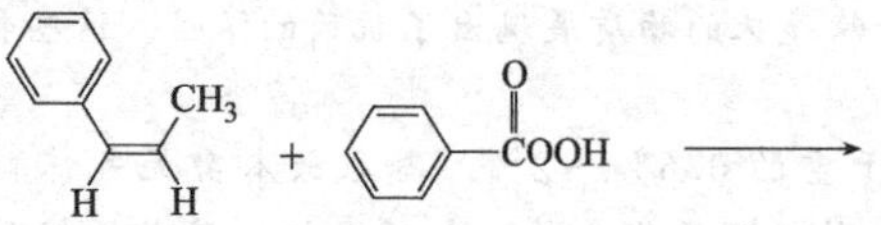 + COOH ⟶

(8) 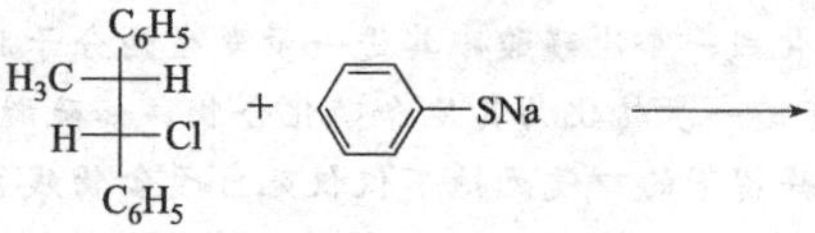 + SNa ⟶

9-3 用所给原料合成目标化合物。

(1) 以 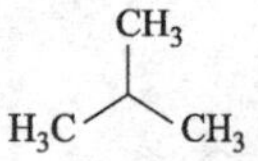 为原料合成

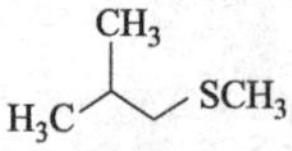

(2) 以 H_3C—CH_2 为原料合成

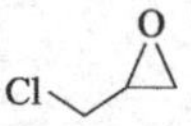

9-4 (1S,2R)-1-甲基-1,2-环氧环戊烷在催化量的硫酸存在的条件下用甲醇开环，得到的产物符合下面所示 A～D 的哪一个结构？

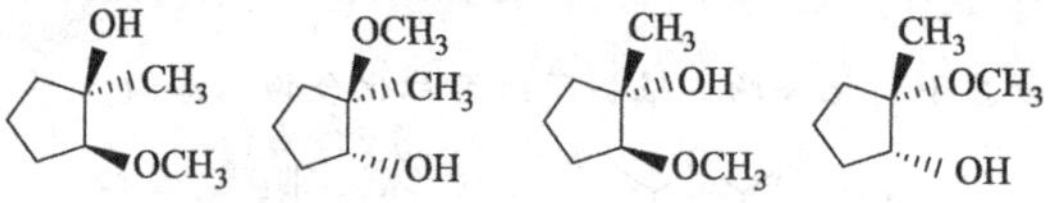

A   B   C   D

9-5 桉树脑是桉树油的主要成分，可以作为祛痰剂使用。桉树脑的分子结构式为 $C_{10}H_{18}O$，分子中不存在不饱和键，与 HCl 反应生成如下所示的二氯代物。请根据这些信息推导出桉树脑的分子结构，并用 IUPAC 命名法进行命名。

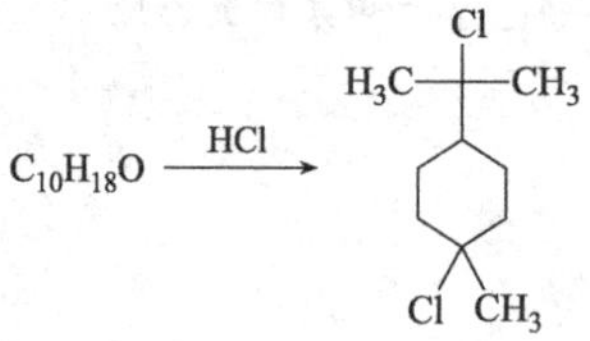

$$C_{10}H_{18}O \xrightarrow{HCl}$$

9-6 用乙醇钠作亲核试剂与下面 [14]C 标记的化合物 1-氯甲基环氧乙烷（A）进行反应（[14]C 标记的碳原子用 * 标识），得到主要产物 B，请为这个反应提供一个合理的反应机理来解释主要产物的形成。

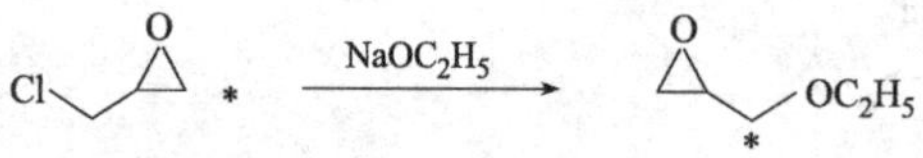

A   B

9-7 下面两个异构体化合物 A 和化合物 B 在碱的作用下，分别发生分子内的亲核取代反应生成相应的环氧化合物，请问哪一个反应比较快，为什么？

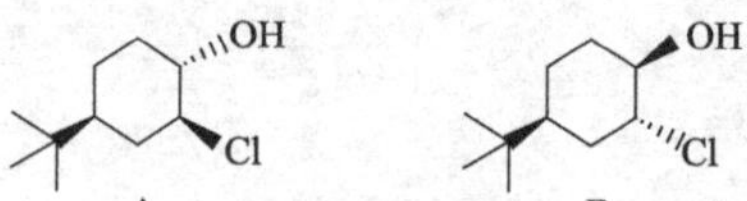

A   B

9-8 下面所示的一类化合物在医药上被用作 β-受体阻滞药，是治疗高血压、心脏病等疾病的有效药物之一。例如：心得安是第一例用于临床的治疗心律不齐、心绞痛等疾病的药物。

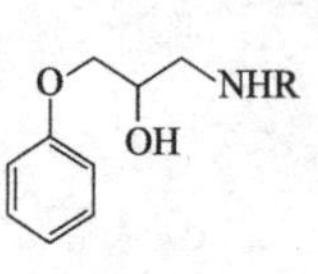

β-受体阻滞药 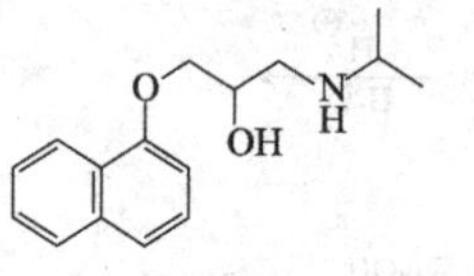   心得安

　　这类化合物存在一个手性中心。科学家为了研究药物分子中三个官能团的相对位置关系对药物活性的影响，探明这类药物的构效关系，设计了一种刚性的 β-受体阻滞药的模型分子，分别合成了两种异构体 D 和 E（如下图所示）用于构效关系的研究中。请将下面路线中的化合物 A～E 的结构补充完整。

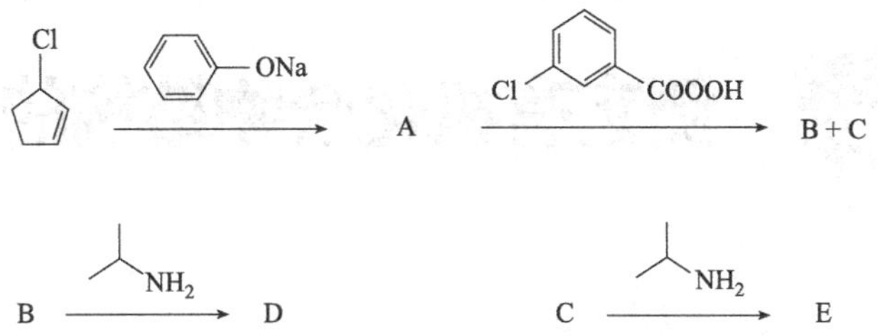

第10章　测定有机化合物结构的谱学方法

有机波谱学（spectroscopy）是 20 世纪中期以来逐渐发展起来的一门重要学科。在有机波谱学出现之前，为了确定有机化合物的结构，人们需要花费大量的时间和人力。一般需要首先通过元素定性分析确定分子中所含元素的种类，通过元素定量分析求出结构简式，然后测定分子量、求出分子式，再定性地鉴定可能存在的官能团，最后根据化学反应提出"部分结构"，并由"部分结构"推导完整结构。有时还要与标准品进行对照，或经有机合成加以确定。例如，吗啡的结构鉴定花费了近一百五十年的时间。而如今，随着新技术、新仪器的迅速发展，谱学方法成为研究有机分子结构的强有力的工具。

最常用的谱学方法包括紫外光谱（ultraviolet spectroscopy，UV）、红外光谱（infrared spectroscopy，IR）、核磁共振谱（nuclear magnetic resonance spectroscopy，NMR）以及质谱（mass spectroscopy，MS）（通常称为"四谱"），它们具有快速、准确、需要的样品极少等优点。除质谱外，谱学分析方法不破坏样品，可以方便地回收，这对于贵重、稀少的样品研究尤为重要。各种谱学也为天然化学、生物化学、药物化学、医学等领域的研究提供了新的技术手段。

10.1　吸收光谱的基本概念

光可看作是人类的眼睛所看见的一种电磁波。在科学上光的严格定义是指所有的电磁波谱。对于可见光的范围并没有一个确切的界限。一般来说，人的眼睛所能接受的光的波长范围大致在 $400 \sim 760 nm$ 之间。人们看到的光来自于太阳或产生光的设备。光由光子为基本粒子所组成，具有波粒二象性（wave-particle duality），即既有粒子性又有波动性，可用波的参量（如频率和波长）来描述。频率与波长有以下的关系：

$$\nu = \frac{c}{\lambda}$$

式中，ν 为频率，Hz 和 MHz（$1MHz = 10^6 Hz$）；λ 为波长，nm 或 μm，$1nm = 10^{-7} cm = 10^{-3} \mu m$；$c$ 为光速（$c = 3 \times 10^{10} cm/s$）。在红外光谱中，频率的单位也可用波长的倒数，即波数（用 $\tilde{\nu}$ 或者 σ 表示），表示 1cm 长度中所含有的波的数目，记作 cm^{-1}。波数与波长的关系为：$\sigma = \frac{1}{\lambda}$。

从上式可以看出，波数 σ 与波长 λ 成反比，而与频率 ν 成正比。注意，在理论物理中波数的定义为 $\frac{2\pi}{\lambda}$，表示 2π 长度上所出现的全波数目。

每种波长的电磁波都具有一定的能量。光子的能量与其波长及频率之间的关系是：

$$E = h\nu = h \frac{c}{\lambda}$$

式中，E 为光子所具有的能量，J；h 为用以描述量子大小的 Planck 常量，$h=6.6260693$ (11)$\times 10^{-34}$J·s。若以电子伏特（eV）·秒（s）为能量单位，h 则为 4.13566743（35）$\times 10^{-15}$eV·s。可以看出，电磁波的波长越短或者频率越高，所具有的能量越大。电磁波包括的光波区域如表 10-1 所示。

表 10-1　电磁波与光谱

电磁波区域	光谱	波长（频率）	激发的种类
远紫外	真空紫外光谱	100～200nm	σ 电子跃迁
近紫外	近紫外光谱	200～400nm	n 及 π 电子跃迁
可见光	可见光谱	400～800nm	n 及 π 电子跃迁
近红外	近红外光谱	0.8～2.5μm	
中红外	中红外光谱	2.5～25μm（4000～400cm^{-1}）	基本振动
远红外	远红外光谱	25～1000μm（400～10cm^{-1}）	分子转动
微波	微波谱	0.1～100cm	分子的转动
无线电波	核磁共振谱	1～1000cm	核自旋

分子中的原子、电子都处于不断的运动之中，每种运动状态具有的能量包括电子运动、原子的振动及分子转动等能量。各种运动状态均有一定的能级，有电子跃迁能级、键振动能级和分子转动能级等。分子运动的能量与光子的能量都是量子化的。当用某一波长的电磁波照射某有机物时，如果光子具有的能量恰好等于两个能级之差，光子就会被分子吸收，获得能量后从低能级跃迁到较高能级。将不同波长与对应的吸光度作图，即可得到吸收光谱（absorption spectra）。电子能级跃迁所产生的吸收光谱主要在近紫外区和可见区，称为紫外-可见光谱（UV-Vis）。键振动能级跃迁所需要的电磁波属于中红外线，产生的吸收光谱称为红外光谱（IR）。而自旋不为零的原子核（^{1}H、^{13}C、^{19}F 和 ^{31}P 等）在外加磁场中可吸收无线电波，引起核自旋能级的跃迁，所产生的谱称为核磁共振谱（NMR）。

10.2　紫外-可见光谱

10.2.1　紫外光谱的基本原理

从表 10-1 可知，波长在 200～400nm 之间的电磁波是近紫外线，波长在 400～800nm 之间的电磁波是可见光。目前常用的紫外-可见分光光度仪测定范围为近紫外和可见光两个光谱区，波长范围是 200～800nm（图 10-1）。紫外光谱是由电子能级跃迁所产生的。

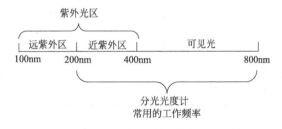

图 10-1　分光光度计常用的工作频率

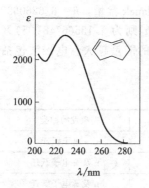

图 10-2　顺,反-1,3-环辛
二烯的紫外光谱图

用这种波长范围的光照射含有共轭体系的不饱和化合物的稀溶液（一般为 $10^{-5} \sim 10^{-2} mol/L$）时，部分波长的光就会被吸收，被吸收光的波长和强度取决于不饱和化合物的结构。以波长为横坐标（单位 nm），吸光度（absorbance）A 为纵坐标作图，即得到紫外光谱。在科学论文中还常用摩尔吸光度 ε 或（$\lg\varepsilon$）为纵坐标。图 10-2 所示为顺,反-1,3-环辛二烯的紫外光谱。

吸光度（absorbance）与摩尔吸光度 ε 之间的关系遵循光吸收基本定律——Lambert-Beer 定律：$A = \lg\dfrac{I_0}{I} = \varepsilon cL$ 或者 $\varepsilon = \dfrac{A}{cL}$。

式中，I_0 为入射光强度；I 为透过样品的光强度；A 为测得的吸光度；c 为所测样品的浓度；L 为样品池的厚度。已知样品对于特定波长光（单色光）的摩尔吸光度 ε 是一定的。因此，在一定 L 下，测得样品溶液的 A 值，即可求得样品的浓度 c。这是 UV 谱能够用于定量测量的原理。

紫外光谱图提供两个重要的数据，即吸收光谱的吸收位置和吸收强度。化合物的最大吸收波长用 λ_{max} 表示，它是特定化合物紫外光谱的特征常数。例如，对甲基苯乙酮的 λ_{max} 为 252nm；3-丁烯-2-酮 $CH_2 =\!\!=CH-CO-CH_3$ 有两个吸收峰，λ_{max} 分别为 213nm 和 320nm。由于溶剂对吸收带的位置以及强度有一定的影响，因此在标明 λ_{max} 时，必须注明测定时所使用的溶剂。例如，对甲基苯乙酮，$\lambda_{max} = 252nm$（MeOH）。

需要注意的是，在发生电子能级间跃迁的同时，总会伴随有振动和转动能级间的跃迁。即电子光谱中总包含有振动能级和转动能级间跃迁产生的若干谱线，因此紫外-可见光谱呈现宽谱带特征。在识别谱图时，以峰顶对应的最大吸收波长 λ_{max} 和最大摩尔吸光度 ε_{max} 为准。紫外光谱从 λ_{max}、ε_{max} 以及峰的形状三个方面提供有机化合物结构方面的信息。

有机化合物 UV 吸收的 λ_{max} 和 ε_{max} 在不同溶剂中略有差异。因此，有机物的 UV 吸收谱图应标明所使用的溶剂。

10.2.2　电子的跃迁

有机化合物在受到光照后，σ 电子、π 电子以及 n 电子（即孤对电子）都可能跃迁。主要跃迁的形式有 $\sigma \rightarrow \sigma^*$、$n \rightarrow \sigma^*$、$\pi \rightarrow \pi^*$ 和 $n \rightarrow \pi^*$ 的跃迁。图 10-3 是各种电子跃迁所需能量示意图。

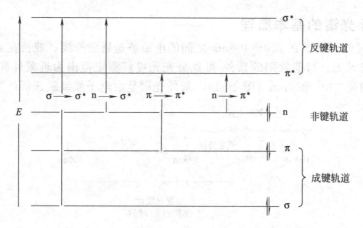

图 10-3　各种电子跃迁所需能量示意图

（1）σ→σ* 的跃迁　这种跃迁所需能量较高，多在远紫外区（150nm 左右），而在紫外区不产生吸收。由于空气中的氧有吸收，此范围的测定需要完全隔绝空气，所以也叫真空紫外。真空紫外区对普通有机物结构分析的用处不大。简单的烷烃分子只有 σ 电子，因此只有此类跃迁，而在紫外区无吸收。例如，甲烷的吸收在 125nm，乙烷在 136nm。在测定 UV时，常用正己烷、环己烷等作溶剂。

（2）n→σ* 跃迁　醇、醚、硫醇、胺、卤代烷等分子中含有非键电子（n 电子）的基团，如—OH、—SH、—NH$_2$、—OR 以及卤素等，吸收光能可产生此类跃迁。其吸收波长接近于 200nm。例如，甲醇的吸收在 183nm，甲胺的吸收在 215nm。

（3）π→π* 跃迁　含有 C＝C、C＝O 等不饱和键的化合物会发生此类跃迁。非共轭双键吸收波长常低于 200nm，吸收强度很大。共轭双键的吸收波长将会增长。共轭体系越大，吸收波长越长。例如，乙烯的吸收在 175nm，1,3-丁二烯在 217nm，而反-1,3,5-己三烯在 258nm。普通紫外区（200～400nm）对有机物结构分析的用处最大。共轭体系以及芳香族化合物在此区域内有吸收，是紫外光谱应用的主要对象。可见光区（400～800nm）与普通紫外区差别并不大，只是光源不同。普通紫外区用氢灯，可见光区用钨丝灯。

（4）n→π* 跃迁　含有 C＝O、C＝S、C＝N、N＝O、N＝N 等结构的有机化合物，除了存在吸收波长短、强度大的 π→π* 跃迁外，还可发生 n→π* 的跃迁。n→π* 跃迁所需能量较小，吸收波长（300nm 附近）较长，但吸收峰强度较弱（ε10～50）。例如：

	乙醛	丙酮	硝基甲烷
λ_{max}　π→π*	180nm（ε10000）	189nm（ε900）	201nm（ε5000）
n→π*	290nm（ε17）	279nm（ε15）	274nm（ε17）

根据 π→π* 跃迁和 n→π* 跃迁之间的差别可以判别跃迁的类型。

电子各种跃迁形式所需能量不同，反映在紫外光谱中吸收紫外光的波长不同，即吸收峰的位置不同。电子跃迁所吸收的能量取决于电子跃迁至较高能级轨道与初始占有轨道之间的能量差。由图 10-3 可知，各种电子跃迁所需能量顺序为：σ→σ*＞n→σ*＞π→π*＞n→π*。各种电子跃迁与吸收光波长之间的关系如下：

电子跃迁类型　　　σ→σ*　　n→σ*　　π→π*　　n→π*
吸收光波长/nm　　≈150　　＜200　　≈200　　200～400

思考题

10-1　指出下列化合物各有哪种类型的电子跃迁。

（1）　　　　　（2）　　　　　（3）　　　　　（4）

在四种电子跃迁中，n→π* 跃迁所需的能量最低，吸收的波长最长。其次是 π→π* 的跃迁。π→π* 跃迁吸收光的波长一般都小于 200nm，位于真空紫外区。在 α,β-不饱和醛、酮分子中，C＝C 双键和羰基组成共轭体系，其吸收带向长波方向移动。图 10-4 是甲基乙烯基酮的紫外光谱，可以看出，π→π* 吸收在较短波长一端，吸收强度较大，而 n→π* 吸收峰在较长波长一端，为弱吸收。

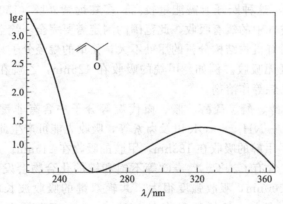

图 10-4　甲基乙烯基酮的紫外光谱图

10.2.3　紫外光谱的常用术语

（1）红移和蓝移

① 红移（red shift）由于取代基或溶剂的影响，吸收峰向长波方向移动的现象。

② 蓝移（blue shift）与红移相对，由于取代基或溶剂的影响，λ_{max} 向短波方向移动时称为蓝移。

（2）生色基与助色基　分子中能引起紫外特征吸收的基团，如 $C=C$、$C=O$、$C=N$、$N=N$、$N=O$、$O=N=O$ 等，称为生色基（chromophore）。与生色基相连，可使生色基的吸收峰红移和吸收强度增加的基团，它们本身不吸收紫外-可见光，称为助色基（auxochrome），例如，带有杂原子的饱和基团（$-NH_2$、$-OH$、$-OR$、$-SH$ 和 $-Cl$、$-Br$ 等基团）。以苯酚在甲醇中的紫外光谱为例，当苯连有助色基羟基后，λ_{max} 从原来的 256nm 移到 270nm，ε 由 200 增至 1450。又如苯胺，由于氨基的引入，苯胺产生红移，其 λ_{max} 为 280nm，ε 为 1430，与苯相比，吸收峰也红移，吸收强度增加。而苯胺盐酸盐的 λ_{max} 约为 254nm，由于盐的形成，λ_{max} 产生蓝移。

10.2.4　吸收谱带

电子跃迁类型相同的吸收峰称为吸收谱带。常见的吸收谱带类型如下。

（1）R 带　R 带由德文 Radikal（基团）而得名，由 $n \rightarrow \pi^*$ 跃迁所引起，通常吸收波长大于 270nm，吸收强度 $\varepsilon < 100$。溶剂对 R 带的影响较大。因为此类分子基态极性比激发态大，极性溶剂使得基态更加稳定，从而增大能隙，随着溶剂极性的增大，吸收波长变短（图 10-5）。

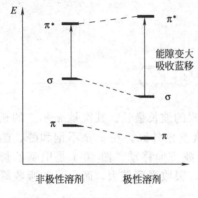

图 10-5　溶剂极性对 R 带的影响

例如，不饱和酮化合物 $(CH_3)_2C=CH-CO-CH_3$，其 R 带在正己烷中为 329nm，而在氯仿中移至 315nm。又如丙酮的 λ_{max} 在不同极性溶剂中的变化：

溶剂	水	甲醇	乙醇	氯仿	正己烷
λ_{max}/nm	264.5	270	272	277	279

（2）K 带　K 带从德文 konjugation（共轭作用）得名，由共轭双键中的 $\pi \rightarrow \pi^*$ 跃迁所引起，一般吸收强度 $\varepsilon > 10000$，吸收波长小于 260nm。但是，随着分子中共轭体系增长，K 带吸收波长增大。

对于大部分的 $\pi \rightarrow \pi^*$，基态的分子较激发态分子的极性小，因而溶剂极性增大使激发态更加稳定，从而使能隙减小，吸收波长增长（图 10-6）。

（3）B 带　B 带从 benzenoid（苯的）而得名，由芳环的 $\pi \rightarrow \pi^*$ 跃迁引起，λ_{max} 范围为 230～270nm，吸收强度 ε 为 250～300，是芳香族（包括杂芳香族）化合物的特征吸收带。在蒸气状态中，苯分子间彼此作用小，在 256nm 左右出现由几个小峰组成的具有精细结构的吸收光谱，反映出其孤立分子的振动、转动能级跃迁，又称苯的多重吸收带。而在苯溶液中，由于分子间作用加大，转动消失，仅出现部分振动跃迁，因此谱带变宽。在极性溶剂中，溶剂和溶质间的相互作用更大，振动光谱表现不出来，苯的紫外精细结构消失，B 带出现一个宽峰，其中心在 256nm 附近，ε 约 200。图 10-7 是苯的紫外光谱图，λ_{max}254nm（ε250）处的吸收即为 B 带。

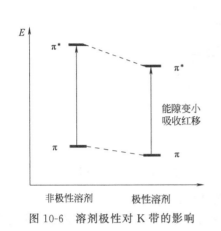

图 10-6　溶剂极性对 K 带的影响　　　　图 10-7　苯的紫外光谱图

（4）E 带　E 带也是芳香族化合物特征吸收带，由苯环中乙烯基的 $\pi \rightarrow \pi^*$ 跃迁引起，分为 E_1 和 E_2。E_1 带为苯环上孤立乙烯基的 $\pi \rightarrow \pi^*$ 跃迁，吸收峰＜200nm，一般紫外光谱仪上看不到，有时在近紫外区形成端吸收，平常所讲的 E 带即指 E_1 带。苯分子的 E_1 带 λ_{max} 约在 180nm（ε47000）。E_2 带相当于前述的 K 带，苯分子在 204nm（ε7000）处。两个 E 带都属于强吸收带（见图 10-7）。

B 带、E 带和 K 带都是芳香环电子跃迁所产生的吸收带。当环上引入生色基时，可使 B 带和 K 带略微红移，并使 B 带的吸收强度稍微增大。例如：

λ_{max}/nm(ε)	K 带	$\pi \rightarrow \pi^*$	204(8800)	244(12000)	240(13000)
	B 带	$\pi \rightarrow \pi^*$	254(250)	282(450)	278(1110)
	R 带	$n \rightarrow \pi^*$			319(50)

10-2　指出化合物 A 和 B 中的 λ_{max} 吸收峰各属于什么吸收带。

A. $CH_2 = CH-CHO$　$\lambda_{max}=315nm$（ε14）　　　B. ⟨结构图⟩ $\lambda_{max}=226nm$（ε21400）

10.2.5　紫外-可见光谱的应用

对于有机物而言，UV 谱的 λ_{max} 以及 ε_{max} 数据如同熔点、沸点、折射率等，是重要的物理常数。相对于后面所要讨论的方法，紫外吸收光谱仪结构简单，操作方便，因此应用非常普遍。利用 UV 谱可判断化合物是否存在共轭体系以及某些羰基官能团。不过 UV 法在定性和结构分析中也有较大的局限性。究其原因，是大多数单官能团的吸收很弱或根本没有吸收，大多数分子的 UV 图谱相当简单。例如，4-甲基-3-戊烯-2-酮和胆甾-4-烯-3-酮，虽然它们的整体结构相差很大，但就共轭体系以及取代模式而言又完全相同，所以它们的紫外吸收光谱几乎完全相同（图 10-8）。UV 图谱一般仅适用于判断化合物的结构类别。

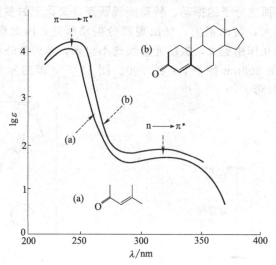

图 10-8　4-甲基-3-戊烯-2-酮（a）和胆甾-4-烯-3-酮（b）的 UV 谱图

现将紫外光谱在结构分析中的主要用途及经验规律归纳如下：

（1）有机物的定量测定　紫外分光光度法的定量测定原理及步骤与可见区分光光度法相同，它的应用广泛。仅药物分析来说，利用紫外吸收光谱进行定量分析的例子很多，许多国家将数百种药物的紫外吸收光谱的最大吸收波长和吸收系数载入药典。另外，紫外吸收 ε 数值大，灵敏度高，可用于 HPLC 的检测器。

（2）判断分子的共轭程度　在波长 220～800nm 范围内无吸收的化合物，其结构中应不含不饱和共轭成分。若在 220～250nm 有强吸收（$\varepsilon \approx 10000$ 或更大），表明是 K 带信号，化合物应属于共轭二烯、α,β-不饱和醛酮类。若在 260～300nm 有强吸收，则可能有 3～5 个共轭单位。若吸收信号落在 250～350nm 范围，且吸收强度中等，说明可能含羰基或共轭羰基类化合物。当在 250～290nm 出现中等强度吸收，且给出不同程度的精细结构，表示可能有苯环存在。若在 300nm 以上有高强度的吸收，表明分子中存在较长的共轭体系，如果还显示有明显的精细结构，则可判断化合物属于稠芳环、稠杂芳环或其衍生物。

如前所述，紫外光谱主要提供有关化合物共轭体系及官能团之间的关系。共轭程度越大，则 λ_{max} 越大。表 10-2 所列为不饱和醛的紫外吸收。

表 10-2　一些不饱和醛的紫外吸收

化合物结构	λ_{max}/nm
$CH_3CH{=}CHCHO$	217
$CH_3(CH{=}CH)_2CHO$	270
$CH_3(CH{=}CH)_3CHO$	312
$CH_3(CH{=}CH)_4CHO$	343
$CH_3(CH{=}CH)_5CHO$	370

随着共轭体系的延长，紫外吸收红移，且强度增大（$\pi \rightarrow \pi^*$），因此可判断分子中共轭的程度。几种长链共轭烯烃的紫外光谱如图 10-9 所示。

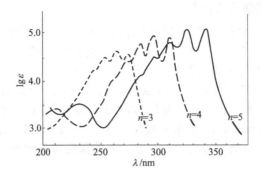

图 10-9　H—(HC＝CH)$_n$—H 的 UV 光谱

又如，α-紫罗兰酮与 β-紫罗兰酮互为位置异构体。前者是两个双键形成的 α,β-不饱和酮，K 带吸收的 λ_{max} 在 228nm，而后者具有三个双键形成的共轭体系，K 带吸收的 λ_{max} 在 298nm。通过 UV 谱图很容易将它们分辨开。

α－紫罗兰酮　　　　　　　　β－紫罗兰酮

（3）区别分子的构型与构象　根据紫外光谱，有时很容易区别分子的构型异构体。如反式肉桂酸为平面型结构，双键与处在同一平面的苯环很好地发生 π-π 共轭，在 295nm（ε27000）显示强吸收；而在顺式肉桂酸中，由于环和羧基之间存在的空间位阻相互影响，二者不能共平面，故它在 280nm（ε13500）显示较弱的吸收。

反－肉桂酸　　　　　　　　　顺－肉桂酸

$\lambda_{max}(\varepsilon)$ 295(nm)(ε 27000)　　280(nm)(ε 13500)

（4）测定化合物的纯度　如果一个化合物在紫外和可见光区均没有吸收峰，但所含的杂质有较强的吸收峰，那么即使痕量的杂质也可以通过紫外光谱检测出来。例如，环己烷在紫外和可见光区都没有吸收峰，而苯的 λ_{max} 为 254nm。如果环己烷中含有少量苯，则在254nm 就会出现吸收峰。

10.3　红外光谱

分子中的原子处于不停的振动和转动之中，组成分子的共价键的键长、键角等随之不停地改变。当用连续波长的红外光照射样品，使照射频率恰好等于分子中某一共价键的共振频率时，分子就会吸收红外光，发生键的振动或者转动能级的跃迁。所测得的光谱即红外光谱（IR）。常规红外光谱仪与核磁共振仪以及质谱仪相比，价格低廉，而且适用于测试任何状态的样品。因此，IR 被广泛应用于有机化合物的结构解析，在四谱分析中占有重要的地位。

10.3.1 红外光谱的表示方法

IR 反映的是有机分子中各官能团共价键的信号特征，利用 IR 可了解化合物的官能团。红外光谱的横坐标为波长（上方横线，μm）或波长的倒数即波数（σ 或者 $\tilde{\nu}$ 表示，下方横线，单位为 cm^{-1}），纵坐标为透光率（percentage transmittance），以 $T/\%$ 表示。用波长为单位，数字不够精确，现多用波数，两者换算：波长（μm）＝10000/波数（cm^{-1}），或者 $\tilde{\nu}(cm^{-1})=10^4/\lambda(\mu m)$。有机化合物的基团振动吸收通常在 $400\sim4000cm^{-1}$ 之间，对应的波长在中红外区，即 $2.5\sim25\mu m$，能量大致位于 $4.7\sim47kJ/mol$。由于对光的吸收越强，透光率越小，故红外光谱中的吸收峰呈"谷"形，谷的深度即表示吸收的强度。图 10-10 是 2-戊酮的 IR 图谱。

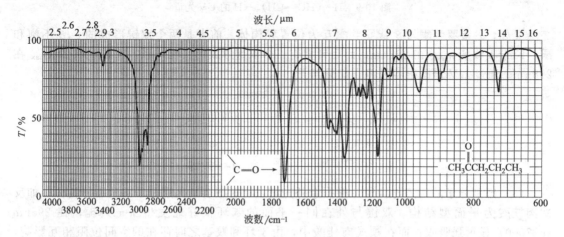

图 10-10   2-戊酮的 IR 光谱

IR 中给出的吸收峰的位置、形状和相对强度是对化合物进行结构分析的依据。

样品的制备是红外光谱分析的重要环节。能否得到高质量的红外光谱图，除了仪器本身的性能外，很大程度上也取决于是否选择合适的样品制备方法以及熟练的操作技术。用于红外光谱分析的试样纯度应尽可能高，纯度一般应大于 98%。因为水本身有红外吸收，会严重干扰样品的谱图，而且还会损坏测试用的吸收池的盐窗，所以试样要充分干燥，不含游离水。另外，应根据试样的不同选择适当的测试浓度和厚度，包括控制试样浓度和压片的尺寸。一张理想的谱图应是大多数吸收峰的透光率处于 10%～80% 范围内。

10.3.2 分子的振动类型

当分子中各原子以相同频率、相同相位在平衡位置附近做简谐振动时，这种振动方式称简正振动。简正振动方式可分为两大类，一类是键长发生变化的伸缩振动，另一类是键角发生变化的弯曲振动（或变形振动）。每个简正振动都有一个特征频率，可能对应于红外光谱上的一个吸收峰。现以亚甲基为例进行说明。

（1）伸缩振动（stretching vibration） 该振动方式是原子沿着化学键键轴伸展或者缩短而改变键长的振动，用符号 ν 表示。分为对称伸缩振动 ν_s 和不对称伸缩振动 ν_{as}：

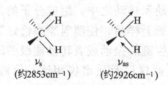

（2）弯曲振动（bending vibration） 该振动方式是相邻化学键的原子离开键轴而发生的上下、左右方向的振动，其特征是改变键角而不改变键长，用符号 δ 表示。弯曲振动又分为面内（in plane）弯曲振动（δ_{ip}）和面外（out of plane）弯曲振动 δ_{oop}。面内弯曲振动又有剪式（scissoring）β 和面内摇摆（rocking）ρ 两种方式，面外弯曲振动有面外摇摆（wagging）ω 和扭曲（twisting）γ 两种方式。

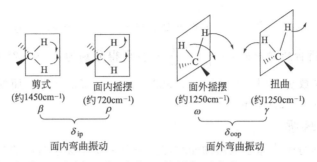

对一定的化学键来说，不同类型振动的强弱顺序通常为：$\nu > \delta$，$\nu_{as} > \nu_s$，$\delta_{ip} > \delta_{oop}$。

10.3.3 振动能级和产生红外光谱的条件

分子的振动与电子的运动一样，也是量子化的，如图 10-11（a）所示。分子中的基团从基态振动能级跃迁到上一个振动能级所吸收的辐射正好位于红外区，所以红外光谱是由于分子振动能级的跃迁而产生的。分子中化学键类似于连接两个小球的弹簧，即双原子分子化学键的振动近似地按谐振动来处理，$E_{振} = \left(V + \dfrac{1}{2} \right) h\nu$，其中，$\nu$ 为化学键的振动频率；V 为振动量子数（$V = 0, 1, 2, \cdots$）。双原子的振动能级如图 10-11（b）所示。

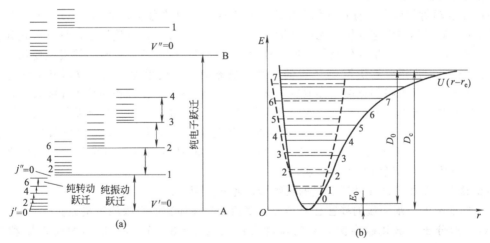

图 10-11 （a）分子中电子能级和振动与转动能级及（b）非简谐振子的典型势能曲线和振动能级
（实线：非简谐振子的势能曲线；虚线：简谐振子的势能曲线）

任意两个相邻的能级间的能量差为：$\Delta E = h\nu = \dfrac{h}{2\pi} \sqrt{\dfrac{k}{\mu}}$

$$\widetilde{\nu} = \frac{1}{\lambda} = \frac{1}{2\pi c} \sqrt{\frac{k}{\mu}} \; ; \qquad \mu = \frac{m_1 m_2}{m_1 + m_2}$$

式中，k 为键的力常数；μ 为原子折合质量；m_1 和 m_2 分别为组成化学键的两个原子的原子量。因此，发生振动能级跃迁所需要的能量大小取决于化学键两端原子的折合质量和键的力常数，即取决于分子的结构特征。化学键越强（即键的力常数 k 越大）、原子折合质量越小，化学键的振动频率越大，吸收峰将出现在高波数区。若 k 的单位采用 dyn/cm（$1\,dyn/cm = 10^{-3}\,N/m$），则可得出：

$$\tilde{\nu} = 4.12\sqrt{\frac{k}{\mu}}$$

例如，$C=C$ 键、$C—H$ 键、$C—D$ 键的力常数 k 分别为 $10\times10^5\,dyn/cm$、$5\times10^5\,dyn/cm$ 和 $5\times10^5\,dyn/cm$。折合质量根据 $\mu = \dfrac{m_1 m_2}{m_1 + m_2}$ 计算可得分别为 6、0.923 和 1.71。通过计算得出相应的吸收波数分别为 $1682\,cm^{-1}$、$3032\,cm^{-1}$、$2228\,cm^{-1}$，而实验测得的分别为 $1650\,cm^{-1}$、$3000\,cm^{-1}$、$2206\,cm^{-1}$。

10.3.4　峰数和峰强

简正振动方式随分子中原子数增加而增加。一个由 n 个原子组成的分子有 $3n-6$（直线形分子为 $3n-5$）种简正振动。

一个化合物在 IR 谱中吸收峰的数目取决于分子振动自由度。由于描述由 n 个原子组成的多原子分子的空间位置需 $3n$ 个坐标，因而就有总数 $3n$ 个自由度（degree of freedom）。对于非线型分子，因其有 3 个平移自由度和 3 个转动自由度，因而其振动自由度数等于 $3n-6$；对于非线形分子，因其中绕轴旋转的自由度为零，其振动自由度数则等于 $3n-5$。从理论上讲，每个振动自由度在红外光谱中将产生一个吸收峰。如 H_2O，为非线形分子，振动自由度数等于 3，因此水分子的 IR 谱图可出现 3 个吸收峰：$3756\,cm^{-1}$、$3652\,cm^{-1}$ 和 $1595\,cm^{-1}$。但实际上简并状态、选择定则、仪器分辨率和检测范围等因素使得实际测得的红外吸收峰的数目少于简正振动数。

① 光照辐射与分子间有相互偶合作用。对于双原子对称分子，如 N_2、O_2、Cl_2 等，没有偶极矩，辐射不能引起共振，无红外活性。对于非对称分子，有偶极矩，只有引起分子偶极矩变化的振动，才产生红外吸收，即红外活性。若振动过程不产生瞬间偶极矩变化，就不产生吸收峰。如乙烯、乙炔等碳-碳键的对称伸缩振动，偶极矩无变化，故不显示红外吸收峰。红外光谱中吸收峰的强度主要取决于化合物的吸收特征。化合物的分子在吸收红外光后的振动过程中引起偶极矩的变化越大，则吸收峰越强。例如，由电负性相差较大的原子构成的 $C=O$、$C=N$、$C—N$、$C—O$ 等，振动时引起偶极矩的变化较大，红外吸收峰一般都很强，而 $C—C$、$C—H$ 的吸收峰相对较弱。另外，吸收峰还随着跃迁概率的增加而增强。因此，增大样品浓度，吸收峰也会增强。

② 频率完全相同的振动所产生的吸收峰彼此发生简并。

③ 弱而窄的、细而瘦的峰往往被与之频率相近的强而宽的吸收峰所覆盖。

以线形分子二氧化碳为例，它的振动自由度为 $3\times3-5=4$。这四种简正振动方式如图 10-12 所示。

图 10-12　CO_2 分子的 4 种简正振动方式以及 IR 吸收

CO_2 分子的红外光谱中只出现两种基频吸收，一种对应于不对称伸缩振动，另一种是简并的弯曲振动。实际的 IR 谱还有一些弱吸收，对应于倍频和合频。

④ 有时还会在 IR 中观察到泛频峰。在红外光谱中，基团从基态跃迁到第二激发态、第三激发态等产生的吸收峰称为倍频峰。$\nu_1 + \nu_2$，$2\nu_1 + \nu_2$ 等吸收峰称为合频峰，$\nu_1 - \nu_2$，$2\nu_1 - \nu_2$ 等吸收峰称为差频峰，合频峰与差频峰统称为泛频峰。

⑤ 振动的偶合。分子中符合某种条件的基团间的相互作用也会引起频率位移。例如，两个振动频率很接近的邻近基团会产生相互作用而使谱线一分为二，一个高于正常频率，另一个低于正常频率。这种基团间相互作用称为振动的偶合。

⑥ Fermi 共振。当某基团振动的倍频与另一个基团振动的基频接近时，可能会发生相互作用而产生很强的吸收峰或导致峰的裂分，这种现象称为 Fermi 共振。

10-3　NH_3 分子的振动自由度是多少？它在 IR 图谱中有几个吸收峰？

10.3.5　影响振动吸收频率的因素

振动吸收的频率或波数与键力常数 k 呈正比。键长越短，键能越高，吸收峰的波数就越大。如 C—C、C—O 和 C—N 单键，C=C、C=O 和 C=N 双键，以及 C≡C 和 C≡N 叁键的 IR 吸收波数分别有以下次序：

键强度逐渐增加

←

	C≡C	C=C	C—C
σ / cm^{-1}	$2260 \sim 2100$	$1680 \sim 1620$	$1200 \sim 800$
		C=O	C—O
		$1780 \sim 1600$	$1300 \sim 1000$
	C≡N	C=N	C—N
	$2260 \sim 2210$	$1690 \sim 1630$	$1360 \sim 1250$

←

伸缩振动吸收能逐渐增加(高波数)

另外，振动吸收的频率或波数与成键原子的折合质量 μ 呈反比。如 C—H 键、C—D 键的伸缩振动波数分别在 $3000 cm^{-1}$ 和 $2600 cm^{-1}$ 左右。组成 O—H、N—H、C—H 等键含有原子量最小的氢，它们的折合质量 μ 比相应的单键 O—C、N—C、C—C 等的小得多，因此其伸缩振动吸收峰在红外光谱图中出现在高波数区域。

影响振动吸收频率（或波数）的因素很多，包括分子的对称性、氢键、诱导和共轭效应等。仪器狭缝的宽度，以及测定时的温度、溶剂等测试条件对其也有一定的影响。有机化合物的官能团的峰位都是通过大量实验进行积累而归纳、总结得到的，其吸收频率只是在某一个范围，而并非是一个确定的数值。这是因为分子内各化学键的振动并不是孤立的，而是会受到邻近基团以及分子其他部分的影响。

（1）电子效应

① 诱导效应　羰基化合物的种类非常多。羰基所处的环境不同，其伸缩振动频率也会有一定的差异。具有吸电子诱导效应的基团使羰基氧原子上的孤对电子向双键偏移，从而增加羰基的双键性，使吸收波数增大。重要的饱和脂肪族羰基化合物的羰基振动吸收频率为：

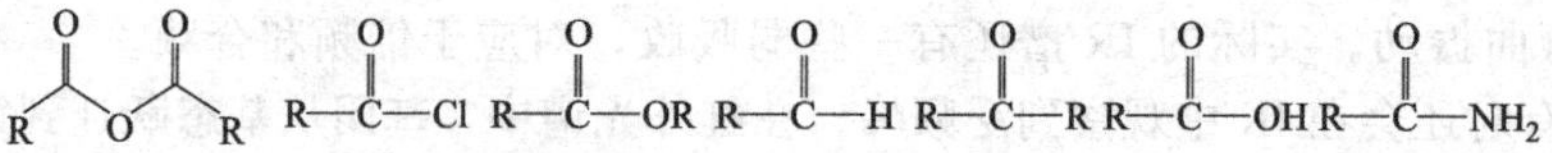

酸酐	酰氯	酯	醛	酮	羧酸	酰胺
$\nu_{C=O}/cm^{-1}$ 1850～1800	约1800	约1735	约1725	约1715	约1710	1680～1640

② 共轭效应　由于共轭效应的影响，共轭双键比孤立双键稳定，相应的双键特征降低，导致吸收波数变小。例如环己烯、1,3-环己二烯和苯的 C＝C 键 IR 吸收分别在 $1645cm^{-1}$、$1620cm^{-1}$ 和 $1600cm^{-1}$。一般来说，C＝C 双键的吸收有如下规律：孤立 C＝C 位于 1680～$1640cm^{-1}$，共轭 C＝C 位于 1640～$1620cm^{-1}$，芳环 C＝C 大致位于 $1600cm^{-1}$。

芳醛、芳酮和 α,β-不饱和醛及酮等的羰基振动波数均低于孤立羰基的振动波数，这是因为 π 电子的离域降低了羰基的力常数，使其具有一定的单键性质。一般来说，如果羰基和一个双键或者苯环共轭，羰基的振动吸收波数大致降低 $30cm^{-1}$。请比较下列化合物中的伸缩振动吸收。

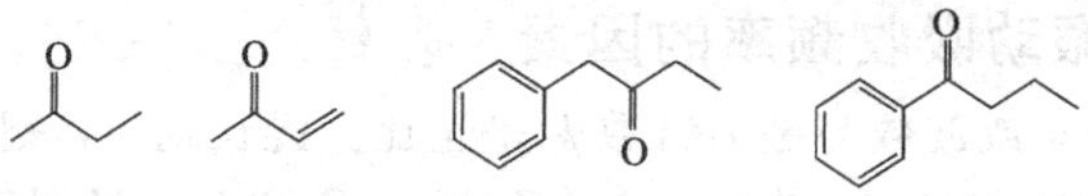

$\nu_{C=O}/cm^{-1}$ 1710	1675	1715	1695

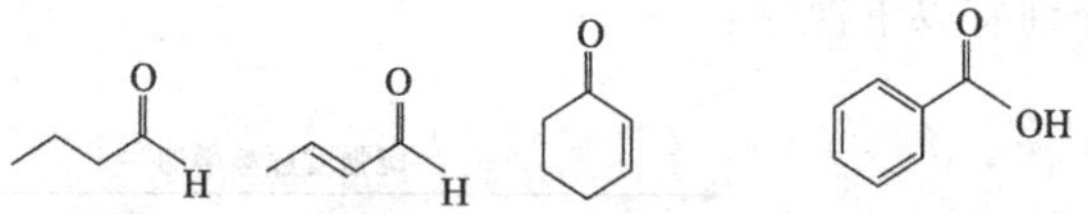

$\nu_{C=O}/cm^{-1}$ 1720	1690	1685	1687

（2）空间效应　随着环的张力增大，其官能团及其骨架的振动吸收波数增大。例如，环己烷的 ν_{C-H} 为 $2925cm^{-1}$，而环丙烷具有较大的张力，其 ν_{C-H} 为 $3050cm^{-1}$。又如4～6元环酮分子中羰基的 $\nu_{C=O}$：

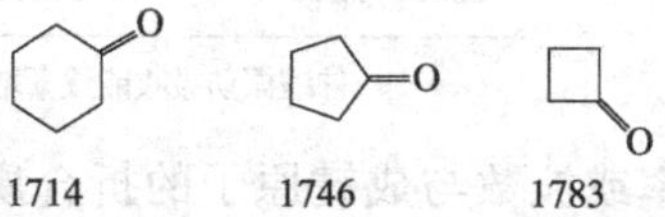

$\nu_{C=O}/cm^{-1}$ 1714	1746	1783

若结构中存在的共轭效应因空间效应而遭破坏，则振动吸收移向高波数。如下列三个化合物中，由于空间效应，从左至右羰基与 C＝C 双键的共轭效应依次降低，$\nu_{C=O}$ 则依次增大：

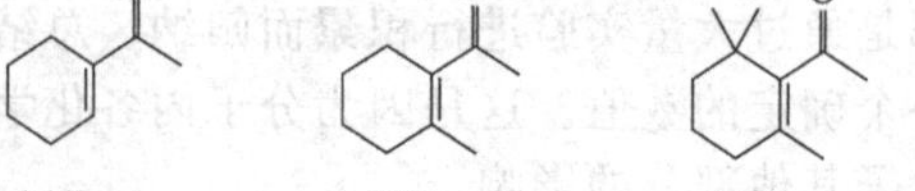

$\nu_{C=O}/cm^{-1}$ 1663	1685	1693

（3）氢键　无论是分子间氢键还是分子内氢键，都会由于电子云密度的平均化而降低 O—H 键的力常数，使吸收波数降低。例如，游离的 OH 在 3650～$3660cm^{-1}$ 处有吸收峰，形成氢键缔合后，伸缩频率移至 3500～$3200cm^{-1}$，而且吸收峰变得强而宽。若形成分子内氢键，则吸收波数降得更多，谱带变宽。如：

（4）碳原子杂化形式对 C—H 伸缩振动吸收的影响　s 轨道较 p 轨道更靠近原子核，因此碳原子杂化轨道中 s 成分越多，C—H 键越强，吸收波数越大。

另外，样品外部环境也对吸收频率产生影响。当样品处于气态时，由于分子间相互作用力很小，其光谱与常见的凝聚态光谱会有明显不同。例如，气态丙酮的羰基伸缩振动频率为 $1742cm^{-1}$，液态时为 $1718cm^{-1}$。所以气态样品的 IR 谱图一般不能直接使用常规的固、液相的 IR 图作参比。文献中给出的标准谱图多为分子的液态或固态的谱图。

10.3.6　官能团区和指纹区

IR 中吸收峰的位置取决于化学键的振动频率。化学键的振动频率既与组成化学键的原子的质量有关，也和化学键本身的性质有关。组成化学键的原子的质量越小，所形成的键越强，键长越短，因而振动所需能量越大，吸收峰的波数就越大。例如，H 原子的质量很小，所以 C—H、O—H 和 N—H 的伸缩振动吸收峰都出现在较高波数范围内。又如，C＝O 的键能比 C—O 的键能高，键长也较短，故 C＝O 键的伸缩振动吸收峰的位置与 C—O 相比，必然出现在较高波数处。再如，碳与氮原子所形成的化学键的振动吸收：

$$C—N \quad C＝N \quad C≡N$$
$$\nu/cm^{-1} \quad 1200 \quad 1600 \quad >2200$$

由于极性较大，它们都是较强的吸收，而 C≡C 键是中等到弱的吸收，$\nu_{C≡C}<2200cm^{-1}$。

为了便于了解红外光谱与分子结构的关系，根据所得的大量有机化合物的红外光谱数据，常把红外光谱的吸收峰分为 $4000\sim1350cm^{-1}$ 与 $1350\sim650cm^{-1}$ 两个区域。其中 $4000\sim1350cm^{-1}$ 的区域是由伸缩振动产生的吸收带，受分子中其他结构影响较小，彼此间很少重叠，光谱比较简单且具有很强的特征性，容易辨认，故把此区称为特征谱带区，或称为官能团区（functional group region）。官能团区的吸收对于基团的鉴定十分有用，是红外光谱分析的主要依据。吸收带在 $1350\sim650cm^{-1}$ 的区域，主要是由 C—O、C—X 单键的伸缩振动和 C—C 键的骨架振动，还有力常数较小的弯曲振动所产生的吸收峰。这一区域对分子结构十分敏感，光谱非常复杂。该区域中各峰的吸收位置受整体分子结构影响较大，分子结构细微的差异就可以引起吸收峰的位置和强度明显改变，犹如人的指纹，因人而异，每一化合物在指纹区都有它自己的特征光谱，为分子结构的鉴定提供重要信息。所以常把这一区域称为指纹区（fingerprint region）。当比对两个化合物是否为同一物质时，除二者应具备相同的特征峰外，还必须核对指纹区峰形是否完全一致。如果未知物的红外光谱中的指纹区与标准样品的图谱完全一致，则可判断它们是同一化合物。

红外吸收峰的强度通常用下列符号表示：vs（very strong）很强；s（strong）强；m（medium）中强；w（weak）弱；vw（very weak）很弱等。吸收曲线的吸收峰形状是各不相同的，一般分为宽峰、尖峰、肩峰、双峰等类型。在阅读有关化合物结构的 IR 文献时，不仅有峰位、峰强的说明，还常常会看到对峰形的标注。如宽（broad，br）、肩（shoulder，sho）、尖（sharp，sh）、可变（variable，v）等。

10-4 下列各对共价键中，哪一个伸缩振动的 IR 吸收会在较高波数出现？

(1) C＝O 与 C≡N   (2) C＝O 与 C—O   (3) C—H 与 C—Cl

从红外光谱推测化合物的结构，必须熟悉各官能团特征吸收峰的位置。常见有机化合物的红外光谱特征吸收频率见表 10-3。

表 10-3　各类有机化合物的红外光谱特征吸收频率

键	化合物类型	频率范围/cm^{-1}
C—H	烷烃	2960～2850,1470～1350
	烯烃	3100～3020(m),1000～675
	芳香烃	3100～3000(m),870～675
	炔烃	3300(sh)
	醛	2700 和 2800(m)
C＝C	烯烃	1680～1640(v)
C≡C	炔烃	2200～2100(v)
C⁼⁼C	芳香烃	1500,1600 (v)
sp^2 C—O	羧酸,酯	1200
sp^3 C—O	醇,醚	1260～1050
C＝O	醛,酮	1750～1710(s)
	羧酸	1725～1700(s)
	酸酐	1850～1800 和 1790～1740(s)
	酰卤	1815～1770(s)
	酯	1750～1730(s)
	酰胺	1680～1640(s)
O—H	游离醇、酚	3640～3610(v)
	氢键缔合的醇、酚	3600～3200(br)
	羧酸	3600～2500(br)
C—Cl	氯代烷	850～550(m)
C—Br	溴代烷	690～515(m)
N—H	胺	3500～3350(m)
C—N	胺	1360～1180
C≡N	腈	2280～2240(v)

IR 中一些最为重要的伸缩振动频率范围如图 10-13 所示。

10.3.7　各类化合物的红外光谱举例

(1) 烃类化合物　C—H 键伸缩振动所产生的吸收峰在光谱的高频区。烷烃的 ν_{C-H} 通常低于 3000cm^{-1}，如甲基（—CH_3）在 2960cm^{-1} 和 2870cm^{-1}（vs）附近，亚甲基（—CH_2）在 2930cm^{-1} 和 2850cm^{-1}（vs）附近，而次甲基（R_3C—H）在 2890cm^{-1}（w）附近。不饱和的 ν_{C-H} 大于 3000cm^{-1}，如炔氢在 3300cm^{-1}（vs）附近，烯氢在 3040～3010cm^{-1}

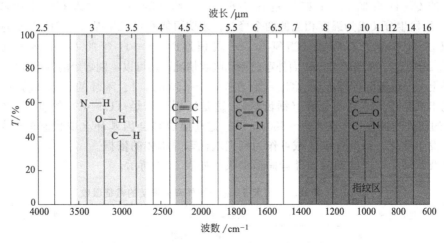

图 10-13　IR 中最为重要的伸缩振动频率范围

（m），芳环上的 ν_{C-H} 在 $3030cm^{-1}$（m）附近。

烯烃的 $C=C$ 伸缩振动吸收峰在 $1680\sim1640cm^{-1}$ 处；炔烃的 $C\equiv C$ 伸缩振动吸收峰在 $2200\sim2100cm^{-1}$ 处。但当取代烯烃或炔烃相当对称时，由于 $C=C$ 或 $C\equiv C$ 不会引起偶极矩的变化，而不出现吸收峰。请比较 1-辛炔和 4-辛炔的 IR 谱图（图 10-14）。

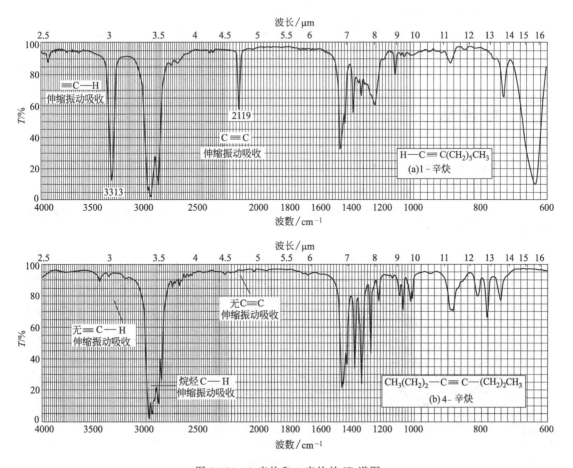

图 10-14　1-辛炔和 4-辛炔的 IR 谱图

烷烃的 C—H 弯曲 δ_{C-H} 如甲基在 1460cm^{-1} 和 1380cm^{-1} 附近有两个吸收峰。当 1380cm^{-1} 处发生分叉成为强度相当的两个峰时，表明可能有偕二甲基 $[-CH(CH_3)_2]$ 存在。亚甲基仅在 1470cm^{-1} 有吸收。当氢与 sp^2 碳相连时，C—H 弯曲 δ_{C-H} 出现在 1000～600cm^{-1}。利用这一区域的 C—H 面外弯曲振动吸收情况，还可以鉴别烯烃的构型和取代类型。

芳环上 C—C 键的伸缩振动（C=C）在 1600～1500cm^{-1}。苯环的骨架振动在这一区域最多可能出现强度不等的 4 个峰（锯齿峰），这是区别于烯烃（C=C）的重要特征。芳烃 C—H 键的面外弯曲 δ_{C-H} 在 880～680cm^{-1}。这些吸收峰会因苯环上取代基的个数和位置的不同而发生变化。因此，该区域可作为判别取代苯异构体的依据。

烯烃及苯环上 C—H 键的面外弯曲振动吸收如表 10-4 所示。

表 10-4　烯烃、取代苯 δ_{C-H} 的面外弯曲振动的特征吸收

化合物种类		吸收峰位置 ν/cm^{-1}	吸收峰强度
烯烃	RCH=CH$_2$	990 和 910（双峰）	s
	RCH=CHR（顺式）	730～665	m,v
	RCH=CHR（反式）	970	m→s
	R$_2$C=CH$_2$	890	m→s
	R$_2$C=CHR	840～790	m→s
取代苯	单取代（5 个邻接氢）	770～730 和 710～690（双峰）	m→s
	邻位取代（4 个邻接氢）	770～735	m→s
	间位取代（3 个邻接氢）	810～750 和 730～680	m→s
	对位取代（2 个邻接氢）	840～790	m→s

思考题

10-5　分子式为 C$_6$H$_{12}$ 的某化合物，其 IR 只在 2920cm^{-1}（s）、2840cm^{-1}（s）、1450cm^{-1} 和 1250cm^{-1} 有吸收峰，请推断此化合物的可能结构。

（2）含氧化合物　醇类或酚类化合物含有羟基，其红外特征吸收峰是在 3500～3200cm^{-1} 处有一个宽而强的 ν_{O-H} 吸收带，在 1260～1050cm^{-1} 处还有强的 ν_{C-O} 吸收带，见图 10-15 正丁醇的 IR 谱图。

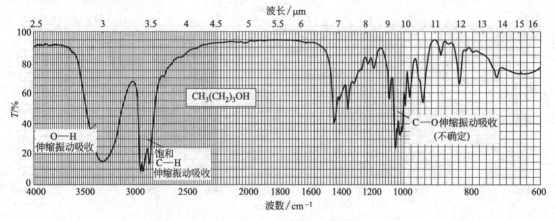

图 10-15　正丁醇的 IR 谱图

醚类化合物的特征吸收是在 1300～1000cm^{-1} 有 C—O 强伸缩振动吸收。其中，脂肪醚在 1150～1060cm^{-1} 有强的 ν_{C-O} 吸收带，而芳香醚则有两个 C—O 伸缩振动吸收：1270～1230cm^{-1} 为 Ar—O 伸缩振动吸收，1050～1000cm^{-1} 为 R—O 的伸缩振动吸收。例如，苯甲醚的 IR 中，两个 ν_{C-O} 分别为 1245cm^{-1} 和 1030cm^{-1}，见图 10-16。

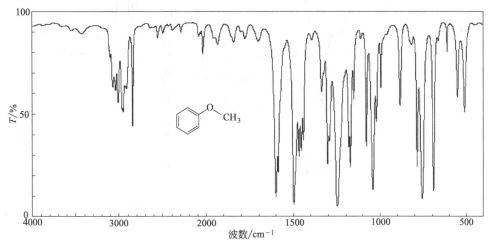

图 10-16　苯甲醚的 IR 谱图

醛和酮的 C＝O 特征吸收峰在 1725cm^{-1} 左右，如图 10-10 所示的 2-戊酮的 IR 图。另外，醛类分子中 C＝O 所连的 C—H 的伸缩振动 ν_{C-H} 约为 2800cm^{-1}，而 C—H 的平面摇摆基频约为 1390cm^{-1}，该振动发生倍频跃迁，其频率约为 2780cm^{-1}，这一数值与 ν_{C-H} 接近，所以会产生 Fermi 共振。因此，醛类分子除了 C＝O 强的特征吸收外，在 2720cm^{-1} 附近还可观察到一个相对较强的特征峰。利用这一特征可将醛与其他类型的羰基化合物区分开来。如图 10-17 所示苯甲醛的 IR 谱图。

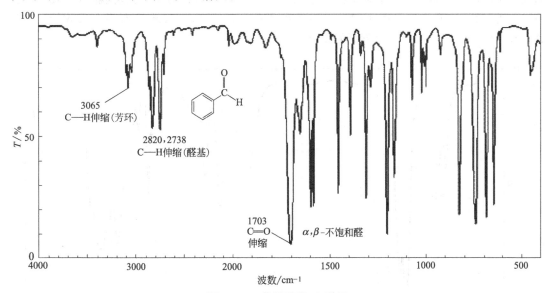

图 10-17　苯甲醛的 IR 谱图

羧酸常通过分子间氢键以二聚体形式存在，C＝O 伸缩振动在 1720cm^{-1} 左右，而 O—H 的吸收在 3300～2500cm^{-1} 间有一个强而宽的峰，中心位于 3000cm^{-1}，分子中的 C—H 伸缩振动吸收峰常被覆盖，请参见正己酸的 IR 谱图（图 10-18）。

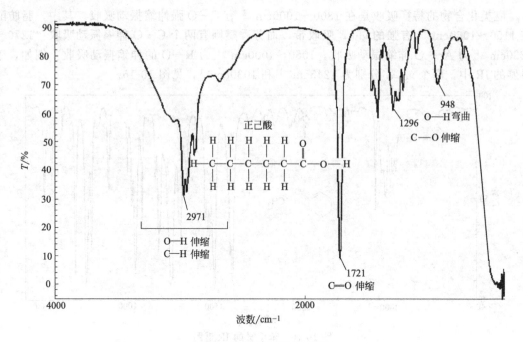

图 10-18　正己酸的 IR 谱图

饱和脂肪酸酯（除甲酸酯外）C＝O 的伸缩振动吸收在 1750～1735cm⁻¹ 区域，其 C—O 的伸缩振动吸收也较强，饱和脂肪酸酯出现在 1210～1163cm⁻¹ 区域。

（3）胺类化合物　胺类化合物在 3500～3200cm⁻¹ 范围内有 N—H 的伸缩振动特征吸收峰。其中，伯胺出现两个吸收峰，仲胺只有一个吸收峰，而叔胺没有 N—H，所以在此范围内没有吸收峰。胺的 C—N 的伸缩振动吸收在 1350～1000cm⁻¹。请比较丙胺（伯胺）和二丙胺（仲胺）的 IR 图（见图 10-19），前者在 3369cm⁻¹ 和 3291cm⁻¹ 有两个吸收峰，而后者只在 3292cm⁻¹ 附近有一个较宽的吸收。

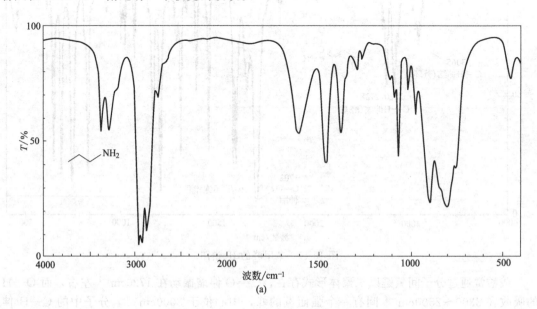

(a)

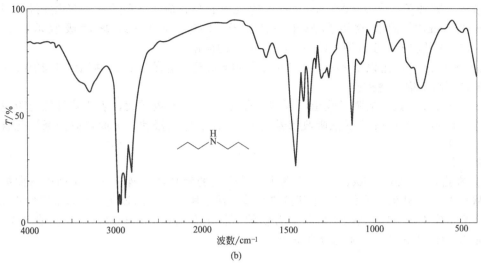

图 10-19　丙胺和二丙胺的 IR 谱图（液膜）

10.3.8　红外光谱的解析

红外光谱可以提示分子中存在哪些官能团，从而提供重要的结构信息。一个特定的官能团无论处于什么样的分子中，所产生的特征吸收峰的频率范围大致相同。例如，酮羰基 C＝O 吸收峰的位置在 1720cm^{-1} 左右，醇羟基 O—H 吸收峰的位置大致在 3600～3200cm^{-1}。红外图谱的解析需要大量实践经验的积累。一般来说，可遵循如下顺序：首先由高波数到低波数识别出官能团特征峰，判断可能存在的官能团，并找出该官能团的相关峰，以确证该官能团的存在。如酯类分子中 C＝O 与 C—O 吸收峰之间的关联。然后，根据以上信息确定化合物的类别。最后解析指纹区，推断可能存在的构型异构或位置异构。可能的话，将样品图谱与标准图谱对照，以确定二者是否为同一化合物。需要注意的是，在解析红外光谱时要注意，有些 IR 吸收峰可能被其他峰所覆盖，有些基团的吸收峰会因形成氢键、共轭以及测试条件的变化而发生强度及位置的变化。一般说来，若未观察到某官能团的特征吸收，则可排除分子中该官能团的存在。现举一例对 IR 的解析加以说明。

某化合物的分子式为 $C_9H_{10}O_2$，其 IR 谱图（图 10-20）如下，试推断其结构。

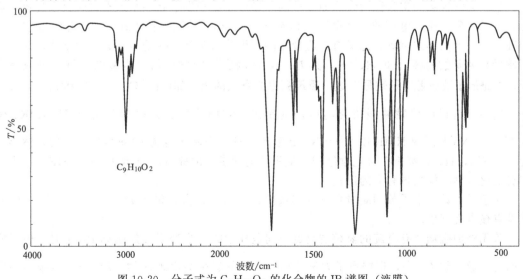

图 10-20　分子式为 $C_9H_{10}O_2$ 的化合物的 IR 谱图（液膜）

解析步骤如下：① $3100 \sim 3000 cm^{-1}$ 的较弱的吸收应为不饱和 C—H 键的伸缩振动，$2960 \sim 2850 cm^{-1}$ 的吸收可归属于—CH_3 及—CH_2—的 C—H 振动吸收峰。$1380 \sim 1320 cm^{-1}$ 的吸收进一步证明—CH_3 和—CH_2—的存在。

② $1600 cm^{-1}$ 附近以及 $1480 \sim 1450 cm^{-1}$ 的吸收峰应为苯环 $\nu_{C=C}$ 振动，$1580 cm^{-1}$ 的吸收说明苯环与不饱和键相连。

③ $1730 cm^{-1}$ 附近的强吸收指示羰基的存在。$\nu_{C=O}$ 波数增大，表明其可能与吸电子基团相连。$1200 \sim 1120 cm^{-1}$ 的强吸收信号应为 ν_{C-O} 的伸缩振动。据此可以推断该化合物含

有酯基 $—\overset{\overset{\text{O}}{\|}}{C}—O—$ 。

④ 在指纹区 $720 \sim 650 cm^{-1}$ 处有两个中等强度的吸收峰，属于 δ_{Ar-H} 面外弯曲振动吸收，从表 10-4 可知为单取代（5 个邻接氢）苯。综上所述，推断该化合物为苯甲酸乙酯。

实际工作中，单独凭借 IR 解析化合物的结构是有困难的，通常需要与其他谱学方法，特别是 NMR、MS 联用才能充分发挥作用。

10.4 氢核磁共振光谱

早在 1945 年，美国科学家 E. M. Purcell（哈佛大学）和 F. Bloch（斯坦福大学）就发现了核磁共振现象，他们为此荣获 1952 年诺贝尔物理学奖。瑞士联邦技术学院的 K. Wüthrich 教授，由于其在应用 NMR 技术获得生物大分子三维结构方面所做出的卓越贡献，与在生物大分子的质谱分析法领域做出突出贡献的美国科学家 J. Fenn 和日本科学家 K. Tanaka 分享了 2002 年的诺贝尔化学奖。紧接着，2003 年的诺贝尔生理或医学奖又授予了英国物理学家 P. Mansfield 和美国科学家 P. C. Lauterbur，以表彰他们在核磁共振成像以及在医学诊断研究领域的重大成就。由此可见这项技术的重要性，其应用范围可从有机分子结构的解析到人体组织的分析。

本节所介绍的是氢核磁共振谱（^1H NMR）。通过 ^1H NMR，我们可以得到有关有机分子中氢原子的数目、类型及其所处的化学环境等信息。NMR 技术的发展，为有机物结构解析提供了最为重要的分析手段。

10.4.1 NMR 基本原理

量子力学计算和实践证明，当原子核的质量数和原子序数有一个是奇数时，自旋量子数（I）不等于零。带正电荷的核和电子一样有自旋运动，从而产生电荷环流，并沿着它的自旋轴产生一个微小的磁场。此类有自旋现象的核可分为两类，一是质子数、中子数均为奇数而质量数为偶数的核，如 ^2_1H、$^{14}_7N$，其 $I=1$，但因它们的磁场信号太复杂，目前研究得很少；二是质子数或者中子数是奇数，质量数也为奇数的核，如 ^1_1H、$^{13}_6C$、$^{19}_9F$、$^{15}_7N$ 和 $^{31}_{15}P$，其 $I=\dfrac{1}{2}$，这些都是目前核磁共振研究与应用的重点，它们的核磁共振谱分别以 ^1H NMR、^{13}C NMR、^{19}F NMR、^{15}N NMR 以及 ^{31}P NMR 表示。^1_1H 的自然丰度为 99.985%，$^{13}_6C$ 的自然丰度为 1.108%，H、C 都是有机化学结构中最重要的元素，因此 ^1H NMR 和 ^{13}C NMR，成为鉴定有机化合物结构最强有力的工具。

对于质子数、中子数和质量数均为偶数的核，由于其自旋量子数 $I=0$，如 $^{12}_6C$、$^{16}_8O$ 等，就没有核自旋现象。

若无外加磁场，有自旋的氢核的自旋取向是任意的。当处于外加磁场 B_0 中时，由于质子的自旋量子数 $I=\dfrac{1}{2}$，根据量子力学计算，质子的磁矩会出现两种（$2I+1$）能级不同的

取向，即一种与外磁场方向相同（α 自旋态），处于低能级（$E_1 = -\mu B_0$）；另一种与外磁场方向相反（β 自旋态），为高能级（$E_2 = +\mu B_0$）。如图 10-21 所示。

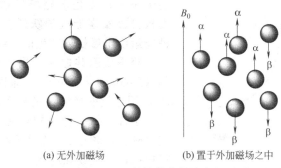

(a) 无外加磁场　　　　(b) 置于外加磁场之中

图 10-21　氢核的自旋取向

两种自旋状态能级差值为 $\Delta E = E_2 - E_1 = \mu B_0 - (-\mu B_0) = 2\mu B_0$。

式中，μ 表示核磁矩，其物理意义就是表征原子核具有的在均匀磁场下受一个扭转力的属性，随原子核的不同而不同。当电磁场发射频率为 ν 的电磁波照射上述处于 B_0 中的氢原子核，且能满足 $\Delta E = h\nu$，即 $h\nu = \Delta E = 2\mu B_0$，或满足 $\nu = \dfrac{2\mu B_0}{h}$ 时，^{1}H 核就吸收射频能量，由低能级跃迁到高能级，这就是核磁共振现象。某一特定原子核自旋的低能级与高能级之间的能级差 ΔE 既与外加磁场的磁感应强度 B_0 有关，也取决于核的磁旋比 γ（gyromagnetic ratio）。对于 H 核，$\gamma = 2.6753 \times 10^8 \text{T}^{-1} \cdot \text{s}^{-1}$。

ΔE、B_0 以及 γ 有如下关系：

$$\Delta E = h\nu = h\frac{\gamma}{2\pi}B_0 \quad \text{或} \quad \nu = \frac{\gamma}{2\pi}B_0$$

上式表明，^{1}H 核实现由低能级向高能级跃迁所需的能量 ΔE 值与外磁场 B_0 有关。B_0 越强，ΔE 就越高，如图 10-22 所示。从式中 γ 和 h 均为定值可知，若发射的电磁波保持在一个特定的频率范围之内，则可以使有机分子中所有的质子在同样的场强 B_0 内产生核磁共振信号。

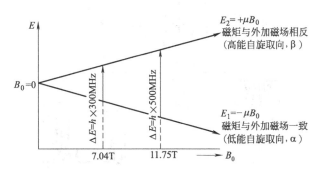

图 10-22　^{1}H 核在外加磁场中的能量差与磁场强度的关系示意图

利用上述公式可以计算出，外磁场 B_0 等于 1.41T 时，需要的电磁场射频为 60MHz；若外磁场 B_0 为 7.04T，则需要 300MHz 的射频，而当外磁场 B_0 为 11.75T 时，则需要 500MHz 的射频。不难看出射频范围处于无线电波频段。

10.4.2　核磁共振仪

用于测定核磁共振谱图的仪器称为核磁共振波谱仪，首台核磁共振仪诞生于 1953 年。

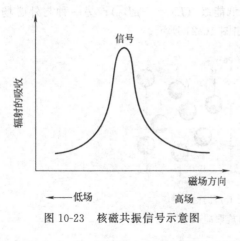

图 10-23　核磁共振信号示意图

我们知道，要使 ^1H 核产生核磁共振现象，必须具备两种条件：一是外加磁场使其产生较大的自旋能级裂分；二是电磁场发射一定频率的电磁波，使核自旋实现能级的跃迁。在核磁共振仪中，这种能量由电磁辐射产生的无线电波照射核来提供。

获得核磁共振谱可采用两种手段。一种是扫频（frequency sweep），即固定外加磁场的强度 B_0，用连续变换频率的电磁波照射样品，以达到共振条件。另一种是扫场法（field sweep），即固定电磁波的频率 ν，连续不断改变外加磁场强度进行扫描，当磁场强度达到一定值 B_0 时，样品中的某一类型的质子就会吸收能量发生共振，接收器就会收到信号并通过记录仪记录下来，获得 NMR 信号，如图 10-23 所示。扫场法较简便，也最为常用。

NMR 仪的结构主要由磁体、探头、射频发生器、射频接收器、扫描发生器、信号放大器及记录仪组成，其工作原理如图 10-24 所示。连续波（CW）是指射频的频率和外磁场的强度是连续变化的，即进行连续扫描，直至被观测的核依次被激发产生核磁共振。仪器的灵敏度和分辨率与磁场强度成正比。若仪器拥有更强的磁场，则相应的工作频率也要更高。若磁场感应强度为 14.092T，仪器的工作频率就要达到 600Hz。随着超导磁体技术的发展，核磁共振仪已由 20 世纪 50 年代的 30MHz、60MHz 逐步发展到 80 年代以来的 200～600MHz 等。2009 年 Bruker 公司在巴黎推出了 1000MHz NMR 仪器。300MHz 以上的 NMR 仪器均使用超导磁体。

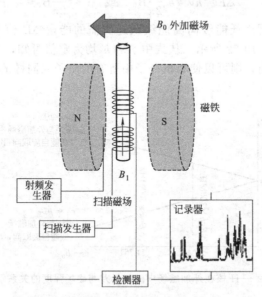

图 10-24　连续波核磁共振仪（CW-NMR）示意图

连续波 NMR 仪在进行频率扫描时，是单频发射和单频接收，扫描时间长，单位时间内的信息量少，信号弱，需要进行扫描累加以提高灵敏度，所需要的样品也较多。脉冲傅里叶变换核磁共振仪（PFT-NMR）在 CW-NMR 仪器基础上增加了脉冲程序器和数据采集、处理系统，各种核同时激发，发生共振，同时接收信号。PFT-NMR 仪获得的光谱背景噪声小，灵敏度及分辨率高，分析速度快，可用于动态过程、瞬时过程及反应动力学方面的研究。PFT-NMR 仪目前已经基本替代了 CW-NMR 仪器。

10.4.3　化学位移

当外磁场 B_0 确定后，^{1}H 核（NMR 中一般称作质子）实现由低能级向高能级跃迁所需的能量 ΔE 值似乎是一定值，意味着有机分子中所有的质子发生共振所需的照射频率都相同，即只出现一个吸收峰。若果真如此，核磁共振谱对于有机物结构的解析就毫无意义。但事实上，由于分子中原子核外的电子也处于不断的高速运动之中，分子中不同类型的质子处在不同的电子环境中，电子环境的不同使得质子所需的共振频率不同。因此，在核磁共振谱中各类质子吸收信号的位置就不同。

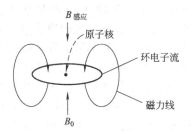

图 10-25　由核外电子环电流产生的感应磁场

（1）屏蔽效应（shielding effect）　在外加磁场中，分子中的核外电子在与外加磁场垂直的平面内做循环运动，形成一个抵抗外加磁场的电子环流，产生与外加磁场方向相反的感应磁场（图 10-25）。

由于感应磁场的存在，实际上作用于质子的外加磁场强度 $B_{实际}$ 比 B_0 要小一些，即 $B_{实际}＝B_0－B_{感应}$。即质子受到了核外电子感应磁场的屏蔽作用（shielding effect）。这时要使质子满足其共振条件发生共振，就必须再略微增加外加磁场的强度。由于分子中各质子所处的化学环境不同，即核外电子云密度不同，其所受到的感应磁场也不尽相同。由于屏蔽作用的强弱不同导致质子在核磁共振谱中吸收信号出现的位置发生移动，这种现象称为化学位移（chemical shift）。

分子中不同类型的质子的信号在核磁共振谱中出现在不同的位置。如果固定外加磁场的强度 B_0，核外的电子云密度越高，则受到的屏蔽作用就越强，即质子实际所感受到的磁场强度（$B_{实际}$）越小，核磁共振吸收所需的额外增加的磁场强度也越高，即吸收出现在低频区。与之相反，核外电子云密度越低，则受到的屏蔽作用就越小，即质子实际所感受到的磁场强度（$B_{实际}$）越大，即核磁共振吸收信号必然出现在高频区。核磁共振谱图的横坐标表示吸收的位置（化学位移），纵坐标表示吸收信号的相对强度。谱图的左侧是低场区（downfield），右侧则是高场区（upfield），从左至右，磁感应强度逐渐增加。如图 10-26 所示，以甲醇为例，羟基的 H 与电负性大的氧原子相连，所受到的屏蔽效应较弱，在较低场出现吸收，而甲基中的 H 则受到较强的屏蔽效应，吸收出现在较高场。

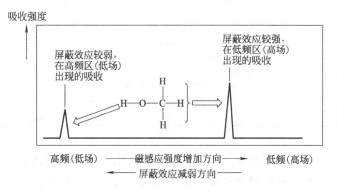

图 10-26　屏蔽效应以及吸收峰位置示意图

（2）化学位移的定义　由于核外电子屏蔽效应所产生的感应磁场（Hz 级）相对于仪器的工作频率（MHz 级）要小得多，即不同氢核在共振时所需额外增加的磁场强度的差别极其微小，如果要通过测定绝对磁场强度来表达各吸收信号在谱图中的化学位移，这对仪器的要求过高，难以达到。为方便起见，通常在测定核磁共振谱时加入一个参考物质，以它的信号作为标准，将样品中各信号的位置分别与标准位置的信号比较，两者之间的差距即为化学位移的相对值。通常采用四甲基硅烷（CH₃)₄Si（tetramethylsilane，TMS）为内标，其优点是该分子中 12 个 H 的化学环境完全相同，只产生一个强而尖的信号，并且由于 Si 原子的电负性（1.90）比碳原子（2.55）小，因此 TMS 中的 H 核外电子云密度较高，受到的屏蔽作用较大，其 NMR 信号的吸收频率比大部分有机物的质子信号都要低，通常处在最高场。使用 TMS 作为内标的另一个原因是，化学稳定性好，且沸点只有 26.5℃，因此在测试完成后便于从体系中除去，从而回收样品。这对于稀缺贵重样品尤为重要。

化学位移依赖于磁场强度，磁场强度越大，化学位移也就越大。为了消除仪器对化学位移相对值的影响，可将相对的频率差数（$\Delta\nu = \nu_{样品} - \nu_{标准}$）除以核磁共振仪所用的工作频率，这样化学位移值（用 δ 表示）定义为：

$$\delta = \frac{\nu_{样品} - \nu_{标准}}{\nu_{仪器}} \times 10^6$$

因为 $\Delta\nu$ 是以 Hz 为单位，而 $\nu_{仪器}$ 是以 MHz 为单位，所以 δ 是以百万分之一（ppm）为单位的数值。注意，ppm 不是标准的量纲单位，化学位移也是无量纲的。将 TMS 分子的吸收位置设定为零点，置于谱图的最右边。绝大部分有机分子中的 ¹H NMR 信号出现在 TMS 的左边，即 δ 为正。出现在 TMS 右边的 δ 则为负。一般有机分子化学位移值在 1～14 范围内。

如果用 60MHz 的仪器测定，比 TMS 的信号低 60Hz 的信号的 δ 值为（60Hz/60MHz）× $10^6 = 1$，如改在 300MHz 的仪器上测定，则该信号的 δ 值为（300Hz/300MHz）× $10^6 = 1$。可见同一信号化学位移值在不同仪器上测出的数值都为 1，即一种分子的同一种质子在不同磁感应强度的 NMR 仪上所测得的 δ 值是完全相同的，化学位移仅取决于分子结构本身，与所用仪器无关，所以化学位移可作为分子结构判定的依据。然而不同工作频率仪器的 δ 值所代表的 $\Delta\nu$ 不同。仪器的照射频率越高，1 所代表的 $\Delta\nu$ 的数值就越大，即两信号之间的距离就越远。这样原来在低频率仪器上可能重叠交盖的信号，在高频率的仪器上可以分开，即仪器的分辨率随着工作频率的提高而相对提高。

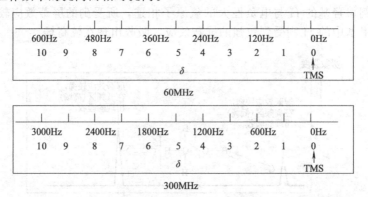

在一个化合物的分子中，化学环境相同的质子在相同的外加磁场强度下发生吸收，化学环境不同的质子在不同的外加磁场强度下发生吸收，所以在核磁共振谱中，信号的数目表示一个分子中有几种类型的 H 原子。例如，乙酰乙酸甲酯分子共有三种化学环境不同的质子，其 NMR 显示有三个吸收信号，分别为 $\delta = 3.75$，3.47，2.27（图 10-27）。

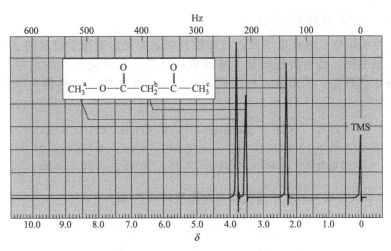

图 10-27 乙酰乙酸甲酯的 ^1H NMR（60MHz）

表 10-5 列举了各类有机分子中特征 H 的化学位移值的范围。一般来说，在相同化学环境中的质子，无论它在哪一个分子中都有大致相同的化学位移。

表 10-5 常见质子的化学位移（$\delta_{TMS} = 0$）

质子类型	δ 值	质子类型	δ 值
RC$\underline{H}_3$	0.8~1.2	$R_2C{=}C\underline{H}R$	约 5.3
$R_2C\underline{H}_2$	1.1~1.5	Ar$\underline{H}$	6.5~8.5
$R_3C\underline{H}$	约 1.4	RC$\underline{H}$O	9~10
ArC$\underline{H}_3$	2.2~2.5	RC${\equiv}C\underline{H}$	2.3~2.9
$R_2NC\underline{H}_3$	2.2~2.6	$R_2N\underline{H}$,RN$\underline{H}_2$	1.5~4,可变
$R_2C\underline{H}OR$	3.2~4.3	ArO$\underline{H}$	4~7,可变
$R_2C\underline{H}Cl$	3.5~3.7	RO$\underline{H}$	2~5,可变
$R_2C\underline{H}Br$	2.5~4.0	RCO$_2\underline{H}$	9~13,可变
$R_2C\underline{H}I$	2.5~4.0	RCON$\underline{H}$,ArCON$\underline{H}$	5~9.4,可变
$R_2C\underline{H}CR{=}CR_2$	1.6~2.6	RCOC$\underline{H}_2$R	2.0~2.7
$R_2C{=}C\underline{H}_2$	4.5~5.9	RCOOC$\underline{H}R_2$	3.7~4.8

一些常见的有机分子中 ^1H 的化学位移分布范围如图 10-28 所示。典型有机化合物的化学位移值参见附录。

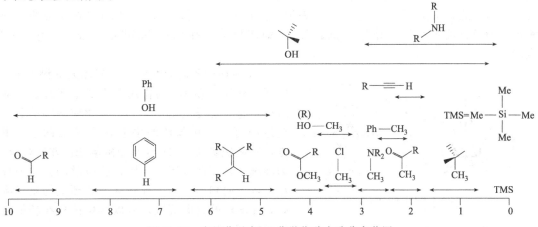

图 10-28 有机分子中 ^1H 化学位移大致分布范围

10.4.4　影响化学位移的因素

（1）电负性的影响　核外电子云的抗磁性屏蔽效应是影响化学位移的主要因素。随着其邻近原子（或基团）的电负性增强，屏蔽效应降低，结果使质子的信号出现在较低磁场，化学位移 δ 值升高。下面是一些甲烷衍生物 CH_3X 的化学位移值与取代基的电负性数值。

CH_3X	CH_3F	CH_3OH	CH_3Cl	CH_3Br	CH_3I	CH_3Li
δ	4.10	3.40	3.05	2.68	2.16	−1.95
X的电负性	3.98	3.44	3.16	2.96	2.66	0.98

δ 值随着与电负性较大的原子或基团之间距离的增大而减小。

	$C\underline{H}_3Br$	$CH_3C\underline{H}_2Br$	$CH_3CH_2C\underline{H}_2Br$
δ	2.68	1.67	1.06

一般来说，间隔三个共价键之后，其影响就可忽略。例如：

$$\delta_H \quad {}^{0.93\ 1.84}_{1.46\ 3.42}\text{Br} \qquad {}^{0.93\ 1.80}_{1.42\ 3.16}\text{I} \qquad {}^{0.89\ 1.29}_{1.29\ 0.89}$$

同时，δ 值也随着质子邻近的电负性较大的基团数目的增多而增大。

	$C\underline{H}Cl_3$	$C\underline{H}_2Cl_2$	$C\underline{H}_3Cl$	$C\underline{H}_4$
δ	7.24	5.33	3.05	0.22

（2）各向异性效应　从表 10-5 看出，饱和碳原子上质子的化学位移 $\delta(CH_3)<\delta(CH_2)<\delta(CH)$，饱和程度不同的碳原子上的质子的化学位移 δ（炔氢）$<\delta$（烯氢）$<\delta$（醛氢）。这些都不能用杂化状态不同的碳原子的电负性来解释。另外，芳环上质子的化学位移比烯碳上质子的还要大，即 δ（芳氢）$>\delta$（烯氢），醛质子的化学位移高达 9～10，显然也不能简单地通过上述电负性的影响予以说明。这些可以通过各向异性效应加以解释。

当分子中的电子云分布不是球形对称时，尤其是 π 电子系统，质子与某一官能团的空间关系有时也会影响质子的化学位移，这种效应称为各向异性效应（anisotropic effect）。某些区域诱导磁场与外加磁场方向一致（顺磁性），对外加磁场有增强作用，即产生去屏蔽作用（deshielding effect），用"−"表示；而在另一些区域，诱导磁场与外加磁场方向相反，对外加磁场有抵消作用（抗磁性），即产生屏蔽作用（shielding effect），用"＋"表示。

① 芳环的各向异性效应　芳环大 π 键上的 π 电子在外加磁场 B_0 的作用下形成电子环流，同时产生感应磁场（图 10-29）。从感应磁场的磁力线走向可知，在苯环的中心及环平面的上、下方，感应磁场 B' 方向与外加磁场 B_0 方向相反，为屏蔽区；而在芳环的周围，感应磁场方向与外加磁场方向相同，为去屏蔽区。苯环上的质子刚好处在苯环的去屏蔽区，所以共振信号在较低磁场（$\delta\approx7.2$）。

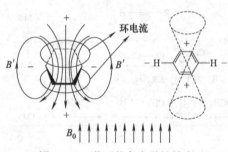

图 10-29　苯环的各向异性效应

10-6　[18] 轮烯的环外氢 δ 值为 9.28（12H），而环内氢 δ 值为 -2.99（6H）。试解释其原因。

② 双键和叁键的各向异性效应　双键的 π 电子分布于键轴的上下方，烯烃中 C=C 上的质子以及醛基 CHO 上的质子与芳环上质子的情况类似，都处在 π 电子环流所产生的感应磁场的去屏蔽区 [图 10-30（a）]，所以 C=C 上的质子信号在较低磁场出现（$\delta\approx5$）。醛质子除各向异性效应外，还有羰基的吸电子效应，所以其信号出现在更低磁场（$\delta=9\sim10$）。

由于炔烃中的 C≡C 键的 π 电子云呈圆柱状分布，在外加磁场的诱导下形成环绕键轴的 π 电子环流，从而产生感应磁场，如图 10-30（b）所示。炔烃分子中 C≡C 上的质子处于感应磁场的屏蔽区，故 C≡C 上质子的吸收在相对高场出现，δ 值（2.3～2.9）小于烯烃中 C=C 上的质子，但由于 C≡C 的电负性较大，所以仍大于烷烃中的质子的 δ 值。例如乙炔的氢 $\delta=2.88$。

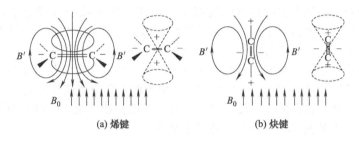

（a）烯键　　　　　　　（b）炔键

图 10-30　烯键和炔键的各向异性效应

③ 单键的各向异性效应　由于形成 C—C 单键的 sp^3 杂化轨道并非球形对称，因而也有各向异性效应，见图 10-31。但与 π 键相比，单键的各向异性效应要弱得多。甲基的 H 被碳取代之后，这种去屏蔽（顺磁作用）效应相应增大，吸收信号向低场移动，即 δ 值增大。由于单键的这种各向异性效应，化学位移有如下顺序：$R_3CH>R_2CH_2>RCH_3>CH_4$。

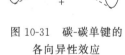

图 10-31　碳-碳单键的各向异性效应

（3）氢键的影响　形成氢键的质子，其周围的电子云密度降低，因而所受到的屏蔽作用比没有形成氢键的质子小，化学位移向低场移动。氢键越强，δ 值越大。—OH、—NH_2 等与杂原子相连的活泼质子，其化学位移的变化范围一般较大。究其原因，这与它们能形成分子间氢键有关。如醇羟基的 δ 值为 2～5，酚羟基的 δ 值为 4～7，羧基氢的 δ 值则处于 9～13 之间。氢键的形成又受样品的浓度、溶剂性质和温度等因素的影响。提高温度或降低浓度都不利于氢键的形成，因此质子的化学位移移向高场，即 δ 值降低。

（4）溶剂效应　核磁共振谱的测定，一般使用氘代溶剂（如 $CDCl_3$），以避免普通溶剂分子中 H 的干扰。另外，质子的 NMR 信号宽度在较窄的范围内变化，所以磁场 B_0 需要非常的稳定和均一。氘信号也被用来均匀磁场 B_0。

由于氘代溶剂的纯度一般达不到 100%，因此含有痕量的未氘代或者仅部分氘代的溶剂，在 ^{1}H NMR 中还会出现相应的溶剂峰。所以，在进行 ^{1}H NMR 测试时，需要选择合适的溶剂。在标明仪器工作频率的同时，还必须纪录测试所用的溶剂，记录方式如 ^{1}H NMR（500MHz，$CDCl_3$）。氘代溶剂的选择一般遵循下列规则。①试样有良好的溶解度。例如，在工作频率为 300MHz 仪器上 ^{1}H NMR 测试的常规样品是在一个外径为 5mm 的玻璃管中含有约 10mg 的样品和 0.5mL 的溶剂。②对于合成得到的样品，一般都可以预测可能的结构和信号出现的位置，因此应尽量选择溶剂杂质峰不会覆盖试样信号的溶剂。③尽量选择氘代氯仿。其化学位移在 7.26，是一个单峰，而且不易吸水，价格便宜，只要保证样品无水，在 δ 0～7 以及 >7.3 的区域都不会掩盖样品吸收。对于未知试样或者来源于天然产物的试样尤为重要。对于只溶于水而不溶于有机溶剂的糖类、氨基酸、核酸等，则多以重水 D_2O 为溶剂（δ_{HDO} 4.8）。

同一质子在不同的溶剂中所测得的 δ 值往往不同。尤其是含有—OH、—NH_2、—SH 以及—COOH 等活泼质子的样品，溶剂的影响则更为明显。这种由于溶剂的影响而引起化学位移发生变化的现象称为溶剂效应。对于含有活泼氢的样品，可先用一般方法测定 ^1H NMR 谱，然后加入几滴重水（D_2O），充分振摇后再测定图谱。若信号消失或者变小，则该质子便是活泼质子。

$$ROH + D_2O \rightleftharpoons ROD + HOD$$

10.4.5　积分曲线和峰的面积

各类质子的数目与其产生的信号强度有关。在 ^1H NMR 核磁共振谱中，吸收峰占有的面积与产生信号的质子数目成正比。核磁共振仪上都装有自动积分仪，各峰的面积一般用阶梯曲线表示，积分曲线的高度与吸收峰面积成正比，即积分曲线高度之比等于相应质子数目之比。通过选取特定峰作为参照，结合整个分子的质子数目，可直接给出各组氢的数目。例如，在对二甲苯的 ^1H NMR 谱（图 10-32）中，信号的积分曲线高度之比为 2∶3。两类质子信号位置不一样，而且它们的信号强度（吸收峰占有的面积）也不一样，分属于 4 个苯环氢（δ = 7.24）和 6 个甲基氢（δ = 2.49），总质子数为 10。

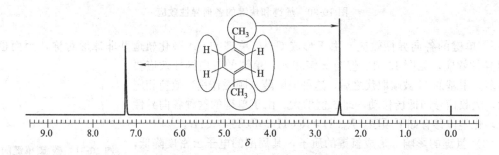

图 10-32　对二甲苯的 ^1H NMR 谱

10.4.6　自旋偶合、自旋分裂

同一个分子中不同的磁核之间也有相互作用。这种相互作用非常小，不会影响化学位移，但可以改变谱峰的形状。图 10-33 是乙酸乙酯的 ^1H NMR 谱。其中与羰基相连的甲基（a 峰）δ = 1.96，呈单峰，而乙基中的甲基（c 峰）δ = 1.18，裂分为三重峰，CH_2 直接连于电负性较大的氧原子上，吸收出现在较低场，δ = 4.04，裂分为四重峰。

为什么会发生信号的裂分现象呢？这是由相邻不等性质子的自旋而引起的。上述乙基部分裂分峰的产生是由 CH_3 和 CH_2 中的 ^1H 之间的相互作用而引起的。这种相邻的不等性质子由于自旋所产生的磁性相互作用称为自旋-自旋偶合（spin-spin coupling），简称为自旋偶合。由自旋偶合所引起的信号吸收峰裂分的现象，称为自旋-自旋裂分。

（1）自旋偶合的原理　当处在外加磁场中，H 原子有两种自旋取向，即与外加磁场同向或异向，那么由此 ^1H 核的自旋而产生的感应磁场也有两种不同方向，它使邻近的核感受到外加磁场强度的加强或减弱。

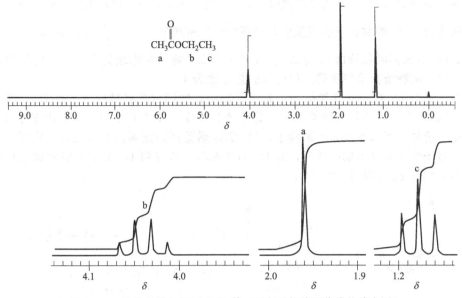

图 10-33　乙酸乙酯的¹H NMR 谱（下方是相关吸收峰的放大图）

现以 1,1,2-三氯乙烷为例来说明相邻的不等性质子之间的自旋偶合产生的原理。该分子的¹H NMR 如图 10-34 所示，H_a 以及 H_b 的化学位移分别为 5.78、3.96。首先考察 H_a 对两个 H_b 的偶合。H_b 的共振频率是由外加磁场 B_0 和其受到的屏蔽效应所决定的。在外加磁场中 H_a 有两种自旋取向。假设两个等性的 H_b 处在相同的化学环境，在没有邻近的质子 H_a 存在时应发生能级跃迁，即共振频率 $\nu_a = \dfrac{\gamma}{2\pi}[B_0(1-\sigma)]$。但是，由于 H_a 在外加磁场中产生两个方向相反的小磁场，因此 H_b 的吸收峰发生裂分。如果 H_a 处在与外加磁场同向的自旋状态下，则所产生的感应磁场使 H_b 实际感受到的磁场强度不是 $B_0(1-\sigma)$，而是略微增大 ΔB。因此扫描时，外加磁场强度略微减小，H_b 即可发生能级跃迁，这时 H_b 的共振吸收峰发生在较低的外加磁场处，$\nu_{b1} = \dfrac{\gamma}{2\pi}[B_0(1-\sigma)+\Delta B]$。如果 H_a 处在与外加磁场相反方向的自旋状态下，则所产生的感应磁场将略微削弱外加磁场强度，使 H_b 实际感受到的

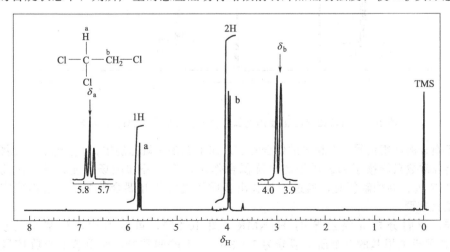

图 10-34　1,1,2-三氯乙烷的¹H NMR 谱及两类质子相互偶合的偶合常数

磁场强度也不是 $B_0(1-\sigma)$，而是略微减小 ΔB，此时 H_b 要在外加磁场强度略高的情况下发生能级的跃迁，H_b 的共振吸收峰发生在稍高的外加磁场处，$\nu_{b2} = \dfrac{\gamma}{2\pi}[B_0(1-\sigma)-\Delta B]$。也就是说，$H_b$ 的共振吸收峰由 ν_b 分裂成 ν_{b1} 和 ν_{b2} 二重峰，对称地处于无干扰时信号位置的左右侧。由于两种情况概率相等，故两峰的强度比为 1∶1。

同样，每个 H_b 质子在外加磁场中有两种取向，即同向或者异向（↑ 或 ↓），因此两个 H_b 的自旋状态有 4 种不同的组合形式，即 ↑↑、↑↓（↓↑）以及 ↓↓。由于第 2 和第 3 种情况是等价的，所以在 H_b 的影响下，H_a 实际感受到的磁场强度有三种，从而在 3 个不同的外加磁场强度下发生能级跃迁，即 H_a 的共振吸收峰受到 H_b 的影响裂分成三重峰，相对强度为 1∶2∶1。如图 10-35 所示。

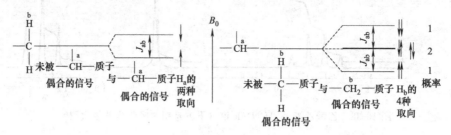

图 10-35　1,1,2-三氯乙烷邻接质子自旋偶合引起的吸收峰裂分

质子吸收信号中各裂分峰间的距离，即各裂分峰间的频率差称为偶合常数（coupling constant），以 $^nJ_{ab}$ 表示，单位为 Hz，左上标数字 n 表示两个相互偶合的 a、b 核间隔的化学键数目。J 值表示核之间相互偶合的有效程度，J 值越大，核间自旋-自旋偶合的作用越强。1,1,2,3,3-五氯丙烷中 C1 和 C3 的氢（H_b）虽然不在同一个碳上，但显然是等价核（见下面的讨论），两个 H_b 使 H_a 裂分为 1∶2∶1 的三重峰，H_a 使 H_b 裂分为 1∶1 的二重峰，见图 10-36。

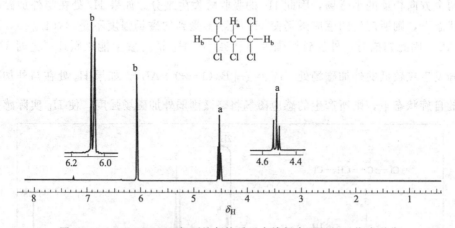

图 10-36　1,1,2,3,3-五氯丙烷邻接质子自旋偶合引起的吸收峰裂分

相互偶合的两组信号具有相同的偶合常数。如 1,1,2-三氯乙烷中，$J_{ab}=J_{ba}$，见图 10-34。另外，偶合常数只依赖于邻近质子的自旋偶合作用，而与外加磁场强度无关。因此，在利用 ^1H NMR 进行结构解析时，通过 J 值找出各质子之间相互偶合的关系，进而确定各质子的归属尤为重要。

同样，我们分析 α-溴乙苯的 ^1H NMR（图 10-37），可以看出，苄基位的质子 H_a（5.20）被邻近的甲基的三个质子裂分为 1∶3∶3∶1 的四重峰，而甲基的吸收信号在 δ 为 2.04 处，它被 α-碳上的 H_a 分裂成 1∶1 的二重峰。

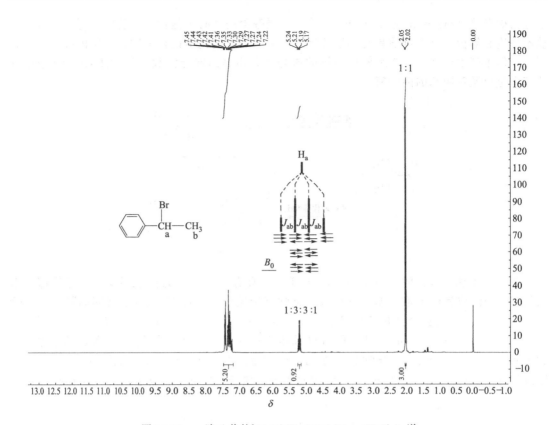

图 10-37　α-溴乙苯的 ^{1}H NMR（300MHz，CDCl$_3$）谱

^{1}H NMR 谱图中常见的吸收峰形如下所示：

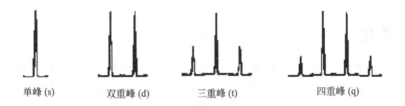

单峰、双重峰、三重峰、四重峰分别用 s（singlet）、d（doublet）、t（triplet）、q（quartet）表示。当一个信号被不止一组质子或者其他有自旋的核裂分，吸收峰的裂分情况要复杂得多，通常为多重峰，可用 m（multiplet）表示。

（2）核的等价性质　在同一个分子中，两个相同的原子或基团处于相同的化学环境中即为化学等价（chemical equivalence）。化学等价的核具有完全相同的化学位移。例如，溴乙烷 CH$_3$CH$_2$Br，其甲基上的三个氢核为化学等价核，亚甲基上的两个氢核也为化学等价核。这是因为单键的自由旋转，使烷基上的氢处于一个均匀的化学环境中。环己烷分子中的 CH$_2$ 在构象固定时，两个氢核处于不同的化学环境中，因而是化学不等价的，但是由于环的快速翻转，两个 H 可以很快地发生 a/e 键位置的交换，平均说来仍然处于相同的化学环境中，因而也是化学等价质子。判断两个质子是否是化学等价的，可以通过简单的假想的取代。如果得到相同的取代产物，就是化学等价的。例如 2-甲基丙烯中两个烯质子是化学等价的。同样，两个甲基也是化学等价的。

如果有一组化学等价质子，当它与组外的任一磁核偶合时，其偶合常数相等，则该组质子称为磁等价（magnetic equivalence）质子。磁等价的核必定是化学等价的，但化学等价的核不一定磁等价。磁等价核具有如下的特点：①组内核的化学位移相同；②组内核之间虽有偶合，但不产生分裂；③与组外任一核的偶合具有相等的偶合常数。如 CH_3CH_2Br 中甲基的三个氢以及亚甲基的两个氢。

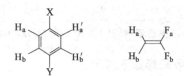

在 1,4-不相同取代的苯衍生物中，H_a 和 $H_{a'}$ 具有完全相同的化学环境，其邻位都是 X 取代基，而间位都是 Y 取代基，它们属于化学等价质子。但是 H_a 与 H_b 之间间隔三个共价键，与 $H_{b'}$ 之间间隔五个共价键，显然 $^3J_{H_a-H_b} \neq {}^5J_{H_a-H_{b'}}$。同样，$^5J_{H_{a'}-H_b} \neq {}^3J_{H_{a'}-H_{b'}}$，因此 H_a 和 $H_{a'}$ 是磁不等价质子。同理，H_b 和 $H_{b'}$ 也是化学等价而磁不等价质子。在二氟乙烯中也可看到类似的情况，H_a 和 H_b 是化学等价的，F_a 和 F_b 也是化学等价的，但是因 $^3J_{H_a-F_a} \neq {}^3J_{H_a-F_b}$，以及 $^3J_{H_b-F_a} \neq {}^3J_{H_b-F_b}$，所以 H_a 和 H_b 是磁不等价质子，F_a 和 F_b 也是磁不等价质子。

思考题

10-7 指出下列化合物中化学位移等同的质子，并说明哪些质子是化学等价而磁不等价的。

(1) $CH_3CH_2OCH_2CH_3$ (2) $(CH_3)_2CHCH_2Br$ (3) $CH_3CH(OH)CH_2CH_3$

(4) 结构式   (5) 结构式   (6) 结构式

（3）偶合作用的一般规则 如前所述，偶合常数 J 值只与分子的结构有关，与仪器的性能无关。了解偶合的类型及其 J 值的大小，对 ^1H NMR 图谱的解析非常重要。例如，反式烯烃偶合常数明显大于顺式烯烃，因此可以利用偶合常数的大小区分烯烃的构型。

偶合大体上分为偕偶（同碳偶合，^2J）、邻偶（邻碳偶合，^3J）以及远程偶合。由于偶合是通过共价键传递的，因此偶合常数的大小主要取决于相互偶合的核之间所间隔的化学键数目、类型和立体化学关系。邻碳偶合是最重要的偶合。相隔四个或四个以上键的质子偶合，称为远程偶合。远程偶合常数较小，J 一般都小于 1Hz，通常观察不到。若中间插有 π 键，或在一些具有特殊空间结构的分子中，才可能观察到远程偶合。根据偶合常数的大小，可以判断相互偶合的氢核的键的连接关系，帮助推断化合物的结构。表 10-6 列举了一些常见结构的质子间的偶合常数。

表 10-6　一些有机分子中质子间的偶合常数

偶合的质子类型	J 值/Hz	偶合的质子类型	J 值/Hz
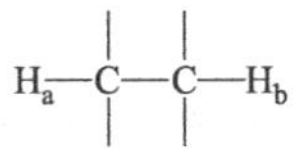 H_a—C—C—H_b	$^3J\,6\sim8$	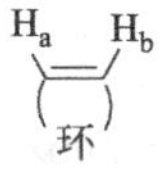 H_a〓H_b（环）	5 元环 $^3J\,3\sim4$ 6 元环 $^3J\,6\sim9$ 7 元环 $^3J\,10\sim13$
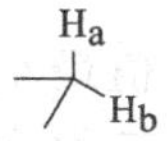 H_aCH_b	$^2J\,10\sim15$	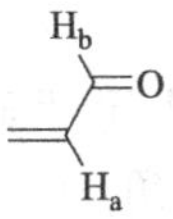 〓〓C＝O，H_a	$^3J\approx8$
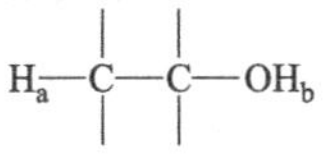 H_a—C—C—OH_b（无交换）	$^3J\,4\sim6$	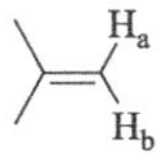 H_a／H_b	$^2J\,0.5\sim3$
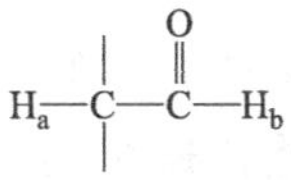 H_a—C—C(O)—H_b	$^3J\,0.5\sim3$	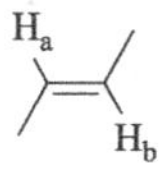 H_a／H_b（反式）	$^3J\,12\sim18$
		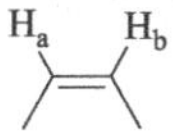 H_a——H_b（顺式）	$^3J\,7\sim12$
 （环己烷）	$^3J_{ee}\,0\sim4$ $^3J_{ea}\,1\sim5$ $^3J_{aa}\,8\sim13$	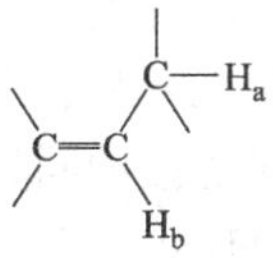 C＝C，C—H_a，H_b	$^3J\,4\sim10$
 （环戊烷）	$^3J_{cis}\,7\sim9$ $^3J_{trans}\,4\sim6$	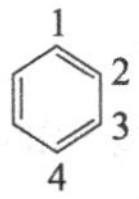 苯环 1,2,3,4	$^3J_{1,2}\,6\sim10$ $^4J_{1,3}\,1\sim3$ $^5J_{1,4}\,0\sim1$

目前尚无完整的理论来说明和推算偶合常数，但人们已积累了大量偶合常数与结构关系的经验规律。

① 自旋偶合主要发生在同一碳或相邻碳上的不等性质子之间，如：

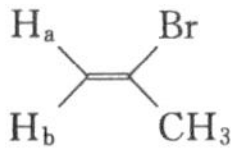

$$H_a\text{C}=\text{C}\begin{smallmatrix}Br\\CH_3\end{smallmatrix}\ H_b \qquad \underset{a}{CH_3}\underset{b}{CH_2}OCH_3$$

H_a 与 H_b 彼此之间有自旋偶合作用。等性质子之间虽然存在偶合，但不发生裂分。如三甲基胺只给出一个信号。

② 饱和碳上相邻氢原子间的偶合常数一般在 7Hz 左右。如：

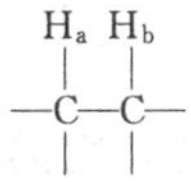

$$-\overset{H_a}{\underset{|}{C}}-\overset{H_b}{\underset{|}{C}}- \qquad ^3J_{ab}\approx7Hz$$

③ 取代芳环上的邻位、间位及对位之间的质子有不同的 J 值。对于苯环，$J_邻$明显大于 $J_间$和 $J_对$。一些杂环上质子的偶合常数如下：

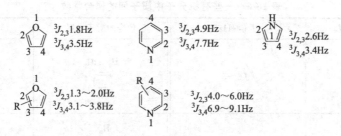

④ 偶合核之间夹角的大小可明显影响偶合常数，通常夹角为 90° 时 J 值最小。反式 —HC＝CH— 双键上的二面角为 180°，而顺式 —HC＝CH— 双键上的二面角为 0°，$J_{trans} > J_{cis}$。请比较氯乙烯分子中的三种偶合常数值。在环己烷中，有 $^3J_{aa} > J_{ee}$ 及 J_{ae}。

⑤ 活泼质子信号往往是一个单峰。如乙醇中的 OH 质子，虽然邻近有 CH_2，但在一般图谱中观察不到 CH_2 与 OH 之间的相互自旋偶合。这是乙醇中 OH 质子能快速交换，导致自旋偶合作用平均化的结果：

$$C_2H_5OH(\uparrow) + C_2H_5OH(\downarrow) \rightleftharpoons C_2H_5OH(\downarrow) + C_2H_5OH(\uparrow)$$

在分析 NMR 谱中的裂分情况时，当两类质子的化学位移差与偶合常数之比 $\Delta\nu/J > 6$ 时，一般可用下面的简单规律来判别信号裂分情况：

a. $n+1$ 规律。当一组质子邻接的同类质子数为 n 时，该组质子的信号被裂分为 $n+1$ 重峰，称为 $n+1$ 规律。如 $CH_3CH_2CH_3$ 中，两个 CH_3 上质子是相同的，故 CH_2 上质子的信号被 6 个甲基质子裂分成七重峰。

b. 各裂分峰的强度比等于二项式 $(a+b)^n$ 展开式各项系数，n 为邻接氢质子的数目。如二重峰的强度比为 1∶1，三重峰的强度比为 1∶2∶1，四重峰的强度比为 1∶3∶3∶1 等。这些系数也很容易由 Pascal 三角形得出（表 10-7）。

表 10-7　^{1}H NMR 信号的多重性及信号相对强度

引起裂分的等价质子数(n)	信号的多重性($n+1$)	各峰的相对强度
0	单峰(s)	1
1	双重峰(d)	1　1
2	三重峰(t)	1　2　1
3	四种峰(q)	1　3　3　1
4	五重峰(quintet)	1　4　6　4　1
5	六重峰(sextuplet)	1　5　10　10　5　1
6	七重峰(septuplet)	1　6　15　20　15　6　1

当质子受到邻近两组不同类质子自旋偶合时，它的信号裂分情况如何呢？如 $\overset{a}{C}H_3\overset{b}{C}H_2\overset{c}{C}H_2Z$ 中，H_a 与 H_c 是不相同的，H_b 的信号应被 H_a 和 H_c 裂分为 $(n_a+1)(n_c+1) = (3+1)(2+1) = 12$ 重峰：

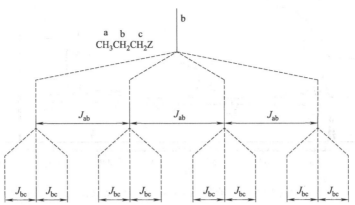

但实际上在一般图谱中，难以观察到 12 重峰，因为 J_{ba} 与 J_{bc} 非常接近，仪器难以分辨，往往表现为一复杂的多重峰。

信号裂分成左右对称的多重峰只是一种理想状态，实际看到的互相偶合的两组峰常常呈现出"屋脊"效应（roof effect），即内侧峰略高，外侧峰略低。根据峰的倾斜现象可帮助我们判别哪两组峰是由互相偶合的质子产生的。

10.4.7　图谱解析与应用

根据[1]H NMR 核磁共振谱中信号的数目可知分子中有多少种不同类型的质子，从化学位移 δ 值（即信号的位置）可获知相关质子的化学环境，各吸收峰占有的相对面积则表示此类质子的相对数目，而信号的裂分情况可提供邻近基团结构的信息。

解析[1]H NMR 谱图的一般步骤为：

① 首先根据样品的分子式，确定化合物的不饱和度（degree of unsaturation）。所谓不饱和度，也叫缺氢指数，是有机分子不饱和程度的量化标志，通常用希腊字母 Ω 表示。从有机物结构计算不饱和度的方法主要有如下规则：单键对不饱和度不产生影响，因此开链烷烃的不饱和度是 0（所有原子均已饱和）。一个双键（烯烃、亚胺、羰基化合物等）、一个 $-NO_2$、一个环（如环烷烃）都贡献 1 个不饱和度。一个叁键（炔烃、腈等）、单环烯烃贡献两个不饱和度。一个苯环贡献 4 个不饱和度。

不饱和度可用下式计算：$\Omega = \dfrac{2n_4 + 2 + n_3 - n_1}{2}$

式中，n_4 指四价元素（C、Si）的原子总数；n_3 指三价元素（N）的原子总数；n_1 指一价元素（H、卤素）的原子总数。二价的元素（如 O）数目对不饱和度没有影响。

② 依据积分线高度或者仪器所自动计算出的峰面积，并根据氢核总数，求出各组信号所代表的氢核数。

③ 从化学位移信号的 δ 值，推测其可能归属的氢的类型。加 D_2O 后信号消失表明存在 $-OH$、$-NH_2$、$-COOH$ 等活泼氢。同时还应考虑氢键的影响，一般会向低场移动。

④ 根据峰的裂分数目和 J 值找出相互偶合的信号峰，并据此逐一确定邻接碳原子上的氢核数，进而拼接出相互关联的结构片段。

⑤ 综合以上信息判断化合物的结构，然后根据此结构逐一验证上述谱图所获得的信息。若被测样品是已知物，可将样品图谱与标准图谱核对后加以确证。

对于复杂的化合物，^{1}H NMR 谱往往需要与 UV、IR、MS（见 10.5 节）及[13]C NMR 谱等结合起来，并根据其来源、化学性质等信息，才能解析其结构。

例如，化合物 A 的分子式为 C_8H_{10}，试根据其[1]H NMR（图 10-38，上部是相应的放大图）推测其结构。

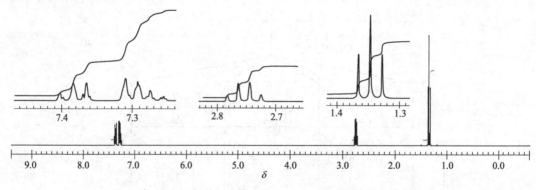

图 10-38　化合物 A C$_8$H$_{10}$ 的 ^{1}H NMR 图谱

根据分子式，化合物的不饱和度为 4，可能含有苯环。^{1}H NMR 有三组吸收峰，说明有三种类型的氢。化学位移 $\delta = 7.35$ 附近为多重峰，可归属为苯环氢。$\delta = 1.35$ 的峰和 $\delta = 2.75$ 的峰分别裂分为三重峰和四重峰，且偶合常数相同，根据 $n+1$ 规律，可推断为乙基。再根据这三组峰的积分曲线，氢原子的比例为 $5 : 3 : 2$，而分子中只有 10 个氢，因此可确定该化合物为乙苯。

10.5　质谱

质谱（MS）是将样品电离，转化为运动的不同荷质比（质量和所带电荷之比，m/z）的带正电荷的离子，经加速电场的作用，形成离子束，不同质荷比和丰度的离子经质量分析器分开后，到检测器被检测并记录下来，并经计算机处理后得到的谱图。第一台质谱仪是英国实验物理学家 F. W. Aston 于 1919 年制成的。前述 UV、IR 和 NMR 都属于吸收光谱，MS 不是吸收光谱。质谱的突出优点是所需样品极少，试样通常只需微克级，检出限量甚至低至 10^{-14} g，灵敏度极高。质谱法能根据各类化合物分子离子断裂成碎片的规律，提供丰富的分子碎片信息，用于结构分析。另外，由于计算机在质谱上的应用，质谱与分离、分析方法的联用，如气相色谱-质谱联用（GC-MS）、液相色谱-质谱联用（LC-MS）、质谱-质谱联用（MS-MS）等技术的发展，使得 MS 的应用更为广泛。MS 法在生命科学、环境科学、医药、毒物学、刑侦等领域中也是一种必不可少的快速而有效的分析鉴定工具。

10.5.1　质谱仪基本原理

质谱仪又称质谱计，是为实现上述分离分析技术的仪器。质谱仪主要由高真空系统、进样系统、离子源、加速电场、质量分析器以及检测和记录系统组成。图 10-39 是质谱测定的大致流程。

质谱仪以离子源、质量分析器和检测器为核心。在离子源部分，有机试样分子在高真空条件下受高能（50～100eV）电子束的轰击，失去一个外层电子，形成带正电荷的分子离子 M^{+}。其中，· 表示一个未成对电子，＋表示正离子。电离后的分子因接受了过多的能量，会进一步发生化学键有规律的碎裂，形成较小质量的多种碎片离子和中性粒子。在加速电场作用下，它们获取具有相同能量的平均动能而进入质量分析器。质量分析器是将同时进入其中的不同质量的离子，按质荷比 m/z 大小分离的装置。分离后的离子依次进入离子检测器，采集放大离子信号，经计算机处理，绘制成质谱图。其横坐标为质荷比（m/z），纵坐标可以电压、长度、电子数为单位，但通常采用无量纲的相对比值，即归一化的离子峰的相对强度或丰度（棒图表示）。最长的谱线称为基峰。图 10-40 是乙醇的质谱图，其中 m/z 为 31 的峰强度最大，是基峰。

离子源、质量分析器和离子检测器都各有多种类型。质谱仪按应用范围分为同位素质谱仪、无机质谱仪和有机质谱仪；按分辨本领分为高分辨、中分辨和低分辨质谱仪；按工作原

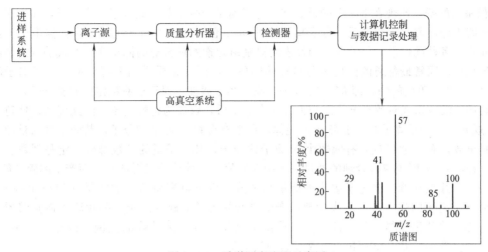

图 10-39　质谱测定流程示意图

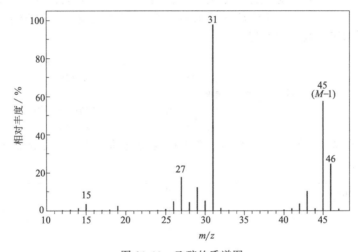

图 10-40　乙醇的质谱图

理分为静态仪器和动态仪器。

10.5.2　质谱解析

有机化合物的质谱图中可以看到许多离子峰，这些峰的 m/z 和相对强度取决于分子结构，并与仪器类型，实验条件有关。质谱中主要的离子峰有分子离子峰、碎片离子峰、同位素离子峰、重排离子峰及亚稳离子峰等。通过分析质谱图中所出现的离子峰及其强度，可确定分子量、分子式。再根据质谱裂解机理和经验规律，判断化合物中可能的官能团，结合其他谱图数据，确定其分子结构。下面对这些离子峰进行简要介绍。

（1）分子离子峰　分子受电子束轰击后失去一个电子而生成的离子称为分子离子，所形成的峰称为分子离子峰。分子离子峰的 m/z 值就是中性分子的分子量。分子离子峰的强度（在总离子流中所占的分数）和它本身的结构有密切的关系，反映了其在离子源中的稳定性。分子离子峰的强弱随化合物结构不同而异，其强弱一般为：芳环（杂环）＞共轭烯烃＞烯烃＞脂环烃＞醚＞酯＞胺＞羧酸＞醇＞长链烃。分子离子峰的强弱可以为推测化合物的类型提供参考信息。对于不易出现分子离子峰的化合物，一般可通过降低电离电压、降低样品的汽化温度、制备易挥发的衍生物、用软电离技术（如 CI、FAB，见后）等方法获得分子离子峰。

分子离子峰一般有下列特性。①最大性。由于分子仅丢失一个电子，就应当是质谱图中

m/z 值最大的峰，出现在 MS 图的最右端。分子离子与分子相比只少了一个电子，而电子的质量可忽略不计，因此一般情况下分子离子峰的 m/z 值可表示为分子的分子量。但由于天然存在的元素有多种同位素，分子离子峰代表的只是由元素的最普通的同位素所组成的 $M^{\ddagger}$。在各种同位素中，通常最普通的同位素是最轻的同位素，因此在质谱图上可出现比分子离子峰的 m/z 大 $1\sim2$ 个单位的峰，即 $M+1$、$M+2$ 峰。②奇偶性。对于所有稳定的有机分子，电子都是配对的，没有未成对的孤电子。当丢失一个电子后，就成为奇数电子，因此应当仍然符合 N（氮）规律，即分子离子峰一定符合 N 规律，即含有奇数 N 原子的分子，其分子量的整数部分一定是奇数，而不含 N 或含有偶数个 N 原子的分子，其分子量的整数部分一定是偶数。③合理性。在高 m/z 区域应有合理的通过丢失中性碎片（中性分子或游离基）而产生的碎片峰。

（2）碎片离子峰　当电子轰击的能量超过分子离子电离所需要的能量（$50\sim70\mathrm{eV}$）时，可能使分子离子的化学键进一步断裂，产生质量数更低的碎片离子。碎片离子在质谱图上出现的峰称为碎片离子峰。碎片离子峰在质谱图上位于分子离子峰的左侧。国际上采用 70eV 的质谱为标准谱，在 70eV 下电离效率达到最大值。

碎片离子由分子离子开裂产生，或由这些碎片离子进一步开裂产生。例如，丙烷的质谱图中，分子离子（$m/z=44$）经单纯开裂而脱去甲基或者乙基，分别产生 $m/z=29$ 以及 $m/z=15$ 的碎片离子。其开裂过程如下：

$$CH_3CH_2\overset{+}{\cdot}CH_3 \longrightarrow CH_3CH_2^+ + \cdot CH_3$$
$$m/z=44 \qquad\qquad m/z=29$$

$$CH_3CH_2CH_3 \xrightarrow{-e^-} \text{或者}$$

$$CH_3CH_2\overset{+}{\cdot}CH_3 \longrightarrow CH_3CH_2\cdot + {}^+CH_3$$
$$m/z=44 \qquad\qquad m/z=15$$

又如酮类化合物，容易发生 α-裂解，产生稳定的酰基 RCO^+。丁酮的质谱图及裂解方式如图 10-41 所示。

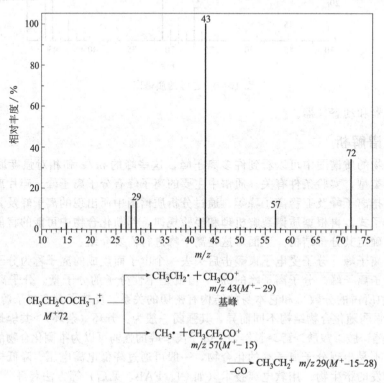

图 10-41　丁酮的质谱图和裂解方式

（3）**重排离子峰** 分子离子裂解成碎片时，有时还会通过分子内某些原子或基团的重新排列或转移而形成原化合物结构中不存在的结构单元的离子，这种碎片离子称为重排离子，质谱图上相应的峰称为重排峰。重排的方式很多，其中最常见的是麦氏重排（McLafferty rearrangement）。醛、酮、羧酸、酯、酰胺、链烯、侧链芳烃等都可以发生麦氏重排。这些化合物含有 $C=X$（X 为 O、S、N、C）基团，当具有 γ-H 时，氢原子可以转移到 X 原子上，同时 β-键断裂。

10-8 4-甲基-2-戊酮的质谱图中 m/z 58 以及正丁醛的质谱图中出现的 m/z 44 峰是如何形成的？

（4）**同位素离子峰** 在组成有机化合物的常见元素中，有几种元素具有天然同位素，如 C、H、N、O、S、Cl、Br 等。所以，在质谱图中除了由最轻同位素组成的分子离子所形成的 M^+ 峰外，还会出现一个或多个由 ^{13}C、^2H、^{17}O、^{15}N、^{37}Cl 等低丰度重同位素参与组成的分子离子峰，产生 m/z 为 $(M+1)^+$、$(M+2)^+$、$(M+3)^+$ 等的离子峰，即同位素离子峰（isotope peak）。人们通常把某元素的同位素占该元素的原子质量分数称为同位素丰度。同位素峰的强度取决于同位素的丰度。C、H 的重同位素天然丰度较低，对 $(M+1)^+$ 峰的强度贡献很小。O、S、Cl、Br 等元素的重同位素丰度相对较高，其天然丰度比 $^{34}S/^{32}S$（4.40）、$^{37}Cl/^{35}Cl$（32.5）、$^{81}Br/^{79}Br$（98.0），因此含 S、Cl、Br 等元素时其同位素峰 $[M+2]^+$ 强度较大。一般根据 M 和 $M+2$ 两个峰的强度来判断化合物中是否含有这些元素。例如，一氯代烃 $[M+2]^+$ 峰的相对强度是相应分子离子峰的三分之一，而一溴代烃 $[M+2]^+$ 峰的相对强度与相应分子离子峰几乎相当。请比较图 10-42 所示的 2-氯丙烷和 1-溴丙烷质谱图中的同位素分子离子峰。

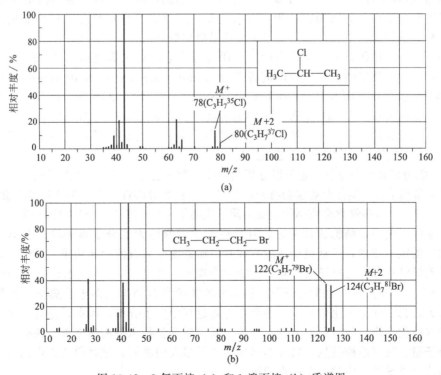

图 10-42 2-氯丙烷（a）和 1-溴丙烷（b）质谱图

10.5.3 高分辨质谱

在质谱测定中，质量是以^{12}C的$\frac{1}{12}$为一个单位，记作 amu 或 u。以^{12}C的$\frac{1}{12}$定义，常见元素（同位素）的质量为$^{12}C = 12.0000000$，$^1H = 1.0078246$，$^{13}C = 13.0033548$，$^{14}N = 14.0030740$，$^{15}N = 15.0001089$，$^{16}O = 15.9949146$，$^{18}O = 17.9991610$，$^{19}F = 18.9984032$，$^{32}S = 31.9720727$，$^{35}Cl = 34.968852$，$^{37}Cl = 36.965903$，$^{79}Br = 78.918336$，$^{81}Br = 80.916289$。在有机质谱中，每个质量峰都是由一定数量的 C、H、O、N、S、P、F、Cl、Br、I、Si 等元素组成的，因此每个质量峰都有它的质量。高分辨有机质谱仪（high-resolution mass spectrometer，HRMS）可以精确地测出一个质量峰的质量至小数点后 4～5 位。由于高分辨质谱能提供非常准确的质量，可将质荷比相差很小的两种离子区分开。根据高分辨质谱得到的精确质量数可以推断出分子式。例如，丙烷（C_3H_8）、乙醛（C_2H_4O）、二氧化碳的分子离子峰 M^+ 都为 44，用低分辨质谱无法确定分子式。但其高分辨质谱不同。

C_3H_8	C_2H_4O	CO_2
3 C 3×12.0000000	2 C 2×12.0000000	1 C 1×12.0000000
8 H 8×1.0078246	4 H 4×1.0078246	2 O 2×15.9949146
	1 O 1×15.9949146	
44.06261	44.02621	43.98983

若高分辨质谱测的精确质量为 44.027，则可以确定该分子为乙醛。

10.5.4 质谱新技术

分子类型不同，其离子化所需要的能量可能有很大的差异。因此，对不同的分子应选择不同的电离方法。通常把能给样品较大能量的电离方法，如应用最为广泛的电子轰击式（EI）源质谱称为硬电离技术，它主要用于挥发性样品的电离。有些化合物稳定性差，用 EI 方式不易得到分子离子，因而也就得不到分子量，这就需要采用给样品较小能量的电离方法。后一种方法称为软电离，适用于易破裂或易电离的样品。

自 20 世纪 80 年代以来，科学家们先后研究出了电喷雾电离质谱（electrospray ionization，ESI 源）、基质辅助激光解析电离源质谱（matrix-assisted laser desorption ionization，MALDI 源）、大气压电离源（atmospheric pressure ionization，API 源）以及快原子轰击源（fast atom bombardment，FAB 源）等软电离技术。特别是 ESI 源软电离技术，分子不会发生碎裂，故没有碎片峰，可以得到化合物的分子量，在有机化学研究中常用于高分辨质谱。ESI 源主要应用于液相色谱-质谱联用仪。

ESI 源既可以分析小分子，也可以分析大分子。对于分子量在 1000 以下的小分子，通常是生成单电荷离子，少量化合物也会有双电荷离子。胺类等碱性化合物易生成质子化的分子，得到 $[M+H]^+$，而酸性化合物则能生成去质子化离子 $[M-H]^-$。$[M+H]^+$ 或 $[M-H]^-$ 离子不含未配对电子，结构比较稳定，其相应的质谱峰称为准分子离子峰。由于 ESI 是一种很"软"的电离技术，通常很少或没有碎片，质谱图中只有准分子离子。同时，某些化合物容易受到溶液中存在的离子的影响，形成加合离子，常见的有 $[M+Na]^+$、$[M+K]^+$ 以及 $[M+NH_4]^+$ 等。对于极性大分子，利用电喷雾源常常会生成多电荷离子。另外，即便是分子量大，稳定性差的化合物，也不会在电离过程中发生分解，因此，适合于分析极性强的大分子有机化合物，如蛋白质、肽、糖等。采用质谱新技术分析研究糖、核酸、多肽、蛋白质的分子量、获得结构信息，这方面已经取得了很大的进展，这些研究工作也标志着生物有机质谱成为质谱研究中的一个热点领域。

核磁共振成像

核磁共振成像术（magnetic resonance imaging，MRI）是利用人体组织中某种原子核的核磁共振现象，将所得射频信号经过计算机的处理，构建出人体某一层面图像的诊断技术。我们知道，人体的每个细胞都含有相当量的水，MRI 技术可根据[1]H NMR 原理，观察到水分子中的两个质子共振图像。根据正常的人体细胞中的质子与病变的细胞中的质子的分布等差异，MRI 图像把病变组织识别出来，同时从中还可判断病变发展的不同阶段，为临床诊断提供直接信息。MRI 是继 CT 之后医学影像诊断技术的又一重大进展。

MRI 技术的发展有一个曲折的过程。1952 年，美国科学家 E. M. Purcell 和 F. Bloch 就由于核磁共振现象的发现而获得诺贝尔物理奖。后来，英国学者 P. Mansfield 发展了有关在稳定磁场中使用附加的梯度磁场的理论，为核磁共振成像技术从理论到应用奠定了基础。1973 年，美国科学家 P. Lauterbur 把物体置于一个稳定的磁场中，然后再施加一个不均匀的磁场，再逐点诱发核磁共振无线电波，最终获得了一幅二维的核磁共振图像。在这两位科学家成果的基础上，第一台医用核磁共振成像仪于 20 世纪 80 年代初问世。后来，为了避免人们把这种技术误解为核技术，一些科学家主张把核磁共振成像技术的"核"字去掉，称其为"磁共振成像技术"，英文缩写即 MRI。P. Mansfield 和 P. Lauterbur 共同获得了 2003 年度诺贝尔生理学或医学奖。

今天，随着超导技术、计算机技术和电子技术的飞速发展，MRI 技术亦日臻成熟与完善，其应用范围也已从头部扩展到脊柱、四肢、盆腔、胸部及腹部的临床检查，使人们对许多疑难病变的诊断与鉴别成为可能。MRI 与 CT 扫描一样，都是获得断面解剖图像，但成像原理不同。MRI 无放射线，也就没有 CT 和 X 线检查均存在的电离辐射对人体组织细胞的损害，也不需要摄入可能引起过敏的造影剂。同时，现代 MRI 扫描技术使我们不仅能任意选择平面和方向，而且可以通过选择不同的扫描序列和参数获得大量反映体内正常组织和各种病变的信息，从而在病变的准确定位、病变性质的判断上远优于包括 CT 在内的各种检查技术。

10-1　如果只考虑 $\pi \rightarrow \pi^*$ 跃迁，下列各组化合物中，哪一个在 UV 谱中的 λ_{max} 较大？

（1）　与　（2）　与　（3）　与

10-2　下列化合物中哪些在 200～400nm 范围具有 UV 吸收？

（1）　（2）　（3）　（4）　（5）

10-3　根据 IR 的哪些特征吸收，可使下列各对化合物达到快速而有效的鉴别？

（1）$CH_3CH_2CH_2CH_2CHO$ 和 $CH_3COCH_2CH_3$

（2）　—OH 和　=O

（3）　和

（4）$H—C\equiv C—(CH_2)_5CH_3$ 和 $CH_3CH_2—C\equiv C—(CH_2)_3CH_3$

（5）　$—CH_2—C\equiv N$ 和　$—N—CH_2CH_3$

10-4　有三个化合物，分子式均为 $C_6H_{10}O$，分别可能为 $CH_3(CH_2)_2—C\equiv C—CH_2OH$，$CH_3CO$

(CH₂)₂CH＝CH₂ 及环己酮。它们的 IR 谱图如图 10-43 所示，请根据图中给出的特征吸收和其他信息，确定 IR 相对应的化合物。

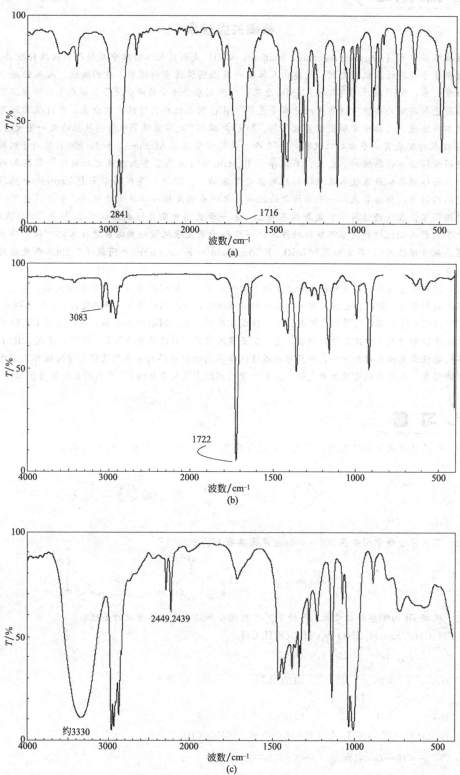

图 10-43　三个化合物的 IR 图谱

10-5 若在 90MHz 的 NMR 仪上测得化合物中某质子的吸收频率在低于 TMS 405Hz 处。请问：（1）该质子的化学位移为多少？（2）若在 400MHz 的 NMR 仪上测试，则该质子的化学位移为多少？吸收频率相对于 TMS 出现在何处？

10-6 按化学位移 δ 值的大小，将下列每个化合物中的核磁共振信号排列成序，并指出箭头处质子的裂分模式。

(1) $\underset{a}{H_3C}-O-\underset{}{\overset{\overset{O}{\|}}{C}}-\underset{b}{\overset{\downarrow}{CH_2}}-\underset{}{\overset{\overset{O}{\|}}{C}}-\underset{c}{CH_3}$

(2) $\underset{a}{CH_3CH_2}\underset{b}{\overset{\downarrow}{CHCl}}\underset{c}{CH_2CH_3}$

(3) $Cl-\underset{}{\overset{\overset{c}{\underset{}{H}}}{\overset{\diagup}{C}}}=\underset{}{\overset{\overset{d}{OCH_3}}{\underset{\underset{a}{H}}{\overset{\diagdown}{C}}}}\xleftarrow{b}$

(4) $HO-\underset{\underset{b}{CH_3}}{\overset{\overset{CH_3}{|}}{\underset{|}{C}}}-C≡C-\underset{c}{\overset{\downarrow}{H}}$

(5) $\underset{a}{ClCH_2}\underset{b}{\overset{\downarrow}{CH_2}}-\underset{}{\overset{\overset{O}{\|}}{C}}-\underset{}{OCH_3}$

(6) $\underset{a}{(CH_3)_2}\underset{b}{\overset{\downarrow}{CH}}-\underset{}{\overset{\overset{O}{\|}}{C}}-\underset{c}{CH_3}$

10-7 请将下列两个化合物的 ^1H NMR 数据进行归属，并解释吸收峰的裂分。

δ_H 1.08(d, J=7Hz, 6H)
2.45(t, J=5Hz, 4H)
2.80(t, J=5Hz, 4H)
2.93(septuplet, J=7Hz, 1H)

δ_H 1.00(t, J=7Hz, 3H)
1.75(sextuplet, J=7Hz, 2H)
2.91(t, J=7Hz, 2H)
7.4~7.9(m, 5H)

10-8 某化合物 A（C_3H_2NCl），其 IR 谱图在 1650cm^{-1}、2200cm^{-1} 附近有较强吸收；A 的 ^1H NMR 在 δ5.9 和 7.1 各有一个二重峰（J=14.0Hz）。请推测 A 的可能结构。

10-9 某化合物 A（$C_8H_{10}O$），与溴水作用生成化合物 B（$C_8H_8Br_2O$）。A 的 IR（KBr 压片）谱上在 3263cm^{-1} 有一强而宽的吸收，在 1245cm^{-1} 有强的吸收，在 826cm^{-1} 有较强的吸收。A 的 ^1H NMR（500MHz，$CDCl_3$）数据如下：δ=7.06（d，J=8.3Hz，2H），6.75（d，J=8.4Hz，2H），4.92（s，1H），2.57（q，J=7.6Hz，2H），1.20（t，J=7.6Hz，3H）。请推测化合物 A 的结构，并写出 A→B 的反应方程式。

10-10 化合物 A、B 及 C 是构造异构体，其分子式均为 $C_9H_{10}O$。A 可以发生碘仿反应，但 B 和 C 都不发生碘仿反应。A 的 IR（液膜）谱上在 1682cm^{-1} 处有一强的吸收，其 ^1H NMR（400MHz，d_6-DMSO）数据如下：δ 2.38（s，3H），2.54（s，3H），7.23（d，2H），7.84（d，2H）；B 的 IR（液膜）谱上在 1688cm^{-1}、691cm^{-1}、746cm^{-1} 处有强的吸收，其 ^1H NMR（$CDCl_3$，90MHz）数据如下：δ 1.22（t，3H），2.98（q，2H），7.3~8.0（m，5H）；C 的 IR（液膜）谱上在 1703cm^{-1} 处有强的吸收，在 2734cm^{-1}、2799cm^{-1} 处有中等强度的吸收，其 ^1H NMR（$CDCl_3$，90MHz）数据如下：δ 1.26（t，3H），2.71（q，2H），7.34（d，2H），7.78（d，2H），9.96（s，1H）。试推测化合物 A、B、C 的结构。

10-11 有一分子式为 $C_4H_8O_3$ 的化合物，IR 在 2500~3300cm^{-1} 有一宽的吸收峰，在 1710cm^{-1} 有强吸收。^1H NMR 谱观察到四个吸收峰，分别为 δ=1.2（d，3H），4.5（q，1H），3.6（s，3H）以及 12.5（s，1H）。请为该化合物建议一个合理的结构。

10-12 某化合物的分子式为 $C_{10}H_{12}O$，其 ^1H NMR 谱图如图 10-44 所示，δ=7.27（d，J=8.4Hz，2H），6.84（d，J=8.8Hz，2H），6.37~6.07（m，2H），3.80（s，3H），1.87（d，J=8.0Hz，3H）。另在 6.37~6.07 的吸收有一较大的偶合常数（J=15.8Hz）。标出的数字表示相关吸收峰的相对面积。试推断该化合物的结构。

10-13 图 10-45 为 1-溴丁烷的 MS 图。请解释图中所标示的各离子峰的产生方式。

10-14 试解释正丁酸甲酯 MS 图中 m/z 为 43、71 和 59 各碎片离子峰的产生过程。

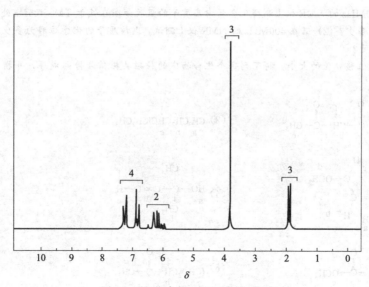

图 10-44　化合物的 ^{1}H NMR 谱图

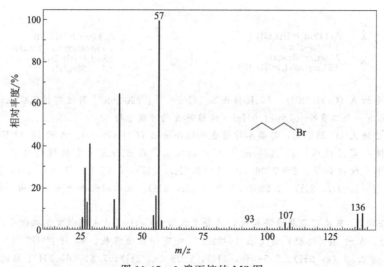

图 10-45　1-溴丁烷的 MS 图

注：本章部分谱图取自 http：//riodb01. ibase. aist. go. jp/sdbs/cgi-bin/cre_index. cgi? lang＝eng、http：//webbook. nist. gov/chemistry/和 http：//www. chem. ucla. edu/～webspectra/index. html，特此致谢。

第11章 醛、酮和醌

碳氧双键 C=O 称为羰基（carbonyl group）。它是有机化学中非常重要的一类官能团，能够进行多种类型的反应，可转化为多种其他类型的化合物，具有很高的反应活性。羰基化合物广泛存在于自然界，其中很多是参与生物代谢过程的重要物质。如甘油醛 [$HOCH_2CH(OH)CHO$] 和丙酮酸（CH_3COCO_2H）是细胞代谢作用的基本成分，在有机合成中也是重要的原料和中间体。羰基化合物包括醛、酮、醌、羧酸，以及酰氯、酸酐、酯、酰胺等羧酸衍生物，通式为 RCOG，G 不同，羰基化合物的种类也不同，表 11-1 列出了不同羰基化合物的结构和名称。

$$\begin{array}{cc} \diagdown \\ C=O \\ \diagup \end{array} \qquad \begin{array}{c} R \quad G \\ \diagdown \diagup \\ C \\ \| \\ O \end{array}$$

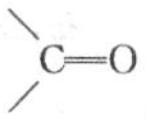

羰基 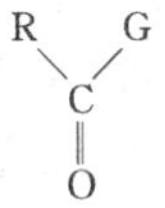　　　羰基化合物的通式

表 11-1　羰基化合物的结构和名称

官能团	结构	名称
H	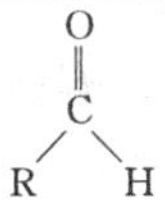 $\underset{R \diagdown \text{C} \diagup H}{\overset{O \atop \|}{}}$	醛
R′	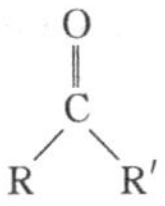 $\underset{R \diagdown \text{C} \diagup R'}{\overset{O \atop \|}{}}$	酮
OH	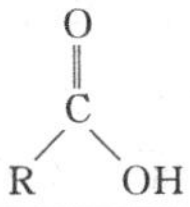 $\underset{R \diagdown \text{C} \diagup OH}{\overset{O \atop \|}{}}$	羧酸
X(卤素)	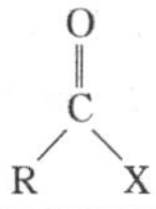 $\underset{R \diagdown \text{C} \diagup X}{\overset{O \atop \|}{}}$	酰卤
OCOR′	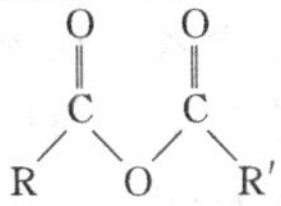 $\underset{R \diagdown \text{C} \diagup O \diagdown \text{C} \diagup R'}{\overset{O \qquad O \atop \| \qquad \|}{}}$	酸酐
OR′	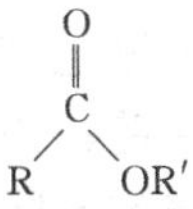 $\underset{R \diagdown \text{C} \diagup OR'}{\overset{O \atop \|}{}}$	酯
NH_2,NHR′或NR′R″	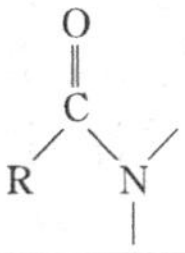 $\underset{R \diagdown \text{C} \diagup N}{\overset{O \atop \|}{}}$	酰胺

本章我们主要讨论醛、酮以及醌（结构见 11.5 节）。当羰基与至少一个氢相连时，该化合物被称为醛（aldehydes），$-\overset{\text{O}}{\underset{}{\text{C}}}-\text{H}$ 称为醛基（aldehyde group）；而当其与两个烃基相连时，称为酮（ketones）。醛、酮在自然界的分布较广，与我们的生产生活联系密切，下面是一些常见的醛和酮。其中甲醛是一种重要的工业原料，同时也是防腐剂福尔马林的主要成分，而丙酮是重要的工业溶剂。茴香醛和香芹酮都是重要的食用和日用香精。

甲醛　　　　丙酮　　　　茴香醛　　　　香芹酮

11.1　醛和酮的分类、命名

11.1.1　分类

醛、酮可根据不同的方法进行分类。根据所连烃基的种类可分为脂肪族和芳香族醛、酮等。芳香族醛、酮指羰基与苯环等芳环相连的醛、酮，例如苯甲醛 PhCHO 以及苯乙酮 Ph-$COCH_3$。脂肪族醛、酮指羰基与脂肪烃基相连的醛、酮，例如丙酮、丙醛。苯乙醛 $PhCH_2CHO$ 中醛基不与苯环直接相连，因此属于脂肪醛。羰基在脂环上的酮称为脂环族酮，如环戊酮。

按照羰基数目又可分为一元醛、酮（如 CH_3CHO、CH_3COCH_3）和多元醛、酮（如：$OHCCH_2CH_2CHO$、$CH_3COCH_2COCH_3$）。

另外，羰基与 C＝C 双键直接相连的醛、酮称为 α,β-不饱和醛、酮，例如丙烯醛 $H_2C＝CHCHO$。在酮类分子中，若一个烃基为甲基，则称为甲基酮。它们常具有一些特殊的反应活性。甲基酮又可进一步分为脂肪族甲基酮 $RCOCH_3$ 以及芳香族甲基酮 $ArCOCH_3$。

11.1.2　命名

简单的醛、酮可用普通命名法进行命名，即简单的脂肪醛按分子中碳原子数称某醛。简单的酮按羰基上连接的两个烃基名称，称某（基）某（基）甲酮（"基""甲"字可省略），简单的羰基写在前面，复杂的羰基写在后面。例如，$CH_3COCH_2CH_3$ 称为甲基乙基甲酮，或更通常地称为甲乙酮，再如 $CH_3CH_2COCH_2CH_3$ 称为二乙（基）酮，$C_6H_5COC_6H_5$ 称为二苯（甲）酮。芳香酮习惯上将脂肪烃基置于名称前面，如 $C_6H_5COCH_3$ 称为甲基苯基酮。

复杂的醛、酮通常用系统命名法进行命名。在系统命名法中，首先要选取含羰基的最长碳链为主链。由于醛羰基一定是位于碳链末端，所以其编号肯定为 1。而酮羰基处于碳链中间，要从靠近羰基的一端开始编号，使羰基的位次最小，然后将位次用阿拉伯数字写在名字的前面，数字和汉字之间用半横线隔开。主链上其他取代基也要标出位次和名称。多元醛、酮命名时应选取含尽可能多羰基的碳链为主链，并注明羰基的位置和羰基的数目。对于脂环酮，编号则总是从羰基碳原子开始，与开链酮不同的是仅在名称前多加一个"环"字。不饱和醛、酮在命名时，应使羰基的编号尽可能小，并表示出不饱和键所在的位置。多元醛、酮需要选取含羰基尽可能多的碳链为主链，并注明羰基的位置数目。一些醛、酮的命名示例如下。

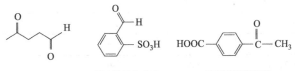

甲醛　　乙醛　　丙醛　　戊二醛　　2-丁烯醛

3-甲基戊醛　　2,5-己二酮　　3-己烯-2-酮　　2-甲基环己酮

与羰基碳原子直接相连的碳原子称为 α-碳原子，其他碳依次用 β、$\gamma\cdots$ 表示。例如，上述 3-甲基戊醛也可称为 β-甲基戊醛，2-甲基环己酮也可称为 α-甲基环己酮。

含芳香环的醛以脂肪醛为母体，芳基为取代基进行命名。例如苯甲醛 C_6H_5CHO，3-苯基丙醛 $C_6H_5CH_2CH_2CHO$ 等。而芳香酮的命名比较特殊，习惯上根据其相应羧酸酰基的名称命名，例如：

苯乙酮　　　　　苯丙酮
（不叫苯甲酮）　（不叫苯乙酮）

当羰基作为取代基时，醛基称为甲酰基，而酮羰基被称为羰基或与其他烃基一起被称为某酰基。

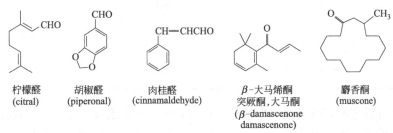

4-羰基戊醛　　邻甲酰基苯磺酸　　对乙酰基苯甲酸

天然醛、酮常用其俗名。例如：

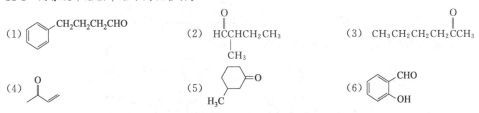

柠檬醛　　　胡椒醛　　　　肉桂醛　　　　　β-大马烯酮　　　麝香酮
(citral)　　(piperonal)　(cinnamaldehyde)　突厥酮,大马酮　　(muscone)
　　　　　　　　　　　　　　　　　　　　　　(β-damascenone
　　　　　　　　　　　　　　　　　　　　　　damascenone)

思考题

11-1 用系统命名法命名下列化合物。

(1) $\text{C}_6\text{H}_5\text{CH}_2\text{CH}_2\text{CH}_2\text{CHO}$

(2) $\text{HCCHCH}_2\text{CH}_3$（$\text{CH}_3$）（O）

(3) $\text{CH}_3\text{CH}_2\text{CH}_2\text{CH}_2\text{CCH}_3$（O）

(4)

(5)

(6)

265

11.2　醛和酮的物理性质

由于羰基是极性键，因此醛和酮一般都是极性分子，其沸点比分子量相近的烃类化合物和醚类化合物要高。然而，由于醛、酮分子间不能形成氢键，其沸点又比相应的醇更低。试比较：

化合物	丁烷	丙醛	丙酮	丙醇
分子量	58	58	58	60
沸点/℃	−0.5	48	56	97

室温下，除甲醛是气体外，十二个碳原子以下的脂肪醛、酮均为液体，高级脂肪醛、酮和芳香酮多为固体。

醛、酮中羰基氧原子的存在使得醛、酮可以与水分子形成较强的氢键，所以低级的醛、酮在水中的溶解度很大，如丙酮与水可以任意比混溶。当醛、酮中的烃基不断增大，其在水中的溶解度不断减小，仅微溶或不溶于水，而易溶于一般的有机溶剂。表 11-2 列出了一些常见醛、酮的物理性质。

表 11-2　常见醛、酮的物理性质

化合物	结构式	熔点/℃	沸点/℃	溶解度(25℃)/(g/100g H₂O)
甲醛	HCHO	−92	−19	40
乙醛	CH₃CHO	−123.4	20.2	∞
丙醛	CH₃CH₂CHO	−81	48	20
正丁醛	CH₃CH₂CH₂CHO	−97	74.8	7.6(20℃)
苯甲醛	C₆H₅CHO	−57	178	0.3(20℃)
丙酮	CH₃COCH₃	−95	56	∞
丁酮	CH₃COCH₂CH₃	−86	80	27.5
苯乙酮	C₆H₅COCH₃	19～20	202	0.55
二苯酮	C₆H₅COC₆H₅	48.5	305	不溶
环戊酮	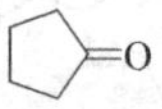	−58.2	130.6	不溶
环己酮	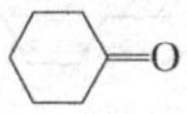	−47	156	8.6(20℃)

低级醛具有强烈的刺激气味。中级醛具有果香味。许多酮及芳香醛、酮具有特殊的芳香气味，它们常见于香料工业的配方成分，可用于配制香料，在化妆品和食品工业中有重要应用。下面列举了一些例子。

己醛(果香香气)

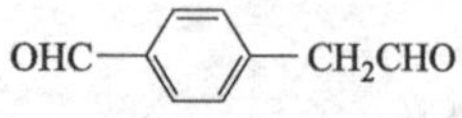

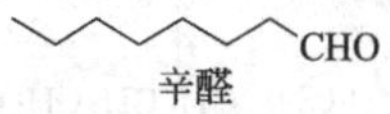

辛醛
(脂肪-柑橘香气、奶油、巧克力香型食用香精)

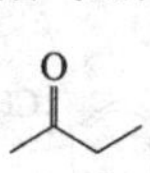

丁香醛
香子兰、苦杏仁香气
(香蕉、李子型香型食用香精)

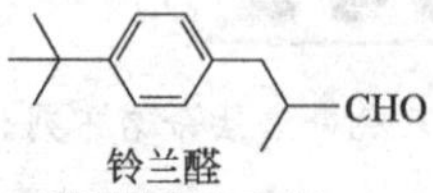

铃兰醛
(甜润的百合香味)

2-丁酮
(用于果香、干酪香精)

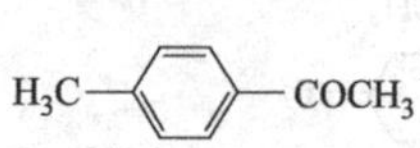

对甲基苯乙酮
(苦杏仁和茴香香气)

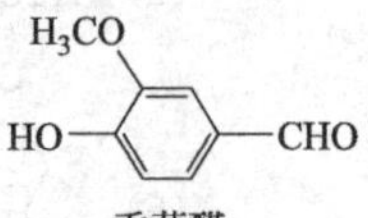

香草醛
(香草豆的香味成分
浓郁的奶香甜香)

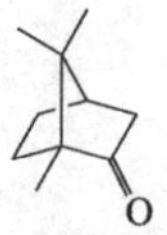

2-莰酮(樟脑)
(薄荷香型)

11.3 醛、酮的结构和化学性质

11.3.1 羰基的结构特征

羰基中的碳和氧以双键相连，碳原子和氧原子都是 sp^2 杂化，这与碳-碳双键中原子的杂化情况相同，因此其成键的情形也与碳-碳双键类似，碳上的三个 sp^2 杂化轨道形成三个 σ 键，其中一个 σ 键和氧原子相结合。碳原子上未参与杂化的 p 轨道和氧上未参与杂化的 p 轨道肩并肩重叠形成一个 π 键，与由上述三个 σ 键组成的平面垂直，而氧原子上还有两对孤对电子未参与成键。综上所述，和羰基碳直接相连的三个原子同处于一个平面上，它们之间的夹角接近于 120°。例如甲醛和丙酮的结构以及键角显示如下。

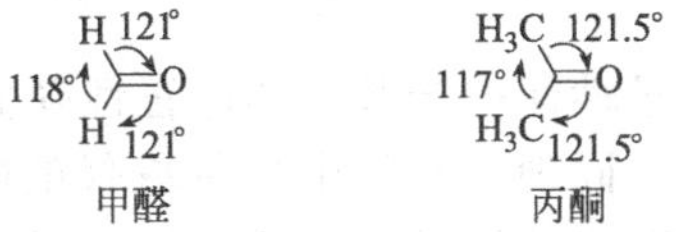

众所周知，性质依赖于结构，因此醛、酮的化学性质主要取决于羰基官能团的性质。碳氧双键中由于氧的电负性很强，能够吸引更多的负电荷，包括双键中的 σ 轨道和 π 轨道中的电子，因此羰基碳带有部分正电荷，容易接受亲核试剂的进攻。相反，羰基氧带有部分负电荷，能与亲电试剂反应，尤其是能与作为催化剂的酸反应。碳氧双键中 π 键的极化状况可以用下面所示的羰基的共振结构来表示。

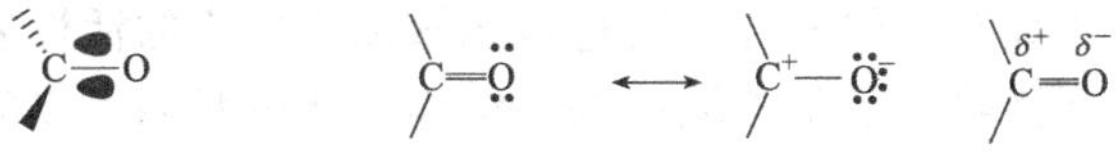

11.3.2 醛、酮的亲核加成反应

醛、酮与亲核试剂的亲核加成反应是这类化合物的特征反应，也是这类化合物最重要的反应之一。当亲核试剂靠近羰基时，它用一对电子与羰基碳形成一个 σ 键，为了满足八隅体规则，碳氧双键的一对电子会转移到电负性较强的氧原子上。反应发生后，羰基碳从平面构型的 sp^2 杂化转变成为四面体构型的 sp^3 杂化，形成一个烷氧基负离子的中间体。当然，亲核试剂也可以是中性分子。

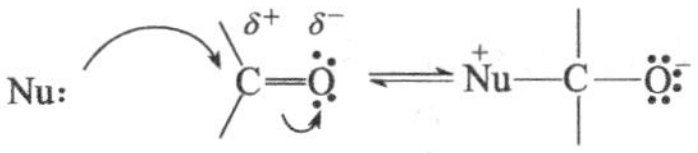

烷氧基负离子形成以后，亲核试剂的性质会影响其随后的反应。通常的反应途径是烷氧基负离子从水或酸中夺取一个质子形成醇。当亲核试剂中还有活泼氢存在时，另外一种反应通常会发生，即四面体的烷氧基负离子会脱水形成新的双键，如下图所示。

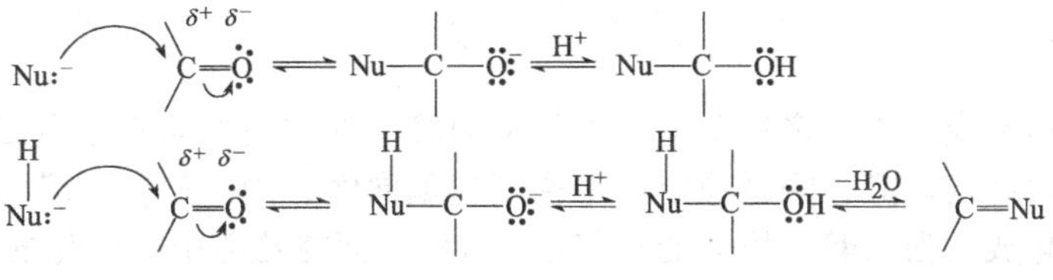

亲核试剂既可以是带负电荷的离子也可以是中性分子。带负电荷的亲核试剂通常比中性的亲核试剂的亲核性要强。在中性的亲核试剂中一般至少含有一个氢，从而可以发生消除反应，得到新的双键。下面我们将介绍这些亲核试剂与醛、酮的亲核加成反应，这些反应有些是可逆的，有些是不可逆的。有些反应不需要催化剂，但有些需要酸或碱的催化。

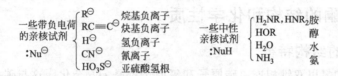

（1）**醛和酮的相对反应活性**　醛和酮进行亲核加成反应的活性不同，结构不同的醛或酮的反应活性也不一样。总的来说，醛的反应活性要大于酮，位阻大的醛、酮反应活性要小于位阻小的。这可以从电子因素和位阻因素两方面进行解释。

$$\underset{H}{\overset{H}{>}}C=O > \underset{H}{\overset{R}{>}}C=O > \underset{H_3C}{\overset{R}{>}}C=O > \underset{R'}{\overset{R}{>}}C=O$$

从电子因素看，烷基的推电子性使得羰基碳的电正性降低，化合物更稳定，因此有一个烷基取代的醛比甲醛的活性要低；同理，有两个烷基取代的酮比一个烷基取代的醛活性低；有大的烷基取代的酮比小的烷基取代的酮的活性低。从位阻因素看，首先，羰基上烷基取代的增多，以及烷基取代基的增大，使得亲核试剂对羰基碳的进攻受阻；其次，醛、酮亲核加成反应经过一个四面体构型的烷氧基负离子中间体，当烷基取代增多以及增大时，会使中间体不稳定，难以生成。

当然，如果取代基是吸电子的，如—CF_3 或—CCl_3，会增加反应物的不稳定性，并使羰基碳的电正性增加，亲核加成反应会更容易进行。

芳基取代的醛、酮比烷基取代的醛、酮进行亲核加成反应的活性要低。这主要归结于芳环的共轭推电子作用。下面给出了苯乙酮的共振结构，从中我们可以对苯环的推电子性有一个直观的认识。

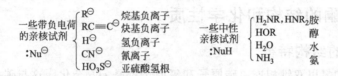

？思考题

11-2　比较下列化合物进行亲核加成反应的活性大小，并解释其原因。

（2）**与含氧亲核试剂的加成**　醛和酮可以与水发生亲核加成反应，生成偕二醇。

$$\overset{}{>}C=O \xrightarrow{H_2O} \overset{OH}{\underset{OH}{>}}C\overset{}{<}$$

该反应是可逆反应，在很多情况下，平衡偏向醛、酮方向，而不是偕二醇方向。平衡位置取决于醛、酮的结构，醛、酮越稳定，平衡就越偏向醛、酮。如在甲醛的水溶液中，几乎所有的甲醛都转化成了偕二醇，甲醛的量仅占 0.1%；而在乙醛中，转化的占 56%；丙酮中相应的偕二醇已经降低到 0.1%。还有一些特殊结构的醛、酮，如茚三酮以及三氯乙醛，其与水的反应非常顺利，所生成的偕二醇在生物及医药上应用广泛，如水合茚三酮是氨基酸或肽的显色剂，广泛应用于生物实验室以及公安部门的指纹提取上。而三氯乙醛的水合物（俗称水合氯醛）为白色晶体，有催眠、抗惊厥作用，是一种安全的催眠、抗惊厥药。

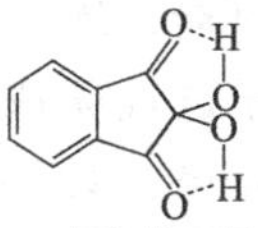

水合茚三酮 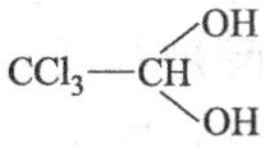　　　　　　　水合氯醛

由于水是一种弱亲核试剂，所以醛、酮与水的反应通常需要酸或碱催化剂的参与。当然，无论是酸催化剂还是碱催化剂，都只能影响反应的速度，而不能改变反应的平衡位置。碱催化的反应机理显示如下，在碱的催化下，亲核试剂为羟基负离子，比水分子的亲核能力要强，反应中羟基负离子首先进攻羰基碳，形成烷氧基负离子中间体，该中间体是一个强碱，能很快从水中夺取一个氢质子，形成偕二醇。

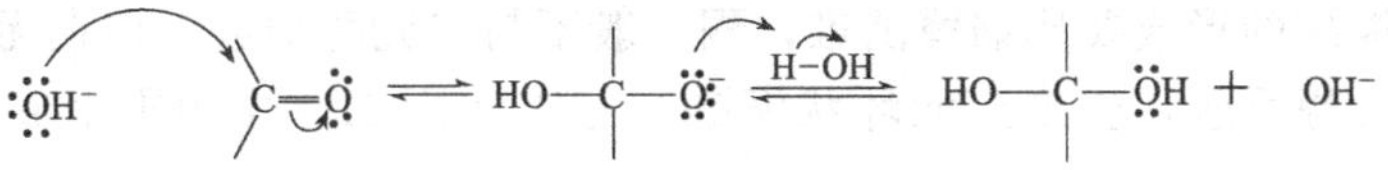

酸催化的反应机理与碱催化不同，首先发生的是羰基氧的质子化，这使得羰基碳的电正性大大增加，然后水分子作为亲核试剂进攻羰基碳，生成一个质子化的偕二醇，脱掉质子后形成偕二醇。

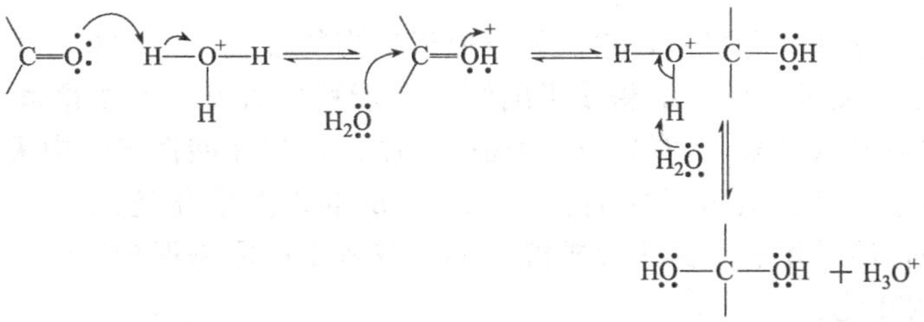

醛、酮与醇可以发生与水类似的反应，产物是类似于偕二醇的羟基醚，称之为半缩醛。该反应同样是一个可逆反应，且平衡的方向更偏向于酮，因此也需要催化剂。酸和碱都可以催化该反应，但通常用酸催化。半缩醛通常不稳定，一般很难分离出来，在酸性条件下会进一步和另一分子的醇反应，得到缩醛（acetals）或缩酮（ketals）。该步反应只能用酸作催化剂，不能用碱。

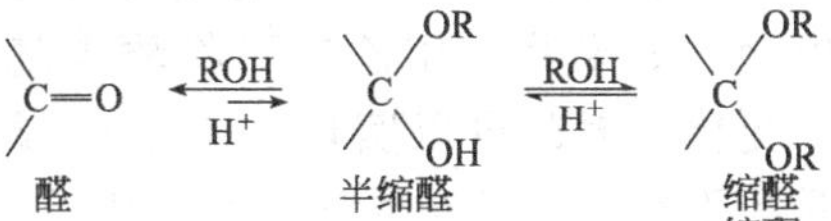

醛酮　　　半缩醛半缩酮　　　缩醛缩酮

上述两步反应的反应机理如图 11-1 所示。

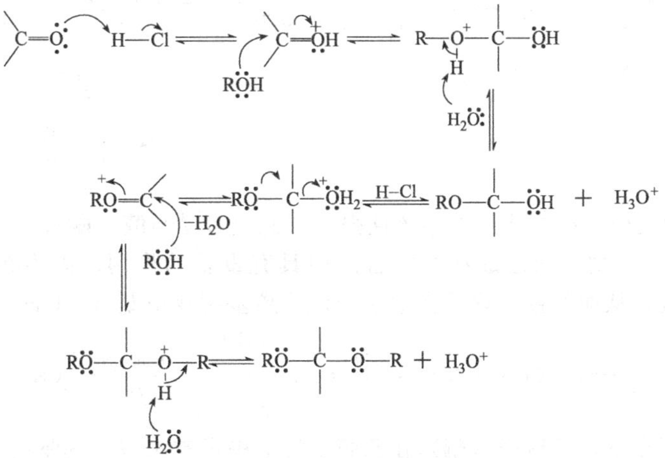

图 11-1　缩醛（酮）的形成机理

首先，在酸性条件下，羰基氧进行质子化带正电荷，增加羰基碳的电正性，使其更容易接受亲核试剂的进攻。然后，醇羟基氧上的孤对电子进攻羰基碳，碳氧间的一对电子转移到氧上，形成一个质子化的羟基醚，脱质子后得到羟基醚，即半缩醛（酮）。半缩醛的羟基质子化后，成为一个很好的离去基团——水，脱水后得到锌离子，第二个醇分子加成到羰基碳上，得到质子化的缩醛，脱掉质子后得到缩醛。从机理中我们可以看出，生成缩醛（酮）的每步反应都是可逆的，既可以向右进行形成缩醛，也可以向左进行回到醛，称为缩醛的水解。反应平衡的方向取决于反应条件，如果我们将醛、酮溶解在过量的醇（无水）中，再加入催化量的酸，平衡就会偏向右面，生成缩醛。而当我们将缩醛与大量的水混合，并加入催化量的酸时，平衡向左，进行水解反应。

相对而言，缩酮的形成要比缩醛困难，酮一般不与一元醇加成。但在无水酸催化下，酮能与乙二醇等二元醇反应，生成五元环状缩酮。与 1,3-丙二醇作用则生成六元环状结构的缩酮。

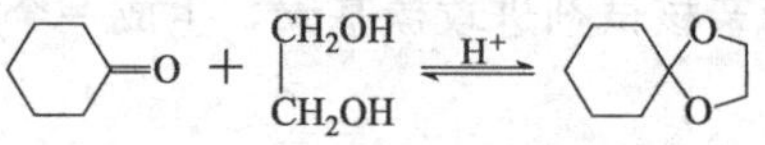

如果分子中既有羰基又有羟基，它们只要处于适当的位置，常常在分子内自动形成环状（通常能形成五元或六元环）的半缩醛或半缩酮，并能稳定存在。半缩醛和缩醛的结构在糖化学上具有重要的意义（见第 17 章）。虽然缩醛（酮）可以在酸性溶液中进行水解反应生成原来的醛或酮，但它对碱、负氢还原剂、Grignard 试剂以及催化还原条件都是惰性的，因此，在有机合成中，经常用乙二醇来保护醛、酮，或者用丙酮来保护二醇。如我们要实现下列所示的 A 到 B 的转化：

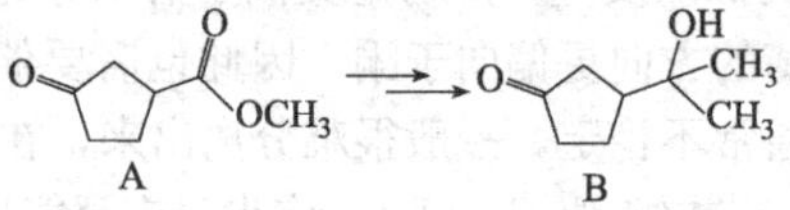

如果直接用甲基溴化镁与 A 反应，由于酮羰基比酯基更容易进行亲核加成反应，因此不仅酯基会转化为羟基，酮羰基也会。如果我们用乙二醇将酮羰基保护成环缩酮，由于缩酮对 Grignard 试剂惰性，不会发生变化，因此可以实现 Grignard 试剂对酯基的选择性进攻，等反应结束后，再在酸性条件下将环缩酮水解成羰基，就完成了 A 到 B 的转化。

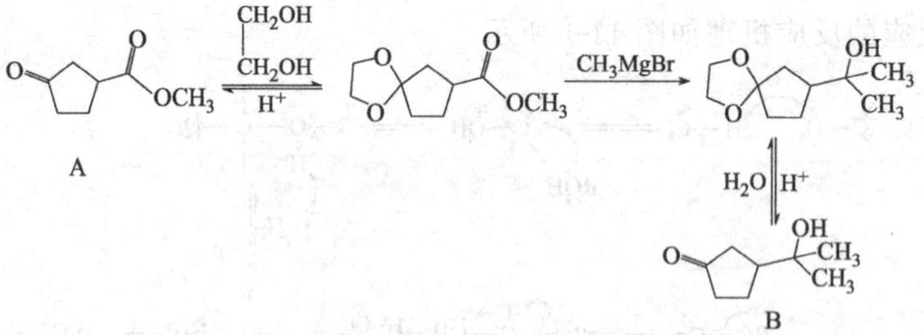

（3）与硫醇的反应　硫醇比醇的亲核性强，因此更容易与醛、酮进行亲核加成，生成缩硫醛（酮）。缩硫醛（酮）的形成在有机合成中具有重要的作用。因为在 Raney 镍的作用下，发生脱硫反应，从而间接实现了在中性条件下羰基到亚甲基（—CH₂—）的转换。

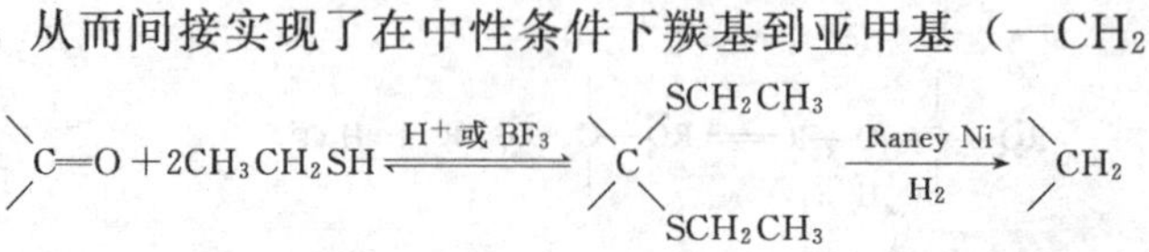

在氯化汞的存在下，缩硫醛（酮）在乙腈水溶液中可被水解，其驱动力是不溶的硫化汞的形成。

（反应式）

11-3 写出下列反应的主要产物。

(1)（反应式）

(2)（反应式）

（4）**与含碳亲核试剂的加成** 醛以及大多数的酮可以与氢氰酸反应，生成氰醇（cyano-hydrins），而位阻很大的酮不反应。

$$\text{C=O} + \text{HCN} \rightleftharpoons \text{C}\overset{\text{OH}}{\underset{\text{CN}}{}}$$

氰醇

由于 HCN 是弱酸（$pK_a \approx 9$），离解出的 CN^- 比较少，因此不加催化剂时该反应进行得比较缓慢。反应中通常需要加入少量的碱或氰化物作催化剂。该反应的反应机理如下所示。在碱存在的条件下，亲核试剂是氰负离子，它与羰基化合物进行亲核加成反应生成四面体构型的中间体，中间体从氢氰酸攫取一个质子，生成氰醇。

$$:CN^- \quad C=\ddot{O}: \rightleftharpoons NC-C-\ddot{O}:^- \xrightarrow{H-CN} NC-C-\ddot{O}H + CN^-$$

氢氰酸的毒性很大，并具挥发性，因此该反应必须在通风橱中进行，操作时一定要注意进行特别的防护。反应时通常先加入氰化钠，然后再滴加硫酸，以避免直接使用氢氰酸。

氰醇在有机合成中是很有用的一类中间体，根据反应条件的不同，氰醇可水解成 α-羟基酸，或继续脱水生成 α,β-不饱和羧酸。另外，氰醇中的氰基还可以被还原成氨甲基，从而得到 β-氨基醇。

（反应式）

Grignard 试剂也是一个很强的亲核试剂，同时又是一个极强的碱，它很容易与醛、酮发生亲核加成反应，生成醇。该反应与前面介绍的反应不同，不是可逆反应，究其原因是烷基负离子（R^-）是一个极强的碱，很不容易离去。

$$RMgX + \text{C=}\ddot{O}: \longrightarrow [R-C-\ddot{O}MgX] \xrightarrow{H-OH} R-C-\ddot{O}H + Mg(OH)X$$

醛、酮与 Grignard 试剂的反应是一类很重要的反应，反应的产物依据醛、酮的不同结构，可以是伯醇、仲醇和叔醇。此类反应在有机合成中是一种制备醇的重要方法。例如：

① Grignard 试剂与甲醛反应可生成延长一个碳原子的伯醇：

$$RMgX + \underset{甲醛}{\overset{H}{\underset{H}{C}}=\ddot{O}} \longrightarrow \left[R-\overset{H}{\underset{H}{C}}-\ddot{O}MgX \right] \overset{H-OH}{\longrightarrow} \underset{伯醇}{R-\overset{H}{\underset{H}{C}}-\ddot{O}H} + Mg(OH)X$$

② 高级醛反应生成仲醇：

$$RMgX + \underset{高级醛}{\overset{R'}{\underset{H}{C}}=\ddot{O}} \longrightarrow \left[R-\overset{R'}{\underset{H}{C}}-\ddot{O}MgX \right] \overset{H-OH}{\longrightarrow} \underset{仲醇}{R-\overset{R'}{\underset{H}{C}}-\ddot{O}H} + Mg(OH)X$$

③ 与酮反应生成叔醇：

$$RMgX + \underset{酮}{\overset{R'}{\underset{R''}{C}}=\ddot{O}} \longrightarrow \left[R-\overset{R'}{\underset{R''}{C}}-\ddot{O}MgX \right] \overset{H-OH}{\longrightarrow} \underset{叔醇}{R-\overset{R'}{\underset{R''}{C}}-\ddot{O}H} + Mg(OH)X$$

例如，正丁基溴化镁与不同类型的醛反应制备醇类化合物。

$$CH_3CH_2CH_2CH_2MgBr$$

$$\xrightarrow[\text{(2)}H^+,H_2O]{\text{(1)}HCHO} CH_3CH_2CH_2CH_2\overset{H}{\underset{H}{C}}OH \quad (93\%)$$

$$\xrightarrow[\text{(2)}H^+,H_2O]{\text{(1)}CH_3CHO} CH_3CH_2CH_2CH_2\overset{CH_3}{\underset{H}{C}}OH \quad (78\%)$$

$$\xrightarrow[\text{(2)}H^+,H_2O]{\text{(1)}(CH_3)_2CO} CH_3CH_2CH_2CH_2\overset{CH_3}{\underset{CH_3}{C}}OH \quad (95\%)$$

（5）与负氢（H^-）的加成

$$H:^- + \overset{|}{\underset{|}{C}}=\ddot{O} \longrightarrow \left[H-\overset{|}{\underset{|}{C}}-\overset{..}{\underset{..}{O}} \right] \overset{H^+,H_2O}{\longrightarrow} H-\overset{|}{\underset{|}{C}}-\ddot{O}H + H_2O$$

负氢与醛、酮的反应与 Grignard 试剂的情况非常类似，也是一个不可逆反应，所得产物是醇。负氢通常由 $NaBH_4$、$LiAlH_4$ 或异丙醇铝等氢转移试剂提供，所以从氧化还原的角度来看，该反应是醛、酮的还原反应，其详细的机理比较复杂，但我们可简化地认为是一个氢负离子与醛、酮的亲核加成反应。这也是一个重要的制备醇的方法。以异丙醇铝为还原剂时，该反应被称为 Meewein-Ponndor-Verley 还原，这可看作是第 8 章 Oppenauer 氧化的逆反应。

11-4　如何从醛、酮化合物合成下面所示的醇，请至少写出三条路径。

(1) 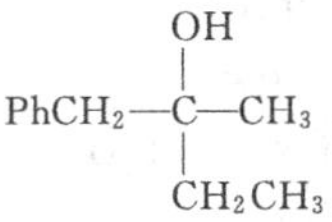　PhCH₂—C(OH)(CH₃)—CH₂CH₃

(2) 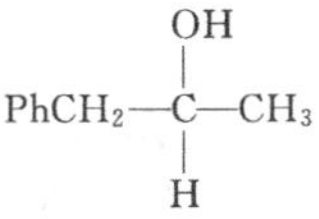　PhCH₂—C(OH)(CH₃)—H

（6）**与含硫亲核试剂加成（NaHSO₃）**　醛、酮也可与饱和亚硫酸氢钠溶液发生亲核加成反应，该反应中亲核试剂的进攻元素是硫。我们知道硫的亲核性很强，因此与醛、酮的反应虽然也是可逆反应，但平衡的方向不像水或醇那样偏向于反应物，而是偏向于产物。由于亲核试剂 SO_3H^- 的体积较大，反应中的位阻因素比较重要，醛、位阻小的甲基酮以及小于 8 个碳原子的环酮都可以很好地进行该反应，但位阻大的酮，甚至稍大的乙基酮反应活性就大大下降。

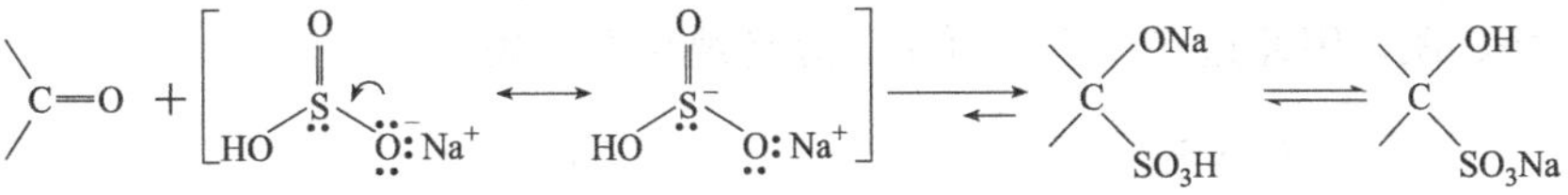

反应产物为无色晶体，不溶于乙醚，易溶于水，但不溶于饱和亚硫酸氢钠的水溶液。因此产物会从反应液中析出，实验现象比较明显，可作为检验醛及小位阻酮的方法。另外，由于该反应是可逆反应，将产物与稀酸或稀碱混合，生成的亚硫酸氢钠不断与酸反应生成 SO_2 或与碱作用生成亚硫酸钠，因此平衡会偏向于醛、酮。亚硫酸氢钠与醛、酮的反应很容易进行，生成无色晶体，反应产物在酸或碱的作用下，又容易分解回到原来的醛、酮化合物，因此该反应常用来分离或纯化醛及小位阻的酮。

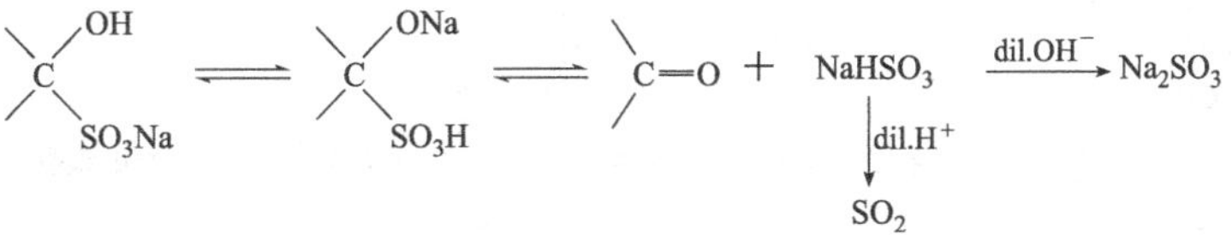

（7）**与含氮亲核试剂加成**　氨及其衍生物也能与醛、酮发生亲核加成反应，其产物不稳定，进一步脱水得到含碳-氮双键的化合物。氨的衍生物可以是伯胺、羟胺、肼等。反应通式如下：

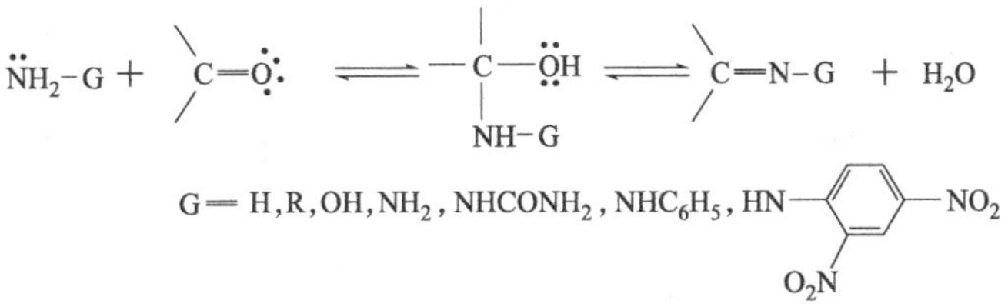

$$G = H, R, OH, NH_2, NHCONH_2, NHC_6H_5, HN{-}\text{（2,4-二硝基苯基）}$$

反应通常需要酸催化，首先氨及其衍生物对醛、酮进行亲核加成，生成具有四面体构型的中间体，然后发生从氮到氧的质子转移，形成氨基醇。氨基醇在酸性催化剂的作用下质子化，将羟基转变为好的离去基团 H_2O，随后经类似于 E1 的消除过程发生脱水反应，再脱质子得到亚胺，还原出酸催化剂，具体过程见图 11-2。

这些反应的发生都需要有合适的酸碱度，不同反应最佳的 pH 范围不同。当反应介质的 pH 过高或过低时，产物的生成都比较缓慢，合适的 pH 为 4～5。当 pH 过高时，氨基醇不能进行有效的质子化，反应速度变慢。而当 pH 过低时，亲核试剂会进行一定程度的质子化，从而使亲核试剂的浓度降低，反应速度受到影响。

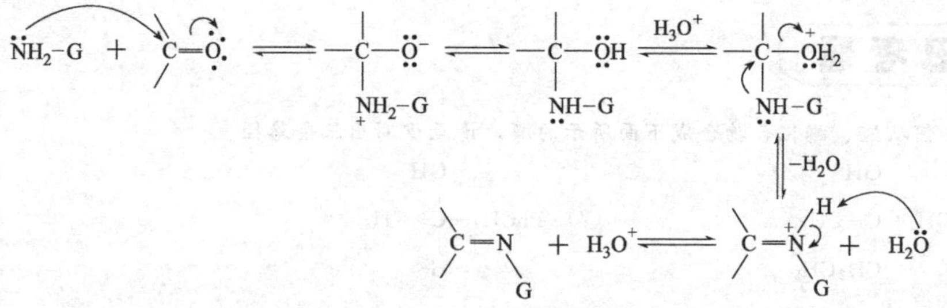

图 11-2　含氮亲核试剂加成反应机理

这些反应的产物都含有碳-氮双键，但产物名称各不相同。下面给出了氨及其衍生物与醛、酮反应的示例。氨及伯胺与醛、酮反应的产物称为亚胺，羟氨的产物为肟，氨基脲的产物为缩氨脲，而肼的产物为腙。这些产物大都具有固定的熔点和晶形，如 2,4-二硝基苯腙多为橙黄色或橙红色沉淀，因此可用来鉴别醛、酮。另外，肟、腙在稀酸的作用下可以水解得到原来的醛、酮，因此这些反应也可用于分离纯化醛、酮。

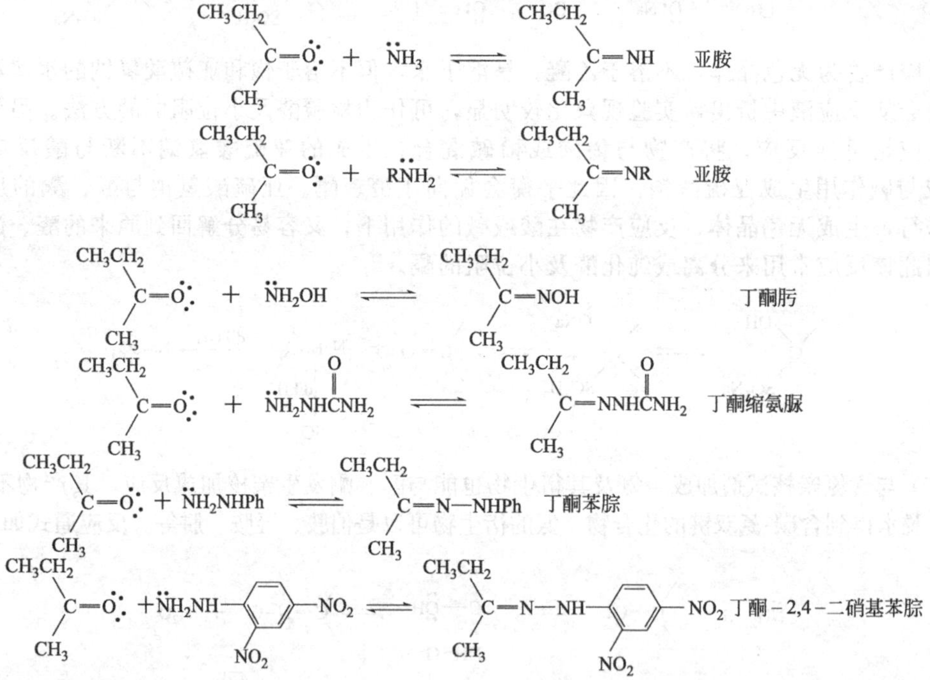

$$CH_3CH_2\ \underset{CH_3}{\overset{}{C}}{=}\ddot{O}\ + \ddot{N}H_3 \rightleftharpoons CH_3CH_2\underset{CH_3}{\overset{}{C}}{=}NH \quad 亚胺$$

$$CH_3CH_2\ \underset{CH_3}{\overset{}{C}}{=}\ddot{O}\ + R\ddot{N}H_2 \rightleftharpoons CH_3CH_2\underset{CH_3}{\overset{}{C}}{=}NR \quad 亚胺$$

$$CH_3CH_2\ \underset{CH_3}{\overset{}{C}}{=}\ddot{O}\ + \ddot{N}H_2OH \rightleftharpoons CH_3CH_2\underset{CH_3}{\overset{}{C}}{=}NOH \quad 丁酮肟$$

$$CH_3CH_2\ \underset{CH_3}{\overset{}{C}}{=}\ddot{O}\ + \ddot{N}H_2NHCNH_2 \rightleftharpoons CH_3CH_2\underset{CH_3}{\overset{}{C}}{=}NNHCNH_2 \quad 丁酮缩氨脲$$

$$CH_3CH_2\ \underset{CH_3}{\overset{}{C}}{=}\ddot{O}\ + \ddot{N}H_2NHPh \rightleftharpoons CH_3CH_2\underset{CH_3}{\overset{}{C}}{=}N{-}NHPh \quad 丁酮苯腙$$

$$CH_3CH_2\ \underset{CH_3}{\overset{}{C}}{=}\ddot{O}\ + \ddot{N}H_2NH{-}\text{(二硝基苯)} \rightleftharpoons CH_3CH_2\underset{CH_3}{\overset{}{C}}{=}N{-}NH{-}\text{(二硝基苯)} \quad 丁酮-2,4-二硝基苯腙$$

（8）Wittig 反应

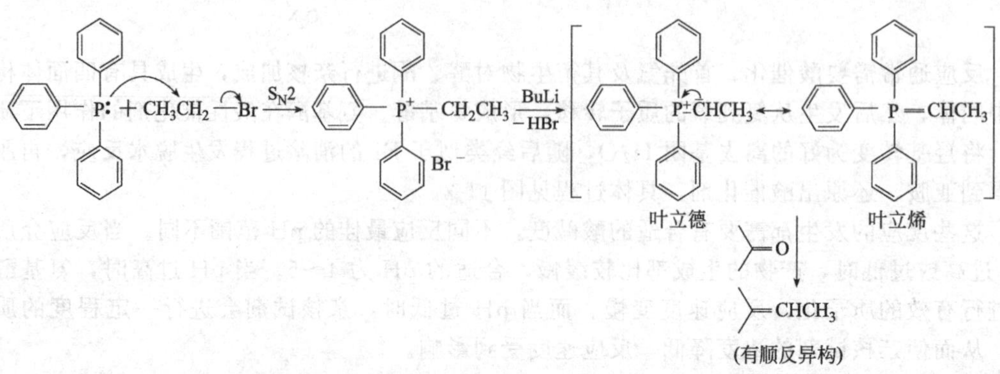

（有顺反异构）

　　醛、酮可以通过 Wittig 反应转化为烯烃，这是一个重要的制备烯烃的反应。另外一个反应物称为叶立德（Ylide），其共振结构称为叶立烯（Ylene），是由烷基三苯基鏻盐用碱处理得到的，而烷基三苯基鏻盐可由三苯基膦与伯或仲卤代烷进行 S_N2 亲核取代反应制备。

　　该反应的经典反应历程如图 11-3 所示。叶立德与醛、酮发生亲核加成反应生成偶极中间体，该中间体很快经四元环状过渡态进一步分解成烯烃和三苯基氧膦。

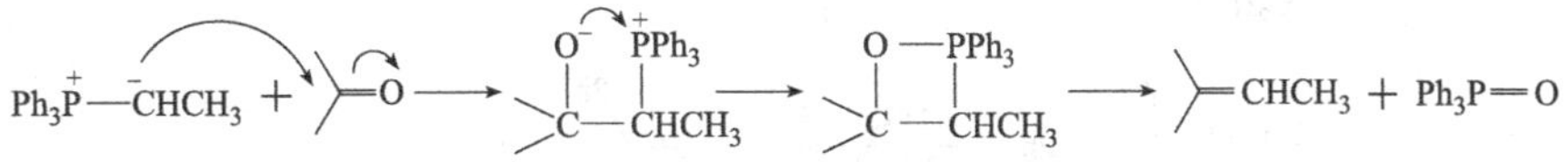

图 11-3　Wittig 反应机理

　　Wittig 反应在烯烃的合成中应用十分广泛，已经成为合成烯烃的重要方法，可以用于制备单取代、双取代以及三取代的烯烃，但四取代烯烃由于位阻的原因反应不容易顺利进行。

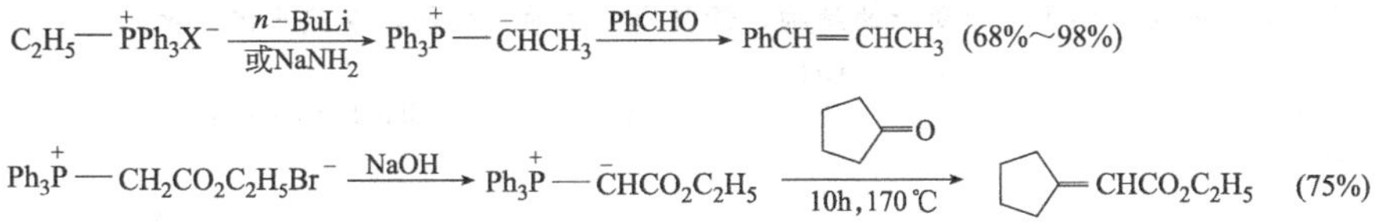

　　该反应的优势在于得到的产物双键位置固定，除顺反异构体外，没有其他异构体生成，而其他制备烯烃的方法如消除反应，当有两种不同的 β-氢可以消除时，会有双键的位置异构体产生。但 Wittig 反应也有其局限性，如位阻较大的酮与稳定叶立德反应时，反应缓慢且产率较低。另外，副产物三苯基氧膦也不容易除去。而 Wittig 反应的改进方法 Horner-Wadsworth-Emmons 反应很好地解决了这些问题。

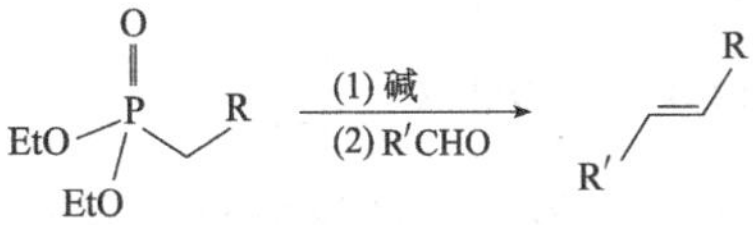

$$R = CO, CO_2R \text{ 等吸电子基团}$$

　　Horner-Wadsworth-Emmons 反应（HWE 反应）利用亚磷酸三乙酯 $[(C_2H_5O)_3P]$ 代替 Ph_3P 与带有吸电子基团的卤代烷反应得到中间产物膦酸酯后，用碱脱质子再与醛或酮反应即可得到烯烃，产物以反式为主。

　　该反应的反应历程与 Wittig 反应类似（见图 11-4），亚磷酸三乙酯与带有吸电子基团的卤代烷发生 S_N2 亲核取代反应生成三烷氧基鏻盐，在卤素负离子的作用下鏻盐脱烷基得到膦酸酯，该反应被称为 Arbuzov 反应。随后膦酸酯在碱的作用下脱质子得到膦酸酯稳定的碳

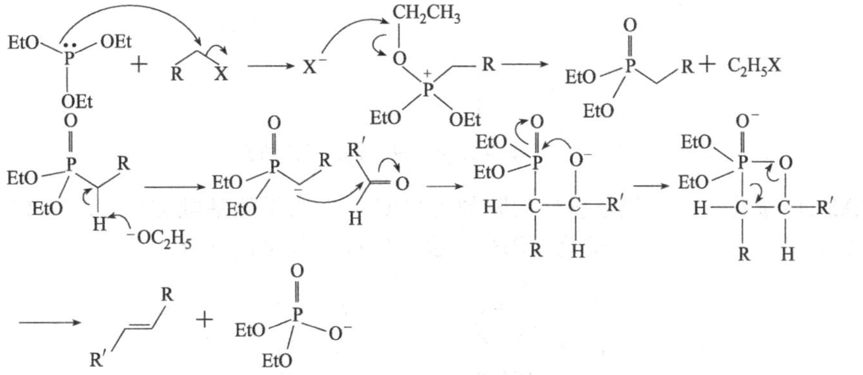

图 11-4　HWE 反应机理

负离子，该碳负离子与醛或酮反应形成四元环状过渡态，消除一分子二烷基磷酸盐后，得到烯烃。吸电子基团 R 在最后一步消除反应中是必要的，否则消除不容易发生。副产物磷酸盐是水溶性的，用水洗涤即可除掉，这是该反应的优势之一。下面是一些反应示例。

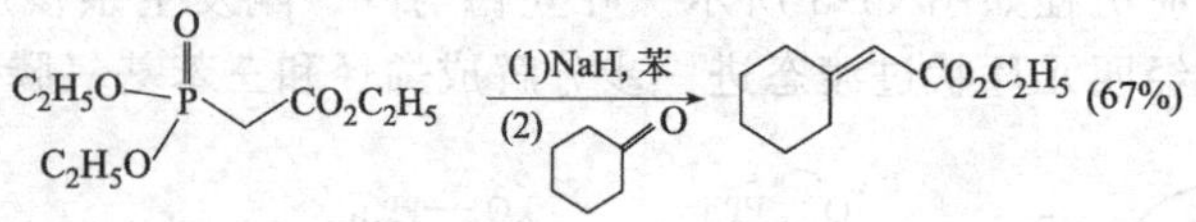

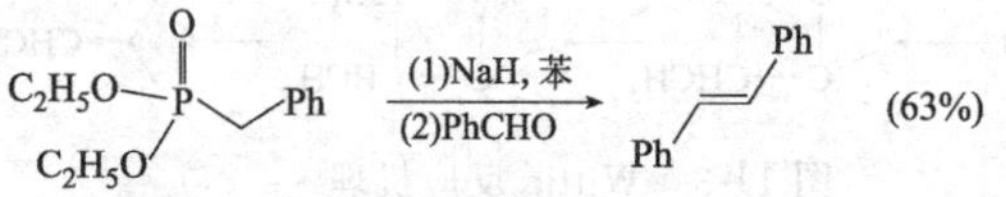

$$
\underset{\substack{| \\ C_2H_5O}}{\overset{\substack{O \\ ||}}{C_2H_5O-P}}-CH_2CO_2C_2H_5 \quad \xrightarrow[\text{(2)}]{\text{(1)NaH, 苯}} \quad \text{环} =CHCO_2C_2H_5 \ (67\%)
$$

$$
\underset{\substack{| \\ C_2H_5O}}{\overset{\substack{O \\ ||}}{C_2H_5O-P}}-CH_2Ph \quad \xrightarrow[\text{(2)PhCHO}]{\text{(1)NaH, 苯}} \quad \underset{Ph}{\overset{Ph}{\diagup\diagup}} \quad (63\%)
$$

11-5 利用 Wittig 反应制备下面所示的结构，请指出所用的卤代物以及羰基化合物。

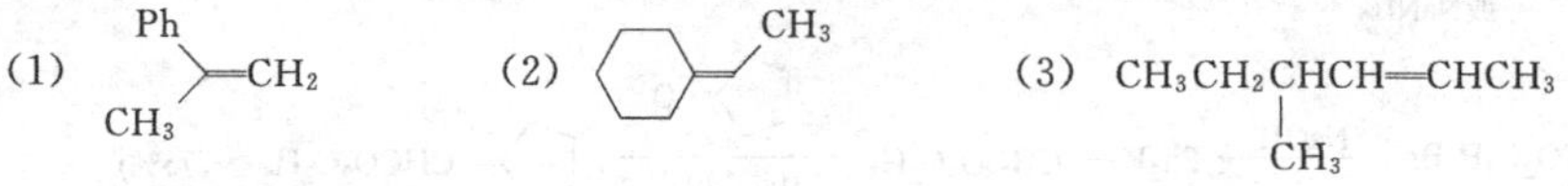

(1) $\underset{CH_3}{\overset{Ph}{\diagup}}=CH_2$ (2) 环$=\overset{CH_3}{CH}$ (3) $CH_3CH_2\underset{\underset{CH_3}{|}}{CH}-CH=CHCH_3$

11.3.3 醛的 Baylis-Hillman 反应

醛在大位阻碱 DABCO（1,4-二氮杂二环[2.2.2]辛烷）的催化下与带有吸电子基团的双键作用得到烯丙醇，该反应称为 Morita-Baylis-Hillman 反应，简称 MBH 反应。

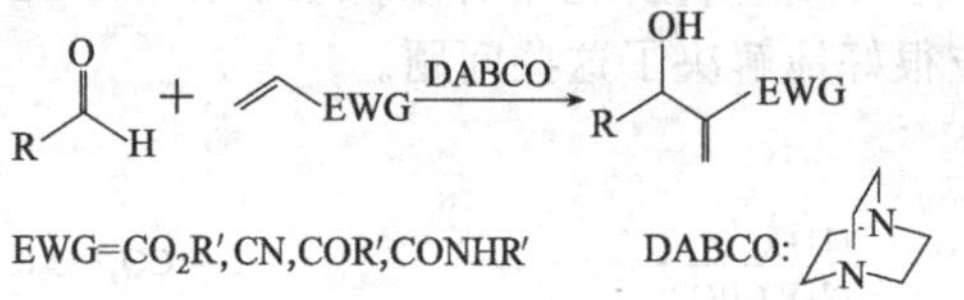

$$
\underset{R}{\overset{O}{\diagdown}}H + \diagup EWG \quad \xrightarrow{DABCO} \quad R\underset{\underset{OH}{|}}{\diagup}\overset{}{\diagup}EWG
$$

EWG=CO$_2$R', CN, COR', CONHR'   DABCO:

我们以醛与 α,β-不饱和酮的反应为例，来解释该反应的反应机理（图 11-5）。DABCO 首先对 α,β-不饱和酮进行亲核加成反应，形成两性离子中间体，该中间体再与醛进行亲核加成形成第二个两性离子中间体，该中间体迅速消除掉一分子的 DABCO，得到 Baylis-Hillman 反应的最终产物烯丙醇。

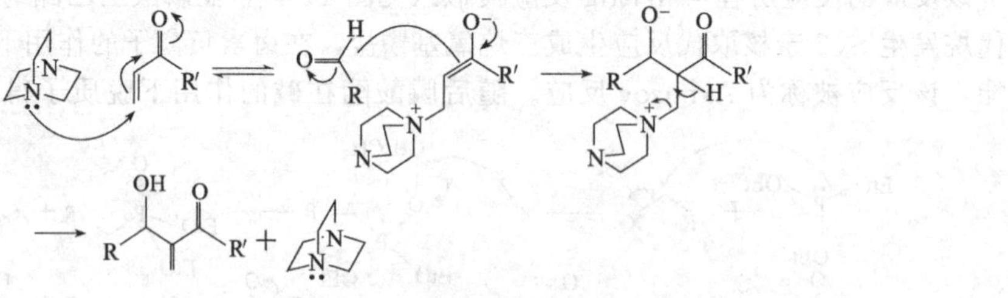

图 11-5 醛的 Baylis-Hillman 反应机理

除 DABCO 催化外，其他亲核性的胺如 DMAP（4-二甲氨基吡啶）、DBU（1,8-二氮杂二环[5.4.0]十一烯-7）以及磷烷（PH$_3$）也可以成功催化该反应。

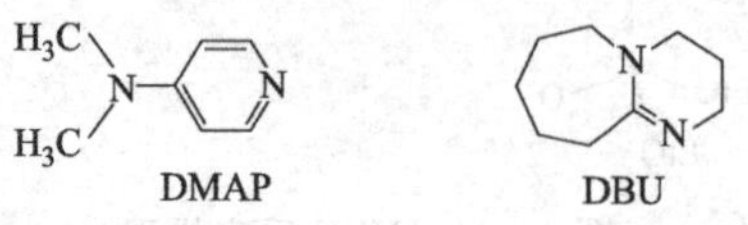

DMAP   **DBU**

11.3.4 醛、酮羰基 α-碳及其 α-氢的反应

受羰基的影响，与其直接相连的碳上的氢（α-氢）有部分酸性，其 pK_a 在 19 到 20 之间，比末端炔氢（$pK_a=25$）、烯烃上的氢（$pK_a=44$）及烷烃上氢（$pK_a=50$）的酸性要强得多。原因主要是羰基的吸电子作用，当羰基化合物失去一个 α-氢，生成的负离子可以被共振作用所稳定。该碳负离子有两种共振式，一种是负电荷在碳上，另外一种负电荷在氧上，由于氧的电负性强，容纳负电荷的能力也强，所以后面一种共振式对共振杂化体的贡献更大。

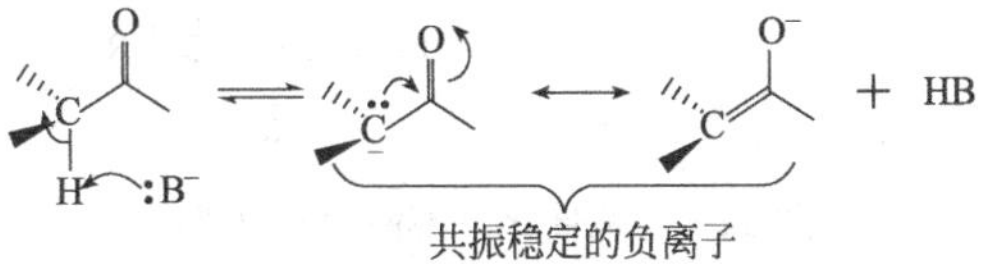

共振稳定的负离子

共振稳定的负离子我们可以用下图来表示，负电荷是离域的，当该负离子与质子酸反应时，质子既可以与碳相连形成羰基化合物，称为酮式，也可以与氧相连形成烯醇，称为烯醇式（enol form）。这两个过程都是可逆过程，在一般的醛、酮中，都存在着酮式和烯醇式之间的平衡。由于共振稳定的负离子和烯醇有关，我们把它叫作烯醇负离子。

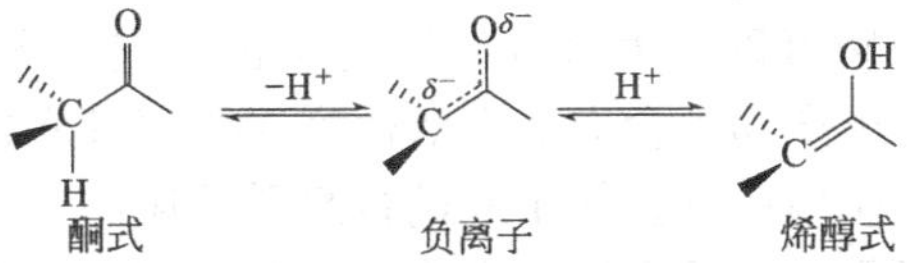

酮式　　　　负离子　　　　烯醇式

（1）酮式和烯醇式的互变异构　酮式和烯醇式之间是一种构造异构的关系，但由于这两种异构体之间存在着平衡，在催化量的酸或碱的存在下可以相互转换，这种异构现象称为互变异构（tautomerization），意指可以相互转变的异构现象。在结构简单的醛、酮化合物中，烯醇式所占的比例通常很低，如在乙醛中，几乎全部是酮式，丙酮中烯醇式的比例略有提高，但也仅占 1.5×10^{-6}。但在 1,3-二羰基化合物中，烯醇式的比例大大提高，如在 2,4-戊二酮中，烯醇式的比例达到了 76%。

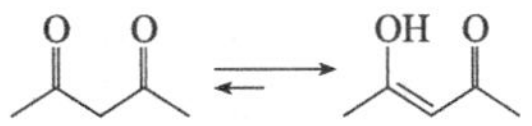

这一方面是因为烯醇式中存在有双键和羰基的共轭结构，并通过共振杂化作用使体系稳定。另一方面，烯醇式形成了一个六元环结构，存在分子内氢键。

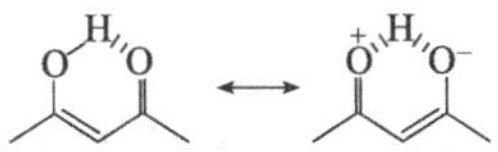

（2）醇醛缩合反应（aldol condensation）

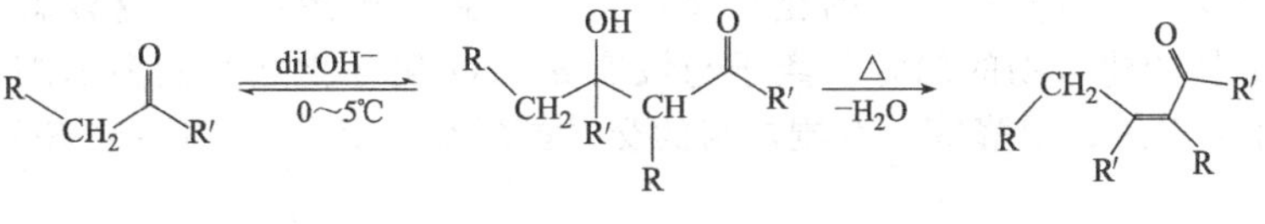

含有 α-氢的醛、酮化合物在稀碱液存在的情况下，可以与另外一分子的醛、酮发生加成反应，生成 β-羟基醛或 β-羟基酮，由于产物的结构中既含有羟基又含有羰基，我们将这个反应命名为醇醛反应（Aldol reaction）。醇醛反应的产物一般不稳定，在加热的情况下会脱水形成不饱和醛或酮，称之为醇醛缩合反应。酸以及碱都能催化醇醛反应。碱催化下的反应机理如图

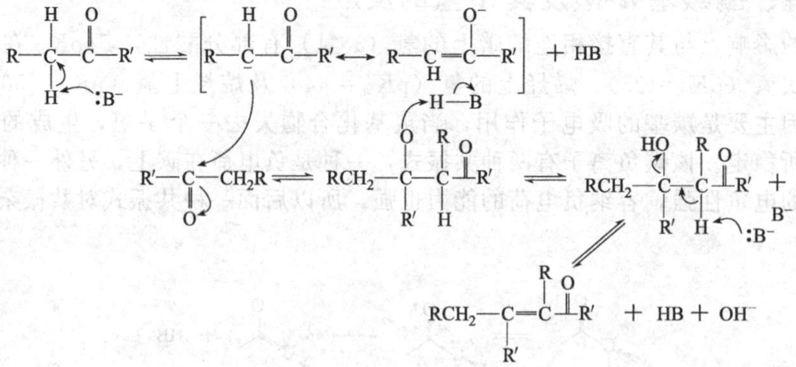

图 11-6 碱催化下醇醛反应机理

11-6 所示。首先，碱进攻 α-氢，脱掉一个质子，形成烯醇负离子。烯醇负离子带负电荷，可以作为亲核试剂进攻醛、酮化合物中的羰基碳，生成 β-羟基醛或 β-羟基酮，这就是醇醛反应。

β-羟基醛或 β-羟基酮化合物中剩余的 α-氢受羰基的影响有较强的酸性，在碱性溶液中会发生 β-消除得到 α,β-不饱和醛、酮化合物。该化合物由于有双键和羰基的共轭作用，可以稳定存在。

具有 α-氢的醛、酮化合物可以发生自身的醇醛缩合反应，形成一个新的碳-碳键，生成类似于二聚体的化合物，由于产物中含有两个活性官能团羰基和羟基，能够进行许多后续的反应，因此该反应在合成上应用广泛。如丁醛进行醇醛反应的产物再用硼氢化钠还原，得到 2-乙基-1,3-己二醇，该分子是一种杀虫剂，俗称驱蚊醇，对蚊蝇是有效的驱虫剂。

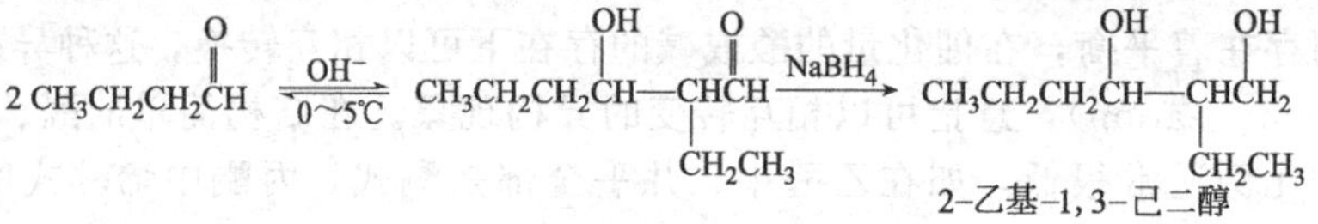

两种不同的具有 α-氢的醛、酮化合物也可以发生醇醛缩合反应，称为交叉醇醛缩和反应，这种反应通常不具有合成价值，因为产物是四个化合物的混合物。

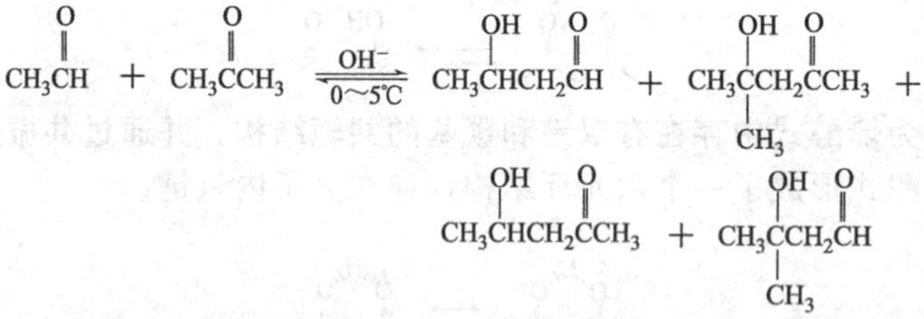

在两种醛、酮化合物中一种有 α-氢而另一种没有 α-氢的情况下，交叉醇醛缩合反应有良好的应用价值。为了防止有 α-氢的化合物发生自身的羟醛缩合，操作中通常把没有 α-氢的化合物与碱液混合，而将有 α-氢的化合物慢慢地加到上述溶液中，这样就能保证主要反应是发生在有 α-氢的化合物的烯醇负离子与没有 α-氢的化合物之间的醇醛缩和反应。没有 α-氢的化合物如芳香醛、甲醛等。有酮参与的交叉醇醛缩合又称为 Claisen-Schmidt 反应。

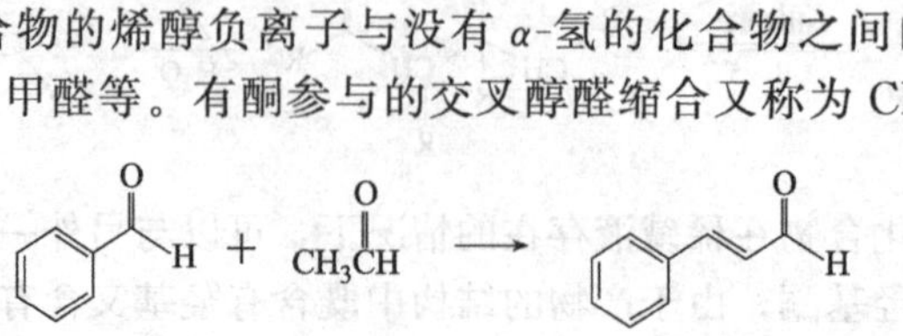

分子内的醇醛缩合是由二酮分子合成环状化合物的重要方法，例如：

$$\text{[二酮结构]} \xrightarrow[\text{H}_2\text{O},\triangle]{\text{Na}_2\text{CO}_3} \text{[环状产物]}$$

11-6　写出下列化合物进行醇醛缩合的产物。

(1) CH_3CHO　　　　(2) $C_6H_5CHO + CH_3COCH_3$　　　　(3) [环己酮结构] $\stackrel{O}{}$

（3）硝醇反应（Henry 反应）

$$\text{R}\overset{NO_2}{\underset{R'}{C}}H \; + \; \overset{O}{\underset{R^1\;\;R^2}{C}} \xrightarrow{\text{碱}} R\overset{NO_2}{\underset{R'}{C}}\text{--}\overset{OH}{\underset{R^1}{C}}R^2$$

硝基烷烃在碱的催化下可以与醛、酮化合物发生类似醇醛缩合的反应，生成 β-硝基醇化合物，该反应称为硝醇反应或 Henry 反应。如果产物中含有酸性 α-氢（$R' = H$），则倾向于消除一分子的水得到 α,β-不饱和硝基化合物。因此倘若想得到 β-硝基醇化合物，就要尽可能降低碱的碱性并减少碱的用量，以免发生消除反应。

$$RCHO \; + \; CH_3NO_2 \xrightarrow{\text{碱}} R\overset{OH}{\underset{}{CH}}\text{--}CH_2NO_2$$

$$C_6H_5CHO \; + \; CH_3CH_2NO_2 \xrightarrow{\text{碱}} \underset{C_6H_5}{}\overset{NO_2}{\underset{CH_3}{C=C}}$$

（4）醛、酮的卤代及卤仿反应（Haloform reaction）

$$\overset{H}{\underset{}{-}}\overset{O}{\underset{}{C}}\text{--}\overset{O}{\underset{}{C}}\text{--} \xrightarrow{X_2} \overset{}{\underset{X}{-}}\overset{O}{\underset{}{C}}\text{--}\overset{O}{\underset{}{C}}\text{--} \; + \; HX$$

含有 α-氢的醛、酮化合物可以与卤素发生取代反应，称为醛、酮的卤代或卤化。在酸或碱的催化下，反应的速率会提高。下面是碱催化下醛、酮卤代的反应机理。反应的第一步与醇醛反应相同，即在碱的作用下失去一个 α-氢，生成烯醇负离子。随后烯醇负离子与极化的卤素反应，得到醛、酮的卤代产物。卤代反应发生后，剩下的 α-氢受取代卤素的影响，酸性更强，更容易被取代，因此常得到完全卤代的产物，如甲基酮类化合物常得到三卤代的产物。

$$R\text{--}\overset{O}{\underset{\underset{:B^-}{H}}{C}}\text{--}\overset{O}{\underset{}{C}}\text{--} \rightleftharpoons \left[R\text{--}\overset{O}{\underset{}{C}}\text{=}\overset{}{\underset{}{C}}\text{--} \longleftrightarrow R\text{--}\overset{O^-}{\underset{}{C}}\text{=}\overset{}{\underset{}{C}}\text{--} \right] \; + \; HB$$

$$X\text{--}X \longrightarrow R\text{--}\overset{}{\underset{X}{C}}\text{--}\overset{O}{\underset{}{C}}\text{--} \; + \; X^-$$

三卤代产物生成后，在碱的作用下，会分解生成卤仿和羧酸盐，该反应与之前的卤代反应一起被称为卤仿反应。三卤代化合物分解的机理如图 11-7 所示。在碱性溶液中（一般为氢氧化钠或氢氧化钾），羟基负离子进攻羰基碳，生成四面体构型的氧负离子中间体，然后碳负离子 CX_3^- 离去，生成羧酸。反应的净结果可以看成是一个亲核取代反应，即三卤甲基被羟基所取代。

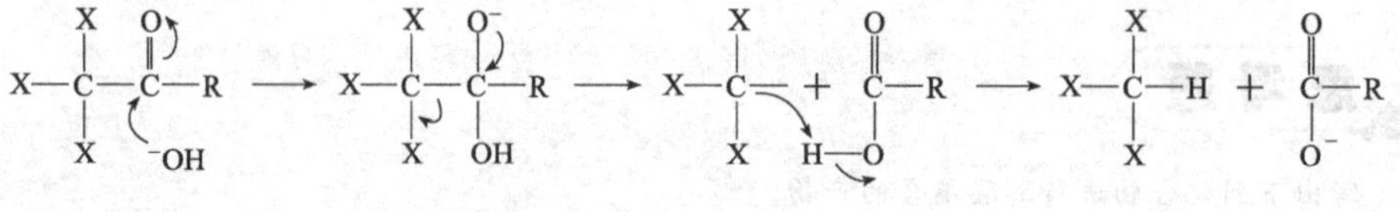

X＝Cl,Br,I

图 11-7　卤仿反应机理

卤仿（氯仿、溴仿和碘仿）与水不混溶，反应现象明显，常用来鉴定甲基酮、乙醛或 $CH_3CH(OH)R(H)$ 结构的存在。从合成的角度看，卤仿反应常用来合成少一个碳的羧酸。

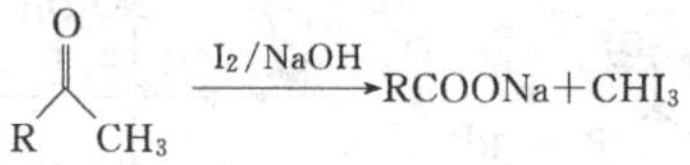

$$\underset{R}{\overset{O}{\underset{\|}{C}}}CH_3 \xrightarrow{I_2/NaOH} RCOONa+CHI_3$$

思考题

11-7　请用化学方法鉴别 2-丁醇和正丙醇。

11.3.5　醛、酮的氧化还原反应

（1）醛的氧化　醛可以很容易地被氧化到羧酸，所用氧化剂既可以是强氧化剂，也可以是弱氧化剂。强氧化剂如 $KMnO_4$、$K_2Cr_2O_7$、铬酸和 HNO_3 都可以顺利地将醛氧化为羧酸。

$$CH_3CH_2\overset{O}{\overset{\|}{-}C}-H \xrightarrow[\text{丙酮，水}]{CrO_3,\ H^+} CH_3CH_2\overset{O}{\overset{\|}{-}C}-OH$$

弱氧化剂如碱性银氨络离子 $[Ag(NH_3)_2]^+$ 的 Tollens 试剂或由碱性氧化铜和酒石酸钾钠为络合剂组成的 Fehling 试剂也可以实现醛的氧化，而酮在此类条件下不反应，所以该类反应也可以作为鉴定醛、酮的化学分析实验。同时由于这些反应条件温和，可以避免对碳-碳双键的影响，也可作为合成羧酸的实验室常用方法。在醛与 Tollens 试剂的反应中，醛被氧化成羧酸，而银离子被还原成银单质，附着在器皿的壁上，因此该实验也被称为银镜实验。而醛与 Fehling 试剂的反应仅限于脂肪醛，芳香醛不反应。反应现象为生成红色的氧化亚铜沉淀，同时醛也被氧化为羧酸。该反应可用来鉴别脂肪醛和芳香醛。

$$CH_3\overset{}{\underset{H}{-}C}=CHCHO \xrightarrow{Ag(NH_3)_2OH} CH_3\overset{}{\underset{H}{-}C}=CHCO_2H$$

$$R\overset{O}{\overset{\|}{-}C}-H +2Cu(OH)_2+NaOH \longrightarrow RCO_2Na+Cu_2O+3H_2O$$

（2）酮的氧化　酮对大多数的氧化剂都是惰性的，但在强氧化剂如高锰酸钾的作用下，羰基与其 α-碳之间的化学键会断裂。除非是对称的酮，一般生成多种较低级羧酸的混合物。所以一般酮的氧化反应没有制备意义。然而环己酮在强氧化剂作用下生成己二酸，是工业上制备己二酸的方法。己二酸是生产合成纤维尼龙-66 的原料。

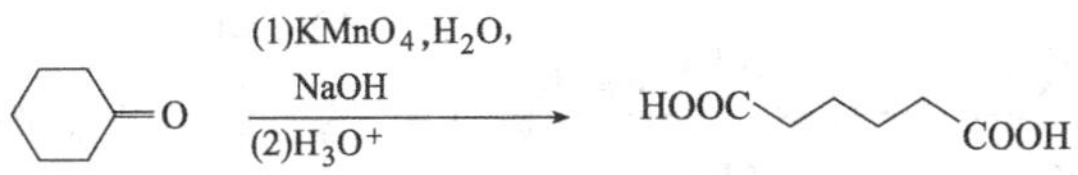

$$\text{环己酮} \xrightarrow[\text{(2)H}_3\text{O}^+]{\substack{\text{(1)KMnO}_4,\text{H}_2\text{O,}\\ \text{NaOH}}} \text{HOOC-(CH}_2)_4\text{-COOH}$$

在过氧酸如过氧苯甲酸、过氧三氟乙酸、对氯过氧苯甲酸（mCPBA）或有 Lewis 酸存在的双氧水的作用下，酮也能被氧化，反应表现为与羰基直接相连的碳-碳键之间插入氧原子，并生成相应的酯。该反应被称为 Baeyer-Villiger 氧化。

$$\text{环己基-C(=O)-CH}_3 \xrightarrow[\text{CHCl}_3]{\text{PhCO}_2\text{OH}} \text{环己基-O-C(=O)-CH}_3 \quad (67\%)$$

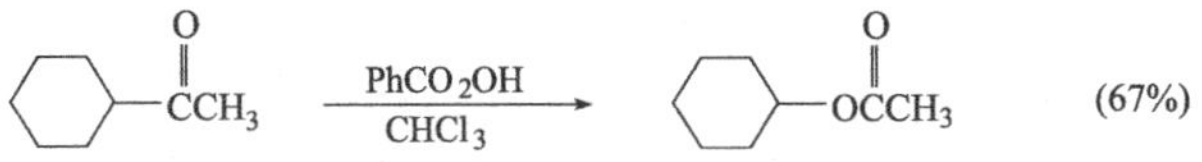

反应的区域选择性取决于连接在羰基上的取代基的迁移能力，稳定碳正离子能力越强的取代基越容易迁移。基团的一般迁移顺序为：苄基＞叔烷基＞环己基＞苯基＞仲烷基＞伯烷基＞甲基。Baeyer-Villiger 氧化的反应历程如图 11-8 所示。首先过氧酸的羟基氧对醛、酮的羰基进行亲核加成，分子内的质子迁移后，是一个协同的烃基迁移，脱掉一个羧酸负离子形成酯。

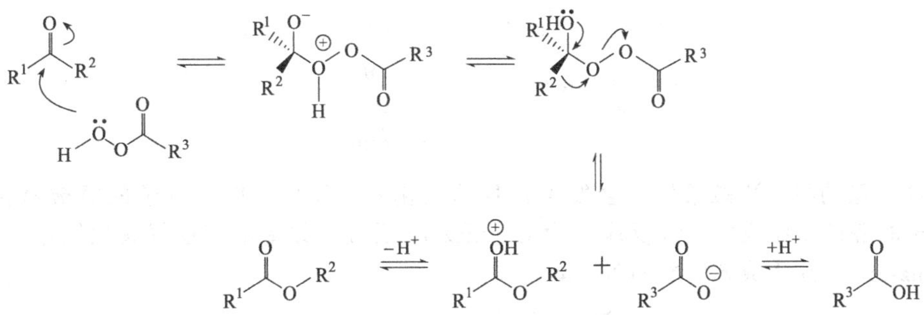

图 11-8 Baeyer-Villiger 氧化的反应历程

（3）醛、酮的还原反应 除了之前介绍的醛、酮与氢转移试剂（如硼氢化钠、锂铝氢、异丙醇铝等）的反应外，醛、酮化合物还可以用其他的方法还原成醇，如催化氢化、溶解金属还原。在酸性条件下醛、酮可用锌汞齐还原成亚甲基，称为 Clemmensen 还原。

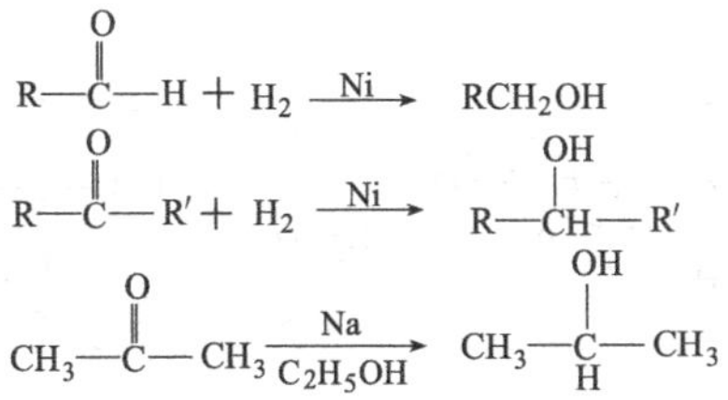

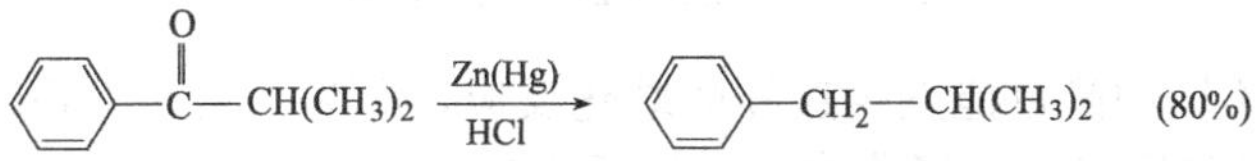

此外，醛、酮还可以进行双分子的还原偶联反应，这类反应又可以分为两种，一种是在活泼金属如镁、锌或铝（通常以汞齐形式使用）的作用下生成频哪醇，该反应与 Clemmensen 还原是竞争反应；还有一种是在三氯化钛和还原剂（如锂铝氢、金属钾等）的作用下，两分子的醛或酮还原偶联成烯烃，称为 McMurry 偶联。该反应实际上分两步进行，第一步首先形成频哪醇，然后在还原剂的作用下进行第二步反应，即脱氧得到烯烃。

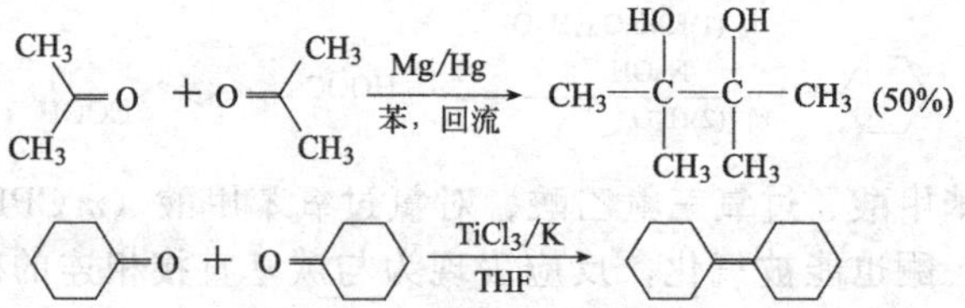

$$\text{CH}_3\text{-CO-CH}_3 + \text{CH}_3\text{-CO-CH}_3 \xrightarrow[\text{苯，回流}]{\text{Mg/Hg}} \text{HO OH} \quad \text{CH}_3\text{-C-C-CH}_3 \quad (50\%)$$

$$\text{C}_6\text{H}_{11}\text{=O} + \text{O=C}_6\text{H}_{11} \xrightarrow[\text{THF}]{\text{TiCl}_3/\text{K}} \text{C}_6\text{H}_{11}\text{=C}_6\text{H}_{11}$$

 **思考题**

11-8 写出下列反应的主要产物。

(1) 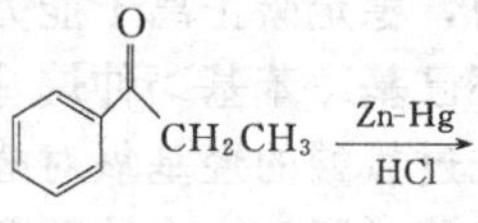 ![C6H5-CO-CH2CH3] $\xrightarrow[\text{HCl}]{\text{Zn-Hg}}$ (2) 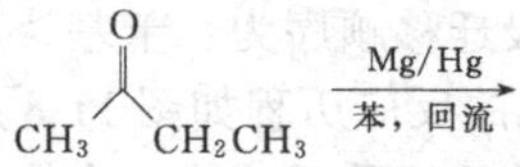 $\text{CH}_3\text{-CO-CH}_2\text{CH}_3 \xrightarrow[\text{苯，回流}]{\text{Mg/Hg}}$

（4）康尼查罗（Cannizzaro）反应

$$\text{R-CHO} + \text{R-CHO} \xrightarrow{\text{浓 OH}^-} \text{R-CO}^- + \text{R-CH}_2\text{OH} \xrightarrow{\text{H}^+} \text{R-COH}$$

R=无 α-氢的基团
（H，芳基或3°烷基）

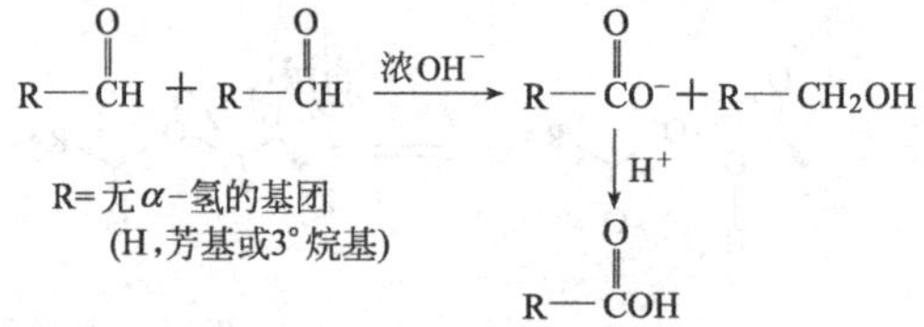

不含 α-氢的醛在浓碱条件下会发生自身的氧化还原反应，即一分子的醛被氧化成酸，另一分子的醛被还原成醇，该反应称为 Cannizzaro 反应。如苯甲醛在氢氧化钠作用下会发生 Cannizzaro 反应生成苯甲酸和苯甲醇。

$$\text{C}_6\text{H}_5\text{-CHO} \xrightarrow{\text{浓 NaOH}} \text{C}_6\text{H}_5\text{-COONa} + \text{C}_6\text{H}_5\text{-CH}_2\text{OH}$$

Cannizzaro 反应机理如图 11-9 所示。首先羟基负离子进攻羰基碳，生成四面体构型的氧负离子，该氧负离子离解出氢负离子，然后氢负离子进攻另一分子的羰基碳进行第二次的亲核加成反应，最后发生分子间的氢迁移得到羧酸根负离子及还原产物醇。该机理的特殊之处是第二步中的离去基团为 H$^-$，这在有机化学中并不常见，但在生命体的新陈代谢过程中时时刻刻在进行类似的反应。

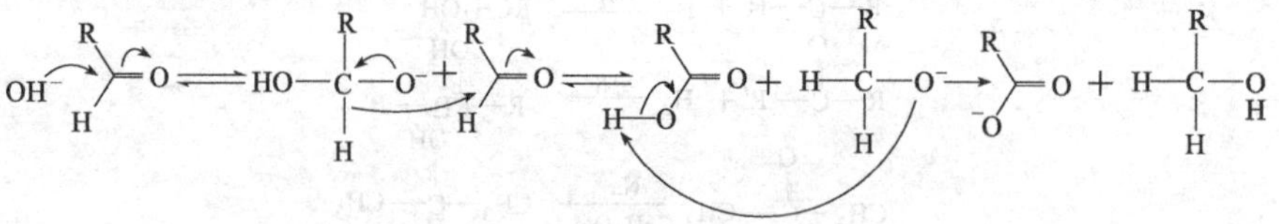

图 11-9　Cannizzaro 反应机理

无 α-H 的两种不同的醛也能发生这样的歧化反应，称为"交叉 Cannizzaro 反应"，其中还原性较强的醛（例如甲醛）被氧化成酸，还原性较弱的醛被还原为醇。例如：

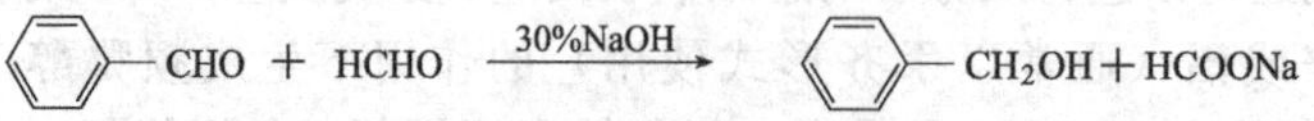

$$\text{C}_6\text{H}_5\text{-CHO} + \text{HCHO} \xrightarrow{30\%\text{NaOH}} \text{C}_6\text{H}_5\text{-CH}_2\text{OH} + \text{HCOONa}$$

乙醛和三分子甲醛醇醛缩合反应的产物再与甲醛进行交叉 Cannizzaro 反应得到具有高度对称性的季戊四醇，其在涂料工业中有重要的应用价值。

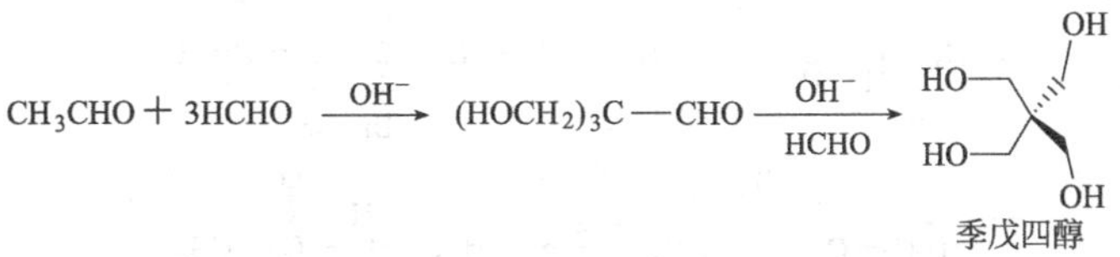

$$CH_3CHO + 3HCHO \xrightarrow{OH^-} (HOCH_2)_3C-CHO \xrightarrow[HCHO]{OH^-} \text{季戊四醇}$$

（5）芳醛安息香缩合（benzoin condensation）　芳醛类化合物在热的氰化钾或氰化钠的乙醇溶液中进行反应，生成 α-羟基酮。因其相当于两分子醛缩合在一起的产物，且最初常用于合成安息香，故该反应被称为安息香缩合。安息香可用作生产聚酯树脂的催化剂，并可用于生产润湿剂、乳化剂和药品。

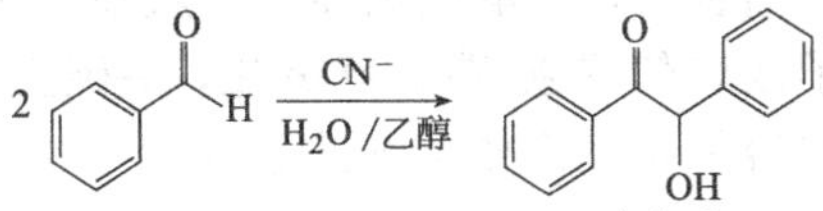

$$2 \quad \xrightarrow[H_2O/乙醇]{CN^-} \quad \text{安息香}$$

反应机理如图 11-10 所示。氰基负离子与首先苯甲醛发生亲核加成反应，生成四面体构型的氧负离子，从水中得到一个质子后，形成氰醇。氰醇在碱的作用下脱掉原来羰基碳上的氢，变成碳负离子，完成极性转换（umpolung），即亲电性的羰基碳到亲核性碳的转变，然后对第二分子的苯甲醛进行亲核加成，消除掉一个氰基负离子，得到产物安息香。

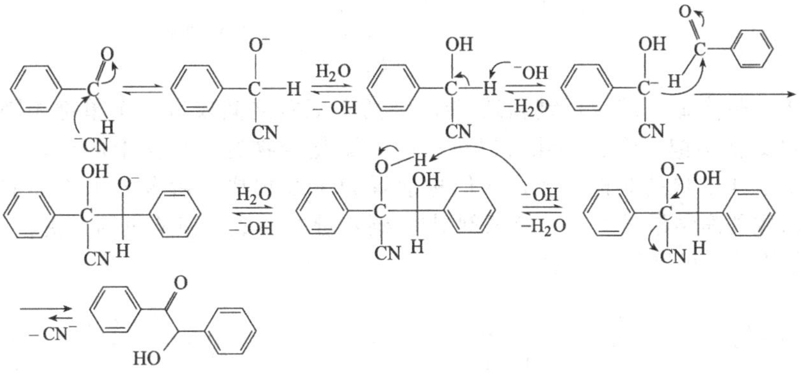

图 11-10　安息香缩合机理

除苯甲醛外，取代苯甲醛以及其他的杂环芳香醛也可以进行类似的自身缩合反应，同时，它们也可以和其他的醛发生类似的交叉缩合反应。

11.4　α,β-不饱和醛、酮

α,β-不饱和醛、酮中含有双键和羰基两个官能团，因此具有烯烃和醛、酮的特征性质，能够发生这两类化合物的特征反应，如烯烃的亲电加成反应，醛、酮的亲核加成反应，醛的氧化反应及烯烃和醛、酮的还原反应等。同时，这两个官能团之间也会相互影响，使得 α,β-不饱和醛、酮具有一些特殊的性质。

11.4.1　α,β-不饱和醛、酮的亲电加成反应

α,β-不饱和醛、酮能够发生与烯烃类似的亲电加成反应，但吸电子基团羰基的存在使得双键的电子云密度下降，进行亲电加成的活性下降，同时会影响亲电加成的取向。

从上述的后两个反应中我们看到，亲电试剂加成在羰基的 α 位，而亲核部分加成在羰基的 β 位。原因是羰基的吸电子效应使得碳-碳双键极化，α-碳上带有部分负电荷，而 β-碳上带有部分正电荷，因此 β-碳更容易接受亲核试剂的进攻。

11.4.2　α,β-不饱和醛、酮的亲核加成反应

与 1,3-丁二烯类似，碳氧双键和碳-碳双键两个双键之间仅有一个单键相隔，会形成共轭体系，因此 α,β-不饱和醛、酮除可以进行醛、酮化合物通常意义上的亲核加成外，还可以进行类似 1,3-丁二烯的共轭加成，我们称前者为 1,2-加成，后者为 1,4-加成，也称共轭加成。共轭加成的净结果虽然是亲核试剂对碳-碳双键的加成，但从机制上讲，是 1,4-加成。1,4-加成反应的反应机制如下所示。

由于受羰基吸电子电子效应的影响，β-碳上带有部分正电荷，可以接受亲核试剂的进攻，形成烯醇负离子中间体，该中间体的 α-碳质子化得到 1,4-加成的产物。α,β-不饱和醛、酮化合物与 HCN 的碱溶液、氨以及氨的衍生物等亲核试剂都会进行 1,4-加成反应，反应示例如下。

α,β-不饱和醛、酮与 Grignard 试剂的反应则会生成两种产物，产物的选择性取决于 α,β-不饱和醛、酮以及 Grignard 试剂的位阻。当反应物为 α,β-不饱和醛时，由于醛进行亲核加成的活性大，且其位阻较小，产物以 1,2-加成为主；而当反应物为酮时，若羰基所连的烃基位阻特别大，产物以 1,4-加成为主，否则得到 1,2-和 1,4-加成产物的混合物。

11.4.3 α,β-不饱和醛、酮的 Diels-Alder 反应

二烯体和亲二烯体之间的 Diels-Alder 反应是构建六元环状化合物的重要方法。大多数情况下，当二烯体上有推电子取代基，以及亲二烯体上有吸电子取代基时对反应有利。α,β-不饱和醛、酮就是一个很好的亲二烯体，能够和二烯体进行 Diels-Alder 反应，得到六元环状化合物。

思考题

11-9 写出 2-丁烯醛与下列试剂反应的主要产物。
(1) Br_2 (2) HCN/OH^-，然后 H_3O^+ (3) Tollens 试剂
(4) H_2/Pd (5) $LiAlH_4$，乙醚，然后 H_3O^+ (6) $NaBH_4$，乙醇，然后 H_3O^+

11.5 醌

11.5.1 醌的命名和物理性质

含有环己二烯二酮结构单元的化合物称为醌。虽然醌属于不饱和酮，不是芳香化合物，但常按芳香化合物衍生物来命名。最简单的醌是苯醌，分为对苯醌和邻苯醌两种，邻苯醌结构不稳定，故天然存在的苯醌化合物多数为对苯醌的衍生物。除苯醌外，还有萘醌、菲醌和蒽醌三种醌类化合物。

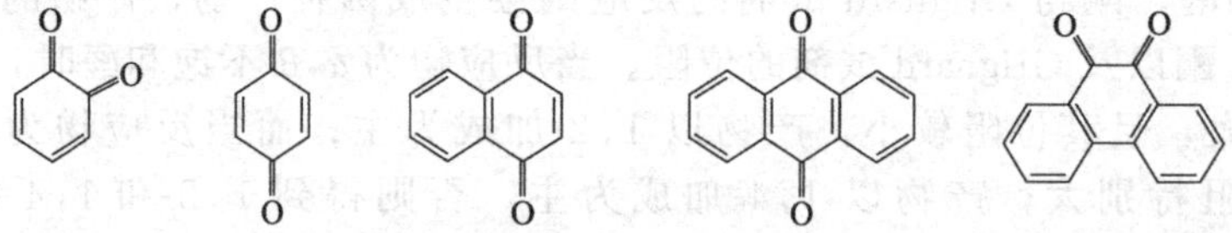

邻苯醌　　　对苯醌　　　α-萘醌　　　9,10-蒽醌　　　9,10-菲醌
　　　　　　　　　　　　（1,4-萘醌）

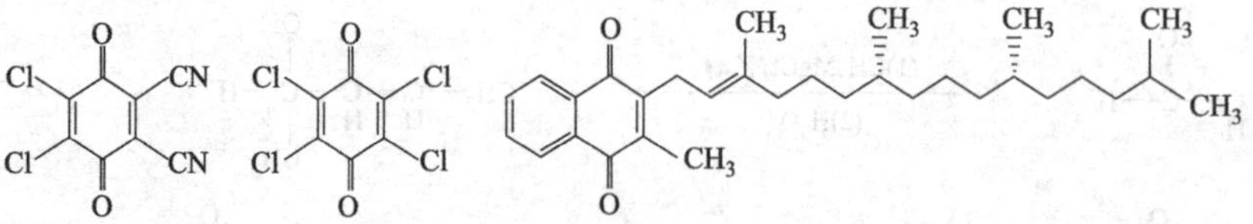

二氯二氰醌　　四氯对苯醌　　维生素 K_1
（DDQ）　　　（chloroanil）

　　二氯二氰醌、四氯对苯醌在有机合成中常用作脱氢试剂。醌类化合物在自然界特别是植物中广泛存在，生物活性显著，如番泻叶中的番泻苷类化合物有致泄作用、大黄中游离的羟基蒽醌类化合物有抗菌作用、茜草中的茜草素类成分可以止血以及丹参中丹参醌类有扩张冠状动脉的作用等，因此醌类化合物作为中药已广泛使用。维生素 K_1 就是萘醌的衍生物。另外，由于醌类化合物大多是有色物质，如对醌通常为黄色，而邻醌大多为红色，因此除天然存在的某些蒽醌（如茜素）已作为染料使用外，人们已经合成了很多色彩丰富的蒽醌类化合物作为染料，这类染料被称为蒽醌染料。

11.5.2　醌的结构和化学性质

　　从结构上来讲，醌是一种 α,β-不饱和酮类化合物，因此其化学性质与本章讲过的 α, β-不饱和酮类化合物有很多相似之处，也可以发生亲电加成、亲核加成以及 Diels-Alder 反应。

　　(1) 亲电加成　醌类化合物中的碳-碳双键可以和卤素发生亲电加成反应。如对苯醌在酸性溶液中可以与一分子或两分子的溴反应分别得到 5,6-二溴-2-环己烯-1,4-二酮或 2,3,5, 6-四溴-1,4-环己二酮。

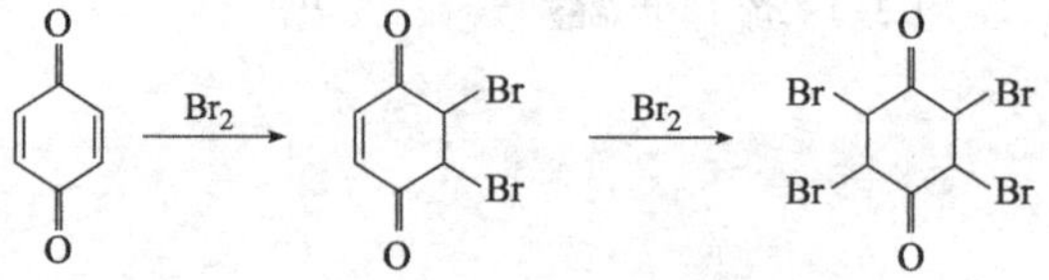

　　(2) 亲核加成　醌类化合物中的羰基能与亲核试剂如 Grignard 试剂、羟氨等进行亲核加成反应。与 Grignard 试剂的反应产物在酸性条件下会发生重排，生成烷基取代的酚。

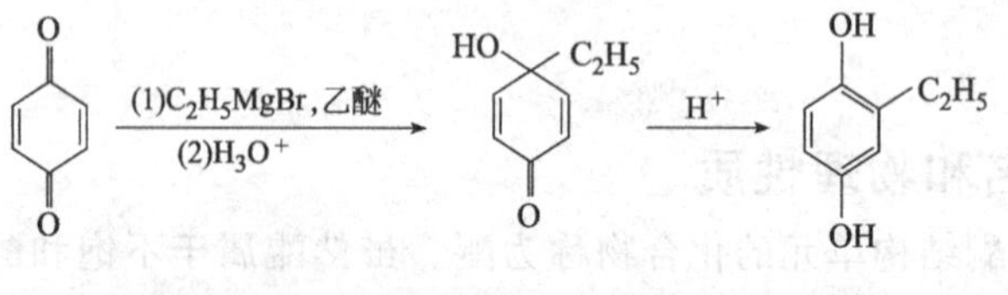

　　(3) 1,4-加成反应　醌类化合物是一个典型的共轭体系，因此也能进行共轭加成，即 1, 4-加成反应。如对醌与卤化氢及甲醇等的反应都属于该类反应，该反应的一个特点是加成后的产物很容易进行异构化得到酚类化合物。

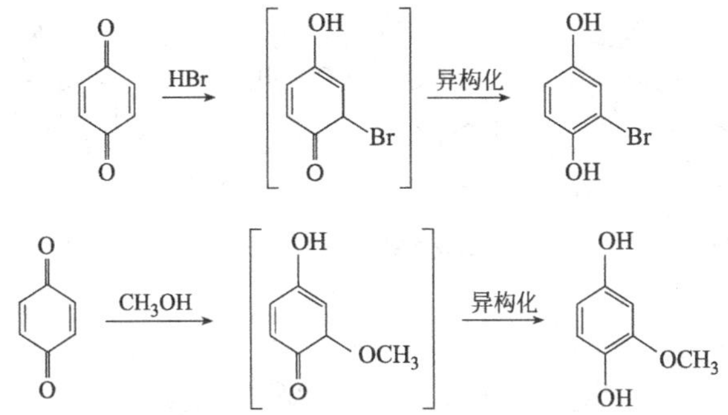

（4）Diels-Alder 反应 醌类化合物中的碳-碳双键受吸电子基团羰基的影响，是一个很好的亲二烯体，能够和二烯体发生 Diels-Alder 环化反应。如对萘醌和 2-甲基-1,3-丁二烯反应得到四氢蒽-9,10-二酮产物。

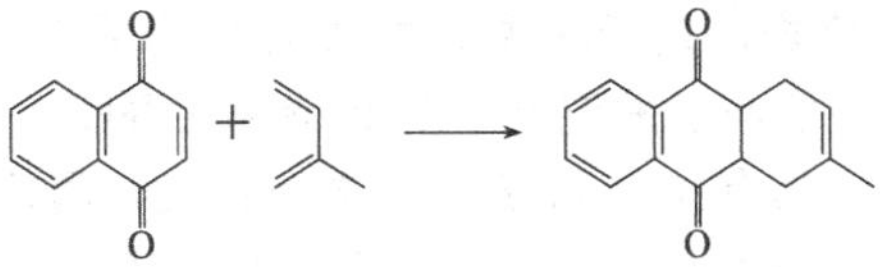

11.6 重要的醛和酮

11.6.1 视黄醛

视黄醛是存在于视网膜感光细胞内的一种感光性物质，与不同的视蛋白结合会产生各种不同吸收光谱的视色素，如视紫红质、视紫质等。视色素为感光物质，吸收光子后会引起一连串的物理化学变化，这种变化可通过视网膜上各种神经细胞转变为脉冲形式的神经冲动，传至大脑，产生视觉。

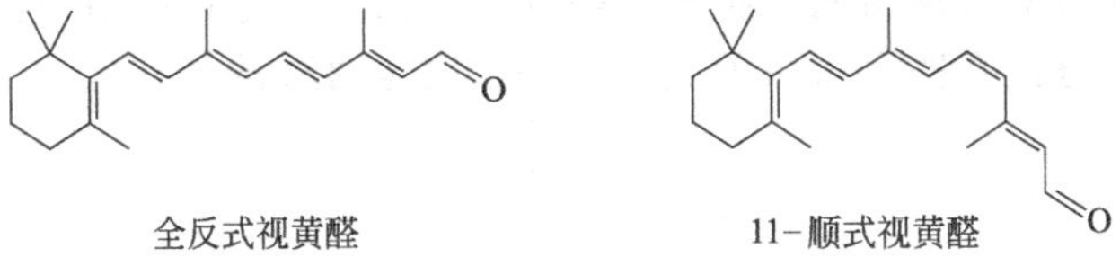

全反式视黄醛   11-顺式视黄醛

11-顺式视黄醛为天然视蛋白（opsin）中的发色物质，它与视蛋白结合产生视紫红质，视紫红质可以在感光过程中不断地分解与再生并且构成动态平衡。视色素在暗处时，其中的视黄醛以 11-顺式构型存在，称为 11-顺式视黄醛，而在感光后则迅速转变为全反式视黄醛。随着构型的改变，视色素出现褪色反应，并分解为反式视黄醛和视蛋白。反式视黄醛经微光照射，又可重新转变为 11-顺式视黄醛，并与视蛋白结合形成视紫红质，从而保证视觉细胞能持续感光。然而，组成视紫红质的视蛋白和视黄醛会不断地进行分解代谢，因此需要不断地补充。由于 11-顺式视黄醛的生物合成是由维生素 A 氧化得到的，如果维生素 A 供应不足，11-顺式视黄醛的量会减少，从而引起视紫质缺乏，导致暗视觉障碍——夜盲症。

11.6.2 黄体酮

黄体酮，也称孕酮，是一种酮类化合物，由黄体合成和分泌，是天然的孕激素，具有维持妊娠和正常月经的功能，可以用于治疗与此有关的疾病。另外，还具有在妊娠期间抑制排卵的作用，因此也可作为避孕药使用。黄体酮在体内代谢很快，必须重复用药，限制了它的应用，因此人工合成的黄体酮衍生物成为替代黄体酮的临床用药。如己酸孕酮、甲地孕酮等。

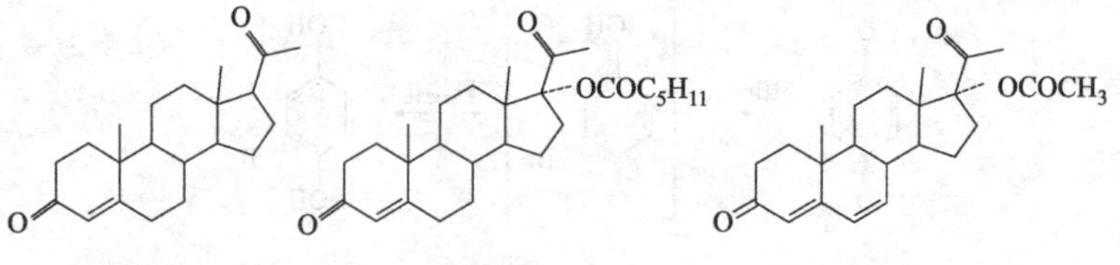

黄体酮　　　　　　　己酸孕酮　　　　　　甲地孕酮

11.6.3　麝香酮

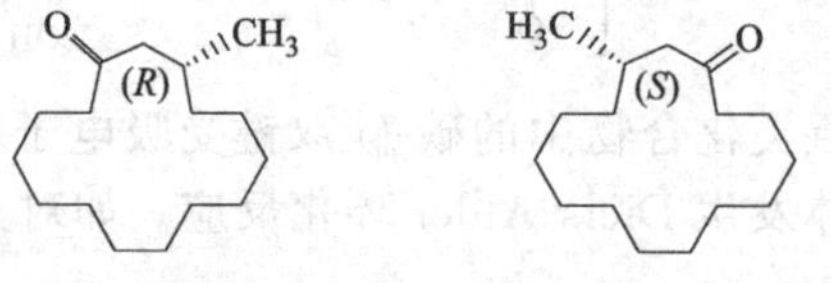

(R)-(-)-麝香酮　　　　　(S)-(+)-麝香酮

麝香酮即 3-甲基环十五烷酮，是天然麝香的重要生物活性物质之一，为一种白色至淡黄色半固体，几乎不溶于水，能与乙醇混溶，具有特殊的香味，是大环麝香的一个代表性品种。天然的麝香酮为左旋体，具有丰富和强大的麝香香气，阈值 61×10^{-9}；通过合成得到的一般为右旋体，香气比左旋体差且阈值较高，为 223×10^{-9}。麝香酮具有扩张冠状动脉、增加冠脉血流量的功效，对心绞痛有一定疗效。麝香居五大动物香料之首，由于其香料和药用的特殊功能而具有极高的商业价值。目前，人工合成的麝香酮主要用于代替天然麝香配制中成药，在医药上有着广泛用途。

11.6.4　方酸

方酸（squaric acid）也称方形酸，其结构为 3,4-二羟基-3-环丁烯-1,2-二酮，是一种白色晶体粉末，熔点为 293℃，30℃时在水中的溶解度为 20g/L。由于它具有四元环的平面结构，且酸性较强（$pK_{a1}=1.5$，$pK_{a2}=3.4$）而得名。其强酸性主要来源于质子离解后负离子的共振稳定性。如方酸解离出两个质子后得到的带两个负电荷的氧负离子，有四个相等的共振式，负电荷平均分配在四个氧原子上，是一个完全对称的结构。

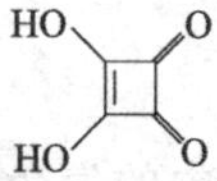

3,4-二羟基-3-环丁烯-1,2-二酮

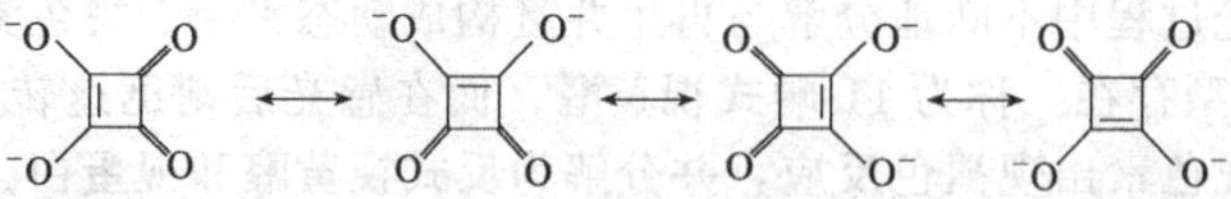

方酸作为一种临床医药，已经成功用于治疗疣及秃头症。方酸也是一种重要的药物合成中间体，用于合成抗组织胺类药物、抗病毒药、抗菌剂等。同时，方酸还是一种重要的工业原料，可以用来合成光电敏感材料如液晶显示材料、有机光导体等，也可用于植物生长调节剂、除莠剂等的合成。另外，方酸类染料是一类重要的功能性染料，广泛地应用于静电复印、太阳能电池和光记录材料。

11.6.5　萘醌类维生素

萘醌类维生素（属维生素 K）由 Henrik Dam 在 1929 年发现，是一系列萘醌衍生物的统称，又被称为凝血维生素。它广泛存在于绿色植物界，主要包括来自植物的维生素 K_1（结构见前）、来自动物的维生素 K_2 以及人工合成的维生素 K_3 和 K_4。

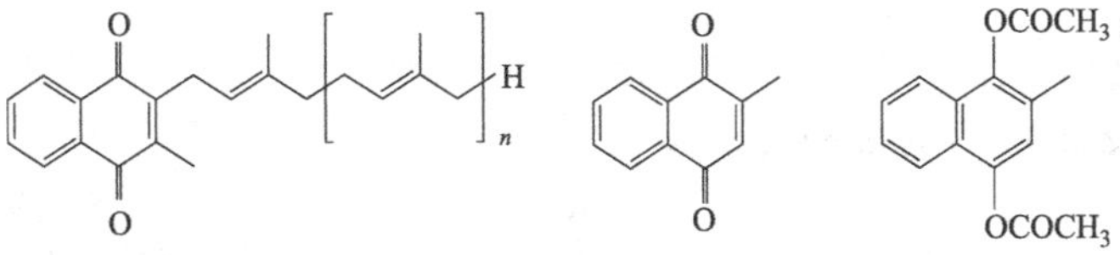

维生素K₂ 的化学结构图、维生素K₃、维生素K₄

维生素K_2 维生素K_3 维生素K_4

维生素的生理功能主要是加速血液凝固，促进肝脏合成凝血酶原所需的因子，对于防治因维生素缺乏所致的出血症如新生儿出血，长期口服抗生素所致的出血症以及有出血倾向的肝昏迷、阻塞性黄疸等肝病有一定的疗效。

知识介绍

一些生物体内的亲核加成（取代）反应——氨基酸代谢、柠檬酸循环

生命体的很多生理活动都涉及羰基化合物的亲核加成或取代反应，尤其是糖、脂肪以及氨基酸的代谢过程。糖类、脂类和氨基酸的代谢最终都要经过三羧酸循环，而三羧酸循环的第一步就是一个典型的亲核加成过程。脂类、碳水化合物以及氨基酸代谢的中间产物乙酰辅酶 A 的碳负离子进攻丁酮二酸盐的酮羰基，生成柠檬酰辅酶 A，该反应也可以认为是乙酰辅酶 A 和丁酮二酸盐的醇醛缩合反应，受柠檬酸合成酶的催化。柠檬酰辅酶 A 水解后得到柠檬酸盐。

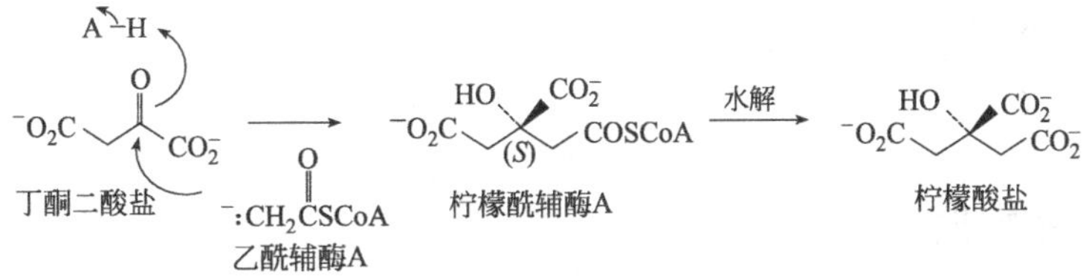

$$\text{丁酮二酸盐} + \text{乙酰辅酶A}(:CH_2CSCoA) \xrightarrow{\quad} \text{柠檬酰辅酶A}(S) \xrightarrow{\text{水解}} \text{柠檬酸盐}$$

亲核加成反应在氨基酸的代谢中也发挥着重要的作用，如丙氨酸代谢中的氨基转移就是通过丙氨酸和吡哆醛磷酸盐的亲核加成反应实现的（见图 11-11），吡哆醛是维生素 B_6 的衍生物。丙氨酸的氨基对吡哆醛磷酸盐的醛羰基进行亲核加成，脱水后得到亚胺类化合物，亚胺类化合物再经过一系列的变化，实现丙氨酸的氨基转移，丙氨酸转变成丙酮酸酯，吡哆醛磷酸盐变成吡哆胺磷酸盐。

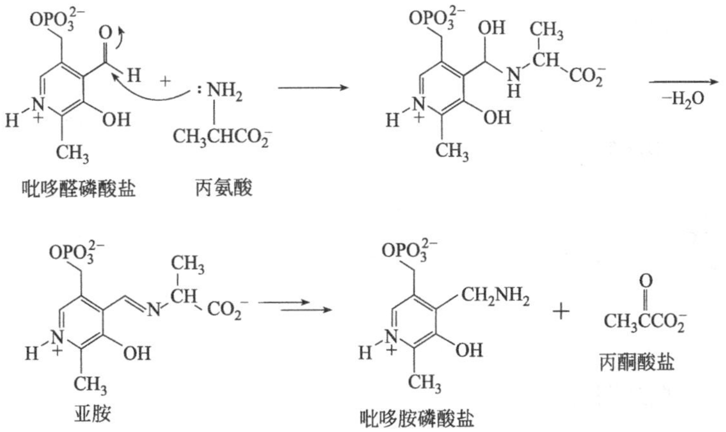

$$\text{吡哆醛磷酸盐} + \text{丙氨酸} \xrightarrow{\quad} \cdots \xrightarrow{-H_2O} \text{亚胺} \xrightarrow{\quad} \text{吡哆胺磷酸盐} + \text{丙酮酸盐}$$

图 11-11　丙氨酸与吡哆醛磷酸盐的亲核加成反应

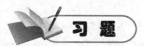

11-1 用系统命名法命名下列化合物。

(1)

(2) CH₃CH₂CH₂CCH₂CH₃ （3-己酮结构）

(3) 含CHO、Cl、CH₃的苯环

(4)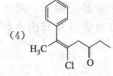

(5) 苯基乙基酮

(6) 氯代甲基乙烯基酮

11-2 根据化合物的名称写出相应的结构。

(1) α-甲基-γ-乙基己醛　　(2) 3-甲基-2,4-己二酮　　(3) 对甲氧基苯甲醛

(4) 3-甲基-3-丁烯醛　　(5) 1,4-环己二酮　　(6) (S)-3-苯基-3-氯-2-丁酮

11-3 写出下列反应的主要产物。

(1) 3 H₂C=O + H₃C—CHO —10%NaOH→

(2) 呋喃-CHO —浓NaOH→

(3) 环戊二烯 + CH₂=CH—CHO —△→

(4) 环庚酮 —过量乙醇/H⁺→

(5) 环戊酮 —BuNH₂/H⁺→

(6) CH₃—C≡CH —NaNH₂→ —PhCHO→ —H₃O⁺→

(7) 苯基乙酮 —I₂/NaOH→

(8) 环己基甲基酮 —H₂/Ni→

(9) CH₂=CH—CHO + H₃C—CHO —DABCO→

(10) 环戊基甲基酮 —PhCO₂H→

11-4 写出苯甲醛及丙酮与下列试剂反应的主要产物。

(1) CH₃MgBr/乙醚，然后 H₃O⁺　　(2) HCN/OH⁻　　(3) NaHSO₃

(4) NH₂OH/H⁺　　(5) 乙二醇/H⁺　　(6) 乙二硫醇/H⁺，随后 H₂/Pd

(7) LiAlH$_4$，然后 H$_3$O$^+$ (8) O$_2$N—〈 〉—NHNH$_2$/H$^+$（带NO$_2$取代）   (9) Ph$_3$P$^+$—$^-$CHCO$_2$C$_2$H$_5$

(10) CH$_3$NO$_2$/OH$^-$

11-5 请利用共轭加成反应制备下列化合物。

11-6 试从乙醛及其他必要的无机试剂合成下面的化合物。

11-7 硝醇反应的反应机理与醇醛缩合反应类似，请为下面所示的反应提供一个可能的机理。

$$PhCHO + CH_3NO_2 \xrightarrow{\text{碱}} \overset{OH}{\underset{Ph}{|}}CH_2NO_2$$

11-8 试用简便的化学方法鉴别下列各组化合物。

(1) 丙醛、丙酮、正丙醇、异丙醇

(2) 2-戊酮、3-戊酮、环己酮

(3) 苯甲醛、苯乙酮、1-苯基-2-丙酮

(4) 二甲基缩乙醛与正丙醚

11-9 4-羟基戊醛在酸性催化剂存在的条件下，与甲醇反应得到 2-甲基-5-甲氧基四氢呋喃，请解释其形成的原因。

11-10 某未知化合物 A，与 Tollens 试剂反应能形成银镜，A 与甲基卤化镁 Grignard 试剂反应随即加稀酸得到化合物 B，分子式为 C$_5$H$_{12}$O。B 经浓硫酸处理得化合物 C，分子式为 C$_5$H$_{10}$。C 与酸性高锰酸钾溶液反应，得到乙酸和丙酮两种产物。试写出 A、B、C 各化合物的结构及上述各步反应式。

11-11 化合物 A 和 B 的分子式均为 C$_{10}$H$_{12}$O。其 IR 以及 ^{1}H NMR 谱图分别如图 11-12 所示。请写出化合物 A 和 B 的结构，并对化合物 A 的 ^{1}H NMR 谱数据进行归属。

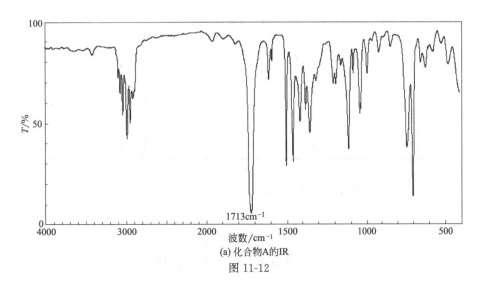

(a) 化合物A的IR

图 11-12

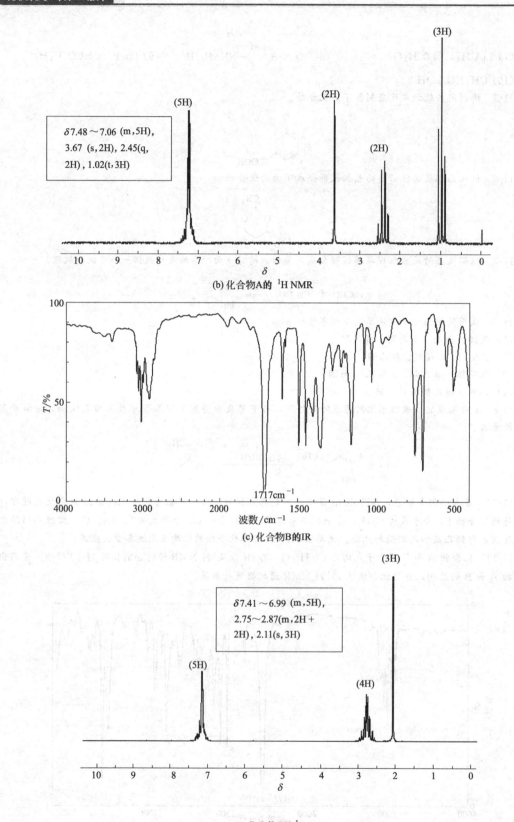

(b) 化合物A的 ^{1}H NMR

$\delta 7.48 \sim 7.06$ (m,5H), 3.67 (s,2H), 2.45(q, 2H), 1.02(t,3H)

(c) 化合物B的IR

1717cm^{-1}

$T/\%$

波数/cm^{-1}

(d) 化合物B的^{1}HNMR

$\delta 7.41 \sim 6.99$ (m,5H), 2.75~2.87(m,2H+2H), 2.11(s,3H)

图 11-12 化合物 A 和 B 的 IR 及 ^{1}H NMR 谱图

第12章 羧酸及取代羧酸

羰基和羟基同时连在同一个碳原子上称为羧基（carboxyl group），可简写为—COOH 或—CO_2H。羧酸（carboxylic acids）是含有羧基的化合物，因此羧基是羧酸类化合物的官能团。而烃基和羰基的组合我们称之为酰基（acyl group）。羧酸的通式为 $C_nH_{2n}O_2$。

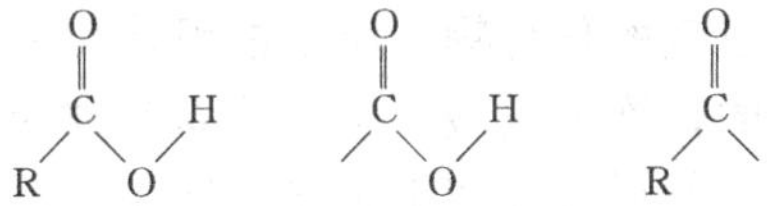

羧酸　　　　　　　　羧基　　　　　　　　酰基

常见的羧酸有甲酸和乙酸（俗称醋酸）等。其中甲酸是蚂蚁的分泌物，俗称蚁酸，是被蚂蚁蜇咬时，引起刺激痛的原因。同时，蚁酸也是一种基本的有机化工原料。乙酸是调味料醋的主要组分，同时也是一种重要的化工原料，用于生产黏合剂、喷漆溶剂等。

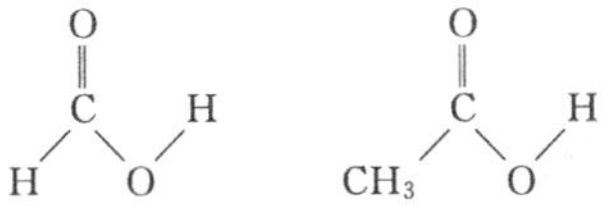

甲酸（蚁酸）　　　　乙酸（醋酸）

羧酸烃基上的氢被其他原子或基团取代后的化合物称为取代羧酸，主要包括卤代酸、羟基酸、羰基酸和氨基酸等。这些化合物中很多具有重要的生理活性，参与生命体的代谢过程，有的是有机合成中重要的试剂或者是重要的工业原料，是一类非常重要的化合物。本章我们主要学习取代羧酸中的羟基酸和羰基酸。

12.1 羧酸的分类和命名

按照烃基的不同，羧酸可以分为脂肪酸（包括饱和脂肪酸和不饱和脂肪酸）和芳香酸。

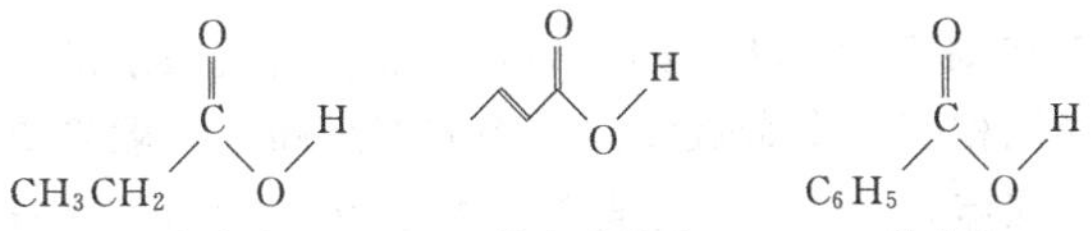

饱和脂肪酸　　　　不饱和脂肪酸　　　　芳香酸

按照所含羧基的个数，可分为一元酸、二元酸和多元酸。

丁酸　　　　　乙二酸（草酸）　　　　柠檬酸
一元酸　　　　　二元酸　　　　　三元酸（多元酸）

一元羧酸的系统命名法与前面我们学过的其他化合物的命名法类似。首先选取含羧基的最长碳链为主链，羧基碳的位次为1，按所含的碳原子的数目称为某酸，取代基的位次及名称写在前面。取代基的位次也可以用希腊字母表示，与羧基相邻的碳原子为 α，其他依次为

β、γ 等，最末端的碳原子为 ω。对于不饱和羧酸，还要注明双键的构型。例如：

2-甲基丁酸   3-氨基丁酸   (E)-3-戊烯酸   对氯苯甲酸

α-甲基丁酸 β-氨基丁酸

二元羧酸的系统命名是选取含两个羧基的最长碳链为主链，根据碳链的碳原子数称为"某二酸"，把取代基的位置和名称写在"某二酸"之前。

丙二酸   2-甲基己二酸   邻苯二甲酸

α-甲基己二酸

由于很多羧酸是人类较早发现的化合物，所以常用其某一来源来命名，也就是俗名。如甲酸是由蚂蚁分泌物干馏得到的，称为蚁酸；丁酸是黄油腐臭气味的一种组分，俗称酪酸。草酸为乙二酸的俗称，以草酸盐的形式存在于很多植物中。这些俗名由于使用时间比较长，应用较为普遍，因此也得到了 IUPAC 的承认，沿用至今。在这本书中，我们一般情况下使用系统命名。

思考题

12-1 用系统命名法命名下列化合物。

(1) PhCH₂CH₂CHClCOOH

(2) HOCCHCH₂CH₃ / CH₃

(3) CH₃CH₂CHCH₂CH₃ / COOH

(4) 环戊基-CH₂CH₂COOH

(5) H—C(Br)(CH₃)... COOH

(6) HO—(C=O)—CH₂CH₂—CH(NH₂)—(C=O)—OH

12.2 羧酸的物理性质

低级和中级脂肪酸都有刺激性气味，如乙酸和甲酸。直链羧酸的熔点随分子量的增加而呈锯齿状升高，偶数碳羧酸比相邻两个奇数碳同系物的熔点高。一般来讲，低级和中级脂肪酸是液体，高级脂肪酸为蜡状固体，芳香酸为结晶性固体。羧酸的沸点随着分子量的增加而逐渐升高，并且比分子量相近的醇的沸点要高得多，这是因为羧酸是一种极性很强的化合物，相互之间能够形成强的氢键（键能约 14kJ/mol），比醇羟基间的氢键（键能为 $5 \sim 7$ kJ/mol）强得多。一些分子量较小的羧酸，如甲酸、乙酸，即使在气态时也以二聚体的形式存在。

$$CH_3-C \begin{matrix} O\cdots H-O \\ O-H\cdots O \end{matrix} C-CH_3$$

另外，羧酸也能和水形成很强的氢键，因此羧酸的水溶性也很好，四个碳以下的羧酸能与水以任意比例混溶。随着烃基的增大，羧酸的水溶性逐渐下降。表 12-1 列举了一些常见羧酸的物理性质。

表 12-1　常见羧酸的物理性质

名称	结构式	熔点/℃	沸点/℃	溶解度(25℃)/(g/100mL H$_2$O)
甲酸	HCOOH	8.4	100.8	无限混溶
乙酸	CH$_3$COOH	16~17	118~119	无限混溶
丙酸	CH$_3$CH$_2$COOH	−20.5	141	无限混溶
丁酸	CH$_3$(CH$_2$)$_2$COOH	−5.1	163.8	无限混溶
戊酸	CH$_3$(CH$_2$)$_3$COOH	−34.5	186~187	4.97
己酸	CH$_3$(CH$_2$)$_4$COOH	−3.4	205.8	1.082
辛酸	CH$_3$(CH$_2$)$_6$COOH	16.7	239.7	0.068
十一酸	CH$_3$(CH$_2$)$_9$COOH	28.6	284	不溶
苯甲酸	C$_6$H$_5$COOH	122.4	249	0.17g(0℃) 0.55g(40℃) 5.63g(100℃)

12.3　羧酸的结构和化学性质

羧酸官能团中的碳是 sp^2 杂化，因此 O＝C—O 处于同一平面上，羟基氧的 p 轨道与羰基的 π 键之间有 p-π 共轭作用，从而使得氧上的电子会部分转移到碳-氧双键，羰基中两个碳-氧键的键长平均化，如在醇分子中，碳-氧键的键长一般为 1.43Å，而甲酸中羰基的碳-氧单键的键长为 1.32Å，缩短了 0.11Å；羰基中碳-氧双键的键长为 1.23Å，比醛、酮中碳-氧双键的键长略长。请比较甲酸分子中的键角和键长数值。

同时，p-π 共轭作用还使得羰基碳的电正性降低，羰基不典型，不利于羰基的亲核加成反应。另外，羟基氧上的电子云密度降低，氧原子的吸电子能力进一步增强，O—H 键的极性增强，有利于氢原子的解离，使羧基表现出明显的酸性。

羧酸的氢解离后得到的羧酸负离子，也可以通过共轭作用得到稳定，负电荷在两个氧原子之间离域，使得羧酸负离子的能量下降，能够稳定存在，这也是羧酸具有较强酸性的另外一个重要原因。从羧酸负离子的共振式可以看出，两个氧原子应该是等价的，实验也证实了这一推论。甲酸钠的 X 射线单晶衍射数据表明，两个碳-氧键的键长均为 1.27Å，介于典型的碳-氧双键（1.20Å）和碳-氧单键（1.34Å）之间。

12.3.1　羧酸的酸性及成盐

在有机酸中羧酸属于酸性较强的一类化合物，一元羧酸的 pK$_a$ 通常在 3~5 之间，比碳酸的酸性强，因此羧酸不仅能够和强碱 NaOH 反应，还可以和 NaHCO$_3$、Na$_2$CO$_3$ 等弱碱反应，利用该性质可以鉴别、分离羧酸和苯酚。反应的产物羧酸盐比原料羧酸的水溶性要好，因此在医药上经常将羧基转换为羧酸盐（通常为钠盐或钾盐）以增加药物的水溶性，提高药效。

$$CH_3COOH + NaOH \longrightarrow CH_3COONa + H_2O$$
$$CH_3COOH + NaHCO_3 \longrightarrow CH_3COONa + CO_2 \uparrow + H_2O$$

当羧酸的烃基上连有取代基时，取代基的诱导及共轭效应都会影响羧酸的酸性，表 12-2 列出了一些取代羧酸的 pK_a 值。

表 12-2　取代羧酸的 pK_a 值

名称	结构	pK_a
甲酸	HCOOH	3.75
乙酸	CH_3COOH	4.75
丙酸	CH_3CH_2COOH	4.87
氟乙酸	FCH_2COOH	2.66
氯乙酸	$ClCH_2COOH$	2.86
溴乙酸	$BrCH_2COOH$	2.90
碘乙酸	ICH_2COOH	3.12
二氯乙酸	$Cl_2CHCOOH$	1.29
三氯乙酸	Cl_3CCOOH	0.65
三氟乙酸	F_3CCOOH	0.23
2-氯丁酸	$CH_3CH_2CHClCOOH$	2.86
3-氯丁酸	$CH_3CHClCH_2COOH$	4.05
4-氯丁酸	$ClCH_2CH_2CH_2COOH$	4.52
苯甲酸	C_6H_5COOH	4.20

当羧基上连有推电子原子或基团时，羧酸的酸性减弱，如甲酸、乙酸、丙酸的酸性依次减弱，就是因为羧基所连的烃基的推电子性越来越强。推电子的诱导效应沿着共价键进行传递，使得羧基中 O—H 键之间的共用电子对部分迁移到氢，键的极性减弱，氢原子不容易解离，酸性减弱。此外，推电子基团会使得羧酸解离后生成的羧酸负离子电荷集中，能量升高，不稳定，不容易生成，这也从另一方面解释了推电子基团使羧酸酸性减弱的原因。

而当羧基上连有吸电子原子或基团如 F、Cl 时，羧酸的酸性增强。其原因是吸电子诱导效应沿着共价键进行传递，羧基中氧氢键之间的共用电子对进一步偏向氧原子，极性增大，氢原子更容易解离。另外，氢离子解离后得到的羧基负离子，也会由于吸电子基团的存在使电荷分散，得到稳定。所连烃基的吸电子性越强，酸性越强；吸电子原子或基团的数目越多，酸性越强；吸电子原子或基团离羧基越近，酸性越强。下面给出了卤代乙酸的酸性强弱顺序。

$$FCH_2COOH > ClCH_2COOH > BrCH_2COOH$$
$$CH_3COOH < ClCH_2COOH < Cl_2CHCOOH < Cl_3CCOOH$$
$$CH_3CHClCOOH > ClCH_2CH_2COOH$$

除诱导效应外，共轭效应也会影响羧酸的酸性，如苯甲酸的酸性要小于甲酸的酸性，这主要是因为苯环通过共轭作用推电子，使得氧氢键的极性降低，酸性减弱。苯甲酸的共振式可以很清楚地表示出这种电子趋势，如下图所示。

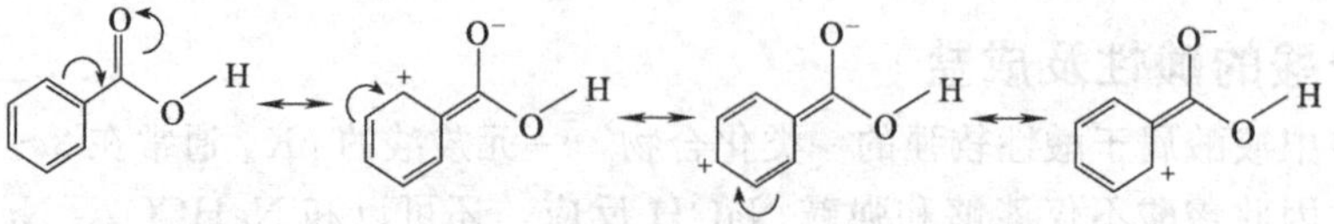

当苯环上连有取代基时，取代基的种类及位置也会影响取代苯甲酸的酸性。一般来讲，吸电子基团如硝基、卤素可通过共轭作用吸电子使羧酸的酸性增强，而推电子基团如羟基、烷氧基使取代苯甲酸的酸性减弱。但这些基团取代在对位时，由于共轭作用的影响，酸性增

加或减弱的程度较大。而取代在间位时，酸性增加或减弱的程度较小。当基团取代在邻位时，无论是吸电子基团还是推电子基团，都比对位和间位取代的苯甲酸的酸性强。这主要是位阻的原因，邻位基团的存在使得空间位阻增大，取代基和苯环之间不能完全处于同一平面，稍有偏离，从而使苯环的共轭推电子性能减弱，酸性增强。表 12-3 列出了一些取代苯甲酸的 pK_a 值，可以很明显地看出上述的规律。

表 12-3 取代苯甲酸的 pK_a 值

取代基 Y	pK_a（邻位）	pK_a（间位）	pK_a（对位）
OH	2.98	4.08	4.48
OCH$_3$	4.09	4.09	4.47
CH$_3$	3.91	4.27	4.36
H	4.19	4.19	4.19
F	3.27	3.87	4.14
Cl	2.92	3.83	3.98
Br	2.85	3.81	4.00
CHO	—	—	3.75
CN	3.14	3.64	3.55
NO$_2$	2.17	3.45	3.44

二元羧酸有两个可以离解的酸性氢，且两个氢是分步离解的，因此二元酸的酸性要用两个离解常数 pK_{a1} 和 pK_{a2} 分别表示两个羧基的酸性。由于羧基的吸电子效应，首先离解的羧基酸性增强，两个羧基的距离越近，影响越大。如丁二酸的 pK_{a1} 为 4.19，丙二酸的为 2.85，乙二酸的为 1.27，比乙酸（$pK_a = 4.75$）的酸性强得多。第一个羧基离解后形成羧酸负离子，其电子效应与羧基相反，是推电子的，使得第二个羧基难于离解，酸性减弱。从表 12-4 中可以看出，每个二元酸的 pK_{a2} 都大于 pK_{a1}。

表 12-4 二元羧酸的 pK_a 值

名称	结构	pK_{a1}	pK_{a2}
乙二酸	HOOCCOOH	1.23	4.19
丙二酸	HOOCCH$_2$COOH	2.83	5.69
丁二酸	HOOC(CH$_2$)$_2$COOH	4.19	5.64
戊二酸	HOOC(CH$_2$)$_3$COOH	4.35	5.42
己二酸	HOOC(CH$_2$)$_4$COOH	4.42	5.41
反-1,2-环丙烷二羧酸	HOOC▷COOH	3.65	5.13
顺-丁烯二酸	HOOC COOH	1.92	6.23
反-丁烯二酸	COOH HOOC	3.02	4.38
邻苯二甲酸	COOH COOH	2.95	5.41

12-2 假设要分离一个丙酸和正己烷的混合物，请问如何利用其中一个组分的酸性实现有效的分离。

12-3 二元羧酸有两个离解常数，如邻苯二甲酸的 pK_{a1} 为 2.96，pK_{a2} 为 5.40。请解释第二个羧基的酸性为什么远远小于第一个羧基的酸性。

12.3.2 羧酸的亲核取代反应

在第 11 章中，我们曾介绍了醛酮化合物羰基的主要性质，即易发生亲核加成反应。在羧酸中，尽管受羟基氧的影响羰基的电正性有所下降，但在酸或碱的催化下，依然能够发生类似的亲核加成反应。不同的是，形成四面体的中间体后，其后续反应不是进行氧负离子的质子化，而是发生进一步的消除反应，得到羟基被亲核试剂取代的产物，称为羧酸衍生物，而整个亲核加成-消除反应我们称之为亲核取代反应。反应通式如下。

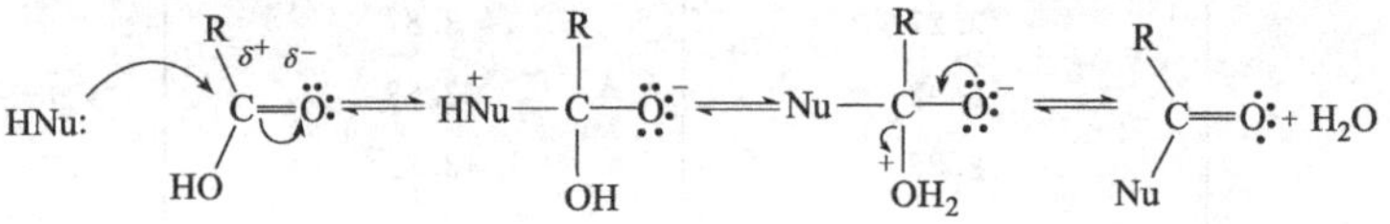

$$HNu: \quad \overset{R}{\underset{HO}{C}}=\overset{\delta^+\ \delta^-}{O} \Longleftrightarrow HNu-\overset{R}{\underset{OH}{C}}-\overset{+}{O^-} \longrightarrow Nu-\overset{R}{\underset{OH_2}{C}}-O^- \Longleftrightarrow \overset{R}{\underset{Nu}{C}}=O + H_2O$$

该反应是羧酸的一种非常重要的反应，可以用来制备各种羧酸衍生物，如酰卤、酸酐、酯和酰胺。

（1）由羧酸制备酯　酯的通式为 $RCOOR'$ 或 RCO_2R'。羧酸可与醇反应脱水生成酯，也称酯化反应（esterification）。

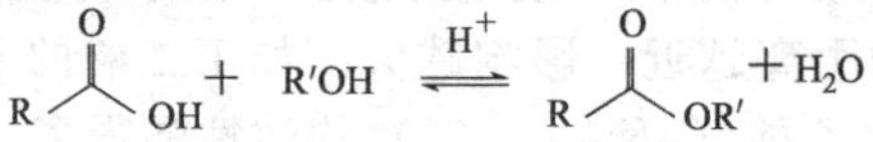

$$R\overset{O}{\underset{}{C}}OH + R'OH \overset{H^+}{\Longleftrightarrow} R\overset{O}{\underset{}{C}}OR' + H_2O$$
$$\text{羧酸酯}$$

该反应是一个可逆反应，通常需要少量酸作催化剂，常用的催化剂有硫酸、氯化氢或苯磺酸。为使平衡偏向生成酯的方向，提高产率，反应过程中通常要将生成的水及时蒸出，或加大反应物中便宜易得物质的量。下面是酯化反应的反应示例。

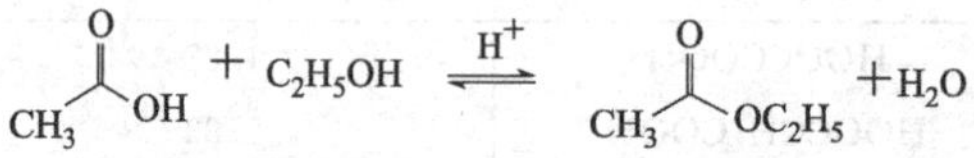

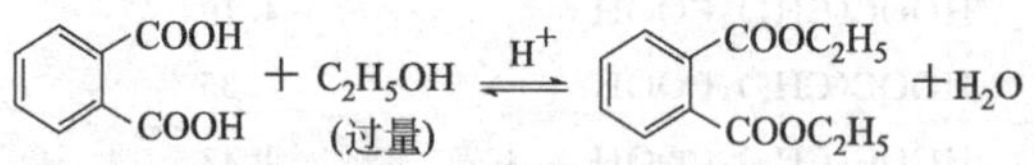

$$CH_3\overset{O}{\underset{}{C}}OH + C_2H_5OH \overset{H^+}{\Longleftrightarrow} CH_3\overset{O}{\underset{}{C}}OC_2H_5 + H_2O$$

$$\underset{COOH}{\overset{COOH}{\bigcirc}} + C_2H_5OH \underset{\text{（过量）}}{\overset{H^+}{\Longleftrightarrow}} \underset{COOC_2H_5}{\overset{COOC_2H_5}{\bigcirc}} + H_2O$$

酯化反应是羧酸与醇的脱水反应。但脱掉的水分子中的氧原子是来自于羧酸还是醇，这需要对反应机理进行研究。实验表明，用 ^{18}O 标记的甲醇与羧酸反应，得到的水中不含 ^{18}O：

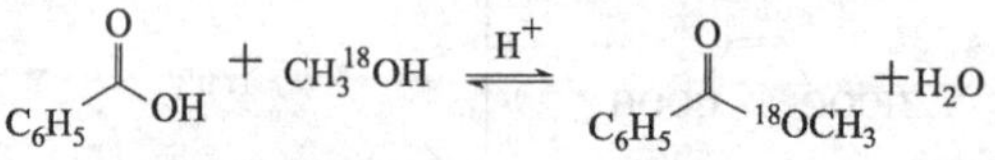

$$C_6H_5\overset{O}{\underset{}{C}}OH + CH_3^{18}OH \overset{H^+}{\Longleftrightarrow} C_6H_5\overset{O}{\underset{}{C}}^{18}OCH_3 + H_2O$$

这说明水分子中的氧来自于羧酸。因此对于伯醇和仲醇，其酸催化的酯化反应机理如图 12-1 所示。首先是酸性催化剂对羧酸的羰基氧进行质子化，使羰基氧上带正电，对电子的吸引能力更强，增加羰基碳的电正性，更容易接受亲核试剂的进攻。亲核试剂进攻后，得到四面体中间体，然后发生质子迁移反应，使不好的离去基团 OH 转化为好的离去基团 H_2O，脱水后得到质子化的酯，再脱质子得到酯，并重新生成酸性催化剂。

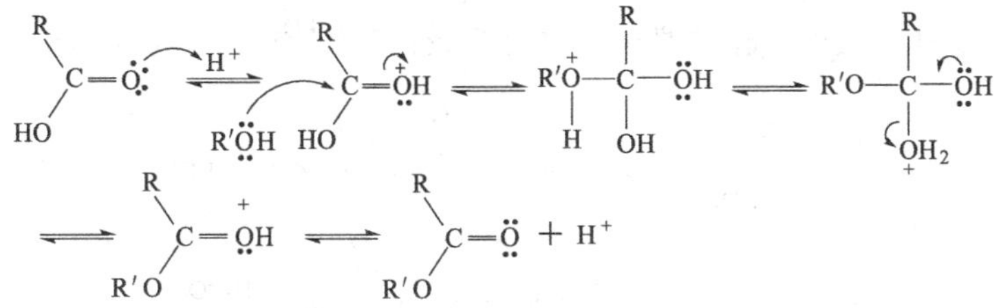

图 12-1 酸催化的酯化反应机理

由于该机理经过了一个四面体的中间体，当羧酸烃基以及醇烃基位阻较大时，四面体也会显得拥挤不稳定，因此酯化反应的速率会下降。下面给出不同位阻羧酸以及醇进行酯化反应的速率顺序。甲酸和甲醇的位阻最小，酯化反应的速率最快。

$$HCOOH > CH_3COOH > CH_3CH_2COOH > (CH_3)_2CHCOOH > (CH_3)_3CCOOH$$

$$CH_3OH > RCH_2OH > R_2CHOH > R_3COH$$

除用羧酸和醇进行酯化反应以外，利用重氮甲烷与羧酸反应制备甲酯也是常用的方法之一。重氮甲烷是最简单的重氮化物，化学式为 CH_2N_2，是一个直线形分子。室温下是一个不稳定的黄色剧毒性气体，具爆炸性，因此使用和制备必须在通风橱内进行，操作要特别当心，一般使用它的乙醚溶液。

重氮甲烷

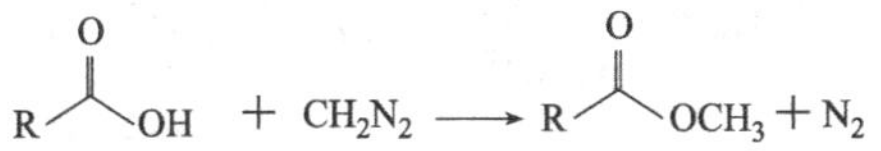

该方法条件温和，在室温下就可以进行，且产率较高，比较适用于实验室的小量制备。其反应历程如下：

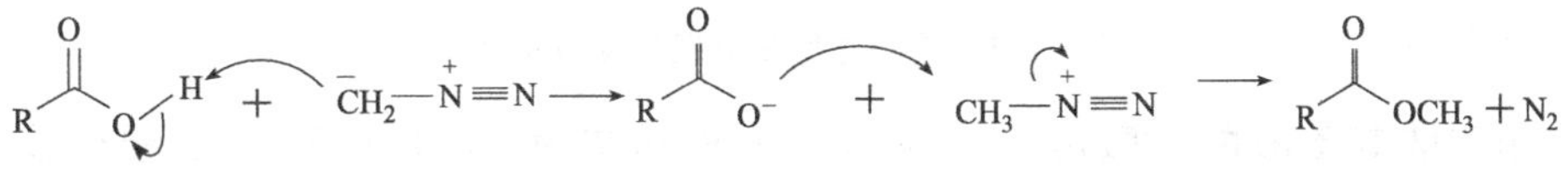

思考题

12-4 比较下列酸或醇进行酯化反应的反应速率。

(1) CH_3CH_2COOH、$CH_3CH(CH_3)COOH$ 与乙醇的反应

(2) $CH_3CH_2CH_2OH$ 和 $CH_3CH_2CH(CH_3)OH$ 与乙酸的反应

(2) 由羧酸制备酰卤　酰卤（acyl halides）的通式为 RCOX。羧酸与氯化亚砜（也叫亚硫酰氯）、草酰氯、三氯化磷或五氯化磷等反应可得到羧酸羟基被氯取代的化合物酰氯，与三溴化磷反应得到酰溴，这些反应都很容易进行，产率较高。

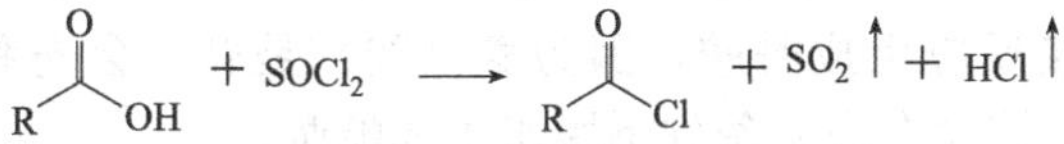

酰氯

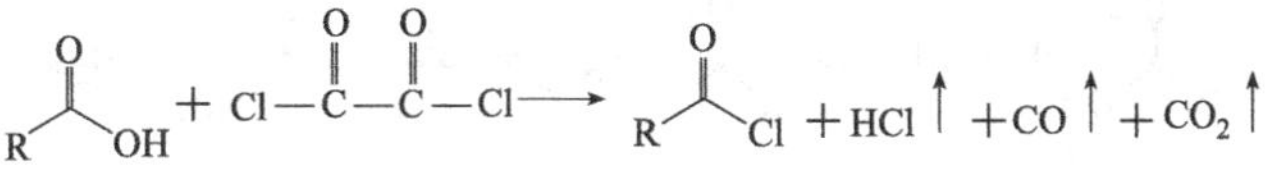

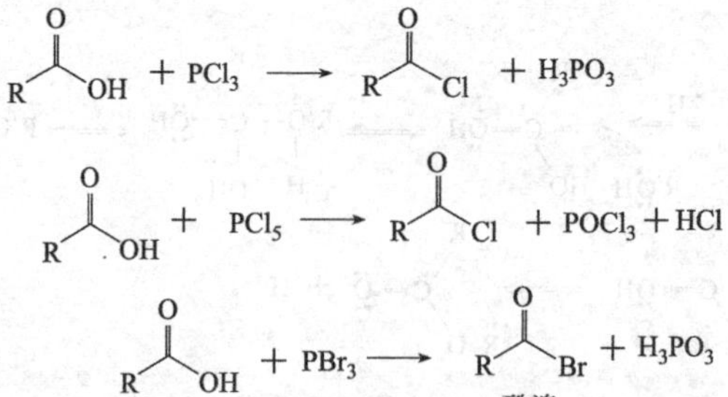

羧酸与氯化亚砜以及草酰氯的反应，副产物都是气体，产物易于从反应体系中分离。酰氯化学性质比较活泼，低分子酰氯可以和空气中的水发生反应，生成羧酸和氯化氢，因此酰氯难于储存，在反应中经常现制现用。

该反应的反应机理与酯化反应相似，也是一个亲核加成与消除反应的加和，即亲核取代反应，但中间过程稍有不同。我们以羧酸与二氯亚砜的反应为例，解释一下该反应具体的反应历程（见图 12-2）。首先羧酸的羟基氧对氯化亚砜的硫原子进行亲核进攻，生成氧负离子中间体，消除氯离子后得到氯亚硫酸酯，同时分子内的质子转移使得羰基氧进行质子化，羰基碳受氯亚硫酸酯及氧正离子的综合影响得到活化，可以接受弱亲核试剂氯离子的进攻，消除二氧化硫及氯离子后，得到酰氯。其他试剂如三氯化磷、五氯化磷和三溴化磷与羧酸的反应与此类似。

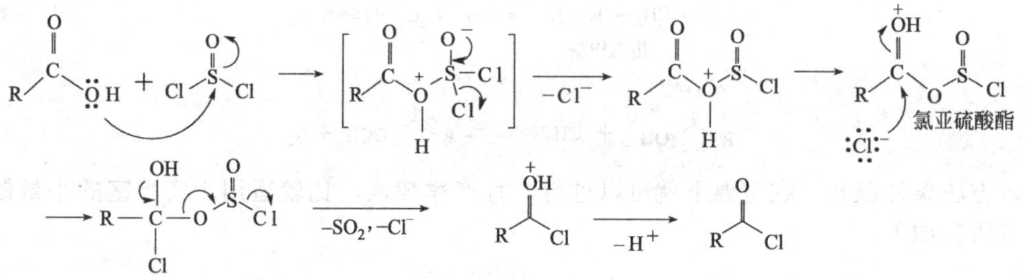

图 12-2 羧酸与氯化亚砜的反应机理

（3）由羧酸制备酸酐 酸酐（anhydrides）的通式为 RCOOCOR′。在强热或脱水剂 P_2O_5 的作用下，两分子的羧酸会脱水形成酸酐。非环状的酸酐除乙酸酐外，比较难以制备，但五元或六元环状酸酐可通过四个或五个碳原子的二元羧酸很方便地制得。

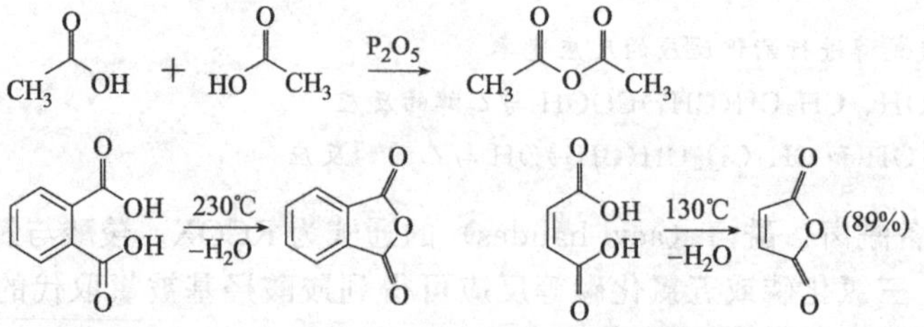

（4）由羧酸制备酰胺 酰胺（amides）的通式为 $RCONH_2$、RCONHR′ 或 RCONR′R″。羧酸与氨（胺）不能直接反应生成酰胺，因为氨（胺）是碱，会先和羧酸发生酸碱中和反应，形成羧酸铵盐。羧酸铵盐在高温条件下脱水生成酰胺。

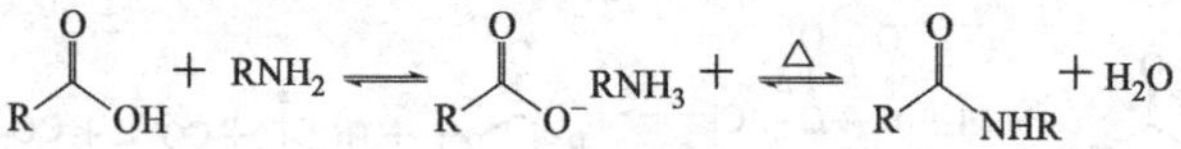

12.3.3　羧酸的还原反应

在前面章节中我们学过伯醇可被氧化成羧酸，那么羧酸是否能被还原成伯醇呢？答案是肯定的，然而羧酸不容易被催化氢化或其他还原剂还原，即使是用锂铝氢（LiAlH₄）还原也经常需要加热的反应条件，但硼烷却是还原羧酸的很好的试剂，反应条件温和，在室温下就可以进行，并且具有很好的选择性，如在硝基、氰基、酮基等基团的存在下，可以选择性地实现羧基的还原。

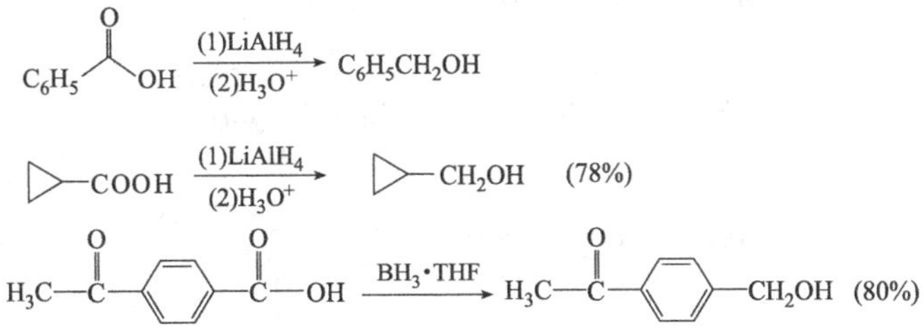

$$C_6H_5 \underset{O}{\overset{\quad}{C}} OH \xrightarrow[\text{(2)}H_3O^+]{\text{(1)}LiAlH_4} C_6H_5CH_2OH$$

$$\triangleright\!\!-COOH \xrightarrow[\text{(2)}H_3O^+]{\text{(1)}LiAlH_4} \triangleright\!\!-CH_2OH \quad (78\%)$$

$$H_3C\underset{O}{\overset{\quad}{C}}\!-\!\!\!\!\boxed{}\!\!\!\!-\underset{O}{\overset{\quad}{C}}\!-OH \xrightarrow{BH_3 \cdot THF} H_3C\underset{O}{\overset{\quad}{C}}\!-\!\!\!\!\boxed{}\!\!\!\!-CH_2OH \quad (80\%)$$

思考题

12-5 请从指定的有机原料完成 2-环己基乙醇的合成。

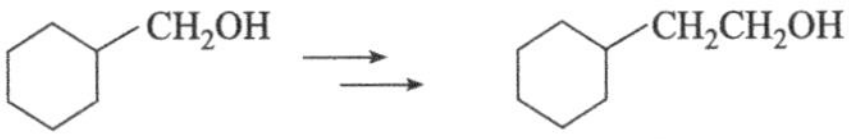

12.3.4　羧酸的脱羧反应

羧酸分子失去羧基放出二氧化碳的反应称为脱羧反应（decarboxylation）。一般来讲，羧酸中的羧基比较稳定，不容易发生脱羧反应，但在一定的条件下，如将羧酸的钠盐在碱石灰（CaO＋NaOH）或固体氢氧化钠存在的条件下加强热，羧酸能脱去羧基（失去二氧化碳）而生成烃。羧酸盐的蒸气通过加热至 400～500℃ 的镁、锰或钍的氧化物时，则部分脱羧生成酮。

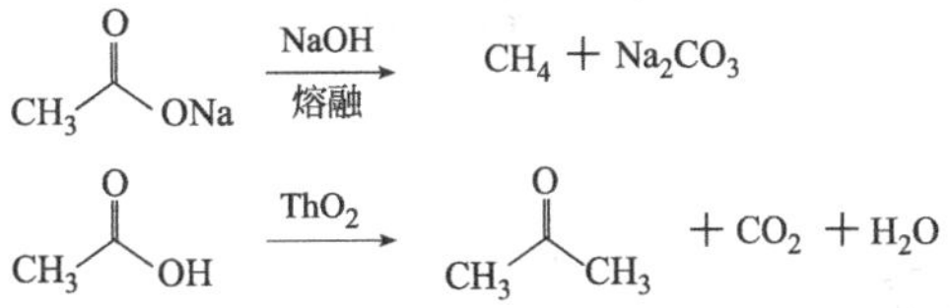

$$CH_3\underset{O}{\overset{\quad}{C}}ONa \xrightarrow[\text{熔融}]{NaOH} CH_4 + Na_2CO_3$$

$$CH_3\underset{O}{\overset{\quad}{C}}OH \xrightarrow{ThO_2} CH_3\underset{O}{\overset{\quad}{C}}CH_3 + CO_2 + H_2O$$

当 α-碳原子上连有吸电子基团如硝基、卤素、羰基、氰基等时，脱羧反应变得比较容易而且产率也有所提高。如 β-酮酸、丙二酸类化合物以及 α,β-不饱和酸都很容易脱羧，反应历程相似，都是通过一个六元环状过渡态进行的协同反应，详见图 12-3。三氯乙酸也很容易脱羧，但反应历程不同。

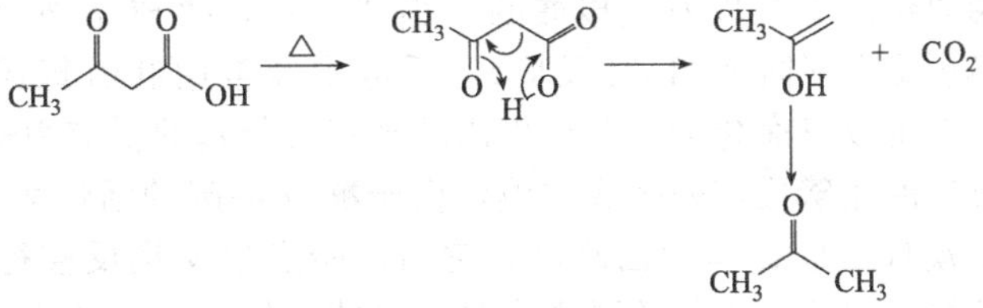

$$CH_3\underset{O}{\overset{\quad}{C}}\!\!-\!\!CH_2\!\!-\!\!\underset{O}{\overset{\quad}{C}}OH \xrightarrow{\triangle} \cdots \longrightarrow \underset{OH}{\overset{CH_3}{C}}\!\!=\!\!CH_2 + CO_2$$

图 12-3　脱羧反应

二元酸相对一元酸来讲，脱羧反应更容易进行，如乙二酸和丙二酸在加热条件下，很容易脱羧分别生成甲酸和乙酸，并放出二氧化碳。丁二酸和戊二酸在加热条件下，很容易分子内失水，分别生成五元以及六元环酐。己二酸和庚二酸受热后则同时发生脱羧和脱水反应生成环酮。

$$HOOC—COOH \xrightarrow{\triangle} HCOOH + CO_2$$

$$HOOC—CH_2—COOH \xrightarrow{\triangle} CH_3COOH + CO_2$$

$$HOOC—(CH_2)_2—COOH \xrightarrow[-H_2O]{\triangle}$$

$$HOOC—(CH_2)_3—COOH \xrightarrow[-H_2O]{\triangle}$$

$$HOOC—(CH_2)_4—COOH \xrightarrow{\triangle} + H_2O + CO_2$$

$$HOOC—(CH_2)_5—COOH \xrightarrow{\triangle} + H_2O + CO_2$$

芳香酸的脱羧比脂肪酸容易，如将苯甲酸溶解在喹啉中，再加少量铜粉作催化剂，加热即可脱羧。

$$C_6H_5—C(\overset{O}{\parallel})OH \xrightarrow[\triangle]{Cu, 喹啉} C_6H_6 + CO_2$$

 思考题

12-6 写出下列反应的主要产物。

(1)
$$\xrightarrow{\triangle}$$

(2) $CH_3CHCH_2CHCOOH \xrightarrow{\triangle}$
      CH₃   CN

(3)
$$\xrightarrow{185℃}$$

12.3.5 α-H 的卤代反应

$$R \overset{}{\underset{}{\diagdown}} COOH \xrightarrow[(2)\ H_2O]{(1)\ Br_2,\ PBr_3} \overset{Br}{\underset{R}{\diagup}} COOH$$

由于羧基中羟基氧与羰基的共轭作用，减弱了羰基碳的电正性，因此羧酸 α-氢的反应活性与醛酮相比要小得多，α-碳上的取代反应也不容易实现，如羧酸和卤素的反应很慢。但在催化量的三卤化磷的作用下可以发生羧酸的 α-卤代作用，生成 α-卤代羧酸，该反应又称 Hell-Volhard-Zelinsky 反应（简称 HVZ 反应）。反应中经常用红磷替代三卤化磷，因为红磷和卤素可以很快反应生成三卤化磷。我们以乙酸与三溴化磷的反应为例来解释该反应的反应历程。首先乙酸与三溴化磷反应先生成酰溴，由于酰溴 α-碳的活性大于羧基 α-碳的活性，因此比较容易进行 α-溴代生成 α-溴代乙酰溴，它与乙酸发生交换反应得到 α-溴代乙酸。由于三溴化磷是催化量的，因此产生的乙酰溴也是少量的，但通过交换反应酰溴可以在反应体系中循环使用。

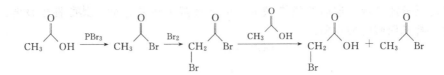

12-7 试从乙酸出发合成氰基乙酸。

$$CH_3COOH \longrightarrow NCCH_2COOH$$

12.4 羟基酸

羟基酸（hydroxyl acids）在生物体中发挥着重要的作用，生命体新陈代谢的关键中间体很多都是羟基酸。另外，一些天然或合成的羟基酸还在化妆品、医药及食品等行业有广泛的应用。

12.4.1 羟基酸的分类和命名

根据羧基所连烃基的不同，羟基酸可分为醇酸和酚酸。醇酸的羟基和羧基都连在烃基上，而酚酸的羟基和羧基都连在芳环上。根据羟基与羧基的相对位置，醇酸又可分为 α-、β-、γ-、δ-羟基酸，当羟基连在碳链的末端时，称为 ω-羟基酸。

醇酸的系统命名以羧酸为母体，羟基为取代基，并用阿拉伯数字或希腊字母标出羟基的位置。由于许多醇酸广泛存在于生物体中，因此常用俗名来命名。下面所示的醇酸中，括号中所列的是俗称。这些醇酸都含有手性碳原子，并具有光学活性。

$$CH_3CHCOOH \qquad C_6H_5CHCOOH \qquad HOOCCHCHCOOH$$

2-羟基丙酸   2-羟基苯乙酸   2,3-二羟基丁二酸

α-羟基丙酸 α-羟基苯乙酸 α,α'-二羟基丁二酸

（乳酸）   （杏仁酸）   （酒石酸）

酚酸通常以芳香酸为母体，以羟基为取代基。如：

邻羟基苯甲酸   3,4,5-三羟基苯甲酸

（水杨酸）   （没食子酸）

12.4.2 羟基酸的性质

羟基酸一般为结晶固体或黏稠状液体。由于分子中含有大于等于两个能形成氢键的官能团，羟基酸一般都具有较好的水溶性，其水溶性大于相应的羧酸。羟基酸的熔点一般高于相应的羧酸。

羟基酸中既含有羧基又含有羟基，属于双官能团化合物，因此除具有羧酸和醇（酚）的一些特征化学性质外，另外两个官能团之间还会相互影响从而使羟基酸表现出一些其他的特殊性质。

（1）酸性   醇酸中的羟基具有吸电子诱导效应并能形成氢键，因此其酸性比同碳的羧酸强，水溶性也较大。如羟基乙酸的酸性比乙酸强，羟基丙酸的酸性大于丙酸。另外，由于诱

导效应沿着原子链进行传递时会逐渐减弱，因此羟基离羧基越远，其酸性也越弱。如 3-羟基丙酸比 2-羟基丙酸的酸性弱。

$$CH_3COOH < \underset{\underset{OH}{|}}{CH_2}COOH$$

pK_a   4.75   3.83

$$CH_3CH_2COOH < \underset{\underset{OH}{|}}{CH_2}CH_2COOH < CH_3\underset{\underset{OH}{|}}{CH}COOH$$

pK_a   4.87   4.51   3.87

　　酚酸的酸性与羟基在苯环上的位置有关，受诱导效应、共轭效应及邻位效应的综合影响。当羟基位于羧基的对位时，羟基与苯环形成 p-π 共轭，尽管羟基同时还具有吸电子的诱导效应，但供电子的共轭效应大于吸电子的诱导效应，总的结果是使羧基上的电子云密度增大，降低了羧基中羟基的极性，不利于氢的解离，因此对位取代的酚酸酸性小于没有羟基取代的芳香酸；当羟基取代在羧基的间位时，羟基不能与羧基形成共轭体系，只表现出吸电子的诱导效应，因此间位取代的酚酸酸性大于未取代的芳香酸；当羟基位于羧基的邻位时，羟基可以和羧基形成分子内氢键，增加了羧基中羟基的极性，有利于氢的解离，使酸性增强。综上所述，羟基取代在不同位置的酚酸的酸性顺序如下所示：

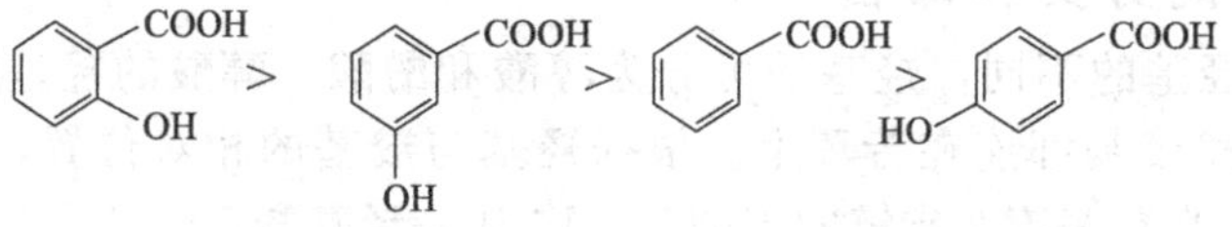

pK_a   2.98   >   4.08   >   4.19   >   4.48

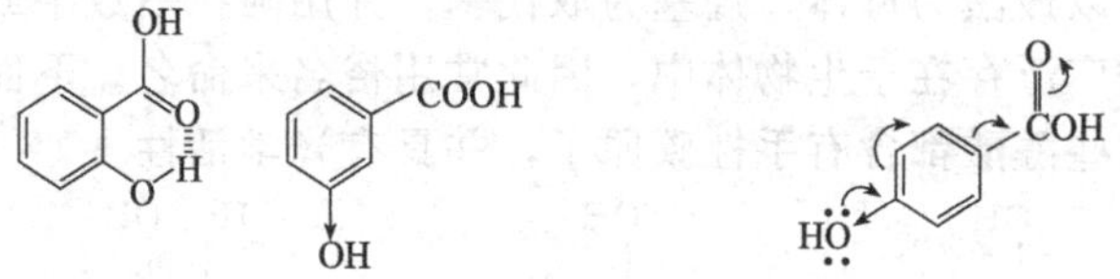

分子内氢键　　　吸电子诱导　　　吸电子诱导+给电子共轭

　　（2）氧化反应　受羧基吸电子效应的影响，醇酸中的羟基比普通羟基更容易发生氧化反应，如弱氧化剂 Tollens 试剂不与醇反应，但能将 α-羟基酸氧化成 α-酮酸。另外，稀硝酸一般也不能氧化醇，而能氧化醇酸中的羟基。

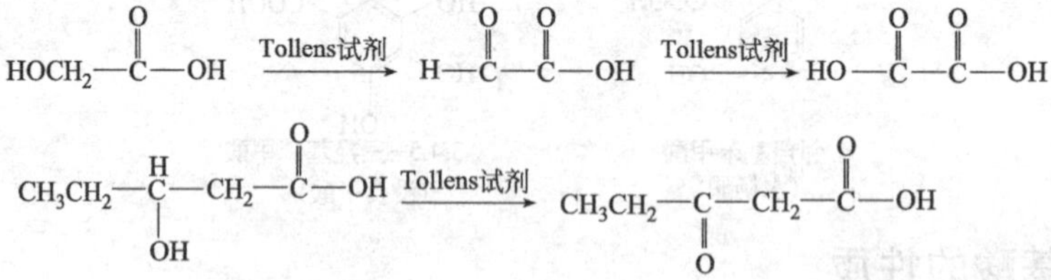

　　（3）醇酸的脱水反应　醇酸受热或与脱水剂共热会发生脱水反应，羟基的位置不同，得到的产物也不相同。α-醇酸受热时会发生双分子间的交叉脱水反应，生成交酯（lactide）。

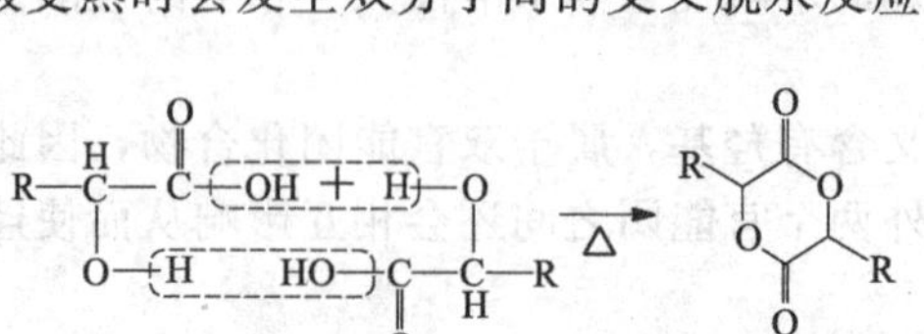

α-醇酸　　　　　　　　　　交酯

　　含有 α-氢的 β-醇酸受热容易发生分子内的脱水反应，生成 α,β-不饱和羧酸。

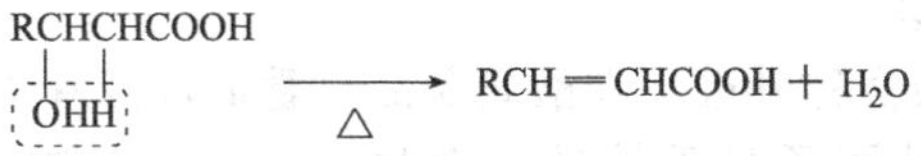

$$\underset{\overset{|}{\underset{\boxed{OH\;H}}{}}}{RCHCHCOOH} \xrightarrow{\triangle} RCH=CHCOOH + H_2O$$

γ-醇酸和δ-醇酸容易发生分子内的脱水反应，生成稳定的五元或六元环状内酯（lactone）。其中γ-醇酸极不稳定，室温下就可以失水得到γ-内酯，因此自然界中很少有游离的γ-醇酸，通常以醇酸盐的形式稳定存在。δ-醇酸的分子内脱水反应也可以顺利发生，但相比较而言，没有γ-醇酸容易。

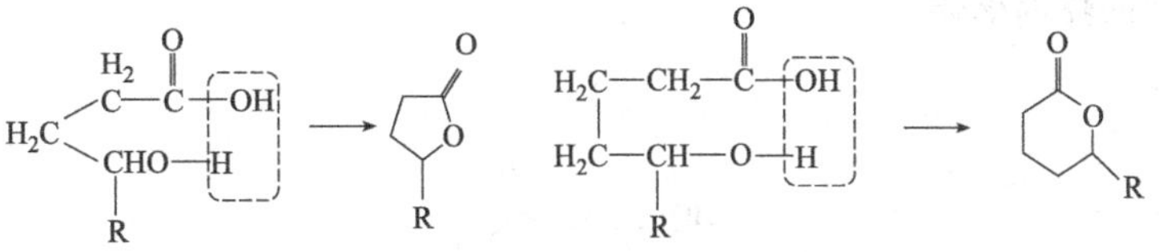

内酯和交酯都具有酯的性质，在酸或碱存在的条件下可发生水解反应。

当羟基和羧基相隔四个碳原子以上时，受热主要发生的是分子间失水，生成长链聚酯。

$$HOCH_2(CH_2)_mCOOH \xrightarrow{\triangle} H\!\!-\!\!\!\left[OCH_2(CH_2)_m\overset{O}{\overset{\|}{C}}\right]_n\!\!\!-\!\!OH + (n-1)H_2O$$
$$m \geqslant 3$$

许多新鲜水果中含有内酯类化合物。一些内酯类化合物作为水果香味食用香精，用于饮料、糖果、烘烤食品等。例如：

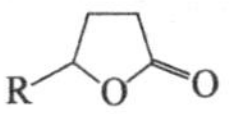

R=n-C$_3$H$_7$：γ-庚内酯，存在于桃子等水果

R=n-C$_5$H$_{11}$：γ-壬内酯，存在于桃子、番茄等中，具有强烈的椰子样香味

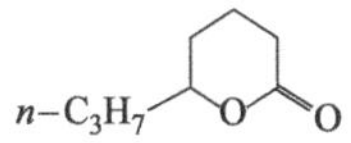

δ-辛内酯，存在于椰子油、菠萝、奶油等中，具有椰子和奶油样气味

在许多合成药物、中药等的有效成分中也有内酯结构单元。从链霉菌中分离得到的红霉素（erythromycin），就是一种大环内酯类抗生素，临床上用作广谱抗生素。

（4）酚酸的脱羧反应　当酚酸的羟基处于羧基的邻位或对位时，对热不稳定，加热到熔点以上时，发生脱羧反应生成酚和二氧化碳。

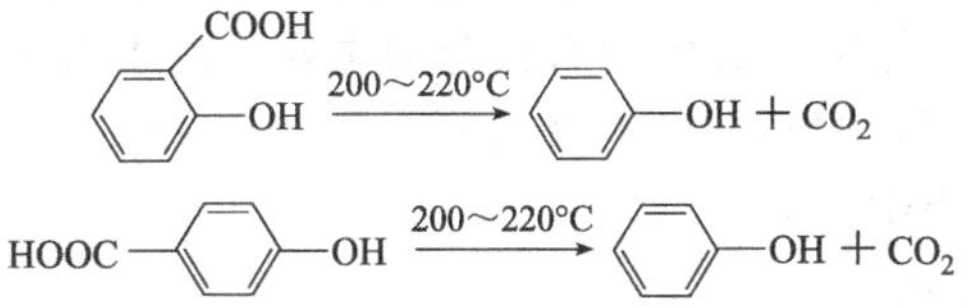

思考题

12-8 写出下列反应的主要产物。

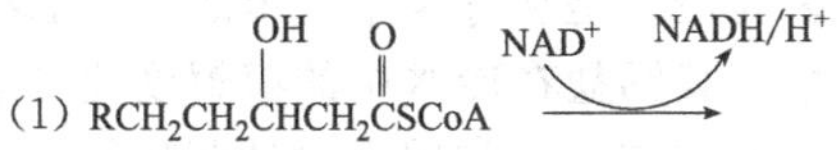

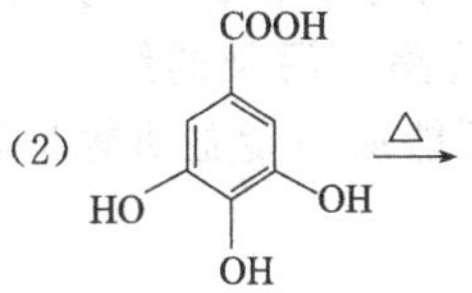

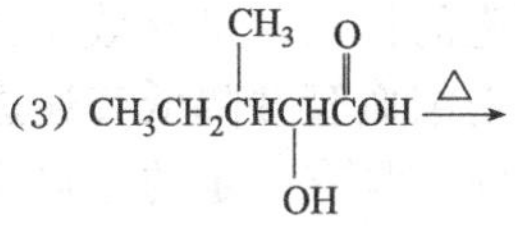

12.4.3 重要的羟基酸

（1）乳酸　2-羟基丙酸俗称乳酸，在酸奶制品、番茄汁及啤酒中都有分布，溶于水和乙醇，具有吸湿性。其2位碳原子是手性碳，因此存在两个对映异构体，L-（＋）-乳酸［即（S）-乳酸］和 D-（－)-乳酸［即（R）-乳酸］。

生物体中也有乳酸存在，如存在于汗液、血液、肾、胆和肌肉中的 L-（＋）-乳酸。人剧烈运动后有时会感到肌肉酸痛，就是乳酸过多的缘故。医药上，乳酸钠是林格（Ringer）静脉注射液的主要成分之一，主要用于失血后调节体液、电解质及酸碱平衡。另外，乳酸的钙盐还用来预防和治疗佝偻病。

（2）苹果酸

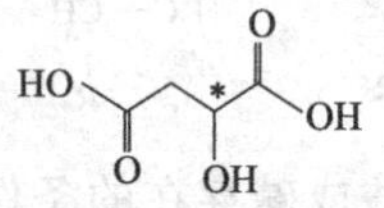

苹果酸的结构是 2-羟基丁二酸，1785 年首次从苹果汁中分离得到。苹果酸具有光学活性，有两个对映异构体，在生物体中仅以（S）-苹果酸存在，是碳水化合物代谢的中间产物。如在 Calvin 循环中，苹果酸酯最终被分解为 CO_2；而在三羧酸循环中，羟基与反丁烯二酸酯的加成生成苹果酸；还可由丙酮酸酯转换得到；苹果酸在其去氢酶的催化下还可以转换成为丁酮二酸酯，这个过程需要氧化辅酶 NAD^+ 的参与。

苹果酸具有酸味，医药上常用于药物制剂、片剂和糖浆中作为添味剂，还可以配入氨基酸溶液中，提高氨基酸的吸收率。（S）-苹果酸可以用于治疗肝病、贫血、免疫力低下、尿毒症、高血压、肝衰竭等多种疾病，并能减轻抗癌药物对正常细胞的毒害作用，还可用于制备和合成驱虫剂、抗牙垢剂等。

（3）酒石酸（tartaric acid）

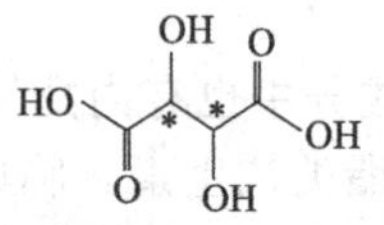

酒石酸是一种白色晶体，结构为 2,3-二羟基丁二酸，在葡萄、香蕉和罗望子中都有存在，尤以葡萄中含量较多。重要的酒石酸衍生物包括酒石酸锑钾（也叫吐酒石）、酒石酸钠钾（Rochelle 盐）和酒石酸氢钾。其中酒石酸锑钾主要适用于血吸虫病的治疗，酒石酸钠钾在医药上常用作轻度缓泄剂，酒石酸氢钾又名酒石膏（cream of tartar），常用于食品工业发酵粉和各种金属处理工艺当中。

（4）柠檬酸（citric acid）

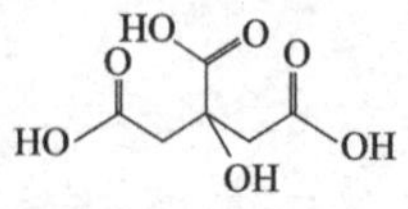

柠檬酸广泛存在于柠檬、乌梅、柑橘等果实中。因为最早是从柠檬中获得的，故名柠檬酸。它是一种无色晶体，常含一分子结晶水，易溶于水。其钙盐在冷水中的溶解度比在热水中的大，常利用该性质鉴定和分离柠檬酸。柠檬酸有很强的酸味，常用于食品调味剂。80℃的柠檬酸具有良好的杀灭细菌芽孢的作用，可有效杀灭血液透析机管路中污染的细菌芽孢。医药上，柠檬酸具有收缩、增固毛细血管并降低其通透性的作用，还能提高凝血功能及血小板数量，缩短凝血时间和出血时间，具有一定的止血作用。

另外，柠檬酸是糖类、脂类和蛋白质代谢的重要中间产物之一，是三羧酸循环（又名柠檬酸循环）中的一个重要环节。在三羧酸循环中，由乙酰辅酶 A 和草酰乙酸缩合生成柠檬酸，柠檬酸经一系列反应，再降解成草酰乙酸，这个过程的净结果是，乙酰辅酶 A 被氧化成 CO_2 和水，并释放出大量的能量。人体内大约 2/3 的有机物是通过三羧酸循环而被分解的，是机体获取能量的主要方式。

（5）水杨酸（salicylic acid）

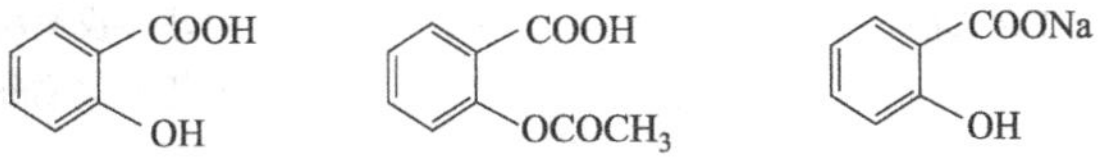

水杨酸　　　　　乙酰水杨酸　　　　　水杨酸钠

水杨酸是一种酚酸，白色结晶性粉末，熔点 159℃。相对密度 1.44（20℃）。因具有烯醇式结构，与三氯化铁水溶液作用会生成特殊的紫色。水杨酸是重要的精细化工原料。在医药工业中，水杨酸本身就是一种用途极广的消毒防腐剂。作为医药中间体，可用于合成多种药物，如解热止痛药乙酰水杨酸，又称阿司匹林（aspirin），就是通过水杨酸羟基的乙酰化得到的；而另外一种解热镇痛药水杨酸钠也可很方便地从水杨酸碱化得到。阿司匹林、非那西丁（phenacetin）和咖啡因（caffeine）配伍的复方阿司匹林制剂，一般叫作"APC"。

（6）没食子酸（gallic acid）

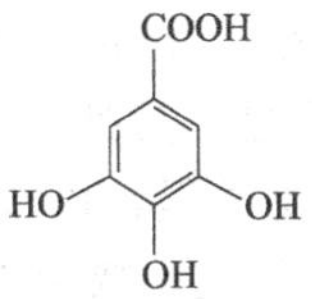

没食子酸，又称五倍子酸，是 3,4,5-三羟基苯甲酸。外观为针状结晶，熔点 235～240℃（分解），溶于水、乙醇和乙醚。没食子酸很容易被氧化，常用作抗氧化剂和影像显影剂。有抗菌、抗病毒及抗肿瘤的作用，还可用于合成致幻生物碱酶斯卡灵（mescaline）。

（7）阿魏酸

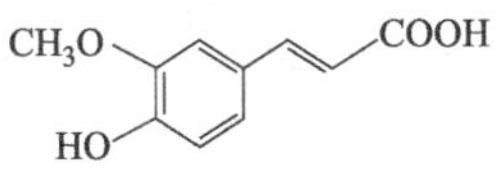

阿魏酸是反式苯乙烯酸的衍生物，在植物的细胞壁中含量丰富。与其他的酚类似，阿魏酸是一种抗氧化剂，具有清除自由基的能力，从而降低许多慢性疾病的发病率。研究表明，阿魏酸对乳腺癌和肝癌有直接的抗肿瘤活性。在食品工业中阿魏酸主要用于制备天然香兰素、抗氧化剂等。

12.5 羰基酸

12.5.1 羰基酸的分类和命名

依据羰基与羧基的相对位置，羰基酸可分为 α-、β-、γ-、δ-羰基酸。另外，按照羰基是醛羰基还是酮羰基还可以把羰基酸分为醛酸和酮酸。α- 和 β-酮酸相对较为重要，它们是人体内糖、脂肪以及蛋白质代谢的产物。

羰基酸（keto acids）的系统命名与醇酸相似，都是以羧酸为母体，以羰基为取代基，羰基的位次可用阿拉伯数字或希腊字母来表示。

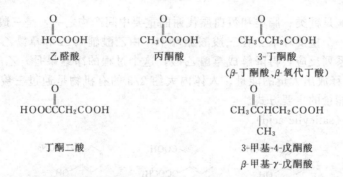

$$\underset{乙醛酸}{\overset{O}{HC}COOH} \qquad \underset{丙酮酸}{\overset{O}{CH_3C}COOH} \qquad \underset{\substack{3\text{-}丁酮酸 \\ (\beta\text{-}丁酮酸、\beta\text{-}氧代丁酸)}}{\overset{O}{CH_3C}CH_2COOH}$$

$$\underset{丁酮二酸}{\overset{O}{HOOCC}CH_2COOH} \qquad \underset{\substack{3\text{-}甲基\text{-}4\text{-}戊酮酸 \\ \beta\text{-}甲基\text{-}\gamma\text{-}戊酮酸}}{\overset{O}{CH_3C}\underset{\underset{CH_3}{|}}{CH}CH_2COOH}$$

12.5.2　羰基酸的化学性质

羰基酸与羟基酸相似，也属于双官能团化合物，因此除具备酮（或醛）和羧酸的性质外，还具有由于两种官能团之间的相互影响而产生的一些其他性质。

（1）酸性　由于羰基吸电子诱导效应的影响，羰基酸的酸性要大于相应的醇酸及羧酸。

$$\overset{O}{CH_3C}COOH \qquad \overset{OH}{CH_3CH}COOH \qquad CH_3CH_2COOH$$

$$pK_a \qquad 2.49 \qquad\qquad 3.87 \qquad\qquad 4.87$$

（2）氧化反应　在第 11 章中我们讲过，酮的氧化通常比较困难，需要用强氧化剂，但酮酸中的羰基由于受羧基吸电子诱导效应（$-I$）的影响，在弱氧化剂如 Tollens 试剂的作用下，就可以发生氧化反应。如丙酮酸在 Tollens 试剂的作用下，羰基被氧化成羧基，原来的羧基脱去，Tollens 试剂被还原成单质银。另外，在生命体中，丙酮酸氧化脱羧也是一个常见的反应，是三羧酸循环中的一个重要过程，该过程发生在线粒体的基质中，丙酮酸在氧化辅酶 NAD^+ 的作用下，发生氧化脱羧反应，放出 CO_2，生成的乙酸与辅酶 A（CoA-SH）生成乙酰辅酶，NAD^+ 被还原成 $NADH/H^+$，这里的 NAD^+ 是维生素 B_3 和腺嘌呤二核甘酸组合而成的辅酶。

$$\overset{O}{CH_3C}COOH \xrightarrow{\text{Tollens 试剂}} CH_3COOH + Ag\downarrow + CO_2\uparrow$$

$$\overset{O}{CH_3C}COOH \xrightarrow[\text{CoA-SH}]{NAD^+ \quad NADH/H^+} \overset{O}{CH_3C}S\text{-}CoA + CO_2$$

酮酸也可以被强氧化剂所氧化，如丙酮酸在硝酸的作用下会生成乙二酸（草酸），并放出二氧化碳。

$$\overset{O}{CH_3C}COOH \xrightarrow{HNO_3} HOOCCOOH + CO_2\uparrow$$

（3）脱羧及脱羰反应　α-酮酸中羰基和羧基都是强吸电子基团，它们之间的相互影响使得羰基碳及羧基碳之间的碳-碳键很容易断裂，在一定的条件下会发生脱羧或脱羰反应。

$$\overset{O}{RC}COOH \xrightarrow[\triangle]{\text{稀硫酸}} \overset{O}{RC}H + CO_2\uparrow$$

$$\overset{O}{RC}COOH \xrightarrow[\triangle]{\text{浓硫酸}} \overset{O}{RC}OH + CO\uparrow$$

β-酮酸的脱羧反应我们在 12.3 节羧酸的脱羧反应中已经介绍过了，反应经过一个六元环状过渡态。由于反应很容易进行，只需微热就可以发生，因此 β-酮酸只能在低温下保存。

由于得到的产物是酮，因此该反应也被称为 β-酮酸的酮式分解。

$$R \overset{\underset{\|}{O}}{} CH_2 \overset{\underset{\|}{O}}{} OH \xrightarrow{\triangle} R \overset{\underset{\|}{O}}{} CH_3 + CO_2$$

（4）β-酮酸的酸式分解　　β-酮酸除上述的酮式分解反应外，与浓碱液共热还会发生 α-碳和 β-碳之间碳-碳键的断裂，生成乙酸钠和另外一个羧酸钠。

$$R \overset{\underset{\|}{O}}{} CH_2 \overset{\underset{\|}{O}}{} OH \xrightarrow{\text{浓NaOH}}{\triangle} R \overset{\underset{\|}{O}}{} ONa + CH_3 \overset{\underset{\|}{O}}{} ONa$$

12-9　试比较下列化合物酸性的相对大小。

(1) CH_3CH_2OH　　　　　　　(2) CH_3COOH　　　　　　　(3) $HOCH_2COOH$

(4) $CH_2(NH_2)COOH$　　　　(5) $OHCCOOH$

在脱羧酶作用下，β-丁酮酸脱羧形成丙酮，在还原酶作用下形成 β-羟基丁酸。

$$CH_3CCH_2COOH \overset{O\;\;\;O}{} \begin{array}{l} \xrightarrow{\text{脱羧酶}} CH_3CCH_3 \;(O) \\ \\ \xrightarrow{\text{还原酶}} CH_3CHCH_2COH \;(OH\;\;O) \end{array}$$

β-羟基丁酸、β-丁酮酸和丙酮称为酮体（ketone body），是脂肪代谢中间体，当脂肪代谢发生障碍时，体内酮体增加。正常人血液中酮体含量小于 10mg/L。而糖尿病患者由于糖代谢不正常，靠消耗脂肪提供能量。其血液中酮体的含量在 3～4g/L 以上，易发生酮症酸中毒。

12.5.3　重要的羰基酸

（1）乙醛酸　　乙醛酸（OHCCOOH）是最简单的醛酸，也是一种基本的有机化工原料。由乙醛酸制成的乙基香兰素是用途广泛的调香原料。乙醛酸还可用于制备对羟基苯甘氨酸、对羟基苯乙酰胺，以及对羟基苯乙酸、对羟基苯海因等医药产品及中间体。其中对羟基苯甘氨酸是合成羟氨苄青霉素及头孢氨青霉素重要原料，对羟基苯乙酰胺用于合成治疗心血管疾病和高血压的有效物——阿替洛尔。

（2）丙酮酸

$$CH_3 \overset{\underset{\|}{O}}{} C \overset{\underset{\|}{O}}{} OH$$

丙酮酸是最简单的 α-酮酸，能与水混溶，可溶于乙醇和乙醚。其相应的羧酸负离子称为丙酮酸酯，丙酮酸在生物代谢网络中是一个重要的节点。如糖酵解过程中，一分子的葡萄糖会分解为两分子的丙酮酸酯，丙酮酸酯可进入三羧酸循环继续分解代谢，并为机体提供能量；在生物体内乳酸和丙酮酸酯可以相互转化；它还可通过丙氨酸转氨酶转换成丙氨酸。

在医药工业中，丙酮酸是生产色氨酸、苯丙氨酸和蛋白糖、维生素 B 的主要原料，并可用作生物合成 L-多巴的原料。

知识介绍

前列腺素

　　20 世纪 30 年代，瑞典生理学家 Ulf von Euler 首次从人的精液中发现了前列腺素（prostaglandin，PG），当时认为该物质是由前列腺释放的，因而将它命名为前列腺素。现已经证明精液中的前列腺素主要来自于精囊，除此之外全身许多组织细胞都能产生前列腺素。它们类似于荷尔蒙，是一种化学信息素，多数只是在局部产生和释放，对产生前列腺素的细胞本身或邻近细胞的生理活动发挥调节作用，不能通过循环影响远距离组织的活动。

　　前列腺素是一种具有 20 个碳原子的不饱和脂肪酸，在体内由花生四烯酸合成。构成 PG 的基本骨架为前列烷酸，含有一个五元环和两条侧链。根据五元环或整个分子结构不同，可把前列腺素分为 A、B、C、D、E、F、G、H、I 等类型，分别用 PGA、PGB、PGC、PGD、PGE、PGF、PGG、PGH、PGI 等表示。研究较多的是 PGE、PGF、PGI。根据侧链上双键数目的不同，又可以分为 1、2、3 型。

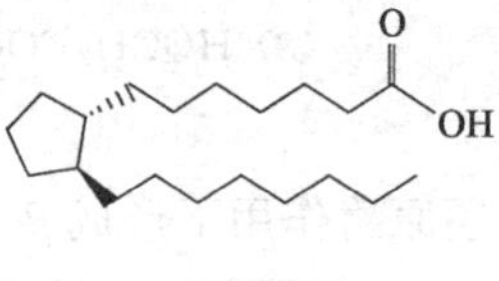

前列烷酸 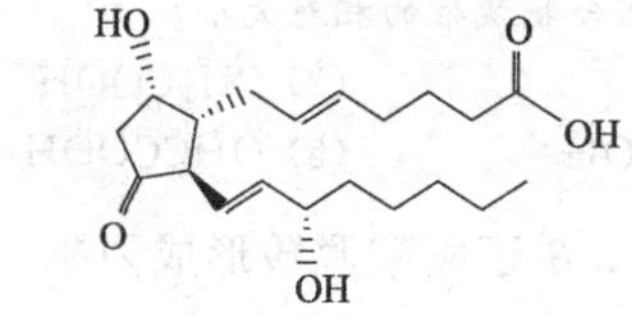　　　　　　PGE$_2$

　　不同类型的前列腺素具有不同的功能，如 PGE 能舒张支气管平滑肌，降低通气阻力；而 PGF 的作用则相反，是支气管收缩剂。前列腺素对内分泌、生殖、消化、血液呼吸、心血管、泌尿和神经系统均有作用，因此前列腺素及其衍生物已作为医药广泛应用，如米索前列醇、拉坦前列素和前列环素等，这三种药分别类属于 PGE$_2$、PGI$_2$、PGE$_1$。其中米索前列醇用于治疗消化道溃疡和妊娠早期流产；拉坦前列素用于治疗青光眼，而前列环素用于治疗冠心病、心绞痛以及心肌梗死。它们的化学结构式如下。

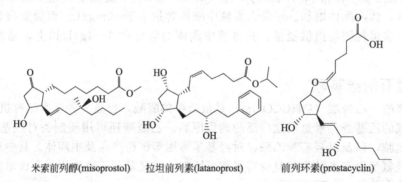

米索前列醇(misoprostol)　　拉坦前列素(latanoprost)　　前列环素(prostacyclin)

12-1　请用系统命名法命名下列化合物。

(1) 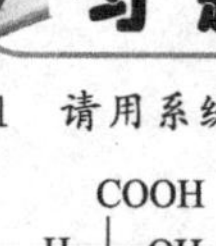
COOH
H——OH
HO——H
COOH

(2)

COOH

(3) 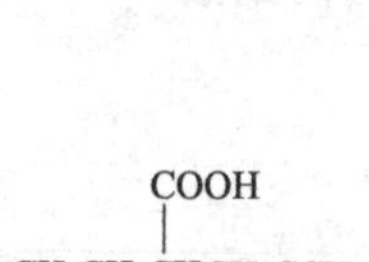 CH$_3$CH$_2$CHCHCH$_3$
COOH
O

(4) 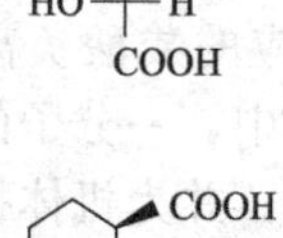
COOH
COOH

(5) 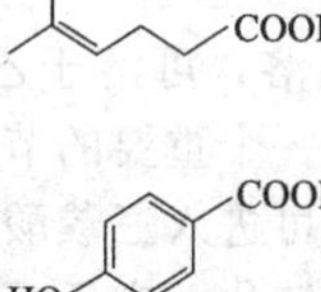 HO—　—COOH
OH

(6) 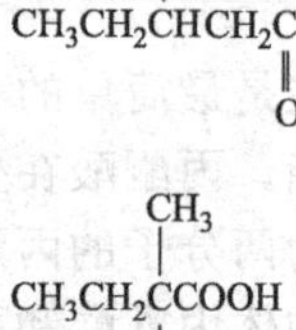 CH$_3$CH$_2$CCOOH
CH$_3$
CH$_3$

12-2　根据化合物的名称写出相应的结构。

(1) (S)-乳酸　　　　　(2) 2-甲基丙二酸　　　　(3) 对乙酰基苯甲酸

(4) 碘代乙酸　　　　　(5) 4-甲基-2-丙基辛酸　　(6) 顺-3-庚烯酸

(7) 2-羰基戊二酸

12-3 比较下列各组化合物的酸性大小。

(1) CH_3CH_2OH，H_2O，$CH_3CH_2NH_2$，CH_3COOH

(2) CH_3COOH，$BrCH_2COOH$，FCH_2COOH

(3)

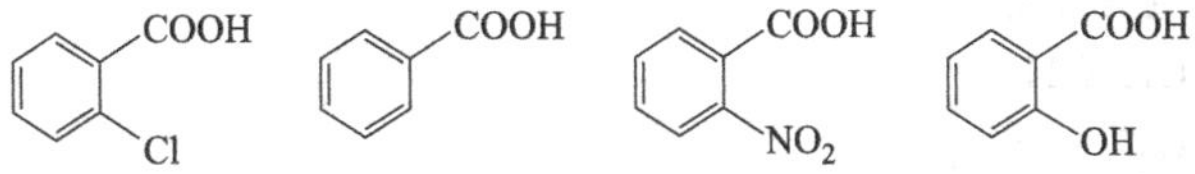

(4) 甲酸、乙酸、草酸

(5)

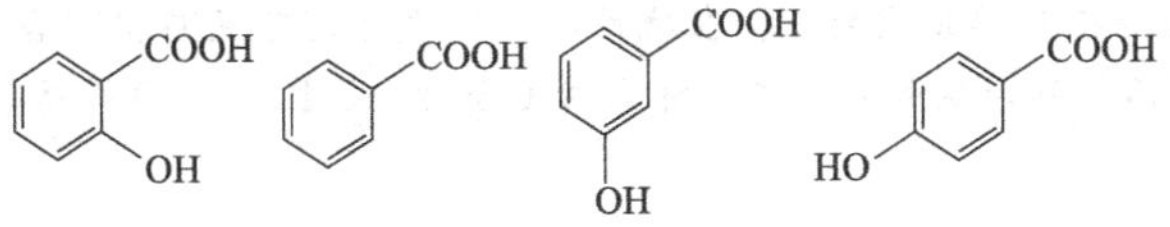

(6) CH_3CH_2COOH，$CH_3CH(OH)COOH$，$CH_3COCOOH$

12-4 请为下面的反应写出一个合理的反应机理。

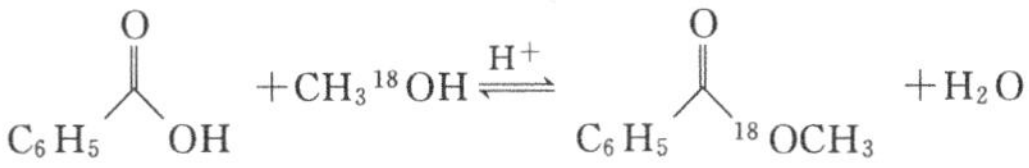

$$C_6H_5\text{—COOH} + CH_3^{18}OH \underset{}{\overset{H^+}{\rightleftharpoons}} C_6H_5\text{—}^{18}OCH_3 + H_2O$$

12-5 写出下列反应的主要产物。

(1)

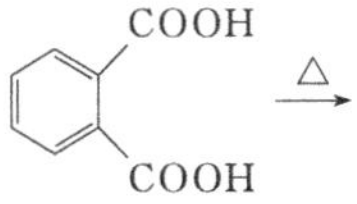

(2) 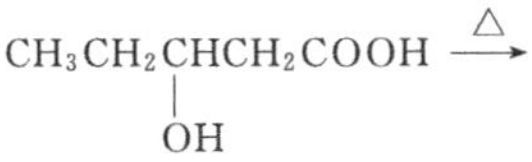 $CH_3CH_2CHCH_2COOH \xrightarrow{\triangle}$，$|$ OH

(3) 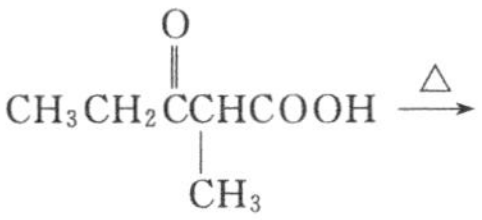 $CH_3CH_2CCHCOOH \xrightarrow{\triangle}$

(4) 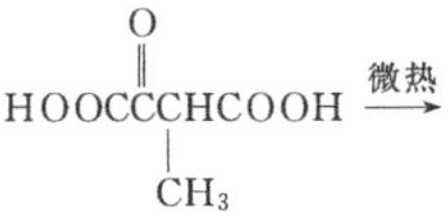 $HOOCCCHCOOH \xrightarrow{微热}$

(5) 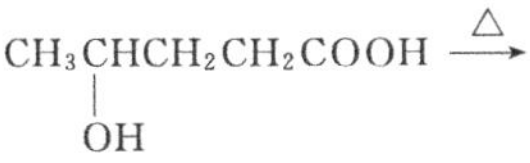 $CH_3CHCH_2CH_2COOH \xrightarrow{\triangle}$

(6) 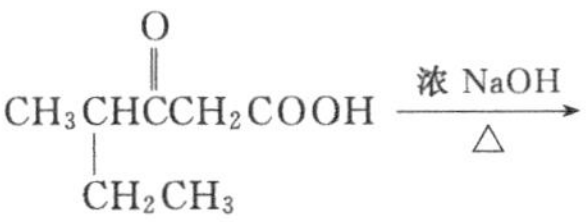 $CH_3CHCCH_2COOH \xrightarrow[\triangle]{浓 NaOH}$

12-6 请完成下列转化。

(1) 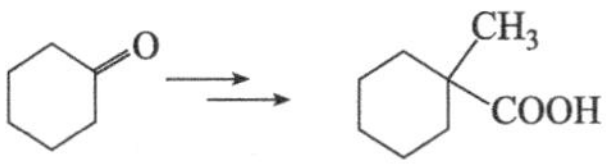　　　　　(2)

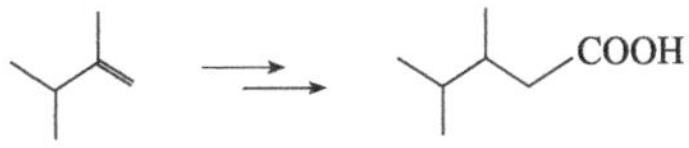

(3)  $HOOC\text{—}COOH \longrightarrow HOOC\text{—}COOH$

12-7 请写出苯甲酸、乙酸分别与下列试剂反应的主要产物。

(1) PCl_3　　(2) CH_3CH_2OH/H^+　　(3) $C_6H_5NH_2$

(4) Br_2/PBr_3（cat.），随后 H_2O　(5) $LiAlH_4$，乙醚，随后 H_3O^+　(6) B_2H_6，随后 H_3O^+

12-8 请给出下列反应的反应历程。

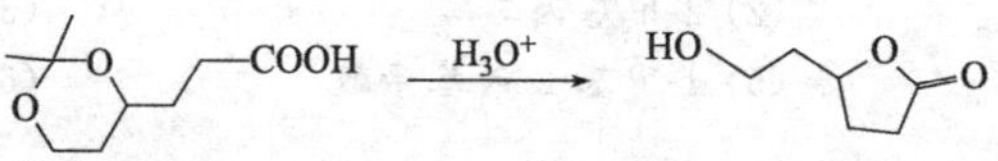

12-9　试用化学方法鉴别下列化合物。

(1) 丙酸、乙酸乙酯和丁酮酸

(2) 水杨酸、乙酰水杨酸和丁酸

12-10　如何用 ^1H NMR 谱来鉴别下列化合物。

(1) CH_3COOH、CH_3CHO 和 CH_3CH_2OH

(2) $CH_3CH_2CH=CHCH_2COOH$ 和 —$COOH$

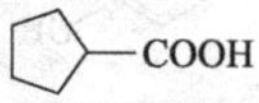

12-11　化合物 A 分子式是 $C_7H_{14}O$，在碱性条件下与 I_2 反应得到黄色固体，反应后的溶液酸化后得到化合物 B，B 在 PBr_3 的催化下与 Br_2 反应得到单溴代物 C，在碱性条件下发生消除反应得化合物 D，D 能使溴水褪色，用臭氧氧化并用锌水处理后得到丙酮和丙酮酸，请推测化合物 A、B、C、D 的结构并写出有关的反应式。

第13章 羧酸衍生物

13.1 羧酸衍生物的命名

羧酸衍生物主要包括酰卤、酸酐、酯和酰胺。腈类化合物虽然也属于羧酸衍生物，但它不属于羰基化合物，这里不作详细介绍。

酰卤的命名为酰基加卤素。如下面所示的乙酰溴、苯甲酰氯和草酰氯。

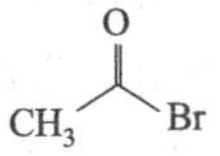

乙酰溴 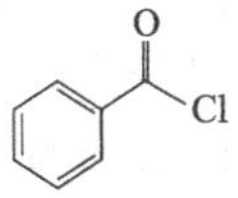　　　苯甲酰氯 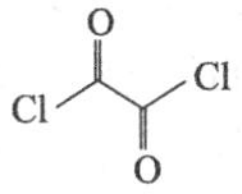　　　草酰氯(乙二酰二氯)

酸酐是两分子羧酸失水得到的化合物，如果两个羧酸相同，得到的酸酐属于单酐，命名时只要在酸的名称后加"酐"，名称中间的"酸"字可省略。如果两个羧酸不同，得到的酸酐是混酐，命名时要写出两个羧酸的名字，简单的写在前面，复杂的写在后面，最后再加"酐"字，名称中间的"酸"字可省略。

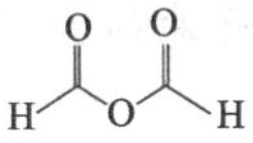

甲酐 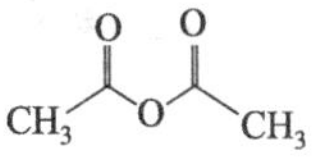　　　　乙酐 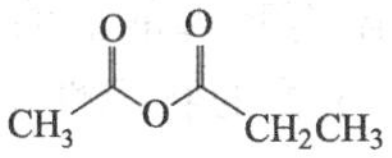　　　　乙丙酐 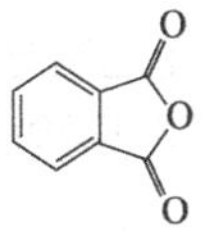　　　邻苯二甲酸酐

酯的命名通常用酸加上醇，称"某酸某醇酯"，"醇"字常省略。分子内的羟基和羧基失水形成内酯。内酯命名时将"酯"字换成"内酯"，再用希腊字母标出原来羟基及取代基的位次。

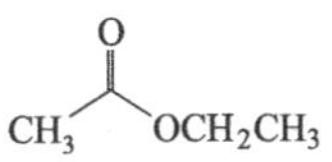

乙酸乙酯 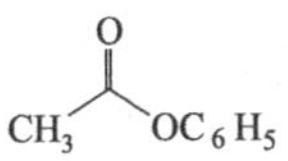　　　　乙酸苯酯 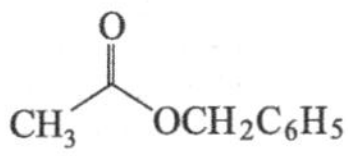　　　　乙酸苄酯

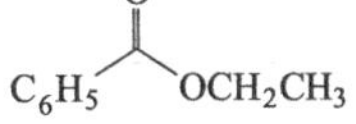

苯甲酸乙酯 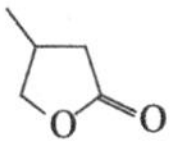　　　β-甲基-γ-丁内酯 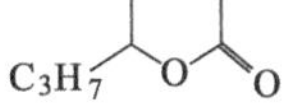　　　δ-辛内酯

酰胺的命名与酰卤类似，通常在酰基的名称后加"胺"字，如下面所示的甲酰胺、对甲基苯甲酰胺。如果酰胺 N 上有取代基，则要在取代基的名称前加上"N-"，如 N-甲基丙酰胺、N,N-二甲基甲酰胺。注意表示取代的 N 通常用斜体字型。

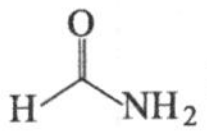

甲酰胺 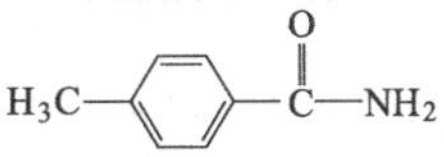　　　对甲基苯甲酰胺 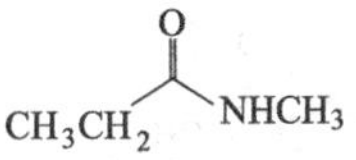　　　N-甲基丙酰胺 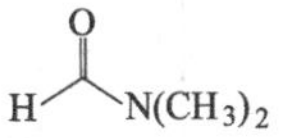　　N,N-二甲基甲酰胺

13-1 用系统命名法命名下列化合物。

(1) CH₃CH₂COOC₂H₅
$$CH_3CH_2COOC_2H_5$$

(2)
$$CH_3CHCH_2CNH_2$$
Br

(3)
$$CH_3CN(CH_3)_2$$

(4)

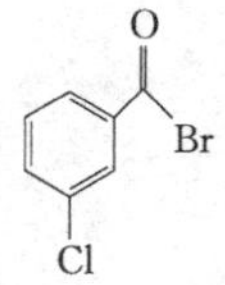

(5)

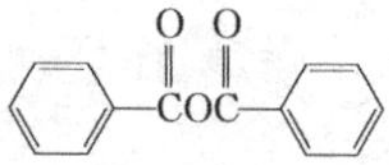

13.2　羧酸衍生物的物理性质

　　酰氯、酸酐和酯的沸点都低于相应的羧酸，原因主要是它们的分子之间不存在氢键，主要以弱的范德华力相互吸引。而酰胺的沸点比相应的羧酸要高得多，这一方面是由于分子间有较强的氢键存在；另一方面得益于分子之间的偶极相互作用。当酰胺氮上的氢逐渐被烃基取代时，其沸点有显著的下降，这从一个侧面也证明了氢键的作用。

　　酰氯和酸酐不溶于水，其中低级酰氯、酸酐遇水会分解。但酰氯、酸酐和酯易溶于有机溶剂，有些酯本身也是很好的有机溶剂，如乙酸乙酯。酰胺在水中的溶解度与酯相比要大得多，如 N,N-二甲基甲酰胺、N,N-二甲基乙酰胺是很好的极性非质子性溶剂，可与水以任意比例混溶，这是因为酰胺可通过氢键与水结合。

　　低级的酰氯和酸酐是有刺激性气味的液体，高级的则为固体。低级酯通常具有令人愉快的气味，广泛存在于一些瓜果和花草中，可用于制造香料。如甲酸己酯有苹果香味，甲酸苄酯有香蕉的香气，而乙酸苯乙酯有玫瑰的清甜蜜香，苯乙酸苄酯有茉莉香气等。

　　表 13-1 列出了常见羧酸衍生物的物理性质。

表 13-1　常见羧酸衍生物的物理性质

化合物	结构式	熔点/℃	沸点/℃
乙酰氯	CH₃COCl	−112	52
丙酰氯	CH₃CH₂COCl	−94	80
丁酰氯	CH₃CH₂CH₂COCl	−89	102
苯甲酰氯	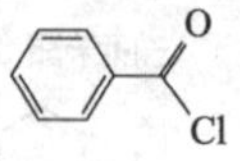	−1	197.2
甲酐	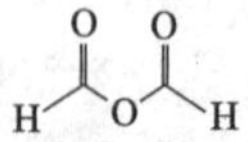	—	24(20mmHg)
甲乙酐	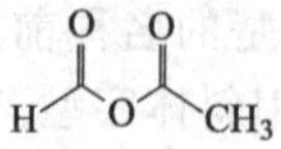	—	102.6
乙酐	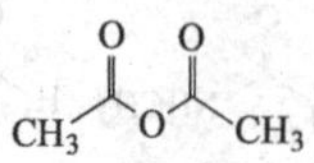	−73.1	139.8

续表

化合物	结构式	熔点/℃	沸点/℃
丙酸酐	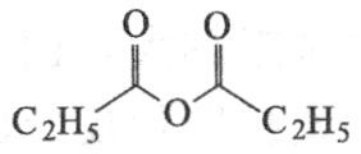 C₂H₅（结构式）	−42	167～170
马来酸酐	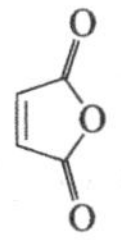 （结构式）	52.8	202
苯甲酸酐	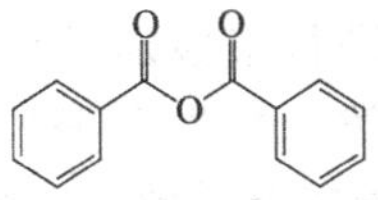 （结构式）	42	360
邻苯二甲酸酐	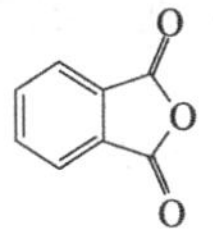 （结构式）	131.6	295(升华)
甲酸甲酯	HCOOCH₃	−100	32
甲酸乙酯	HCOOC₂H₅	−80	54
乙酸甲酯	CH₃COOCH₃	−98	56.9
乙酸乙酯	CH₃COOC₂H₅	−83.6	77.1
乙酰胺	CH₃CONH₂	79～81	221.2
丙酰胺	CH₃CH₂CONH₂	80	213
N,N-二甲基甲酰胺	HCON(CH₃)₂	−60.5	152～154
N-甲基乙酰胺	CH₃CONHCH₃	26～28	204～206
N,N-二甲基乙酰胺	CH₃CON(CH₃)₂	−20	165.1
苯甲酰胺	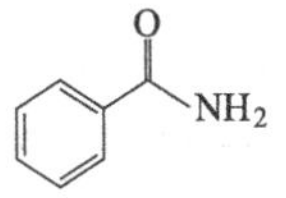 （结构式）	127～130	288

13.3 羧酸衍生物的化学性质

13.3.1 亲核取代反应

羧酸衍生物中的羰基与羧酸中的类似，能够接受亲核试剂的进攻，进行亲核加成反应，形成一个四面体构型的中间体，随后消除掉一个离去基团，总的结果是离去基团被亲核试剂所取代，也就是发生了亲核取代反应。反应通式如下：

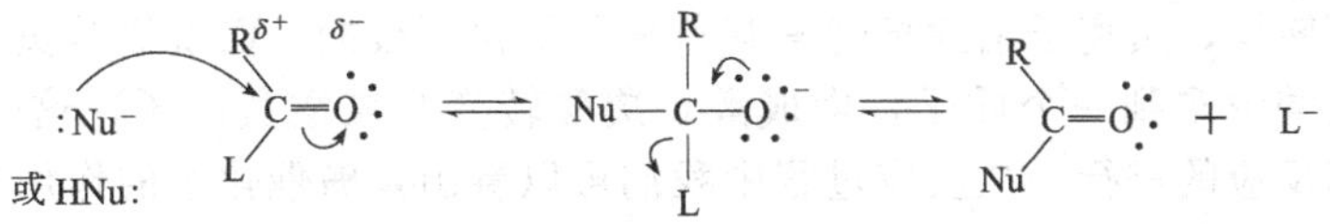

在亲核取代反应的过程中，亲核加成和消除两个步骤都会影响反应的速率，但亲核加成

一步是反应的决速步，因此任何有利于亲核加成反应的因素也会对亲核取代反应有利，而对亲核加成反应不利的因素也会对亲核取代反应不利。

在第 11 章中，我们讲述了影响醛、酮的亲核加成反应的重要因素有位阻和电子因素两种。首先考察一下位阻因素。羧酸衍生物中烃基的位阻越大，四面体中间体就越拥挤，并且不稳定，不容易生成，进行亲核加成的速率越慢，亲核取代反应的速率就越慢。因此不同位阻的同一类羧酸衍生物进行亲核取代反应的速率顺序为：

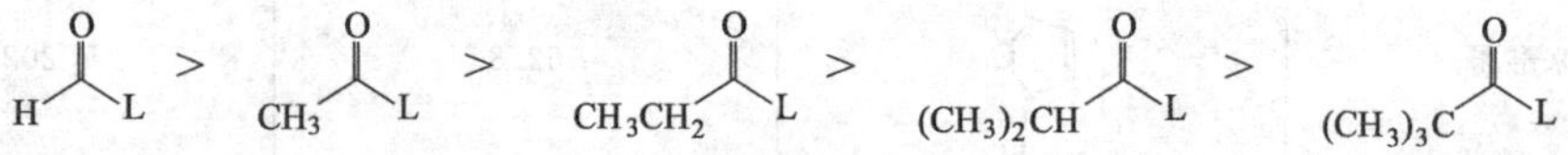

再来看一下电子因素的影响，主要考察羧酸衍生物中 L 基团的影响。L 基团的吸电子性越强，羰基的极性越大，羰基的电正性就越强，进行亲核加成反应就越有利。如当 L 基团为卤素时，卤素的诱导吸电子性使得酰卤极其活泼。而当 L 基团为氨基或烷氧基时，它们与羰基之间的共轭效应使得它们最终表现为推电子的电子效应，因而羰基的极性下降，羰基碳的电正性减弱，进行亲核加成的活性降低。考虑酰氯、酸酐、酯和酰胺中 L 基团的电子因素，它们进行亲核取代反应的活性顺序为：

酰卤＞酸酐＞酯＞酰胺

可以和羧酸衍生物进行亲核取代反应的亲核试剂包括水（水解反应）、醇（醇解反应）、氨或胺（氨解反应）、负氢（还原反应）、碳负离子（与 Grignard 试剂的反应）等。下面我们分别加以介绍。

（1）水解反应　所有的羧酸衍生物都能够进行水解反应，得到相应的羧酸。其中酰卤的活性最高，反应不需要催化剂，低级酰卤如乙酰氯在湿空气中就会反应形成酸雾（HX）。高级酰卤由于在水中的溶解度很小，水解的速度变慢。水解的产物除羧酸外，还有 HX 生成。经常在反应介质中加入碱如氢氧化钠、三乙胺或吡啶等以中和 HX，以免引起其他副反应。

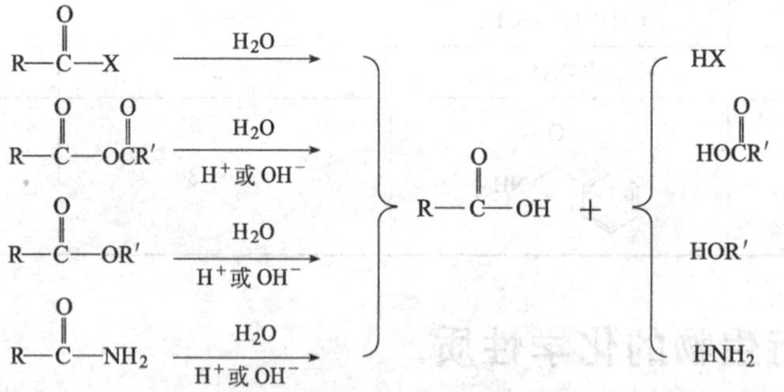

酸酐的水解比酰卤稍难，在室温反应较慢，若加热或用酸碱催化，则水解能顺利进行。

酯的水解产生羧酸和醇，是酯化反应的逆反应，因此也是一个可逆反应。酯的水解比酰卤和酸酐都慢。为加快反应的进行，通常需要酸或碱的催化。碱催化的酯水解反应又称为皂化反应（saponification），具体的机理如图 13-1 所示。首先在碱的作用下，亲核试剂由水转变成羟基负离子，它进攻酯的羰基碳，形成四面体的氧负离子，该负离子中的羟基氢可以在两个氧之间相互转换，负离子消除掉烷氧基负离子则得到羧酸，而烷氧基负离子是一个很强的碱，很快从羧酸中拿到一个质子，生成醇，羧酸转变为羧酸负离子，这一步是不可逆反应，保证了水解反应的进行。从反应过程中我们可以看出，碱催化剂的作用是增强亲核试剂的亲核性，并与产物羧酸反应生成羧酸盐，使平衡向右进行。

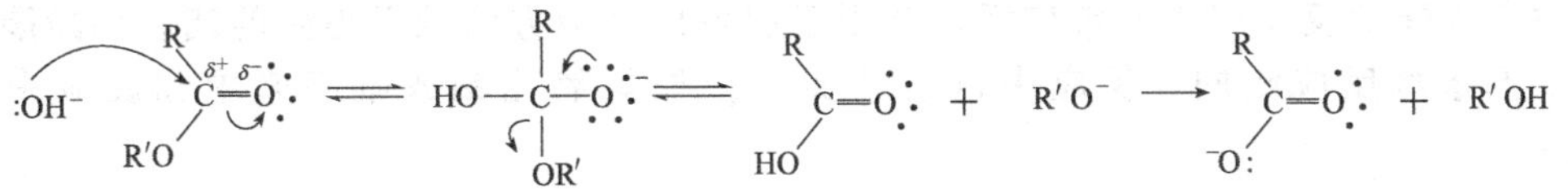

图 13-1 碱催化的酯水解反应机理

酸催化的酯水解反应是酸催化酯化反应的逆反应，机理如图 13-2 所示。催化剂的作用是使羧酸羰基氧质子化，增加羰基碳的电正性，从而达到活化羰基的目的。随后水分子进攻羰基碳，得到四面体构型的中间体，质子从羟基迁移到烷氧基上使其成为一个好的离去基团，脱除一个醇分子，得到水解产物羧酸，并重新生成酸性催化剂。

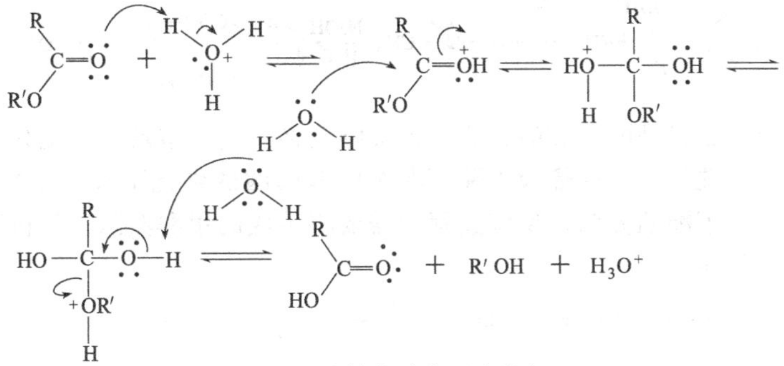

图 13-2 酸催化酯化反应的机理

由于酯水解的产物是酸和醇，通过分析所得到的羧酸和醇的结构，可推测出原来酯的结构，因此该反应常用于酯的结构分析。

酰胺活性较低，其水解大多需要强酸或者强碱的催化。

思考题

13-2 碱催化的酯水解反应又称为皂化反应，酯的水解一般为可逆反应，请解释为什么皂化反应是不可逆的反应。

13-3 写出下列反应的主要产物。

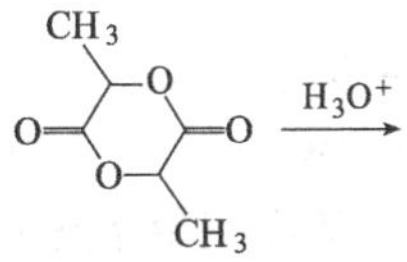

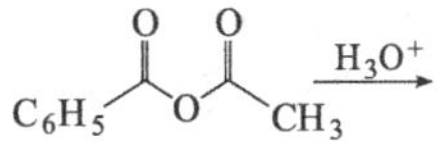

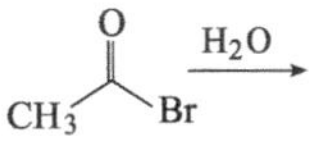

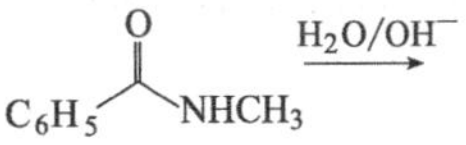

（2）醇解反应　羧酸和醇反应可以制备酯。羧酸衍生物与醇反应也可以得到酯，我们称之为醇解反应。其中酰卤和酸酐的酯化能力最强。

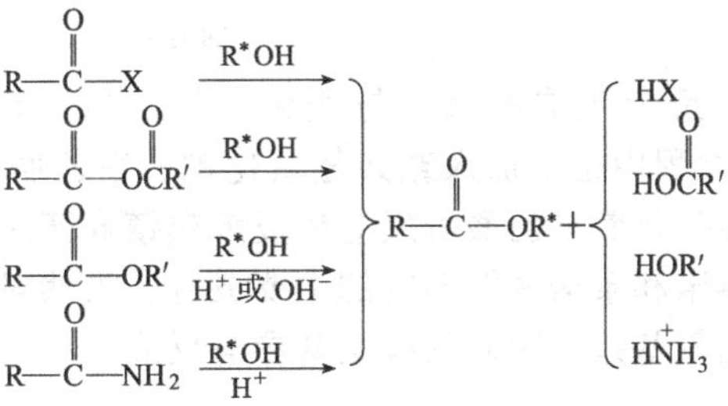

酰卤的醇解反应应用非常广泛，常用于制备用其他方法难以得到的酯，如酚酯或叔醇酯。与水解反应相同，反应中也通常加入碱如氢氧化钠或吡啶来中和反应中产生的 HX。

$$C_6H_5-\overset{\overset{O}{\|}}{C}-Cl + C_6H_5OH \xrightarrow{\text{吡啶}} C_6H_5-\overset{\overset{O}{\|}}{C}-OC_6H_5 + \overset{+}{\underset{}{\text{N}}}-H\ Cl^-$$

酸酐的醇解反应也很容易进行，与酰卤一样，也常用于制备酯类化合物。如水杨酸乙酰化生成的乙酰水杨酸，是一种解热镇痛类药，也就是俗称的阿司匹林（aspirin）。

$$\underset{OH}{\overset{COOH}{\bigcirc}} + CH_3-\overset{\overset{O}{\|}}{C}-O-\overset{\overset{O}{\|}}{C}-CH_3 \xrightarrow[\text{H}_2\text{O}]{\text{NaOH}} \underset{OCCH_3}{\overset{COOH}{\bigcirc}} + CH_3COO^-$$

酯的醇解反应生成另外的酯和醇，所以也称酯交换反应。该反应与酯化反应一样是可逆反应，需要酸或碱的催化。如丙烯酸甲酯可在对甲苯磺酸的催化下和正丁醇进行醇解反应，为使平衡偏向生成正丁酯的方向，反应过程中需要将生成的甲醇蒸除。其机理与酯的水解反应类似，此处不再赘述。

$$CH_2=CHCOOCH_3 + n\text{-BuOH} \xrightarrow{\text{TsOH}} CH_2=\overset{}{\underset{H}{C}}-COOBu\text{-}n + CH_3OH$$

酰胺的醇解需要强酸的参与，反应生成酯和铵盐。

（3）氨解反应　羧酸衍生物与氨、伯胺和仲胺的反应称为氨解反应。氨（胺）的亲核性比水强，因此氨解反应比水解反应更容易进行。

$$
\begin{array}{l}
R-\overset{\overset{O}{\|}}{C}-X \xrightarrow[\text{Et}_3\text{N}]{R^*\text{NH}_2} \\[4pt]
R-\overset{\overset{O}{\|}}{C}-OCR' \xrightarrow[\text{Et}_3\text{N}]{R^*\text{NH}_2} \\[4pt]
R-\overset{\overset{O}{\|}}{C}-OR' \xrightarrow{R^*\text{NH}_2} \\[4pt]
R-\overset{\overset{O}{\|}}{C}-NHR' \xrightarrow[\text{H}^+,\ \triangle]{R^*\text{NH}_2}
\end{array}
\Bigg\}
R-\overset{\overset{O}{\|}}{C}-NHR^* +
\begin{array}{l}
\text{Et}_3\overset{+}{\text{N}}\text{H}X^- \\[4pt]
\text{Et}_3\overset{+}{\text{N}}\text{H}-O\overset{\overset{O}{\|}}{C}R' \\[4pt]
\text{HO}R' \\[4pt]
\text{H}\overset{+}{\underset{}{\text{N}}}\text{H}_2R'
\end{array}
$$

酰卤的氨解反应进行得很快，生成酰胺和氢卤酸，氢卤酸会进一步与氨（胺）反应，生成铵盐，因此反应需要两当量的氨（胺）。反应中，有时为减少反应物氨（胺）的用量，常加入便宜易得的碱如氢氧化钠、三乙胺等与氢卤酸反应。曲美托嗪，又称三甲氧苯酰吗啉、三甲氧啉，一种镇静安定剂，就是通过酰氯的氨解反应合成的。

$$\underset{\underset{CH_3O}{}}{\overset{CH_3O}{\underset{}{\bigcirc}}}\overset{\overset{O}{\|}}{C}-Cl + HN\overset{}{\bigcirc}O \xrightarrow[\text{H}_2\text{O}]{\text{NaOH}} \underset{\underset{CH_3O}{}}{\overset{CH_3O}{\underset{}{\bigcirc}}}\overset{\overset{O}{\|}}{C}-N\overset{}{\bigcirc}O + NaCl$$

曲美托嗪

酸酐也容易和氨（胺）反应生成酰胺。与酰卤一样，另一产物羧酸也会与反应物氨（胺）生成铵盐，因此反应过程中也常加入碱如氢氧化钠、三乙胺等与羧酸反应，以减少反应物氨（胺）的用量。对羟基苯胺与乙酸酐反应生成解热镇痛药对乙酰氨基酚，又称扑热息痛或醋氨酚，是百服宁、泰诺和泰诺林等药物的主要成分。虽然对羟基苯胺的羟基也可以作为亲核试剂，但其亲核性比氨基差，因此只有氨基参与反应。

$$HO\!-\!\!\!\langle\;\rangle\!\!\!-\!NH_2 + CH_3\!-\!\overset{O}{\underset{\|}{C}}\!-\!O\!-\!\overset{O}{\underset{\|}{C}}\!-\!CH_3 \xrightarrow[H_2O]{NaOH} HO\!-\!\!\!\langle\;\rangle\!\!\!-\!NH\overset{O}{\underset{\|}{C}}CH_3$$

对乙酰氨基酚

酯的氨解反应比其水解反应容易进行，一般只需要加热反应就可进行，不需要酸或碱的催化。但该反应在合成上用得不多，因为利用酰氯和酸酐的氨解合成酰胺更有效。

酰胺的氨解生成新的酰胺和氨（胺），所以也称氨交换反应。一般用氮上取代较少的酰胺来制备取代较多的酰胺。

$$C_6H_5\!-\!\overset{O}{\underset{\|}{C}}\!-\!NH_2 + CH_3\overset{+}{N}H_3 \longrightarrow C_6H_5\!-\!\overset{O}{\underset{\|}{C}}\!-\!NHCH_3 + \overset{+}{N}H_4$$

13.3.2 与 Grignard 试剂的作用

Grignard 试剂是一种强的亲核试剂，可以和酰卤、酸酐、酯以及酰胺发生亲核加成-消除反应，即亲核取代反应生成酮，反应常在乙醚、四氢呋喃等醚类化合物中进行。由于酮进行亲核加成的活性很高，因此，反应一般不会停留在酮的阶段，Grignard 试剂会进一步与其加成，最后生成醇。合成上应用较多的是酰卤和酯与 Grignard 试剂的反应。

$$C_6H_5\!-\!\overset{O}{\underset{\|}{C}}\!-\!Cl \xrightarrow[(2)\;H_3O^+]{(1)\;2\;CH_3MgBr,乙醚} C_6H_5\!-\!\overset{OH}{\underset{CH_3}{\overset{|}{\underset{|}{C}}}}\!-\!CH_3$$

$$CH_3\!-\!\overset{O}{\underset{\|}{C}}\!-\!OC_2H_5 \xrightarrow[(2)\;H_3O^+]{(1)\;2\;C_2H_5MgBr,乙醚} CH_3\!-\!\overset{OH}{\underset{C_2H_5}{\overset{|}{\underset{|}{C}}}}\!-\!C_2H_5$$

13-4 试用酯和 Grignard 试剂的反应制备下列化合物。

(1) $(C_6H_5)_3COH$ 　　　　(2) $C_6H_5\!-\!\overset{OH}{\underset{C_2H_5}{\overset{|}{\underset{|}{C}}}}\!-\!C_2H_5$ 　　　　(3) $C_2H_5\!-\!\overset{OH}{\underset{CH_3}{\overset{|}{\underset{|}{C}}}}\!-\!CH_3$

13.3.3 金属氢化物还原反应

四氢化铝锂（$LiAlH_4$）、硼氢化钠常用来还原羧酸衍生物，其中前者还原性强，可以还原所有的羧酸衍生物，而硼氢化钠的还原能力较弱，只能还原酰卤和酸酐，不能还原其他的羧酸衍生物。酰卤、酸酐和酯被还原后得到伯醇，而酰胺的还原产物是胺。

$$\left.\begin{array}{l} R\!-\!\overset{O}{\underset{\|}{C}}\!-\!X \\ R\!-\!\overset{O}{\underset{\|}{C}}\!-\!OCR' \\ R\!-\!\overset{O}{\underset{\|}{C}}\!-\!OR' \\ R\!-\!\overset{O}{\underset{\|}{C}}\!-\!NHR' \end{array}\right\} \xrightarrow[(2)\;H_3O^+]{(1)\;LiAlH_4,乙醚} \left\{\begin{array}{l} R\!-\!CH_2OH \\ R\!-\!CH_2OH + HOCH_2R' \\ R\!-\!CH_2OH + HOR' \\ R\!-\!CH_2NHR' \end{array}\right.$$

三叔丁氧基氢化锂铝 [$LiAlH(O\text{-}t\text{-}Bu)_3$]，以及二异丁基氢化铝 [$(i\text{-}Bu)_2AlH$ 或 DIBAL-H] 也是还原羧酸衍生物常用的还原剂，其还原能力比锂铝氢小，可以把酰氯和酯部分还原成醛，反应一般在-78℃的低温进行。

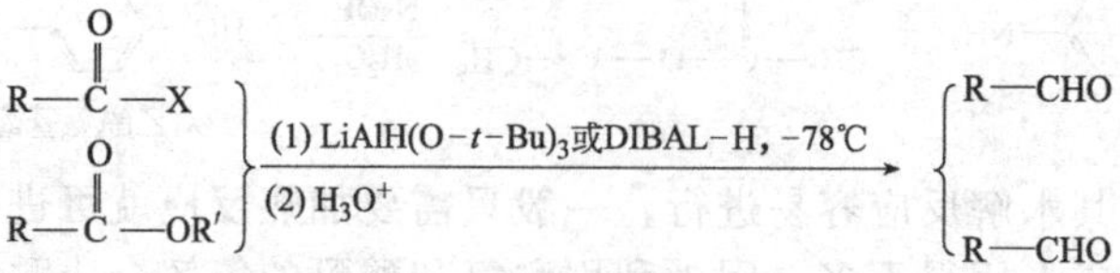

金属氢化物还原羧酸衍生物的反应机理与前面羧酸衍生物的水解、醇解、氨解相似，都是亲核取代反应。图 13-3 所示的是酰卤、酸酐及酯被锂铝氢还原的反应历程，其他金属氢化物还原的机理与此类似。首先是氢负离子进攻羰基碳，生成四面体构型的氧负离子中间体，然后离去基团离去，得到中间产物醛，进一步被锂铝氢还原成伯醇。

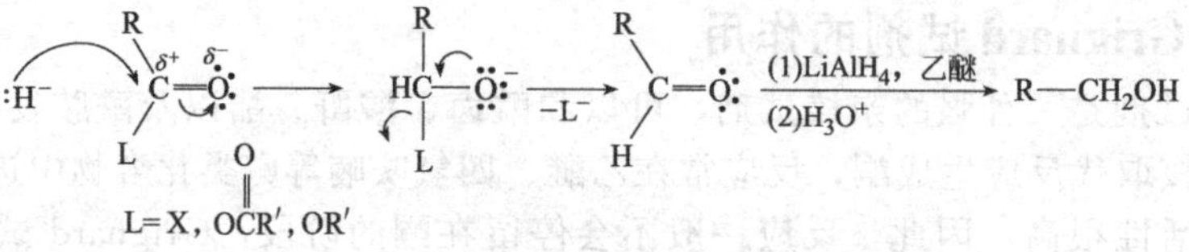

图 13-3　锂铝氢还原羧酸衍生物的反应历程

13.4　各类羧酸衍生物的特性反应

13.4.1　酯缩合反应

酯的 α-氢与醛酮类似，有部分弱酸性，然而由于烷氧基与羰基的共轭，其酸性比醛酮的稍小。具有 α-氢的酯，在碱如乙醇钠的作用下，会发生类似醇醛缩合的反应，生成 β-羰基酯，称为 Claisen 酯缩合。如乙酸乙酯在乙醇钠的作用下发生 Claisen 缩合生成乙酰乙酸乙酯，这是一种典型的 β-羰基酯，是无色液体，具有果香及朗姆酒的香味。

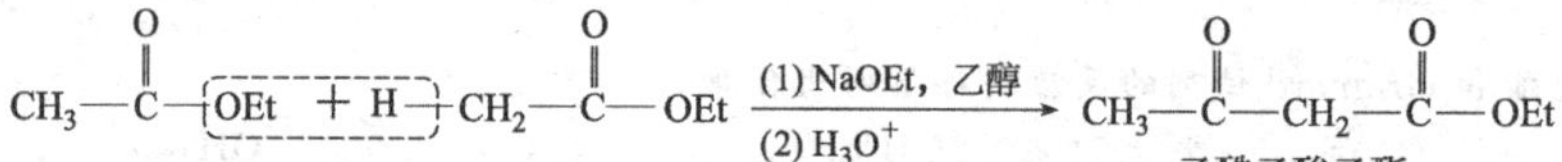

我们以乙酸乙酯的缩合为例，讨论 Claisen 酯缩合的反应机理（见图 13-4）。首先乙氧基负离子进攻酯基的 α-氢，生成烯醇负离子，这一步是可逆的，平衡偏向于左边。然后烯醇负离子作为亲核试剂进攻另一分子乙酸乙酯的羰基碳，生成四面体构型的氧负离子，消除乙氧基负离子后得到 β-羰基酯，即乙酰乙酸乙酯，这时酯基的 α-氢受酯基和羰基的影响，酸性比乙酸乙酯 α-氢的酸性强，在乙醇钠的作用下迅速脱去一个质子，生成相应的碳负离子（烯醇负离子）和乙醇，该步反应是可逆的且平衡偏向于右边，这是 Claisen 缩合能够顺利进行的关键一步，因为前面的步骤平衡都是偏向于左边的，因此能够进行 Claisen 酯缩合

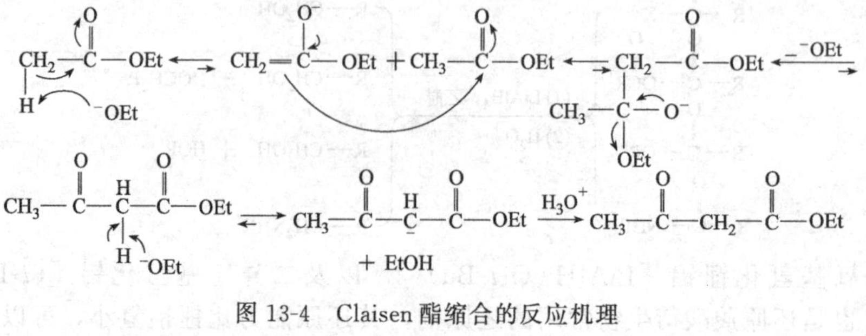

图 13-4　Claisen 酯缩合的反应机理

的酯至少应该含有两个 α-氢。β-羰基酯的碳负离子用酸性溶液进行后处理得到 β-羰基酯。从机理中我们可以看出，碱的用量至少是 1 当量，而不是催化量的，这也是与醇醛缩合反应的不同之处。

不同酯之间也能进行 Claisen 缩合反应，称为交叉 Claisen 缩合反应，在合成上有广泛用途的是发生在含有 α-氢和不含 α-氢的酯之间的反应。不含 α-氢的酯不能形成烯醇负离子，只能作为亲电试剂接受烯醇负离子的进攻，从而形成单一的产物。另外，含有 α-氢的醛酮与不含 α-氢的酯之间也可以发生交叉 Claisen 缩合反应，生成 β-二酮化合物。

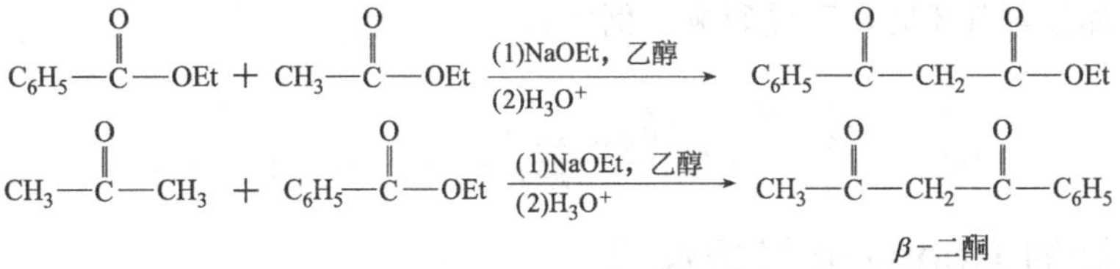

含有 α-氢的二酯类化合物进行分子内的 Claisen 缩合，生成环状 β-羰基酯的反应称为 Dieckmann 缩合。反应历程与 Claisen 缩合类似。通常己二酯或庚二酯类化合物更容易进行这类反应，因为产物为稳定的五元或六元环状化合物。

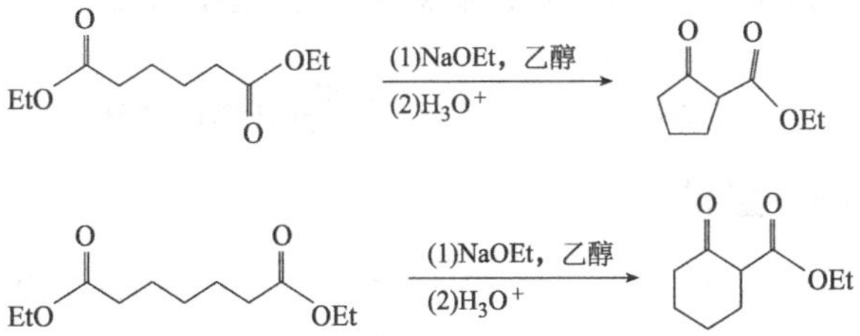

丁二酸二酯与羰基化合物在碱存在下缩合，得到 α-亚甲基丁二酸单酯的反应，称为 Stobbe 缩合。

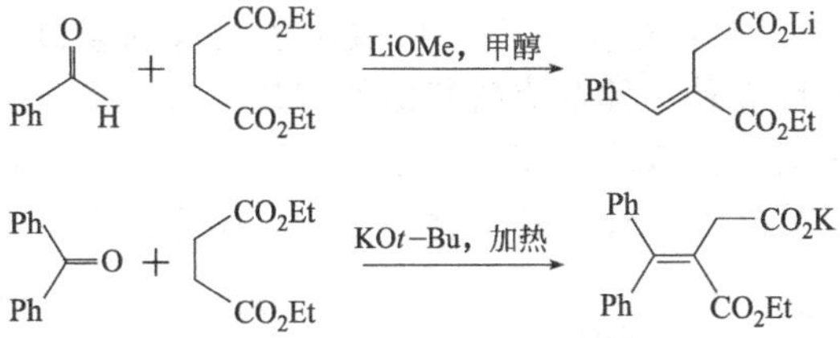

具体反应历程见图 13-5，经过了一个内酯的关键中间体。丁二酸酯在碱的作用下失去一个 α-氢生成相应的碳负离子，进攻醛酮化合物，生成四面体构型的氧负离子，氧负离子又作为亲核试剂进行亲核取代反应，生成内酯中间体，中间体裂解得到产物。

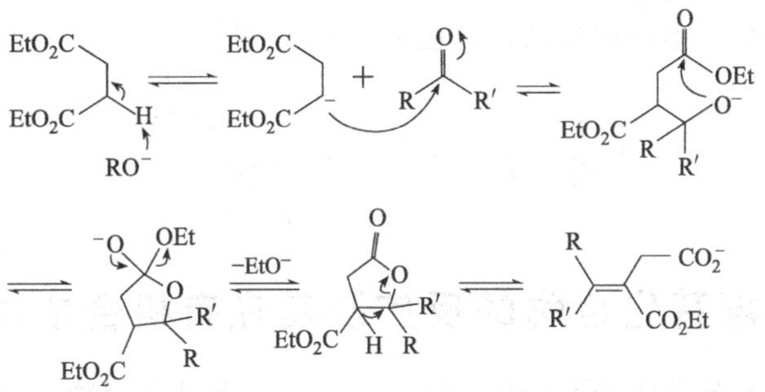

图 13-5　Stobbe 缩合反应历程

13-5 乙酸乙酯和丙酮进行交叉 Claisen 缩合会生成两种产物，请解释。

13.4.2　酰氯的 Rosenmund 还原反应

酰氯除了可以用金属氢化物进行还原外，还可以进行催化氢化还原。利用受过硫-喹啉毒化的钯催化剂进行催化氢化，可以把酰氯部分还原成醛。且反应物分子中存在其他基团如卤素、硝基、酯基等基团时，不受影响。例如：

$$O_2N{-\!\!\!\!<\!\!\!\!>\!\!\!\!-}\overset{O}{\overset{\|}{C}}{-}Cl \xrightarrow[\text{硫—喹啉}]{H_2/Pd-BaSO_4} O_2N{-\!\!\!\!<\!\!\!\!>\!\!\!\!-}\overset{O}{\overset{\|}{C}}{-}H$$

13.4.3　酰胺的 Hofmann 降级反应

$$R{-}\overset{O}{\overset{\|}{C}}{-}NH_2 + Br_2 \xrightarrow{NaOH} R{-}NH_2 + Na_2CO_3 + NaBr + H_2O$$

酰胺与溴或氯在碱性溶液中反应可脱羰得到少一个碳原子的伯胺，称为 Hofmann 降级反应（Hofmann degradation）。该反应是一个很好的制备伯胺的方法，纯度和产率通常很高。如：

$$CH_3CH_2{-}\overset{O}{\overset{\|}{C}}{-}NH_2 + Br_2 \xrightarrow{NaOH} CH_3CH_2{-}NH_2$$

13.4.4　酚酯的 Fries 重排

$$\text{（结构式）} \xrightarrow{\text{酸}} \text{（邻位产物）} + \text{（对位产物）}$$

酚酯在 Brønsted 酸或 Lewis 酸的作用下会发生重排反应生成邻位或对位酰基酚，称为 Fries 重排反应。产物邻位或对位的选择性一般取决于反应的温度。高温时邻位产物占优，低温时对位产物为主。该反应是一种合成酰基酚的有效方法，工业上用于合成一些药物如扑热息痛、咳喘灵的重要中间体。该反应仅适用于位阻较小的酚酯，当苯环或酰基上有较大的取代基时，产率会下降。另外，苯环上的钝化基团对该反应也有不利的影响。

$$\text{（结构式）} \xrightarrow{\text{甲磺酸}} \text{（对位产物）} + \text{（邻位产物）}$$

$$10 \quad : \quad 1$$

除酸催化外，还有光诱导的 Fries 重排反应，这是一个自由基反应，当苯环上有钝化基团存在时，也可以反应，但产率较低，只适用于实验室操作。

$$\text{（结构式）} \xrightarrow{h\nu} \text{（对位产物）}$$

13.5　1,3-二羰基化合物的反应及其在有机合成中的应用

两个羰基被两个碳碳单键隔开的化合物称为 1,3-二羰基化合物，又称 β-二羰基化合物，

它的 α-氢由于受两个羰基的影响，具有特殊的活泼性，因此 β-二羰基化合物中的亚甲基又称为活泼亚甲基。以乙酰乙酸乙酯和丙二酸酯为代表的 1,3-二羰基化合物，在有机合成中的应用极广。

13.5.1　1,3-二羰基化合物 α-氢的酸性和烯醇负离子的稳定性

1,3-二羰基化合物的 α-氢由于受到两个羰基吸电子效应的影响，酸性比一般醛酮化合物的 α-氢要强，如丙酮和乙酸乙酯的 pK_a 分别为 20 和 25，而乙酰乙酸乙酯和丙二酸二乙酯的分别只有 11 和 13，氰乙酸乙酯的甚至只有 9。当 α-碳上有一个烷基取代基时，剩下的 α-氢的酸性稍有降低，这是由烷基的推电子效应引起的。表 13-2 列出了一些 1,3-二羰基化合物以及普通试剂的酸性。

表 13-2　一些 1,3-二羰基化合物以及普通试剂的酸性

名称	结构	pK_a
乙酸	CH_3CO_2H	5
氰基乙酸乙酯	$CH_2(CN)CO_2C_2H_5$	9
1,3-戊二酮	$CH_2(COCH_3)_2$	9
硝基甲烷	CH_3NO_2	10
乙酰乙酸乙酯	$CH_3COCH_2CO_2C_2H_5$	11
丙二酸二乙酯	$CH_2(CO_2C_2H_5)_2$	13
苯乙酮	$C_6H_5COCH_3$	19
丙酮	CH_3COCH_3	20
乙酸乙酯	$CH_3CO_2C_2H_5$	24

1,3-二羰基化合物在碱的作用下会脱掉一个 α-氢形成烯醇负离子，负电荷可通过共振作用分散到两个氧上，所以该负离子比较稳定，属于稳定的碳负离子。

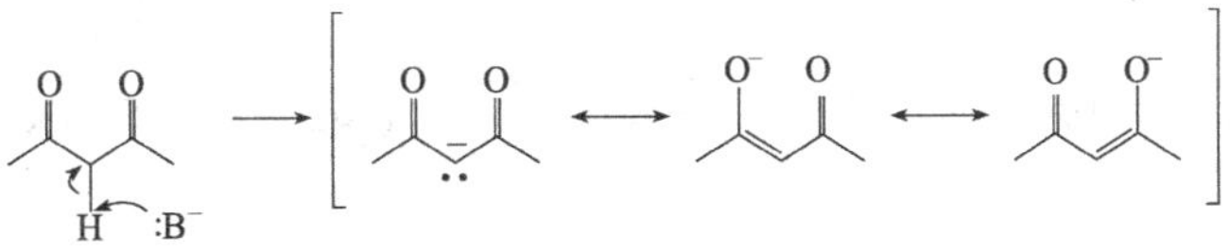

思考题

13-6　请比较下面 5 个碳负离子的稳定性顺序。

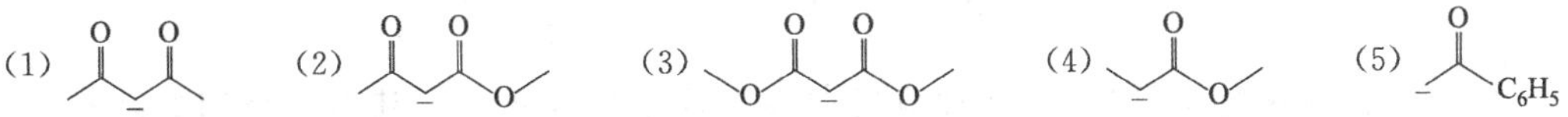

13.5.2　Michael 加成和 Robinson 环化

（1）Michael 加成

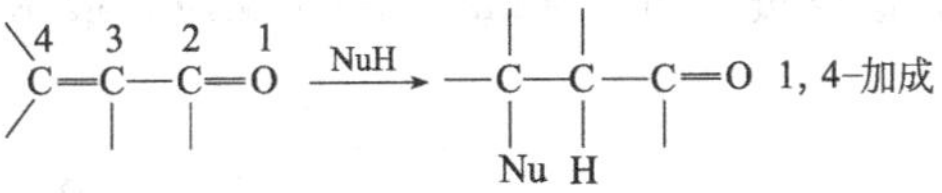

在第 11 章中我们介绍过 α,β-不饱和醛酮与亲核试剂的 1,4-加成，即共轭加成反应，醛、酮的烯醇负离子作为亲核试剂也能与 α,β-不饱和醛酮发生类似的共轭加成反应，生成

1,5-二羰基化合物，该反应我们称为 Michael 加成反应，是有机合成中制备 1,5-二羰基化合物的重要方法。由于 1,3-二羰基化合物能够形成稳定的碳负离子，它们所参与的 Michael 加成是最容易进行的，如下面所示的乙酰乙酸乙酯与 3-丁烯酮在乙醇钠催化下进行的反应。

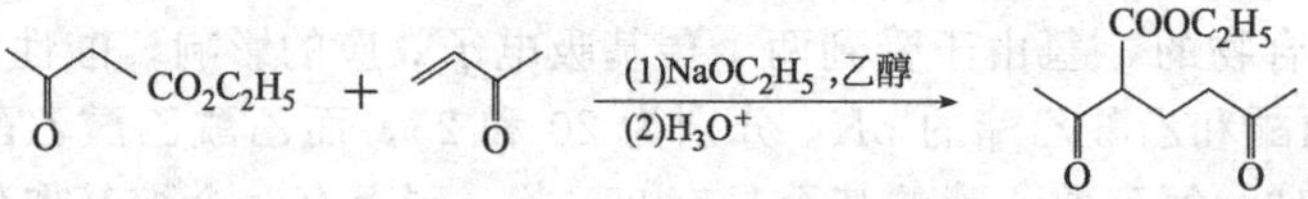

我们以上述反应为例解释 Michael 加成反应的反应机理，见图 13-6。丙二酸二乙酯中的亚甲基在乙氧基负离子的进攻下脱质子，生成稳定的负离子，该负离子对 3-丁烯酮进行共轭的亲核加成反应，生成一个新的负离子，负离子进行质子化得到 Michael 加成产物。

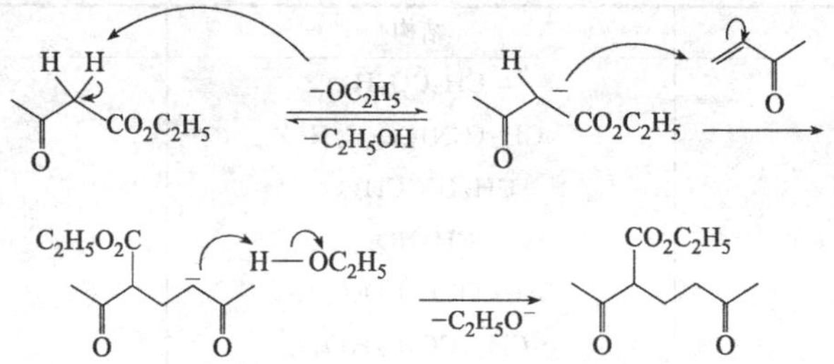

图 13-6　Michael 加成反应机理

事实上，发生 Michael 加成的反应物并不仅仅局限于 α,β-不饱和醛酮，α,β-不饱和酯、腈、酰胺和硝基化合物都可以作为 Michael 加成合适的反应物，接受亲核试剂稳定负离子的进攻。同样，可以作为 Michael 加成亲核试剂的除醛、酮及丙二酸酯外，还包括 β-二酮、β-酮酸酯、β-羰基腈以及硝基化合物。下面是一些反应实例。

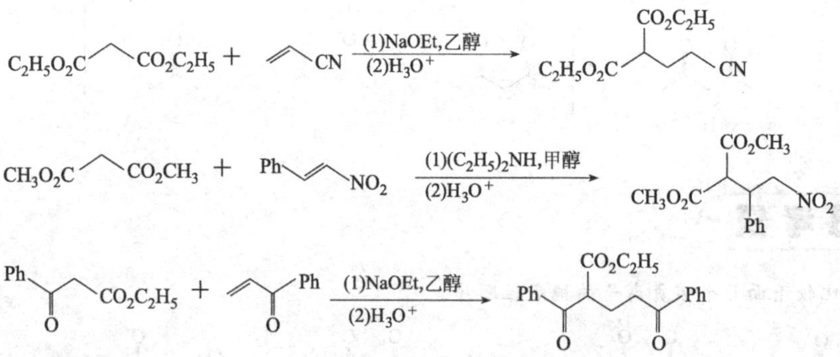

（2）Robinson 环化　Michael 加成反应在合成上极为重要，其中一个用途就是其产物 1,5-二羰基化合物发生分子内的醇醛缩合反应，构建一个六元环。Michael 加成反应与分子内的醇醛缩合反应相结合形成环状化合物的反应称为 Robinson 环化反应，该反应是为了纪念英国化学家 Robert Robinson。1917 年，他发现 2-甲基环己酮与 2-丁烯酮在碱的作用下反应会生成二环化合物，这是最早进行的 Robinson 环化反应，展示了串联反应在合成环状化合物中的重要作用。

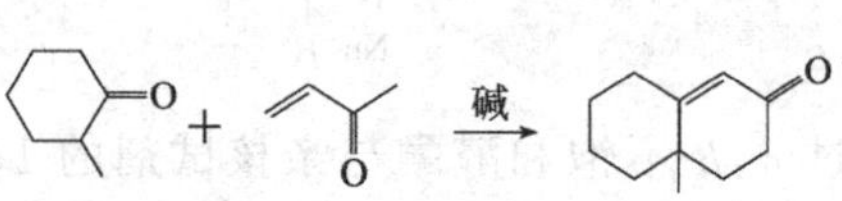

上述反应的反应历程为，2-甲基环己酮在乙醇钠的作用下首先进行 Michael 加成反应生成 1,5-二羰基化合物，随后进行分子内的醇醛缩合得到环化产物。

Robinson 环化在合成上应用广泛，下面是一些反应示例。

13-7　请写出下列试剂在碱催化下与丙烯酸乙酯反应的产物。

(1) 乙酰乙酸乙酯　　　　(2) 丙二酸二乙酯　　　　(3) 2,4-戊二酮　　　　(4) 硝基甲烷

13.5.3　1,3-二羰基化合物碳负离子的反应

1,3-二羰基化合物的碳负离子，由于受到两个吸电子羰基的作用，是一种稳定的碳负离子。作为一种亲核试剂，它可以和很多亲电试剂反应，如卤代烷、酰卤等，从而实现 1,3-二羰基化合物的烷基化和酰基化。烷基化和酰基化的产物还可以通过脱羧或分解进一步转化。因此，1,3-二羰基化合物在合成上非常重要，其中应用最为广泛的是丙二酸酯和乙酰乙酸乙酯。

(1) 烷基化反应　丙二酸酯和乙酰乙酸乙酯的烯醇负离子都可以和卤代烷反应实现烷基化，生成单烷基或双烷基化产物。在双烷基化产物中，两个烷基可以是相同的，也可以是不同的。相同的烷基可以用"一锅法"来引入，只要将碱和卤代烃的量翻倍就可以了。不同的烷基则要分步引入，原则上先引入体积较小或推电子能力较弱的烷基。

丙二酸酯和乙酰乙酸乙酯的烷基化产物可以在酸性或碱性条件下水解，生成相应的羧酸，再脱羧可以分别生成酸和酮，这是由卤代物制备高级羧酸或（甲基）酮的重要方法。

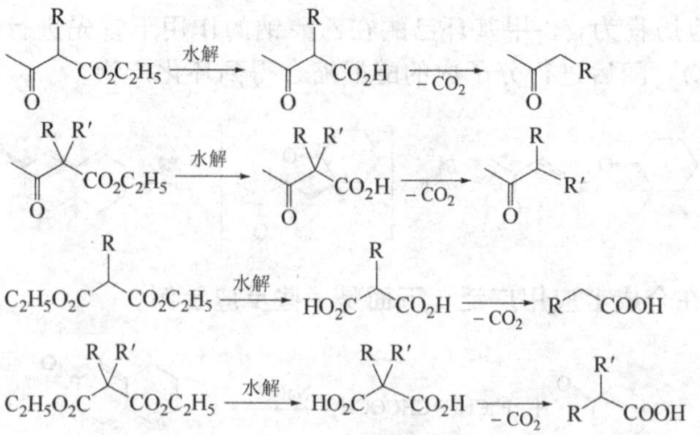

（2）酰基化反应　丙二酸酯和乙酰乙酸乙酯的烯醇负离子作为亲核试剂，还可以和酰氯反应得到酰基化的产物。乙酰乙酸乙酯的酰化产物可以发生碱催化的裂解反应，脱去乙酰基，生成 β-酮酸酯。丙二酸酯的酰化产物有两种转化途径，一种是完全水解成 β-二酸，再两次脱羧生成甲基酮，这也是由 RCOX 制备 RCOCH$_3$ 的有效途径。还有一种是酰化产物发生部分水解，也就是两个酯基只水解一个，然后脱羧得到 β-酮酸酯。

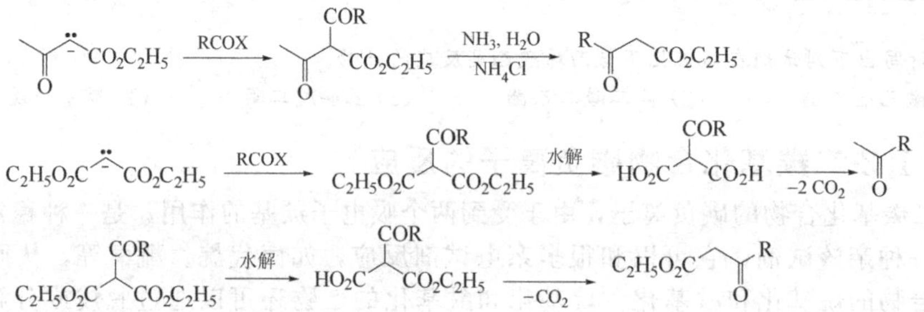

（3）缩合反应（Knoevenagel 缩合）

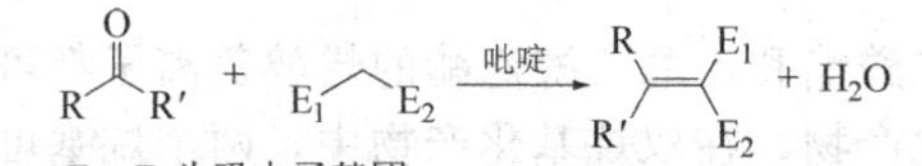

E$_1$、E$_2$为吸电子基团

丙二酸酯、乙酰乙酸乙酯以及其他含有活泼亚甲基的化合物可以在吡啶或其他有机碱的催化下，与醛、酮发生类似醇醛缩合的反应，脱掉一分子的水，生成 α,β-不饱和化合物。这里所用的碱是弱碱，且是催化量的，以尽量避免醛酮自身的缩合反应。下面是一些反应示例。

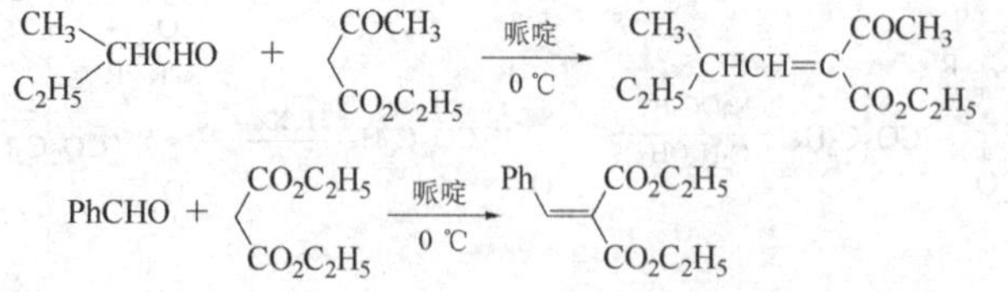

丙二酸酯与醛、酮的缩合产物水解后脱羧可以得到 α,β-不饱和酸，该化合物也可通过丙二酸与醛、酮的 Knoevenagel 缩合来制备，产物通常以 E-式为主。

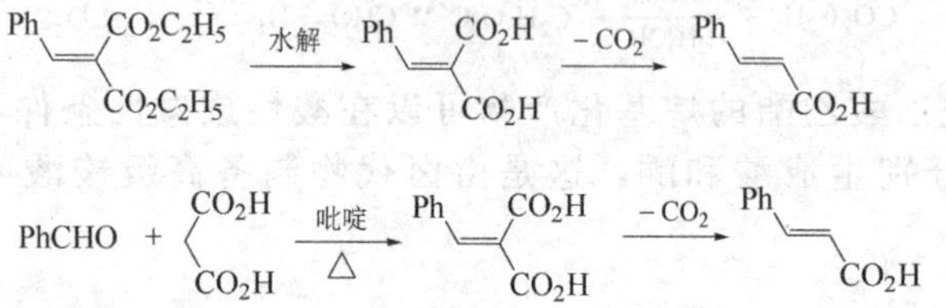

13-8 从乙酰乙酸乙酯或丙二酸二乙酯合成下列化合物。

(1)　　　　　(2)　　　　　(3)　　　　　(4)

13.6　互变异构现象

在第 11 章中，我们已经了解了酮式（keto form）和烯醇式（enol form）的互变异构现象。该现象并不仅仅局限于醛酮类化合物，酰胺与亚胺醇、亚胺与胺以及烯胺与亚胺之间都存在着这种异构现象。异构体之间凡是可以互相转变并处于动态平衡的现象就称为互变异构（tautomerism）现象，相应的异构体称为互变异构体。

| O (酮) | 烯醇 | O (酰胺) | 亚胺醇 |
| 胺 | 亚胺 | 烯胺 | 亚胺 |

大多数的互变异构都涉及氢原子或质子的转移，以及单键和双键的相互转变。互变异构体在平衡状态的比例分布主要取决于各自的稳定性，也受温度、溶剂和 pH 值等因素的影响。对于简单的醛、酮分子，其烯醇式互变异构体稳定性远低于酮式，在平衡中含量极少。例如，丙酮分子的烯醇式含量仅占约 0.00025%。乙酰乙酸乙酯是酮式和烯醇式平衡的混合物，在室温时含 92.3% 的酮式和 7.7% 的烯醇式，因此它既有酮的典型性质，又有烯醇的反应特征，化学性质非常活泼。酮式乙酰乙酸乙酯沸点为 41℃（0.267kPa），不能与溴起加成反应，也不使 $FeCl_3$ 显色，但能与酮试剂作用，例如与肼作用形成腙。烯醇式乙酰乙酸乙酯沸点为 33℃（0.267kPa），能使三氯化铁显色，但不与酮试剂作用。乙酰乙酸乙酯之所以有较大含量的烯醇式，是由于 C＝O 与 C＝C 双键可以共轭，同时分子内可发生氢键缔合，形成六元螯合环。所以，烯醇式都以单分子形态存在，沸点较低。虽然单个异构体具有不同的性质并能分离为纯态，但在微量酸碱催化下，会迅速转化为二者的平衡混合物。

具有 1,3-二羰基结构（或称 β-二酮）的化合物，烯醇式含量都较高。我们以酸碱催化的酮式和烯醇式之间的互变异构为例，来说明互变异构的反应历程（图 13-7），其他互变异构的历程与此相似。在酸催化的反应中，羰基氧首先进行质子化，生成正电荷离域的正离子，随后发生 α-碳的去质子化，得到烯醇式结构。而碱催化的反应首先发生的是 α-碳的去质子化，生成电荷离域的负离子，随后发生氧上的质子化，得到烯醇式结构。

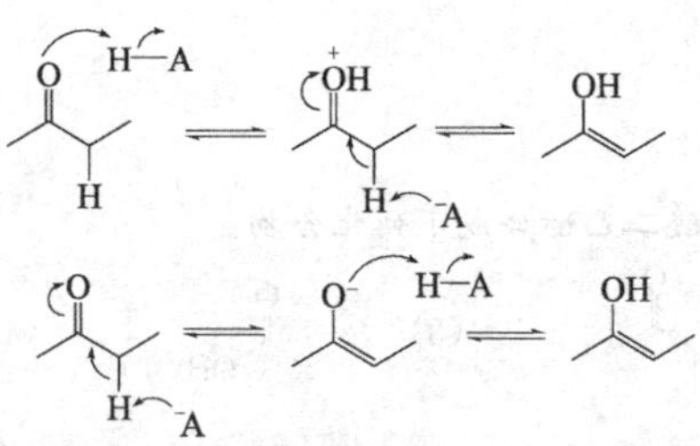

图 13-7　醛酮的互变异构反应历程

13.7　碳酸衍生物

碳酸是一个二元羧酸，常温下不稳定，容易分解为二氧化碳和水，不属于有机化合物，但其衍生物具有羧酸衍生物的性质，属于有机化合物。碳酸中如果只有一个羟基被取代，得到的衍生物也不能稳定存在，容易分解放出 CO_2。只有两个羟基都被取代得到的衍生物才是稳定的，如下面所示的碳酰氯、脲（尿素）、氯甲酸甲酯、碳酸酯等。这些都是比较重要的碳酸衍生物，我们选取一些进行介绍。

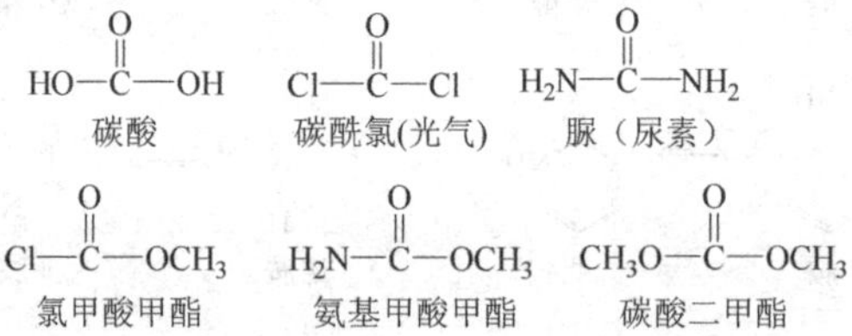

13.7.1　碳酰氯

碳酰氯俗称光气，是一种重要的有机合成原料，工业合成通常以活性炭为催化剂，利用 CO 和 Cl_2 在加热条件下反应制得。由于最初是由 CO 和 Cl_2 在光照下作用得到的，因而得名光气（phosgene）。

$$CO + Cl_2 \xrightarrow[200℃]{活性炭} COCl_2$$

实验室中光气可由 CCl_4 和 80% 的发烟硫酸来制备

$$CCl_4 + SO_3 \longrightarrow COCl_2 + S_2O_5Cl_2$$

光气是一种无色高毒性的气体，操作时一定要特别当心。它的化学性质非常活泼，可以发生酰氯的典型反应，如水解、醇解和氨解反应。光气部分水解得到氯甲酸，氯甲酸不稳定，进一步水解，生成二氧化碳和氯化氢；而光气部分醇解得到氯甲酸酯，进一步醇解得到碳酸酯；光气部分氨解，生成氯甲酰胺，氯甲酰胺脱掉一分子 HCl，得到氰酸，氰酸和异氰酸酯之间存在着一个平衡，进一步氨解得到尿素。从光气氨解的过程来看，氰酸、异氰酸及异氰酸酯都可以看作是碳酸的衍生物。

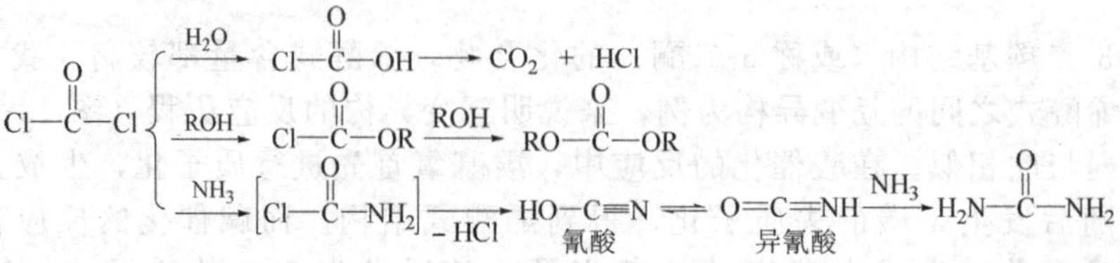

三光气，也称固体光气，其结构为 $Cl_3CO{-}\overset{O}{\overset{\|}{C}}{-}OCCl_3$，即二（三氯甲基）碳酸酯，虽然名

称中有"光气"二字，但从结构上来讲并不属于碳酰氯，而是属于碳酸酯。三光气的名称来源于其在使用时可以分解为三分子的光气。三光气是固体，与光气相比毒性小且便于运输，在医药、农药、有机化工和高分子合成方面常取代光气参与反应。

氯代甲酸酯类化合物可通过光气的醇解进行制备，是合成农药、医药、聚合引发剂等的重要中间体。

13.7.2 碳酰胺

（1）氨基甲酸酯 氨基甲酸酯是碳酰胺的一种，也是一类重要的化合物，可以由氯甲酸酯进行氨解得到，或通过异氰酸酯与醇的反应制备。

$$Cl-\overset{\overset{O}{\|}}{C}-OR \xrightarrow{2R'NH_2} R'HN-\overset{\overset{O}{\|}}{C}-OR + R'NH_2 \cdot HCl$$

$$O=C=NR' \xrightarrow{ROH} R'HN-\overset{\overset{O}{\|}}{C}-OR$$

很多氨基甲酸酯化合物具有生理和药理活性，其主要用途是作为农药，特别是杀虫剂如呋喃丹、西维因等，有些氨基甲酸酯也被用于人类药物，如乙酰胆碱酯酶抑制剂新斯的明以及利凡斯的明，其中新斯的明用于治疗重症肌无力，而利凡斯的明是治疗轻到中度老年痴呆症的新药。

西维因 (sevin)　呋喃丹 (furadan)　新斯的明 (neostigmine)　利凡斯的明 (rivastigmine)

（2）脲（尿素） 尿素是碳酸的二酰胺，也称脲，是人类和一些动物蛋白质代谢的最终产物之一，同时也是广泛使用的很重要的含氮肥料。其外观为无色或白色针状或棒状结晶体，熔点 $133 \sim 135$℃。易溶于水、醇，不溶于乙醚、氯仿。实验室中可通过加热氰酸铵溶液制得尿素，工业上常用液氨和二氧化碳为原料，在高温高压条件下直接合成尿素。

$$NH_4OCN \xrightarrow{\triangle} CO(NH_2)_2$$

$$2NH_3 + CO_2 \xrightarrow[100\sim200MPa]{190℃} CO(NH_2)_2 + H_2O$$

尿素属于酰胺，因此其化学性质具有酰胺的通性，如可发生水解反应，但同时也有一些特殊性质，下面我们分别介绍。

① 碱性 从结构式上看尿素有两个氨基，但属于一元碱，原因是尿素的其中一个氨基和羰基的共轭作用会使得其碱性大大减弱，从而只有一个氨基表现出较明显的碱性，下面所示的共振结构很清楚地表达了这一点。

$$H_2N-\overset{\overset{O}{\|}}{C}-NH_2 \longleftrightarrow H_2N-\overset{\overset{O^-}{|}}{C}=\overset{+}{N}H_2$$

尿素是一个弱碱（pK_b 13.9），其水溶液甚至不能使石蕊试纸变色，因此只能和强酸如硝酸、盐酸等作用生成盐。

$$H_2N-\overset{\overset{O}{\|}}{C}-NH_2 + HNO_3 \longrightarrow H_2N-\overset{\overset{O}{\|}}{C}-NH_2 \cdot HNO_3$$

尿素还可与过氧化氢形成加合物 $CO(NH_2)_2 \cdot H_2O_2$，称为过氧化氢尿素，外观为白色结晶粉末，熔点 75～91.5℃，无毒无气味，易溶于水，而且其水溶液稳定性好，水溶液兼有尿素和双氧水的性质，在水中能缓慢放出氧气。在医药和制药工业上，过氧化尿素是一种高效、安全、方便的固体消毒剂。在癌症治疗中用于抗肝腹水等。在日化工业、农业和养殖业、纺织造纸工业中也有大量用途。例如，过氧化尿素在水产养殖业中可用于鱼塘增氧剂和消毒剂。

② 水解反应　尿素可以在酸性、碱性以及酶催化的条件下进行水解反应，条件不同，水解产物也略有区别。这里的脲酶，又称尿素酶，是水解酶的一种，具有高度的专一性，只能催化水解尿素生成氨和二氧化碳，而其他任何尿素的衍生物都不能被它催化水解。

$$
H_2N-\overset{O}{\underset{}{C}}-NH_2
\begin{cases}
\xrightarrow{H_2O/HCl} CO_2\uparrow + NH_4Cl \\
\xrightarrow{H_2O/NaOH} Na_2CO_3 + NH_3\uparrow \\
\xrightarrow[脲酶]{H_2O} CO_2\uparrow + NH_3\uparrow
\end{cases}
$$

③ 缩二脲反应（biuret reaction）　将尿素缓慢加热到熔点以上时，两分子的尿素会脱掉一分子的氨，生成缩二脲。缩二脲含有多个酰胺键，与硫酸铜的碱性溶液反应呈紫红色或紫色，该反应称为缩二脲反应，该反应可用来鉴定尿素。另外，缩二脲反应还常用来鉴定肽键，从而也用来鉴定蛋白质。

$$
H_2N-\overset{O}{\underset{}{C}}-NH_2 + H_2N-\overset{O}{\underset{}{C}}-NH_2 \xrightarrow{\triangle} H_2N-\overset{O}{\underset{}{C}}-\overset{H}{\underset{}{N}}-\overset{O}{\underset{}{C}}-NH_2
$$

④ 与丙二酸二乙酯的反应　尿素可以和丙二酸二乙酯反应得到丙二酰脲（malonyl urea），丙二酰脲存在酮式和烯醇式之间的互变异构，其烯醇式结构中含有三个酚羟基，酸性很强（$pK_a = 3.85$），也称为巴比妥酸（barbituric acid）。

丙二酰脲　　　巴比妥酸

除作为高氮肥料外，尿素的另一重要用途是与丙二酸二乙酯及其衍生物反应制备巴比妥酸及巴比妥酸类药物，巴比妥酸及其钠盐是生物实验室中常用的缓冲溶液，而 5 位上有烃基取代的巴比妥酸衍生物是临床上常用的镇静催眠药物，称为巴比妥类药物。常见的巴比妥类药物如下所示。

巴比妥　　　　　　　苯巴比妥　　　　　　　戊巴比妥
(barbitalum)　　　　　(phenobarbital)　　　　　(pentobarbital)

阿司匹林及抗炎药物

水杨酸类抗炎药是一类非甾类抗炎药，其临床使用的历史可追溯到 19 世纪 70 年代。1875 年，人们发现水杨酸钠具有解热镇痛和抗风湿的作用，从而将其应用于临床，但发现它对肠胃的刺激性较大。1898 年，德国 Bayer 药厂发现乙酰水杨酸，也就是阿司匹林的解热镇痛作用比水杨酸的强，且副作用较小，所以临床上至今仍在使用。

　　由于阿司匹林中游离羧基的存在，当大剂量服用时会对胃黏膜有刺激，甚至引起胃出血。为了找到药效更高，副作用更小的药物，人们对水杨酸结构中的羧基和羟基进行修饰，合成了很多的水杨酸衍生物。临床上应用较多的有：乙酰水杨酸铝、乙酰水杨酸赖氨酸盐（赖氨匹林）、水杨酸胆碱、水杨酰胺和贝诺酯（扑炎痛）等。

水杨酸钠　　乙酰水杨酸　　乙酰水杨酸铝

乙酰水杨酸赖氨酸盐　　水杨酸胆碱

水杨酰胺　　贝诺酯（benorilate）

　　乙酰水杨酸铝在胃里不分解，所以对胃没有刺激。乙酰水杨酸赖氨酸盐由于没有酸性，对胃的刺激也很小，且吸收良好，又因为其为盐类化合物，溶解性好，可以作为静脉注射用药。水杨酸胆碱的药物活性是乙酰水杨酸的 6 倍，而水杨酰胺的活性比水杨酸胆碱的还要高一些。贝诺酯主要适用于风湿性关节炎及其他发热引起的疼痛，特别适用于儿童。

习题

13-1　请用系统命名法命名下列化合物。

(1) 　　　(2) $CH_3—CH=CHCOOCH_3$　　　(3) $CH_3CHCH_2\overset{O}{\overset{\|}{C}}Cl$ ，支链 CH_3

(4) 　　　(5) 　　　(6)

13-2　根据化合物的名称写出相应的结构。

(1) N-甲基苯乙酰胺　　　(2) 对乙酰基苯甲酰氯　　　(3) 3-甲基-2-氯丁酸甲酯

(4) 2-甲基-2-羟基戊二酰溴　　　(5) 戊二酸酐　　　(6) 苯甲酸环己酯

13-3　请比较下列化合物进行亲核取代反应的速率，并解释原因。

(1) 　　　$G=OH，NO_2，NH_2，H，Cl，CH_3$

(2) $HCO_2CH_3，CH_3CO_2CH_3，CH_3CO_2CH_2CH_3，CH_3CO_2CH(CH_3)_2，CH_3CO_2C(CH_3)_3$

13-4　写出下列反应的主要产物。

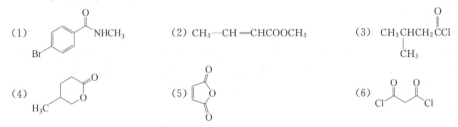

(1) CH_3O_2C—（链）—$\overset{COOH}{\underset{CH_3}{}}$　$\xrightarrow{\text{1 eq } CH_3MgBr}$

(2) 　$\xrightarrow[(2) H_3O^+]{(1) LiAlH_4}$

(3) 　$\xrightarrow{(CH_3CO)_2O}$

(4) 　$\xrightarrow{(C_2H_5)_2NH}$

(5) $\xrightarrow{\text{(1) DIBAL-H, }-78℃}_{\text{(2) H}_3\text{O}^+}$

(6) $\xrightarrow{\text{C}_2\text{H}_5\text{OH}}$

(7) $\xrightarrow{\text{CH}_3\text{NH}_2}$

(8) $\xrightarrow{\text{NaOC}_2\text{H}_5}$

(9) $\xrightarrow{\text{碱}}$

(10) CH_3CHO + $\xrightarrow[0℃]{\text{哌啶}}$

13-5 请写出丁酸乙酯与下列试剂反应的主要产物。

(1) H_3O^+

(2) $\text{C}_2\text{H}_5\text{NH}_2$

(3) LiAlH_4，然后 H_3O^+

(4) 环戊醇

(5) CH_3MgBr，然后 H_3O^+

(6) 乙醇钠/乙醇，然后 H_3O^+

(7) DIBAL，然后 H_3O^+

13-6 请写出苯甲酰氯与上述 13-5 中试剂反应的产物，试剂（6）除外。

13-7 请写出邻苯二甲酸酐与上述 13-5 中试剂反应的产物，试剂（5）、（6）、（7）除外。

13-8 请完成下列转化。

(1) $\longrightarrow$

(2) $\longrightarrow$

(3) $\longrightarrow$

(4) PhCHO $\longrightarrow$

13-9 请写出下列化合物进行 Claisen 缩合反应的产物。

(1) 丙酸乙酯；(2) 苯乙酸乙酯；(3) 苯甲酸乙酯与丙酸乙酯；(4) 丙酮与甲酸乙酯

13-10 用反应式解释为什么乙酰乙酸乙酯会发生如下反应。

(1) 使 FeCl_3 水溶液呈紫色

(2) 遇金属钠放出氢气

(3) 使 $\text{Br}_2/\text{H}_2\text{O}$ 褪色

(4) 与苯肼生成黄色沉淀

13-11 分子式为 $\text{C}_5\text{H}_{10}\text{O}_2$ 的化合物 A，在 IR 光谱 1735cm^{-1}、$1300\sim1050\text{cm}^{-1}$ 处出现强的特征吸收峰，在 ^1H NMR 中的 δ 值分别为 0.96（三重峰，3H）、1.61（m，2H）、2.10（单峰，3H）、4.08（三重峰，2H），化合物 A 能在酸或碱液催化下反应生成一酸性物 B 和中性物 C，C 能与金属钠反应放出 H_2。试推测 A、B、C 的结构式。

第14章 含氮有机化合物

广义上讲，分子中含有碳-氮键的有机化合物统称为含氮有机化合物，它们可以看作是烃分子中氢原子被含氮官能团所取代的产物。含氮有机化合物类型非常多。我们在前面有关章节中介绍过硝酸酯（$RONO_2$）、亚硝酸酯（$RONO$）、酰胺、肼、腙、肟、硝基（$-NO_2$）、亚硝基（$-NO$）化合物等。常见的含氮有机物还有氰酸酯（$R-O-C\equiv N$）、异氰酸酯（$R-N=C=O$）等。本章我们将重点讨论胺（$-NH_2$、$-NHR$、$-NR_2$）、重氮化合物（$-N_2^+$）、腈（$-C\equiv N$）、异腈（$-N\equiv C$）和偶氮化合物（$-N=N-$）。含氮的杂环化合物、生物碱等将在后续章节中专门介绍。

氮元素是生命的基础。氮元素在生命活动中扮演着十分重要的角色。含氮有机化合物广泛存在于自然界，它们大多具有生物活性。有些属于生命活动中不可缺少的物质，如氨基酸、肽等。大量的药物、染料分子也都是含氮有机化合物。人体内输送氧气的血红素以及植物体内催化光合作用的叶绿素中都含有氮。生物体中有重要功能的物质——氨基酸和蛋白质，由于它们的重要地位，另有专章讨论（第18章）。

14.1 胺的分类、结构和命名

胺是有机化学中一类重要的含氮碱性化合物。例如多巴胺是重要的中枢神经传导物质。Arvid Carlsson 由于确定多巴胺为脑内信息传递者的角色，2000 年荣获诺贝尔生理或医学奖。多巴胺是一种神经传导物质，用来帮助细胞传送脉冲的化学物质。这种脑内分泌主要负责大脑的情欲、感觉，能够将兴奋或者开心的信息传递，该物质也与上瘾有关。如果中老年人缺乏多巴胺，易患帕金森病。

盐酸莱克多巴胺（ractopamine）是一种可用于治疗充血性心力衰竭症的强心药。它还可以用于治疗肌肉萎缩症，以增长肌肉，减少脂肪蓄积，对胎儿和新生儿生长有益。盐酸克伦特罗（clenbuterol），也称克喘素、氨哮素等，曾作为肾上腺类神经兴奋剂用作平喘药，治疗支气管哮喘，后由于其副作用而禁用。

俗称为"瘦肉精"的物质主要包括盐酸莱克多巴胺和盐酸克伦特罗。前者在 2000 年获得美国 FDA 批准，可以用于动物营养重新配剂，广泛应用于畜牧业和养殖业，促进动物生长，提高动物的蛋白质含量，从而提高饲料利用率。但后者既非兽药，也不是饲料添加剂。瘦肉精虽然在少数国家允许使用，但在包括我国在内的绝大多数国家是禁用的。

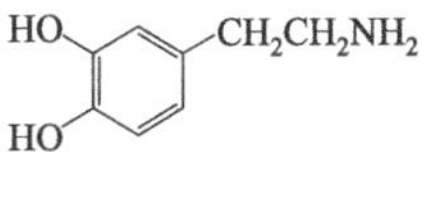

多巴胺(dopamine) 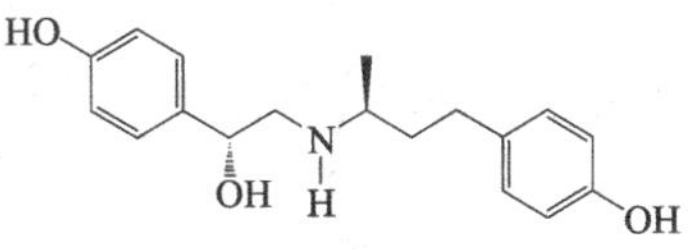　　　莱克多巴胺 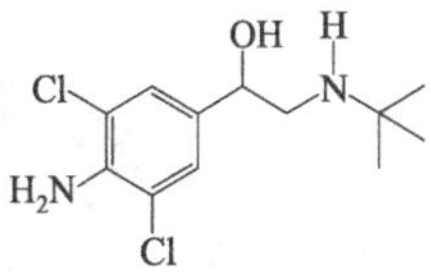　　　克伦特罗

再如，胆碱 $(CH_3)_3N^+CH_2CH_2OH \cdot OH^-$ 是季铵碱，广泛分布于动植物体内。它能调节肝中脂肪的代谢，有抗脂肪肝的作用。所以说胺类化合物和我们的生活有着密切关系。

14.1.1 胺的分类

胺（amines）可看成是氨（NH_3）分子中的氢原子被烃基取代而得到的衍生物。注意"胺"读作 àn。根据氢原子被取代的数目而分为伯胺，一个氢原子被烃基取代，也叫一级胺；仲胺，两个氢原子被烃基取代，也叫二级胺；叔胺，三个氢原子被烃基取代，也叫三级胺。例如：

$$NH_3 \qquad RNH_2 \qquad R_2NH \qquad R_3N$$
氨　　　　伯胺　　　　仲胺　　　　叔胺
（一级胺）（二级胺）（三级胺）

其中的烃基可以相同，也可以不同；可以是脂肪族也可以是芳香族。它们的官能团分别是氨基（—NH_2）、亚氨基（$\diagdown NH$）和次氨基（$N\!\!-$）。

但要注意，这里的伯、仲、叔胺与前面讲过的伯、仲、叔醇和卤代烃含义是不一样的。胺是以氮上氢原子被烃基取代的个数来定义伯、仲、叔胺的。而伯、仲、叔醇和卤代烃是以羟基或卤素连接的碳原子种类来区分伯、仲、叔醇和卤代烃的。例如：

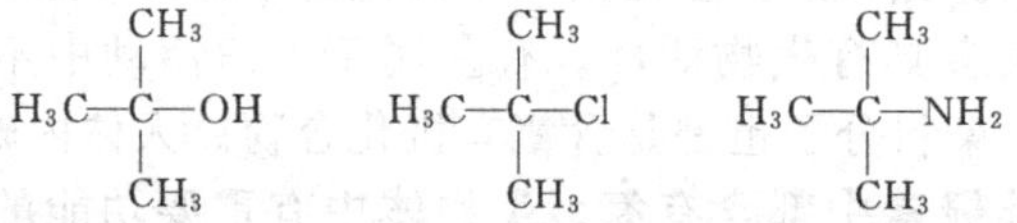

$$\underset{\substack{CH_3 \\ | \\ H_3C-C-OH \\ | \\ CH_3}}{} \qquad \underset{\substack{CH_3 \\ | \\ H_3C-C-Cl \\ | \\ CH_3}}{} \qquad \underset{\substack{CH_3 \\ | \\ H_3C-C-NH_2 \\ | \\ CH_3}}{}$$

叔丁醇　　　　　叔丁基氯　　　　　叔丁胺
（叔醇）　　　（叔卤代烃）　　　（伯胺）

三者虽均具有叔丁基，但前二者是叔醇、叔卤代烃，而后者是伯胺。

除了前面介绍的伯、仲、叔胺，还有季铵盐和季铵碱。氯化铵中氮上四个氢原子被四个烃基取代而得到的化合物叫季铵盐，而氢氧化铵中氮上四个氢原子被四个烃基取代而得到的化合物叫季铵碱。例如：

$$NH_4^+ \cdot Cl^- \qquad NR_4^+ \cdot Cl^- \qquad NH_4^+ \cdot OH^- \qquad NR_4^+ \cdot OH^-$$
氯化铵　　　　季铵盐　　　　氢氧化铵　　　　季铵碱

另外，我们还可以按照烃基的类型将胺化合物分为脂肪胺和芳香胺。氮原子和脂肪烃基相连的为脂肪胺，如 $CH_3CH_2NH_2$。氮原子和芳烃相连为芳香胺，如苯胺 $C_6H_5NH_2$。

我们也可以按照分子中氨基的数目，将胺化合物分为一元胺、二元胺和多元胺。例如乙胺 $CH_3CH_2NH_2$ 为一元胺，乙二胺 $H_2NCH_2CH_2NH_2$ 为一个二元胺。

14.1.2 胺的结构

胺的结构与无机氨结构相类似，中心氮原子是 sp^3 杂化。但为不等性的 sp^3 杂化。这从图 14-1 所示分子中的键角可看得出来。

在氮形成的四个 sp^3 杂化轨道中，有三个分别与碳或氢形成 σ 键。孤对电子处在另外一

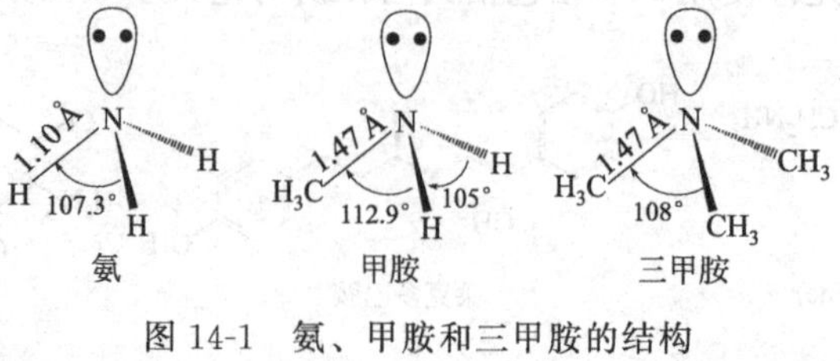

图 14-1　氨、甲胺和三甲胺的结构

个 sp^3 杂化轨道中。但这个 sp^3 杂化轨道中的 p 成分要多一些。所以上述分子虽然也是四面体结构，但不是正四面体，而是棱锥形结构。

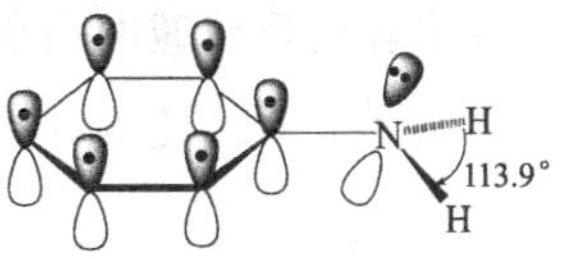

图 14-2 苯胺中 N 上的孤对电子与苯环上的 π 电子共轭

在芳香胺中，由于 N 上的孤对电子要与苯环上的 π 电子共轭（图 14-2），其所占有的 sp^3 轨道中 p 成分占的比例更大。

在苯胺分子中，苯环所在平面与—NH_2 所在平面交叉角度为 39.4°。这也说明，苯胺中 N 有某些 sp^2 轨道特征。

当胺分子中的氮上连有三个不同的取代基时，理论上它应该是一手性分子，应有对映异构体。例如甲乙胺：

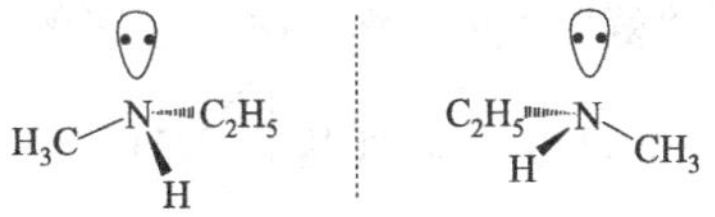

此时孤对电子可看作是一个基团。因为这两个"对映异构体"能量差别很小，能彼此相互快速转化（图 14-3，这种转化只需 25kJ/mol 的能量），分子的热运动所提供的能量足以使它们相互快速翻转，所以实际上这样的对映体是不可被拆分的。

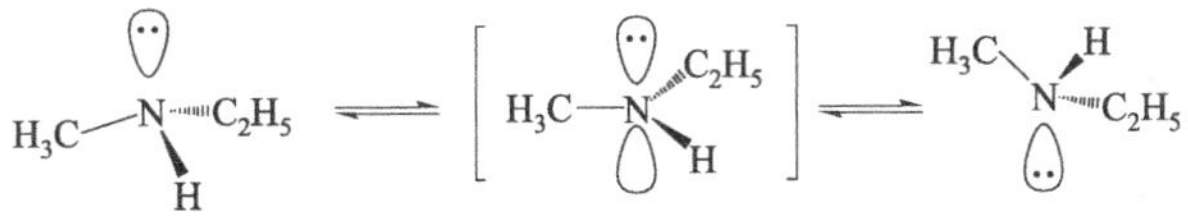

图 14-3 甲乙胺"对映异构体"的相互转化

但在季铵类化合物中，若 N 上连接有四个不同的基团，就能把它的构型固定下来，得到相对稳定的化合物，相互之间的翻转变为不可能。此时对映体就可被拆分。例如：

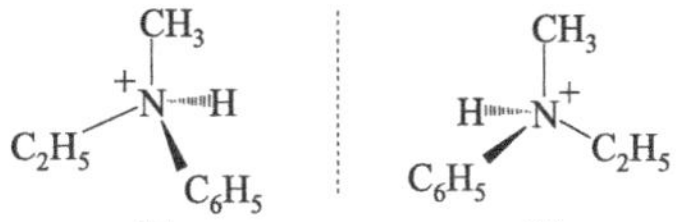

(R)- (S)-

14.1.3 胺的命名

较简单的胺在命名时以氮上所连的烃基命名为某胺。例如：

$$CH_3NH_2 \quad (CH_3)_2NH \quad CH_3NHC_2H_5 \quad (CH_3)_2NC_2H_5$$

甲胺　　　二甲胺　　　甲乙胺　　　二甲基乙基胺

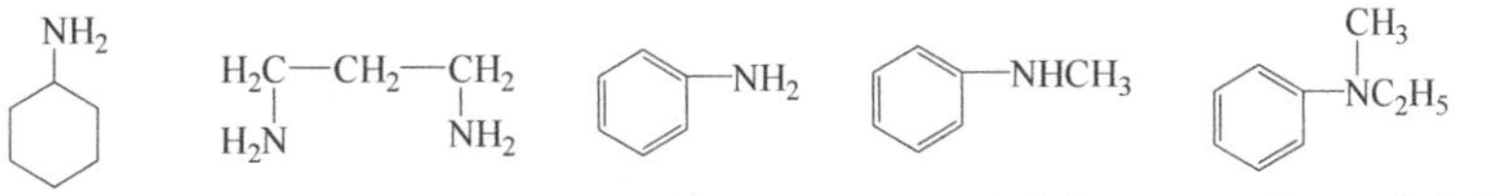

环己胺　　　1,3-丙二胺　　　苯胺　　　N-甲基苯胺　　　N-甲基-N-乙基苯胺

在命名脂肪族仲胺和叔胺时，如氮原子上连有相同的基团，必须表示出烃基的数目，如二甲胺；如氮原子上连有不同烃基，则按照次序规则，优先基团后列出，如甲乙胺。

一般来说，用"N"表示取代基位次的方法只适用于芳香胺，不适用于脂肪胺。如甲乙胺不能命名为 N-甲基乙胺。

比较复杂的胺以烃作为母体，氨基作为取代基来命名。例如：

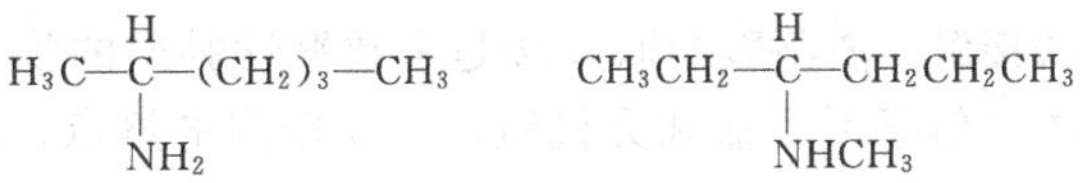

2-氨基己烷　　　　　3-甲氨基己烷

季铵盐和季铵碱的命名如下所述：

$$(CH_3)_4N^+ \cdot Cl^- \qquad (CH_3)_3N^+ \cdot OH^-$$
$$\underset{C_2H_5}{|}$$

氯化四甲基铵　　　　氢氧化三甲基乙基铵

（四甲基氯化铵）　　（三甲基乙基氢氧化铵）

胺的盐类一般命名为某胺某盐。例如：

$$CH_3NH_3^+ \cdot Cl^- \qquad \text{苯胺盐酸盐}$$

甲胺盐酸盐　　　　　苯胺盐酸盐

（氯化甲铵）　　　　（氯化苯铵）

注意在对胺及铵盐命名时，"氨""胺"及"铵"三字的不同用法。"氨"用来表示气态氨（NH_3）或基团，如氨基（—NH_2），亚氨基 $\left[NH\right]$，甲氨基（CH_3—NH—）等。在表示氨的烃基衍生物时用"胺"，表示胺的盐或者季铵类（盐、碱）时用"铵"（读音 ǎn）。相互之间切不可混淆。

思考题

14-1　命名下列化合物。

(1) $(CH_3)_2CHNH_2$

(2) $CH_3CH_2NHCH(CH_3)_2$

(3) $H_2C\!\!=\!\!CH—\overset{+}{N}(CH_3)_3Br^-$

(4)

(5) 含—NH_2的萘基结构

(6) 对氯苯基 $N(CH_3)_2$结构

14.2　胺的物理性质

由于胺分子中的氮原子上既有氢，又有孤对电子，所以胺分子之间能形成氢键，导致它的沸点比相应的烷烃高。又由于它的氢键强度没有醇分子中的氢键强，故沸点比分子量相近的醇低。叔胺中由于氮上没有氢原子，分子之间不能形成氢键，故沸点较低。胺不仅分子之间可形成氢键，而且也可与水分子形成氢键，故低级的胺与水能互溶（六个碳原子以下）。随着分子量的增加，其溶解度迅速降低。

$$R—\overset{\displaystyle H}{\underset{}{N}}—H\cdots\overset{\displaystyle R}{\underset{\displaystyle H}{N}}—H$$

胺分子之间能形成氢键

低级脂肪胺，如甲胺、二甲胺、三甲胺、乙胺等在常温下为无色气体，具有氨的气味，有的有鱼腥味。丙胺至十一胺是液体，十一胺以上均为固体。高级胺一般无气味。动物尸体由于细菌的分解作用产生的腐胺（$H_2NCH_2CH_2CH_2CH_2NH_2$，putrescine）以及尸胺（$H_2NCH_2CH_2CH_2CH_2CH_2NH_2$，cadaverine），是具有恶臭味、剧毒的化学物质。

芳香胺为高沸点的液体或低熔点的固体，具有特殊气味。有比较大的毒性，操作时尽量避免吸入其蒸气或与皮肤接触。β-萘胺与联苯胺是引致恶性肿瘤的物质。

季铵盐与季铵碱性质类似于无机盐和无机碱，有比较高的熔点，容易溶解在水中。一些胺的物理性质数据见表 14-1。

表 14-1　代表性胺的物理常数

化合物	结构式	熔点/℃	沸点/℃	溶解度(25℃)/(g/100g H_2O)
甲胺	CH_3NH_2	−93.1	−6.6~−6.0	易溶
二甲胺	$(CH_3)_2NH$	−93	7~9	易溶
三甲胺	$(CH_3)_3N$	−117	3~7	混溶
乙胺	$CH_3CH_2NH_2$	−85~−79	16~20	混溶
二乙胺	$(CH_3CH_2)_2NH$	−49.8	55~56	混溶
三乙胺	$(CH_3CH_2)_3N$	−115	89	14
正丙胺	$CH_3(CH_2)_2NH_2$	−83	47~51	混溶
异丙胺	$(CH_3)_2CHNH_2$	−95.2	31~35	混溶
正丁胺	$CH_3(CH_2)_3NH_2$	−49	77~79	混溶
乙二胺	$H_2NCH_2CH_2NH_2$	8	116	混溶
苯胺	$C_6H_5NH_2$	−6.3	184	3.6(20℃)
N-甲基苯胺	$C_6H_5NHCH_3$	−57	196	不溶
N,N-二甲基苯胺	$C_6H_5N(CH_3)_2$	2	194	2(20℃)
二苯胺	$(C_6H_5)_2NH$	53	302	0.03
三苯胺	$(C_6H_5)_3N$	127	347~348	不溶
邻甲苯胺	$o\text{-}C_6H_4(CH_3)(NH_2)$	−23	199~200	1.7
间甲苯胺	$m\text{-}C_6H_4(CH_3)(NH_2)$	−30	203~204	微溶
对甲苯胺	$p\text{-}C_6H_4(CH_3)(NH_2)$	43	200	0.7
邻硝基苯胺	$o\text{-}C_6H_4(NO_2)(NH_2)$	71.5	284	0.1
间硝基苯胺	$m\text{-}C_6H_4(NO_2)(NH_2)$	114	306(分解)	0.1
对硝基苯胺	$p\text{-}C_6H_4(NO_2)(NH_2)$	146~149	332	0.08(20℃)

14.3　胺的化学性质

胺（$R-NH_2$）中 N 上有一对孤对电子，具有碱性，也具有亲核性，既可以和酸作用成盐，也可作为亲核试剂使用。而—NH_2 作为强第一类定位基可使苯环高度活化，容易发生亲电取代反应。

14.3.1　碱性

$R-NH_2$ 上有孤对电子，可接受质子，与酸成盐。

$$R-\ddot{N}H_2+H^+ \Longrightarrow R-\overset{+}{N}H_3$$

或

$$R-\ddot{N}H_2+H_2O \Longrightarrow R-\overset{+}{N}H_3+OH^-$$

胺的碱性强弱可用碱性电离常数 K_b 或其负对数 pK_b 来表示。K_b 愈大或 pK_b 愈小，则碱性愈强。

$$K_b=\frac{[R-\overset{+}{N}H_3][OH]^-}{[R-\ddot{N}H_2]} \qquad pK_b=-\lg K_b$$

胺的碱性强弱可以从电子效应和空间效应两方面来考虑。如氮原子上电子云密度愈大，其碱性愈强，反之则愈小。氮原子周围空间位阻越大，越不利于 H^+ 接近，其碱性越小。一般来讲胺的碱性强弱如下：

季铵碱＞脂肪胺＞氨＞芳香胺

季铵碱是一离子化合物，在水中完全电离，其碱性与 NaOH 相当，是强碱。脂肪胺由于氮原子上有烷基，而烷基有推电子效应，使氮原子上电子云密度增加，容易接受质子，故碱性比氨强。芳香胺由于 N 上的孤对电子与苯环发生 p-π 共轭，降低了它接受质子的能力，碱性较弱。

脂肪族伯、仲、叔胺的碱性大小是电子效应和立体效应一个综合结果。从电子效应考虑，N 上推电子基团越多，碱性应越大，因为 N 上电子云密度增加，碱性强度应是叔胺＞仲胺＞伯胺。但从立体效应考虑，叔胺 N 上周围空间位阻较大，不利于质子的结合，而伯胺分子中 N 上立体效应较小，有利于质子结合。因此仅仅从空间效应角度来考虑，胺化合物的碱性相对强弱应是伯胺＞仲胺＞叔胺。除此两种因素影响胺的碱性强弱以外，还有胺接受质子生成铵正离子的溶剂化效应。从铵盐的溶剂化效应来看，碱性也应是一级胺＞二级胺＞三级胺。这是因为胺的碱性取决于它接受质子后形成的铵正离子的稳定性。铵正离子越稳定，其碱性越强。而铵正离子的稳定性与它和水形成氢键能力的大小有关。伯胺、仲胺、叔胺接受质子后形成的铵正离子分别是 RN^+H_3、$R_2N^+H_2$、R_3N^+H，它们与水形成氢键分别是：

由于形成氢键越多，铵正离子就越稳定。故铵正离子稳定性是：

$$R\overset{+}{N}H_3 > R_2\overset{+}{N}H_2 > R_3\overset{+}{N}H$$

仅仅从溶剂化效应角度考虑，胺的碱性强弱为：伯胺＞仲胺＞叔胺。

根据以上分析，结合电子效应、空间效应及溶剂化效应等因素，胺的碱性强弱为：

二级胺＞一级胺＞三级胺

对于芳胺，碱性结果是明显的：芳香伯胺＞芳香仲胺＞芳香叔胺。

胺虽然有碱性，可与酸成盐，但它是一弱碱，在铵盐中加入强碱，可将有机胺置换出来。这实际上就是强碱置换弱碱。

$$CH_3CH_2NH_2 + HCl \longrightarrow CH_3CH_2\overset{+}{N}H_3 \cdot Cl^-$$

$$CH_3CH_2\overset{+}{N}H_3 \cdot Cl^- + NaOH \longrightarrow CH_3CH_2NH_2 + NaCl + H_2O$$

利用此性质可分离和提纯胺。医药上有不少的药物是胺类化合物，一般不溶于水而且容易被氧化。但把它制成盐后增加了药物的水溶性和稳定性，容易被人体吸收和保存、运输。例如：

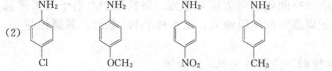

普鲁卡因（麻醉药）   盐酸普鲁卡因

思考题

14-2 将下列各组化合物按碱性大小排列。

(1) $C_6H_5NH_2$ NH_3 $(CH_3)_2NH$ $(C_6H_5)_2NH$

(2) 对氯苯胺、对甲氧基苯胺、对硝基苯胺、对甲基苯胺（苯环上带 NH_2，取代基分别为 Cl、OCH_3、NO_2、CH_3）

(3)

14.3.2 烷基化反应

胺的氮上有孤对电子，可作为亲核试剂与卤代烃反应，生成更高一级的胺，直至最后生成季铵盐。在一般条件下，此类反应仅限于脂肪胺。

$$R—\overset{..}{N}H_2 + R—X \longrightarrow R_2\overset{+}{N}H_2 \cdot X^-$$
伯胺　　　　　　　　　　仲胺盐

$$R_2\overset{+}{N}H_2 \cdot X^- + R—\overset{..}{N}H_2 \longrightarrow R_2NH + R\overset{+}{N}H_3 \cdot X^-$$
仲胺

$$R_2\overset{..}{N}H + R—X' \longrightarrow R_3\overset{+}{N}H \cdot X^-$$
叔胺盐

$$R_3\overset{+}{N}H \cdot X^- + R—\overset{..}{N}H_2 \longrightarrow R_3N + R\overset{+}{N}H_3 \cdot X^-$$
叔胺

$$R_3\overset{..}{N} + R—X' \longrightarrow R_4\overset{+}{N} \cdot X^-$$
季铵盐

首先是伯胺作为亲核试剂与卤代烃反应生成仲胺的盐，在过量胺存在下可游离出仲胺。仲胺作为亲核试剂进一步与卤代烃反应生成叔胺的盐，再与过量胺反应得到叔胺。叔胺继续与卤代烃反应生成季铵盐。反应结束后，用 NaOH 处理可得到三种胺。不过季铵盐与 NaOH 反应是一个可逆反应，但它与湿的 AgOH 作用可产生季铵碱。

$$R_4\overset{+}{N} \cdot X^- + NaOH \Longleftrightarrow R_4\overset{+}{N} \cdot OH^- + NaX$$

$$R_4\overset{+}{N} \cdot X^- + AgOH \longrightarrow R_4\overset{+}{N} \cdot OH^- + AgX\downarrow$$

此反应也叫卤代烃的胺解。从反应的最后结果看，胺分子中 N 上的氢原子被烃基所取代，所以叫胺的烃基化反应。最后得到的是一个仲胺、叔胺和季铵盐的混合物。

14-3 用烷基化反应合成如下胺类化合物。

(1) 碘化苄基三甲基铵　　　　(2) 1-丙胺　　　　(3) 苯甲胺

14.3.3 酰基化反应

胺可与酰卤或酸酐反应生成取代酰胺。胺分子中氮原子上的氢被酰基取代，所以叫酰基化反应。酰卤和酸酐是常用的酰基化试剂。

$$R—\overset{O}{\overset{\|}{C}}—X + H—NHR' \longrightarrow R—\overset{O}{\overset{\|}{C}}—NHR' + HX$$
伯胺　　　　　　　N-取代酰胺

$$R—\overset{O}{\overset{\|}{C}}—X + H—NR_2 \longrightarrow R—\overset{O}{\overset{\|}{C}}—NR_2' + HX$$
仲胺　　　　　　　N,N-二取代酰胺

$$R—\overset{O}{\overset{\|}{C}}—X + NR_3' \overset{\times}{\longrightarrow}$$
叔胺

叔胺的氮上没有氢，所以它不能进行酰基化反应。此反应从形式上看是脱去一分子卤化氢，实际上是胺作为亲核试剂向羰基碳进行亲核进攻。

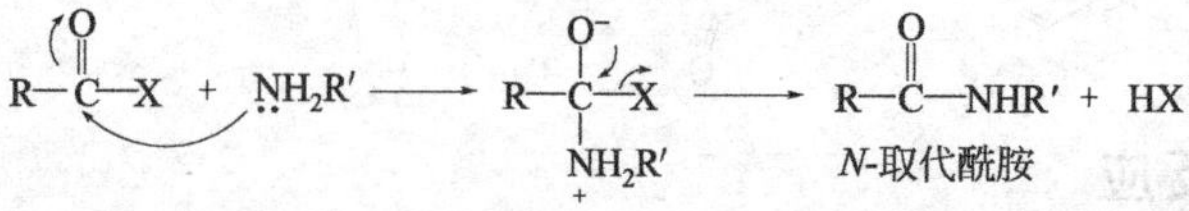

$$R-\overset{\overset{\displaystyle O}{\|}}{C}-X + NH_2R' \longrightarrow R-\overset{\overset{\displaystyle O}{\|}}{\underset{\underset{NH_2R'}{|}}{C}}-X \longrightarrow R-\overset{\overset{\displaystyle O}{\|}}{C}-NHR' + HX$$

利用此反应，我们可以将叔胺与伯、仲胺区分开来，也可以将叔胺从伯胺、仲胺的混合物中分离出来。胺发生酰化反应得到的取代酰胺是结晶性的固体，通过测定熔点可以鉴定一级、二级胺。

生成的取代酰胺在酸或碱存在下和水溶液加热很容易水解并恢复到原来的胺。这样，我们可以利用此反应来保护氨基，同时也可降低氨基对苯环的活化能力。例如，由苯胺制备对硝基苯胺就利用了这个性质。

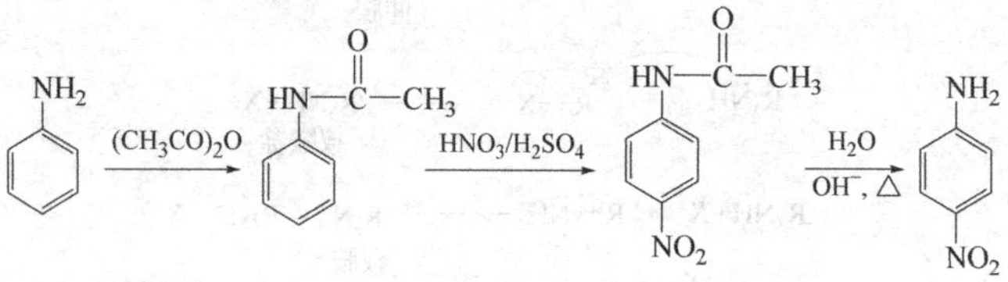

如直接用混酸将苯胺硝化，苯胺有可能会被氧化。即使苯胺不被氧化，苯胺在混酸中进行硝化，得到的也是间位产物。

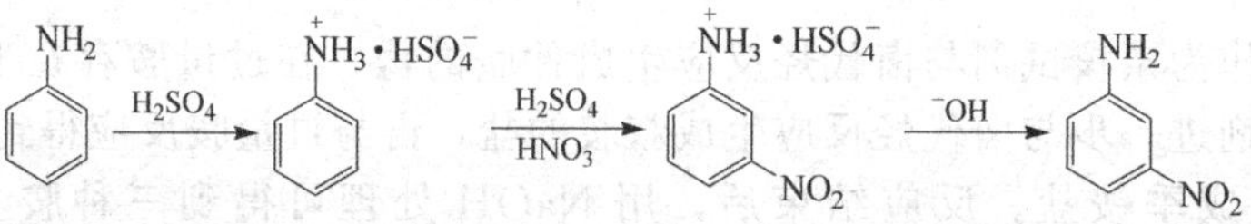

所以先将苯胺变成不易被氧化的乙酰苯胺，然后再进行硝化，则硝基进入邻位或对位，最后水解酰胺产物即生成邻或对硝基苯胺。

思考题

14-4 完成下列反应。

（1）$H_3C-\overset{\overset{\displaystyle O}{\|}}{C}-Cl + CH_3CH_2NH_2 \longrightarrow$

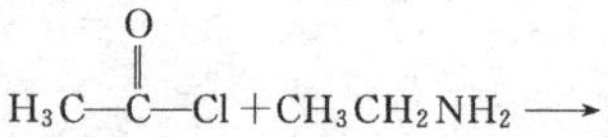

（2）$\overset{\overset{\displaystyle O}{\|}}{C}-Cl + (CH_3)_2NH \longrightarrow$

（3）NH + $(CH_3CO)_2O \longrightarrow$

14.3.4 磺酰化反应

胺分子中 N 原子上的氢也可被磺酰基取代，此反应叫作磺酰化反应。常用的磺酰化试剂是苯磺酰氯或对甲苯磺酰氯，它与胺反应得到磺酰胺。

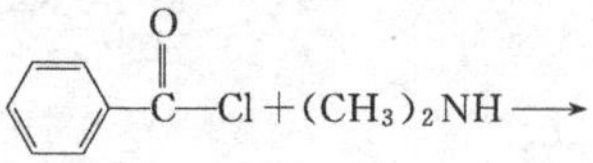

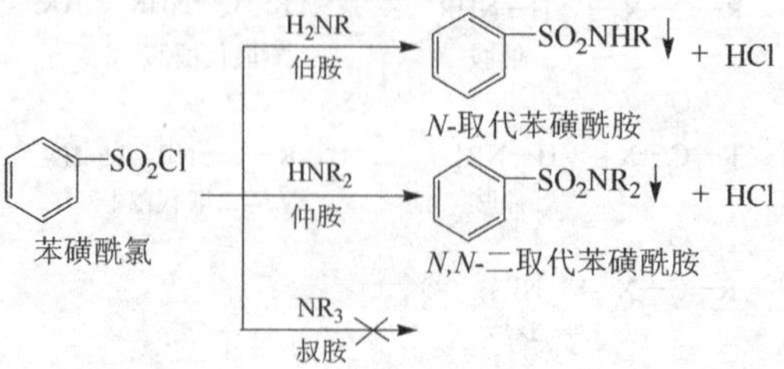

苯磺酰氯

H_2NR（伯胺）→ SO$_2$NHR ↓ + HCl （N-取代苯磺酰胺）

HNR_2（仲胺）→ SO$_2$NR$_2$ ↓ + HCl （N,N-二取代苯磺酰胺）

NR_3（叔胺）→ ✗

伯胺与苯磺酰氯反应得到的产物中氮上还有一个氢原子，由于受到苯磺酰基强吸电子作用而显示酸性，能与 NaOH 成盐而溶于碱液中。

$$\text{（苯环）}-SO_2NHR \quad + NaOH \longrightarrow \text{（苯环）}-SO_2\bar{N}RNa^+ \quad + H_2O$$
盐（溶于水中）

而仲胺与苯磺酰氯反应产生的产物成沉淀析出，由于氮上无氢原子，而不溶于碱液。叔胺 N 上无氢原子，不与苯磺酰氯反应，仍是油状物。

磺酰胺在酸或碱作用下也可水解，生成原来的胺。

$$\text{（苯环）}-SO_2NR_2 \xrightarrow[\text{H}_2\text{O}/\triangle]{\text{NaOH}} \text{（苯环）}-SO_3Na \quad + HNR_2$$

我们可以利用伯、仲、叔胺与苯磺酰氯反应结果的不同区分伯、仲、叔胺，也可用来分离它们的混合物。这个反应称为 Hinsberg 反应。

思考题

14-5　若三乙胺中混有少量的乙胺和二乙胺的混合物，如何进行纯化，以除去这些杂质？

14.3.5　与亚硝酸反应

胺与亚硝酸的反应无论在鉴别或有机合成上都是非常重要，反应的结果因胺的种类不同而不同。由于亚硝酸不稳定，一般是用亚硝酸钠与无机酸反应即时产生。

（1）伯胺

$$R-NH_2 \quad + \quad HNO_2 \longrightarrow RN_2^+ \cdot X^- \text{ 脂肪族重氮盐}$$
$$\downarrow$$
$$R^+ + N_2\uparrow + X^-$$

伯胺与亚硝酸反应首先生成重氮盐（diazonium salts）。脂肪族重氮盐极不稳定，即使在低温下也会迅速分解并释放出氮气。生成的中间体碳正离子会发生一系列反应：如与亲核试剂结合，发生消除生成烯烃，还有重排反应。例如：

$$CH_3CH_2CH_2NH_2 \xrightarrow[\text{H}_2\text{O}]{\text{NaNO}_2/\text{HX}} CH_3CH_2CH_2OH + CH_3CH_2CH_2X + CH_3CH=CH_2 + CH_3\underset{OH}{CH}CH_3 + CH_3\underset{X}{CH}CH_3$$

由此得到的是混合物，在合成上无意义。但是该反应释放出氮气的量是一定的，可通过测量 N_2 体积来确定伯胺氨基的含量。

脂环族伯胺和 HNO_2 反应时，会发生环的扩大和缩小，得到的也是混合物。一般如氨基直接连在环上时，以缩环为主；氨基在侧链上时，以扩环为主。此反应称为 Demjanov 反应。例如：

$$\triangleright-CH_2NH_2 \xrightarrow{\text{HNO}_2} \square-OH + \triangleright-CH_2OH$$

$$H_2C\langle\overset{(CH_2)_n}{\underset{CH_2}{}}\rangle CH-NH_2 \xrightarrow{\text{HNO}_2} H_2C\langle\overset{(CH_2)_n}{\underset{CH_2}{}}\rangle CH-OH + \langle\overset{(CH_2)_n}{}\rangle CH-CH_2OH$$
$$n = 1\sim3$$

芳香伯胺与 HNO_2 在低温（0～5℃）反应得到的是芳香族重氮盐：

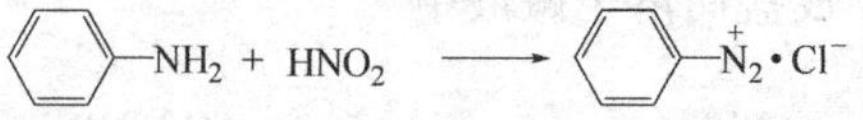

氯化重氮苯

该反应叫芳香重氮化反应（aromatic diazotization reaction）。芳香族重氮盐相对较稳定，在 0～5℃可以保存，不至于立即分解。通过芳香重氮盐可以合成一系列其他官能团的化合物，将在 14.5 节中讨论。

（2）仲胺　仲胺（脂肪族和芳香族）与亚硝酸反应可生成 N-亚硝基化合物（一般为黄色油状物或固体）。

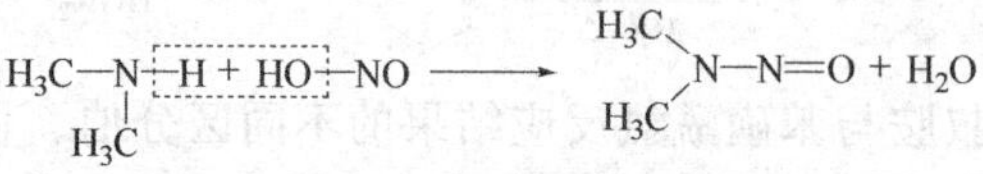

二甲胺　　　　　　　　　N-亚硝基二甲胺

N-甲基苯胺　　　　　N-甲基-N-亚硝基苯胺

N-亚硝基苯胺在酸性介质条件下可水解回复到原来的胺。该反应可作为鉴定和纯化仲胺的一种方法。但是亚硝胺毒性较大，动物实验证明有强烈的致癌作用，应做好防护，避免与其直接接触。

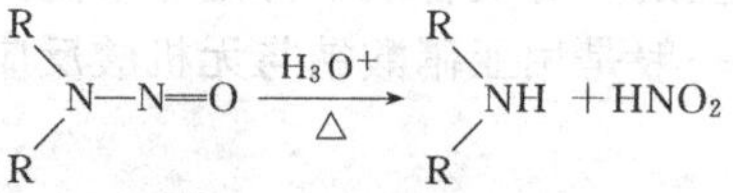

N-亚硝基胺

二甲胺与亚硝酸作用后生成的 N-亚硝基二甲胺经还原，可制得偏二甲肼 $(CH_3)_2NNH_2$。与氧化剂接触，偏二甲肼即自动着火，是导弹、卫星、飞船等发射试验和运载火箭的主体燃料。二甲胺和氯胺反应也可制得偏二甲肼，称为液态氯胺法。

$$(CH_3)_2NNO + Zn + HCl \rightarrow (CH_3)_2NNH_2 + ZnCl_2 + H_2O$$
$$(CH_3)_2NH + ClNH_2 \rightarrow (CH_3)_2NNH_2 + HCl$$

（3）叔胺　脂肪族叔胺与芳香族叔胺和亚硝酸反应，产物不一样，前者生成亚硝酸盐，后者生成对亚硝基胺，若对位被基团占据，则取代反应发生在邻位。

$$(C_2H_5)_3\ddot{N} + HNO_2 \longrightarrow (C_2H_5)_3N \cdot HNO_2$$

对亚硝基-N,N-二甲基苯胺
（翠绿色）

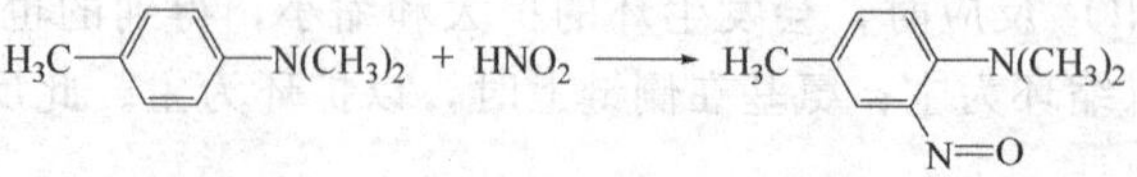

对亚硝基-N,N-二甲基苯胺在酸性介质中成盐，加入碱后才显翠绿色：

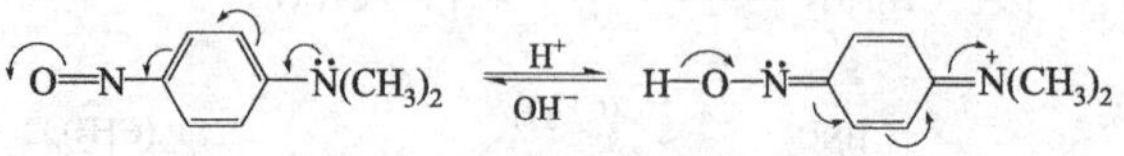

（橘黄色）

正因为伯、仲、叔胺与亚硝酸反应结果不一样，我们也可以用此反应来区分 1°、2°、3°

胺和分离或提纯仲胺。

14-6　环丁基甲胺与亚硝酸反应得到下列四个产物，说明该反应的过程。

14.3.6　胺甲基化反应（Mannich 反应）

如果用具有 α-H 的醛、酮与甲醛以及伯或仲胺在酸性介质下反应，生成 β-氨基酮。在此反应中醛、酮分子中的一个 α-H 被胺甲基取代，因此称为胺甲基化反应，或称为 Mannich 反应。

这是一个制备 β-氨基酮的好方法。

这个反应应用范围广泛，除醛、酮的 α-H 外，羧酸、酯、硝基、腈等具有强吸电子基的 α-H 也可发生类似的反应。

14.3.7　胺的氧化和 Cope 消除

胺很容易被氧化，特别是芳胺，在空气中就可被自动氧化成红棕色的物质。氧化产物很复杂，多半是醌、偶氮类化合物。如果把它制成铵盐，性质就稳定多了。

脂肪叔胺在过氧化氢或过氧酸作用下氧化成氧化胺。

氧化胺加热脱水成羟胺，同时生成烯烃。

此反应称为 Cope 消除。烯烃以 Hofmann 产物为主，即主要生成烃基取代较少的烯烃。该反应可用于烯烃的合成，反应条件温和而且不存在重排（Hofmann 消除在第 14.4 节中有详细介绍）。

叔胺氧化物脱羟胺是通过一个五元环过渡态的协同反应，是顺式消除。消除方向遵守 Hofmann 规律，叔胺氧化物中的氧负离子作为碱夺取 β-H，在 α-和 β-碳之间形成双键产生烯烃，同时脱去羟胺。

14-7 填空，完成下列反应。

$$\underset{\overset{|}{CH_3}}{\overset{N(CH_3)_2}{\bigcirc}} \xrightarrow{H_2O_2} [\quad] \xrightarrow{\triangle} [\quad]$$

14.3.8 苯胺的特征反应

苯胺分子中氨基是一个很强的第一类取代基，它使苯环高度活化，很容易进行亲电取代反应。

（1）卤代反应

$$\bigcirc\!\!-NH_2 + Br_2 \xrightarrow[\text{室温}]{H_2O} \begin{array}{c} NH_2 \\ Br \bigcirc Br \\ Br \end{array} \downarrow$$

反应在室温就可发生，且很难停留在一取代产物，直接生成三溴苯胺白色沉淀。该反应可用于检验苯胺。如果想要得到一溴代物，应适当减小氨基的活性。可将氨基酰化后再溴代。反应结束后，将产物水解，使氨基复原。

$$\bigcirc\!\!-NH_2 \xrightarrow{(CH_3CO)_2O} \bigcirc\!\!-NH\!-\!\!\underset{O}{\overset{O}{C}}\!-CH_3 \xrightarrow{Br_2} \begin{array}{c} NH\!-\!\!\overset{O}{C}\!-CH_3 \\ \bigcirc \\ Br \end{array} \xrightarrow[H_2O]{OH^-} \begin{array}{c} NH_2 \\ \bigcirc \\ Br \end{array}$$

（2）硝化反应

硝酸不仅是一个硝化试剂，也是一个氧化剂。在硝酸的作用下芳香胺很容易被氧化。再则苯胺在强酸条件下会变成氨基正离子，再硝化时，硝基进入氨基的间位。所以，我们要先将氨基保护起来，然后再进行硝化。

$$\bigcirc\!\!-NH_2 \xrightarrow{CH_3COCl} \bigcirc\!\!-NH\!-\!\!\overset{O}{C}\!-CH_3 \xrightarrow{HNO_3} \begin{array}{c} NH\!-\!\!\overset{O}{C}\!-CH_3 \\ \bigcirc \\ NO_2 \end{array} + \begin{array}{c} NH\!-\!\!\overset{O}{C}\!-CH_3 \\ O_2N\!-\!\!\bigcirc \end{array} \xrightarrow[H_2O]{OH^-}$$

$$\begin{array}{c} NH_2 \\ \bigcirc \\ NO_2 \end{array} + \begin{array}{c} NH_2 \\ O_2N\!-\!\!\bigcirc \end{array}$$

（3）磺化反应

苯胺的环上引入磺酸基，也不是按一般的亲电取代历程进行。先让苯胺与 H_2SO_4 成盐，然后在高温下烘焙，通过去水、重排成对氨基苯磺酸。

$$\bigcirc\!\!-NH_2 \xrightarrow{H_2SO_4} \bigcirc\!\!-\overset{+}{N}H_3\cdot HSO_4^- \xrightarrow[\text{去水、重排}]{180℃} \begin{array}{c} SO_3H \\ \bigcirc \\ NH_2 \end{array} \longrightarrow \begin{array}{c} SO_3^- \\ \bigcirc \\ \overset{+}{N}H_3 \end{array}$$

最后，产物以内盐的形式存在，内盐是两性离子，在水中溶解度较小，熔点较高。

14.4 季铵盐和季铵碱

14.4.1 Hofmann 消除和彻底甲基化

季铵盐可由叔胺和卤代烃反应来制备。季铵盐是一离子化合物，在水中完全电离。

$$R_3N + R-X \longrightarrow R_4\overset{+}{N} \cdot X^-$$
季铵盐

在 14.3 节中介绍过，季铵盐与 AgOH 反应可制得季铵碱。季铵碱是强碱，其碱性与苛性碱相当，能吸收空气中的二氧化碳以及水分。胆碱 $HOCH_2CH_2N^+(CH_3)_3OH^-$ 就是广泛存在于生物体内的一种季铵碱，最初从胆汁中发现。胆碱能够调节脂肪中脂肪的代谢。氯化胆碱 $[HOCH_2CH_2N^+(CH_3)_3]Cl^-$ 则是一种季铵盐，可作为治疗脂肪肝以及肝硬化的药物。

季铵碱高温加热时，脱去 β-氢和胺，生成烯烃。例如：

$$R-CH_2CH_2\overset{+}{N}(CH_3)_3 \cdot OH^- \overset{\triangle}{\longrightarrow} R-CH=CH_2+(CH_3)_3N+H_2O$$

此反应机理为 E2 消去反应：OH^- 作为碱进攻 β-氢，在 α- 和 β-碳之间形成双键，同时脱去胺。

$$R-\overset{\beta}{C}-\overset{\alpha}{CH_2}-N(CH_3)_3 \overset{\triangle}{\longrightarrow} R-HC=CH_2 + (CH_3)_3N + H_2O$$

当具有几种 β-氢的季铵碱加热消去时，就存在区域选择性问题，消去结果可能是生成两种产物。实验结果发现，一般是消去含氢较多的 β-碳上的氢。也就是说产物主要是双键上含取代基较少的烯烃。这一规律称为 Hofmann 消除。

$$CH_3CH_2-\overset{H}{\underset{\underset{\beta}{CH_2-H}}{CH}}-CH-\overset{+}{N}(CH_3)_3 \cdot OH^- \overset{\triangle}{\longrightarrow} CH_3CH_2CH_2CH=CH_2+CH_3CH_2CH=CHCH_3+N(CH_3)_3+H_2O$$
$$(98\%) \qquad (2\%)$$

一方面是因为碱（OH^-）进攻 β-H 时，β-碳与氢原子的断裂程度要大于 α-碳与氮原子的断裂程度。因为 $N(CH_3)_3$ 不是一个好的离去基团，不易离去，所以在过渡态中有负碳离子的性质。我们知道负碳离子的稳定性是 $1°>2°>3°$。另一个原因就是立体因素，OH^- 进攻甲基上的 β-H，位阻小，而进攻亚甲基上的 β-H 位阻大，所以有以上所述结果。

结合胺的彻底甲基化，该反应对确定胺的结构非常有用。伯胺、仲胺或叔胺用过量碘甲烷处理，使之成为季铵盐，这个过程叫彻底甲基化。然后季铵盐用 Ag_2O 处理成为季铵碱，通过加热，发生 Hofmann 消除。从反应过程中所消耗的碘甲烷物质的量以及生成烯烃的结构，就可推测原来的胺是几级胺以及碳架的构造。1mmol 叔胺、仲胺、伯胺分别要消耗 1mmol、2mmol、3mmol 碘甲烷。例如：

14.4.2 相转移催化作用

季铵盐的一个重要作用就是可以作为相转移催化剂（phase-transfer catalyst，PTC）。有许多有机反应在一般条件下反应速度很慢，产率很低。主要是反应物分别处在有机相和水相之中，分子之间碰撞机会较少，当然反应较难发生。但是一旦加入相转移催化剂以后，反应速度大为提高，而且产率增加。季铵盐就是具备这种性质的相转移催化剂。下面以卤代烃的亲核取代反应为例，来说明相转移催化剂的作用原理。

$$R—X + NaCN \xrightarrow[\text{季铵盐}]{Q^+X^-} R—CN + NaX$$

在此反应中，卤代烃一般溶于苯等有机溶剂中，而 NaCN 是溶于水中。反应物之间接触很少，难于反应。而加入了季铵盐后，由于季铵盐的两溶性，其中阳离子可和 CN⁻ 结合由水相进入有机相，从而导致反应的发生。具体反应过程可表示如下：

$$
\begin{array}{ccccccc}
NaCN & + & Q^+X^- & \rightleftharpoons & [Q^+CN^-] & + & NaX & \text{水相}\\
\text{反应物} & & \text{季铵盐} & & & & &
\end{array}
$$

————————————————————————————————— 界面

$$
\begin{array}{ccccccc}
R—CN & + & [Q^+X^-] & \rightleftharpoons & Q^+CN^- & + & R—X & \text{有机相}\\
\text{产物} & & & & & & \text{反应物} &
\end{array}
$$

其中 Q^+ 表示季铵盐中的阳离子，它和 CN⁻ 结合成 $[Q^+CN^-]$，由水相进入有机相，和 R—X 发生亲核取代反应。而且在有机相中，CN⁻ 溶剂化程度大为减少，呈裸露状态，亲核性很强，快速地与底物作用，生成产物。而 $[Q^+X^-]$ 又重新进入水相。氯化三乙基苄基铵（TEBAC）以及溴化三乙基苄基铵（TEBAB）等是常用的相转移催化剂。具有长碳链的季铵盐是阳离子表面活性剂，可用作消毒剂。例如新洁尔灭，淡黄色胶状液，易溶于水，性质非常稳定。对化脓菌、肠道菌及流感、疮疹等亲脂病毒有较好的杀灭能力。

$$\overset{+}{N}(C_2H_5)_3 \quad X=Cl \ TEBAC$$
$$X^- \qquad\qquad X=Br \ TEBAB$$

$$\overset{+}{N}(CH_3)_2C_{12}H_{25}$$
$$Br^-$$
溴化二甲基十二烷基苄基铵
消毒剂：新洁尔灭

思考题

14-8 写出 3-甲基四氢吡咯彻底甲基化和 Hofmann 消除后的最后产物，并与本节中 2-甲基四氢吡咯进行比较。

14.5 重氮化合物

在重氮化合物中，最为重要的是芳香族重氮盐 $[Ar—\overset{+}{N}\equiv NX^-]$。此类化合物有广泛的合成应用价值。

14.5.1 重氮化合物的制备——重氮化反应

芳香族重氮盐一般通过芳香伯胺与亚硝酸在 0～5℃ 的强酸性溶液中反应得到，该反应叫重氮化反应。

$$\text{⬡}—NH_2 + HNO_2 \xrightarrow{0\sim5℃} \text{⬡}—\overset{+}{N}\equiv NCl^- + NaCl + H_2O$$
$$(NaNO_2/HCl)$$

苯胺重氮盐
（氯化重氮苯）

此反应在低温下进行。温度升高引起重氮盐分解并放出氮气。苯胺与盐酸的摩尔比应保持在 1∶2.5 左右。1mol 盐酸用来和 $NaNO_2$ 反应产生亚硝酸，1mol 盐酸用来成盐，余下 0.5mol 酸使体系保持酸性，防止重氮盐与未反应的苯胺偶合。

14.5.2 重氮盐的反应及其在合成上的应用

重氮盐的化学性质非常活泼，一般只能存在于低温水溶液中，而且制成重氮盐后最好立即使用。重氮盐在干燥状态时受撞击易爆炸。

重氮盐所起的反应主要分为两大类：取代反应和偶联反应。在取代反应中，会放出氮气。重氮基被其他原子或原子团所取代。偶联反应中，氮仍保留在产物中，产生偶氮化合物。

（1）取代反应（放出氮气）

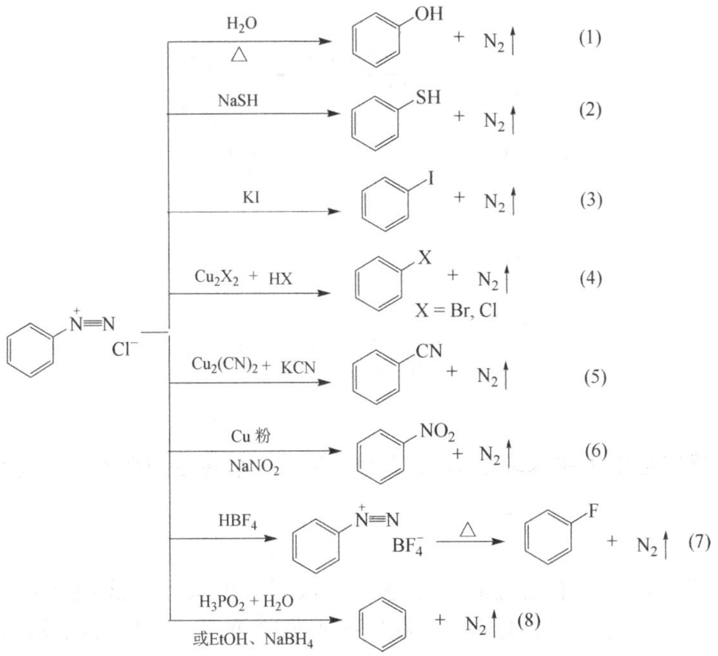

上述重氮盐被取代并放出氮气的机理比较复杂，主要有单分子亲核取代 S_N1 以及自由基过程。N_2 是非常稳定的分子，是良好的离去基团。重氮盐受热后放出氮气，生成芳香碳正离子，随后与溶液中所存在的亲核试剂结合，得到取代产物。该反应速度只与重氮盐的浓度成正比，因而属于 S_N1 反应。

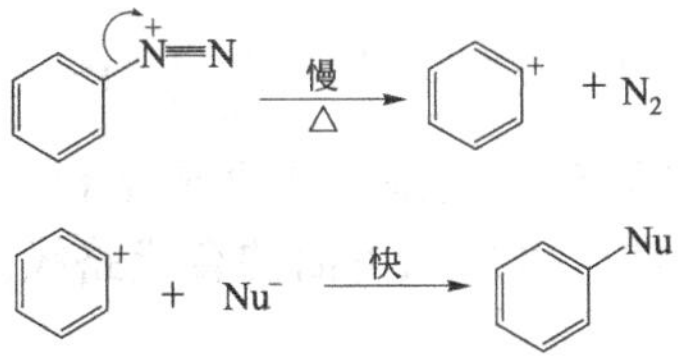

重氮盐在温度稍高时与水反应，分解产生羟基取代的产物苯酚［反应式（1）］。因为氯化重氮盐与水加热时，除生成苯酚外，还可能会有氯苯的产生，使产物不单一。因此，若要利用此反应制备苯酚，最好用硫酸重氮盐，因为 HSO_4^- 的亲核性极弱。

重氮盐分解后，与 NaSH 作用，形成巯基取代的产物苯硫酚［反应式（2）］。重氮基还可被不同的卤素取代。使用 KI 作为亲核试剂，形成碘苯［反应式（3）］。这是一个制备碘苯的好方法。如果用苯直接碘代，因产生的 HI 是一强还原剂，会使反应逆向进行。

上述反应式（1）～式（3）都是按照 S_N1 机理进行的。

芳香族重氮盐在 Cu(Ⅰ) 盐存在下，可发生单电子转移反应，形成芳基自由基，同时一价铜转化为二价铜。继续相互作用，得到取代产物。该反应称为 Sandmeyer 反应。利用此反应可向苯环上引入氯、溴或氰基 [反应式（4）和式（5）]。

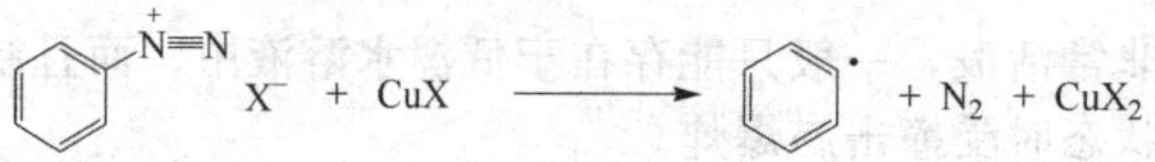

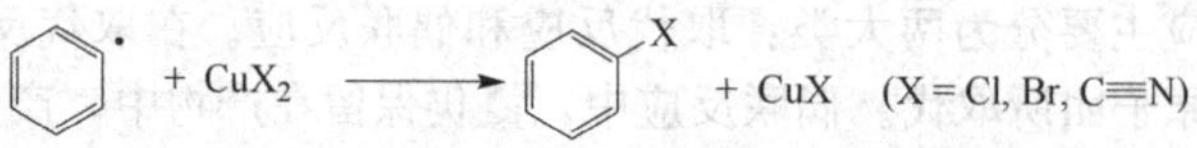

例如：

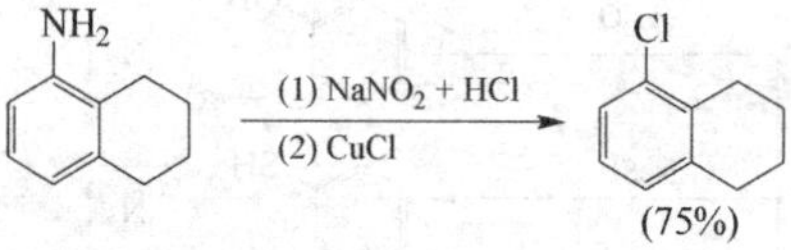

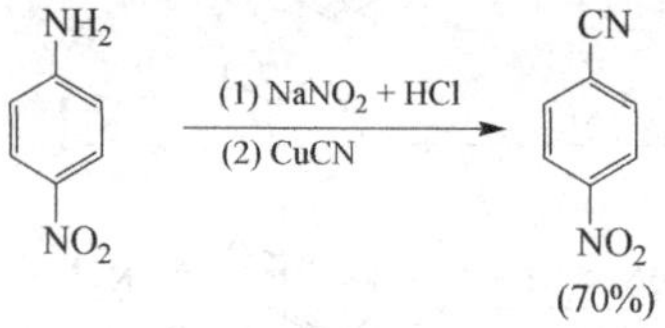

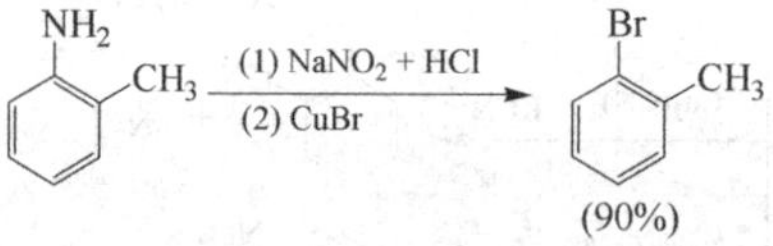

Sandmeyer 反应提供了在苯环上引入氰基的方法。氰基在酸性条件下还可水解成羧基。

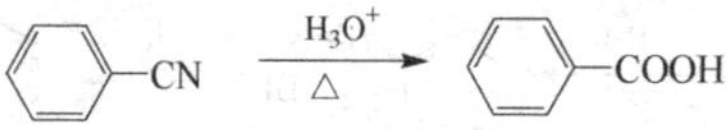

在铜粉催化下，芳香族重氮盐的重氮基也可被硝基取代，生成硝基苯 [反应式（6）]。用氟硼酸重氮盐直接加热可产生氟苯，而氟硼酸重氮盐可用重氮盐与氟硼酸反应来制取 [反应式（7）]。

在还原剂次磷酸存在下，重氮基也可被氢原子取代，此反应叫去还原脱氨基反应（reductive deamination）。除了次磷酸，乙醇、$NaBH_4$ 等也可用作还原剂 [反应式（8）]。

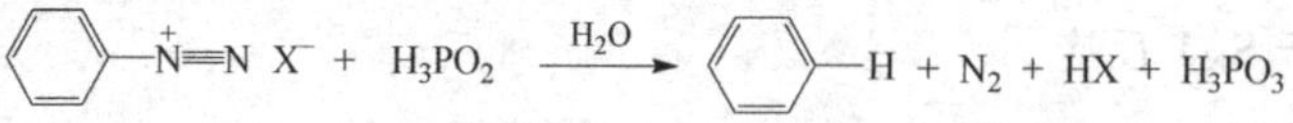

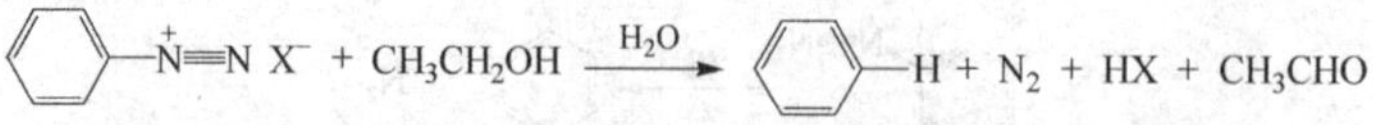

去氨基反应可去掉芳环上的硝基和氨基，在合成上极为有用。例如，由苯合成 1,3,5-三溴苯。用苯直接溴代是不可能的，可采取下面的合成路线。其中就用到去氨基反应。

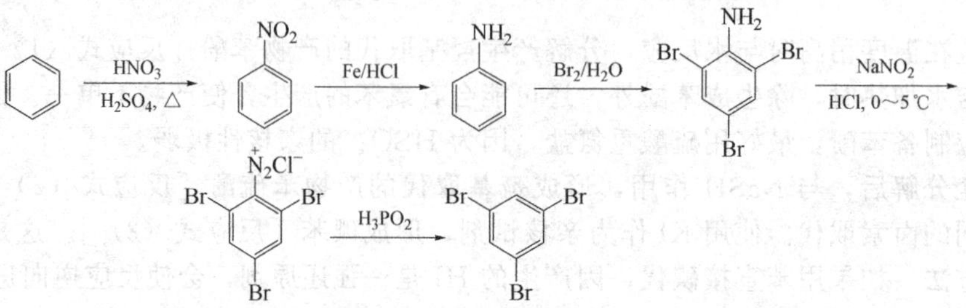

再如间硝基甲苯的合成。无论是用甲苯硝化，还是硝基苯进行 Friedel-Crafts 反应，都无法得到我们所需产物。但用如下方法可顺利达到这一目标：

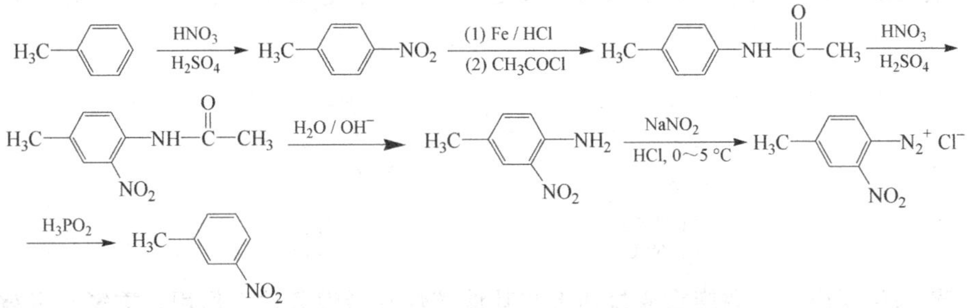

其中再次用到去氨基反应。

（2）偶联反应（保留氮） 重氮盐在适当条件下可以和某些高度活化的芳香族化合物反应，生成的产物叫作偶氮化合物（azo compounds），此反应叫偶联反应（coupling reaction）。因为重氮盐的正离子是一个较弱的亲电试剂，它只能进攻像酚、芳胺这样的具有强给电子基团的化合物。

对羟基偶氮苯

对二甲氨基偶氮苯

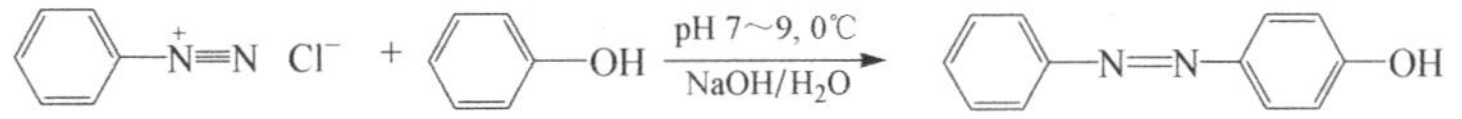

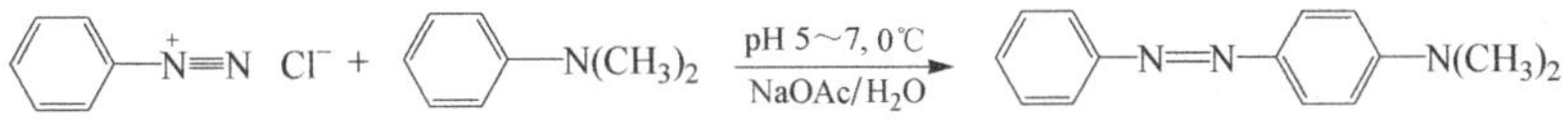

偶联反应一般发生在活化基团的对位。如对位已有取代基则进入邻位。

5-甲基-2-羟基偶氮苯

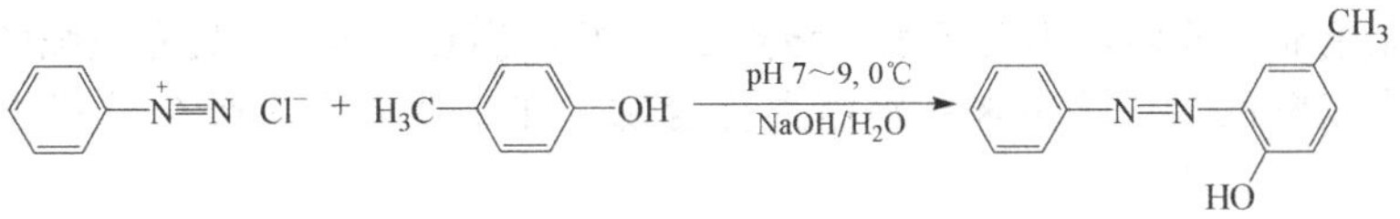

发生偶合反应时，介质的酸碱性很重要，酚应在弱碱性条件下，因为这样酚变成酚氧负离子（PhO^-），而氧负离子是比羟基（OH）更强的亲电取代反应致活基团，使反应更易进行。而芳胺是在弱酸性介质中进行反应，这样芳胺在体系中具有最大浓度，也使反应容易进行。但反应介质不能是强酸性，也不可是强碱性。这是因为在强酸性条件下，氮或氧原子质子化从而带有正电荷，变为一个吸电子基团，使苯环钝化，亲电取代反应难发生。

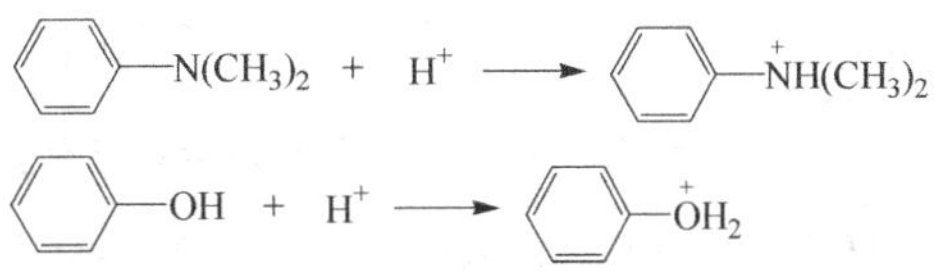

在强碱性条件下，重氮盐变成重氮酸和重氮酸盐，没有亲电性能，也无法进行反应，所以选择介质酸碱性对偶合反应非常重要。

重氮酸　　重氮酸盐

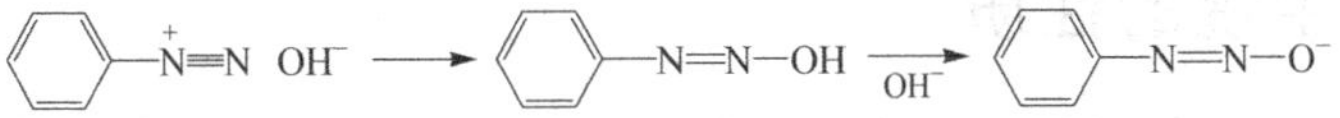

含 N═N 双键的化合物与 C═C 双键一样，也有顺反异构。确定（*Z*)-和（*E*)-构型时，将氮原子上的未共享电子对作为最不优基团对待。例如，(*Z*)-偶氮苯和（*E*)-偶氮苯具有不

同的性质。（E)-偶氮苯比（Z)-偶氮苯稳定。在光照条件下，（E)-偶氮苯可转化为（Z)-偶氮苯，而受热时（Z)-偶氮苯可转化为（E)-偶氮苯。由于（Z)-构型和（E)-构型具有不同的吸收波长和颜色，所以它们可以作为光致变色材料，在超分子组装中得到广泛应用。

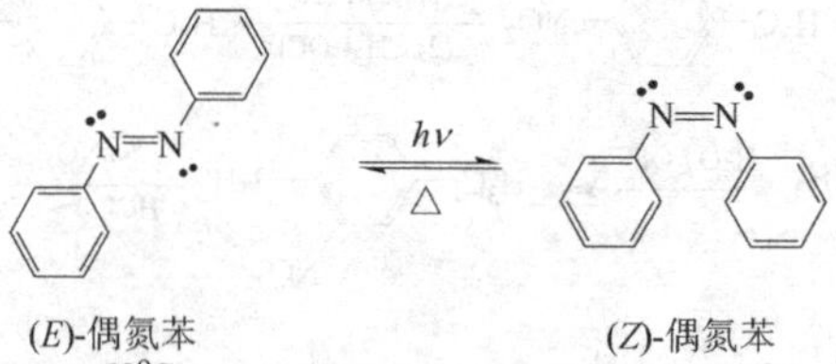

$$ h\nu \quad \triangle $$

(E)-偶氮苯
m.p. 68°C

(Z)-偶氮苯
m.p. 71~73°C

（3）芳基化反应　芳香族重氮盐如果与其他芳烃在碱性条件下作用，重氮基可被芳烃取代，生成联苯类的化合物。此反应叫芳基化，也称 Gomberg-Bachmann 反应。

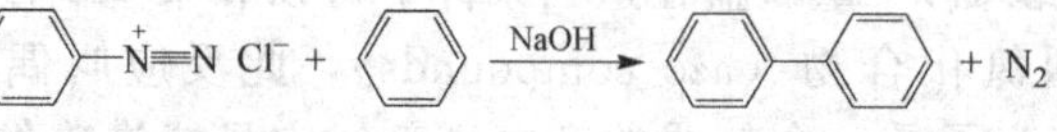

$$ \text{NaOH} \quad + N_2 $$

此反应可用来制备联苯和不对称联苯衍生物。

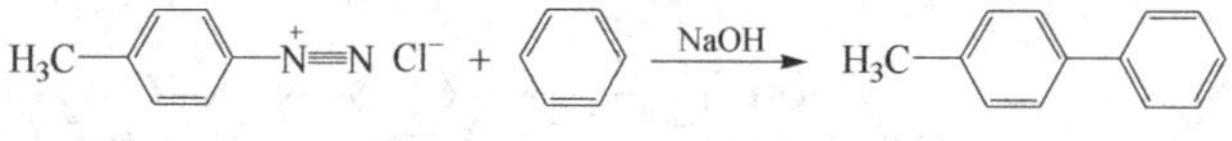

$$ \text{NaOH} $$

（4）还原反应　在还原剂（如锌和盐酸、氯化亚锡等）存在下，芳香重氮盐可以被还原成肼类化合物。

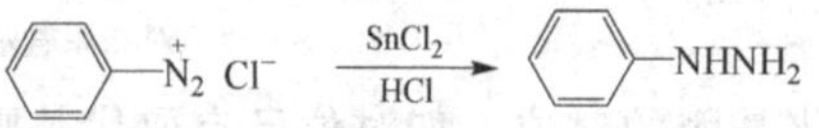

$$ \frac{SnCl_2}{HCl} \quad \text{—NHNH}_2 $$

苯肼

苯肼是一无色油状液体，不溶于水，熔点 19.5℃，沸点 244℃，具有很强的还原性，在空气中易氧化成棕黑色。它可用来鉴别糖类化合物，在工业上是一个合成药物和染料的中间体。

 思考题

14-9　完成下列转化。

（1）

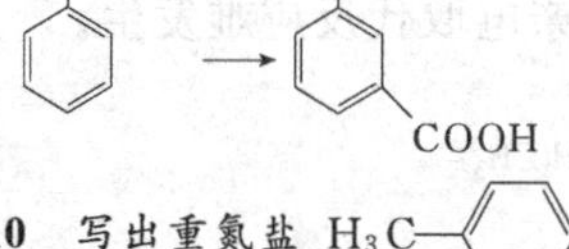

COOH → COOH, COOH

（2）

→ Cl, OH

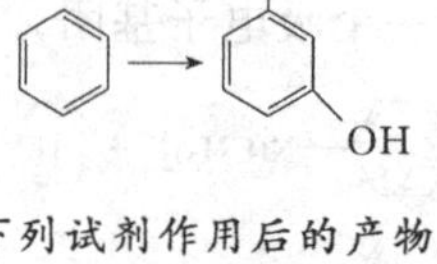

14-10　写出重氮盐 $H_3C\text{—}\overset{+}{N}\text{=NX}^-$ 与下列试剂作用后的产物。

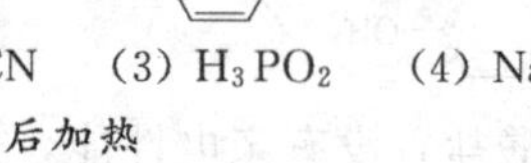

（1）KI　　（2）CuCN　　（3）H_3PO_2　　（4）Na_2SO_3　　（5）N,N-二甲基苯胺　　（6）对甲苯酚
（7）与 $NaBF_4$ 作用后加热

14.6　重氮甲烷的性质

重氮甲烷的分子式为 CH_2N_2，是一黄色有毒气体，熔点 −145℃，沸点 23℃。容易爆炸。它能溶于乙醚中，性质则比较安全。一般都是使用它的乙醚溶液。

通过物理方法测定重氮甲烷为一线形分子，如下图所示：

重氮甲烷结构

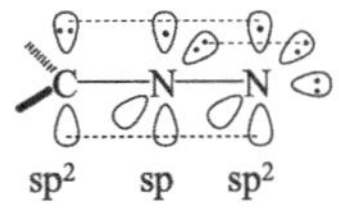

sp^2　sp　sp^2

重氮甲烷的结构一般用共振式表示：

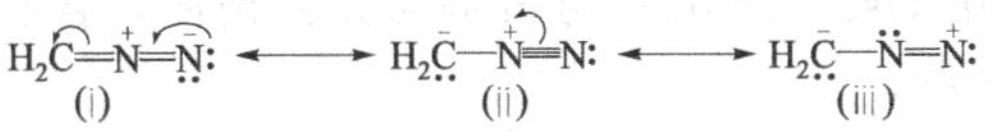

从式（ⅱ）可看出，其中碳具有碱性和强亲核性，分子中又有一个好的离去基团 N_2，所以重氮甲烷非常活泼，能和许多化合物发生反应，是一个重要的有机合成试剂。它的化学性质表现在下列三个方面。

14.6.1　与含活泼 H 的化合物反应

重氮甲烷可与酸、醇等含活泼氢的化合物反应，引入一个甲基形成甲酯、甲醚等化合物。因此它是一个很好的甲基化试剂。

$$RCOOH \xrightarrow{CH_2N_2} RCOOCH_3 + N_2$$

$$ArOH \xrightarrow{CH_2N_2} Ar-O-CH_3 + N_2$$

14.6.2　与醛、酮的反应

重氮甲烷也可与醛、酮反应，产生一个比原来醛、酮多一个碳原子的酮。

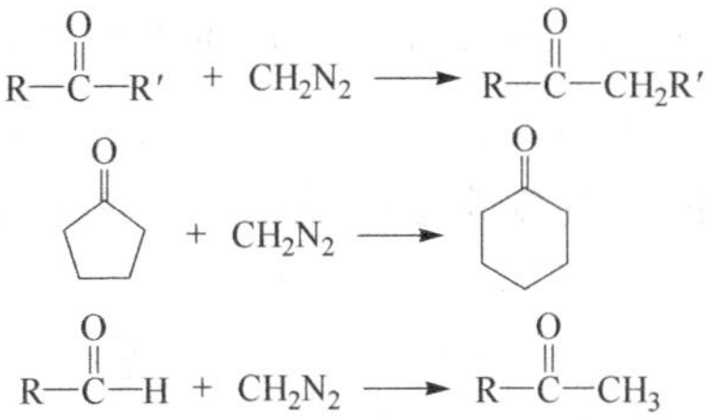

此反应应用于环酮上，可使环增大，但同时可能产生环氧化物。

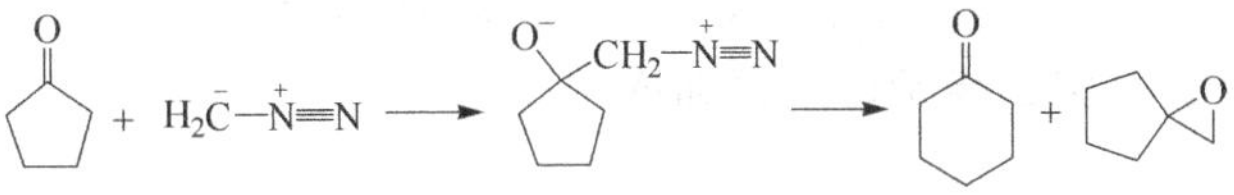

环氧化合物是由下列过程产生的：

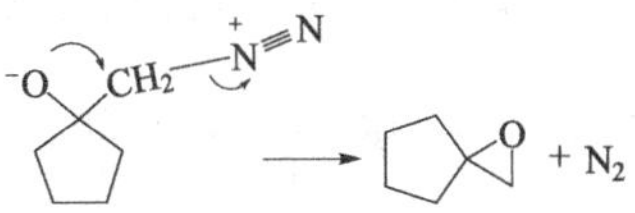

14.6.3　卡宾的产生

重氮甲烷另外一个性质就是在光照下可以分解生成卡宾（carbene）。

$$CH_2N_2 \xrightarrow{h\nu} :CH_2 + N_2$$

卡宾是一种重要活性中间体，它虽然是中性，但最外层只有六个电子，具有亲电性，可与烯烃发生所谓插入反应，形成三元环。

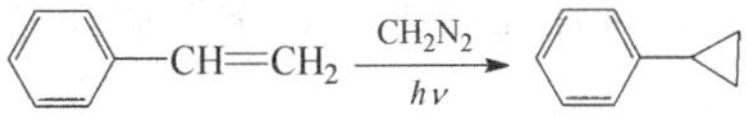

14.7 腈和异腈

14.7.1 腈与异腈的制法

含有氰基（—CN）的有机化合物叫作腈（nitrile）。通式可用 R—CN 表示，中间有一极性的 C≡N 叁键。异腈（isocyanide）与腈是同分异构体，含有异氰基—NC，通式可用 R—NC 表示，通常简称为胩。

腈常用卤代烃与氰化钠通过亲核取代反应制得。

$$R—X + NaCN \longrightarrow R—C≡N + NaX$$

酰胺在脱水剂 P_2O_5 存在下加热也可制备腈。

$$\overset{\overset{O}{\|}}{R—C—NH_2} \xrightarrow{P_2O_5} R—C≡N + H_3PO_4$$

用氰化银代替氰化钾与卤代烃反应将得到以异腈为主的产物。加热伯胺、氯仿和氢氧化钾的醇溶液也是制备异腈的一种常用方法。

$$R—X + AgCN \longrightarrow R—N≡C + AgX\downarrow$$

$$RNH_2 + CHCl_3 + 3KOH \xrightarrow{醇} RNC + 3KCl + 3H_2O$$

14.7.2 腈与异腈的性质

低级腈为无色液体，高级腈为固体。乙腈溶于水，随着分子量增加，在水中溶解度迅速减小。丁腈以上难溶于水。腈与酸或碱水溶液加热，水解成酰胺，最后成羧酸。

$$R—C≡N + H_2O \xrightarrow{H^+} RCOOH + NH_4^+$$

$$R—C≡N + H_2O \xrightarrow{OH^-} RCOO^- + NH_3$$

腈在强酸性介质中与烯、醇、羧酸等化合物作用得到 N-取代酰胺，此反应称为 Ritter 反应。如：

$$H_3C—C≡N + \overset{\overset{CH_2}{\|}}{H_3C—C—CH_3} \xrightarrow{H^+} \overset{\overset{O}{\|}}{H_3C—C—NH—C(CH_3)_3}$$

$$R—C≡N + R'—OH \xrightarrow{H^+} \overset{\overset{O}{\|}}{R—C—NHR'}$$

此反应的本质是腈对碳正离子的亲核加成。

$$\overset{\overset{CH_2}{\|}}{H_3C—C—CH_3} \xrightarrow{H^+} \overset{+}{C}(CH_3)_3$$

$$H_3C—C≡N + \overset{+}{C}(CH_3)_3 \longrightarrow H_3C—C≡\overset{+}{N}—C(CH_3)_3 \xrightarrow{H_2O} H_3C—C=N—C(CH_3)_3 \overset{|}{\underset{OH_2}{}}$$

$$\xrightarrow{-H^+} H_3C—C=N—C(CH_3)_3 \overset{|}{\underset{OH}{}} \xrightarrow{重排} \overset{\overset{H}{|}}{H_3C—C—N—C(CH_3)_3}$$

腈还可以和醇在酸催化下生成酯，称为 Pinner 合成法。

$$R—C≡N + R'—OH \xrightarrow{H^+} \overset{R—C=NH}{\underset{OR'}{|}} \xrightarrow{H_2O} RCOOR' + NH_3$$

腈加氢还原成伯胺，这是一个制备伯胺的方法。

$$R—C≡N + H_2 \xrightarrow[\triangle]{Ni} RCH_2NH_2$$

异腈是无色液体，具有恶臭，毒性比腈大。化学性质比腈活泼，对碱稳定，易被稀酸水解成甲酸和伯胺。

$$R-NC+H_2O \xrightarrow{H^+} RNH_2+HCOOH$$

将异腈加热至250～300℃时，发生异构化，重排为相应的腈。

$$R-NC \xrightarrow{250\sim300℃} R-C\!\equiv\!N$$

与腈类化合物不同，异腈还原或加氢形成 *N*-甲基仲胺类化合物。

$$R-NC+H_2 \xrightarrow[\triangle]{Ni} \overset{\displaystyle H}{\underset{}{RNCH_3}}$$

偶氮染料

染料是一种可以牢固地黏附在纤维上具有耐光性、耐洗性的有色物质。它包括偶氮染料、蒽醌染料、靛蓝染料、三苯甲烷类等许多品种。最早使用的染料都是由自然界取得的。例如茜红、靛蓝。在19世纪中期，合成染料开始诞生了。合成染料品种繁多，颜色鲜艳，和纤维的附着力强。目前在工业上使用的染料中有一半以上是偶氮染料。偶氮染料就是分子中含有偶氮基（—N＝N—）的偶氮化合物。其中有些有色物质还会随着介质pH值变化而发生颜色的改变，从而在分析化学上可作为指示剂。它是由重氮盐和芳胺或酚发生偶联反应得到的。

1. 颜色与分子结构的关系

自然光由不同波长的射线组成。200～400nm是人眼看不见的近紫外。400～800nm属于可见光范围。大于800nm就是红外区域。不同的波长显示不同的颜色。400～800nm所有颜色的光混在一起就是白色。见表14-2。

表14-2　不同波长光的颜色及其互补色

波长/nm	相应的颜色	观察到的颜色(互补色)
400	紫	黄绿
425	靛蓝	黄
450	蓝	橙黄
490	蓝绿	红
510	绿	紫
530	黄绿	紫
550	黄	靛蓝
590	橙黄	蓝
640	红	蓝绿
730	紫	绿

不同的物质，由于结构不同，可以吸收不同波长的光，如果它吸收的是可见光以外波长的射线，显示的就是无色或白色，当可见光全部被吸收时，物质是黑色。如果吸收的是可见光范围某些波长的光，那这物质显示的就是它的互补色。

有机化合物的颜色和它的分子结构有密切关系。例如烷烃，它的分子中只有σ键，它的价电子要从σ轨道跃迁到σ*反键轨道，所需要能量较高，它要吸收波长较短的远紫外线。所以在我们看来，它是无色的。因为在可见光区域内它无吸收。而烯烃分子，由于π键的存在，价电子的跃迁所需能量比烷烃中价电子的跃迁所需能量小，它吸收的光波长比烷烃的长，可以进入到近紫外或者可见光区域内。

在紫外及可见光区域内（200～800nm）有吸收的基团，我们称之为生色基。如：

$$\rangle C\!=\!C\langle \qquad \rangle C\!=\!O \qquad -\overset{\displaystyle O}{\overset{\|}{C}}-H \qquad -\overset{\displaystyle O}{\overset{\|}{C}}-OH$$

$$-N\!=\!N- \qquad -N\!=\!O \qquad -\overset{\displaystyle O}{\underset{\displaystyle O}{\overset{\|}{N}}}\!\! \qquad \rangle C\!=\!NH$$

如果分子中只含有一个生色基，由于它吸收的光波段仍在400nm以下，没进入可见光区，所以仍是无色的。但如果分子中存在共轭体系，由于电子离域作用，吸收能量会降低，向长波方向移动，而且共轭体系越长，吸收向长波方向移动越多。进入到可见光区域时，物质就呈现出颜色。例如联苯胺是无色的。当它氧化变成醌型结构时，共轭体系伸长了，吸收光移至可见光区而呈蓝色。

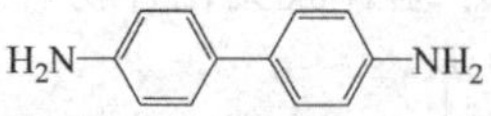

无色　　　　蓝色

又例如，对苯磺酸偶氮-4-羟基萘呈橙色，以萘环代替其中的苯环时，由于共轭体系增长了，颜色使加深而呈红色。

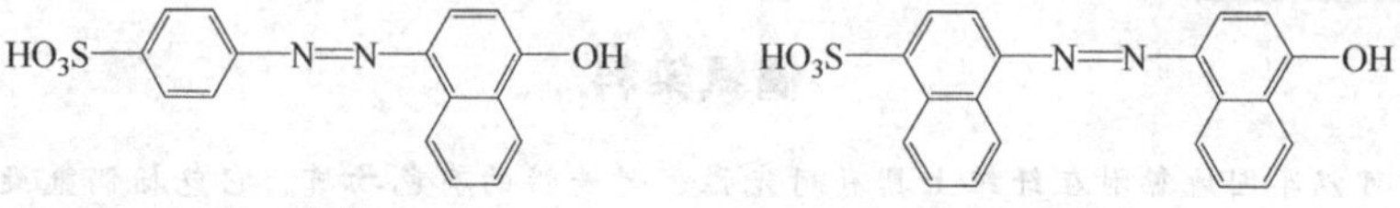

橙色　　　　红色

有些基团如—NH_2、—NHR、—OH、—OCH_3、—SR、—X等，它们的吸收波段在远紫外区，但如果在有机化合物的共轭体系中引入这些基团，会使有机化合物颜色加深，这些基团叫助色基。从助色基的结构可看出，它们含有未共用的电子对，引入到共轭体系时，这些孤对电子参与共轭，等于延长了共轭体系。故使化合物吸收移向长波方向，导致颜色的加深。如蒽醌的颜色是浅黄色，当1位上引入—NH_2后，1-氨基蒽醌颜色变成红色。偶氮化合物都有特定的颜色，因此，许多偶氮类化合物是很好的染料或者指示剂。

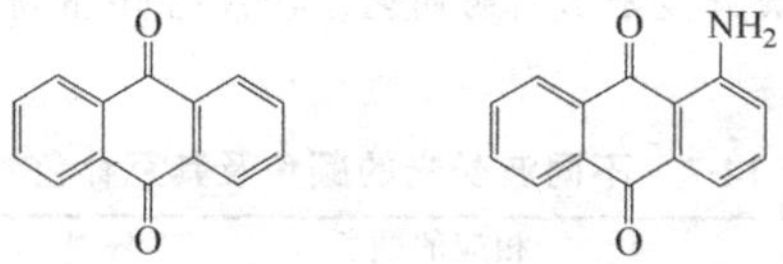

蒽醌(浅黄色)　　　　1-氨基蒽醌(红色)

2. 偶氮类染料举例

（1）直接黑BN　它是一种偶氮染料。染色时，把织物直接放入染料的热水溶液中，即可着色。因而得名。它的结构式如下：

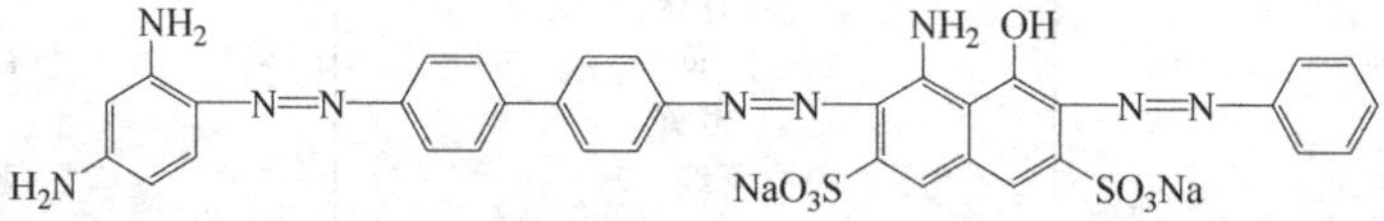

（2）对位红　先把要染色织物浸在β-萘酚的碱性溶液中，然后取出，再放入到重氮盐溶液中，这时在织物上发生偶联，生成染料。例如：

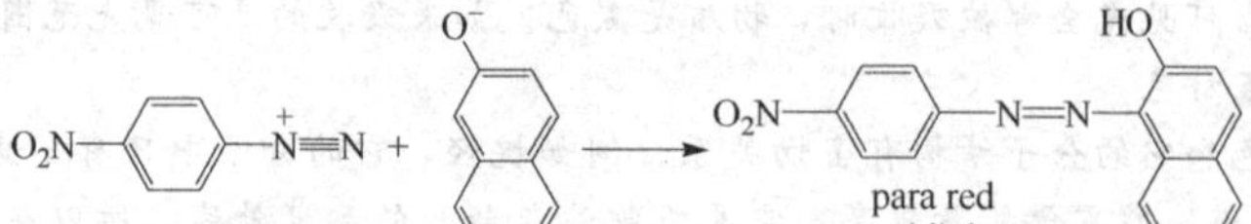

（3）刚果红

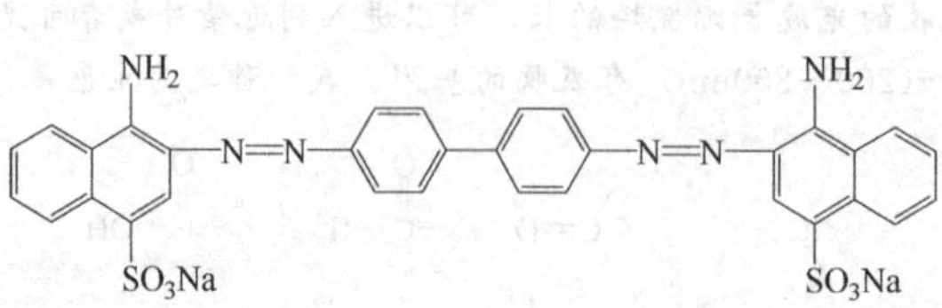

刚果红也是一种偶氮染料。在它的分子中共轭体系较长，所以颜色较深。它可以直接使棉纤维着色。但容易洗或晒而褪色。而且遇强酸后由红色变为蓝色。这是它的缺点。正因为这一点，它也是常用的指示

剂。其变色范围的 pH 为 3～5。

（4）甲基橙　甲基橙虽然也是偶氮化合物，但它主要不是作为染料来使用，而是在分析化学上作为酸碱滴定指示剂。

$$(H_3C)_2N-\!\!\!\!-N\!=\!N-\!\!\!\!-SO_3H \xrightarrow{\text{NaOH}} (H_3C)_2N-\!\!\!\!-N\!=\!N-\!\!\!\!-SO_3Na$$

甲基橙(黄色)

它在不同的 pH 范围内会显示不同的颜色。在 pH 为 4.4 以上显黄色。在 pH 3.1 以下显红色。在 pH 为 3～4.4 之间显橙色。甲基橙在中性或碱性溶液中以偶氮苯（黄色）形式存在，而在酸性溶液中接受质子后结构转化为醌式（红色）。

$$(H_3C)_2N-\!\!\!\!-N\!=\!N-\!\!\!\!-SO_3^- \xrightarrow[\text{OH}^-]{\text{H}^+} (H_3C)_2\overset{+}{N}=\!\!\!\!-=N-\underset{H}{N}-\!\!\!\!-SO_3^-$$

黄色　　　　　　　　　　　　　　　　　　　　　红色

苏丹红Ⅰ～Ⅳ、对位红等，都是人工合成的偶氮类化工染色剂，常用于溶剂、石油、蜡、汽油的增色以及皮革、地板等的增光。它们都是人工色素，在食品中非天然存在，鉴于其致癌性、致敏性和遗传毒性等危险因素，因此在食品中严禁使用。

	R¹	R²
苏丹红Ⅰ	H	H
苏丹红Ⅱ	Me	Me
苏丹红Ⅲ	H	—N=N—〇
苏丹红Ⅳ	Me	—N=N—〇Me
对位红	H	NO₂

习题

14-1　命名下列化合物或写出结构式。

（1）$(CH_3CH_2CH_2)_3N$

（2）$H_3C-\underset{CH_3}{\overset{}{CH}}-CH_2-CH_2-\underset{NH_2}{\overset{}{CH}}-CH_3$

（3）间氯苯胺（结构式：Cl 位于苯环，NH₂）

（4）（苯环上 COOH，CH₃，NH₂）

（5）$\langle\!\!\!\!\rangle-N\!=\!N-\!\!\!\!-OH$（苯环上 CH₃）

（6）$C_6H_5CH_2-\overset{CH_3}{\underset{CH_3}{\overset{|}{N^+}}}-C_{12}H_{25}\;Br^-$

（7）$H_2N(CH_2)_7NH_2$

（8）$(CH_3CH_2)_2N-NO$

14-2　试解析下列诸现象。

（1）丁胺的分子量与丁醇相似，但是它的沸点（77～79℃）比丁醇（117.7℃）的小得多。

（2）氨基脲中只有一个氨基能与羰基作用。

（3）三甲胺能与水互溶。

14-3　下列化合物中哪个存在对映异构体？

（1）$CH_3NHCH_2CH_3$

（2）$C_2H_5-\overset{CH_3}{\underset{CH_3}{\overset{|}{N^+}}}-C_2H_5\;Cl^-$

（3）$\langle N\!-\!CH_3\rangle$（哌啶环 N—CH₃）

（4）（苯环）$-CH_2\underset{NH_2}{\overset{}{CH}}CH_3$

14-4 将下列化合物的碱性按由强到弱排序，并简要说明原因。

(1) $CH_3CH_2NH_2$

(2) $CH_3CH_2\overset{\displaystyle O}{\overset{\|}{C}}NH_2$

(3) $(C_2H_5)_4\overset{+}{N}OH^-$

(4) $CH_3CONHCH_3$

(5) （丁二酰亚胺结构）NH

14-5 用简单化学方法鉴别下列各组化合物。

(1) $CH_3CH_2NH_2$　　$CH_3CH_2NHCH_2CH_3$　　$(CH_3CH_2)_3N$

(2) 苯胺　环己胺　苯酚

14-6 完成下列反应式。

(1) （结构）—$NHCH_2CH_3$ + CH_3I ⟶

(2) H_3CO—（结构）—$NHCH_3$ + CH_3COCl ⟶

(3) （苯环）—NH_2 + $NaNO_2$ + HCl $\xrightarrow{0\sim5℃}$ $\xrightarrow[\text{中性}]{\text{（苯环）—N(CH}_3)_2}$

(4) （苯环）$\xrightarrow[H_2SO_4, \triangle]{HNO_3}$ $\xrightarrow{Fe/HCl}$ $\xrightarrow{\text{（苯环）—SO}_2Cl}$

(5) $(CH_3)_2NC_2H_5$ $\xrightarrow{CH_3CH_2I}$ $\xrightarrow{Ag_2O}$ $\xrightarrow{\triangle}$

(6) （环结构）$\overset{NH_2}{\underset{Br}{}}$ ⟶

14-7 完成下列转化。

(1) （苯环）NH_2 ⟶ （苯环）NH_2，NO_2

(2) CH_3CH_2OH ⟶ $CH_3\overset{H}{\underset{NH_2}{C}}CH_2CH_3$

(3) （苯环）NO_2 ⟶ （结构）Br—$N=N$—（结构）—NH_2

(4) （苯环）CH_3 ⟶ （苯环）CN，CH_2NH_2

(5) （苯环）⟶ （结构）Br，OH

14-8 分子式为 $C_6H_{15}N$ 的化合物 A，能溶于稀盐酸溶液，在室温下与亚硝酸反应放出 N_2，得到化合物 B。B 能进行碘仿反应。B 与浓硫酸共热得到分子式为 C_6H_{12} 的化合物 C；C 臭氧化后再经锌粉还原水解得到乙醛和异丁醛。试推出化合物 A、B、C 的构造，并用反应式表示推断过程。

14-9 分子式为 $C_7H_7NO_2$ 的化合物 A、B、C、D 都有苯环，为苯的 1,4-取代衍生物。A 既能与酸也能与碱反应；B 能与酸反应而不与碱反应；C 能与碱反应而不与酸反应；D 与酸、碱都不反应；试写出化合物 A、B、C、D 可能的构造式。

14-10 四个具有分子式 $C_4H_{11}N$ 的胺，它们的 ^{1}H NMR 数据如下。A：δ 0.8 (s, 1H), 1.1 (t, 6H), 2.6 (q, 4H)；B：δ 1.1 (t, 3H), 2.2 (s, 6H), 2.3 (q, 2H)；C：δ 1.1 (s, 9H), 1.3 (s, 2H)；D：δ 0.9 (t, 3H), 1.1 (d, 3H), 1.2 (m, 2H), 1.4 (m, 2H), 2.8 (m, 1H)。写出 A、B、C、D 的结构式。

第15章 杂环化合物

在环状有机化合物中，组成环的原子除了碳原子以外，如果还含有其他杂原子（主要是氧、硫、氮），那么此环状化合物叫杂环化合物（heterocyclic compounds）。我们在前面几章学习过的内酯、内酰胺、环状酸酐以及环醚等，虽然它们的环中也含有杂原子，但由于它们的化学性质与一般脂肪族化合物基本相似，一般不把它们归入杂环化合物之内。例如：

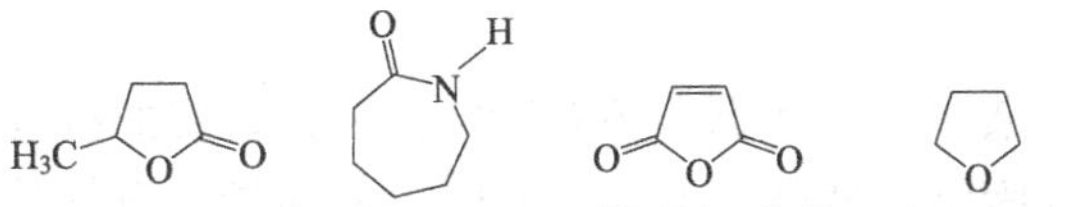

γ-戊内酯 己内酰胺 顺丁烯二酸酐 四氢呋喃

本章主要讨论有一定程度芳香性的杂环化合物，包括吡咯、呋喃、噻吩、吡啶等。这些杂环较稳定，不易开环。

杂环化合物在自然界中分布很广，例如叶绿素、血红素、生物碱、维生素等分子中都有杂环，而且都有很重要的生理功能，有的还是很好的药物。维生素 B_6 是维持生物体蛋白质代谢必要的维生素。抗菌消炎药中青霉素、磺胺药物分子中都含有杂环。所以杂环化合物对我们生理活动的重要性是不言而喻的。

15.1 杂环化合物的分类和命名

杂环化合物可以按照环的形式分为单杂环和稠杂环。单杂环又可按环的大小分为五元杂环、六元杂环等。由两个或者两个以上环并合在一起，而且至少其中有一个环是杂环的化合物为稠杂环化合物。

杂环化合物的命名是以外文名词音译而来的。即按照化合物名称的音译，选用同音汉字，用"口"字旁表示杂环的名称，例如"呋喃""噻吩""吡咯"。口字表示是一环状化合物。它的编号是从杂原子开始，同时尽量使环上取代基位次最小。环上有两个相同的杂原子时，则应从含有氢或取代基的杂原子开始，沿着另一个杂原子方向编号。如果环上含两个或多个杂原子，杂环编号时应使杂原子位次尽可能小，并按 O、S、NH、N 的优先顺序决定优先的杂原子。

15.1.1 五元杂环

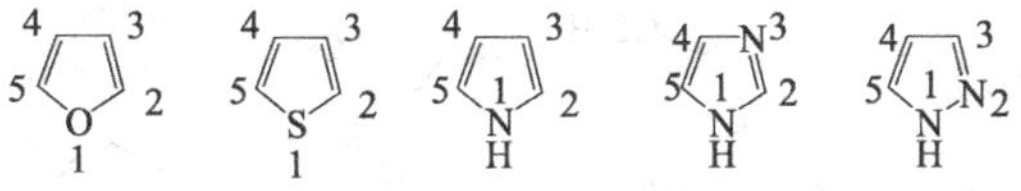

呋喃 噻吩 吡咯 咪唑 吡唑
(furan) (thiophene) (pyrrole) (imidazole) (pyrazole)

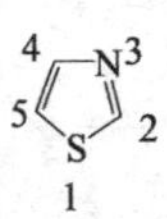

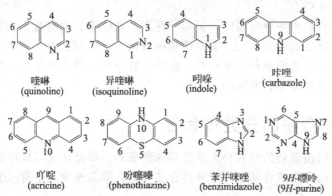

噻唑
(thiazole)　　恶唑
(oxazole)　　3-甲基呋喃
(β-甲基呋喃)　　2-硝基吡咯
(α-硝基吡咯)

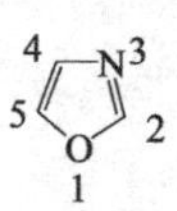

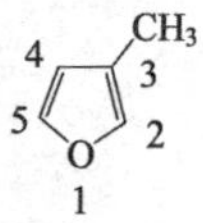

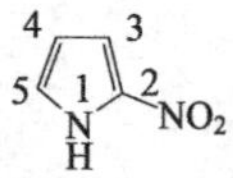

在含一个杂原子的环中，杂原子的邻位（即 2、5 位）为 α 位，间位（3、4 位）为 β 位。

15.1.2　六元杂环

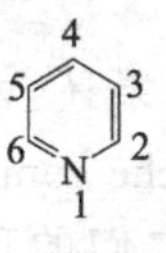

吡啶
(pyridine)　　嘧啶
(pyrimidine)　　哒嗪
(pyridazine)　　吡嗪
(pyrazine)　　4-氯嘧啶

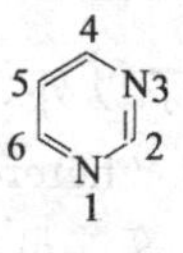

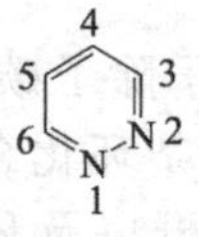

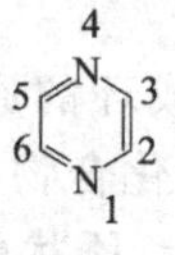

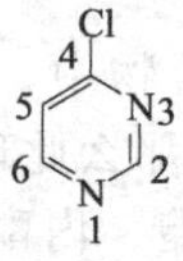

在含有两个杂原子的环中编号时尽量使第二个杂原子位次较小。

15.1.3　稠杂环

稠杂环的命名较为复杂。有许多稠杂环有特定的名称，有的按其相应的稠环芳烃的母环进行编号，例如喹啉、异喹啉、咔唑、吖啶、吲哚等的编号。有的从一端开始编号，而共用的碳原子一般不编号。编号时注意杂原子的顺序号码尽可能小，并遵守上述杂原子的优先顺序，例如以下吩噻嗪的编号。还有些具有特殊规定的编号，如嘌呤的编号。

喹啉
(quinoline)　　异喹啉
(isoquinoline)　　吲哚
(indole)　　咔唑
(carbazole)

吖啶
(acricine)　　吩噻嗪
(phenothiazine)　　苯并咪唑
(benzimidazole)　　9H-嘌呤
(9H-purine)

但是，绝大多数的稠杂环并无特定名称，这时可看成是两个单杂环或者一个碳环与一个杂环并合在一起，并以此为基础进行命名。其命名规则较为复杂，这里不详细介绍。

无论是单杂环还是稠杂环，命名时都是首先确定杂环母体的名称并进行正确的编号，然后将取代基的名称连同位置编号以词头或词尾（决定化合物类型）的形式写在母体名称前或后，构成取代杂环化合物完整的名称。下面是一些杂环化合物命名的实例。

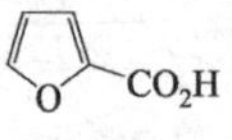

2-呋喃甲酸 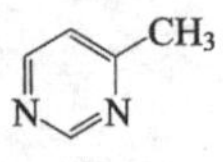　　4-甲基嘧啶 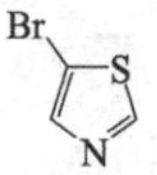　　5-溴噻唑 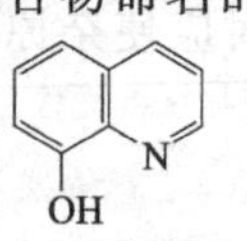　　8-羟基喹啉

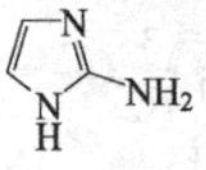

2-氨基咪唑 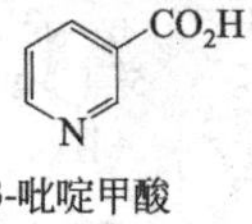　　3-吡啶甲酸 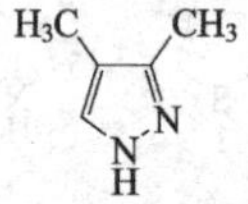　　3,4-二甲基-1H-吡唑 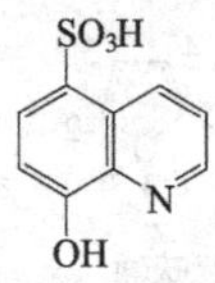　　8-羟基喹啉-5-磺酸

15.1.4 标氢

上述列举的一些杂环的名称中实际还包括了这样的含义，即杂环中拥有尽可能多数目的非累积双键。当杂环满足了这个条件后，环中仍然有 sp³ 杂化的碳原子，则饱和碳原子上所连接的氢原子称为"标氢"或"指示氢"，用其编号大写斜体"H"和位置编号表示。含 N—H 的杂环化合物及其衍生物可能存在着互变异构体，命名时也需按上述标氢的方式标明之。例如前面的 9H-嘌呤、3,4-二甲基-1H-吡唑。又如：

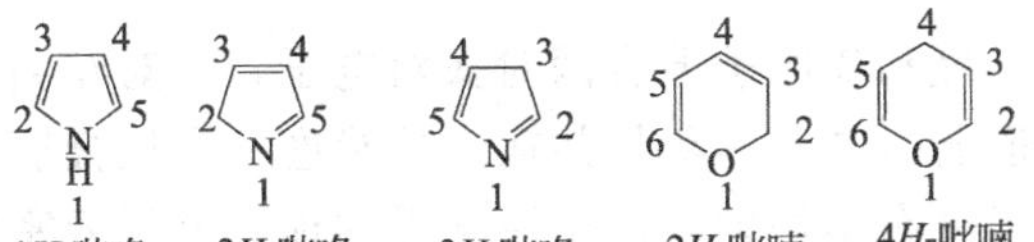

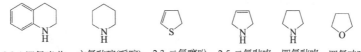

1H-吡咯　2H-吡咯　3H-吡咯　2H-吡喃　4H-吡喃

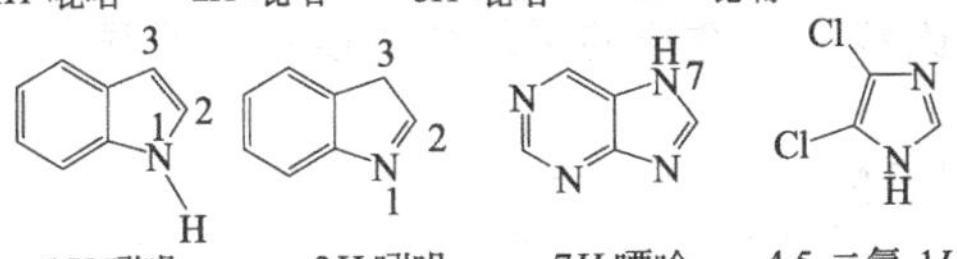

1H-吲哚　3H-吲哚　7H-嘌呤　4,5-二氯-1H-咪唑

若部分双键饱和，可按二氢、四氢等方法标注，并注明加氢的位置。全饱和时可不标明位置。例如：

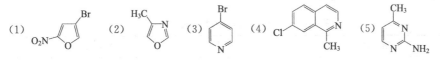

1,2,3,4-四氢喹啉　六氢吡啶(哌啶)　2,3-二氢噻吩　2,5-二氢吡咯　四氢吡咯　四氢呋喃

思考题

15-1 对下列诸杂环化合物进行命名。

(1)　(2)　(3)　(4)　(5)

15-2 试写出下列化合物的结构式。

(1) 8-溴喹啉　(2) 2-氨基-6-羟基喹啉　(3) γ-吡啶甲酸甲酯

(4) 2,5-二氢呋喃

15.2 五元杂环化合物

在五元杂环化合物中，吡咯、呋喃、噻吩这三个化合物最为典型，也比较重要。它们的重要性不在于这三个化合物本身，而是它们的衍生物，种类多，有些是重要工业原料，有些则对动植物有重要的生理作用。我们先对这三个母体杂环化合物进行讨论。

15.2.1 吡咯、呋喃、噻吩

(1) 结构与芳香性　吡咯、呋喃、噻吩均是只含一个杂原子的五元芳杂环化合物。它们在结构上比较相似。环上五个原子都在同一个平面上，每个原子均以 sp² 轨道进行杂化。每个原子均有一个未杂化的 p 轨道，而且 p 轨道的对称轴相互平行，组成一个环闭的共轭体系。参加共轭的 π 电子数是 6，符合 $4n+2$ 规则，具有芳香性。它们的分子轨道模型如图 15-1 所示。

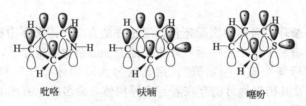

图 15-1　吡咯、呋喃、噻吩的分子轨道模型

在呋喃和噻吩分子中，氧和硫原子上有两对孤对电子，一对在 sp² 轨道上，一对在未杂化的 p 轨道上。在 sp² 轨道上的电子不参与共轭。虽然这三个化合物具有芳香性，但由于杂原子的存在，在环上电子云分布不均匀，离杂原子近的地方电子云密度要大些，因而它们的芳香性要比苯差。稳定性也比苯小。键长的平均化程度也不明显。

因为氧的电负性大于氮，而氮的电负性又大于硫，故这三个化合物芳香性顺序是：噻吩＞吡咯＞呋喃。这从它们的离域能也可反映出来。

离域能/(kJ/mol)　150.6　　121.3　　87.8　　66.9

（2）物理性质　吡咯、呋喃、噻吩都是无色的液体，在木焦油、骨焦油和煤焦油中有一定的含量。它们的物理性质及 ¹H NMR 数据如表 15-1 所示。从此三化合物的 ¹H NMR 数据也可看出，它们具有一定的芳香性。

表 15-1　五元芳杂环物理性质

化合物	沸点/℃	熔点/℃	¹H NMR
呋喃	31	−86	6.37(β-H)，7.42(α-H)
噻吩	84	−38	7.10 (β-H)，7.30(α-H)
吡咯	130	−23	6.20 (β-H)，6.68 (α-H)

（3）酸碱性　从吡咯的结构上看，它应该是一个仲胺，应有一定的碱性。但是，因为氮上的孤对电子参与了环的共轭，不能再接受质子，故不显示仲胺的碱性，不能与酸形成稳定的盐。相反，由于共轭作用，吡咯还具有弱酸性，N—H 的 $pK_a=16.5$，比醇强，但比酚弱，可与 KOH 作用成盐。吡咯氢化后形成的四氢吡咯，碱性大为增强，比吡咯碱性大 10^{11} 倍。显然，四氢吡咯氮上的孤对电子无须形成共轭，故可接受质子。

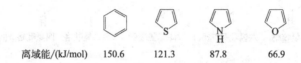

吡咯钾盐是一重要中间体，通过它可以合成一系列吡咯的 α-取代物。

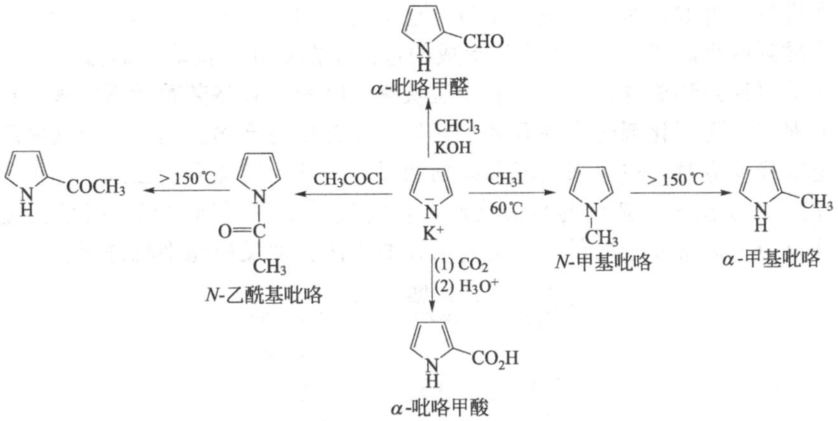

CHO位置的α-吡咯甲醛

$$\alpha-吡咯甲醛$$

吡咯也可与 Grignard 试剂反应, 生成吡咯卤化镁, 而吡咯卤化镁可用来合成一系列吡咯衍生物。

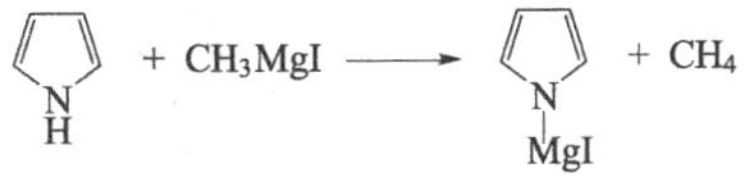

思考题

15-3 比较吡咯、四氢呋喃、苯胺的碱性强弱。

15-4 写出四氢吡咯与下列试剂反应的产物。

(1) HCl 水溶液　　　(2) 乙酰氯　　　(3) 彻底甲基化后，再用湿 Ag_2O 处理并加热

(4) 化学反应

① 亲电取代反应　呋喃、噻吩、吡咯具有芳香性，和苯一样，在环上可以进行亲电取代反应。但由于其环中有杂原子，电子云在环上分布不均匀，和苯的亲电取代反应有所不同。环上的电子云密度比苯大，因为苯环上六个原子共享六个 π 电子，而呋喃、噻吩、吡咯环上，由于每个杂原子提供一对电子，是五个原子共享六个 π 电子，所以呋喃、噻吩、吡咯属于富电子的芳杂环，亲电取代反应速度比苯快。由于杂原子的不同，这三个化合物反应速度也有区别。吡咯的活性最大，类似于苯酚，其次为呋喃，噻吩最小，但仍比苯高。这可从下列实验事实得到印证。

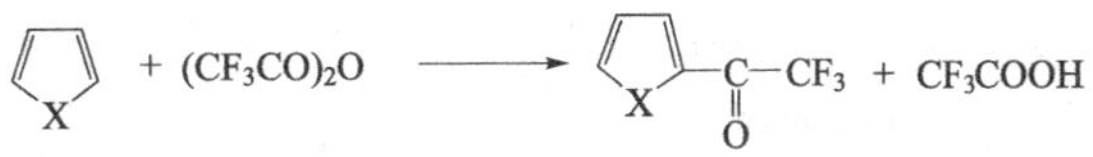

X	S	O	NH
相对速率	1	1.4×10^2	5.3×10^7

在进行亲电取代反应时，取代基团一般进入 α 位。这可以从反应过程中中间体的稳定性得到说明。

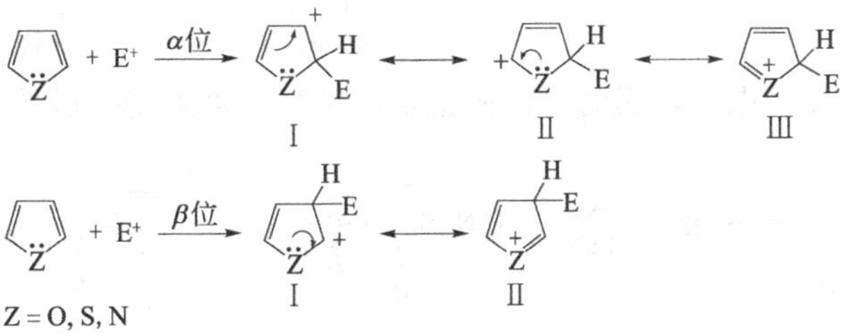

Z = O, S, N

亲电试剂在进攻 α 位时，其中间体有三个共振杂化体，而进攻 β 位只有两个共振杂化

体。所以在进行亲电取代时主要进入 α 位。也就是说进攻 α 位，正电荷分散到三个原子上，而 β 位只分散到两个原子上。α 位取代形成的过渡态能量比 β 位取代的低。

在上一节讨论杂环芳香性时，我们知道呋喃、噻吩、吡咯芳香性不如苯，也就是稳定性较差。它们遇酸、强氧化剂时容易开环、氧化或聚合成高聚物。为了避免这些副反应，发生在进行亲电取代反应时，往往采用温和试剂和反应条件，避免采用强酸、强氧化剂。

a. 卤代。由于这三个杂环的高活化性，在卤代时不需要催化剂，而且反应激烈，有时甚至呈爆炸反应。通常要采取低温和溶剂稀释的办法，使反应能平稳进行。

b. 硝化反应。吡咯和呋喃在强酸作用下易开环生成聚合物。例如，吡咯在酸性介质中易聚合成"吡咯红"。

而且硝酸还有氧化性，为了防止氧化、聚合等副反应发生，常采取温和的硝化试剂，如用硝酸乙酰酯在低温条件下来进行硝化反应。

但是当环上接有强吸电子基团时，环的稳定性增高，可采用一般的硝化方法进行硝化。

c. 磺化反应。与硝化反应一样，不能直接采取用浓 H_2SO_4 作为磺化试剂，而必须用温和磺化剂三氧化硫与吡啶的加合物。

α-吡咯磺酸

α-呋喃磺酸　　呋喃 2,5 二磺酸

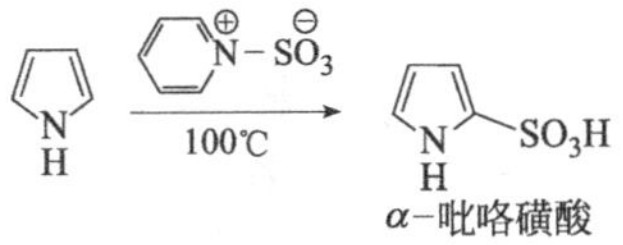

可能是由于硫是第三周期的元素，形成的 C—S 键键长较长，环张力有些缓解的原因，噻吩相对比较稳定，所以可直接用浓 H_2SO_4 进行磺化。

α-噻吩磺酸

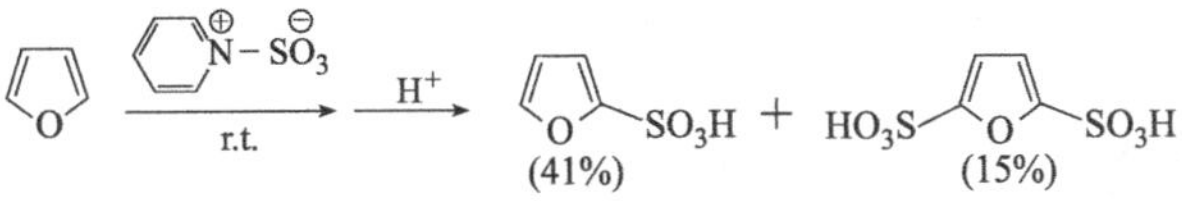

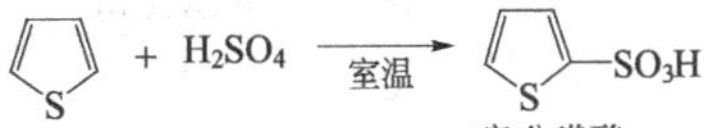

从煤焦油中提取的苯常含有少量噻吩（约 0.5%）。因为苯的沸点与噻吩的沸点很接近，难以用蒸馏的方法将它们分离。噻吩磺化后的产物溶于 H_2SO_4 中，而苯在 H_2SO_4 中不溶，这样就可以用硫酸洗去。因此，我们可以利用两者磺化反应活性的差异，制取无噻吩苯。

d. Friedel-Crafts 反应。呋喃、噻吩、吡咯都可以进行 Friedel-Crafts 酰基化和烷基化反应。但由于它们环的高活化性，烷基化反应得到是多取代产物，选择性较差。所以用处不大。这里主要是讨论酰基化反应。进行酰基化反应时，可以采取 $SnCl_4$、BF_3 等温和的催化剂。

2-乙酰基吡咯

2-乙酰基呋喃

2-乙酰基噻吩

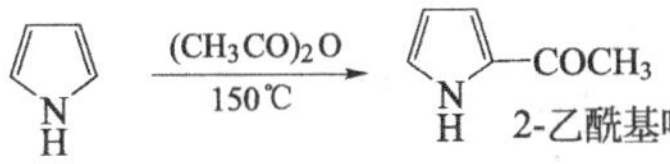

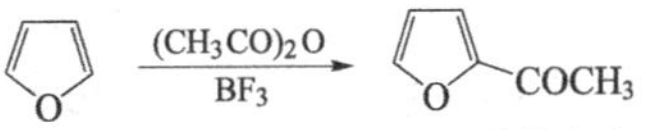

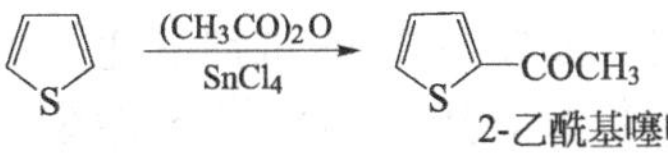

吡咯酰基化首先形成 *N*-酰基吡咯，然后在加热条件下重排，形成 2-酰基吡咯。

吡咯也可以像苯胺一样，与重氮盐进行反应，得到偶联产物。

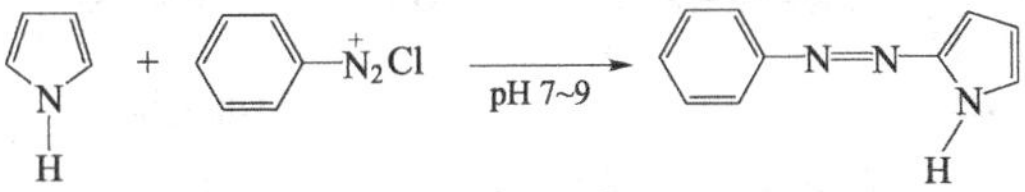

② 加成反应　呋喃、噻吩、吡咯在催化剂存在下均可加氢，生成饱和的杂环化合物，同时失去芳香性。

四氢呋喃 (THF)

四氢吡咯

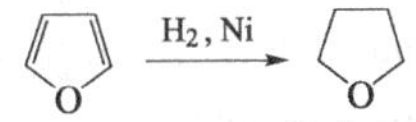

呋喃加成产物四氢呋喃是一重要的有机溶剂，简称为 THF（tetrahydrofuran）。吡咯加成产物四氢吡咯是一典型的仲胺。噻吩化合物中因含有硫，易使催化剂中毒，失去活性。必须采用特殊催化剂二硫化钼。

四氢噻吩

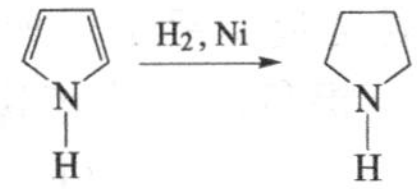

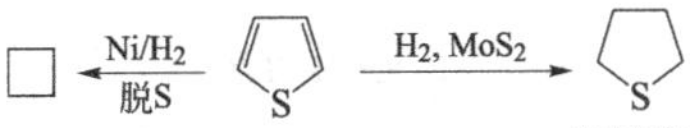

呋喃是此三个化合物中芳香性最差的一个，它具有比较多的共轭双烯的性质，经常用作共轭双烯进行 Diels-Alder 反应。

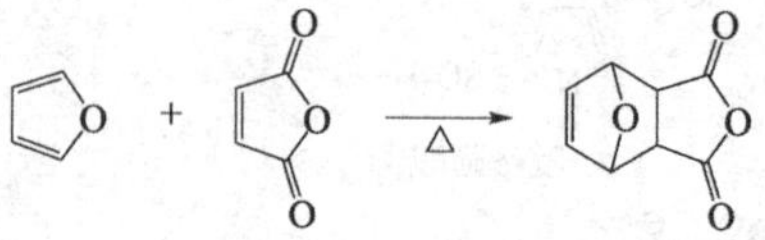

15-5 试写出下列反应的主要产物。

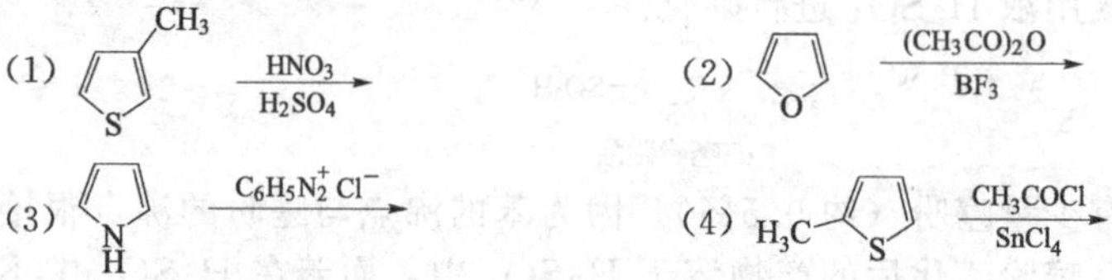

(1) ［3-甲基噻吩］ $\xrightarrow[H_2SO_4]{HNO_3}$

(2) ［呋喃］ $\xrightarrow[BF_3]{(CH_3CO)_2O}$

(3) ［吡咯］ $\xrightarrow{C_6H_5N_2^+ Cl^-}$

(4) ［2-甲基噻吩］ $\xrightarrow[SnCl_4]{CH_3COCl}$

(5) 重要衍生物

① 呋喃衍生物　α-呋喃甲醛为呋喃的重要衍生物，它可由米糠、玉米芯、高粱秆或花生壳等农副产品用稀酸处理得到。其中的多聚戊糖水解变成戊糖。戊糖在酸作用下会失水环化生成 α-呋喃甲醛。由于它最早是从米糠中提取的，所以 α-呋喃甲醛又叫糠醛。

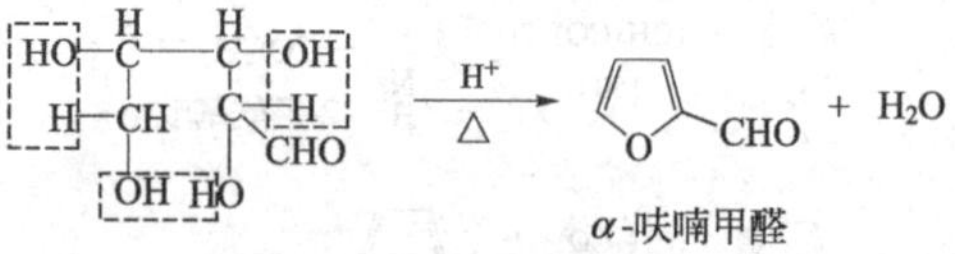

$$［戊糖］ \xrightarrow[\triangle]{H^+} ［α-呋喃甲醛-CHO］ + H_2O$$

α-呋喃甲醛

α-呋喃甲醛是一无色具有杏仁味液体，沸点 162℃。可作为良好的有机溶剂使用。它与苯胺醋酸盐溶液作用会显深红色。这是 α-呋喃甲醛及戊糖的特征反应，可以作为鉴定试剂。

α-呋喃甲醛具有芳香醛的性质，可被 Tollens 试剂氧化，可起 Perkin 反应及歧化反应等。α-呋喃甲醛还可以用来合成药物。例如，用于治疗细菌性痢疾的痢特灵（furazolidone），治疗泌尿系统感染的呋喃坦啶（furadantin）都可由它来制取。

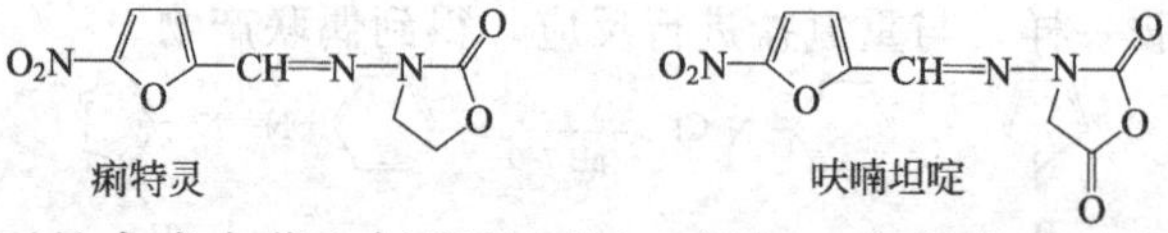

痢特灵　　　　　　　　　呋喃坦啶

在工业上，糠醛还是合成农药和树脂的原料。例如，它与苯酚缩合得到的酚醛树脂是类似于电木的一种绝缘塑料。

② 吡咯衍生物（卟吩环系化合物）　卟吩旧称"䐃"（ji），是四个吡咯环的 α-碳原子通过四个次甲基（—CH ＝）桥相连而成的一个大环共轭体系，是最简单的卟啉，具有芳香性。卟吩可由吡咯与甲醛为原料合成。卟吩是深红色的晶体，具有平面结构，四个氮原子中间形成一个空穴，可以用配位键或共价键与金属离子形成配合物。与铁离子配合就是血红素（heme），它与蛋白质结合成为血红蛋白，担负着运输传递氧气的作用。

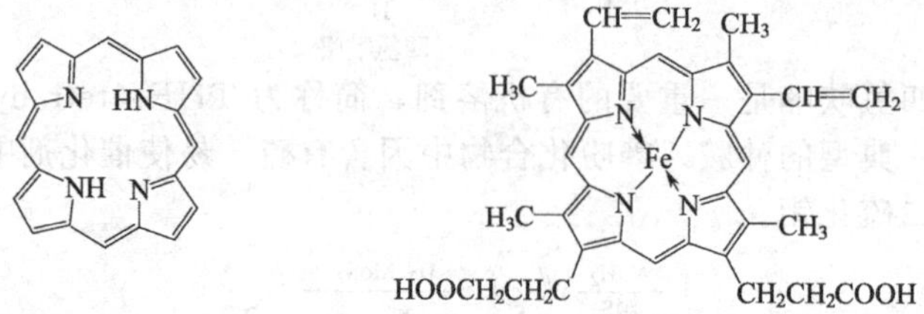

卟吩(porphine)　　　　　　　　　血红素

血红素除了可以运载氧，还可以与一氧化碳、二氧化碳、氰离子结合，结合的方式也与氧完全一样，但与一氧化碳、氰离子的结合更牢固，从而阻止血红蛋白与氧的结合，这就是煤气中毒和氰化物中毒的原理。可以使用其他与这些物质结合能力更强的物质进行解毒。例如，一氧化碳中毒可以用静脉注射亚甲基蓝的方法来救治。氰化物中毒一般都很迅速，临床上常用的抢救方法是用硫代硫酸钠溶液进行静脉注射，促使氰离子转变为低毒的硫氰酸盐而排出体外，同时使那些尚有意识的病人吸入亚硝酸异戊酯。

血红素与镁离子结合成为叶绿素（chlorophyll），它能在植物的光合作用中起催化作用，使光能转变为化学能。天然的叶绿素由叶绿素 a 和叶绿素 b 两种叶绿素组成，都是重要的色素。叶绿素 a 是一蓝绿色的结晶，熔点 $117 \sim 120℃$。叶绿素 b 是一深绿色结晶，熔点 $120 \sim 130℃$。两者的比例约为 3∶1。

叶绿素 a:R=CH₃;b:R=CHO

德国化学家 H. Fischer（1881—1945）由于对血红素和叶绿素结构的研究，以及血红素的合成，1930 年获得诺贝尔化学奖。

思考题

15-6 完成下列两个反应。

（1）

（2）

15.2.2 含两个及多个杂原子的五元杂环

在前面讨论的五元杂环化合物中，其环中只含一个杂原子。如果呋喃、噻吩、吡咯环上 2 位或 3 位上的碳原子被氮原子取代，得到的化合物分别称作"1,2-唑"（异唑）和"1,3-唑"，是含两个杂原子的五元杂环，具有芳香性。

（1）噁唑（oxazole）和异噁唑（isoxazole）　呋喃环中 3 位上的碳原子被氮原子取代的称为噁唑，是一有异样气味的液体，易溶于水，沸点 $69 \sim 70℃$。氮原子是 sp^2 杂化，N 上的一对孤对电子在 sp^2 杂化轨道中，不参与环的共轭，因而具有一定的碱性。其共轭酸的 pK_a 为 0.8，说明碱性较弱。呋喃环中 2 位上的碳原子被氮原子取代的称为异噁唑，沸点 $95℃$，其共轭酸的 pK_a 为 -3.0。许多药物、农药含有噁唑或者异噁唑的杂环。例如，噁唑菌酮是新型高效、广谱杀菌剂，适宜作物包括小麦、大麦、甜菜、油菜、葡萄、番茄等，用于防治子囊菌纲、担子菌纲、卵菌亚纲中的重要病害。磺胺甲基异噁唑是广谱抗菌药，对大多数革兰阳性及阴性菌均有显著的抑菌作用，可用于呼吸系统、泌尿系统及肠道感染等的治疗。

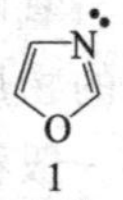

噁唑 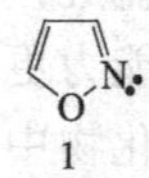　异噁唑 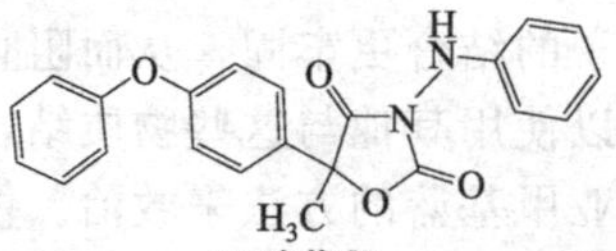　噁唑菌酮 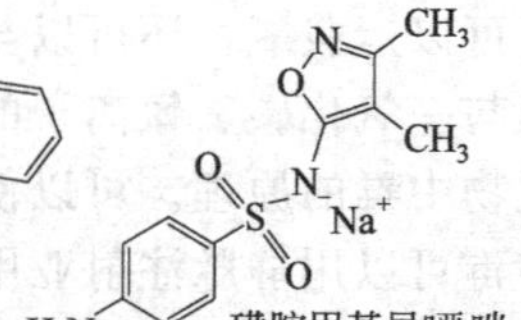　磺胺甲基异噁唑

（2）噻唑（thiazole）　噻唑是噻吩环中 3 位上的碳原子被氮原子取代的产物。为淡黄色具有腐败臭味的液体，沸点 116～118℃，微溶于水。与噁唑相似，N 上的孤对电子不参与共轭，具有碱性。其碱性比噁唑强。共轭酸的 pK_a 为 2.5。青霉素类抗生素分子中含有一个四氢噻唑的环系，例如青霉素钠（penicillin G sodium，R＝PhCH_2）。维生素 B_1（硫胺素）分子中的噻唑部分是一个四级铵盐的衍生物。

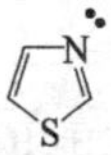

噻唑 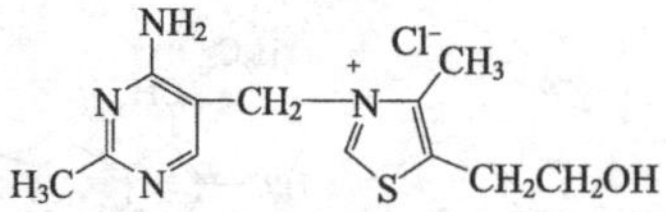　维生素B_1 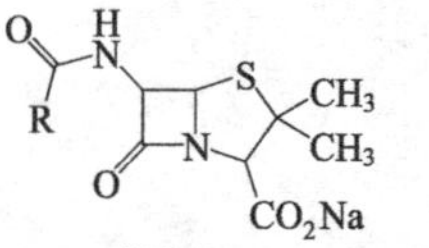　青霉素

（3）吡唑（pyrazole）和咪唑（imidazole）

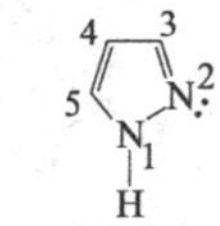

吡唑 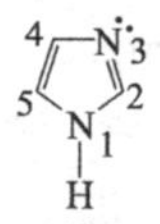　咪唑

吡唑是吡咯分子中 2 位上的碳原子被氮原子取代的产物，而咪唑则是 3 位上的碳原子被氮原子取代的产物。咪唑的衍生物广泛存在于自然界中，如氨基酸之一的组氨酸。它脱羧后得到的组胺具有降低血压的作用。还有高效广谱性的杀菌剂多菌灵，其结构中也有咪唑环。

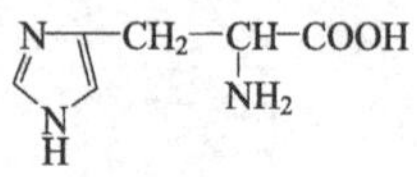

组氨酸 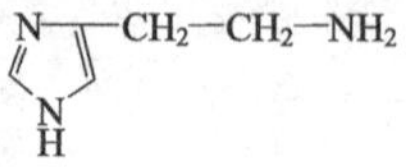　组氨 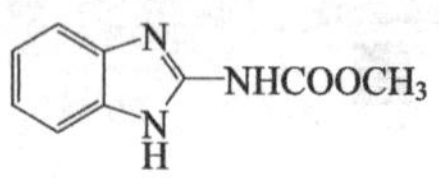　多菌灵

与吡咯一样，在咪唑和吡唑分子中，所有成环的原子在同一个平面上，组成一个环闭共轭体系，π 电子数符合 $4n+2$，有芳香性。而 2 位或 3 位 N 上的孤对电子不参与共轭，具有接受质子的能力，显示碱性。

咪唑是一个中等强度的碱，其共轭酸的 pK_a 为 6.95。因此，在生理条件（pH 7.3～7.4）下，咪唑未质子化以及质子化形式同时存在，生物体内存在于酶的活性位点的组氨酸残基咪唑环，其供质子和接受质子的速率非常快，且速率几乎相等，具有质子传递的功能，在酶反应中发挥催化作用。

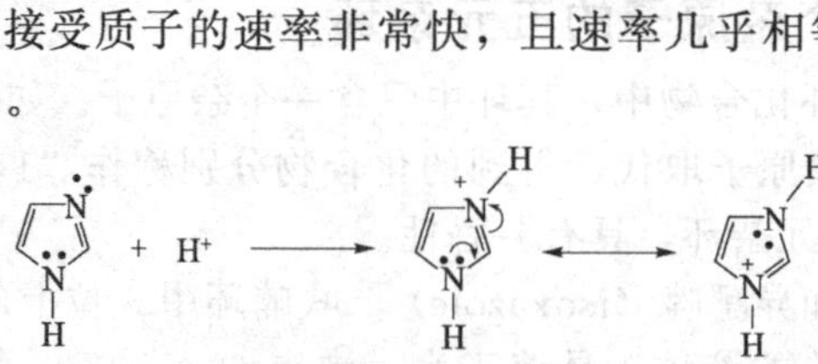

咪唑碱性大的原因是它接受质子后有两个相同的共轭杂化体，稳定性大为增强。同时，咪唑与吡咯相似，氮原子上的氢有一定的酸性，因而也是一个弱酸。

咪唑由于能生成分子间氢键，因而熔点（90℃）、沸点（256℃）较高，是一结晶固体。

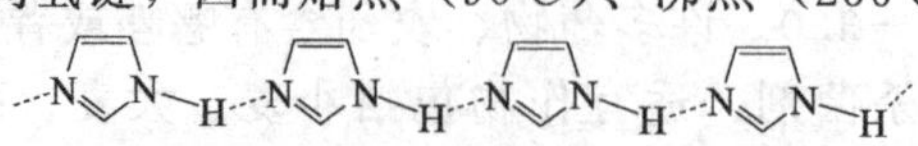

咪唑分子间的氢键

而吡唑分子能通过分子间氢键生成二聚体。吡唑是一结晶固体。熔点 66～67℃，沸点 186～188℃。

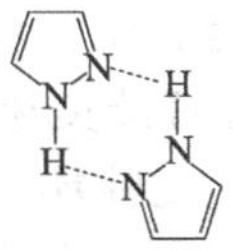

吡唑通过分子间氢键形成二聚体

一些二烷基咪唑阳离子和一些阴离子（如 BF_4^-、PF_6^-）组合形成的盐类化合物，如 1-甲基-3-乙基咪唑四氟硼酸盐，是在室温或室温附近呈液态的物质，称为离子液体（ionic liquids）。这些离子液体具有蒸气压小、不挥发、性质稳定、不易燃、导电、催化等特性，对许多无机盐和有机物有良好的溶解性，在有机合成、催化等领域被广泛地作为绿色溶剂使用。

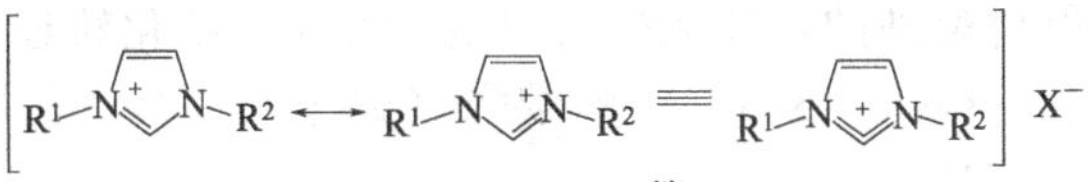

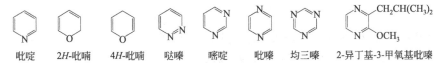

X = BF₄, PF₆, CF₃SO₃等
咪唑盐离子液体的结构

思考题

15-7 为什么咪唑比吡咯稳定，但亲电反应活性没有吡咯强？

15-8 解释为什么异噻唑（isothiazole）亲电取代反应发生在 4 位，而不是 3 位和 5 位？

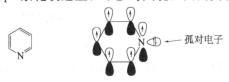

异噻唑

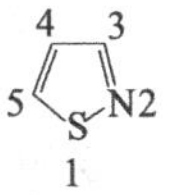

15.3 六元杂环化合物

六元杂环化合物包含有一个杂原子的吡啶（pyridine）、吡喃（pyran）（包括 $2H$-吡喃和 $4H$-吡喃），含两个杂原子的嗪类化合物，包括哒嗪（pyridazine）、嘧啶（pyrimidine）、吡嗪（pyrazine）以及含三个杂原子的三嗪（triazine），如均三嗪。一些吡嗪的衍生物具有蔬菜的特殊气味。例如，一滴 2-异丁基-3-甲氧基吡嗪就可使一个游泳池的水发出土豆的气味。在这一节中，我们主要介绍吡啶、嘧啶及吡嗪这三个化合物结构及相关物理化学性质。

吡啶　　2H-吡喃　　4H-吡喃　　哒嗪　　嘧啶　　吡嗪　　均三嗪　　2-异丁基-3-甲氧基吡嗪

15.3.1 吡啶

吡啶是六元杂环化合物中最重要的一个，是重要的有机合成原料。它存在于煤焦油和骨焦油中。工业上用无机酸从煤焦油的轻油部分中提取。

（1）吡啶的结构　　吡啶可以看作是苯分子中的一个碳原子被氮原子取代而来。在吡啶的分子中，六个原子组成一个环闭共轭体系。而且 π 电子数符合 $4n+2$，具有芳香性。每个原子均是 sp^2 杂化，各有一个未参与杂化的 p 轨道，在侧面互相交盖重叠形成一个大 π 键。而 N 原子上的孤对电子处在 sp^2 杂化轨道上，不参与共轭，因而具有碱性和亲核性。

孤对电子

N 原子的两个邻位叫 α 位，两个间位是 β 位，对位是 γ 位。

（2）吡啶的物理性质　吡啶是无色具有特殊臭味的液体，熔点 −41.6℃，沸点 115.2℃。吡啶由于能与水形成氢键，故溶于水。但当吡啶环上引入羟基或氨基后，它在水中溶解度大为降低，并且随着环上羟基或氨基数目的增加，水溶性更低。这主要是由于此时吡啶衍生物可以形成分子间氢键，就妨碍了与水分子氢键的形成。

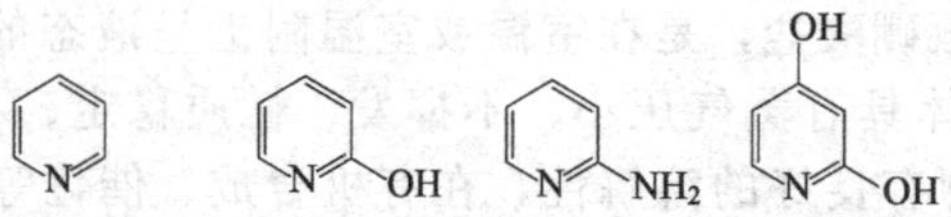

水溶性　　∞　　　　　1:1　　　　1:1　　　微溶

正如在吡啶结构中所讨论到的，N 上的孤对电子在 sp^2 杂化轨道中不参与共轭，因而具有碱性。但碱性不是很强，$pK_b = 8.8$，比苯胺强（$pK_b = 9.3$），比脂肪胺（pK_b 约 4）要弱。吡啶和无机强酸能生成盐。

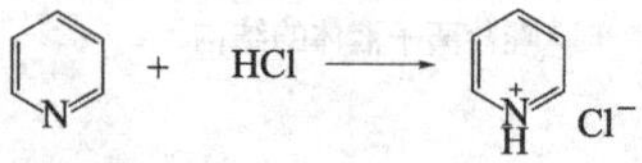

所生成的盐酸吡啶是一个白色结晶，熔点 145～147℃，沸点 222～224℃。我们可以利用这一性质，在反应体系中加入吡啶吸收所产生的酸，从而提高反应的产率。

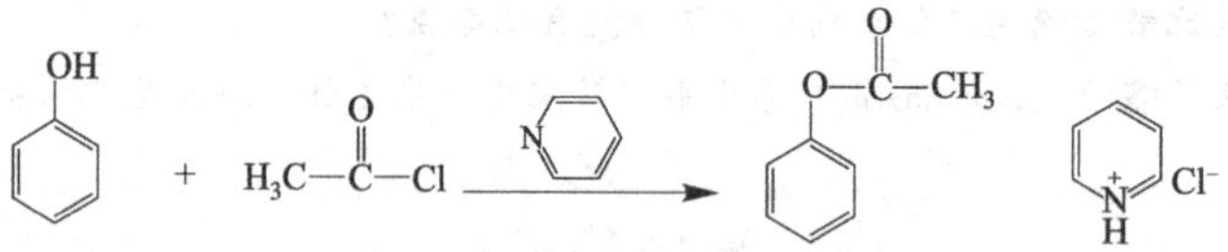

N 上的一对孤对电子还显示出一定程度的亲核性，可作为亲核试剂反应。例如：

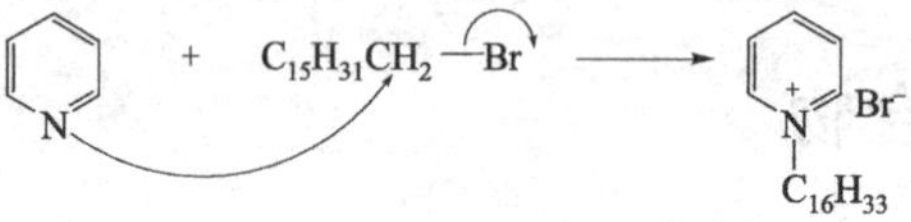

溴化十六烷基吡啶盐

反应得到的产物在医药上用作消毒剂和杀菌剂。

如果吡啶和碘甲烷作用后再受热，可得到 α- 和 γ-甲基吡啶。

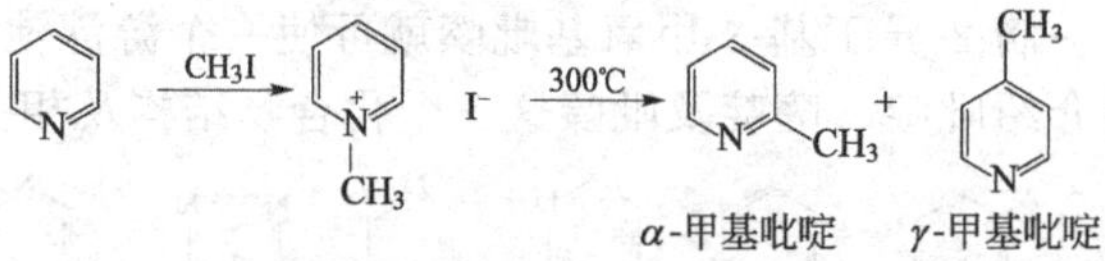

α-甲基吡啶　　γ-甲基吡啶

这两种甲基吡啶分子中，甲基上的氢受氮原子吸电子的影响，活性较大，可与醛起类似羟醛缩合的反应。而 β-甲基吡啶不能起类似的反应。

另外，吡啶还可和 SO_3 这样的路易斯酸形成加合物。该加合物是一比较温和的磺化试剂，可用于某些对酸敏感的杂环化合物，如呋喃、吡咯等的磺化。

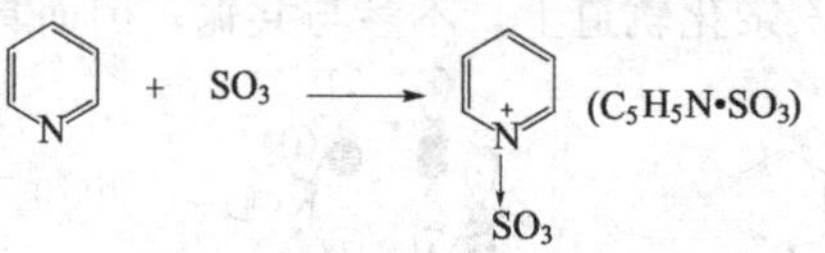

吡啶与 CrO_3 的加成物 $CrO_3 \cdot 2C_5H_5N$（Sarret 试剂）是一温和的氧化剂，可以控制伯

醇氧化到醛的阶段，不会把醛氧化到羧酸，而且其中的双键也不会受到影响。

(3) 吡啶的化学性质

① 亲电取代反应　吡啶的一个典型反应是亲电取代反应。但由于氮原子的强吸电子性，其性质类似于硝基苯，环上电子云密度比苯大为降低。反应活性小于苯，反应条件要比苯剧烈，取代基主要进入到 β 位。

卤代：

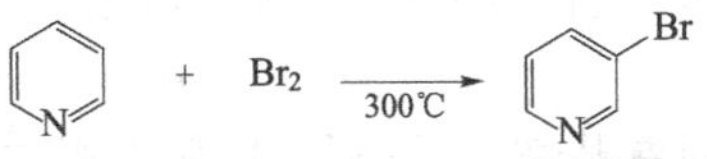

3-溴代吡啶

硝化：

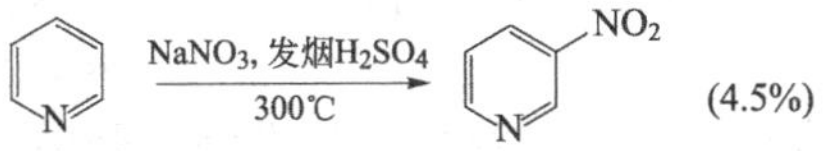

3-硝基吡啶

磺化：

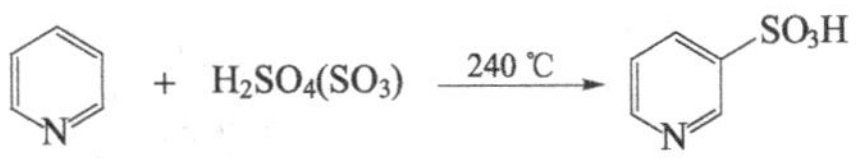

吡啶-3-磺酸

由于吡啶环的高度钝化，不能发生 Friedel-Crafts 酰基化和烷基化反应。

至于反应为何进入 β 位，可用反应中产生的中间体碳正离子稳定性得到解析：

α 位进攻：

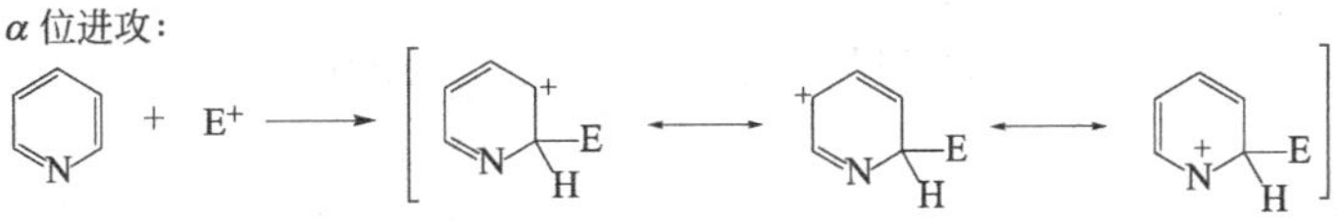

六隅体，极不稳定

γ 位进攻：

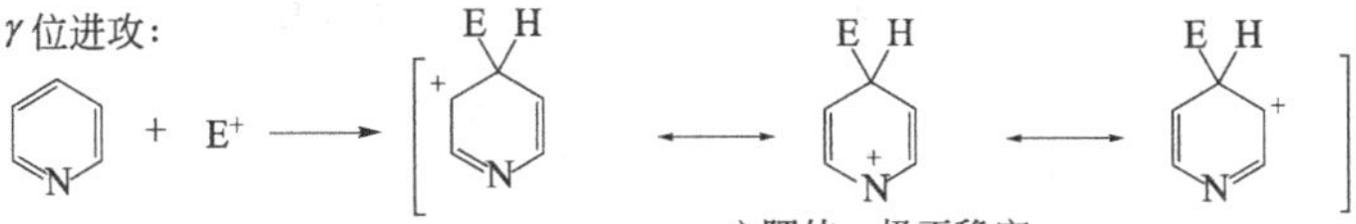

六隅体，极不稳定

在进攻 α 位和 γ 位时形成的中间体有一个共振极限式是正电荷在电负性较大的氮原子上，只有六个电子，即六隅体氮正离子中间体，极不稳定。而进攻 β 位无此共振结构。故反应主要发生在 β 位上。

β 位进攻：

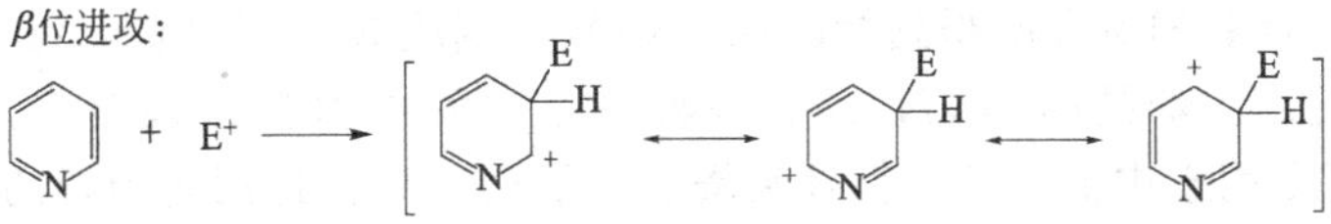

② 亲核取代反应　吡啶环上由于 N 原子的强吸电性，环上电子云密度大为降低，不利于亲电试剂的进攻。相反，电子云密度降低有利于亲核试剂的进攻，从而容易发生亲核取代反应。特别是在 α 位和 γ 位有易离去基团如卤素、硝基存在时，则很容易发生亲核取代反应。如吡啶可以与氨（或胺）、水、烷氧化物等较弱的亲核试剂发生亲核取代反应。其反应原理与硝基苯活化邻、对位上的卤素相似。如：

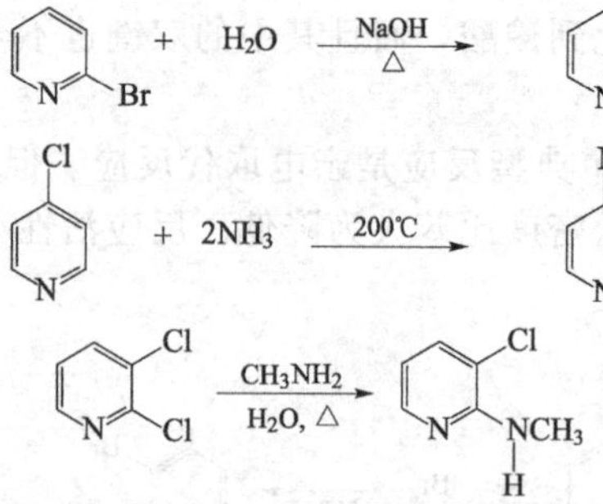

如果使用强碱性的亲核试剂氨基钠（$NaNH_2$）与吡啶反应，氨基（—NH_2）也可取代 α 位的负氢（H^-）。

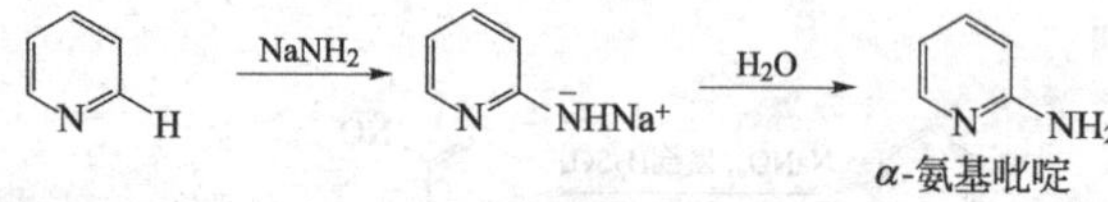

α-氨基吡啶

先是生成 2-氨基吡啶的钠盐，再水解得 2-氨基吡啶。强碱 $NaNH_2$ 与吡啶进行的反应称为 Chichibabin 反应。

吡啶如与强碱性的烷基锂或苯基锂反应，可在 α 位直接引入烃基。例如：

2-苯基吡啶

③ 氧化还原反应　由于吡啶环上氮原子的强吸电子效应，电子云密度大为降低，使环的稳定性提高，不易氧化，但容易还原。尤其在酸性条件下，由于吡啶成盐后氮原子上带有正电荷，吸电子诱导效应进一步加强，使得环上的电子云密度更低，从而对氧化剂的稳定性进一步提高。吡啶环上有烃基时，则保留芳环，氧化反应发生在侧链上。

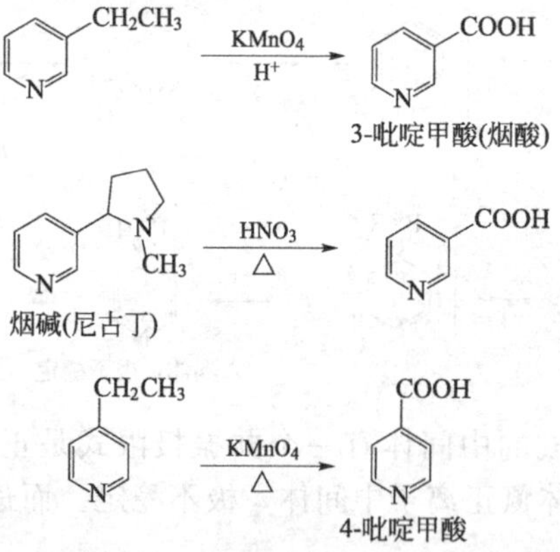

3-吡啶甲酸(烟酸)

烟碱(尼古丁)

4-吡啶甲酸

烟酸（nicotinic acid）又名尼克酸、抗癞皮病因子，是一种 B 族维生素，有较强的扩张周围血管的作用。烟酸和氨反应得到烟酰胺。烟酸与烟酰胺一起合称为维生素 PP。缺乏此维生素会引起糙皮病。烟酸的 N,N-二乙基酰胺是一种中枢神经兴奋剂，俗称"可拉明"（coramine），临床可用于中枢性呼吸循环衰竭、麻醉药、中枢抑制药中毒的解救。

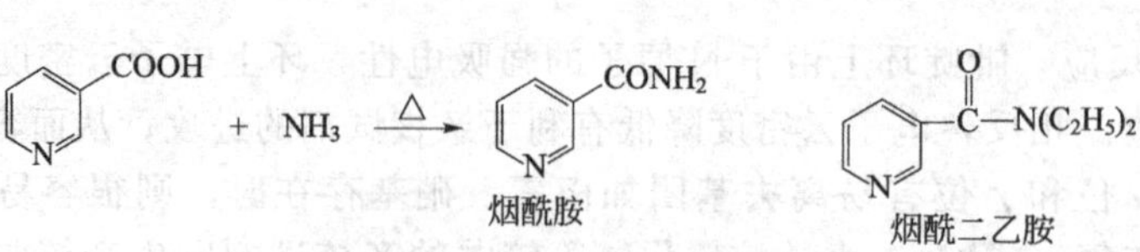

烟酰胺　　　　　　烟酰二乙胺

4-吡啶甲酸又称异烟酸。它的酰肼是治疗肺结核的特效药，俗称"雷米封"（remifon）。

$$\text{异烟酸(COOH)} + H_2NNH_2 \longrightarrow \text{异烟酰肼(remifon)(CONHNH}_2)$$

在特殊氧化条件下，吡啶可发生类似叔胺的氧化反应，生成 N-氧化物。例如，吡啶与过氧乙酸或过氧化氢作用时，可得到吡啶-N-氧化物。

$$\text{吡啶} \xrightarrow[65℃]{H_2O_2,\ CH_3CO_2H} \text{吡啶-}N\text{-氧化物} \quad (95\%)$$

在吡啶-N-氧化物中，氧原子上的未共享电子对可与吡啶环的大 π 键发生 p-π 共轭作用，使芳环上电子云密度升高。其中 α 位和 γ 位增加更为显著。因此，吡啶-N-氧化物的亲电取代反应较容易发生。另外，由于生成的吡啶-N-氧化物的氮原子上带有正电荷，对 α 位产生吸电子诱导效应，使 α 位的电子云密度有所降低。综合作用的结果是亲电取代反应主要发生在 γ 位上。吡啶-N-氧化物还可以还原脱去氧。利用此反应，可以制备 γ-取代的吡啶。例如：

$$\xrightarrow[90℃]{HNO_3/H_2SO_4} \xrightarrow[\triangle]{PCl_3,\ CHCl_3}$$

但是，吡啶比苯更容易还原，既可催化氢化也可化学还原。

$$\xrightarrow[CH_3CH_2OH]{Na}$$

$$\xrightarrow[Ni]{H_2}$$

还原产物为六氢吡啶，又称哌啶（piperidine），是一仲胺（pK_a 11.22），具有碱性，是常用的有机碱，碱性比吡啶强，沸点 $106℃$。很多天然产物具有哌啶环系。

思考题

15-9 吡啶的溴化不能用 $FeBr_3$ 来催化，加 $FeBr_3$ 反而反应变慢。为什么？

15-10 2-氯吡啶水解时得到的不是 2-羟基吡啶，而是它的异构体。试问这个异构体是何结构？它们之间是如何转化的？

15-11 为什么邻溴吡啶的亲核反应比吡啶的快？

15.3.2 嘧啶、吡嗪和哒嗪

嘧啶、吡嗪和哒嗪属于二嗪类化合物。与吡啶一样，它们都具有芳香性，而且都是弱碱。

在这三个化合物中，嘧啶是最重要的一个，它的衍生物在生理及药理上都占有重要地位。所以我们对它进行重点讨论。

嘧啶是一无色结晶，在水中溶解度较大。熔点 $20\sim22℃$，沸点 $123\sim124℃$。嘧啶本身在自然界中并不存在。但嘧啶的衍生物在自然界中却存在很多，在新陈代谢中起重要作用。例如，起着储存遗传信息及合成蛋白质功能的核酸分子中就包含有嘧啶的衍生物：尿嘧啶、胞嘧啶和胸腺嘧啶。

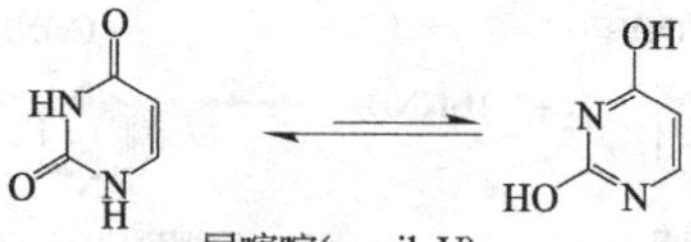

尿嘧啶(uracil, U)

胞嘧啶(cytosine, C)

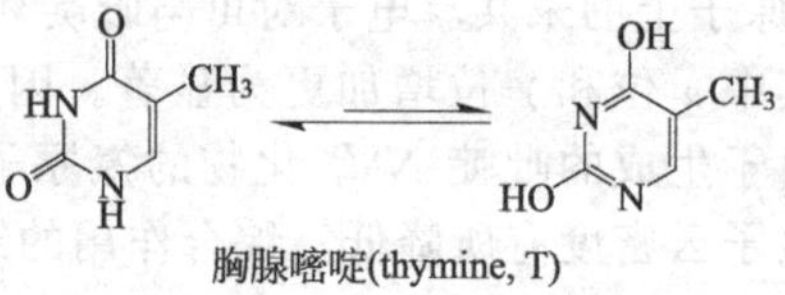

胸腺嘧啶(thymine, T)

它们以酮式与烯醇式的互变异构体形式存在。但在生理体系中主要是以酮式异构体形式存在。

另外，维生素 B_2、治疗炎症的磺胺嘧啶（SD），以及巴比妥类镇静安眠药如苯巴比妥（鲁米那，luminal）等，它们的分子中也含有嘧啶环，属于嘧啶衍生物一类。

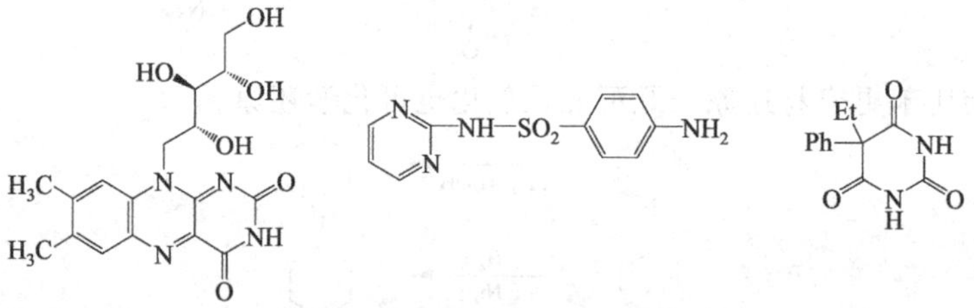

维生素 B_2　　　　磺胺嘧啶　　　　鲁米那

嘧啶环中由于有两个电负性大的氮原子，环上电子云密度比吡啶更小，不容易发生亲电取代反应。如环上有活化基团如氨基、羟基等，则亲电取代反应有时还是可以发生的。如：

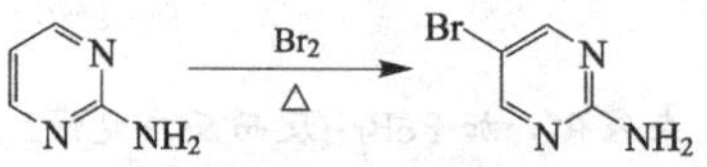

而嘧啶进行亲核取代反应却比吡啶容易。反应主要发生在氮的邻、对位，即 2、4、6 位。例如：

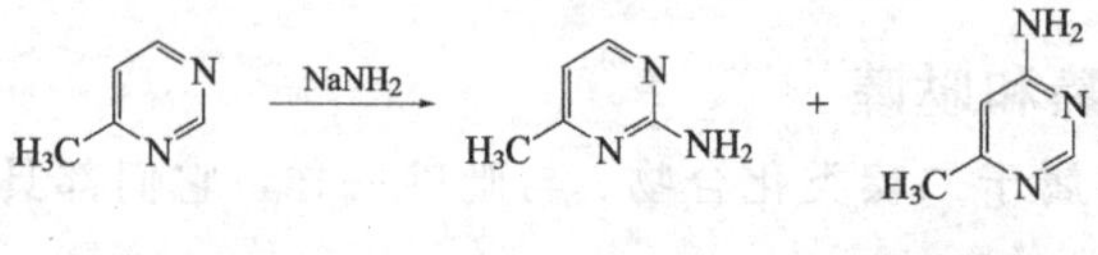

15.4　稠杂环化合物

稠杂环种类繁多，这里我们主要介绍由苯环及一个或多个单杂环稠合而成的苯稠杂环，包括喹啉、异喹啉、吲哚、嘌呤以及重要的衍生物。

15.4.1　喹啉和异喹啉

喹啉和异喹啉都可以看成是由苯环和吡啶环稠合而成的，它们的区别在于 N 原子在环中的位置不同。

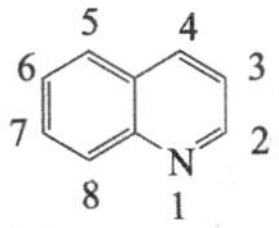

喹啉 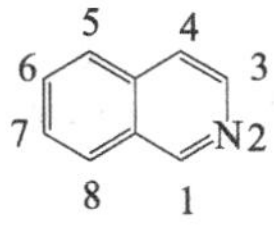　　　　　　　　　　异喹啉

喹啉是无色，有特殊异味的液体，沸点 237℃，熔点 −15℃。在水中基本不溶，但溶于大多数有机溶剂中。异喹啉是低熔点固体，熔点 26～28℃，沸点 242℃。在煤焦油中它们大多有一定的含量。

在药物化学中，有一类具有苯并吡啶酮酸或类似的母核结构的所谓沙星类药物，它们属于喹诺酮类（quinolones）抗菌消炎剂，分子结构中均含有喹啉的母核结构。许多喹啉衍生物具有优异的生理活性，例如：

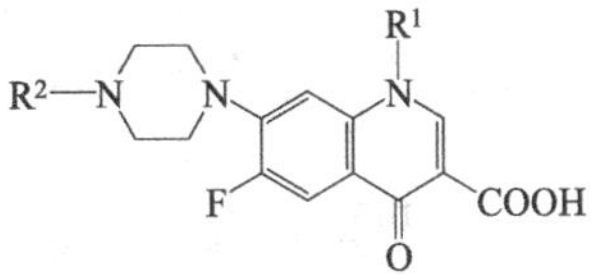

诺氟沙星：$R^1 = C_2H_5$, $R^2 = H$
环丙沙星：$R^1 = $ 环丙基, $R^2 = H$
培氟沙星：$R^1 = C_2H_5$, $R^2 = CH_3$

有很多合成喹啉的方法。例如，苯胺、甘油、浓 H_2SO_4 以及硝基苯一同加热制取，即 Skraup 法合成喹啉。

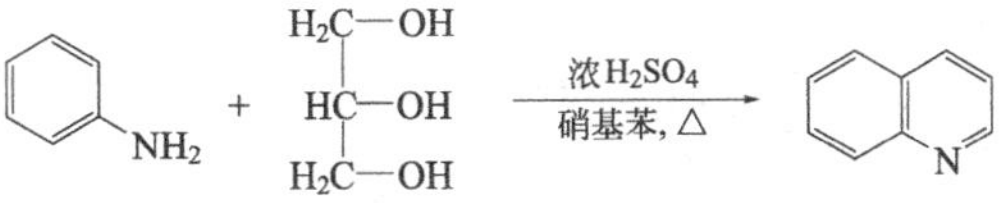

它是一个放热反应，随着反应的进行会越来越激烈。因此需要加入一些缓和剂。例如，硼酸、硫酸亚铁等，来控制反应的进行。其反应历程如下所示。主要步骤包括甘油在浓硫酸作用下脱水生成丙烯醛，苯胺再与丙烯醛经 Micheal 型共轭加成生成 β-苯胺基丙醛，经过烯醇式在酸催化下脱水关环得到二氢喹啉，最后与弱氧化剂硝基苯作用脱一分子氢形成喹啉。硝基苯被还原成苯胺，可以继续进行反应。

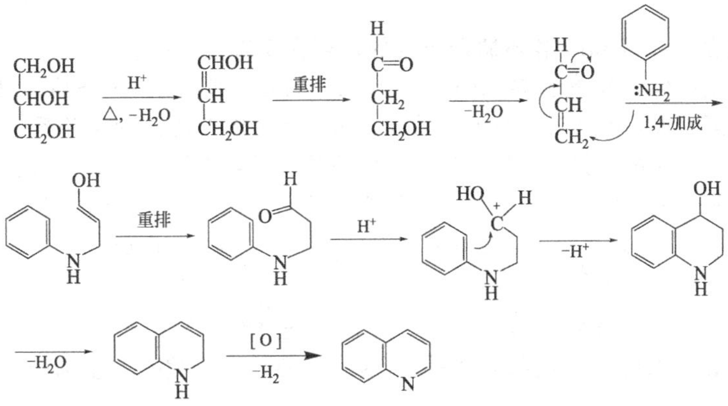

许多喹啉的衍生物都可以用此方法来合成。例如，在分析化学和萃取中经常用到的一个有机试剂 8-羟基喹啉就可用此法从邻氨基苯酚来合成：

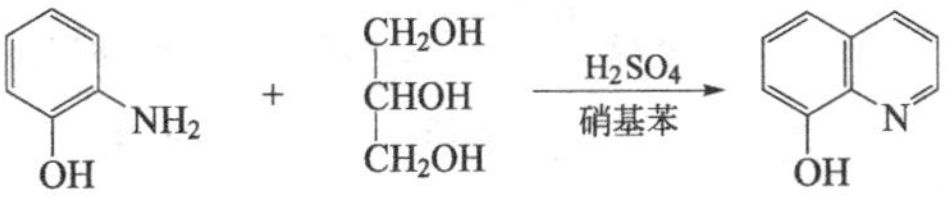

8-羟基喹啉

喹啉和异喹啉的性质与吡啶相似，是一弱碱，能与强酸成盐。其化学性质也与吡啶相似，可起亲电取代反应，也可起亲核取代反应。在亲电取代时是苯环取代反应，主要发生在

5 位和 8 位。

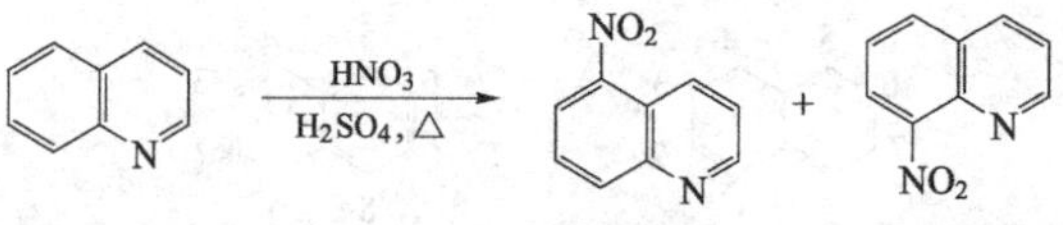

$$\text{喹啉} \xrightarrow[H_2SO_4, \triangle]{HNO_3} \text{5-硝基喹啉(52\%)} + \text{8-硝基喹啉(48\%)}$$

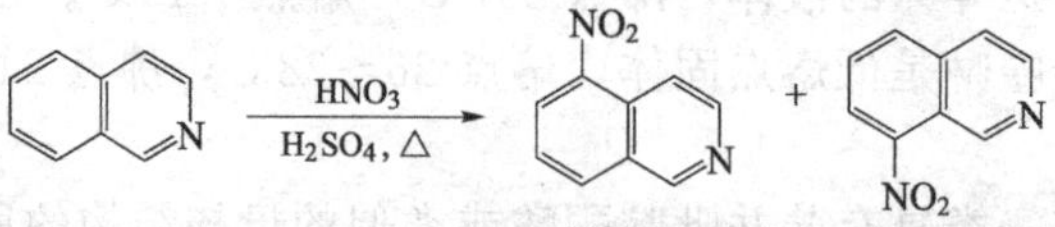

$$\text{异喹啉} \xrightarrow[H_2SO_4, \triangle]{HNO_3} \text{5-硝基异喹啉(90\%)} + \text{8-硝基异喹啉(10\%)}$$

亲核取代则主要发生在吡啶环上。

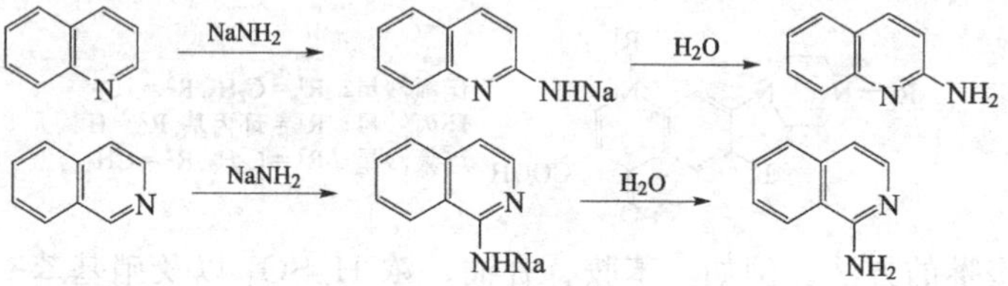

$$\xrightarrow{NaNH_2} \quad \xrightarrow{H_2O} \quad \text{2-氨基喹啉}$$

$$\xrightarrow{NaNH_2} \quad \xrightarrow{H_2O} \quad \text{1-氨基异喹啉}$$

喹啉、异喹啉和强氧化剂接触时，保留吡啶环，苯环被氧化；而用强还原剂对其还原时，苯环保留，吡啶环被还原。

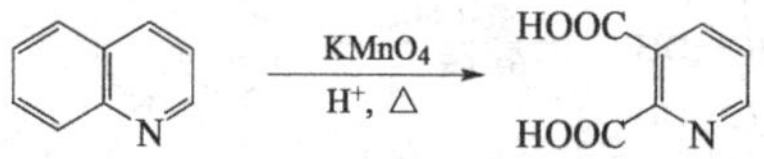

$$\xrightarrow[H^+, \triangle]{KMnO_4} \text{2,3-吡啶二甲酸}$$

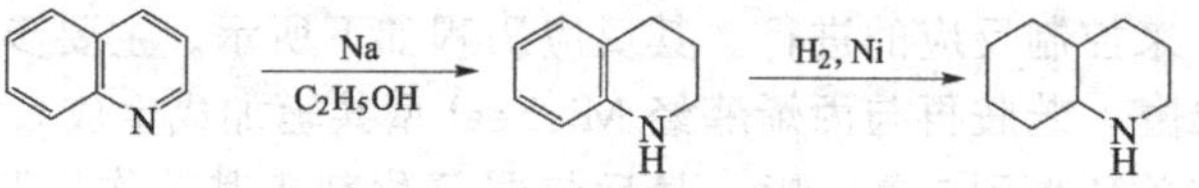

$$\xrightarrow[C_2H_5OH]{Na} \text{四氢喹啉} \xrightarrow{H_2, Ni} \text{十氢喹啉}$$

15.4.2 吲哚

吲哚可看成是由苯环和吡咯环稠合而成的，存在于煤焦油中。

吲哚为无色结晶体，易溶于热水中。熔点 52～54℃，沸点 253～254℃，具有极难闻的气味。但是若把它配成很稀的溶液，具有清香味，可作为香料使用。吲哚环系在自然界的分布很广，许多吲哚衍生物在植物界和人体生理活动中更是起重要作用。如 β-吲哚乙酸是植物的生长调节剂，它可以刺激植物生长。色氨酸是人体必需的一种氨基酸，结构中也含有吲哚单元。

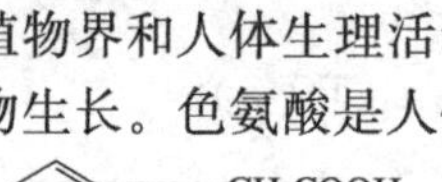

β-吲哚乙酸 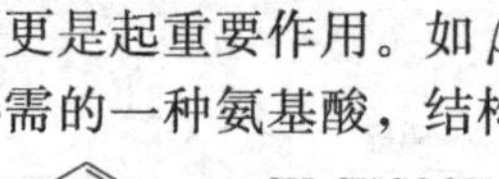   色氨酸

再有如具有镇静及降压作用的利血平（reserpine），属于吲哚型生物碱。

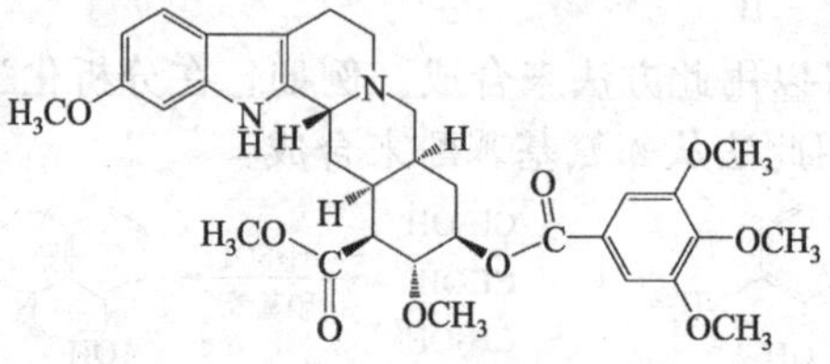

利血平(熔点264～265℃)

吲哚分子中含有吡咯环，其性质与吡咯有相似之处。它是一弱酸，与强碱作用生成盐。它也可以进行亲电取代反应，速度比吡咯慢，而且取代基主要进入 3 位（即 β 位），与吡咯

不一样。例如：

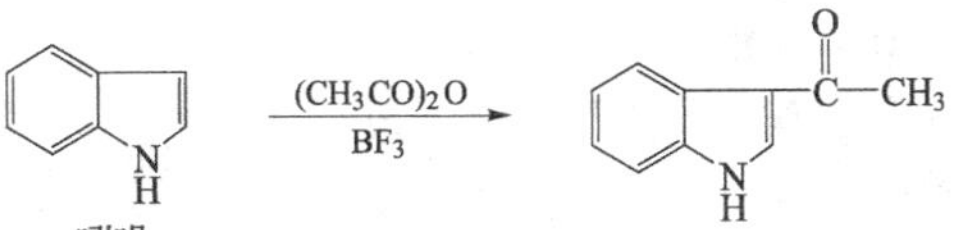

吲哚　　　　　　　　　　　　　3-乙酰基吲哚

15.4.3　嘌呤

嘌呤（读作 piàolìng）由嘧啶环和咪唑环稠合而成，嘌呤环具有特殊的编号。嘌呤是一无色晶体，熔点 214℃。容易溶于水（500g/L，25℃），对石蕊呈中性。但它是一两性物质，可分别与酸或碱生成盐。嘌呤存在 7H-嘌呤和 9H-嘌呤互变异构体。

9H-嘌呤　　　　　　　　7H-嘌呤

嘌呤本身不存在于自然界，主要以衍生物的形式分布在生物界。例如，核糖核酸和脱氧核糖核酸中的碱性物质，有两个就是嘌呤衍生物：腺嘌呤和鸟嘌呤。它与前面提到的尿嘧啶、胞嘧啶、胸腺嘧啶一起组成了生命遗传物质核酸中的五个碱基。

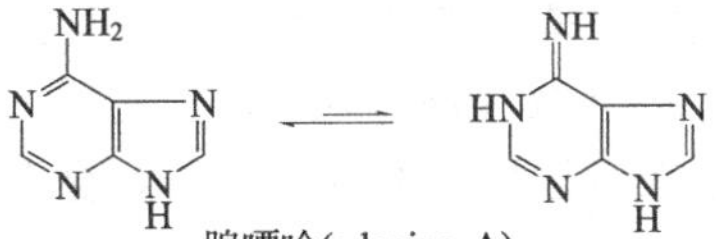

腺嘌呤(adenine, A)

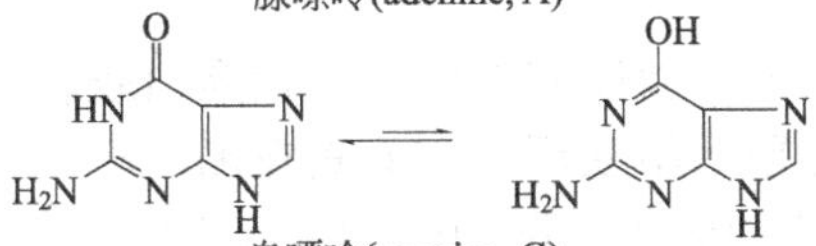

鸟嘌呤(guanine, G)

在生理体系中，主要以左边的酮式互变异构体存在。嘌呤的另一个衍生物尿酸（2,6,8-三羟基嘌呤）是腺嘌呤与鸟嘌呤在生物体内的代谢产物，存在于血和尿中。在人体内嘌呤氧化而变成尿酸。尿酸为一白色结晶，不溶于水，有弱酸性，可与强碱成盐。因溶解度较小，如果代谢发生障碍，会引起尿酸含量增高，从而形成尿路结石，导致痛风性关节炎。海鲜、动物内脏、贝壳类水产等的嘌呤含量都比较高，所以，有痛风的病人除用药物治疗外，还应注意忌口。尿酸也有酮式-烯醇式两种互变异构。

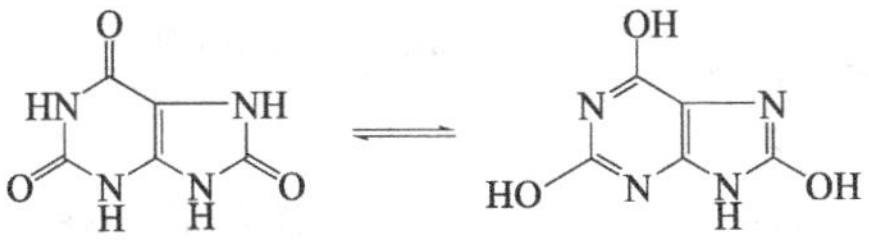

尿酸(uric acid)

2,6-二羟基-7H-嘌呤称为黄嘌呤，也有两种互变异构形式，其衍生物常以酮式存在。

（烯醇式）　　黄嘌呤　　（酮式）

黄嘌呤的甲基衍生物在自然界存在广泛。例如，咖啡因（caffeine）、茶碱（theophyl-line）以及可可碱（theobromine）等，存在于茶叶、咖啡或可可豆中。具有提神醒脑、抗忧郁、促进消化、利尿和兴奋神经的作用。其中咖啡因和茶碱可供药用。我国将咖啡因列为

"精神药品"管制。

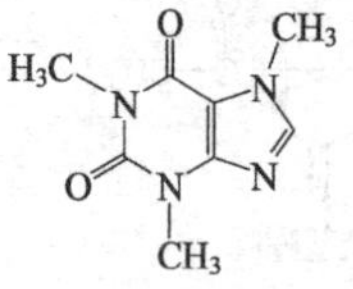

咖啡因 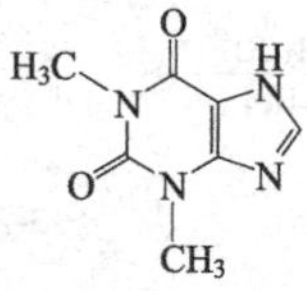　　　　　　茶碱 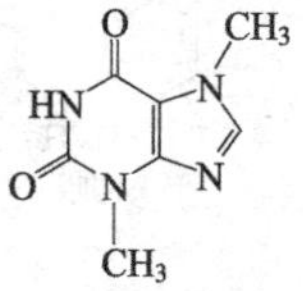　　　　　　可可碱

思考题

15-12　下列两个芳胺和甘油、浓硫酸、硝基苯反应，将得到怎样的产物？写出它们的结构式。

(1) 　　(2)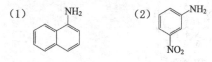

15.5　生物碱

　　生物碱是一类存在于生物体内具有生理活性的含氮的碱性有机化合物。由于它主要存在于植物中，因而也叫植物碱。生物碱的发现始于 19 世纪，例如吗啡（1803 年）、奎宁（1820 年）、颠茄碱（1831 年）、麻黄碱（1887 年）。生物碱一般在植物中含量很低，但也有部分高含量的生物碱，如黄连素在黄连中含量可达 9%，金鸡纳霜树皮中奎宁的含量甚至高达 15%。

　　从结构上看，生物碱大部分是叔胺和仲胺，少量是伯胺。大多数生物碱分子含有氮杂环结构，但也有少数生物碱的氮原子不在环上，而是在侧链上。

　　生物碱类化合物大多具有生理活性。分子中含有手性碳原子，是手性分子。而且它的对映体中只有一种有生理活性，大多为左旋体。生理活性主要有镇咳、解热、止痛、消炎、抗癌作用。

　　我国医药宝库中中医中使用的许多中药材都是生物碱，例如当归、甘草、常山、麻黄、黄连等。研究它的生理作用与其结构的关系是我们的一项重要任务。例如，人们对可卡因（cocaine）的研究导致局部麻醉药普鲁卡因（procaine）的产生。可卡因是一种天然的生物碱，是一毒品，具有局部麻醉中枢兴奋作用。

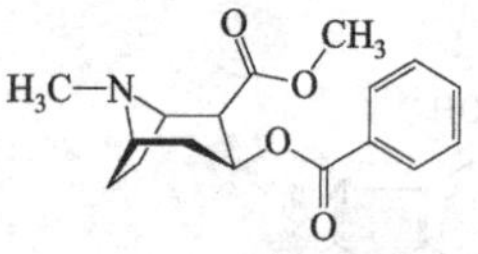

可卡因(cocaine) 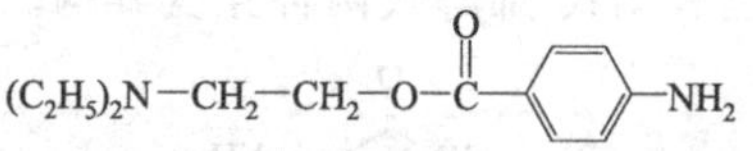　　　　　　普鲁卡因(procaine)

　　人们对生物碱的研究大大促进了天然有机化学和药物化学的发展，它也是天然有机化学和药物化学研究的基础。

15.5.1　生物碱的一般性质

　　生物碱一般为无色晶体，有苦味，难溶于水，易溶于乙醇、氯仿、乙醚等有机溶剂中。但也有少数生物碱为液体（如烟碱）。由于其分子中含有氮原子，故一般都表现出碱性。但碱性强弱随分子的结构不同而差异很大。正因为生物碱有碱性，所以在植物中常与有机酸（柠檬酸、苹果酸、草酸等）或无机酸（硫酸、磷酸等）结合成盐的形式存在。它们的盐类一般均溶于水，但也有少数以游离碱、糖苷、酯或酰胺的形式存在。

生物碱能与许多试剂反应生成不溶性的沉淀，如苦味酸、磷钨酸（$H_3PO_4 \cdot 12WO_3 \cdot H_2O$）、磷钼酸、丹宁酸、碘化汞钾 K_2HgI_4（Mayer 试剂）、碘化铋钾（$BiI_3 \cdot KI$）等，可利用它们来析出草药中的生物碱。另有一些试剂则可与生物碱产生颜色反应，如硫酸、硝酸、甲醛、氨水等。

这些能与生物碱产生沉淀或发生颜色反应的试剂统称为生物碱试剂。利用它可检出生物碱。

15.5.2　生物碱的提取方法

生物碱的提取一般可用有机溶剂提取法和稀酸提取法。

（1）有机溶剂提取法　将含有生物碱的植物捣碎成细粉与碱液［10％氨水，Na_2CO_3 或 $Ca(OH)_2$ 水溶液］拌匀研磨，生物碱被游离析出。再用有机溶剂（如氯仿、乙醚）浸泡，生物碱可萃取到有机溶剂中，萃取液再用稀酸（如 1％～2％盐酸）抽提，生物碱又成盐而溶于水中。将水溶液浓缩，而后加无机碱［氨水、Na_2CO_3 或 $Ca(OH)_2$］，又可析出游离生物碱，再用有机溶剂萃取，将萃取液浓缩，冷却后即可得到具体的生物碱。

（2）稀酸提取法　先将植物粉末与稀盐酸或稀硫酸加热浸泡，生物碱与盐酸或硫酸成盐而溶于水中，析出有机酸。将水溶液流过阳离子交换树脂层，则生物碱的阳离子与离子交换树脂上的阴离子结合而留在树脂上，而其他非离子性杂质则随溶液流去。后用 NaOH 溶液洗脱，再用有机溶剂萃取生物碱。此过程可用下图表示：

$$\boxed{R}\text{—}SO_3^-H^+ + AH^+HSO_4^- \Longrightarrow \boxed{R}\text{—}SO_3^-AH^+ + H_2SO_4$$

阳离子交换树脂　生物碱硫酸盐
(R代表聚合物)

$$\boxed{R}\text{—}SO_3AH^+ + Na^+OH^- \Longrightarrow A + \boxed{R}\text{—}SO_3^-Na^+ + H_2O$$

生物碱
(用有机溶剂提取)

15.5.3　重要的生物碱

生物碱常根据它的来源植物命名。例如，烟碱是由烟草中取得的，麻黄碱是由麻黄中取得的。而它的分类是根据它所含杂环来区分的。如苯乙胺类、四氢吡咯类、哌啶类、吲哚环系，喹啉、异喹啉系，嘧啶环系等。表 15-2 列举了一些重要的生物碱。

表 15-2　一些重要的生物碱

名称	结构式	杂环类型	熔点/℃	比旋光度	来源	生理作用及疗效
麻黄碱 (ephedrine)	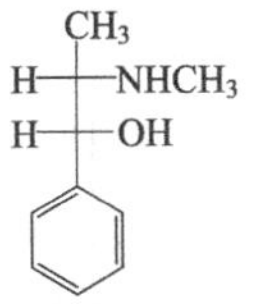	苯乙胺类	37～39	$-41(c=5,1$ mol/L HCl)	麻黄	收缩血管、发汗、止喘、扩张支气管
香草碱 (coniine)	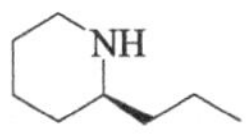	哌啶类	166(沸点)	+16	多枝香草的叶子	抗痉挛
马钱子碱 士的宁 [vauquline, 或 (—)-strychnine]	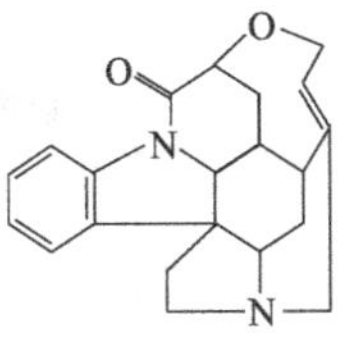	吲哚类	284～286	−129	马钱科植物马钱的根、皮、叶及种子	祛痰止咳、抑菌、止痛

续表

名称	结构式	杂环类型	熔点/℃	比旋光度	来源	生理作用及疗效
颠茄碱 又称阿托品 （atropine）		六氢吡啶类	118～119		茄科植物颠茄等	抑制汗腺、唾液、泪腺、胃液等分泌，能扩散瞳孔
金鸡纳碱 （奎宁碱，quinine）		喹啉类	176～177	−165 （c=2，EtOH）	金鸡纳树皮	抗疟疾、退热
喜树碱 （camptothecine）		喹啉类	264～267 （分解）	+31.3	珙桐科植物喜树	治疗胃肠道肿瘤、白血病等
罂粟碱 （papaverine）		异喹啉类	147～148	—	罂粟科植物罂粟的果汁	舒张冠状血管，松弛平滑肌，抗心律失常，降血压，抗癌
小檗碱 （黄连素，berberine）		异喹啉类	145	—	小檗科等许多植物中	治疗肠胃炎及细菌性痢疾
可可碱 （theobromine）		嘌呤环系	290～295	—	可可的种子	利尿、心肌兴奋、血管舒张、平滑肌松弛等
咖啡碱 （caffeine，theine）		嘌呤环系	235～238 178℃升华	—	咖啡、茶叶	兴奋中枢神经，止痛、利尿

续表

名称	结构式	杂环类型	熔点/℃	比旋光度	来源	生理作用及疗效
加兰他敏 (galanthamine)		苯并氮杂草	127～129 （丙酮中 重结晶）	−122 (c=0.6, EtOH)	石蒜科 植物雪花 莲、石蒜和 近缘植物	抗胆碱酯酶 药,有较弱的 抗胆碱酯酶作 用,用于重症 肌无力、进行 性肌营养不 良、脊髓灰质 炎后遗症
β-常山碱, 常山乙素 (β-febrifugine)		4-喹唑酮类	139～140		常山根	治疗疟疾

知识介绍

精神依赖性药物与毒品

从 15.5 节生物碱的介绍中,我们知道生物碱是一类很重要的物质,与我们的生活密切相关。有的还是很好的中药药材,可以治疗许多疾病,给人类带来福音。但是也有一部分生物碱本身却是毒品,会给人类健康带来危害。即使是作为药品的生物碱,药量也得使用得当。过量长期服用会造成依赖性、上瘾,同样也会对身体造成损伤。下面我们就对有关的一些毒品作一简单的知识性介绍。

什么是毒品?全国人大常委会关于禁毒的决定中指出:毒品是指鸦片、海洛因、吗啡、大麻、可卡因以及国务院规定管制的其他能使人形成瘾的麻醉药品和精神药品。毒品一般可按照它的功能分为两大类,即麻醉镇定类和中枢神经系统兴奋类。

1. 麻醉镇定类

属于这一类的药品有鸦片、海洛因、大麻、杜冷丁、吗啡、美沙酮等。

鸦片取自于一种一年或两年生的草本植物罂粟未成熟的果皮中的乳汁,在空气中干燥后形成黑色黏块,即中药阿片(opium),旧称鸦片。其中含有大约 25 种生物碱,其中最重要的是吗啡(morphine)、可待因(codeine)和罂粟碱(papaverine)等。其中含量最多的是吗啡。吗啡及其重要衍生物一般可用下列结构通式来表示:

R=R′=H: 吗啡
R=CH₃,R′=H: 可待因
R=R′=COCH₃: 海洛因

吗啡纯品为无色六面短棱锥状结晶,味苦。为一两性化合物。临床上使用的一般是吗啡的盐酸盐及其制剂。它有强烈的镇痛作用,持续时间可保持 6h。同时还有止咳、止泻作用。但很容易成瘾,长期吸食后,使人体质衰弱,精神颓废,过量服用会使人急性中毒死亡。

可待因显碱性,临床应用的是其磷酸盐,具有镇咳、镇痛作用,效力比吗啡弱,但比吗啡安全,其成瘾倾向也比吗啡小。纯净的可待因为无色斜方锥状结晶,味苦无臭,微溶于水,在沸水、乙醇中能溶解。

海洛因(heroin)即二乙酰吗啡,俗称白面、白粉,为白色柱状结晶,有苦味。其中纯度为 90% 的海洛因(白粉),其毒性是吗啡的 3～5 倍,没有任何医疗作用。吸食后极易上瘾,是对人类危害最大的三大毒品之一,严禁作为药用。

大麻，也是三大毒品之一，最起作用的成分是四氢大麻酚。吸入大麻 7mg 即有快感，长期服用会引起失眠，食欲减退，易怒、颤抖，产生幻觉，进而使人免疫力下降，身体消瘦，直至死亡。四氢大麻酚结构式如下：

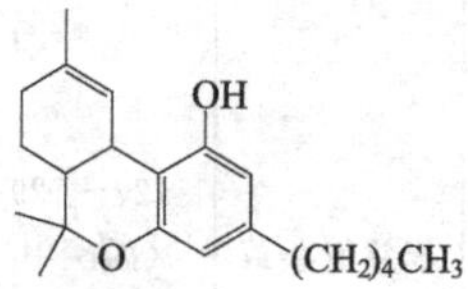

四氢大麻酚

2. 中枢神经系统兴奋类

属于这一类的毒品包括苯异丙胺、冰毒、可卡因等。

苯异丙胺主要作为一类平喘药。自 20 世纪 30 年代以来，在临床上得到广泛应用。但是它在人用药后会产生欣快感，结果导致对该药物的滥用。从而易使人中毒，造成惊厥、昏迷，甚至死亡。

"冰毒"是一无色透明晶体，形状与冰糖相像，又似冰，故名"冰毒"。其成分是 N-甲基苯异丙胺，俗称"伪麻黄素"，又叫"去氧麻黄素"。由于它的致幻性和成瘾性极强，为严禁的毒品。它对人体的毒害比海洛因还要强。吸食 0.2g 即可致死。一般吸食 1～2 周即会成瘾，对心、肺、肝、肾及神经系统造成严重毒害。随后产生的"摇头丸""蓝精灵""忘我"等都是 N-苯异丙胺的衍生物，对人类危害极大。

可卡因，又称"古柯碱"。它是一种较强的局部麻醉剂，又有使中枢神经系统兴奋的作用，在兴奋初期，可使人感到飘飘然，如进入仙界一般，洋洋得意，而后才会出现抑制，表现无力、昏迷。

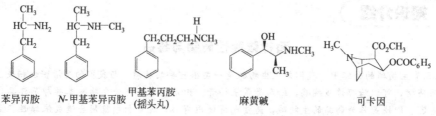

苯异丙胺　　N-甲基苯异丙胺　　甲基苯丙胺（摇头丸）　　麻黄碱　　可卡因

15-1 命名下列化合物或根据名称写出结构式。

(1) 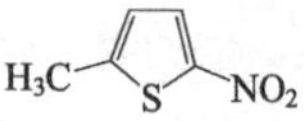 　(2) 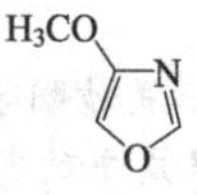 　(3)

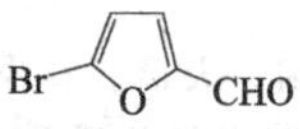

(4) 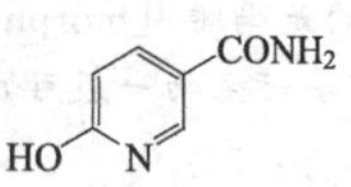 　(5) 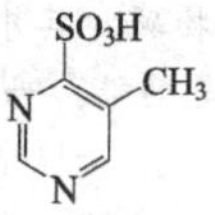 　(6)

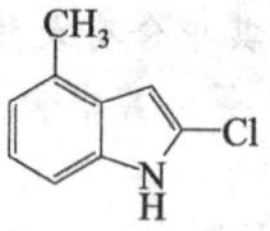

(7) 噻唑-2-胺　　(8) 8-羟基喹啉

15-2 按要求回答下列问题。

(1) 下列化合物中，既能溶于酸又能溶于碱的是（　　）

a. 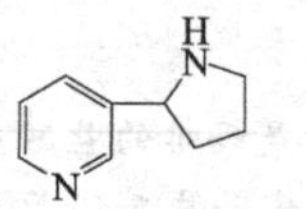 　b. 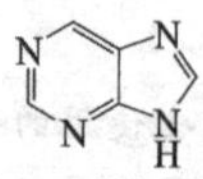 　c. 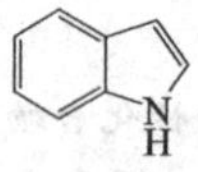 　d.

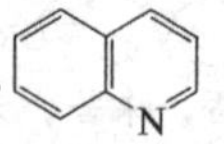

(2) 试比较下列化合物碱性强弱的顺序。

a. 甲胺　　b. 六氢吡啶　　c. 吡咯　　d. 吡啶　　e. 苯胺　　f. 对甲基苯胺

(3) 能溶于水的化合物是（　　）

a. 吡啶　　b. 吡咯　　c. 四氢呋喃　　d. 苯

(4) 怎样除去混在苯中的少量噻吩？

(5) 用简单的化学方法区别下列化合物。

a. 吡啶　　b. γ-甲基吡啶　　c. 苯胺

15-3　完成下列反应方程式。

(1) 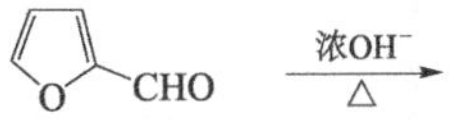 呋喃-2-CHO　浓OH⁻，△

(2) 呋喃　+ (CH₃CO)₂O　BF₃→

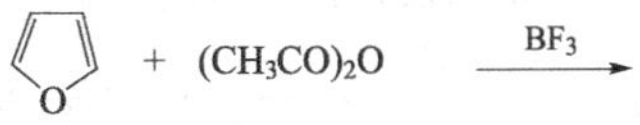

(3) 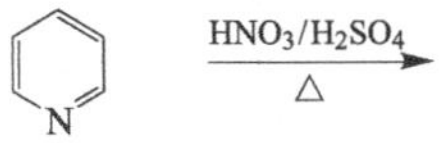 吡啶　HNO₃/H₂SO₄，△→

(4) 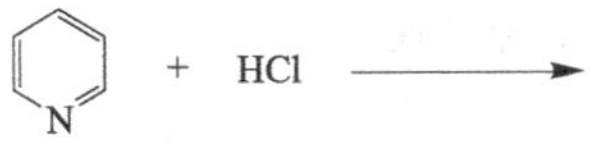 吡啶　+ HCl →

(5) 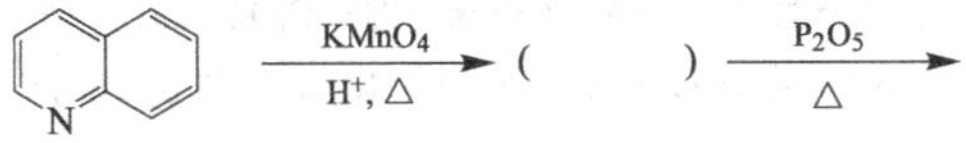 喹啉　KMnO₄/H⁺,△→（　）P₂O₅,△→

(6)  吡咯　+ KOH →

(7) 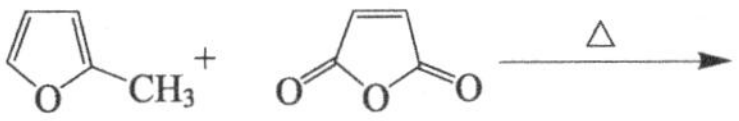 2-甲基呋喃⁺ + 顺丁烯二酸酐 △→

(8) 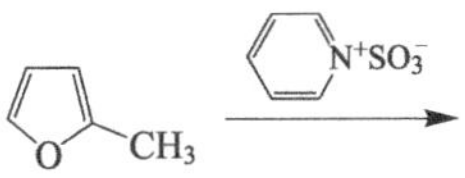 2-甲基呋喃　N⁺SO₃⁻(吡啶)→

(9) 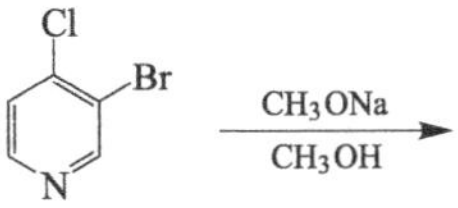 4-氯-3-溴吡啶　CH₃ONa/CH₃OH→

(10) 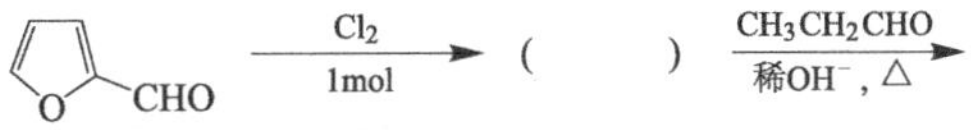 呋喃-2-CHO　Cl₂/1mol→（　）CH₃CH₂CHO/稀OH⁻,△→

15-4　合成下列化合物（无机试剂自选）。

(1) 由呋喃合成己二胺

(2) 由 4-甲基吡啶合成 4-氨基吡啶

(3) 由吡咯合成 2-乙烯基吡咯

(4) 以甲苯及必需的有机试剂合成

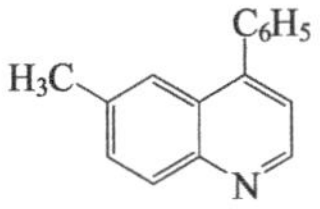

(5) 由噻吩和乙酸酐制备

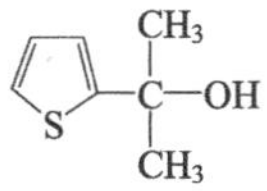

15-5　写出下列反应中 A～D 的结构式。

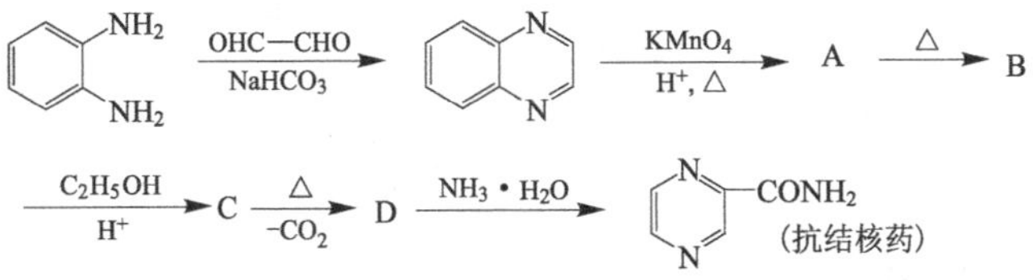

15-6　用浓硫酸在 220～230℃将喹啉磺化，得到一磺酸衍生物。为了测定结构，将这个磺酸和碱共熔，所得的产物和从邻氨基苯酚按照 Skraup 合成法所得的喹啉衍生物相同。试推测该磺酸衍生物的结构，并写出各步反应式。

15-7 试比较下列各组化合物的碱性强弱，并说明理由。

(1)  (2) (3)

15-8 在研究某含氮杂环 A 的结构时，曾用过彻底甲基化和 Hofmann 消除反应，其过程如下：

$$A（C_8H_{15}N）\xrightarrow[\triangle]{CH_3I \quad Ag_2O} B（C_9H_{17}N）\xrightarrow[\triangle]{CH_3I \quad Ag_2O} C（C_{10}H_{19}N）\xrightarrow[\triangle]{CH_3I \quad Ag_2O} 1,3,7\text{-辛三烯}$$

已知 A 中不含甲基。请写出 A、B、C 的结构式。

15-9 预测四氢吡咯与下列试剂反应的产物。

(1) HCl 水溶液　　　(2) 乙酸酐　　　(3) 碘甲烷，然后再用 NaOH 水溶液

(4) 用碘甲烷重复处理，继续用 Ag_2O 处理然后加热

15-10 一含氧杂环的衍生物（A），在强酸水溶液中加热反应得到化合物（B）$C_6H_{10}O_2$。（B）与苯肼呈正反应，但不发生银镜反应。（B）的 IR 谱在 $1715cm^{-1}$ 有强吸收峰，^1H NMR 谱上在 $\delta2.6$ 和 2.8 处有两个单峰，面积之比为 $2:3$。写出 A 和 B 构造式。

第16章 油脂和类脂

脂类（lipid）是油脂和类脂的总称。油脂是甘油和脂肪酸组成的中性酯，类脂则包括许多类型的化合物，如磷脂、糖脂、蜡、萜以及甾族化合物等。脂类化合物在化学组成、结构和生理功能上有很大差异，但它们的共同特征是都具有脂溶性，即不溶于水而溶于乙醚、氯仿和苯等非极性有机溶剂中。脂类化合物存在于生物体内，是构成细胞的重要成分。

脂类可根据其结构和溶解性分为两大类：一类是分子中含有酯键并能水解的化合物，如油脂、磷脂、糖脂、蜡等。这些化合物本身是酯或酯的衍生物。另一类不含酯键，如甾族化合物和萜类化合物，它们虽然结构不同，但是在生物体内由共同的物质转变而成。

16.1 油脂

油脂是油（oil）和脂肪（fat）的总称。一般室温下呈液态的油脂称为油，呈固态或半固态的油脂称为脂肪。油脂的分布十分广泛，各种植物的种子、动物的组织和器官中都存在一定数量的油脂。特别是大豆、花生、芝麻、向日葵、蓖麻等油料作物的种子和动物皮下的脂肪组织，油脂的含量丰富。人体中脂肪占体重的 $10\% \sim 20\%$。

油脂的主要生理功能是贮存和供应热能。1g 油脂完全氧化可放出 39.8kJ 的热量，比 1g 糖或蛋白质多 1 倍以上，是机体新陈代谢的重要来源。油脂是体内许多脂溶性生物活性物质（如维生素 A、D、E、K）等的良好溶剂。此外，脂肪还有保护内脏、维持适宜体温等作用。

16.1.1 油脂的组成、结构和命名

油脂是由一分子甘油与三分子高级脂肪酸所组成的酯类化合物，称为三酰甘油（triacylglycerol），医学上称作甘油三酯（triglyceride）。其通式可表示为：

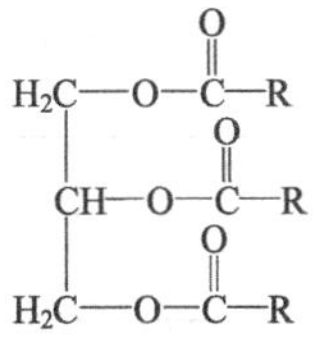

单三酰甘油(simple triacylglycerol) 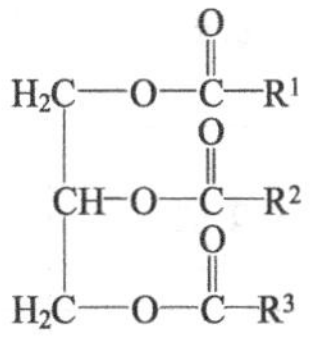　　　混三酰甘油(mixed triacylglycerol)

三酰甘油中的三个脂肪酸若相同，则称为单三酰甘油（单甘油酯），否则称为混三酰甘油（混甘油酯）。绝大多数油脂的主要成分是混三酰甘油，而且是多种不同的混三酰甘油的复杂混合物。

天然油脂中的混三酰甘油分子具有手性，均为 L-构型，即在 Fischer 投影式中 C2 上的脂酰基在甘油基碳链的左侧。单三酰甘油命名时根据脂肪酸的名称称为"三某脂酰甘油"或"甘油三某脂酸酯"。混三酰甘油命名时用 α、β 和 α' 标明脂肪酸的位次。

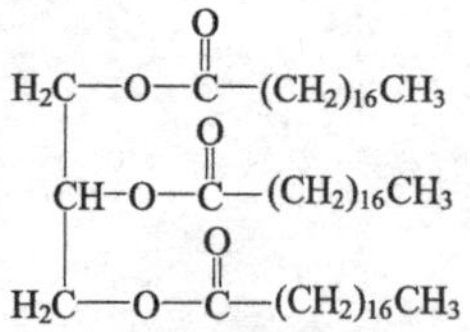

$$\begin{array}{c}
H_2C-O-\overset{\displaystyle O}{\overset{\|}{C}}-(CH_2)_{16}CH_3 \\
CH-O-\overset{\displaystyle O}{\overset{\|}{C}}-(CH_2)_{16}CH_3 \\
H_2C-O-\overset{\displaystyle O}{\overset{\|}{C}}-(CH_2)_{16}CH_3
\end{array}$$

三硬脂酰甘油
(tristearoylglycerol)
(甘油三硬脂酸酯)

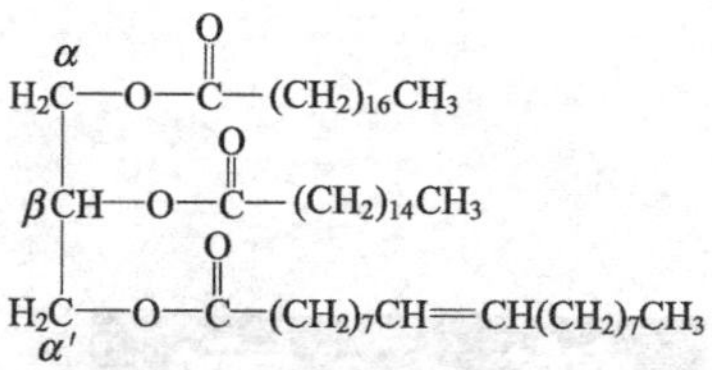

$$\begin{array}{c}
\overset{\alpha}{H_2C}-O-\overset{\displaystyle O}{\overset{\|}{C}}-(CH_2)_{16}CH_3 \\
\overset{\beta}{CH}-O-\overset{\displaystyle O}{\overset{\|}{C}}-(CH_2)_{14}CH_3 \\
\underset{\alpha'}{H_2C}-O-\overset{\displaystyle O}{\overset{\|}{C}}-(CH_2)_7CH=CH(CH_2)_7CH_3
\end{array}$$

α-硬脂酰-β-棕榈酰-α'-油酰甘油
(α-stearoyl-β-palmitoyl-α'-oleoylglycerol)
(甘油-α-硬脂酸-β-棕榈酸-α'-油酸酯)

16-1　写出一个具有 L-构型的混三酰甘油的结构式，并给予命名。

16.1.2　油脂中的脂肪酸

天然油脂中的脂肪酸种类很多，分为饱和脂肪酸和不饱和脂肪酸两类。在不饱和脂肪酸分子中只含有一个双键的脂肪酸称为单烯脂肪酸，含有多个双键的脂肪酸称为多烯脂肪酸。常见的饱和脂肪酸有软脂酸、硬脂酸；常见的不饱和脂肪酸有油酸、亚油酸、花生四烯酸等。

组成油脂的这些脂肪酸除个别酸如海肠油脂中含有 5 个碳的异戊酸外都具有一些共同结构特征：

① 绝大多数的脂肪酸为含 16～20 个偶数碳原子的羧酸，其中尤以 C_{16} 和 C_{18} 脂肪酸最常见。这与生物合成中以酰基为起始单位进行生物合成有关。并且绝大多数都是偶数，也很少带支链。

② 几乎所有的脂肪酸是直链的一元羧酸，在个别油脂中发现带支链、脂环或羟基的脂肪酸。

③ 天然存在的不饱和脂肪酸多以顺式构型的非共轭体系存在，两个双键之间多数由一个亚甲基隔开，只有极少数为反式构型。表 16-1 列出了脂类中的一些脂肪酸。

表 16-1　脂类中重要的脂肪酸

习惯名称	系统名称	简写符号	结构式
月桂酸 lauric acid	十二碳酸	12:0	$CH_3(CH_2)_{10}COOH$
棕榈酸(软脂酸) (palmic acid)	十六碳酸	16:0	$CH_3(CH_2)_{14}COOH$
硬脂酸 (stearic acid)	十八碳酸	18:0	$CH_3(CH_2)_{16}COOH$
油酸 (oleic acid)	9-十八碳烯酸	$18:1\omega^9$	$CH_3(CH_2)_7CH=CH(CH_2)_7COOH$
亚油酸 (linoleic acid)	9,12-十八碳二烯酸	$18:2\omega^{6,9}$	$CH_3(CH_2)_4(CH=CHCH_2)_2(CH_2)_6COOH$
α-亚麻酸 (α-linolenic acid)	9,12,15- 十八碳三烯酸	$18:3\omega^{3,6,9}$	$CH_3CH_2(CH=CHCH_2)_3(CH_2)_6COOH$

习惯名称	系统名称	简写符号	结构式
γ-亚麻酸 (γ-linolenic acid)	6,9,12,- 十八碳三烯酸	$18:3\omega^{6,9,12}$	$CH_3(CH_2)_4(CH\!=\!CHCH_2)_3(CH_2)_3COOH$
花生四烯酸 (arachidonic acid)	5,8,11,14- 二十碳四烯酸	$20:4\omega^{6,9,12,15}$	$CH_3(CH_2)_4(CH\!=\!CHCH_2)_4(CH_2)_2COOH$
EPA (5,8,11,14,17- eicosapentaenoic acid)	5,8,11,14,17- 二十碳五烯酸	$20:5\omega^{3,6,9,12,15}$	$CH_3CH_2(CH\!=\!CHCH_2)_5(CH_2)_2COOH$
DHA (4,7,10,13,16,19- docosahexenoic acid)	4,7,10,13,16,19- 二十二碳 六烯酸	$22:6\omega^{3,6,9,12,15,18}$	$CH_3CH_2(CH\!=\!CHCH_2)_6CH_2COOH$

天然脂肪酸的名称常用俗名，如软脂酸、油酸等。其系统命名法与一元羧酸的系统命名法相同，在生物化学中，根据不饱和脂肪酸编号方式不同，可有两种编码体系，从脂肪酸羧基碳起计算碳原子的顺序为 Δ 编码体系；从脂肪酸甲基碳起计算碳原子的顺序为 ω 编码体系。因此，在不同的编码体系中，双键的位次是不同的。脂肪酸系统名称的简写符号书写原则包括以下几个要点，即用阿拉伯数字写出脂肪酸碳原子的总数，冒号后写出双键的数目，在 Δ 或 ω 右上角标出双键的位置（和几何构型）。例如：

$$CH_3CH_2CH_2CH_2CH_2CH\!=\!CHCH_2CH\!=\!CHCH_2CH_2CH_2CH_2CH_2CH_2COOH$$

Δ 编码体系　18　17　16　15　14　13　　　12　11　10　　　9　8　7　6　5　4　3　2　1

ω 编码体系　　1　2　3　4　5　6　　　　7　8　9　　　10　11　12　13　14　15　16　17　18

Δ 编码系统命名　$\Delta^{9,12}$-十八碳烯酸　　　　简写符号 $18:2\Delta^{9,12}$

ω 编码系统命名　$\omega^{6,9}$-十八碳烯酸　　　　简写符号 $18:2\omega^{6,9}$

动物脂肪酸中含有饱和脂肪酸较多，常见的有软脂酸、硬脂酸，其中硬脂酸可占到 $10\%\sim30\%$。植物油中含不饱和脂肪酸较多，如橄榄油中油酸含量高达 83%。葵籽油的主要成分是亚油酸，亚麻籽油的主要成分是亚麻酸。在海生动物及鱼油中也含有大量不饱和多烯酸如 EPA 和 DHA 等。

油脂是人体的必要营养物质，哺乳动物体内只能合成饱和脂肪酸和单烯脂肪酸，而多烯脂肪酸在体内则不能合成（如亚油酸和亚麻酸等）或合成不足（如花生四烯酸），必须由食物供给，称为营养必需脂肪酸（essential fatty acid）。人体内不饱和脂肪酸按照双键位置可进行如表 16-2 所列的分类。

表 16-2　人体内不饱和脂肪酸的分类

族	母体脂肪酸名称	族	母体脂肪酸名称
ω-7	棕榈油酸	ω-6	亚油酸
ω-9	油酸	ω-3	α-亚麻酸

族内的不饱和脂肪酸均可以本族母体脂肪酸为原料在体内衍生，而不同族的脂肪酸不能在体内相互转化。高等植物和低温动物中含有丰富的必需脂肪酸。植物油中不饱和脂肪酸主要为 ω-6 族不饱和脂肪酸，而海生动物及鱼油的油脂中主要含 ω-3 族的多不饱和脂肪酸（如 EPA 和 DHA，具有降低血脂、减少血小板聚集和血栓形成的作用，可用于心血管疾病的防治）。

脂肪在体内具有重要的生理作用，但过量摄入动物脂肪可引起心血管疾病。平时膳食中合理搭配动植物油脂有利于身体健康。

16.1.3 物理性质

纯净的油脂是无色、无臭、无味的中性化合物。由于天然油脂都是混合物，除含有多种混甘油酯外，还含有少量的色素、脂肪酸、维生素等，所以油脂常常带有颜色和气味。油脂的相对密度都小于 1（0.9～0.95 之间），不溶于水，易溶于乙醚、四氯化碳、丙酮、苯等有机溶剂中，可利用这些溶剂从动植物组织中提取油脂。

天然油脂没有恒定的熔点和沸点。但是，含不饱和脂肪酸多的液态油溶点、沸点都比含饱和脂肪酸多的脂肪低。这是由于饱和脂肪酸具有锯齿形的长链结构（〰〰〰），分子间能互相紧密排列，分子间吸引力强，因此熔点较高。而天然存在的不饱和脂肪酸中双键具有顺式结构（〰〰══〰），分子呈弯曲形，互相之间不易靠近，结构比较松散，因此熔点较低。天然油脂都是 L-结构，都具有旋光性。

16-2 写出全顺式 α-亚麻酸的碳链骨架结构式。

16.1.4 化学性质

（1）油脂的水解和皂化 油脂在酸、碱或酶（脂肪酶）的催化下水解，在酸性条件下，一分子三酰甘油可水解成三分子高级脂肪酸和甘油。此反应是可逆反应。

油脂在碱性介质（NaOH 或 KOH）中水解，得到甘油和高级脂肪酸的钠盐或钾盐的混合物。反应生成的高级脂肪酸的钠盐或钾盐俗称肥皂，所以油脂在碱性介质中的水解反应称为皂化（saponification）。皂化反应是不可逆的。

$$
\begin{array}{c}
H_2C-O-\overset{\overset{O}{\|}}{C}-R \\
CH-O-\overset{\overset{O}{\|}}{C}-R' \\
H_2C-O-\overset{\overset{O}{\|}}{C}-R''
\end{array}
+ 3NaOH \longrightarrow
\begin{array}{c}
H_2C-OH \\
CH-OH \\
H_2C-OH
\end{array}
+
\begin{array}{c}
RCOONa \\
R'COONa \\
R''COONa
\end{array}
$$

1g 油脂完全皂化时所需氢氧化钾的毫克数称为皂化值（saponification number）。根据皂化值的大小可判断油脂的纯度，皂化值越大，油脂的纯度越高。此外，油脂的平均分子量与皂化值成反比，皂化值越大，油脂的平均分子量越小，也表示油脂中分子量小的脂肪酸越多。各种油脂的皂化值见表 16-3。

皂化值是衡量油脂质量的指标之一，并可反映油脂皂化时所需碱的用量。在皂化反应时，溶于碱溶液中的油脂成分是可皂化物，而不溶于碱溶液中的油脂成分是不可皂化物。油脂是一种混合物，所以油脂中除可皂化物外，还有少部分（1%～3%）的不可皂化物。这些物质包括甾醇和维生素 A、维生素 D、维生素 E、维生素 K 以及蜡等。不可皂化部分虽然不与碱作用，不溶于水，但能溶于乙醚或石油醚等脂溶剂中。因此，用一种脂溶剂提取皂化后的碱性溶液，不可皂化物溶于脂类溶剂中，蒸发溶剂后可将不可皂化物回收。

（2）加成反应 油脂可以与氢、卤素等起加成反应。

① 加氢 含不饱和脂肪酸的油脂，通过催化加氢，可转化为饱和程度较高的固态或半固态的脂肪，称为油的氢化或油的硬化，因此氢化油又叫硬化油。油脂氢化后不易变质，易于贮存，也便于运输。工业上常将植物油部分氢化后用以制造肥皂或制成人造脂肪，如人造奶油（margarine）和黄油。普通植物油在一定温度和压力下催化加氢的产物叫氢化植物油。

由于熔点高，室温下能保持固体形状，能延长食物的保质期，还能让糕点更酥脆，因此广泛用于食品加工。但研究表明，氢化植物油中含有的反式脂肪酸对人体的危害要比饱和脂肪酸更大。

② 加碘　含不饱和脂肪酸的油脂可以与碘发生反应。工业上通过"碘值"（iodine number）衡量油脂的不饱和程度。碘值是指 100g 油脂所能吸收碘的克数。碘值越大，油脂的不饱和程度越高。由于碘和碳-碳双键的加成困难，测定时常用氢化碘的冰醋酸作试剂。

碘值是测定化合物碳-碳双键不饱和度的方法之一，工业上常用于油脂、蜡、不饱和脂肪酸和不饱和醇等的测定。天然油脂的碘值见表 16-3。

表 16-3　常见油脂中脂肪酸的含量、皂化值和碘值

油脂名称	棕榈酸/%	硬脂酸/%	油酸/%	亚油酸/%	皂化值/(mg/g)	碘值/(g/100g)
牛油	24～32	14～32	35～48	2～4	190～200	30～48
猪油	28～30	12～18	41～48	3～8	195～208	46～70
花生油	6～9	2～6	50～57	13～26	185～195	83～105
大豆油	6～10	2	约 4	21～29	50～59	189～194
棉籽油	19～24	1～2	23～32	40～48	191～196	103～115

③ 酸败　油脂经长期储藏，会被空气中的氧、水或微生物分解，生成分子量较小的醛、酮和羧酸等，产生难闻的气味，这种现象称为酸败（rancidification）反应，俗称哈喇。引起酸败的主要原因是油脂的水解和氧化，油脂水解可释放出游离的脂肪酸，其中不饱和脂肪酸的碳-碳双键受空气中氧的作用形成过氧化物，过氧化物继续分解生成低级的醛和酸。

在微生物作用下，油脂水解生成的脂肪酸可进一步发生 β-氧化生成 β-酮酸，β-酮酸脱羧后也可形成小分子的酮和羧酸。

$$R-\underset{\underset{H}{|}}{\overset{\overset{H}{|}}{C}}=\underset{\underset{H}{|}}{\overset{\overset{H}{|}}{C}}-(CH_2)_nCOOH + O_2 \longrightarrow R-\underset{\underset{O-O}{|}}{\overset{\overset{H}{|}}{C}}-\underset{\underset{H}{|}}{\overset{\overset{H}{|}}{C}}-(CH_2)_nCOOH \longrightarrow RCHO + OHC(CH_2)_nCOOH$$

有些植物油因为含有微量的抗氧化物质，例如芝麻油中含有的抗氧剂芝麻酚（sesamol），不易酸败。

芝麻酚

思考题

16-3　在表 16-3 中，催化加氢时，哪种油脂完全氢化所吸收的氢多？哪种油脂碱性完全水解所需的碱多？

16.1.5　肥皂和表面活性剂

（1）肥皂和乳化作用　日常生活使用的肥皂又称硬肥皂，其主要成分是高级脂肪酸的钠盐。此外，还含有松香、香料、染料等填充剂。在肥皂中加入适量苯酚和甲苯酚或其他防腐剂就制成药皂。油脂与氢氧化钾（或碳酸钾）水溶液经皂化反应得到的钾皂，具有比钠皂更强的润湿、渗透、分散和去污的能力。钾皂是制取液体、膏状洗涤用品的主要原料。

肥皂之所以能去污，是其分子结构决定的。高级脂肪酸钠盐的一端是长链烃基，属非极性的疏水基（亲油基）；另一端为羧基负离子，属极性的亲水基。

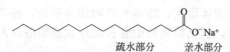

疏水部分　　亲水部分

在水溶液中，脂肪酸钠盐中的链状烃基通过 van der Waals 力互相吸引在一起，聚成一团，似球状，球状物表面被亲水性的羧基负离子所占据，这种球状物称为胶束，它的横切面如图 16-1 所示。

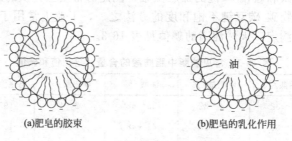

(a)肥皂的胶束　　　　　　　(b)肥皂的乳化作用

图 16-1　肥皂乳化作用示意图

这样形成的胶束，由于外面带有相同的电荷，彼此互相排斥而稳定地分散在水中。当用肥皂洗涤油污时，胶束的链状烃基部分能投入油内，而羧基离子部分伸向油的外面，投入水中。这样在油渍外面就形成了一层肥皂分子的膜，降低水的表面张力，使油渍较易被湿润，当受到揉搓时，大的油污可分散成细小的油滴，每一个细小的油滴表面均被肥皂分子的羧酸根离子覆盖，稳定地悬浮于水中，而不会重新聚在一起形成大油污。互不相溶的两相（油污和水），由一相以小微粒分散到另一相中，形成稳定的分散体系，这种现象称为乳化，具有这种作用的物质称为乳化剂，肥皂就是一种乳化剂，它能使油污乳化，轻易地被水冲洗干净。

近年来，根据肥皂的结构和去污原理，合成了大量类似两亲结构的表面活性剂。

16-4　肥皂是良好的洗涤剂，但其缺点是不宜在酸性水中使用，为什么？

（2）表面活性剂　表面活性剂是指一类能够使体系的表面状态发生明显变化的物质。这类物质的结构特点是分子是由疏水基（亲油基）和亲水基两部分组成，又称两亲（amphiphilic 或 amphipathic）分子。

大多数表面活性剂在溶液中能降低液体的表面张力，这是由于它的亲水基团倾向于进入水和极性分子中，而疏水基团倾向于油层。这样定向排列的结果可降低分散体系的界面张力，使体系始终保持能量最低的稳定状态。

表面活性剂包括的范围很广，种类也很多，但大多为人工合成。根据其性能，表面活性剂可作为洗涤剂、乳化剂、润湿剂、发泡剂、分散剂等广泛应用于工农业、食品卫生等各领域。按照表面活性剂的分子结构特点，可将其大致分为以下几种：

① 阴离子型表面活性剂　阴离子型表面活性剂在水中解离后起表面活性剂作用的是带疏水基的阴离子。肥皂和日常使用最多的合成洗涤剂即属此类，如烷基苯磺酸钠、烷基硫酸钠和烷基磺酸钠。

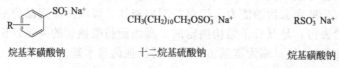

烷基苯磺酸钠　　　　　　　十二烷基硫酸钠　　　　　　　烷基磺酸钠

阴离子表面活性剂一般具有良好的渗透、湿润、乳化、增溶、起泡和抗静电作用。常用作洗涤剂、起泡剂、润湿剂等。

十二烷基苯磺酸钠是国内外广泛使用的合成洗衣粉的主要成分。与肥皂相比，由于磺酸比羧酸的酸性强，是强酸强碱盐，其水溶液呈中性。在水溶液中甚至酸性溶液中也不易质子化。磺酸的钙、镁和铁盐在水中一般是可溶的，因此在硬水或酸性溶液中均可使用。十二烷基苯磺酸钠的去污力较好，是洗洁精、洗衣粉的主要去污成分。十二烷基硫酸钠又称 K12，具有较好的发泡性，但去污力比十二烷基苯磺酸钠弱，常用在牙膏、洗发水等产品中。

② 阳离子表面活性剂　阳离子表面活性剂在水中解离后起表面活性剂作用的是带疏水基的阳离子。主要有季铵盐类、胺盐类，以及某些含硫和磷的化合物。

$$\left[\text{Ph—OCH}_2\text{CH}_2\overset{\overset{\displaystyle CH_3}{|}}{\underset{\underset{\displaystyle CH_3}{|}}{N^+}}\text{—C}_{12}\text{H}_{25}\right]\text{Br}^-$$

溴化二甲基苯氧乙基十二烷基铵
（杜灭芬）

$$\left[\text{Ph—CH}_2\overset{\overset{\displaystyle CH_3}{|}}{\underset{\underset{\displaystyle CH_3}{|}}{N^+}}\text{—C}_{12}\text{H}_{25}\right]\text{Br}^-$$

溴化二甲基苄基十二烷基铵
（新洁尔灭）

季铵盐类表面活性剂去污能力不及阴离子表面活性剂，但却具有较强的杀菌作用，因此常作为消毒用的洁净剂、杀菌防腐剂，如口腔消炎药杜灭芬（domiphen bromide）等和广泛用于手、皮肤、医疗器械消毒的新洁尔灭（bromo geramine）。此外，阳离子表面活性剂也可用作织物的柔软剂和抗静电剂。季铵盐也是一种性能优良的相转移催化剂，如溴化四丁基铵等。

③ 两性离子表面活性剂　两性离子表面活性剂在水中解离后起表面活性剂作用的是带疏水基的两性离子，如氨基酸型、咪唑啉型、甜菜碱型和牛磺酸型等。

$$\overset{+}{R}\text{NH}_2\text{CH}_2\text{CH}_2\text{COO}^-$$

氨基丙酸型

$$R'\text{—}\overset{+}{N}\diagdown\diagup\overset{|}{\underset{R}{N}}\text{—CH}_2\text{COO}^-$$

咪唑啉型

$$\overset{+}{R}\text{N(CH}_3)_2\text{CH}_2\text{COO}^-$$

甜菜碱型

$$\overset{+}{R}\text{N(CH}_3)_2\text{SO}_3^-\quad\overset{CH_3}{\underset{CH_3}{|}}$$

牛磺酸型

此类表面活性剂毒性小，具有良好的杀菌作用，通常用作安全性高的香波起泡剂、扩散剂及纤维柔软剂、抗静电剂等。

④ 非离子型表面活性剂　非离子型表面活性剂在水中不解离，是中性化合物，如烷基聚乙醇醚、聚氧乙烯烷基醚等。

$$\text{C}_{12}\text{H}_{25}\text{O}\text{—(CH}_2\text{CH}_2\text{O)}_n\text{—H}$$

烷基聚乙二醇醚

$$R\text{—Ph—O—(CH}_2\text{CH}_2\text{O)}_n\text{—H}\qquad\begin{array}{l}R=\text{C}_8\sim\text{C}_{10}\text{烷基}\\n=6\sim12\end{array}$$

聚氧乙烯烷基醚

这类表面活性剂结构中一般含有烃基、醚键等，有能与水形成氢键的氧原子，所以是亲水基，而烷基或烷基苯基则为疏水基。此类化合物多为黏稠液体，易与水混溶，具有较好的洗涤、分散、乳化、增溶、发泡作用，广泛用于纺织、造纸、食品、化妆品等工业。

另外，还有一类天然非离子型表面活性剂，如水烷基多苷（alkyl polyglucoside，APG），其被称为"绿色"洗涤剂，具有无毒、无刺激及易生物降解等特点，泡沫丰富、细腻而稳定，能满足对环境的要求，广泛应用于餐洗剂、化妆品、洗发香波、口腔卫生用品等。

水烷基多苷

近来，人们还开发出许多特殊的表面活性剂，如氟表面活性剂、硅表面活性剂、有机金属类表面活性剂，这类表面活性剂用于各种特殊用途。

生物体内也存在许多表面活性物质，如胆汁、磷脂、牛磺酸等。这些物质对细胞膜的框架结构、膜的流动性、体内物质的输送等都有很重要的意义，称为生物表面活性剂。

16.2 蜡

蜡的主要成分为高级饱和脂肪酸和高级饱和一元醇所形成的酯，其中最常见的脂肪酸为软脂酸和二十六酸，最常见的醇为十六醇、二十六醇和三十醇。例如，蜂蜡的主要组分是长链一元醇（$C_{26} \sim C_{36}$）的棕榈酸酯。棕榈树叶中的巴西棕榈蜡是一种重要的植物蜡，为酯蜡的混合物，化学式为 $CH_3(CH_2)_{n+1}COO(CH_2)_{n+1}CH_3$，$n=22 \sim 32$。羊毛蜡的成分较为复杂，纯化后得到的羊毛固醇的脂肪酸酯称为羊毛脂。除了这些酸和醇，蜡中还含有少量奇数碳原子的高级烷烃、游离的高级脂肪酸和高级醇等。

蜡的凝固点都比较高，在 $38 \sim 90℃$ 之间。蜡的碘值较低，介于 $1 \sim 15$，表明其不饱和度较中性脂肪低。

蜡多数为固体，少数为液体。蜡比油脂硬而脆，难溶于水，易溶于脂溶性溶剂中。蜡的化学性质极为稳定，在空气中不易变质，也不如油脂那样易水解。蜡不易被脂肪酶催化水解，因此无营养价值。但在自然界，蜡覆盖在植物的果实、幼枝和叶的表面以及鸟的羽毛和动物的皮毛上，形成一层保护膜，有防止水分蒸发、侵蚀和细菌侵袭等作用。表 16-4 列出了几种常见的重要的蜡的主要成分。

表 16-4　几种重要的蜡

名称	主要成分	来源
虫蜡（Chinese wax，白蜡）	$CH_3(CH_2)_{24}COO(CH_2)_{25}CH_3$	寄生于女贞树的白蜡虫的分泌物
蜂蜡（bees wax）	$CH_3(CH_2)_{14}COO(CH_2)_{29}CH_3$	蜜蜂的腹部
鲸蜡（spermaceti wax）	$CH_3(CH_2)_{14}COO(CH_2)_{15}CH_3$	抹香鲸的头部
巴西棕榈蜡（carnauba wax）	$CH_3(CH_2)_{24}COO(CH_2)_{29}CH_3$	巴西棕榈树叶中

蜡可以用于制造蜡烛、蜡纸、香脂、化妆品、光泽剂以及在牙科中作为牙印模。

值得注意的是，蜡与石蜡不能混淆，石蜡是石油中获得的含有 $16 \sim 30$ 个碳原子的高级烷烃，与蜡的化学组成完全不同。

16.3 磷脂

磷脂（phospholipid）是含有磷酸基团的类脂化合物，存在于所有动植物组织中，如动物的脑、肝、蛋黄和神经细胞中及植物的种子、果实中，是构成细胞膜的主要成分，细胞膜使细胞维持平衡，保持正常的形态和功能并传递信息，使营养物质传入细胞，以及使代谢物传出细胞。人体干脑重的 25% 是卵磷脂。磷脂是细胞膜的重要组成。

按照和磷酸酯化的醇不同，磷脂可分为甘油磷脂和鞘磷脂两大类。

16.3.1 甘油磷脂

（1）磷脂酸（phosphatidic acid）　甘油磷脂是由甘油、脂肪酸、磷酸和其他基团所组成的化合物，包括卵磷脂、脑磷脂、肌醇磷脂、心磷脂等。它们由生物体内合成的磷脂酸衍生而来。磷脂酸的结构式如下：

$$\begin{array}{c} \overset{O}{\underset{\parallel}{H_2C-O-C-R^1}} \\ R^2-C-O-CH \\ H_2C-O-P-OH \\ OH \end{array}$$

甘油磷脂是磷脂酸的衍生物，采用立体专一编号，用 *sn*（stereospecific numbering）表示：

$$\begin{array}{c} CH_2OH \quad 1 \\ HO-C-H \quad 2 \\ CH_2OH \quad 3 \end{array}$$

例如：

$$CH_3(CH_2)_7CH=CH(CH_2)_7-C-O-CH_2-O-C-(CH_2)_{16}CH_3$$
$$CH_2-O-P-OH$$
$$OH$$

sn-甘油-1-硬脂酸-2-油酸-3-磷酸酯

天然磷脂酸中的脂肪酸，通常 C1 位上是饱和脂肪酸，C2 位上是不饱和脂肪酸，C3 位上磷酸的引入使磷脂酸分子具有手性，C2 为手性碳原子，可形成一对对映异构体。自然界中存在的磷脂酸大多属 R-或 L-构型。在甘油磷脂中，组成甘油磷脂的脂肪酸都是含有 16 个碳原子以上的高级脂肪酸，常见的有软脂酸、硬脂酸、油酸、亚油酸、亚麻酸、花生四烯酸等；组成甘油磷脂的其他基团有胆碱、乙醇胺、丝氨酸、肌醇等。最常见的甘油磷脂是卵磷脂和脑磷脂。

胆碱、乙醇胺和丝氨酸的结构如下：

HO—CH$_2$CH$_2$N$^+$(CH$_3$)$_3$OH$^-$ HO—CH$_2$CH$_2$NH$_2$ HO—CH$_2$CHCOO$^-$ | NH$_3^+$

胆碱 (choline)   乙醇胺 (ethanolamine)   丝氨酸 (serine)

$$\begin{array}{c} \overset{O}{\underset{\parallel}{H_2C-O-C-R^1}} \\ R^2-C-O-CH \\ H_2C-O-P-OG \\ OH \end{array}$$

G = —CH$_2$CH$_2$N$^+$(CH$_3$)$_3$OH$^-$ 为α-卵磷脂(磷脂酰胆碱)
G = —CH$_2$CH$_2$NH$_2$ 为α-脑磷脂(磷脂酰乙醇胺)
G = —CH$_2$CHCOO$^-$ |NH$_3^+$ 为磷脂酰丝氨酸

（2）卵磷脂和脑磷脂　磷脂酸分子中磷酸上的一个羟基与胆碱形成的酯为磷脂酰胆碱，俗名卵磷脂（lecithin，PC）；与乙醇胺（又称胆胺）生成的酯为磷脂酰乙醇胺，俗名脑磷脂（cephalin，PA）。1844 年法国人 Gohley 从蛋黄中发现卵磷脂。自然界中存在的卵磷脂和脑磷脂都为 α 位，它们的结构式如下：

$$\begin{array}{c} H_2C-O-C-R^1 \\ R^2-C-O-CH \\ H_2C-O-P-O-CH_2CH_2N^+(CH_3)_3 \\ O^- \end{array}$$
α-卵磷脂

$$\begin{array}{c} H_2C-O-C-R^1 \\ R^2-C-O-CH \\ H_2C-O-P-O-CH_2CH_2N^+H_3 \\ O^- \end{array}$$
α-脑磷脂

卵磷脂和脑磷脂均是吸水性很强的白色蜡状固体，在空气中易被氧化逐渐变成黄色和棕褐色。卵磷脂能溶于乙醇和乙醚，但不溶于丙酮；脑磷脂能溶于乙醚，但不溶于冷乙醇和丙酮。故可利用这一性质，将卵磷脂与脑磷脂分离。

在卵磷脂和脑磷脂分子中，由于磷酸部分显酸性，带正电荷，而胆碱和胆胺部分显碱性，带负电荷，所以分子以偶极离子形式存在。它们的分子结构特点与油脂不同，与肥皂、洗涤剂相似，分子中偶极离子部分为亲水性的极性基团，两个脂肪酸部分的长脂肪烃基链为疏水性的非极性基团，所以甘油磷脂具有乳化剂的性质。在细胞膜中，磷脂呈双分子排列，它们的极性基团位于双分子层的上下两表面；而非极性的长链烃基部分聚在一起形成双分子层的中心疏水区。这种有规则地排列着的双分子层构成了细胞膜的框架，起着重要的生理作用，如图 16-2 所示。

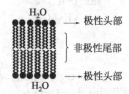

图 16-2　磷脂的双分子层排列结构

人体干脑重的约 25% 是卵磷脂，能调节胆固醇在人体内的含量，有效降低胆固醇，降低高血脂以及冠心病的发病率。脑磷脂在体内广泛分布，尤以脑和脊髓含量丰富。脑磷脂在临床上用作止血药和肝功能检查的试剂。

16.3.2　鞘磷脂

鞘磷脂又称神经鞘磷脂（sphingomyelin），是鞘酯类的典型代表。鞘磷脂是细胞膜的重要成分之一，大量存在于脑和神经组织中。它不是甘油酯，而是由神经酰胺的羟基与磷酸胆碱（或磷酸乙醇胺）酯化所形成的化合物。因此，神经鞘磷脂完全水解，可得鞘氨醇、脂肪酸、磷酸和胆碱各一分子。神经鞘磷脂分子中的脂肪酸与神经氨醇的氨基以酰胺键结合，磷酸以酯的形式与神经氨基醇及胆碱结合。鞘氨醇、神经酰胺和鞘磷脂的结构式如下：

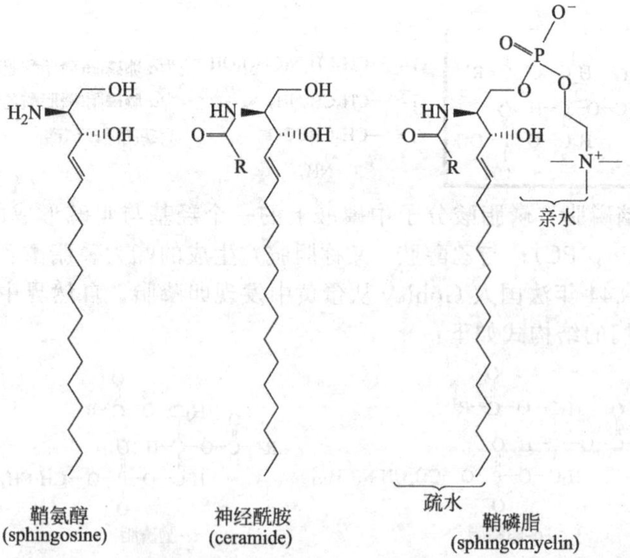

鞘氨醇
(sphingosine)　　神经酰胺
(ceramide)　　鞘磷脂
(sphingomyelin)

神经鞘磷脂在分子大小、形状和极性方面都与卵磷脂相似。神经鞘磷脂为白色晶体，对光和空气都稳定，与卵磷脂、脑磷脂不同，神经鞘磷脂不溶于乙醚而溶于热乙醇，在水中成乳浊液。神经鞘磷脂是动植物细胞膜的主要成分。它和蛋白质与多糖构成包裹神经纤维的外衣——髓鞘，当神经传递冲动时，可起绝缘作用。

16-5　用系统命名法命名鞘氨醇。

16.4　萜类化合物

萜类（terpenoids）也称萜烯类，广泛存在于植物界，如从某些植物中获得的香精油，动植物体内的一些生物色素、维生素、激素等，其主要成分是萜类化合物，它们对植物的生长发育等过程有着各种不同的生理作用。在人们的日常生活中，萜类化合物具有药用、调味、调色、调香等各种不同的用途。

萜类一般指分子中含有两个或多个异戊二烯碳骨架的不饱和烃及其氢化物和含氧化合物。其分子中的碳原子数是异戊二烯碳原子数（5 个碳原子）的倍数，但也有个别例外。因此，不论萜类化合物的结构是如何复杂，它们的碳架总可被划分为若干个头尾相连的异戊二烯单元。这种结构特点，称为异戊二烯规律。

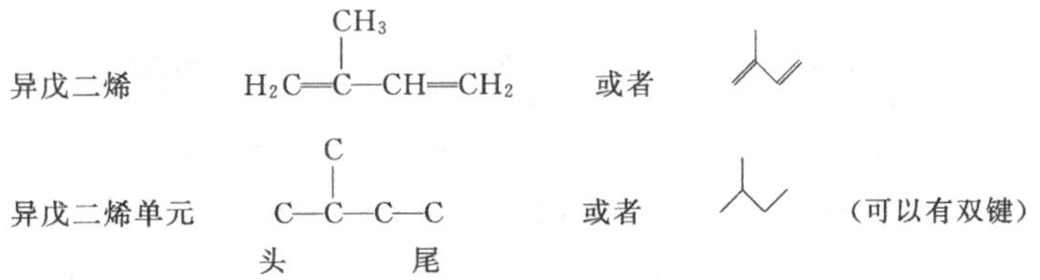

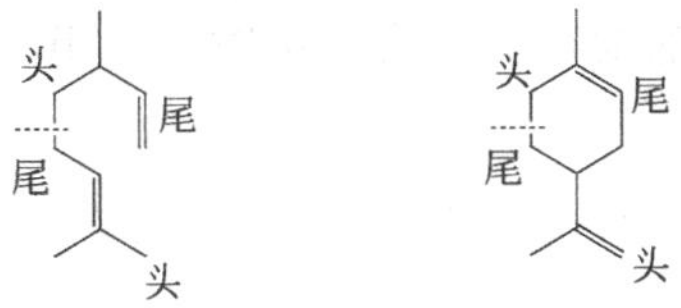

异戊二烯　　$H_2C=\overset{\underset{|}{CH_3}}{C}-CH=CH_2$　　或者

异戊二烯单元　　$C-\overset{\underset{|}{C}}{C}-C-C$　　或者　　（可以有双键）
　　　　　　　　　头　　　尾

罗勒烯　　　　　　　　芳烯

根据萜类化合物分子中所含异戊二烯单元的多少，萜类可分为单萜、倍半萜、二萜、三萜、四萜和多萜等，见表 16-5。

表 16-5　萜类化合物的分类

类别	单萜	倍半萜	二萜	三萜	四萜	多萜
异戊二烯单元数	2	3	4	6	8	>8
碳原子数	10	15	20	30	40	>40

萜类化合物种类繁多，有开链和环状结构，并含有多个官能团，特别是含羟基和羰基，天然产物中常见的有萜烯醇、萜烯醛和萜烯酸类等各种饱和程度及立体异构不同的化合物，绝大多数都具有光学活性。

16.4.1　单萜

单萜（monoterpenes）是由两个异戊二烯单元以头尾相连而成的化合物。植物香精油的主要成分含有单萜。

根据分子中碳链骨架的特点，单萜又可分为开链萜、单环萜和双环萜三类。

（1）重要的单萜　橙花醇、柠檬醛、月桂烯等都是重要的单萜类化合物。

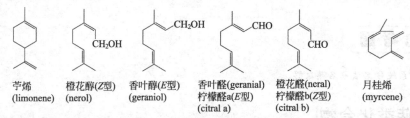

苧烯　　　橙花醇(Z型)　香叶醇(E型)　香叶醛(geranial)　橙花醛(neral)　　月桂烯
(limonene)　(nerol)　　(geraniol)　柠檬醛a(E型)　柠檬醛b(Z型)　(myrcene)
　　　　　　　　　　　　　　　　(citral a)　　　(citral b)

　　橙花醇和香叶醇互为顺反异构体，存在于多种香精油中，为无色具有玫瑰香气的液体，香叶醇还是蜜蜂传递信息的性外激素。柠檬醛由 a 和 b 两种顺反异构体组成，主要存在于柠檬油中。除用作合成香精外，也是合成维生素 A 的原料。

　　月桂烯也称香叶烯，是月桂油、松节油的重要成分。月桂烯是用于合成橙花醇、紫罗兰酮等香料的原料。

　　(2) 单环单萜　单环单萜是由两个异戊二烯单元聚合成的六元环化物，大多数含有苧烷的碳骨架。较重要的有苧烯、薄荷醇、薄荷酮等。

苧烷　　　　　　苧烯　　　　　薄荷醇
(menthane)　　(limonene)　　(menthol)

　　苧烯含有一个手性碳原子，有一对对映异构体，具柠檬香味，又称柠檬精，存在于柠檬油和橙皮油中，可作为香料、溶剂及合成橡胶的原料。薄荷醇（俗称薄荷脑）分子结构中含有三个手性碳原子，有 8 个光学异构体，天然薄荷油中几乎均为左旋体。薄荷醇为低熔点（36～38℃）结晶固体，具强烈的薄荷味，有杀菌防腐作用，常用于香料、食品及医药工业。薄荷醇氧化得薄荷酮。

　　　思考题

16-6　请写出薄荷醇 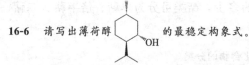 的最稳定构象式。

　　(3) 双环单萜　自然界中存在较多的双环萜，许多为蒎烷和莰烷的衍生物，属桥环化合物。

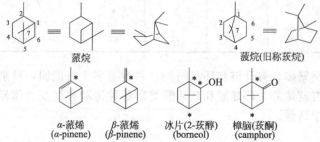

蒎烷　　　　　　　　　　　　莰烷(旧称莰烷)

α-蒎烯　　β-蒎烯　　冰片(2-莰醇)　樟脑(莰酮)
(α-pinene)　(β-pinene)　(borneol)　　(camphor)

　　蒎烯存在于松节油中，有 α- 和 β- 两种异构体，其中 α-蒎烯含量最高，可达 80% 以上。α-蒎烯可用于合成莰醇（冰片）和莰酮（樟脑）。

　　莰醇俗称龙脑，又名冰片，主要产于热带植物龙脑树中，为无色片状结晶，有薄荷香，但杂有辛辣味，是中药人丹、冰硼散的成分，具发汗、镇痉、止痛作用。

　　莰酮又称樟脑，存在于樟树中，天然的樟脑为右旋体，是医药、化妆品的重要原料。

16-7 分别用系统命名法命名 α-蒎烯、2-莰醇的名称。

16.4.2 倍半萜

倍半萜（sesquiterpenes）是分子中含有 3 个异戊二烯单元的化合物。如铃兰香精油中的法尼醇、从菊科植物蒿蒿的花中提取的驱蛔虫药的主要成分山道年及杜鹃油中的杜鹃酮等。

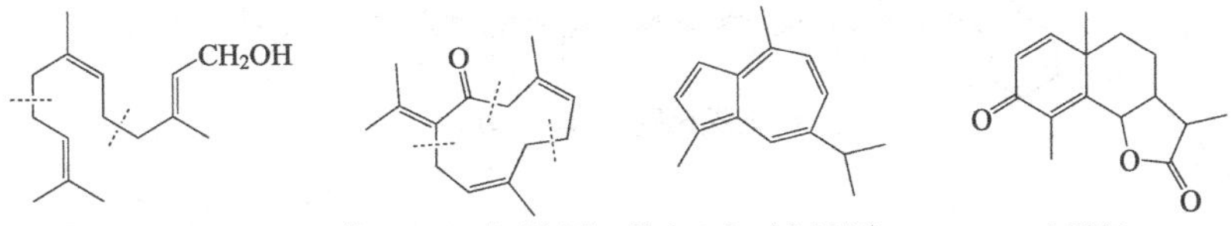

法尼醇
(farnesol)

牻牛儿酮（杜鹃酮）
(germacrone)

牻牛儿奥（愈创奥）
(guaiazulene)

山道年
(santonin)

16-8 山道年往往采用将其溶解在碱液中，然后再经酸化的方法来纯化，尝试写出此反应式。

16.4.3 二萜

二萜（diterpenes）是含有 4 个异戊二烯单元的化合物。重要的如叶绿素中的叶绿醇、松香中的松香酸及维生素 A 等。

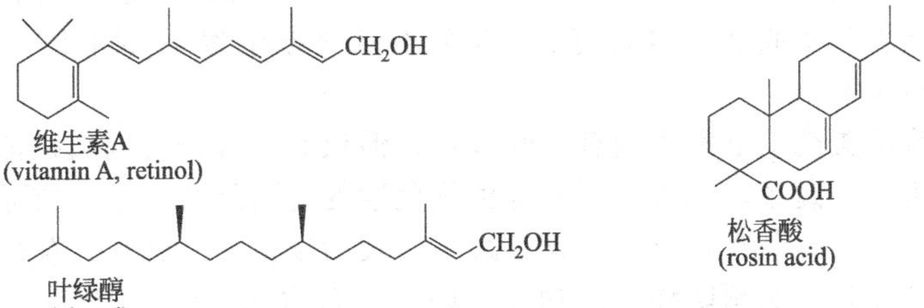

维生素A
(vitamin A, retinol)

叶绿醇
(phytol)

松香酸
(rosin acid)

维生素 A 是哺乳动物正常生长和发育所必需的物质，它参与视紫红质（一种感光物质）的合成等作用，体内缺乏可导致夜盲症、干眼病和角膜硬化症等，并能引起生殖功能衰退、生长发育受阻等症状。

16.4.4 三萜

三萜（triterpenes）是含有 6 个异戊二烯单元的化合物。如由抹香鲸中获得的龙涎香的主要成分龙涎香醇；存在于角鲨鱼的肝和人体皮脂中，麦芽、茶籽油等植物中的角鲨烯。

角鲨烯是重要的开链三萜化合物，最初是从鲨鱼的肝油中发现的，1914 年被命名为 squalene。其结构特点是中心对称，在分子中心处两个异戊二烯单元尾-尾相连形成长链。角鲨烯是哺乳动物中甾体化合物的生源合成前体，通过一系列复杂反应转变为羊毛甾醇（lanosterol），最后生成胆甾醇等各类甾族化合物。

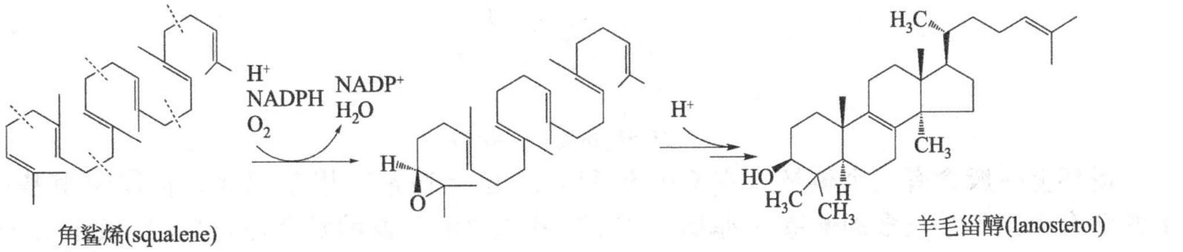

角鲨烯(squalene)

羊毛甾醇(lanosterol)

角鲨烯具有保肝、抗疲劳和增强机体的抗病能力等作用。深海鲨鱼肝油的主要成分就是角鲨烯。

16.4.5　四萜

四萜（tetraterpenes）分子中含有 8 个异戊二烯单元，在自然界分布很广，因其分子中含有较多的共轭双键，所以这类化合物通常具有黄至红的颜色，也称为多烯色素。如属类胡萝卜素类（carotenoids）的胡萝卜素、番茄红素、玉米黄素等。

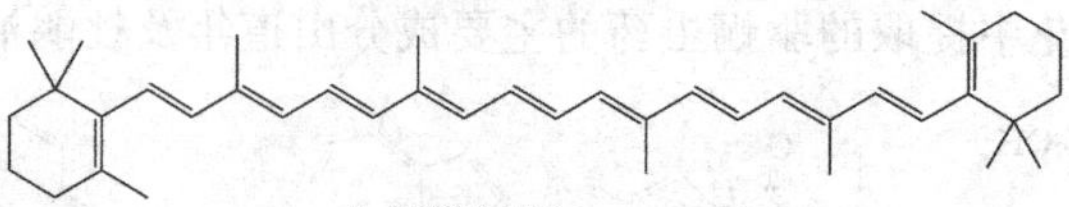

β-胡萝卜素(β-carotene)

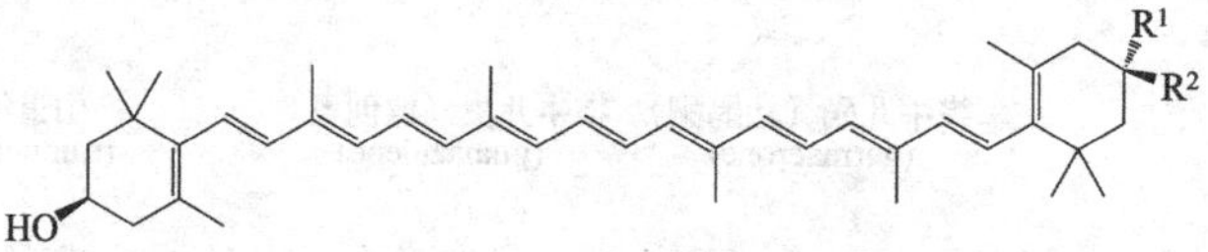

R[1]＝H,R[2]＝OH：玉米黄素(zeaxanthin)
R[1]＝OH,R[2]＝H：叶黄素(phytoxanthin)

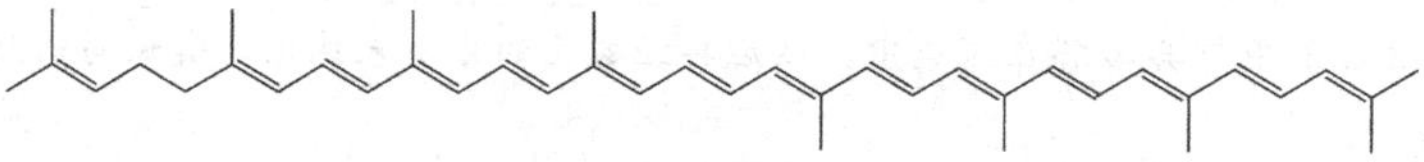

番茄红素(lycopene)

1831 年，Wachenrooder 从胡萝卜根中分离得到胡萝卜素。胡萝卜素有 α-、β-、γ-三种异构体，其中 β-异构体含量最高（85％）。除胡萝卜中含有外，也广泛存在于植物的叶、花、果实中，动物乳汁和脂肪中也含有。β-胡萝卜素是维生素 A 的前体，在体内酶的作用下，能被氧化成维生素 A。

自然界中发现的类胡萝卜素大约有 600 多种，但仅有一部分可以被机体吸收。叶黄素和玉米黄素是构成玉米、蔬菜、水果、花卉等植物色素的主要组分，是人类晶状体中唯一可检测到的类胡萝卜素，在甘蓝类蔬菜和菠菜等蔬菜中较为丰富。β-胡萝卜素和类胡萝卜素化合物均具有一定的抗氧化性和预防癌症的功能。因此多食含黄、红、橙色的食物，如胡萝卜、西红柿、红薯、玉米等有利于身体健康。

16.5　甾族化合物

甾族化合物（steroid）广泛存在于动植物体内，大多具有非常重要的生理作用。

16.5.1　甾族化合物的基本结构

甾族化合物的结构特征是分子中都含有一个环戊烷并氢化菲构成的四环碳骨架，称为甾环，自左至右分别标注为 A、B、C、D。环上的碳原子有固定编号，可用以下基本结构式表示：

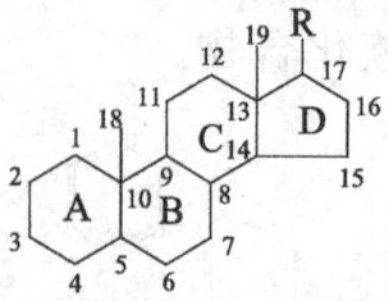

环戊烷并氢化菲(甾烷)

甾环上一般含有三个侧链，在 C10 位和 C13 位上通常有甲基取代，称作角甲基；C17上常含有碳原子数较多的侧链 R 基团。"甾"字中"田"表示四个环，"巛"表示三个取代基。中文"甾"字形象地表示了甾族化合物的基本结构特点。

16.5.2 甾族化合物的立体异构

甾族化合物的四个环，每相邻的两个环之间都可按顺式或反式稠合。此外，化合物分子中含有多个手性碳原子，理论上能产生许多光学异构体，因此甾族化合物立体异构体的数目应很多，但由于多环稠合而引起的空间位阻，立体异构体的数目大为减少。在天然甾族化合物中，B、C 两环总是反式稠合，C、D 两环也大多以反式稠合，只有 A、B 两环有顺式和反式两种稠合方式。

当 A、B 两环以顺式稠合（即 *ea* 稠合）时，其中 C5 氢原子与角甲基在环平面同侧，为 β-构型，以实线表示，称为 5β 系；当 A、B 两环以反式稠合（即 *ee* 稠合）时，其 C5 氢原子与角甲基在环平面异侧，为 α-构型，以虚线表示，称为 5α 系。

当环上有取代基存在时，凡与角甲基在环平面同侧的取代基，属 β-构型，用实线表示；与角甲基异侧的取代基属 α-构型，用虚线表示；构型不确定者，用波纹线～～相连。

α-系与 β-系其构型、构象式如下：

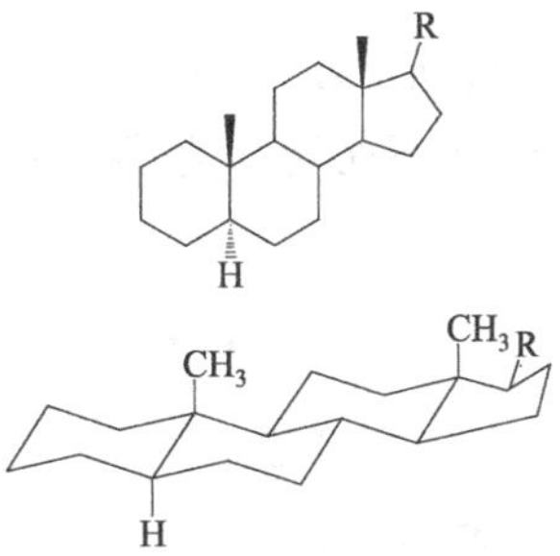

5α-系甾族化合物 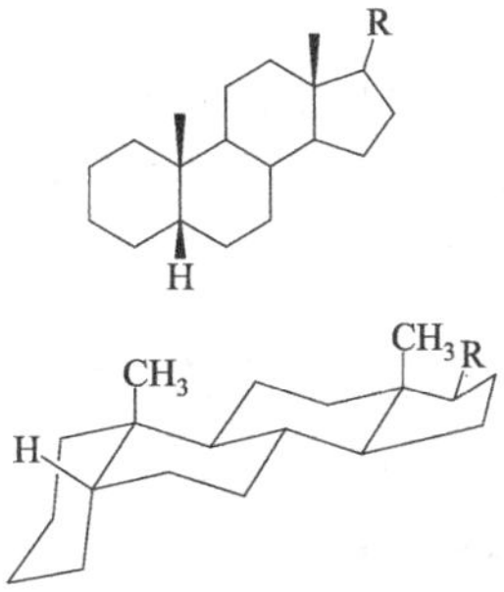　　　　　　　　5β-系甾族化合物

甾族化合物的命名比较复杂，通常采用与其来源或生理作用有关的俗名。根据 C10、C13 和 C17 上所连接的侧链种类，甾族化合物有如表 16-6 所示的最基本的母体名称。

表 16-6　甾族化合物母体名称

母体名称	R^1(C10)	R^2(C13)	R^3(C17)
腺甾烷（gonane）	H	H	H
雌甾烷（estrane）	H	Me	H
雄甾烷（androstane）	Me	Me	H
孕甾烷（pregnane）	Me	Me	Et
胆烷（cholane）	Me	Me	—CH(CH$_3$)CH$_2$CH$_2$CH$_3$
胆甾烷（cholestane）	Me	Me	—CH(CH$_3$)(CH$_2$)$_3$CH(CH$_3$)$_2$

甾族化合物的命名是以其烃类的基本结构作为母体名称，并加上前、后缀表明取代基的位次名称来构成。

根据甾族化合物的存在和化学结构一般可分为甾醇（包括植物甾醇和动物甾醇）、胆汁酸、甾族激素、甾族生物碱等。

16.5.3 甾醇

甾醇（sterol）广泛存在于动植物组织中，是一类饱和或不饱和的仲醇。天然甾醇中的醇羟基一般在 C3 上，且多为 β-构型。

（1）胆固醇　胆固醇（cholesterol）又名胆甾醇，是最早发现的一种动物甾醇，它存在于动物的血液、脂肪、脑髓和胆汁中。因最初是从胆结石中获得的一种固体醇而得名。

胆固醇学名 5-胆烯-3β-醇，其结构特点是 C3 处连有 β-羟基，C5 和 C6 间为双键，C17 处连有一个含有 8 个碳原子的烃基侧链。

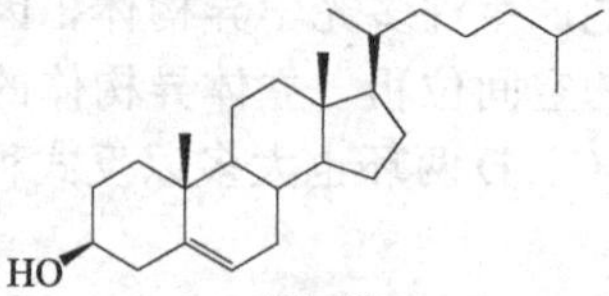

胆固醇

胆固醇为无色或微黄色蜡状固体，熔点为 148～150℃，不溶于水（1.8mg/L，30℃），易溶于乙醚、氯仿、丙酮等有机溶剂中。

胆固醇大多以脂肪酸的形式存在于动物体内；常以苷的形式存在于植物体内。它与生物膜的流动性及正常功能密切相关。胆固醇的主要功能为构成细胞膜、形成胆酸和合成激素。当人体胆固醇代谢发生障碍时，血液中胆固醇含量升高，沉积于动脉血管壁上，会引起胆结石和动脉硬化。

（2）7-脱氢胆固醇和麦角固醇　胆固醇在体内经酶的催化氧化可转化为 7-脱氢胆固醇，它存在于人体皮肤中，在日光紫外线的照射下，B 环开环而转变为维生素 D_3。7-脱氢胆固醇又叫维生素 D_3 原。

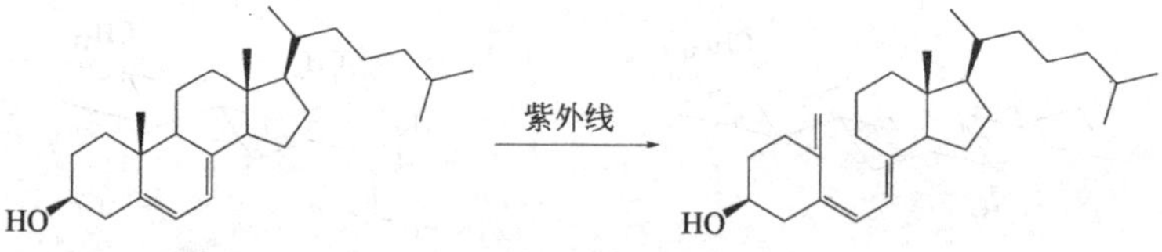

7-脱氢胆固醇　　　　　　紫外线　　　　　　维生素D_3

麦角甾醇（ergosterol）是一种重要的植物甾醇，存在于某些植物中。结构上，它比 7-脱氢胆固醇在 C17 位的侧链上多一个甲基和一个碳-碳双键。经紫外线照射后，B 环开环生成维生素 D_2。

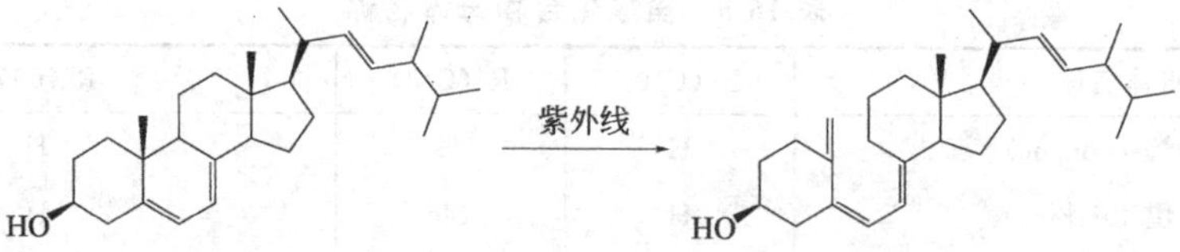

麦角甾醇　　　　　　紫外线　　　　　　维生素D_2

维生素 D_2 和 D_3 均为 D 族维生素，也称为抗佝偻病维生素，广泛存在于动物体内。奶乳、蛋黄和肝中尤以海鲜鱼肝油中含量丰富，它们能促进体内对钙、磷的吸收。当维生素 D 严重缺乏时，儿童易患佝偻病，成人则患软骨病。人体所需的维生素 D 并非愈多愈好，如长期服用过量，可引起软组织钙化和肾功能损害，必须加以注意。

（3）胆甾酸　胆汁中除含有胆固醇和胆色素外，还含有几种甾体酸，称为胆甾酸（bile acid），它们是胆固醇的分解代谢产物，其中含量最多的为胆酸，其次是去氧胆酸。

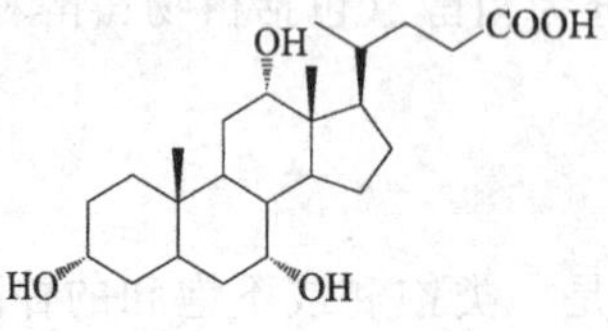

胆酸 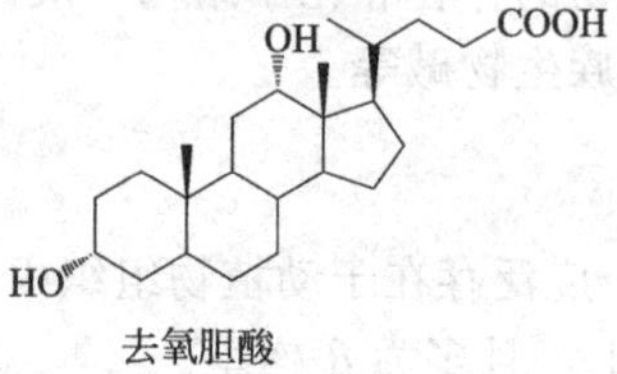　　　　　　　　　　　　去氧胆酸

它们的结构特征是，A、B 两环以顺式稠合，甾核上连有两个或三个羟基，均为 α-型。C17 上连有含 5 个碳原子的支链，末端为羧基。

熊去氧胆酸，即 $3\alpha,7\beta$-二羟基-5β-胆甾烷-24-酸（ursodesoxycholic acid，UDCA），医学上用于增加胆汁酸分泌，并使胆汁成分改变，降低胆汁中胆固醇及胆固醇脂，有利于胆结石中的胆固醇逐渐溶解，保护肝细胞膜，可用于治疗原发性胆汁性肝硬化（PBC）和原发性硬化性胆管炎（PSC）。鹅去氧胆酸（chenodeoxycholic acid，CDCA），即 $3\alpha,7\alpha$-二羟基-5β-胆甾烷-24-酸，结构上与熊去氧胆酸的差别仅在于 C7 上羟基的构型，它是目前世界上治疗胆结石用量最大的一种药物，又是合成熊去氧胆酸和其他甾体化合物的原料。

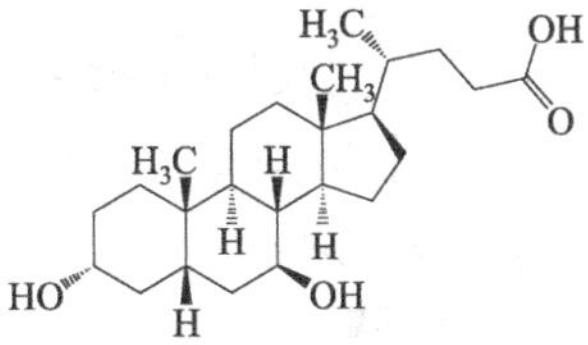

熊去氧胆酸 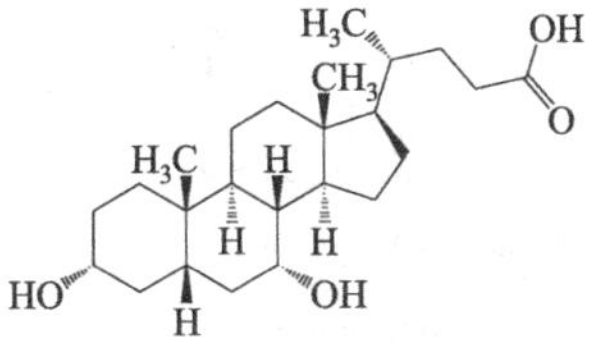　　　　　　　　鹅去氧胆酸

胆甾酸在胆汁中分别与甘氨酸（H_2NCH_2COOH）和牛磺酸（$H_2NCH_2CH_2SO_3H$）通过酰胺键结合，分别生成甘氨胆酸和牛磺胆酸。这些结合胆甾酸总称为胆汁酸。

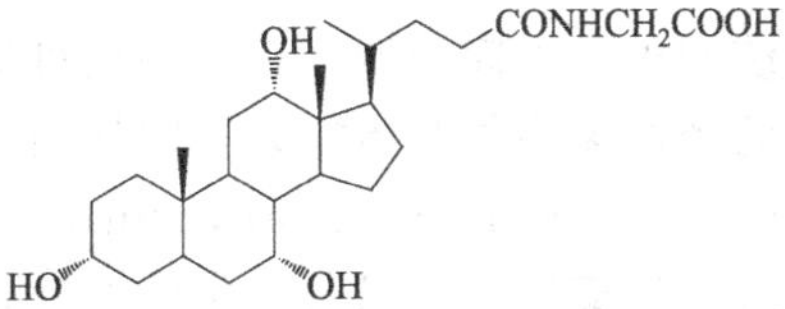

甘氨胆酸 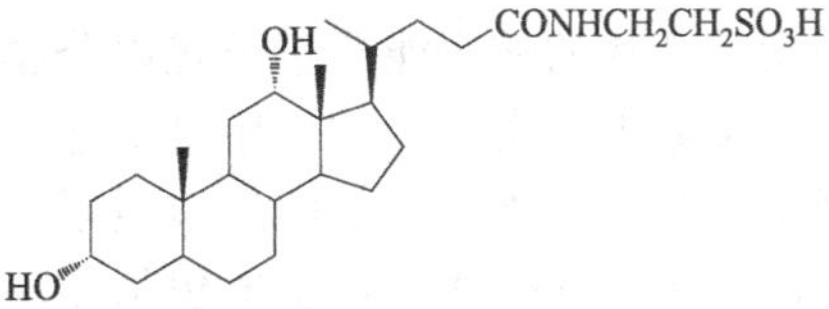　　　　　　　　　牛磺胆酸

胆汁酸在小肠内的碱性条件下，大部分形成胆汁酸盐。胆汁酸盐分子中既含有亲水的羟基、羧基或磺酸基，又有疏水的甾环，这种分子结构能降低油水两相之间的表面张力，因此是良好的表面活性物质，它能使油脂在肠中乳化成细小的乳糜微粒以增加与脂肪酶的接触面积，有利于机体内脂肪的消化和吸收，因此，胆汁酸盐又被称为"生物肥皂"。

此外，胆汁酸盐可使胆汁中的胆固醇分散形成可溶性微粒，以免结晶而形成结石。

16.5.4　甾体激素

甾体激素（steroid hormones）是指一类含有甾族基本结构而又具有激素作用的化合物，根据其来源和生理功能的不同，甾体激素可分为性激素和肾上腺皮质激素两类。

（1）性激素　性激素又可分为雄性激素和雌性激素两类，是高等动物性腺（睾丸和卵巢）的分泌物，具有促进动物发育、生长及维持性的特征等生理功能。

性激素分子结构特征是：C17 上没有较长的侧链；骨架环系的构型相同，只是取代基及其空间构型不同。雌性激素如 β-雌二醇、黄体酮，雄性激素如睾丸酮。

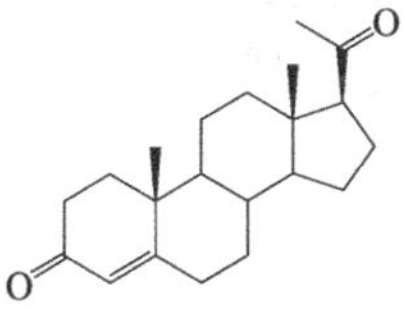

黄体酮 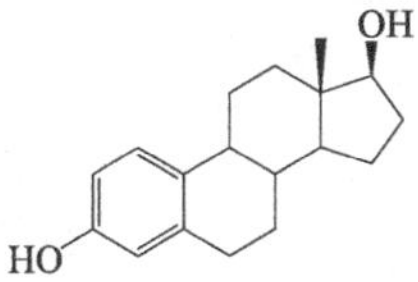　　　　　　　　　β-雌二醇 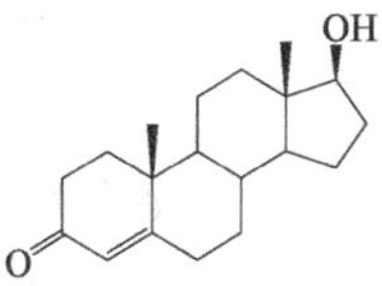　　　　　　　　睾丸酮

雌性激素由卵巢分泌，分为雌激素和孕激素两类。黄体酮（progesterone）属孕激素，是由卵胞排卵后形成的黄体所产生的一种雌性激素。其主要生理作用是能抑制排卵、维持妊娠，有助于受精卵在子宫中发育。临床上用于治疗习惯性流产等症。β-雌二醇（β-estradiol）

属雌性激素，是由发育的卵泡和黄体所分泌，其主要生理功能是促进子宫、输卵管和第二性征的发育，临床上用于治疗卵巢机能不全引起的病症，如子宫发育不全等。

睾丸酮（testosterone）又称睾甾酮，是由睾丸分泌的一种雄性激素。它能促进雄性性器官和第二性特征的发育、生长及维持雄性特征等。因其结构中 A 环含有不饱和酮基，对碱敏感，在消化道中易被破坏，故口服无效，临床上多采用其衍生物，如甲基睾丸酮等。

甾体激素一般用量极少，但却有很强的生理作用。因此，除了从动植物中分离获得天然的甾体外，人们进行了结构改造，合成出大量甾类化合物，其生理活性较天然产物更强。如合成的口服避孕药炔诺酮（norethisterone），其生理活性比黄体酮分子强得多。

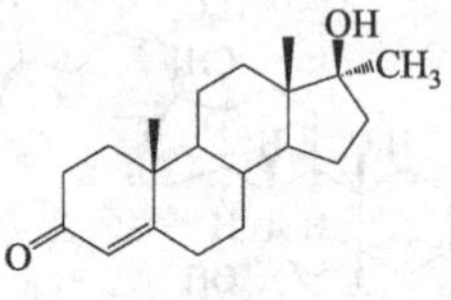

甲基睾丸酮 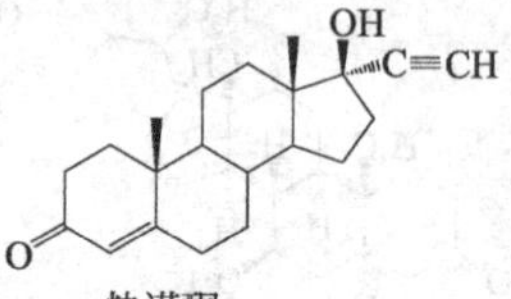　　　　　　　　　炔诺酮

此外，一些类固醇药物如甲基雄烯酮（dianabol）之类的雄性激素，因被发现具有促进肌肉生长发达作用而应用于农畜牧业中，但体育竞赛中严禁运动员服用此类药物用以增强竞技体能。

由于激素类药物的使用能严重干扰内分泌系统的正常生理功能，长期服用可造成严重后果，因此激素类或类激素药品的使用已引起人们的密切关注并开始加以控制使用。

（2）肾上腺皮质激素　肾上腺皮质激素（adrenal cortical hormone；corticoid）是由肾上腺皮质分泌的一组类固醇激素，主要包括糖皮质素、盐皮质素，以及少量的性激素。例如皮质醇（氢化可的松）、可的松等，它们的结构非常类似，一般在 C17 上都有—$COCH_2OH$ 基团，C3 为酮基，C11 上常带有羰基或羟基。

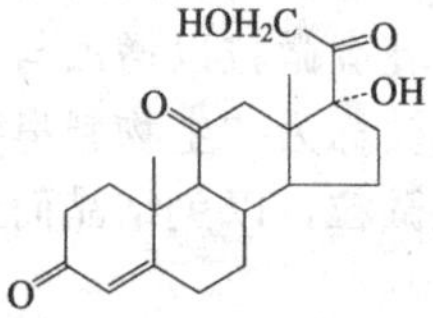

可的松(cortisone) 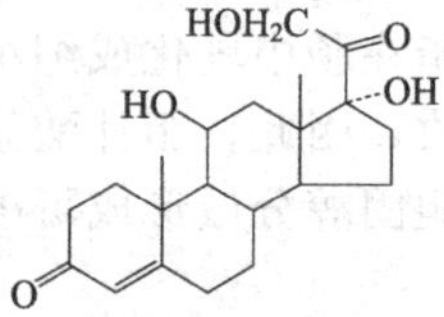　　　　　氢化可的松(cortisol) 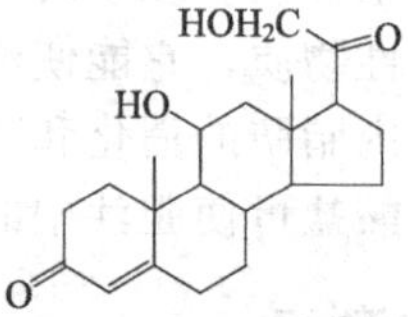　　　　　皮质酮(corticosterone)

肾上腺皮质激素有调节糖或无机盐代谢等功能，其中可的松类是治疗风湿性关节炎、气喘及皮肤病的药物。近年来还合成了许多疗效强而副作用较小的肾上腺皮质激素新药，如临床上已使用的地塞米松（dexamethasone）、醋酸强的松（prednisone）等。

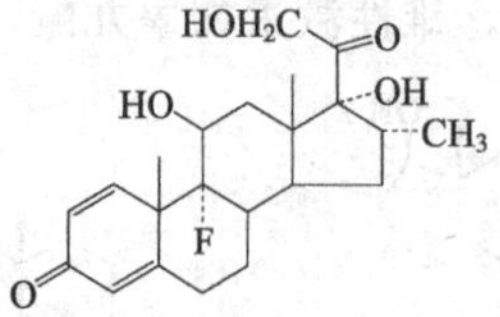

地塞米松 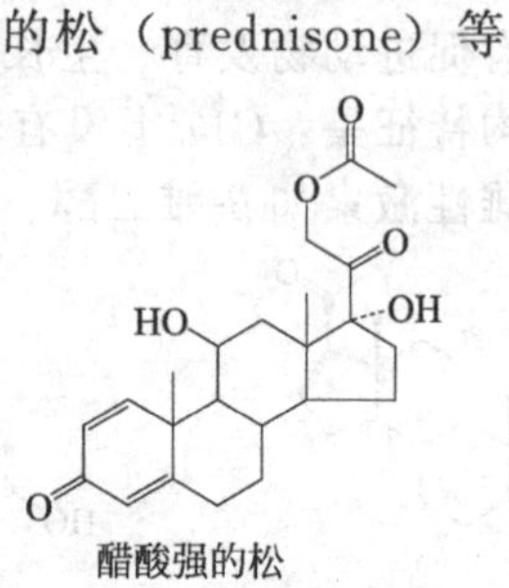　　　　　　　　　　醋酸强的松

（3）甾类皂苷与强心苷　甾类皂苷（steroid saponin）和强心苷（cardiac glycoside）是一类以配基形式与糖结合成苷的甾类化合物。其中糖与甾族的连接位置通常在 3β-羟基。

这类化合物广泛存在于自然界的许多植物和某些动物体内，例如，从植物薯蓣中获得的薯蓣皂苷、从紫花洋地黄叶中提取到的毛地黄毒苷及从蟾蜍毒液中得到的蟾蜍毒素，它们的

配基如下：

毛地黄毒配基　　　　　　薯蓣皂苷配基　　　　　　蟾毒配基

皂苷类化合物由于在水中能起到肥皂的乳化作用而得名，可被用作洗涤剂、灭火器中的发泡剂等。有许多皂苷类化合物还具有抗肿瘤作用。如薯蓣属来源的薯蓣皂苷配基，因来源丰富，是制药业上生产可的松和性激素的重要原料。

毛地黄毒苷属强心苷类化合物。强心苷类化合物在甾族母体结构上有别于其他甾族化合物之处在于 C/D 环是以顺式稠合而不是反式稠合。此外，在甾族的 14 位上常有 β-羟基取代，17 位上往往连有一不饱和的五元或六元环的内酯结构，强心苷类化合物能直接作用于心肌，加强其收缩力，增强心脏功能，临床上用作心脏衰竭的强心剂。

知识介绍

天然抗癌药物紫杉醇

紫杉醇（taxol），又称红豆杉醇，在 20 世纪 60 年代首次从太平洋杉（taxus brevifolia）的树皮中提取得到。紫杉醇在临床上已经广泛用于乳腺癌、卵巢癌和部分头颈癌以及肺癌的治疗，其结构如下：

紫杉醇　　　　　　10-DAB　　　　　　多西紫杉醇

从结构上看，它的母核是一个三环二萜，环外连接一苯基异丝氨酸。分子中有 11 个手性中心和多个取代基和官能团。研究表明，紫杉醇具有独特的抗癌机理，主要是能够抑制肿瘤细胞的有丝分裂，抑制微管的解聚，促进肿瘤细胞在分裂过程中凋亡。紫杉醇是获得 FDA 批准的首个来自天然植物的化学药物，并由 BMS（Bristol-Myers Squibb）公司于 1993 年上市。其新颖复杂的化学结构、广泛而显著的生物活性、新的作用机制、奇缺的自然资源引起了化学家、植物学家、药理学家、分子生物学家极其浓厚的兴趣。

紫杉醇的天然含量极少，每砍伐 12 棵树木才能得到 1g 紫杉醇。为了保护紫杉树，合成化学家开始对紫杉醇进行全合成。经过 20 多年的努力，美国佛罗里达州立大学的 R. Holton 和美国斯克瑞普斯研究所的 K. C. Nicolaou 两个研究组，几乎同时于 1994 年报道完成了紫杉醇的全合成。但是，由于全合成步骤多、产率低、反应条件非常苛刻，无法实现商业化批量生产。R. Holton 后来发展出的半合成路线，使紫杉醇能够商业化生产。其中用到了一种叫作 10-脱乙酰基巴卡亭（10-deacetylbaccatin，10-DAB）的化合物，其与紫杉醇具有相同的母核结构，而且该化合物在红豆杉（taxus baccata）属植物的枝叶中含量极高，从而可以避免对植物全株的破坏。采用半合成方法，经过四步有机合成反应可以将之转换成紫杉醇，产率高达 80%。在研究这种半合成路线中，还发现了一个比紫杉醇溶解性更好且活性是其 2.7 倍的化合物，后来被开发了药物多西紫杉醇（taxotere）。2002 年，又发明了植物细胞发酵直接生产紫杉醇。

习题

16-1 下列化合物中哪些可作乳化剂？

(1) CH_3OSO_3Na (2) $CH_3(CH_2)_6CH(CH_2)_2OSO_3Na$ (3) $CH_3(CH_2)_{16}CH_2OH$

                     CH_3

(4) $CH_3(CH_2)_{10}CH_2$—〈 〉—SO_3NH_4 (5) 脑磷脂   (6) 油脂

16-2 画出下列化合物中的异戊二烯单位，并指出它们各属哪类萜（如单萜、双萜……）。

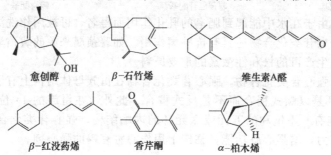

愈创醇   β-石竹烯   维生素A醛

β-红没药烯   香芹酮   α-柏木烯

16-3 写出甘油三油酸酯与下列试剂的反应的产物。

(1) $NaOH$ (2) H_2/Ni (3) Br_2/CCl_4 (4) 先皂化，然后与 $LiAlH_4$ 反应

16-4 给出下列每个化合物的分类。

(1) 甘油三棕榈酸酯   (2) $CH_3(CH_2)_{13}O\overset{O}{\overset{\|}{C}}(CH_2)_{16}CH_3$ (3) $CH_3(CH_2)_{10}CH_2O\overset{O}{\overset{\|}{C}}ONa$

(4) [化合物结构式]   (5) [化合物结构式]

16-5 写出胆固醇的结构式，将碳原子编号，并说明：

(1) 在胆固醇分子中含有几个手性碳原子，理论上可能有多少个旋光异构体？

(2) A 环和 B 环是顺式稠合还是反式稠合或都不是？

(3) C3 上的—OH 是 α-构型还是 β-构型？

(4) 写出胆固醇与 (a) Br_2、(b) CH_3COOH 发生反应的可能反应式。

(5) 将胆固醇氢化后可得两种异构体，写出这两种异构体的结构，并指出其区别。

16-6 说明怎样使油酸转化成下列化合物？

(1) 1-十八烷基醇   (2) 硬脂酸   (3) 十八烷基硬脂酸酯   (4) 壬醛

(5) 壬二酸

16-7 鲸蜡糖苷的结构如下式所示，预测它的溶解性以及鲸蜡糖苷最显而易见的用途。

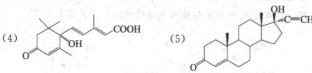

16-8 一未知结构的三酸甘油酯具有旋光活性，将其皂化后再酸化，得到软脂酸和油酸，其摩尔比为 2:1，写出此甘油酯的一种可能结构及其皂化反应式，以及氢化后产物的名称。

第17章　糖类化合物

糖类化合物广泛分布于自然界，是除核酸、蛋白质外另一类重要的生命物质。一切生物细胞内均含有糖类化合物，尤以植物中的含量最多，约占干重的 80%。

绿色植物或光合细菌利用太阳的光能把光能转变成化学能，把 CO_2 转化为葡萄糖并进一步合成淀粉和纤维素，这一过程称为光合作用（photosynthesis）。人与动物则必须从食物中摄取，淀粉及纤维素在体内经复杂的代谢过程再被分解成葡萄糖或以糖原的形式储存，提供生命活动所需能量。

$$x CO_2 + y H_2O \xrightarrow[\text{叶绿素}]{\text{太阳能}} C_x(H_2O)_y + x O_2 \quad \text{（产氧生物）}$$

光合有机体吸收光能，转变为还原有机物的化学能，是几乎所有生物能量的最初来源。大量的能量以光合产物的形式被储存。每年大约有 $10^{17} kJ$ 的来自太阳的自由能被光合生物所捕获，相当于全球人类每年消耗化石燃料能量的 10 倍。

除可作为结构物质和能量物质外，糖类化合物还以结合形式存在于核酸、糖蛋白和糖脂等生命物质中，它是生物体内细胞识别和调控过程的信息分子，具有生物信息的传递、机体的免疫调节及细胞分化、发育等诸多生理功能，在生命过程中起着重要作用。

葡萄糖、纤维素、淀粉及糖原等均属糖类，最初发现这类化合物都由碳、氢、氧 3 种元素组成，且其中 H、O 原子个数之比恰与水分子相同，符合通式 $C_m(H_2O)_n$，如葡萄糖和果糖的分子式为 $C_6H_{12}O_6$ 或写作 $C_6(H_2O)_6$，因此又称为碳水化合物（carbohydrates）。但后来发现，如脱氧核糖（$C_5H_{10}O_4$）和鼠李糖（$C_6H_{12}O_5$），按其结构和性质应属糖类，却不符合通式 $C_m(H_2O)_n$。另一类化合物如乙酸（$C_2H_4O_2$）、乳酸（$C_3H_6O_3$）等，其分子组成虽符合通式，但结构和性质却与糖类完全不同。显然将糖类称作碳水化合物并不严谨，因习惯原因，此名称仍常被沿用。

从分子结构看，糖类化合物是一类多羟基醛、多羟基酮或能水解成多羟基醛、酮的化合物。糖类据其能否水解及水解后生成分子数的多少，可分为单糖、寡糖和多糖三类：

单糖（monosaccharide）是不能再被水解成更小分子的糖类，如葡萄糖、果糖、核糖等。

双糖（disaccharide）是水解后产生两分子单糖的糖类，如蔗糖、乳糖、麦芽糖等。

寡糖（oligosaccharide）或称低聚糖，是水解能生成 2~10 个单糖分子的糖类，其中最重要的是水解后能生成两分子单糖的二糖。

多糖（polysaccharide）是能水解成许多单糖的糖类，如淀粉、纤维素、糖原等。

17.1　单糖

17.1.1　单糖的分类

单糖根据结构中所含羰基种类不同分为醛糖和酮糖，并按分子中所含碳原子数目而称为丙糖、丁糖、戊糖、己糖等。从糖化合物定义看，最简单的单糖是丙醛糖（甘油醛）和丙酮糖（二羟基丙酮），自然界分布最广的单糖是己糖和戊糖。

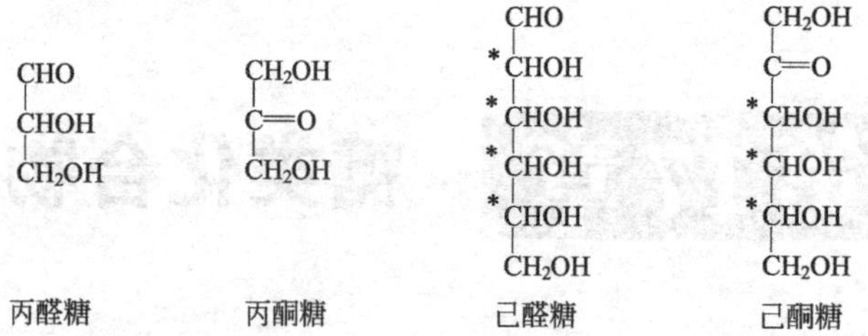

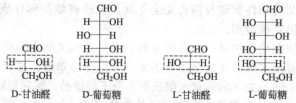

丙醛糖　　　丙酮糖　　　己醛糖　　　己酮糖

17.1.2 单糖的构型和命名

最简单的单糖甘油醛分子中只含有一个手性碳原子，存在一对对映体。随着单糖分子中手性碳原子数目的增加，光学异构体的数目也增加，醛糖分子中含 3 个不相同的手性碳原子，应有 $n=2^3$ 个光学异构体，含 4 个手性碳原子的己醛糖应具有 16 个光学异构体，天然葡萄糖是其中之一。酮糖比含同碳数的醛糖少一个手性碳原子，光学异构体数目也比相应的醛糖少，如己酮糖有 8 个光学异构体，组成 4 对对映异构体，果糖是自然界分布最广的酮糖。

单糖的结构常用 Fischer 投影式表示，醛（酮）基放在上方，碳原子编号自上而下。为书写方便，还常应用简式，省略手性碳上的 H，以"—"短横表示羟基。如葡萄糖的构型为：

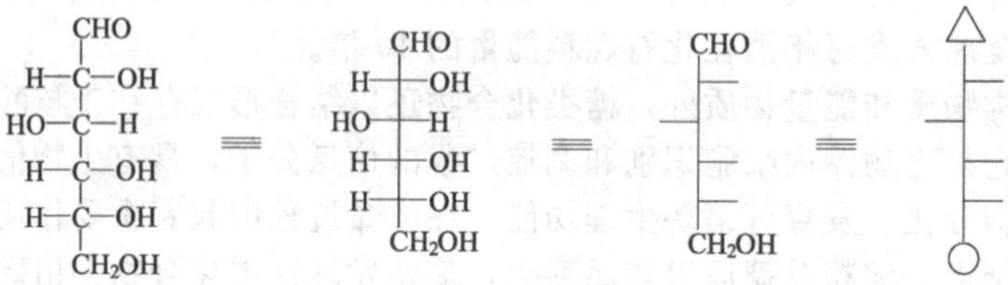

对于醛糖，还可用"△"表示醛基，用"○"表示末位羟基（—CH₂OH）。

单糖构型的确定通常采用 D/L 构型标记法。以甘油醛为比较标准，对于含有两个或两个以上手性碳原子的单糖，规定离羰基最远、编号最大的手性碳原子上的羟基构型，与 D-甘油醛相同（羟基位于右侧）的，为 D-型糖，反之为 L-型糖。

D-甘油醛　　　D-葡萄糖　　　L-甘油醛　　　L-葡萄糖

在己醛糖的 16 个光学异构体中，8 个属 D-型糖，8 个属 L-型糖，分别组成 8 对对映异构体。自然界中存在的单糖，绝大多数为 D-型糖，如天然葡萄糖是 D-型糖，旋光仪中测定为右旋的，以 D-(＋)-葡萄糖表示，所以 L-葡萄糖为左旋的，以 L-(－)-葡萄糖表示。

图 17-1 列出了由 D-甘油醛逐一增加手性碳原子而导出的一系列 D-型糖的构型和名称。

图 17-1 中所列两个丁醛糖之间，四个戊醛糖或 8 个己醛糖之间均互为非对映异构体，它们各自的对映异构体则分别由 L-甘油醛导出。

醛糖家族除苏阿糖、来苏糖、阿卓糖和古洛糖外，其他糖均为天然糖，且大多为 D-构型。如：D-(－)-核糖、D-(－)-脱氧核糖、D-(＋)-葡萄糖、D-(＋)甘露糖、D-(＋)-半乳糖、D-(－)-果糖等。如 D-葡萄糖广泛存在于生物细胞和体液里。半乳糖存在于乳汁、乳糖和琼

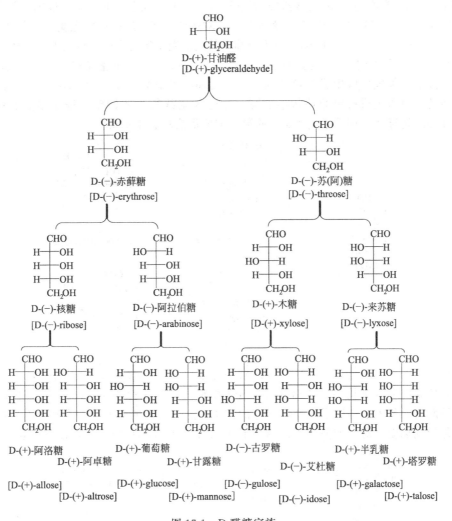

图 17-1　D-醛糖家族

脂中。D-核糖为核酸的组成部分。糖的构型也可用 R/S 构型标记，如 D-(＋)-葡萄糖，4 个手性碳原子的绝对构型分别为 $2R$，$3S$，$4R$，$5R$。

17-1　1,3,4,5,6-五羟基-2-己酮可有多少个立体异构体？组成几对对映体？几个属 D-型？

17.1.3　单糖的环状结构

（1）单糖的变旋光现象　单糖的开链结构虽经许多化学反应证实为多羟基醛或酮，但实验表明，开链结构并不能解释单糖的所有性质，如：

① D-葡萄糖难与饱和 $NaHSO_3$ 发生加成反应。在红外光谱中无典型醛基的 C—H 键的伸缩振动峰，在核磁共振谱中也不显示醛基质子的特征峰。

② 葡萄糖只能与一分子醇生成缩醛，说明单糖具有分子内半缩醛结构。

③ 有变旋光现象。例如，葡萄糖在不同条件下结晶可产生两种晶体，从乙醇水溶液中结晶的 D-葡萄糖，熔点为 146℃，比旋光度为 +112.2，而从热吡啶中结晶获得的 D-葡萄糖，熔

点为150℃，比旋光度为＋18.7。若将两者溶于水中，则发现它们的比旋光度随时间的延长会自行发生改变，从＋112.2或＋18.7变到＋52.6时达到恒定。这种比旋光度自行发生变化的现象称为变旋光现象（mutarotation）。对于葡萄糖的变旋光现象，开链结构是无法解释的。

（2）单糖的环状结构　醛与醇可生成半缩醛或缩醛，γ-羟基醛（酮）和δ-羟基醛（酮）也可发生分子内加成反应生成稳定的五元和六元环状半缩醛（酮）。葡萄糖分子中同时存在醛基和羟基，也可生成稳定的环状半缩醛。通过X射线衍射的测定，证实结晶的葡萄糖主要以六元环结构存在（即醛基与C5上的羟基加成形成环状半缩醛）。

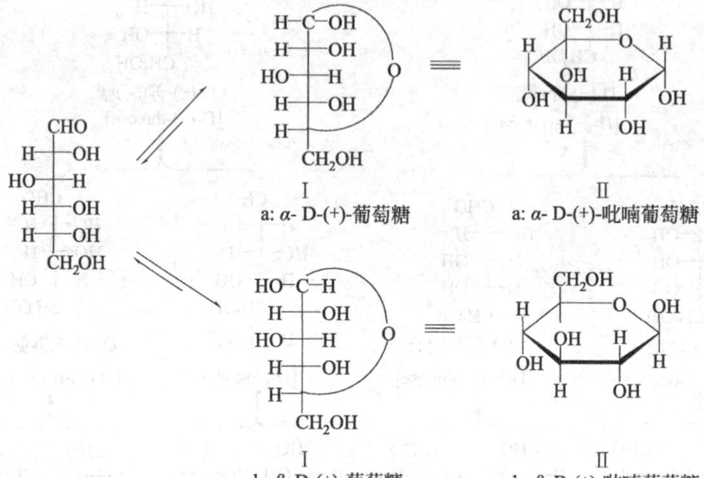

I a: α-D-(+)-葡萄糖　II a: α-D-(+)-吡喃葡萄糖

I b: β-D-(+)-葡萄糖　II b: β-D-(+)-吡喃葡萄糖

在葡萄糖的环状结构中，Ⅰ式为Fischer投影式，Ⅱ式称为Haworth式，Haworth式是采用平面六元环表示各原子在空间排布的式子，这样形成的六元环与杂环化合物吡喃结构相似，称为吡喃糖。对于如何从开链结构形成Haworth式环状结构，可以下式表示：

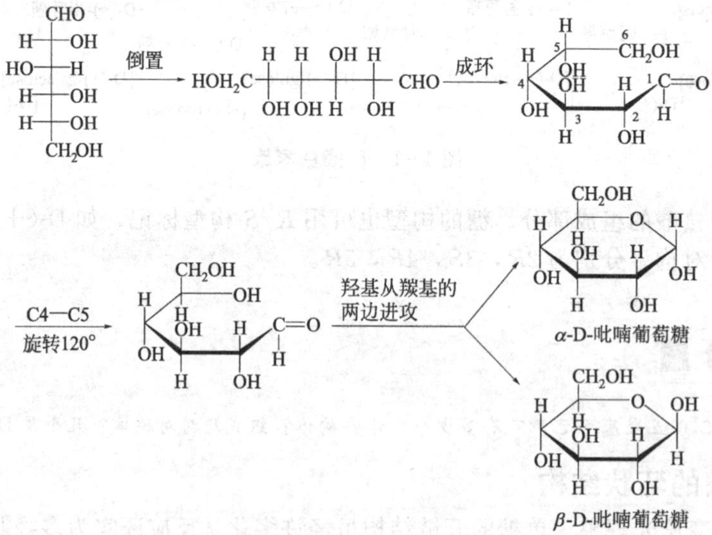

α-D-吡喃葡萄糖

β-D-吡喃葡萄糖

首先正确书写Fischer投影式，再按左上右下原则横置，将C4—C5单键旋转120°，以使C5的羟基更靠近醛基，C5羟基对羰基进攻有两种方式，得到两个异构体。在Haworth式中，$—CH_2OH$在环平面上方，表示D构型。D-葡萄糖由开链形成半缩醛时，羰基C1成为一个新的手性中心，因而产生α-和β-两种不同构型的异构体。它们是非对映异构体，仅在于第一个手性C原子构型不同，而其他手性C原子的构型均相同，这种分子中仅一个手性C原子不同的异构体称为差向异构体（epimer）。在葡萄糖环状结构中，是C1上的构型不同，这种差向异构体又称为端基异构体（anomer）。

在 Haworth 式中，通常将半缩醛羟基在环平面上方的称为 β-异构体，$CH_2OH/C1$—OH 为顺式，而 $CH_2OH/C1$—OH 呈反式则为 α-异构体。从乙醇水溶液中结晶析出的是 α-D-吡喃葡萄糖（比旋光度+112.2），而从热吡啶中结晶获得的是 β-D-吡喃葡萄糖（比旋光度+18.7）。其中任何一种晶体葡萄糖溶于水后，都可通过开链式慢慢相互转变，最终达到三者的互变平衡体系。在此平衡体系中，α-型约占 37%，β-型约占 63%，开链结构含量约 0.024%，此时比旋光度恒定在+52.6。由于开链结构含量极低，因此羰基的某些可逆加成反应不易发生，且无明显的羰基特征光谱。

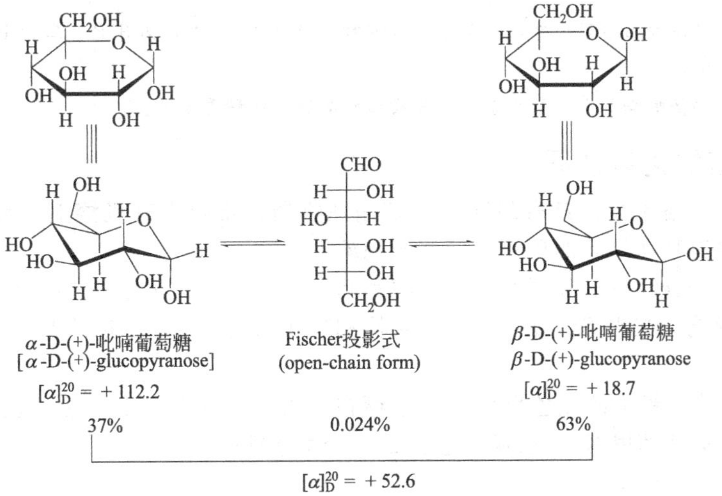

<!-- 结构式图 -->

α-D-(+)-吡喃葡萄糖
[α-D-(+)-glucopyranose]
$[\alpha]_D^{20} = +112.2$
37%

Fischer投影式
(open-chain form)
0.024%

β-D-(+)-吡喃葡萄糖
β-D-(+)-glucopyranose
$[\alpha]_D^{20} = +18.7$
63%

$[\alpha]_D^{20} = +52.6$

单糖的环状结构除了以六元环的吡喃形式存在外，许多戊醛糖和己酮糖常以呋喃环的形式存在，例如，自然界游离状态的果糖主要是 β-D-吡喃果糖，而自然界结合状态的果糖及人体内游离状态的果糖主要以 β-D-呋喃果糖的形式存在。吡喃果糖和呋喃果糖的结构式表示如下：

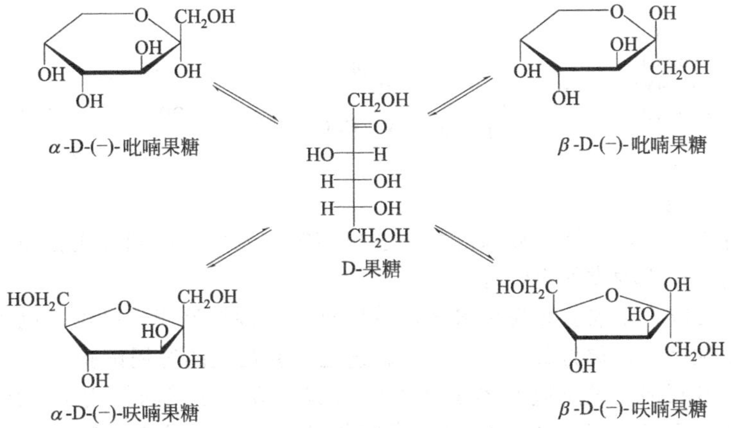

<!-- 结构式图 -->

α-D-(−)-吡喃果糖

β-D-(−)-吡喃果糖

D-果糖

α-D-(−)-呋喃果糖

β-D-(−)-呋喃果糖

17-2 写出 D-半乳糖的开链结构和环状结构。

（3）单糖的构象　实验证明，吡喃糖的六元环与环己烷相似，也是以稳定的椅式构象存在的。例如，在 β-D-(+)-葡萄糖分子中，所有大基团（—OH，—CH_2OH）均位于 e 键，

而在 α-D-（＋）-葡萄糖中，C1 上的半缩醛羟基位于 a 键，因此 β-D-（＋）-葡萄糖更稳定，这与葡萄糖水溶液平衡物中 β-D-（＋）-葡萄糖占 63％，而 α-D-（＋）-葡萄糖只占 37％ 的实验结果相吻合。

在多数己醛糖的稳定构象中，只有 β-D-（＋）-葡萄糖的构象中所有较大基团均处于 e 键。葡萄糖是自然界中分布最广的糖类，这可能与其稳定的构象有关。

17-3 在书写单糖六元杂环的椅式构象时，通常对 D 系采用 ，为什么？写出 D-葡萄糖的两种椅式构象，并说明理由。

17-4 写出 α-和 β-吡喃甘露糖的构象式。并指出水溶液中何种更稳定。

17.1.4　单糖的化学性质

单糖一般都易溶于水，具有甜味，是结晶性物质，难溶于有机溶剂，易形成过饱和溶液——糖浆。具有环状结构的单糖有变旋光现象。

单糖分子中因含有羰基和羟基，具有醇和醛、酮的性质。此外，这些官能团处于同一分子内而有相互影响，在水溶液中处于开链结构和环状结构互变的平衡状态，因而单糖又显示某些特殊性质。

（1）脱水反应（糖类的显色反应）　单糖在浓无机强酸存在下加热，发生分子内脱水，戊糖生成糠醛（α-呋喃甲醛）；己糖相应生成 5-羟甲基糠醛。

戊醛糖　→（强酸，$\triangle$）→　-2H_2O → α-呋喃甲醛(糠醛)

己醛糖　→（强酸，$\triangle$）→　-2H_2O → 5-羟甲基呋喃甲醛

在一定条件下，生成的糠醛或糠醛衍生物可与酚、芳胺、蒽酮类化合物反应，生成各种不同的有色产物，用于糖类的定性检验。

① Molisch 反应　以浓硫酸为脱水剂，然后再与 α-萘酚反应，可得紫色产物，凡糖类化合物大多均呈阳性反应，称为 Molisch 反应。这是检验糖类的通用试验。

② Seliwanoff 反应　该反应是鉴定酮糖的特殊反应。在酸的作用下，酮糖较醛糖更易生成羟甲基糠醛。后者与间苯二酚作用生成鲜红色复合物，反应仅需 20～30s，称为 Seliwanoff 反应。由于酮糖出现红色较醛糖快得多，常借此反应鉴别酮糖。

③ Bial 反应　戊糖与浓盐酸加热形成糠醛，在有 Fe^{3+} 存在下，它与甲基间苯二酚（地衣酚，苔黑酚）缩合，生成绿至蓝色物质，这是戊糖的特征反应。而六碳糖形成的复合物颜色呈黄至棕色，因此可用于鉴别戊糖和己糖。

④ 蒽酮反应　糖在浓硫酸作用下，可经脱水反应生成糠醛或羟甲基糠醛，生成的糠醛或羟甲基糠醛可与蒽酮（9,10-二氢蒽-9-酮）反应生成蓝绿色糠醛衍生物。在一定范围内，

由于颜色深浅与糖含量成正比，因而该反应可用于糖的定量分析。

上述颜色反应可用于糖尿的诊断。例如，尿对 Bial 反应呈阳性，可确定为戊糖尿；尿对 Seliwanoff 反应呈阳性，可确定为果糖尿。

葡萄糖制剂在加热灭菌过程中易生成羟甲基糠醛而显黄色。因而控制葡萄糖溶液 pH 值在 3～4 之间，灭菌温度不宜过高可有效防止有色物质的生成。

（2）差向异构化及烯二醇重排　用稀碱的水溶液处理单糖时，能形成某些差向异构体的平衡产物。例如，用稀碱处理 D-葡萄糖、D-果糖或 D-甘露糖中的任何一种，都将得到这三种糖的混合物。这种转化是通过烯醇型中间体互变而完成的。

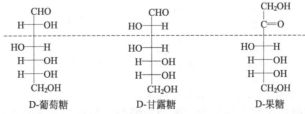

上述三种糖仅 C1 及 C2 结构不同，其余构型均相同。其中 D-葡萄糖和 D-甘露糖仅 C2 位上的构型不同，是差向异构体。两者仅 C2 位构型不同，互称为 C2 差向异构体。单糖在稀碱溶液中的互变异构化又称作差向异构化（epimerization）。

生物体物质代谢过程中，在异构酶的作用下，常发生葡萄糖和果糖的相互转化。

（3）成脎反应　醛、酮可与羰基试剂苯肼加成生成苯腙。同样，醛糖或酮糖也可与苯肼作用生成苯腙，若苯肼过量，反应可继续进行，生成的产物称为脎（osazone）。此反应为 α-羟基醛和 α-羟基酮所特有的反应。

成脎反应仅在 C1 和 C2 上进行，并不涉及其他碳原子，所以 C3 以下构型相同的糖，生成相同的糖脎。例如，D-葡萄糖、D-甘露糖、D-果糖都生成相同的糖脎，即 D-葡萄糖脎。

糖脎为美丽的黄色结晶，不溶于水。不同糖脎的晶形、熔点和成脎速度都各不相同，如葡萄糖脎呈针束状。成脎反应常用于单糖的鉴定。

（4）氧化反应　单糖可被多种氧化剂氧化，表现为还原性。所用氧化剂不同，得到的氧化产物也不同。

①　碱性条件下的氧化　醛糖和酮糖均可被 Tollens 试剂、Fehling 试剂或 Benedict 试剂（由硫酸铜、碳酸钠和柠檬酸钠制得，溶液呈蓝色）氧化，产生银镜或砖红色沉淀。

酮糖虽不具有被氧化的醛基，但在碱性条件可发生差向异构化，产生醛糖，所以同样可被 Tollens 试剂、Benedict 试剂和 Fehling 试剂等碱性弱氧化剂氧化。

$$单糖 + Ag_2O \xrightarrow{\text{Tollens 试剂}} 2\,Ag\downarrow + 糖的氧化产物$$

$$单糖 + 2Cu^{2+} + 2OH^- \xrightarrow{\text{Benedict 试剂}} \underset{\text{砖红色}}{Cu_2O\downarrow} + 2H_2O + 糖的氧化产物$$

单糖在碱性溶液中易发生异构化，同时也能发生碳链的断裂，因此氧化产物通常是混合物。

单糖能被弱氧化剂氧化，表明单糖具有较强的还原性，具有还原性的糖称为还原糖（reducing sugars）。单糖都是还原糖。因此，可以用上述反应区别还原糖和非还原性糖。此类反应也可用于血液和尿中葡萄糖含量的测定。

②　酸性条件下的氧化　溴水也是弱氧化剂，反应是在 pH 值 5～6 的微酸性条件下进行，因此不会引起糖分子的异构化和碳链的断裂。溴水可选择性地将醛糖的醛基氧化成羧基，生成醛糖酸（aldonic acid）。酮糖则不被氧化，用此反应可鉴别醛糖和酮糖，也可制备糖酸。

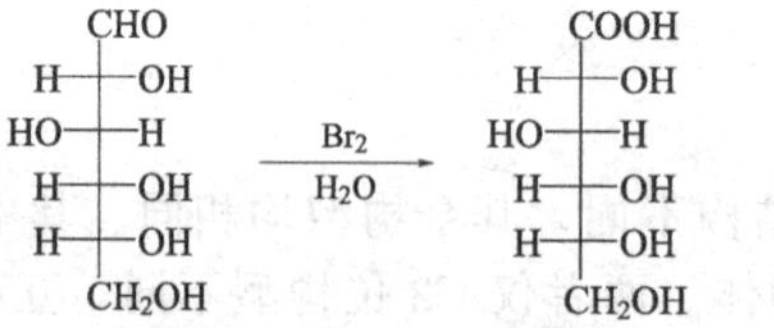

D-葡萄糖　　　　　D-葡萄糖酸（D-gluconic acid）

葡萄糖酸钙，分子式为 $Ca(C_6H_{11}O_7)_2$，是无臭无味的白色结晶性粉末，主要用作食品的钙强化剂与营养剂，用于预防和治疗缺钙症等。

稀硝酸的氧化作用比溴水强，硝酸氧化单糖时，可将醛基和伯醇基都氧化成羧基而生成糖二酸。例如，D-葡萄糖经硝酸氧化，生成 D-葡萄糖二酸（glucaric acid）。

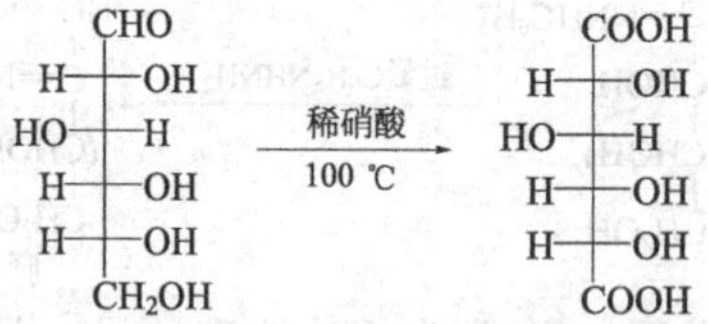

D-葡萄糖　　　　　D-葡萄糖二酸

D-葡萄糖二酸经适当方法可还原可得 D-葡萄糖醛酸（glucuronic acid）。

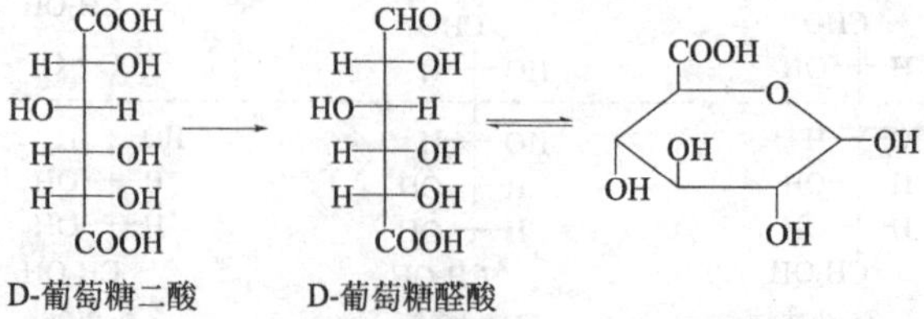

D-葡萄糖二酸　　　D-葡萄糖醛酸

葡萄糖在肝内在酶的作用下能氧化成葡萄糖醛酸，即葡萄糖末端上的羟甲基被氧化成羧基，它可与某些有毒物质结合成相应的糖苷或酯类，随尿排出，对机体起到解毒作用。葡萄糖醛酸大都存在于糖苷或多糖中，尤其是黏多糖中。

酮糖用硝酸氧化则碳链断裂，生成含碳原子数目较少的各种羧酸混合物。

17-5 D-半乳糖被稀硝酸氧化生成半乳糖二酸，又称为黏液酸，写出其反应式。

（5）还原反应　与醛和酮类似，糖分子中的羰基能被还原成羟基，生成糖醇，即多元醇。常用的还原剂有硼氢化钠等。也可用镍作催化剂进行催化氢化。例如葡萄糖经还原得葡萄糖醇，或称山梨醇（sorbitol）。甘露糖经还原可得甘露醇。

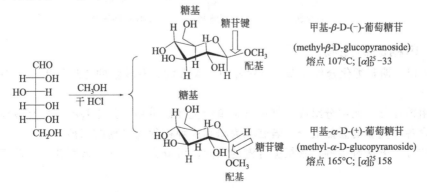

糖醇是具有甜味的结晶，在自然界以游离和结合的状态存在。通常是生物体的组成成分及其代谢产物，如 D-阿拉伯糖醇以游离状态存在于野生菌和某些高等植物的种子中，人体尿中也有发现。水果和植物中含有丰富的 D-山梨醇和 D-甘露醇。

临床上，甘露醇和山梨醇均可用作渗透性利尿药以降低颅内压，减轻脑水肿。山梨醇还是合成维生素 C 的原料，在工业上也有广泛应用。

木糖醇（xylitol，$HOCH_2[(CHOH)]_3CH_2OH$）是木糖代谢的正常中间产物，大量用作甜味剂、营养剂和药剂，例如用在口香糖中。由于木糖醇能促进肝糖原合成，但不导致血糖的上升，对肝病患者有改善肝功能和抗脂肪肝的作用，对治疗乙型迁延性肝炎、乙型慢性肝炎以及肝硬化等有显著疗效，可作为肝炎并发症病人的辅助药物。另外，木糖醇还具有防龋齿和减肥功能。

生物体内还存在一类环糖醇，如环己六醇，又称肌醇。常以复合的形式存在于植物种子、米糠中，肌醇在临床上可用于治疗肝硬化、肝炎、脂肪肝、高胆固醇血症。同时，肌醇又是一种重要的油脂抗氧化剂和水果、食品的保鲜剂。

17-6 果糖还原可得两种糖醇的混合物，写出其反应式，指出是哪两种糖醇，并指出它们的结构关系。

（6）糖苷的形成　单糖环状结构中的半缩醛羟基与其他含羟基或活性氢（如—NH_2、—SH）的化合物脱水，生成的产物称为糖苷（glucoside）。例如，D-葡萄糖在干燥氯化氢催化下与甲醇作用，可脱水生成甲基葡萄糖苷，由于生成物是糖苷，又称为成苷反应。

糖苷由糖和非糖两部分组成，糖的部分称为糖苷基，非糖部分称之为配糖基或苷元（aglycone），连接配糖基与糖基的键称为苷键。例如，在甲基-β-D-葡萄糖苷中，葡萄糖是糖苷基，甲基是配糖基，两者通过氧苷键结合成糖苷。

糖苷具有缩醛的性质，在中性或碱性溶液中较稳定。在酸或酶的存在下，氧苷键水解，可分解为糖和苷元，即生成原来的糖和非糖部分。

糖苷是天然、无臭的晶体，味苦，能溶于酒精，难溶于乙醚，有旋光性。单糖成苷后，分子中不再存在游离的苷羟基，环状结构。糖苷不能互变成链式结构，无变旋光现象，没有还原性，也不能生成脎。

17.1.5 若干重要的单糖

(1) D-(+)-葡萄糖　D-(+)-葡萄糖为无色晶体，易溶于水，稍溶于乙醇，不溶于乙醚和烃类。有甜味，甜度为蔗糖的 70% 左右。其水溶液呈右旋，又称右旋糖（dextrose）。

葡萄糖在自然界多以游离状态、结合成糖苷或以多糖的形式存在于动植物体内。人体血液中的葡萄糖称血糖，正常人血糖浓度维持恒定，它与组织细胞中糖的分解及合成直接相关。人体利用的糖类化合物主要以葡萄糖的形式进行吸收，然后通过代谢反应释放出能量供给人体，所以葡萄糖是人体所需能量的主要来源。

在医药上葡萄糖可用作营养剂，并有强心、利尿和解毒作用，在食品工业中用于制糖浆、糖果等，工业上也可用作还原剂。

(2) D-(-)-果糖　D-(-)-果糖为无色结晶，甜度约为蔗糖的 170%，是糖类中最甜的。其溶液呈左旋，又称为左旋糖（levulose）。

果糖以游离状态存在于水果和蜂蜜中，动物的前列腺和精液中也含有果糖，果糖是蔗糖、菊根糖的组成成分。

(3) 脱氧糖　脱氧糖（deoxysugar）是单糖分子中的羟基被氢原子取代的产物。如 L-鼠李糖（L-rhamnose）是 L-甘露糖 C6 上的羟基被氢取代的衍生物，即 6-脱氧-L-甘露糖，它是植物细胞壁的主要成分；L-岩藻糖（L-fucose）是 L-半乳糖 C6 上羟基的脱氧产物，故又称 6-脱氧-L-半乳糖，它是糖蛋白的组成成分，是存在于红细胞表面的 ABO 系统的血型物质；2-脱氧核糖是 D-核糖 C2 上羟基的脱氧产物，是 DNA 的组成成分。

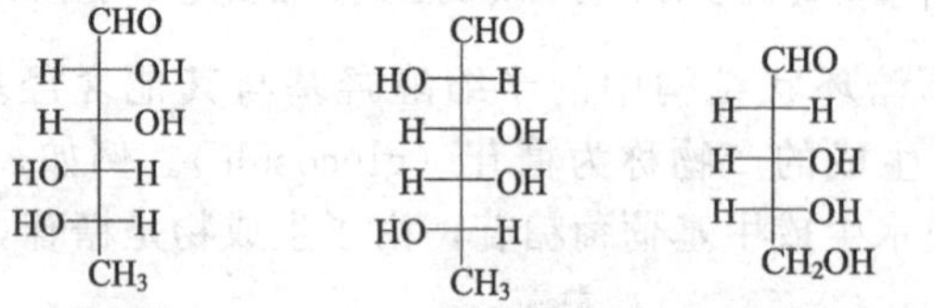

L-鼠李糖　　　　L-岩藻糖　　　　2-脱氧-D-核糖

17.1.6 单糖的衍生物

(1) 糖苷　糖苷类化合物广布于自然界中，大多数具有较强的药理作用，是许多草药的有效成分之一。

糖苷由糖和苷元两部分组成，糖可以是单糖及其衍生物，如氨基糖、糖醛酸等，苷元则几乎可包含各种类型的天然成分。若苷元为糖则这种糖称为二糖或寡糖。

糖苷的分类方法有多种，常根据苷键的不同，可分为氧糖苷、硫糖苷、氮糖苷和碳糖苷等。例如：

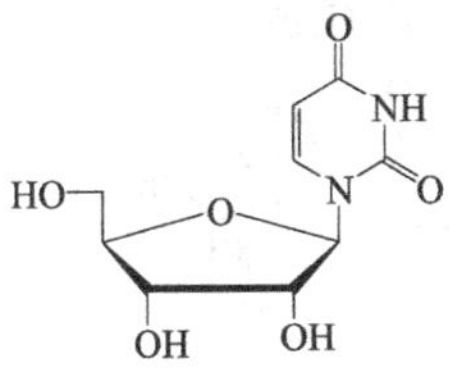

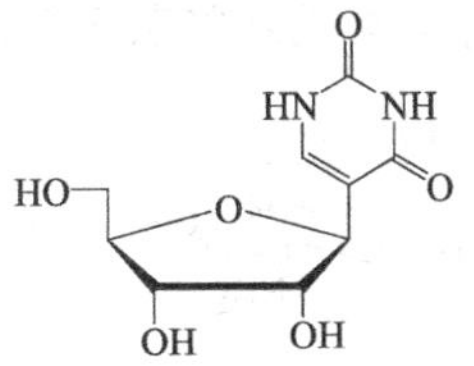

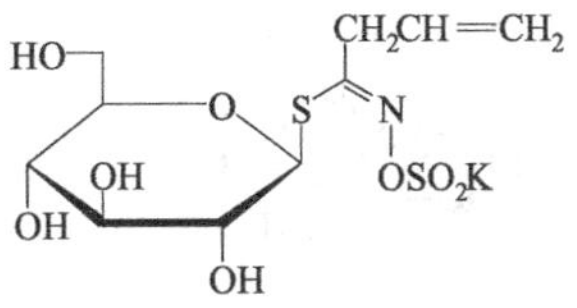

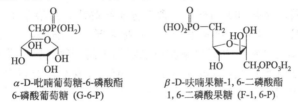

氮苷(尿苷)　　　　碳苷(伪尿苷)　　　　硫苷(黑芥子苷)

最常见的为氧糖苷。例如具有解热和镇痛作用的水杨苷（salicin），广泛存在于柳属和杨属植物的树皮和叶子中，其中，在紫柳树皮中水杨苷含量达 25%。又如具活血化瘀作用的红景天苷（salidroside）以及存在于苦杏仁和桃仁中具有祛痰止咳作用的苦杏仁苷（由龙胆二糖和苦杏仁腈组成）。

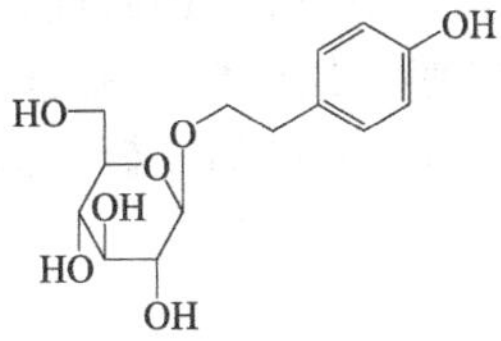

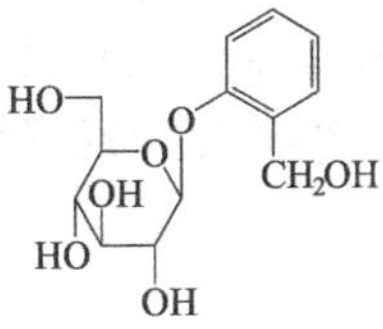

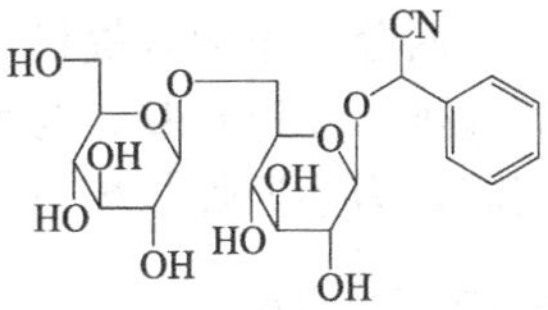

红景天苷(醇苷)　　　　　水杨苷(酚苷)　　　　　苦杏仁苷(腈苷)

思考题

17-7　写出苦杏仁苷在稀酸中水解的产物。能说明为什么苦杏仁苷有毒吗？

（2）糖脂　单糖环状结构中的羟基在适当条件下均可成酯。生物体内较重要的糖脂是单糖磷酸酯，如 6-磷酸葡萄糖和 1,6-二磷酸果糖。它们是体内糖代谢过程的重要中间产物。

α-D-吡喃葡萄糖-6-磷酸酯　　　　β-D-呋喃果糖-1,6-二磷酸酯
6-磷酸葡萄糖 (G-6-P)　　　　　　1,6-二磷酸果糖 (F-1,6-P)

维生素 C，又称抗坏血酸（ascorbic acid），最早从青辣椒和牛副肾中分离得到，它存在于新鲜蔬菜及水果中，它是一种不饱和己糖酸的 γ-内酯，水果和蔬菜中含量丰富。

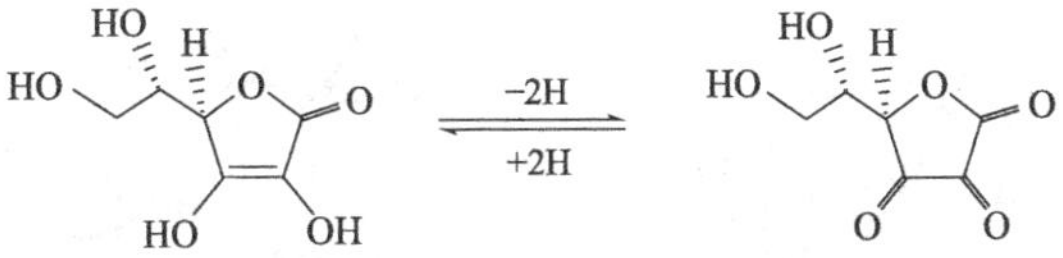

$$\xrightleftharpoons[+2H]{-2H}$$

维生素C(vitamin C)　　　　L-脱氢抗坏血酸

维生素 C 为白色结晶，熔点 190℃，易溶于水，$[\alpha]_D^{20}=+24$（H_2O），分子中烯二醇羟基上的氢易离解，故显酸性。其水溶液不稳定，易被氧化成 L-脱氢抗坏血酸，因此它是强还原剂。

人体不能自身合成维生素 C，必须从外界摄取。它在体内参与氧化还原反应，是重要的水溶性抗氧化剂，与脂溶性抗氧化剂维生素 E 有协同作用，因此常作为抗氧化剂保护身体免于自由基的威胁。维生素 C 同时也是一种辅酶，具有抗坏血病的功能，还有防止心脏衰竭等许多方面的生理作用。

（3）氨基糖　单糖分子中羟基被氨基取代的衍生物称为氨基糖（amino sugar），氨基取代的位置一般发生在己糖分子中 C2 位上。动物细胞最常见的氨基糖是 2-氨基-D-葡萄糖和

2-氨基-D-半乳糖，它们的乙酰基衍生物是构成某些杂多糖的组成成分。

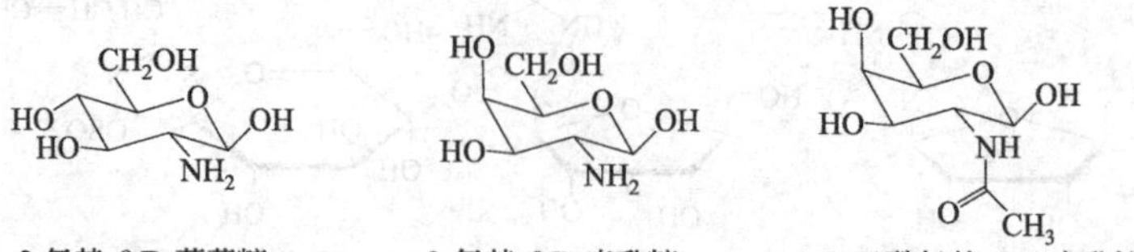

2-氨基-β-D-葡萄糖　　2-氨基-β-D-半乳糖　　2-乙酰氨基-β-D-半乳糖

17.2　二糖

二糖是低聚糖中最重要的一类糖。二糖可视为两分子单糖脱水形成的糖苷。由于两分子单糖脱水成苷的方式不同，所以生成的二糖性质也不同，可将二糖分为还原性二糖和非还原性二糖两类。由两分子单糖各提供半缩醛羟基缩水形成的二糖，如蔗糖，是非还原性二糖；而一分子单糖提供半缩醛羟基，与另一单糖的醇型羟基缩水形成苷键的二糖，如麦芽糖、乳糖、纤维二糖等，为还原性二糖。

17.2.1　还原性二糖

还原性二糖尚保留一个半缩醛羟基，在水溶液中能开环互变为含醛基的开链结构而具有还原性，能还原 Tollens 试剂或 Benedict 试剂，有变旋光现象，并能与苯肼形成脎。

（1）麦芽糖和纤维二糖　麦芽糖（maltose）和纤维二糖（cellobiose）都是由一分子葡萄糖的半缩醛羟基与另一分子葡萄糖 C4 上的醇羟基通过 1,4-苷键脱水连接成的还原性二糖，区别仅在于形成的苷键不同。在麦芽糖中成苷的半缩醛羟基是 α 型，形成的苷键称为 α-1,4-苷键；而在纤维二糖中成苷的半缩醛羟基是 β 型，所形成的苷键称为 β-1,4-苷键。

麦芽糖为无色结晶，熔点 160～165℃，含 1 分子结晶水，易溶于水，比旋光度为＋140.7（H_2O，$c=10$），甜味次于蔗糖。结晶状态（＋）-麦芽糖中半缩醛羟基是 β-构型。在水溶液中，变旋成 α 体和 β 体混合物。麦芽糖是淀粉水解的中间产物，因麦芽糖中含淀粉酶，酿造米酒的过程中，常用麦芽糖使淀粉部分水解成麦芽糖，麦芽糖因此得名。人体内淀粉在唾液或胰液中的淀粉酶作用下，水解为麦芽糖，再经麦芽糖酶作用水解成 D-葡萄糖后被人体吸收。

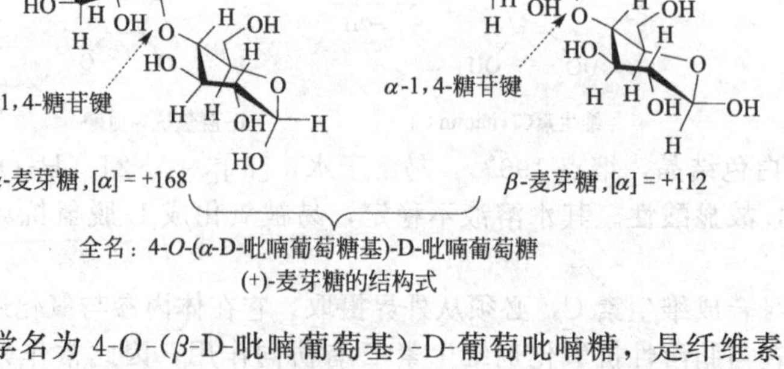

α-麦芽糖，$[\alpha] = +168$　　　　β-麦芽糖，$[\alpha] = +112$

全名：4-O-(α-D-吡喃葡萄糖基)-D-吡喃葡萄糖
(+)-麦芽糖的结构式

（＋）-纤维二糖学名为 4-O-(β-D-吡喃葡萄基)-D-葡萄吡喃糖，是纤维素的基本重复结构单位，是纤维素水解的中间产物，既无甜味，也不能被人体消化吸收。纤维二糖是无色晶体。熔点 203.5℃，易溶于水，微溶于乙醇，几乎不溶于乙醚，不溶于丙酮。纤维二糖分子中也有一个半缩醛羟基，能还原 Fehling 试剂，在水溶液中有变旋光的现象，比旋光度 $[\alpha]_D^{20}$ ＋14.2→36.4（15h）。

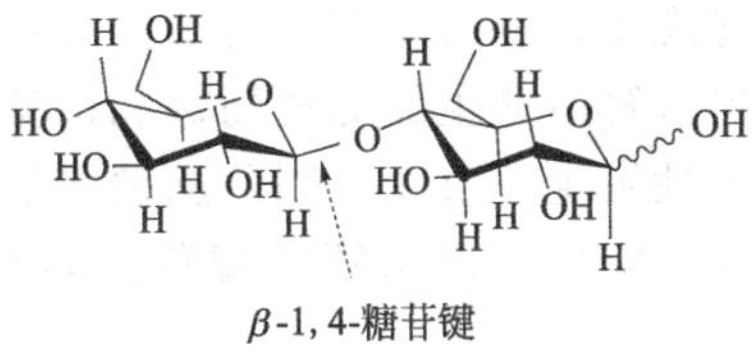

β-1, 4-糖苷键

全名：4-O-(β-D-吡喃葡萄糖基)-D-吡喃葡萄糖
(+)-纤维二糖的结构式

酸能水解 α-苷键和 β-苷键，但酶对糖苷键的水解却有立体专一性。因此可通过酶的水解确定糖苷键的构型。例如，麦芽糖酶只能水解 α-糖苷键而不能水解 β-糖苷键；苦杏仁酶能水解 β-糖苷键而不能水解 α-糖苷键。因此用麦芽糖酶可确定麦芽糖是 α-葡萄糖苷；用苦杏仁酶可确定纤维二糖是 β-葡萄糖苷。

(2) 乳糖　乳糖 (lactose) 是由 1 分子 β-D-半乳糖的半缩醛羟基和 1 分子 D-葡萄糖中的 C4 醇羟基脱水而形成的二糖。因此乳糖是 β-半乳糖苷。

乳糖为白色的结晶性颗粒或粉末，味微甜。晶体乳糖含 1 分子结晶水，熔点 202.8℃，比旋光度为 +55.4。

乳糖是哺乳类乳汁中主要的二糖，因存在于人和哺乳动物的乳汁中而得名。人乳中含乳糖 5%～8%，牛、羊乳含乳糖 4%～5%，乳糖可在酸或酶（乳糖酶和苦杏仁酶）的作用下水解成葡萄糖和半乳糖。乳糖酶存在于哺乳期婴儿的消化液中并随着婴儿对乳汁吸取的减少而分泌逐渐降低。因此，某些成年人会因体内缺少乳糖酶而导致对乳制品过敏。

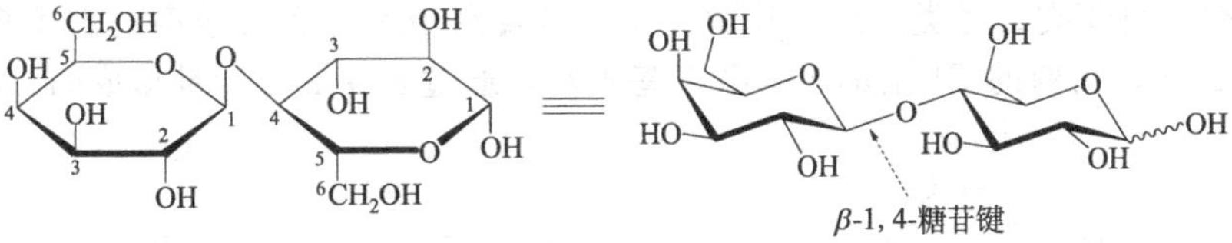

β-1, 4-糖苷键

全名：4-O-(β-D-吡喃半乳糖基)-D-吡喃葡萄糖
(+)-乳糖的结构式

乳糖是儿童生长发育的主要营养物质之一，对青少年的智力发育十分重要。尤其对于新生婴儿绝不可缺少。在自然界中，只有哺乳类动物的奶中含有乳糖，而在各类植物性食物中不存在乳糖。

17.2.2 非还原性二糖

非还原性二糖由两分子单糖均以其半缩醛羟基脱水而成。因这种二糖分子中已无游离的半缩醛羟基，不能互变成开链式，也就没有变旋光现象，不成脎，无还原性，不能与 Tollens 试剂和 Benedict 试剂发生反应。

(1) 蔗糖　蔗糖 (sucrose) 即普通食用糖，熔点 186℃，在水中的溶解度 2kg/L (25℃)。在甘蔗和甜菜中含量可高达 20%～25%，是自然界分布最广和最重要的非还原性二糖。它是由 α-D-葡萄糖 C1 上的半缩醛羟基和 β-D-果糖 C2 上的半缩醛羟基脱水而成的。蔗糖分子中的苷键称为 α,β-1,2-苷键。蔗糖既是 α-D-葡萄糖苷也是 β-D-果糖苷。

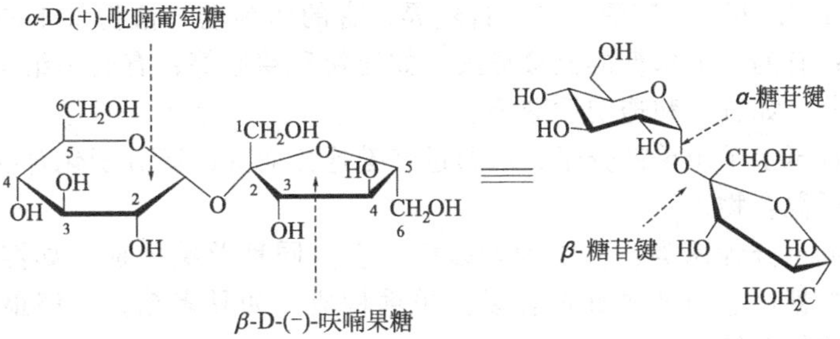

α-D-(+)-吡喃葡萄糖

β-D-(-)-呋喃果糖

蔗糖的结构

蔗糖无还原性，也无变旋光现象，经酸水解后可得到等量的葡萄糖和果糖，蔗糖本身是右旋的，比旋光度为+66.5，但水解后的生成的葡萄糖和果糖的混合物却是左旋的，比旋光度为-19.7，由于水解前后旋光性发生了改变，因此蔗糖水解的过程称为转化，水解后的混合物称为转化糖（invert sugar），催化蔗糖水解的酶称为转化酶。蜂蜜的主要组分就是转化糖。

$$蔗糖 \xrightarrow{\text{H}^+/\text{H}_2\text{O}} \text{D-葡萄糖} + \text{D-果糖}$$

$$[\alpha]_D +66.5 \qquad [\alpha]_D +52.6 \qquad [\alpha]_D -92.4$$

转化糖
$$[\alpha]_D = -19.7$$

蔗糖是植物储藏、积累和运输糖分的主要形式。蔗糖在人体消化系统内经过消化液分解成为果糖和葡萄糖，经过小肠而吸收。蔗糖有重要的生理功能，是维生素 A 的一种很有效而又实用的增强剂，蔗糖对铁的吸收也有明显的增强作用。蔗糖是安全的营养型甜味剂。根据试验，每天摄入 80g 蔗糖对人体健康没有副作用。碳水化合物和糖的消费量与糖尿病的发病率不存在正比的关系，普通人正常食用蔗糖有益于健康。但是糖尿病患者不宜多食。另外儿童也不宜多食，易出现蛀牙。

（2）海藻糖　1832 年由 Wiggers 从黑麦的麦角菌中首次提取出海藻糖（trehalose）。海藻糖，又名蕈糖，是存在于藻类、菌类及某些昆虫中的一个非还原性二糖。人们日常生活中食用的蘑菇类、海藻类、豆类、虾、啤酒、面包等食品中都有含量较高的海藻糖。结构上，它是由两个 α-D-葡萄糖的 C1 上的半缩醛羟基脱水，通过 α,α-1,1-苷键形成的二糖。

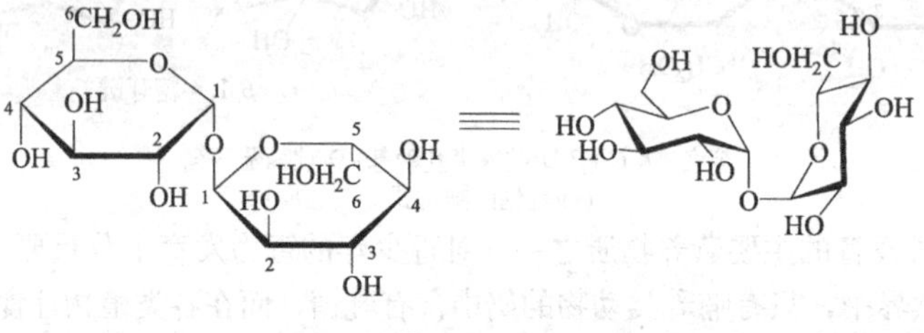

(+)-海藻糖的结构式

海藻糖也有甜味，甜度相当于蔗糖的 45%，可用作食品添加剂和甜味剂。

海藻糖自身性质非常稳定，并对多种生物活性物质具有神奇的保护作用。研究发现，沙漠植物卷叶柏在干旱时近乎枯死，而遇水后又可以奇迹般复活。一些高山植物复活草能够耐过冰雪严寒，一些昆虫在高寒、高温和干燥失水等条件下不冻结、不干死。究其原因，就是它们体内的海藻糖所创造奇迹。因此海藻糖享有"生命之糖"的美誉。

17.3　常见的多糖

多糖（polysaccharides）广泛存在于自然界，有的作为动、植物骨干的组成部分，如纤维素和甲壳素等；有的作为单糖的储藏形式，如淀粉和糖原等；有的是组织液、腺体分泌液及结缔组织的成分，如肝素和透明质酸等。

多糖是由成百至上千个单糖分子失水通过苷键连接而成的高分子化合物，是一种聚合程度不同的长链分子混合物。

多糖根据组成可分为两类：一类为均多糖，它由同种单糖构成，如淀粉、糖原和纤维素；另一类为杂多糖，它由两种或两种以上单糖构成，如黏多糖，水解最终产物为己醛糖酸、氨基己糖和其他糖等。

多糖多为无定形粉末，无固定熔点，不溶于水，无甜味，多糖分子中除长链末端可能含有苷羟基外，其余苷羟基都不复存在，所以多糖无还原性和变旋光现象。

17.3.1　淀粉

淀粉（starch），餐饮业又称芡粉，存在于植物的种子、果实和块茎中，谷类中含量较多，大米中含 75%～80%，小麦、玉米中占 60%～65%，马铃薯中约含 20%。

淀粉由 D-葡萄糖脱水缩合而成。根据链的形式、链中苷键的形式和所含葡萄糖的多少，淀粉可分为直链淀粉（amylose）和支链淀粉（amylopectin）两种。

直链淀粉占淀粉含量的 10%～30%，它是由 D-葡萄糖通过 α-1,4-苷键连接而成的长链高分子化合物，其分子量在几万至几十万不等。

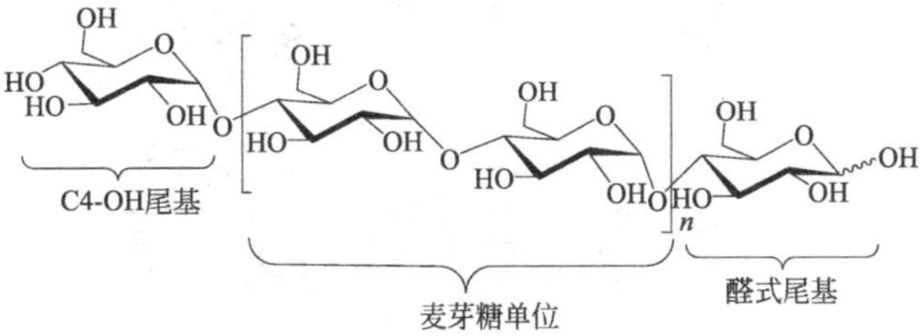

直链淀粉

结构研究表明，直链淀粉并不是直线形而是螺旋形，这是因为 α-1,4-苷键的氧原子有一定键角且单键的自由旋转使分子内羟基可形成氢键，因而使直链卷曲成圈状，每一圈螺旋含有 6 个 D-葡萄糖结构单位。最新研究表明，直链淀粉在其长链上也有小的分支，只是分支密度很小，平均 100 个葡萄糖单位以上才有 1 个分支。

直链淀粉分子的螺旋结构使它有很好的吸附性，能吸附碘呈蓝色，这是因为螺旋圈的大小恰好可容纳碘分子进入，碘与淀粉借 van der Waals 力而形成一种蓝色的络合物。蓝色只在冷溶液中出现，加热煮沸后蓝色即褪去，如图 17-2 所示。

支链淀粉约占淀粉含量的 80%。支链淀粉与直链淀粉同样是由 α-D-葡萄糖单位以 α-1,4-苷键连接成直链，但与直链淀粉不同，在链上还有分支点，其分支点是通过 α-1,6-苷键形成的。因此支链淀粉分子形状具有高度分支化而呈树枝簇状，如图 17-3 所示。

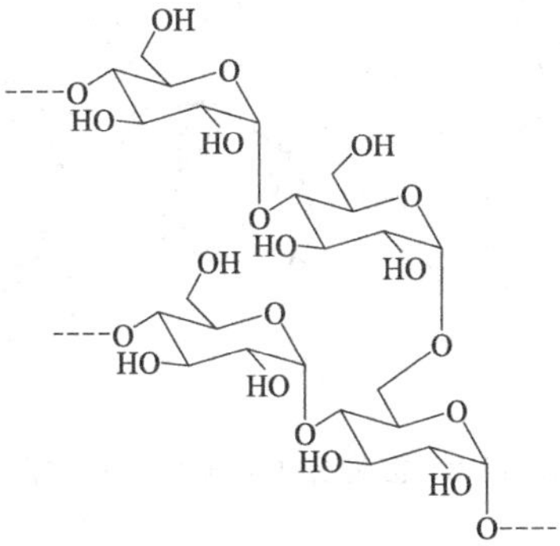

支链淀粉结构

支链淀粉分子中葡萄糖单元可多达上万个，因此其分子量甚至可达几百万以上。由于分子结构呈树枝状，有许多暴露在外的羟基易与水形成氢键，吸水后膨胀成糊状，因此支链淀粉较易溶在水中呈稳定的溶液，而直链淀粉不溶于冷水，溶于热水。支链淀粉因分支较多，和碘分子结合不如直链淀粉牢固，因此遇碘呈紫红色。

淀粉在彻底水解成葡萄糖之前，还经过一系列的中间产物，在不同阶段，与碘的颜色反应也各异。

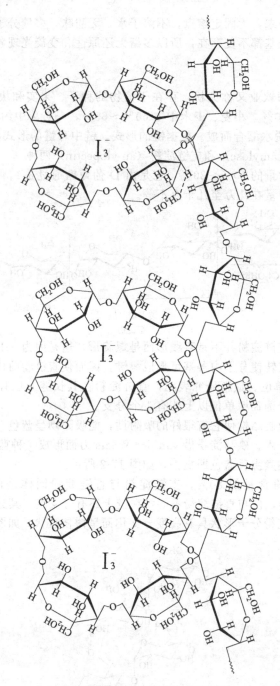

图 17-2 淀粉分子与碘作用示意图

名称	淀粉→紫糊精→红糊精→无色糊精→麦芽糖→葡萄糖				
与碘呈色	蓝色→ 紫色→ 红色→ 无色→ 无色→ 无色				

淀粉是提供人体葡萄糖的主要来源，是制药业和酿酒业的重要原料。

17.3.2 糖原

糖原（glycogen）常被称为动物淀粉，是储存于动物体内的多糖，主要存在于肝脏和肌

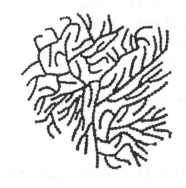
糖原的分枝状结构示意图

支链淀粉的簇状结构示意图

图 17-3　糖原与支链淀粉结构示意图

肉中，因此有肝糖原和肌糖原之分。糖原是动物中糖类的主要储存形式。

糖原由 α-D-葡萄糖组成，结构与支链淀粉相似，只是分支程度更高，每隔 3~4 个葡萄糖单位就有一个分支，每条支链也更短些，含 12~18 个葡萄糖单位。糖原结构中以 α-1,4-糖苷键连接的葡萄糖为主链，并有相当多 α-1,6 分支的多糖。糖原与支链淀粉结构见图 17-3。

在人体代谢中，糖原对维持血液中的血糖浓度起着重要作用，当血糖浓度较高时，机体可将葡萄糖转变成糖原储存起来；当血糖浓度较低时，糖原就会分解成葡萄糖，供给机体能量。

糖原为无色粉末，较难溶于冷水，而易溶于热水，遇碘显紫红色。

17.3.3　环糊精

淀粉经某种特殊酶作用水解得到环糊精（cyclodextrin，CD），环糊精一般是由 6 个、7 个或 8 个 D-葡萄糖以 α-1,4-苷键结合而成的一类环状低聚糖。根据所含糖单位个数不同（如 6、7 或 8）分别称为环六糊精、环七糊精和环八糊精等。α-、β-、γ-环糊精分别是 6 个、7 个、8 个 D-(＋)-吡喃型葡萄糖组成的环状低聚物，其分子、两端开口、中空的筒状物，腔内部呈相对疏水性，而所有羟基则在分子外部。C3、C5 上的氢原子和氧原子伸向桶的内侧，而羟基则分布在桶的外侧，位于圆桶较小或较大的开口端。图 17-4 所示为 α-环糊精。

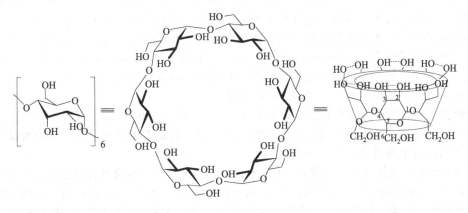

图 17-4　α-环糊精结构示意图

不同环糊精的空腔内径不同，其作用与冠醚相似，可选择性地和一些适当大小的有机化合物形成包合物，即形成主-客体关系。与冠醚不同的是它具有亲水的外侧和疏水的内侧，因此可包含某些非极性分子，如中性无机和有机分子及多肽和糖类等生物分子，形成稳定的配合物，并将其带入极性溶剂中。在医药上将某些难溶于水的药物通过和环糊精的包合使其具有水溶性。

环糊精在食品、医药、农业及轻工业方面可用作稳定剂、乳化剂、抗氧剂等，此外还较广泛用于构筑酶模型模拟酶的催化作用。

17.3.4 纤维素

纤维素（cellulose）是自然界分布最广的多糖，它是植物细胞壁的结构成分，木材中50%和棉花中的90%都是纤维素成分。

纤维素的分子很大，其结构与支链淀粉相似，也是由 D-葡萄糖组成，不同之处在于纤维素是由 β-D-葡萄糖分子间脱水通过 β-1,4-苷键连接成的链状分子。

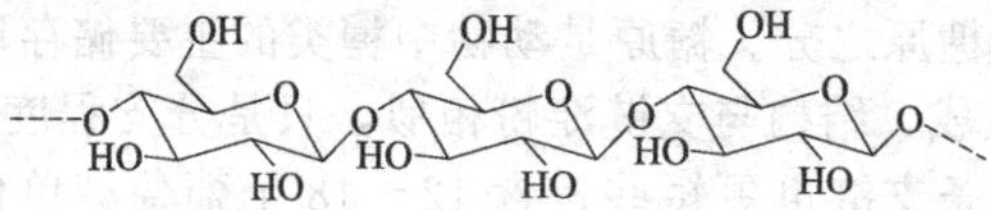

X 射线研究证明，纤维素的长链分子彼此平行排列形成纤维素束，几条纤维束长链与长链搅在一起，通过邻近的羟基形成氢键，聚集形成绳索状的纤维素（图 17-5）。

图 17-5　纤维素的绳索状示意图

纤维素为白色固体，韧性强，不溶于水和有机溶剂，也较难溶于稀酸和稀碱，在高温、高压下与无机酸共热，能被水解成葡萄糖。

人和肉食动物不能利用纤维素作为葡萄糖的来源，因为人体的消化液中缺少使 β-苷键水解的酶，但是牛、马、羊等食草动物可以消化纤维素，因为在食草动物的消化道中含有大量能分泌出 β-1,4-苷键水解酶的微生物，所以纤维素是食草动物的饲料。

人体虽不能利用纤维素作为营养物质，但它有促进消化液分泌、刺激肠道蠕动、吸收肠内有毒物质等生理功能。因此纤维素是膳食中不可缺少的重要组成。

纤维素主要用于纺织、造纸等工业，由于结构中羟基的存在，能生成酯或醚，从而得到纤维素酯类和纤维素醚类等一系列衍生物，其产品用途非常广泛。例如，纤维素硝酸酯，俗称硝化棉，是制造火药、油漆、塑料的重要化工原料；醋酸纤维素（cellulose acetate，CA）是纤维素分子中羟基用醋酸酯化后得到的一种化学改性的天然高聚物，是人们最早使用的一种塑料；羧甲基纤维素（carboxymethyl cellulose，CM-cellulose），又称化学糨糊，是一种很好的阳离子交换剂，除工业用途外，在药物制剂中纤维素还可用作黏合剂、乳化剂等；羧甲基纤维素醚也是纺织、胶片、塑料工业的重要原料。

纤维素主要由植物光合作用合成，是取之不尽，用之不竭的可再生资源，不同于以石油为原料生产的塑料，纤维素可被微生物分解，在人类大力提倡环保的今天，纤维素及其改性产品的利用已越来越受到人们的重视。

纤维素经酶作用转变为蛋白质，一直是科学界努力的方向，这将极大地丰富人类的粮食来源。随着石油能源的紧缺，人们开始开发利用乙醇作为动力能源，"绿色石油"乙醇的生产原料主要是甘蔗、甜菜、马铃薯、玉米等淀粉农作物，必然会造成粮食的紧缺，因此科学家正在利用纤维素作原料生产乙醇，在新能源的开发和生产中，纤维素也必将为人类做出其贡献。

17.3.5 甲壳素和壳聚糖

地球上存在的天然有机化合物中，数量最多的是纤维素，其次便是甲壳素。

甲壳素（chitin）又称甲壳质、几丁质，是一类含氮的多糖，它是由许多 N-乙酰氨基葡萄糖以 β-1,4-苷键连接而成的高分子化合物。甲壳素与浓 NaOH 作用脱去乙酰基后便生成壳聚糖。

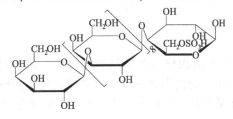

甲壳素的结构

甲壳素是白色无定形半透明固体，分子量因来源和制备方法不同而差异较大，可从数十万到几百万不等。不溶于水、稀酸、稀碱和一般有机溶剂。可溶于浓硫酸、浓盐酸和无水甲酸中。

甲壳素广泛存在于甲壳动物（如虾、蟹等）的外壳、昆虫（如蝗虫、蜘蛛等）体表及真菌的细胞壁中。自然界的生物每年合成的甲壳素约十亿吨，是地球上数量最大的含氮有机化合物，其次才是蛋白质。

壳聚糖是氨基葡萄糖的聚合物，又称为脱乙酰基甲壳素、壳多糖、甲壳糖等。壳聚糖也是白色无定形半透明固体，不溶于水和碱溶液，可溶于稀的盐酸、硝酸等无机酸和大多数有机酸，但不溶于稀的硫酸和磷酸。

由虾、蟹制备的甲壳素，收率 $10\%\sim17\%$，由甲壳素制壳聚糖收率可达 $80\%\sim90\%$。甲壳素和壳聚糖是天然生物大分子，有很好的吸附性、通透性、成膜性、成纤性和保湿性，是理想的环保材料，并且有极大的研究价值和应用价值。目前壳聚糖产品已广泛应用于医药、工农业和日常生活的各个领域。例如，由于壳聚糖安全无毒副作用，与生物器官有良好相容性，在医药上可作为人造器官（人造肾膜、骨骼）等、制药业中的缓释剂；在食品行业中作为天然食品的防腐保鲜剂；在农业上可用作植物生长调节剂；在化妆品工业上也起着重要作用。

17.3.6 海藻多糖

海藻（algal polysaccharide）是海洋生物资源的重要组成部分，全世界海洋中约生长 15000 余种海藻。海藻多糖是海藻中所含的各种糖类，它们的特征是具有水溶性，具有高黏度或凝固能力，因此也被称为海藻胶。海藻多糖的种类很多，根据其来源不同，可分为红藻多糖、绿藻多糖、褐藻多糖等。不同来源的海藻多糖，其单糖组分也不同。如由褐藻中获得的褐藻胶由甘露糖醛酸组成，红藻中获得的琼脂和卡拉胶由半乳糖及半乳糖衍生物构成。从海藻来源中提取的多糖大都含有硫酸根，是糖的硫酸酯。如琼脂结构可由九个 β-D-半乳糖以 β-1,3-苷键相连而成，链末端又以 β-1,4-苷键与 β-L-半乳糖相连。在 β-L-半乳糖的 C6 上羟基与硫酸成酯。

海藻多糖具有调节机体免疫功能、抗血栓、抗肿瘤、抗病毒等多种功效。对海藻多糖生物活性的研究已成为目前生命科学中最活跃的领域之一。

17.3.7　黏多糖

黏多糖（mucopolysaccharides）又称糖胺乳糖，含氮的杂多糖，是构成细胞间结缔组织的主要成分，也是组织间质、腺体与黏膜分泌液的成分。黏多糖一般是由氨基己糖和糖醛酸两种己糖衍生物所组成的二糖单位聚合而成的直链高分子化合物。在生物体内，黏多糖常与蛋白质结合成黏蛋白而存在。

（1）透明质酸　透明质酸（hyaluronic acid）是由 N-乙酰氨基-β-D-吡喃葡萄糖和 β-D-吡喃葡萄糖醛酸组成的二糖单位重复组成的黏多糖，存在于眼球玻璃体、角膜、关节液和疏松的结缔组织中。它与水形成黏稠凝胶，具有润滑和保护细胞的作用。有些病毒、恶性肿瘤、细菌等，因含有透明质酸酶，能分解透明质酸使其黏度变小而使毒液或病原体易侵入组织。精子也有透明质酸酶，使精子易于穿过黏液并与卵子结合从而受精。透明质分子能携带 500 倍以上的水分，为公认的最佳保湿成分，目前广泛应用于保养品和化妆品中。

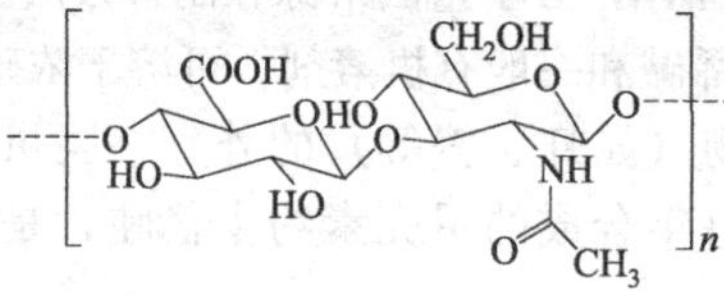

（2）硫酸软骨素　硫酸软骨素（chondroitin sulfate）作为结构物质广泛存在于结缔组织中，软骨中的软骨黏蛋白由蛋白质和硫酸软骨素结合而成。

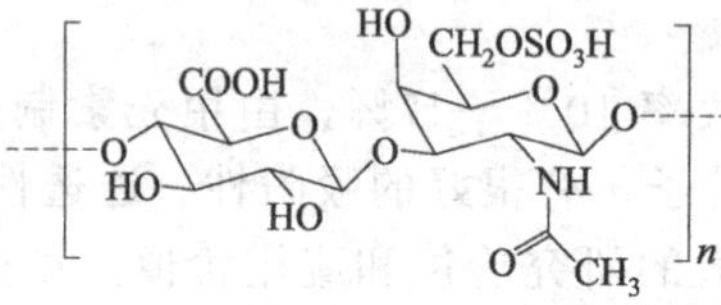

硫酸软骨素的钠盐在临床上用来治疗偏头痛、神经痛和各种类型的肝炎，也可用来治疗大骨节病。

（3）肝素　肝素（heparin）是由 D-β-葡萄糖醛酸（或 L-α-艾杜糖醛酸）和 N-乙酰氨基葡糖形成重复二糖单位组成的黏多糖硫酸酯。存在于肺、肌肉、血管壁、肠黏膜、心及胸腺中，在体内，肝素与蛋白质以结合形式存在。它是动物体内天然的抗凝血物质，能使凝血酶失去活性，保证血管内循环的血液不致凝固。因此，在临床上，常用肝素的钠盐作抗凝血剂，防止血液在体外循环时凝固，也可防止手术后血栓的形成。

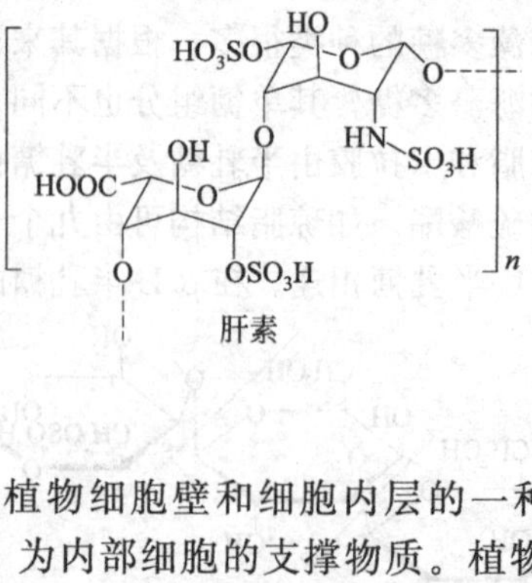

肝素

17.3.8　果胶质

果胶质（pectin）是存在于植物细胞壁和细胞内层的一种多糖，它充塞在细胞间隙中，对组织细胞起软化和黏合作用，为内部细胞的支撑物质。植物的根、茎、叶、果实中都存在果胶质，柚果皮中的果胶含量高达 6% 左右，是制取果胶的理想原料。果胶的基本成分为半乳糖醛酸及其甲酯缩合物。存在于植物体内的果胶物质一般可分为三类：果胶酸、可溶性果胶、原果胶。

（1）果胶酸　果胶酸（pectic acid）的主要成分是由许多 D-半乳糖醛酸通过 α-1,4-苷键结合而成的多糖。

果胶酸分子中含有游离的羧酸，可与钙、镁等离子结合生成不溶性的果胶酸钙或果胶酸镁沉淀，此反应可用于测定果胶质含量。

（2）可溶性果胶　可溶性果胶（soluble pectin）主要由果胶酸甲酯及少量半乳糖醛酸以 α-1,4-苷键连接而成，水解产物为半乳糖醛酸。

成熟的水果及胡萝卜素、甜菜中都含有较多的可溶性果胶，果汁的胶冻就是含有较多的可溶性果胶的缘故。可溶性果胶能溶于水而成溶胶或凝胶。在稀酸或果胶酶的作用下转化为果胶酸和甲醇。

（3）原果胶　原果胶（protopectin）存在于未成熟的水果和植物的茎叶中，它是由可溶性果胶与纤维素缩合而成的高分子化合物。原果胶不溶于水，未成熟的水果较为坚硬与原果胶的存在有关。植物在成熟、衰老、受伤时能产生果胶酶，果胶酶可逐步将果胶质水解成原果胶，通过原果胶酶的作用，生成可溶性果胶，再进一步转变为小分子果酸，致使细胞之间分离，从而造成落叶、落花、落果、落铃等现象。未成熟的水果往往坚硬且带涩，成熟后则软而甜，也与这种转化有关。某些微生物也能分泌果胶酶，使植物中的果胶质分解，造成植物组织破坏。果胶在食品工业中常用于加工成果冻，也是很好的食品添加剂。

知识介绍

糖类物质与血型

人类的血型系统是根据人的红细胞表面同族抗原的差别而进行的一种分类方法。根据人类红细胞所含的凝集原的不同，将血液分成若干型，故称血型。人类血型有很多种型，而每一种血型系统都是由遗传因子决定的，并具有免疫学特性。1900 年，K. Landsteiner 发现，人类的主要血型有 A 型、B 型、AB 型和 O 型。由于血型在输血、组织和器官移植及法医鉴定中的独特作用，尤其是在第一次世界大战中抢救伤员所做的重大贡献，K. Landsteiner 获 1930 年诺贝尔医学奖。

Landsteiner 采用的实际上是最多而常见的血型系统，即所谓的"ABO 系统"，分为 A、B、AB、O 四型；其次为 Rh 血型系统，主要分为 Rh 阳性和 Rh 阴性；再次为 MN 及 MNSs 血型系统。据目前国内外临床检测，发现人类血型有 30 余种之多。不同血型人的红细胞与另一人的血清混合时，红细胞则黏聚在一起，发生凝集反应，致红细胞受损害发生溶血。

实践中人们关心的主要是 ABO 系统，因为除了 Rh 血型等少数系统能给输血带来麻烦外，一般并不会引起非常严重的后果。

就全世界范围来说，O 型血的人最多，约占总人口的 46%。然而黄色人种的 O 型血比例较小，中国人为 34.4%，日本人占 30.1%，而白色人种的瑞典人则占 47%；西非的黑色人种高达 52.3%，澳大利亚东部的棕色人最高，为 58.6%。

经过半个多世纪的研究，W. M. Watikins 1960 年确定了决定血型的是糖蛋白中寡糖链末端糖基组成的不同：

A 型：半乳糖上除连接岩藻糖外还连有 N-乙酰氨基-α-D-半乳糖。

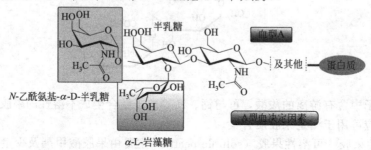

B 型：与 A 型相比，由 α-D-半乳糖代替了 N-乙酰氨基-α-D-半乳糖。

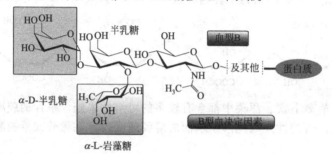

O 型：糖链末端半乳糖连接的仅是 α-L-岩藻糖。

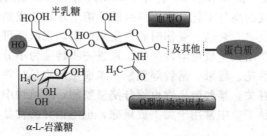

AB 型：兼具 A 型与 B 型末端糖基。

有趣的是植物也有血型。植物的血型和人类的血型是相同的，其中一半是 O 型，其余的是 B 型或 AB 型，但没有 A 型。

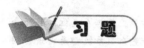

17-1 解释下列名词。

(1) 差向异构体和端基异构体　　(2) 吡喃糖和呋喃糖　　(3) 还原糖和非还原糖

(4) 糖苷和苷元　　(5) 变旋光现象　　(6) 转化糖　　(7) 苷键

17-2 写出下列化合物的结构式。

(1) L-(−)-葡萄糖（开链式）　　(2) β-D-吡喃甘露糖甲苷（Haworth 式）

(3) 6-磷酸葡萄糖（Haworth 式）　　(4) L-(＋)-果糖（开链式）

(5) α-D-2-脱氧呋喃核糖（Haworth 式）

17-3　写出 D-核糖与下列试剂的反应式。

(1) 溴水　　　(2) 稀 HNO_3　　　(3) 过量苯肼

(4) 乙醇（干燥 HCl）　　　(5) $NaBH_4$　　　(6) 磷酸

17-4　写出 D-吡喃甘露糖和 D-吡喃半乳糖最稳定的构象式。

17-5　写出 D-葡萄糖的 C3 差向异构体的结构 A，并写出与 A 生成相同糖脎的另外两个单糖的结构。

17-6　D-塔罗糖是一种己醛糖，它和 D-半乳糖生成相同的糖脎，写出 D-塔罗糖及其糖脎的结构。

17-7　用化学方法区分下列各组化合物。

(1) 葡萄糖与果糖　　　(2) 甘露糖与蔗糖　　　(3) 核糖与葡萄糖

(4) 纤维素与淀粉　　　(5) 麦芽糖与淀粉　　　(6) D-吡喃葡萄糖甲苷和 D-葡萄糖

17-8　半乳糖溶于水时发生变旋光现象，α-D-吡喃半乳糖比旋光度 $[\alpha]=+150.7$，β-D-吡喃半乳糖比旋光度 $[\alpha]=+52.8$，两者达到平衡时比旋光度为 $+80.2$，求两种异构体在达到平衡时的百分比。

17-9　L-古罗糖能被 $NaBH_4$ 还原成 D-葡萄糖醇，试写出古罗糖的结构及有关反应式，并说明 L-古罗糖是如何生成 D-葡萄糖醇的。

17-10　D-己醛糖 A 和 B 与苯肼反应生成相同的脎，A 与硝酸反应生成无旋光性的糖二酸，而 B 与硝酸反应生成有旋光性的糖二酸。糖 A 和 B 都能降解为戊醛糖 C，C 与硝酸反应生成有旋光性的糖二酸。戊醛糖 C 可降解为丁醛糖 D，D 与硝酸反应可生成有旋光性的酒石酸。丁醛糖 D 能降解为（+）-甘油醛。推断 A、B、C 和 D 的结构式。

17-11　D-果糖和 Tollens 试剂反应，主要产物是 D-甘露糖酸和 D-葡萄糖酸的酸根离子。

(1) 提出一个反应机理解释在 Tollens 试剂存在下，果糖是如何异构化成葡萄糖和甘露糖的混合物的。写出有关反应方程式。

(2) 解释为什么在将醛糖氧化为醛糖酸的过程中，溴水比 Tollens 试剂更适宜。

第18章 氨基酸、多肽和蛋白质

蛋白质是生物体内极为重要的一种生物大分子，是构成生命的主要基础物质。从最简单的病毒、细菌等微生物直至高等动物，一切生命过程都与蛋白质密切相关，它不仅是细胞的重要组成成分之一，而且还具有多种生物学功能。例如，机体内起催化作用的酶、调节代谢的一些激素以及发生免疫反应的抗体等均为蛋白质。几乎全部生命现象和所有细胞活动最终都是通过蛋白质的介导来表达和实现的，因此，没有蛋白质就没有生命。

蛋白质和多肽都是由氨基酸通过肽键连接而成的。由于氨基酸的种类、数目以及排列顺序的差异，可形成种类繁多、结构复杂、生物功能各异的蛋白质。

多肽除了作为蛋白质代谢的中间产物外，生物体内还存在某些重要的活性肽，它们通过神经-内分泌等各种作用途径，行使其微妙的传讯功能，是沟通细胞与器官间信息的重要化学信使。

为了研究蛋白质和多肽的结构和功能，首先必须掌握氨基酸的结构和性质。

18.1 氨基酸

氨基酸（amino acid）是一类分子中既含有氨基又含有羧基的化合物。根据氨基和羧基的相对位置，氨基酸可分为 α-、β-、γ-氨基酸等。不同来源的蛋白质在酸、碱和酶的作用下可完全水解，得到的最终产物是各种不同 α-氨基酸的混合物。α-氨基酸是组成蛋白质的基本单位。

18.1.1 α-氨基酸的结构、分类和命名

(1) α-氨基酸的结构　自然界中已发现的氨基酸有数百种，但蛋白质水解后的常见氨基酸主要有 20 种（表 18-1）。第一个氨基酸早在两个世纪前就已经被发现，而最后一个氨基酸则是在 1935 年才发现的。它们在化学结构上都具有共同特征，即氨基和羧基都连接在 α-碳原子上，属 α-氨基酸（脯氨酸为 α-亚氨基酸）。其结构通式表示为：

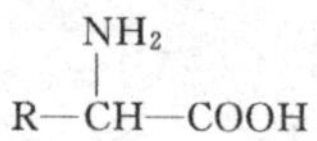

$$\begin{array}{c} NH_2 \\ | \\ R{-}CH{-}COOH \end{array}$$

式中，R 代表侧链基团，不同的 α-氨基酸只是 R 基团的不同。

氨基酸分子内同时存在酸性基团（—COOH）和碱性基团（—NH_2），它们可相互作用形成内盐。通过对氨基酸的红外光谱测定，发现固态或溶液中大多数氨基酸只有羧酸根负离子（—COO^-）的吸收峰；X 射线晶体衍射分析也证明固态氨基酸呈离子状态。在生理 pH 情况下，羧基几乎全以—COO^- 的形式存在，大多数氨基也主要以—NH_3^+ 形式存在。因此，氨基酸是偶极离子（zwitterion）。中性氨基酸和酸性氨基酸其偶极离子结构通式如下（碱性氨基酸的结构见表 18-1）：

$$\overset{\overset{\displaystyle NH_2}{|}}{R-CH-COOH} \longrightarrow \overset{\overset{\displaystyle NH_3^+}{|}}{R-CH-COO^-}$$

除甘氨酸外，组成蛋白质的其他 α-氨基酸分子中，α-碳原子均为手性碳原子，故具有旋光性。

氨基酸的构型通常采用 D、L 标记法，有 D-型和 L-型两种异构体。以甘油醛为参考标准，凡氨基酸分子中 α-NH_3^+ 的位置与 L-甘油醛手性碳原子上—OH 的位置相同者为 L-型，相反者为 D-型：

$$
\begin{array}{ccc}
\text{CHO} & \text{COO}^- & \text{COO}^- \\
\text{HO}-\!\!\!-\!\!\!-\text{H} & ^+\text{NH}_3-\!\!\!-\!\!\!-\text{H} & \text{H}-\!\!\!-\!\!\!-\text{NH}_3^+ \\
\text{CH}_2\text{OH} & \text{R} & \text{R} \\
\text{L-甘油醛} & \text{L-氨基酸} & \text{D-氨基酸}
\end{array}
$$

生物体内具旋光活性的 α-氨基酸均为 L-型。若用 R、S 标记法，其 α-碳原子除半胱氨酸为 R-构型外，其余常见的皆为 S-构型。此外，异亮氨酸及苏氨酸中的 β-碳原子亦为手性碳原子，在蛋白质中异亮氨酸的绝对构型为 S-型，苏氨酸则为 R-型。

思考题

18-1 写出苏氨酸的所有立体构型，标明 D、L 和 S、R 构型，并指出何者为蛋白质中存在的主要构型。

（2）α-氨基酸的分类和命名　根据 R 基团的结构和性质，氨基酸有不同的分类方法，如按 R 基团的结构可分为脂肪族氨基酸、芳香族氨基酸和杂环氨基酸。但在医学上常根据氨基酸在生理 pH 范围内其侧链 R 基团的极性及其所带电荷，将 20 种氨基酸分为 4 类。常见的 20 种 α-氨基酸的名称、结构及中英文缩写符号见表 18-1。

表 18-1　存在于蛋白质中的 20 种常见氨基酸

中文名称	英文名称	英文三字母	英文单字母	中文缩写	结构式（偶极离子）
具非极性 R 基的中性氨基酸					
甘氨酸	glycine	Gly	G	甘	$\overset{\overset{\displaystyle NH_3^+}{|}}{\text{H}-\text{CH}-\text{CO}_2^-}$
丙氨酸	alanine	Ala	A	丙	$\overset{\overset{\displaystyle NH_3^+}{|}}{\text{CH}_3-\text{CH}-\text{CO}_2^-}$
亮氨酸	leucine	Leu	L	亮	$\begin{array}{c}\text{H}_3\text{C}\\ \quad\quad\text{CH}-\text{CH}_2-\overset{\overset{\displaystyle NH_3^+}{|}}{\text{CH}}-\text{CO}_2^-\\ \text{H}_3\text{C}\end{array}$
异亮氨酸	isoleucine	Ile	I	异亮	$\begin{array}{c}\text{H}_3\text{C}\\ \quad\quad\text{CH}-\overset{\overset{\displaystyle NH_3^+}{|}}{\text{CH}}-\text{CO}_2^-\\ \text{H}_3\text{CH}_2\text{C}\end{array}$
缬氨酸	valine	Val	V	缬	$\begin{array}{c}\text{H}_3\text{C}\quad\text{H}\\ \quad\quad\text{C}-\overset{\overset{\displaystyle NH_3^+}{|}}{\text{CH}}-\text{CO}_2^-\\ \text{H}_3\text{C}\end{array}$

续表

中文名称	英文名称	英文三字母	英文单字母	中文缩写	结构式（偶极离子）
具非极性 R 基的中性氨基酸					
脯氨酸	proline	Pro	P	脯	$\begin{array}{c} H_2C-CH_2 \\ H_2C\quad CH-CO_2^- \\ \overset{+}{N} \\ H\quad H \end{array}$
苯丙氨酸	phenylalanine	Phe	F	苯丙	$C_6H_5-CH_2-\overset{\overset{NH_3^+}{|}}{CH}-CO_2^-$
甲硫（蛋）氨酸	methionine	Met	M	甲硫	$CH_3-S-CH_2-CH_2-\overset{\overset{NH_3^+}{|}}{CH}-CO_2^-$
不带电荷而具极性 R 基的中性氨基酸					
丝氨酸	serine	Ser	S	丝	$HO-CH_2-\overset{\overset{NH_3^+}{|}}{CH}-CO_2^-$
谷氨酰胺	glutamine	Gln	Q	谷酰	$\overset{\overset{O}{\|\|}}{H_2N-C}-CH_2-CH_2-\overset{\overset{NH_3^+}{|}}{CH}-CO_2^-$
苏氨酸	threonine	Thr	T	苏	$CH_3-\overset{\overset{OH}{|}}{CH}-\overset{\overset{NH_3^+}{|}}{CH}-CO_2^-$
半胱氨酸	cysteine	Cys	C	半胱	$HS-CH_2-\overset{\overset{NH_3^+}{|}}{CH}-CO_2^-$
天冬酰胺	asparagine	Asn	N	天酰	$\overset{\overset{O}{\|\|}}{H_2N-C}-CH_2-\overset{\overset{NH_3^+}{|}}{CH}-CO_2^-$
酪氨酸	tyrosine	Tyr	Y	酪	$HO-C_6H_4-CH_2-\overset{\overset{NH_3^+}{|}}{CH}-CO_2^-$
色氨酸	tryptophan	Trp	W	色	$\begin{array}{c} CH_2-\overset{\overset{NH_3^+}{|}}{CH}-CO_2^- \\ \text{(吲哚环)} \end{array}$
酸性氨基酸					
天冬氨酸	aspartic acid	Asp	D	天冬	$\overset{\overset{O}{\|\|}}{HO-C}-CH_2-\overset{\overset{NH_3^+}{|}}{CH}-CO_2^-$
谷氨酸	glutamic acid	Glu	E	谷	$\overset{\overset{O}{\|\|}}{HO-C}-CH_2-CH_2-\overset{\overset{NH_3^+}{|}}{CH}-CO_2^-$

续表

中文名称	英文名称	英文三字母	英文单字母	中文缩写	结构式(偶极离子)
碱性氨基酸					
赖氨酸	lysine	Lys	K	赖	$H_3N^+—CH_2CH_2CH_2CH_2—\overset{\overset{\displaystyle NH_2}{\displaystyle |}}{CH}—CO_2^-$
精氨酸	arginine	Arg	R	精	$H_2N—\overset{\overset{\displaystyle NH_2^+}{\displaystyle ‖}}{C}—NH(CH_2)_3—\overset{\overset{\displaystyle NH_2}{\displaystyle |}}{CH}—CO_2^-$
组氨酸	histidine	His	H	组	$CH_2—\overset{\overset{\displaystyle NH_3^+}{\displaystyle |}}{CH}—CO_2^-$

注:亮氨酸、异亮氨酸、缬氨酸、苯丙氨酸、蛋氨酸、苏氨酸、色氨酸、赖氨酸为必需氨基酸。

第一类:R 基团为非极性或疏水性的氨基酸,它们通常埋藏于蛋白质分子内部。

第二类:R 基团具有极性但不带电荷的氨基酸,其侧链中含羟基、巯基等极性基团,但在生理 pH 状况下却不带电荷(在碱性溶液中,酚羟基和巯基可给出质子而带负电荷),并具有一定的亲水性,往往分布在蛋白质分子的表面。

第一类和第二类氨基酸因其分子中各含一个—NH_3^+ 和—COO^-,习惯上又称为中性氨基酸。但这类氨基酸由于酸性解离大于碱性解离,故其水溶液并不显中性,大多呈微酸性。

第三类:R 基团带负电荷的氨基酸(酸性氨基酸),在生理 pH 状况下,其侧链中带有已给出质子的—COO^-。

第四类:R 基团带正电荷的氨基酸(碱性氨基酸),在其侧链中常带有易接受质子的胍基、氨基、咪唑基等基团,因此它们在中性和酸性溶液中往往带正电荷。

氨基酸虽可采用系统命名法,但习惯上往往根据其来源或某些特性而采用俗名。如天门冬氨酸源于天门冬植物,甘氨酸因具甜味而得名。

(3)营养必需氨基酸 不同蛋白质中所含氨基酸的种类和数目各异,有些氨基酸在人体内不能合成或合成数量不足,必须由食物蛋白质补充才能维持机体正常生长发育,这类氨基酸称为营养必需氨基酸(essential amino acids),主要有 8 种(表 18-1 中已备注)。此外,组氨酸和精氨酸在婴幼儿和儿童时期因体内合成不足,也需依赖食物补充一部分(表 18-2)。

表 18-2　人体对必需氨基酸的需要量

氨基酸	需要量/[mg/(kg 体重·d)]		
	婴幼儿(4~6 个月)	儿童(10~12 岁)	成人
赖氨酸	99	44	12
色氨酸	21	4	3
苯丙氨酸	141	22	16
甲硫(蛋)氨酸	49	22	10
苏氨酸	68	28	8
亮氨酸	135	42	16
异亮氨酸	83	28	12
缬氨酸	92	25	4

含有营养必需氨基酸数量多的蛋白质，其营养价值高。大多数动物蛋白质包括牛乳中的酪蛋白和存在于肉、蛋中的一些蛋白质，因所含必需氨基酸的种类和比例与人体需要相接近，故营养价值高。酪蛋白中含有 19 种氨基酸，包括全部必需氨基酸，谷类蛋白质中含赖氨酸较少而色氨酸较多，豆类蛋白质中含色氨酸较少而赖氨酸较多，因此食用不同蛋白质来源的食物较有利于必需氨基酸的充分补给。

食物蛋白质在体内经消化形成不同的氨基酸被吸收，其中有些被用于合成人体所需蛋白质，有些被消耗而提供能量，有些则转化为其他生理活性物质，如肾上腺素、黑色素和甲状腺素等。

（4）修饰氨基酸和非蛋白质氨基酸　蛋白质分子中尚含有一些经修饰的氨基酸，这类氨基酸在生物体内均无相应的遗传密码，往往在蛋白质生物合成前后，由其中相应的氨基酸经加工修饰而成，称为修饰氨基酸（modified amino acid）或衍生氨基酸（derived amino acid）。如 L-胱氨酸是由两个 L-半胱氨酸侧链上的巯基经氧化后以二硫键连接而成的，在胰岛素、核糖核酸酶、免疫球蛋白、角蛋白中也屡见。此外，在胶原蛋白和弹性蛋白中含有经羟化作用而形成的羟脯氨酸和羟赖氨酸；在组蛋白及肌肉蛋白中存在由 N-甲基化后形成的 L-甲基赖氨酸；一些酶蛋白中存在经羟基磷酸化而形成的 L-磷酰丝氨酸和 L-磷酰苏氨酸等，它们在蛋白质结构中各有其特殊功能。

L-胱氨酸　　　L-羟脯氨酸　　　L-羟赖氨酸

在自然界中还发现大量以游离或结合形式存在的氨基酸，它们中除大多为 α-氨基酸的衍生物外，也有些是 β-氨基酸、γ-氨基酸或 δ-氨基酸，还发现 D-型氨基酸。这些氨基酸并不参与构成蛋白质，但却以各种形式分布于植物、细菌和动物体内，称为非蛋白质氨基酸。其中有些是重要的代谢物前体或中间体，如鸟氨酸和瓜氨酸是精氨酸的代谢中间体，脑内存在的重要神经递质 γ-氨基丁酸是谷氨酸的脱羧产物，β-丙氨酸是构成维生素泛酸的基本成分。

鸟氨酸　　　　　　　　瓜氨酸

在许多微生物细胞壁和肽类抗生素中存在种类繁多的 D-型氨基酸。例如，细菌的肽聚糖含有 D-丙氨酸和 D-谷氨酸，某些革兰氏阳性菌的糖肽中含有 D-赖氨酸和 D-鸟氨酸。

18.1.2　物理和光谱性质

氨基酸具有内盐性质，其物理性质也与一般有机化合物不同，组成蛋白质的氨基酸均为无色晶体。因偶极离子的极性较大，分子间静电引力吸引的结果导致氨基酸的熔点较高，一般在 200℃ 以上，多数氨基酸受热易分解放出 CO_2，α-氨基酸大多难溶于有机溶剂，而易溶于强酸、强碱等极性溶剂，在水中的溶解度也各异（表 18-3）。

固态或溶液中的 α-氨基酸其红外光谱无典型的羧基（—COOH）特征吸收谱带（$1720cm^{-1}$），而只有羧酸根负离子（—COO$^-$）的特征吸收谱带（$1600cm^{-1}$）；在 $3100\sim 2600cm^{-1}$ 间有一强而宽的 N—H 键伸缩吸收带。

氨基酸在可见光区内均无光吸收，但酪氨酸、色氨酸和苯丙氨酸却在紫外光区具有光吸收能力。由于大多数的蛋白质含有芳香族氨基酸，在 280nm 波长附近有特征性的最大吸收峰，常利用这一特性测定样品中蛋白质的含量。

表 18-3 各种氨基酸的物理常数

氨基酸	溶解度(25℃)/ (g/100 mL H$_2$O)	pK_1(α-COOH)	pK_2(α-NH$_3^+$)	pK_R (R 基团)	等电点 pI
甘氨酸	25	2.4	9.8		6.1
丙氨酸	16.7	2.3	9.7		6.0
亮氨酸	2.4	2.4	9.6		6.0
异亮氨酸	4.1	2.4	9.6		6.0
缬氨酸	2.5	2.3	9.6		6.0
脯氨酸	162	2.0	10.6		6.3
苯丙氨酸	3.0	1.8	9.1		5.5
甲硫(蛋)氨酸	3.4	2.3	9.2		5.7
丝氨酸	25(20℃)	2.2	9.2	13.6	5.7
谷氨酰胺	易溶	2.2	9.1		5.7
苏氨酸	20	2.1	9.1	13.6	5.6
半胱氨酸	28	2.0	10.3	8.2(—SH)	5.1
天冬酰胺	2.9	2.0	8.8		5.4
酪氨酸	0.045	2.2	9.1	10.1(酚羟基)	5.7
色氨酸	1.14	2.8	9.4		5.9
天冬氨酸	0.45	1.9	9.6	3.7(β-羧基)	2.8
谷氨酸	0.86	2.2	9.7	4.3(γ-羧基)	3.2
赖氨酸	150	2.2	9.0	10.5(ε-氨基)	9.7
精氨酸	14.87(20℃)	2.2	9.0	12.5(胍基)	10.8
组氨酸	4.19	1.8	9.2	6.1(咪唑基)	7.6

18.1.3 α-氨基酸的酸碱性和等电点

氨基酸分子中同时含有酸性基团和碱性基团，既能与较强的酸起反应，也能与较强的碱起反应而生成稳定的盐，具有两性化合物特征。由于氨基酸中给出质子的酸性基团和接受质子的碱性基团的数目和能力各异，因此它们在水溶液中呈现不同的酸碱性。中性氨基酸在水溶液中解离时，由于—NH$_3^+$给出质子的能力大于—COO$^-$接受质子的能力，因此其水溶液呈弱酸性，此时氨基酸带负电荷；酸性氨基酸在水溶液中呈酸性，氨基酸带负电荷；碱性氨基酸在水溶液中则呈碱性，氨基酸带正电荷。

氨基酸在水溶液中所带电荷状态，除取决于其本身的结构外，还取决于溶液的 pH 值。在不同的 pH 值溶液中，氨基酸以阳离子、阴离子和偶极离子三种形式存在，它们之间形成一动态平衡。

$$pH<pI \qquad pH=pI \qquad pH>pI$$

当调节溶液 pH 值时，使氨基酸以偶极离子形式（Ⅱ）存在，此时其所带的正、负电荷数相等，净电荷为零，呈电中性，在电场中也不泳动，氨基酸处于等电状态，此时溶液的 pH 值称为该氨基酸的等电点（isoelectric point），以 pI 表示。对于像甘氨酸等不含其他酸性或碱性基团的氨基酸，其 pI 值可根据 [H$_3$N$^+$CH(R)COOH]＝[H$_3$N$^+$CH(R)COO$^-$]，从 pK_1(α-COOH) 和 pK_2(α-NH$_3^+$) 的表达式计算。很容易证明，pI 就是上述两个 pK 值的平均值。例如，甘氨酸的 pI 值计算：

$$pI=\frac{pK_1+pK_2}{2}=\frac{2.4+9.8}{2}=6.1$$

当氨基酸侧链有另外的酸性或碱性基团时，可以预料其 pI 值会降低或升高。

当在溶液中加入适量酸使 pH＜pI，（Ⅱ）中的—COO⁻ 接受质子，平衡左移，氨基酸以阳离子形式（Ⅰ）存在，在电场中向负极移动；当在溶液中加入适量碱使 pH＞pI，（Ⅱ）中的—NH₃⁺ 给出质子，平衡右移，氨基酸以阴离子形式（Ⅲ）存在，在电场中向正极移动。各种氨基酸由于其组成和结构不同，因此具有不同的等电点。中性氨基酸在水溶液中呈弱酸性，只有加入适量的酸才能调节至等电点，故中性氨基酸的等电点小于 7，一般在 5.0 ~6.5 之间。在酸性氨基酸溶液中需加入较多的酸才能使它达到等电点，所以其等电点较小，在 3 左右。若使碱性氨基酸达到等电点时，只有加入适量的碱，故碱性氨基酸的等电点在 7.6~10.8。常见的 20 种氨基酸的等电点列于表 18-3。

带电颗粒在电场中向与其电荷相反的电极移动，这种现象称为电泳。由于各种氨基酸的分子量和 pI 不同，在一定 pH 值的缓冲溶液中，其带电情况有差异，因而在电场中的泳动速率也有快慢。故可用电泳技术分离氨基酸的混合物。例如，将丙氨酸、天冬氨酸和精氨酸的混合物置于电泳支持介质（滤纸或凝胶）中央，调节介质的 pH 值至 6.0，此时精氨酸（pI＝10.8）带正电荷，在电场中向负极泳动；而天冬氨酸（pI＝2.8）带负电荷，向正极泳动；丙氨酸（pI＝6.0）在电场中不泳动，借此可将三者进行分离。如图 18-1 所示。

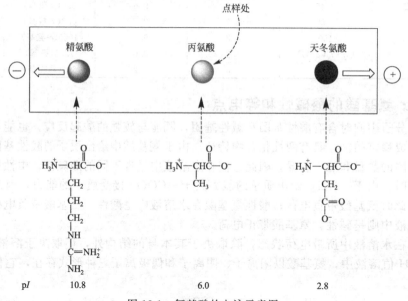

图 18-1 氨基酸的电泳示意图

18-2 在 pH 为 7.6 时，用电泳分离 Val、Glu、His 三种氨基酸的混合物，其结果如何？

18.1.4 氨基酸的化学性质

（1）氨基酸与亚硝酸反应 氨基酸与亚硝酸作用，可释放氮气，—NH₃⁺ 被羟基取代，生成 α-羟基酸：

$$\underset{\substack{| \\ R-CH-COO^-}}{NH_3^+} + HNO_2 \longrightarrow \underset{\substack{| \\ R-CH-COOH}}{OH} + N_2\uparrow + H_2O$$

脯氨酸分子中含有亚氨基，亚氨基不能与亚硝酸反应放出氮气。

若定量测定反应中释放出 N_2 的体积，即可计算出氨基酸的含量，此种方法称为 van Slyke 氨基氮测定法，常用于氨基酸和多肽的定量分析。

（2）氨基酸与甲醛反应　氨基酸中既含有—NH_3^+ 又含有—COO^-，所以不能用酸碱滴定法直接测定其含量。当加入甲醛后，氨基酸的—NH_2 和甲醛反应，通过亲核加成消除反应，生成 N-亚甲基氨基酸，这样就可以用碱滴定—NH_3^+ 所释放出的 H^+，计算出氨基酸的含量。

$$R-\underset{\underset{NH_3^+}{|}}{CH}-COO^- \rightleftharpoons R-\underset{\underset{NH_2}{|}}{CH}-COO^- + H^+$$

$$R-\underset{\underset{NH_2}{|}}{CH}-COO^- + HCHO \longrightarrow R-\underset{\underset{N=CH_2}{|}}{CH}-COO^- + H_2O$$

（3）氨基酸的茚三酮反应和颜色反应　氨基酸与茚三酮的水合物在溶液中共热，经过一系列反应，最终生成蓝紫色的化合物，称为罗曼紫（Ruhemann's purple）。

茚三酮反应广泛用于氨基酸、肽和蛋白质的鉴定或纸色谱与薄层色谱等的显色。但亚氨基酸（脯氨酸和羟脯氨酸）呈黄色。根据 α-氨基酸与茚三酮反应所生成化合物的颜色深浅程度以及释放出 CO_2 的体积，也可定量测定氨基酸。该反应非常灵敏。因为手汗中含有多种氨基酸，遇茚三酮后也起显色反应。因此在法医学上，可使用此反应采集嫌疑犯在现场留下来的指纹。

具有特殊 R 基团的氨基酸可以与某些试剂产生独特的颜色反应，如蛋白黄反应、Millon 反应和乙醛酸反应等（表 18-4）。这些颜色反应可作为氨基酸、多肽和蛋白质的定性或定量分析基础。

表 18-4　鉴别具有特殊 R 基团氨基酸的呈色反应

反应名称	试剂	颜色	鉴别的氨基酸
蛋白黄反应	浓硝酸再加入碱	深黄色或橙红色	苯丙氨酸、酪氨酸、色氨酸
Millon 反应	硝酸汞、亚硝酸汞和硝酸的混合液	红色	酪氨酸
乙醛酸反应	乙醛酸和浓硫酸	两液层界面处呈紫红色环	色氨酸
亚硝酰铁氰化钠反应	亚硝酰铁氰化钠	红色	半胱氨酸

（4）与 2,4-二硝基氟苯（DNFB）和丹酰氯的反应　在室温和近中性条件下，氨基酸中的氨基可和 2,4-二硝基氟苯（2,4-dinitrofluorobenzene，DNFB）作用，生成稳定的二硝基苯基氨基酸（DNP-氨基酸）。

DNP-氨基酸呈黄色，这一反应是定量转变的，产物在弱碱性条件下十分稳定，常用在多肽 N-端氨基酸的鉴定工作上。英国生物化学家 F. Sanger 首次用此法标记蛋白质的 N-端氨基酸，阐明了第一个蛋白质胰岛素中氨基酸的种类、数目和排列顺序，也因此获得 1958 年的诺贝尔化学奖。该反应也称为 Sanger 反应，2,4-二硝基氟苯被称为 Sanger 试剂。

氨基酸与丹酰氯（dansyl chloride，5-二甲氨基萘磺酰氯，DNS-Cl）进行磺酰化反应，分子中的—NH_3^+ 被磺酰化，生成丹酰基氨基酸，在紫外线下呈强烈的黄色荧光。

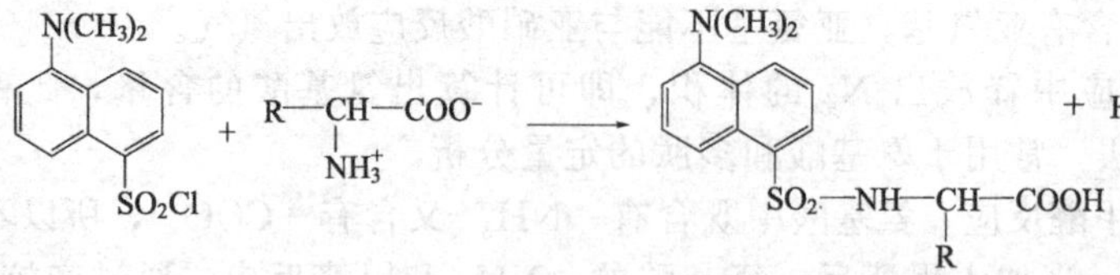

该反应极灵敏，仅 1.0nmol 产物即可被检出，常用于微量氨基酸的定量测定及多肽的 N-末端氨基酸分析。

(5) 氧化脱氨反应　α-氨基酸经氧化剂和酶的作用，可生成α-亚氨基酸，再水解而得α-酮酸和氨。

$$R-\underset{}{\overset{NH_3^+}{\overset{|}{C}H}}-COO^- \xrightarrow[\triangle]{[O]} R-\overset{O}{\overset{\|}{C}}-COOH+NH_3\uparrow$$

上述过程也是生物体内氨基酸分解代谢的重要方式之一，例如：L-谷氨酸经 L-谷氨酸脱氢酶的作用，可催化谷氨酸氧化脱氨，生成α-酮戊二酸。

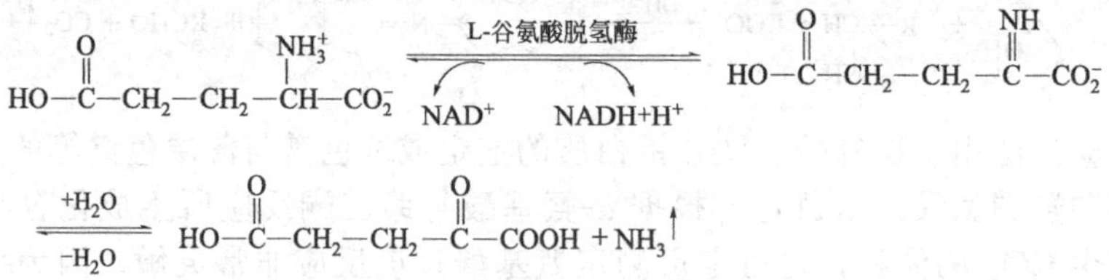

α-酮戊二酸

(6) 氨基酸的脱羧反应　α-氨基酸与氢氧化钡一起加热或在高沸点溶剂中回流，可发生脱羧反应，失去二氧化碳而得到胺：

$$R-\overset{NH_3^+}{\overset{|}{C}H}-COO^- \xrightarrow[\triangle]{OH^-} R-CH_2NH_2+CO_2\uparrow$$

在生物体内，因某些细菌的存在而经酶的作用可发生脱羧反应，如蛋白质腐败时，精氨酸或鸟氨酸可发生脱羧反应生成腐胺 [$NH_2-(CH_2)_4-NH_2$]，由赖氨酸脱羧则可得尸胺 [$NH_2-(CH_2)_5-NH_2$]。肌球蛋白中的组氨酸在脱羧酶的存在下可转变成组胺，过量组胺能在体内引起变态反应：

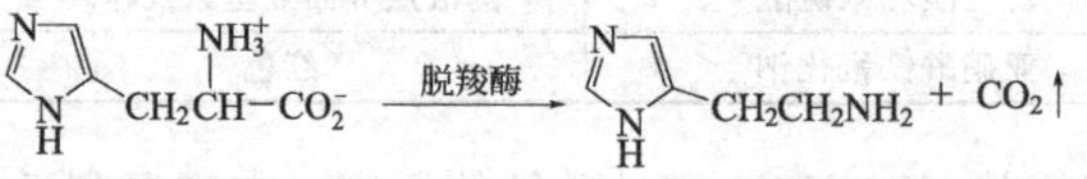

脑内存在的重要神经递质γ-氨基丁酸（GABA）是由谷氨酸中的α-羧基脱羧后转变而成的。

$$\underset{\text{L-谷氨酸}}{HOOC-CH_2-CH_2-\overset{NH_3^+}{\overset{|}{C}H}-CO_2^-} \xrightarrow{\text{L-谷氨酸脱羧酶}} \underset{\gamma\text{-氨基丁酸}}{^-OOC-CH_2-CH_2-CH_2-NH_3^+} + CO_2\uparrow$$

(7) α-氨基酸的脱水反应　α-氨基酸受热时发生类似α-羟基酸的转变，两分子氨基酸易发生分子间脱水反应，生成环状的交酰胺。

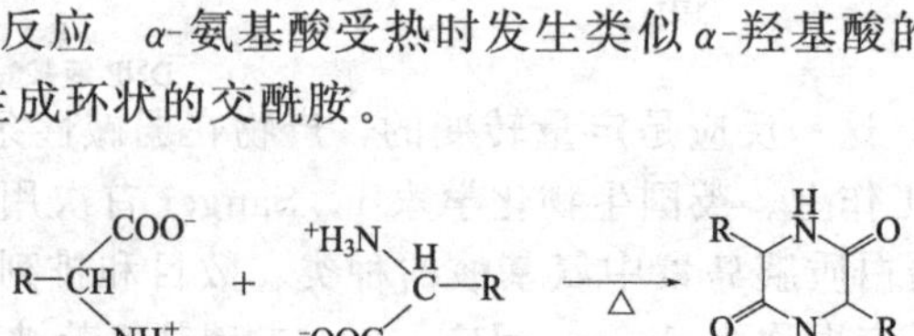

交酰胺

若用酸处理，交酰胺可转变为二肽。

$$R \underset{\underset{H}{|}}{\overset{\overset{H}{|}}{N}} \overset{O}{\underset{O}{\bigcirc}} R + H_2O \xrightarrow[100℃]{H^+} \overset{+}{H_3N}-CH-\underset{\underset{R}{|}}{\overset{O}{\parallel}}C-NH-CH-COO^-$$

二肽

若控制反应条件，采取一系列方法，则 α-氨基酸中的—NH_3^+ 和—COO^- 可相互脱水，缩合成多肽。多肽的合成是 α-氨基酸最重要的反应。

18.2 多肽

18.2.1 肽的结构和命名

肽是氨基酸之间通过酰胺键相连而成的一类化合物（分子量一般小于 10000），肽分子中含有的酰胺键（$-\overset{O}{\overset{\parallel}{C}}-\overset{H}{\overset{|}{N}}-$）称为肽键（peptide bond）。肽键是多肽和蛋白质分子中的主要化学键。

二肽可视为一分子氨基酸中的—COO^-（一般为 α-COO^-）与另一分子氨基酸中的—NH_3^+（一般为 α-NH_3^+）脱水缩合而成。肽也以两性离子的形式存在。

$$\overset{+}{H_3N}-\underset{\underset{R^1}{|}}{CH}-COO^- + \overset{+}{H_3N}-\underset{\underset{R^2}{|}}{CH}-COO^- \longrightarrow \overset{+}{H_3N}-\underset{\underset{R^1}{|}}{CH}-\overset{O}{\overset{\parallel}{C}}-NH-\underset{\underset{R^2}{|}}{CH}-COO^- + H_2O$$

二肽

二肽分子的两端仍存在着游离的—NH_3^+ 和—COO^-，因此它可以再与另一分子氨基酸脱水缩合形成三肽；同样依次可形成四肽、五肽……。十肽以下的称为寡肽（oligopeptide），大于十肽的称为多肽（polypeptide）。氨基酸形成肽后，已不是完整的氨基酸，故将肽中的氨基酸单位称为氨基酸残基（amino acid residue）。虽然也有环肽存在，但绝大多数的肽呈链状，称为多肽链，一般可用通式表示：

$$\overset{+}{H_3N}-\underset{\underset{R^1}{|}}{CH}-CO-NH-\underset{\underset{R^2}{|}}{CH}-CO-NH-\underset{\underset{R^3}{|}}{CH}-CO-NH-\underset{\underset{R^4}{|}}{CH}-CO\cdots NH-\underset{\underset{R^n}{|}}{CH}-COO^-$$

在肽链的一端仍保留着游离的—NH_3^+，称为氨基末端或 N-端；而另一端则保留着游离的—COO^-，称为羧基末端或 C-端。

肽的结构不仅取决于组成肽链的氨基酸种类和数目，而且也与肽链中各氨基酸残基的排列顺序有关。由两种不同的氨基酸（如甘氨酸和丙氨酸）组成二肽时，因连接顺序差异，可形成两种异构体：一种为丙氨酸的—NH_3^+ 和甘氨酸的—COO^- 脱水缩合而成；另一种为甘氨酸的—NH_3^+ 和丙氨酸的—COO^- 脱水缩合而成。它们的结构式分别如下：

$$\overset{+}{H_3N}-CH_2-CO-NH-\underset{\underset{CH_3}{|}}{CH}-COO^- \qquad \overset{+}{H_3N}-\underset{\underset{CH_3}{|}}{CH}-CO-NH-CH_2-COO^-$$

$\qquad$（Ⅰ）$\qquad\qquad\qquad\qquad\qquad$（Ⅱ）

$\quad$ 甘氨酰丙氨酸（甘-丙：Gly-Ala）$\qquad$ 丙氨酰甘氨酸（丙-甘：Ala-Gly）

同理，由 3 种不同的氨基酸组成的三肽可有 6 种异构体；由 4 种不同的氨基酸组成的四肽可有 24 种异构体。由许多种氨基酸按不同的顺序排列，可形成大量的异构体，构成自然界中种类繁多的蛋白质和多肽。

多肽的命名常以含 C-端的氨基酸为母体称为某氨基酸，而肽链中其他的氨基酸残基从 N-端开始依次称某氨酰，置于母体名称之前。如上述两种二肽异构体中的（Ⅰ）命名为甘氨酰丙氨酸；（Ⅱ）命名为丙氨酰甘氨酸。在多数情况下，也可用英文或中文符号表示，从

N-端开始依次书写氨基酸残基的符号。

18-3 写出四肽苯-缬-组-天的结构式。

18.2.2 肽键平面

多肽分子中构成多肽链的基本化学键是肽键，肽键与相邻两个 α-碳原子所组成的基团

$$\left[\text{—}\alpha\text{-C}\overset{\overset{O}{\|}}{\text{—}} \text{C—NH}\text{—}\alpha\text{-C—} \right]$$

称为肽单元。肽链由许多重复的肽单元连接而成，它们构成多肽链的主链骨架。通过对一些简单的肽和蛋白质肽键的 X 射线晶体衍射分析，证明肽单元的空间结构具有以下 3 个显著的特征。

（1）肽单元是平面结构，组成肽单元的 6 个原子位于同一平面内，这个平面称为肽键平面，如图 18-2 所示（三个平面）。

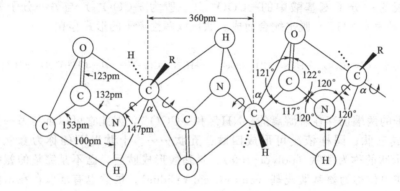

图 18-2　肽键平面

（2）肽键具有局部双键性质，不能自由旋转。肽键中的 C—N 键长为 132pm，比相邻的 α-C—N 单键（147pm）短，而较一般的 C═N 双键（127pm）长，介于两者之间。这表明羰基的 π 电子发生离域现象，使肽键具有局部双键性质，因此 C—N 之间的旋转受到一定的阻碍。

（3）肽键呈反式构型。由于肽键不能自由旋转，肽键平面上各原子可出现顺反异构现象，与 C—N 键相连的 O 与 H 或两个 α-C 原子之间一般呈较稳定的反式构型。

肽键平面中除 C—N 键不能旋转外，两侧的 α-C—N 和 C—α-C 键均为 σ 键，因而相邻的肽键平面可围绕 α-C 旋转，肽链的主链骨架也可视为由一系列通过 α-C 原子衔接的肽键平面所组成。肽键平面的旋转所产生的立体结构可呈多种状态，从而导致蛋白质分子呈现各种不同的构象。

天然存在的肽分子大小不等，有些是蛋白质降解的片断，有些是具有特殊的生理和药理作用的活性物质。就目前所知的多肽，多数是开链肽，少数为分支开链肽，环状的多肽则非常少见。肽的化学性质在某些方面与氨基酸类似，而各种氨基酸残基的 R 基团则对肽的性质有较大影响。肽与氨基酸一样，也含有 —COO$^-$ 和 —NH$_3^+$ 等基团，因此也以偶极离子形式存在，具有各自的等电点。在水溶液中的酸碱性质主要取决于侧链可解离的 R 基团的数目和性质。

肽也能发生类似于氨基酸所起的反应，如脱羧反应、与亚硝酸反应和酰化反应等，肽也

能发生氨基酸的呈色反应。但多肽是由不同氨基酸残基连接而成的，它的性质和功能与氨基酸又有明显差异。例如，三肽以上的多肽能发生缩二脲反应，而氨基酸则无此现象。因此，缩二脲反应被广泛用于肽和蛋白质的定性分析和定量分析。

18.2.3　多肽的结构测定

测定多肽的结构是一项相当复杂的工作，不但要确定组成多肽的氨基酸种类和数目，还需测出这些氨基酸残基在肽链中的排列顺序。

（1）氨基酸组成和含量分析　测定多肽的组成时，常将多肽用酸充分水解成游离氨基酸，并通过各种色谱技术或氨基酸分析仪确定其组成成分和含量（图 18-3）。至于多肽分子中氨基酸残基的排列顺序，则可借末端残基分析法和部分水解等方法进行测定。

图 18-3　氨基酸自动分析仪记录的混合氨基酸色谱分离结果

（2）末端氨基酸残基的分析　末端残基分析法即定性确定肽链中 N-端和 C-端的氨基酸。通常选择一种适当的试剂作为标记化合物使之与肽链的 N-端或 C-端作用，再经肽链水解，则含有此标记物的氨基酸必是链端的氨基酸。标记 N-端的试剂有多种，如异硫氰酸苯酯、2,4-二硝基氟苯、丹酰氯等。目前广泛采用异硫氰酸苯酯法。

异硫氰酸苯酯可与肽链的 N-端氨基作用生成苯氨基硫甲酰基肽（phenylthiocarbamyl，PTC-肽），在酸性溶液中 PTC-肽经环化、水解后能选择性地将 N-端残基以乙内酰胺苯硫脲氨基酸（phenylthiohydantoin amino acid，PTH-氨基酸）的形式断裂下来，用色谱法即可鉴定其为何种氨基酸衍生物。肽段经上述反应后仅失去一个 N-端氨基酸残基，残留的肽链可继续与异硫氰酸苯酯作用，如此逐个鉴定出氨基酸的排列顺序。此法称为 Edman 降解法。应用此原理设计的自动氨基酸顺序仪已能测定 60 个氨基酸以下的多肽结构。

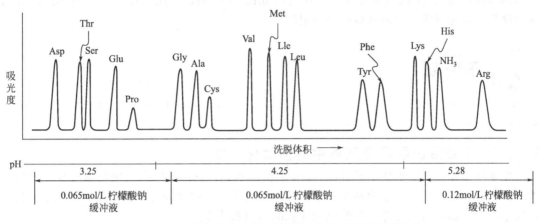

PTH-氨基酸　　降解的肽(少一个残基)

C-端的测定常采用羧肽酶法。羧肽酶能特异性地水解 C-端氨基酸的肽键，这样可以反复用于缩短的肽，逐个测定新的 C-端氨基酸。

（3）肽链的部分水解及其氨基酸顺序的确定　对于复杂的多肽，除采用端基标记法外，尚必须配合部分水解法。常用多种蛋白酶酶切肽链的不同部位，如胰蛋白酶能专一性地水解 Arg 或 Lys 的羧基所形成的肽键，胰凝乳蛋白酶可水解芳香族氨基酸的羧基端肽键，从而获得各种水解片断。

$$\text{Asp-Arg-Tyr-Ala-Gly} \xrightarrow{\text{胰蛋白酶}} \text{Asp-Arg} + \text{Tyr-Ala-Gly}$$

$$\text{Asp-Arg-Tyr-Ala-Gly} \xrightarrow{\text{胰凝乳蛋白酶}} \text{Asp-Arg-Tyr} + \text{Ala-Gly}$$

通过分析各肽段中的氨基酸残基顺序，经过组合、排列对比，找出关键性的"重叠顺序"，便可推断各小肽片断在整个多肽链中的位置，最终获得完整肽链中氨基酸残基排列顺序。

随着快速 DNA 序列分析的开展，可通过 DNA 序列推演氨基酸顺序。首先分离编码蛋白质的基因，再通过测定 DNA 序列，排列出 mRNA 序列，按照三联密码原则推断出氨基酸的序列，这是目前常用的肽链顺序测定法。

思考题

18-4 某五肽含有两个 Gly、一个 Ala、一个 Phe 和一个 Val，当与 HNO_2 反应时不产生 N_2，水解后的产物为 Ala-Gly 和 Gly-Ala。写出其两种可能的结构式。

18.2.4 生物活性肽及自然界中的多肽化合物

生物体内存在某些重要的活性肽（active peptides），它们在体内一般含量较少，却起着重要的生理作用。生命科学中的某些重要课题的研究，如细胞分化、肿瘤发生、生殖控制以及某些疾病的病因与治疗等，均涉及活性肽的结构和功能。

（1）脑啡肽 1973 年，在脑内发现有阿片受体存在后，1975 年，Hughes 等首次从猪脑中分离提取出两种内源性阿片样活性物质——甲硫氨酸脑啡肽和亮氨酸脑啡肽，这两种脑啡肽（enkephalin）均为五肽，它们的差异仅在 C-端的 1 个氨基酸残基不同。结构式分别为：

Tyr-Gly-Gly-Phe-Met　　Tyr-Gly-Gly-Phe-Leu

甲硫氨酸脑啡肽　　　　亮氨酸脑啡肽

脑啡肽的发现推动了神经科学领域的研究和发展，其后又陆续发现了十几种内源性阿片样肽，简称内阿片肽，如 β-内啡肽、强啡肽 A 等，它们的结构特点是 N-端的前 4 个氨基酸残基均与脑啡肽相同（Tyr-Gly-Gly-Phe-）。

分析脑啡肽的结构，发现其中第一位 Tyr、第三位 Gly 和第四位 Phe 为活性基团，若这些位置上的氨基酸残基被其他氨基酸残基取代则失去活性。此外，脑啡肽常易被氨肽酶和脑啡肽酶所降解，为了增强脑啡肽的稳定性而不受酶解，可采用人工合成脑啡肽类似物，常用 D 型氨基酸（如 D-Ala）取代第二位的 Gly，成为有效的镇痛药物。由此可见，活性肽的功能与其分子中氨基酸的种类、数量以及排列顺序密切相关。

（2）谷胱甘肽 谷胱甘肽（glutathione）是一种广泛存在于动植物细胞中的重要三肽，由 L-Glu、L-Cys 和 Gly 组成。它的结构特点是肽链的 N-端上 Glu 通过它的 γ-COO^-（不是 α-COO^-）与 Cys 的 α-NH_3^+ 脱水形成肽键。谷胱甘肽分子中因含有—SH，故称为还原型谷胱甘肽，简写成 GSH。

$\overset{-}{}OOC—\underset{\underset{NH_3^+}{|}}{CH}—CH_2—CH_2—C—NH—\underset{\underset{\underset{SH}{|}}{CH_2}}{CH}—C—NH—CH_2—COO^-$

γ-谷氨酰半胱氨酰甘氨酸(谷胱甘肽 GSH)

两分子的还原型谷胱甘肽，借空间靠近的两个半胱氨酸的—SH 在体内经氧化，两肽链间形成二硫键，构成氧化型谷胱甘肽（G-S-S-G）。

$$2GSH \underset{+2H}{\overset{-2H}{\rightleftharpoons}} G\text{-}S\text{-}S\text{-}G$$

还原型谷胱甘肽在人类及其他哺乳类动物体内极为重要，它可保护细胞膜上含巯基的膜蛋白或含巯基的酶类免受氧化，从而维持细胞的完整性和可塑性。

（3）非蛋白质来源多肽 在生物体内还存在另一类的活性多肽，它们在氨基酸的组成及结构上与那些由蛋白质水解获得的多肽不同，称为非蛋白质来源多肽。组成这些肽的氨基酸分子除 20 种常见氨基酸外，还有非蛋白质氨基酸，除 L-型氨基酸外还有 D-型氨基酸，形成的多肽除链状外尚有环状，如肌肽和短杆菌肽 A。肌肉二肽分子中含有 β-Ala；抗生素短杆菌肽 A 是含有 D-Phe 的环肽。

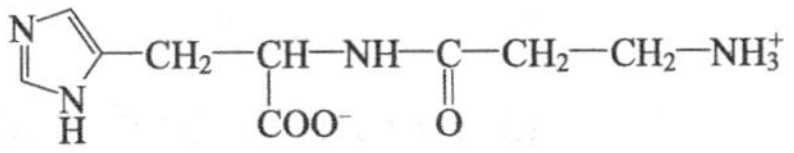

肌肽(β-Ala-His)

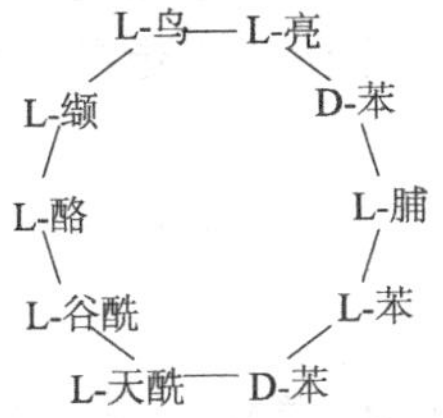

短杆菌肽A

体内蛋白酶通常针对肽链中具有 L-α-氨基酸的肽类进行水解，有其特异性，而非蛋白质肽类在结构上的变异保护了这些肽类不被体内蛋白酶水解。这些肽在体内都具有重要的生理意义，有的对动植物有毒，有的具有抗菌性和抗肿瘤等作用。目前，已有越来越多的生物活性多肽被陆续发现和分离，许多小肽可作为药剂，且都具有重要的应用价值。通过重组 DNA 技术及化学合成等途径制备肽类药物及多肽疫苗，为现代多肽药物化学的研究开辟了新的领域。

18.3 蛋白质

蛋白质（proteins）与多肽均是氨基酸的多聚物，它们都由各种 L-α-氨基酸残基通过肽键相连。因此在小分子蛋白质与大分子多肽之间不存在绝对严格的分界线，通常将分子量在 10000 以上的称为蛋白质，10000 以下的称为多肽。胰岛素（insulin）分子量为 6000，应是多肽，但在溶液中受金属离子（如 Zn^{2+}）的作用后，能迅速形成二聚体，因此胰岛素被认为是一种最小的蛋白质。蛋白质有稳定的构象，小肽无一定的溶液构象，仅在发挥作用时呈现其特定构象。

18.3.1 元素组成和分类

蛋白质是一类非常重要的含氮生物高分子化合物，在人体内估计有 100000 种以上的蛋白质，其质量约占人体干重的 45%。从各种生物组织中提取的蛋白质经元素分析，发现含有碳、氢、氧、氮；大多数蛋白质还含有硫；有些蛋白质含有磷；少量蛋白质还含有微量金属元素如铁、铜、锌、锰等；个别蛋白质含有碘。

生物组织中绝大部分氮元素都来自蛋白质，其他含氮的非蛋白质物质的量极少，约占蛋白质含氮量的 1%，且各种来源不同的蛋白质的含氮量都相当接近，平均为 16%。在任何生物样品中，1g 氮元素相当于 6.25g 蛋白质，故只需测定蛋白质样品中的氮的质量分数 w

（N），即可计算出蛋白质的质量分数。

$$w(蛋白质)=w(N)\times 6.25$$

蛋白质的种类繁多，结构复杂。由于大多数蛋白质的结构尚未明确，目前还无法找到一种可从结构上分类的方法。在常见的分类法中，一般是根据蛋白质的化学组成、形状、溶解度和功能等进行分类。

（1）根据分子形状分类　这种分类方法基于蛋白质分子的轴比（长度和宽度之比），将蛋白质分成两类。

① 纤维状蛋白质　纤维状蛋白质（fibrous protein）的分子形状类似细棒状纤维。根据其在水中溶解度的不同，可分为可溶性纤维状蛋白质和不溶性纤维状蛋白质。许多肌肉的结构蛋白和血纤维蛋白原等属于可溶性纤维蛋白质。不溶性纤维蛋白质包括弹性蛋白、胶原蛋白、角蛋白和丝心蛋白等。

② 球状蛋白质　球状蛋白质（globular protein）分子类似于球状或椭圆球状，在水中溶解度较大。血红蛋白、肌红蛋白、酶和激素蛋白等均属这一类。

（2）根据化学组成分类　这种分类方法基于蛋白质水解的最终产物，分为单纯蛋白质和结合蛋白质两类。

① 单纯蛋白质　单纯蛋白质最终产物是 α-氨基酸，按单纯蛋白质的理化性质的不同，又可进一步分类，见表18-5。

表18-5　单纯蛋白质的分类

单纯蛋白质	性质	存在及举例
白蛋白	溶于水、稀酸、稀碱及中性盐中，能被饱和硫酸铵沉淀	血清蛋白、乳清蛋白、卵清蛋白等
球蛋白	不溶于水，溶于稀酸、稀碱及中性盐中，能被半饱和硫酸铵沉淀	免疫球蛋白、血清球蛋白等
谷蛋白	不溶于水、乙醇和中性盐，溶于稀酸、稀碱中	米谷蛋白、麦谷蛋白等
醇溶谷蛋白	不溶于水、无水乙醇和稀盐溶液，能溶于70%～80%乙醇	玉米醇溶蛋白、麦醇溶蛋白等
精蛋白	易溶于水和稀酸中，呈碱性	鱼精蛋白
组蛋白	溶于水和稀酸中，不溶于稀氨水	小牛胸腺组蛋白
硬蛋白	不溶于水、稀酸、稀碱、中性盐以及有机溶剂	角蛋白、胶原蛋白等

② 结合蛋白质　结合蛋白质（conjugated protein）水解的最终产物除 α-氨基酸外，还有非蛋白质，即它是由简单蛋白质与非蛋白质部分结合而成的。非蛋白质部分称为辅基（prosthetic group）。结合蛋白质又可根据辅基的不同进行分类（表18-6）。

表18-6　结合蛋白质的分类

结合蛋白质	辅基	存在及举例
核蛋白	核基	所有动植物细胞核和细胞浆内，如病毒、核蛋白、动植物细胞中的染色质蛋白
色蛋白	色素	动物血中的血红蛋白、植物叶中的叶绿蛋白和细胞色素等
磷蛋白	磷酸	乳汁中的酪蛋白、卵黄中的卵黄蛋白、染色质中的磷蛋白
糖蛋白	糖类	分布于生物界、体内组织和体液中，如唾液中的糖蛋白、免疫球蛋白、蛋白多糖
脂蛋白	脂类	为血浆和各种生物膜的成分，如乳糜微粒、极低密度脂蛋白等
金属蛋白	金属离子	激素、胰岛素、铁蛋白、铜蛋白等

（3）根据生物功能分类　按目前所知的蛋白质生物功能把蛋白质分为生物催化剂——酶，激素，运输，运动，防御等（表 18-7）。

表 18-7　按蛋白质生物功能分类

类别	生物功能	存在及实例
酶	生物催化剂，催化生物体内的所有化学反应	核糖核酸酶，醇脱氢酶等
激素	调节机体各种代谢过程中的蛋白质和酶的活性	胰岛素、甲状旁腺素等
储存	储存氨基酸，为胚胎幼体和机体生长发育提供原料的蛋白质	血清蛋白、卵清蛋白等
运输	运输各种小分子和离子的蛋白质	血红蛋白、血浆脂蛋白和转铁蛋白等
运动	肌肉收缩系统的运动蛋白 非肌肉系统的运动蛋白	肌球蛋白、肌动蛋白 纤毛、鞭毛运动的蛋白质等
防御	防御异体侵入机体，保护机体正常生理进行的蛋白质	各种免疫球蛋白、干扰素、蛇、蝎及蜂的毒蛋白等
受体	接受和传递信息作用的蛋白质	视紫红质、味觉蛋白、各种膜上受体蛋白等
调控	调节控制细胞生长、分化、遗传信息表达，帮助新生肽折叠的蛋白质	阻遏蛋白、非组蛋白等分子伴侣、折叠酶等
支撑	起支持保护作用的蛋白质	胶原蛋白、角蛋白，血管壁、韧带中的弹性蛋白等

18.3.2　蛋白质的分子结构

任何一种蛋白质分子在天然状态下均具有独特而稳定的构象，这是蛋白质分子在结构上最显著的特征。各种蛋白质的特殊功能和活性不仅取决于多肽链的氨基酸组成、数目及排列顺序，还与其特定的空间构象密切相关，为了表示蛋白质分子不同层次的结构，常将蛋白质结构分为一级结构、二级结构、三级结构和四级结构。蛋白质的一级结构又称为初级结构或基本结构，二级结构以上属于构象范畴，称为高级结构。

（1）一级结构　蛋白质分子的一级结构（primary structure）是指多肽链中氨基酸残基的排列顺序，肽键是一级结构中连接氨基酸残基的主要化学键。任何特定的蛋白质都有其特定的氨基酸排列顺序，有些蛋白质分子只有一条多肽链组成，有的蛋白质分子则由两条或多条肽链构成。人胰岛素分子的一级结构如图 18-4 所示。

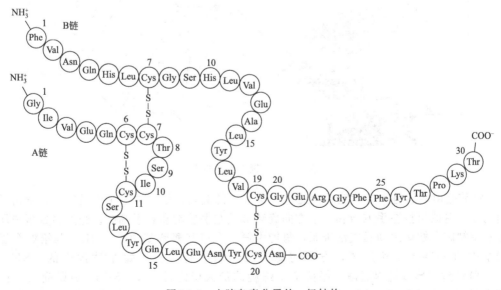

图 18-4　人胰岛素分子的一级结构

人胰岛素由 51 个氨基酸残基组成 A、B 两条多肽链。A 链含 21 个氨基酸残基，N-端为甘氨酸，C-端为天冬酰胺；B 链含 30 个氨基酸残基，其 N-端为苯丙氨酸，C-端为苏氨酸。A 链有一条链内二硫键，A 链与 B 链之间借两条链间二硫键相连。若破坏 A、B 两链间的二硫键，胰岛素的生物活性则完全丧失。不同种属的胰岛素均有 A、B 两条肽链，仅在氨基酸组成及顺序中稍有差异，而大部分是不变残基，仅个别氨基酸残基由于种属差异发生变化，但这种变化不影响胰岛素的分子结构的形成和稳定，因而其功能是相同的。如猪胰岛素与人胰岛素只有 B 链的第 30 位氨基酸残基有差异，临床上广泛用它来治疗人的糖尿病，注射后产生抗胰岛素抗体的机会较少，产生速度也较慢。人胰岛素与牛胰岛素中有三个氨基酸残基有差异，如表 18-8 所示。

表 18-8　人与其他种属的胰岛素一级结构中的氨基酸残基差异

种属	A 链		B 链
	A_8	A_{10}	B_{30}
人	Thr	Ile	Thr
猪	Thr	Ile	Ala
牛	Ala	Val	Ala

（2）蛋白质的空间结构　蛋白质空间结构是指多肽链在空间进一步盘曲折叠形成的构象，它包括二级结构、三级结构和四级结构。维系蛋白质构象稳定的主要因素是多肽链中各原子和原子团相互之间的作用力。

各种蛋白质的主链骨架均相同，但连接在 α-C 上的侧链 R 基团结构和其性质却不同，它们与主链各原子间的相互影响使肽键平面的相对旋转出现不同角度，从而导致主链骨架在空间形成不同的构象，称为二级结构，主要有 α-螺旋（α-helix）和 β-折叠（β-pleated sheet）等（图 18-5）。

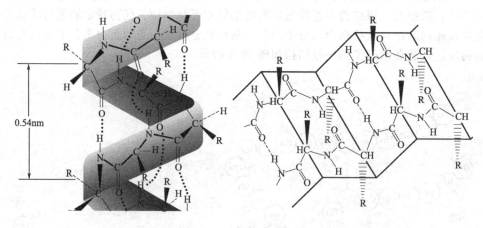

图 18-5　α-螺旋和 β-折叠

α-螺旋是由多肽链中各肽键平面通过 α-碳原子的旋转，围绕中心轴形成的一种紧密螺旋盘曲构象，盘曲可按左手方向和右手方向旋转形成左手螺旋和右手螺旋。绝大多数蛋白质分子是右手螺旋，螺旋之间靠氢键维系，氢键由第一个氨基酸残基中的—NH—与第四个氨基酸残基中的—C≡O 所形成，方向与螺旋轴大致平行，由于每个肽键中的—NH—和—C≡O 都参与形成链内氢键，保持了 α-螺旋的最大稳定性（图 18-5）。α-螺旋在蛋白质中的含量因蛋白质种类不同而异。如毛发中的角蛋白、肌肉中的肌球蛋白、皮肤的表皮蛋白等纤维状蛋白，都呈 α-螺旋结构，且往往数条螺旋拧在一起形成缆索状，从而增强其机械强度并使其具有弹性。有些蛋白质中的多肽链不是整条肽链形成螺旋，而是部分呈 α-螺旋。

β-折叠层是存在于各种天然蛋白质中的一种特定的瓦楞状立体结构，又称 β-片层。β-折叠层是一种主链骨架充分伸展的结构，结构中有两条以上或一条肽链内的若干肽段平行排列，相邻肽段间靠肽键中的—C═O 和—NH—形成氢键，所有肽键均参与形成链间氢键，以维持构象的稳定。为避免邻近侧链 R 基团之间的空间障碍并尽可能形成最多的链间氢键，各条主链骨架须同时作一定程度的折叠，从而产生一个如扇面折叠状片层，称为 β-折叠层，β-折叠层有两种类型：一种为顺向平行；另一种为逆向平行。

此外，蛋白质的二级结构中还有 β-转角和无规卷曲等。

三级结构（tertiary structure）是蛋白质分子在二级结构基础上进一步盘曲折叠形成的三维结构，是多肽链在空间的整体排布。三级结构的形成和稳定主要靠链 R 基团之间的相互作用力，如氢键、二硫键、盐键、疏水作用力、van der Waals 力等（如图 18-6 所示）。

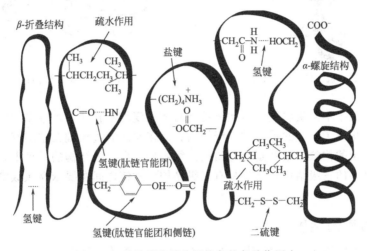

图 18-6　维持蛋白质分子构象的各种作用力

在维系蛋白质三级结构的稳定性中，疏水作用力起着主导作用，它是由氨基酸残基上的非极性基团为避开水相而聚积在一起的集合力。绝大多数的蛋白质均含有 30%～50% 的带非极性基团侧链的氨基酸残基，这些非极性的基团都具有疏水性，它们趋向分子内部而远离分子表面的水环境，互相聚集在一起而将水分子从接触面中排挤出去，这是一种能量效应，而不是非极性基团间固有的吸引力。因此，疏水作用力是维持蛋白质空间结构最主要的稳定力量。氢键、盐键、疏水作用力、van der Waals 力等分子间的作用力比共价键弱得多，称为次级键。虽然次级键的键能较小，稳定性较差，但次级键数量众多，故在维持蛋白质空间构象中起着重要作用。此外，在一些蛋白质分子中，二硫键和配位键也参与维持和稳定蛋白质的空间结构。

具备三级结构的蛋白质分子一般都是球蛋白分子，例如，存在于哺乳类动物中的肌红蛋白（图 18-7）。

蛋白质由两条或两条以上具有三级结构的多肽链通过疏水作用力、盐键等次级键相互缔合而成。每一个具有三级结构的多肽链称为亚基（subunit）。在蛋白质分子中，亚基的立体排布、亚基间相互作用与接触部位的布局称为四级结构（quaternary structure）。如血红蛋白（hemoglobin）由 4 个亚基组成，其中两条 α-链、两条 β-链，α-链含 141 个氨基酸残基，

β-链含 146 个氨基酸残基。每条肽链都卷曲成球状，都有一个空穴容纳 1 个血红素，4 个亚基通过侧链间次级键两两交叉紧密相嵌，形成一个具有四级结构的球状血红蛋白分子（图 18-8）。

图 18-7　肌红蛋白的三级结构

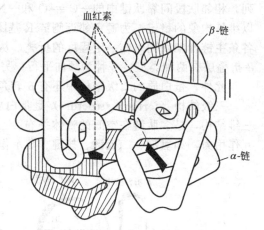

图 18-8　血红蛋白四级结构示意图

综上所述，由于不同蛋白质中多肽链的数目和长度均不相同，每条多肽链中氨基酸的排列顺序也不同，构成了不同的蛋白质一级结构；而多肽链通过氢键在空间有一定规律的卷曲和折叠，形成特定的构象，这就是蛋白质的二级结构；在二级结构的基础上，多肽链经次级键进一步形成复杂的三级结构；几条具有三级结构的肽链之间主要依靠次级键缔合形成蛋白质的四级结构。

18.3.3　蛋白质的性质

（1）两性解离和等电点　蛋白质分子末端仍具有游离的 α-NH_3^+ 和 α-COO^-，同时组成肽链的 α-氨基酸残基侧链上还含有不同数量可解离的基团，如赖氨酸的 ε-NH_3^+、精氨酸的胍基、组氨酸的咪唑基、谷氨酸的 γ-COO^-。因此，蛋白质和氨基酸一样，也具有两性解离和等电点的性质，在不同的 pH 值时可解离为阳离子或阴离子。蛋白质分子存在下列解离平衡：

$$P\underset{NH_3^+}{\overset{COOH}{<}} \underset{H^+}{\overset{OH^-}{\rightleftharpoons}} P\underset{NH_3^+}{\overset{COO^-}{<}} \underset{H^+}{\overset{OH^-}{\rightleftharpoons}} P\underset{NH_2}{\overset{COO^-}{<}}$$

pH < pI　　　　　pH = pI　　　　　pH > pI

蛋白质在溶液中的带电状态主要取决于溶液的 pH 值，当蛋白质所带的正、负电荷数相等时，净电荷为零，此时溶液的 pH 值为蛋白质的等电点（pI）。蛋白质各具有特定的等电点，如表 18-9 所示。

表 18-9　一些蛋白质的等电点

蛋白质名称	等电点（pI）	蛋白质名称	等电点（pI）
丝蛋白（家蚕）	2.0～2.4	血清 γ-球蛋白（人）	6.85～7.3
胃蛋白酶（猪）	2.75～3.00	白明胶（动物皮）	4.7～5.0
酪蛋白（牛）	4.6	胰岛素（牛）	5.30～5.35

续表

蛋白质名称	等电点(pI)	蛋白质名称	等电点(pI)
卵清蛋白(鸡)	4.55~4.9	血红蛋白	6.7~7.07
血清白蛋白(人)	4.64	肌球蛋白	7.0
血清 α_1-球蛋白(人)	5.06	细胞色素 C	9.8~10.3
血清 α_2 球蛋白(人)	5.06	鱼精蛋白	12.0~12.4
血清 β-球蛋白(人)	5.12		

在等电状态时，因蛋白质所带净电荷为零，不存在电荷相互排斥作用，蛋白质颗粒易聚积而沉淀析出，此时蛋白质的溶解度、黏度、渗透压、膨胀性等都最小。由于蛋白质的两性解离和等电点的特性，它与氨基酸一样也可采用电泳技术进行分离和纯化。

思考题

18-5 卵清蛋白（pI＝4.6）、血清白蛋白（pI＝4.9）和尿酶（pI＝5.0）的蛋白质混合物在什么 pH 值时进行电泳其分离效果最佳？

（2）蛋白质的胶体性质 蛋白质是高分子化合物，分子量大，其分子颗粒的直径一般在 1~100nm 之间，属于胶体分散系，因此蛋白质具有胶体溶液的特性。如布朗运动（Brownian motion）、丁铎尔效应（Tyndall effect，即强光线通过溶胶剂时，从侧面可以看见一道光束）、不能透过半透膜以及具有吸附性质等。

利用小分子物质在溶液中可通过半透膜，而蛋白质分子胶体颗粒大不能透过半透膜的性质可将蛋白质分离提纯，这种方法称为透析法（dialysis）。人体的细胞膜、线粒体膜和血管壁等也都是具有半透膜性质的生物膜，蛋白质可有规律地分布在膜内，对维持细胞内外的水和电解质平衡均有重要生理意义。

（3）蛋白质的沉淀和变性 调节蛋白质溶液的 pH 值至等电点使蛋白质呈等电状态，再加入适当的脱水剂除去蛋白质分子表面的水化膜，使蛋白质分子聚集而从溶液中沉淀析出。沉淀蛋白质的方法有盐析、有机溶剂、重金属盐和生物碱试剂等。

天然蛋白质因受物理因素（如加热、高压、紫外线、X 射线）或化学因素（如强酸、强碱、尿素、重金属盐、三氯乙酸等）的影响，可改变或破坏蛋白质分子空间结构，导致蛋白质生物活性丧失以及理化性质改变，这种现象称为蛋白质的变性（denaturation）。性质改变后的蛋白质称为变性蛋白质，蛋白质具有严密的立体结构，它主要靠分子中的次级键和二硫键等在空间将肽链或链中某些肽段维系连接在一起。由于理化因素的影响，这些次级键被破坏，多肽链在空间的伸展从有规则的结构转变为松散紊乱的结构。蛋白质的变性主要发生空间构象的破坏，并不涉及一级结构的改变。变性后的蛋白质分子形状发生改变，藏在分子结构内部的疏水基团大量暴露在分子表面，使蛋白质水化作用减弱，蛋白质溶解度也就减小。同时，由于结构松散，分子表面积增大，流动阻滞，黏度也就增大，不对称性增加，导致失去结晶性。且由于多肽链展开，酶与肽键接触的机会增多，因而变性蛋白质较天然蛋白质易被酶水解。

蛋白质变性在实际应用上具有重要意义。临床上常用高温、紫外线和酒精等物理或化学方法进行消毒，促使细菌或病毒的蛋白质变性而失去致病及繁殖能力。临床上急救重金属盐中毒的病人，常先服用大量牛奶和蛋清，使蛋白质在消化道中与重金属盐结合成变性蛋白，从而阻止有毒重金属离子被人体吸收。在制备具有生物活性的蛋白质（如酶、激素、抗血清和疫苗等）时，必须选择能防止蛋白质发生变性的工艺条件，如低温、较稀的有机溶剂和合适的 pH 值等。

（4）蛋白质的颜色反应　蛋白质分子内含有许多肽键和某些带有特殊基团的氨基酸残基，可以与不同试剂产生各种特有的颜色反应（表18-10），利用这些反应可鉴别蛋白质。

表 18-10　蛋白质的颜色反应

反应名称	试剂	颜色	作用基团
缩二脲反应	强碱、稀硫酸铜溶液	紫色或紫红色	肽键
茚三酮反应	稀茚三酮溶液	蓝紫色	氨基
蛋白黄反应	浓硝酸、再加碱	深黄色或橙红色	苯环
Millon 反应	硝酸亚汞、硝酸汞和硝酸混合液	红色	酚羟基
亚硝酰铁氰化钠反应	亚硝酸铁氰化钠溶液	红色	巯基

（一）氨基酸和疾病

关岛（西太平洋）的夏莫洛（Chamorro）人（是关岛和马里亚纳群岛本土人的一个部落）患有一种有高发病率的综合征，这是一种运动神经元疾病，也是四大常见的神经退行性疾病之一（其他三种为亨廷顿氏病、阿尔茨海默病、帕金森病）。这种综合征类似于帕金森病、阿尔茨海默病引起的一种肌萎缩性脊髓侧索硬化症（amyotrophic lateral sclerosis，ALS），也叫卢伽雷氏病。此病患者通常以手肌无力、萎缩为首发症状，逐步蔓延到对侧。该病患者缓慢起病，呈进行性发展，多无感觉障碍。身体如同被逐渐冻住一样，俗称"渐冻人"。病程晚期出现构音不清、吞咽困难、饮水呛咳等症状，"渐冻症"患者被称为清醒的"植物人"，世界卫生组织将其与癌症和艾滋病等并称为五大绝症。"渐冻症"患者通常存活 2 年至 5 年，最终因呼吸肌麻痹或并发呼吸道感染死亡，目前尚无根治方法。

这种综合征是在第二次世界大战期间发现的，太平洋关岛地区部族由于食物短缺而服用大量的苏铁属植物种子，而这些种子中含有 β-甲氨基-L-丙氨酸，这种氨基酸可与谷氨酸受体结合。有人在实验中试将 β-甲氨基-L-丙氨酸喂猴子，猴子就表现出该综合征的某些特征症状。因此有望通过研究 β-甲氨基-L-丙氨酸的作用机制，进一步了解 ALS 和帕金森病的病因。

（二）分子病

由蛋白质分子的变异或某种蛋白质的缺乏所导致的疾病称为分子病（molecular disease），如临床上的镰刀状细胞贫血症、血友病、苯酮尿症等。镰刀状细胞贫血症主要由血红蛋白分子变异所引起，正常血红蛋白由一对 α、β 二聚体组合而成，通过变构效应与氧进行可逆结合，将氧输送到体内各组织。当血红蛋白分子 β 链上第 6 位的谷氨酸被缬氨酸取代时，在低氧压力下，血红蛋白分子因表面的疏水或静电作用，聚合成纤维状而从溶液中析出，使血球变成镰刀状。变形后的异常红细胞僵硬脆弱，寿命短，红细胞易碎，血黏度增加，造成血管堵塞而引起疼痛。镰刀状红细胞见图 18-9。

目前在世界各地不断有新的异常血红蛋白发现，如西非地区的异常血红蛋白也是 β 链上第 6 位

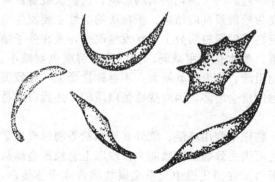

图 18-9　镰刀状红细胞

的谷氨酸被赖氨酸取代；我国蒙古族也发现一种异常血红蛋白，其变异是 β 链第 121 位的谷氨酸被谷氨酰胺取代；广泛分布在东南亚地区的异常血红蛋白的变异是 β 链第 26 位的谷氨酸被赖氨酸取代。总之，异常血红蛋白血症往往是相应遗传密码上有一个碱基突变，造成血红蛋白变异，使蛋白质分子结构发生变化，进而影响它的功能。

此外，血友病是血浆凝血因子缺乏所引起的分子病，而苯酮尿症是由于缺乏苯丙氨酸羟化酶所引起的分子病，在此不再详述。

18-1　写出下列氨基酸的结构式。

(1) α-丙氨酸　　(2) 质子化的甘氨酸　　(3) 甲硫氨酸（蛋氨酸）

(4) 丝氨酸　　(5) 半胱氨酸　　(6) 组氨酸

18-2　试写出 Ser 和 Cys 所有可能的立体异构体，并标明 D、L 构型和 R、S 构型。

18-3　写出下列反应中的反应产物。

(1) Tyr＋Br_2（水溶液）$\longrightarrow$　　　　　　　　(2) Phe＋HNO_2 $\longrightarrow$

(3) Cys $\xrightarrow{[O]}$　　　　　　　　　　　　　　(4) His $\xrightarrow{-CO_2}$

18-4　Lys、Asp 和 Ser 与下列试剂反应后的产物是什么？

(1) NaOH　　(2) HCl　　(3) CH_3OH / H^+（酯化）　　(4) 乙酐

(5) $NaNO_2 + HCl$

18-5　甘氨酸和甲硫氨酸在 pH＝6.2 时，哪一个带有较多的负电荷？

18-6　写出异亮氨酸、甘氨酰甘氨酸、赖氨酰甘氨酸和丙氨酰天冬氨酰缬氨酸在 pH 为 2 和 12 的水溶液中呈现的主要解离形式的结构。

18-7　将甘氨酸（pI＝6.1）、谷氨酸（pI＝3.2）、赖氨酸（pI＝9.7）分别溶于水中。

(1) 水溶液呈酸性还是碱性？

(2) 氨基酸带何种电荷？

(3) 欲调节溶液 pH 至等电点，需加酸还是加碱？并写出 pH＝pI 时各氨基酸的结构式。

18-8　如何用化学方法鉴别下列各组化合物？

(1) 苹果酸和组氨酸　　　　　　　(2) 丝氨酸和乳酸

(3) 甘氨酰半胱氨酸和谷胱甘肽　　(4) 酪氨酸，水杨酸和酪蛋白

18-9　写出下列化合物的名称。

(1) Tyr-Thr-Trp　　　　　　　　(2) Ala-Cys-Cys-Val

(3) Glu-Asn-Ile-Met-Gly　　　　(4) Lys-Asp-Asp-Leu-Tyr-Ser

18-10　人工合成甜味素是二肽 Asp-Phe。

(1) 它可能存在几种立体异构体？

(2) 若以自然界中存在的氨基酸作为原料，写出异构体的结构。

18-11　人脑中发现具有镇痛和吗啡样麻醉作用的五肽——甲硫氨酸脑啡肽 Tyr-Gly-Gly-Phe-Met，试写出其结构式。

18-12　某三肽 A 用亚硝酸处理后再经部分水解得 3-苯基-2-羟基丙酸和二肽 B。将二肽 B 继续用酸水解可得 C 和 D 两种产物，其中 C 无旋光活性。D 用亚硝酸处理后得到乳酸，若 C 不处在 A 的 N 端和 C 端，试写出 A 的结构式及其有关反应式。

第19章 核酸及辅酶

核酸是生物体内一类重要的生物大分子，是生命活动的重要物质基础。

1869 年瑞士生物学家 Miescher 从浓细胞核中分离获得一种含磷的酸性物质，当时称为"核素"，1889 年又更名为核酸。

1944 年 Oswald Avery 经实验证实了 DNA 是遗传的物质基础。1953 年 Watson 和 Crick 提出了 DNA 的双螺旋结构，巧妙地解释了遗传的奥秘，遗传学的研究从宏观的观察进入到分子水平，从而揭开了核酸研究的序幕，奠定了生物学发展的基础。20 世纪末，DNA 重组技术的兴起及 21 世纪人类基因组计划的创建，开辟了生命科学的新纪元。

核酸是单核苷酸的多聚体，在细胞内主要与蛋白质结合，以核蛋白的形式存在。核酸是生命奥秘所在，生物体的生长、发育、遗传、变异以及蛋白质的合成等无不与核酸密切相关。要了解核酸在生命活动中的作用，首先需掌握核酸的化学组成和分子结构。

19.1 核酸的分类

核酸根据其分子组成中所含戊糖的结构不同，可分为核糖核酸（ribonucleic acid，RNA）和脱氧核糖核酸（deoxyribonucleic acid，DNA）。

DNA 主要存在于细胞核内，少量存在于细胞质中，它是遗传的物质基础，携带遗传信息，决定细胞和个体的基因型。RNA 主要存在于细胞质内，少量存在于细胞核中，它主要参与遗传信息的传递和表达，在蛋白质生物合成中起重要作用。

根据结构和在蛋白质合成中所起作用的不同 RNA 又可分为三类：

（1）核糖体 RNA（ribosomal RNA，rRNA），细胞中含量最多，约占 RNA 总量的 80%，其生物功能是与蛋白质结合成核糖体，并发挥其"装配机"的作用，即构成蛋白质生物合成的场所。

（2）信使 RNA（messenger RNA，mRNA），细胞中含量最少，约占 RNA 总量的 3%，其生物功能是接受 DNA 的遗传信息，成为蛋白质生物合成的模板。

（3）转移 RNA（transfer RNA，tRNA），细胞中含量约为 15%，是识别和搬运氨基酸的工具，不同的 tRNA 可以专一地接受不同的氨基酸，并将它转运至核糖体上，去参与蛋白质的生物合成。

1982 年，T. Cech 首次发现 RNA 具有催化功能，可以催化 RNA 的剪接或剪切、DNA 与 RNA 的特异水解、模板 RNA 的连接、核苷转移、氨酰-tRNA 合成，多核苷酸的磷酸化等反应，为区别于传统的蛋白质催化剂，Cech 将其定名为核酶（ribozyme），这是一类小分子核糖核酸，是生物催化剂。核酶的发现打破了酶是蛋白质的传统观念，在理论和实践中都有其重大的意义。1989 年，核酶的发现者 T. Cech 和 S. Altman 获得诺贝尔化学奖。

随着生物学的发展，人们还人工合成了一些具有催化活性的 DNA。所以现在的核酶试剂包括催化性 DNA 和催化性 RNA 两大类。

19.2　核酸的化学组成

19.2.1　核酸的元素组成

核酸由 C、H、O、N、P 等元素组成。元素分析表明，核酸一般不含 S 元素，各种核酸中磷含量较恒定，为 9%～10%，可通过检测样品中磷的含量进行核酸的定量分析。

19.2.2　核酸的基本化学组成

核酸的化学组成比蛋白质更复杂，它由许多核苷酸聚合而成。若将核酸逐步水解，则可得到多种产物。首先得到核苷酸（nucleotide），核苷酸经水解后可得到核苷（nucleoside）和磷酸，核苷进一步水解可得到戊糖（核糖或脱氧核糖）及含氮碱（嘌呤碱或嘧啶碱）。

$$核酸 \longrightarrow 核苷酸 \begin{cases} 磷酸 \\ 核苷 \begin{cases} 戊糖（核糖或脱氧核糖） \\ 有机碱（嘌呤碱和嘧啶碱） \end{cases} \end{cases}$$

（1）戊糖　核酸中的戊糖有两种：D-核糖和 D-2-脱氧核糖。两种戊糖分子在核酸中均以 β-呋喃型的环状结构存在。RNA 含 D-核糖，DNA 含 D-2-脱氧核糖。其结构和编号如下：

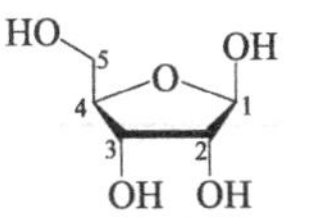

β-D-核糖 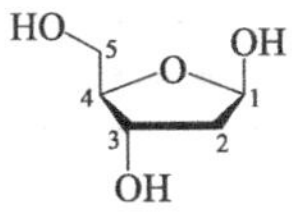　　　　β-D-2-脱氧核糖

（2）有机碱　存在于核酸分子中的有机碱（简称碱基）为嘌呤和嘧啶的衍生物。常见的嘌呤碱有腺嘌呤（adenine，A）和鸟嘌呤（guanine，G）；常见的嘧啶碱有胞嘧啶（cytosine，C）、尿嘧啶（uracil，U）和胸腺嘧啶（thymine，T）。

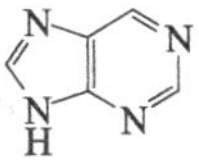

嘌呤 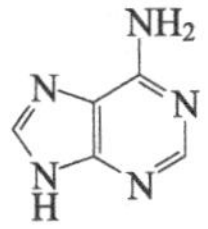　　　　腺嘌呤(A) 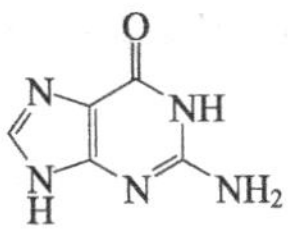　　　　　鸟嘌呤(G)

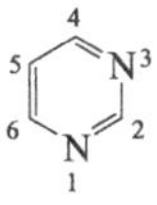

嘧啶 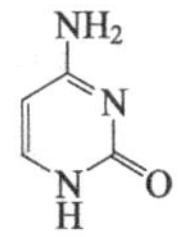　　　胞嘧啶(C) 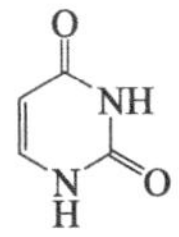　　　尿嘧啶(U) 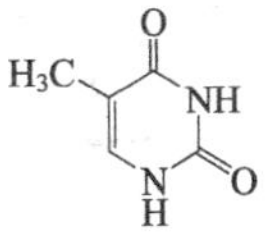　　　胸腺嘧啶(T)

两类碱基均可发生酮式-烯醇式互变，在生理条件下（pH＝7.35～7.45）或者酸性和中性介质中，它们均以酮式为主。

鸟嘌呤

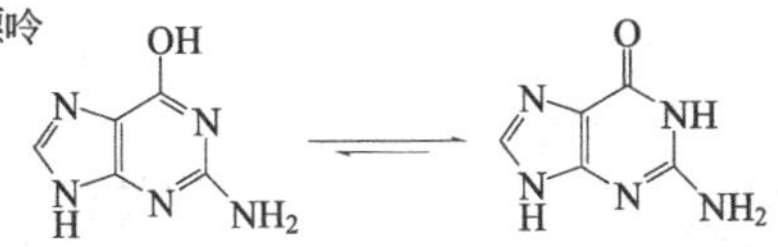

烯醇式　　　　　　　酮式

胞嘧啶

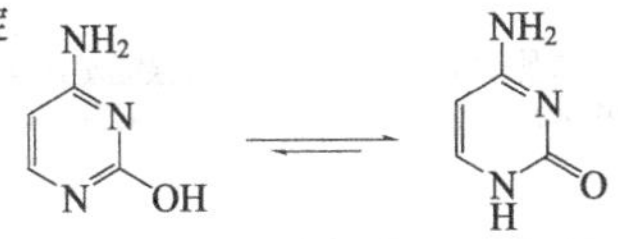

烯醇式　　　　　　　酮式

19-1 试写出腺嘌呤和胞嘧啶的系统命名。

19-2 试写出尿嘧啶的互变异构体。

DNA 和 RNA 除了所含戊糖不同外，碱基总类也有区别。DNA 和 RNA 中所含嘌呤碱相同，但所含嘧啶碱不同，组成 DNA 的嘧啶碱主要为胞嘧啶（C）和胸腺嘧啶（T），而组成 RNA 的嘧啶碱主要为胞嘧啶（C）和尿嘧啶（U）。但也偶有例外，某些 RNA 分子中含有胸腺嘧啶（如酵母及一些细菌的 RNA）；极少数几种菌体的 DNA 中含有尿嘧啶。两类核酸的组成大致归纳如表 19-1 所示。

表 19-1　核酸的化学组成

核酸类别	RNA	DNA
酸	磷酸	磷酸
戊糖	D-核糖	D-2-脱氧核糖
嘌呤碱	腺嘌呤(A)，鸟嘌呤(G)	腺嘌呤(A)，鸟嘌呤(G)
嘧啶碱	胞嘧啶(C)，尿嘧啶(U)	胞嘧啶(C)，胸腺嘧啶(T)

（3）核苷　核苷（ribonucleoside）是由戊糖 C1 上的 β-半缩醛羟基与嘧啶碱 1 位（N-1）或嘌呤碱 9 位（N-9）上的氢脱水缩合而成的氮苷。核酸中的氮苷键均为 β-型。为避免糖与碱基中原子编号的混淆，规定糖环上的原子编号数字加一撇以示区别。

核苷命名时，先冠以碱基的名称，如鸟嘌呤核苷（鸟苷）和胞嘧啶脱氧核苷（脱氧胞苷）等。DNA 中常见的四种脱氧核苷结构和名称如下：

腺嘌呤脱氧核苷(脱氧腺苷)
(2′-deoxyadenosine)

鸟嘌呤脱氧核苷(脱氧鸟苷)
(2′-deoxyguanosine)

胞嘧啶脱氧核苷(脱氧胞苷)
(2′-deoxycytidine)

胸腺嘧啶脱氧核苷(脱氧胸苷)
(2′-deoxythymidine)

RNA 中常见的四种核苷的结构及名称如下：

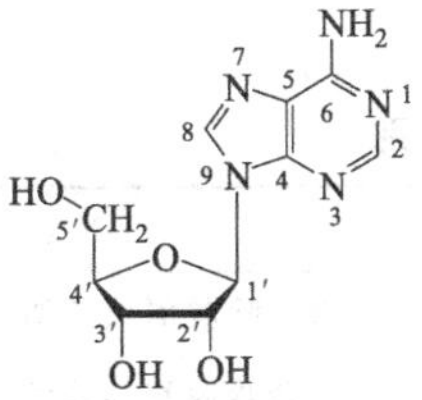

腺嘌呤核苷 (腺苷)
(adenosine)

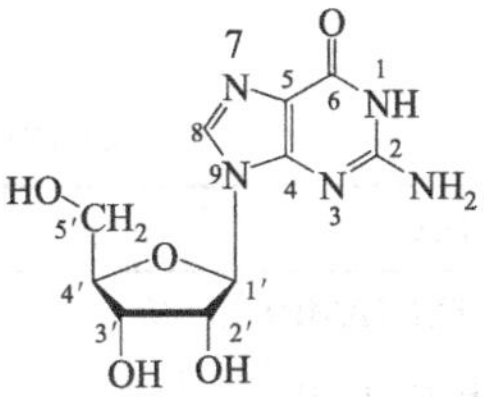

鸟嘌呤核苷 (鸟苷)
(guanosine)

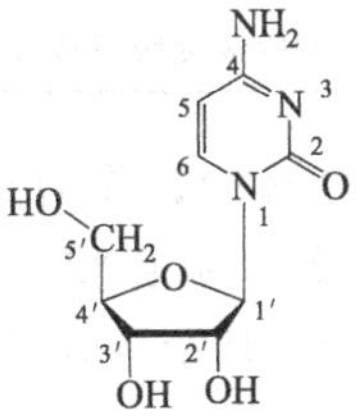

胞嘧啶核苷 (胞苷)
(cytidine)

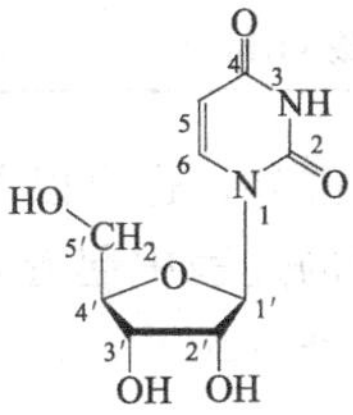

尿嘧啶核苷 (尿苷)
(uridine)

氮苷与氧苷一样，对碱稳定，在强酸溶液中能水解成相应的戊糖和碱基。

抗逆转录药物叠氮胸苷（azidothymidine，AZT）是世界上第一个治疗艾滋病的药物，是"鸡尾酒"疗法最基本的组合成分，化学名称为 $3'$-叠氮-$2'$-脱氧胸腺嘧啶核苷，商品名齐多夫定（zidovudine）。艾滋病病毒靠逆转录繁殖，AZT 对逆转病毒包括人免疫缺陷病毒（HIV）具有高度活性。AZT 与脱氧胸苷的结构相似，但其 $3'$ 位由叠氮基取代了羟基。当 AZT 经 $5'$-磷酸化后生成相应的三磷酸核苷酸化合物（AZTTP），作为脱氧胸苷酸参与病毒 DNA 的合成后，因 $3'$ 位的叠氮基不能形成核酸链所需的 $3',5'$-磷酸二酯键，竞争性地抑制了病毒逆转录酶，从而干扰艾滋病病毒的遗传物质而抑止它在人体内的复制，减少病毒对人体免疫系统的破坏。

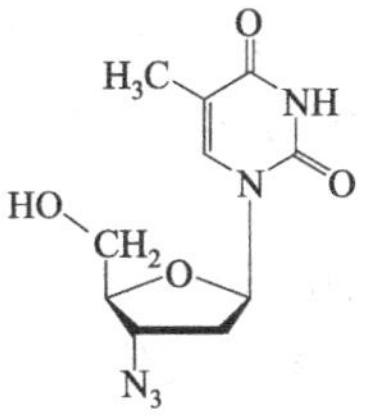

AZT

（4）核苷酸　核苷酸是核苷分子中的核糖或脱氧核糖的 $3'$ 或 $5'$ 位的羟基与磷酸所生成的酯，又称单核苷酸，是组成核酸的基本单位。核苷中的核糖或脱氧核糖分别有三个和两个未结合的羟基可与磷酸酯化生成核苷酸。生物体内游离存在的核苷酸主要是 $5'$-核苷酸。在生理 pH 条件下，核苷酸上磷酸酯以负氧离子形式存在。

核苷酸的命名包括糖基和碱基的名称，同时要标出磷酸连在戊糖上的位置。例如：腺苷酸又叫腺苷-$5'$-磷酸。腺苷酸和脱氧胞苷酸结构如下：

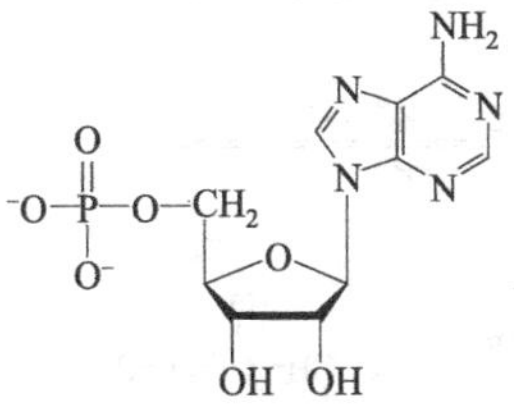

腺苷酸 (adenylic acid)

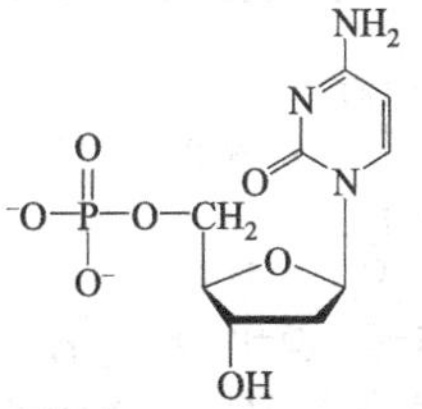

脱氧胞苷酸 (deoxycytidylic acid)

由于组成 RNA 和 DNA 的核苷各具有四种，因此其相应的核苷酸也有四种，其名称和英文缩写见表 19-2。

表 19-2　核苷酸的类别

RNA	DNA
腺嘌呤核苷酸（AMP）	腺嘌呤脱氧核苷酸（d-AMP）
鸟嘌呤核苷酸（GMP）	鸟嘌呤脱氧核苷酸（d-GMP）
胞嘧啶核苷酸（CMP）	胞嘧啶脱氧核苷酸（d-CMP）
尿嘧啶核苷酸（UMP）	胸腺嘧啶脱氧核苷酸（d-TMP）

单核苷酸除组成核酸外，也可以游离形式存在于生物体内，作为能量的载体、辅酶因子的成分等，在物质代谢的过程中起着重要生理功能。例如，腺苷酸（AMP）在体内能进一步磷酸化生成腺苷二磷酸（ADP）或腺苷三磷酸（ATP），其结构式如下：

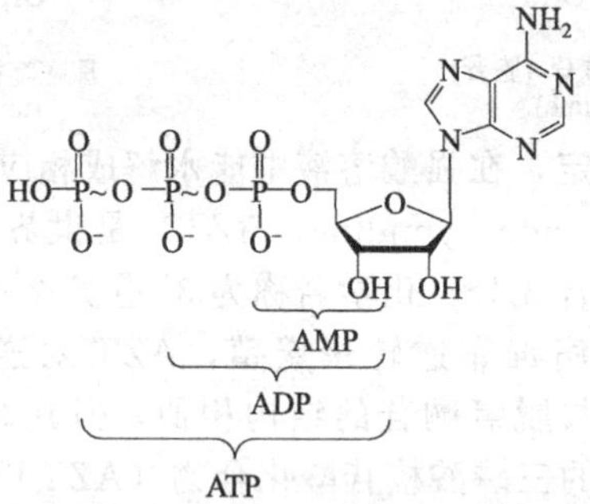

在 ADP 和 ATP 分子中，磷酸与磷酸之间的磷酸酐键具有较高的能量，称为高能磷酸键，用"～"表示，高能磷酸键水解时释放出约 30.7kJ/mol 热量，所以 ATP 和 ADP 又称为高能磷酸化合物，其中尤以 ATP 最为重要。一般 ATP 只水解末端的一个高能磷酸键变成 ADP，第二个高能磷酸基很少被利用，另一个与核苷相连的磷酸键水解时只释放出 18kJ/mol 热量，称为低能磷酸键。如 AMP 称为低能磷酸化合物。高能磷酸化合物是生物体内的能量储藏、转移和利用的主要形式。

在生理 pH 条件下，ATP 的三份磷酸基团均以阴离子形式存在，因此能与体内 Mg^{2+} 结合形成配合物，Mg^{2+} 的引入提高了磷酰基上的磷的正电性，有利于亲核试剂的进攻。

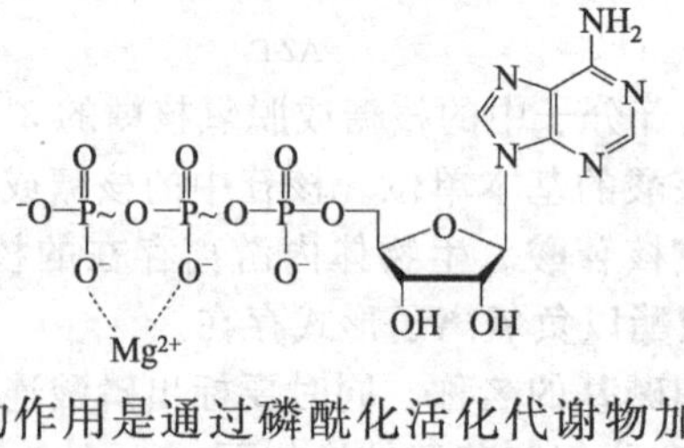

ATP 在参与生化反应中的作用是通过磷酰化活化代谢物加速反应。例如，在肽键的生物合成中，tRNA 与氨基酸生成氨酰基-tRNA 中重要的一步反应。

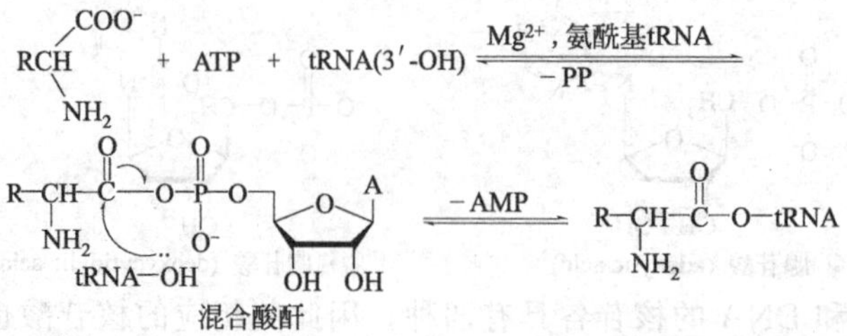

19-3 试写出脱氧胸苷酸和鸟苷酸的结构式。

19.3 核酸的一级结构

核酸的一级结构是核酸中各核苷酸的排列顺序。实验证明，核酸中各核苷酸通过一个核苷酸戊糖上 3′ 位的羟基与另一个核苷酸戊糖 5′ 位的磷酸基脱水缩合形成 3′,5′-磷酸二酯键。所形成的二核苷酸分子又以戊糖上 3′ 的羟基以酯键与另一核苷酸分子中戊糖的 5′ 磷酸基脱水相连形成三核苷酸；如此连续将若干个核苷酸由 3′,5′-磷酸二酯键连接成多核苷酸长链（图 19-1）。

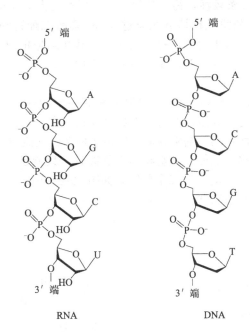

图 19-1 核酸的一级结构

在多核苷酸的长链中，主链骨架由磷酸和戊糖组成，而每个核苷酸单位上嘧啶碱和嘌呤碱则不参与主链的结构，且主链的两端各异，一端为 5′，常含游离磷酸基；另一端为 3′，常含戊糖。方向规定为 5′端→3′端。

DNA 和 RNA 部分多核苷酸链常采用简式表示，有短线式和字母式表示法。

（1）短线式表示法 在短线式中，A、G、C、U 等表示碱基，P 表示磷酸基，竖线表示戊糖基，斜线表示戊糖基 C3′ 和 C5′ 之间的磷酸二酯键。

（2）字母式表示法 如果无明确指明，则一般 5′端在左侧，3′端在右侧，如上面 RNA 和 DNA 的片段可表示为：

RNA　5′pApGpCpU-OH 3′或 5′AGCU 3′

DNA　5′pApCpGpT-OH 3′或 5′ACGT 3′

19.4　核酸的二级结构

核酸的多核苷酸链经次级键的维系可进一步形成更复杂的二级结构。

19.4.1　DNA 的双螺旋结构

Waston 和 Crick 在 1953 年根据 X 射线衍射图谱的研究，提出 DNA 具有一种右旋的螺旋结构（double helix）。其特征如下 [图 19-2（a）]：

① DNA 分子由两条以脱氧核糖-磷酸作骨架的双链以相反的走向（一条以 3′ → 5′走向；另一条则以 5′ → 3′走向）平行地围绕着同一个中心轴盘成右手双螺旋，螺旋直径为 2.0nm，并形成两条沟，一条较浅，另一条较深，分别称为大沟和小沟。

② 主链中亲水的磷酸和脱氧核糖彼此通过 3′,5′-磷酸二酯键相连形成的骨架均位于外侧，碱基则垂直于螺旋轴而居于内侧，每一碱基均与其相对应的链上的碱基共处一个平面，同一平面上的碱基通过氢键结合成对，相邻碱基对平面间距离为 0.34nm，双螺旋每旋转一圈包含 10 个核苷酸，其螺距为 34Å。

③ 两条核苷酸链之间的碱基互相形成氢键时具有一定的规律。一条链上的嘌呤碱必须与另一条链的嘧啶碱相匹配，其距离方与双螺旋直径相吻合。若两者均为嘌呤碱，由于体积太大，螺旋间无法容纳；两者均为嘧啶碱时，则由于两条链间距离太远而相互间不能形成氢键，皆不利于双螺旋的形成。此外，碱基间形成氢键时，只能是 A 与 T 相配对，其间形成两个氢键，G 与 C 相配对，其间形成三个氢键，如图 19-2（b）所示。这种碱基之间相配对的规律，称为碱基配对或碱基互补。

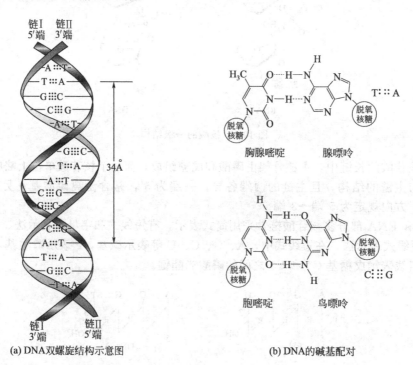

(a) DNA双螺旋结构示意图　　　　(b) DNA的碱基配对

图 19-2　DNA 的二级结构

根据碱基互补规律，当一条多核苷酸链中的碱基确定后，另一条核苷酸链中的碱基排列顺序也就随之确定。这种互补关系对 DNA 复制和信息的传递具有极其重要的意义。

维系 DNA 双螺旋结构的稳定性除氢键外，还依靠碱基之间的堆积作用，这种作用是由杂环碱基的 π 电子相互作用形成。这种力使堆积在一起的碱基隐藏于螺旋内部，减少与水的接触，高度极化的糖-磷酸骨架位于外部与水分子紧密接触。

哺乳动物等大多数生物染色体的 DNA 在电镜下双螺旋的分子呈细线状，但细菌及某些病毒中的 DNA 则可以环状形状存在。

RNA 分子一般比 DNA 分子小得多，大多数 RNA 分子由数十个至数千个核苷酸组成，细胞内 RNA 的种类、大小和结构都比 DNA 多样化，且其二级结构也并不如 DNA 分子那样有严格的规律性。

思考题

19-4　某 DNA 样品中含有约 30％腺嘌呤和 20％的胞嘧啶，可能还含有哪些碱基？含量为多少？

19.4.2　RNA 的结构

RNA 分子也由核苷酸借 3′,5′-磷酸二酯键形成多聚核糖核酸链。根据 X 射线分析，大多数 RNA 都是由单一多核苷酸链组成的，其中有些段落为单股非螺旋结构，有些多核苷酸链因自身回折而形成与 DNA 相似的双螺旋结构（如图 19-3 所示）。在双螺旋区，A 与 U、G 与 C 之间按碱基配对规律形成氢键加以稳定，A 与 U 之间形成 2 个氢键，G 与 C 之间形成 3 个氢键，并形成短的且不规则的双螺旋结构。一般有 40％～70％的核苷酸参与这种螺旋区的形成，其余的一些核苷酸则形成非螺旋区，包括一些突环（loop），这些突环亦可通过"碱基堆积作用"趋于稳定配对区域和实际形成发夹结构。

目前，在 RNA 的二级结构中，转移 RNA（tRNA）研究得较为清楚。经研究过的 100 多条转移 RNA 的二级结构均符合图 19-4 中所示的"三叶草模型"。

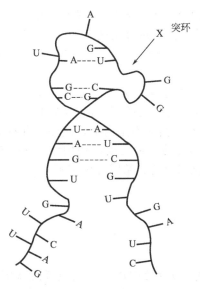

图 19-3　RNA 的二级结构

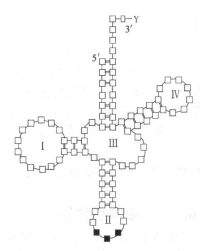

图 19-4　酪氨酸转移 RNA 三叶草结构

19.5 核酸的三级结构

在二级结构基础上，多核苷酸链在空间可进一步盘曲折叠构成核酸三级结构。如 DNA 双螺旋可首尾相连，并进一步扭曲或再经螺旋旋转形成扭曲环状的超螺旋结构（supercoil），如图 19-5 所示。该超螺旋结构可视为 DNA 三级结构。

在病毒中可找到完整的 DNA 分子，分子量为 1.2×10^8。从大肠杆菌的完整染色体中和真核细胞的线粒体及叶绿体中也能分离出双股环状的 DNA。

具有二级结构的三叶草型 tRNA 多核苷酸链中，整个分子的扭曲使突环上的未配对碱基与另一环上的互补碱基配对形成氢键，使分子呈倒 "L" 形，形成 tRNA 的三级结构，如图 19-6 所示。各种 tRNA 分子的核苷酸序列和长度较大，但其三级结构均相似，说明 tRNA 的构象与其功能密切相关。

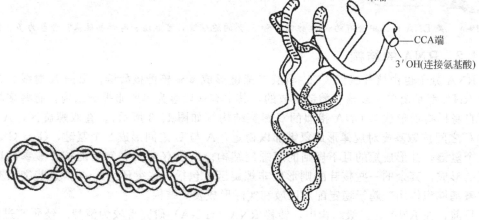

图 19-5　DNA 的三级结构　　　　图 19-6　tRNA 的倒 "L" 形三级结构

Waston 和 Crick 的 DNA 右手螺旋是最典型的 B-DNA 构象。B-DNA 构象在生理 pH 条件下最稳定。研究发现，在不同的条件下（如改变离子强度、相对湿度等）DNA 尚存在其他的双螺旋构象，如 A-DNA、Z-DNA、C-DNA 等，甚至在某些条件下，存在 DNA 三螺旋（H-DNA）和四螺旋等结构。

1979 年，Rich 根据人工合成的脱氧六核苷酸 X 射线衍射法结果分析，发现双螺旋呈左旋，并在旋转的同时做 Z 字形扭曲，从而提出了 Z-DNA 的左旋模型。Z-DNA 中的两条糖磷酸骨架比右旋 DNA 中靠得更近，各碱基对则位于螺旋外侧而不是内侧，此外，有不少数据与右旋 DNA 不同。目前认为左旋 DNA 也是天然 DNA 的一种二级结构构象，在一定条件下，右旋 DNA 可转变成左旋，并认为 DNA 的左旋化与癌变、基因的调控有关。

19.6 核酸的理化性质

19.6.1 一般物理性质

核酸是高分子化合物，分子量在 $10^6 \sim 10^{10}$ 范围内，无水的 DNA 为白色纤维状固体，RNA 为白色粉末或晶体。它们都微溶于水，易溶于稀碱中，其钠盐在水中溶解度较大。均不溶于乙醇、乙醚、氯仿等一般有机溶剂，但易溶于 2-甲氧基乙醇中。

DNA 大多数为线形分子，分子形状极不对称，其长度有的可达几厘米，而直径仅

2nm，所以溶液的黏度极高，RNA 溶液的黏度小得多。

由于核酸分子高度的不对称性，分子具有旋光性，多为右旋。

核酸分子中存在的嘌呤碱和嘧啶碱具有共轭双键体系，它们对紫外区 260nm 波段能强烈吸收，常用于核酸、核苷酸、核苷及碱基的定量分析。

19.6.2　酸碱性

核酸分子中不仅含有磷酸基团而且含有嘧啶、嘌呤等碱性基团，为两性化合物，但酸性大于碱性。在不同 pH 值的溶液中，核酸可带有不同的电荷，并可在电场中泳动，核酸也有一定的等电点，由于其酸性较强，故一般等电点的 pH 值均较低，RNA 的 pI 在 2.0～2.5 之间；DNA 的 pI 在 4.0～4.5 之间。当 pH 值大于 4 时，磷酸基团可全部离解呈阴离子状态，因此也可将核酸视为多元酸，具有较强的酸性，可与碱性蛋白质或金属离子 Na^+、K^+、Mg^{2+} 等结合成盐，也易与甲苯胺蓝和派罗红等碱性染料结合呈现各种颜色。

19.6.3　核酸的水解

核酸可被酸、碱或酶水解成各种组分，再通过色谱、电泳方法分离，其水解程度随水解条件而异。

核酸在中性溶液中可稳定存在，在酸性溶液中不稳定，易水解，水解产物因酸的浓度、温度、时间不同而不同。

在碱性条件下，DNA 和 RNA 中的磷酸二酯键的水解难易程度不同，DNA 在碱性溶液中较稳定，而 RNA 在碱性溶液中易水解成 $2'$-和 $3'$-核苷酸。这是因为碱性条件下磷酸二酯键中的磷酸根负离子和 OH^- 之间电性相斥，不易再水解成磷酸单酯，而 RNA 中由于 $2'$-羟基的存在，先形成不稳定五元环磷酸酯中间体，然后在 OH^- 作用下水解开环，生成 $2'$-和 $3'$-核苷酸混合物（见图 19-7）。利用这一性质，可测定 RNA 的碱基组成或除去溶液中的少量 RNA。

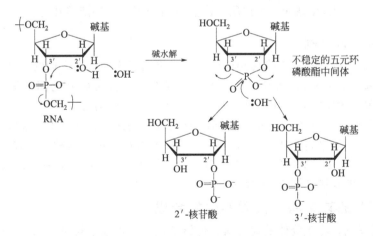

图 19-7　RNA 在碱性溶液中的水解图示

19.6.4　变性、复性和杂交

核酸和蛋白质相似，也会发生变性，在加热、辐射、改变酸碱度及有机溶剂存在下，核酸分子中双螺旋区的氢键遭受破坏并断裂，变成松散的单链结构，称为变性。在变性过程中，仅维持双螺旋稳定性的氢键和碱基间堆积力受到破坏，并不涉及磷酸二酯键的断裂，所以它的一级结构仍保持不变。变性后的 DNA 分子将引起理化性质的改变，如在 260nm 处紫外吸收增加、溶液黏度下降、比旋光度值降低等，并将失去其部分或全部生物活性。

RNA 本身只有局部的螺旋区，所以变性引起的性质变化不及 DNA 明显。

由加热引起的变性称为热变性，DNA 的变性常是可逆的，去除变性因素后，若条件适宜，则可恢复其双螺旋结构，这一过程称为复性（renaturation），也称为退火（annealing）。热变性的 DNA 一般经缓慢冷却后即可复性。

热变性后形成的 DNA 在复性时，各片段之间只要有大致相同的碱基彼此互补，即可重新形成双螺旋结构，若将不同来源的 DNA 单链片段放在同一溶液中，或者将单链 DNA 和 RNA 分子放在一起，双螺旋分子结构的再形成既可产生于序列完全互补的核酸分子间，也可产生于那些碱基序列部分互补的不同的 DNA 之间或 DNA 与 RNA 之间，这个过程称为核酸分子杂交（图 19-8）。

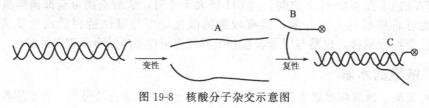

图 19-8　核酸分子杂交示意图

19.7　核酸的功能

核酸是生物遗传的物质基础，DNA 是决定遗传的物质，DNA 分子以基因为单位储存着生物体所有的遗传信息。基因是指 DNA 分子上携带着遗传信息的碱基片段。遗传信息的传递包括基因的遗传和基因的表达，基因的遗传主要通过 DNA 分子的自我复制，以确保亲代细胞所含的遗传信息忠实地传递给子代细胞。基因的表达是指 DNA 通过转录将遗传信息传递给 RNA，再由 mRNA 翻译成蛋白质，由蛋白质表现出各种遗传功能。

19.7.1　DNA 的复制

DNA 双螺旋中的两条链都携带相同的信息，走向互为相反，它们的碱基序列是互补的，在复制过程中亲代的 DNA 双螺旋链解开分为两条单链，互补碱基之间的氢键断裂并解旋，然后各以一条单链为模板，遵循碱基配对原则（A 与 T，G 与 C），各自合成出与亲代 DNA 分子相同的两条双链。两条新生双链在细胞分裂时分别进入两个子代细胞，这样每个子代 DNA 分子中的一条链来自亲代 DNA，另一条则是新合成的链，这种复制方式称为半保留复制。子细胞中的新生 DNA 双螺旋与亲代 DNA 分子的碱基序列完全一致，从而使遗传信息代代相传。DNA 的复制如图 19-9 所示。

19.7.2　RNA 的转录和蛋白质的生物合成

DNA 通过复制，将生物体的遗传信息传给子代，并可通过转录（transcription）和翻译（translation），将遗传信息传给 RNA 并指导蛋白质的合成，以体现其生物学功能。

储存遗传信息的 DNA 主要位于细胞核内，要指导合成蛋白质，首先需将其碱基序列抄录成 RNA 碱基序列，生物体以 DNA 为模板合成 RNA 的过程称为转录，其复制方式与 DNA 复制相仿。首先，双链 DNA 在接近被转录的基因处解开成单链，在 RNA 聚合酶的作用下，以一条 DNA 单链为模板，以核苷酸为原料，按碱基互补规律与模板链上的相应碱基配对，只是在碱基配对中，以尿嘧啶替代胸腺嘧啶，即 DNA 中的 C、G、A 和 T 分别对应 RNA 中的 G、C、U 和 A 合成相应的 RNA。可见，RNA 的碱基顺序完全由 DNA 控制。

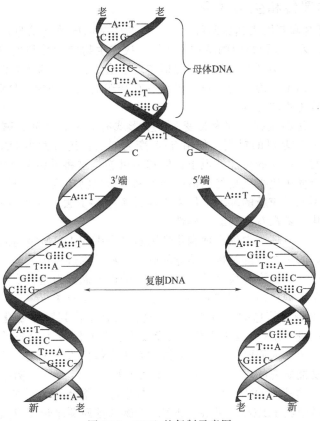

图 19-9　DNA 的复制示意图

　　转录后生成的 RNA 链还需经一系列变化才能转变为具有生物活性的 RNA 分子。其中信使（mRNA）接受 DNA 分子中储存的遗传信息。在 mRNA 分子中，每三个碱基为一组，代表一个遗传密码，每个密码代表一个氨基酸，称为三联体密码（triplet code）或称密码子。mRNA 上的四种核苷酸按三联体方式组合成 64 种密码子，密码子中还包括蛋白质合成的开始与终止的指令。

　　在细胞核中转录生成的 mRNA 即与 DNA 模板分开，经加工修饰和跨膜运输，到达细胞质中，将基因储存的信息携带出来。

　　在细胞的核蛋白体上，以 RNA 为模板，以氨基酸为原料，按照遗传密码合成蛋白质的过程称为蛋白质的生物合成，这一过程也称为翻译。蛋白质的生物合成是一个信息传递过程，要将核苷酸的四个符号信息转化为 20 个氨基酸的符号，tRNA 起着重要作用。当 mRNA 与核糖体结合，核糖体开始读译 mRNA 上密码的信息时，参与蛋白质合成的氨基酸在特定的氨基酰-tRNA 合成酶催化下，由 ATP 供能，与其相应的 tRNA 结合，生成氨基酰-tRNA，再由氨基酰-tRNA 分子上的反密码子与 mRNA 分子上相对应的密码子按碱基互补原则配对，开始按序转运与 mRNA 密码信息相对应的氨基酸，保证氨基酸进入多肽链的正确位置。在 rRNA、tRNA 蛋白质（酶）的共同参与下完成蛋白质多肽链的合成。

　　在蛋白质生物合成过程中，各种氨基酸是由 tRNA 决定的，各种 tRNA 的顺序排列是靠 mRNA "翻译"过来的，而 mRNA 又是通过 DNA "转录"而来的。

　　综上所述，DNA 序列是遗传信息的储存者，它通过自主复制得到永存，并通过转录生成信使 RNA 翻译生成蛋白质的过程来控制生命现象。

19.7.3 基因的遗传和生物变异

DNA 可通过复制和基因表达这两种功能，将亲代基因的遗传信息传递给子代基因，并通过 DNA 修复机制保持基因特定的结构和功能，决定生物的特性和类型。例如，某种生物的后代只能是它的同种而不可能是其他，此即体现了遗传过程中的相对保守性。但是，遗传的保守性是相对的，而不是绝对的。自然界还存在普遍的变异现象。DNA 又可通过改变碱基序列或重排，导致生物的变异。

碱基序列发生变化的过程，称为突变。突变形式有多种，例如，碱基对的颠倒，如由 G、C 颠倒为 C、G；碱基对的错配，如由 T-A 变为 C-A；还可发生 DNA 的缺失、插入和重排。基因的遗传发生突变的可能性很小，但却不可逆，这将导致某些子代细胞发生变异，若这种变异的结果能使子代得到更好的适应能力来执行生物功能，它就能生长发育并进行繁衍；反之，若子代不能适应新的环境，便将不能继续生存下去。这种过程是漫长的，然而，没有变异就没有进化，就没有生物的多样性。

除内在因素外，生活环境中的物理和化学因素也会引起 DNA 序列的改变。结构基因的改变必然引起其编码的蛋白质的结构、功能的改变。物种的进化固然与基因的突变有关，但是基因病理性突变也会引起许多疾病的发生，如遗传性疾病镰刀型贫血病等。现已发现大多数常见疾病如高血压、糖尿病、精神病和肿瘤也与基因异常有关。

DNA 和 RNA 对遗传信息的传递和携带，是依靠碱基排列顺序变化实现的。随着分子生物学研究手段的改进，DNA 测序技术、克隆技术、转基因技术等先进技术的出现使基因成为人类可利用的对象。人们已可将不同来源的基因在体外人工剪切、组合，并形成了一整套关于基因结构、功能研究的理论和技术，"基因工程"应运而生。例如，人类可以通过转基因技术把一些需要的基因 DNA 片段（碱基排列顺序）嵌入到农作物如玉米胚芽的 DNA 序列当中去，然后转录给 mRNA，再由 mRNA 的碱基排列顺序转变成蛋白质分子中氨基酸的排列顺序，从而得到人们所期望的蛋白质，这就是转基因技术的基本原理。目前科学家们不仅能确定基因突变带来的 DNA 分子结构的改变，还能对生物进行有目的的定向诱变。这使现代分子生物学进入一个全新的时代，并将对现代医学的发展产生巨大的推动作用。

19.8 辅酶

辅酶（coenzyme）是一类具有特殊化学结构和功能的化合物。因其具有转移电子、原子或化学基团的能力，在酶促反应中主要起氧化还原和基团转移的辅因子作用。生物体内酶的种类虽然繁多，然而辅酶的种类却较少。同一种辅酶往往能与多种不同的酶蛋白结合，组成催化功能不同的多种全酶，但每一种酶蛋白却只能与特定的辅酶结合成全酶。在酶促反应中，酶蛋白部分主要决定酶的专一性，而辅酶则主要决定酶促反应的种类和性质。

19.8.1 辅酶 A

辅酶 A（coenzyme A，CoA 或 CoASH）及乙酰辅酶 A 的结构式如下：

β-巯基乙胺　　β-丙氨酸　　泛解酸

R=H，辅酶A；　R=CCH$_3$，乙酰辅酶A

辅酶 A 的主要功能是传递酰基，常作为酰基的载体参与代谢中的反应。其末端的巯基是它的活性部位。生物化学中大多数酰基的化反应均是通过辅酶 A 形成酰基辅酶 A（RCO～S—CoA），再从中转移出酰基参与反应，以此完成代谢过程中的酰基化反应。例如，乙酸与辅酶 A 的巯基结合形成乙酰辅酶 A。

$$CH_3COOH + HS—CoA + ATP \xrightarrow{硫激酶} CH_3CO～S—CoA + ADP + Pi$$

酰基与辅酶 A 之间形成的硫酯键类似于 ATP 分子中的高能键，可以说酰基 CoA 中的酰基是被激活了的酰基，非常活泼，一旦打开即放出能量（36.9 kJ/mol），供代谢反应用。

19.8.2 烟酰胺辅酶 NAD^+ 和 $NADP^+$

烟酰胺（尼克酰胺）核苷酸是维生素 PP 的衍生物，是生物系统中大多数脱氢酶的辅酶，有烟酰胺腺嘌呤二核苷酸 NAD（辅酶Ⅰ）和烟酰胺腺嘌呤二核苷酸磷酸酯 NADP（辅酶Ⅱ）两种。NAD 和 NADP 由烟酰胺和腺嘌呤分别与两个核糖通过苷键结合成核苷，再经焦磷酸酯键将两个核苷连接成二核苷酸。通常以 NAD^+、$NADP^+$ 表示氧化型，NADH 和 NADPH 表示还原型。结构式如下：

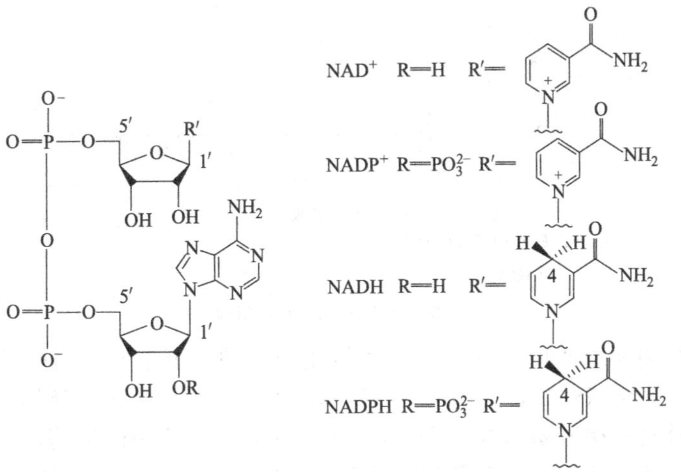

NAD^+ 或 NADH 和 $NADP^+$ 或 NADPH 各自组成氧化还原体系，是酶促反应中不可缺少的电子和质子的载体。反应中 NADH（NADPH）起电子给予体的作用，生成 NAD^+（$NADP^+$）。同样，NAD^+（$NADP^+$）起电子接受体的作用。烟酰胺吡啶环上的 C4 位是 NAD 和 NADP 的反应中心，能接纳或提供氢负离子（一个 H^+ 和两个电子），而分子中的其余部分只起与酶蛋白结合时的识别作用。反应通式可表示为：

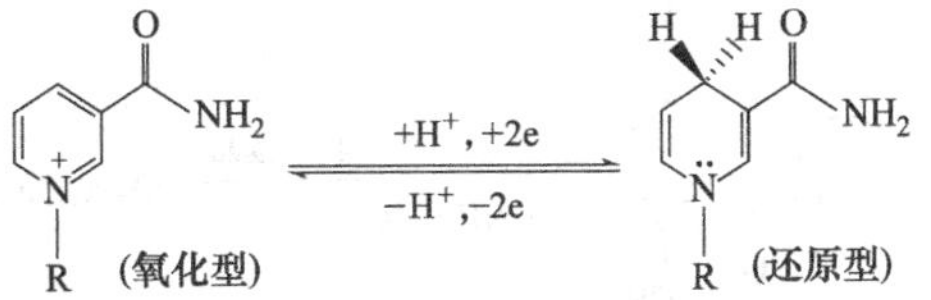

NAD^+ 将醇氧化醛、酮的反应：

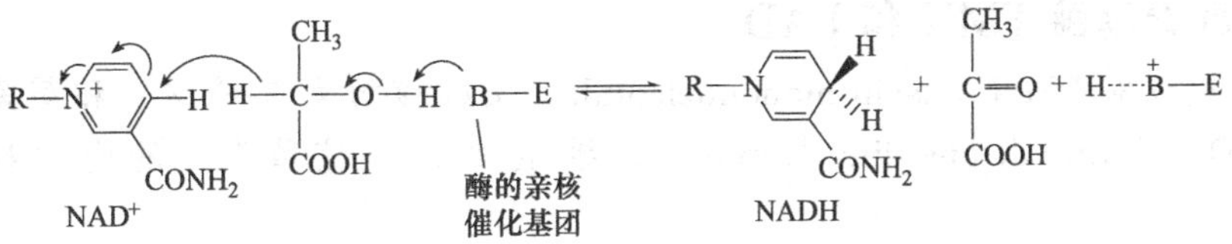

例如，在生物体中普遍存在的醇酸及其衍生物的氧化一般是酶促反应，如脂类代谢中就涉及了 β-羟基乙酰辅酶 A 到 β-羰基乙酰辅酶 A 的转换。反应是在氧化辅酶烟酰胺腺嘌呤二核苷酸（NAD^+）的作用下进行的，反应后 NAD^+ 被还原为烟酰胺腺嘌呤二核苷酸的还原形式（NADH）。

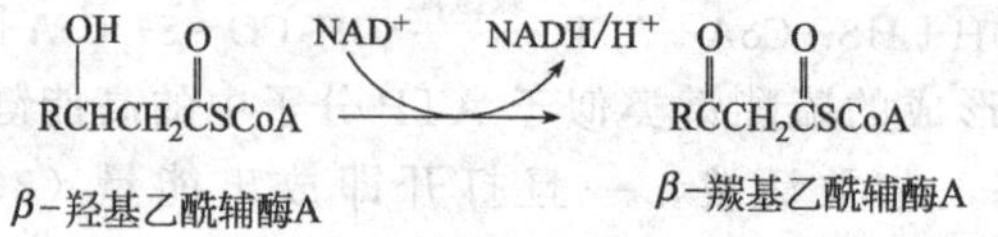

$$\underset{\beta-羟基乙酰辅酶A}{\overset{OH\qquad O}{RCHCH_2CSCoA}} \xrightarrow[\quad NAD^+ \quad NADH/H^+ \quad]{} \underset{\beta-羰基乙酰辅酶A}{\overset{O\qquad O}{RCCH_2CSCoA}}$$

NAD 和 NADP 参与的氧化还原反应都具有严格的立体专一性。

19.8.3 四氢叶酸

四氢叶酸（tetrahydrofolate，THF 或 FH_4），也称辅酶 F，常写作 THFA 以区别于四氢呋喃。其前体是叶酸（folic acid），即维生素 B_9，也称之为蝶酰谷氨酸（pteroylgluta-mate），是 20 世纪 40 年代初从酵母以及肝脏和植物的绿叶中分离出来的一种水溶性维生素。其结构式如下：

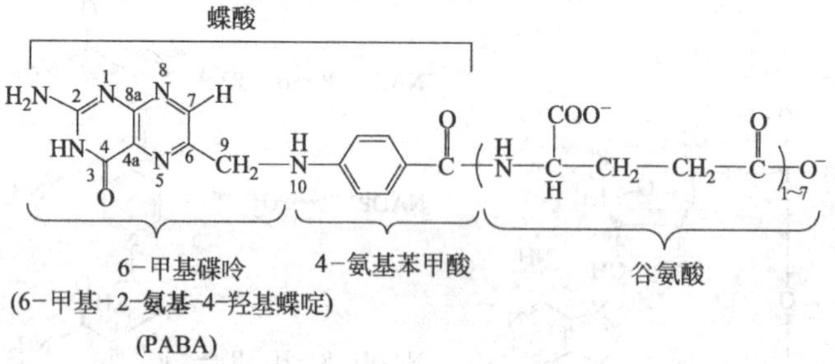

叶酸（蝶酰谷氨酸）的结构

叶酸只有在体内还原成四氢叶酸后，才能成为一种主要辅酶。当叶酸分子中蝶呤环上 N5 与 C6 之间和 C7 与 N8 之间的两个 C═N 双键经叶酸还原酶催化还原后就转变为四氢叶酸。四氢叶酸是体内一碳基团（如—CH_2，—CHO 等）转移酶的辅酶，起一碳基团载体的作用。这些一碳基团主要连接于四氢叶酸的 N5 和 N10 位上。四氢叶酸接受一碳基团后形成带有一碳基团的辅酶，参与嘌呤、脱氧胸苷酸和蛋氨酸的生物合成。

例如，在转甲基酶的作用下，由 N5-甲基-FH_4 提供甲基，高半胱氨酸（又称同型半胱氨酸，homocysteine，Hcy）经甲基化转化为蛋氨酸，同时释放出自由的四氢叶酸。该反应的辅酶是维生素 B_{12}。

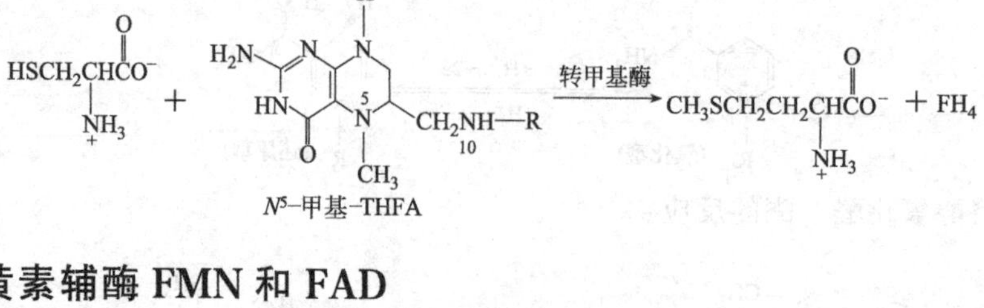

N⁵-甲基-THFA

19.8.4 黄素辅酶 FMN 和 FAD

黄素单核苷酸 FMN（flavin mononucleotide，又称核黄素-5-磷酸）和黄素腺嘌呤二核苷酸 FAD（flavin adenine dinucleotide）是维生素 B_2（核黄素）的衍生物，结构式如下：

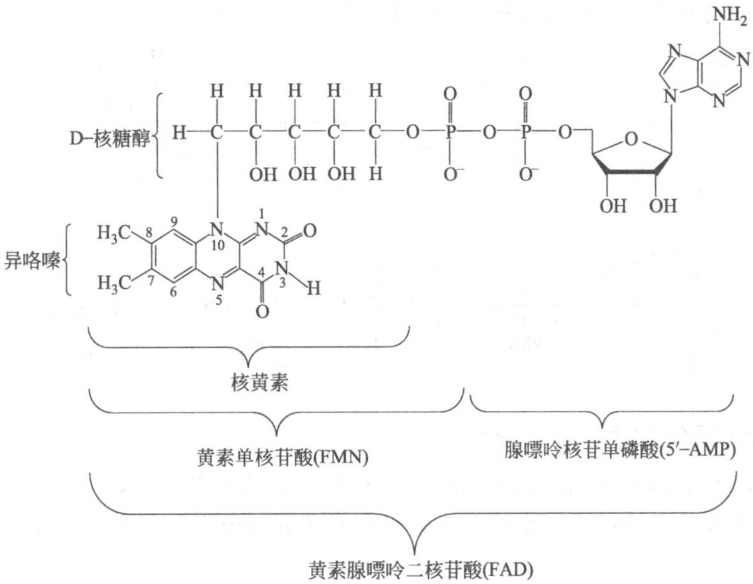

核黄素和黄素辅酶（FAD 和 FMN）的化学结构

FAD 和 FMN 通常以共价键与酶蛋白结合，参与体内各种氧化还原反应。FAD 和 FMN 参与催化的功能部分是异咯嗪环。在脱氢酶催化的氧化还原反应中，起电子和质子的传递作用。例如，琥珀酸脱氢酶催化琥珀酸脱氢，生成延胡索酸（富马酸），FAD 被还原成 $FADH_2$。

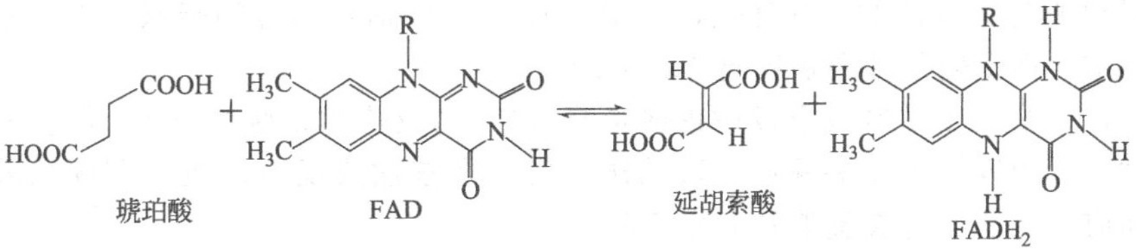

除了 FMN 或 FAD 外，有的还需要一些金属辅助因子，如铁或钼离子等。

19.8.5　磷酸吡哆醛

磷酸吡哆醛（pyridoxal phosphate，PLP）是多种酶的辅酶。其前体是维生素 B_6。维生素 B_6 有三种存在形式，即吡多醇（pyridoxine）、吡哆醛（pyridoxal）和吡哆胺（pyridoxamine）。在体内它们都能转变为 5-磷酸吡哆醛（PLP）。

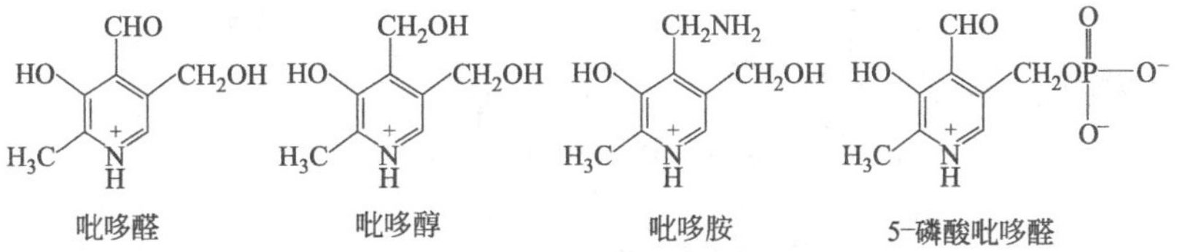

吡哆醛　　　　吡哆醇　　　　吡哆胺　　　　5-磷酸吡哆醛

在生理条件下，PLP 存在两种互变异构体。

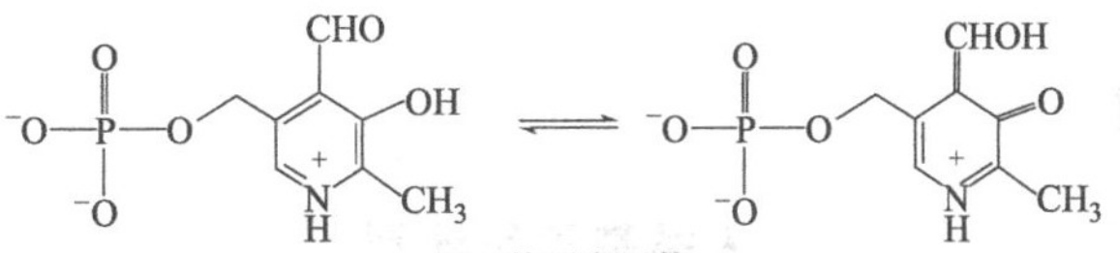

PLP的互变异构

磷酸吡哆醛对体内氨基酸的代谢非常重要，是起氨基酸的转氨、脱羧和消旋等作用的辅酶。转氨酶通过磷酸吡哆醛和磷酸吡哆胺的互相转换，起转移氨基的作用。如丙氨酸的转氨基反应中，其关键一步是氨基酸中的氨基对醛羰基进行亲核加成生成亚胺。α 位失去质子后进行重排生成不同的亚胺，再水解产生丙酮酸和磷酸吡哆胺。

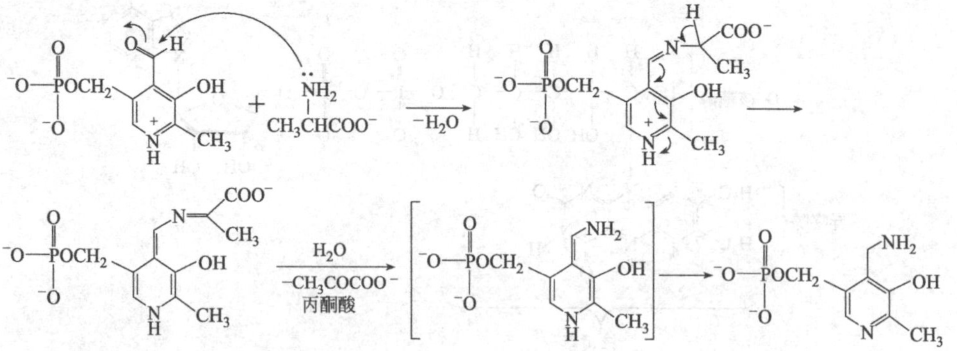

19.8.6 硫胺素焦磷酸（TPP）

硫胺素焦磷酸（thiamine pyrophosphate，TPP）是脱羧酶的辅酶，主要涉及糖代谢中羰基碳的合成与裂解反应的辅酶。它的前体是硫胺素（thiamine），又称维生素 B_1。

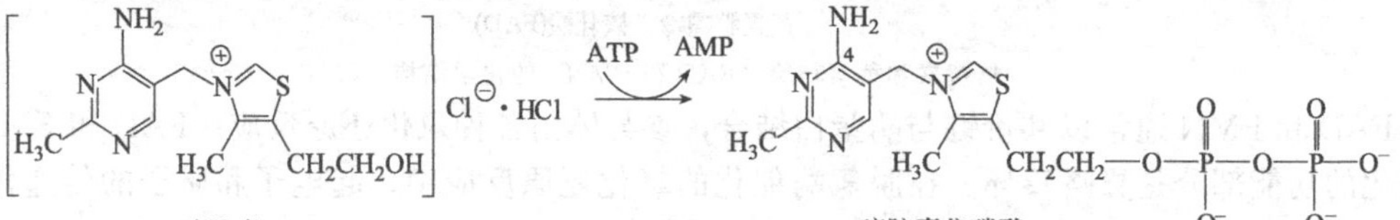

硫胺素   硫胺素焦磷酸

TPP 的噻唑环是反应的活性部位，TPP 通过 C＝N 活性部位的碳原子与 α-碳原子（羰基碳原子）结合而促使羧基裂解释放二氧化碳。

例如，在 α-酮戊二酸脱羧形成琥珀酸半醛-TPP 的反应中，噻唑环 C2 位上的碳负离子作为亲核试剂，很容易进攻 α-酮戊二酸的羰基发生亲核加成反应。在 α-酮戊二酸脱羧酶的催化下，加成产物脱羧生成琥珀酸半醛-TPP。

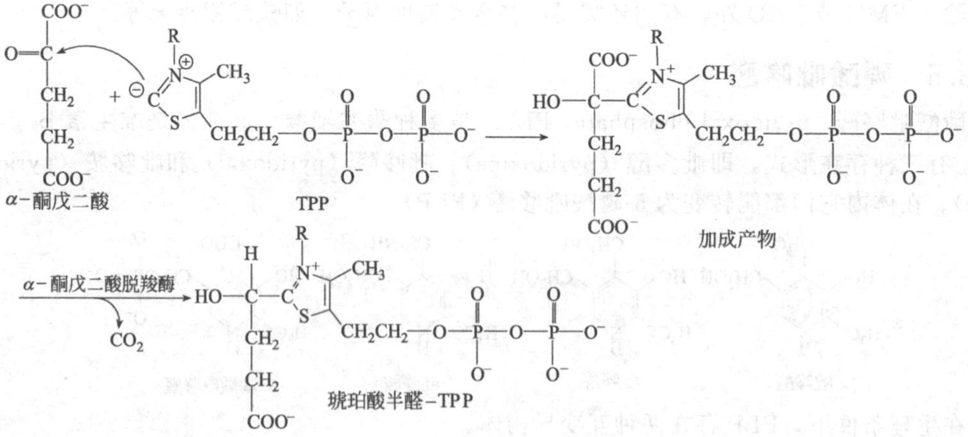

α-酮戊二酸   TPP   加成产物

琥珀酸半醛－TPP

人类基因组计划

基因组是生物体内遗传信息的集合，是某个特定物种细胞内全部 DNA 分子的总和。人类基因组包括 23 对染色体，含有 30 亿对核苷酸，编码 2 万～3 万个基因，携带了有关人类个体生长发育、生老病死的全部遗传信息。

基因组研究包括两方面内容，其一是全基因组测序，即基因图谱的绘制；其二是利用基因组图谱提供的信息阐明其功能及调控机制。

人类基因组计划的最终目标，是确定人类基因组所携带的全部遗传信息，认识自我，揭开人类生长发育的奥秘，追求健康，战胜疾病。

人类基因组计划（HGP）由美国生物学家、诺贝尔奖获得者 R. Dulbecco 率先提出，1990 年 10 月，美国政府正式启动这一史无前例的伟大计划。HGP 计划实施后不久，即受到国际科学界的重视，英、日、法、德和中国先后加盟，我国科学家承担了 1% 的测序任务。

HGP 的进展开始并不顺利，至 1997 年在耗费巨资和一半预定时间后，多国科学家仅完成 3% 的测序工作。与此同时，美国基因学家 J. Craig Venter 创立了塞莱拉（Celera Genomics）公司，并宣称可独立完成人类基因组计划。尽管遭到多方质疑，但 Celera Genomics 公司采用一系列新的手段和方法，大大加快了测序的进程。在此情况下，在美国时任总统克林顿的调停下，多国合作小组与 Celera Genomics 公司合作共同完成了 HGP。2006 年 5 月，公布了人类第一号染色体的基因测序图，图谱的绘制是揭开人类进化和生命之谜的"生命元素周期表"，接下来还有大量的工作。人类基因组计划的实现和人类登月成功一样，都是科学技术发展的里程碑，为现代生物学和医学的迅速发展奠定了基础。

19-1 写出 DNA 和 RNA 水解最终产物的结构式及名称。

19-2 试描述 DNA 的双螺旋结构特征。

19-3 写出下列各物质的结构式。

(1) 5-氟尿嘧啶　　　(2) 6-巯基鸟嘌呤　　　(3) 脱氧胞嘧啶-5′-磷酸　　　(4) 5,6-二氢尿嘧啶

19-4 下面是 DNA 分子中 A 股多核苷酸链的一部分，试根据它的碱基顺序写出 B 股多核苷酸链中的碱基。

C C T   T C A   A G A   A C G   T T T   T A C

19-5 一段 mRNA 的碱基序列为 AUUCCGGCAC，给出转录这个 mRNA 序列的 DNA 序列。

19-6 用结构式说明为什么在正常的 DNA 中没有发现胸腺嘧啶和鸟嘌呤、胞嘧啶和腺嘌呤碱基对。（提示：碱基对数目）

19-7 当腺苷和 HNO_2 反应后，得到肌苷，试用反应式表示此反应过程。

$$腺苷 \quad \xrightarrow[\text{(2)}H_2O]{\text{(1)} HNO_2 / H^+} \quad 肌苷$$

19-8 完成下列反应方程式。

(1) ［嘧啶结构式，2-羟基-4-氨基嘧啶］ $\xrightarrow{NaNO_2 + HCl}$

(2) ［鸟嘌呤核苷结构式，2-氨基，N连核糖］ $\xrightarrow{NaNO_2 + HCl}$

(3) ［核糖碱基结构式］ $\xrightarrow[\text{丙酮}]{\text{干燥 } HCl}$

（4）

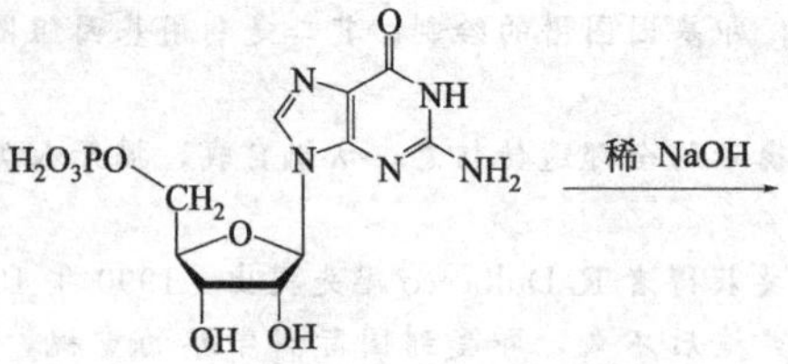

$$\xrightarrow{\text{稀 NaOH}}$$

（5）

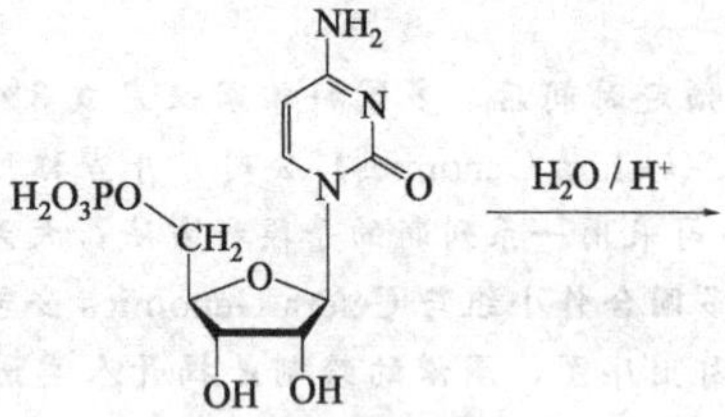

$$\xrightarrow{\text{H}_2\text{O}/\text{H}^+}$$

（6）

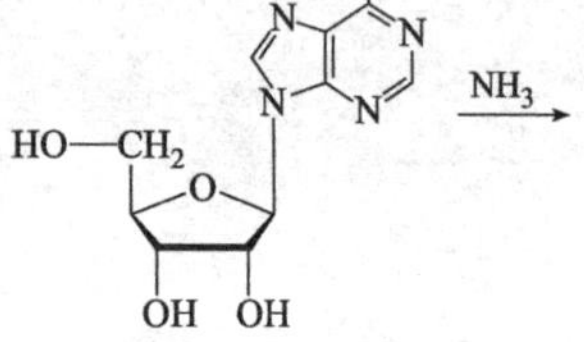

$$\xrightarrow{\text{NH}_3}$$

附录 1　有机化学网络资源

主要内容	url 地址
有机化合物命名	http://www.acdlabs.com/iupac/nomenclature/
有机化学反应概念、机理测试题	http://www.jce.divched.org/JCEDLib/QBank/collection/ConcepTests/organic.html
有机化学多媒体学习	http://www.chemgapedia.de/vsengine/topics/en/Chemie/Organische_00032Chemie/index.html
核磁共振基础知识	http://www.cis.rit.edu/htbooks/nmr/nmr-main.htm
美国加州大学洛杉矶分校核磁谱图、红外解析学习	http://www.chem.ucla.edu/~webspectra/
美国圣母大学谱图综合解析练习	http://www.nd.edu/~smithgrp/structure/workbook.html
萨特勒（Sadtler）光谱数据库	http://www.telops.cn/Bio-Rad/Sadtler/SadtlerDB_Index.html
美国密歇根州立大学有机化学虚拟课堂	http://www2.chemistry.msu.edu/faculty/reusch/VirtTxtJml/intro1.htm
有机化学综合信息	http://www.organic-chemistry.org/chemicals/search.htm
提供全文下载期刊	http://abc-chemistry.org/
有机化学反应检索	http://www.stolaf.edu/depts/chemistry/courses/toolkits/247/practice/medialib/data/
化学品的危险性质	http://www.atsdr.cdc.gov/search http://www.atsdr.cdc.gov/atsdrhome.html
有机化学网：会议、技术、产品、招聘资讯	http://www.organicchem.com/
有机化学人名反应	http://www.organic-chemistry.org/namedreactions/
有机命名反应、试剂	http://www.chem.wisc.edu/areas/reich/handouts/NameReagents/namedreag-cont.htm
有机非离子性反应	http://www2.chemistry.msu.edu/faculty/reusch/VirtTxtJml/nonionic.htm
有机化合物合成	http://www.orgsyn.org/
美国威斯康星大学有机化学信息大全	http://www.chem.wisc.edu/areas/organic/index-chem.htm
欧洲化学讯息	http://www.chemeurope.com/en/
过渡金属催化反应	http://www.helsinki.fi/kemia/kurssit/nevalainen/KAP-7-2.htm#om
有机化合物性质检索	http://webbook.nist.gov/chemistry/
实验室健康和安全	http://www.virginia.edu/~enhealth/guide.html
化工词典	http://www.chemyq.com/xz.htm
Signa-Aldrich 化学试剂公司（Merck）信息	http://www.sigmaaldrich.com/chemistry/chemical-synthesis.html

附录2　红外特征吸收数据表

波数/cm^{-1}	化学键及吸收类型	化合物或官能团种类
3640~3610(s,sh)	O—H 伸缩	醇、酚非缔合羟基
3500~3200(s,b)	O—H 伸缩	醇、酚氢键缔合羟基
3400~3250(m)	N—H 伸缩	1°胺,2°胺,酰胺
3300~2500(m)	O—H 伸缩	羧酸
3330~3270(n,s)	—C≡C—H;C—H 伸缩	端炔
3100~3000(s)	C—H 伸缩	芳环
3100~3000(m)	=C—H 伸缩	烯烃
3000~2850(m)	C—H 伸缩	烷烃
2830~2695(m)	H—C=O;C—H 伸缩	醛
2260~2210(v)	C≡N 伸缩	腈
2260~2100(w)	—C≡C— 伸缩	炔烃
1760~1665(s)	C=O 伸缩	一般羰基
1760~1690(s)	C=O 伸缩	羧酸
1750~1735(s)	C=O 伸缩	饱和羧酸酯
1740~1720(s)	C=O 伸缩	饱和脂肪醛
1730~1715(s)	C=O 伸缩	α,β-不饱和酯
1715(s)	C=O 伸缩	饱和脂肪酮
1710~1665(s)	C=O 伸缩	α,β-不饱和醛、酮
1680~1640(m)	—C=C—伸缩	烯烃
1650~1580(m)	N—H 弯曲	1°胺
1600~1585(m)	C—C 伸缩(环内)	芳环
1550~1475(s)	N—O 不对称伸缩	硝基化合物
1500~1400(m)	C—C 伸缩(环内)	芳环
1470~1450(m)	C—H 弯曲	烷烃
1370~1350(m)	C—H 摇摆	烷烃
1360~1290(m)	N—O 对称伸缩	硝基化合物
1335~1250(s)	C—N 伸缩	芳香胺
1320~1000(s)	C—O 伸缩	醇,羧酸,酯,醚
1300~1150(m)	C—H 摆动(—CH$_2$X)	卤代烷
1250~1020(m)	C—N 伸缩	脂肪胺
1000~650(s)	=C—H 弯曲	烯烃
950~910(m)	O—H 弯曲	羧酸
910~665(s,b)	N—H 摆动	1°胺,2°胺
900~675(s)	C—H 面外弯曲振动	芳环
850~550(m)	C—Cl 伸缩	卤代烷
725~720(m)	C—H 摇摆	烷烃
700~610(b,s)	—C≡C—H;C—H 弯曲	炔烃
690~515(m)	C—Br 伸缩	卤代烷

注：m—中等强度吸收；w—弱吸收；s—强吸收；n—窄；b—宽吸收；sh—尖吸收；v—吸收强度可变。

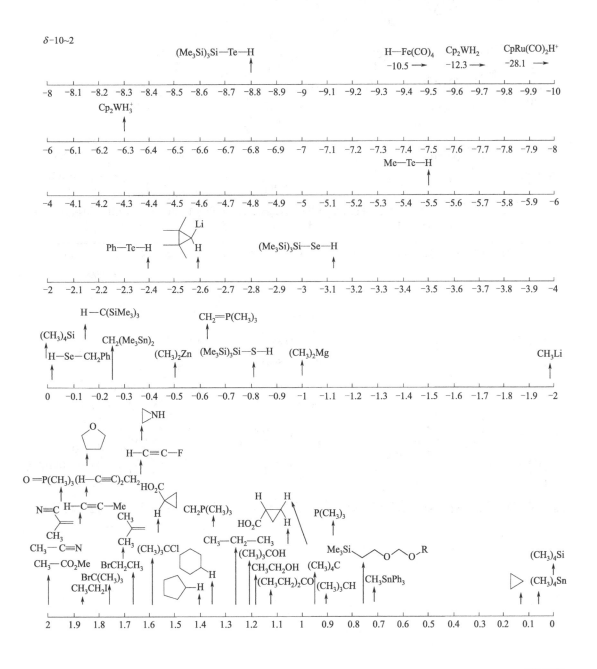

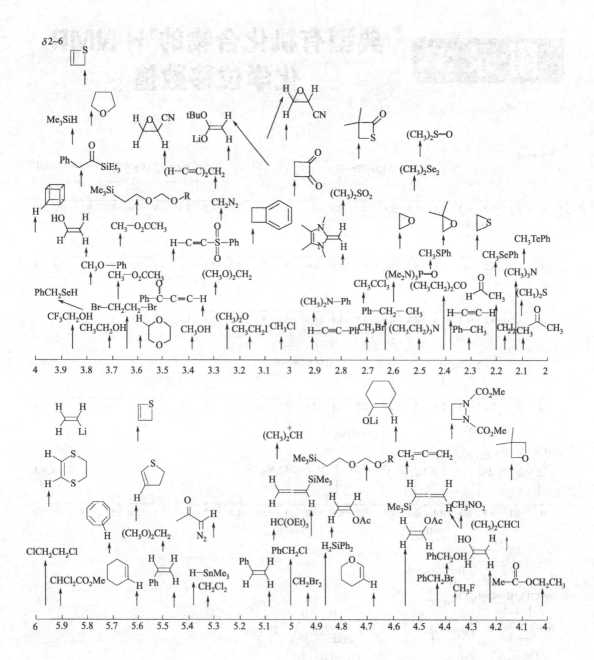

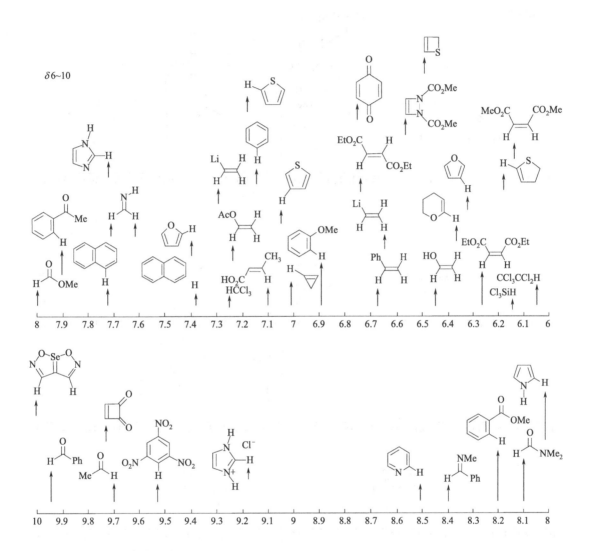

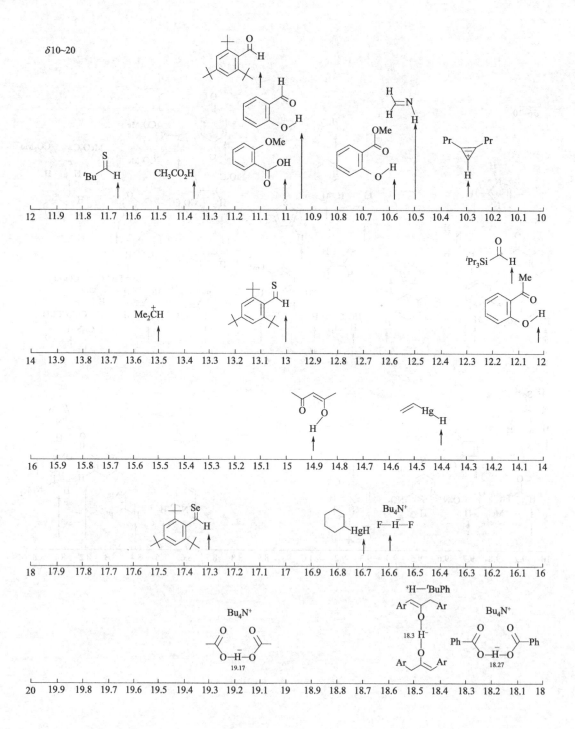

参考文献

［1］ 王全瑞. 有机化学. 北京：化学工业出版社，2012.

［2］ 邢其毅，裴伟伟，徐瑞秋，裴坚. 基础有机化学. 第3版. 北京：高等教育出版社，2005.

［3］ 荣国斌. 大学有机化学基础. 上海：华东理工大学出版社，2006.

［4］ 钱旭红. 有机化学. 第2版. 北京：化学工业出版社，2006.

［5］ 高占先. 有机化学. 第2版. 北京：高等教育出版社，2007.

［6］ 裴伟伟. 有机化学核心教程. 北京：科学出版社，2008.

［7］ 古练权，汪波，黄志纾，吴云东. 有机化学. 北京：高等教育出版社，2008.

［8］ 陆国元. 有机化学. 第2版. 南京：南京大学出版社，2010.

［9］ 李艳梅，赵圣印，王兰英. 有机化学. 第2版. 北京：科学出版社，2011.

［10］ 陆阳，刘俊义. 有机化学. 第8版. 北京：人民卫生出版社，2013.

［11］ Wade L G Jr. Organic Chemistry. 5th ed. Prentice Hall International Edition，Bruice，2002.

［12］ Graham Solomons T W. Organic Chemistry. 8th ed. John Wiley & Sons Inc，2004.

［13］ John MucMurry. Organic Chemistry. 7th ed. Thomson Leaning Inc，2008.